JN261583

序論	1
第1部 基本的知識	
プロローグ	26
遺伝学の分子基盤	32
原核生物とウイルス	96
真核生物	112
ミトコンドリアの遺伝学	132
形式遺伝学	140
染色体	178
遺伝子機能の制御	210
エピジェネティック修飾	230
第2部 ゲノミクス	240
第3部 遺伝学と医学	
細胞間相互作用	272
感覚	288
胚発生における遺伝子	300
免疫系	310
癌の起源	326
ヘモグロビン	344
リソソームとペルオキシソーム	358
コレステロール代謝	366
ホメオスタシス	374
細胞と組織の構造維持	388
性決定と性分化	400
非典型的な遺伝形式	408
核型と表現型の相関	414
遺伝学的診断の概要	420
ヒトゲノムの疾患解剖学	424
染色体上の位置:索引	430
付録:補足情報	435
用語集	449
索引	477

医師，ヒト生物学者，音楽家
師であり友人である
ニューヨークの
James Lafayette German III 博士に捧げる

カラー図解
基礎から疾患までわかる遺伝学

監訳　新川　詔夫　北海道医療大学 個体差健康科学研究所 所長 特任教授
　　　吉浦 孝一郎　長崎大学大学院医歯薬学総合研究科 人類遺伝学分野 教授

Color Atlas of Genetics
Third edition, revised and updated

Eberhard Passarge, MD
Professor of Human Genetics
Former Director
Institute of Human Genetics
University Hospital Essen
Essen, Germany

With 202 color plates prepared
by Jürgen Wirth

メディカル・サイエンス・インターナショナル

Authorized translation of the original English edition,
"Color Atlas of Genetics", Third edition,
by Eberhard Passarge

Copyright © 2007 by Georg Thieme Verlag KG,
Rüdigerstraße 14, D-70469 Stuttgart, Germany
Thieme New York, 333 Seventh Avenue, New York, NY 10001, U.S.A.
All rights reserved

© First Japanese edition 2009 by Medical Sciences International, Ltd., Tokyo

Printed and bound in Japan

監訳者の序

本書は"*Color Atlas of Genetics*"第3版 英語版の日本語訳である。タイトルの通り全般にわたって左頁に解説が右頁にその色刷り図が示されていて，見開き2頁で完結した1つの項となっている。解説は歴史的な発見から最新の知見まで，またしばしば医学との関連も記載され，図は簡潔で理解しやすいようによく配慮されている。本書は遺伝医学の概説ではあるが，ヒト以外の生物を含めた基本的な知識は漏らさず，この学問領域全体をカバーしている。訳者も翻訳作業を通して遺伝医学領域の知見をあらためて俯瞰した次第である。それにしても，この膨大な知見を整理し記載した著者のPassarge教授に大いに敬服するものである。

本書は著者が序文で述べているように，生物学や医学を学ぶ学生の入門書として最適な教科書の1つであろう。また当該分野の指導者にとっても教育材料や講義資料として役立つものである。特に巻末の用語集ではその用語を最初に用いたまたは造語した科学者とその年代が記載され，さらに付録の表は種々のトピックスに関するデータが一覧としてまとめられていて非常に有用だと思う。

本書のオリジナルはドイツ語で書かれ，その英語版を重訳したものである。翻訳にあたってはできる限り英語原文に忠実に記載したが，文中に（番号）で図が説明されているのを（図1）のようにして明確化した。翻訳原本とした英語版には多くの誤植・誤訳や科学的に誤りと思われる記載があり，可能な限り〔訳注〕を付して正したつもりであるが，重訳に付随する誤訳が残っているかもしれないことをお断りしておく。文中，わかりにくい部分も〔訳注〕として補足説明を加えた。

最後に，日常の教育・研究に多忙な中，分担翻訳を担当した長崎大学大学院医歯薬学総合研究科人類遺伝学分野の教室員・大学院生およびOBに感謝したい。また，本書の編集に当たられたメディカル・サイエンス・インターナショナルの加藤哲也さん，藤川良子さんにも深甚の謝意を表する次第である。監訳者の1人は本書原本の著者Passarge教授と旧知である。10数年前にエッセン大学を訪問したとき大歓待を受け一宿一飯のお世話になったことを，本書を訳しながらPassarge教授の蝶ネクタイを見ながら思い出した。本書の出版について快く許可していただいたPassarge教授に深く感謝申し上げたい。

2009年　監訳者一同

■ 監訳者

新川　詔夫	北海道医療大学 個体差健康科学研究所 所長 特任教授
吉浦孝一郎	長崎大学大学院医歯薬学総合研究科 人類遺伝学分野 教授

■ 翻訳協力者一覧

松本　　正	長崎大学医学部保健学科 教授
木下　　晃	長崎大学大学院医歯薬学総合研究科 人類遺伝学分野 助教
木住野達也	長崎大学 先導生命科学研究支援センター 准教授
近藤　新二	長崎大学 先導生命科学研究支援センター 助教(当時),同大学院医歯薬学総合研究科 薬物治療学分野 准教授(現在)
原田　直樹	(株)九州メディカルサイエンス 所長
霜川　　修	長崎大学大学院医歯薬学総合研究科 大学院生(当時),(株)九州メディカルサイエンス(現在)
佐々木健作	(株)九州メディカルサイエンス(当時),長崎大学大学院医歯薬学総合研究科 大学院生(現在)
副島　英伸	佐賀大学医学部 生命分子科学 教授
菊池　妙子	長崎大学大学院医歯薬学総合研究科 大学院生(当時),長崎大学病院 精神神経科 助教(現在)
佐藤　大介	北海道大学大学院医学研究科 大学院生(当時),千歳市立病院 小児科 医員(現在)
三浦　清徳	長崎大学病院 産婦人科 講師
三浦　生子	長崎大学大学院医歯薬学総合研究科 大学院生(当時),長崎大学病院 産婦人科 医員(現在)
三輪　晋智	長崎大学大学院医歯薬学総合研究科 人類遺伝学分野 助教(当時),井上病院 内科 医員(現在)
国場　英雄	長崎大学大学院医歯薬学総合研究科 大学院生
野村　昌代	長崎大学大学院医歯薬学総合研究科 大学院生(当時),岐阜県総合医療センター 皮膚科 医員(現在)
黒滝　直弘	長崎大学大学院医歯薬学総合研究科 精神神経科学 講師
津田　雅由	長崎大学大学院医歯薬学総合研究科 大学院生
中島　光子	長崎大学大学院医歯薬学総合研究科 大学院生(当時),東京大学医科学研究所 研究員(現在)
山崎健太郎	長崎大学病院 産婦人科 医員(当時),同 助教(現在)
山田　浩喜	長崎大学病院 眼科視覚科学 講師(当時),佐世保市立病院 眼科 医長(現在)

序

　遺伝学という科学の一領域について，その代表的な概念ならびに関連事項を視覚的に提示して解説することが本書の目的である．序論では補足的な情報を提供するとともに，末尾には遺伝学の歴史における重要な発見や進展の年表を付した．また，巻末付録として補足情報を示した表と広範な遺伝学用語集を掲載した．各項の終わりには，より掘り下げた勉強のための参考文献やウェブサイトを挙げてある．本書は2種類の読者を想定して執筆された．まず第一に，生物学や医学を学ぶ学生諸君を対象とした入門書としての位置づけである．そして第二には，指導者用の補助教材としての使われ方を想定している．それ以外にも，興味のある読者は誰でも本書を通じて，急速に発展しているこの領域における最新の知見を得ることができるであろう．

　「アトラス」という用語を初めて使用したのは，数学者でありメルカトル図法による地図の作製者としても知られるGerhardus Kremer（1512～1594）である．1594年に作製された彼の地図帳は107の地図を掲載しているが，その口絵にはギリシャ神話に登場する巨人タイタン族のアトラスがその肩で地球を担ぐ姿が画かれている．この地図帳はKremer死没の翌年に出版されたが，当時は地球上の多くの領域がいまだ地図の作製されていない土地であった．遺伝的地図は遺伝学の中心的テーマであり，本書でも繰り返し登場する．遺伝的地図の作製は，未知の領土の地図を新規に作製するという500年前の仕事によく似た取り組みである．

　この第3版では，最新の知見を取り入れて大幅な加筆修正を施すとともに，明快になるように文章と図版の1つ1つを再検討して多くの差し替えを行った．ただし，11もの言語に翻訳されている旧版の基本的な骨格（第1部「基本的知識」，第2部「ゲノミクス」，第3部「遺伝学と医学」）は変更していない．

　カラー図版の対向頁にその説明があり，見開き2頁で完結した小さな章となっている．紙面に限りがあるので最も重要な情報のみをコンパクトに記述し，関連する詳細な知見は割愛した．したがって本書は，従来の教科書の代用というよりは，むしろそれを補うものである．この第3版で取り上げた新しいトピックとして，生物の分類（「生命樹」），細胞間の情報伝達，シグナル伝達経路および代謝経路，エピジェネティック修飾，アポトーシス（プログラムされた細胞死），RNA干渉（RNAi），ゲノミクス研究，癌の起源，遺伝子治療の原理などがある．

　単独の著者によるこのサイズの書籍では，細分化された科学の各専門領域の基礎となっている知見の詳細を残らず紹介することはできない．しかし，入門編にふさわしく個々の分野の概要を示すことは可能であり，読者がこれに刺激を受けてもっと詳しいことを知りたくなったとしたら幸いである．遺伝学の理論的な基礎と医学への応用との接点を強調する目的で選択したトピックも多い．また，実際の医療に必要な多くの具体的な事項は割愛したが，遺伝学の原理を表している実例として数々の疾患を紹介した．

　本書全編を通じて，遺伝学を理解する上での進化の重要性を強調している．偉大な遺伝学者Theodosius Dobzhanskyが「進化学的な考察を抜きにしては生物学は意味をなさない」と指摘しているように，遺伝学と進化学とは緊密に結びついているのである．未来に関心があるであろう若い読者のために，本書では歴史的な展望も含めて解説している．また，それが可能で適切である限り，発見の最初の報告についても触れるようにした．今日の知識の基盤が過去の発展の上にあるということを忘れないで欲しいからである．

　すべてのカラー図版はドイツ・ダルムシュタット応用科学大学デザイン学部 視覚コミュニケーション専攻のJürgen Wirth教授が本書のために1986年から2005年にかけて作製したものである．著者が用意したコンピュータや手書きによる原図，写真をもとにこれらの図版を快く作製してくださった同教授のご協力に対して，ここに深甚の謝意を表するものである．Wirth教授の熟練した技術による作品は本書の土台である．筆者の妻であり医師であるMary Fetter Passargeは，本書の原稿をチェックして多くの示唆を与えてくれた．深く感謝したい．ティーメ・インターナショナル社（シュトゥットガルト）のStephan Konnryには適切な助言と激励をいただいた．また，同社制作部のStefanie LangnerとElisabeth Kurzの惜しみない協力にも深謝する次第である．

Eberhard Passarge

謝　辞

　この第3版の執筆にあたり，今回も図版や貴重なコメント，有用な情報を提供してくださった各国の多くの友人たちに感謝申し上げる．また，今後の改訂に備えて改善すべき点にお気づきの読者は，ご教示いただければ幸いである．

　以下の方々に感謝の意を表したい．Alireza Baradaran（Mashhad, Iran），John Barranger（Pittsburgh），Claus R. Bartram（Heidelberg），Laura Carrel（Hershey, Pennsylvania），Thomas Cremer（München），Nicole M. Cutright（Creighton, Pennsylvania），Andreas Gal（Hamburg），Robin Edison（NIH, Bethesda, Maryland），Evan E. Eichler（Seattle），Wolfgang Engel（Göttingen），Gebhard Flatz（Bonn, 以前は Hannover），James L. German（New York），Dorothea Haas（Heidelberg），Cornelia Hardt（Essen），Reiner Johannisson（Lübeck），Richard I. Kelly（Baltimore），Kiyoshi Kita（Tokyo），Christian Kubisch（Köln），Nicole McNeil と Thomas Ried（NIH, Bethesda, Maryland），Roger Miesfeld（Tucson, Arizona），Clemens Müller-Reible（Würzburg），Maximilian Muenke（NIH, Bethesda, Maryland），Stefan Mundlos（Berlin），Shigekazu Nagata（Osaka），Daniel Nigro（Long Beach City College, California），Alfred Pühler（Bielefeld），Helga Rehder（Marburg），André Reis（Erlangen），David L. Rimoin（Los Angeles），Michael Roggendorf（Essen），Hans Hilger Ropers（Berlin），Gerd Scherer（Freiburg），Axel Schneider（Essen），Evelin Schröck（Dresden），Eric Schulze-Bahr（Münster），Peter Steinbach（Ulm），Gesa Schwanitz と Heredith Schüler（Bonn），Michael Speicher（Graz, 以前は München），Manfred Stuhrmann-Spangenberg（Hannover），Gerd Utermann（Innsbruck），Thomas Voit（Essen），Michael Weis（Cleveland），Johannes Zschocke（Heidelberg）．

　さらに，筆者の所属するエッセン大学病院 人類遺伝学部門の同僚たちからも有益な助言をいただいた．以下にお名前を記して感謝したい．Karin Buiting，Hermann-Joseph Lüdecke，Bernhard Horsthemke，Dietmar Lohmann，Beate Albrecht，Michael Zeschnigk，Stefan Böhringer，Dagmar Wieczorek，Sven Fischer．事務的な作業については Liselotte Freimann-Gansert と Astrid Maria Noll の力を借りた．Beate Albrecht，Karin Buiting，Gabriele Gillessen-Kaesbach（現在は Lübeck），Bernhard Horsthemke，Elke Jürgens，Dietmar Lohmann からは図版を提供していただいた．

著者紹介

　著者 Eberhard Passarge はドイツのデュースブルク-エッセン大学医学部に所属する人類遺伝学者。1960 年，フライブルク大学を卒業して医師資格を取得。1961 〜 1963 年，ベントナー基金からの奨学金を得てハンブルクとマサチューセッツ州ウースターで医師としての研修を受ける。1963 〜 1966 年，シンシナティ大学小児医療センターで小児科研修を受け，その間，Josef Warkany を指導教官として人類遺伝学の研究に携わる。1966 〜 1968 年，ニューヨークのコーネル大学医療センターで James German のもと，研究員として人類遺伝学の研究を続ける。1968 〜 1976 年，ハンブルク大学人類遺伝学科に細胞遺伝学と臨床遺伝学の講座を設置。1976 年，エッセン大学人類遺伝学科の創設に関わり，初代学科長に就任。2001 年に学科長を勇退したが，人類遺伝学の教鞭はとり続けている。専門領域は遺伝性疾患——特にヒルシュシュプルング病とブルーム症候群——ならびに関連する先天奇形の遺伝学的・臨床的解明。染色体分析や分子遺伝学的手法を用いたその研究成果は，230 報を超える査読つき論文や教科書として発表されている。ドイツ人類遺伝学会会長（1990 〜 1996 年），欧州人類遺伝学会議の事務総長（1989 〜 1992 年）を歴任し，また欧米の数多くの学会に所属している。特に関心を抱いているのは臨床遺伝学の実践と人類遺伝学の教育。1978 年，フーフェラント賞を受賞，1986 年にはチェコスロバキア生物学会からメンデル・メダルを授与された。チェコスロバキア臨床遺伝学会名誉会員，プラハ・プルキンエ協会名誉会員，ルーマニア医学アカデミー客員名誉会員，米国臨床遺伝学会客員会員。1983 〜 1988 年，エッセン大学副学長。1981 〜 2001 年，エッセン大学医学部倫理委員長。人類遺伝学分野のいくつかの専門誌の編集委員を務めている。

目 次

序 論 ································· 1
  年表 ································ 17
    遺伝学の発達に寄与した重要な進展
    ································· 17

第1部　基本的知識 ·············· 25

プロローグ ·························· 26
  生物の分類と生命樹 ··············· 26
  ヒトの進化 ······················· 28
  細胞とその構成要素 ··············· 30

遺伝学の分子基盤 ··················· 32
  化学結合の種類 ··················· 32
  糖質 ····························· 34
  脂質（脂肪） ····················· 36
  ヌクレオチドと核酸 ··············· 38
  アミノ酸 ························· 40
  タンパク ························· 42
  遺伝情報の担体としてのDNA ······ 44
  DNAとその構成成分 ·············· 46
  DNAの構造 ······················ 48
  DNAの別構造 ···················· 50
  DNA複製 ························ 52
  遺伝情報の流れ：転写と翻訳 ······· 54
  遺伝子と変異 ····················· 56
  遺伝暗号 ························· 58
  RNAのプロセシング ·············· 60
  ポリメラーゼ連鎖反応（PCR）による
    DNA増幅 ······················ 62
  DNA塩基配列決定法 ·············· 64
  自動DNA塩基配列決定法 ········· 66
  制限酵素地図 ····················· 68
  DNAクローニング ················ 70
  cDNAクローニング ··············· 72
  DNAライブラリ ·················· 74
  サザンブロット法 ················· 76
  塩基配列決定をしない変異同定 ····· 78
  DNA多型 ························ 80
  変異 ····························· 82
  塩基修飾による変異 ··············· 84
  組換え ··························· 86
  転位 ····························· 88
  トリプレットリピートの伸長 ······· 90
  DNA修復 ························ 92
  色素性乾皮症 ····················· 94

原核生物とウイルス ················· 96
  遺伝学研究における細菌 ··········· 96
  細菌における組換え ··············· 98
  バクテリオファージ ·············· 100
  細胞間のDNA伝達 ··············· 102
  ウイルスの分類 ·················· 104
  ウイルスの複製 ·················· 106
  レトロウイルス ·················· 108
  レトロウイルスゲノムの組込みと
    転写 ·························· 110

真核生物 ·························· 112
  細胞間の情報伝達 ················ 112
  酵母：二倍体と一倍体世代のある
    真核生物 ······················ 114
  酵母細胞の接合型決定と酵母
    ツーハイブリッド法 ············ 116
  細胞分裂：有糸分裂 ·············· 118
  生殖細胞の減数分裂 ·············· 120
  減数第一分裂前期 ················ 122
  配偶子の形成 ···················· 124
  細胞周期の調節 ·················· 126
  アポトーシス ···················· 128
  細胞培養 ························ 130

ミトコンドリアの遺伝学 ··········· 132
  ミトコンドリア：エネルギー変換 ··· 132
  葉緑体とミトコンドリア ·········· 134
  ヒトのミトコンドリアゲノム ······ 136
  ミトコンドリア病 ················ 138

形式遺伝学 ························ 140
  メンデル形質 ···················· 140

メンデル形質の分離‥‥‥‥‥‥ 142
2 対の形質の独立した分配‥‥‥‥ 144
表現型と遺伝子型‥‥‥‥‥‥‥ 146
両親の遺伝子型の分離‥‥‥‥‥ 148
単一遺伝子遺伝‥‥‥‥‥‥‥‥ 150
連鎖と組換え‥‥‥‥‥‥‥‥‥ 152
遺伝的距離の推定‥‥‥‥‥‥‥ 154
連鎖した遺伝的マーカーを用いる
　分離解析‥‥‥‥‥‥‥‥‥‥ 156
連鎖解析‥‥‥‥‥‥‥‥‥‥‥ 158
遺伝形質の量的差異‥‥‥‥‥‥ 160
正規分布と多遺伝子閾値モデル‥‥ 162
集団における遺伝子の分布‥‥‥ 164
ハーディー–ワインベルクの法則‥‥ 166
血族婚と同系交配‥‥‥‥‥‥‥ 168
双生児‥‥‥‥‥‥‥‥‥‥‥‥ 170
多型‥‥‥‥‥‥‥‥‥‥‥‥‥ 172
生化学的多型‥‥‥‥‥‥‥‥‥ 174
ある種のアレルにみられる
　地理的分布の差異‥‥‥‥‥‥ 176

染色体‥‥‥‥‥‥‥‥‥‥‥‥‥ 178
分裂中期の染色体‥‥‥‥‥‥‥ 178
染色体の可視的な機能的構造‥‥‥ 180
染色体の構成‥‥‥‥‥‥‥‥‥ 182
染色体の機能的要素‥‥‥‥‥‥ 184
DNA とヌクレオソーム‥‥‥‥‥ 186
染色体の DNA‥‥‥‥‥‥‥‥‥ 188
テロメア‥‥‥‥‥‥‥‥‥‥‥ 190
ヒト染色体の分染パターン‥‥‥‥ 192
ヒトとマウスの核型‥‥‥‥‥‥ 194
分裂中期染色体標本の作製‥‥‥‥ 196
蛍光 in situ ハイブリッド形成法（FISH）
　‥‥‥‥‥‥‥‥‥‥‥‥‥‥ 198
異数性染色体異常‥‥‥‥‥‥‥ 200
染色体転座‥‥‥‥‥‥‥‥‥‥ 202
染色体構造異常‥‥‥‥‥‥‥‥ 204
多色 FISH による染色体の同定‥‥ 206
比較ゲノムハイブリッド形成法‥‥ 208

遺伝子機能の制御‥‥‥‥‥‥‥‥ 210
リボソームとタンパクの組み立て‥‥ 210
転写‥‥‥‥‥‥‥‥‥‥‥‥‥ 212
原核生物のリプレッサーと
　アクチベーター：lac オペロン‥‥ 214

RNA の構造変化による遺伝子制御
　‥‥‥‥‥‥‥‥‥‥‥‥‥‥ 216
遺伝子制御の基本的機構‥‥‥‥ 218
真核生物における遺伝子発現の制御
　‥‥‥‥‥‥‥‥‥‥‥‥‥‥ 220
DNA 結合タンパク I‥‥‥‥‥‥ 222
DNA 結合タンパク II‥‥‥‥‥‥ 224
RNA 干渉（RNAi）‥‥‥‥‥‥‥ 226
標的遺伝子の破壊‥‥‥‥‥‥‥ 228

エピジェネティック修飾‥‥‥‥‥ 230
DNA メチル化‥‥‥‥‥‥‥‥‥ 230
クロマチン構造の可逆的変化‥‥‥ 232
ゲノムインプリンティング‥‥‥‥ 234
哺乳類の X 染色体不活性化‥‥‥ 236

第 2 部　ゲノミクス‥‥‥‥‥‥ 239

ゲノミクス——ゲノム構造に関する
　研究‥‥‥‥‥‥‥‥‥‥‥‥ 240
遺伝子の同定‥‥‥‥‥‥‥‥‥ 242
発現（転写）DNA の同定‥‥‥‥ 244
ゲノム研究の手法‥‥‥‥‥‥‥ 246
微生物のゲノム‥‥‥‥‥‥‥‥ 248
大腸菌（Escherichia coli）ゲノムの
　完全な塩基配列‥‥‥‥‥‥‥ 250
多剤耐性プラスミドのゲノム‥‥‥ 252
ヒトゲノムの構造‥‥‥‥‥‥‥ 254
ヒトゲノムプロジェクト‥‥‥‥‥ 256
ヒト X 染色体と Y 染色体のゲノム構造
　‥‥‥‥‥‥‥‥‥‥‥‥‥‥ 258
DNA マイクロアレイを使ったゲノム
　解析‥‥‥‥‥‥‥‥‥‥‥‥ 260
ゲノムスキャンとアレイ CGH‥‥‥ 262
動的なゲノム：可動性遺伝因子‥‥ 264
遺伝子とゲノムの進化‥‥‥‥‥ 266
比較ゲノミクス‥‥‥‥‥‥‥‥ 268

第 3 部　遺伝学と医学‥‥‥‥‥ 271

細胞間相互作用‥‥‥‥‥‥‥‥‥ 272
細胞内シグナル伝達‥‥‥‥‥‥ 272
シグナル伝達経路‥‥‥‥‥‥‥ 274
TGFβ ならびに Wnt/β カテニンシグナル

伝達経路·····················276
ヘッジホッグならびに TNFαシグナル
　伝達経路···················278
Notch/Delta シグナル伝達経路···280
神経伝達物質受容体とイオンチャネル
　···························282
イオンチャネルの遺伝的欠陥：
　QT 延長症候群···············284
塩素チャネル欠損症：囊胞性線維症
　···························286

感覚·························288
ロドプシン，光受容体··········288
網膜色素変性症················290
色覚·························292
聴覚系·······················294
嗅覚受容体···················296
哺乳類の味覚受容体············298

胚発生における遺伝子···········300
ショウジョウバエの胚発生······300
ホメオティック遺伝子··········302
半透明な脊椎動物胚の遺伝学：
　ゼブラフィッシュ············304
線虫における細胞の系譜········306
植物（シロイヌナズナ）の発生遺伝学
　···························308

免疫系·······················310
免疫系の構成要素··············310
免疫グロブリン分子············312
体細胞組換えにより生まれる遺伝的
　多様性·····················314
免疫グロブリン遺伝子再構成の機構
　···························316
T 細胞受容体·················318
MHC 領域の遺伝子············320
免疫グロブリンスーパーファミリーの
　進化·······················322
遺伝性免疫不全症··············324

癌の起源·····················326
癌の遺伝的原因：背景··········326
癌関連遺伝子の分類············328
癌抑制遺伝子 p53··············330
APC 遺伝子と大腸腺腫症·······332
乳癌感受性遺伝子··············334

網膜芽細胞腫·················336
慢性骨髄性白血病と BCR/ABL
　融合タンパク···············338
神経線維腫症·················340
ゲノム不安定性疾患············342

ヘモグロビン·················344
ヘモグロビン：総論············344
ヘモグロビンの遺伝子··········346
鎌状赤血球貧血················348
グロビン遺伝子の変異··········350
サラセミア···················352
遺伝性胎児ヘモグロビン遺残症···354
ヘモグロビン異常症の DNA 解析···356

リソソームとペルオキシソーム···358
リソソーム···················358
リソソーム酵素欠損による疾患···360
ムコ多糖症···················362
ペルオキシソーム形成異常症····364

コレステロール代謝···········366
コレステロール生合成··········366
コレステロール生合成の後半経路···368
家族性高コレステロール血症····370
LDL 受容体の変異·············372

ホメオスタシス···············374
糖尿病·······················374
プロテアーゼインヒビター：
　α_1 アンチトリプシン··········376
血液凝固第Ⅷ因子と血友病 A·····378
フォン・ヴィルブラント病······380
薬理遺伝学···················382
シトクロム P450（CYP）遺伝子群
　···························384
アミノ酸代謝と尿素回路の異常···386

細胞と組織の構造維持·········388
赤血球の細胞骨格タンパク······388
遺伝性筋疾患·················390
デュシェンヌ型筋ジストロフィー···392
コラーゲン分子···············394
骨形成不全症·················396
骨発生の分子基盤·············398

性決定と性分化···············400
哺乳類における性決定··········400
性分化·······················402

性発達障害‥‥‥‥‥‥‥‥‥‥ 404
　　先天性副腎過形成‥‥‥‥‥‥‥ 406
非典型的な遺伝形式‥‥‥‥‥‥**408**
　　不安定反復配列の伸長‥‥‥‥‥ 408
　　脆弱 X 症候群‥‥‥‥‥‥‥‥ 410
　　インプリンティング病‥‥‥‥‥ 412
核型と表現型の相関‥‥‥‥‥‥**414**
　　常染色体トリソミー‥‥‥‥‥‥ 414
　　その他の染色体数的異常‥‥‥‥ 416
　　常染色体欠失症候群‥‥‥‥‥‥ 418
遺伝学的診断の概要‥‥‥‥‥‥**420**
　　遺伝学的診断の原則‥‥‥‥‥‥ 420

　　遺伝子治療と幹細胞治療‥‥‥‥ 422
ヒトゲノムの疾患解剖学‥‥‥‥**424**
　　ヒト疾患遺伝子の染色体上の位置‥ 424
　　染色体上の位置：索引‥‥‥‥‥ 430

付録：補足情報‥‥‥‥‥‥‥‥**435**

用語集‥‥‥‥‥‥‥‥‥‥‥‥**449**

索　引‥‥‥‥‥‥‥‥‥‥‥‥**477**

序　論

遺伝学を学ぶ理由

遺伝学（genetics）は生物の遺伝（heredity）と多様性（variation）を扱う科学分野であり，個体，生物種あるいは集団の遺伝的特性ならびに遺伝子構成，さらにそれをもたらす機序を含むと定義されている（『ブリタニカ百科事典』第15版，1995年；『コリンズ英語辞典』第5版，2001年）。とりわけ最近50年間の新しい研究手法や研究成果によって，遺伝学は生物学および医学の主流へと進出し，実質的にすべての医学ならびに生物学の分野，さらには人類学，生化学，生理学，心理学，生態学，およびその他の自然科学分野と関連するようになっている。理論科学と実験科学の両側面をもつ遺伝学は，遺伝性疾患の理解や対応に，また農学の分野へと広範な応用がなされている。基礎遺伝学の原理に関する知識とその医学への応用は，今日の医学教育に必須の要素である。

ヒト遺伝情報をコードするほぼ完全な DNA 塩基配列が 2004 年に決定されたことは，生物学において空前ともいえる画期的な科学的偉業であった。遺伝情報が書き込まれている分子である DNA の構造が明らかにされてからちょうど 50 年後に，数ヵ国が参加した国際的なヒトゲノムプロジェクトによってこの偉大な成果が発表された（IHGSC, 2004）。生命分子がいかに相互作用し，いかに生命体を作り出すのかを我々が知るまでには，なお多くの仕事が残っている。とはいえ，生物学的観点から生命の世界を理解するための基盤を，遺伝学を通じて我々は手にしたことになるのである。

成人の身体を構成するおよそ 10 兆（10^{13}）個の細胞それぞれの核に，生命を維持するための情報がプログラムされている（核を欠く赤血球を除く）。この情報は遺伝性（hereditary）であり，1つの細胞からその子孫細胞へ，さらに世代から次世代へ伝えられる。約 200 種類の細胞が複雑な分子的相互作用を行うことによって，生命は維持されている。

遺伝情報のおかげで，生命体は大気中の酸素と摂取した食物とをエネルギーに変換することができる。また，重要な分子の合成や輸送を調節し，精巧な免疫防御機構によって細菌，菌類，ウイルスなどの有害な侵入者から身を守り，骨，筋，皮膚の形態や可動性を維持することができるのも，遺伝情報があればこそである。遺伝的に決定される感覚器の機能が，我々にみること，聞くこと，味わうこと，熱い，冷たい，痛いと感じることを可能にさせ，さらには言語を用いて意思を伝達すること，経験からの学習によって脳機能を補助すること，外界から得た情報を統合して認知挙動や社会的相互作用を導くことを可能にさせている。生殖や外来分子の解毒もまた遺伝的支配下にある。一方で，日常生活における意思決定や将来の計画立案を行う能力も，脳には与えられている。

生物界は2つのタイプの細胞（膜で取り囲まれ，独立した生殖活動が可能な最小の単位）から成り立っている。1つは細菌に代表される無核の**原核細胞** prokaryotic cell，もう1つは核と複雑な内部構造をもち高等生物を形成する**真核細胞** eukaryotic cell である。遺伝情報は細胞分裂の際に1つの細胞から2つの娘細胞へ伝えられ，また特殊化した細胞である**生殖細胞** germ cell，すなわち**卵細胞** oocyte と**精細胞** spermatozoon（複数形 spermatozoa）によって世代から次世代へ継承される。

遺伝プログラムの完全性の維持に妥協は許されないが，長期にわたる環境状態の変化には適応する必要がある。障害を認識・修復するための複雑なシステムが存在するにもかかわらず，あらゆる生命体では遺伝情報の維持・伝達の誤りがしばしば起こる。

生物学的過程は**タンパク** protein と呼ばれる生体分子による生化学反応を介して行われる。さまざまなタンパクは，数十から数百のアミノ酸が直線的に結合し，機能に特有の配列をとることによって作られる。合成されたポリペプチド鎖は（しばしば別のポリペプチド鎖とともに）特有の三次元構造をとり，初めて生物学的機能を発揮できるようになる。遺伝情報は各細胞におけるタンパク産生の青写真である。すべてのタンパクを産生している細胞は少なく，ほとんどの細胞はそのタイプにより限られた種類のタンパクだけを産生している。タンパク産生の指令は**遺伝子** gene 中に暗号化されている。

生物界で用いられる 20 種のアミノ酸の各々を指定するのは，特異的な化学構造の3つ組による暗号である。DNA（デオキシリボ核酸）のヌクレオチド塩基が，この化学構造として利用されている。したがって DNA は，**遺伝暗号** genetic code もしくはコードと呼ばれる遺伝情報システムを記録しておくための読み取り専用メモリといえる。コンピュータで利用されている1か0か（「ビット」）の文字列（8文字をまとめて「バイト」と呼ぶ）による2進数システムに対し，生物界の遺伝暗号は A，C，G，T の頭文字で略記される化学名をもつ4種のヌクレオチド塩基による4進数システムである（第1部「基本的知識」参照）。4進数の暗号は3文字で1単位であり，これは**トリプレットコドン** triplet codon と呼ばれる。この暗号は普遍的で，植物やウイルスも含めすべての生体細胞で用いられている。遺伝子は遺伝情報の1単位であり，テキスト中の1つのセンテンスに相当する。このように遺伝情報はテキストデータによく似ているため，コンピュータに保存しておくことが容易である。

遺伝子

遺伝子の数は生命体の構成の複雑さに依存して，細菌の5,000程度から，酵母の6,241，ショウジョウバエの13,601，線虫の18,424，そしてヒトやその他の哺乳類の約22,000（数年前の推定値よりかなり少ない）まで幅がある。個々の細胞の生命を維持するために必須な遺伝子の数は驚くほど少なく，原核生物では250～400程度である。多くのタンパクが同じ経路の類似の機能に関係しており，それらのタンパクおよびその遺伝子は機能の類似性からファミリーとしてグループ化できる。ヒト遺伝子は，およそ1,000種のファミリーを形成する。個々の細胞中の遺伝子とDNAの総体は**ゲノム** genome と呼ばれる。類似の用語として，生命体中のタンパクの総体を**プロテオーム** proteome という。それらの研究領域はそれぞれ**ゲノミクス** genomics および**プロテオミクス** proteomics と名づけられている。

遺伝子は染色体上に局在している。染色体は核に局在する複雑な構造物であり，DNAと特別なタンパクからなる。1対の相同染色体として存在し，その一方は母に，他方は父に由来する。ヒトは1～22番染色体と，男性ではX染色体とY染色体，女性では2本のX染色体の合計23対の染色体をもつ。染色体の数や大きさは生物種によって異なるが，同一種ならばDNAの総量と全遺伝子数は一定している。遺伝子は染色体上に直列に配置されており，各遺伝子は**遺伝子座** gene locus（複数形 gene loci）と呼ばれる一定の位置に存在する。高等生物では遺伝子はコード配列と非コード配列によって構成されており，それらは各々**エキソン** exon および**イントロン** intron と呼ばれる。多細胞生物の遺伝子は，全体の大きさ（数千塩基対から百万塩基対以上まで），エキソンの数やその大きさ，および調節DNA配列に関して多様である。調節DNA配列は，**遺伝子発現** gene expression と呼ばれる遺伝子の活性の状態を決定している。分化し特殊化した細胞では，大多数の遺伝子は恒久的に活性がオフとなっている。特筆すべきは，30億（3×10^9）対ある高等生物のDNA塩基のうち，90%以上は既知のコード情報を有していないことである（第2部「ゲノミクス」参照）。

遺伝子中のコード配列に文字列として書き込まれている情報が，直接にタンパクを指定するわけではない。まず遺伝子の全配列が，コドンに対応する配列をもつ構造的に関連した分子，すなわちRNA（リボ核酸）へと転写される。このRNAはスプライシングと呼ばれる過程を経て，非コード配列（イントロン）が除去され，コード配列（エキソン）どうしが連結されてメッセンジャーRNA（mRNA）となる。これが遺伝暗号に指定された配列でアミノ酸を結合させるための最終的な鋳型の役目を果たすのである。この過程を**翻訳** translation という。

遺伝子と進化

1859年に出版された『種の起源（*The Origin of Species*）』の第9章「地質学的記録の不完全性について」の最後に，Charles Darwin は次のように書いている。「……自然界の地質学的記録のことを，絶えず変化する方言で記述された，保存状態の劣悪な歴史書だと私は考えている。この歴史書全巻のうち，我々が所有しているのは2，3の国のみを扱った最終巻だけである。しかも，あちらこちらに分散して短い章の断片が残っているに過ぎず，どの頁をみても数行しか判読できる部分はない」。その後，遺伝学の進展と原人化石の新しい発見により，進化の過程に新たな知見が加えられたのである。

別々の生物種の間でも，同様の機能をもつ遺伝子は塩基配列が一部共通しているか，場合によってはほぼ同一である。これは進化の結果である。各生物種は共通の祖先に由来するので互いに関係している。細胞生命体は約35億年前に大陸に初めて出現したときに確立した。細胞周期，DNA修復，胎芽の発生と分化など，生命に必須な機能を支配している遺伝子，つまり基本的な機能に必須な遺伝子の塩基配列は，多様な生物種にわたって（例えば，細菌，酵母，昆虫，蠕虫類，脊椎動物，哺乳類，そして植物でさえも）類似しているか，ほぼ同一である。ある遺伝子の塩基配列が別々の生物種の間で類似しているか，ほぼ同一であるとき，**進化上保存されている** conserved in evolution という。

遺伝子は，それ自身を含むゲノム全体の中で進化するのであり，遺伝子に突然変異が集積して進化が進行するわけではない。大部分の変異は遺伝子の機能を損なうものであり，通常，生物種が存続する可能性を向上させることはない。進化を進行させるのは，むしろ，既存の遺伝子の重複や遺伝子の一部の組換えである。重複は，全ゲノム，染色体の全体もしくは一部，あるいは単一の遺伝子もしくは一群の遺伝子について発生し，いずれも実際に脊椎動物の進化で観察されている。ヒトゲノムには進化の途上で重複した箇所が数多く含まれている（第2部「ゲノミクス」参照）。

ヒト（ホモ・サピエンス，*Homo sapiens*）はヒト科（Hominidae）の中で現存する唯一の種である。入手しうるあらゆるデータは，今日の人類が10万～30万年前にアフリカ大陸で誕生し，それが地球全体に拡散してすべての大陸に定住するようになったとする推定と矛盾しない。気候やその他の環境状

態に対する地域的な適応により，加えて地理的隔離が有利に働いたこともあり，異なる民族集団が生じた．暮らす地域が異なるヒト集団は，皮膚，目，髪の色調が異なっている．これらの差異により人種を定義することがしばしば行われているが，それは誤りである．遺伝的データは人種というものの存在を支持しない．遺伝的差異は出身民族には関係なく，主として個人間に存在する差異である．世界の5大陸に居住する12の集団を対象としたDNA多様性の研究によれば，遺伝的差異の93〜95%は個人間に存在し，3〜5%のみが集団間の差異であった（Rosenbergら，2002）．目にみえる差異は文字通り見かけ上のもので，人種を区別するための遺伝的基盤とはならないのである．遺伝学的にみれば，*Homo sapiens* は近過去に起源をもつ1つの比較的均一な生物種である．進化の歴史の中で，ヒトは類似の文化的・言語的歴史をもつ比較的小さな集団を形成して平和に暮らすように適応してきた．しかし，いまだ地球規模の状況には適応しておらず，遺伝的差異は無視できるほど小さいにもかかわらず，異なる文化をもつ集団に対しては敵意を示す傾向がある．

遺伝子の変化：突然変異

1901年，H. de Vries は遺伝子がその情報内容を変化させる場合があることを発見し，**突然変異** mutation という用語を導入した．科学としての遺伝学の進歩には，この突然変異の体系的研究が大きく寄与している．1927年，H. J. Muller はショウジョウバエにおける自然突然変異率を決定し，変異がX線によって誘発されることを示した．C. Auerbach と J. M. Robson は1941年に，そしてそれとは独立に F. Oehlkers が1943年に，ある種の化学物質によっても変異が誘発されることを観察した．しかし，遺伝情報伝達の物質的な基盤が知られていなかったため，変異とは実際に何であるのかは不明であった．

基本的な機能に必須な遺伝子は，その機能を損なうような変化（変異）を許容しない〔訳注：正確にいえば，そのような変化は淘汰される〕．結果として，有害な変異が数多く蓄積されることはない．すべての生物はDNAや遺伝子の欠陥を認識し除去する，**DNA修復** DNA repair のための精緻なシステムを有している．もし欠陥の修復が成功しないときは，プログラムされた細胞死である**アポトーシス** apoptosis によって，その細胞を犠牲にするのである．

遺伝学の黎明：1900〜1910年

1906年，英国の生物学者 William Bateson（1861〜1926）は，遺伝と多様性を支配する法則を探求する新しい生物学の領域に対して**遺伝学** genetics という用語を提案した．Bateson は系統的に類縁の生物種どうしの類似性と差異を比較し，それぞれ遺伝ならびに多様性と呼んだ．遺伝と多様性は同一の現象に対する2つの見方である．Correns, Tschermak, de Vries によって1900年に再発見されたメンデルの法則の重要性を，Bateson は明白に認識していた．

メンデルの法則は，アウグスティヌス会の修道士 Gregor Mendel（1822〜1884）の名前にちなんで命名された．Mendel はブリュン（現在チェコ共和国のブルノ）の僧院の庭でエンドウの交配実験を行い，1865年，互いに独立した個別の因子が遺伝の基盤となっていることを発見したのである．これらの因子は，それぞれが観察可能な形質の原因となり，ある世代から次の世代へ予測可能なパターンで伝達される．この観察可能な形質を**表現型** phenotype といい，基盤にある遺伝情報を**遺伝子型** genotype という．

しかし，Mendel の結論の根本的な重要性は1900年まで認識されなかった．遺伝の基盤となるこのような因子に対する**遺伝子** gene という用語は，1909

Johann Gregor Mendel
（ヨハン・グレゴール・メンデル）

年にデンマークの生物学者 Wilhelm Johannsen（1857〜1927）によって導入された。1901年以降，メンデル遺伝は動物，植物，そしてヒトでも体系的に解析され，いくつかのヒト疾患に遺伝的な原因のあることが解明された。常染色体優性遺伝で伝達されることが記載された最初のヒト疾患は，1902年，W. C. Farabee がハーバード大学に提出した学位論文に記載されたもので，ペンシルバニア州の大家系にみられた短指症の1病型（A1型，McKusick 番号：MIM 112500）であった（Haws & McKusick, 1963）。

染色体は分裂中の細胞で観察されていた（Flemming が1879年に体細胞分裂で，Strasburger が1888年に減数分裂で観察した）が，1888年，Waldeyer が **染色体** chromosome という用語を提唱した。しかし，遺伝子と染色体の機能上の関係は1902年まで気づかれなかった。初期の遺伝学は化学や細胞学を基盤としていなかったからである。例外は Theodor Boveri（1862〜1915）の先駆的な仕事である。Boveri は，各染色体に遺伝的な個性のあることを1902年には認識しており，正常な発生に必要なのは染色体の特定の数ではなく，その特定の組み合わせであると記述している。この記述は，個々の染色体がそれぞれ異なる性質を保有していることを明示するものであった。

遺伝学が独立の科学領域となったのは，1910年，ニューヨークのコロンビア大学で Thomas H. Morgan がショウジョウバエ（*Drosophila melanogaster*）を体系的な遺伝学研究に導入したときであった。ショウジョウバエを用いたその後の体系的な研究によって，遺伝子が染色体上に直列に配置されていることが判明し，1915年，Morgan はこれを **遺伝の染色体説** chromosome theory of inheritance として集約した。

英国の数学者 G. H. Hardy とドイツの医師 W. Weinberg は，1908年，集団における遺伝に認められるある種の規則性がメンデル遺伝によって説明できることを，それぞれ独立に見いだした。これにより植物や動物の交配に遺伝的概念を導入することが可能になった。こうして1910年代の終わり頃までには遺伝学は生物学の一分野として確立されたが，遺伝子の物理的・化学的な性質に関する知見はまったく欠けており，その構造や機能は依然として不明だったのである。

遺伝的個性

1902年，後にオックスフォード大学の勅任教授となる Archibald Garrod（1857〜1936）は，4種の先天代謝病（白皮症，アルカプトン尿症，シスチン尿症，五炭糖尿症）が常染色体劣性遺伝で伝達されることを示し，1909年，これらを **先天代謝異常** inborn errors of metabolism と呼んだ。Garrod はまた，個人間のわずかな生化学的差異が遺伝的差異に由来することを認識した最初の人でもある。1931年，『疾患の先天的諸要因（*Inborn Factors in Disease*）』と題する先駆的な著作を出版し，わずかな遺伝的差異が疾患に寄与する可能性を示唆したのである。Garrod には，Bateson とともに，1902〜1909年の遺伝学の創生期に遺伝的概念を医学に導入した功績がある。Garrod はアルカプトン尿症の患者の両親に血族婚が多いことに気づいていたが，

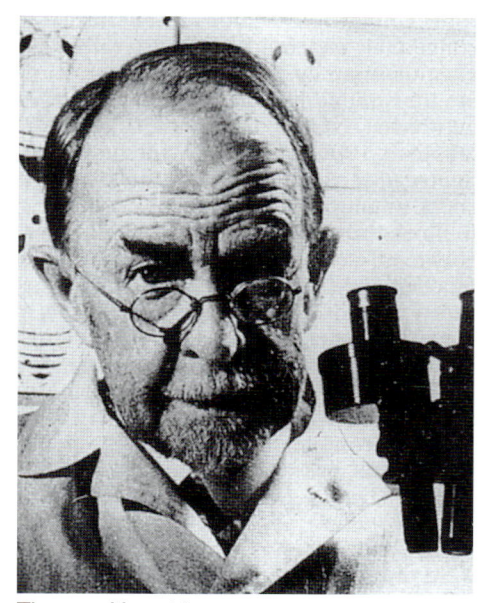

Thomas Hunt Morgan
（トーマス・ハント・モーガン）

Archibald Garrod（アーチボルド・ギャロッド）

この問題に関して 1901 年の終わりから Garrod と Bateson の間で数多くの往復書簡が交わされた。Garrod はヒトの生化学的個性について明確な考えをもっていた。1902 年 1 月 11 日付の Bateson 宛の手紙の中で，Garrod はこう書いている。「しばらく前から，私は代謝の種差と個体差に関する情報を集めています。それは私にとって小さな探検ですが，自然選択との関連で有望な領域のように思われます。外観もさることながら，生化学的にもまったく同一の個体は 2 人といないことを確信しています」(Bearn, 1993)。しかし，ヒトの遺伝的個性に関する Garrod の概念は，当時は理解されなかった。その理由の 1 つは，初期の重要な発見の数々にもかかわらず遺伝子の構造や機能については何もわかっていなかったためであろう。今日の我々は，疾患の原因として個々人の疾患感受性が重要な因子であることを知っている (Childs, 1999 参照)。

　DNA の塩基配列は同一生物種内であっても一定ではなく，個体間で少しずつ異なっている。ヒト DNA にはこのような個体間の差異が約 1,000 塩基対に 1 カ所の頻度で存在し，**一塩基多型** single nucleotide polymorphism（SNP）と呼ばれる。多数の遺伝子の相互作用により生じる疾患に対する易罹患性は，特定の環境要因のほか，代謝経路の効率に影響を与える個々人の遺伝的差異によって決定されると考えられている。遺伝的差異のため，ある疾患に他人より罹りにくくなることもある。このような個体間の遺伝的差異は，個々人に向けてデザインされた薬物を用い，副作用のリスクを抑えて高い薬効を得ることを目的とした個別化治療の標的となる。これは**薬理遺伝学** pharmacogenetics という専門分野で研究されている。

遺伝学における誤った概念：優生学

　優生学とは 1882 年に Francis Galton が提唱した用語で，遺伝学的手段によって人間を改良しようとした研究である。このような提案は古代にまで遡る。1900 年から 1935 年にかけて，優生学の誤った目的を帯びた政策や法律が多くの国々で採択された。「白人」は他人種より優れていると信じられたが，その主唱者たちは遺伝学的に定義された人種は存在しないということを認識していなかった。遺伝すると考えられた病気をもつ人々を不妊手術で去勢することが人間社会の改善につながると優生主義者たちは信じたのである。優生保護法は 1935 年までにデンマーク，ノルウェー，スウェーデン，ドイツ，スイス，また米国の 27 州の議会を通過していった。さまざまな程度の知的障害者，てんかん患者，犯罪者，同性愛者が最初の標的となった。多くの場合，主張された目的は優生学上のものだったが，不妊手術は遺伝学的な理由というよりも社会的な理由で実施された。

　遺伝子の構造と機能に関する知識の完全な欠落が，「悪い遺伝子」をヒト集団から排除できるとした優生学の誤った概念をもたらしたものと思われる。ところが，狙われた疾患は遺伝性ではないか，複雑な遺伝的背景をもつものだったのである。精神遅滞などの疾患に寄与する遺伝子群の頻度を不妊手術によって減らすことは決してできない。ナチス・ドイツでは，大規模な人種差別と，「役立たず」であると主張された何百万人もの罪のない人々を殺戮するための口実として，優生学が利用されたのである (Müller–Hill, 1988；Vogel & Motulsky, 1977；Strong, 2003 参照)。いかなる口実も，遺伝学的にはまったく根拠のないものであった。誤った優生学的アプローチによってヒトの遺伝病を根絶することは不可能であることが，近代遺伝学では判明している。遺伝子の構造について何もわかっていなかった時代に，このようにして不完全な遺伝学的知識が人間に向けて適用されたのである。実際のところ，1949 年に至るまで人類遺伝学の本質的な進展はみられなかった。ところが，今日では事情はまったく異なっている。遺伝的に決定される疾患の根絶ができないことは明白である。その存在に社会は順応しなければならない。遺伝的負荷のない人などいないのである。遺伝性疾患として子どもに現れるかもしれない潜在的に有害な変化を，誰もがゲノム中に 5 〜 6 カ所はもっているのであるから。

近代遺伝学の誕生：1940 〜 1953 年

　1 つの遺伝子は 1 つの酵素の形成にあずかるという「一遺伝子一酵素仮説」(1941 年，Beadle & Tatum) がアカパンカビ (*Neurospora crassa*) で示されたことで，遺伝学と生化学の密接な関係が明らかとなった。これは Garrod の先天代謝異常の概念とも合致するものである。1940 年代には，微生物における体系的な研究を通じて，この他にも重要な進展があった。1943 年，Salvador E. Luria と Max Delbrück が細菌において突然変異を発見し，細菌遺伝学が創始された。その他の重要な進展として，1946 年の Lederberg と Tatum による細菌での遺伝的組換え現象の発見，また 1947 年の Delbrück と Bailey によるウイルスでの遺伝的組換え現象の発見，さらに 1947 年の Hershey によるバクテリオファージ（細菌のウイルス）での自然突然変異の観察があった。微生物における遺伝現象の研究は，35 年前のショウジョウバエの解析がそうであったのと同様に，その後の遺伝学の発展にとって転機となっ

コールドスプリングハーバーでの Max Delbrück（マックス・デルブリュック）と Salvador E. Luria（サルバドール・E・ルリア）
（Karl Maramorosch による撮影；Judson, 1996）

Oswald T. Avery
（オズワルド・T・エイブリー）

た（Cairns ら，1978 参照）。小さな著作ながら学界に大きな影響を与えた『生命とは何か（*What is Life*?）』（1944）の中で，物理学者 E. Schrödinger は遺伝子の分子的な基盤を自明のものとして仮定した。それ以来，遺伝子の分子生物学が遺伝学の中心テーマとなったのである。

遺伝学と DNA

大きな進展は，1944 年，ニューヨーク・ロックフェラー研究所の Avery, MacLeod, McCarty による，化学構造としては比較的単純な長鎖状の核酸，DNA が細菌の遺伝情報を担っているという発見であった（その発見史については Dubos, 1976 と McCarty, 1985 を参照）。それよりもずっと以前，1928 年には F. Griffith が，他の菌株由来の無細胞抽出物によって肺炎球菌に恒久的（遺伝的）変化を導入できることを見いだしていた（**形質転換因子** transforming principle）。Avery らは DNA がこの形質転換因子であることを示したのである。1952 年には Hershey と Chase により，他の分子の関与が否定され，DNA 単独で遺伝情報を担っていることが証明された。この発見を受けて，DNA の構造に関する議論が生物学の中心的な話題となるに至ったのである。

この問題を最も洗練された形で解決したのは，ヨーロッパ留学中の 24 歳の米国人 James D. Watson とケンブリッジ大学キャベンディッシュ研究所にいた 34 歳の物理学者 Francis H. Crick であった。1953 年 4 月 25 日，"*Nature*" 誌に掲載されたわずか 1 頁の簡潔な論文で DNA の二重らせん構造が提案された（Watson & Crick, 1953）。この発見は 20 世紀の近代遺伝学における画期的な事件であったが，その意義は直ちに認められたわけではなかった。この新奇な構造は DNA の X 線回折パターン（図参照）と，共同研究者（おもに Maurice Wilkins と Rosalind Franklin）から得た基礎データに基づいて，注意深くモデルを構築することで得られたものであったが，Franklin は（R. Gosling とともに）らせん構造に対して反論し，次のように述べた。「……痛惜の極みですが，D. N. A. らせん構造氏は 1952 年 7 月 18 日金曜日に逝去されました。追悼式が執り行われます」（Judson, 1996；Wilkins, 2003）。これより以前から DNA の重要性を暗示していた知見として，4 種のヌクレオチド塩基の中でグアニンとシトシンおよびアデニンとチミンが等量で存在するという，E. Chargaff による 1950 年の発見がある。しかし，この現象が塩基対形成の結果であることは気づかれなかった（Wilkins, 2003）。

DNA の構造としてヌクレオチド塩基を内側に向

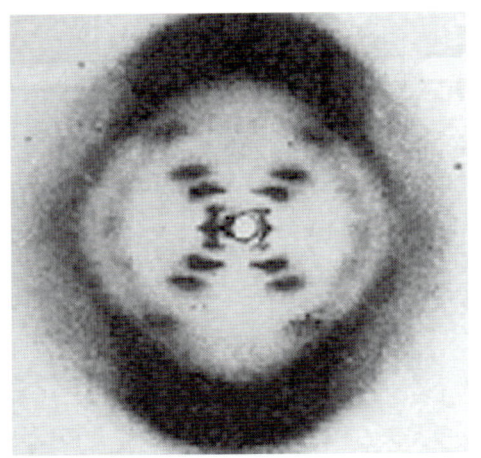

DNA の X 線回折像
(Franklin & Gosling, 1953)

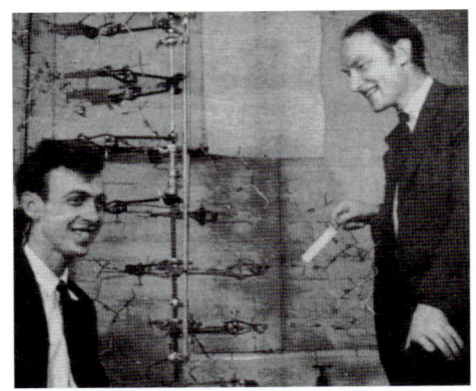

1953 年の Watson（ワトソン）と Crick（クリック）(Anthony Barrington Brown による撮影；Nature 421：417, 2003)

けた二重らせんを考えると，以下の2つの基本的な遺伝的機構をうまく説明することができる．(1) 直列に配置され読み取りができるような，遺伝情報の保存の仕組み，および (2) 世代から世代への正確な伝達を保証するような，遺伝情報の複製の仕組みである．DNA 二重らせんは，糖（デオキシリボース）と一リン酸残基が交互に配列した互いに逆向きの2本の相補鎖からなり，らせん状分子の内側でヌクレオチド塩基が対を形成している．各々の塩基対はプリン塩基とピリミジン塩基の対である．つまりグアニン（G）とシトシン（C），あるいはアデニン（A）とチミン（T）が対を形成している．この構造で非常に重要なのは，塩基対が分子の外側ではなく

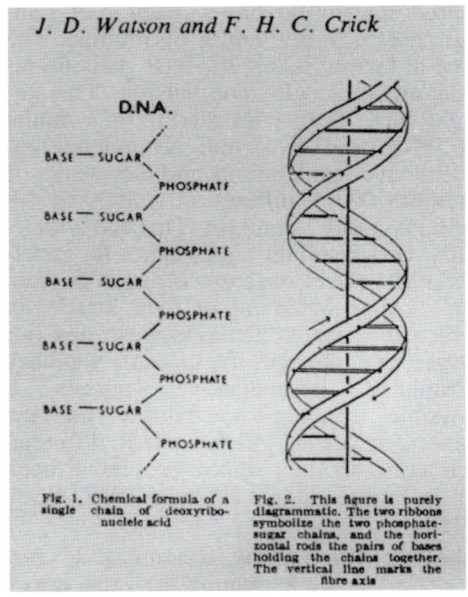

1953 年に提案された DNA の構造

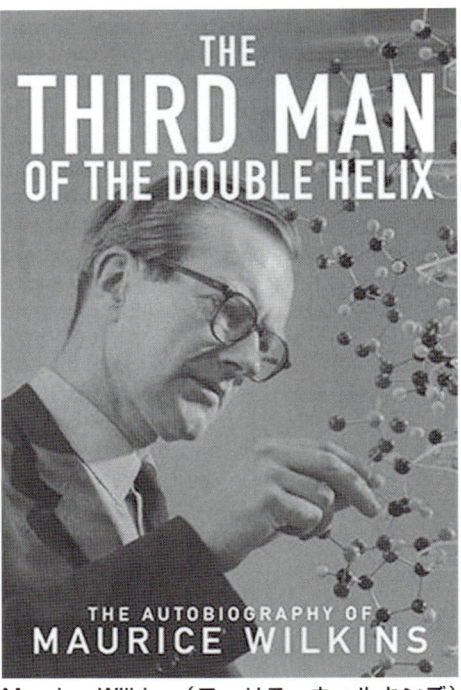

Maurice Wilkins（モーリス・ウィルキンズ）
(Maddox, 2002)

Rosalind Franklin（ロザリンド・フランクリン）

Watson & Tooze, 1981；Crick, 1988；Watson, 2000；Wilkins, 2003）。

DNAの構造が解明されると，遺伝子の本態が分子の言葉を用いて定義しなおされた。1955年，Seymour Benzerによって遺伝子の詳細な構造が初めて明らかにされた。BenzerはT4ファージDNAの特定の領域（*r*II）に数多くの欠失をマップし，変異体の機能がAとBの2つのグループに分かれることを見いだした。異なるグループに属する変異体は互いに補い合う（つまり欠失の効果を打ち消す）ことができたが，同一グループ間では補完がなされなかった。この研究により，染色体上に直列に配置されていることが知られていた遺伝子が，DNA分子上のレベルでも同じく直列に配置されていることが証明され，また遺伝子を機能の観点から定義し，そのサイズを正確に推定することが可能となった。

1953年以降の遺伝学の発達による新手法

当初から遺伝学は，新しい実験手法の開発による影響を強く受けていた分野であった。1950年代から1960年代には**生化学遺伝学** biochemical geneticsや**免疫遺伝学** immunogeneticsが基盤となっていた。複雑な分子を分離するための比較的単純だが実際的な方法として各種の電気泳動法が開発され，また試験管内でのDNA合成法（1956年，Kornberg）など，さまざまな手法が遺伝学に適用された。細胞培養法の導入はヒトの遺伝学的解析にはとりわけ重要であった。培養真核細胞の遺伝学的解析（**体細胞遺伝学** somatic cell genetics）は，1958年，G. Pontecorvoによって導入された。ヒト遺伝子研究の意義の拡大に伴い，培養細胞を融合させる手法（**雑種細胞形成** cell hybridization；1961年，T. Puck, G. Barski, B. Ephrussi）や，培養細胞中から特定の変異体を選択するための培地（**HAT培地** HAT medium；1964年，Littlefield）が開発され，哺乳類遺伝学の研究が促進された。こうした新手法により世代の長さや交配実験の煩雑さなどの問題を克服することが可能となり，細菌やウイルスで大きな成功をおさめていた遺伝学的アプローチを高等生物にも適用できるようになったのである。1961年，ヒトの遺伝性代謝障害（ガラクトース血症）が培養ヒト細胞を用いて初めて明らかにされた（R. S. Krooth）。ヒト染色体の正しい数は1956年に記載された（Tjio & Levan；Ford & Hamerton）。染色体分析にリンパ球培養が導入され（1960年，Hungerfordら），さらにヒト染色体の複製パターンが明らかにされた（1962年，German）。こうした手法の発達が，遺伝学の新しい分野である**人類遺伝学** human geneticsへの道を

内側に存在する点である。この構造の遺伝学における重大な意義をWatsonとCrickが完全に認識していたことは，論文の結語から明白である。「ここに仮定した特異的な対形成によって遺伝物質の複製（コピー）機構を説明可能であることを，我々は見逃さなかった」。各人各様の立場からではあるが，発見当時の生き生きとした回想が，発見者自身（Watson, 1968；Crick, 1988）によって，そしてWilkins（2003）によって残されている。

DNAの構造の解明をもって，分子生物学と遺伝学の新時代の始まりとみなすことができる。DNAの二重らせん構造の解明により，間もなく遺伝情報の構造が理解されるようになった。1955年，F. Sangerがインスリンのアミノ酸配列を決定し，タンパクの一次構造を初めて証明した。この発見は，タンパクのアミノ酸配列がDNAの塩基配列に何らかの形で対応しているという仮説を支持するものであった。しかし，DNAは核に局在するのに対してタンパク合成は細胞質内で行われることから，DNAが直接にタンパク合成を指示することはできない。DNAがまず，化学的に類似した伝令分子，すなわち**メッセンジャーリボ核酸** messenger ribonucleic acid（mRNA）に転写されることは，Crick, Barnett, Brenner, Watts-Tobinによって1961年に発見された。DNA塩基配列に対応するヌクレオチド配列をもったmRNAが細胞質へ移送される。ここでmRNAはDNA中に暗号化されていたアミノ酸の鋳型として働くことになる。タンパク合成に使われているDNAとRNAの遺伝暗号は，1963～1966年の数年間にNirenberg, Matthaei, Ochoa, Benzer, Khoranaらによって決定された。その研究史については以下の文献に紹介されている（Chargaff, 1978；Judson, 1996；Stent, 1981；

開いたのである．1970年代後半以降，この分野は遺伝学のあらゆる研究領域，とりわけ分子遺伝学の領域に定着している．

分子遺伝学

1970年，H. TeminとD. Baltimoreによって独立に発見された逆転写酵素は，遺伝情報がDNA→RNA→遺伝子産物（タンパク）という一方向にのみ流れるとする遺伝学の中心教義（セントラルドグマ）を覆すものであった．**逆転写酵素** reverse transcriptase はRNAウイルス（**レトロウイルス** retrovirus）がもつ酵素複合体で，RNAを鋳型としてDNAへ転写する．その発見自体が生物学上の重要な知見であるだけでなく，この酵素を利用して活性な遺伝子中のコード領域に対応するDNA，すなわち**相補的DNA** complementary DNA（cDNA）を得ることができる．これにより遺伝子産物に関する知識がなくても，直接に遺伝子の解析を行うことが可能となった．**制限エンドヌクレアーゼ** restriction endonuclease，または簡単に**制限酵素** restriction enzyme と呼ばれる，DNAを特異的な箇所で切断する細菌の酵素は，1969年，W. Arberによって，また1971年にはD. NathansとH. O. Smithによって発見された．これらの酵素はDNAを再現性をもって一定長の断片に切断するために利用され，解析すべき領域が容易に認識できるようになった．別々の領域に由来するDNA断片どうしを結合させ，その特性を解析することができる．遺伝子を探し当てるための手法，DNA断片の増幅法（ポリメラーゼ連鎖反応，PCR，第1部「基本的知識」参照），DNAのヌクレオチド塩基の配列決定法などが，1977年から1985年にかけて開発された（第1部「基本的知識」のポリメラーゼ連鎖反応とDNA塩基配列決定法の項参照）．これらの手法は**組換えDNA技術** recombinant DNA technology と総称される．

1977年，高等生物の遺伝子の構造に関して，まったく新しい予想外の知見が組換えDNA解析から得られた．すなわち，遺伝子は連続したコード領域からなっているのではなく，非コード領域で分断されているというのである．**エキソン** exon と呼ばれるコード領域および**イントロン** intron と呼ばれる非コード領域（この2つの新しい用語は1978年，W. Gilbertによって導入された）のサイズとパターンは，それぞれの遺伝子に特徴的であり，真核生物遺伝子の**エキソン／イントロン構造** exon/intron structure として知られている．現代の分子遺伝学により，遺伝子産物に関する知識がなくても，その遺伝子の染色体上における局在を決定し，構造を解析することができるようになっている．異なる生物種の間でも，初期発生を調節する遺伝子群に高度の相同性があったり，ゲノム構造の類似性がみられたりすることが明らかとなり，かつて生物種間に存在した遺伝学的解析における垣根（例えば，ショウジョウバエ遺伝学，哺乳類遺伝学，酵母遺伝学，細菌遺伝学のように）はすっかり取り払われてしまった．遺伝学は今や生物学，医学，進化研究などを統合する広範な学問分野となっている．

人類遺伝学

人類遺伝学では正常，異常を問わず，あらゆるヒト遺伝子を扱う．しかし，ヒトの遺伝子に対象を限定しているわけではなく，ヒト以外の哺乳類や脊椎動物，酵母，ショウジョウバエ，微生物など，多くの生物種に関連した知見や手法も含んでいる．人類遺伝学の誕生は，米国人類遺伝学会が創設され，人類遺伝学に関する最初の学術雑誌 "*American Journal of Human Genetics*" が創刊された1949年に位置づけることができる．加えてこの年は，人類遺伝学の最初の教科書であるCurt Sternの『人類遺伝学の原理（*Principle of Human Genetics*）』が発行された年でもある．

人類遺伝学の医学への応用は，疾患の基盤にある原因の理解に貢献する．それに伴い診断の精度も向上することになる．人類遺伝学における疾患概念は医学におけるそれとは異なっている．医学での疾患は臓器系，年齢，性別に従って分類されることが多いのに対して，人類遺伝学では遺伝子座，遺伝子の種類，変異のタイプに従って疾患が分類される（分子病理学）．異なる遺伝子間の再構成が原因となって生じる遺伝性疾患もあれば，同一の遺伝子の異なる再構成が臨床的には別々の疾患の原因となることもある．そうした場合，原因となっている遺伝的欠陥は基本的に同じものであるにもかかわらず，別々の診療科で診察される可能性がある．遺伝学の知識がなければ，共通の原因が発見されることはないであろう．

疾患の発症過程はランダムなものではなく，A. Garrodが1931年に『疾患の先天的諸要因（*Inborn Factors in Disease*）』で初めて提唱したように，個々の患者のゲノムの特質や，ゲノムと環境要因との相互作用の結果とみなすことができる．家族歴と疾患のタイプによっては，その疾患が将来的に発症するかどうかに関して診断情報を得ることができることもある．罹患者（患者）本人だけでなく，罹患していない家族も自身の，あるいは子孫の発症リスクに関する情報を求めているので，家族も含めたアプローチをとることが人類遺伝学を医学に応用する場

合の原則である．人類遺伝学における疾患の概念は，患者や医学の専門領域を越えて拡がっている．人類遺伝学が疾患の理解に統一的な基盤を与えているのである．

1949年には，熱帯地域では今なお公衆衛生上の問題となっているヒト疾患に関係した2つの重要な発見があった．すなわち，J. V. Neelは鎌状赤血球貧血が常染色体劣性遺伝形質として遺伝することを示し，Pauling, Itano, Singer, Wellsはその原因がヘモグロビン分子に生じた特定の変異であることを明らかにした．これがヒト分子病の最初の例である．ヒト疾患の生化学的基盤が初めて明らかにされたのは1952年のことで，CoriとCoriが肝組織を用いて示したものである．この疾患はフォン・ギールケ病とも呼ばれる糖原病I型で，その生化学的基盤は酵素欠損（グルコース-6-ホスファターゼ欠損症）であった．

1959年，臨床的によく知られていた3種のヒト疾患において最初の染色体異常が発見された．J. Lejeune, M. Gautier, R. Turpinによるダウン症候群における21トリソミーの発見，Fordらによるターナー症候群におけるXモノソミー（45,X）の発見，そしてJacobsとStrongによるクラインフェルター症候群における過剰X染色体（47,XXY）の発見である．その後，これ以外の染色体数の異常も，臨床的に認識できるヒト疾患の原因となることが示され，13トリソミーと18トリソミーはそれぞれ1960年にPatauら，Edwardsらによって発見された．また，染色体の一部の喪失（欠失）が，臨床的に認識できる重症の先天性異常と関連していることが発見された（1963年，Lejeuneら；1964年，Wolf；1964年，Hirschhorn）．1962年，NowellとHungerfordによって慢性骨髄性白血病患者の骨髄細胞から特徴的な染色体構造異常であるフィラデルフィア染色体が発見され，癌の起源と密接に関連していることが示された．X染色体の数に関係なく，Y染色体を欠く個体は女性，Y染色体を有する個体は男性であることから，哺乳類の性別の確立にはY染色体が中心的な役割を果たしていることが明らかになった．こうした研究は**人類細胞遺伝学** human cytogeneticsという新しい専門分野における興味を促進させ，1960年代初頭から，一般的な遺伝学の機序に関する新知見がしばしばヒトの解析から最初に得られるようになった．ヒトの遺伝性疾患を解析することにより，他の生物の遺伝子の正常な機能についても新しい知識が得られるようになったのである．今日，一般遺伝学に関しては他のいかなる生物よりもヒトについて，より多くのことが知られている．人類遺伝学の下位専門分野として，**生化学遺伝学** biochemical genetics，**免疫遺伝学** immunogenet-ics，**体細胞遺伝学** somatic cell genetics，**細胞遺伝学** cytogenetics，**臨床遺伝学** clinical genetics，**集団遺伝学** population genetics，**奇形学** teratology，**変異解析** mutational studyなど数多くの専門が確立されている．人類遺伝学の発展史に関してはVogelとMotulsky（1997），McKusick（1992）によって要領よくまとめられている．

単一遺伝子座の変異による遺伝性疾患として3,000以上のものが知られている．これらはメンデル遺伝形式に従って遺伝する単一遺伝子疾患である．約1,900の単一遺伝子疾患は分子レベルでも解明されている．症状は発症年齢や関与する臓器によって大きく異なり，関与する遺伝子に含まれている遺伝情報の多様性を反映している．多くの単一遺伝子疾患は複数の臓器系に影響を与える（多面発現）．単一遺伝子疾患は"*Mendelian Inheritance in Man*"としてカタログ化されており（McKusick, 1998），オンラインでも利用可能である（OMIM, www.ncbi.nlm.nih.gov/sites/OMIM）．1966年にボルチモアのV. A. McKusickによってカタログ化が始められ，これによりヒト疾患とそれに関与する遺伝子を体系的に扱う基盤が確立されたのである．本書では取り上げた各疾患にMIMカタログ番号を付してある．

1975年頃から，ヒト疾患の遺伝的原因の解明において大きな進展がみられるようになった．これは分子的手法の発達に負うところが大きく，それにより正常遺伝子の構造と機能に関する知見が集積された．1965年以降，人類遺伝学を扱ういくつかの新しい科学雑誌が創刊され，これらの研究成果を掲載した．"*American Journal of Medical Genetics*"，"*European Journal of Human Genetics*"，"*Humangenetik*"（1976年以降は"*Human Genetics*"），"*Clinical Genetics*"，"*Human Molecular Genetics*"，"*Journal of Medical Genetics*"，"*Genetics in Medicine*"，"*Annales de Génétique*"（現在は"*European Journal of Medical Genetics*"），"*Cytogenetics and Cell Genetics*"（現在は"*Chromosome Research*"），"*Prenatal Diagnosis*"，"*Clinical Dysmorphology*"，"*Community Genetics*"，"*Genetics Counseling*"などである〔訳注：本邦の英文誌"*Journal of Human Genetics*"を付け加えたい〕．

最近になって新しい領域である**エピジェネティクス** epigeneticsが注目を集めている．これはDNA配列の変化なしに表現型に影響を与えるような遺伝的機構である（第1部「基本的知識」のエピジェネティック修飾の項参照）．

医学における遺伝学

　疾患は，もしそれが細胞や組織の遺伝的プログラムの障害が主要な，もしくは唯一の原因であれば，遺伝的に決定されていることになる。しかし，ほとんどの疾患の発症過程は，罹患者の個々の遺伝的体質と環境要因との相互作用の結果である。それらは多遺伝子疾患あるいは多因子疾患と呼ばれ，比較的よくみられる多くの疾患，例えば高血圧，高脂血症，糖尿病，痛風，精神疾患，ある種の先天奇形などが該当する。もう1つのありふれた非遺伝性の遺伝子疾患群として，体細胞変異により発生する癌がある。染色体異常症もまた重要なカテゴリーである。このように，医学のあらゆる専門領域において，その基盤として遺伝学を導入する必要がある。

　原則として，疾患が遺伝性か否かは家族内集積によって判明するとは限らない。診断は臨床像や検査データに基づいて行われなければならない。先進国では新生変異や家族サイズが小さいために，1家族から複数の遺伝性疾患罹患者が出ることは少なく，およそ90%は孤発例である。遺伝的障害はあらゆる器官系，あらゆる年齢層にみられ，またその多くは認識されないことから，ヒト疾患の原因として実際より過小評価されていると思われる。遺伝的に決定される疾患は決して珍しいものではなく，疾患全体のかなりの部分を占めているのである。小児病院の全入院患者の1/3以上は，少なくとも部分的には遺伝要因による疾患や発達障害の患者である（Weatherall, 1991）。遺伝的に決定される疾患の一般集団における頻度は，合計で約3〜4%と推定されている（表1参照）。

　遺伝的に決定される疾患それぞれの頻度は非常に低く，その数の多さや，臨床症状が似ていても原因の異なる疾患の存在が，診断をいっそう困難にしている。診断にあたっては，遺伝的リスクに関して誤った結論をくだすことがないよう，このような遺伝的異質性あるいは原因論的異質性の原則を考慮しなければならない。

動的なゲノム

　1950年から1953年にわたり『トウモロコシにおける易変異座の起源と挙動（The origin and behavior of mutable loci in maize）』（McClintock, 1950），『染色体構成および遺伝子発現（Chromosome organization and genic expression）』（McClintock, 1951），そして『トウモロコシの座位における脆弱性の導入（Induction of instability at selected loci in maize）』（McClintock, 1953）と題した画期的な論文が出版された。これらの論文で，著者であるコールドスプリングハーバー研究所のBarbara McClintock は，変異部位に局在していない遺伝子の変異がトウモロコシの遺伝的変化とその表現型効果を引き起こすことを記載したのである。驚くことに，その遺伝子はある種の遠隔操作を行っていた。その後の研究で McClintock はこのような遺伝子群を**調節遺伝因子** controlling genetic element と名づけ，その特殊な性質を明らかにした。他の遺伝子群への効果や引き起こす変異によって，異なる調節要素は区別することができた。彼女の仕事は当時，ほとんど関心を呼ばなかったが（Fox Keller, 1983；Fedoroff & Botstein, 1992 参照），30年後，1983年のノーベル賞受賞講演（McClintock, 1984）の際には評価は一変していた。今日，我々はゲノムが固定した静的な構造をしているわけではないことを知っている。むしろゲノムは柔軟で動的なものである。ゲノムにはある部位から別の部位へと移動することができる領域があり，**可動性遺伝因子** mobile genetic element あるいは**トランスポゾン** transposon と呼ばれる。このことがゲノムに柔軟性

表1　遺伝的に決定される疾患の分類と頻度

疾患の分類	1,000人あたりの頻度
単一遺伝子疾患	5〜17
常染色体優性	2〜10
常染色体劣性	2〜5
X連鎖性	1〜2
染色体異常症	5〜7
多因子疾患	70〜90
体細胞変異（癌）	200〜250
先天奇形症	20〜25
合計	300〜400

を与え，進化の過程で環境状態の変化に適応できるようにしている．遺伝情報の正確さは安定性に依存するが，完全な安定性は静止状態の永続をも意味し，それは新しいタイプの生命の発生には不利であろう．ゲノムは変化するもので，生命には古いものと新しいもののバランスが必要なのである．

ゲノミクス

ゲノミクス genomics という用語は，新しい学問分野の名称として 1987 年に V. A. McKusick と F. H. Ruddle によって導入された．ゲノミクスはさまざまな生物種のゲノムの構造と機能を科学的に研究する学問である．動物，植物あるいは微生物のゲノムは，生命と生殖に必要なすべての生物学的情報を含み，すべてのヌクレオチド塩基配列，すべての遺伝子，その構造と機能および染色体上の局在，染色体関連タンパク，核の構造からなっている．ゲノミクスは遺伝学，分子生物学，細胞生物学を統合する学問である．ゲノミクスの科学的目標は多様であるが，いずれも生物の全ゲノムの解明を目指している．例えば，生物のヌクレオチド塩基配列（特にすべての遺伝子と遺伝子関連配列）の決定，転写・翻訳に関わるすべての分子（**トランスクリプトーム** transcriptome）とその調節機構の解析，細胞あるいは生物が産生するすべてのタンパク（**プロテオーム** proteome）の解析，すべての遺伝子の同定と機能解析（**機能ゲノミクス** functional genomics），ゲノムの進化に関するゲノム地図の作製（**比較ゲノミクス** comparative genomics），そしてデータの蓄積・保管・管理（**バイオインフォマティクス** bioinformatics）などである．

ヒトゲノムプロジェクト

ヒトゲノムプロジェクト（Human Genome Project，HGP）ならびにヒト以外の多数の生物種における同様のプロジェクトによって，生物医学の研究に新たな展開がもたらされた（第 2 部「ゲノミクス」; Lander & Weinberg，2000 参照）．ヒトゲノム機構（Human Genome Organization，HUGO）は数カ国から委員が選出されている国際組織であり，米国と英国のゲノムセンターが主導している．HGP の主要な目標はヒトゲノム DNA の 30 億塩基対の全配列を決定し，ヒトゲノム中の全遺伝子を発見することであった．それは 3,000 km の長さにわたるテキスト上の 1 mm 長の文字を各々解読することに匹敵する．困難が予想されたこの仕事は 1990 年に開始された．2000 年 6 月，ゲノムの約 90 % をカバーする概要配列が公表され（IHGSC, 2001；Venter ら，2001），ヒトの完全な DNA 配列は 2004 年に公表された（IHGSC, 2004）．2006 年 5 月現在，ヒトの全染色体上の DNA 塩基配列がすでに決定されている（www.nature.com 参照）．

倫理的・社会的観点

開始時点から，HGP は倫理的・法的・社会的問題に配慮し（ELSI プログラム），研究費を充てていた．ヒト遺伝子とゲノムに関する現在の知識および今後期待される知識が及ぼす広汎な影響を考えると，これは HGP の重要な部分である．ここではごく一部の領域について触れることしかできないが，遺伝的データの妥当性と守秘義務の問題，疾患の症状発現以前の遺伝学的検査（発症前遺伝学的検査）の適応の決定の問題，その疾患の徴候が出現していない時点で行われる疾患原因遺伝子の変異の有無に関する検査（予測的遺伝学的検査）の是非の問題，などがある．遺伝学的検査が患者の最大の利益にかなう選択であるか否かをどのように決めるのか？ 検査結果を知ることで患者は恩恵を受けるのか？ 差別につながらないか？ 検査結果はどのような方法で提示されるべきか？ どのように（遺伝）カウンセリングを行い，どのようにインフォームドコンセントを得るか？ 胚性幹細胞の利用の問題も社会的な関心を呼んでいる領域である．公共の利益とリスクに対して注意深く配慮することが，合理的でバランスのとれた決定に達することへの助けとなる．遺伝学的検査を施行するか否かの決定にあたっては，個々人の考え方を考慮しなければならないし，その目的・妥当性・信頼性，さらには予想される検査結果に関する適切なカウンセリングの考慮も必要である．疾患の診断に遺伝学的方法を採用すれば，患者のケアや家族カウンセリングのために医師が手にすることができる情報量は大きく増加しうるが，得られた情報は患者の最大の利益にかなうように利用し，インフォームドコンセントを取得し，データの守秘義務を確実なものにしなければならない．

教育・啓発

遺伝学の原理はきわめて明快なものであるが，遺伝学に反対の立場をとる人もいるし，誤解している人々はさらに多い．科学者はあらゆる機会をとらえて，遺伝学ならびにゲノミクスの目標や用いられる技術について，社会に対して説明していくべきである．小中学校ないし高等学校のレベルでは，遺伝学は視覚的であるべきである．医学部の課程では人類遺伝学に力点が置かれるべきである．

参考文献

Bearn AG: Archibald Garrod and the Individuality of Man. Oxford University Press, Oxford, 1993.

Cairns J, Stent GS, Watson JD, eds: Phage and the Origins of Molecular Biology. Cold Spring Harbor Laboratory Press, New York, 1978.

Childs B: Genetic Medicine. A Logic of Disease. Johns Hopkins University Press, Baltimore, 1999.

Crick F: What Mad Pursuit: A Personal View of Scientific Discovery. Basic Books, New York, 1988.

Dubos RJ: The Professor, the Institute, and DNA: O.T. Avery, his Life and Scientific Achievements. Rockefeller University Press, New York, 1976.

Dunn LC: A Short History of Genetics. McGraw-Hill, New York, 1965.

Fedoroff N, Botstein D, eds: The Dynamic Genome: Barbara McClintock's Ideas in the Century of Genetics. Cold Spring Harbor Laboratory Press, New York, 1992.

Fox Keller EA: A Feeling for the Organism: the Life and Work of Barbara McClintock. W.H. Freeman, New York, 1983.

Franklin RE, Gosling RG: Molecular configuration in sodium thymonucleate. Nature 171: 740–741, 1953.

Garrod AE: The Inborn Factors in Disease: an Essay. Clarendon Press, Oxford, 1931.

Haws DV, McKusick VA: Farabee's brachydactyly kindred revisited. Bull Johns Hopkins Hosp 113: 20–30, 1963.

IHGSC (International Human Genome Sequencing Consortium): Initial sequencing and analysis of the human geneome. Nature 409: 286–921, 2001.

IHGSC (International Human Genome Sequencing Consortium): Finishing the euchromatic sequence of the human genome. Nature 431: 931–945, 2004 (see Nature Web Focus: The Human Genome (www.nature.com/nature/focus/humangenome/index.html).

Judson HF: The Eighth Day of Creation. Makers of the Revolution in Biology, expanded edition. Cold Spring Harbor Laboratory Press, New York, 1996.

Lander ES, Weinberg RA: Genomics. Journey to the center of biology. Pathways of discovery. Science 287: 1777–1782, 2000.

McCarty M: The Transforming Principle. W.W. Norton, New York, 1985.

McClintock, B. The origin and behavior of mutable loci in maize. Proc Natl Acad Sci USA 36: 344–355, 1950.

McClintock B: Chromosome organization and genic expression. Cold Spring Harb Symp Quant Biol 16: 13–47, 1951.

McClintock B: Induction of instability at selected loci in maize. Genetics 38: 579–599, 1953.

McClintock B: The significance of responses of the genome to challenge. Science 226: 792–801, 1984.

McKusick VA: Presidential Address. Eighth International Congress of Human Genetics: The last 35 years, the present and the future. Am J Hum Genet 50: 663–670, 1992.

McKusick VA: Mendelian Inheritance in Man: A Catalog of Human Genes and Genetic Disorders, 12th ed. Johns Hopkins University Press, Baltimore, 1998 (online version available at http://www.ncbi.nlm.nih.gov/Omim/).

Müller-Hill B: Murderous Science. Oxford University Press, Oxford, 1988.

Rosenberg NA, Pritchard JK, Weber JL, et al: Genetic structure of human populations. Science 298: 2381–2385, 2002.

Schrödinger, E.: What Is Life? The Physical Aspect of the Living Cell. Penguin Books, New York, 1944.

Stent GS, ed.: James D. Watson. The Double Helix: A Personal Account of the Discovery of the Structure of DNA. Weidenfeld & Nicolson, London, 1981.

Stern C: Principles of Human Genetics. WH Freeman, San Francisco, 1949.

Strong C: Eugenics. In: Cooper DV, ed., Encyclopedia of the Human Genome. Vol. 2: 335–340, Nature Publishing Group, London, 2003.

Sturtevant AH: A History of Genetics. Harper & Row, New York, 1965.

Venter JC, Adams, MD, Myers EW et al.: The sequence of the human genome. Science 291: 1304–1351, 2001.

Vogel F, Motulsky AG: Human Genetics: Problems and Approaches, 3rd ed. Springer Verlag, Heidelberg, 1997.

Watson JD: The Double Helix. A Personal Account of the Discovery of the Structure of DNA. Atheneum, New York, 1968.

Watson JD: A Passion for DNA. Genes, Genomes, and Society. Cold Spring Harbor Laboratory Press, New York, 2000.

Watson JD, Crick FHC: A structure for deoxyribonucleic acid. Nature 171: 737, 1953.

Watson JD, Tooze J: The DNA Story: a documentary history of gene cloning. WH Freeman, San Francisco, 1981.

Weatherall DJ: The New Genetics and Clinical Practice, 3rd ed. Oxford Univ. Press, Oxford, 1991.

Wilkins M: The Third Man of the Double Helix. Oxford University Press, Oxford, 2003.

推薦書籍

Aase JM: Diagnostic Dysmorphology. Plenum Medical Book Company, New York, 1990.

Alberts B, Johnson A, Lewis, J, Raff M, Roberts K, Walter P: Molecular Biology of the Cell. 4th ed. Garland Publishing Co, New York, 2002.

Bateson W: Mendel's Principles of Heredity. Univ. of Cambridge Press, Cambridge, 1913.

Brown TA: Genomes, 2nd ed. Bios Scientific Publishers, Oxford, 2002.

Chargaff E: Heraclitean Fire: Sketches from a Life before Nature. Rockefeller University Press, New

York, 1978.

Clarke AJ, ed.: The Genetic Testing of Children. Bios Scientific Publishers, Oxford, 1998.

Dobzhansky T: Genetics of the Evolutionary Process. Columbia University Press, New York, 1970.

Epstein CJ, Erickson, RP, Wynshaw-Boris, eds: Inborn Errors of Development. The Molecular Basis of Clinical Disorders of Morphogenesis. Oxford University Press, Oxford, 2004.

Gilbert SF: Developmental Biology. 7th ed., Sinauer, Sunderland , Massachussetts, 2003.

Gilbert-Barness E, Barness L: Metabolic Diseases. Foundations of Clinical Management, Genetics and Pathology. Eaton Publishing, Natick, MA 01760 USA, 2000.

Griffith AJF, Suzuki DT, Miller JH, Lewontin RC, Gelbart WM: An Introduction to Genetic Analysis. 7th ed. W.H. Freeman & Co., New York, 2000.

Harper PS: Practical Genetic Counselling. 6th ed., Edward Arnold, London, 2004.

Harper PS, Clarke AJ: Genetics, Society, and Clinical Practice. Bios Scientific Publishers, Oxford, 1997.

Horaitis R, Scriver CR, Cotton RGH: Mutation databases: Overview and catalogues, pp. 113–125. In: CR Scriver et al, eds: The Metabolic and Molecular Bases of Inherited Disease. 8th ed. McGraw-Hill, New York, 2001.

Jobling MA, Hurles M, Tyler-Smith C: Human Evolutionary Genetics. Origins, Peoples, and Disease. Garland Science, New York, 2004.

Jameson JL ed.: Principles of Molecular Medicine. Humana Press, Totowa, New Jersey, 1998.

Jones KL: Smith's Recognizable Patterns of Human Malformation. 6th ed. W.B. Saunders, Philadelphia, 2006.

Jorde LB, Carey JC, White RL, Bamshad MJ: Medical Genetics. 2nd ed. C.V. Mosby, St. Louis, 2001.

Kasper DL et al: Harrison's Principles of Internal Medicine. 16th ed. (with online access). McGraw-Hill, New York, 2005.

King R, Rotter J, Motulsky AG, eds: The Genetic Basis of Common Disorders. 2nd ed. Oxford University Press, Oxford, 2002.

King RC, Stansfield WD: A Dictionary of Genetics, 6th ed. Oxford University Press, Oxford, 2002.

Klein J, Takahata N: Where do we come from? The Molecular Evidence for Human Descent. Springer, Berlin, 2002.

Knippers, R.: Molekulare Genetik, 8. Aufl. Georg Thieme Verlag, Stuttgart–New York, 2005.

Koolman J, Roehm K-H: Color Atlas of Biochemistry. 2nd ed, Thieme, Stuttgart – New York, 2005.

Lodish H, Berk A, Matsudaira P, Kaiser CA, Krieger M, Scott MP, Zipursky SL, Darnell J: Molecular Cell Biology (with an animated CD-ROM). 5th ed. W.H. Freeman & Co., New York, 2004.

Macilwain C: World leaders heap praise on human genome landmark. Nature 405: 983–984, 2000.

Maddox B: Rosalind Franklin. Dark Lady of DNA. HarperCollins, London, 2002.

Miller OJ, Therman E: Human Chromosomes. 4th ed. Springer, New York, 2001.

Murphy EA, Chase GE: Principles of Genetic Counseling. Year Book Medical Publishers, Chicago, 1975.

Nussbaum RL, McInnes RR, Willard HF: Thompson & Thompson Genetics in Medicine, 6th ed. W. B. Saunders, Philadelphia, 2001.

Ohno S: Evolution by Gene Duplication. Springer Verlag, Heidelberg, 1970.

Passarge E: The human genome and disease, pp. 31–37. In: Molecular Nuclear Medicine. The Challenge of Genomics and Proteomics to Clinical Practice. L.E. Feinendegen et al, eds. Springer, Berlin-Heidelberg-New York, 2003.

Passarge E, Kohlhase J: Genetik, pp. 4–66. In: Klinische Pathophysiologie, 9. Auflage, W. Siegenthaler, H.E. Blum, ed., Thieme Verlag Stuttgart, 2006.

Pennisi E. Human genome. Finally, the book of life and instructions for navigating it. Science 288: 2304–2307, 2000.

Rimoin, DL, Connor JM, Pyeritz RE, Korf BR, eds.: Emery and Rimoin's Principles and Practice of Medical Genetics, 5th ed., Churchill-Livingstone, Edinburgh, 2006.

Stebbins GL: Darwin to DNA. Molecules to Humanity. W.H. Freeman, San Francisco, 1982.

Stent G, Calendar R: Molecular Genetics. An Introductory Narrative, 2nd ed. W.H. Freeman, San Francisco, 1978.

Stevenson RE, Hall JG, eds.: Human Malformations and Related Anomalies. 2nd ed. Oxford Univ. Press, Oxford, 2006.

Strachan T, Read AP: Human Molecular Genetics. 3rd ed. Garland Science, London, 2004.

Stryer L, Biochemistry. 4th ed. W. H. Freeman, New York, 2005.

Turnpenny PD, Ellard S: Emery's Elements of Medcal Genetics, 12th ed. Elsevier Churchill-Livingstone, Edinburgh-London-New York, 2005.

Vogelstein B, Kinzler KW, eds.: The Genetic Basis of Human Cancer. 2nd ed. McGraw-Hill, New York, 2002.

Watson JD, Baker TA, Bell SP, Gann A, Levine M, Losick R: Molecular Biology of the Gene. 5th ed. Pearson/Benjamin Cummings and Cold Spring Harbor Laboratory Press, 2004.

Weinberg RA: The Biology of Cancer. Garland Science, New York, 2006.

Whitehouse HLK: Towards an Understanding of the Mechanism of Heredity, 3rd ed. Edward Arnold, London, 1973.

遺伝学に関する情報を入手できるウェブサイト

Online Mendelian Inheritance in Man, OMIM (TM). McKusick-Nathans Institute for Genetic Medicine. Johns Hopkins University (Baltimore, Maryland) and the National Center for Biotechnology Information, National Library of Medicine (Bethesda, Maryland), 2000, at World Wide Web URL: (http://www.ncbi.nlm.nih.gov/Omim/).

GeneClinics, a clinical information resource relating genetic testing to the diagnosis, management, and genetic counseling of individuals and families with specific inherited disorders: (http://www.geneclinics.com).

Information on Individual Human Chromosomes and Disease Loci: Chromosome Launchpad: (http://www.ornl.gov/hgmis/launchpad).

National Center of Biotechnology Information Genes and Disease Map:
(http://www.ncbi. nlm.nih.gov/disease/).

Medline:
(http://www.ncbi.nlm.nim.nih.gov/PubMed/).

MITOMAP: A human mitochondrial genome database: (http://www.gen.emory.edu/mitomap.html), Center for Molecular Medicine, Emory University, Atlanta, GA, USA, 2000.

Nature Web Focus: The Human Genome
(www.nature.com/nature/focus/humangenome/index.html).

遺伝学の発達に寄与した重要な進展

(以下の年表は代表的な進展のみを取り上げており，決して完全なものではない．紹介できなかった研究者の方々にはおわび申し上げる．)

1665　細胞の記載と命名（R. Hooke）
1827　ヒト卵細胞の記載（K. E. von Baer）
1839　細胞を生物の基盤として認識（M. J. Schleiden，T. Schwann）
1859　進化の概念と実証（C. Darwin）
1865　優性または劣性に働く「因子」による遺伝の法則（G. Mendel）
1869　リンを含む酸性の長い分子「ヌクレイン」の発見（F. Miescher）
1874　一卵性双生児と二卵性双生児の区別（C. Dareste）
1876　「遺伝」と「環境」（F. Galton）
1879　有糸分裂時の染色体（W. Flemming）
1883　遺伝の量的側面（F. Galton）
1888　「染色体」という用語（W. Waldeyer）
1889　「核酸」という用語（R. Altmann）
1892　「ウイルス」という用語（R. Ivanowski）
1897　酵素の発見（E. Büchner）
1900　メンデルの法則の再発見（H. de Vries，E. Tschermak，C. Correns が独立に）
　　　ABO 血液型（K. Landsteiner）
1902　メンデルの法則に従って遺伝するいくつかのヒト疾患（W. Bateson，A. Garrod）
　　　性染色体（C. E. McClung）
　　　染色体とメンデル因子の関連性（W. S. Sutton）
　　　染色体の個別性（T. Boveri）
1906　「遺伝学」という用語の提唱（W. Bateson）
1907　両生類脊髄の培養（R. G. Harrison）
1908　集団遺伝学（G. H. Hardy，W. Weinberg）
1909　先天代謝異常（A. Garrod）
　　　「遺伝子」，「遺伝子型」，「表現型」という用語の提唱（W. Johannsen）
　　　減数分裂時のキアズマ形成（F. A. Janssens）
　　　最初の近交系マウス DBA（C. C. Little）
1910　ショウジョウバエ遺伝学の創始（T. H. Morgan）
　　　最初のショウジョウバエ変異体（white-eyed）
1911　肉腫ウイルス（P. Rous）
1912　染色体交差（T. H. Morgan & E. Cattell）
　　　遺伝的連鎖（T. H. Morgan & C. J. Lynch）
　　　最初の遺伝的地図（A. H. Sturtevant）
1913　最初の長期細胞培養（A. Carrel）
　　　染色体不分離（C. B. Bridges）
1915　遺伝子が染色体上に位置すること（遺伝の染色体説）
　　　　（T. H. Morgan，A. H. Sturtevant，H. J. Muller，C. B. Bridges）
　　　bithorax 変異体（C. B. Bridges）
　　　脊椎動物における最初の遺伝的連鎖（J. B. S. Haldane，A. D. Sprunt，N. M. Haldane）
　　　「間性」という用語（R. B. Goldschmidt）
1917　バクテリオファージの発見（F. d'Herelle）
1922　シロバナヨウシュチョウセンアサガオ（*Datura stramonium*）における種々のトリソミーの特徴的な表現型（A. F. Blakeslee）
1923　ショウジョウバエにおける染色体転座（C. B. Bridges）
1924　血液型の遺伝学（F. Bernstein）

年表

	遺伝形質の統計学的解析（R. A. Fisher）
1926	酵素がタンパクであること（J. B. Sumner）
1927	X線による突然変異の誘発（H. J. Muller）
	遺伝的浮動（S. Wright）
1928	ユークロマチンとヘテロクロマチン（E. Heitz）
	細菌における遺伝的形質転換（F. Griffith）
1933	家系分析（J. B. S. Haldane, L. Hogben, R. A. Fisher, F. Lenz, F. Bernstein）
	多糸染色体（E. Heitz & H. Bauer, T. S. Painter）
1935	ショウジョウバエにおける最初の細胞遺伝学的地図（C. B. Bridges）
1937	マウス H-2 遺伝子座（P. A. Gorer）
1940	多型（E. B. Ford）
	Rh血液型（K. Landsteiner & A. S. Wiener）
1941	遺伝子重複を通じた進化（E. B. Lewis）
	酵素生化学反応の遺伝的調節（G. W. Beadle & E. L. Tatum）
	マスタードガスによる突然変異の誘発（C. Auerbach & J. M. Robson）
1943	細菌における突然変異（S. E. Luria & M. Delbrück）
1944	遺伝情報を担う物質がDNAであること（O. T. Avery, C. M. MacLeod, M. McCarty）
	学界に大きな影響を与えた書籍『生命とは何か？　物理的にみた生細胞』（E. Schrödinger）
1946	細菌における遺伝的組換え（J. Lederberg & E. L. Tatum）
1947	ウイルスにおける遺伝的組換え（M. Delbrück & W. T. Bailey, A. D. Hershey）
1949	遺伝的に決定される分子病としての鎌状赤血球貧血（J. V. Neel, L. Pauling）
	マラリア地域に流行するヘモグロビン異常症（J. B. S. Haldane）
	Xクロマチン（M. L. Barr & E. G. Bertram）
1950	4種のヌクレオチド塩基の量的関係（E. Chargaff）
1951	トウモロコシにおける可動性遺伝因子（B. McClintock）
	タンパクにおけるαヘリックスとβシート（L. Pauling & R. B. Corey）
1952	遺伝子はDNAからなること（A. D. Hershey & M. Chase）
	プラスミド（J. Lederberg）
	ファージによる形質導入（N. Zinder & J. Lederberg）
	ヒトにおける最初の酵素欠損症（C. Cori & G. Cori）
	ヒトにおける最初の連鎖地図（J. Mohr）
	染色体分析におけるコルヒチン処理と低張処理（T. C. Hsu & C. M. Pomerat）
	先天奇形の原因としての外的因子（J. Warkany）
1953	DNAの構造（J. D. Watson & F. H. C. Crick, R. Franklin, M. H. F. Wilkins）
	細菌の接合（W. Hayes, L. L. Cavalli, J. & E. M. Lederbergが独立に）
	非メンデル遺伝（B. Ephrussi）
	細胞周期（A. Howard & S. R. Pelc）
	フェニルケトン尿症に対する食事療法（H. Bickel）
1954	DNA修復（H. J. Muller）
	HLAシステム（J. Dausset）
	白血球におけるドラムスティック（W. M. Davidson & D. R. Smith）
	ターナー症候群患者細胞におけるXクロマチン陰性（P. E. Polani）
	コレステロール生合成（K. Bloch）
1955	分子レベルでの最初の遺伝的地図（S. Benzer）
	タンパク（インスリン）のアミノ酸配列の決定（F. Sanger）
	リソソーム（C. de Duve）
	頬粘膜塗抹標本（K. L. Moore, M. L. Barr, E. Marberger）
	チミン類似体の5-ブロモウラシルによるファージの突然変異誘発（A. Pardee & R. Litman）
1956	ヒトの染色体が46本あること（J. H. Tjio & A. Levan, C. E. Ford & J. L. Hamerton）
	ヘモグロビン分子のアミノ酸配列（V. M. Ingram）

	試験管内での DNA 合成（S. Ochoa，A. Kornberg）
	減数分裂時の接合領域であるシナプトネマ複合体（M. J. Moses，D. Fawcett）
	遺伝的異質性（H. Harris，F. C. Fraser）
1957	遺伝的相補性（J. R. S. Fincham）
	ヒトに対する放射線の影響の遺伝学的解析（J. V. Neel & W. J. Schull）
1958	DNA の半保存的複製（M. Meselson & F. W. Stahl）
	体細胞遺伝学（G. Pontecorvo）
	リボソーム（R. B. Roberts，H. M. Dintzis）
	単一細胞のクローニング（K. K. Sanford，T. T. Puck）
1959	ヒトにおける最初の染色体異常の発見：ダウン症候群の 21 トリソミー（J. Lejeune，M. Gautier，R. Turpin），ターナー症候群の X モノソミー（45,X）（C. E. Ford），クラインフェルター症候群の過剰 X 染色体（47,XXY）（P. A. Jacobs & J. A. Strong）
	DNA ポリメラーゼ（A. Kornberg）
	アイソザイム（E. S. Vesell，C. L. Markert）
	薬理遺伝学（A. G. Motulsky，F. Vogel）
1960	フィトヘマグルチニン刺激によるリンパ球培養（P. C. Nowell，P. S. Moorhead，D. A. Hungerford）
1961	遺伝暗号は 3 塩基（トリプレット）配列として読まれる（F. H. C. Crick，S. Brenner，R. J. Watts-Tobin）
	遺伝暗号の決定（M. W. Nirenberg，J. H. Matthaei，S. Ochoa）
	X 染色体不活性化（M. F. Lyon，その後，E. Beutler，L. B. Russell，S. Ohno によって確認される）
	遺伝子制御，オペロンの概念（F. Jacob & J. Monod）
	培養細胞におけるガラクトース血症（R. S. Krooth）
	雑種細胞形成（G. Barski，B. Ephrussi）
	サリドマイド胎芽症（W. Lenz，W. G. McBride）
1962	フィラデルフィア染色体（P. C. Nowell & D. A. Hungerford）
	免疫グロブリンの分子構造（G. M. Edelman，E. C. Franklin）
	³H-オートラジオグラフィーによるヒト染色体の同定（J. German，O. J. Miller）
	3 塩基（トリプレット）配列に対する用語「コドン」（S. Brenner）
	レプリコン（F. Jacob & S. Brenner）
	細胞培養（W. Szybalski & E. H. Szybalska）
	X 連鎖する最初のヒト血液型 Xg（J. D. Mann，R. R. Race，R. Sanger）
	フェニルケトン尿症のスクリーニング（R. Guthrie，H. Bickel）
1963	リソソーム蓄積症（C. de Duve）
	最初の常染色体欠失症候群（ネコ鳴き症候群）（J. Lejeune）
1964	遺伝子とそのタンパク産物の共直線性（C. Yanofsky）
	除去修復（R. B. Setlow）
	混合リンパ球培養テスト（F. Bach & K. Hirschhorn，B. Bain & L. Lowenstein）
	マイクロリンパ球毒性テスト（P. I. Terasaki & J. B. McClelland）
	選択培地 HAT（J. W. Littlefield）
	自然染色体不安定性（J. German，T. M. Schröder）
	羊水細胞の細胞培養（H. P. Klinger）
	培養細胞を用いた遺伝性疾患の研究（B. S. Danes，A. G. Bearn，R. S. Krooth，W. J. Mellman）
	集団細胞遺伝学（W. M. Court Brown）
	自然流産胎児における染色体異常（D. H. Carr，K. Benirschke）
1965	酵母のアラニン tRNA の塩基配列決定（R. W. Holley）
	培養線維芽細胞の継代の限界（L. Hayflick，P. S. Moorhead）
	体細胞における染色体交差（J. German）
	センダイウイルスによる細胞融合（H. Harris & J. F. Watkins）
1966	遺伝暗号の解明が完了
	ヒトメンデル遺伝形質のカタログ（V. A. McKusick）

年表

エピジェネティクスの概念（C. H. Waddington）
1968 制限酵素（H. O. Smith, S. Linn & W. Arber, M. Meselson & R. Yuan）
DNA 合成における岡崎フラグメント（R. Okazaki & T. Okazaki）
最強の組織適合システム HLA-D（R. Ceppellini, D. B. Amos）
反復 DNA 配列（R. J. Britten & D. E. Kohne）
ABO 血液型物質の生化学的基盤（W. M. Watkins）
色素性乾皮症における DNA 除去修復欠損（J. E. Cleaver）
ヒト常染色体遺伝子座の最初の同定（R. P. Donahue, V. A. McKusick）
試験管内での遺伝子の合成（H. G. Khorana）
分子進化の中立説（M. Kimura）
1970 逆転写酵素（D. Baltimore, H. Temin が独立に）
すべての遺伝子座が同一染色体にあることを意味する用語「シンテニー」（J. H. Renwick）
リソソーム蓄積症における酵素欠損（E. F. Neufeld, A. Dorfman）
特異的分染による個々の染色体同定
　　（L. Zech, T. Casperson, H. A. Lubs, M. E. Drets & M. W. Shaw, W. Schnedl, H. J. Evans）
Y クロマチン（P. L. Pearson, M. Bobrow, C. G. Vosa）
免疫不全に対する胸腺移植（D. W. van Bekkum）
1971 網膜芽細胞腫の two-hit 説（A. G. Knudson）
1972 平均ヘテロ接合度の高値（H. Harris & D. A. Hopkinson, R. C. Lewontin）
HLA 抗原と疾患の関連
1973 受容体欠損を原因とする遺伝性高脂血症（M. S. Brown, J. L. Goldstein, A. G. Motulsky）
BrdU を用いた姉妹染色分体交換の証明（S. A. Latt）
転座によるフィラデルフィア染色体（J. D. Rowley）
1974 クロマチン構造，ヌクレオソーム（R. D. Kornberg, A. L. Olins & D. E. Olins）
T リンパ球による外来抗原と HLA 抗原の二重認識（P. C. Doherty & R. M. Zinkernagel）
真核生物 DNA 断片クローンの染色体上へのマッピング（D. S. Hogness）
1975 サザンブロット法（E. M. Southern）
モノクローナル抗体（G. Köhler & C. Milstein）
タンパクシグナル配列の最初の同定（G. Blobel）
プロモーターの構造と機能に関するモデル（D. Pribnow）
最初のトランスジェニックマウス（R. Jaenisch）
組換え DNA に関するアシロマ会議
1976 ファージ φX174 のオーバーラップ遺伝子（B. G. Barrell, G. M. Air, C. A. Hutchison）
ヒト染色体上の構造遺伝子座（ヒト遺伝子マッピングに関するボルチモア会議）
組換え DNA 技術を用いた最初の診断（Y. W. Kan, M. S. Golbus, A. M. Dozy）
1977 遺伝子のコード領域と非コード領域（R. J. Roberts, P. A. Sharp が独立に）
哺乳類 DNA を含む最初の組換え DNA
DNA 塩基配列決定法（F. Sanger, A. M. Maxam & W. Gilbert）
ファージ φX174 の DNA 塩基配列決定（F. Sanger）
ヌクレオソームの X 線構造解析（J. T. Finch ら）
1978 真核生物遺伝子のコード配列と非コード配列に対する用語「エキソン」と「イントロン」
　　（W. Gilbert）
β グロビン遺伝子の構造（P. Leder, C. Weissmann, S. M. Tilghman ほか）
細菌における転位の機構
組換え DNA によるソマトスタチンの産生
遺伝子発見のための「染色体歩行」の導入
制限酵素を用いた最初の遺伝学的診断（Y. W. Kan & A. M. Dozy）
テロメアにおける DNA の縦列反復（E. H. Blackburn & J. G. Gall）
1979 核内低分子リボ核タンパク（snRNP）（M. R. Lerner & J. A. Steitz）
ミトコンドリア DNA における別種の遺伝暗号（B. G. Barrell, A. T. Bankier, J. Drouin）

1980	制限断片長多型によるマッピング（D. Botstein ほか）
	ショウジョウバエ胚発生遺伝子の変異スクリーニング研究（C. Nüsslein-Volhard & E. Wieschaus）
	クローニング DNA 注入による最初のトランスジェニックマウス（J. W. Gordon）
	DNA 注入による哺乳類培養細胞の形質転換（M. R. Capecchi）
	16S リボソーム RNA の構造（C. R. Woese）
1981	ミトコンドリアゲノムの塩基配列決定（S. Anderson, B. G. Barrell, A. T. Bankier）
1982	癌抑制遺伝子（H. P. Klinger）
	中枢神経系疾患（クールー，スクレイピー，クロイツフェルト-ヤコブ病）の原因としてのプリオン（S. B. Prusiner）
	組換え DNA によるインスリン産生とその市販（Eli Lilly 社）
1983	細胞性癌遺伝子（H. E. Varmus ほか）
	HIV の分離（L. Montagnier, R. Gallo）
	慢性骨髄性白血病の分子基盤（C. R. Bartram, D. Bootsma ほか）
	最初の組換え RNA 分子（E. A. Miele, D. R. Mills, F. R. Kramer）
	ショウジョウバエの *bithorax* 遺伝子複合体の塩基配列決定（W. Bender）
1984	T 細胞受容体の同定（S. Tonegawa）
	ショウジョウバエとマウスのホメオボックス（*Hox*）遺伝子（W. McGinnis）
	ハンチントン病の原因遺伝子の局在（J. F. Gusella）
	ヘリコバクター・ピロリの記載（B. J. Marshall & J. R. Warren）
1985	ポリメラーゼ連鎖反応（K. B. Mullis, R. K. Saiki）
	高度可変 DNA 領域を利用した遺伝的フィンガープリント（A. Jeffreys）
	血友病 A の原因遺伝子のクローニング（J. Gitschier）
	HIV-1 のゲノム塩基配列決定
	囊胞性線維症の原因遺伝子の連鎖解析（H. Eiberg ほか）
	テトラヒメナからテロメアの単離（C. W. Greider & E. H. Blackburn）
	アフリカツメガエル卵細胞からジンクフィンガータンパクの単離（J. R. Miller, A. D. McLachlan, A. Klug）
	相同組換えによる DNA の挿入（O. Smithies）
	マウスにおけるゲノムインプリンティング（B. M. Cattanach）
1986	ヒト遺伝子の最初のクローニング
	ヒト視細胞色素遺伝子の同定（J. Nathans, D. Thomas, D. S. Hogness）
	触媒酵素としての RNA（T. R. Cech）
	染色体局在を基盤とした最初のヒト遺伝子の同定（ポジショナルクローニング）（B. Royer-Pokora ほか）
1987	HLA 分子の詳細な構造（P. J. Björkman, J. L. Strominger ほか）
	デュシェンヌ型筋ジストロフィーの原因遺伝子のクローニング（L. M. Kunkel ほか）
	ノックアウトマウス（M. R. Capecchi）
	ヒトゲノムの遺伝的地図（H. Donis-Keller ほか）
	ミトコンドリア DNA とヒトの進化（R. L. Cann, M. Stoneking, A. C. Wilson）
1988	ヒトゲノムプロジェクト開始
	染色体末端のテロメアの分子構造（E. H. Blackburn ほか）
	ヒトミトコンドリア DNA の変異（D. C. Wallace）
	血友病 A のまれな原因としての可動性遺伝因子（H. H. Kazazian）
	試験管内での遺伝子治療の成功
1989	囊胞性線維症の原因遺伝子の同定（L.-C. Tsui ほか）
	ヒト染色体特定領域のマイクロダイセクションとクローニング（H. J. Lüdecke, G. Senger, U. Claussen, B. Horsthemke）
1990	リ-フラウメニ症候群の原因としての *p53* 遺伝子変異（D. Malkin）
	メンデルが用いた「しわ種子」遺伝子の変異（M. K. Bhattcharyya）
	遺伝性乳癌の原因としての遺伝子異常（M. C. King）

年表

1991 嗅覚受容体多重遺伝子ファミリー（L. B. Buck & R. Axel）
酵母Ⅲ番染色体の全塩基配列決定
多型マーカーとしてのマイクロサテライト DNA の普及

1992 ヒト疾患の原因となる新しいクラスの変異，トリプレットリピートの伸長
ヒト染色体上の DNA マーカーの高密度マッピング
X 染色体不活性化センターの同定
$p53$ 遺伝子ノックアウトマウス（O. Smithies）

1993 ハンチントン病の原因遺伝子のクローニング（M. E. MacDonald）
ゼブラフィッシュにおける発生異常遺伝子変異（M. C. Mullins & C. Nüslein-Volhard）

1994 ヒトゲノムの最初の高精度物理的地図
軟骨無形成症とその他のヒト疾患の原因としての線維芽細胞増殖因子受容体遺伝子の変異
　　　（M. Muenke）
遺伝性乳癌の原因遺伝子の同定

1995 ブルーム症候群の原因遺伝子 BLM のクローニング（N. A. Ellis, J. Groden, J. German ほか）
細菌（インフルエンザ菌）における最初のゲノム塩基配列決定（R. D. Fleischmann, J. C. Venter ほか）
脊椎動物の眼のマスター遺伝子，sey（small eye ＝小眼球）
　　　（G. Halder, P. Callaerts, W. J. Gehring）
ヒトゲノムの STS 地図（T. J. Hudson ほか）

1996 酵母ゲノムの全塩基配列決定（A. Goffeau ほか）
7,000 以上のマーカーによるマウスゲノム地図（E. S. Lander）

1997 大腸菌のゲノム塩基配列決定（F. R. Blattner ほか）
ヘリコバクター・ピロリのゲノム塩基配列決定（J. F. Tomb）
ネアンデルタール人のミトコンドリア DNA の塩基配列（M. Krings, S. Pääbo ほか）
脱核卵細胞への成体体細胞導入によるクローン動物（ドリー羊）の作製（I. Wilmut）

1998 RNA 干渉（RNAi）（A. Fire ほか）
線虫のゲノム塩基配列決定
ヒト胚性幹細胞（J. Thomson & J. Gearhart）

1999 ヒト 22 番染色体の全塩基配列決定
リボソームの結晶構造

2000 ショウジョウバエのゲノム塩基配列決定（M. D. Adams）
植物病原体（$Xylella\ fastidiosa$）で最初の完全ゲノム塩基配列決定
植物（シロイヌナズナ）で最初のゲノム塩基配列決定

2001 ヒトゲノムの完全塩基配列の最初の概要（F. H. Collins, J. C. Venter ほか）

2002 マウスのゲノム塩基配列決定（R. H. Waterston ほか）
イネのゲノム塩基配列決定（J. Yu, S. A. Goff ほか）
マラリア原虫（$Plasmodium\ falciparum$）とその媒介蚊（$Anopheles\ gambiae$）のゲノム塩基配列決定
最古の原人サヘラントロプス・チャデンシス（$Sahelanthropus\ tchadensis$）の発見（M. Brunet）

2003 国際 HapMap プロジェクト開始
ヒト Y 染色体の塩基配列決定（H. Skaletsky, D. C. Page ほか）
解剖学的形質から現生人類の直接の祖先と考えられる最古の人類で，15 万 4 千～16 万年前の更新
　　世に生息したホモ・サピエンス・イダルトゥ（$Homo\ sapiens\ idaltu$）の発見（T. D. White ほか）

2004 Brown Norway ラットのゲノム塩基配列決定
インドネシアのフローレス島で小型の新種原人を発見（P. Brown ほか）

2005 チンパンジーのゲノム塩基配列決定（R. H. Waterston, E. S. Lander, R. K. Watson ほか）
158 万種のヒト一塩基多型のマッピング（D. A. Hinds, D. R. Cox ほか）
ヒトハプロタイプ地図
ヒト X 染色体の塩基配列決定（M. T. Ross ほか）
ヒト X 染色体の不活性化プロファイル（L. Carrel & H. F. Willard）

2006 ヒト全染色体の完全塩基配列決定

年表に関する文献

発見の年次は，個人的な覚え書き以外に，おもに下記の資料によった．

Dunn LC: A Short History of Genetics. McGraw-Hill, New York, 1965.
King RC, Stansfield WD: A Dictionary of Genetics, 6th ed. Oxford University Press, Oxford, 2002.
Lander ES, Weinberg RA: Genomics. A journey to the center of science. Science 287: 1777-1782, 2000.
McKusick VA: Presidential Address. Eighth International Congress of Human Genetics: The last 35 years, the present and the future. Am J Hum Genet 50: 663-670, 1992.
Stent GS, ed.: James D. Watson. The Double Helix: A Personal Account of the Discovery of the Structure of DNA. Weidenfeld & Nicolson, London, 1981.
Sturtevant AH: A History of Genetics. Harper & Row, New York, 1965.
The New Encyclopaedia Britannica, 15th ed. Encyclopaedia Britannica, Chicago, 1995.
Vogel F, Motulsky AG: Human Genetics: Problems and Approaches, 3rd ed. Springer Verlag, Heidelberg, 1997.
Whitehouse HLK: Towards an Understanding of the Mechanism of Heredity, 3rd ed. Edward Arnold, London, 1973.

第 1 部
基本的知識

生物の分類と生命樹

1859年に出版された『種の起源(The Origin of Species)』でCharles Darwinは「この地球上にこれまで生存したおそらくすべての生物は、いくつかの原始生命体に由来する子孫である」と記述している。このようにもしすべての生物が共通の祖先に由来するのなら、それらが共有する特徴のタイプや数に基づいて互いの関係(分類)を確立することが理論的にはできるはずである。過去に生存していた生物に関するデータはきわめて乏しいので、このような試みは大変な困難に直面するが、解剖学的な形態、タンパクやDNAなどの分子に基づいて系統樹的な関係を構築することは可能である(系統的ゲノミクス、Delsucら、2005)。地球の年齢が45億年強であり、約35億年前に最初の生命が誕生したという考えは広く受け入れられている。

A. 生物の3超界(ドメイン)

生物分類の階級を上位のものから順に列挙すると、超界(domain)、界(kingdom)、門(phylum)、網(class)、目(order)、科(family)、属(genus)、種(species)となる。生物はそれを構成している細胞のタイプによって、**原核生物** prokaryoteと**真核生物** eukaryoteのいずれかに分類される。原核細胞は核がない単純な内部構造をもち、真核細胞は遺伝物質を含む核という他から明確に区別される内部構造をもつ。1960年代終わり頃になり生物の第三のグループとして認められたのが、**古細菌**(アーキア、Archaea)である。古細菌は通常の真性細菌とは細胞膜の組成(脂肪酸エステル脂質ではなく、イソプレンエーテル脂質)と生活環の点で異なり、さらに**クレンアーキオータ門** Crenarchaeotaと**ユリアーキオータ門** Euryarchaeotaの2つに分けられる。

古細菌は酸素なしで70〜110℃の高温(超好熱菌)や低温(好冷菌)の環境条件で、あるいは高濃度の塩化ナトリウム存在下(高度好塩菌)や高濃度の硫黄存在下(好熱硫黄細菌)で、またpH 11.5という強いアルカリ性(好アルカリ性菌)やpH 0に近い酸性(好酸性菌)の環境条件で、さらには通常の細菌ならば死滅してしまう以上のような不利な条件が組み合わさった中でも生存できる。原核生物は真核生物よりも古いと考えられており、すでに存在していた真性細菌と古細菌のゲノムの双方が最初の真核生物ゲノムに寄与したと推定されている。真核生物は動物、植物、藻類、原虫(原生動物)など、いくつかの「界」からなっている。上記の3つの超界には、現存生物の共通祖先(last universal common ancestor)と呼ばれる共通の祖先が存在すると推定されている。

B. 後生動物(多細胞生物)の系統樹

後生動物の系統樹は、伝統的な分類によるか、それとも主としてリボソームRNAの塩基配列に基づいた分子学的分類によるかによって異なってくる。ここでは分子学的分類による系統樹を簡略化して示す。

C. 哺乳類の系統樹

哺乳類は約1億年前の中生代後期に出現した。図の時間軸はおおざっぱなものである。既知の哺乳類4,629種のうち4,356種は有胎盤哺乳類である。これは12目からなり、種の多い順に5つを挙げれば、齧歯目(ネズミ目)(2,015種)、翼手目(コウモリ目)(925種)、食虫目(モグラ目)(385種)、食肉目(ネコ目)(271種)、霊長目(サル目)(233種)となる。(図はKlein & Takahata, 2001より改変)

参考文献

Allers T, Mevarech M: Archaeal genetics – the third way. Nature Rev Genet 6: 58–74, 2005.

Delsuc F, Brinkmann H, Philippe H: Phylogenomics and the reconstruction of the tree of life. Nature Rev Genet 6: 361–375, 2005.

Delsuc F et al: Tunicates and not cephalochordates are the closest living relatives of vertebrates. Nature 439: 965–968, 2006.

Hazen RM: Genesis: the Scientific Quest for Life's Origins. Joseph Henry Press, 2005.

Klein, J, Takahata, N: Where do we Come from? The Molecular Evidence for Human Descent. Springer, Berlin-Heidelberg, 2001.

Murphy WJ et al: Molcular phylogenetics and the origins of placental mammals. Nature 409: 614–618, 2001.

Rivera MC, Lake MA: The ring of life provides evidence for a genome fusion origin of eukaryotes. Nature 431: 152–155, 2004.

Woese CR: Interpreting the universal phylogenetic tree. Proc Nat Acad Sci 97: 8392–8396, 2000.

Woese CR: On the evolution of cells. Proc Nat Acad Sci 99: 8742–8747, 2002.

Woese CR: A new biology for a new century. Microbiol & Mol Biol Rev 68: 173–186, 2004.

生物の分類と生命樹　27

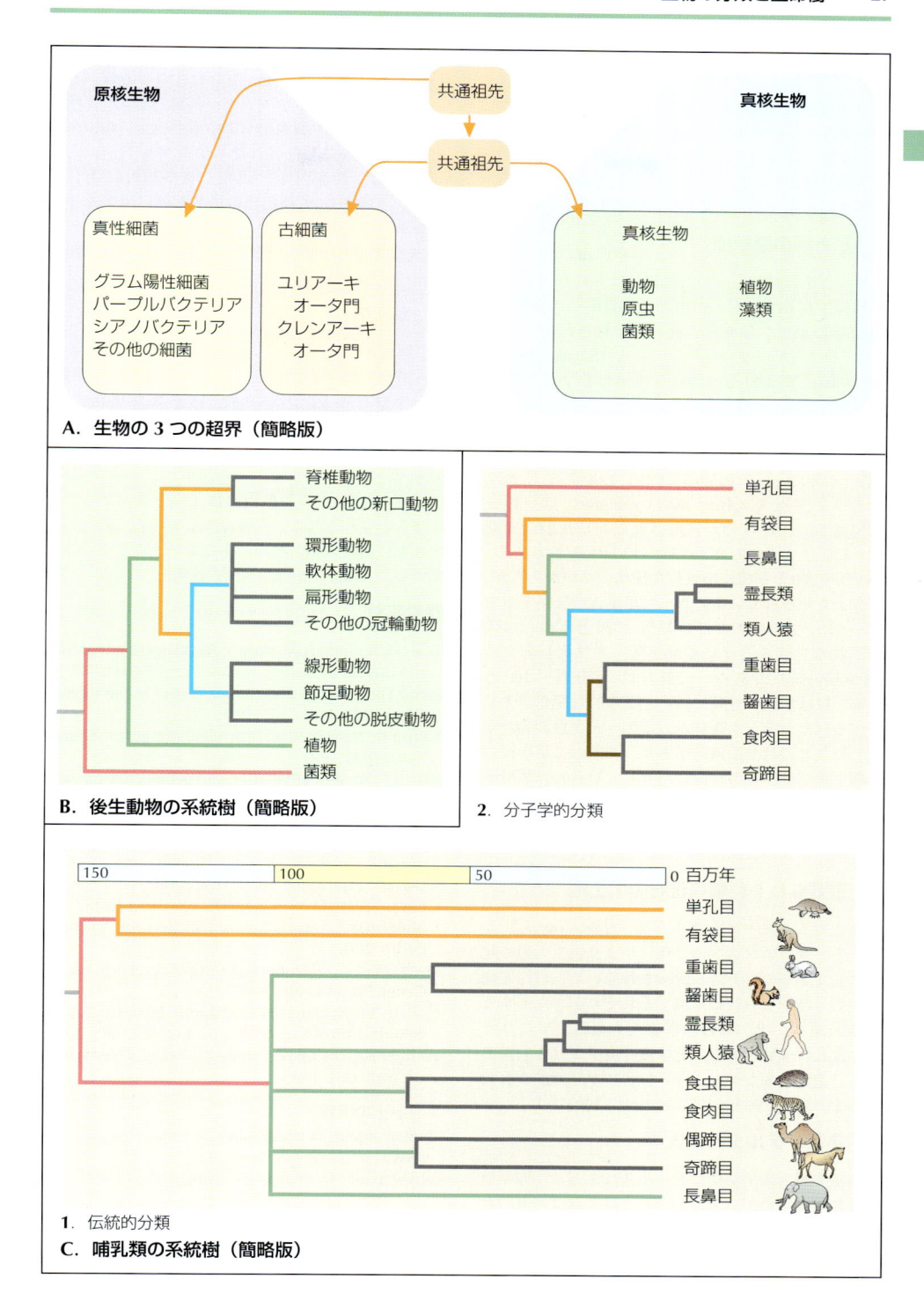

A. 生物の3つの超界（簡略版）

原核生物　　　　　　　　　共通祖先　　　　　真核生物
　　　　　　　　　　　　　　　↓
　　　　　　　　　　　　　共通祖先

真性細菌
- グラム陽性細菌
- パープルバクテリア
- シアノバクテリア
- その他の細菌

古細菌
- ユリアーキオータ門
- クレンアーキオータ門

真核生物
- 動物
- 原虫
- 菌類
- 植物
- 藻類

B. 後生動物の系統樹（簡略版）

- 脊椎動物
- その他の新口動物
- 環形動物
- 軟体動物
- 扁形動物
- その他の冠輪動物
- 線形動物
- 節足動物
- その他の脱皮動物
- 植物
- 菌類

2. 分子学的分類

- 単孔目
- 有袋目
- 長鼻目
- 霊長類
- 類人猿
- 重歯目
- 齧歯目
- 食肉目
- 奇蹄目

C. 哺乳類の系統樹（簡略版）

150　　　100　　　50　　　0 百万年

- 単孔目
- 有袋目
- 重歯目
- 齧歯目
- 霊長類
- 類人猿
- 食虫目
- 食肉目
- 偶蹄目
- 奇蹄目
- 長鼻目

1. 伝統的分類

ヒトの進化

ヒト（*Homo sapiens*）はヒト科（Hominidae）の中で現存する唯一の種である。入手しうるあらゆるデータは，今日の人類が10万〜30万年前にアフリカ大陸で誕生し，地球全体に拡散して全大陸に定住するようになったとする推定と矛盾しない。

A. ヒト科の系統樹

ヒトとチンパンジーの共通祖先は600万〜700万年前に生存していた。最古のヒト科動物の骨格は，2002年に東アフリカのチャドで発見されたサヘラントロプス・チャデンシス（*Sahelanthropus tchadensis*，約600万〜700万年前）とケニアで発見されたオルロリン・トゥゲネンシス（*Orrorin tugenensis*，約580万〜610万年前）である。500万〜400万年前の化石はアウストラロピテクス（*Australopithecus*）属のもので，アルディピテクス・ラミドゥス（*Ardipithecus ramidus*）はその一例である。二足歩行が獲得されたのは比較的初期で，450万〜400万年前にかけてのことである。450万〜200万年前に出現した種はいくつかあるが，最もよく知られているのが，二足歩行の証拠を示す「ルーシー」の有名な部分骨格（320万年前）に代表されるアウストラロピテクス・アファレンシス（*A. afarensis*）であろう。鮮新世（530万〜160万年前）には形態や行動において根本的な変化が生じた。それはおそらく森林から草原へと生息環境が変化したことに対する適応であり，初期の二足歩行の時期を経て脳容量が劇的に増大し，道具の作製やその他の複雑な行為が行われるようになったのである。現生人類は3万〜4万年前に出現し，さまざまな時期に5大陸に到達した。

B. 重要なヒト科動物化石の出土地

直立原人ホモ・エレクトゥス（*Homo erectus*）からホモ・サピエンスへの変化，つまり現生人類の起源として2つのモデルが提唱されている。（1）変化が複数の時期ならびに地域でそれぞれ起きたとする多地域説と，（2）20万年前よりも最近，アフリカで一度だけ変化が起きたとする「脱アフリカ」説である。遺伝学的なデータからは脱アフリカ説が有利である。（図はWehner & Gehring，1995より）

C. ネアンデルタール人

現生人類とネアンデルタール人は3万〜4万年前に共存していたが，遺伝的データによれば両者の交雑はなかった。ヒト，ネアンデルタール人，およびチンパンジーのミトコンドリアDNA（mtDNA，136頁参照）の比較研究によれば，ヒトmtDNAの中にネアンデルタール人由来の塩基配列はない（図1）。それぞれ約2,000 km離れた3つの地域（ネアンデル谷のフェルトホッファー洞窟，北コーカサスのメズマイスカヤ洞窟，および南バルカンのヴィンディヤ洞窟）で発見されたネアンデルタール人のmtDNAは，現生人類と比較して多様性に乏しい（3.5％）（図2）。Y染色体の塩基配列に関する予備的なデータでも，ネアンデルタール人とヒトのDNA塩基配列間の差異が確認された（Dalton，2006）。（図はKringsら，1997より）

D. 系統樹

Y染色体（父からのみ遺伝）とmtDNA（母からのみ遺伝）の研究結果は，脱アフリカ説と矛盾しない。アフリカ人，アジア人，オーストラリア人，ニューギニア人，ヨーロッパ人など147の現生人類のmtDNAから構築した系統樹では，約20万年前の祖先ハプロタイプにまで遡ることができた（Cannら，1987）。この祖先は「ミトコンドリア・イヴ」とも称される。異論はあるものの，最近のアフリカに現生人類の起源があるという点は支持されている。（図はCannら，1987より）

参考文献

Cann RL, Stoneking M, Wilson AC: Mitochondrial DNA and human evolution. Nature 325: 31–36, 1987.
Caroll SB: Genetics and the making of *Homo sapiens*. Nature 422: 849–857, 2003.
Dalton R: Neanderthal DNA yields to genome foray. Nature 441: 260–261, 2006.
Denell R, Roebroeks W: An Asian perspective on early human dispersal from Africa. Nature 438:1099–1104, 2005.
Jobling MA, Hurles, M, Tyler-Smith C: Human Evolutionary Genetics. Origins, Peoples, and Disease. Garland Publishing, New York, 2004.
Klein J, Takahata N: Where do we come from? The Molecular Evidence for Human Descent. Springer, Berlin, 2002.
Krings M et al.: Neanderthal mtDNA diversity. Nature Genet. 26: 144–146, 2000.
Mellers P: Neanderthals and the modern human colonization of Europe. Nature 432: 461–465, 2004.
Wehner R, Gehring W: Zoologie, 23rd ed. Thieme Verlag, Stuttgart, 1995.

ネット上の情報：

Human evolution and fossils
(www.archaeologyinfo.com).
(www.modernhumanorigins.com).

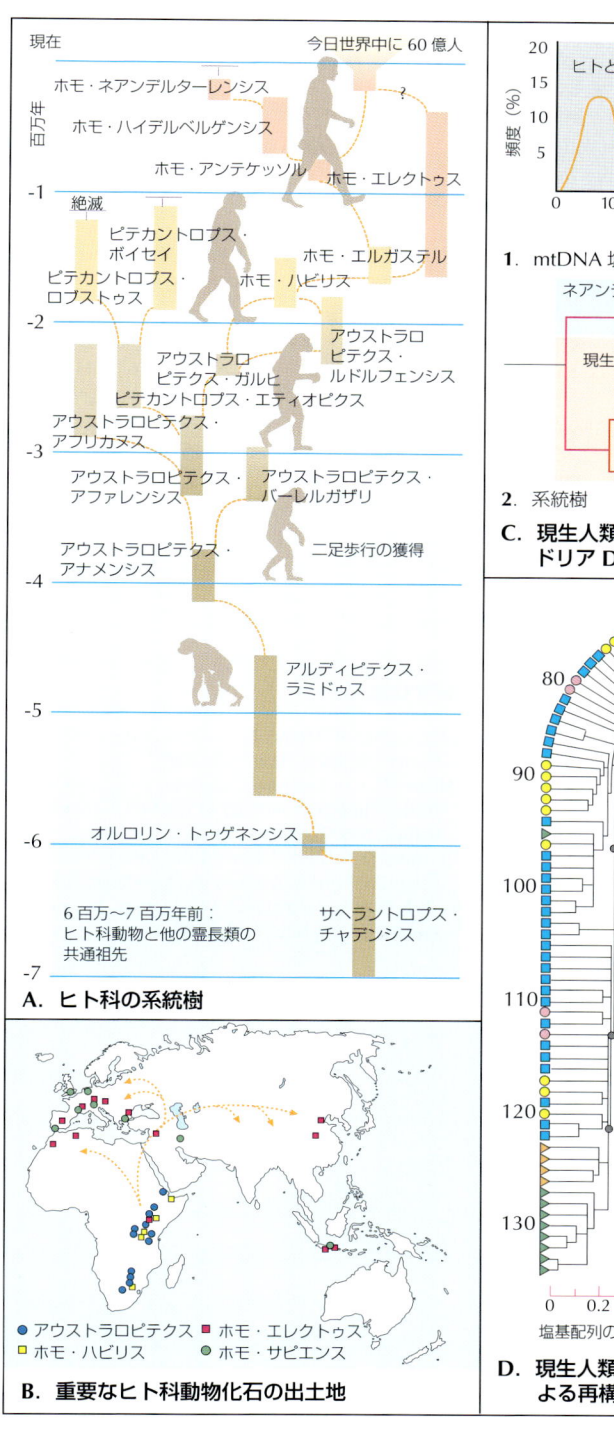

ヒトの進化

A. ヒト科の系統樹

（百万年）

- 現在: 今日世界中に60億人
  - ホモ・ネアンデルターレンシス
  - ホモ・ハイデルベルゲンシス
  - ホモ・アンテケッソル
  - ホモ・エレクトゥス
- −1: 絶滅
  - ピテカントロプス・ボイセイ
  - ピテカントロプス・ロブストゥス
  - ホモ・エルガステル
  - ホモ・ハビリス
- −2:
  - アウストラロピテクス・ガルヒ
  - アウストラロピテクス・ルドルフェンシス
  - ピテカントロプス・エティオピクス
- −3:
  - アウストラロピテクス・アフリカヌス
  - アウストラロピテクス・アファレンシス
  - アウストラロピテクス・バーレルガザリ
- −4:
  - アウストラロピテクス・アナメンシス
  - 二足歩行の獲得
- −5:
  - アルディピテクス・ラミドゥス
- −6:
  - オルロリン・トゥゲネンシス
- −7: 6百万〜7百万年前：ヒト科動物と他の霊長類の共通祖先
  - サヘラントロプス・チャデンシス

B. 重要なヒト科動物化石の出土地

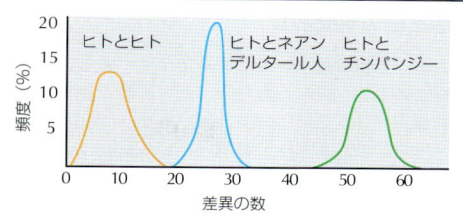

- ● アウストラロピテクス
- ■ ホモ・エレクトゥス
- □ ホモ・ハビリス
- ● ホモ・サピエンス

C. 現生人類とネアンデルタール人のミトコンドリア DNA（mtDNA）塩基配列の関係

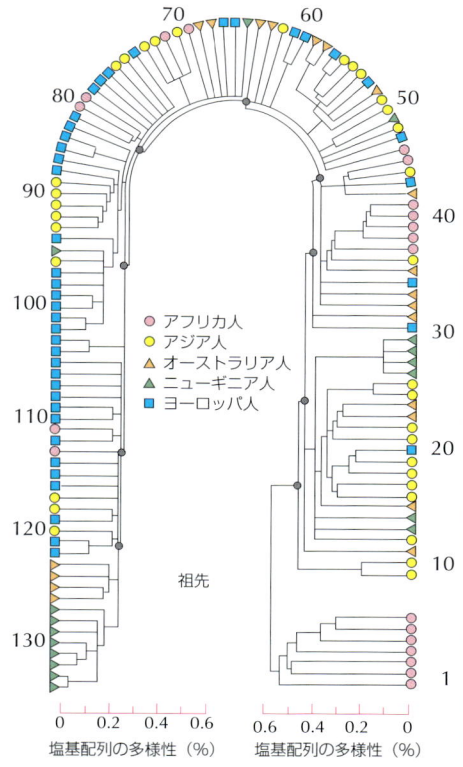

1. mtDNA 塩基配列の差異の比較（ヒトとヒト、ヒトとネアンデルタール人、ヒトとチンパンジー）

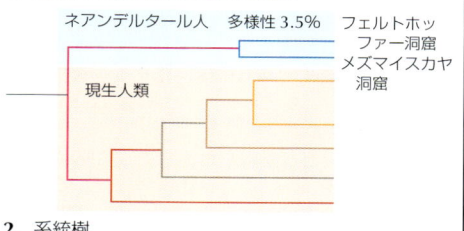

2. 系統樹
   - ネアンデルタール人　多様性 3.5%
   - フェルトホッファー洞窟
   - メズマイスカヤ洞窟
   - 現生人類

D. 現生人類における mtDNA 進化の系統樹による再構成

- ● アフリカ人
- ● アジア人
- ▲ オーストラリア人
- ▲ ニューギニア人
- ■ ヨーロッパ人

塩基配列の多様性（%）

細胞とその構成要素

細胞は生物の最小の組織的構造単位である。細胞は膜に囲まれ，限られた寿命の間に広範な種々の機能を発揮することができる。R. Virchow が 1855 年に「すべての細胞は細胞から（*omnis cellula e cellula*）」と述べたとおり，個々の細胞は別の細胞に由来する。基本的な細胞のタイプには 2 種類ある。1 つは環状のゲノムにすべての機能的情報が担われている無核の**原核細胞** prokaryotic cell，もう 1 つは核内の複数の染色体に分割してゲノムを保持し，高度に組織化された内部構造をもつ**真核細胞** eukaryotic cell である。Robert Hooke は 1665 年，コルクを構成する微小な空洞に対して，修道僧が修行をするための小部屋からの連想で「細胞（cell）」という言葉を導入した。1839 年には Mathias Schleiden と Theodor Schwann によって，細胞が動物や植物などの「生物の基本粒子」であることが認識された。今日，我々は細胞の生物学的過程の多くを分子レベルで理解している。

A. 原核細胞の基本構造

原核細胞（真性細菌）は，核や特殊な内部構造を欠き，直径が数 μm で，典型的には棒状あるいは球形をしている。細菌は二重の細胞膜からなる細胞壁に囲まれ，細胞内には環状の DNA 分子中にぎっしり畳み込まれた平均 1,000 ～ 5,000 個の遺伝子を含んでいる（44 頁参照）。通常，それに加えて，**プラスミド** plasmid と呼ばれる小さな環状 DNA 分子をもつ。プラスミドは主要な染色体とは独立に複製され，一般的には抗生物質に対する耐性を担う遺伝子を含む（96 頁参照）。

B. 真核細胞の基本構造

真核細胞は細胞質と核からなり細胞膜で囲まれている。核には遺伝情報が含まれ，細胞質には生体膜によって形成された複雑な系である独立した構造物（細胞小器官）が含まれている。細胞小器官にはミトコンドリア（エネルギーを供給するための重要な化学反応が行われる），小胞体（重要な分子を合成する場となる一連の膜構造），ゴルジ装置（輸送機能をもつ），リソソーム（ある種のタンパクを分解する），ペルオキシソーム（ある種の分子の合成や分解）などがある。動物細胞（図 1）と植物細胞（図 2）には共通した点もあるが，構造上重要な違いがある。植物細胞は光合成を行う葉緑体を含み，セルロースやその他の高分子で構成された強固な壁で囲まれており，水，イオン，糖，窒素含有化合物，および廃棄物を封入した液胞をもつ。液胞は水は透過させるが，封入しているその他の物質は透過させない。

C. 細胞膜

細胞は細胞膜で囲まれている。細胞膜は双極性のリン脂質分子が二重膜構造をとった防水性の膜であり（脂質二重層），特別な機能を担うために 1 回ないし多回数にわたって膜を横断貫通している多数のタンパク分子を含む。細胞どうしは数多くの種類の分子シグナルを用いて互いに情報を交換している。膜タンパクは以下のように分類できる。(1) 分子を出し入れ（輸送）するためのチャネルとして用いられる膜貫通タンパク，(2) 構造の安定を保つために互いに結合しあうタンパク，(3) シグナル伝達に関与する受容体分子，(4) 外部シグナルに応答して細胞内の化学反応を触媒する酵素機能をもった分子，(5) 隣接する細胞間に孔隙を形成する特殊細胞のギャップ結合分子，などである。ギャップ結合タンパクはコネキシンからなり，直径およそ 1.2 nm までの大きさの分子を通過させる。

参考文献

Alberts B et al: Molecular Biology of the Cell, 5th ed. Garland Science, New York, 2002.
Alberts B et al: Essential Cell Biology. An Introduction to the Molecular Biology of the Cell. Garland Publishing, New York, 1998.
de Duve C: A Guided Tour of the Living Cell, 2 Vols. Scientific American Books Inc, New York, 1984.
Lodish H et al: Molecular Cell Biology, 5th ed. WH Freeman & Co, New York, 2005.

細胞とその構成要素　31

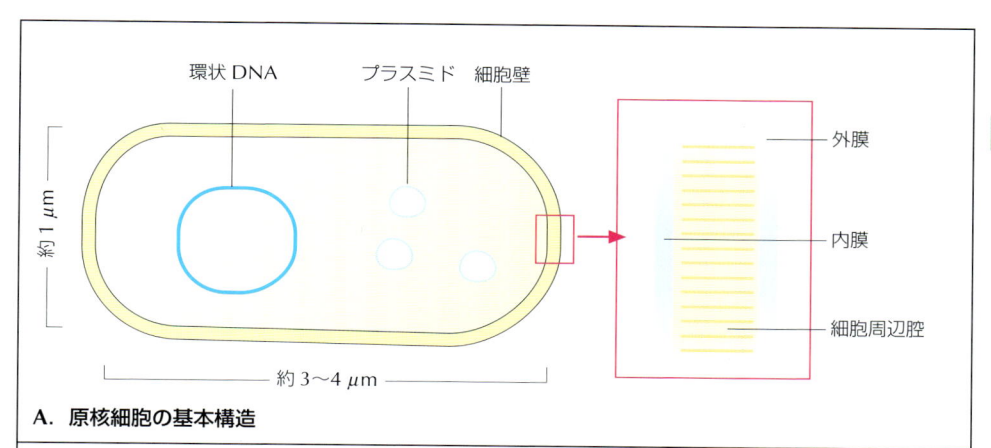

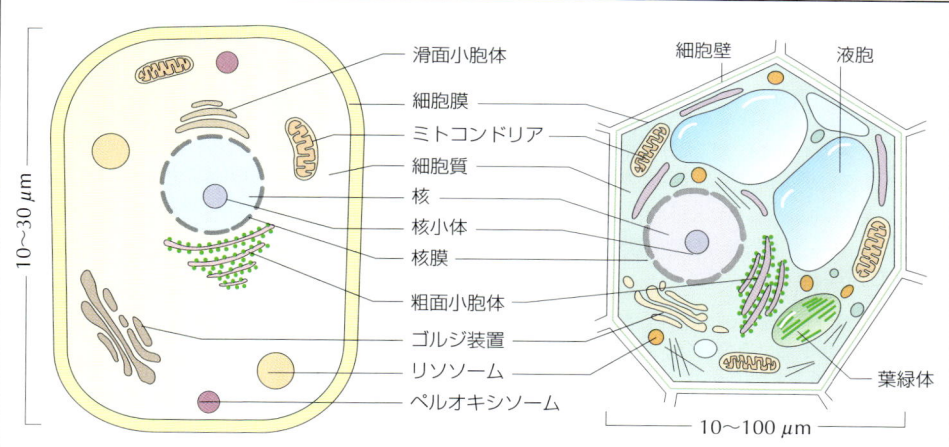

A. 原核細胞の基本構造

環状 DNA / プラスミド / 細胞壁
約 1 μm
約 3〜4 μm
外膜 / 内膜 / 細胞周辺腔

B. 真核細胞の基本構造

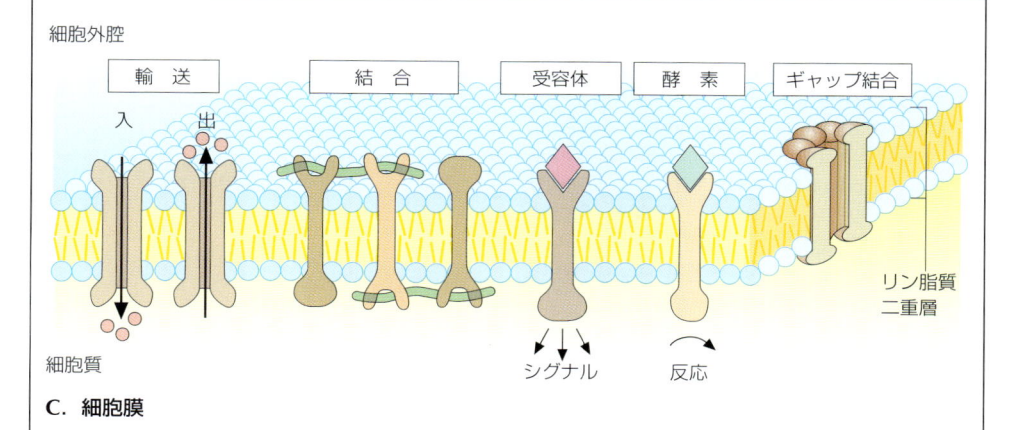

1. 動物細胞
10〜30 μm
滑面小胞体 / 細胞膜 / ミトコンドリア / 細胞質 / 核 / 核小体 / 核膜 / 粗面小胞体 / ゴルジ装置 / リソソーム / ペルオキシソーム

2. 植物細胞
細胞壁 / 液胞 / 葉緑体
10〜100 μm

C. 細胞膜

細胞外腔
輸送（入／出）／結合／受容体／酵素／ギャップ結合
シグナル／反応
リン脂質二重層
細胞質

化学結合の種類

化学結合によって分子どうしは結びつき複雑な構造を形成することができる。各々の原子は相手の原子に一定の様式で化学結合する。2つの原子間で電子を共有してできる強い結合が共有結合である。一方、非共有結合は弱い結合であるが、糖質、脂質、核酸、タンパクなど多くの生体分子において主要な役割を担っている。非共有結合として重要なものは、水素結合、イオン結合、ファンデルワールス力、疎水結合の4種類である。

生細胞の重量の99％近くをたった4種類の原子、すなわち炭素、水素、窒素、酸素が占めている。構成原子数としては約50％が水素原子、約25％が炭素原子、約25％が酸素原子である。細胞重量の約70％は水であるが、それ以外の構成成分はほぼすべてが炭素化合物である。炭素原子は外殻電子を4個もつので、別の原子と4個の強い共有結合を形成することが可能であり、生体分子の中核を担っている。重要なのは、炭素原子どうしが互いに結合して炭素鎖や炭素環を形成し、巨大分子や特殊な生物学的特性をもつ分子を構成できることである。

A. 水素（H），酸素（O），炭素（C）を含む官能基

この3種類の原子を単純に組み合わせてできる構造のうち、生物学的に重要な分子にしばしばみられるものが4種類ある。ヒドロキシ基（-OH：アルコール類）、メチル基（-CH$_3$）、カルボキシ基（-COOH）、カルボニル基（C＝O：アルデヒド類、ケトン類）で、これらの官能基は、複合体形成の可能性を含め、分子に特徴的な性質を与える。

B. 酸とエステル

多くの生体分子は弱酸性ないし弱アルカリ性の性質をもった炭素-酸素結合を含んでいる。酸性の度合いはpH値（溶液中のH$^+$濃度の指標）で表され、H$^+$濃度が10^{-1} mol/LのときpH 1（強酸性）、10^{-14} mol/LのときpH 14（強アルカリ性）となる。純水のH$^+$濃度は10^{-7} mol/L（pH 7.0）である。酸がアルコールと反応するとエステルが形成される。エステル類は脂質類やリン酸化合物にしばしばみられる。

C. 炭素-窒素結合

炭素-窒素結合はアミノ基（-NH$_2$）、アミン類、アミド類として、タンパクをはじめとする多くの生物学的に重要な分子にみられる。最も重要なのはタンパクを構成するアミノ酸（40頁参照）である。タンパクは生体の機能において特別な役割を担っている。

D. リン酸化合物

イオン化したリン酸化合物は生体において必須の役割を果たしている。リン酸水素イオン（HPO$_4^{2-}$）はリン酸がイオン化して生成する安定な無機リン酸イオンである。リン酸化合物とアルコールはリン酸エステルを形成する。リン酸化合物はエネルギーを蓄えることが可能なので、高エネルギー分子や多くの巨大分子内で重要な役割を担っている。

E. 硫黄化合物

2つのスルフヒドリル基（-SH）どうしが反応してジスルフィド結合（-S-S-）を形成することで、硫黄は生体分子どうしを結びつける役割を担っている。多くの複雑な分子において、特定の三次元構造を安定化させ、構造を維持するのにジスルフィド結合が重要な働きをしている。硫黄は2種類のアミノ酸（システインとメチオニン）、ある種の多糖類ならびに糖類の構成原子ともなっている。

参考文献

Alberts B et al: Molecular Biology of the Cell, 4th ed. Garland Publishing Co, New York, 2002.
Koolman J, Roehm KH: Color Atlas of Biochemistry, 2nd ed. Thieme, Stuttgart – New York, 2005.
Lodish H et al: Molecular Cell Biology, 5th ed. WH Freeman, New York, 2004.
Pauling L: The Nature of the Chemical Bond. 3rd ed. Cornell University Press, Ithaca, New York, 1960.
Stryer L: Biochemistry, 4th ed. WH Freeman & Co, New York, 1995.

化学結合の種類　33

A. 水素（H），酸素（O），炭素（C）を含む官能基

ヒドロキシ基　メチル基　カルボキシ基　アルデヒド類　ケトン類　アルコール類

B. 酸とエステル

カルボン酸　プロトン　塩基　　アミン　プロトン　正電荷

ヒドロキシカルボン酸　ケト酸　酸　アルコール　エステル

C. 炭素-窒素結合

酸　アミン　アミド

α炭素／側鎖／アミノ基／アミノ酸／pH 7 の水溶液中ではアミノ酸はイオン化している

D. リン酸化合物

リン酸基　リン酸エステル　（略記法）

二リン酸基の形成　　$(-O-Ⓟ-Ⓟ)$

E. 硫黄化合物

スルフヒドリル基

ジスルフィド結合

糖質

糖質はカルボニル基を含む分子で，最も重要な生体分子の1つであるとともに，生体分子の部分構造として広く存在している．その主要な役割は3つに分けられる．(1) エネルギーの運搬と貯蔵，(2) 情報伝達分子であるDNAおよびRNAの基本骨格の構築（46頁参照），(3) 細菌類や植物の細胞壁の構成成分（多糖類）の材料である．加えて，細胞間シグナル伝達に使われる細胞表面構造物（受容体）の構成成分ともなる．糖質は種々のタンパクや脂質と結合して，さまざまな細胞内構造物の重要な構成成分となる．

A. 単糖類

単糖類は2個以上のヒドロキシ基をもったアルデヒド（-CH=O）またはケトン（C=O）と定義される［一般式は$(CH_2O)_n$］．アルデヒド基やケトン基はヒドロキシ基の1つと反応し環状構造を形成する．この環状構造が，5個または6個の炭素原子を含んだ糖［それぞれペントース（五炭糖），ヘキソース（六炭糖）と呼ばれる］の通常構造であり，炭素原子には順番に番号がふられている．

糖類には同一分子の鏡像異性体であるD（デキストロ）型とL（レボ）型が区別され，自然界に存在するのはD型異性体である．各鏡像異性体にはさらにβ型とα型の立体異性体が区別される．環状構造の炭素原子は同一平面上にはなく，分子は「いす形」または「舟形」の配座をとっている．β-D-グルコピラノース（グルコース）の構造は，すべてのアキシアル位（環平面に垂直な結合）が小さな水素原子で占められており，熱力学的に最も安定である．ヒドロキシ基の配座が異なる立体異性体がマンノースやガラクトースである．

B. 二糖類

二糖類は2分子の単糖類が連結した化合物である．一方の直鎖状単糖分子のアルデヒド基またはケトン基が分子内のヒドロキシ基と反応して環状構造をとる際に，別の単糖分子のヒドロキシ基を巻き込んでグリコシド結合を形成する．スクロース（ショ糖）とラクトース（乳糖）はよくみられる二糖類である．

C. 糖誘導体

糖類のヒドロキシ基が別の基に置換されると糖誘導体が形成される．特に多糖類に起こりやすい．代謝酵素の機能低下もしくは欠失により複雑な多糖類を分解できないために発症する一連の遺伝的症候群がある（ムコ多糖症，ムコ脂質症など）（360頁参照）．

D. 多糖類

糖類や糖誘導体が鎖状に連結した化合物は多糖類と呼ばれ，細胞の必須構成成分である．鎖の比較的短いものはオリゴ糖と呼ばれ，タンパクや脂質と結合して細胞表面の構成成分となる（例えば，血液型抗原）．

医学との関連

遺伝性の糖質代謝異常症の例を挙げる．

糖尿病（MIM 125850）：血中グルコース濃度の上昇を特徴とする単一でない疾患群で，複雑な臨床像と遺伝的特徴を示す（374頁参照）．

フルクトース代謝異常症：良性フルクトース尿症（MIM 229800），低血糖症と嘔吐を伴う遺伝性フルクトース不耐症（MIM 229600），低血糖症・無呼吸・乳酸アシドーシスを伴いしばしば新生児死亡に至る遺伝性フルクトース-1,6-ビスホスファターゼ欠損症（MIM 229700）がある．

ガラクトース代謝異常症：ガラクトースの急性中毒や長期的な影響による遺伝性疾患には，ガラクトース血症（MIM 230400），ガラクトキナーゼ欠損症（MIM 230200），ガラクトースエピメラーゼ欠損症（MIM 230350）などがある．

糖原病：グリコーゲン代謝異常による疾患である．8型が区別され，それぞれ臨床像，変異遺伝子，欠損酵素が異なる（MIM 232200, 232210〜232800）．

参考文献

Gilbert-Barness E, Barness L: Metabolic Diseases. Foundations of Clinical Management, Genetics, and Pathology. Eaton Publishing, Natick, MA, USA, 2000.

Koolman J, Roehm KH: Color Atlas of Biochemistry, 2nd ed. Thieme, Stuttgart – New York, 2005.

MIM—McKusick, VA: Mendelian Inheritance in Man, 12th ed., Johns Hopkins University Press Baltimore, 1998, available online at www.ncbi.nlm.nih.gov/Omim.

Scriver CR, Beaudet AL, Sly WS, Valle D (eds): The Metabolic and Molecular Bases of Inherited Disease, 8th ed. McGraw-Hill, New York, 2001.

糖　質　35

A. 単糖類

D-グルコース（Glc）　D-マンノース（Man）　D-ガラクトース（Gal）　D-リボース（Rib）

ヘキソース（六炭糖）　　　　　　　　　　　　　　　　　　　ペントース（五炭糖）

B. 二糖類

ガラクトース　グルコース
β-グリコシド結合

ラクトース（ガラクトース-β-1,4-グルコース）

グルコース　フルクトース
α-グリコシド結合

スクロース（グルコース-α-1,2-フルクトース）

C. 糖誘導体

グルクロン酸　　グルコサミン　　N-アセチル
　　　　　　　　　　　　　　　　　グルコサミン

D. 多糖類

二糖類単位　　　　$[\rightarrow 3)\text{-}\beta\text{-}D\text{-}GlcNAc\text{-}(1 \rightarrow 4)\text{-}\beta\text{-}D\text{-}GlcUA\text{-}(1 \rightarrow 4]_n$

脂質（脂肪）

　脂質は細胞膜の必須構成成分であり，シグナル伝達に使われるホルモンやその他の生体分子の前駆物質であるとともに，食物に含まれる重要なエネルギー運搬物質である。また，糖質やリン酸基と結合して糖脂質やリン脂質を形成する。脂質は加水分解可能なものと不可能なものに分類される。

A. 脂肪酸

　脂肪酸分子は，4〜24の炭素原子からなる分岐のない炭化水素鎖と，分子末端のカルボキシ基（-COOH）から構成されている。親水性末端（-COOH）と疎水性末端（-CH$_3$）をもつので，分子には極性がある。飽和脂肪酸（二重結合をもたないもの）と不飽和脂肪酸（二重結合をもつもの）に大別される。不飽和脂肪酸であるリノール酸とアラキドン酸はヒトの必須栄養素である。二重結合は炭化水素鎖のねじれを生じさせ，そのため不飽和脂肪酸の分子構造は比較的固定されている。脂肪酸のカルボキシ基はイオン化している（-COO$^-$）。

B. 脂質

　脂肪酸は他の分子群と結合して種々の脂質を形成する。脂質分子は疎水性であり有機溶媒にのみ可溶である。カルボキシ基はエステルやアミドを形成している。トリグリセリドは脂肪酸とグリセロールの化合物である。

　糖脂質（糖残基をもつ脂質）とリン脂質（アルコール誘導体を付加したリン酸基をもつ脂質）は，重要な巨大分子の構造の基本となる化合物である。その代謝には数多くの酵素群が必要で，いずれかの酵素の遺伝的欠損は疾患の原因となる。

　スフィンゴ脂質は生体膜の重要な構成成分であり，グリセロールの代わりにスフィンゴシン分子が脂肪酸を結合している。スフィンゴミエリンとガングリオシドは分子構造にスフィンゴシンを含んでいる。ガングリオシドは中枢神経系の脂質の6%を占め，一連の酵素群によって分解される。

C. 脂質集合体

　脂質分子は双極性であり，そのため水相では集合体を形成する。水面では親水性末端が水に接し，疎水性末端が水面から突出したフィルムを形成する。水中では密に集合して内部には水を含まないミセルを形成する。リン脂質や糖脂質は2層の膜（脂質二重層）を形成し，これは細胞膜の基本的な構造単位となっている。

D. その他の脂質：ステロイド

　ステロイドは4つの炭素環をもつ小分子である。コレステロールは5種類の主要なステロイドホルモン，すなわちプロゲステロン，グルココルチコイド，ミネラルコルチコイド，アンドロゲン，エストロゲンの前駆体となる。これらのホルモンは，妊娠の維持，脂質およびタンパクの代謝，血液量と血圧の維持，性分化などの重要な役割を担っている。

医学との関連

　リポタンパクや脂質の代謝異常症がいくつか知られている。重要な例として，家族性高コレステロール血症（MIM 143890，370頁参照），高リポタンパク血症（MIM 238600），異常βリポタンパク血症（MIM 107741），高密度リポタンパク結合タンパク（MIM 142695）がある。

　遺伝性のガングリオシド代謝異常症には，G$_{M2}$-ガングリオシド蓄積（β-N-アセチルヘキソサミニダーゼ欠損）によるテイ-サックス病（MIM 272800），数種類のガングリオシドーシス（MIM 230500，305650），サンドホフ病（MIM 268800）などがある。

参考文献

Gilbert-Barness E, Barness L: Metabolic Diseases. Foundations of Clinical Management, Genetics, and Pathology. Eaton Publishing, Natick, MA, USA, 2000.

Koolman J, Roehm KH: Color Atlas of Biochemistry, 2nd ed. Thieme, Stuttgart – New York, 2005.

MIM—McKusick, VA: Mendelian Inheritance in Man, 12th ed., Johns Hopkins University Press Baltimore, 1998, available online at www.ncbi.nlm.nih.gov/Omim.

Scriver CR, Beaudet AL, Sly WS, Valle D (eds): The Metabolic and Molecular Bases of Inherited Disease, 8th ed. McGraw-Hill, New York, 2001.

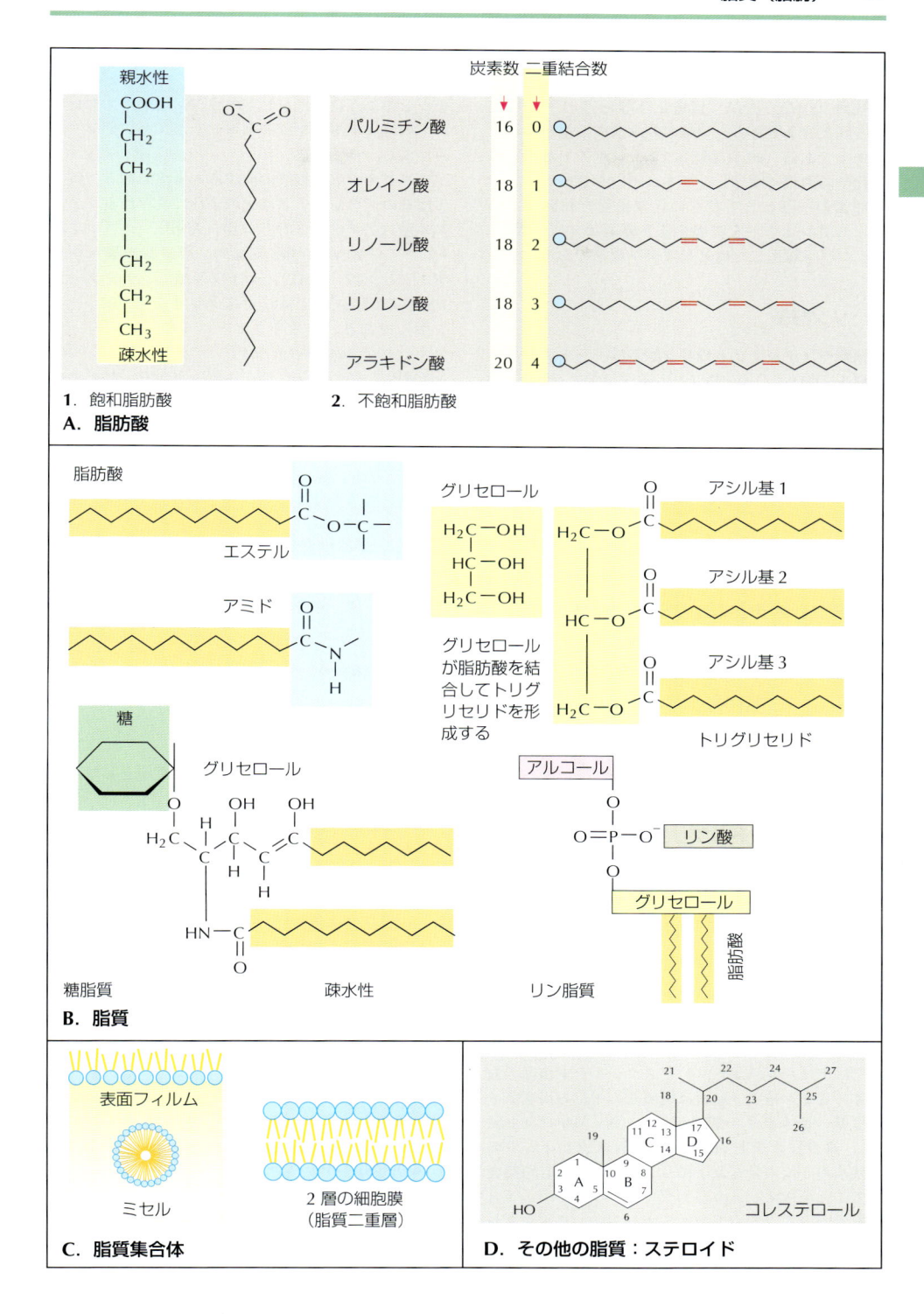

脂質（脂肪）

A. 脂肪酸

1. 飽和脂肪酸

親水性 COOH–CH₂–CH₂–…–CH₂–CH₂–CH₃ 疎水性

	炭素数	二重結合数
パルミチン酸	16	0
オレイン酸	18	1
リノール酸	18	2
リノレン酸	18	3
アラキドン酸	20	4

2. 不飽和脂肪酸

B. 脂質

脂肪酸／エステル／アミド

グリセロール／アシル基1、アシル基2、アシル基3／トリグリセリド

グリセロールが脂肪酸を結合してトリグリセリドを形成する

糖脂質／疎水性

リン脂質（アルコール／リン酸／グリセロール／脂肪酸）

C. 脂質集合体

表面フィルム／ミセル／2層の細胞膜（脂質二重層）

D. その他の脂質：ステロイド

コレステロール

ヌクレオチドと核酸

核酸（DNA，RNA）は遺伝情報伝達の主役を務める巨大分子である．核酸の基本構成単位がヌクレオチドである（46頁参照）．ヌクレオチドは多くの生化学的過程に関与し，エネルギーを運搬し，必須補酵素の一部として多くの代謝過程を制御している．ヌクレオチドを構成する3要素は，リン酸基，糖，プリン塩基またはピリミジン塩基である．

A．リン酸基

核酸やヌクレオチドのリン酸基は，一リン酸（リン原子1個），二リン酸（リン原子2個），三リン酸（リン原子3個）のいずれかの形で存在している．

B．糖残基

ヌクレオチドの糖残基は通常，β-D-リボース（RNAの場合）あるいはβ-D-デオキシリボース（DNAの場合）に由来する．

C．ヌクレオチドのピリミジン塩基

シトシン（C），チミン（T），ウラシル（U）の3種類がヌクレオチドにみられるピリミジン塩基である．ピリミジン環の側鎖がそれぞれ異なる（シトシンではC4位に-NH_2，チミンではC4位に=O，C5位に-CH_3，ウラシルではC4位に=O）．シトシンではN3位とC4位の間が二重結合となっている．

D．ヌクレオチドのプリン塩基

アデニン（A），グアニン（G）の2種類がヌクレオチドにみられるプリン塩基である．この2種類は側鎖ならびにN1位とC6位間の二重結合の有無（アデニンにはあり，グアニンにはない）が異なる．

E．ヌクレオシドとヌクレオチド

ヌクレオシド nucleoside とは糖残基（リボースまたはデオキシリボース）とヌクレオチド塩基の複合体のことを指す．結合は糖残基の1位の炭素原子と塩基の窒素原子の間で起こる（N-グリコシド結合）．ヌクレオチド nucleotide とはヌクレオシドの糖残基の5位の炭素原子にリン酸基が結合した複合体のことを指す．

種々の塩基を含んだヌクレオシドは，リボヌクレオシド（リボ核酸）とデオキシリボヌクレオシド（デオキシリボ核酸）のペアとしてまとめられる．例えば，アデノシンとデオキシアデノシン，グアノシンとデオキシグアノシン，シチジンとデオキシシチジンのように．ただし，ウリジンはリボヌクレオシドのみ，チミジンはデオキシリボヌクレオシドのみである．

ヌクレオチドが核酸の構成基本単位である．各々の塩基のヌクレオチドは次のように表される．アデニル酸（アデノシン一リン酸，AMP），グアニル酸（グアノシン一リン酸，GMP），ウリジル酸（ウリジン一リン酸，UMP），シチジル酸（シチジン一リン酸，CMP），以上はリボヌクレオチド（5′ー一リン酸）である．デオキシアデニル酸（dAMP），デオキシグアニル酸（dGMP），デオキシチミジル酸（dTMP），デオキシシチジル酸（dCMP）がデオキシリボヌクレオチドである．

F．核酸

核酸はヌクレオチドの連続からなっている．1つのヌクレオチドの3′位の炭素原子と次のヌクレオチドの5′位の炭素原子をリン酸エステル結合が連結している．ヌクレオチドの直鎖状の配列は，各塩基の略号を用いて通常5′から3′の方向に記される．例えば，ATCGという表記はアデニン（A）-チミン（T）-シトシン（C）-グアニン（G）の順で5′から3′の方向に配列していることを表している．

医学との関連

プリンまたはピリミジンの代謝異常症として次のようなものがある．

高尿酸血症と痛風：プリン前駆体の過剰な産生の結果起こる疾患群である（MIM 240000）．

レッシュ-ナイハン症候群：ヒポキサンチン-グアニンホスホリボシルトランスフェラーゼ欠損を原因とし，重症度は種々だが通常は重篤な神経症状を伴うX連鎖性の乳児疾患である（MIM 308000）．

アデノシンデアミナーゼ欠損症：重篤な乳児免疫不全症を起こす疾患群で，常染色体劣性遺伝とX連鎖性のタイプがある（MIM 102700）．

参考文献

Gilbert-Barness E, Barness L: Metabolic Diseases. Foundations of Clinical Management, Genetics, and Pathology. Eaton Publishing, Natick, MA, USA, 2000.

Koolman J, Roehm KH: Color Atlas of Biochemistry, 2nd ed. Thieme, Stuttgart – New York, 2005.

Scriver CR, Beaudet AL, Sly WS, Valle D (eds): The Metabolic and Molecular Bases of Inherited Disease, 8th ed. McGraw-Hill, New York, 2001.

ヌクレオチドと核酸   39

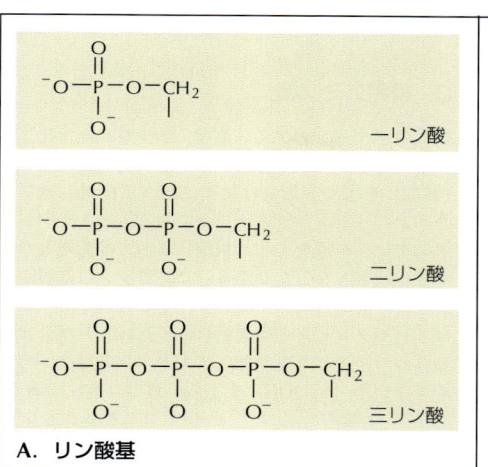

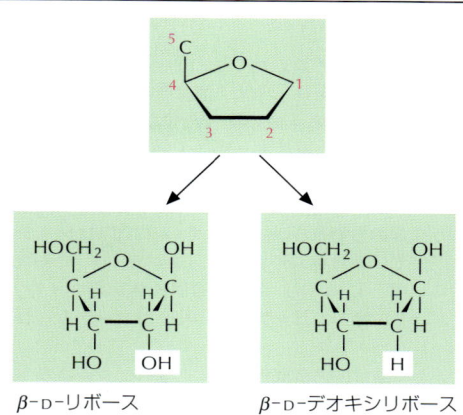

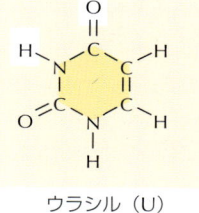

A. リン酸基
- 一リン酸
- 二リン酸
- 三リン酸

B. 糖残基（五炭糖）
β-D-リボース
β-D-デオキシリボース

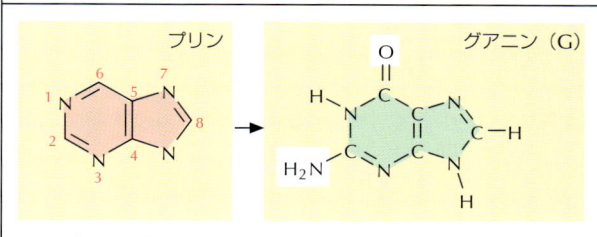

C. ピリミジン塩基
ピリミジン
シトシン（C）
チミン（T）
ウラシル（U）

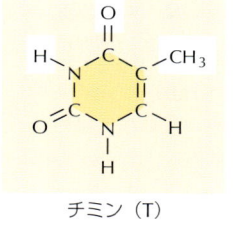

D. プリン塩基
プリン
グアニン（G）
アデニン（A）

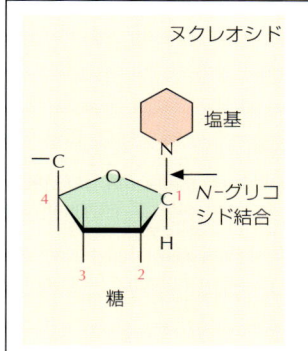

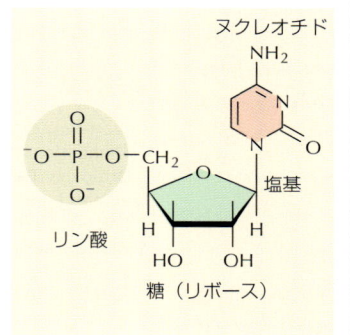

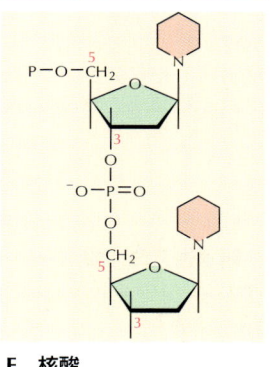

E. ヌクレオシドとヌクレオチド
ヌクレオシド
- 塩基
- N-グリコシド結合
- 糖

ヌクレオチド
- リン酸
- 塩基
- 糖（リボース）

F. 核酸

アミノ酸

　アミノ酸（2-アミノカルボン酸）は，タンパクの構造基本単位である。アミノ酸はその構造中心である α 炭素（C_α）に4個の違った化学基であるアミノ基（$-NH_2$），カルボキシ基（$-COOH$），水素原子（$-H$），種々の側鎖（$-R$）が付加された構造をしている。側鎖によってタンパクにおける各アミノ酸固有の機能的な特徴が決定されている。C_α はグリシン以外では非対称（不斉）であるから，D（デキストロ）型とL（レボ）型の鏡像異性体が存在する。タンパクには，まれな例を除いてL型のみがみられる。

　アミノ酸は中性溶液中でイオン化し，カルボキシ基がプロトンを解離し（$-COO^-$），アミノ基がプロトン化されている（$-NH_3^+$）。アミノ酸は側鎖と化学的反応性によって分類される。各アミノ酸には固有の1文字表記法と3文字表記法がある。ヒトでの必須アミノ酸は，バリン（Val），ロイシン（Leu），イソロイシン（Ile），フェニルアラニン（Phe），トリプトファン（Trp），メチオニン（Met），トレオニン（Thr），リシン（Lys）である。必須アミノ酸は食物から摂取しなければならない。

A. 中性アミノ酸

　単純アミノ酸は脂肪族の側鎖をもつ。グリシンは水素原子（$-H$），アラニンはメチル基（$-CH_3$）をもち，バリン，ロイシン，イソロイシンはより大きな疎水性の側鎖をもつ。プロリンは中心炭素原子とアミノ基の間が脂肪族の架橋でつながった環状構造をしている。疎水性の芳香族側鎖はフェニルアラニン（フェニルメチル基），トリプトファン（インドールメチル基）にみられる。硫黄（S）原子を含む疎水性アミノ酸には，スルフヒドリル基（$-SH$）をもつシステインとチオエーテル（$-S-CH_3$）をもつメチオニンの2種類がある。システインのスルフヒドリル基は非常に反応性に富み，安定なジスルフィド結合（$-S-S-$）を形成する。ジスルフィド結合はタンパクの三次元構造の安定化に重要である。システインの類似体であるセレノシステインは，グルタチオンペルオキシダーゼなど少数のタンパクにみられる。

B. 親水性アミノ酸

　セリン，トレオニン，チロシンはヒドロキシ基（$-OH$）をもち，ヒドロキシ基が親水性の性質を付与しているため，単純アミノ酸よりも反応性に富む。アスパラギンとグルタミンはアミド基を含んでいる。

C. 荷電アミノ酸

　このグループのアミノ酸は，2つのイオン化アミノ基（塩基性）または2つのイオン化カルボキシ基（酸性）をもつ。塩基性アミノ酸（正荷電）はアルギニン，リシン，ヒスチジンである。ヒスチジンはイミダゾール環をもち，状況によって非荷電となったり正荷電となったりする。ヒスチジンは基質が結合したり解離したりするタンパクの活性中心（例えば，ヘモグロビンの酸素結合部位）に，しばしばみられる。アスパラギン酸とグルタミン酸は2つのカルボキシ基（$-COOH$）をもち，通常は酸性である。20アミノ酸のうち7アミノ酸［アスパラギン酸（Asp），グルタミン酸（Glu），ヒスチジン（His），システイン（Cys），チロシン（Tyr），リシン（Lys），アルギニン（Arg）］が，わずかにイオン化可能な側鎖をもち反応性に富んでいる。

医学との関連

　遺伝性疾患でアミノ酸の血漿中濃度が高くなりすぎたり低くなりすぎたりして代謝中毒症状を表す場合，グリシン，フェニルアラニン，チロシン，ヒスチジン，プロリン，リシンや分枝アミノ酸であるバリン，ロイシン，イソロイシンの濃度が変動していることが多い。

　フェニルケトン尿症：原因遺伝子のさまざまな変異によるフェニルアラニンのヒドロキシ化異常によって，種々の臨床症状と重症度を示す（MIM 261600，386頁参照）。

　メープルシロップ尿症：分枝 α ケト酸デヒドロゲナーゼの欠損により，バリン，ロイシン，イソロイシンが蓄積して発症する（MIM 248600）。古典的重症例では幼児期に重篤な神経学的障害を引き起こす。

参考文献

Gilbert-Barness E, Barness L: Metabolic Diseases. Foundations of Clinical Management, Genetics, and Pathology. Eaton Publishing, Natick, MA, USA, 2000.

Koolman J, Roehm KH: Color Atlas of Biochemistry, 2nd ed. Thieme, Stuttgart – New York, 2005.

Scriver CR, Beaudet AL, Sly WS, Valle D (eds): The Metabolic and Molecular Bases of Inherited Disease, 8th ed. McGraw-Hill, New York, 2001.

アミノ酸

脂肪族

| グリシン Gly (G) | アラニン Ala (A) | バリン* Val (V) | ロイシン* Leu (L) | イソロイシン* Ile (I) |

環状 / 芳香族 / 含硫

| プロリン Pro (P) | フェニルアラニン* Phe (F) | トリプトファン* Trp (W) | システイン Cys (C) | メチオニン* Met (M) | セレノシステイン |

A. 中性アミノ酸, 非極性側鎖　　　　*ヒトでの必須アミノ酸

芳香族

| セリン Ser (S) | トレオニン* Thr (T) | チロシン Tyr (Y) | アスパラギン Asn (N) | グルタミン Gln (Q) |

B. 親水性アミノ酸, 極性側鎖　　　　*ヒトでの必須アミノ酸

1. 塩基性（正荷電） / 2. 酸性（負荷電）

| アルギニン Arg (R) | リシン Lys (K)* | ヒスチジン His (H) | アスパラギン酸 Asp (D) | グルタミン酸 Glu (E) |

C. 荷電アミノ酸　　　　*ヒトでの必須アミノ酸

タンパク

　タンパクはアミノ酸がペプチド結合によって連結した鎖状高分子化合物（ポリペプチド）で，各々のタンパクに特徴的な複雑な三次元構造をとる。タンパクは生体内のすべての化学的な過程に関わっている。自発的には進まない生細胞の化学反応を酵素として促進したり，小分子・イオン・金属を輸送したり，成長時の細胞分裂や細胞・組織の分化に重要な役割を果たす。タンパクは筋細胞を制御して協調的な動きを調整し，神経細胞内や神経細胞間のインパルスの産生と伝達を行い，血液のホメオスタシス（血液凝固）や免疫防御も制御している。皮膚・骨・血管・その他の組織では，力学的な機能も担っている。

A．ペプチド結合

　アミノ酸は分子の両極がイオン化するので容易に結合することができる。1つのアミノ酸のカルボキシ基が次のアミノ酸のアミノ基と結合する（ペプチド結合，あるいはアミド結合とも呼ばれる）。アミノ酸が数多くペプチド結合によって連結すると，ポリペプチド鎖が形成される。それぞれのポリペプチド鎖には方向性があり，一方の末端がアミノ基（$-NH_2$）で，もう一方がカルボキシ基（$-COOH$）である。慣例としてアミノ基側を最初に，カルボキシ基側を最後に表記することになっている。

B．タンパクの一次構造

　インスリンは，21アミノ酸のA鎖と30アミノ酸のB鎖という2本のポリペプチド鎖からなる比較的簡単なタンパクである。1955年，Frederick Sangerによりその完全なアミノ酸配列が決定されたことは歴史的な業績であった。このとき，タンパク（遺伝学的にいえば遺伝子産物）が正確に定まったアミノ酸配列をもつことが初めて示されたのである。インスリンは前駆体であるプレプロインスリンとして合成される。プレプロインスリンはN末端にある24アミノ酸のリーダー配列を含め110アミノ酸からなる。リーダー配列は分子を細胞内の本来あるべき場所に誘導する。そこでリーダー配列が除去され，86アミノ酸のプロインスリンが産生される。プロインスリンからCペプチド（31～65番目のアミノ酸）が除去され，2本の鎖，B鎖（30アミノ酸）とA鎖（21アミノ酸）が産生される。両鎖は2つのジスルフィド結合で，A鎖の7番目とB鎖の7番目，A鎖の20番目とB鎖の19番目がそれぞれ連結されている。A鎖内でも6番目と11番目の間で分子内ジスルフィド結合が形成されている〔訳注：図の結合位置には誤りがある〕。アミノ酸の配列順を一次構造と呼ぶ。一次構造はタンパクの機能やその進化的起源について重要な情報を与えてくれる。ジスルフィド結合の位置はアミノ酸の空間的な配置（二次構造）を反映している。

C．二次構造単位

　タンパクの二次構造とは，定められた空間的な配置をとる領域のことを指す。多くのタンパクに2種類の基本的な二次構造，αヘリックスとβシートがみられる。インスリン分子の57％はαヘリックス領域，6％はβシート，10％はβターン，残りの27％は明確な二次構造のない領域である。（図はStryer, 1995より）

D．三次構造

　タンパクの三次構造とは，生化学的ならびに生物学的な機能発現に必要とされる完全な三次元構造のことを指す。すべての機能的なタンパクは確立された三次元構造をもつと考えられている。三次構造は一次構造と二次構造によって規定される。三次構造をとることにより，一次構造上は遠く離れているアミノ酸残基どうしが特定の空間的関係をもつようになることがある。

　タンパクの四次構造とは，複数のサブユニットが特定の空間配置をとることにより生まれる構造で，サブユニット間の相互作用を変化させる。正しい四次構造がタンパクの適切な機能を保証している。

医学との関連

　多くの遺伝性疾患ではタンパクが欠損している。

参考文献

Koolman J, Röhm K-H: Color Atlas of Biochemistry, 2nd ed. Thieme, Stuttgart–New York, 2005.

Stryer L: Biochemistry, 4th ed. WH Freeman & Co, New York, 1995.

タンパク 43

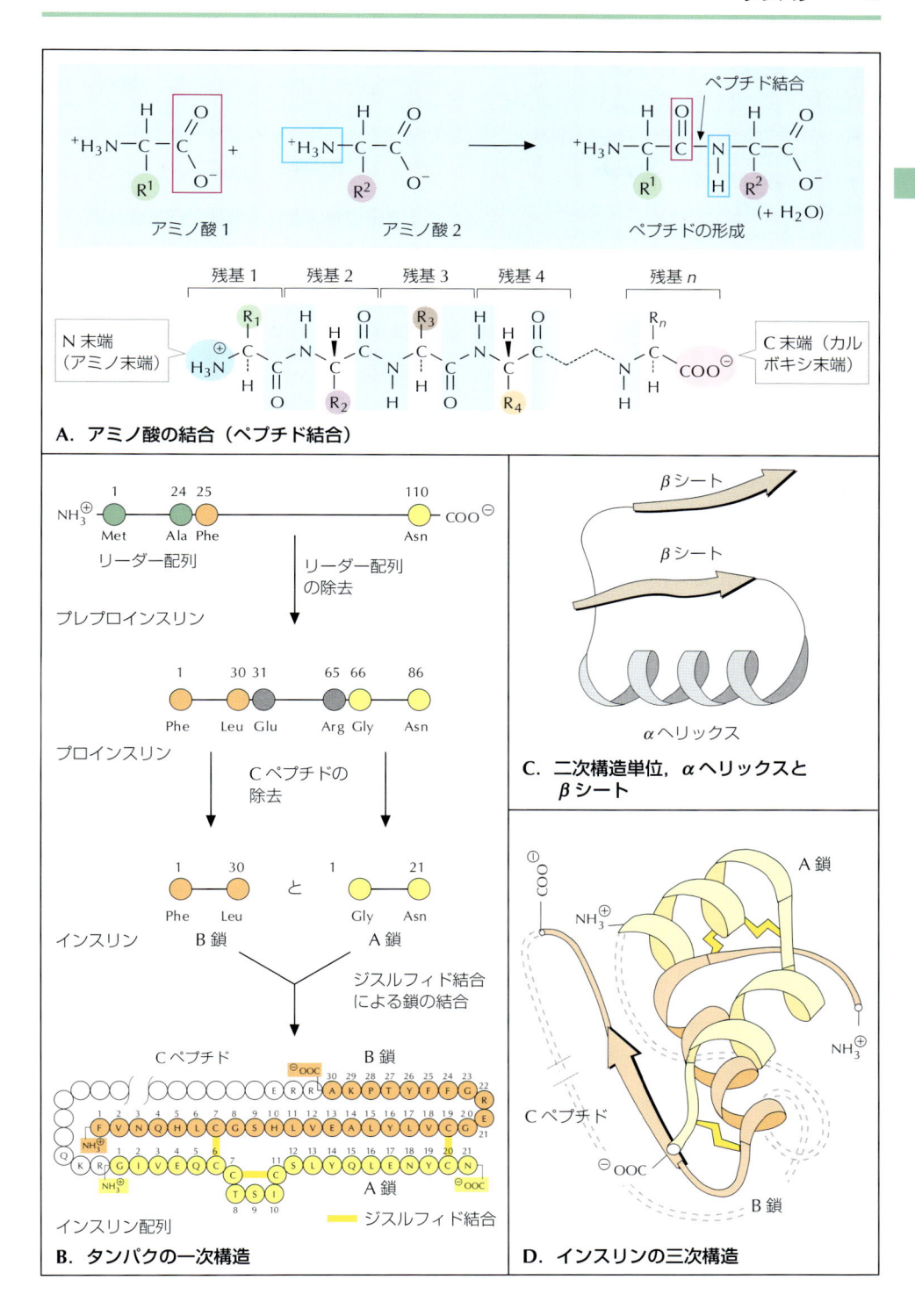

A. アミノ酸の結合（ペプチド結合）

B. タンパクの一次構造

C. 二次構造単位，αヘリックスとβシート

D. インスリンの三次構造

遺伝情報の担体としての DNA

1869 年に Friedrich Miescher は，リン酸を含んだ新しい酸性物質で作られた生物学的な役割が不明の高分子化合物を発見し，これを「ヌクレイン」と命名した。「核酸」という用語［後にデオキシリボ核酸（DNA）であることが判明した］は，1889 年に Richard Altmann によって導入された。1900 年までにはプリン塩基とピリミジン塩基が知られるようになり，20 年後には 2 種類の核酸，RNA と DNA が区別されている。1928 年の偶然ではあったが正確な観察と，1944 年の新たな研究によって，DNA が遺伝情報の担体である可能性が示唆された。

A. Griffith の観察

1928 年，英国の細菌学者 Fred Griffith は注目すべき観察を行った。肺炎の原因となる種々の肺炎球菌（*Streptomyces pneumoniae*）株の研究中に，S（スムーズ）型株を注射されたマウスは死亡し（図1），R（ラフ）型株を注射されたマウスは生存する（図2）ことがわかった。致死的な S 型株に熱を加えて不活性化した場合には，マウスは生存した（図3）。驚いたことに，熱で不活性化した S 型株に致死的でない R 型株を混ぜた場合には，本来の S 型株と同様に致死的であった（図4）。Griffith はマウスの血液内に生きた S 型株を観察し，R 型株が S 型株に変化したのだと結論した。これは現在，形質転換と呼ばれている現象である。この驚くべき結果はしばらくの間，説明不能で懐疑的に受け取られ，遺伝との関連も明らかになっていなかった。

B. 形質転換には DNA が関係する

Griffith の発見は，ニューヨーク・ロックフェラー研究所の Avery，MacLeod，McCarty による研究（1944 年）の基礎となった。形質転換の化学的な基礎が DNA であることを決定した研究である。培養した S 型株（図1）から溶菌抽出物を調製してタンパク・脂質・多糖類を取り除いた後でも（無細胞抽出物，図2），抽出物は R 型株を S 型株に形質転換させる能力をもっていた（図3）。

さらなる研究の結果，Avery のグループは熱処理無細胞抽出物の形質転換能が DNA のみによることを明らかにした。したがって，Griffith の観察結果を説明できる遺伝情報を担っているのは DNA であるに違いない。菌の染色体 DNA は熱処理によって完全には分解されず，破壊された S 型菌から外殻形成遺伝子（*S* 遺伝子）を含む染色体領域が放出され，培養中に R 型菌に取り込まれたのであろうと推論された。*S* 遺伝子が DNA に組込まれて，R 型株が S 型株へ形質転換したのである（図4）。この推論は，遺伝特性を変化させる（形質転換させる）DNA を，菌が取り込むことが可能であることを前提としている。

C. 遺伝情報は DNA 単独で伝達される

DNA 単独で（他の分子の関与なしに）遺伝情報が伝達されるという最終的な証拠は，1952 年に Hershey と Chase によって示された。彼らはバクテリオファージ（100 頁参照）の外殻タンパクを放射性硫黄（^{35}S）で標識し，DNA を放射性リン（^{32}P）で標識し，ファージを細菌に感染させた。そのとき，^{32}P（DNA）のみが細菌内に入り，^{35}S（外殻タンパク）は入らなかった。その後，細菌内に新しい完全型のファージ粒子が形成されたことは，外殻タンパクの形成を含め，新しいファージを形成するための遺伝情報は DNA 単独で伝達されることを証明していた。（図 A と B は Stent & Calendar，1978 より）

参考文献

Avery OT, MacLeod CM, McCarty M: Studies on the chemical nature of the substance inducing transformation of pneumococcal types. J Exp Med 79: 137–158, 1944.

Griffith F: The significance of pneumoccocal types. J Hyg 27: 113–159, 1928.

Hershey AD, Chase M: Independent functions of viral protein and nucleic acid in growth of bacteriophage. J Gen Physiol 36: 39–56, 1952.

Judson MF: The Eighth Day of Creation. Makers of the Revolution in Biology. Expanded Edition. Cold Spring Harbor Laboratory Press, New York, 1996.

McCarty M: The Transforming Principle. Discovering that Genes are made of DNA. WW Norton & Co, New York–London, 1985.

Stent GS, Calendar R: Molecular Genetics. An Introductory Narrative 2nd ed. WH Freeman, San Francisco, 1978.

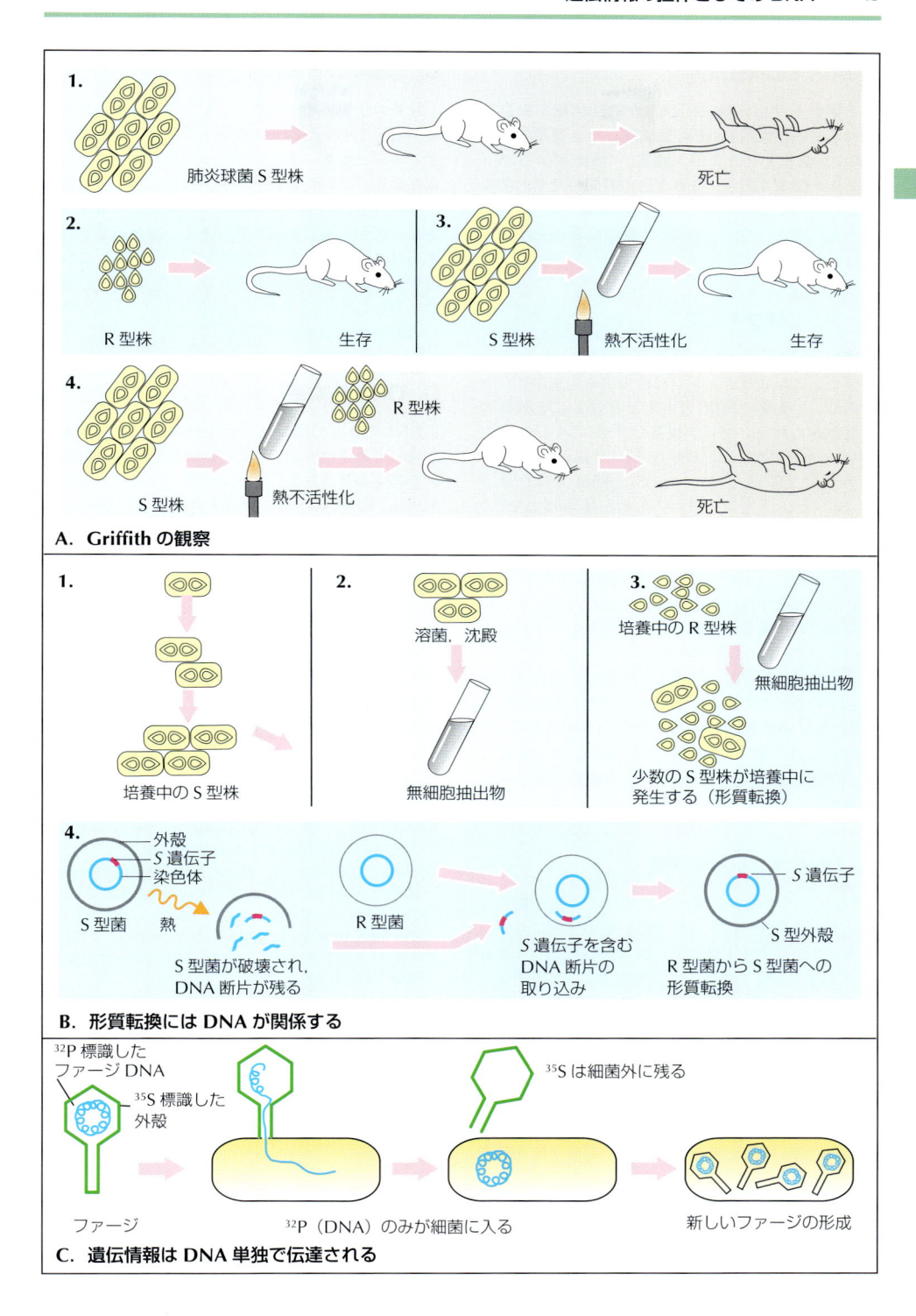

遺伝情報の担体としての DNA　　45

A. Griffith の観察

1. 肺炎球菌 S 型株 → 死亡
2. R 型株 → 生存
3. S 型株 → 熱不活性化 → 生存
4. S 型株 熱不活性化 + R 型株 → 死亡

B. 形質転換には DNA が関係する

1. 培養中の S 型株
2. 溶菌，沈殿 → 無細胞抽出物
3. 培養中の R 型株 + 無細胞抽出物 → 少数の S 型株が培養中に発生する（形質転換）
4. S 型菌（外殻・S 遺伝子・染色体）＋熱 → S 型菌が破壊され，DNA 断片が残る → R 型菌 → S 遺伝子を含む DNA 断片の取り込み → R 型菌から S 型菌への形質転換（S 型外殻・S 遺伝子）

C. 遺伝情報は DNA 単独で伝達される

^{32}P 標識したファージ DNA
^{35}S 標識した外殻
ファージ → ^{32}P（DNA）のみが細菌に入る → ^{35}S は細菌外に残る → 新しいファージの形成

DNA とその構成成分

デオキシリボ核酸（DNA）が遺伝情報を保存している（前項参照）。その構成成分は 2 種類の塩基（プリン塩基とピリミジン塩基），デオキシリボース，リン酸基であり，それぞれが特定の化学的関係により配置している。これらの構成成分が DNA の三次元構造を決定し，DNA の機能はその三次元構造に由来する（次項参照）。

A. ヌクレオチド塩基

DNA のヌクレオチド塩基（単に塩基ともいう）はプリンまたはピリミジンに由来する複素環化合物である。2 種類の核酸（DNA と RNA）に 5 種類の塩基がみられる。プリン塩基はアデニン（A）とグアニン（G）である。ピリミジン塩基は，DNA ではチミン（T）とシトシン（C），RNA ではウラシル（U）とシトシン（C）である。塩基は DNA の構造単位であるヌクレオチドの構成成分となっている。ヌクレオチドは，4 種類の塩基のうち 1 つと，糖（デオキシリボース），リン酸基から構成される。プリン塩基の 1 位の窒素原子，またはピリミジン塩基の 9 位の窒素原子が糖の 1 位の炭素原子と結合している（N-グリコシド結合）。

リボ核酸（RNA）は DNA とは次の 2 つの点で異なっている。デオキシリボースの代わりにリボース［糖の 2 位の位置にヒドロキシ基（–OH）が入る］であること，チミンの代わりにウラシルであること。ウラシルはチミンと異なり，5 位の炭素にメチル基がない。

B. DNA ヌクレオチド鎖

DNA はデオキシリボヌクレオチド単位の線状重合体である。1 つのヌクレオチド糖のヒドロキシ基と次のヌクレオチド糖のリン酸基が結合してヌクレオチド鎖は形成される。リン酸基によって連結した糖は，DNA を通じて一定した構造を形成する。可変なのはヌクレオチド塩基 A，T，C，G の配列である。DNA ヌクレオチド鎖には糖の結合様式からもたらされる方向性がある。糖の 5′ 位のリン酸基は，次の糖の 3′ 位のヒドロキシ基とホスホジエステル結合で結合されている。したがって，鎖の一端（5′ 末端）にはリン酸基が遊離し，もう一端（3′ 末端）にはヒドロキシ基が遊離している。慣例として塩基配列は 5′ から 3′ の方向に記される。

C. 塩基間の水素結合

塩基の化学構造が塩基どうしの空間配置を決定している。プリン塩基（アデニン，グアニン）は必ずピリミジン塩基（チミン，シトシン）と対になって存在する。アデニンとチミンの間には 2 つの水素結合が形成され，グアニンとシトシンの間には 3 つの水素結合が形成される。それゆえ，塩基対を形成するのは AT または GC の組み合わせであり，これ以外の空間配置は不可能である。2 塩基間の距離は 2.90 ないし 3.00 Å（Å：オングストローム，1 Å = 1×10^{-10} m = 0.1 nm）である。

D. DNA 2 本鎖

DNA の 2 本の鎖は互いに逆向きで二重らせんを形成している（次項参照）。塩基の空間配置の結果，アデニンはチミンと，グアニンはシトシンと相対している。DNA の一方の鎖の塩基配列（5′ から 3′ の方向）は，もう一方の鎖の 3′ から 5′ の方向の塩基配列と相補的である。塩基対形成の特異性は DNA の最も重要な構造特性である。ほとんどの DNA は直径 2 nm（20 Å）で，右巻きらせんである。同一鎖上の隣接塩基どうしは 0.34 nm（3.4 Å）離れている。らせんのピッチは 1 回転あたり 3.4 nm で，およそ 10 塩基対が 1 回転に含まれる。このタイプの DNA は B 形 DNA と呼ばれる（50 頁参照）。遺伝情報は塩基対の配列として保存されている。

参考文献

Alberts B et al: Molecular Biology of the Cell, 4th ed. Garland Publishing Co, New York, 2002.
Koolman J, Roehm KH: Color Atlas of Biochemistry, 2nd ed. Thieme, Stuttgart – New York, 2005.
Lodish H et al: Molecular Cell Biology, 5th ed. WH Freeman, New York, 2004.
Stryer L: Biochemistry, 4th ed. WH Freeman & Co, New York, 1995.

DNA とその構成成分

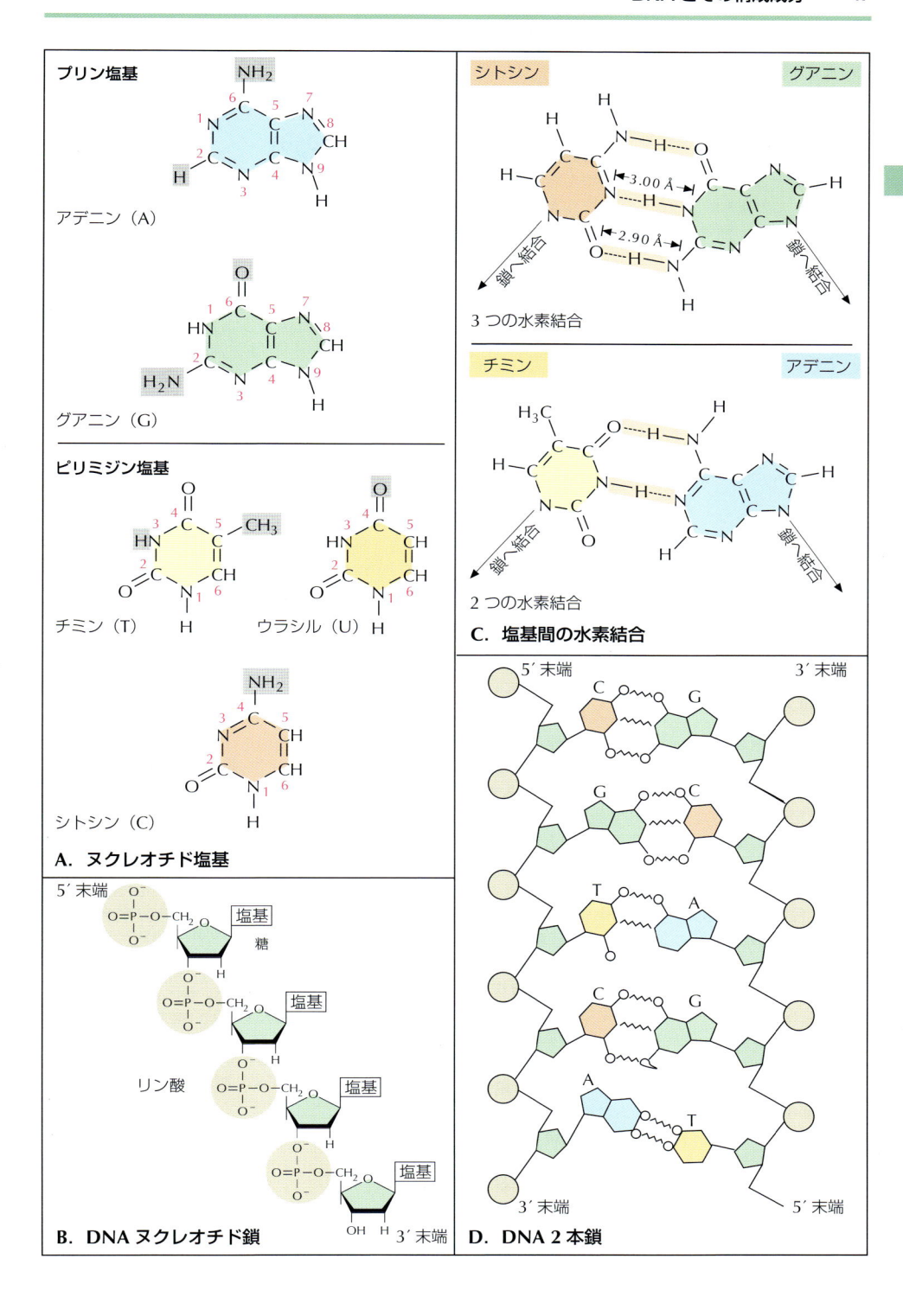

プリン塩基

アデニン（A）

グアニン（G）

ピリミジン塩基

チミン（T）   ウラシル（U）

シトシン（C）

A. ヌクレオチド塩基

B. DNA ヌクレオチド鎖

シトシン — グアニン
3.00 Å
2.90 Å
3つの水素結合

チミン — アデニン
2つの水素結合

C. 塩基間の水素結合

D. DNA 2本鎖

DNA の構造

　1953 年，Watson と Crick によるデオキシリボ核酸（DNA）の二重らせん構造の解明が，現代遺伝学の基礎と考えられている。その意義は直ちに認められたわけではなかったが，この新奇な構造の特徴により，2 つの基本的な遺伝的機構をうまく説明することができる。直列に配置され読み取りができるような，遺伝情報の保存の仕組みと，世代から世代への正確な伝達を保障するような，遺伝情報の複製の仕組みである。

A. DNA 二重らせん

　2 本のポリヌクレオチド鎖が，共通の軸に沿ってらせん状に巻きついている。塩基は対を形成し（AT または GC，前項参照），その外側に糖とリン酸で構成された骨格構造がある。

B. 複製

　塩基対が相補的に配列しているので，各鎖は新しい鎖を合成するための鋳型として働く。したがって，二重らせんを開くことによって，まったく同じ 2 つの分子を作り出すことができる（DNA 複製）。

C. 変性と再結合

　塩基対間の水素結合は弱いが，2 本の鎖は数億塩基対の長さにわたって数多くの水素結合によって結合されているから，生理的な温度では安定である。しかし，溶液中で高温や弱い化学物質（アルカリ，ホルムアミド，尿素など）に曝露されると，2 本鎖はほどけて分離する。これは可逆的な過程で，**変性** denaturation または融解（melting）と呼ばれる。融解温度（T_m）は，GC 対の含有比率（3 つの水素結合によって結ばれる GC 対は，2 つの水素結合によって結ばれる AT 対よりも安定である）など，多くの因子に依存する。生成した 1 本鎖 DNA はランダムコイル状となり，図に示しているようならせん構造を維持できない。温度を下げたり，イオン強度を上げたり，pH を中性に戻したりすれば，2 本の鎖は相補的であれば二重らせんに戻る（**再結合** renaturation）。完全に相補的であれば速やかにハイブリッド形成し，比較的相補的であればゆっくりとハイブリッド形成するが，まったく関係のない塩基配列であればハイブリッド形成しない。したがって，変性と再結合は 2 種類の 1 本鎖 DNA の塩基配列に関連性があるか否かを解析するための基礎となる（DNA ハイブリッド形成法）。これは遺伝子解析の重要な原理である。DNA は構造的に近縁な分子である RNA ともハイブリッド形成できる。

D. 遺伝情報の伝達

　文字や単語が一列に並んだ文書のように，塩基対の配列が遺伝情報の内容を保存している。遺伝情報は **転写** transcription と **翻訳** translation という 2 つの段階を経て解読される。転写では，2 本鎖の片方の配列がメッセンジャー RNA（mRNA）と呼ばれる相補的な RNA 塩基配列に変換される。読み取られる DNA 鎖（アンチセンス鎖）〔訳注：原文ではコード鎖としているが，アンチセンス鎖または鋳型鎖が正しい〕は，3′ から 5′ 方向へ読み取られ，鋳型として働く。翻訳では，mRNA の塩基配列が遺伝暗号に従ってアミノ酸配列に変換される。遺伝暗号とは 3 塩基配列（コドン）を指し，それぞれが 20 種類のアミノ酸のうちの 1 つを暗号化している。一定の開始点（メチオニン）から始まり，mRNA 分子の塩基配列は（結局は元の DNA 塩基配列が間接的に）相当するアミノ酸配列に翻訳される。DNA と RNA の異なる点は，RNA ではチミン（T）の代わりに構造の類似したウラシル（U）が用いられていることである（前項参照）。転写ならびに翻訳の機構と生化学反応は複雑である（ここでは詳述しない）。

参考文献

Crick F: What Mad Pursuit. A Personal View of Scientific Discovery. Basic Books Inc, New York, 1988.
Judson HF: The Eighth Day of Creation. Makers of the Revolution in Biology. Expanded Edition. Cold Spring Harbor Laboratory Press, New York, 1996.
Stent GS (ed): The Double Helix. Weidenfeld & Nicolson, London, 1981.
Watson JD: The Double Helix. A Personal Account of the Structure of DNA. Atheneum, New York, 1968.
Watson JD, Crick FHC: Molecular structure of nucleic acid. Nature 171: 737–738, 1953.
Watson JD, Crick FHC: Genetic implications of the structure of DNA. Nature 171: 964–967, 1953.
Wilkins MFH, Stokes AR, Wilson HR: Molecular structure of DNA. Nature 171: 738–740, 1953.
Wilkins M: The Third Man of the Double Helix. Oxford University Press, Oxford, 2003.

DNAの構造

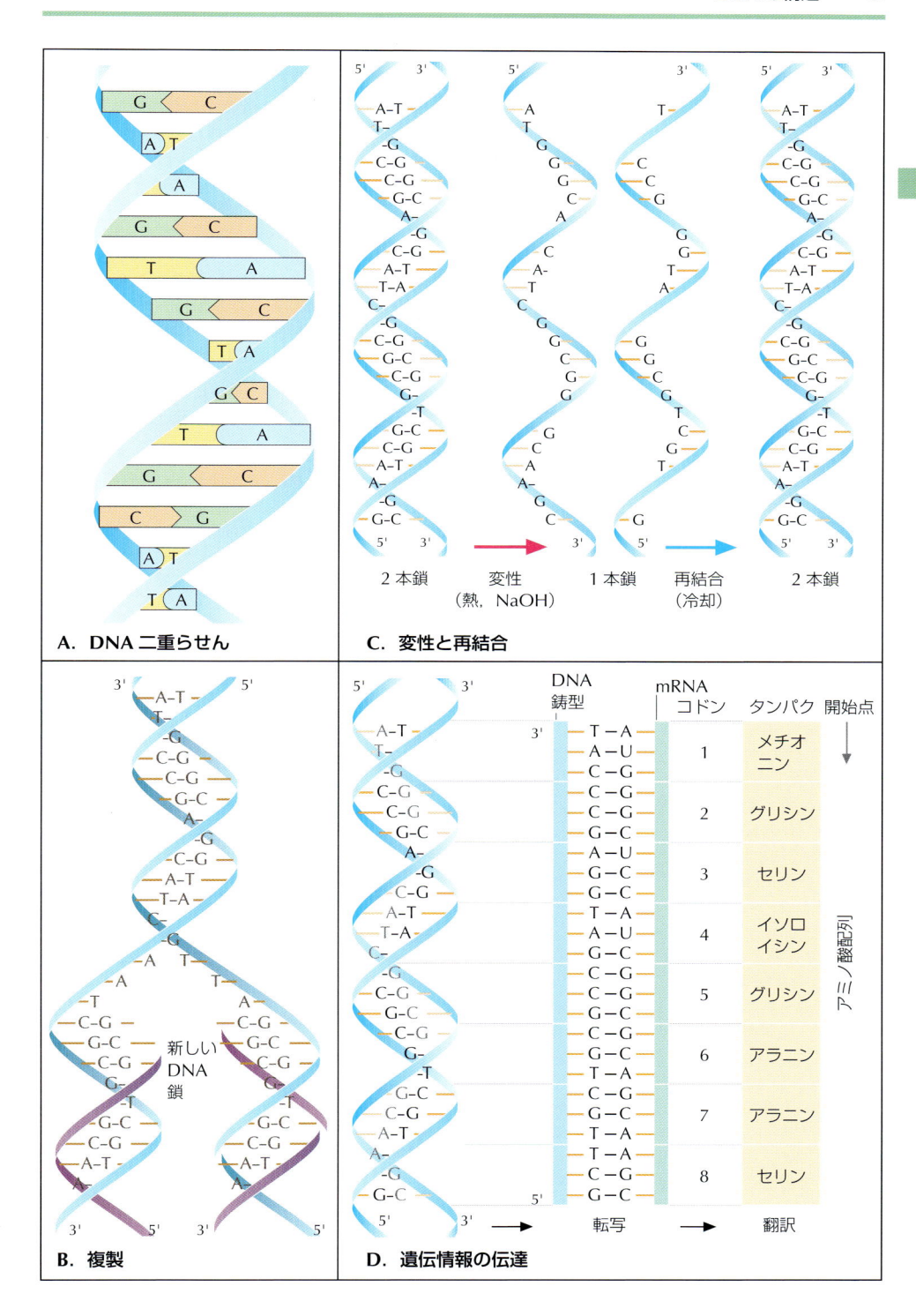

A. DNA 二重らせん

B. 複製

C. 変性と再結合

2本鎖 → 変性（熱，NaOH） → 1本鎖 → 再結合（冷却） → 2本鎖

D. 遺伝情報の伝達

コドン	タンパク
1	メチオニン
2	グリシン
3	セリン
4	イソロイシン
5	グリシン
6	アラニン
7	アラニン
8	セリン

DNA鋳型　mRNAコドン　開始点　アミノ酸配列

転写 → 翻訳

DNAの別構造

前項で図示したB形のDNAに加えて，二重らせん構造にはここに示す2つのタイプ，A形とZ形が知られている。

A. DNAの3つの構造

1953年にWatsonとCrickによって決定された古典的な構造はB形DNAで，右巻きらせんである。非常に低い湿度下で，B形DNAはA形DNAに変化する。A形DNAはまれで，湿度の低い条件下でのみ存在する。A形は密集した構造で，らせん1回転あたり11塩基対が含まれる（B形では10.5塩基対）。らせん軸に垂直な面に対し塩基対が20度傾斜していることも，B形との違いである。A形DNAは深い主溝と浅い副溝をもっている。DNA-RNA，RNA-RNAの2本鎖は，生体内や試験管内でA形をとっていると考えられている。

Z形DNAは左巻きらせんであり，高エネルギー型の構造である。塩基対間の距離がB形よりも長く（0.77 nm），横からみると糖-リン酸の骨格がジグザグ（zigzag）構造をしている（それゆえZ形の名がある）。Z形DNAの溝は1種類で，負に荷電した分子が高密度に存在する。GC塩基対の連続するB形DNA領域は，塩基対を180度回転させるとZ形DNAに変換されうる。通常，Z形DNAは熱力学的に比較的不安定である。しかし，シトシンの5位の炭素がメチル化されている場合には，Z形DNAへの変換が促進される。シトシンのメチル化によるDNAの修飾は，真核生物の特定のDNA領域にしばしばみられる。

Z形DNAは生物学的な役割をもっている。プロモーター領域にはZ形DNAを形成しやすい塩基配列がしばしばみられ，Z形DNAが転写を促進する（Haら，2005）。Z形DNAと相互作用する，特異的なZ形DNA結合タンパクが4ファミリー発見されている。編集酵素ADAR1，インターフェロンによって誘導されるタンパクDLM-1，インターフェロンによって誘導されるキナーゼ（リン酸化酵素）PKRのオルソログ，ポックスウイルス毒性タンパクE3LのN末端領域である。E3Lはマウスに対する病原性に必要なタンパクで，Z形DNA結合タンパクファミリーのタンパク群と配列が類似している（Kimら，2003；Haら，2005）。

ここで述べた3タイプに加え，合成されたポリ(A)とポリデオキシ(U)を試験管内で混合した場合には，3本鎖DNAが形成される。（図はKoolman & Röhm，2005より）

B. 主溝と副溝（B形DNA）

B形DNAの構造上の特徴で重要なのは，2種類の溝の形成である。1つは主溝（大きな溝），もう1つは副溝（小さい溝）と呼ばれる。DNAでの塩基対形成（AT, GC）の結果，塩基とデオキシリボース間のグリコシド結合は対角線上で一直線にはなりえないので，主溝と副溝が形成される。B形DNAでは，同一鎖上の隣接塩基どうしは0.34 nm離れている。らせん1回転には約10塩基対が含まれ，らせんのピッチは1回転あたり3.4 nmである。こうして二重らせんに局部的な曲がりが発生し，大きめの溝と小さめの溝が形成される。

C. 二重らせんのサイズ（B形DNA）

通常みられるB形DNAでは，二重らせんのサイズが決定されている。直径は2 nm（20 Å），らせんのピッチは1回転あたり3.4 nm（34 Å），らせん1回転には約10塩基対が含まれる。同一鎖上の隣接塩基どうしは0.34 nm（3.4 Å）離れている。

参考文献

Ha SC et al: Crystal structure of a junction between B-DNA and Z-DNA reveals two extruded bases. Nature 437: 1183–1186, 2005.

Kim Y-G et al: A role for Z-DNA binding in vaccinia virus pathogenesis. Proc. Nat Acad Sci 100: 6974–6979, 2003.

Koolman J, Röhm KH: Color Atlas of Biochemistry, 2nd ed. Thieme Medical Publishers, Stuttgart-New York, 2005.

Lodish H et al.: Molecular Biology of the Cell, 5th ed. WH Freeman, New York, 2004.

Rich A, Zhang S: Z-DNA: The long road to biological function. Nature Rev Genet 4: 566–572, 2003.

Rich A, Nordheim A, Wang AH: The chemistry and biology of left-handed Z-DNA. Ann Rev Biochem 53: 791–846, 1984.

Stryer L: Biochemistry, 4th ed. WH Freeman & Co, New York, 1995.

Wang AH-J et al: Molecular structure of a left-handed double helical DNA fragment at atomic resolution. Nature 282: 680–686, 1979.

Watson JD et al: Molecular Biology of the Gene, 3rd ed. Benjamin/Cummings Publishing Co, Menlo Park, California, 1987.

DNA の別構造　51

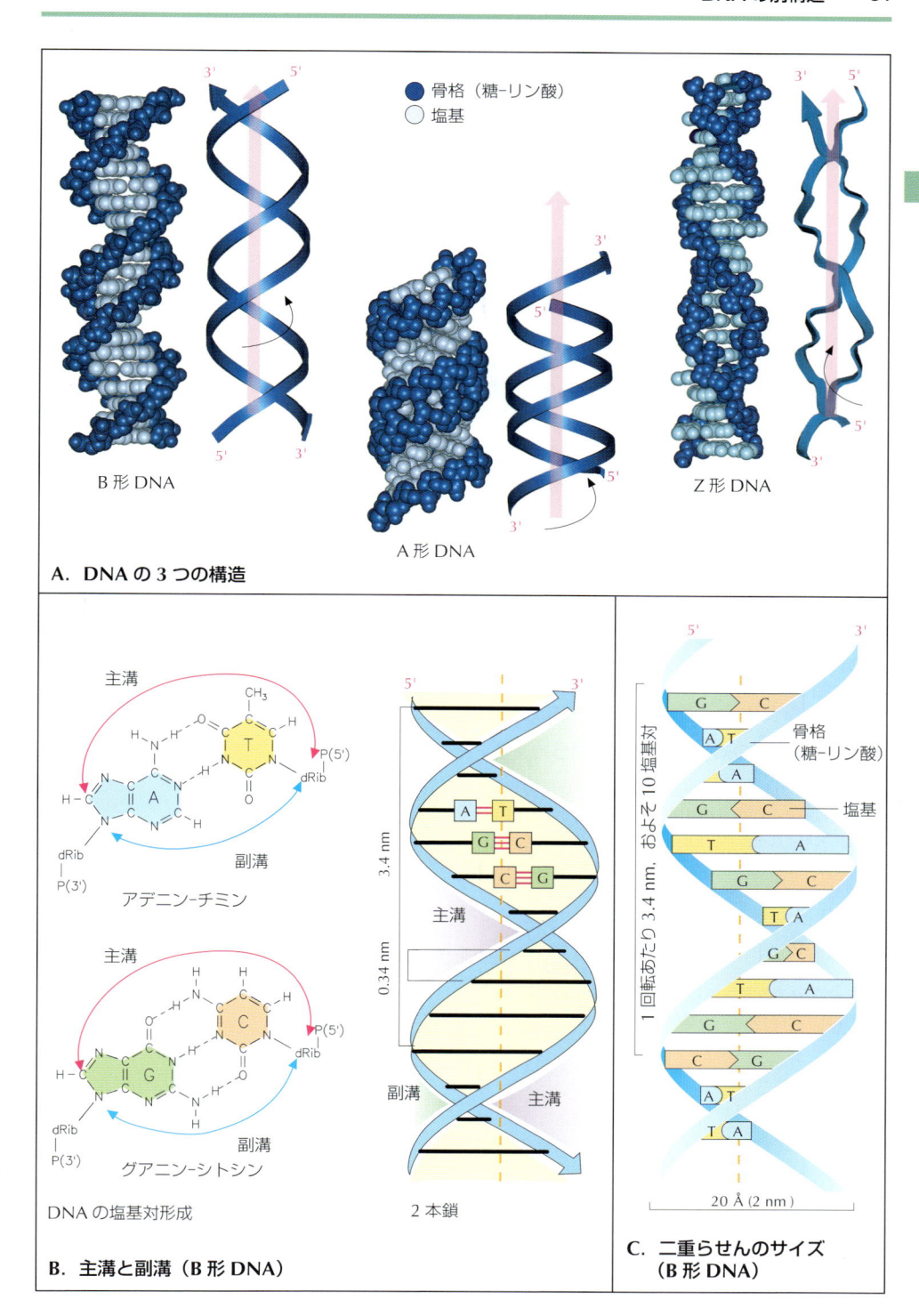

● 骨格（糖-リン酸）
○ 塩基

B 形 DNA

A 形 DNA

Z 形 DNA

A. DNA の 3 つの構造

アデニン-チミン

グアニン-シトシン

DNA の塩基対形成

B. 主溝と副溝（B 形 DNA）

2 本鎖

3.4 nm
0.34 nm
主溝
副溝

1 回転あたり 3.4 nm、およそ 10 塩基対

骨格（糖-リン酸）
塩基

20 Å（2 nm）

C. 二重らせんのサイズ（B 形 DNA）

DNA 複製

　DNA 複製とは各 DNA 鎖を新しい相補的な鎖に複製する過程のことを指す．DNA 複製は細胞分裂ごとに起こり，遺伝情報が 2 つの娘細胞に受け継がれることを保証する．DNA 複製にあたっては，レプリソームと呼ばれる複合体を構成する多くのタンパクが高度に協調して働くことが必要である．正確さと速度が要求される．2 本の新しい鎖は，大腸菌では 1 秒に 1,000 塩基の速度で合成される．複製時には，元々存在している DNA 鎖がそれぞれ鋳型となって新しい鎖が合成される．このような複製は半保存的複製と呼ばれる．DNA 複製は，組換え時や損傷 DNA の修復時にも起こる（DNA 修復の項参照）．

A. 原核生物での複製は 1 ヵ所から始まる

　原核生物では，複製は環状の細菌染色体の一定の場所（複製起点）から始まる（図 1）．この場所から，完全に複製が終了して 2 つの染色体が形成されるまで，新しい DNA は両方向に同じ速度で合成される．新しく複製された DNA にトリチウム（^{3}H）標識したチミジンを取り込ませることにより，オートラジオグラフィーで複製を可視化することができる（図 2）．

B. 真核生物での複製は複数ヵ所から始まる

　真核生物では，DNA 合成は細胞周期の一定時期（S 期）に行われる．DNA 合成が 1 ヵ所から始まるならば，非常に長い時間がかかるであろう．しかし真核生物の DNA 複製は，多くの場所から開始する（レプリコン）（図 1）．複製が始まったそれぞれの場所では，元々の鎖がヘリカーゼによってほどかれる．複製は各レプリコン内で両方向に進み（図 2），最終的に隣り合ったレプリコンどうしが融合して DNA の全長が複製される（図 3）．電子顕微鏡写真には 3 ヵ所のレプリコンが示されている（図 4）．

C. 複製フォーク

　複製時には，新しい鎖が合成されている 2 本鎖が開いた場所に，複製フォークと呼ばれる特徴的な構造が形成される（図 1）．複製フォークはヘリカーゼによってほどかれている元の鎖の二重らせんに沿って動く．これに先立ち，トポイソメラーゼと呼ばれる酵素が DNA の任意の場所に結合し，片鎖のホスホジエステル結合を切断して（ニック形成）ねじれ力を解放する．元々存在している DNA 鎖がそれぞれ鋳型となって新しい鎖が合成される．新しい鎖は 5′ から 3′ の方向にのみ合成され，3′ から 5′ の方向には合成されない．したがって，リーディング鎖では 3′ 末端のヌクレオチドが次々に伸長するが（図 2），5′ 末端（ラギング鎖）では伸長は不可能である．

　1 本鎖となった DNA 上では，プライマーゼと呼ばれる特殊な RNA ポリメラーゼが，鋳型鎖に相補的な短い RNA プライマーを合成する．リーディング鎖では，新たな DNA の合成は 1 個のプライマーから 5′ から 3′ の方向に連続的に行われるが，ラギング鎖では，反対方向に 1,000 〜 2,000 塩基の短い領域（岡崎フラグメント）として合成される．DNA 合成は 5′ から 3′ の方向に行われるので，それぞれのフラグメントごとにプライマーが必要である（図 2）．その後，プライマーは除去され，隣のフラグメントから伸びてきた DNA 鎖によって置き換えられ，ギャップは DNA リガーゼで閉じられる．DNA 合成を担っている酵素は DNA ポリメラーゼⅢで，いくつかのサブユニットからなる複合体である．真核生物においてはリーディング鎖とラギング鎖で異なる酵素が必要である．複製時に起きた誤りは，誤って組入れた塩基を取り除き，正しい塩基を組入れる複雑な校正機構によって除去される．（図 1 は Alberts，2003 より）

参考文献

Alberts B: DNA replication and recombination. Nature 421: 431–435, 2003.

Albert B et al: Molecular Biology of the Cell, 4th ed. Garland Science, New York, 2002.

Cairns J: The bacterial chromosome and its manner of replication as seen by autoradiography. J Mol Biol 6: 208–213, 1963.

Lodish H et al: Molecular Cell Biology, 5th ed. Scientific American Books, FH Freeman & Co, New York, 2004.

Marx J: How DNA replication originates. Science 270: 1585–1587, 1995.

Meselson M, Stahl FW: The replication of DNA in Escherichia coli. Proc Natl Acad Sci 44: 671–682, 1958.

Watson JD et al: Molecular Biology of the Gene, 3rd ed. Benjamin/Cummings Publishing Co, Menlo Park, California, 1987.

DNA 複製　53

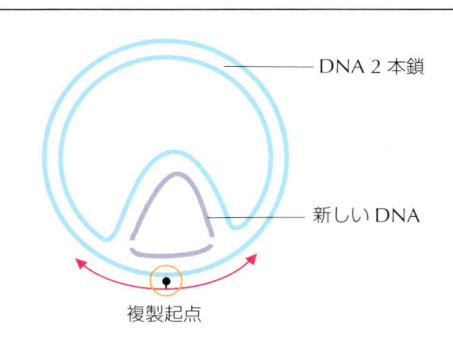

1. 細菌染色体での DNA 複製
2. 原核生物（大腸菌）での DNA 複製の
   オートラジオグラム（J. Cairns による）

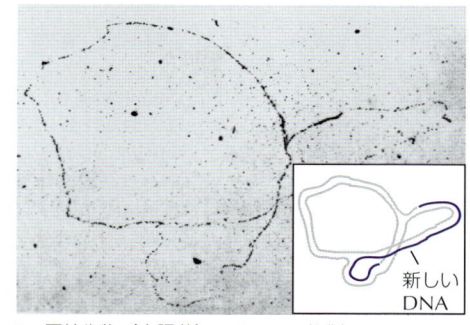

A. 原核生物での複製は 1 カ所から始まる

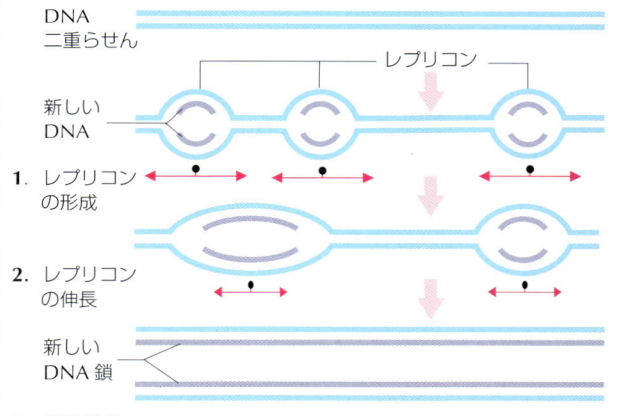

1. レプリコンの形成
2. レプリコンの伸長
3. 複製完了
4. 真核生物での DNA 複製の電子顕微鏡写真（D. S. Hogness による）

B. 真核生物での複製は複数カ所から始まる

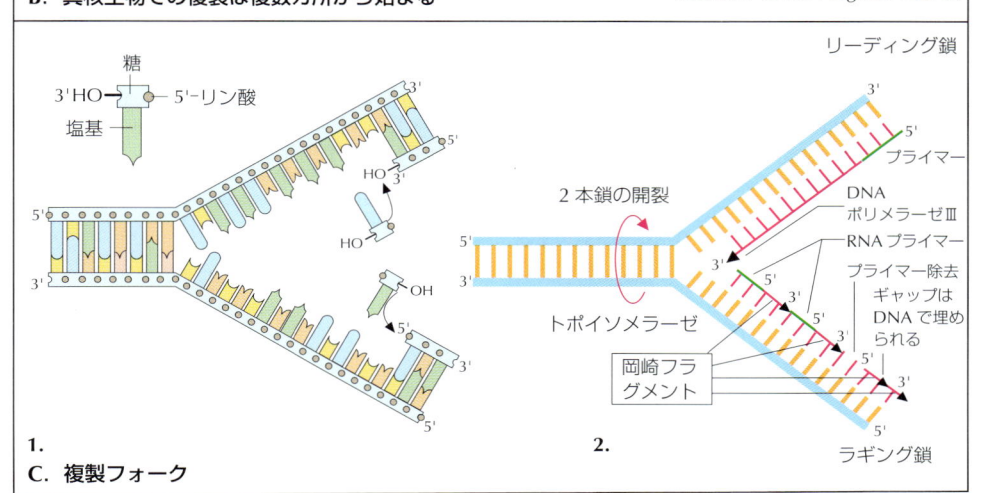

1.
2.

C. 複製フォーク

遺伝情報の流れ：転写と翻訳

遺伝子の塩基配列に含まれる情報は，**転写** transcription ならびに**翻訳** translation という2つの大きな段階を経て，有益な生物学的機能に変換される。この遺伝情報の流れは一方向性である。まず，遺伝子のコード領域は中間的なRNA分子（一次転写産物）へ複写される（転写）。その塩基配列はDNAのアンチセンス鎖（鋳型鎖）に相補的である。その後，メッセンジャーRNA（mRNA）分子の塩基配列情報は，対応するアミノ酸の配列に置き換えられる（翻訳）。真核生物では，一次転写産物が直接翻訳されるのではなく，翻訳される前に加工されてmRNA分子となる。原核生物ではDNAから直接mRNAが転写される。

A. 転写

転写とは，DNAの片方の鎖の塩基配列が相補的なRNA分子（mRNA）に複写されることである。まず，DNAらせんは複雑なタンパク複合体によって開かれる。3′から5′の方向のDNA鎖（鋳型鎖，非コード鎖，アンチセンス鎖）が，RNAポリメラーゼによるDNAからRNAへの転写の鋳型となる。RNAは5′から3′の方向に合成される。これはRNAセンス鎖である。実験条件下で反対側の鎖から転写されたRNAはアンチセンスRNAと呼ばれ，通常の転写を阻害する。

B. 翻訳

翻訳とは，mRNAの塩基配列を使用して，DNAにコードされていた配列でアミノ酸の鎖（ポリペプチド鎖，42頁参照）を合成する過程を指す。翻訳は開始点（開始コドン，AUG）によって定められるリーディングフレーム（読み枠）の単位で行われる。mRNAとは別の2種類のRNA分子，転移RNA（tRNA）とリボソームRNA（rRNA）も翻訳に関与している。tRNAはコドンを解読する。各アミノ酸は対応するtRNAのセットをもっている。tRNAはアミノ酸を結合し，伸長中のポリペプチド鎖の末端にアミノ酸を運ぶ。各tRNAはmRNAに相補的な部分（アンチコドン）をもっている。図ではmRNAのコドン1, 2, 3, 4が，アミノ酸としてメチオニン，グリシン，セリン，イソロイシンの配列に翻訳されている。この例では，グリシンとアラニンが次に結合される。

C. 翻訳の3段階

翻訳には3つの段階がある。最初の段階は開始（図1）で，mRNA，リボソーム，tRNAを含む開始複合体が形成される。この段階では多くの転写開始因子（IF1，IF2，IF3など，図には示していない）が必要とされる。次に伸長（図2）である。次のコドンによって指定されるアミノ酸が結合されていく。伸長には，コドン認識，次のアミノ酸の結合，リボソームがmRNA上を3′方向に3塩基ずれるトランスロケーションの3相がある。mRNAの3つの終止コドン（UAA，UGA，UAG）のいずれかに到達すると，翻訳は終結（図3）する。

真核生物の翻訳（タンパク合成）は核外の細胞質内のリボソームで行われる（210頁参照）。図に示した翻訳の生物学的過程は極端に単純化してある。

D. 転移RNAの構造

転移RNA（tRNA）は特徴的なクローバー葉型構造をしており，ここでは酵母のフェニルアラニンtRNAを例示しているが（図1），3つの1本鎖ループと4つの2本鎖のステム（幹）部分をもつ。三次構造（図2）は複雑だが，mRNAのコドンの認識部位（アンチコドン）と，3′末端（アクセプター末端）には対応するアミノ酸の結合部位が区別される。（図はAlbertsら，2002；Lodishら，2004より）

参考文献

Alberts B et al: Molecular Biology of the Cell, 4th ed. Garland Sciene, New York, 2002.
Brenner S, Jacob F, Meselson M: An unstable intermediate carrying information from genes to ribosomes for protein synthesis. Nature 190: 576–581, 1961.
Ibba M, Söll D: Quality control mechanisms during translation. Science 286: 1893–1897, 1999.
Lodish H et al: Molecular Cell Biology, 5th ed. WH Freeman, New York, 2004.
Watson JD et al: Molecular Biology of the Gene, 3rd ed. Benjamin/Cummings Publishing Co, Menlo Park, California, 1987.

遺伝情報の流れ：転写と翻訳　55

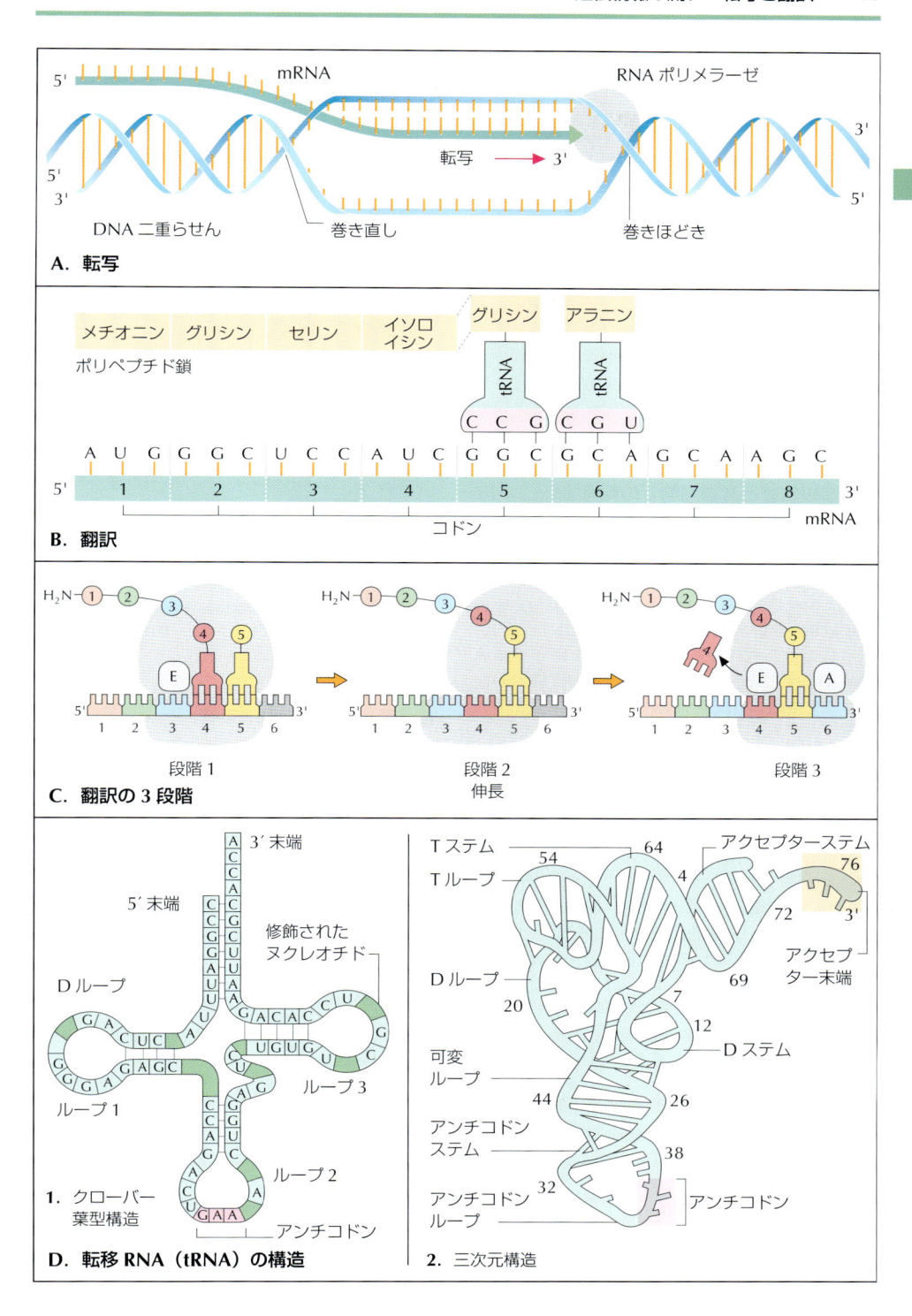

A. 転写

mRNA / RNAポリメラーゼ / 転写 → 3′ / DNA二重らせん / 巻き直し / 巻きほどき

B. 翻訳

ポリペプチド鎖：メチオニン　グリシン　セリン　イソロイシン　グリシン　アラニン

tRNA：CCG / GCU

mRNA：A U G G G C U C C A U C G G C G C A G C A A G C
コドン：1　2　3　4　5　6　7　8

C. 翻訳の3段階

段階1 / 段階2 伸長 / 段階3

D. 転移RNA（tRNA）の構造

1. クローバー葉型構造
   - 3′末端
   - 5′末端
   - 修飾されたヌクレオチド
   - Dループ
   - ループ1
   - ループ2
   - ループ3
   - アンチコドン

2. 三次元構造
   - Tステム
   - Tループ
   - アクセプターステム
   - アクセプター末端
   - Dループ
   - Dステム
   - 可変ループ
   - アンチコドンステム
   - アンチコドンループ
   - アンチコドン

遺伝子と変異

複製と転写の過程で伝達される情報は，遺伝子と呼ばれる単位として整列されている。「遺伝子」という言葉は1909年にデンマークの生物学者Wilhelm Johannsenによって（「遺伝子型」や「表現型」とともに）導入された。その本体がDNAであることが認識されるまで，遺伝子は抽象的な学術用語として，何らかの遺伝しうる特性を植物や動物にもたらす「因子」（Mendelによる用語）と理解されていた。1901年にH. de Vriesによって導入された用語である「変異」とは，構造的な変化によって遺伝子の生物学的な機能を変化させる過程をいう。細菌やその他の微生物でも変異が起こるという発見が，遺伝子と変異の関係が理解される糸口となった。

A. 原核生物と真核生物での転写

細菌のように核をもたない単細胞生物（原核生物，図1）と核をもつ多細胞生物（真核生物，図2）とでは，転写の過程は異なる。原核生物ではmRNAが直接翻訳の鋳型となる。つまり，DNAの塩基配列とmRNAの塩基配列は完全に1：1で対応している。一方，真核生物では一次転写産物のRNAがまず形成され，そこから非コード領域が除去されて生成した成熟mRNAが，核から放出されてポリペプチド合成の鋳型となる（60頁，RNAのプロセシングの項参照）。

B. DNAと変異

微生物の変異に関する体系的な解析が行われ，DNAのコード配列とコードされるポリペプチド鎖とが1：1で対応することの最初の証拠がもたらされた。Yanofskyらは1964年，トリプトファンシンターゼをコードしている大腸菌遺伝子の変異部位が，アミノ酸配列が変化している位置に対応することを示した。図には4ヵ所の変異が示されており，22番目の部位ではフェニルアラニン（Phe）がロイシン（Leu）に置換され，49番目ではグルタミン酸（Glu）がグルタミン（Gln）に，177番目ではロイシン（Leu）がアルギニン（Arg）に置換されている。それぞれの変異は決まった部位にある。対応するコドンがどのように変化するかによって，どのアミノ酸に置換されるかが決まる。

C. 変異のタイプ

変異，つまり通常型（いわゆる野生型）からの変化には3つのタイプがある。(1) 塩基置換（1つの塩基が別の塩基に置き換わりコドンを変化させる），(2) 欠失（1つ以上の塩基が失われる），(3) 挿入（1つ以上の塩基が加わる）。塩基置換では，どのようなコドンの変化がもたらされるかによって結果が異なる。2つのタイプの塩基置換が区別されている。**トランジション** transition（プリン塩基からプリン塩基への変化，またはピリミジン塩基からピリミジン塩基への変化）と**トランスバージョン** transversion（プリン塩基からピリミジン塩基への変化，またはピリミジン塩基からプリン塩基への変化）である。塩基置換はコドンを変化させ，間違ったアミノ酸をその位置に導入する可能性があるが，リーディングフレーム（読み枠）は変化させない（**ミスセンス変異** missense mutation）。結果として生じるポリペプチドの変化は，変異部位に間違ったアミノ酸を含むものとなる。一方，欠失や挿入はリーディングフレームをずらす可能性がある（**フレームシフト変異** frameshift mutation）。その場合には，フレームシフト後の配列はもはやコドンの正常配列には対応しない。アミノ酸をコードしているコドンが塩基置換によって終止コドンに変化する場合を**ナンセンス変異** nonsense mutationという〔訳注：原文では「機能的な遺伝子産物が産生されない」と記述されているが，正確な表現ではない〕。

D. 同一部位の異なる変異

1つの部位（1コドン）につき起こりうる変異は複数考えられる。211番目の部位では2種類の変異が観察される。1つはグリシン（Gly）がアルギニン（Arg）に置換されるもの，もう1つはGluに置換されるものである。野生型では211番目の部位に対応するコドンはGGAで，これはGlyをコードしている。GGAがAGAに変異すればGlyはArgとなり，GAAに変異すればGluとなる。

参考文献

Alberts B et al: Molecular Biology of the Cell, 4th ed. Garland Publishing, New York, 2002.

Alberts B et al: Essential Cell Biology. An Introduction to the Molecular Biology of the Cell. Garland Publishing, New York, 1998.

Lodish H et al: Molecular Cell Biology, 5th ed. FH Freeman & Co, New York, 2004.

Watson JD et al: Molecular Biology of the Gene, 3rd ed. Benjamin/Cummings Publishing Co, Menlo Park, California, 1987.

Yanofsky C et al: On the colinearity of gene structure and protein structure. Proc Nat Acad Sci 51: 261–272, 1964.

遺伝子と変異　57

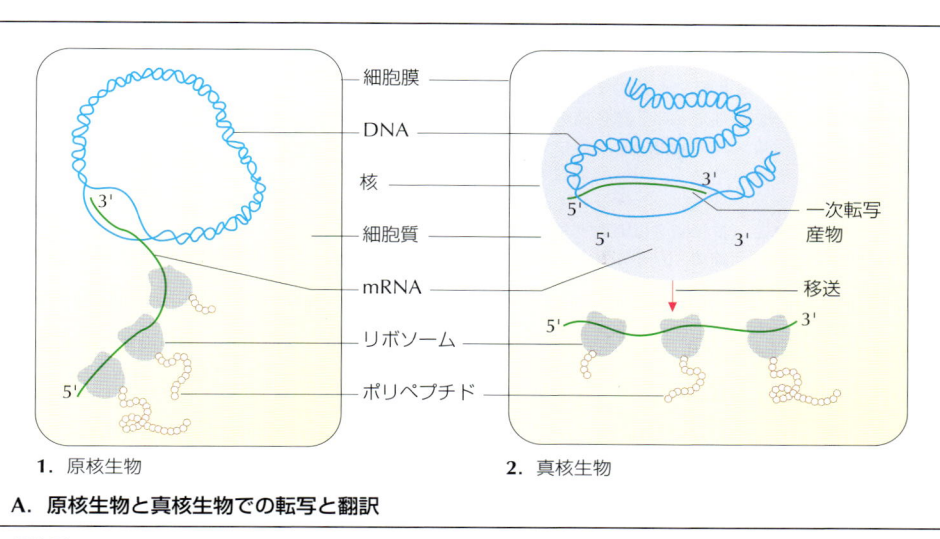

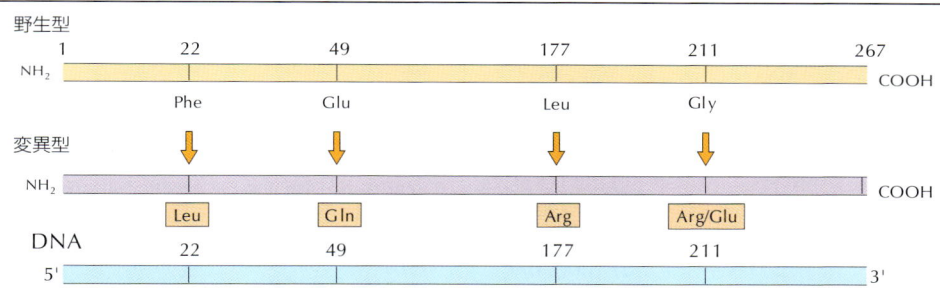

1. 原核生物
2. 真核生物

A. 原核生物と真核生物での転写と翻訳

野生型: NH₂ — 1, 22 (Phe), 49 (Glu), 177 (Leu), 211 (Gly), 267 — COOH

変異型: NH₂ — 22 (Leu), 49 (Gln), 177 (Arg), 211 (Arg/Glu) — COOH

DNA: 5' — 22, 49, 177, 211 — 3'

B. 変異は決まった部位にある

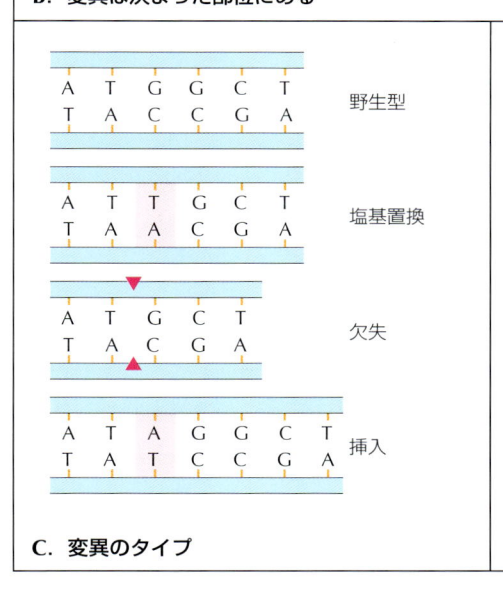

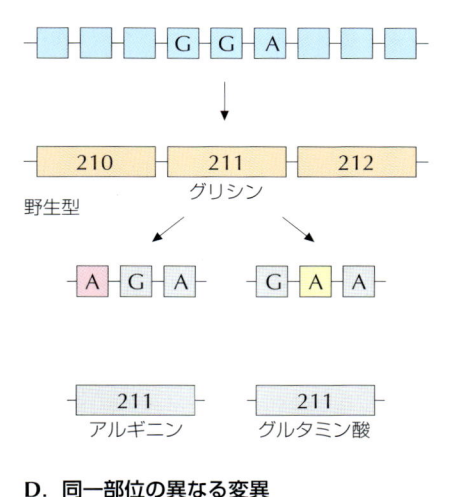

野生型 / 塩基置換 / 欠失 / 挿入

C. 変異のタイプ

GGA → 野生型 210, 211, 212 グリシン

AGA → 211 アルギニン
GAA → 211 グルタミン酸

D. 同一部位の異なる変異

遺伝暗号

遺伝暗号はDNAの塩基配列を対応するアミノ酸配列に翻訳するための規則である。遺伝暗号は3文字暗号で，3つの塩基対の配列がアミノ酸に対応する暗号（コドン）となっている。コード領域の始まり（開始コドン）と終わり（終止コドン）も遺伝暗号によって指定される。遺伝暗号は万物共通で，いくつかの例外を除いて，細菌・ウイルス・動物・植物などすべての生物が同じコードを使用している。

A. mRNAでの遺伝暗号

5′から3′の方向に1番目，2番目，3番目の塩基によって，20種のアミノ酸のコドンの1つが決定される。各コドンは1つのアミノ酸に対応する。遺伝暗号は通常，DNAでのチミン（T）の代わりにウラシル（U）を使ったmRNAの文字記号として記述される。複数のコドンによって指定されるアミノ酸も数種類あり，これはコードの縮重と呼ばれる。例えば，UUUとUUCはともにフェニルアラニンを指定し，UCU, UCC, UCA, UCG, AGU, AGCはいずれもセリンを指定する。コドンの3番目の位置（3塩基配列の3′末端）は，縮重している場合が多い。1つのコドンのみで1つのアミノ酸が指定されるのは，メチオニン（AUG）とトリプトファン（UGG）だけである。開始コドンはAUG（メチオニン）で，終止コドンはUAA, UAG, UGAである。

細菌にmRNAを添加すると対応するタンパクが産生される。これを利用して3塩基配列情報がどのように遺伝子からタンパクに変換されるのかを解析することにより，遺伝暗号は1966年に明らかにされた。

共通遺伝暗号から逸脱したいくつかの例外を下の表に示す。

B. 省略記号

スペース節約のため，長いアミノ酸配列は通常，アミノ酸の1文字記号で記述される。

C. リーディングフレームの重なり

リーディングフレーム（読み枠）とは，開始コドンから終止コドンまでの塩基配列である。遺伝情報を含む開始コドンから終止コドンまでの区間はオープンリーディングフレーム（ORF）と呼ばれる。ORFは終止コドンを含まない。通常，ORFが重なり合うことはないので，3種類の可能なリーディングフレームA, B, Cのうち正しいものは1つである（図の例ではA）。BとCはそれぞれ3番目と5番目に終止コドンを含み，コード配列とならない。

参考文献

Alberts B et al: Molecular Biology of the Cell, 4th ed. Garland Publishing, New York, 2002.
Crick FHC et al: General nature of the genetic code for proteins. Nature 192: 1227–1232, 1961.
Lodish H et al: Molecular Cell Biology, 5th ed. FH Freeman & Co, New York, 2004.
Rosenthal N: DNA and the genetic code. New Eng J Med 331: 39–41, 1995.
Singer M, Berg P: Genes and Genomes: A changing perspective. Blackwell Scientific Publications, Oxford–London, 1991.

共通遺伝暗号から逸脱した例外

コドン	共通の意味	例外の意味	用いている生物
UGA	終止コドン	トリプトファン	マイコプラズマ，ある種の生物のミトコンドリア
CUG	ロイシン	トレオニン	酵母のミトコンドリア
UAA, UAG	終止コドン	グリシン	カサノリ，テトラヒメナ，ゾウリムシ
UGA	終止コドン	システイン	ユープロテス

（Lodishら，2004, p.121より）

遺伝暗号

1番目	ヌクレオチド塩基				3番目
	2番目				
	ウラシル（U）	シトシン（C）	アデニン（A）	グアニン（G）	
ウラシル (U)	F フェニルアラニン(Phe) F フェニルアラニン(Phe) L ロイシン (Leu) L ロイシン (Leu)	S セリン (Ser) S セリン (Ser) S セリン (Ser) S セリン (Ser)	Y チロシン (Tyr) Y チロシン (Tyr) 終止コドン 終止コドン	C システイン (Cys) C システイン (Cys) 終止コドン W トリプトファン(Trp)	U C A G
シトシン (C)	L ロイシン (Leu) L ロイシン (Leu) L ロイシン (Leu) L ロイシン (Leu)	P プロリン (Pro) P プロリン (Pro) P プロリン (Pro) P プロリン (Pro)	H ヒスチジン (His) H ヒスチジン (His) Q グルタミン (Gln) Q グルタミン (Gln)	R アルギニン (Arg) R アルギニン (Arg) R アルギニン (Arg) R アルギニン (Arg)	U C A G
アデニン (A)	I イソロイシン (Ile) I イソロイシン (Ile) I イソロイシン (Ile) 開始コドン（メチオニン）	T トレオニン (Thr) T トレオニン (Thr) T トレオニン (Thr) T トレオニン (Thr)	N アスパラギン (Asn) N アスパラギン (Asn) K リシン (Lys) K リシン (Lys)	S セリン (Ser) S セリン (Ser) R アルギニン (Arg) R アルギニン (Arg)	U C A G
グアニン (G)	V バリン (Val) V バリン (Val) V バリン (Val) V バリン (Val)	A アラニン (Ala) A アラニン (Ala) A アラニン (Ala) A アラニン (Ala)	D アスパラギン酸 (Asp) D アスパラギン酸 (Asp) E グルタミン酸 (Glu) E グルタミン酸 (Glu)	G グリシン (Gly) G グリシン (Gly) G グリシン (Gly) G グリシン (Gly)	U C A G

A. mRNA での全アミノ酸に対する遺伝暗号

開始	AUG	F (Phe)	UUU UUC	L (Leu)	CUU CUC CUG CUA UUG UUA	R (Arg)	CGU CGC CGG CAA AGG AGA	V (Val)	GUU GUC GUG GUA
終止	UAA UAG UGA	G (Gly)	GGU GGC GGG GGA					W (Trp)	UGG
A (Ala)	GCU GCC GCG GCA			M (Met)	AUG	S (Ser)	UCU UCC UCG UCA AGU AGC	Y (Tyr)	UAU UAC
C (Cys)	UGU UGC	H (His)	CAU CAC	N (Asn)	AAU AAC			B (Asx)	Asn または Asp
D (Asp)	GAU GAC	I (Ile)	AUU AUC AUA	P (Pro)	CCU CCC CCG CCA	T (Thr)	ACU ACC ACG ACA	Z (Glx)	Gln または Glu
E (Glu)	GAG GAA	K (Lys)	AAG AAA	Q (Gln)	CAG CAA				

B. 省略記号

A ー GCA ー AAU ー AAG ー GUA ー GAC ー CAU ー ORF は中断されない
　　ー Ala ー Asn ー Lys ー Val ー Asp ー His ー

B ー CGC ー AAA ー UAA ー GGU ー AGA ー CCA ー UAG ORF が終止コドンで中断される
　　　　　　　　　終止

C ー UGG ー CAA ー AUA ー AGG ー UAG ー ACC ー AUC ORF が終止コドンで中断される
　　　　　　　　　　　　　　　　終止

C. リーディングフレームの重なり

RNA のプロセシング

　真核生物の遺伝子はコード配列がさまざまな長さの非コード配列で中断されている。コード配列部は**エキソン** exon と呼ばれ，非コード配列部は**イントロン** intron と呼ばれる。この 2 つの用語は 1978 年，W. Gilbert によって導入された。イントロンは翻訳が始まる前に取り除かれる。イントロンを取り除いてエキソンをつなぎ合わせる（スプライシング）過程を RNA プロセシングと呼ぶ。遺伝子中に明らかな機能をもたない DNA をもつことは無駄のように思える。しかし RNA プロセシングの大きな進化的利点が知られるようになってきた。進化の過程で，複数の遺伝子の異なった部分が並び替えられ，別の染色体のどこかに移動する。このようにして，あらかじめ存在していた遺伝子から新しい遺伝子が構築される。イントロンには，遺伝子の活性を調節するのに必要な配列を含んでいるものもある。

A. エキソンとイントロン

　1977 年，真核生物の遺伝子 DNA がそれに相当する mRNA よりも長いことが偶然に発見された。mRNA を相補的な 1 本鎖 DNA にハイブリッド形成させたとき，電子顕微鏡写真で示すように，1 本鎖 DNA がループとして余っている（図 1）。mRNA は相当する DNA コード鎖より短いので，1 本鎖 DNA の特定部位にのみハイブリッド形成する（図 2）〔訳注：この図はループの形状が不適切である〕。ここでは 7 個のループ（A～G）と 8 個のハイブリッド形成部（1～7 と先頭部分 L）が示されている。遺伝子 DNA の全長 7,700 bp のうち（図 3），mRNA とハイブリッド形成しているのは 1,825 塩基のみである。ハイブリッド形成している各部分がエキソンである。ハイブリッド形成しない 1 本鎖の部分がイントロンに相当する。エキソンとイントロンの数や構成は真核生物の遺伝子ごとに特徴的である（エキソン/イントロン構造）。（電子顕微鏡写真は Watson ら，1987 より）

B. 介在 DNA 配列（イントロン）

　原核生物では DNA 塩基配列にはイントロンが含まれず，mRNA の塩基配列と完全に対応している（図 1）。真核生物の DNA にはイントロンが含まれるので，成熟 mRNA は DNA の特定部位のみと相補的である（図 2）。（図は Stryer, 1995 より）

C. 真核生物の基本的な遺伝子構造と転写産物

　エキソンとイントロンは，コード鎖の 5′ から 3′ の方向に番号が振られている。エキソンもイントロンも前駆体 RNA（一次転写物）として転写される。最初のエキソンと最終エキソンは通常，翻訳されない配列を含んでいる。エキソン 1 のそれは 5′ 非翻訳領域（5′ UTR），最終エキソンのそれは 3′ 非翻訳領域（3′ UTR）と呼ばれる。一次転写産物からは非コード配列（イントロン）が取り除かれ，エキソンどうしは**スプライシング** splicing と呼ばれる過程で連結される。正しいリーディングフレーム（読み枠）を損なうことがないよう，スプライシングはきわめて厳密に行われる。イントロンは 5′→3′ 方向に GT の塩基配列（mRNA では GU）で始まり AG で終わることがほとんどである。GT で始まる 5′ 末端をスプライス供与部位と呼ぶ。スプライス受容部位はイントロンの 3′ 末端のことである。成熟 mRNA の 5′ 末端には安定化のために「キャップ」と呼ばれる構造が付加され，3′ 末端には多くのアデニンが付加される（ポリアデニル化）。

D. GU-AG イントロンのスプライシング経路

　RNA プロセシングは RNA を含むスプライソソームと呼ばれる大きなタンパク複合体が行う。スプライソソームは 5 種類の核内低分子 RNA（snRNA）と 50 種類以上のタンパクで構成される。スプライシングの基本的な機構として，まず自己触媒的なイントロン 5′ 末端部の切断を行い，ラリアット（投げ縄）構造が形成される。ラリアット構造は，5′ 末端の GU がイントロン内の塩基（A）と連結して形成された環状の中間構造である。連結の生じた部位は分枝部位と呼ばれる。次の段階で 3′ 部位が切断され，ラリアット構造のイントロンが放出される。それと同時に，右側のエキソンが左側のエキソンに連結される。放出されたイントロンは分枝が解除されて線状になり，急速に分解される。分枝部位はスプライス受容部位の正確な切断に必要で，スプライス受容部位から 18～40 塩基上流（5′ 方向）にみられる。（図は Strachan & Read, 2004 より）

参考文献

Lewin B: Genes VIII. Pearson Prentice Hall, London, 2004.
Strachan T, Read AP: Human Molecular Genetics, 3rd ed. Garland Science, London-New York, 2004.
Stryer L: Biochemistry, 4th ed. WH Freeman & Co, New York, 1995.
Watson JD et al: Molecular Biology of the Gene, 3rd ed. Benjamin/Cummings Publishing Co, Menlo Park, California, 1987.

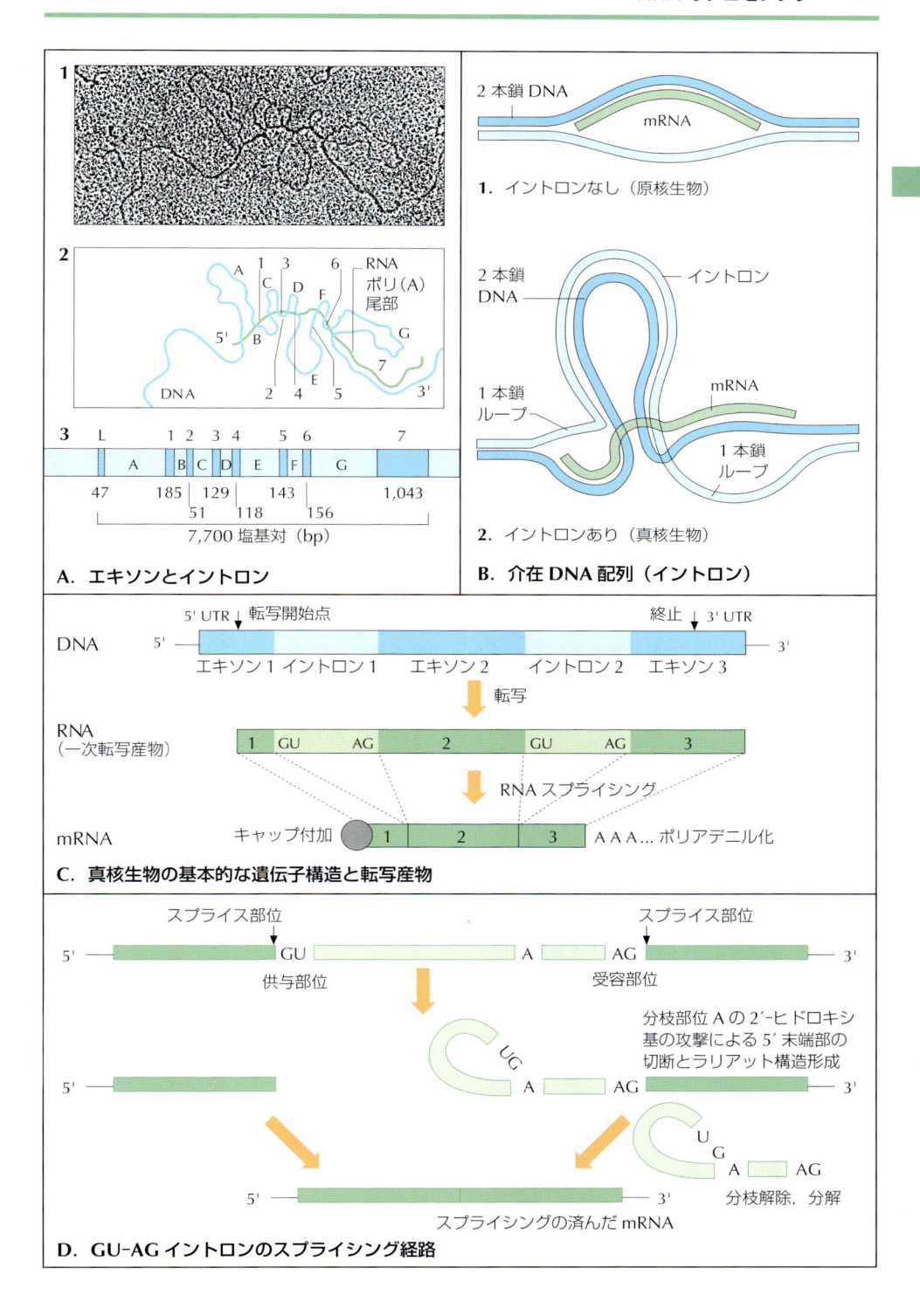

RNA のプロセシング

1

2
A 1 3 6 RNA
C D F ポリ(A)尾部
5' B E G
DNA 2 4 5 7 3'

3
L 1 2 3 4 5 6 7
A B C D E F G
47 185 129 143 156 1,043
51 118
7,700 塩基対 (bp)

A. エキソンとイントロン

2本鎖DNA — mRNA

1. イントロンなし（原核生物）

2本鎖DNA — イントロン
1本鎖ループ — mRNA
1本鎖ループ

2. イントロンあり（真核生物）

B. 介在DNA配列（イントロン）

DNA 5' UTR ↓ 転写開始点　　　　　　終止 ↓ 3' UTR
5' ─ エキソン1　イントロン1　エキソン2　イントロン2　エキソン3 ─ 3'

↓ 転写

RNA（一次転写産物） 1 GU AG 2 GU AG 3

↓ RNAスプライシング

mRNA キャップ付加 ● 1 2 3 AAA...ポリアデニル化

C. 真核生物の基本的な遺伝子構造と転写産物

スプライス部位 ↓　　　　　　　　　スプライス部位 ↓
5' ─── GU ─────── A ── AG ─── 3'
供与部位　　　　　　　　　　　　　受容部位

↓　分枝部位 A の 2'-ヒドロキシ基の攻撃による 5' 末端部の切断とラリアット構造形成

5' ───　　　　　　　UG
　　　　　　　　　A　AG ─── 3'

↓　　　　　↓　　U
　　　　　　　　G
　　　　　　　A　AG
5' ──────────── 3'　分枝解除，分解
スプライシングの済んだmRNA

D. GU-AG イントロンのスプライシング経路

ポリメラーゼ連鎖反応（PCR）による DNA 増幅

　無細胞系で複雑な混合物から特定の DNA 断片を増幅する手法の導入は，遺伝子の分子解析を飛躍的に推し進めた．その手法とは 1985 年に導入されたポリメラーゼ連鎖反応（PCR）である．無細胞系を用いた迅速，高感度の DNA 増幅法で，自動装置（サーマルサイクラー）を使って行われる．

A. ポリメラーゼ連鎖反応（PCR）

　通常の PCR は，種々の材料からのごくわずかな DNA から，目的とする DNA 配列を試験管内で増やす手法である．この選択的な増幅には，目的の DNA 領域に隣接する部分の DNA 配列が，情報としてあらかじめ必要である．その情報に基づいて，約 15～25 塩基の 2 種類のオリゴヌクレオチドプライマーが設計される．プライマーは目的とする 2 本鎖 DNA 領域の 3′ 末端外側の配列に相補的であり，その場所に特異的に結合する．

　PCR の過程では，2 本鎖 DNA 分子は周期的に変性させられ，各鎖が新しい鎖を合成する鋳型となる．PCR は 25～35 サイクルの連鎖反応である．各サイクルは 1～5 分で，サーマルサイクラーによって時間と温度を正確に制御された 3 段階の反応が含まれる．(1) 93～95℃（ヒト DNA）での 2 本鎖 DNA の変性，(2) 50～70℃（2 本鎖 DNA の予測融解温度に依存する）でのプライマーのアニーリング，(3) 熱安定性 DNA ポリメラーゼ（温泉に生息している好熱菌 *Thermus aquaticus* から抽出された *Taq* DNA ポリメラーゼなど）を使った DNA 合成（典型的には 70～75℃），である．引き続くサイクルでは，元の鋳型 DNA（青線で示す）と前のサイクルで新しく合成された DNA（赤線で示す）が鋳型となる．第一サイクルでは，目的とする領域を越えて DNA 合成が進むので，新しく合成される DNA の 3′ 末端側の長さは定まらない（図では矢印で示す）．しかし，第二サイクル以降，前のサイクルで合成された鎖を鋳型とする反応では，プライマーの端を越えて DNA 合成が進むことはないので，決まった長さの DNA 鎖の数が長さの定まらない鎖の数を急速に圧倒するようになる．最終的には目的とする配列が最低でも 10^6 コピーまで増幅される．これはゲル電気泳動によって特定の移動度のバンドとして視覚的に確認できる．標準的な方法に加えて，さまざまな PCR 変法が目的に合わせて考案されている．

B. 逆転写 PCR（RT-PCR）

　この方法では mRNA を開始試料として使用する．まず第一のプライマーを結合させ，逆転写によって相補的 DNA（cDNA）鎖を合成させる．この cDNA を新しい DNA 鋳型として，PCR による増幅が行われる．既知のエキソンが遺伝子内で遠く離れているときは，RT-PCR を使用できる．

C. アレル特異的 PCR

　この方法は，片方のアレル DNA のみを指数関数的に増幅し，もう片方のアレルを一次関数的に増幅するように設計されている．例えば，ある位置にアレル 1 では AT 塩基対（図 1），アレル 2 では CG 塩基対（図 2）をもっているとする．アレル 1 特異的プライマーと共通プライマーを使って PCR で増幅した場合，アレル 1 特異的プライマーとアレル 2 の片側鎖ではアニーリングが完全でなく DNA は合成されない（図 3，4）．共通プライマーからは，アレル 1 もアレル 2 も増幅される．この状況下にサイクル数を繰り返すと，アレル 1 は指数関数的に増幅されるのに対して，アレル 2 は一次関数的にしか増幅されない．したがって最終的にはアレル 1 の数が圧倒的となり，実質的にアレル特異的な増幅が達成される．図 5，6 にはアレル 2 特異的プライマーを用いたアレル特異的増幅が示されている〔訳注：原文には誤りがあり，図 C も正確な表現がされていないため，この部分は訳者ら自身による説明である〕．

　RACE-PCR（迅速 cDNA 末端増幅法）では cDNA から 5′ 末端または 3′ 末端を単離できる．他にも，*Alu*-PCR，アンカー PCR，リアルタイム PCR などの手法が知られている（Strachan & Read, 2004, p.124 参照）．

参考文献

Brown TA: Genomes, 2nd ed. Bios Scientific Publ, Oxford, 2002.

Erlich HA, Gelfand D, Sninsky JJ: Recent advances in the polymerase chain reaction. Science 252: 1643–1651, 1991.

Erlich HA, Arnheim N: Genetic analysis with the polymerase chain reaction. Ann Rev Genet 26: 479–506, 1992.

Lodish H: Molecular Cell Biology, 5th ed. WH Freeman, New York, 2004.

Strachan T, Read AP: Human Molecular Genetics, 3rd ed. Garland Science, London-New York, 2004.

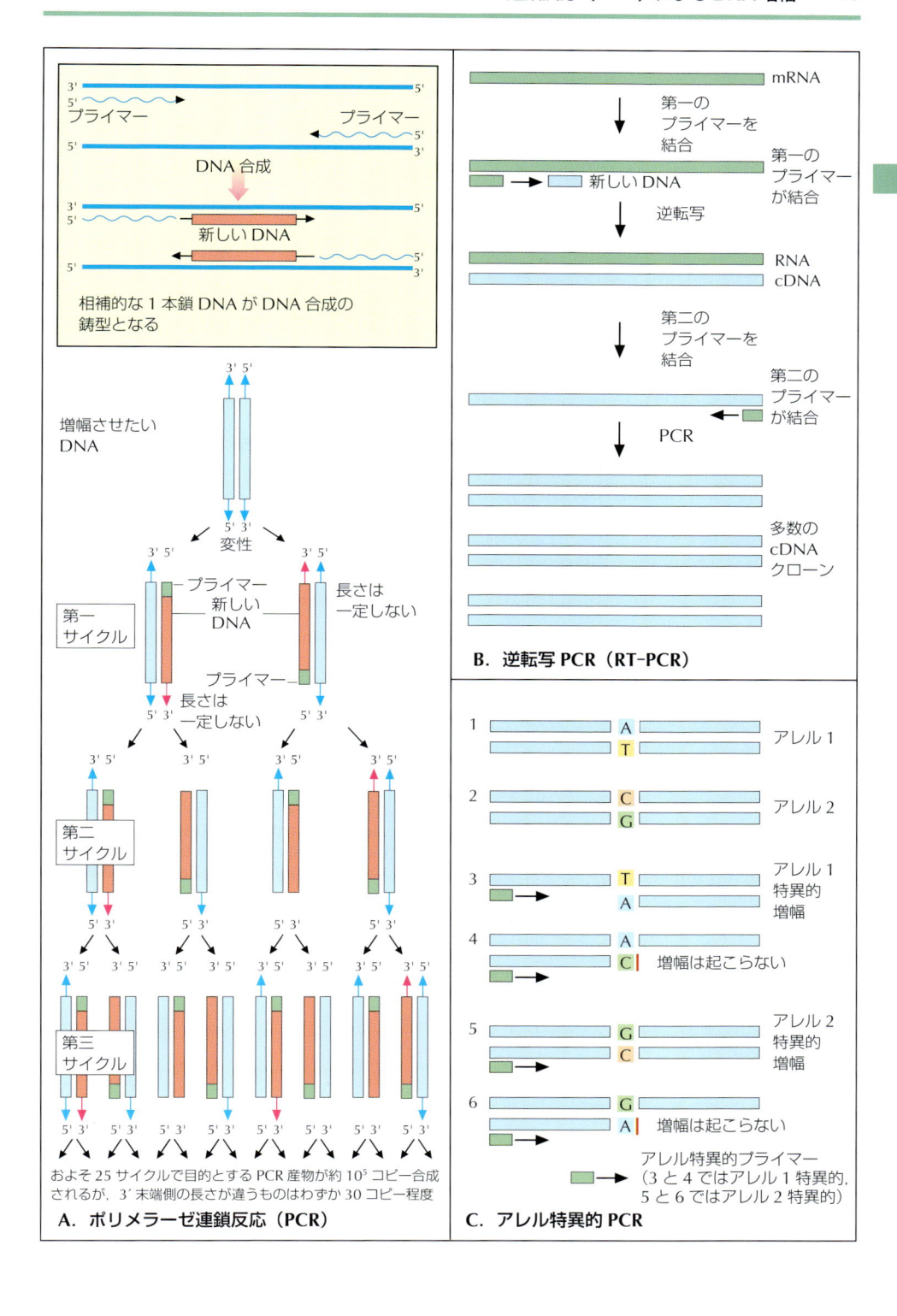

ポリメラーゼ連鎖反応（PCR）による DNA 増幅

A. ポリメラーゼ連鎖反応（PCR）

相補的な1本鎖DNAがDNA合成の鋳型となる

増幅させたいDNA

変性

第一サイクル：プライマー、新しいDNA、長さは一定しない

第二サイクル

第三サイクル

およそ25サイクルで目的とするPCR産物が約 10^5 コピー合成されるが、3′末端側の長さが違うものはわずか30コピー程度

B. 逆転写PCR（RT-PCR）

mRNA
↓ 第一のプライマーを結合
第一のプライマーが結合
新しいDNA
↓ 逆転写
RNA
cDNA
↓ 第二のプライマーを結合
第二のプライマーが結合
↓ PCR
多数のcDNAクローン

C. アレル特異的PCR

1　A / T　アレル1
2　C / G　アレル2
3　T / A　アレル1特異的増幅
4　A / C　増幅は起こらない
5　G / C　アレル2特異的増幅
6　G / A　増幅は起こらない

アレル特異的プライマー
（3と4ではアレル1特異的，5と6ではアレル2特異的）

DNA 塩基配列決定法

　遺伝子または全ゲノムの遺伝学的解析の第一義的な目標は，塩基配列を決定することである。そこで1970年代には比較的簡単なDNA塩基配列決定法が発達し，遺伝学に大きな影響を与えた。おもに2つの方法が開発された。化学分解法（A. M. Maxam & W. Gilbert, 1977）と酵素法（F. Sanger, 1981）である。その基本原理を以下に述べるが，今日では自動化された技術が利用されている（次項参照）。

A．化学分解法による塩基配列決定

　この方法は，ある試薬によってDNAが塩基特異的に切断されることを利用している。4種類の試薬で4通りの反応が行われる。それぞれの反応で，サイズの異なるDNA断片の混合物が得られる。断片の長さは分解された塩基がDNA鎖のどこに含まれているかによる。まず，塩基配列を決定しようとする2本鎖もしくは1本鎖DNA（図1）を処理し，放射性同位元素で5′末端を標識された1本鎖DNAとする（図2）。このDNA鎖を4種類の1つの試薬と反応させる。ここでは硫酸ジメチル（DMS）によるグアニン（G）部位の反応を示している（図3）。DMSはグアニン塩基のプリン環をメチル化するが，DMSの量を制限して，1本の鎖あたり平均1個のグアニンだけがメチル化されるように調節する（図では4本の鎖でそれぞれ別々のグアニン1個がメチル化されている）。2番目の試薬としてピペリジンが加えられると，すぐ上流のホスホジエステル結合でDNA分子は切断される。こうして，塩基配列を決定しようとするDNA試料中のそれぞれのGの位置に応じた長さの一群の標識断片が生成される（図4）。4通りの反応で得られた4種類の反応物（図5）を，ポリアクリルアミドゲル電気泳動によって別々のレーンで泳動する。4つのレーンはG，G＋A，T＋C，Cにそれぞれ対応する。短い断片は下へ向かって速く移動し，長い断片はゆっくり移動する（図6）。したがって，泳動の方向とは逆方向に読めば，5′から3′の方向にDNAの塩基配列を読み取ることができる（ここではTAGTCGCAG-TACCGTA，図7）。

B．伸長停止による塩基配列決定

　現在では化学分解法よりも広く使われている方法である。通常のデオキシヌクレオチド（dATP，dTTP，dGTP，dCTP）の代わりにジデオキシヌクレオチド（ddATP，ddTTP，ddGTP，ddCTP）がDNA合成に使われると，そこで伸長反応が停止することを利用している。ジデオキシヌクレオチド（ddNTP）は通常のデオキシヌクレオチド（dNTP）の類似体であり，糖の3′位のヒドロキシ基が水素原子に置き換わっている点が異なっている。DNA合成時にddNTPが取り込まれると，3′位のヒドロキシ基がないので3′位と次のヌクレオチドとの間の結合ができない。それゆえ新しい鎖の合成は，ddNTPが取り込まれた部分で停止する。塩基配列を決定しようとするDNA断片は1本鎖である必要がある（図1）。DNA合成はプライマーと，^{32}Pで標識された4種類のddNTPのうち1つを使って開始される（図2）。ここではddTTPを使った伸長停止反応を示している（図3）。配列上でチミン（T）が現れる位置のどこかで，合成されている新しいDNA鎖にddNTPが取り込まれて伸長が停止する。こうして，塩基配列を決定しようとするDNA試料中のそれぞれのTの位置に応じた長さの一群の標識断片が生成される。各塩基に対応した4通りの反応で得られた4種類の反応物（図4）を，化学分解法と同様にゲル電気泳動で分離する（図5）。短い断片から長い断片に向かって読めば，5′から3′の方向に塩基配列を読み取ることができる。図Aと図Bの間にシーケンスゲルの実例を示す。

参考文献

Alberts B et al: Molecular Biology of the Cell, 4th ed. Garland Science, New York, 2002.

Brown TA: Genomes, 2nd ed. Bios Scientific Publ, Oxford, 2002.

Lodish H et al: Molecular Cell Biology, 5th ed. WH Freeman, New York, 2004.

Rosenthal N: Fine structure of a gene—DNA sequencing. New Eng J Med 332: 589–591, 1995.

Strachan T, Read AP: Human Molecular Genetics, 3rd ed. Garland Science, London-New York, 2004.

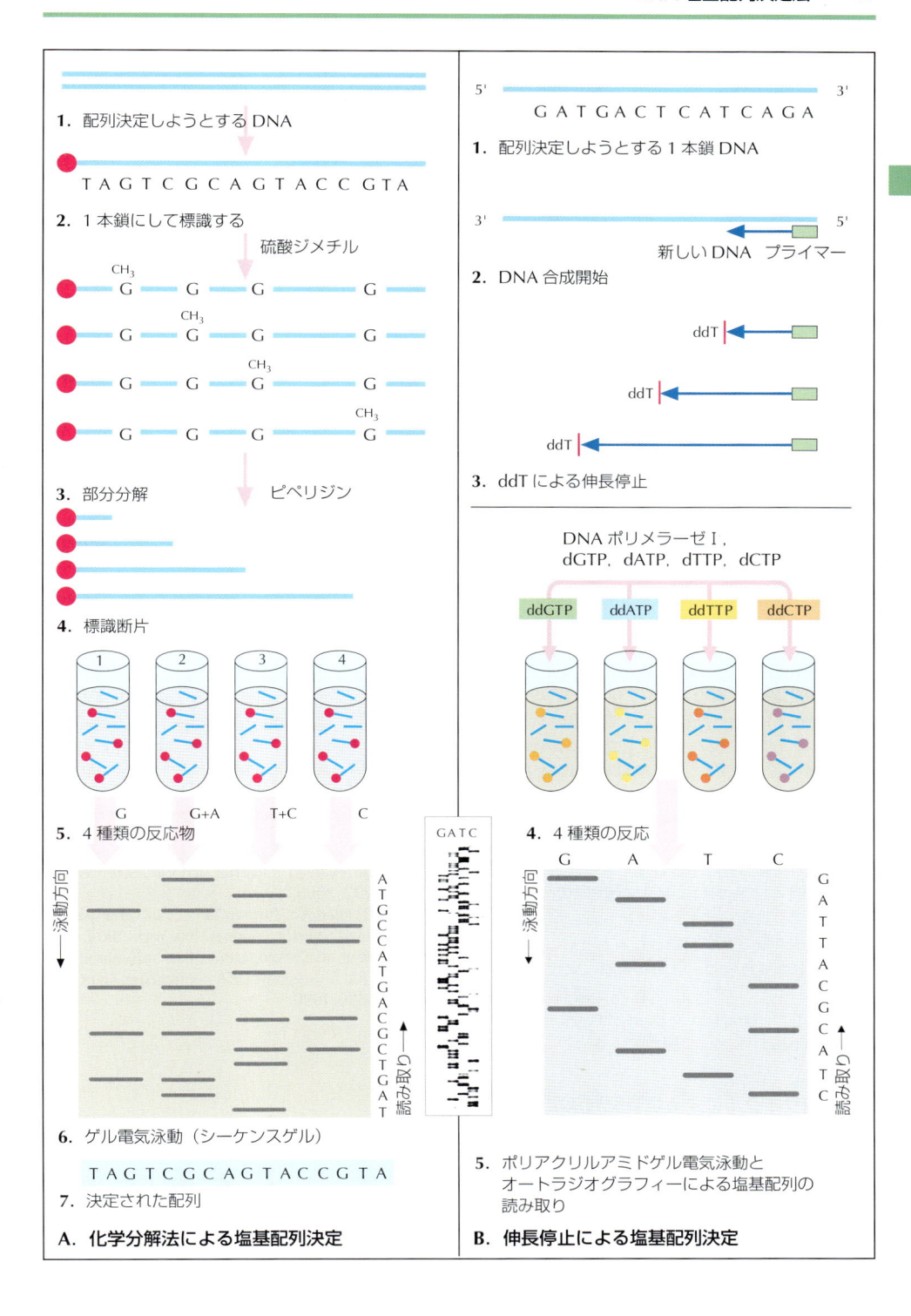

DNA 塩基配列決定法

A. 化学分解法による塩基配列決定

1. 配列決定しようとする DNA

   TAGTCGCAGTACCGTA

2. 1本鎖にして標識する

   硫酸ジメチル

3. 部分分解

   ピペリジン

4. 標識断片

5. 4種類の反応物

   G　　G+A　　T+C　　C

6. ゲル電気泳動（シーケンスゲル）

   TAGTCGCAGTACCGTA

7. 決定された配列

B. 伸長停止による塩基配列決定

1. 配列決定しようとする1本鎖 DNA

   5'　GATGACTCATCAGA　3'

2. DNA 合成開始

   新しい DNA　プライマー

3. ddT による伸長停止

   DNA ポリメラーゼ I, dGTP, dATP, dTTP, dCTP

   ddGTP　ddATP　ddTTP　ddCTP

4. 4種類の反応

5. ポリアクリルアミドゲル電気泳動と
   オートラジオグラフィーによる塩基配列の
   読み取り

自動 DNA 塩基配列決定法

大量の DNA 塩基配列決定には，1980 年代に発達した自動化された方法が利用される。その原理は DNA 断片を蛍光標識し，適切なシステムで検出することにある。直接蛍光標識に使用される蛍光色素分子は，特定の波長の紫外線を当てると一定の蛍光を発する。例として，フルオレセイン（494 nm の波長を当てると薄緑の蛍光を発する），ローダミン（555 nm で赤い蛍光を発する），アミノメチルクマリン酢酸（399 nm で青い蛍光を発する）などがある。違った蛍光の組み合わせで別の色を作り出すこともでき，これにより 4 種類の塩基それぞれを別々の色に標識することが可能となる。

配列決定法にはいくつかの変法が考案されている。最近では電気泳動を必要としない高速な方法も開発されている（Margulies ら，2005；Shendure ら，2005）。

A. 自動 DNA 塩基配列決定法

自動 DNA 塩基配列決定法では，塩基ごとに 1 種類ずつ計 4 種類の蛍光色素分子が使用される。各ジデオキシヌクレオチド（ddNTP）は塩基ごとに別々の色で，例えば ddATP は緑，ddCTP は青，ddGTP は黒，ddTTP は赤のように標識しておく（図 1，実際の蛍光色とは異なる）。こうすればアデニン（A）で伸長が停止した鎖はすべて緑色のシグナルを発し，シトシン（C）で停止した鎖は青色のシグナルを発する（図 2）。蛍光標識 ddNTP を用いた伸長停止反応に基づく配列決定は，シーケンスキャピラリー内で自動的に行うことができる（図 3）。ddNTP で標識された鎖のキャピラリー内での移動は，一定の位置に焦点を合わせたレーザー光で検出される（図 4）。励起によって 4 種類の塩基いずれかに対応する蛍光シグナルが放出され，塩基配列は電気的に読み取られて記録されるとともに，4 色のうちいずれか 1 色のピークが配列順に交代で出現するチャートとして出力される（図 5）。（図は Brown，2002；Strachan & Read，2004 より；図 5 は D. Lohmann，Essen の厚意による）

B. 温度サイクルによる塩基配列決定反応

開始試料として 1 本鎖 DNA でなく 2 本鎖 DNA を使用できることがこの方法の利点である。また，鋳型 DNA は少量で十分なため，塩基配列を決定しようとする DNA をあらかじめクローニングしておく必要がない。例では，配列決定しようとする DNA はベクターに挿入されている（図 1）。1 本鎖に相補的な塩基配列をもつ短いオリゴヌクレオチドがプライマーとして使用され，複製の開始点となる。短い DNA であればユニバーサルプライマーだけで塩基配列決定が完了する。ユニバーサルプライマーとは，塩基配列を決定しようとする DNA に隣接するクローニングベクター部分に相補的に結合（アニーリング）するプライマーのことである。しかし，目的の DNA が約 750 bp よりも長い場合，配列を決定できるのはその一部だけであり，新たな内部プライマーが必要である。それぞれの内部プライマーは別々の部分に結合し，DNA 鎖を伸長させてやがて停止反応を起こす。各 DNA 鎖は鋳型 DNA の全域を重複してカバーしており，図には各プライマーによって配列が決定される範囲を波線で示している（図 2）。

温度サイクルによる塩基配列決定（図 3）では，1 つのプライマーを用い，1 種類の ddNTP を含む反応液中で PCR 反応を行う。こうして配列上のヌクレオチドの位置に応じた長さで伸長が停止した一群の DNA 断片が生成される（図 4）。サイクルを反復した後に電気泳動で分離すれば，前項で述べたのと同様に塩基配列を読み取ることができる。この方法の利点は，配列決定の開始試料として 2 本鎖 DNA を使用できることである。(図は Brown，2002 より)

参考文献

Brown TA: Genomes, 2nd ed. Bios Scientific Publ, Oxford, 2002.

Margulies M et al: Genome sequencing in microfabricated high-density picolitre reactors. Nature 337: 376–380, 2005.

Shendure J et al: Accurate multiplex polony sequencing of an evolved bacterial genome. Science 309: 1728–1732, 2005.

Strachan T, Read AP: Human Molecular Genetics, 3rd ed. Garland Science, London-New York, 2004.

Wilson RK et al: Development of an automated procedure for fluorescent DNA sequencing. Genomics 6: 626–636, 1990.

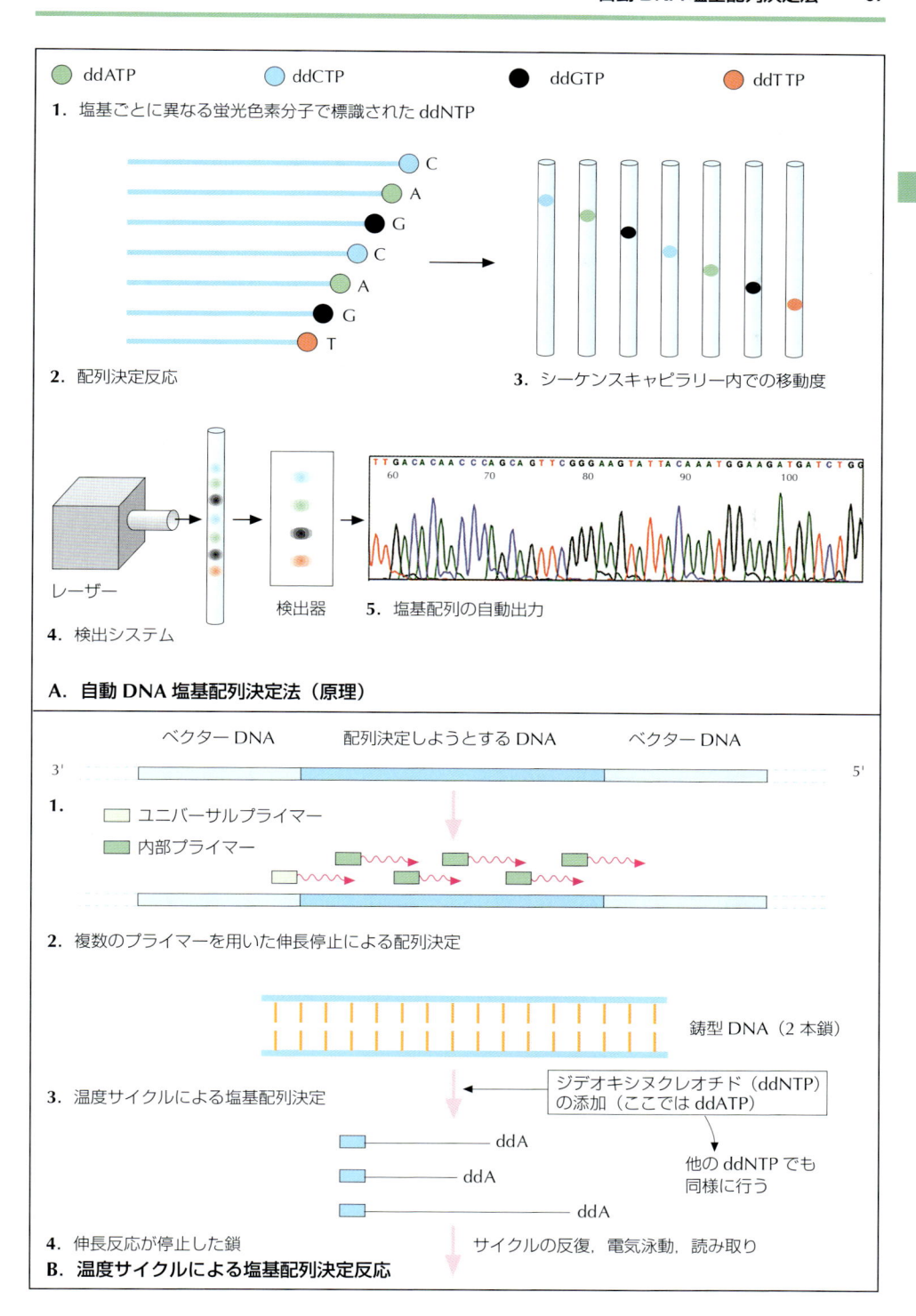

自動 DNA 塩基配列決定法　　67

○ ddATP　　○ ddCTP　　● ddGTP　　○ ddTTP

1. 塩基ごとに異なる蛍光色素分子で標識された ddNTP

2. 配列決定反応

3. シーケンスキャピラリー内での移動度

4. 検出システム

5. 塩基配列の自動出力

A. 自動 DNA 塩基配列決定法（原理）

ベクター DNA　　配列決定しようとする DNA　　ベクター DNA

1.
　□ ユニバーサルプライマー
　■ 内部プライマー

2. 複数のプライマーを用いた伸長停止による配列決定

鋳型 DNA（2本鎖）

3. 温度サイクルによる塩基配列決定

ジデオキシヌクレオチド（ddNTP）の添加（ここでは ddATP）

他の ddNTP でも同様に行う

ddA
ddA
ddA

4. 伸長反応が停止した鎖　　サイクルの反復，電気泳動，読み取り

B. 温度サイクルによる塩基配列決定反応

制限酵素地図

　生物のゲノムを構成しているDNA分子は長すぎて直接解析することができない。しかしゲノムDNAは，比較的短い断片に再現性よく切断できる。このような目的のために，DNAを特定の部位で切断する約400種類の制限酵素がさまざまな細菌から抽出されている。制限酵素は本来，外来DNAを細かい断片に切断することによって外来DNAの侵入から細菌を守ってきた。通常，4～8塩基（6塩基が多い）の特異的なヌクレオチド配列（制限酵素部位と呼ばれる）を認識して切断する。生じるDNA断片の長さは制限酵素部位の分布に依存する。

A. 制限酵素によるDNAの切断

　汎用される制限酵素 *Eco*R I［大腸菌（*Escherichia coli*）に由来する制限酵素 I という意味］の認識部位は 5′-GAATTC-3′ である（図1）。*Eco*R I は2本鎖DNAを非線対称的に切断し，1本鎖DNA領域をもつ断片を生じる（図2）。一方のDNA断片は 5′末端に4塩基突出（3′-TTAA）の1本鎖部分をもち，他方の断片端は AATT-3′ 突出である。このような非線対称的な切断様式はよくみられ，2つの断片端の配列は反対方向に読むと同一なのでパリンドローム（回文配列）と呼ばれる。ある種の制限酵素，例えば *Hae* III は認識部位（5′-GCGC-3′）を線対称的に切断し（図3），平滑末端を生じる（図4）。1本鎖突出（付着末端）をもつ断片は分子内で結合して環化したり，分子間で結合して直線状のコンカテマーを形成したりする。この連結反応にはリガーゼが必要である。

B. 制限酵素の例

　制限酵素は生成する断片のタイプにより次のように分類される。(1) 5′突出型（例：前述の *Eco*R I）（図1），(2) 3′突出型（例：*Pst* I）（図2），(3) 平滑末端型（例：*Alu* I，前述の *Hae* III，*Hpa* I）（図3），(4) 非パリンドローム型（例：*Mln* I）（図4）。その他に，bipartite 制限酵素と呼ばれ，認識部位と切断部位が離れていて，切断部位が一定しない制限酵素もある（例：*Eco*K，*Eco*B など）。*Hind* II の認識部位は，中央のヌクレオチドがピリミジンとプリン（GTPyPuAC）であればよく，ピリミジン（T/C）やプリン（A/G）の種類は関係ない。そのような認識部位は頻度が高いので，比較的小さな多数の断片を生じる。レアカッター酵素の認識部位は10塩基以上にもわたり，多くの目的に使用できる長い断片を生じる。ある種の制限酵素は特異性に乏しい切断部位をもつ。

C. 制限酵素部位の位置決定

　断片長は切断部位の相対的な位置を反映しているので，DNA断片の特性を記述するのに使用される（制限酵素地図）。例えば，10 kb のDNA断片を2種類の酵素AとBで切断して 2 kb，3 kb，5 kb の3つの断片を生じたとすると，酵素Aのみ，酵素Bのみで切断する実験をさらに行うことで，相対的な切断部位を決定できる。酵素Aによって 3 kb と 7 kb の断片，酵素Bによって 2 kb と 8 kb の断片が生じたとすれば，酵素AとBそれぞれの認識部位は 5 kb 離れていることになる。それゆえ酵素Aの認識部位は左の末端から 3 kb，酵素Bの認識部位は右の末端から 2 kb の位置にあることがわかる（赤矢印）。このようにして，あるDNA断片を特徴づける制限酵素地図が作られる。

D. 制限酵素地図

　DNA断片は制限酵素部位の分布パターンで特徴づけることができる。図の例では，酵素E（*Eco*R I）と酵素H（*Hind* III）の認識部位の分布パターンで特徴づけられている。各部位の間の距離は，酵素で消化した際の断片長によって決定される。DNA上に分布している制限酵素部位の地図を制限酵素地図といい，遺伝医学や進化学の研究において重要である。

参考文献

Alberts B, Johnson A, Lewis J, Raff M, Roberts K, Walter P: Molecular Biology of the Cell, 4th ed. Garland Publishing Co, New York, 2002.

Brown TA: Genomes, 2nd ed. Bios Scientific Publishers, Oxford, 2002.

Strachan T, Read AP: Human Molecular Genetics, 3rd ed. Garland Publishers, New York, 2004.

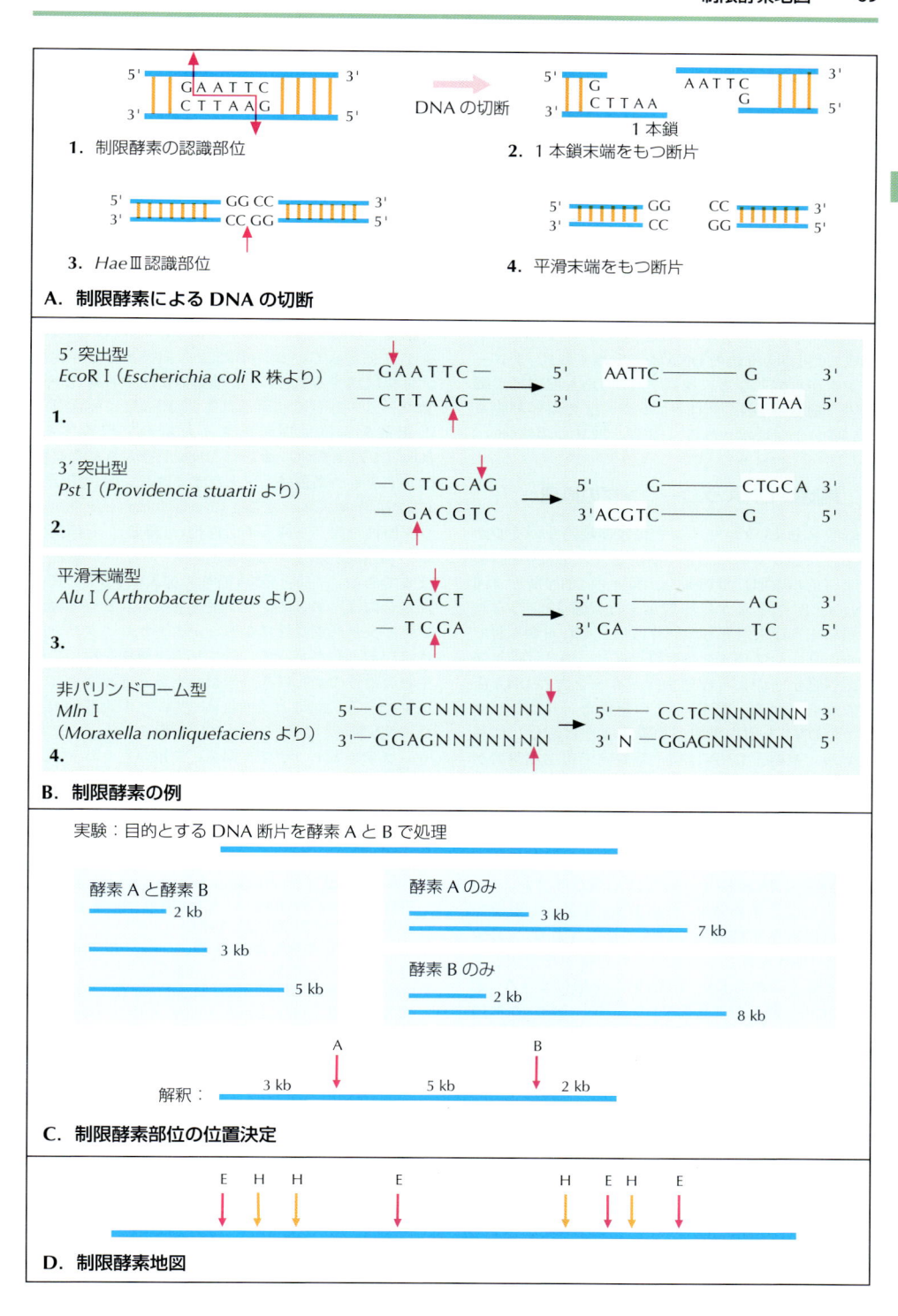

制限酵素地図　69

A. 制限酵素によるDNAの切断

1. 制限酵素の認識部位
2. 1本鎖末端をもつ断片（1本鎖）
3. HaeIII認識部位
4. 平滑末端をもつ断片

B. 制限酵素の例

1. 5′突出型
EcoRI（Escherichia coli R株より）
—GAATTC— → 5′ AATTC————G 3′
—CTTAAG— 　　3′ G————CTTAA 5′

2. 3′突出型
PstI（Providencia stuartii より）
—CTGCAG— → 5′ G————CTGCA 3′
—GACGTC— 　　3′ ACGTC————G 5′

3. 平滑末端型
AluI（Arthrobacter luteus より）
—AGCT— → 5′ CT————AG 3′
—TCGA— 　　3′ GA————TC 5′

4. 非パリンドローム型
MlnI（Moraxella nonliquefaciens より）
5′—CCTCNNNNNNN → 5′—— CCTCNNNNNNN 3′
3′—GGAGNNNNNNN 　　3′ N ——GGAGNNNNN 5′

C. 制限酵素部位の位置決定

実験：目的とするDNA断片を酵素AとBで処理

酵素Aと酵素B：2 kb、3 kb、5 kb
酵素Aのみ：3 kb、7 kb
酵素Bのみ：2 kb、8 kb

解釈：　3 kb ↓A　5 kb ↓B　2 kb

D. 制限酵素地図

E H H　　E　　　H E H　E

DNA クローニング

　DNA レベルでの遺伝学的解析には解析しようとする遺伝子に由来する多くの材料が必要である。DNA クローニングにより特定の DNA 配列を選択的に増幅できる。

　目的の DNA 断片を同定するためには，相補的な 1 本鎖 DNA による特異的ハイブリッド形成（分子ハイブリッド形成法）が利用される。解析しようとする配列から調製した 1 本鎖 DNA の短い断片（プローブ）を，変性させた（1 本鎖にした）後，相補的な配列とハイブリッド形成させる。ハイブリッド形成した DNA を他の DNA から分離すれば，クローニングが可能となる。選択された DNA 配列は，細胞内（細胞系 DNA クローニング）または無細胞系のいずれかで増幅される（62 頁，PCR の項参照）。

A. 細胞系 DNA クローニングの原理

　細胞系 DNA クローニングには連続的ないくつかの工程が必要である。まず目的とする DNA を制限酵素（前項参照）で切断し，種々の DNA 断片（図では 1, 2, 3 と示す）を収集する（図 1）。得られた短い 1 本鎖末端をもつ断片には，それらが複製できるようにレプリコンの複製起点と，例えば抗生物質耐性遺伝子のような選択マーカーを含む DNA 断片を結合させる（図 2）。この組換え（リコンビナント）DNA を宿主細胞（大腸菌または酵母）に移入する。組換え DNA は宿主細胞内で宿主細胞のゲノムとは独立に複製できる（図 3）。クローニングしようとする断片を移入された宿主細胞は，形質転換（トランスフォーメーション）されたという（図では断片 1 を含んだ茶色の円）。宿主細胞に挿入される外来 DNA 断片は，通常は 1 個だけである（1 個以上のこともある）。外来 DNA によって形質転換された宿主を培養して増殖させる（図 4）。目的とする DNA を含む形質転換された宿主を選択して増殖させることにより，DNA 断片を増幅できる（図 5）。産生される組換え DNA クローンは均一な集団である（図 6）。組換え DNA クローンは，クローニングされた DNA 断片を多数収集したクローンライブラリの構築に使われる（図 7）（次の 2 項を参照）。細胞系クローニングで用いられるレプリコンを含む DNA 分子はベクターと呼ばれる。（図は Strachan & Read，2004 より）

B. クローニングベクター

　さまざまな長さの DNA 断片をクローニングするために，多様なベクター系がある。プラスミドベクターは短い断片のクローニングに使われる（プラスミドに関しては 96 頁参照）。クローニングしようとする断片が挿入されたプラスミドにより，宿主細菌が抗生物質に対する耐性を獲得し，抗生物質を含んだ培地で増殖できるよう実験は計画される。

　最も初期に導入されたベクターの 1 つとして，pBR322（Bolivar ら，1977）がある。4,363 bp と小さく，複製起点のほか，2 種類の抗生物質（アンピシリン，テトラサイクリン）に対する耐性遺伝子を含んでいる（図 1）。pBR322 は自然界に存在する 3 種類の大腸菌プラスミドの制限断片をつなぎ合わせて構築されたため，図に示すように 7 カ所の制限酵素部位をもっている。pBR322 の組換え体と非組換え体を区別するために，2 種類の抗生物質耐性が選択マーカーとして利用される。pBR322 に曝露させた細菌を両抗生物質を含んだ培地で培養する。*Bam*HⅠ認識部位に新しい DNA が挿入されたプラスミドをもつ細菌は，テトラサイクリン耐性遺伝子に DNA が挿入されることになるのでテトラサイクリン耐性を失う（挿入不活性化）（図 2）。非組換え体の pBR322 をもつ細菌はテトラサイクリン耐性のままである。一方，DNA 断片の挿入に *Pst*Ⅰ を使った場合には，アンピシリン耐性が失われる（細菌がアンピシリン感受性になる）がテトラサイクリン耐性は残る。したがって，レプリカ平板法を用いて抗生物質耐性の変化に基づき組換え体と非組換え体を区別できる。酵母人工染色体（YAC）が比較的大きな DNA 断片のクローニングに利用できるようになり，プラスミド（つまり細菌）を用いたクローニング法の重要性は低くなってきた（72 頁参照）。

参考文献

Bolivar F et al: Construction and characterization of new cloning vectors. II. A multi-purpose cloning system. Gene 2: 95–113, 1977.

Brown TA: Genomes, 2nd ed. Bios Scientific Publ, Oxford, 2002.

Strachan T, Read AP: Human Molecular Genetics, 3rd ed. Garland Sciene, London-New York, 2004.

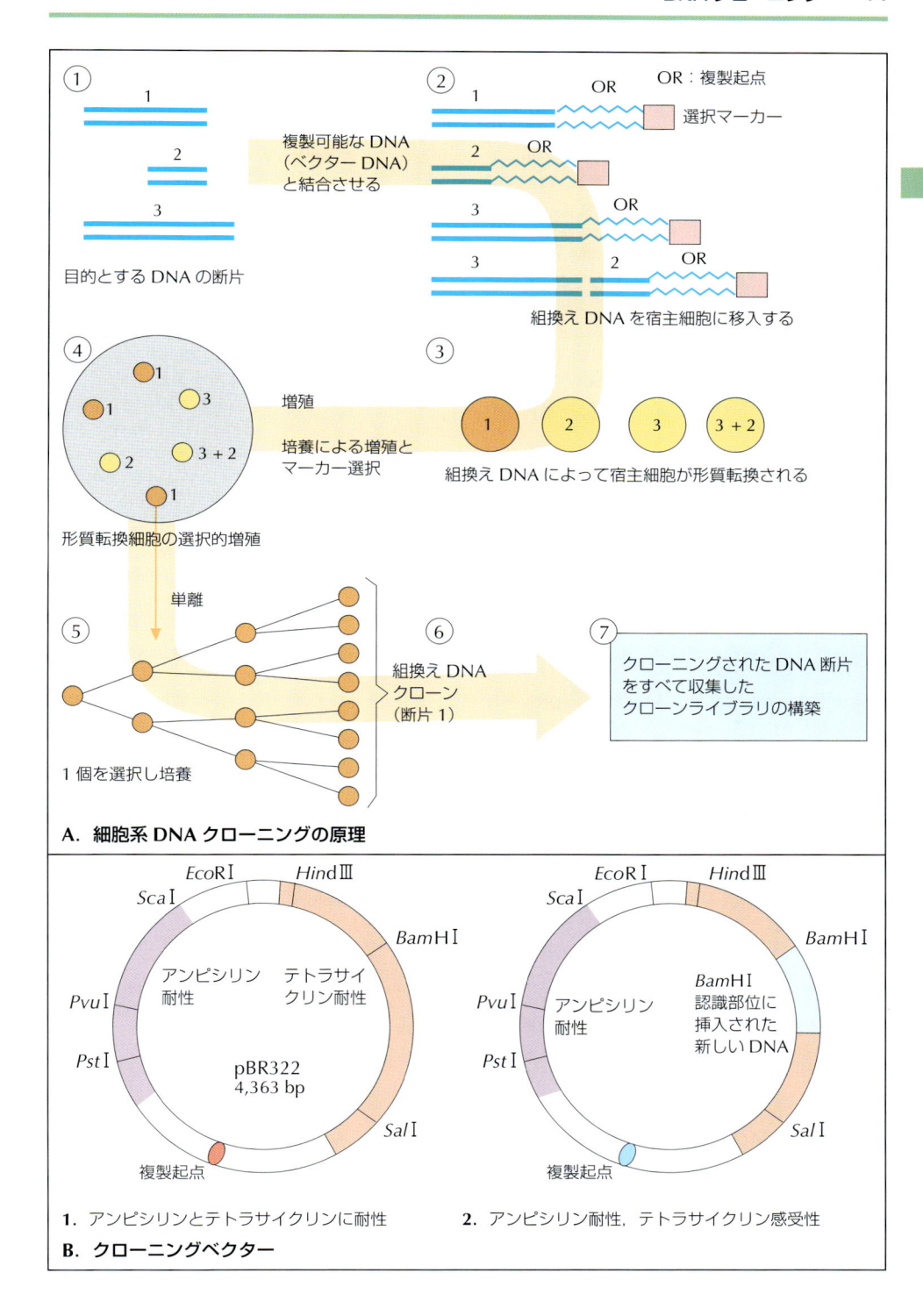

DNA クローニング

① 目的とする DNA の断片
1
2
3

② 複製可能な DNA（ベクター DNA）と結合させる
OR：複製起点
選択マーカー
1 OR
2 OR
3 OR
3 2 OR

組換え DNA を宿主細胞に移入する

④ 形質転換細胞の選択的増殖
1, 1, 3, 2, 3+2, 1

③ 増殖
培養による増殖とマーカー選択
1　2　3　3+2

組換え DNA によって宿主細胞が形質転換される

⑤ 1個を選択し培養
単離

⑥ 組換え DNA クローン（断片1）

⑦ クローニングされた DNA 断片をすべて収集したクローンライブラリの構築

A. 細胞系 DNA クローニングの原理

左図：pBR322 4,363 bp
EcoRI, HindIII, BamHI, SalI, PstI, PvuI, ScaI
アンピシリン耐性、テトラサイクリン耐性
複製起点

右図：
EcoRI, HindIII, BamHI, SalI, PstI, PvuI, ScaI
アンピシリン耐性
BamHI 認識部位に挿入された新しい DNA
複製起点

1. アンピシリンとテトラサイクリンに耐性
2. アンピシリン耐性, テトラサイクリン感受性

B. クローニングベクター

cDNA クローニング

　RNA の DNA コピーを相補的 DNA（cDNA）と呼ぶ。cDNA は 1 本鎖で，活性（発現している）遺伝子のコード領域に由来する。逆転写酵素を用いて合成しクローニングすることができる。cDNA クローンの集合を cDNA ライブラリと呼ぶ（次項参照）。cDNA の利点は配列が遺伝子のコード領域に相当することである。不利な点は遺伝子のエキソン／イントロン構造に関する情報はもたらさないことである。しかし，cDNA の塩基配列から遺伝子とその遺伝子産物についてある程度推測することは可能である。また，遺伝子の構造的再構成を検出するためのプローブとしても使用される（cDNA プローブ）。それゆえ cDNA の合成とクローニングは重要である。

A. cDNA の合成

　cDNA の合成には逆転写酵素が使用される。逆転写酵素はレトロウイルスがもつ酵素系であり（レトロウイルスの項参照），RNA を鋳型として DNA を合成する。cDNA は mRNA を鋳型に合成される。したがって，目的とする遺伝子が転写され，十分量発現されている組織が選ばれ，まず mRNA が単離される。その後，mRNA にプライマーをハイブリッド形成させ，逆転写酵素が mRNA から cDNA を合成できるようにする。mRNA の 3′ 末端にはポリ(A) 配列があるので，ポリ(T) をプライマーとしてハイブリッド形成させることができる。ここから 5′ から 3′ の方向へ逆転写酵素が cDNA 合成を開始する。RNA はその後，リボヌクレアーゼ（RNA 分解酵素）によって分解される。この cDNA を鋳型として DNA ポリメラーゼにより新しい DNA 鎖が合成され，2 本鎖 DNA が形成される。最終的な 2 本鎖 DNA の片鎖は元の mRNA と相補的である。この 2 本鎖 DNA に，これから使おうとする制限酵素によって，生成される 1 本鎖末端に相補的な塩基配列（リンカー）がつけられる。その制限酵素でベクター DNA を切断し，例えばプラスミドに cDNA を挿入してクローニングすることができる（前項参照）。（図は Watson ら，1987 より）

B. クローニングベクター

　さまざまな長さの DNA 断片の細胞系クローニングは，多様なベクター系によって容易になった。プラスミドベクターは小さい cDNA 断片を細菌でクローニングするのに使われる。プラスミドベクターのおもな欠点は，ほんの 5 ～ 10 kb の外来 DNA しかクローニングできないことである。クローニングしようとする DNA 断片が挿入されたプラスミドクローニングベクター（例えば，2.7 kb の長さの外来 DNA が挿入された pUC8）を，DNA の挿入されていないプラスミドと区別する必要がある。その区別には，まずアンピシリン耐性遺伝子（Amp^+）を利用できる。また，プラスミド DNA のいくつかのユニークな（ベクター内に 1 つしかない）制限酵素部位（DNA 断片が挿入されるであろう部位）は，マーカー遺伝子（例えば，β-ガラクトシダーゼをコードしている lacZ 遺伝子）とともにマーカーとして役立つ。β-ガラクトシダーゼは本来の基質であるラクトースに類似した人工糖（5-ブロモ-4-クロロ-3-インドリル-β-D-ガラクトピラノシド）を分解して青色に発色させる。したがって，活性型 β-ガラクトシダーゼをもつコロニーは青くなり，不活性型 β-ガラクトシダーゼをもつコロニーは白くなる。プラスミドベクターに DNA 断片が挿入されると lacZ 遺伝子は破壊される。それゆえ，白いコロニーは cDNA 断片が挿入された組換えプラスミドをもつ細菌である。（図は Brown，2002 より）

C. cDNA クローニング

　白いコロニーをアンピシリン含有培地で培養する。組換えプラスミドをもつ細菌のみがアンピシリン耐性で，白いコロニーのみに cDNA 断片が挿入されている。このような細菌をさらに増殖させ，研究に必要な量の cDNA 断片が得られるまでクローニングを行い，クローンライブラリを構築する。（図は Lodish ら，2004 より）

参考文献

Brown TA: Genomes, 2nd ed. Bios Scientific Publ, Oxford, 2002.
Lodish H: Molecular Cell Biology, 5th ed. WH Freeman, New York, 2004.
Watson JD et al: Molecular Biology of the Gene, 3rd ed. Benjamin/Cummings Publishing Co, Menlo Park, California, 1987.

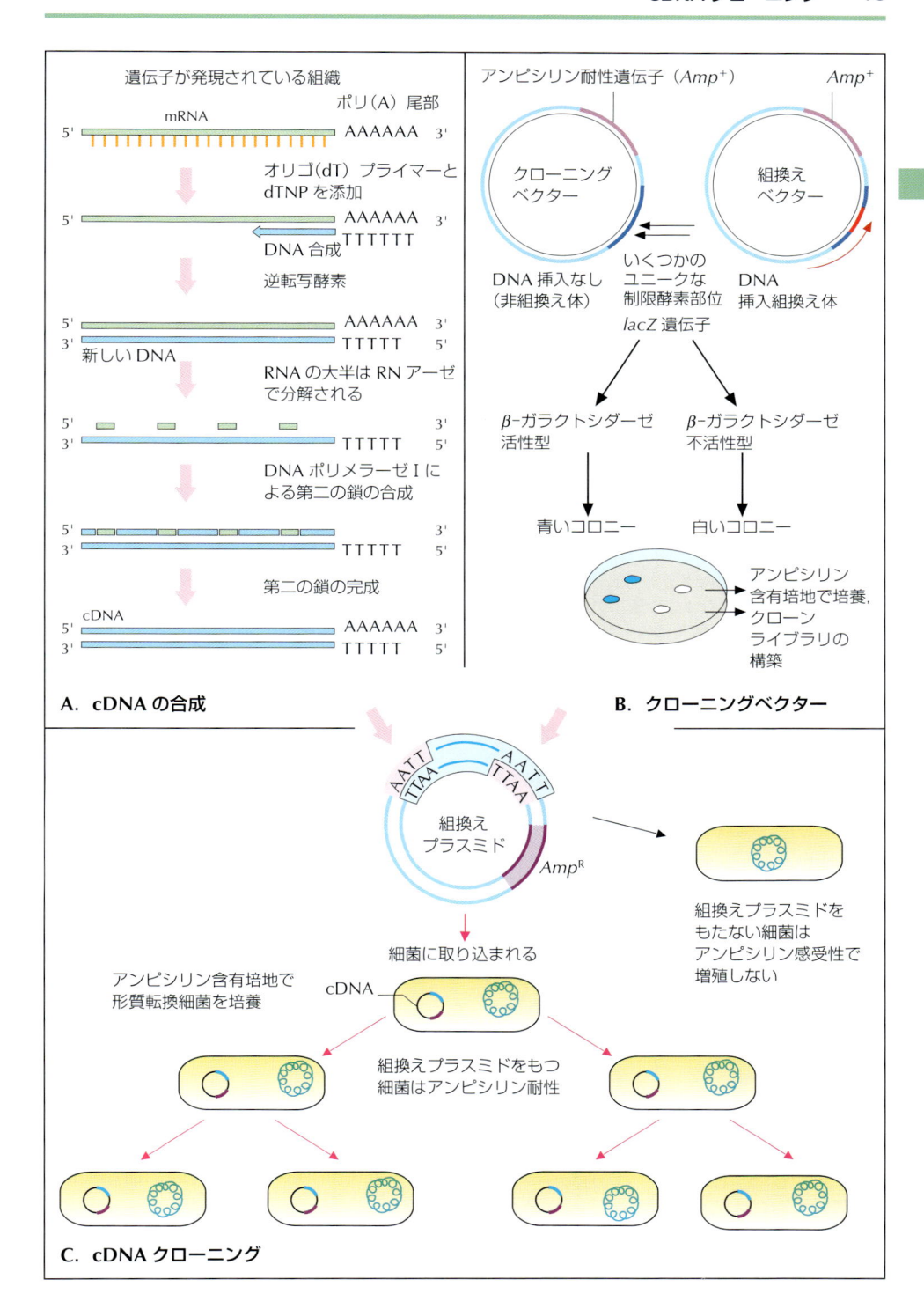

cDNA クローニング

A. cDNAの合成

遺伝子が発現されている組織

mRNA　　　　　　　　　　　ポリ(A)尾部
5'　AAAAAA　3'

↓ オリゴ(dT)プライマーとdTNPを添加

5'　　　　　　　　　　AAAAAA　3'
　　　　　　　　　　　TTTTT
　　　　　　　DNA合成

↓ 逆転写酵素

5'　　　　　　　　　　AAAAAA　3'
3'　　　　　　　　　　TTTTT　5'
新しいDNA

↓ RNAの大半はRNアーゼで分解される

5'　　　　　　　　　　　　　　3'
3'　　　　　　　　　　TTTTT　5'

↓ DNAポリメラーゼIによる第二の鎖の合成

5'　　　　　　　　　　　　　　3'
3'　　　　　　　　　　TTTTT　5'

↓ 第二の鎖の完成

cDNA
5'　　　　　　　　　　AAAAAA　3'
3'　　　　　　　　　　TTTTT　5'

B. クローニングベクター

アンピシリン耐性遺伝子（Amp⁺）　　　Amp⁺

クローニングベクター　　　　組換えベクター

DNA挿入なし　　いくつかの　　DNA挿入組換え体
（非組換え体）　ユニークな
　　　　　　　制限酵素部位
　　　　　　　lacZ遺伝子

↓　　　　　　　　　　↓
β-ガラクトシダーゼ　　β-ガラクトシダーゼ
活性型　　　　　　　不活性型

↓　　　　　　　　　　↓
青いコロニー　　　　白いコロニー

→ アンピシリン含有培地で培養，クローンライブラリの構築

C. cDNAクローニング

組換えプラスミド　Amp^R

→ 組換えプラスミドをもたない細菌はアンピシリン感受性で増殖しない

↓ 細菌に取り込まれる

cDNA

アンピシリン含有培地で形質転換細菌を培養

組換えプラスミドをもつ細菌はアンピシリン耐性

DNA ライブラリ

　DNA ライブラリは，生物ゲノムのすべての部分を完全に含む DNA 断片のランダムな集合である。2 つのタイプの DNA ライブラリ，(1) ゲノム DNA ライブラリと (2) 相補的 DNA (cDNA) ライブラリがある。ゲノム DNA ライブラリは，ゲノム上のすべてのユニークな塩基配列を含む DNA クローンのランダムな集合である。ゲノムのすべての部分を少なくとも 1 個は含むだけの十分な数のクローンが含まれていなければならない。一方，cDNA ライブラリは，生物によって作り出されるすべての mRNA に相当する cDNA クローンの集合である。DNA ライブラリは染色体上の位置が不明な遺伝子のクローニングの出発点となりうる。

A. ゲノム DNA ライブラリ

　ゲノム DNA のクローンはすべての染色体からの DNA 断片のコピーであり（図1），コード配列と非コード配列を含んでいる。ゲノム DNA を制限酵素で消化すると数多くの断片が得られる。図には 2 つの遺伝子 A と B を含む 4 つの断片が示されている（図2）。遺伝子とその隣接領域を含む DNA 断片をベクター（例えば，ファージ DNA）に組込み，細菌や酵母を用いてクローニングする。例えば，4 塩基を認識する制限酵素 *Mbo* I（短い認識部位 GATC はヒトゲノム内では約 280 bp ごとに存在する）で部分消化することによって，重なりをもってゲノムを網羅する一群のクローンが得られる。真核生物のゲノム DNA ライブラリは 10 万〜100 万個以上のクローンを含んでいる。そこから特定の遺伝子を探しだすためにはスクリーニングが必要である（C 参照）。

B. cDNA ライブラリ

　cDNA ライブラリはコード領域の塩基配列のみを含むので，ゲノム DNA ライブラリよりも小さい。材料となるのは通常，特定の組織もしくは特定の発生段階の胎芽から得られた全 RNA である。目的の遺伝子が転写されている（つまり mRNA が産生されている）細胞からしか mRNA は得られないという点が制約となる（図1）。

　コード領域も非コード領域も含むゲノム DNA ライブラリと異なり，cDNA ライブラリはコード領域の配列のみを含む。この特異性はゲノム DNA ライブラリと比較した場合の大きな利点であるが，mRNA が産生されている必要があり，また遺伝子自体の構造に関しては何の情報も与えないという欠点もある。真核生物では，一次転写産物の RNA がスプライシングを受けて mRNA が産生される（図2，3，60 頁参照）。mRNA の逆転写によって cDNA が合成される（図4，前項参照）。得られた cDNA は，ゲノム DNA ライブラリの場合と同様に，ベクターに組込み細菌内で複製させる。cDNA をクローニングして塩基配列を決定すれば，タンパクのアミノ酸配列が決定できる。さらに，クローニングされた遺伝子を細菌や酵母で発現させることにより，大量のタンパクの産生が可能となる（タンパクライブラリ）。

C. DNA ライブラリのスクリーニング

　遺伝子（あるいは遺伝子の一部や目的とする DNA 領域）を含むクローンを同定するためには，スクリーニングが必要である。おもな方法は，(1) 目的とする配列にハイブリッド形成するオリゴヌクレオチドを用いて同定する方法，(2) 目的の遺伝子から産生されるタンパクを同定する方法，の 2 つである。オリゴヌクレオチドによるスクリーニングは，1 本鎖の DNA または RNA が自身に相補的な 1 本鎖配列と特異的にハイブリッド形成することに基づいている（72 頁参照）。

　膜上で該当のクローンを同定する方法では，培養した細菌のコロニー（図1，その一部は組換えベクターを取り込んでいるはずである）をフィルターペーパー（膜）に写し取り（図2），溶菌させ，DNA を変性させる（1 本鎖にする，図3）。放射性同位元素で標識された相補的な 1 本鎖の DNA または RNA がプローブとして使われる。プローブは相補的な DNA または RNA にのみハイブリッド形成する（図4）。ハイブリッド形成すると膜上のその位置にシグナルがみられるようになる（図5）。プローブに相補的な DNA がその位置に存在するので，膜上のシグナルの位置に相当する培地上のコロニーを拾いあげる（図6）。取得されたコロニーの細菌は組換えベクターをもっており，ペトリ皿の寒天培地上で培養して目的とする DNA 断片を多コピー（クローン）産生させることができる。

参考文献

Lodish H et al: Molecular Cell Biology, 5th ed. WH Freeman, New York, 2004.

Rosenthal N: Stalking the gene - DNA libraries. New Eng J Med 331: 599-600, 1994.

Strachan T, Read AP: Human Molecular Genetics, 3rd ed. Garland Science, London-New York, 2004.

Watson JD et al: Recombinant DNA, 2nd ed. Scientific American Books, New York, 1992.

DNA ライブラリ

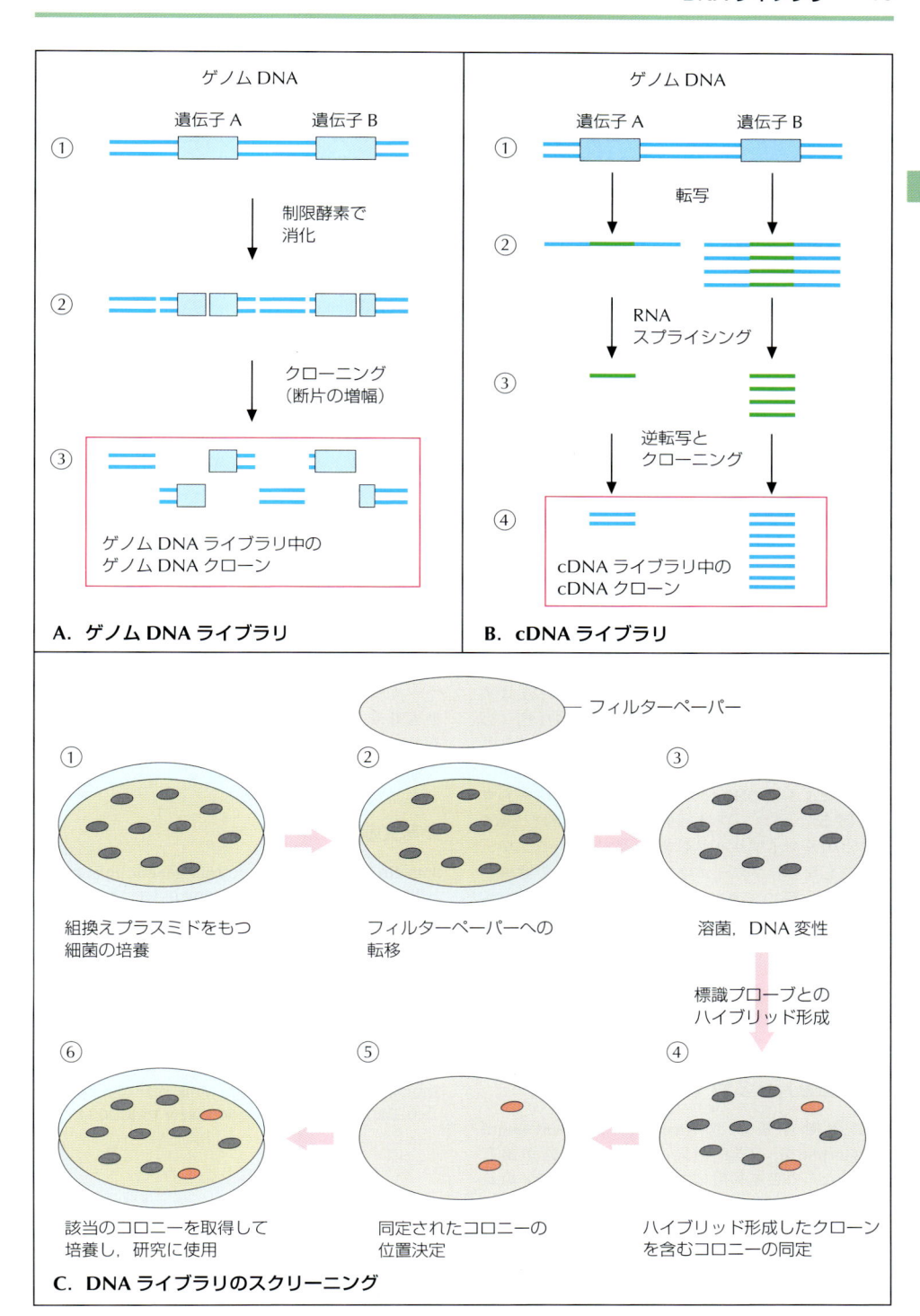

A. ゲノム DNA ライブラリ

① ゲノム DNA
遺伝子 A　遺伝子 B

↓ 制限酵素で消化

②

↓ クローニング（断片の増幅）

③

ゲノム DNA ライブラリ中の
ゲノム DNA クローン

B. cDNA ライブラリ

① ゲノム DNA
遺伝子 A　遺伝子 B

↓ 転写

②

↓ RNA スプライシング

③

↓ 逆転写とクローニング

④

cDNA ライブラリ中の
cDNA クローン

C. DNA ライブラリのスクリーニング

① 組換えプラスミドをもつ細菌の培養

② フィルターペーパーへの転移
フィルターペーパー

③ 溶菌，DNA 変性

↓ 標識プローブとのハイブリッド形成

④ ハイブリッド形成したクローンを含むコロニーの同定

⑤ 同定されたコロニーの位置決定

⑥ 該当のコロニーを取得して培養し，研究に使用

サザンブロット法

サザンブロット法は雑多なDNA断片の混合物の中から、1つもしくはそれ以上の特定のDNA断片を同定する方法である。この方法を1975年に開発したE. M. Southernの名を取って命名されている。mRNAの同定に用いられる同様の方法はノーザンブロット法と呼ばれている（Southernと掛けた言葉遊びで、「Northern博士」に由来するわけではない）。イムノブロット法（ウェスタンブロット法）は抗体を用いたタンパクの同定法である。

A. サザンブロット法

全DNAを白血球やその他の組織から抽出し（図1）、制限酵素で消化する（図2）。制限酵素は特異的な認識部位でのみDNAを切断するが、認識部位の分布は均等ではないので断片の長さはさまざまである。DNA断片の混合物を電気泳動（通常はアガロースゲル）で長さに従って分離する（図3）。短い断片は陰極から陽極へ向けて速く移動し、長い断片は移動が遅い。次に、ゲル内のDNA断片をニトロセルロース膜またはナイロン膜に写し取る（ブロット）〔訳注：ゲル上に膜を置き、その上に吸い取り紙のような紙を敷くと、毛細管現象でゲル内の水が吸い上げられるのと一緒にDNAも移行する〕（図4）。DNAはアルカリで変性させ（1本鎖にする）、適当な熱（約80℃）もしくは紫外線架橋法により膜上に固定する。固定されたDNAは、解析対象の遺伝子部分に相補的な1本鎖DNAプローブとインキュベートする（図5）。プローブは目的とする相補的なDNA断片とのみハイブリッド形成し、他とはハイブリッド形成しない。プローブは放射性同位元素で標識されており、膜に密着させたX線フィルムを感光させて現像すると、目的とする断片は黒いバンドとしてフィルム上に確認できる（オートラジオグラム）（図6）。こうして同定されたバンドは、元のゲルの対応する位置から写し取られたもので、その後の解析に回される。

B. 制限断片長多型（RFLP）

制限断片長多型（restriction fragment length polymorphism, RFLP）は、DNA塩基配列が個人間で異なることを利用している。配列は約10^3塩基に1個の割合で異なっており、通常非コード領域である。このような違いが制限酵素部位を形成させるか、あるいは消失させる場合、RFLPが生じる。新たに制限酵素部位が形成された場合、サザンブロット解析で通常より短い2つの断片がみられる。一方、制限酵素部位が消失した場合には、通常の2つの断片の代わりに1つの長い断片がみられる。

例として5 kb（5,000 bp）の長さのDNAが図に示されている。左の例では中央近くに制限酵素部位があるが（アレル1とする）、右の例にはない（アレル2とする）。

サザンブロット解析で2つのアレルを区別することができる。左の例では、5 kbの長さのDNAは制限酵素によって2つの断片に切断される。制限酵素部位をまたぐようなプローブは、3 kbと2 kbのいずれの断片ともハイブリッド形成するであろう。右の例では、5 kbの断片1つがみられるはずである。したがって、3つの可能性（遺伝子型という）が区別されうる。2つのアレル1をもつ個体（ホモ接合体1-1）、アレル1とアレル2を1つずつもつ個体（ヘテロ接合体）、2つのアレル2をもつ個体（ホモ接合体2-2）である（ホモ接合、ヘテロ接合の用語に関する説明は、形式遺伝学の項および巻末の用語集を参照）。

この手法は病的変異を同定するための間接的な方法として利用できる。RFLPそれ自体は、病的変異とは何ら関係ないことを理解しておくことが重要である。RFLPは単に、同一領域に由来するサイズの異なるDNA断片を区別するだけである。RFLPは家系内で誰が病的変異をもち、誰がもたないかのマーカーとして利用できる。RFLP以外のDNA多型もサザンブロット法で検出できるが、PCR（62頁参照）を利用したマイクロサテライト解析が最近では頻繁に用いられている。

参考文献

Botstein D et al: Construction of a genetic linkage map in man using restriction fragment length polymorphism. Am J Hum Genet 32: 314–331, 1980.

Brown TA: Genomes, 2nd ed. Bios Scientific Publ, Oxford, 2002.

Housman D: Human DNA polymorphism. New Engl J Med 332: 318–320, 1995.

Kan YW, Dozy AM: Antenatal diagnosis of sickle-cell anaemia by DNA analysis of amniotic-fluid cells. Lancet II: 910–912, 1978.

Strachan T, Read AP: Human Molecular Genetics, 3rd ed. Garland Science, London-New York, 2004.

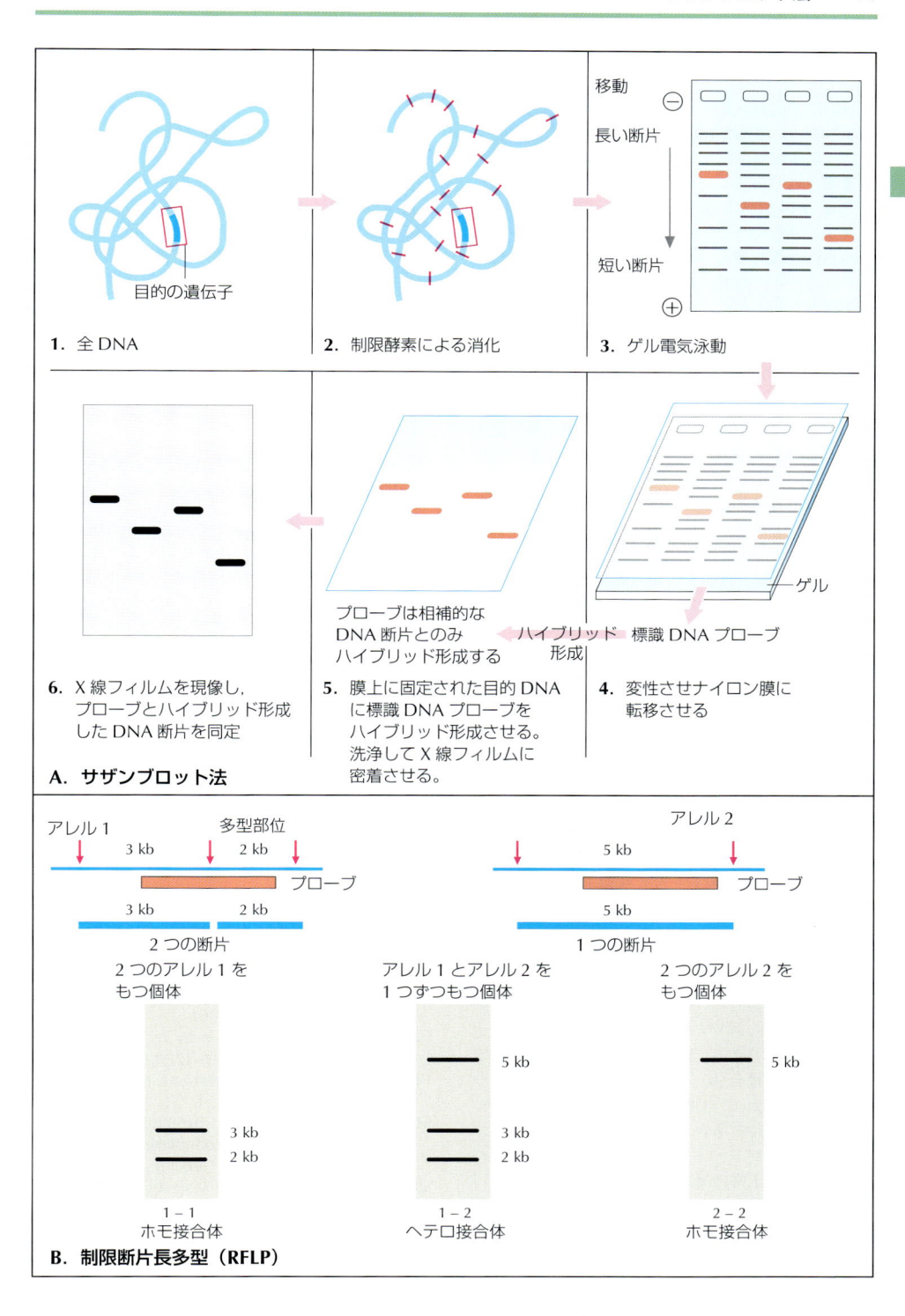

サザンブロット法

A. サザンブロット法

1. 全DNA（目的の遺伝子）
2. 制限酵素による消化
3. ゲル電気泳動（移動／長い断片／短い断片）
4. 変性させナイロン膜に転移させる
5. 膜上に固定された目的DNAに標識DNAプローブをハイブリッド形成させる。洗浄してX線フィルムに密着させる。
6. X線フィルムを現像し、プローブとハイブリッド形成したDNA断片を同定

ハイブリッド形成　標識DNAプローブ　ゲル

プローブは相補的なDNA断片とのみハイブリッド形成する

B. 制限断片長多型（RFLP）

アレル1：3 kb／2 kb（多型部位）　プローブ　2つの断片（3 kb、2 kb）

アレル2：5 kb　プローブ　1つの断片（5 kb）

- 2つのアレル1をもつ個体：1–1 ホモ接合体（3 kb、2 kb）
- アレル1とアレル2を1つずつもつ個体：1–2 ヘテロ接合体（5 kb、3 kb、2 kb）
- 2つのアレル2をもつ個体：2–2 ホモ接合体（5 kb）

塩基配列決定をしない変異同定

自動塩基配列決定法はあるが，サイズの大きな遺伝子も多く，塩基配列決定はいまだ煩雑である．そこで，塩基配列決定を行わずに変異を同定する方法が考案されている．このような方法のいくつかは，正常なDNA領域と変異したDNA領域に対するハイブリッド形成の差を利用している．調べたい部位に相補的な配列をもった短い1本鎖DNA（オリゴヌクレオチド）を用いて，不完全なハイブリッド形成が検出される．

A. オリゴヌクレオチドによる点変異の同定

この方法は変異によるハイブリッド形成の変化を検出できるように設計されている．例えば，正常DNA（図1）と変異DNA（図2）が1塩基だけ異なる場合（ここではGからAへの置換），プローブとして用いるオリゴヌクレオチドによって異なったハイブリッド形成パターンが得られる．オリゴヌクレオチドは約20塩基の短いDNA断片であり，完全に相補的な配列に対してのみ完全にハイブリッド形成する．変異部位を含めて完全に相補的な配列のオリゴヌクレオチド1は，正常DNAに完全にハイブリッド形成する（図3）．

しかしこのオリゴヌクレオチド1は変異DNAとは変異部位で相補的でないので，変異DNAへのハイブリッド形成は不完全である（図4）．それとは逆に，オリゴヌクレオチド2は変異DNAに完全にハイブリッド形成するが（図5），正常DNAへのハイブリッド形成は不完全である（図6）．このようなオリゴヌクレオチドはアレル特異的オリゴヌクレオチド（ASO）と呼ばれる．ASO1は正常DNAにハイブリッド形成するが，変異DNA（アレル）にはハイブリッド形成しない．ASO2はその逆である．

このハイブリッド形成パターンの違いはドットブロット解析によって視覚化される（図7）．放射性同位元素で標識したプローブを用いれば，ハイブリッド形成をX線フィルム上の黒いドットシグナルとして検出できる．DNAの両方の鎖に変異がある場合（ホモ接合体），ASO2を使った解析で1つのドットが現れる．DNA鎖の片方に変異があり，もう一方が正常の場合（ヘテロ接合体），両方のプローブがハイブリッド形成し2つのドットが現れる．両方とも正常の場合，ASO1を使った解析で1つのドットが現れる．このようにして，3つの可能性（遺伝子型）を区別できる．

B. 変性剤濃度勾配ゲル電気泳動（DGGE）

この方法は変異のあるDNA断片と変異のないDNA断片の安定性の違いを利用している．正常対照者のDNAの2本鎖は完全に相補的（ホモ2本鎖）であるが，変異があるとその部位でミスマッチが生じる（ヘテロ2本鎖）．ヘテロ2本鎖はホモ2本鎖よりも不安定である（融解温度が低い）．ホルムアミドの濃度勾配を設定したゲル（変性剤濃度勾配ゲル）を用いれば，正常（対照）DNAと変異のあるDNAをサザンブロット解析で区別できる．正常DNAは変異DNAに比べて，より高いホルムアミドの濃度でも安定で速く移動する．変異DNAはホルムアミドの濃度が低くても解離し，それほど遠くまで移動しない．

C. リボヌクレアーゼプロテクション法を用いた点変異の同定

この方法は正常DNA鎖がその部分からのmRNAと完全にハイブリッド形成することを利用している．mRNAがDNAに完全にハイブリッド形成すると，1本鎖RNAを切断するリボヌクレアーゼAの効果から保護される．変異部位の1個のヌクレオチドの違い（ここではAからGへの置換）でさえも，不完全なハイブリッド形成の原因となる．リボヌクレアーゼプロテクション法ではこの違いを検出する．ここで示すサザンブロット解析の図では，正常DNAは600 bpの断片として観察されるが，変異DNAは変異部位でリボヌクレアーゼAによって切断され，400 bpと200 bpの2つの断片を生じている．

参考文献

Beaudet AL et al: Genetics, biochemistry, and molecular bases of variant human phenotypes, pp 3–45. In: Scriver CR et al (eds): The Metabolic and Molecular Bases of Inherited Disease, 8th ed. McGraw-Hill, New York, 2001.

Caskey CT: Disease diagnosis by recombinant DNA methods. Science 236: 1223–1229, 1987.

Dean M: Resolving DNA mutations. Nature Genet 9: 103–104, 1995.

Mashal RD, Koontz J, Sklar J: Detection of mutations by cleavage of DNA heteroduplexes with bacteriophage resolvases. Nature Genet 9: 177–183, 1995.

Strachan T, Read AP: Human Molecular Genetics, 3rd ed. Garland Science, London-New York, 2004.

塩基配列決定をしない変異同定

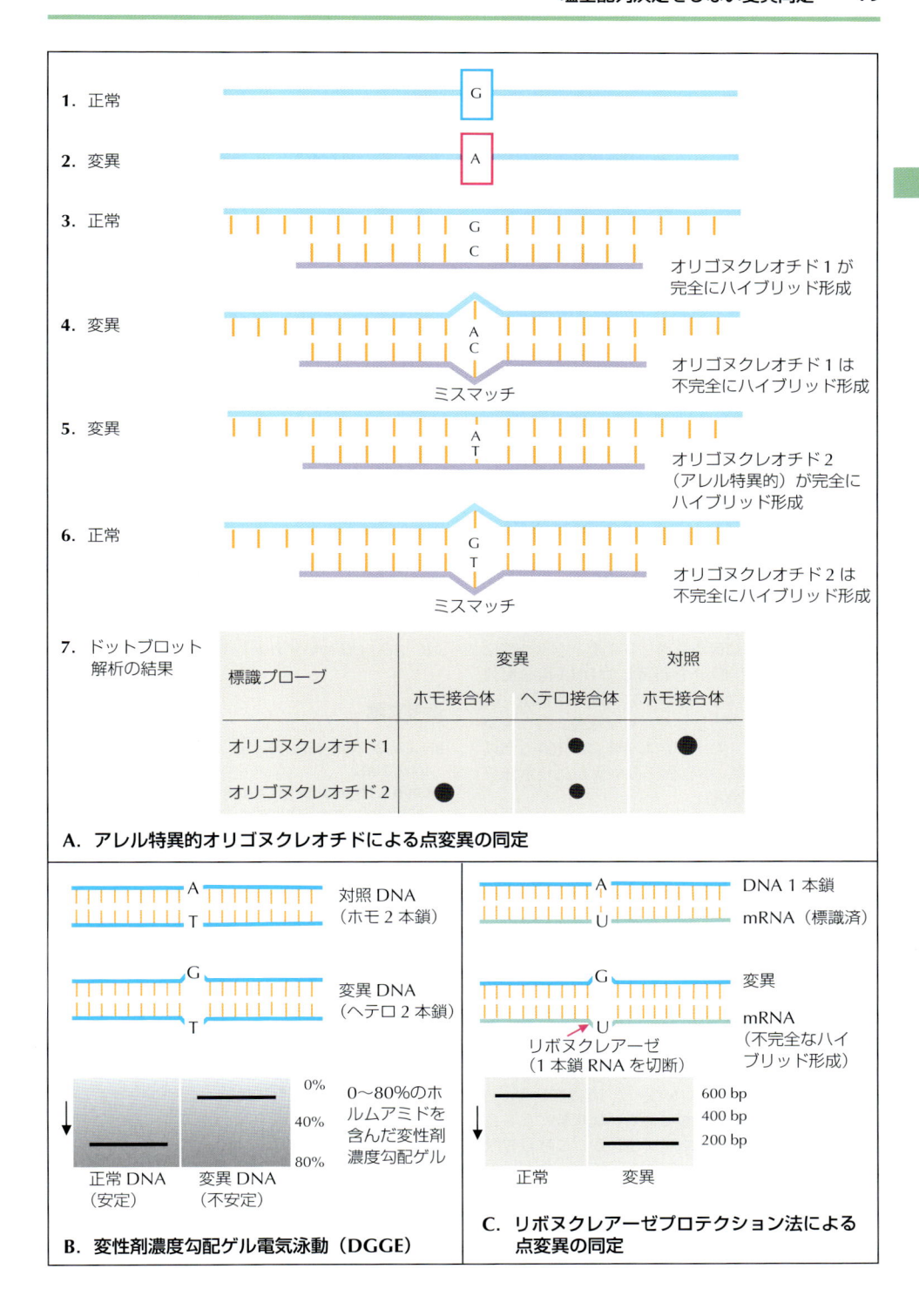

1. 正常　G
2. 変異　A
3. 正常　GC　オリゴヌクレオチド1が完全にハイブリッド形成
4. 変異　AC　ミスマッチ　オリゴヌクレオチド1は不完全にハイブリッド形成
5. 変異　AT　オリゴヌクレオチド2（アレル特異的）が完全にハイブリッド形成
6. 正常　GT　ミスマッチ　オリゴヌクレオチド2は不完全にハイブリッド形成

7. ドットブロット解析の結果

標識プローブ	変異 ホモ接合体	変異 ヘテロ接合体	対照 ホモ接合体
オリゴヌクレオチド1		●	●
オリゴヌクレオチド2	●	●	

A. アレル特異的オリゴヌクレオチドによる点変異の同定

- A/T 対照DNA（ホモ2本鎖）
- G/T 変異DNA（ヘテロ2本鎖）

0〜80%のホルムアミドを含んだ変性剤濃度勾配ゲル

正常DNA（安定）　変異DNA（不安定）

B. 変性剤濃度勾配ゲル電気泳動（DGGE）

- A/U DNA 1本鎖 / mRNA（標識済）
- G/U 変異 mRNA（不完全なハイブリッド形成）

リボヌクレアーゼ（1本鎖RNAを切断）

600 bp / 400 bp / 200 bp

正常　変異

C. リボヌクレアーゼプロテクション法による点変異の同定

DNA 多型

ほとんどの遺伝子にはアレルと呼ばれる多くの異なるコピーが存在する。特に非コード DNA の配列には個体差が大きい。ある 1 つの部位に多数のアレルが存在することを多型という。DNA 多型は遺伝子の機能とは関係がない。ある 1 つの部位の 1 ヌクレオチドの違いは一塩基多型（single nucleotide polymorphism, SNP）と呼ばれる。SNP はヒトゲノム内では約 1,000 bp に 1 つの割合で存在する。別のタイプの DNA 多型として DNA 塩基配列が反復される小さなブロックがあり，マイクロサテライトやミニサテライトと呼ばれる（下記参照）。これらはアレルを区別する遺伝学的解析や遺伝的地図の作製に広く使用されている。

A．一塩基多型（SNP）

ある 1 つの部位に関して，母方由来の染色体と父方由来の染色体のヌクレオチドの組み合わせには，例えば次の 3 通りが考えられる。(1) 母方由来と父方由来のいずれもアデニン（A）（図 1），(2) 父方由来がアデニン（A）で母方由来がグアニン（G）またはその逆（図 2），(3) いずれもグアニン（G）（図 3）。このように異なるヌクレオチドをもつ部位が SNP で，一連の SNP を利用して DNA 塩基配列を特徴づけることが可能である。SNP は PCR（62 頁参照）に基づいた方法でゲル電気泳動なしに検出することができる。ヒトゲノム全体には 150 万個以上の SNP が存在し，染色体上の位置が決定されている（Hinds ら，2005）。

B．SNP，マイクロサテライト，ミニサテライト

これらはよくみられる 3 種類の DNA 多型で，SNP 以外には短い縦列反復配列（short tandem repeat, STR）が存在する。マイクロサテライトは STR（図では CA リピート）の反復からなる DNA 配列部分で，反復数に多様性を生じやすい。1～4 塩基の単位配列が 2～10 回程度反復している。各アレルにより反復数が異なる（図では 5 回と 7 回）。ミニサテライトは可変縦列反復配列（variable number tandem repeat, VNTR）とも呼ばれ，20～500 塩基の単位配列の反復である。反復数による長さの違いは PCR によって区別される。これら STR の反復数によるアレルの多様性は通常，非コード DNA 領域に生じ，反復 DNA と呼ばれる。

C．10 万塩基対にわたる領域の遺伝的多様性

典型的な DNA 塩基配列にみられる多様性として最も頻度の高いものは SNP である。ミニサテライトは分布の偏りが大きい。（図 A ～ C は Cichon ら，2002 より）

D．CEPH 家系

DNA 多型の遺伝形式は，第三世代に少なくとも 8 人の孫がいる 3 世代にわたる家系において最もよく認識される。Jean Dausset によって創立されたパリの Centre d'Étude du Polymorphisme Humain（CEPH）では，そのような家系からの DNA を収集しており，各家系からの不死化細胞株が保存されている。ある CEPH 家系は祖父母 4 人，父母 2 人，孫 8 人で構成されている。サザンブロット解析で区別される 4 つのアレルを A，B，C，D とする。各アレルについて，祖父母から父母へ，父母から孫へ遺伝を追跡することができる。図では祖父母 4 人のうち 3 人がヘテロ接合体（AB，CD，BC），1 人がホモ接合体（CC）である。父母はそれぞれが異なったアレルのヘテロ接合体（父親は AD，母親は BC）であるから，孫 8 人は全員がヘテロ接合体（BD，AB，AC，CD のいずれか）である。

参考文献

Brown TA: Genomes, 2nd ed. Bios Scientific Publ, Oxford, 2002.

Cichon S, Freudenberg J, Propping P, Nöthen MM: Variabilität im menschlichen Genom. Dtsch Ärztebl 99: A3091–3101, 2002.

Collins FS, Guyer MS, Chakravarti A: Variations on a theme: cataloguing human DNA sequence variation. Science 282: 682–689, 1998.

Dausset J et al: Centre d'étude du polymorphism human (CEPH): collaborative genetic mapping of the human genome. Genomics 6: 575–577, 1990.

Feuk L, Carson, AR, Scherer W: Structural variation in the human genome. Nature Rev Genet 7: 85–97, 2006 (with online links to databases).

Hinds DA et al: Whole-genome patterns of common DNA variation in three human populations. Science 307: 1072–1079, 2005.

Lewin B: Genes VIII. Pearson International, 2004.

Strachan T, Read AP: Human Molecular Genetics, 3rd ed. Garland Science, London-New York, 2004.

DNA 多型

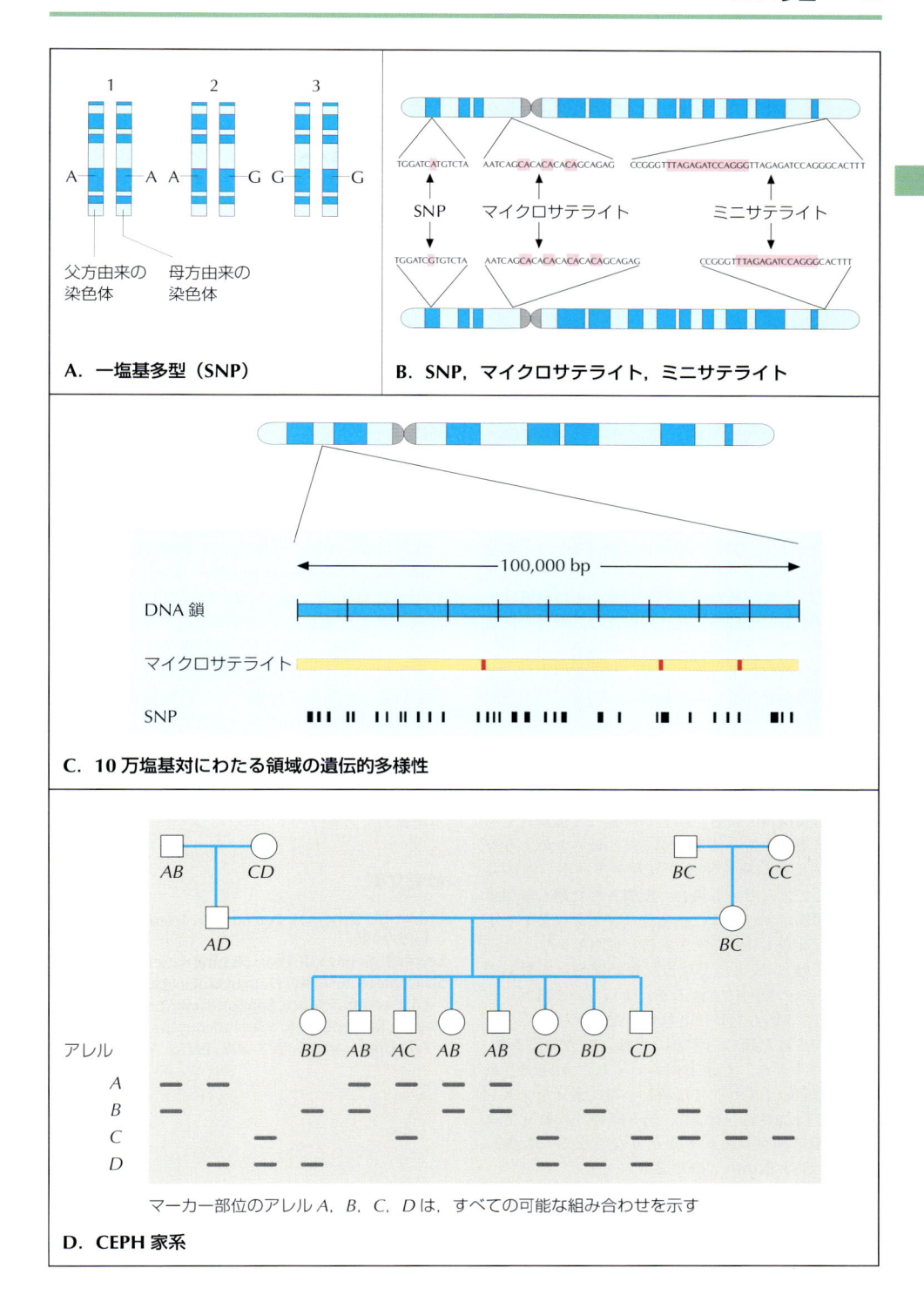

A. 一塩基多型（SNP）

父方由来の染色体／母方由来の染色体

B. SNP，マイクロサテライト，ミニサテライト

TGGATCATGTCTA → TGGATCGTGTCTA （SNP）

AATCAGCACACACACAGCAGAG → AATCAGCACACACACACAGCAGAG （マイクロサテライト）

CCGGGTTTAGAGATCCAGGGTTAGAGATCCAGGGCACTTT → CCGGGTTTAGAGATCCAGGGCACTTT （ミニサテライト）

C. 10万塩基対にわたる領域の遺伝的多様性

100,000 bp

DNA 鎖／マイクロサテライト／SNP

D. CEPH 家系

アレル A, B, C, D

マーカー部位のアレル A, B, C, D は，すべての可能な組み合わせを示す

変異

　遺伝子の変化（突然変異）が自然発生的に起きること（T. H. Morgan, 1910），またX線によって誘発されること（H. J. Muller, 1927）が認識されて以来，変異理論は初期遺伝学の重要な一領域となった。変異の研究が重要なのはいくつかの理由がある。その1つは，変異があらゆるタイプの癌を含めた疾患の原因となるから，そして，高度に組織化された生物は，変異なしには誕生しえなかったからである。図Aと図Bは変異の化学的本質についてまとめたものである。

A．複製の誤り

　複製の誤りはおよそ 10^5 回に1回の頻度で起きるが，その頻度は校正機構の働きでおよそ $10^7 \sim 10^9$ 回に1回まで引き下げられている。ここで，次回の細胞分裂までの間に複製の誤りが起きた場合を考える〔図では5番目の塩基部位のアデニン（A）の代わりにシトシン（C）が取り込まれている〕。もし誤りが訂正されなければ，次回の分裂ではATの代わりにCGを含む変異分子が生じる。この変異はすべての娘細胞に永続的に受け継がれる。変異の位置が遺伝子のコード領域内であるか領域外であるかによって具体的な結果は異なるが，コドンの変化による機能上の異常がもたらされうる。

B．複製の「ずれ」

　このタイプの変異は個々の塩基の変化を伴わず，複製時に鋳型鎖と新しい鎖とが間違って塩基対を形成した結果による。鋳型鎖がCAリピートのような短い縦列反復配列をマイクロサテライト（前項参照）として含んでいる場合，複製された鎖と鋳型鎖の並列関係がずれることがある（マイクロサテライトの不安定性）。複製の「ずれ」（DNAポリメラーゼの「ずれ」）によって反復配列が間違って対合成し，どちらの方向にずれるかによって，2回コピーされたり，1回もコピーされない配列が生じる。新しく合成された鎖に対する「ずれ」の方向により，順方向の「ずれ」と逆方向の「ずれ」が区別される。逆方向の「ずれ」では新しい鎖に余分なヌクレオチドが付加され（挿入），順方向の「ずれ」では新しい鎖でヌクレオチドが足りなくなる（欠失）。（図AとBはBrown, 2002より）

C．変異による機能の変化

　変異の結果にはいくつかのタイプが知られている。その解析は分子病理学と呼ばれ，主要な目的は遺伝子型（ある遺伝子座の遺伝学的状態）と表現型（疾患の症状のパターンなど，観察できる効果）の関係を明らかにすることにある。一般的なのは正常アレルの機能喪失で，遺伝子産物の量が減少しているか，または機能が失われている。正常な機能に両方のアレルが必要な場合で，片方のアレルが変異で不活性化されていることをハプロ不全と呼ぶ。その逆に，変異の結果，新しい遺伝子産物が好ましくない効果をもたらす場合を優性ネガティブ効果と呼ぶ。好ましくない効果をもたらす正常産物の過剰発現は機能獲得と呼ばれる。エピジェネティックな変化とは，DNA配列以外の変化（例えば，よくみられるのはDNAメチル化パターンの変化）を原因とする変化をいう（エピジェネティック修飾の項参照）。ヌクレオチド反復配列の異常な伸長による動的変異もある（90頁参照）。

医学との関連

　変異によって起こる疾患は約3,000種にものぼる（"*Mendelian Inheritance in Man*" 参照。オンラインwww.ncbi.nlm.nih.gov/Omim でも利用可能）。

　マイクロサテライトの不安定性は遺伝性非ポリポーシス大腸癌（HNPCC）の特徴的な性質である。原因遺伝子はヒト染色体2p15-p22と3p21.3に局在している。大腸癌，胃癌，子宮内膜癌の約15%がマイクロサテライトの不安定性を示す。複製時の「ずれ」は，減数分裂時の不等交差とは区別しなければならない。不等交差は相同染色体の非姉妹染色分体間の，アレルどうしではない隣接配列間に起こる組換えである。

参考文献

Brown TA: Genomes, 2nd ed. Bios Scientific Publ, Oxford, 2002.
Lewin B: Genes VIII. Pearson International, 2004.
Strachan TA, Read AP: Human Molecular Genetics, 3rd ed. Garland Science, London-New York, 2004.
Vogel F, Rathenberg R: Spontaneous mutation in man. Adv Hum Genet 5: 223-318, 1975.

変異

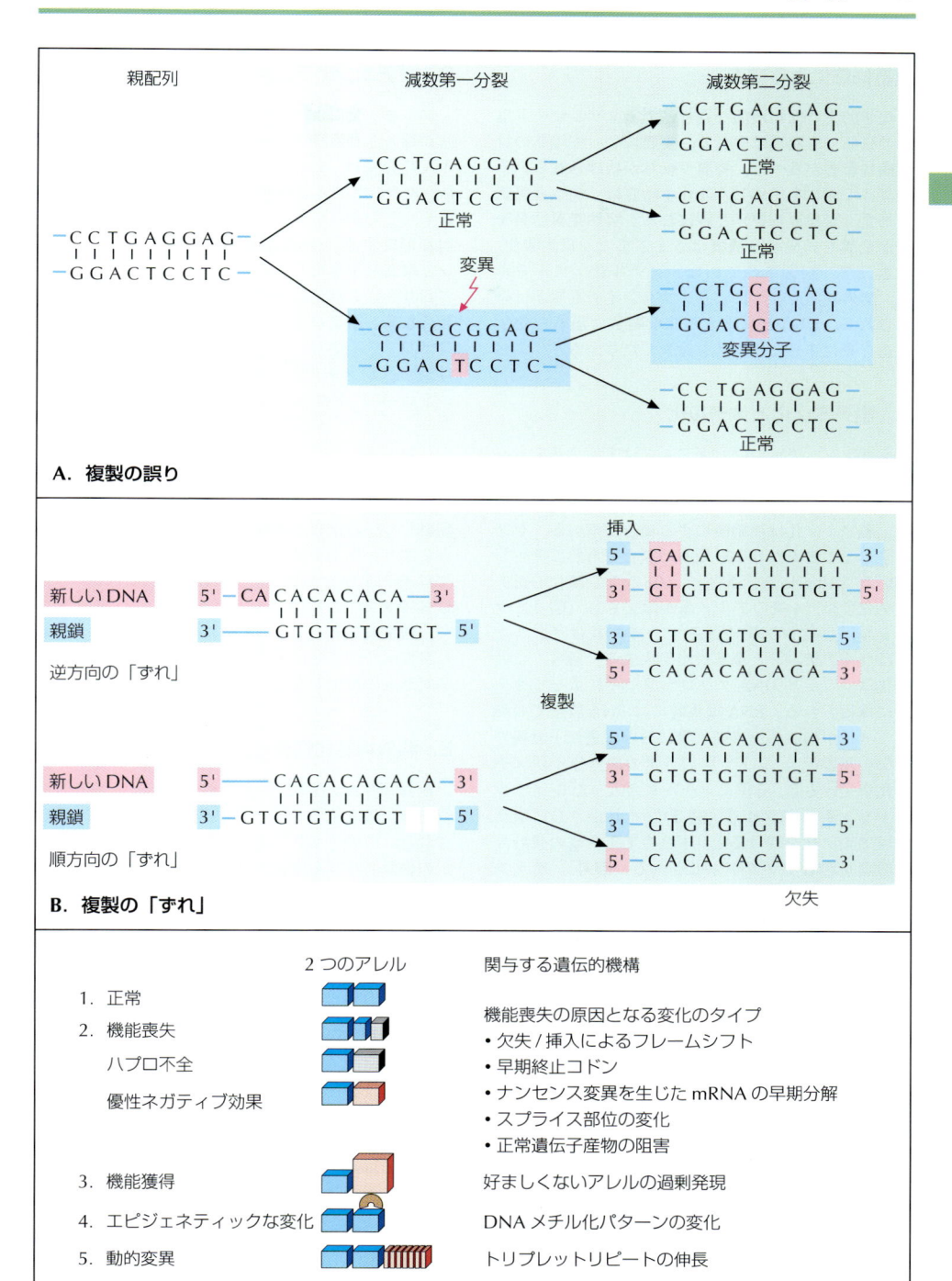

A. 複製の誤り

親配列
―CCTGAGGAG―
―GGACTCCTC―

減数第一分裂
―CCTGAGGAG―
―GGACTCCTC―
正常

変異
―CCTGCGGAG―
―GGACTCCTC―

減数第二分裂
―CCTGAGGAG―
―GGACTCCTC―
正常

―CCTGAGGAG―
―GGACTCCTC―
正常

―CCTGCGGAG―
―GGACGCCTC―
変異分子

―CCTGAGGAG―
―GGACTCCTC―
正常

B. 複製の「ずれ」

新しいDNA 5'―CA CACACACA―3'
親鎖   3'――GTGTGTGTGT―5'
逆方向の「ずれ」

複製 →

挿入
5'―CACACACACA―3'
3'―GTGTGTGTGT―5'

5'―GTGTGTGTGT―5'
3'―CACACACA―3'

新しいDNA 5'―CACACACACA―3'
親鎖   3'―GTGTGTGTGT――5'
順方向の「ずれ」

5'―CACACACA―3'
3'―GTGTGTGT―5'

5'―GTGTGTGT―5'
3'―CACACACA―3'
欠失

C. 変異による機能の変化

2つのアレル　　　関与する遺伝的機構

1. 正常

2. 機能喪失　　　機能喪失の原因となる変化のタイプ
   ハプロ不全　　・欠失/挿入によるフレームシフト
   優性ネガティブ効果　・早期終止コドン
   　　　　　　　・ナンセンス変異を生じたmRNAの早期分解
   　　　　　　　・スプライス部位の変化
   　　　　　　　・正常遺伝子産物の阻害

3. 機能獲得　　　好ましくないアレルの過剰発現

4. エピジェネティックな変化　　DNAメチル化パターンの変化

5. 動的変異　　　トリプレットリピートの伸長

塩基修飾による変異

化学的または物理的な過程によるヌクレオチド塩基の修飾でも変異は生じる。変異によって塩基の対形成に影響が及べば，複製や転写が妨げられる。そのような変化を誘導しうる化学物質は，突然変異誘発物質（変異原物質）と呼ばれる。突然変異誘発物質が変異を誘発する機構はさまざまで，自然酸化，加水分解，制御されていないメチル化，アルキル化，紫外線照射などにより，ヌクレオチド塩基は修飾される。DNA と反応する化学物質は塩基の化学構造を変化させたり塩基を除去したりする。

A. 脱アミノ化とメチル化

シトシン，アデニン，グアニンはアミノ基をもっている。このアミノ基が除去された場合（脱アミノ化），その部位では塩基対形成のパターンが変化する。脱アミノ化は亜硝酸による場合が多いが，ゲノム全体で1日あたり100塩基の割合で自然に発生している（Alberts ら，2002）。シトシンの酸化的脱アミノ化では，4位のアミノ基が除去され（図1）ウラシルが生成される（図2）。ウラシルはグアニンではなくアデニンと塩基対を形成する。通常，この変化はウラシル DNA グリコシラーゼによって速やかに修復される。RNA 編集時には RNA 段階での脱アミノ化が起こる（真核生物における遺伝子発現の制御の項参照）。シトシンの5位の炭素原子がメチル化を受けると，5位にメチル基の入った5-メチルシトシンが生成される（図3）。それがさらに酸化的脱アミノ化を受けると，4位のアミノ基の代わりに酸素を含むチミンが生成される（図4）。チミンは自然に存在する塩基なので，この変異は修復されない。アデニン（図5）は6位が酸化的脱アミノ化を受け，アミノ基の代わりに酸素を含むヒポキサンチンが生成される（図6）。ヒポキサンチンはチミンではなくシトシンと塩基対を形成する。DNA 複製後の変異鎖では，この部位のチミンがシトシンとなっている。

B. 脱プリン化

各々の細胞で1日に約5,000個のプリン塩基（アデニンとグアニン）が温度変動によって DNA から失われる（脱プリン化）。DNA の脱プリン化は，グアニンの9位窒素とデオキシリボースとの間の N-グリコシド結合が加水分解を受けることによる。こうして脱プリン化された糖が生成される。塩基の喪失が次の複製までに修復されなければ，複製後に欠失を生じる（DNA 修復の項参照）。

C. グアニンのアルキル化

アルキル化によって分子にメチル基またはエチル基が導入される。グアニンは6位のケトン基がアルキル化を受け，O^6-メチルグアニンが生成される。O^6-メチルグアニンの酸素原子は水素結合を形成できず，したがってシトシンとではなくチミンと塩基対を形成する。DNA 複製後の変異鎖では，グアニンと塩基対を形成していたシトシンがチミンとなっており，この部位に異常な GT 塩基対が含まれることになる。重要なアルキル化剤としてエチルニトロソウレア（ENU），エチルメタンスルホン酸（EMS），ジメチルニトロソアミン，N-メチル-N'-ニトロ-N-ニトロソグアニジンがある。

D. 塩基類似体

塩基類似体とは通常のヌクレオチド塩基に構造が類似しているため，複製時に新しい鎖に取り込まれうるプリン塩基やピリミジン塩基のことである。5-ブロモデオキシウリジン（5-BrdU）はチミンの類似体である。5位のメチル基の代わりに臭素をもち，複製時に新しい DNA 鎖に取り込まれる。しかし臭素原子の存在は不安定な塩基対形成や誤った塩基対形成の原因となる。

E. 紫外線誘発性チミン二量体

波長 260 nm の紫外線が照射されると，隣り合ったチミンの5位と6位どうしの間に共有結合が形成される。このチミン二量体は修復されない限り遺伝子の複製と転写を阻害する。別のタイプの紫外線誘発性変化として，隣り合ったヌクレオチドの糖の4位と6位の共有結合による（6-4）光産物がある（図には示していない）。（図は Lewin, 2004 より再描画）

参考文献

Brown TA: Genomes, 2nd ed. Bios Scientific Publ, Oxford, 2002.
Lewin B: Genes VIII. Pearson International, 2004.
Strachan T, Read AP: Human Molecular Genetics, 3rd ed. Garland Science, London-New York, 2004.

塩基修飾による変異

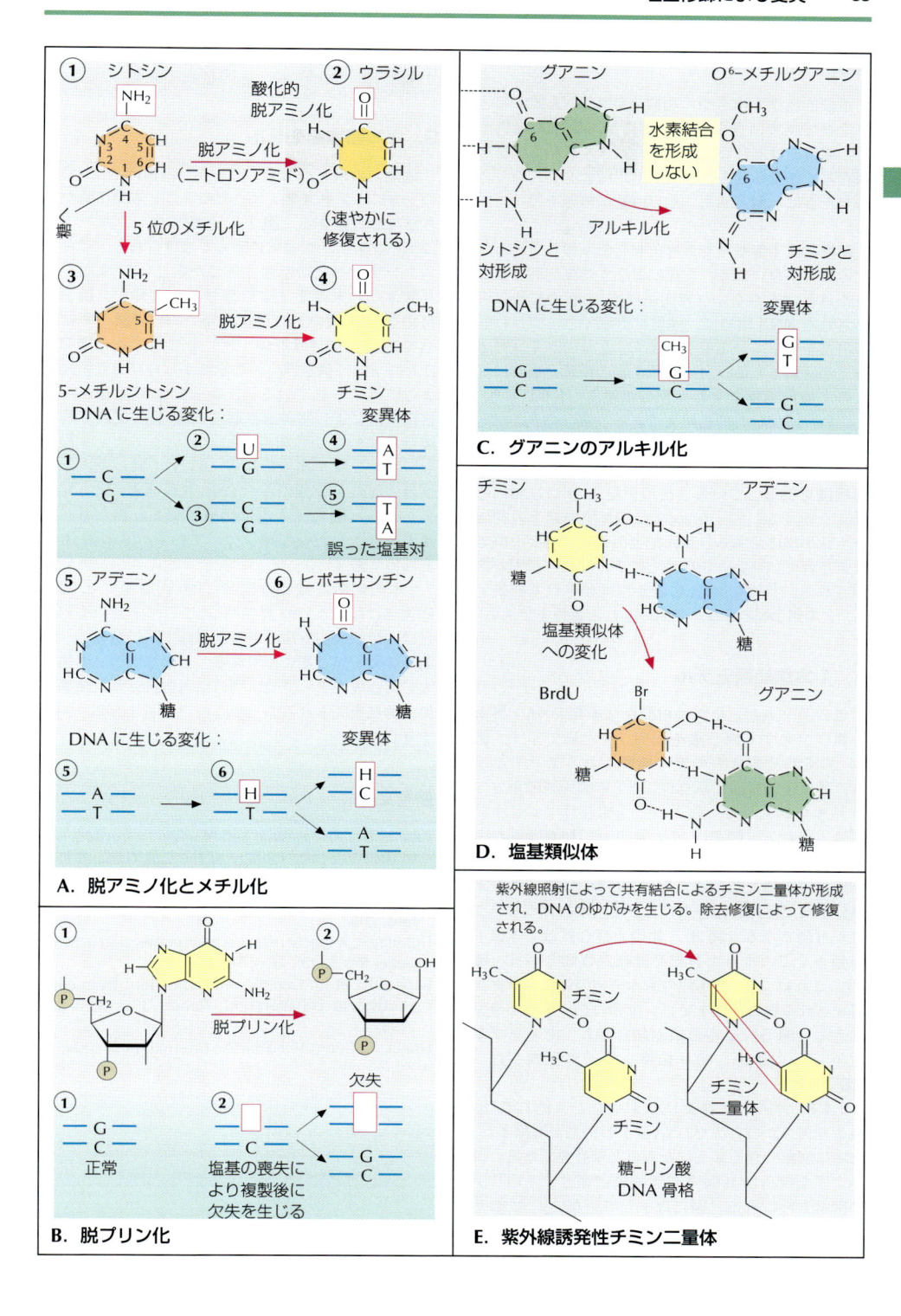

A. 脱アミノ化とメチル化

B. 脱プリン化

C. グアニンのアルキル化

D. 塩基類似体

E. 紫外線誘発性チミン二量体

組換え

　遺伝的組換えは2つの相同染色体DNA間で起きる交換であり，遺伝情報の再構築の手段を提供する。組換えは不利な変異を取り除き，有利な変異を保存して普及させることで，進化的な有利性を与えるとともに，個人個人に独自の遺伝情報を授けている。

　組換えは1塩基たりとも欠失したり挿入されたりすることがないよう，正確に対応する配列間で起こらなければならない（相同組換え）。新たに組み合わされたDNA領域は，適切に機能できるように元の構造を保っている必要がある。2つのタイプの組換えが区別される。(1) 真核生物の減数分裂時に起こる一般的組換えまたは相同組換え（120頁参照）と，(2) 部位特異的組換えである。第三のタイプとして転位があり，1つのDNA配列を塩基配列の相同性がない別のDNA配列中に挿入するのに組換えの機構を利用している（次項参照）。図には相同組換えを示すが，2つの2本鎖DNA間で起きる複雑な生化学反応である。相同配列の修復に必要な酵素は示されていない。一般的なモデルには2種類が区別される。1本鎖DNA切断から開始される組換えと，2本鎖DNA切断から開始される組換えである。

A. 1本鎖切断モデル

　このモデルは，2つの相同な2本鎖DNA（異なる親に由来する同じ塩基配列，青と赤で示す，図1）のそれぞれ片方の鎖が切断されることで始まる。各分子の対応する部位に，1本鎖切断酵素（エンドヌクレアーゼ）によって「切れ目（ニック）」が導入される（図2）。これにより，切断された一方の鎖の自由端はもう一方の相同DNAの切断された鎖の自由端と結合できるようになり，2つの2本鎖分子間で組換え接合点において1本鎖どうしの交換が可能となる（図3）。組換え接合点は2本鎖上を動き，このような過程を分岐点移動という（図4）。これにより，2本鎖のもう一方の鎖にニックが導入される別の部位まで，十分に長い距離を確保できる（図5）。2本の鎖が結合され，ギャップが埋められ（図6），相互組換え分子が生成される（図7）。

　2本鎖DNAの組換えにはトポロジー的な変化，つまり何らかの方法でDNA分子の拘束が解除され，自由に回転できるようになることが必要である。このような構造は1964年に最初に記述され，ホリデイ構造と呼ばれる（図には示していない）。このモデルには未解決の難題が残っている。ステップ2で導入される1本鎖のニックが，どのようにして2つの二重らせんDNA分子の正確に同じ部位に入るよう保証されているのかという問題である。

B. 2本鎖切断モデル

　組換えの現在のモデルは，2つの相同DNA分子の一方にエンドヌクレアーゼによる2本鎖切断が起きることで始まる（図1）。切断で生じたギャップはエキソヌクレアーゼによって広げられる。エキソヌクレアーゼは切断部に生じた新しい5′末端を取り除き，3′末端を1本鎖部分として残す（図2）。自由な3′末端の1つが別の分子の相同鎖と再結合してDループ（置換ループ）を形成する（図3）。Dループは「供与側」の2本鎖から伸びた置換鎖によって構成されている。Dループは3′末端からの修復合成によって伸長される（図4）。置換された鎖は相補的な受容鎖相同配列とハイブリッド形成し，ギャップが埋められる（図5）。残ったギャップは，別の3′末端からのDNA修復合成によって埋められる（図6）。1本鎖切断モデルと異なり，組換えを起こした全領域についてヘテロ2本鎖DNAとなる（図7）。

　2本鎖切断は減数分裂時（120頁参照）とDNA修復時に起こる（92頁参照）。このモデルの不利な点は，最初の切断後のギャップ部で遺伝情報の一時的な喪失が起こることである。しかし別の2本鎖からの再合成によって遺伝情報は再取得され，情報が恒久的に喪失されることはない。(図はLewin, 2004より)

参考文献

Alberts B et al: Essential Cell Biology. An Introduction to the Molecular Biology of the Cell. Garland Publishing, New York, 1998.
Brown TA: Genomes, 2nd ed. Bios Scientific Publ, Oxford, 2002.
Holliday R: A mechanism for gene conversion in fungi. Genet Res 5: 282–304, 1964.
Kanaar KS et al: Genetic recombination: from competition to collaboration. Nature 391: 335–337, 1998.
Lewin, B.: Genes VIII. Pearson International, 2004.

組換え 87

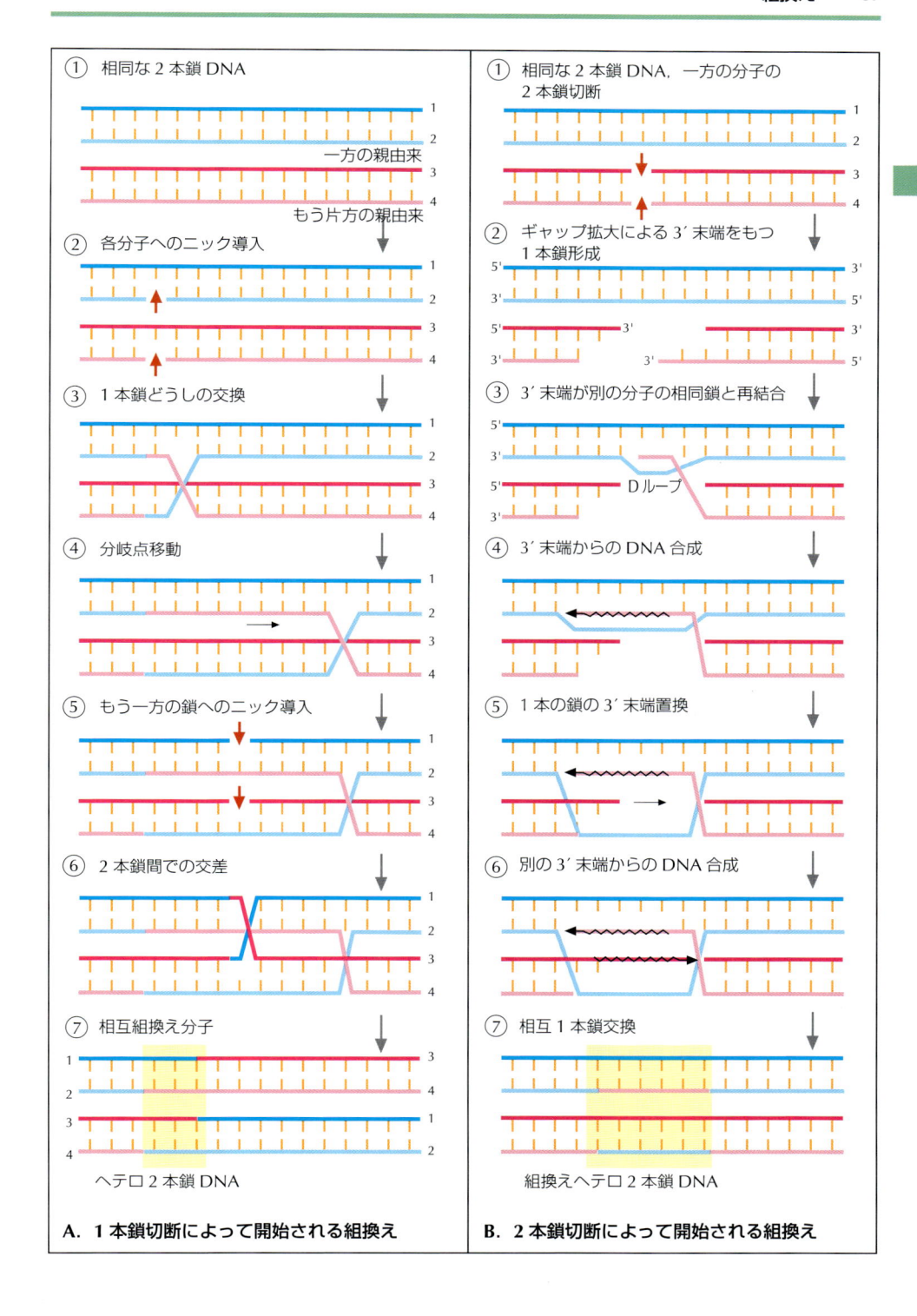

A. 1本鎖切断によって開始される組換え

① 相同な2本鎖DNA
　一方の親由来
　もう片方の親由来
② 各分子へのニック導入
③ 1本鎖どうしの交換
④ 分岐点移動
⑤ もう一方の鎖へのニック導入
⑥ 2本鎖間での交差
⑦ 相互組換え分子

ヘテロ2本鎖DNA

B. 2本鎖切断によって開始される組換え

① 相同な2本鎖DNA，一方の分子の2本鎖切断
② ギャップ拡大による3′末端をもつ1本鎖形成
③ 3′末端が別の分子の相同鎖と再結合
　Dループ
④ 3′末端からのDNA合成
⑤ 1本の鎖の3′末端置換
⑥ 別の3′末端からのDNA合成
⑦ 相互1本鎖交換

組換えヘテロ2本鎖DNA

転 位

　転位（トランスポジション）とはDNA配列がゲノム中の別の場所に挿入される自然発生的な過程で，生物界に広くみられる。このタイプのDNA配列はトランスポゾンもしくは転位性遺伝因子と呼ばれる。挿入の標的部位との間に何ら配列上の関係はない。トランスポゾンは遺伝的多様性のおもな起源であり，ゲノムの進化の上で大きな役割を果たしている。転位には組換えが利用されるが交換は行われず，その代わりトランスポゾンはゲノム上のある場所からプラスミドやファージDNAを介さずに，直接別の場所へ移動する（原核生物の項参照）。こうして再構成が起こり，新しい配列が作り出され，標的部位の配列の機能に変化が生じる。機能遺伝子の中にトランスポゾンが挿入された場合には疾患の原因となることもある。

　以下には3つのタイプのトランスポゾンを例として示す。(1) 挿入配列，(2) 複製を伴うあるいは伴わないトランスポゾン，(3) RNA中間体を介したレトロエレメントの転位，である。

A. 挿入配列とトランスポゾン

　宿主DNAは約4〜10 bpの標的部位を含む（図1）。宿主DNAの標的部位選択は完全にランダムな場合と，特定の部位に選択的である場合とがある。挿入配列はクラスにより，およそ700〜1,500 bpからなる。挿入配列は「動く配列」の転位に必要な酵素をコードしているトランスポザーゼ（転位酵素）遺伝子を含み，両端におよそ9 bpの逆方向反復配列をもつ。これは挿入配列の特徴である。挿入配列はトランスポザーゼの活性によって，それ自身が標的部位に挿入される（図2）。一方，トランスポゾンは抗生物質耐性遺伝子のような別の遺伝子を含み，両端に順方向反復配列（図3）または逆方向反復配列（図4）を含む。順方向反復配列は完全に同一もしくは非常に類似した配列が同じ方向に向いている。逆方向反復配列は逆方向に向いている。

B. 複製を伴う転位と伴わない転位

　複製を伴う転位（図1）では，供与部位のトランスポゾンはそのまま残り，新しいコピーが別の受容部位に挿入される。この機構ではゲノム内のトランスポゾンのコピー数が増加することになる。複製を伴う転位には2種類の酵素が関与する。(1) 元コピーの両末端部で働くトランスポザーゼと，(2) 複製コピー上で働くリゾルバーゼである。複製を伴わない転位（図2）では，転位する配列自身がそのまま別の部位に移動する。供与部位は修復される（真核生物）か，もし2コピー以上の染色体が存在した場合には破壊されることもある（細菌）。

C. レトロエレメントの転位

　逆転写を介する転位では，挿入されているレトロエレメントの逆転写によりRNAからのコピーが合成される。ヒト免疫不全ウイルス（HIV）やRNA腫瘍ウイルスのようなレトロウイルスは，重要なレトロエレメントである（108頁参照）。逆転写を介する転位の第一段階では，挿入されているレトロエレメントからRNAコピーが合成され，引き続き3′-LTRに含まれるポリアデニル化部位に至るまで逆転写される。RNA中間体を介した転位を起こす，または起こした哺乳類のトランスポゾンとして重要なもの3種類を図に示す。内在性レトロウイルス（図1）は，レトロウイルスに塩基配列が似ているが，新しい細胞への感染性がなく，1つのゲノムに限定されている。非ウイルス性のレトロトランスポゾン（図2）は，LTRならびに通常はその他のレトロウイルス部分を欠損している。どちらのタイプも逆転写酵素を含んでおり，独立して転位できる。プロセシングされた偽遺伝子またはレトロ偽遺伝子（図3）は，逆転写酵素を欠損しているため独立には転位できない。本分類には2つのクラスが含まれる。(1) RNAポリメラーゼⅡによって転写された低コピー数のプロセシングされた偽遺伝子と，(2) ヒトの*Alu*配列やマウスのB1配列など，哺乳類でSINE（short interspersed nuclear element，短い散在性の反復配列）として知られる高コピー数のものである。600の変異のうち1つはレトロトランスポゾンによる挿入で発生すると見積られている（Kazazian, 1999）。（図はLewin, 2004；Brown, 2002より）

参考文献

Brown TA: Genomes, 2nd ed. Bios Scientific Publ, Oxford, 2002.

Kazazian jr HH: An estimated frequency of endogenous insertional mutations in humans. Nature Genet 22: 130, 1999.

Lewin B: Genes VIII. Pearson International, 2004.

Lodish H et al: Molecular Cell Biology, 5th ed. WH Freeman, New York, 2004.

Strachan T, Read AP: Human Molecular Genetics, 3rd ed. Garland Science, London-New York, 2004.

転位　89

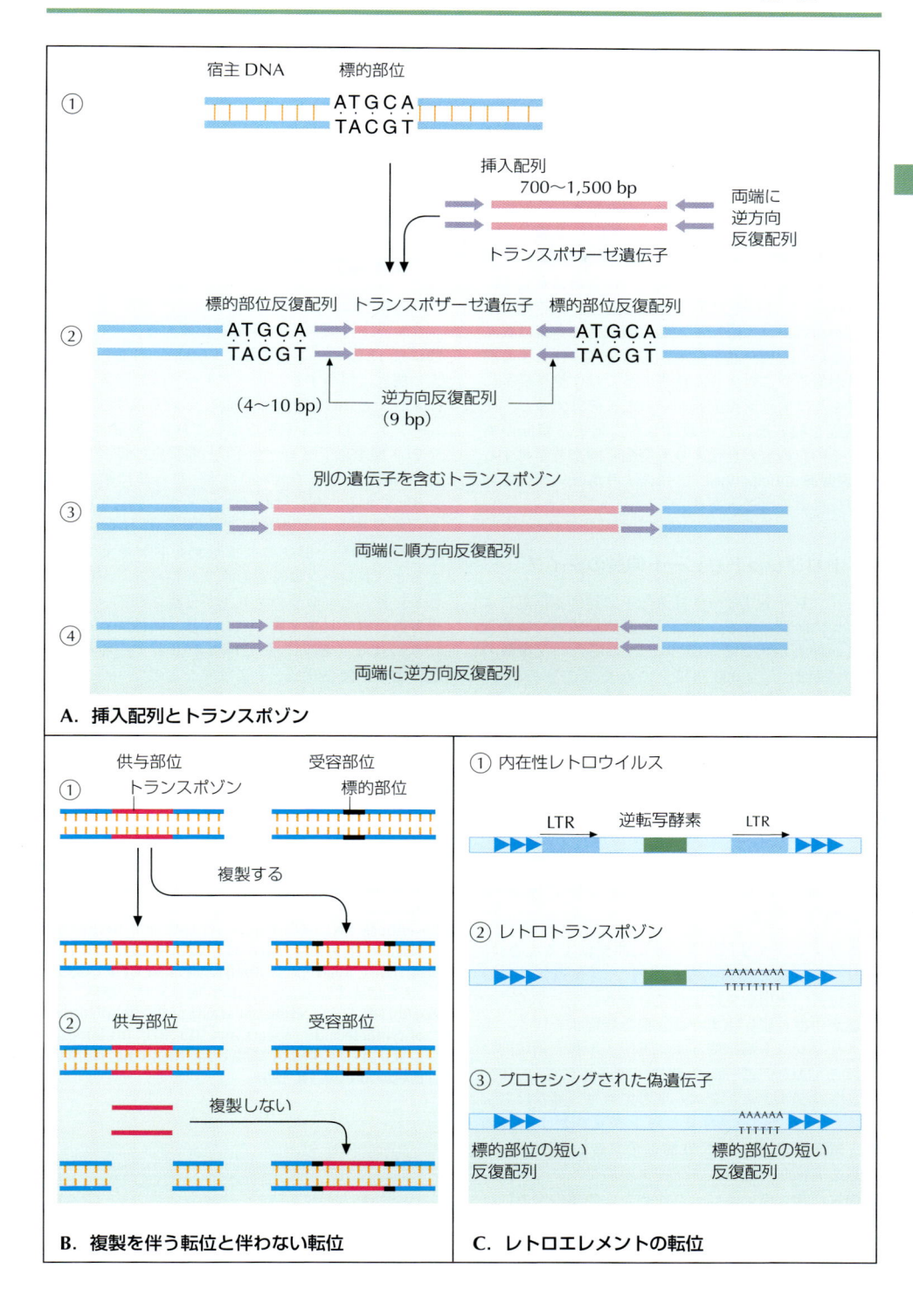

① 宿主DNA　標的部位
ATGCA
TACGT

挿入配列
700〜1,500 bp
両端に逆方向反復配列
トランスポザーゼ遺伝子

② 標的部位反復配列　トランスポザーゼ遺伝子　標的部位反復配列
ATGCA　　　　　　　　　　　ATGCA
TACGT　　　　　　　　　　　TACGT
（4〜10 bp）逆方向反復配列（9 bp）

③ 別の遺伝子を含むトランスポゾン
両端に順方向反復配列

④ 両端に逆方向反復配列

A. 挿入配列とトランスポゾン

① 供与部位　　　　　受容部位
　　トランスポゾン　　標的部位
　　　　　複製する

② 供与部位　　　　　受容部位
　　　　　複製しない

B. 複製を伴う転位と伴わない転位

① 内在性レトロウイルス
LTR　逆転写酵素　LTR

② レトロトランスポゾン
AAAAAAAA
TTTTTTTT

③ プロセシングされた偽遺伝子
AAAAAA
TTTTTT
標的部位の短い反復配列　　標的部位の短い反復配列

C. レトロエレメントの転位

トリプレットリピートの伸長

動的変異 dynamic mutation と呼ばれる新しいクラスの変異が1991年に発見された。ヒトゲノムは3塩基（トリプレット）の縦列反復配列を含んでいる。ある遺伝子の内部もしくは近傍で，この反復配列が異常に伸長して遺伝子の発現を阻害し，疾患を発症させることがある（**トリプレット病** triplet disease）。通常，トリプレットの反復数は5～35回である。トリプレットリピートは普通に安定に伝達されるが，不安定化して伸長し疾患を引き起こすことがある。(1) 遺伝子の翻訳領域外で非常に長くなる場合と，(2) 翻訳領域内で中等度に伸長する場合とがある。このような疾患の多くは中枢神経系に影響を及ぼす。反復配列がいったん伸長すると，生殖細胞を経る際に反復数はさらに増える傾向がある。そのため前の世代よりも発症年齢が若年化する（**表現促進** anticipation）。3塩基よりも長い反復配列の伸長による疾患もある。

A. トリプレットリピート伸長のタイプ

トリプレットリピートは遺伝子に対する位置により2つに区別される。遺伝子の翻訳領域外では非常に長い伸長が起こる（図1）。この場合の反復数の増加は劇的で，1,000回以上にも及ぶことがある。伸長の初期段階には疾患の臨床徴候は表れないが，保因者の子孫にはリピート伸長の素因が伝えられる（前変異）。一方，翻訳領域内の伸長では反復数は中等度である（図2）。しかし，伸長の結果，ポリグルタミンがコードされることになるので，その効果はいくつかの重篤な神経疾患のように劇的である。

B. 不安定なトリプレットリピートによる種々の疾患

トリプレットリピートの病的伸長による疾患は，トリプレットの種類（塩基配列），対象遺伝子に対する位置，臨床所見によって分類される。すべての疾患が中枢神経症状または末梢神経症状を伴う。Ⅰ型トリプレット病は関与する遺伝子の翻訳領域内におけるCAGリピートの伸長である。CAGトリプレットはグルタミンをコードしており，通常は遺伝子内に約20回のCAGリピートが見いだされるので，遺伝子産物の中に20個のグルタミンが生じる。疾患を発症した場合，タンパク中のグルタミン数が著明に増加している。それゆえ，この種の疾患はポリグルタミン病と呼ばれる。

Ⅱ型トリプレット病は関与する遺伝子の翻訳領域外におけるCTG，GAA，GCC，CGGリピートの伸長である。5′末端部でのGCCリピート伸長は脆弱X症候群A型（FRAXA）の原因となる。3′末端部でのCGG伸長は脆弱X症候群E型（FRAXE），CTG伸長は筋緊張性ジストロフィーを引き起こす。また，イントロンでのGAA伸長はフリードライヒ運動失調症を引き起こす。このような疾患の概要は408頁に示した。

C. 診断検査の原理

診断検査は，調べる遺伝子の2つのアレル上のトリプレットリピートの長さを比較することによる。図には11のレーンを示しているが，各レーンが1人の個人に相当する。レーン1～3は対照者，レーン4～7と10は診断の確定している患者である。レーン7～11は1家系を示しており，罹患父（レーン7），罹患息子（レーン10），非罹患の母（レーン11），非罹患の息子（レーン8）ならびに娘（レーン9）である。左にはサイズマーカーが示されている。ハンチントン病遺伝子座のCAGリピートをPCRで増幅し，ポリアクリルアミドゲル上で分離すると，各レーンに特定のサイズのバンドが確認される。各人とも2つのアレルが分離されている。罹患者の異常アレルを表すバンドは，閾値よりも上方にみられる（実際には，DNAが由来する各々の細胞により正確なリピート長は異なるので，バンドはぼやけているかもしれない）。

参考文献

Kremer EJ et al: Mapping of DNA instability at the fragile X to a trinucleotide repeat sequence p(CCG)n. Science 252: 1711–1714, 1991.

Oberlé I et al: Instability of a 550-base pair DNA segment and abnormal methylation in fragile X syndrome. Science 252: 1097–1102, 1991.

Rosenberg RN: DNA-triplet repeats and neurologic disease. New Eng J Med 335: 1222–1224, 1996.

Strachan T, Read AP: Human Molecular Genetics, 3rd ed. Garland Science, London-New York, 2004.

Zoghbi HY: Spinocerebellar ataxia and other disorders of trinucleotide repeats, pp. 913–920. In: Jameson JC (ed) Principles of Molecular Medicine, Humana Press, Totowa, NJ, 1998.

トリプレットリピートの伸長

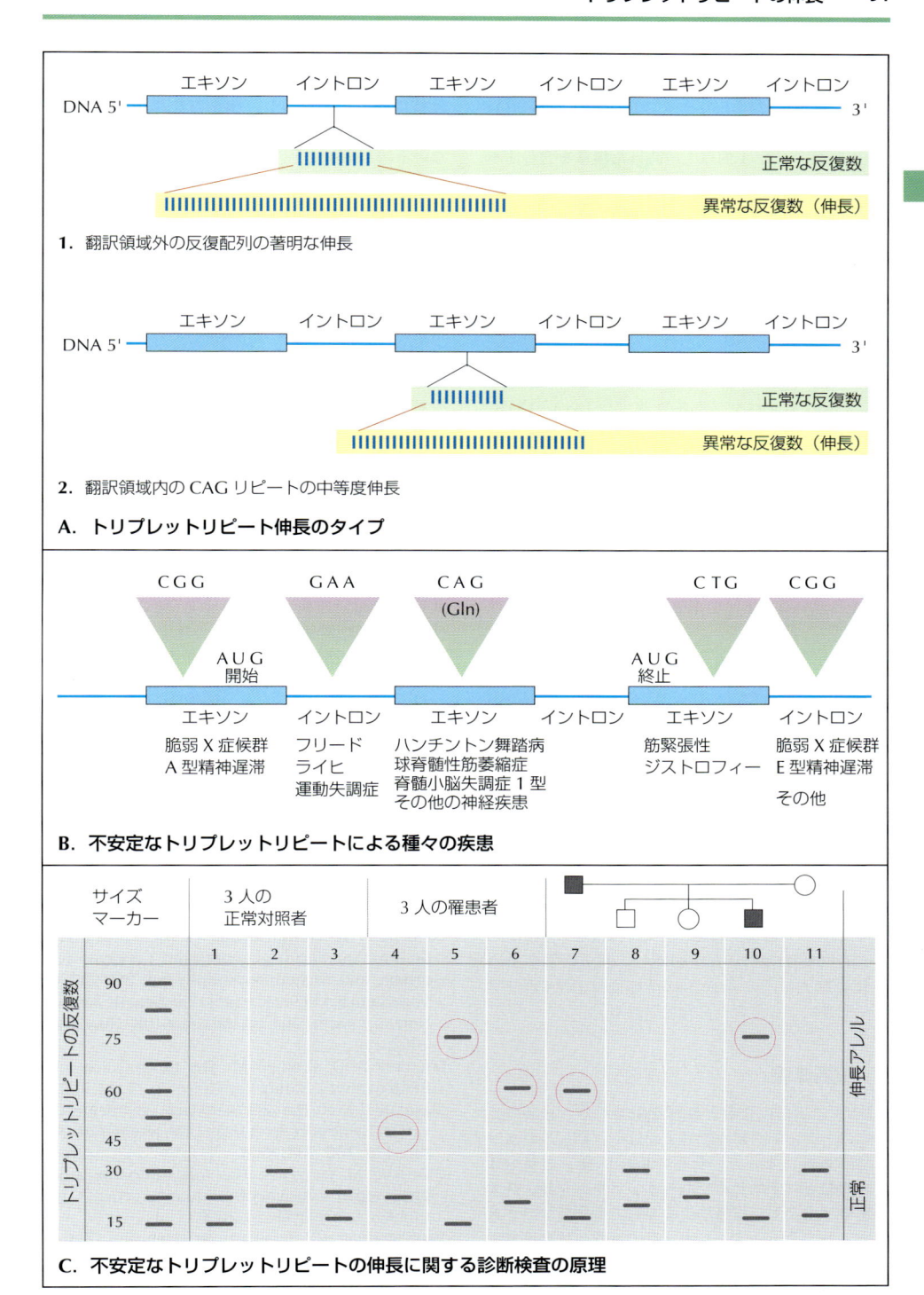

A. トリプレットリピート伸長のタイプ

1. 翻訳領域外の反復配列の著明な伸長
2. 翻訳領域内の CAG リピートの中等度伸長

B. 不安定なトリプレットリピートによる種々の疾患

- CGG：脆弱 X 症候群 A 型精神遅滞
- GAA：フリードライヒ運動失調症
- CAG (Gln)：ハンチントン舞踏病、球脊髄性筋萎縮症、脊髄小脳失調症 1 型、その他の神経疾患
- CTG：筋緊張性ジストロフィー
- CGG：脆弱 X 症候群 E 型精神遅滞、その他

C. 不安定なトリプレットリピートの伸長に関する診断検査の原理

DNA 修復

DNA 修復には以下のタイプが区別される。(1) 損傷した DNA 部位を含む 1 本鎖部分を取り除く「除去修復」，(2) 1 個以上の誤った塩基を含む 1 本鎖 DNA の連続領域を除去し，複製の誤りを修復する「ミスマッチ修復」，(3) 組換え機構を利用して損傷した 2 本鎖部位を置換する「組換え修復」，(4) 活性な遺伝子の「転写共役修復」である。

A．除去修復

除去修復機構は（例えば，紫外線照射により）損傷した DNA 鎖がゆがみを生じるのでそれを認識する。3 種のタンパク（原核生物では UvrA，UvrB，UvrC の各エンドヌクレアーゼであり，ヒトでは XPA，XPB，XPC）が損傷部位を認識し，修復酵素複合体を形成する。エキソヌクレアーゼが DNA 損傷部位の前後 2 カ所を切断し，損傷した DNA 鎖から原核生物では 12〜13 ヌクレオチド，真核生物では 27〜29 ヌクレオチドが除去される。除去された部位は DNA 修復合成によって新たに合成され，DNA リガーゼによってギャップが埋められる。

B．ミスマッチ修復

ミスマッチ修復は複製の誤りを修復する（82 頁参照）。大腸菌は 3 種のミスマッチ修復機構，すなわち長修復（ロングパッチ修復），短修復（ショートパッチ修復），超短修復（超ショートパッチ修復）機構をもっている。長修復機構では 1 kb あるいはそれ以上の長さの DNA を置換することができる。最も重要なミスマッチ修復タンパクは，細菌では MutH，MutL，MutS で，ヒトでの相同タンパクは hMSH1，hMLH1，hMSH2 である。MutS/hMSH2 はミスマッチ塩基対に結合する。MutL/hMLH1 と MutH/hMSH1 が DNA を切断し，誤った塩基をもつ鎖を除去する。除去された部位は DNA ポリメラーゼⅢによって新たに合成される。

C．複製修復

DNA の損傷は複製と転写を阻害する。複製時には特にリーディング鎖が影響を受ける。修復されなければ損傷部位より先（新しい鎖の 3′ 側）の長い領域が複製されずに残るであろう。ラギング鎖に対する影響は少なく，損傷部位より先でも岡崎フラグメント（およそ 100 ヌクレオチドの長さ）は合成される。しかし複製フォークは非対称的となり，リーディング鎖には 1 本鎖領域ができる。RNA ポリメラーゼは損傷部位を鋳型として使うことができず，その部分で転写は停止する。XPV（XP variant の意）は複製の停止を解消し，損傷鎖を修復する。XPV をコードしている遺伝子に変異があると，複製されない領域が残り，その後のエラーを生じやすい修復経路となる。

D．2 本鎖修復

2 本鎖切断は γ 線照射の一般的な結果である。重要なヒトの修復経路には，*ATM*，*BRCA1*，*BRCA2* 遺伝子によってコードされる 3 種の主要なタンパクが必要である。これらの遺伝子の名称は変異に起因する重要な疾患に由来している。すなわち，毛細血管拡張性運動失調症（ataxia telangiectasia，342 頁参照）ならびに，乳癌（breast cancer）に対する遺伝的感受性（334 頁参照）である。ATM はプロテインキナーゼファミリーのメンバーで，DNA 損傷に反応して活性化される（図 1）。活性型の ATM は BRCA1 の特定の部位をリン酸化する（図 2）。リン酸化された BRCA1 は BRCA2 や RAD51（大腸菌の RecA 修復タンパクの哺乳類相同タンパク）と共役して相同組換えを誘導する（図 3）。効率的な DNA 2 本鎖切断修復には，この機構が必要である。リン酸化された BRCA1 は転写や転写共役 DNA 修復にも関与している（図 4）。（図は Ventikaraman，1999 より）

医学との関連

修復遺伝子の変異は多くの重要な遺伝性疾患やある種の癌の原因となる（Bootsma，2002；Wood，2001 参照）。

参考文献

Bootsma D et al: Nucleotide excision repair syndromes. Xeroderma pigmentosum, Cockayne syndrome, and trichothiodystrophy, pp. 211–237. In: Vogelstein B, Kinzler KW (eds) The Genetic Bases of Human Cancer, 2nd ed. McGraw-Hill, New York, 2002.

D'Andrea ADD, Grompe M: The Fanconi anaemia/BRCA pathway. Nature Rev Cancer 3: 23–34, 2003.

Masutani C et al: The XPV (xeroderma pigmentosum variant) gene encodes human DNA polymerase. Nature 399: 700–704, 1999.

O'Driscoll M, Jeggo PA: The role of double-strand break repair – insights from human genetics. Nature Rev Genet 7: 45–54, 2006.

Ventikaraman AR: Breast cancer genes and DNA repair. Science 286: 1100–1101, 1999.

Wood RD et al: Human repair genes. Science 291: 1284–1289, 2001.

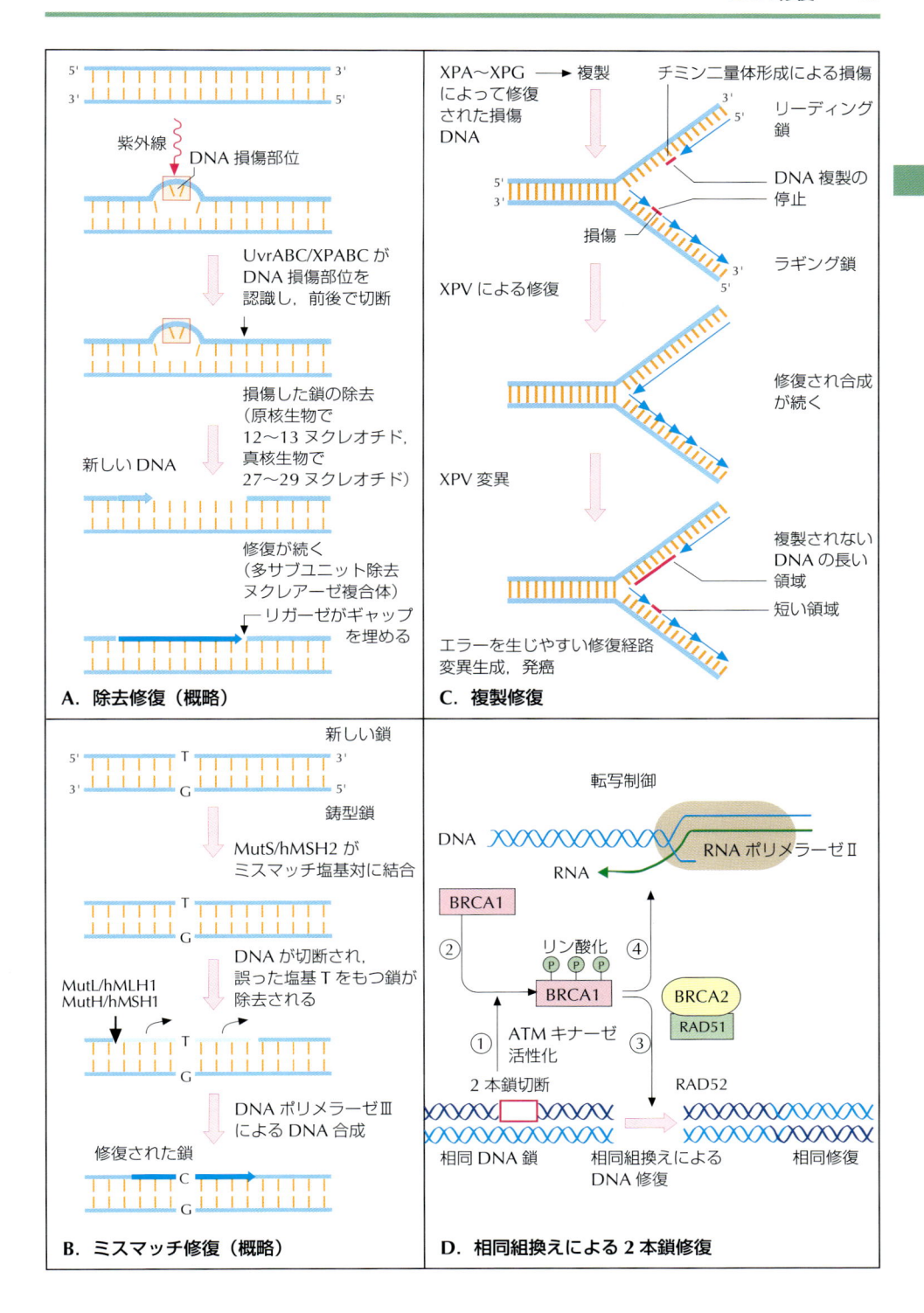

DNA 修復

A. 除去修復（概略）

5'　　　　　　　　3'
3'　　　　　　　　5'

紫外線 → DNA 損傷部位

UvrABC/XPABC が DNA 損傷部位を認識し、前後で切断

損傷した鎖の除去
（原核生物で 12〜13 ヌクレオチド，
真核生物で 27〜29 ヌクレオチド）

新しい DNA

修復が続く
（多サブユニット除去ヌクレアーゼ複合体）

リガーゼがギャップを埋める

B. ミスマッチ修復（概略）

新しい鎖　　鋳型鎖

MutS/hMSH2 がミスマッチ塩基対に結合

MutL/hMLH1
MutH/hMSH1

DNA が切断され，誤った塩基 T をもつ鎖が除去される

DNA ポリメラーゼⅢによる DNA 合成

修復された鎖

C. 複製修復

XPA〜XPG によって修復された損傷 DNA → 複製

チミン二量体形成による損傷

リーディング鎖

DNA 複製の停止

損傷

XPV による修復

ラギング鎖

修復され合成が続く

XPV 変異

複製されない DNA の長い領域

短い領域

エラーを生じやすい修復経路
変異生成，発癌

D. 相同組換えによる 2 本鎖修復

転写制御

DNA　RNA ポリメラーゼⅡ
RNA

BRCA1

② リン酸化

BRCA1 — BRCA2 / RAD51

① ATM キナーゼ活性化
2 本鎖切断

③ RAD52

相同 DNA 鎖　相同組換えによる DNA 修復　相同修復

④

色素性乾皮症

色素性乾皮症（xeroderma pigmentosum, XP, MIM 278700〜278780）は遺伝的に決定された単一でない疾患群で，紫外線に対する感受性が非常に高く発癌傾向をもつ皮膚病変である．日光を浴びた部位の皮膚に乾燥と色素沈着を呈する（病名は「色素沈着を呈した乾いた皮膚」の意味で，F. von Hebra と M. Kaposi により 1874 年に初めて記載された）．日光を浴びた部位の皮膚には多くの腫瘍が発生する．根本的な異常は除去修復機構の欠陥であることが 1968 年，Cleaver によって示された．その原因は除去修復に関与するタンパク群 XPA〜XPG と XPV をコードする遺伝子の変異である．これらの遺伝子は細菌，酵母，哺乳類で高度に保存されている．

A. 臨床表現型

皮膚病変は紫外線を浴びた部位に限定される（図 1，2）．紫外線が当たっていない部分には変化がない．したがって，患者を紫外線から保護することが重要である．特に重要なのは，紫外線が当たった部位に多発性の腫瘍が発生しやすいことである（図 3）．腫瘍の発生は幼少期または青年期の早い時期から起こりうる．腫瘍のタイプは健常人が長期にわたって紫外線を浴びた際に発生してくる腫瘍と同じである．

B. 細胞表現型

紫外線感受性は培養線維芽細胞で明らかである．紫外線を照射すると，XP 細胞は正常細胞と比較して明瞭に照射量依存的な生存率低下を示す（図 1）．そのような細胞は，紫外線誘発性 DNA 合成が低下ないしは，ほとんど欠損している．^{3}H-チミジン存在下で培養して紫外線を照射すると，オートラジオグラフィー（細胞の上にフィルムを置いて現像すると，DNA 合成時に放射性同位元素標識チミジンが取り込まれた場所に黒いドットが観察される）では，修復能が欠損した XP 細胞の核にはほとんどドットが観察されない（ここでは XPA 型の細胞が 1 つ，XPD 型の細胞が 2 つ示されている，図 2）．一方，XPA 細胞と XPD 細胞の核を含む細胞（異核共存体，ヘテロカリオン）は正常パターンを示す．その理由は，XPA 細胞と XPD 細胞が互いに欠損を補い合っているからである．（写真は Bootsma & Hoeijmakers，1991 の厚意による）

C. 雑種細胞における遺伝的相補性

XP 細胞に正常細胞を融合させると変異細胞は正常化する（図 1）．細胞融合（雑種細胞）を利用した遺伝学的解析によって，XP には異なった相補性群のあることが明らかにされた．欠損の種類が異なる変異細胞どうしを融合させ雑種細胞を形成すると，それらは正常に戻る（図 2）．変異細胞どうしの欠損の種類が同じであると（図 3），正常化しない（図 4）．互いに欠損を補い合う 7 種類の相補性群（XPA〜XPG）と損傷乗り越え複製機構の機能低下である XPV は，それぞれ別の遺伝子の変異に相当している．

XP に加えて，2 種の除去修復病が知られている．コケイン症候群（CS；MIM 216400，216411，133540）と，硫黄欠乏性毛髪発育異常症（TTD；MIM 234050，278730，601675）の光過敏性を有するタイプと有さないタイプである．CS は 2 種類の相補性群（CS-A と CS-B）からなり，TTD は部分的に XP と重なる 3 種類の相補性群（TTD-A，XPB，XPG）から構成される．XP に関わる遺伝子のほとんどは，細菌や酵母を含めた他の生物の修復酵素との相同性を示す．

参考文献

Berneburg M et al: UV damage causes uncontrolled DNA breakage in cells from patients with combined features of XP-D and Cockayne syndrome. Embo J 19: 1157–1166, 2000.

Bootsma DA, Hoeijmakers JHJ: The genetic basis of xeroderma pigmentosum. Ann Génét 34: 143–150, 1991.

Cleaver JE: Defective repair replication in xeroderma pigmentosum. Nature 218: 652–656, 1968.

Cleaver JE et al: A summary of mutations in the UV-sensitive disorders: xeroderma pigmentosum, Cockayne syndrome, and trichothiodystrophy. Hum Mutat 14: 9–22, 1999.

Cleaver JE et al: Common pathways for ultraviolet skin carcinogenesis in the repair and replication defective groups of xeroderma pigmentosum. J Dermatol Sci 23: 1–11, 2000.

de Boer J, Hoeijmakers JH: Nucleotide excision repair and human syndromes. Carcinogenesis 21: 453–460, 2000.

Taylor EM et al: Xeroderma pigmentosum and trichothiodystrophy are associated with different mutations in the XPD (ERCC2). Proc Natl Acad Sci 94: 8658–8663, 1997.

色素性乾皮症　95

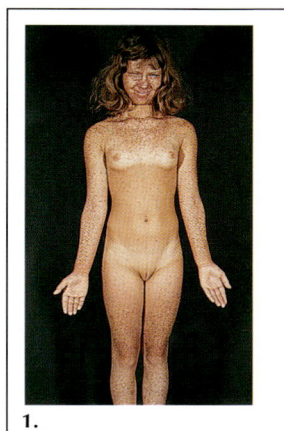

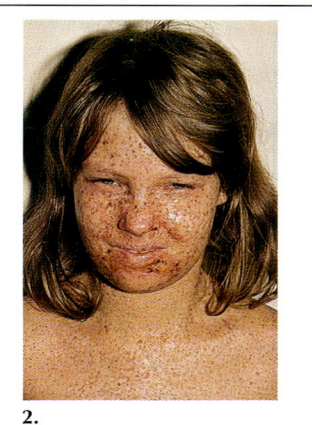

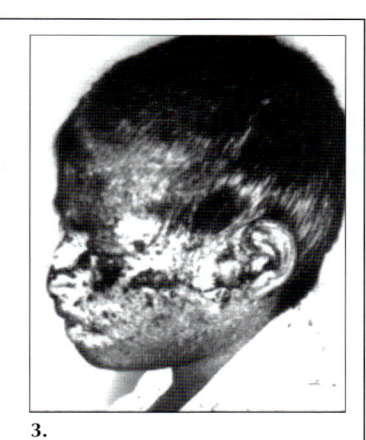

A. 色素性乾皮症：臨床表現型

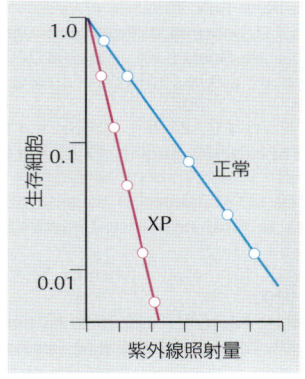

1.
2.
3.

B. 色素性乾皮症：細胞表現型

1. 紫外線感受性
2. XPA と XPD 細胞の融合後にみられる相補性

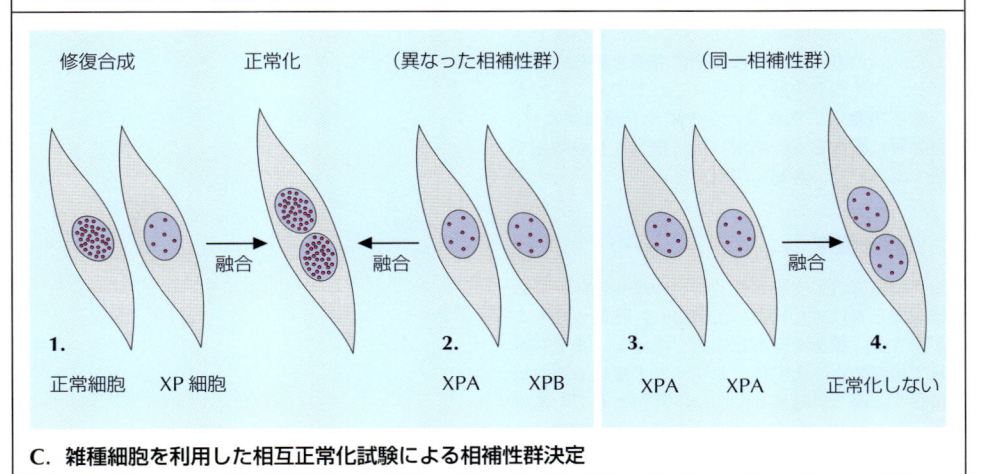

C. 雑種細胞を利用した相互正常化試験による相補性群決定

修復合成　正常化　（異なった相補性群）　（同一相補性群）

1. 正常細胞　XP 細胞
2. XPA　XPB
3. XPA　XPA
4. 正常化しない

遺伝学研究における細菌

　細菌は脂質膜に覆われた単細胞原核生物である。ほとんどの細菌は 500 ～ 10,000 個の遺伝子を含む 1 つの環状 DNA 分子をもっている。その細胞質中にはプラスミドと呼ばれる非常に小さな補助的 DNA 分子が数多く存在する。細菌の体系的な遺伝学的研究は，S. E. Luria と M. Delbrück が細菌における突然変異を立証した 1943 年に始まった。原核生物である細菌は真核生物に比べて，遺伝学的な解析に有利な以下のような点がある。(1) 細菌は一倍体であり世代のサイクルがきわめて短い，(2) 特定の基質の存在下と非存在下での培養における増殖能の変化から突然変異を容易に同定できる，(3) 大きな労力を要することなく 10^7 個のコロニーの中から 1 つの突然変異を同定することが可能である，(4) 次世代への遺伝子の垂直伝達に加えて，**水平伝達** lateral gene transfer によって容易に DNA を交換できる。

A. 細菌の基本的な遺伝学的特徴

　ほとんどの細菌は長さ 1 ～ 5 μm，直径 0.5 ～ 1 μm 程度である。細胞膜（細胞壁）と 1 つ（ないしは複数）の環状 2 本鎖 DNA 分子を有するが，核をもたない単純な構造をしている。小さな補助的 DNA 分子をもち，これらは**プラスミド** plasmid として独立に存在するか，あるいは細菌のゲノムに挿入されている。

B. レプリカ平板法

　遺伝学的観点から細菌を解析するための重要な手法として，1952 年に Joshua Lederberg と Esther Lederberg が細菌培養におけるレプリカ平板法を開発した。この方法で元となる細菌培養を新しい培地に移し，突然変異の解析を行うことができる。例えば，基本培地と抗生物質入りの培地を用意すれば，抗生物質に耐性をもつ細菌は抗生物質入りの培地で増殖できるので，容易に同定できる。

C. 変異細菌株

　変異細菌株は栄養要求性（特定の培養条件下でのみ増殖できる性質）によって同定し，特徴づけることができる。細菌を変異原物質で処理し，まず基本培地で培養する。その後，レプリカ平板法で別の培地に移す。新しい培地としては，対照としての基本培地，最小培地，特定の基質を加えた最小培地の 3 種類を用意する。図の例では，最小培地では増殖できない変異体（破線円）が 2 種類ある。トレオニン (Thr) を最小培地に加えることで，追加のコロニー（赤）が増殖する。このコロニーの細菌は，突然変異によりトレオニンを合成できず，トレオニン要求性（トレオニンが増殖に必要）である。右端の培養皿は最小培地にアルギニン (Arg) を加えてある。最小培地で増殖できないもう一方の変異体は，この培地で増殖できる（赤）。このように，単純な手順によって 2 種類の変異体（トレオニンを合成できない株とアルギニンを合成できない株）を同定できる。多くの変異細菌株は栄養要求性によって同定される。最小培地に特別な基質を加えなくても増殖できる野生株は原栄養株と呼ばれる。（図 B と C は Stent & Calendar, 1978 より）

参考文献

Alberts B et al: Molecular Biology of the Cell, 4th ed. Garland Science, New York, 2002.

Hacker J, Hentschel U, Dobrindt U: Prokaryotic chromosomes and disease. Science 301: 790–793, 2003.

Lederberg J: Infectious history. Pathways of discovery. Science 288: 287–293, 2000.

Lederberg J, Lederberg EM: Replica plating and indirect selection of bacterial mutants. J Bacteriol 63: 399–406, 1952.

Luria SE, Delbrück M: Mutations in bacteria from virus sensitivity to virus resistance. Genetics 28: 491–511, 1943.

Sherratt DJ: Bacterial chromosome dynamics. Science 301: 780–785, 2003.

Stent GS, Calendar R: Molecular Genetics. An Introductory Narrative, 2nd ed. WH Freeman, San Francisco, 1978.

Watson JD et al: Molecular Biology of the Gene, 4th ed. Benjamin/Cummings, Menlo Park, California, 1987.

遺伝学研究における細菌

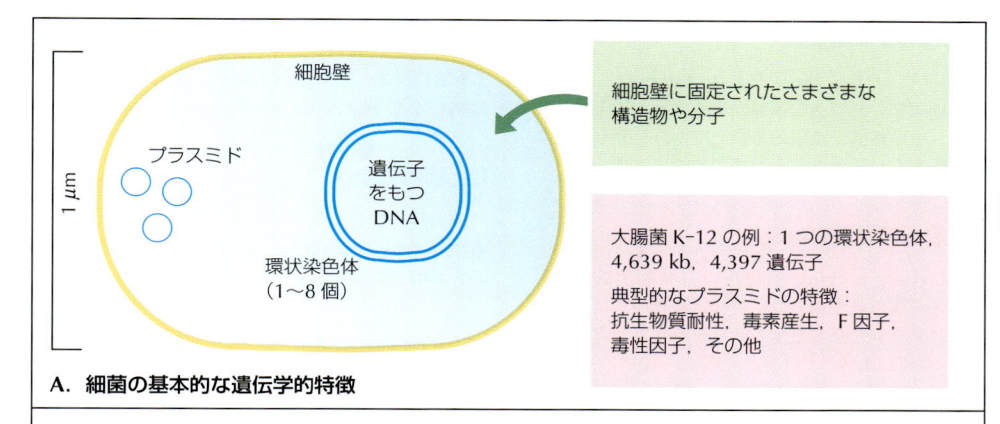

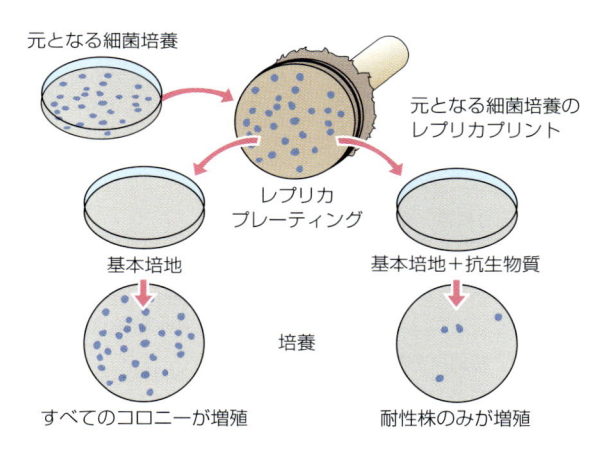

細胞壁

プラスミド

遺伝子をもつDNA

1 μm

環状染色体
（1～8個）

細胞壁に固定されたさまざまな構造物や分子

大腸菌 K-12 の例：1 つの環状染色体，4,639 kb，4,397 遺伝子

典型的なプラスミドの特徴：
抗生物質耐性，毒素産生，F 因子，毒性因子，その他

A. 細菌の基本的な遺伝学的特徴

元となる細菌培養

元となる細菌培養のレプリカプリント

レプリカプレーティング

基本培地

基本培地＋抗生物質

培養

すべてのコロニーが増殖

耐性株のみが増殖

B. レプリカ平板法による変異体同定

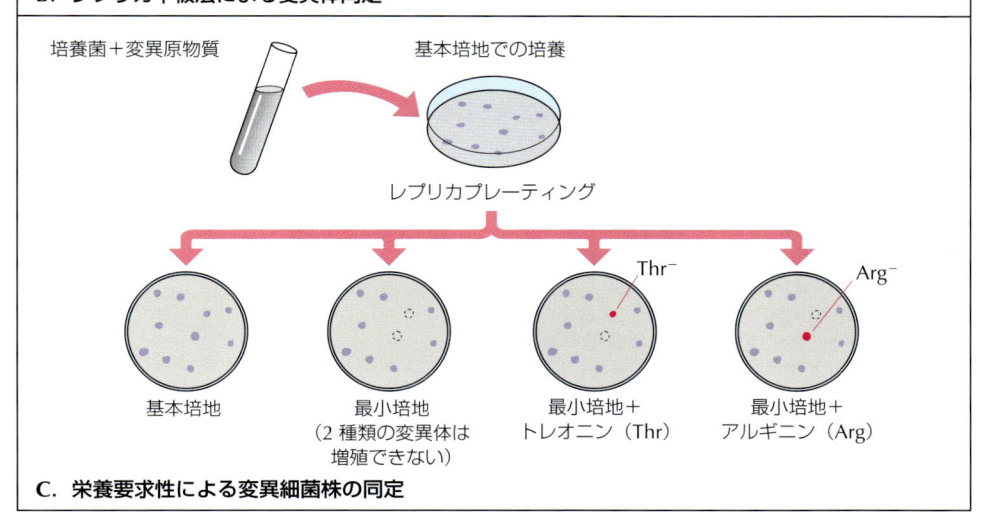

培養菌＋変異原物質

基本培地での培養

レプリカプレーティング

Thr⁻　Arg⁻

基本培地　最小培地
（2 種類の変異体は増殖できない）
最小培地＋トレオニン（Thr）
最小培地＋アルギニン（Arg）

C. 栄養要求性による変異細菌株の同定

細菌における組換え

1946年，J. Lederberg と E. L. Tatum は，異なる変異細菌株の間で遺伝情報が交換されることを証明した。その機構が遺伝的組換えであり，新しい遺伝的特性をもつ細菌を生み出すのに役立っている。

A. 細菌の遺伝的組換え

LederbergとTatumは彼らの古典的実験で2種類の栄養要求株を用いた。A株は培地中にメチオニンとビオチンを必要とするが，トレオニンとロイシンは必要としない（Met$^-$，Bio$^-$，Thr$^+$，Leu$^+$）。もう1つのB株は培地中にトレオニンとロイシンを必要とするが，メチオニンとビオチンは必要としない（Met$^+$，Bio$^+$，Thr$^-$，Leu$^-$）。

A株とB株を混合して培養すると，メチオニン，ビオチン，トレオニン，ロイシンの4種のアミノ酸を含まない最小培地上にも，いくつかのコロニーが現れる。この現象は非常にまれで，培地上に蒔かれた細菌10^{7}個あたり1個で起こる程度に過ぎないが，これら少数のコロニーは遺伝的特性の変化した細菌である。A株とB株の間で遺伝的組換えが起きたと結論された。（図はStent & Calendar, 1978より）

B. 細菌の遺伝子伝達

接合とは2つの単細胞生物が一時的に密着して遺伝物質の交換を行うことである。細菌では遺伝物質（DNA）の伝達は一方向性で，ドナーからレシピエントへと決まっている。接合による細菌の「性別」は1953年に Cavalli らと Hayes によって記載されたが，真核生物のそれとは異なる。細菌の性別は遺伝子の水平伝達であり，一方向性で，そして不完全である。遺伝情報のうち変化しやすい部分だけが伝達される。細菌細胞はF［稔性（fertility）］因子と呼ばれる余剰染色体の有無により性別を区別することができる。F因子をもつ細胞（F$^+$菌，雄に相当）がもたない細胞（F$^-$菌，雌に相当）へ遺伝子を伝達できる。F因子は約94 kbの大きさの環状2本鎖DNAであり，1細胞につき1コピーだけ存在する。F因子のサイズは遺伝情報全体の約1/40に相当する。F因子に含まれる遺伝子群は，(1) F因子の伝達（19種類の tra 遺伝子群），(2) 性線毛の形成（以下参照），および (3) 複製能（生殖能）抑制，に関与している。F$^+$菌とF$^-$菌を一緒にすると，雄（F$^+$菌）の性線毛が雌（F$^-$菌）の細胞表面に接着して接合対を形成し，F因子のみが伝達される。DNAの二重らせんがほどけてF因子の伝達が開始され，レシピエント側へ伝達されるのは1本鎖DNAである。伝達されたDNAは複製されて2本鎖となる。ドナー細胞に残ったDNA鎖は，同様に複製されて2本鎖に戻る。この過程が終了するとレシピエントは同じくF$^+$菌となる。

C. 細菌の接合

その後，接合の様子は光学顕微鏡を用いて観察されている（Brinton ら，1964）。（写真は Science 257: 1037, 1992 より許可を得て転載）

D. F因子の組込み

F因子は染色体交差によって細菌染色体に組込まれる可能性がある。F因子が組込まれると，元の細菌染色体a-b-cはF因子の遺伝子（e, d）をもつようになる。F因子が組込まれたこの種の染色体は，接合によって他の細胞の遺伝子と高頻度で組換えを起こすことから，Hfr（high frequency of recombination）染色体と呼ばれる。（図BとDはWatson ら，1987 より）

参考文献

Brinton CCP, Gemski P, Carnahan J: A new type of bacterial pilus genetically controlled by fertility factor of *E. coli* K12. Proc Nat Acad Sci 52: 776-783, 1964.

Cavalli LL, Lederberg J, Lederberg EM: An infective factor controlling sex compatibility in Bacterium coli. J Gen Microbiol. 8: 89-103, 1953.

Hayes W: Observations on a transmissible agent determining sexual differentiation in bacterium-coli. J Gen Microbiol 8: 72-88, 1953.

Kohiyama M, Hiraga S, Matic I, Radman M: Bacterial sex: playing voyeurs 50 years later. Science 301: 802-803, 2003.

Lederberg J, Tatum EL: Novel genotypes in mixed cultures of biochemical mutants in bacteria. Cold Spring Harbor Symp Quant Biol 11: 113-114, 1946.

Lederberg J, Tatum EL: Gene recombination in *Escherichia coli*. Nature 158: 558, 1946.

Stent GS, Calendar R: Molecular Genetics. An Introductory Narrative, 2nd ed. WH Freeman, San Francisco, 1978.

細菌における組換え　99

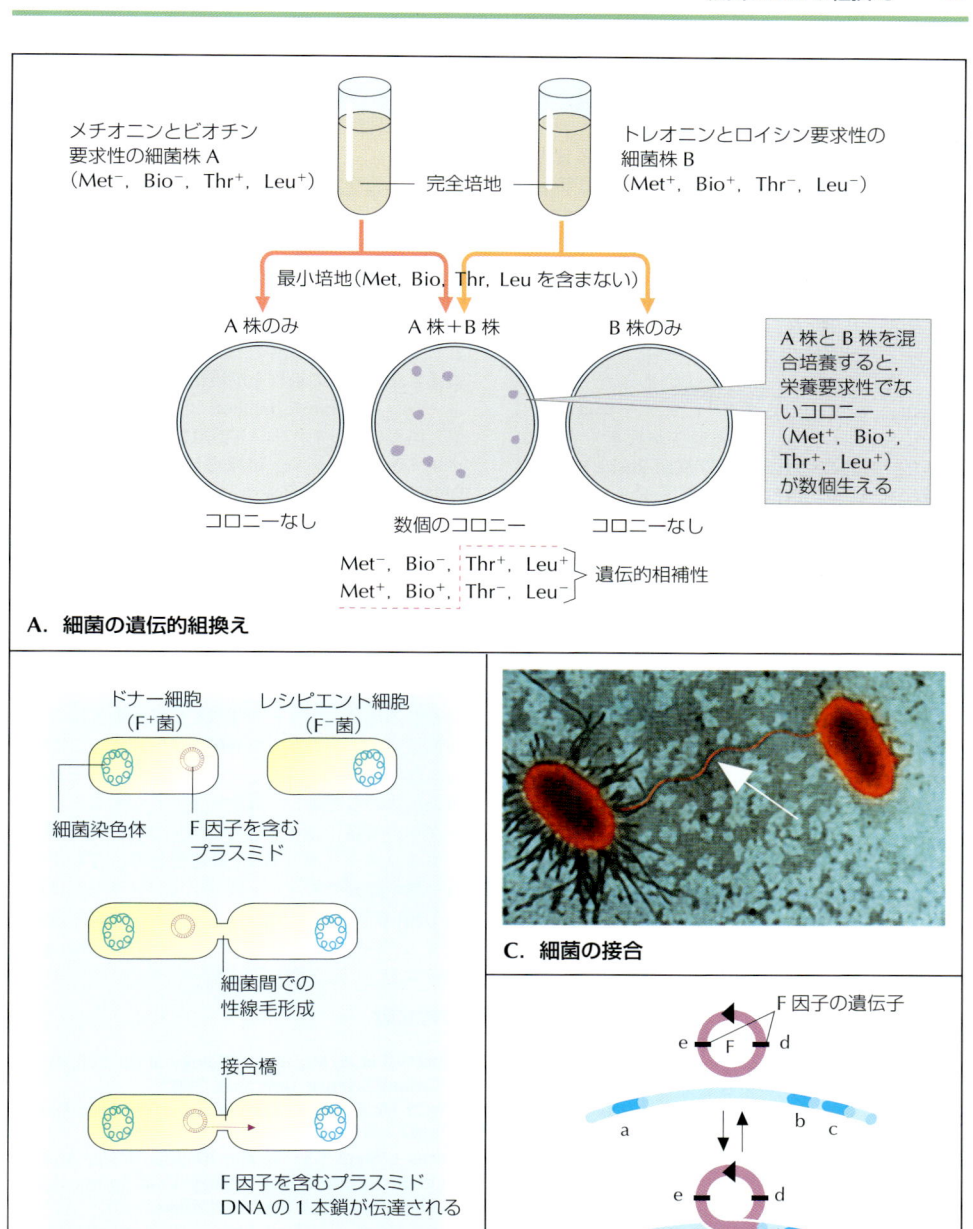

メチオニンとビオチン要求性の細菌株A
（Met⁻, Bio⁻, Thr⁺, Leu⁺）

完全培地

トレオニンとロイシン要求性の細菌株B
（Met⁺, Bio⁺, Thr⁻, Leu⁻）

最小培地（Met, Bio, Thr, Leu を含まない）

A株のみ　　　A株＋B株　　　B株のみ

コロニーなし　数個のコロニー　コロニーなし

A株とB株を混合培養すると，栄養要求性でないコロニー（Met⁺, Bio⁺, Thr⁺, Leu⁺）が数個生える

Met⁻, Bio⁻, Thr⁺, Leu⁺ ｜ 遺伝的相補性
Met⁺, Bio⁺, Thr⁻, Leu⁻

A．細菌の遺伝的組換え

ドナー細胞（F⁺菌）　　レシピエント細胞（F⁻菌）

細菌染色体　　F因子を含むプラスミド

細菌間での性線毛形成

接合橋

F因子を含むプラスミドDNAの1本鎖が伝達される

F⁺菌　　F⁺菌

B．細菌の遺伝子伝達

C．細菌の接合

F因子の遺伝子
e　F　d

a　　　b　c

e　　d

a　　　b　c

d　　e

a　　　b　c

D．Hfr⁻染色体へのF因子の組込み

バクテリオファージ

バクテリオファージ（ファージともいう）は，自身の DNA を細菌 DNA に挿入して増殖する能力をもった細菌ウイルスである．1917 年，F. d'Herelle によってネズミチフス菌（*Salmonella typhimurium*）を攻撃するウイルスとして発見された際には，細菌感染症の治療法としての可能性が期待されたことから（結果として成功しなかったが），医学生物学分野で非常に大きな注目を集めた．Max Delbrück が新しいファージ研究グループの中心となった 1938 年に，近代のファージ研究は始まった（Stent & Calendar, 1978, p.295 参照）．ファージは種類によってゲノムのサイズや複雑さが大きく異なる．1940 年，最初の電子顕微鏡写真が Ruska によって撮影された．1942 年には S. E. Luria と T. F. Anderson によって撮影されたファージ（T2）の写真に基づき，多面体構造をした体部と尾部とからなるファージの構造が明らかにされた．植物や動物に感染するウイルスと異なり，ファージはその宿主細胞（細菌）の中で比較的容易に解析できる．

A．ファージの接着

ファージは DNA，外殻タンパク，接着のための尾繊維から構成されている．細胞表面の受容体に接着して細菌内に侵入する．特定の細菌に感染する多くの種類のファージが知られている．例えば，T1，T2，P1，F1，λ，T4，T7，φX174 などのファージは大腸菌やサルモネラ属の細菌に感染する．

B．溶原化サイクルと溶菌サイクル

細菌内にファージ DNA が注入されると，溶原化サイクルもしくは溶菌サイクルのいずれかに入る．**溶原化サイクル** lysogenic cycle では，ファージ DNA が宿主 DNA に組込まれる．ファージ DNA は目立った効果を表すことなく細菌 DNA とともに複製されていく．細菌染色体に組込まれたファージ DNA は**プロファージ** prophage と呼ばれ，プロファージをもつ細菌は**溶原菌** lysogenic bacteria と呼ばれる．この現象を起こすファージを**溶原ファージ** lysogenic phage という．

より一般的にみられるもう1つの現象が**溶菌サイクル** lytic cycle である．ファージは細菌のような細胞分裂で増殖するのではなく，細菌内での構成成分の合成と会合によって増殖する．まず，細菌内に注入されたファージ DNA を鋳型として新しいファージ DNA が合成され，この DNA からファージの外殻タンパクをコードする mRNA が転写される．その翻訳には細菌の酵素が利用され，合成された外殻タンパクとファージ DNA から新たなファージ粒子が形成される．溶原化サイクルから溶菌サイクルへ切り替わることはまれであり，サイクルの切り替えには外部刺激による誘導や複雑な遺伝的機構が必要とされる．

C．λファージ DNA の組込み

1950 年に E. M. Lederberg によって発見された λ（ラムダ）ファージは，大腸菌に感染する 2 本鎖 DNA ウイルスである．このファージの研究から，細菌遺伝子が他の細菌に水平伝達される新しい機構として，細菌が精製された DNA を取り込むことが実証された．この過程を**形質転換**（トランスフォーメーション，transformation）と呼ぶ．他のファージと同様に，λファージも溶原化または溶菌のサイクルへと入っていく．溶原化した場合，λファージ DNA は交差（120 頁参照）によって細菌染色体に組込まれる．λファージ DNA が細菌内に注入されると，λファージ特異的酵素である λ インテグラーゼが合成される．この酵素の働きにより，塩基配列の類似した細菌とファージの付着部位どうしが共有結合的に接着される．こうしてファージ DNA は細菌染色体に組込まれ，細菌 DNA とともに複製されていく．インテグラーゼによる部位特異的組換えで鍵となるのは，ファージ DNA と細菌染色体の間で類似しているが異なる塩基配列を認識することである．部位特異的組換えとは逆の過程でファージは細菌染色体から遊離し，溶菌サイクルが始まる．インテグラーゼは I 型トポイソメラーゼの一種である．トポイソメラーゼは DNA の切断と再結合を仲介する一群の酵素であり，I 型トポイソメラーゼは片方の DNA 鎖に切れ目を入れ，もう一方の鎖を通過させてからギャップを埋める．（図は Watson ら，1987 より）

参考文献

Alberts B et al. Molecular Biology of the Cell, 4th ed. Garland Science, New York, 2002.

Brown TA: Genomes, 2nd ed. Bios Scientific, Oxford, 2002.

Cairns J, Stent GS, Watson JD (eds) Phage and the Origins of Molecular Biology. Cold Spring Harbor Laboratory Press, New York, 1966.

Kwon HJ et al: Flexibility in DNA recombination: structure of the lambda integrase catalytic core. Science 276: 126–131, 1997.

Watson JD et al: Molecular Biology of the Gene, 3rd ed. Benjamin/Cummings, Menlo Park, California, 1987.

ネット上の情報：

The Bacteriophage Ecology Group at http://www.phage.org/.

バクテリオファージ 101

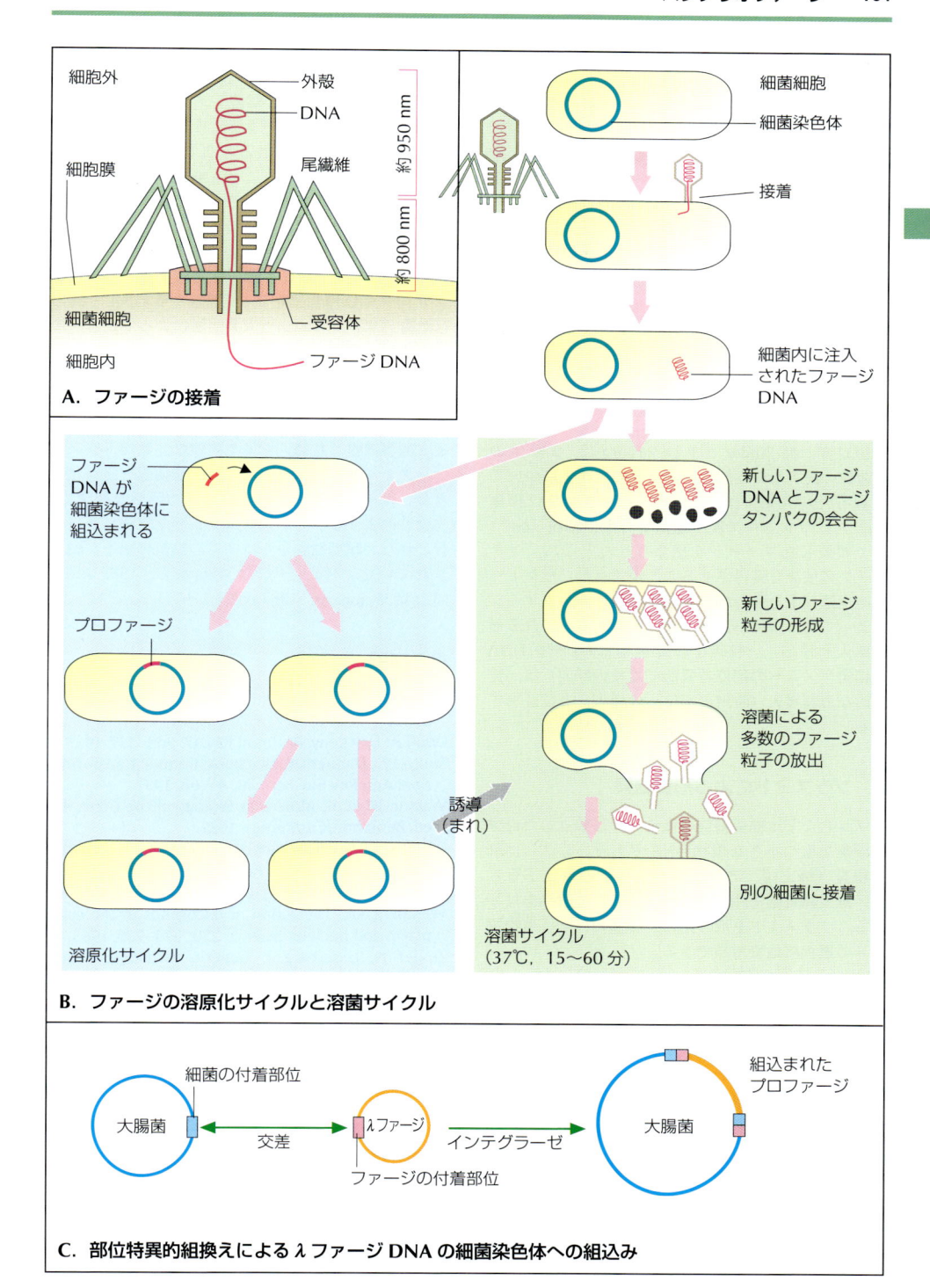

A. ファージの接着

（細胞外／外殻／DNA／細胞膜／尾繊維／約950 nm／約800 nm／細菌細胞／受容体／細胞内／ファージDNA）

B. ファージの溶原化サイクルと溶菌サイクル

細菌細胞／細菌染色体／接着／細菌内に注入されたファージDNA／新しいファージDNAとファージタンパクの会合／新しいファージ粒子の形成／溶菌による多数のファージ粒子の放出／別の細菌に接着

溶菌サイクル（37℃，15〜60分）

ファージDNAが細菌染色体に組込まれる／プロファージ／溶原化サイクル／誘導（まれ）

C. 部位特異的組換えによるλファージDNAの細菌染色体への組込み

大腸菌／細菌の付着部位／交差／λファージ／ファージの付着部位／インテグラーゼ／組込まれたプロファージ／大腸菌

細胞間の DNA 伝達

　原核生物では DNA の水平伝達は一般的な現象である．原核生物間での遺伝子の伝達には主として3つの機構がある．(1) 細菌どうしの**接合** conjugation（98頁参照），(2) ある細菌から別の細菌へファージを介して小さな DNA 断片が伝達される**形質導入**（トランスダクション，transduction），(3) ドナー細胞からレシピエント細胞へ DNA 断片が伝達される**形質転換**（トランスフォーメーション，transformation），である．一方，試験管内の実験系で真核細胞に DNA を取り込ませることを**トランスフェクション** transfection と呼ぶ．

A. ファージによる形質導入

　1952年，N. Zinder と J. Lederberg は，2種類の細菌株の間で起こる新しいタイプの組換えについて報告した．元来ラクトースを産生できない細菌（lac^-）にラクトース産生遺伝子をもつ細菌（lac^+）内で複製したファージを感染させたところ，ラクトース産生能を獲得させることができた．ラクトース産生遺伝子を含む細菌染色体の断片が，ファージによって別の細菌へ伝達されたのである．これを形質導入と呼ぶ．一般的な形質導入（ファージ DNA の細菌ゲノムへの部位特異的ではない挿入）は，特異的な形質導入（特定の部位への挿入）とは区別される．

B. プラスミドによる形質転換

　プラスミドは細菌細胞の染色体とは独立した自律複製能をもつ小さな環状 DNA である．しばしば抗生物質（例えば，アンピシリン）耐性遺伝子をもち，抗生物質感受性細菌に取り込まれて耐性を付与する．プラスミドを取り込んだ細菌のみが抗生物質入りの選択培地で増殖できる．

C. 細菌の形質転換による DNA 断片の増幅

　目的とする DNA 断片をベクターに挿入し，活発に分裂している細胞中で増幅させることができる．ここで，抗生物質耐性遺伝子をもつプラスミドを利用すれば，抗生物質入りの選択培地を用いて，目的とする DNA 断片を含む組換えプラスミドを取り込んだ細菌のみを選択することができる．

D. DNA のトランスフェクション

　精製された DNA を高濃度のカルシウムイオン存在下で培養細菌に添加すると，細菌が形質転換されることが1970年代に発見された．この発見により，いかなる DNA 断片でも細菌ゲノムに導入し，その遺伝学的な効果を観察できるようになった．トランスフェクションと呼ばれる方法では，DNA を哺乳類細胞へ同様に導入することも可能である．図の左側に培養マウス線維芽細胞を用いた DNA 導入の実験を示し，また右側には培養ヒト腫瘍細胞での同様の実験を示す（Weinberg，1985；1987）．培養マウス線維芽細胞（130頁参照）を発癌物質メチルコラントレンで処理し（左側），細胞から DNA を抽出した後，リン酸カルシウム共沈法によって正常な培養細胞に取り込ませる（トランスフェクション）．約2週間後，DNA が導入された細胞は接触阻害能を失う．免疫機能をもたないマウス（ヌードマウス）に，この細胞を注射すると腫瘍ができる．培養ヒト腫瘍細胞（右側）もまた同様に，数回トランスフェクションを繰り返すことで正常細胞を腫瘍化できる．真核生物における癌遺伝子の詳細な研究は，当初このようなトランスフェクション実験によって行われた．腫瘍細胞からは多くの真核細胞系が樹立されている．（図 A～C は Watson ら，1987 より；図 D は Weinberg，1987 より）

参考文献

Brown TA: Genomes, 2nd ed. Bios Scientific, Oxford, 2002.

Lwoff A: Lysogeny. Bacterial Rev 17: 269–337, 1953.

Smith HO, Danner DB, Deich RA: Genetic transformation. Ann Rev Biochem 50: 41–68, 1981.

Watson JD et al: Molecular Biology of the Gene, 4th ed. Benjamin/Cummings, 1987.

Weinberg RA: Oncogenes of spontaneous and chemically induced tumors. Adv Cancer Res 36: 149–163, 1982.

Weinberg RA: The action of oncogenes in the cytoplasm and nucleus. Science 230: 770–776, 1985.

Zinder N, Lederberg J: Genetic exchange in *Salmonella*. J Bacteriol 64: 679–699, 1952.

細胞間の DNA 伝達　　103

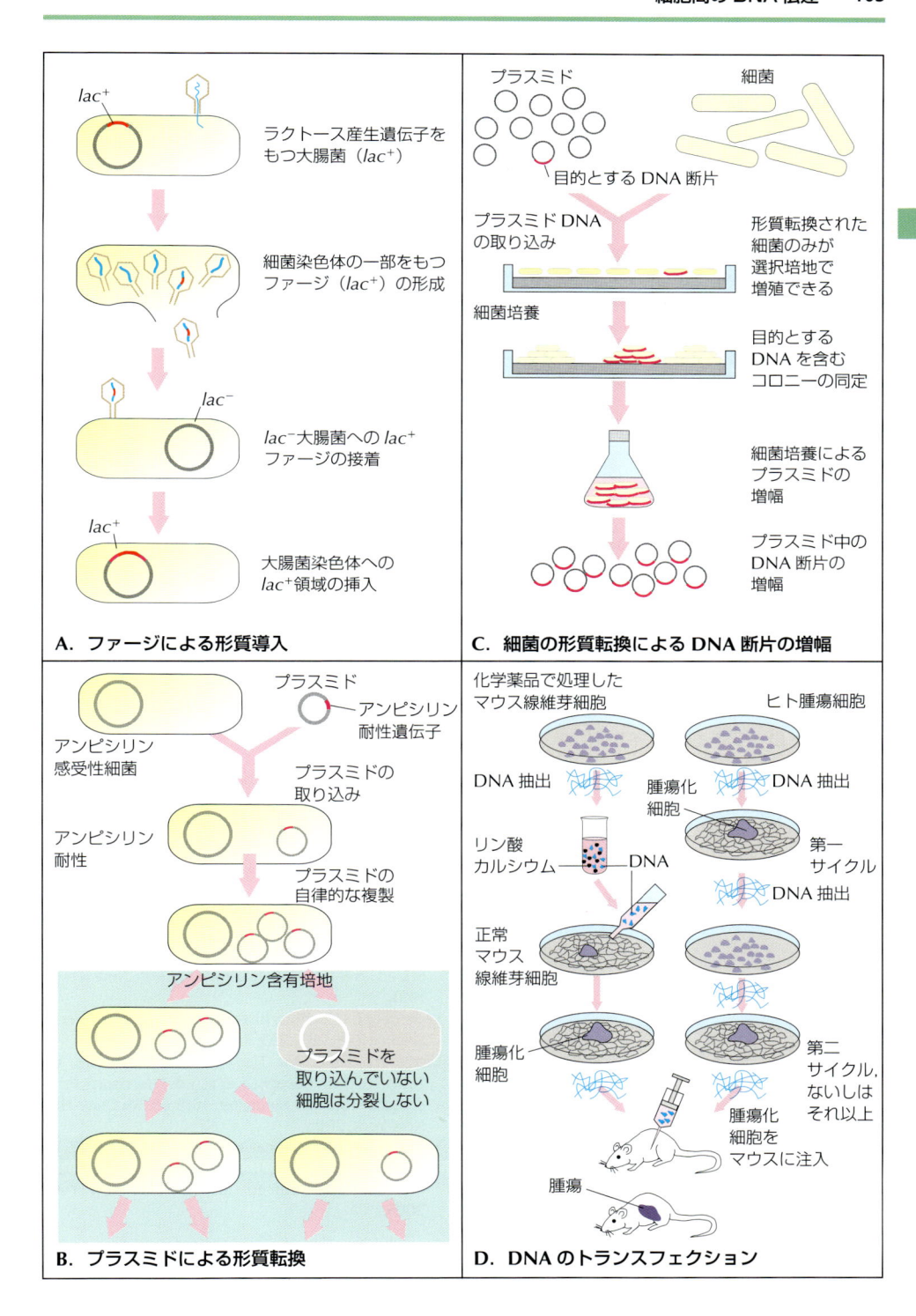

A. ファージによる形質導入

- ラクトース産生遺伝子をもつ大腸菌（lac^+）
- 細菌染色体の一部をもつファージ（lac^+）の形成
- lac^- 大腸菌への lac^+ ファージの接着
- 大腸菌染色体への lac^+ 領域の挿入

B. プラスミドによる形質転換

- プラスミド
- アンピシリン耐性遺伝子
- アンピシリン感受性細菌
- プラスミドの取り込み
- アンピシリン耐性
- プラスミドの自律的な複製
- アンピシリン含有培地
- プラスミドを取り込んでいない細胞は分裂しない

C. 細菌の形質転換による DNA 断片の増幅

- プラスミド
- 細菌
- 目的とする DNA 断片
- プラスミド DNA の取り込み
- 形質転換された細菌のみが選択培地で増殖できる
- 細菌培養
- 目的とする DNA を含むコロニーの同定
- 細菌培養によるプラスミドの増幅
- プラスミド中の DNA 断片の増幅

D. DNA のトランスフェクション

- 化学薬品で処理したマウス線維芽細胞
- ヒト腫瘍細胞
- DNA 抽出
- 腫瘍化細胞
- DNA 抽出
- リン酸カルシウム
- DNA
- 第一サイクル
- DNA 抽出
- 正常マウス線維芽細胞
- 腫瘍化細胞
- 第二サイクル，ないしはそれ以上
- 腫瘍化細胞をマウスに注入
- 腫瘍

ウイルスの分類

ウイルスは自律的に複製できない,きわめて微小な細胞内寄生体である。宿主細胞内でのみ自己複製ができる。大きさは20〜250 nm程度である。ウイルスは小さな核酸分子(DNAまたはRNA,1本鎖または2本鎖)と,それを覆うタンパクで構成されている。エンベロープと呼ばれる外膜をもつウイルス種もある。ウイルスゲノムは小さく,数個〜数百個のウイルス特異的な情報をコードする遺伝子を含むが,代謝に必要な多くの酵素をコードする遺伝子はもっていない。細胞外ではウイルスは**カプシド** capsidと呼ばれる外殻タンパクをもち,その内部にDNAまたはRNAゲノムを入れている。カプシドはウイルスゲノムにコードされた1ないし数種類のタンパク分子が複数集合してできている。カプシドは通常,ほぼ球形に近い正二十面体であるが,らせん状の構造をしていることもある。

ウイルスは植物やヒトをはじめとする動物の重大な病原体である。感染可能なウイルス粒子を**ビリオン** virionと呼ぶ。「ウイルス」という語は「ネバネバした液体」または「毒」を意味するラテン語(古代ローマでは動物起源の毒を意味する言葉として使われていた)に由来している。ヒトの感染症を引き起こす代表的なウイルスの例を巻末の付表1に列挙した。

A. エンベロープをもつウイルス

図に示したヘルペスウイルスは大型で複雑な構造をしており,カプシド内には核タンパクを中核とした内部に約250 kbの2本鎖DNAゲノムをもつ。核酸,核タンパク,カプシドからなる構成単位は**ヌクレオカプシド** nucleocapsidと呼ばれる。ヌクレオカプシドとエンベロープの間隙は,マトリックス(テグメント)タンパクによって満たされている。カプシドはウイルスゲノムにコードされた1ないし数種類のタンパク分子が複数集合してできている。エンベロープはウイルスゲノムにコードされた糖タンパクを含んでおり,この糖タンパクを介してウイルスは非感染細胞に接着する。(図はWang & Kieff, 2005より)

B. ヒトレトロウイルスの構造

レトロウイルスは独自の複製サイクルを経るRNAゲノムをもつ。レトロウイルスという用語は,この種のウイルスが遺伝情報を暗号化したり解読したりする方法に基づいている。つまり,レトロウイルスが細胞に感染すると,逆転写酵素と呼ばれるRNA依存性DNAポリメラーゼによって,ウイルスゲノム(RNA)を鋳型としてDNAが合成される。レトロウイルスはレトロウイルス科という大きな科を形成している。

レトロウイルスはその構造,ゲノム構成,および複製法の点では非常に似通っているが,感染後に宿主に与える影響はそれぞれ大きく異なる。直径70〜130 nm程度の大きさで,コアの中には8〜10 kbの同一コピーの1本鎖RNA 2本と,それに結合した逆転写酵素および転移RNA (tRNA)をもつ。RNAは5′末端にキャップ構造,3′末端にポリ(A)配列をもち,これらの構造はmRNAの特徴でもある。ヒト免疫不全ウイルス1型(HIV-1)のエンベロープは,120 kDaの外膜表面糖タンパク(gp120),膜貫通タンパクgp41,カプシドコアタンパクp24,その他いくつかのタンパクで構成されている。(図はLongo & Fauci, 2005より)

C. おもなウイルス

ウイルスはそのゲノムのタイプ(DNAウイルス,RNAウイルス),脂質エンベロープの有無,カプシドの形,器官または組織に対する感染特異性に基づいて分類される。1本鎖RNAゲノムをもつウイルスは,そのゲノムが正方向鎖(+鎖)か逆方向鎖(−鎖)かで分類される。正方向のRNA鎖のみが(5′から3′の方向に)鋳型として翻訳される。

天然痘ウイルスは270 kbのゲノムをもち外長450 nmで最大のウイルスであり,逆にパルボウイルスは5 kbのゲノムと外長20 nmで最小のものである。ヒトに感染するおもなウイルスをゲノムのタイプ別に,縮尺をほぼそろえて図示した。(図はWang & Kieff, 2005より)

参考文献

Brock TD, Madigan MT: Biology of Microorganisms 6th ed. Prentice Hall, Englewood Cliffs, New Jersey, 1991.

Lederberg J: Infectious history. Pathways to discovery. Science 288: 287–293, 2000.

Longo DL, Fauci AS: The human retroviruses, pp 1071–1075. In: Kasper DL et al (eds) Harrison's Principles of Internal Medicine, 16th ed. McGraw-Hill, New York, 2005.

Wang F, Kieff E: Medical virology, pp 1019–1027. In: Kasper DL et al (eds) Harrison's Principles of Internal Medicine, 16th ed. McGraw-Hill, New York, 2005.

ウイルスの分類

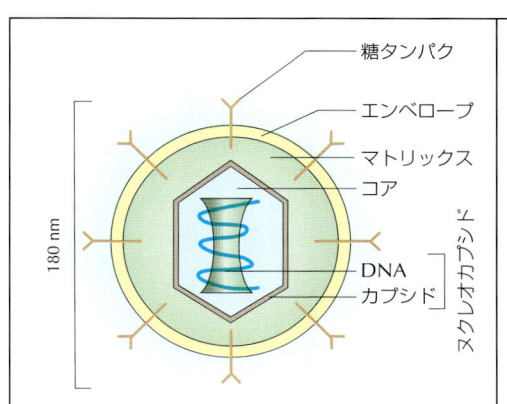

A. エンベロープをもつウイルスの構造（例：ヘルペスウイルス）

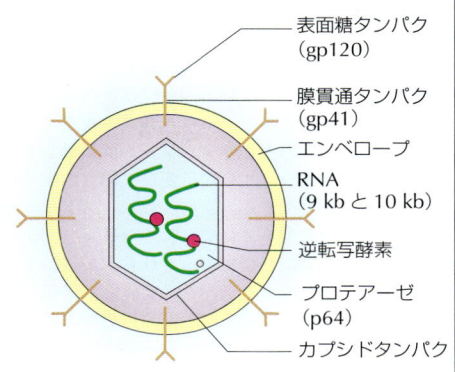

- 糖タンパク
- エンベロープ
- マトリックス
- コア
- DNA
- カプシド
- ヌクレオカプシド
- 180 nm

B. ヒトレトロウイルスの構造（例：HIV）

- 表面糖タンパク（gp120）
- 膜貫通タンパク（gp41）
- エンベロープ
- RNA（9 kb と 10 kb）
- 逆転写酵素
- プロテアーゼ（p64）
- カプシドタンパク

C. おもなウイルス

DNAウイルス		RNAウイルス		
脂質エンベロープなし	脂質エンベロープあり	脂質エンベロープなし	脂質エンベロープあり	
1本鎖DNA パルボウイルス科 5 kb	ヘルペスウイルス科 100〜250 kb	**＋鎖RNA** ピコルナウイルス科 7.2〜8.4 kb	**−鎖RNA** ラブドウイルス科 13〜16 kb	**分節型−鎖RNAウイルス** オルトミクソウイルス科 14 kb
2本鎖DNA パポバウイルス科 5〜9 kb	ポックスウイルス科 240 kb	フラビウイルス科 10 kb	フィロウイルス科 13 kb	アレナウイルス科 10〜14 kb
アデノウイルス科 36〜38 kb		トガウイルス科 12 kb	パラミクソウイルス科 16〜20 kb	ブニヤウイルス科 13〜21 kb
		脂質エンベロープあり コロナウイルス科 16〜21 kb	**レトロウイルス** レトロウイルス科 3〜9 kb	**分節型2本鎖RNAウイルス** レオウイルス科 16〜27 kb

ウイルスの複製

ウイルスの増殖は宿主細胞に依存している。ウイルス遺伝子がコードしているのはウイルス特異的タンパクの情報のみである。ウイルスはさまざまな方法で複製するが，複製の基本パターンは類似している。まず，感染性ウイルス粒子が宿主細胞の中で解離し，ゲノムが脱殻する。次に，ウイルスゲノムが宿主細胞の酵素を使って複製され，ウイルスタンパクが宿主細胞の翻訳機構で合成される。最後にウイルスゲノムとウイルスタンパクが会合し，子孫ウイルス粒子が形成されて宿主細胞から放出される。細胞に感染した1個のビリオン（ウイルス粒子）は短時間のうちに数千個の子孫ビリオンを作ることができる。

A. ウイルス増殖のおもな段階

ウイルスは細胞膜に接着して，いくつかの機構（吸着，侵入）のどれかによって細胞内に侵入する（図1）。細胞内でウイルスはゲノムとタンパクに解離する。ゲノムは複製され（図2），それを鋳型としてウイルスタンパクに翻訳される（図3）。また，新しいウイルスゲノムが複製される（図4）。構成分子が会合して（図5）新しいウイルス粒子が形成され，細胞から放出される（図6）。（図はLodishら，2004より）

B. ウイルスの複製サイクル

ウイルスは細胞膜に融合した後，ウイルスのタイプにより，エンドサイトーシスまたは吸着によって細胞内に侵入する。エンドサイトーシスとは，宿主細胞膜が陥入してできた被覆ピットに粒子が取り込まれる過程である。ウイルスは脱殻して細胞小胞に融合する。続いてウイルスゲノムが複製され，ウイルスタンパクが合成される。ウイルスゲノムには基本的な3種類のタンパクがコードされている。すなわち，ウイルスゲノム複製のためのタンパク，新しいウイルス粒子にゲノムをパッケージングするためのタンパク，宿主タンパクの翻訳を停止させるなど宿主細胞の構造と機能を修飾するタンパクである。ウイルスタンパクは複製サイクルの初期と後期のどちらで発現するかによっても分類することができる。新しいウイルス粒子はエキソサイトーシスまたは出芽によって細胞から放出される。エキソサイトーシスとは，被覆小胞に包まれたビリオンが細胞から放出される過程である。出芽とは脂質膜とともに放出されることをいう。（図はWang & Kieff, 2005；Doerr & Ehrlich, 2002より）

C. ウイルスによる遺伝情報の効率的な利用

ウイルスは最大限の遺伝情報を格納できるよう小さなゲノムを効率的に利用している。例えば，ある種のウイルスはDNAやRNAの両方の鎖を転写に用いる（図1）。ファージφX174のように，リーディングフレーム（読み枠）を重複させている場合もある（図2, 248頁参照）。アデノウイルスのように，選択的なRNAスプライシングを起こすウイルスもある（図3）。また，レトロウイルスのように，宿主細胞のゲノムに組込まれて非溶菌化サイクルに入るものもある。（図はDoerr & Ehrlich, 2002より）

参考文献

Alberts B et al: Molecular Biology of the Cell, 4th ed. Garland Science, New York, 2002.
Doerr HW, Ehrlich WH, eds: Medizinische Virologie. Thieme Verlag, Stuttgart, 2002.
Lodish H et al: Molecular Cell Biology, 5th ed. WH Freeman, New York, 2004.
Wang F, Kieff E: Medical virology, pp 1019–1027. In: Kasper DL et al (eds) Harrison's Principles of Internal Medicine, 16th ed. McGraw-Hill, New York, 2005.
Watson JD et al: Molecular Biology of the Gene, 4th ed. The Benjamin/Cummings Publishing Co, Menlo Park, California, 1987.

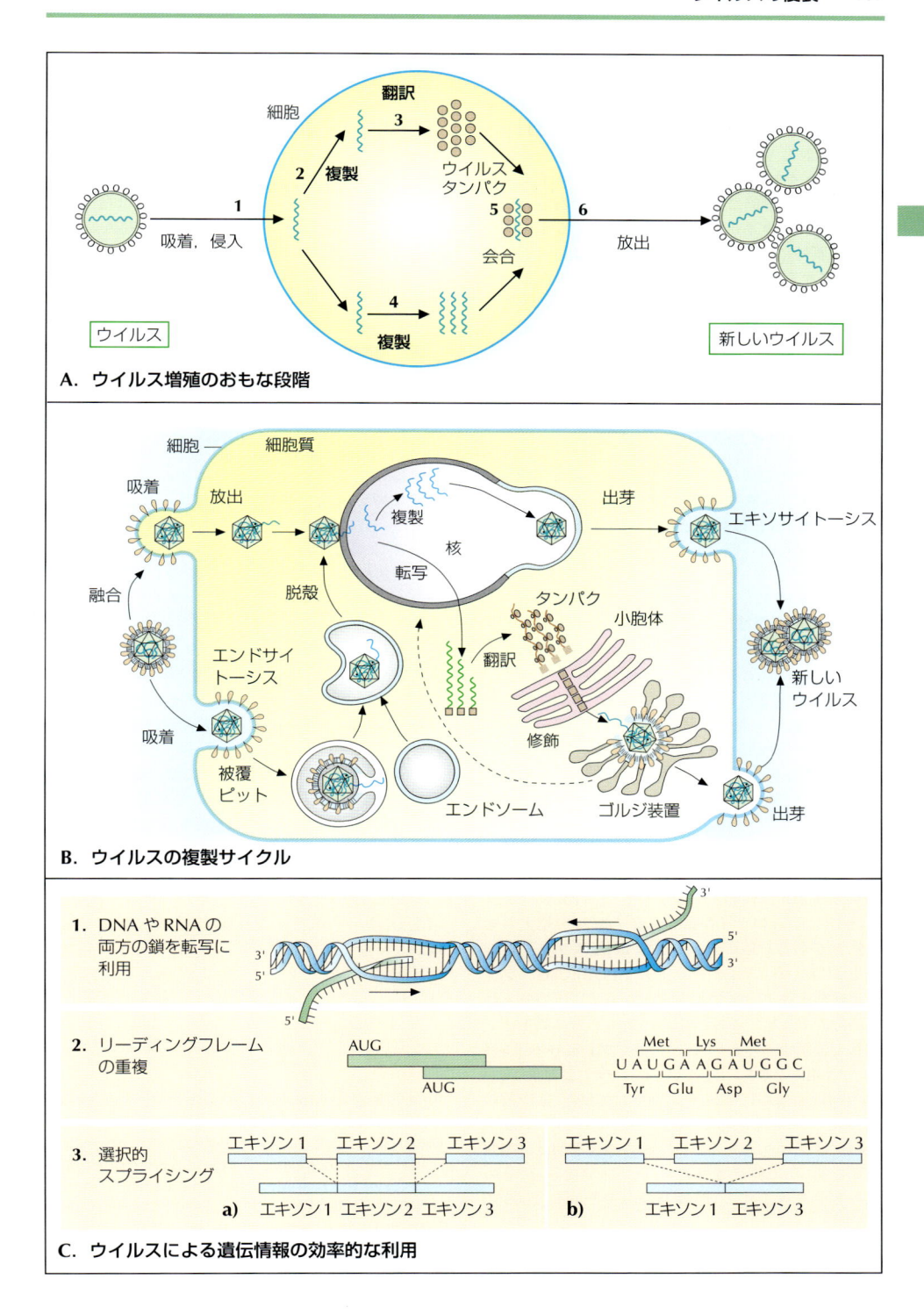

ウイルスの複製　107

A. ウイルス増殖のおもな段階

- ウイルス
- 吸着, 侵入 (1)
- 細胞
- 複製 (2)
- 翻訳 (3) → ウイルスタンパク
- 複製 (4)
- 会合 (5)
- 放出 (6)
- 新しいウイルス

B. ウイルスの複製サイクル

- 吸着
- 融合
- 放出
- 細胞／細胞質
- エンドサイトーシス
- 被覆ピット
- 脱殻
- エンドソーム
- 核：複製、転写
- 翻訳
- タンパク
- 小胞体
- 修飾
- ゴルジ装置
- 出芽
- エキソサイトーシス
- 新しいウイルス

C. ウイルスによる遺伝情報の効率的な利用

1. DNA や RNA の両方の鎖を転写に利用
2. リーディングフレームの重複
   - AUG / AUG
   - U A U G A A G A U G G C
   - Tyr Glu Asp Gly
   - Met Lys Met
3. 選択的スプライシング
   - a) エキソン1 エキソン2 エキソン3 → エキソン1 エキソン2 エキソン3
   - b) エキソン1 エキソン2 エキソン3 → エキソン1 エキソン3

レトロウイルス

　レトロウイルスとは，RNAからDNAへの逆転写によってウイルスのゲノムRNAから2本鎖DNAが転写されるという，ユニークな複製サイクルをもつRNAウイルスの総称である．レトロウイルス科に属し，その下位には次の3つの亜科がある．ヒトT細胞白血病ウイルス（HTLV）が属するオンコウイルス亜科，ヒト免疫不全ウイルス（HIV）1型と2型が属するレンチウイルス亜科，既知の疾患との関連性が知られていないフォーミーウイルスが属するスプーマウイルス亜科である．レトロウイルスにはマウス（マウス白血病）やニワトリ（ラウス肉腫）に腫瘍を発生させるものもある．

A. レトロウイルスのゲノム構造

　レトロウイルスは同じ科の中でも若干異なるが，特徴的なゲノム構造を有している．マウス白血病ウイルス（MuLV）は典型的な3つの構造遺伝子 *gag, pol, env* をもつ（図1）．*gag* 領域はマトリックス（ma），カプシド（ca），核酸結合タンパク（nc）という3種類のタンパクをコードしている．*pol*（ポリメラーゼ）領域は逆転写酵素（rt）とインテグラーゼ（in）をコードしている．*env* 領域は表面糖タンパクgp120と膜貫通タンパクgp41をコードしている．すべてのレトロウイルスゲノムはその5′と3′の両端に，長い末端反復配列（LTR）と呼ばれる非コード反復配列をもっている．LTRにはウイルスRNAの発現開始配列が含まれる．プライマーの結合部位はLTRの外側にある（図には示していない）．

　HIV-1はMuLVに似ているが，6種類の付帯的な遺伝子（*tat, rev, vif, nef, vpr, vpu*）をもち，HIV-2は *vpu* の代わりに *vpx* をもつ．TatタンパクにはLTRからのウイルス遺伝子の転写を増大させる働きがある．RevタンパクはRNAスプライシングを制御する．VifタンパクはAPOBEC3G（シトシン残基を脱アミノ化しウラシル残基に変換する細胞内酵素で，抗ウイルス作用がある）をユビキチン化して分解するらしい〔訳注：原文では「HIV核タンパクコアを組み立てる」としているが，それには関与していないかもしれない〕．NefタンパクはCD4（免疫系の項参照）の発現を抑制する．VprならびにVpuタンパクはプロウイルスの核内への輸送を助け，細胞周期をG_2期で停止させたり（G_2アレスト），その他の変化を起こす．（図はLongo & Fauci, 2005より）

B. HIV-1の複製サイクル

　HIV-1の複製サイクルは10のステップに分けることができる．HIV-1は細胞表面の受容体に接着し，細胞に取り込まれる．細胞に侵入するとすぐに，ウイルスのゲノムRNAが逆転写酵素によって2本鎖DNAに逆転写され，2本鎖DNAは宿主のゲノムDNAに組込まれる．宿主細胞のRNAポリメラーゼⅡによる転写で産生されたRNAは，mRNAとしてウイルスタンパク合成に使われるか，あるいは新しいウイルスゲノムとなる．新しく形成されたビリオンは，エキソサイトーシスと呼ばれる過程によって細胞外へ放出される．（図はLongo & Fauci, 2005より）

C. レトロウイルスのDNA合成

　典型的なレトロウイルスのゲノムRNAは，その両端に短い反復配列（R）とユニークな配列（U）をもつ（5′末端にはR U_5，3′末端にはU_3 R）．ゲノムの5′末端には宿主細胞のtRNAの3′末端と相補的な塩基配列がある．この配列を介してtRNAに結合し，tRNAは逆転写酵素によりウイルスのゲノムRNAからウイルスDNAが合成される際のプライマーとして利用される．レトロウイルスゲノムの複製の第一段階は，ウイルスRNAの+鎖の5′末端に結合した宿主細胞のtRNAをプライマーとして開始される（図1）．最初のDNA鎖が合成されてtRNA（プライマー）が除去された後，R U_5から+鎖DNAが合成される（図2）．その際，あらかじめ合成された−鎖DNAが鋳型として利用される（図3）．DNA合成が進むにつれて残ったRNA鎖は分解され（図4），そして+鎖DNAの合成が完了する（図5, 6）．ウイルスの2本鎖DNAのコピーはその両端にLTRをもつ．LTRはウイルスDNAの宿主DNAへの組込みの中間段階形成に重要であるばかりでなく，プロウイルスDNAの転写に必要な調節配列も含んでいる．（図はWatsonら，1987より）

参考文献

Alberts B et al: Molecular Biology of the Cell, 4th ed. Garland Science, New York, 2002.

Longo DL, Fauci AS: The human retroviruses, pp 1071–1075. In: Kasper DL et al (eds) Harrison's Principles of Internal Medicine, 16th ed. McGraw-Hill, New York, 2005.

Watson JD et al: Molecular Biology of the Gene, 3rd ed. Benjamin/Cummings Publishing Co, Menlo Park, California, 1987.

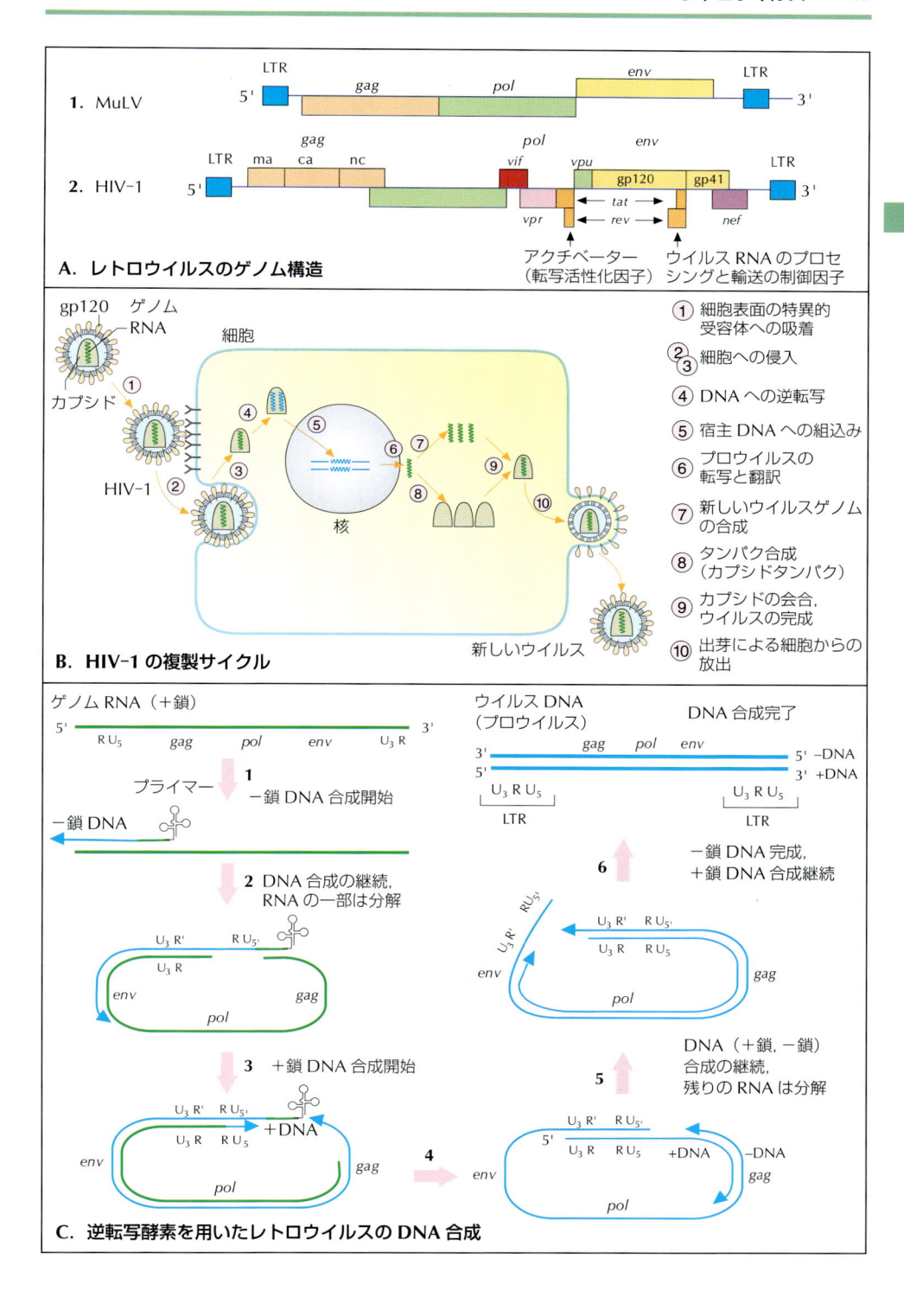

レトロウイルス　109

A. レトロウイルスのゲノム構造

1. MuLV: 5' — LTR — gag — pol — env — LTR — 3'

2. HIV-1: 5' — LTR — gag (ma, ca, nc) — vif — pol — vpu — env (gp120, gp41) — LTR — 3'
   vpr — tat — rev — nef

   アクチベーター（転写活性化因子）／ウイルス RNA のプロセシングと輸送の制御因子

B. HIV-1 の複製サイクル

① 細胞表面の特異的受容体への吸着
② 細胞への侵入
③
④ DNA への逆転写
⑤ 宿主 DNA への組込み
⑥ プロウイルスの転写と翻訳
⑦ 新しいウイルスゲノムの合成
⑧ タンパク合成（カプシドタンパク）
⑨ カプシドの会合，ウイルスの完成
⑩ 出芽による細胞からの放出

C. 逆転写酵素を用いたレトロウイルスの DNA 合成

ゲノム RNA（＋鎖）: 5' — R U₅ — gag — pol — env — U₃ R — 3'

1 プライマー　−鎖 DNA 合成開始
2 DNA 合成の継続，RNA の一部は分解
3 ＋鎖 DNA 合成開始
4
5 DNA（＋鎖，−鎖）合成の継続，残りの RNA は分解
6 −鎖 DNA 完成，＋鎖 DNA 合成継続

ウイルス DNA（プロウイルス）　DNA 合成完了
5'−DNA／3'+DNA　LTR (U₃ R U₅)

レトロウイルスゲノムの組込みと転写

レトロウイルスのDNAコピーの宿主DNAへの組込みは任意の場所に起こる。組込みによって細胞の遺伝子が変化することもありうる（挿入変異）。プロウイルスDNA中の遺伝子は，宿主細胞のRNAポリメラーゼIIによって転写される。産生されたmRNAは翻訳されるか，またはビリオンにパッケージングされる新しいウイルスゲノムの産生に使われる。レトロウイルスゲノムにはウイルス性癌遺伝子（v-*onc*）が含まれていることもある。v-*onc*は過去にウイルスゲノムに取り込まれた細胞性癌遺伝子（c-*onc*）の一部である。v-*onc*をもつウイルスが細胞に侵入すると，宿主細胞の性質を変化させ（形質転換），細胞周期に異常を生じて腫瘍化させる原因となる。

A. レトロウイルスゲノムの宿主DNAへの組込み

宿主細胞の核内では，逆転写酵素の働きでウイルスのゲノムRNAを鋳型として2本鎖DNAが合成される（図1）。合成されたDNAは，R U_5 ならびに U_3 R と呼ばれるLTR配列の相同性を利用して末端どうしが結合し，環状となる（図2）。LTRと宿主DNAの認識配列（図3）によって，ウイルスの環状DNAは特定の部位で開かれ（図4），ウイルスDNAが宿主DNAに組込まれる（図5）。組込まれたプロウイルスからはウイルス遺伝子が転写される（図6）。

ヒトを含む脊椎動物のゲノム中には，おびただしい数の内因性プロウイルス配列が存在する。高等生物のゲノム中には，内因性プロウイルス配列によく似たLTR様配列も存在する。これらの配列はゲノム中でその位置を変えることができる（可動性遺伝因子またはトランスポゾン）。それらの多くがレトロウイルスの基本構造（LTR配列）をもつため，レトロトランスポゾンと呼ばれる（88頁参照）。

B. レトロウイルス遺伝子の転写調節

LTRはウイルスゲノムの宿主DNAへの組込みに重要であるばかりでなく，ウイルス遺伝子の効率的な転写に必要なすべての調節シグナルも含んでいる。典型的な転写シグナルはプロモーター中のCCAATあるいはTATA配列であり，これらは転写される配列の5′末端からそれぞれ約80塩基，25塩基上流（5′方向）に位置している。さらに上流には，ウイルス遺伝子の発現を増強させる配列（エンハンサー）が存在する。類似の調節配列は真核生物遺伝子の5′側にも存在する（転写の項参照）。新たに合成されたウイルスRNAの5′末端は修飾されてキャップ構造が付加される。3′末端には多数のアデニン残基が付加される（ポリアデニル化，ポリ（A）配列，60頁参照）。

C. RNAの転写後修飾によるウイルスタンパクの合成

プロウイルスDNAは，宿主細胞のRNAポリメラーゼIIによってRNAに転写され，修飾を受けて5′末端にキャップ構造が，3′末端にポリ（A）配列が付加されてmRNAとなる。ウイルスゲノムにコードされたタンパク（図には例としてgagとpolを示す）は，最初に1つの大きなポリペプチドとして翻訳される。このポリペプチドが切断されて個々のタンパクができる。また，RNAのスプライシングによって，他のタンパク（例として外殻タンパクenvを示す）をコードする新しいmRNAが産生されることもある。（図はWatsonら，1987より）

参考文献

Alberts B et al: Molecular Biology of the Cell, 4th ed. Garland Science, New York, 2002.

Longo DL, Fauci AS: The human retroviruses, pp 1071–1075. In: Kasper DL et al (eds) Harrison's Principles of Internal Medicine, 16th ed. McGraw-Hill, New York, 2005.

Watson JD et al: Molecular Biology of the Gene, 3rd ed. Benjamin/Cummings Publishing Co, Menlo Park, California, 1987.

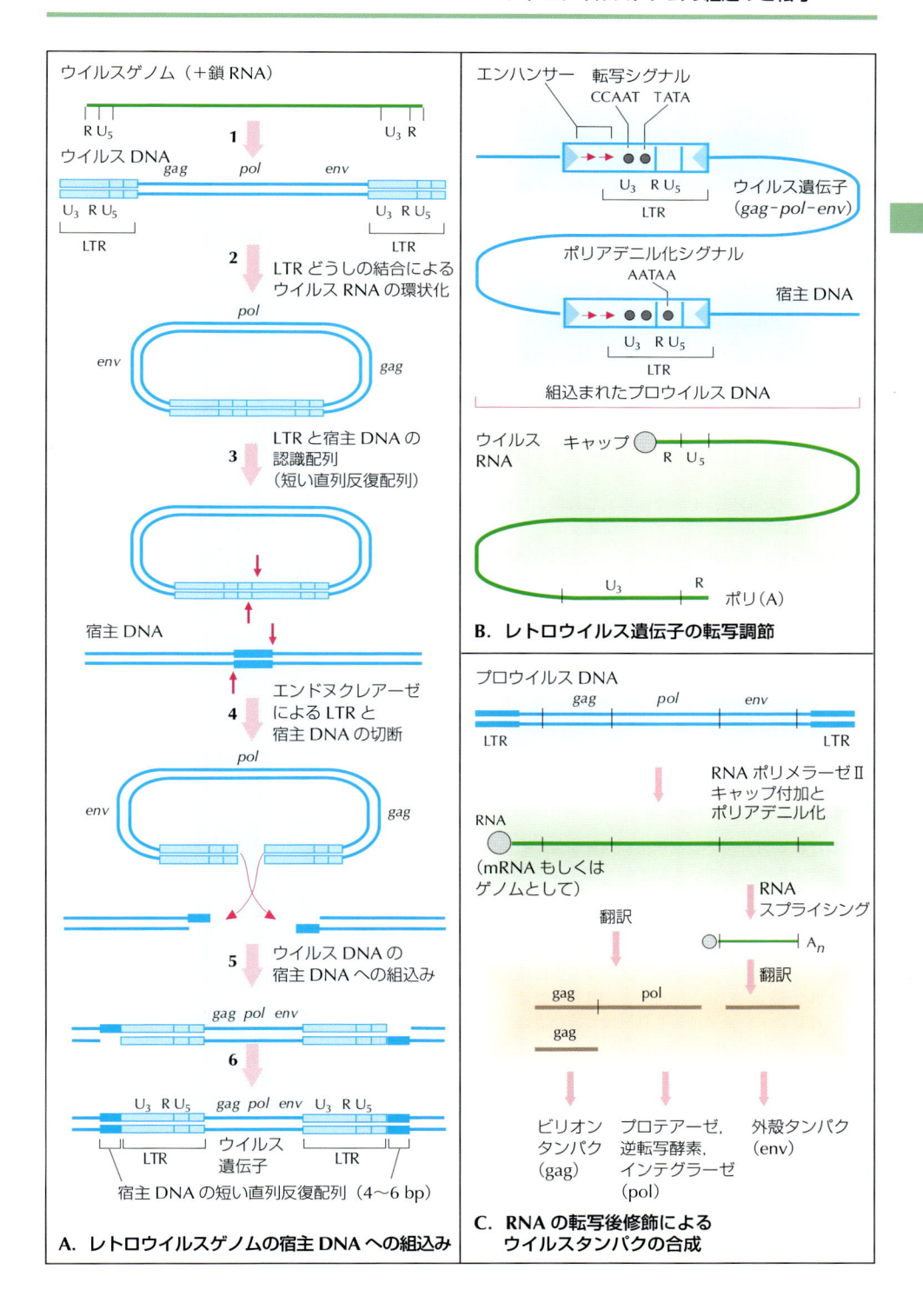

レトロウイルスゲノムの組込みと転写

A. レトロウイルスゲノムの宿主 DNA への組込み

1. ウイルスゲノム（＋鎖 RNA）→ ウイルス DNA（gag, pol, env、両端に LTR: U_3 R U_5）
2. LTR どうしの結合によるウイルス RNA の環状化
3. LTR と宿主 DNA の認識配列（短い直列反復配列）
4. エンドヌクレアーゼによる LTR と宿主 DNA の切断
5. ウイルス DNA の宿主 DNA への組込み
6. 宿主 DNA の短い直列反復配列（4〜6 bp）、U_3 R U_5 — gag pol env — U_3 R U_5、LTR — ウイルス遺伝子 — LTR

B. レトロウイルス遺伝子の転写調節

- エンハンサー CCAAT、転写シグナル TATA
- U_3 R U_5 （LTR）
- ウイルス遺伝子（gag-pol-env）
- ポリアデニル化シグナル AATAA
- 宿主 DNA
- 組込まれたプロウイルス DNA
- ウイルス RNA：キャップ — R U_5 — … — U_3 R — ポリ(A)

C. RNA の転写後修飾によるウイルスタンパクの合成

- プロウイルス DNA：LTR — gag — pol — env — LTR
- RNA ポリメラーゼⅡ、キャップ付加とポリアデニル化
- RNA（mRNA もしくはゲノムとして）
- 翻訳 / RNA スプライシング → A_n → 翻訳
- gag pol / gag
- ビリオンタンパク（gag）
- プロテアーゼ，逆転写酵素，インテグラーゼ（pol）
- 外殻タンパク（env）

細胞間の情報伝達

多細胞生物は成長（例えば，胚発生），異なる細胞型への分化，細胞周期の調節をはじめとする重要な機能を発揮するにあたり，細胞間の情報伝達に頼っている。細胞特異的な反応を仲介する多種多様なタンパク（細胞外シグナル分子，細胞表面受容体，細胞内受容体，シグナル伝達をする細胞内シグナル分子など）によって細胞は情報伝達を行う。

A．シグナル伝達の原理

シグナルの伝達によって，相互作用する数種類のタンパクが関わる細胞特異的な効果が引き起こされる。まず，細胞外領域と細胞内領域（ドメインと呼ばれる）から構成される細胞膜結合受容体がシグナル分子と反応する。受容体の細胞外ドメインに特異的なシグナル分子（リガンドと呼ばれる）が結合することで反応の特異性が生まれる。これにより次々にその下流にある一連のシグナル伝達タンパク群が活性化されることになる。一般に，1つの活性型タンパクは特異的な生化学反応により次のタンパクを活性化する。これをシグナル伝達カスケード（連鎖反応）という。ここでは2つのタンパク（シグナル伝達タンパク1と2）しか示していないが，多数のタンパクが関与することも多い。シグナル伝達カスケードは最終的に標的タンパクに達し，目的とする細胞反応を引き起こす。細胞外シグナル分子は典型的には非常に低い濃度（約 10^{-8} M）で作用する。

B．細胞間のシグナル伝達

細胞は種々の方法でシグナルを伝達する。標的細胞に結合する際，シグナル分子がシグナルを伝達する細胞の表面に付着したままのこともある（図1，**接触依存型シグナル伝達** contact-dependent signaling）。このタイプのシグナル伝達は胚の発生や免疫系でよくみられる。**パラクリン（傍細胞）型シグナル伝達** paracrine signaling（図2）では，分泌されたシグナル分子は細胞外区域に放出され，そこで近くにある細胞に短距離で作用する。多くの増殖因子や分化因子がこの方法で作用する。重要な長距離作用性のシグナル伝達には循環血液中のホルモンを介して行われるものがある（図3，**内分泌型シグナル伝達** endocrine signaling）。このタイプのシグナル伝達では，**内分泌細胞** endocrine cell と呼ばれる特殊細胞が**ホルモン** hormone と呼ばれる物質を血流中に分泌する。ホルモンは血流にのって離れた場所にある標的細胞に到達する。**シナプス型シグナル伝達** synaptic signaling は神経細胞間あるいは神経細胞と筋細胞の接合部でみられる（図4）。この場合，特殊な細胞である神経細胞（ニューロン）が，細胞が伸長してできた**軸索** axon（非常に長く伸びることができる）に沿って電気的インパルスを送る。軸索の終末では，神経伝達物質と呼ばれる化学シグナルが，シグナル伝達細胞（神経細胞）と標的細胞の間の接合部（シナプス）で分泌される。しかしその選択は時と場合による。（図は Lodish ら，2004 より）

ホルモンという用語は「拍車をかける」という意味のギリシャ語に由来する。1904年，William Bayliss と Ernest Starling によって，分泌された分子の作用を説明するために初めて使われた（Stryer, 1995, p.342 参照）。ホルモンは5つの主要なクラスに分けられる。(1) アミノ酸に由来するもの（カテコールアミン，ドーパミン，チロキシン），(2) 小さな神経ペプチド（甲状腺刺激ホルモン放出ホルモン，ソマトスタチン，バソプレッシン），(3) タンパク（インスリン，黄体形成ホルモン），(4) コレステロール由来のステロイドホルモン（コルチゾール，性ホルモン），(5) ビタミンに由来するもの［レチノイド（ビタミン A）］。

医学との関連

シグナル伝達に関与するタンパクをコードする遺伝子に生じた変異は，非常に多数のヒト遺伝性疾患の原因となる（Jameson, 2005）。

参考文献

Alberts B et al: Molecular Biology of the Cell, 4th ed. Garland Science, New York, 2002.
Jameson, JL: Principles of endocrinology, pp 2067–2075. In: Kasper DL et al (eds) Harrison's Principles of Internal Medicine, 16th ed. McGraw-Hill, New York, 2005.
Lewin, B: Genes VIII. Pearson Educational International, Prentice Hall, Upper Saddle River, NJ, 2004.
Lodish H et al: Molecular Cell Biology, 5th ed. WH Freeman, New York, 2004.
Mapping Cellular Signaling. Special Issue. Science 296: 1557–1752, 2002.
Stryer, L: Biochemistry, 4th ed. W.H. Freeman, New York, 1995.

細胞間の情報伝達

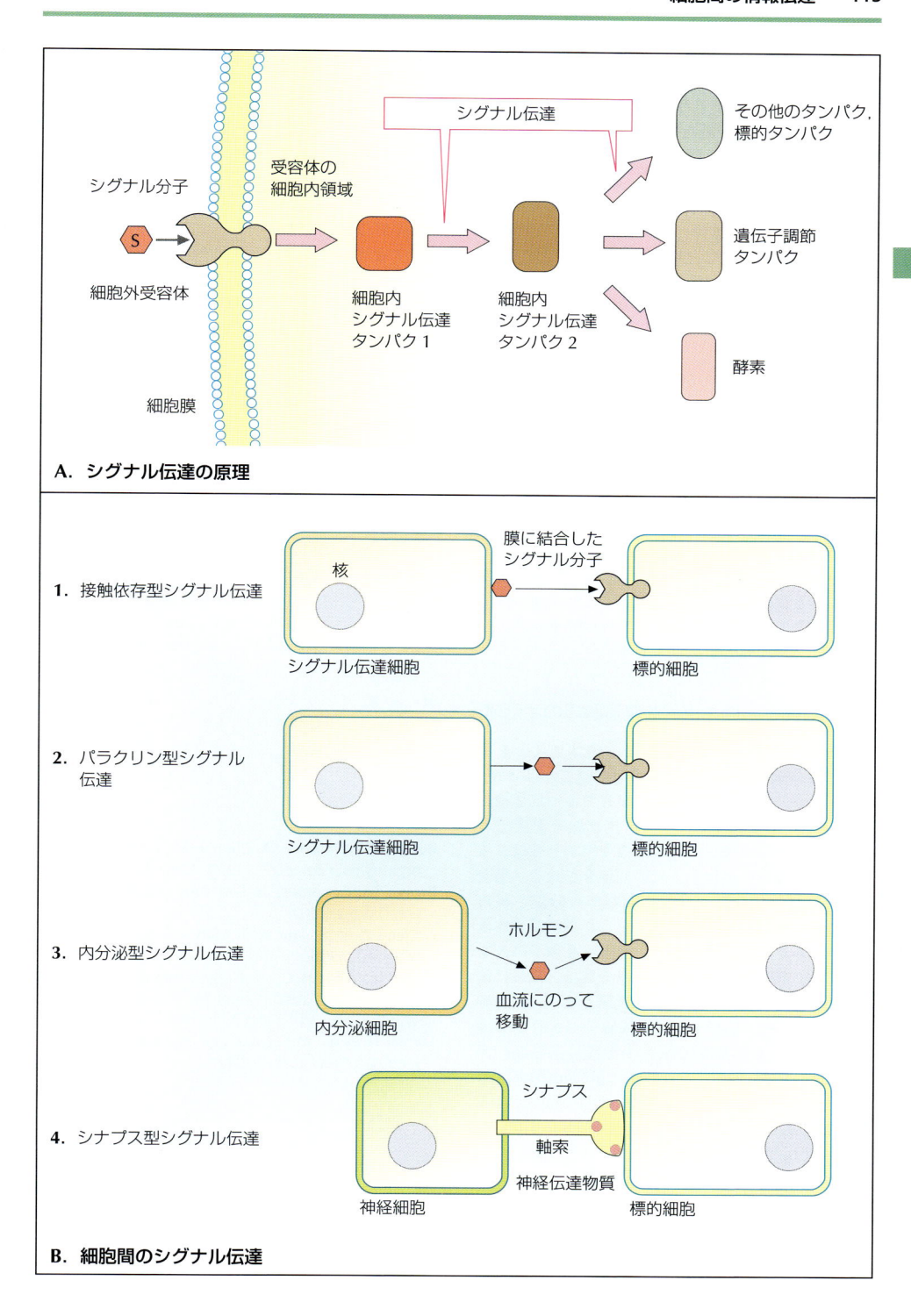

A. シグナル伝達の原理

- シグナル分子
- 細胞外受容体
- 細胞膜
- 受容体の細胞内領域
- 細胞内シグナル伝達タンパク1
- 細胞内シグナル伝達タンパク2
- シグナル伝達
- その他のタンパク、標的タンパク
- 遺伝子調節タンパク
- 酵素

B. 細胞間のシグナル伝達

1. 接触依存型シグナル伝達
   - 核
   - 膜に結合したシグナル分子
   - シグナル伝達細胞
   - 標的細胞

2. パラクリン型シグナル伝達
   - シグナル伝達細胞
   - 標的細胞

3. 内分泌型シグナル伝達
   - 内分泌細胞
   - ホルモン
   - 血流にのって移動
   - 標的細胞

4. シナプス型シグナル伝達
   - 神経細胞
   - 軸索
   - シナプス
   - 神経伝達物質
   - 標的細胞

酵母：二倍体と一倍体世代のある真核生物

　酵母は単細胞性の真菌類であり，線状の染色体からなるゲノムをおさめた核と，小胞体，ゴルジ装置，ミトコンドリア，ペルオキシソーム，リソームに相当する液胞などの細胞小器官をもつ．約40種類の酵母が知られている．出芽酵母（*Saccharomyces cerevisiae*，パン酵母）は直径約5μmの卵円形の細胞である．細胞は良好な栄養状態下では90分ごとに出芽によって分裂できる．分裂酵母（*Schizosaccharomyces pombe*）は両端が伸びることによって分裂する桿状細胞である．

　出芽酵母の一倍体〔訳注：半数体，ハプロイドともいう〕ゲノムは，16本の染色体に分けられた1.4×10^7 bpのDNA上に約6,200個の遺伝子を含んでいる（Goffeau，1996）．遺伝子は次のような機能に関与している．細胞構造250個（4％），DNA代謝175個（3％），転写と翻訳750個（13％），エネルギー産生と貯蔵175個（3％），生化学的代謝650個（11％），輸送250個（4％）．出芽酵母のゲノムは，他の真核生物のゲノムに比べて大変コンパクトで，約2 kbごとに1個の遺伝子が含まれている．変異が生じると遺伝性疾患を引き起こすことが知られているヒトタンパクのうち，ほぼ半数は酵母のタンパクとアミノ酸配列の類似性がある．

A. 一倍体と二倍体世代を経る酵母の生活環

　酵母の生活環は一倍体世代と二倍体世代とを経る．一倍体細胞は2つの接合型（a型またはα型）のいずれか一方をとる．接合型が異なる一倍体細胞どうしは融合して（接合）二倍体細胞を形成できる．接合はフェロモンあるいは接合因子と呼ばれる小さな分泌型ポリペプチドにより仲介される．細胞表面受容体は接合型が異なる細胞から分泌されたフェロモンを認識する．すなわち，a型の受容体はα因子のみを結合し，α型の受容体はa因子のみを結合する．接合とそれに続く有糸分裂は，成長に適した条件下で起こる．栄養飢餓状態では，二倍体細胞は減数分裂して4つの一倍体胞子（a型とα型を2つずつ）を形成する（胞子形成）．（写真の出典：分裂酵母はwww.steve.gb.com/science/model_organisms.html；出芽酵母はMaher, BA: Rising to occasion. The Scientist 17: S9, June 2, 2003より）

B. 接合型の切り替え

　接合型の切り替え（接合型変換）は，接合型遺伝子座（*MAT*遺伝子座，レシピエント部位）がHOエンドヌクレアーゼによる部位特異的DNA2本鎖切断を受け，隣接するドナー部位（*HMR*あるいは*HML*）のいずれか一方が*MAT*遺伝子座へ遺伝子変換され挿入されることで引き起こされる．

C. 接合型切り替えのカセットモデル

　出芽酵母の接合型切り替えはⅢ番染色体のセントロメア近くにある3つの遺伝子座によって調節されている．中央の遺伝子座が*MAT*で，その両脇に隣接して*HML*α（左）と*HMR*a（右）の両遺伝子座がある．*MAT*遺伝子座のみが活性化状態にありmRNAに転写されている．表現型がa型となるかα型となるかを規定する他の遺伝子は，転写因子によって調節されている．*HML*αならびに*HMR*a遺伝子座は発現を抑制されている．各細胞世代で，*HML*αあるいは*HMR*aいずれかからのDNA配列が，遺伝子変換と呼ばれる特異的な組換え現象によって*MAT*遺伝子座へ移入される．*HMR*a配列が*MAT*遺伝子座に存在すれば細胞の表現型はa型となり，*HML*α配列が移入されれば（αカセットへの切り替え），表現型はα型に切り替えられる．組換えDNA技術を用いて酵母の接合型サイレンサー付近に導入された遺伝子は，いずれも抑制される．*HML*と*HMR*座位はクロマチン構造が凝縮されているため，タンパク（転写因子やRNAポリメラーゼ）が近づきがたく，それゆえ*HML*ならびに*HMR*遺伝子座は恒常的に抑制されているのであろう．（図はLodishら，2004より）

参考文献

Botstein D, Chervitz SA, Cherry JM: Yeast as a model organism. Science 277: 1259–1260, 1997.

Brown TA: Genomes, 2nd ed. Bios Scientific Publishers, Oxford, 2002.

Goffeau A et al: Life with 6000 genes. Science 274: 562–567, 1996.

Haber JE: A locus control region regulates yeast recombination. Trends Genet 14: 317–321, 1998.

Lewin B: Genes VIII. Pearson International, 2004.

Lodish H et al: Molecular Cell Biology, 5th ed. WH Freeman, New York, 2004.

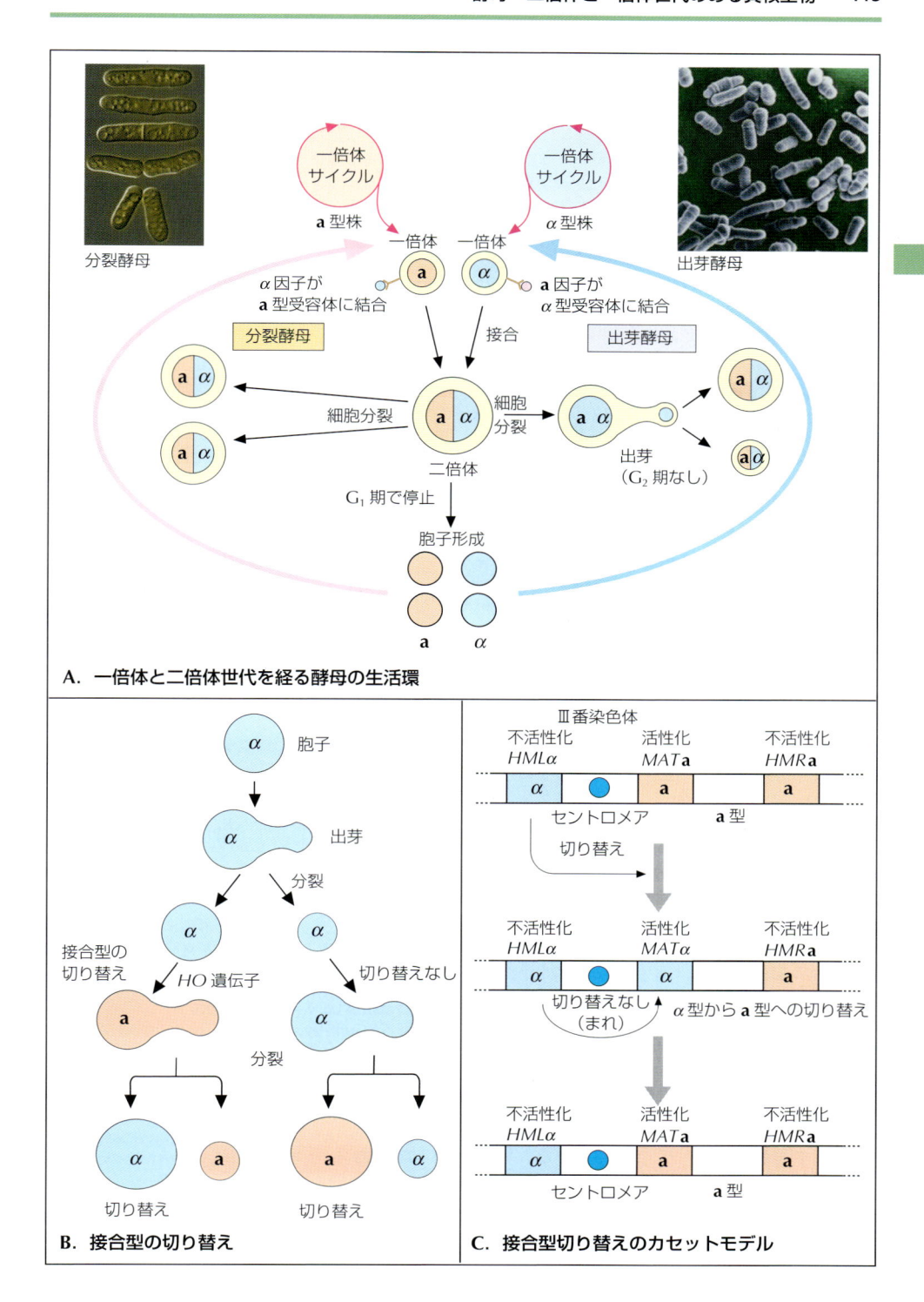

酵母：二倍体と一倍体世代のある真核生物　115

A. 一倍体と二倍体世代を経る酵母の生活環

分裂酵母

一倍体サイクル　a型株
一倍体サイクル　α型株

α因子がa型受容体に結合
a因子がα型受容体に結合

分裂酵母　接合　出芽酵母

細胞分裂　細胞分裂

二倍体

出芽（G_2期なし）

G_1期で停止

胞子形成

a　α

出芽酵母

B. 接合型の切り替え

α　胞子
出芽
分裂
接合型の切り替え
HO遺伝子
切り替えなし
a　α
分裂
切り替え　切り替え
α　a　a　α

C. 接合型切り替えのカセットモデル

Ⅲ番染色体

不活性化　活性化　不活性化
HMLα　MATa　HMRa

セントロメア　a型

切り替え

不活性化　活性化　不活性化
HMLα　MATα　HMRa

切り替えなし（まれ）　α型からa型への切り替え

不活性化　活性化　不活性化
HMLα　MATa　HMRa

セントロメア　a型

酵母細胞の接合型決定と酵母ツーハイブリッド法

出芽酵母（*Saccharomyces cerevisiae*）は単細胞性の真核生物で，一倍体の a 型細胞ならびに α 型細胞，二倍体の a/α 型細胞の3つの異なる細胞型をもつ．酵母は多細胞性の動植物に比べ比較的単純なので，細胞型決定の基盤となる調節機構を理解するためのモデルとして利用される．多細胞生物において組織ごとにさまざまな種類の細胞が存在するようになったのは，おそらく酵母のような単細胞生物での細胞の運命を決定する機構が進化したのであろう．

A．酵母における細胞型特異性の調節

出芽酵母の3つの細胞型は各細胞に特異的な遺伝子を発現している．その結果生じる DNA 結合タンパクの組み合わせにより特異的な細胞型が決定される．a 型の一倍体細胞は調節タンパク a1 を産生する．a1 タンパクは a 型の細胞では何の効果も示さないが，二倍体細胞では効果を発現する（後述）．α 型の一倍体細胞は効果の異なる2つの調節タンパク α1 と α2 を産生する．α1 タンパクは転写因子として α 特異的遺伝子を活性化し，一方，α2 タンパクは a 特異的遺伝子を抑制する．結果として自身の細胞型に対応する一倍体特異的遺伝子が活性化されることになる．a 型細胞と α 型細胞が接合して二倍体（a/α 型）細胞となり3つのタンパク α1，α2，a1 が産生されると，完全に別のパターンをたどる．α2 タンパクは a 特異的遺伝子を抑制するが，a1 との組み合わせではすべての一倍体特異的遺伝子を抑制する．

原理としては，3つの各細胞型は，結合する調節配列に依存してアクチベーター（転写活性化因子）またはリプレッサー（転写抑制因子）として作用する細胞特異的な一連の転写因子のセットにより決定されるのである．これらの調節タンパクは Mcm1 と呼ばれる基本転写因子とともに *MAT* 遺伝子座にコードされている．Mcm1 は3種類すべての細胞で発現しているが，a 型細胞は a 特異的遺伝子のみを発現し，二倍体（a/α 型）細胞では一倍体特異的遺伝子は抑制されている．Mcm1 は二量体の基本転写因子で，a 特異的上流調節配列（URS）に結合して a 特異的遺伝子の転写を刺激するが，α1 タンパクがないと α 特異的 URS にはあまり効率よく結合しない．

B．酵母ツーハイブリッド（Y2H）法

新しく単離された遺伝子の機能を明らかにする手法として，そのタンパクが機能既知の別のタンパクと特異的に反応するか否かを決めるアプローチがある．タンパク-タンパク相互作用を調べるために酵母細胞を利用できる．ツーハイブリッド法の原理は，異なる2種のタンパクが相互作用して転写因子のように機能できる，つまり，各々のタンパクが転写因子の別ドメインをもつ雑種タンパクとして発現し相互作用することで，転写因子として機能できるという観察に基づいている．これが起こればレポーター遺伝子が活性化される．2つの融合タンパクのどちらも単独では転写を活性化できない．ハイブリッド体1は，転写因子の DNA 結合ドメインに興味の対象であるタンパク X（「ベイト，餌」と呼ばれる）が結合している．この融合タンパク単独では，転写因子の活性化ドメインを欠くため，レポーター遺伝子を活性化することはできない．転写因子の活性化ドメインと相互作用するタンパク Y（「プレイ，獲物」と呼ばれる）からなるハイブリッド体2は，DNA 結合ドメインを欠いている．したがって，これも単独ではレポーター遺伝子の転写を活性化できない．ベクターに組込まれた cDNA から発現する種々の「プレイ」タンパクが試される．ハイブリッド体1やハイブリッド体2をコードする融合遺伝子は，標準的な組換え DNA 法を利用して作製される．細胞に両方の遺伝子を同時に導入する．適切なツーハイブリッド体，つまりタンパク X と Y が相互作用して，それにより活性化ドメインと DNA 結合ドメインが再会合して活性型転写因子を形成した細胞のみがレポーター遺伝子の転写を開始できる．これはコロニーの色の変化や選択培地での増殖によって見分けることができる．（図は Oliver, 2000；Frank Kaiser, Lübeck, 私信より）

参考文献

Li T et al: Crystal structure of the MATa1/MATα2 homeodomain heterodimer bound to DNA. Science 270: 262–269, 1995.
Lodish et al: Molecular Cell Biology, 4th ed. WH Freeman & Co, New York, 2000.
Oliver S: Guilt-by-association goes global. News & Views. Nature 403: 601–603, 2000.
Strachan T, Read AP: Human Molecular Genetics, 2nd ed. Bios Scientific Publishers, Oxford, 1999.
Uetz P et al: A comprehensive analysis of protein-protein interaction in *Saccharomyces cerevisiae*. Nature 403: 623–627, 2000 (and at http://www.curatools.curagen.com).

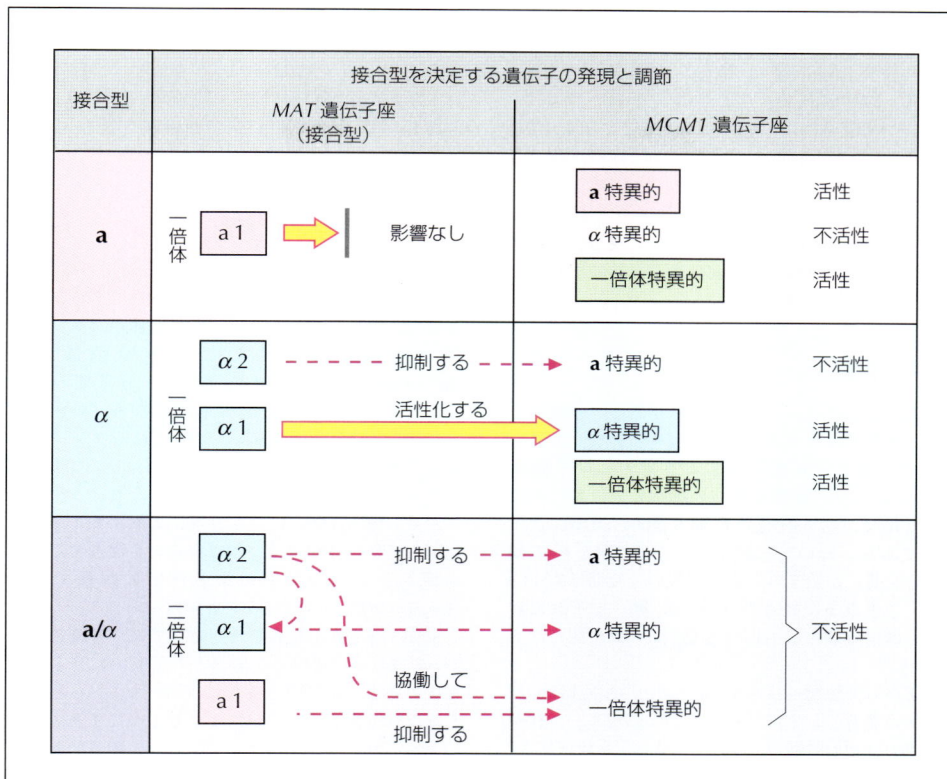

接合型	接合型を決定する遺伝子の発現と調節			
	MAT遺伝子座（接合型）		MCM1遺伝子座	
a	一倍体	a1 → 影響なし	a 特異的 α 特異的 一倍体特異的	活性 不活性 活性
α	一倍体	α2 ─ 抑制する ─→ α1 ─ 活性化する ─→	a 特異的 α 特異的 一倍体特異的	不活性 活性 活性
a/α	二倍体	α2 ─ 抑制する ─→ α1 ←┄┄┄┄ 　　協働して a1 ┄┄┄┄→ 　　抑制する	a 特異的 α 特異的 一倍体特異的	不活性

A. 酵母における細胞型特異性の調節

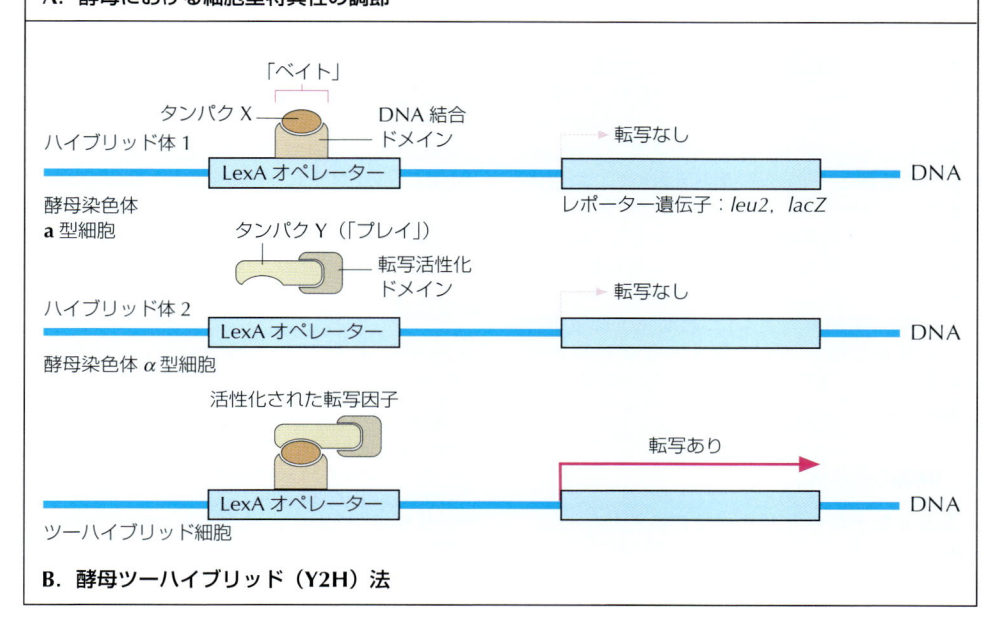

B. 酵母ツーハイブリッド（Y2H）法

細胞分裂：有糸分裂

　有糸分裂（mitosis）は細胞分裂の過程である。1882年，W. Flemmingにより導入された用語で，「糸」という意味のギリシャ語 *"mitos"* に由来する。1879年，Flemmingによって分裂中の細胞に糸状の構造が初めて観察された。1884年にはE. Strasburgerによって，細胞分裂のそれぞれの段階を表す「前期」，「中期」，「後期」という用語が提案された。有糸分裂によって細胞は遺伝的にまったく同一な2つの娘細胞となる。

A. 有糸分裂

　細胞の分裂にはいくつかの段階がある。分裂から次の分裂までのサイクルを細胞周期という。分裂の終了から次の分裂が開始するまでの期間を**間期** interphaseという。真核細胞の細胞分裂における最初の段階は，約8時間の**S期** S phase（DNA合成期）である。続いて，約4時間のG_2期を経て**M期**（分裂期）が始まる。真核細胞の分裂期は約1時間で，さまざまな長さの時期（G_1期）がそれに続く。もはや分裂しない細胞はG_0期（休止期）にある。

　間期から分裂期へ移行するにつれ，染色体は伸びた糸状の構造として目にみえるようになる。これが分裂期の最初の時期で，**前期** prophaseと呼ばれる。前期の初めのうち，各染色体は核膜上の特定部位に付着しており，先行するDNA合成を受けて倍加した構造として観察される（姉妹染色分体）。前期の後半にかけて，染色体は次第に太く短くなる（染色体凝縮）。前期の末期には核膜は消失し，**中期** metaphaseが始まる。この時点で，2つの極様の構造物である中心小体（centriole）から伸びる細い糸のような紡錘体（spindle）がみえ始める。染色体は赤道面に整列するが，相同染色体は対合しない。中期の終わりから**後期** anaphaseへ移行する頃，染色体はセントロメア領域で分裂する。それぞれの染色体の2本の染色分体は互いに反対の極へと移動し，核膜が形成されるとともに**終期** telophaseが始まる。最後に細胞質も分裂する［細胞質分裂（cytokinesis）］。間期の初めには，核内の染色体はみえなくなる。

B. 中期の染色体

　有糸分裂中にみられる染色性の糸状構造は，Waldeyer（1888）によって「染色体」と名づけられた。中期の染色体では2本の染色分体（**姉妹染色分体** sister chromatids）がセントロメアで互いに合着している。染色体の両末端の領域はテロメア（telomere）という。紡錘糸は動原体（kinetochore）〔訳注：セントロメア領域のタンパク構造物〕に付着する。前中期から中期にかけて，染色体は長さ3～7μmの細長い構造物として光学顕微鏡で観察できる（178頁参照）。

C. コンデンシンの役割

　細胞がまさに分裂に入ろうとする最初の徴候は，複製された染色体が光学顕微鏡で観察できるようになることである。分裂に入った染色体が次第にコンパクトになってくることを**染色体凝縮** chromosomal condensationという。分裂期の染色体は間期と比較して約1/50に短くなる。染色体はコンデンシン（condensin）と呼ばれるタンパクによって凝縮される。コンデンシンは5つのサブユニット（図には示していない）からなり，アデノシン三リン酸（ATP）の加水分解によるエネルギーを利用して染色体がコイル状になるのを促進する。コンデンシンは分裂期の染色体上に観察できる（Lewin, 2004の図23.35を参照）。

　S期に染色体が複製された時点では，各染色体の2つのコピーは姉妹染色分体として互いに合着したままである。姉妹染色分体はコヒーシン（cohesin）と呼ばれる複合体タンパクにより1つにまとめられている。コヒーシンはコンデンシンと構造的な類似性がある。分裂酵母のコンデンシンに突然変異が生じると分裂が妨げられる。（図はUhlmann, 2002より）

医学との関連

　コンデンシンのサブユニットをコードしている5つの遺伝子のいずれにおける変異も，重篤な成長障害・奇形症候群であるロバーツ症候群（MIM 268300；Vegaら，2005）の原因となる。

参考文献

Karscenti E, Vernos I: The mitotic spindel: A self-made machine. Science 294: 543–547, 2001.

Nurse P: The incredible life and times of biological cells. Science 289: 1711–1716, 2000.

Rieder CL, Khodjakov A: Mitosis through the microscope: Advances in seeing inside live dividing cells. Science 300: 91–96, 2003.

Vega H et al: Roberts syndrome is caused by mutations in *ESCO2*, a human homolog of yeast *ECO1* that is essential for establishment of sister chromatid cohesion. Nature Genet 37: 468–470, 2005.

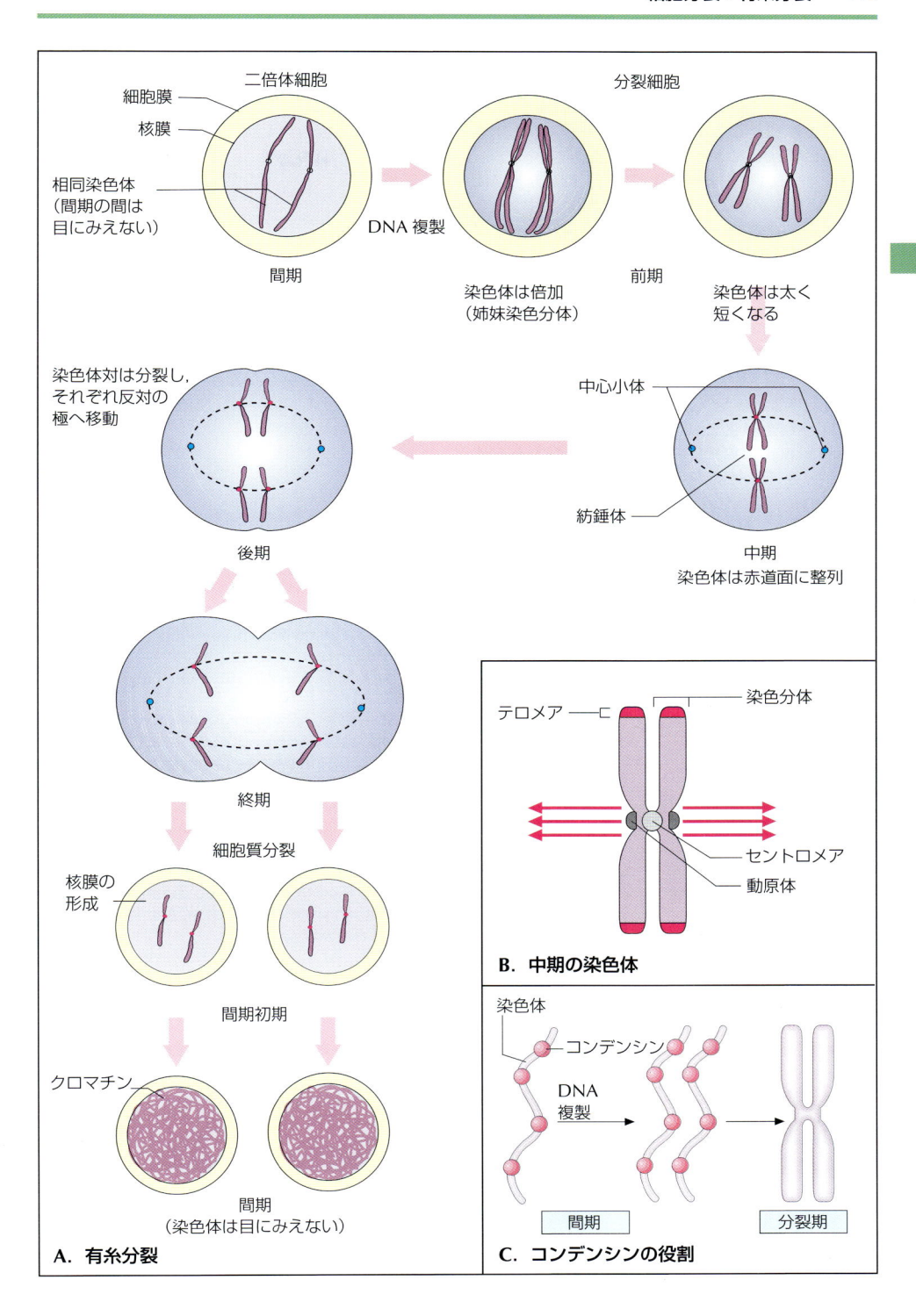

細胞分裂：有糸分裂 119

A. 有糸分裂

- 細胞膜
- 核膜
- 相同染色体（間期の間は目にみえない）
- 二倍体細胞
- 間期
- DNA複製
- 染色体は倍加（姉妹染色分体）
- 分裂細胞
- 前期
- 染色体は太く短くなる
- 中心小体
- 紡錘体
- 中期 染色体は赤道面に整列
- 染色体対は分裂し，それぞれ反対の極へ移動
- 後期
- 終期
- 細胞質分裂
- 核膜の形成
- 間期初期
- クロマチン
- 間期（染色体は目にみえない）

B. 中期の染色体

- テロメア
- 染色分体
- セントロメア
- 動原体

C. コンデンシンの役割

- 染色体
- コンデンシン
- DNA複製
- 間期
- 分裂期

生殖細胞の減数分裂

　減数分裂（meiosis）は，卵細胞や精子細胞が形成される際に起こる特殊な細胞分裂である．1884年，Strasburger により導入された用語で，「減少」という意味のギリシャ語に由来する．減数分裂では2回の核分裂が起こるが，DNA 複製は1回のみである．その結果，4つの娘細胞は一倍体となる．すなわち，相同染色体を1本しかもたない．

　減数分裂は体細胞分裂（有糸分裂）とは遺伝学的，細胞学的に根本的に異なっている．第一に，相同染色体は減数第一分裂前期に対合する．第二に，相同染色体間の交換（**交差** crossing-over）が通常起こる．これにより染色体は，父方ならびに母方由来の両方の部分をもつことになり，遺伝情報の新しい組み合わせが生まれる（**遺伝的組換え** genetic recombination）．第三に，最初の細胞分裂である減数第一分裂（meiosis I）によって染色体数は半分に減少する．そのため，この分裂で生じる娘細胞は一倍体である．対をなした各染色体は，他の対合ペアとは独立に娘細胞に分配される（独立分配）．

　減数分裂は複雑な細胞学的，生化学的過程である．細胞学的に観察できる一連の現象と遺伝学的なその結果とは，必ずしも時間的に正確に一致するわけではない．ある時期に起きた遺伝学的過程は，普通，それより遅れて細胞学的に観察できるようになる．

A. 減数第一分裂

　配偶子産生細胞は減数分裂において第一分裂と第二分裂の2回の細胞分裂を経る．第一分裂では，遺伝学的な現象として，染色体交差による遺伝的組換えと染色体数の半減が生じる．減数分裂は DNA 複製から始まる．間期の後半には，染色体は糸状の構造としてみえるのみである．減数第一分裂前期の最初に染色体は凝集する．対合により相同染色分体が並び，相同染色体間の交換（交差）が可能になる．その場所ではキアズマができる．交差の結果，母方ならびに父方由来の染色体物質が相同染色体の2本の染色分体の間で交換される．相同染色体が反対極へと移動すると細胞は減数第一分裂後期に入る．

B. 減数第二分裂

　減数第二分裂（meiosis II）は，複製した染色体（染色分体）の縦軸方向の分裂と2回目の細胞分裂からなる．各娘細胞は，対のうち1本の染色体しかもたないので一倍体である．それぞれの染色体で組換え，非組換え部分が同定できる．これらの変化に関連した遺伝学的な現象は，減数第一分裂前期に起きている（次項参照）．

　減数分裂の過程で各染色体が独立して分配されること（独立分配）により，メンデルの法則に従った観察可能な形質の分離（1：1分離；142頁参照）が説明できる．

医学との関連

　染色体不分離と呼ばれる染色体の不正確な分配により，過剰な染色体をもつ配偶子や，染色体を欠いた配偶子が生じる．そのような場合，受精後の接合体は3本の相同染色体をもったり（**トリソミー** trisomy），1本しかもたなかったり（**モノソミー** monosomy）するが，ともに胚の発生を障害する結果となる（414頁参照）．

参考文献

Carpenter ATC: Chiasma function. Cell 77: 959–962, 1994.

Kitajima TS et al: Distinct cohesin complexes organize meiotic chromosome domains. Science 300: 1152–1155, 2003.

McKim KS, Hawley RS: Chromosomal control of meiotic cell division. Science 270: 1595–1601, 1995.

Moens PB (ed): Meiosis. Academic Press, New York, 1987.

Page SL, Hawley RS: Chromosome choreography: The meiotic ballet. Science 301: 785–789, 2003.

Petronczki M, Simons MF, Nasmyth K: Un ménage à quatre: The molecular biology of chromosome segragation in meiosis. Cell 112: 423–440, 2003.

Whitehouse LHK: Towards an Understanding of the Mechanism of Heredity, 3rd ed. Edward Arnold, London, 1973.

Zickler D, Kleckner N: Meiotic chromosomes: Integrating structure and function. Ann Rev Genet 33: 603–754, 1999.

生殖細胞の減数分裂　121

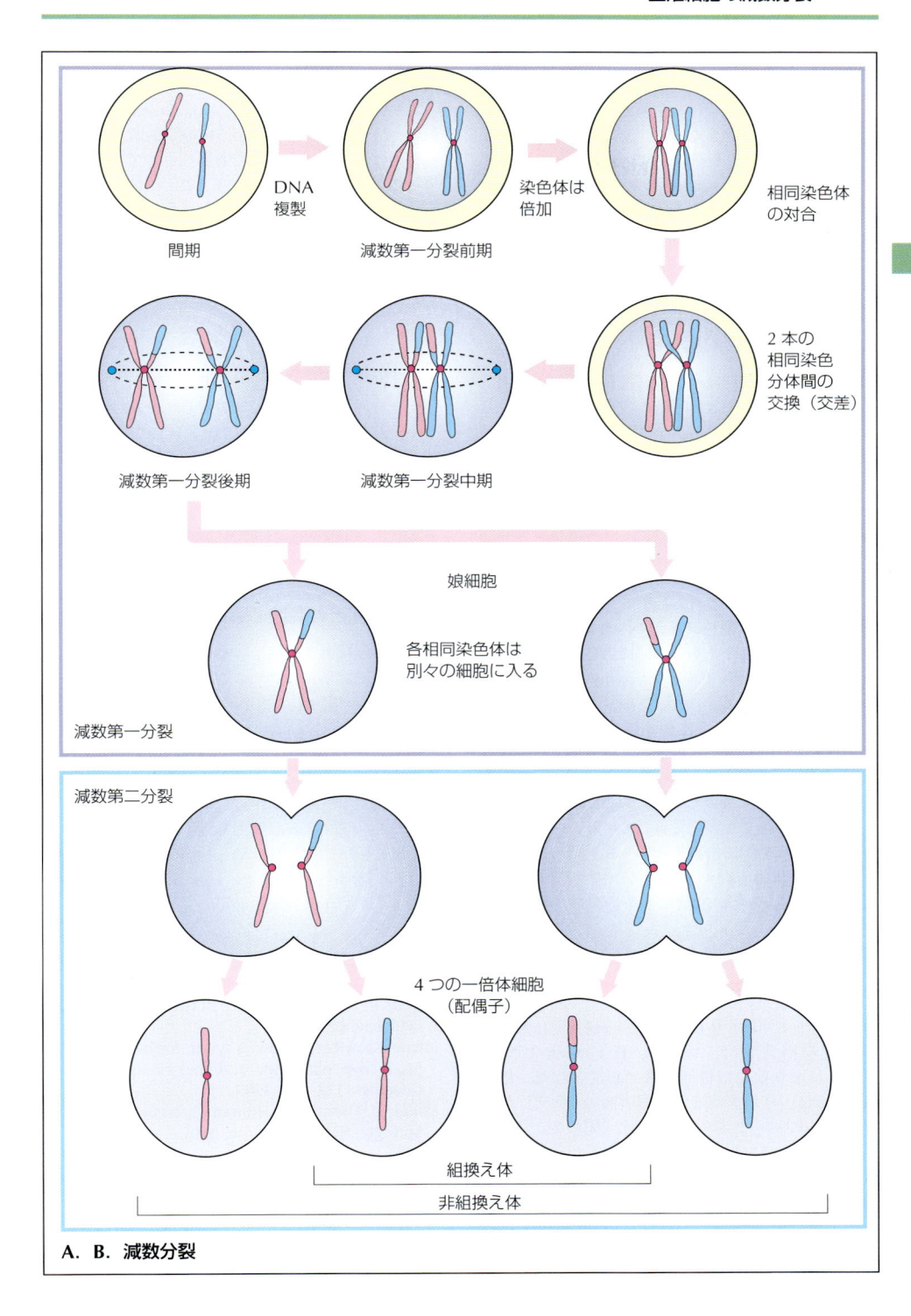

間期 → DNA複製 → 減数第一分裂前期 → 染色体は倍加 → 相同染色体の対合 → 2本の相同染色分体間の交換（交差） → 減数第一分裂中期 → 減数第一分裂後期

娘細胞
各相同染色体は別々の細胞に入る

減数第一分裂

減数第二分裂

4つの一倍体細胞（配偶子）

組換え体

非組換え体

A. B. 減数分裂

減数第一分裂前期

減数第一分裂前期には細胞学的，遺伝学的に決定的な現象が起こる．すなわち，交差によって相同染色体間の交換が一般的に起こるのである．交差（1912年，MorganとCattellにより導入された用語）とは，母方ならびに父方由来の相同染色体DNAの一部が交換される精緻な細胞学的過程である．これにより染色体領域の新しい組み合わせが生じる（遺伝的組換え）．

A．減数第一分裂前期

減数第一分裂前期は連続的に進行するが，図式的に区別することができる一連の段階を経由する．最初は**細糸期** leptotene stage である．この段階で初めて染色体は細い糸状の構造として観察できるようになる（図Aには1対の染色体のみを示した）．次は**接合糸期**（合糸期，zygotene stage）である．前期の開始に先立つDNA複製を受けて，各染色体は対になった構造として観察される．つまり，各染色体は倍加しており，2本の同一な染色分体（姉妹染色分体）からなる．これらはセントロメアで互いに合着している．各染色分体が1本のDNA二重らせんをもつ．対合した2本の相同染色体は二価染色体と呼ばれる．**太糸期**（厚糸期，pachytene stage）には，二価染色体はより太く短くなる．**複糸期** diplotene stage には，2本の相同染色体は分離するが，キアズマ（後述）と呼ばれる数カ所では依然互いに付着したままの状態である．次の**移動期** diakinesis stage で各々の染色体対はさらに分離するが，まだ両端で互いに付着している．キアズマは交差が起きた場所に相当するが，移動期の後半にはキアズマは末端方向へ移動する（キアズマの末端化）．減数第二分裂の機構は有糸分裂のそれと同様である．

B．シナプトネマ複合体

シナプトネマ複合体は減数第一分裂前期に形成される複合構造物で，1956年，D. Fawcett と M. J. Moses により独立に精母細胞で観察された．母方由来（mat）の2本の染色分体（図の1と2）と父方由来（pat）の2本の染色分体（図の3と4）からなり，キアズマ形成を開始し，交差とそれに続く組換えに不可欠の構造物である．（図は Alberts ら，2002 より）

C．キアズマ形成

キアズマとは1909年，F. A. Janssens により，減数第一分裂前期の交差という細胞学的所見を表現するために導入された用語である．キアズマは母方由来の1本の染色分体（図の1と2）と父方由来の染色分体（図の3と4）の間で形成される．一染色体の2本の染色分体のいずれも，他方由来の相同染色体の染色分体1本と交差することができる（例えば，1と3，2と4など）．キアズマ形成は染色体の分離にも重要である．

D．遺伝的組換え

交差を通じて染色体領域の新しい組み合わせが生じる（組換え）．その結果，染色体の中で組換え領域と非組換え領域を区別することができる．図では，1本の染色体のA〜E領域（赤で示す）と相同染色体のそれに相当するa〜e領域（青で示す）が，組換え染色体ではそれぞれa-b-C-D-E，A-B-c-d-eとなっている．

E．太糸期と移動期の顕微鏡像

太糸期と移動期の間，各染色体は光学顕微鏡や電子顕微鏡で容易に観察できる．ここでは移動期の光学顕微鏡像（図a）と太糸期の電子顕微鏡像（図b）を示す．図aでは，21トリソミーの男性に存在する過剰な21番染色体（赤矢印）は対合していない．男性の減数分裂では，X染色体とY染色体はXY小体を形成する．XとYの対合は短腕の最末端部に限局されている（258頁参照）．図bでは，太くなった（複製した）染色体とXY二価染色体がみられる．（図は R. Johannisson 博士，Lübeck，Germany の厚意による；図aは Johannisson ら，1983 より）

参考文献

Alberts B: Molecular Biology of the Cell, 4th ed. Garland Science, 2002.
Johannisson R et al: Down's syndrome in the male. Reproductive pathology and meiotic studies. Hum Genet 63: 132–138, 1983.
Miller OJ, Therman E: Human Chromosomes, 4th ed. Springer, New York-Berlin, 2001.

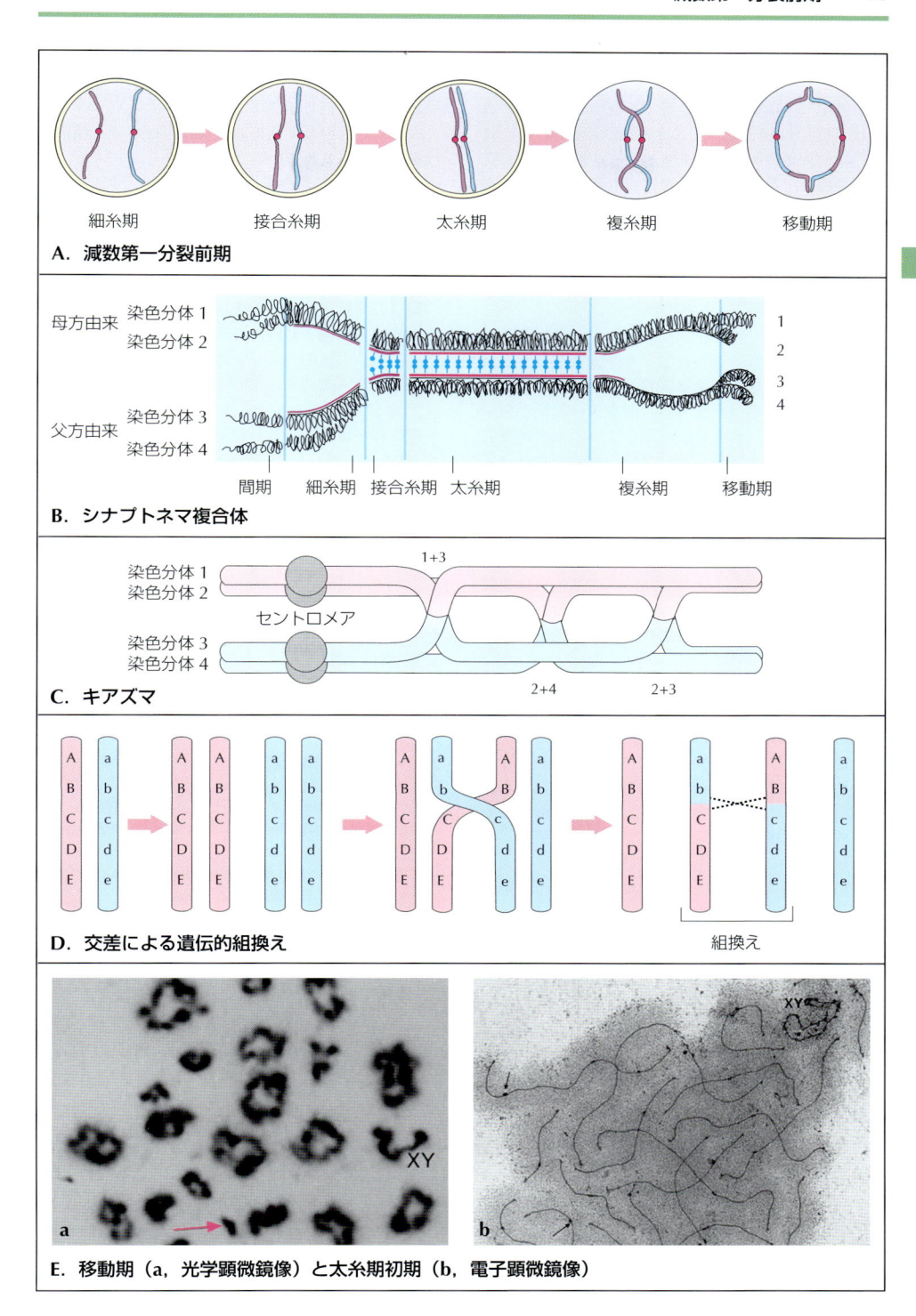

減数第一分裂前期　123

A. 減数第一分裂前期

細糸期　接合糸期　太糸期　複糸期　移動期

B. シナプトネマ複合体

母方由来　染色分体1／染色分体2
父方由来　染色分体3／染色分体4

間期　細糸期　接合糸期　太糸期　複糸期　移動期

C. キアズマ

染色分体1／染色分体2
セントロメア
染色分体3／染色分体4

1+3　2+4　2+3

D. 交差による遺伝的組換え

組換え

E. 移動期（a，光学顕微鏡像）と太糸期初期（b，電子顕微鏡像）

配偶子の形成

配偶子（生殖細胞）は性腺で形成される。その過程は男性では精子形成，女性では卵形成と呼ばれる。始原生殖細胞は胚の発生初期に生殖隆起から性腺へ移動し，そこで有糸分裂により数を増やす。実際の生殖細胞の形成（配偶子形成）は減数分裂で始まる。男性と女性の配偶子形成は持続時間と生成結果の点で異なっている。

A. 精子形成

精原細胞は雄性動物の性腺で有糸分裂を行う二倍体細胞である。思春期を迎えると減数第一分裂が始まり，一次精母細胞が生じる。減数第一分裂が完了すると，1つの一次精母細胞から2つの二次精母細胞が生じる。各々は複製された染色体の半数セットをもっている。各々の二次精母細胞は減数第二分裂により2つの精細胞を生じる。したがって，1つの一次精母細胞から4つの精細胞が形成され，各々が一倍体の染色体数をもつことになる。精細胞は約6週間で成熟した精子へと分化する。精子形成は連続的な過程であり，ヒトの男性では精原細胞が精子になるのに必要な時間は約90日である。

B. 卵形成

卵形成とは雌性動物が卵子を形成することであり，その持続時間と生成結果は精子形成とは異なる。始原生殖細胞は胚の発生初期に生殖隆起から卵巣へ移動し，そこで有糸分裂を繰り返して卵原細胞を形成する。卵原細胞の減数第一分裂の結果，一次卵母細胞が生じる。ヒトの女性では減数第一分裂は出生の約4週間前に始まる。減数第一分裂は**網糸期** dictyotene stage と呼ばれる前期の段階で休止し，一次卵母細胞は排卵までこの段階にとどまり続け，排卵時に減数第一分裂が再開する。

卵母細胞では，減数第一分裂，減数第二分裂とも細胞質は非対称的に分割し，大きさの均等でない2つの細胞ができる。減数第一分裂では一方の細胞（二次卵母細胞）は大きく，最終的に卵となる。他方の小さい細胞は第一極体となる。二次卵母細胞の減数第二分裂でも娘細胞の大きさは不均等で，大きい方が卵，他方が第二極体となる。極体は変性し，通常は発生を続けることはないが，まれに受精して不完全発生の双体を生じることがある。二次卵母細胞の各々の染色体は，依然2本の姉妹染色分体からなる。これらは次の細胞分裂（減数第二分裂）まで分離せず，第二分裂時に2つの細胞に分けられる。ほとんどの脊椎動物において，二次卵母細胞の成熟は減数第二分裂で再び休止している。排卵時，二次卵母細胞は卵巣から放出され，もし受精が起これば減数分裂が継続して完了する。

約5カ月齢のヒト胎児の卵巣に存在する生殖細胞の最大数は 6.8×10^6 個である。出生までに約200万個に減少し，思春期までには約20万個に減る。このうち最終的に排卵されるのは約400個である。

医学との関連

新規の突然変異は，そのほとんどが配偶子形成中に生じる。配偶子形成の時期に男女間で違いがあることから，生殖細胞の分裂の回数は精子形成と卵形成とでかなり異なる。精子前駆細胞では30歳までに平均して約380回，40歳までには約610回の染色体複製が起きている。精子形成の間には卵形成に比べて25倍以上の細胞分裂が起こる（Crow, 2000）。男性，特に年齢の高い父親に認められる高い突然変異率は，これにより説明できるだろう。女性では，減数分裂までに平均22回の有糸分裂が起こるので，計23回の染色体複製が起きることになる。

減数第一または第二分裂時の染色体の不完全な分配（染色体不分離）は，染色体の数的異常の原因となる（414頁参照）。

参考文献

Alberts B et al: Molecular Biology of the Cell, 4th ed. Garland Science, New York, 2002.

Crow JF: The origins, patterns and implications of human spontaneous mutation. Nature Rev Genet 1: 40-47, 2000.

Hurst LD, Ellegren H: Sex biases in the mutation rate. Trends Genet 14: 446-452, 1998.

Miller OJ, Therman E: Human Chromosomes, 4th ed. Springer, New York-Berlin, 2001.

配偶子の形成 125

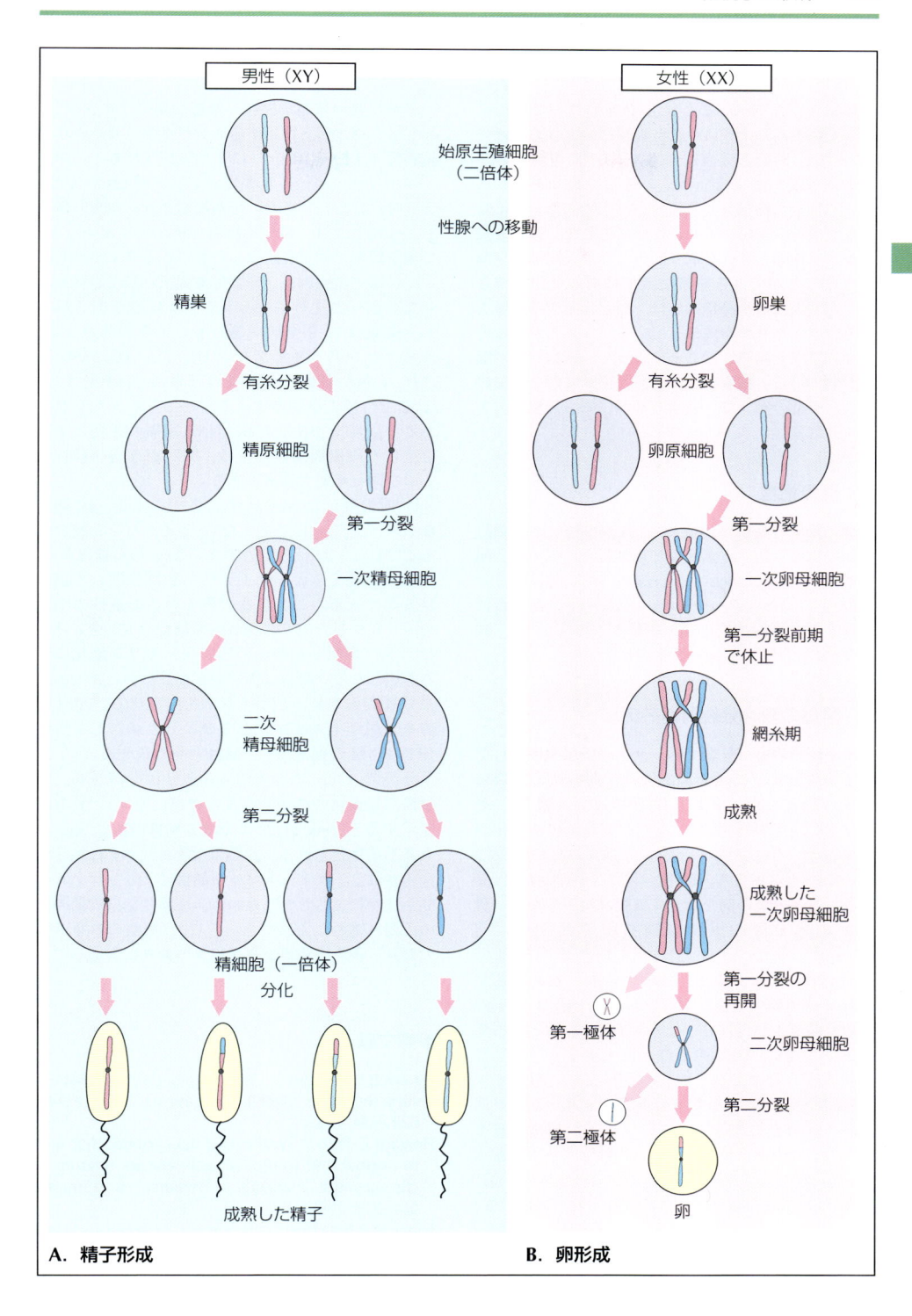

A. 精子形成

B. 卵形成

細胞周期の調節

1953年，A. HowardとS. R. Pelcによって初めて明らかにされたように，細胞周期には大きく分けて2つの相，間期と分裂期がある．DNA複製ならびに細胞分裂の際には，多くの種類の誤りが生じうる．不完全な細胞分裂は娘細胞や生物個体全体に重大な結果を引き起こしかねない．そこで，細胞分裂の誤りを検知しそれを取り除いたり，欠陥細胞を葬り去ることができる精密な調節機構が進化してきた．細胞周期の調節機構には，相互作用する複雑な一連のタンパク群が関与している．これらが一連の周期的現象を調節することによって，細胞周期が管理されている．細胞外シグナルと協調したこれらのタンパク群の働きで，適切な時期に細胞分裂が引き起こされる．

A. 酵母細胞

酵母細胞の遺伝学的研究（114頁参照）から細胞周期の調節に関する重要な知見が得られている．出芽酵母（*Saccharomyces cerevisiae*，パン酵母）と分裂酵母（*Schizosaccharomyces pombe*）は，高等真核生物と似た細胞周期の調節機構をもっている．（図は2005年7月，Googleで取得）

B. 酵母の細胞分裂周期モデル

出芽酵母の有糸分裂では，大小の娘細胞がそれぞれ1つ生じる．紡錘体微小管はS期のごく初期に形成されるため，事実上G_2期はない（図1）．それに対して分裂酵母ではG_2期の終わりに紡錘体が形成され，有糸分裂へと進行して均等な大きさの2つの娘細胞が生じる（図2）．脊椎動物細胞とは異なり，有糸分裂の間を通じて核膜は消失しない．酵母の細胞分裂の重要な調節因子はcdc2（cell division cycle-2）タンパクである．分裂酵母でcdc2活性が欠損すると（cdc⁻変異体），細胞周期が遅れ有糸分裂への移行が妨げられる（図3）．そのため，核を1つだけもった大きすぎる細胞となってしまう．逆に，cdc2の活性が増大すると（優性変異体cdc^D）有糸分裂への移行が早まり，小さすぎる細胞ができる（「小さい」を表すスコットランド語からwee表現型と呼ばれる）．通常，酵母細胞は以下の3つの選択肢をもつ．(1) 細胞が小さすぎるか栄養素が乏しい場合，細胞周期を停止する，(2) 接合する（116頁参照），(3) 有糸分裂へ移行する．（図はLodishら，2004より）

C. 細胞周期の調節機構

真核生物の細胞周期は，細胞周期の「エンジン」ともいうべき相互作用するタンパク群，サイクリン依存性キナーゼ（Cdk）により駆動される．このタンパクファミリーの重要なメンバーがcdc2（Cdk1とも呼ばれる）である．細胞周期進行の律速段階として作用したり，特定の段階（チェックポイント）で細胞周期の停止を誘導したりできるタンパクも働いている．増殖因子（分裂促進因子）が受容体を介してS期へと進行させるシグナル伝達を引き起こし，細胞はG_1期を経て進行するよう誘導される．サイクリンD（サイクリンD1, D2, D3）が産生され，Cdk4, Cdk6と結合してそれらを活性化する．G_1期での停止を誘導することができるタンパクもある．活性型p53による，DNA損傷の検知とそれを受けた細胞周期の停止は，細胞がS期へ移行するのを防ぐ重要な機構である．

G_1期初期にはcdc2は不活性であるが，G_1期後期にサイクリンEのようなG_1サイクリンと結合することによって活性化される．いったん細胞がG_1制限点を越えると，サイクリンEは分解して細胞はS期に入る．これは他の多くの反応活性の中でも，サイクリンAのCdk2への結合やRBタンパク（336頁，網膜芽細胞腫の項参照）のリン酸化により惹起される．細胞は傷害が存在しないときのみ有糸分裂進入チェックポイントを通過する．cdc2は有糸分裂サイクリンAならびにBと結合して活性化され，M期促進因子（MPF）を形成する．

分裂期の間，サイクリンAとBは分解され，分裂後期促進複合体ができる（詳細は略す）．分裂が完了すると，cdc2は酵母ではS期抑制因子Sic1により不活性化される．同時にRBタンパクは脱リン酸化される．フィードバック制御により，ゲノムの完全性が保証されたときのみ，細胞は細胞周期の次の段階へ進むことができる．（図は概略のみを示しており，多くの重要なタンパクの働きは省略してある）

参考文献

Hartwell L, Weinert T: Checkpoints: Controls that ensure the order of cell cycle events. Science 246: 629–634, 1989.

Howard A, Pelc S: Synthesis of deoxyribonucleic acid in normal and irradiated cells and its relation to chromosome breakage. Heredity 6 (Suppl.): 261–273, 1953.

Nurse P: A long twentieth century of the cell cycle and beyond. Cell 100: 71–78, 2000.

細胞周期の調節

A. 酵母細胞

約 5 μm
出芽酵母（*Saccharomyces cerevisiae*）

約 7〜15 μm
分裂酵母（*Schizosaccharomyces pombe*）

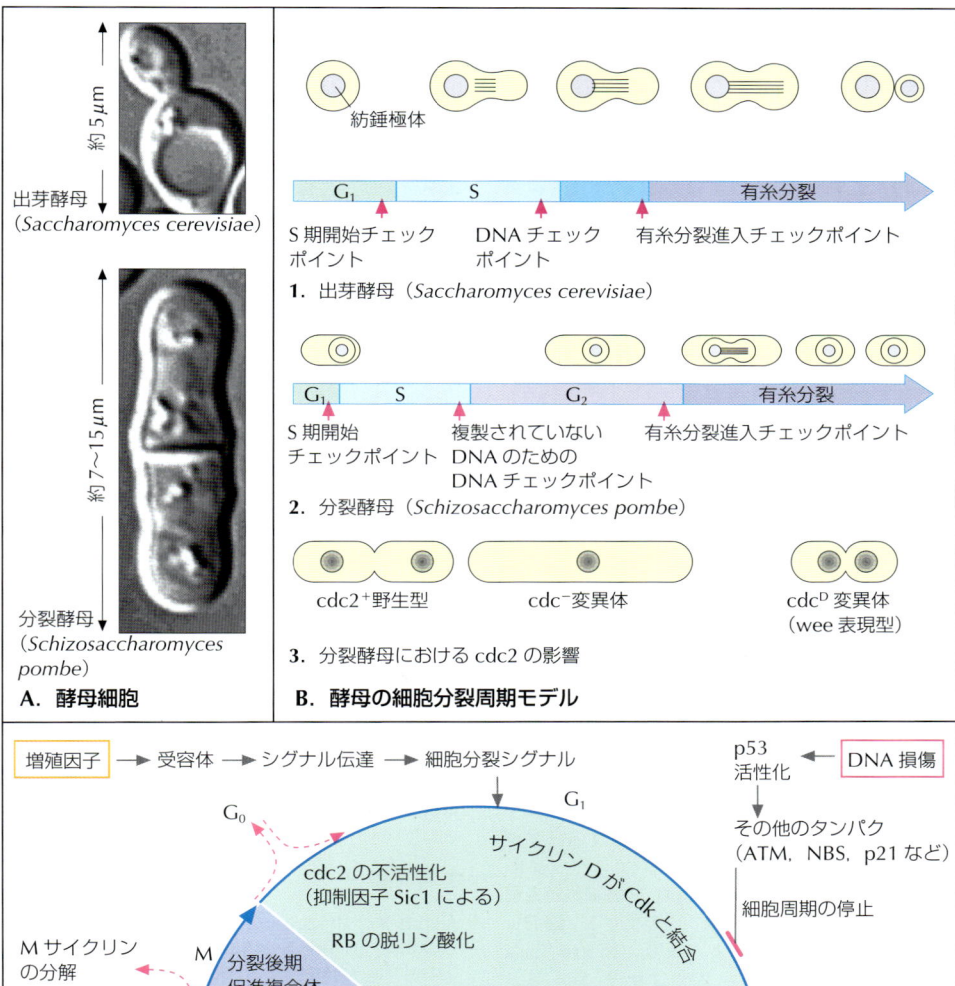

B. 酵母の細胞分裂周期モデル

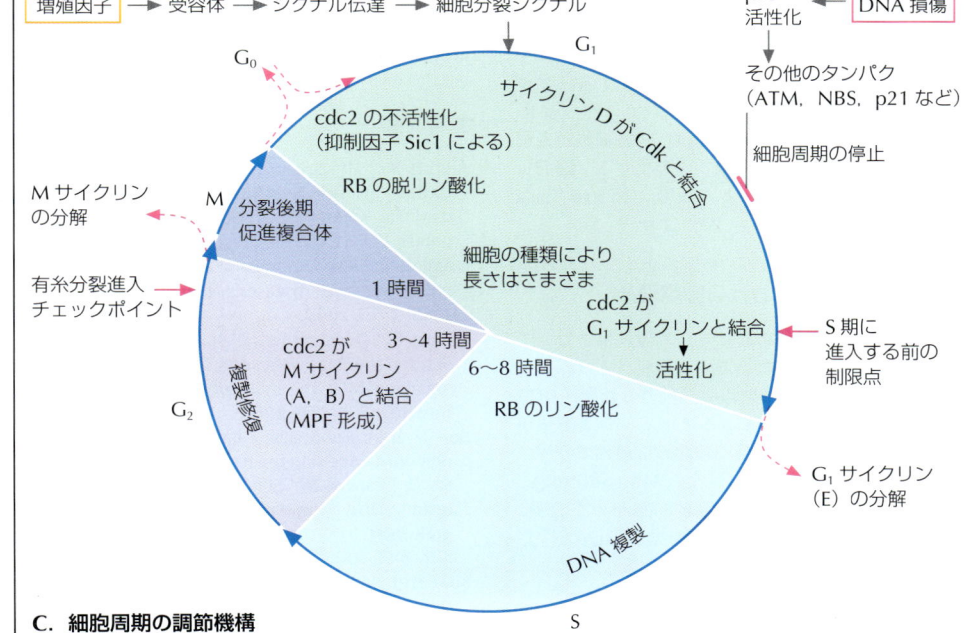

紡錘極体

G_1 — S — 有糸分裂

S期開始チェックポイント／DNAチェックポイント／有糸分裂進入チェックポイント

1. 出芽酵母（*Saccharomyces cerevisiae*）

G_1 — S — G_2 — 有糸分裂

S期開始チェックポイント／複製されていないDNAのためのDNAチェックポイント／有糸分裂進入チェックポイント

2. 分裂酵母（*Schizosaccharomyces pombe*）

$cdc2^+$ 野生型　　cdc^- 変異体　　cdc^D 変異体（wee 表現型）

3. 分裂酵母における cdc2 の影響

C. 細胞周期の調節機構

増殖因子 → 受容体 → シグナル伝達 → 細胞分裂シグナル

DNA 損傷 → p53 活性化 → その他のタンパク（ATM, NBS, p21 など）→ 細胞周期の停止

G_0

cdc2 の不活性化（抑制因子 Sic1 による）
RB の脱リン酸化

M サイクリンの分解

分裂後期促進複合体

有糸分裂進入チェックポイント

M — 1 時間

3〜4 時間

cdc2 が M サイクリン（A, B）と結合（MPF 形成）

G_2

染色体修復

サイクリン D が Cdk と結合

G_1

細胞の種類により長さはさまざま

cdc2 が G_1 サイクリンと結合 → 活性化

6〜8 時間

RB のリン酸化

S

DNA 複製

S 期に進入する前の制限点

G_1 サイクリン（E）の分解

アポトーシス

多細胞生物の発生のある段階では，死ぬことが運命づけられた細胞がある。この過程は厳密に制御されており，**アポトーシス** apoptosis（プログラムされた細胞死）と呼ばれる。1972 年，Kerr により提唱されたこの生物学的現象の重要性は，線虫（*Caenorhabditis elegans*，306 頁参照）の研究で初めて明確に認識された。もしアポトーシスが起こらなければ，生物の発生が失敗したり，癌が発生したりすることがある。アポトーシスの調節は，それを誘導したり阻害したりする多くのタンパクによってなされている。アポトーシスは細胞の外部（外経路）もしくは内部（内経路）から作用する多様な刺激により誘導される。外部刺激には放射線照射，必須増殖因子の除去，グルココルチコイドなどがあり，内部刺激には自然発生的な細胞の DNA 損傷などがある。

A. アポトーシスの重要性

アポトーシスはおもに発生中に起こる。例えば，発生中の哺乳類の胚の指はアポトーシスによって形成される（図 1）。動物の前肢（ヒトの手）はスペード型の構造物として発生してくる。指の形成には指間部の細胞が死ぬことが必要である（図には明るい緑の点で示されている）。最も驚かされるのは，発生中の脊椎動物の神経系で起こるアポトーシスの多さである。正常では形成された神経細胞の実に半数がアポトーシスにより間もなく死滅する。アポトーシスを制御する重要な遺伝子（カスパーゼ 9，後述）を欠損したマウスの胚では，神経細胞が過剰に増殖し，脳が顔の上まで張り出してくる（図 2）。（図 1 は Alberts ら，2002 より改変；図 2 は Kaida ら，1998 に基づく Gilbert，2003 より）

B. アポトーシスにおける細胞現象

アポトーシスの最初の目にみえる徴候はクロマチンの凝縮と細胞の萎縮である。細胞膜はしぼみ（ブレブ形成），細胞が壊れ始める（核の分節化，DNA の断片化）。細胞の残渣であるアポトーシス小体が形成され，最終的には溶解と呼ばれる過程で分解される。（図は A. J. Cann 博士，Microbiology, Leicester University による画像を 2005 年 3 月 22 日，Google で取得して改変）

C. アポトーシスの制御

カスパーゼと呼ばれる，システインを含む特殊なアスパラギン酸プロテアーゼファミリーが中心的役割を果たしている。カスパーゼは互いに特定の順序で活性化もしくは不活性化し合う。細胞傷害性 T 細胞（免疫系の項参照）の Fas リガンドが Fas 受容体（CD95 とも呼ばれる）に結合すると，細胞内アダプタータンパクの FADD（Fas-associated death domain）が活性化される。これがプロカスパーゼ 8 に結合し，プロカスパーゼ 8 からカスパーゼ 8 へと活性化させる。カスパーゼ 8 はミトコンドリアでシトクロム *c* を放出させ（132 頁参照），数種類の異なったエフェクターカスパーゼを活性化する。カスパーゼ 8 の下流には 2 つの経路がある。I 型細胞（胸腺細胞と線維芽細胞）では，カスパーゼ 8 が直接カスパーゼ 3 を活性化する。肝細胞のような II 型細胞では，カスパーゼ 8 は Bcl-2 ファミリーのメンバーである Bid を開裂させる。

マウスとヒトのゲノムには 13 個のカスパーゼ遺伝子（1〜12 と 14，巻末の付表 2 参照）が含まれる。ヒトではカスパーゼ 3 と 6〜10 がアポトーシスに関与し，その他は炎症に関係している（Nagata, 2005）。カスパーゼ 8 はまた，抗原に対する遺伝的反応の初期においては，NF-κB に対する選択的シグナル伝達因子としても作用する（Su ら，2005）。その他のアポトーシスの制御因子は Bcl-2 ファミリーのメンバーである［Bcl という名前は本遺伝子の変異が原因となって発生した B 細胞リンパ腫（B-cell lymphoma）に由来する。B 細胞リンパ腫は B リンパ球に由来するヒト悪性腫瘍である］。（図は Koolman & Röhm，2005 より）

参考文献

Alberts B et al: Molecular Biology of the Cell, 4th ed. Garland Science, New York, 2002.

Danial NN, Korsmeyer SJ: Cell death: Critical control points. Cell 116: 205–219, 2004.

Friedlander RM: Apoptosis and caspases in neurodegenerative diseases. New Eng J Med 348: 1365–1375, 2003.

Gilbert SF: Developmental Biology, 7th ed. Sinauer, Sunderland, Massachusetts, 2003.

Hengartner MD: The biochemistry of apoptosis. Nature 407: 770–776, 2000.

Kerr JF et al: Apoptosis: a basic biological phenomenon with wide ranging implications in tissue kinetics. Br J Cancer 26: 239–257, 1972.

Nagata S: DNA degradation in development and programmed cell death. Ann Rev Immunol. 23: 821–852, 2005.

Su H et al: Requirement for caspase-8 in NF-kB activation by antigen receptor. Science 307: 1465–1468, 2005.

アポトーシス 129

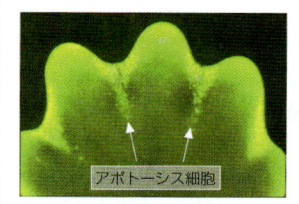

1. マウス胚の前肢における アポトーシス

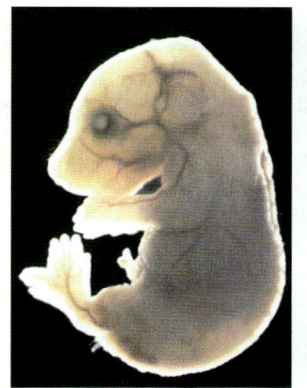

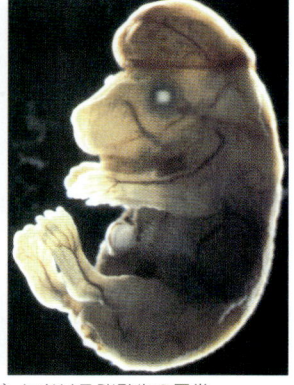

2. カスパーゼ9欠損マウス胚（右）における脳発生の異常

A. アポトーシスの重要性

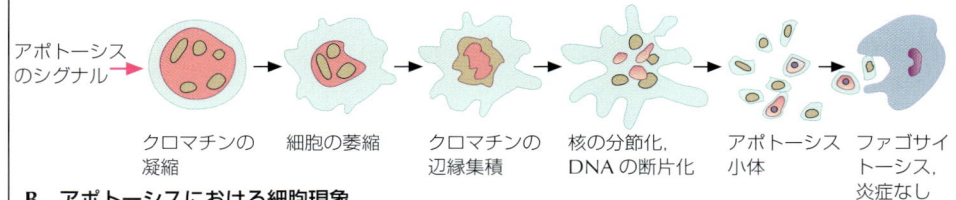

アポトーシスのシグナル → クロマチンの凝縮 → 細胞の萎縮 → クロマチンの辺縁集積 → 核の分節化, DNAの断片化 → アポトーシス小体 → ファゴサイトーシス, 炎症なし

B. アポトーシスにおける細胞現象

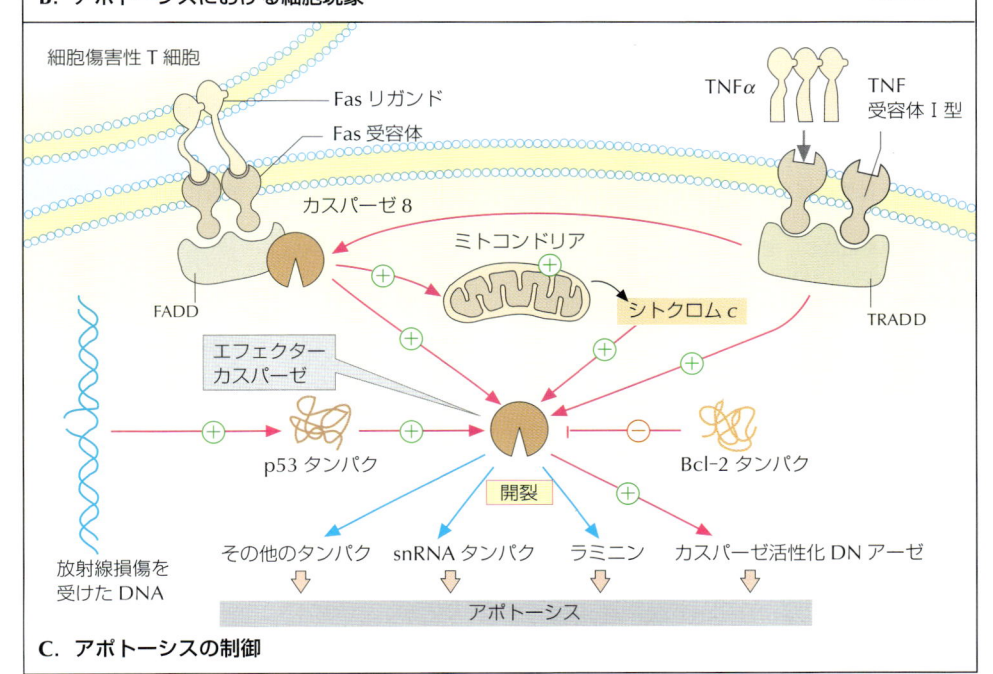

細胞傷害性T細胞 — Fasリガンド — Fas受容体 — カスパーゼ8 — FADD

TNFα — TNF受容体Ⅰ型 — TRADD

ミトコンドリア → シトクロム c

エフェクターカスパーゼ

放射線損傷を受けたDNA → p53タンパク

Bcl-2タンパク

開裂 → その他のタンパク／snRNAタンパク／ラミニン／カスパーゼ活性化DNアーゼ → アポトーシス

C. アポトーシスの制御

細胞培養

ビタミン，糖類，血清（さまざまな増殖因子とホルモンを含む），脊椎動物の9種の必須アミノ酸（His, Ile, Leu, Lys, Met, Phe, Thr, Tyr, Val）と通常はさらにグルタミンとシステインを含有する培地を用いると，動物や植物の細胞は37℃で培養シャーレの中で生存，増殖できる（細胞培養）。非常に多彩な成長培地が哺乳類の細胞培養に利用できる。細胞培養の近代の応用は，W. Earle がマウスの不死化細胞株を樹立した1940年に始まった。そして，T. T. Puck らは試験管内でヒト細胞のクローンを増殖させた。**体細胞遺伝学** somatic cell genetics では1965年から細胞培養が広く用いられるようになった。

哺乳類の組織の小片から培養して，優位に増殖する細胞種は線維芽細胞である。培養皮膚線維芽細胞は寿命が限られている（Hayflick, 1997）。ヒトの細胞は，細胞老化（セネッセンス senescence）と呼ばれる状態に達するまで約30回分裂する能力がある。成人組織に由来する細胞は胎児組織に由来するものより寿命が短い。

培養細胞は温度上昇に非常に敏感で，約39℃を超えると生存できない。他方，特殊な条件下では−196℃の液体窒素に保管されたチューブの中で生きたまま保存でき，数年ないし数十年が経過しても解凍して再び培養することができる。

A. 皮膚線維芽細胞の培養

培養を始めるには皮膚の小片（2×4 mm）を無菌条件下で採取し，細片に切り刻んで培養皿に入れておく。細片は皿の底に接着していなければならない。およそ8〜14日後，細胞は各細片から成長し始め，増殖を始める。細胞は培養容器の底に接着しているときのみ成長し増殖する（細胞の足場依存性による接着培養）。培養容器の底が高密度の一層の細胞に覆われると，接触阻害により分裂は止まる（腫瘍細胞では接触阻害現象は失われる）。新しい培養容器に移されると（継代培養），細胞は再びコンフルエント〔訳注：一層の細胞が培養容器面を覆いつくした状態になること〕になるまで増殖を続ける。一連の継代培養によって，数百万個の細胞を実験のために得ることができる。

B. 研究のための雑種細胞

培養細胞はポリエチレングリコールやセンダイウイルスに曝露させることにより細胞融合を誘導できる。異なる生物種由来の親細胞どうしが融合すれば，異種間雑種細胞を入手できる。チミジンキナーゼが欠損（TK−）あるいはヒポキサンチン-グアニンホスホリボシルトランスフェラーゼが欠損した（HPRT−）親細胞を使えば，雑種細胞は親細胞と区別できる。A型（TK−，図1）とB型（HPRT−，図2）の親細胞を共培養すると（図3），融合した細胞が出現する（図4）。ヒポキサンチン，アミノプテリン，チミジン（HAT培地；Littlefield, 1964）を含む選択培地では，両方の親細胞（図1，2）の核をもつ融合細胞のみが増殖できる。融合していない細胞は HAT 培地では増殖できない（図5）。その理由は，TK−細胞はチミジン一リン酸を合成できず，HPRT−細胞はプリンヌクレオシド一リン酸を合成できないからである。融合細胞は互いを補い合う。融合細胞は2つの核をもつが（異種共存体，ヘテロカリオン，図6），やがて核が融合して雑種細胞となる（図7）。各親細胞由来の2種類の染色体セットをもつ雑種細胞は培養できる。培養中の細胞分裂の間に，各々の細胞はランダムに染色体を失い，最終的にはそれぞれ異なる組み合わせの染色体をもつ細胞になる。

C. 放射線ハイブリッド

放射線ハイブリッドは，別の生物種に由来する染色体の小断片を含んだ齧歯類の細胞である（McCarthy, 1996）。ヒト細胞に3〜8 Gy という致死線量の放射線を照射すると，染色体は小片に破壊され（図1），細胞は培養では分裂できない。しかし，これらの細胞を放射線照射されていない齧歯類細胞（図2）と融合させると，ヒト染色体断片の中で齧歯類の染色体に取り込まれるものがでてくる（図3）。ヒト DNA を含む細胞はヒト染色体特異的なプローブによって同定できる。

参考文献

Alberts B et al: Molecular Biology of the Cell, 4th ed. Garland Science, New York, 2002.

Brown TA: Genomes, 2nd ed. Bios Scientific Publishers, Oxford, 2002.

Hayflick L: Mortality and immortality at the cellular level. Biochemistry 62: 1180–1190, 1997.

Lodish H et al: Molecular Cell Biology, 5th ed. WH Freeman & Co, New York, 2000.

McCarthy L: Whole genome radiation hybrid mapping. Trends Genet 12: 491–493, 1996.

細胞培養　131

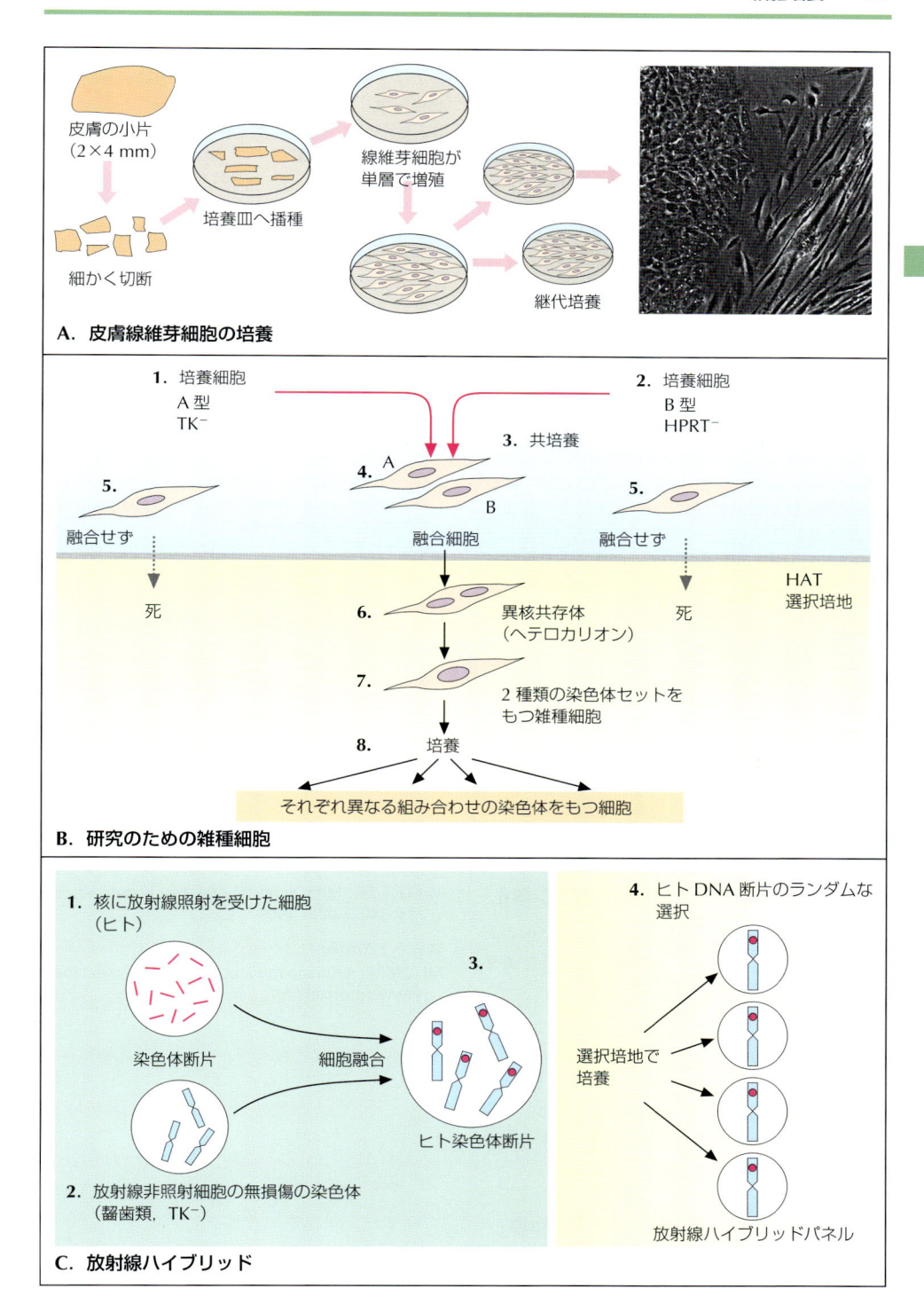

A. 皮膚線維芽細胞の培養

- 皮膚の小片（2×4 mm）
- 細かく切断
- 培養皿へ播種
- 線維芽細胞が単層で増殖
- 継代培養

B. 研究のための雑種細胞

1. 培養細胞 A型 TK⁻
2. 培養細胞 B型 HPRT⁻
3. 共培養
4. A / B
5. 融合せず → 死
5. 融合せず → 死
   融合細胞
6. 異核共存体（ヘテロカリオン）
7. 2種類の染色体セットをもつ雑種細胞
8. 培養

HAT選択培地

それぞれ異なる組み合わせの染色体をもつ細胞

C. 放射線ハイブリッド

1. 核に放射線照射を受けた細胞（ヒト）
   染色体断片
2. 放射線非照射細胞の無損傷の染色体（齧歯類, TK⁻）
3. 細胞融合 → ヒト染色体断片
4. ヒトDNA断片のランダムな選択

選択培地で培養 → 放射線ハイブリッドパネル

ミトコンドリア：エネルギー変換

ミトコンドリアは真核細胞中に存在し，半自律的に自己再生する直径 1～2 μm の細胞小器官である。ヒトでは 16,569 bp の環状ミトコンドリア DNA（mtDNA）が多数個存在する。細胞あたりのミトコンドリアの数や形は細胞の種類により異なり，また変化しうる。真核細胞は平均して細胞あたり 10^3～10^4 個のミトコンドリアを有する。動物細胞のミトコンドリアや植物細胞の葉緑体は，必須のエネルギー産生が行われる場所であり，葉緑体は光合成の場所でもある。ヒト mtDNA は呼吸鎖で働く 13 種類のタンパクをコードしている。

A. ミトコンドリアにおける主要事象

ミトコンドリアは 2 種類の高度に特殊化した膜，外膜と内膜，により囲まれている。内膜は折り畳まれて多数のクリステを形成し，マトリックス空間を囲んでいる。

ミトコンドリア内の必須のエネルギー産生過程は酸化的リン酸化（OXPHOS）である。NADH（還元型ニコチンアミドアデニンジヌクレオチド）や $FADH_2$（還元型フラビンアデニンジヌクレオチド）のような比較的単純なエネルギー運搬体が，糖質，脂肪，その他の栄養素の酸化的分解により産生される。重要なエネルギー運搬体であるアデノシン三リン酸（ATP）は，ミトコンドリア内膜で起こる一連の生化学反応（呼吸鎖）を通じて，アデノシン二リン酸（ADP）の酸化的リン酸化により形成される。その他の重要な機能として細胞内の酸素伝達がある。

B. ミトコンドリアにおける酸化的リン酸化

ATP は生物系のエネルギー変換において中心的役割を担っている。ATP は酸化的リン酸化により NADH と ADP から形成され，アデニン，リボース，三リン酸単位からなるヌクレオチドである。三リン酸単位は 2 つのリン酸無水結合をもつので，ATP は高エネルギー分子である。ATP が加水分解されて ADP になるとき，エネルギー（自由エネルギー）が放出される。ATP のリン酸無水結合に蓄えられているエネルギーは，例えば筋収縮などの際に放出される。

C. ミトコンドリア内膜における電子伝達

ミトコンドリアや葉緑体のゲノムには，呼吸鎖や酸化的リン酸化に関係する複数の成分を産生するための遺伝子が含まれている。3 種類の酵素複合体が電子伝達を調節する。(1) NADH デヒドロゲナーゼ複合体，(2) シトクロム bc_1 複合体，(3) シトクロムオキシダーゼ複合体である。それらの間をキノン誘導体であるユビキノン（補酵素 Q）と，シトクロム c が仲介する。電子伝達によりプロトン（H^+）が産生され，これが ADP と無機リン酸（P_i）から ATP への変換（酸化的リン酸化）を誘導する。リン酸無水結合の形でエネルギーを蓄えている ATP は，あらゆる生体システムのエネルギー供給源として働いている。そのため，ミトコンドリアに遺伝的欠陥があると，筋力低下やその他の変性症状が主要な症状となる。（図は Alberts ら，1998；Koolman & Röhm，2005 より）

参考文献

Alberts B et al: Essential Cell Biology. An Introduction to the Molecular Biology of the Cell. Garland Publishing, New York, 1998.

Chinnery PE, Turnbull DM: The epidemiology and treatment of mitochondrial diseases. J Med Genet 106: 94–101, 2001.

Johns DR: Mitochondrial DNA and disease. New Eng J Med 333: 638–644, 1995.

Kogelnik AM et al: MITOMAP: a human mitochondrial genome database—1998 update. Nucl Acids Res 26: 112–115, 1998.

Koolman J, Röhm KH: Color Atlas of Biochemistry, 2nd ed. Thieme Medical Publishers, Stuttgart-New York, 2005.

Strachan T, Read AP: Human Molecular Genetics, 3rd ed. Garland Science, London-New York, 2004.

Turnball DM, Lighttowlers RN: An essential guide to mtDNA maintenance. Nature Genet 18: 199–200, 1998.

Wallace DC: Mitochondrial diseases in man. Science 283: 1482–1488, 1999.

ネット上の情報：

MITOMAP: A human mitochondrial genome database (www.mitomap.org/).

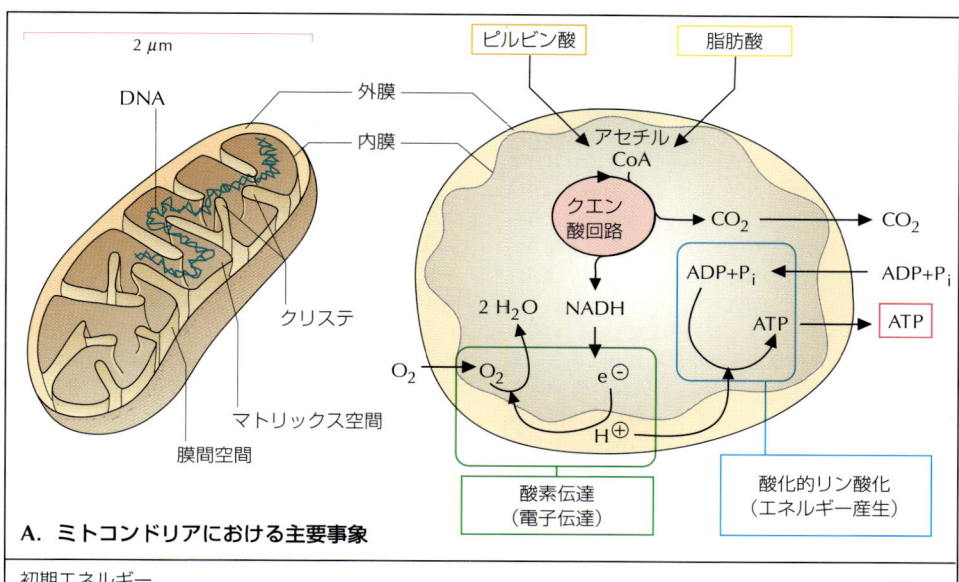

ミトコンドリア：エネルギー変換

A. ミトコンドリアにおける主要事象

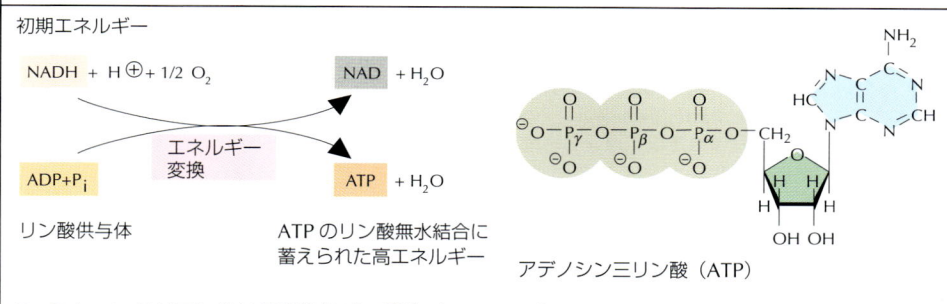

- 2 μm
- DNA
- 外膜
- 内膜
- クリステ
- マトリックス空間
- 膜間空間
- ピルビン酸
- 脂肪酸
- アセチルCoA
- クエン酸回路
- CO_2
- $2H_2O$
- NADH
- O_2
- e^-
- H^+
- ADP+P_i
- ATP
- 酸素伝達（電子伝達）
- 酸化的リン酸化（エネルギー産生）

B. ミトコンドリアにおける酸化的リン酸化 (OXPHOS)

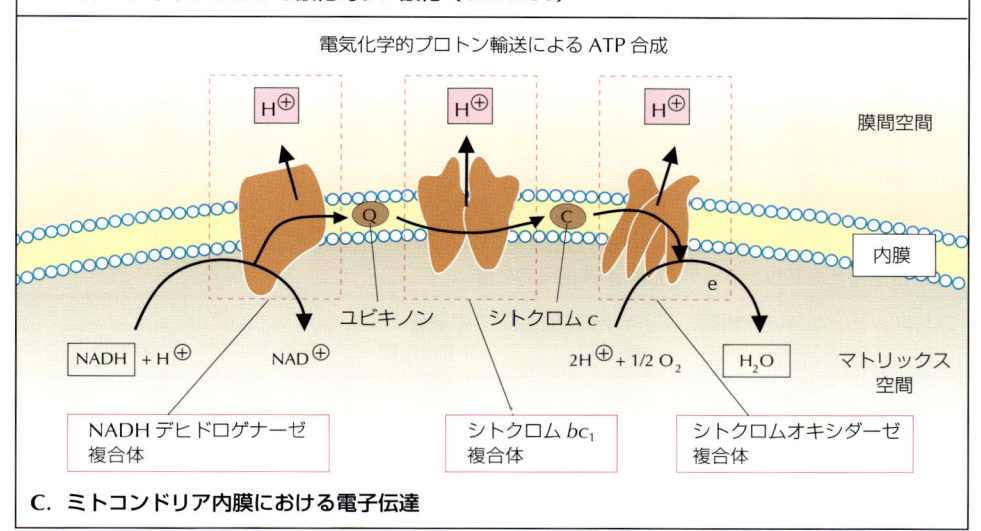

初期エネルギー

NADH + H^+ + 1/2 O_2 → NAD + H_2O

ADP+P_i →（エネルギー変換）→ ATP + H_2O

リン酸供与体　　ATPのリン酸無水結合に蓄えられた高エネルギー

アデノシン三リン酸 (ATP)

C. ミトコンドリア内膜における電子伝達

電気化学的プロトン輸送によるATP合成

- H^+
- 膜間空間
- Q　ユビキノン
- C　シトクロム c
- 内膜
- NADH + H^+ → NAD
- $2H^+$ + 1/2 O_2 → H_2O
- マトリックス空間
- NADHデヒドロゲナーゼ複合体
- シトクロム bc_1 複合体
- シトクロムオキシダーゼ複合体

葉緑体とミトコンドリア

葉緑体は植物の細胞小器官である。ミトコンドリアと異なる点として葉緑体は第三の膜、**チラコイド膜** thylakoid membrane をもっており、この膜上で光合成を行う。葉緑体と真核細胞のミトコンドリアは環状 DNA のゲノムを有する。葉緑体 DNA (ctDNA) の大きさは種によって差はあるが 12 万〜16 万 bp であり、約 120 種類の遺伝子が含まれている。遺伝子の半数は DNA プロセシング機能（転写、翻訳、rRNA、tRNA、RNA ポリメラーゼサブユニット、リボソームタンパク）に関係している。いくつかの葉緑体 DNA の塩基配列が決定されている。葉緑体ゲノムとミトコンドリアゲノムの間では約 12,000 bp（12 kb）が相同である。葉緑体は内部共生していたシアノバクテリアに由来するものと考えられている。

A. 蘚苔類葉緑体の遺伝子

葉緑体の遺伝子はイントロンによって分断されている。各葉緑体には葉緑体 DNA が 20〜40 コピー存在し、1 つの細胞に 20〜40 個の葉緑体が含まれている。ゼニゴケ（*Marchantia polymorpha*）の葉緑体ゲノムには約 120 種類の遺伝子が含まれている。この中には 4 種類のリボソーム RNA（16S rRNA、23S rRNA、4.5S rRNA、5S rRNA）遺伝子が 2 コピーずつ存在し、それぞれのコピーは 2 カ所の領域に逆向きに位置しており（逆方向反復配列）、この並び方は葉緑体ゲノムの特徴である。この逆方向反復配列に挟まれた 18〜19 kb の間に短い単一遺伝子群が存在する。葉緑体ゲノムには約 30 種類の tRNA と約 50 種類のタンパクの情報が含まれる。タンパクは光化学系 I（2 つの遺伝子）、光化学系 II（7 つの遺伝子）、シトクロム系（3 つの遺伝子）、および H$^+$-ATP アーゼ系（6 つの遺伝子）などに属している。NADH デヒドロゲナーゼ複合体は 6 種類の遺伝子、フェレドキシンは 3 つの遺伝子、リブロースは 1 つの遺伝子に、それぞれコードされている。多くのリボソームタンパクは大腸菌と相同である。（図は Alberts ら、1994 より）

B. 酵母のミトコンドリア遺伝子

酵母（*Saccharomyces cerevisiae*）のミトコンドリアゲノムは巨大であり（120 kb）、遺伝子にはイントロンが存在する。tRNA、呼吸鎖（シトクロムオキシダーゼ 1, 2, 3 ならびにシトクロム *b*）、15S rRNA と 21S rRNA、ATP 合成酵素複合体サブユニット 6, 8, 9 の遺伝子が含まれている。酵母ミトコンドリアゲノムではリボソーム RNA 遺伝子が離れた位置にあるという特徴がある。21S rRNA 遺伝子はイントロンを 1 つ含んでいる。酵母ミトコンドリアゲノムの約 25％ は AT 塩基対に富んだ非コード配列である。

ミトコンドリアゲノムの遺伝暗号は、いくつかのコドンが核 DNA の普遍的な暗号とは異なっている。例えば、核 DNA の終止コドン UGA はミトコンドリアではトリプトファンをコードし、核 DNA でアルギニンを指定するコドン（AGA および AGG）は哺乳類ミトコンドリアでは終止コドンとして働く。

参考文献

Alberts B et al: Molecular Biology of the Cell, 3rd ed. Garland Publishing, New York, 1994.
Borst P, Grivell LA: The mitochondrial genome of yeast. Cell 15: 705–723, 1978.
Foury F, Roganti T, Lecrenier N, Purnelle B: The complete sequence of the mitochondrial genome of *Saccharomyces cerevisiae*. FEBS Letters 440: 325–331, 1998.
Ohyama K et al: Chloroplast gene organization deduced from complete sequence of liverwort *M. polymorpha* chloroplast DNA. Nature 322: 572–574, 1986.

共通遺伝暗号とミトコンドリア DNA の遺伝暗号の違い

コドン	共通の意味	ミトコンドリアでの意味			
		哺乳類	無脊椎動物	酵母	植物
UGA	終止	Trp	Trp	Trp	終止
AUA	Ile	Met	Met	Met	Ile
CUA	Leu	Leu	Leu	Thr	Leu
AGA/AGG	Arg	終止	Ser	Arg	Arg

（データは Alberts ら、2002 より）

葉緑体とミトコンドリア

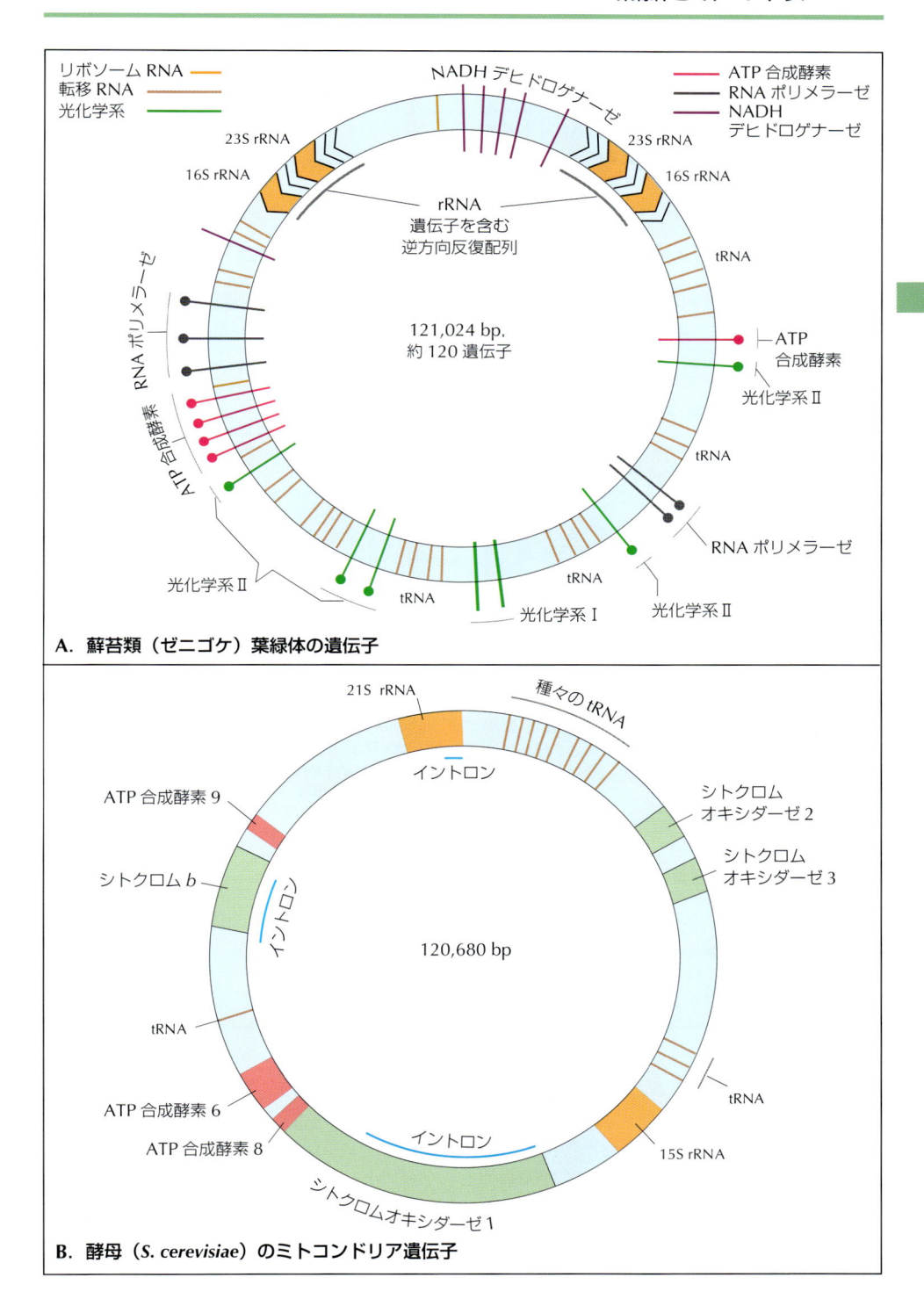

A. 蘚苔類（ゼニゴケ）葉緑体の遺伝子

凡例:
- リボソーム RNA
- 転移 RNA
- 光化学系
- ATP 合成酵素
- RNA ポリメラーゼ
- NADH デヒドロゲナーゼ

主な要素: 23S rRNA, 16S rRNA, NADH デヒドロゲナーゼ, rRNA 遺伝子を含む逆方向反復配列, tRNA, ATP 合成酵素, 光化学系 I, 光化学系 II, RNA ポリメラーゼ

121,024 bp, 約120遺伝子

B. 酵母（*S. cerevisiae*）のミトコンドリア遺伝子

120,680 bp

主な要素: 21S rRNA, 種々の tRNA, イントロン, シトクロムオキシダーゼ 2, シトクロムオキシダーゼ 3, tRNA, 15S rRNA, シトクロムオキシダーゼ 1, ATP 合成酵素 8, ATP 合成酵素 6, tRNA, シトクロム *b*, ATP 合成酵素 9

ヒトのミトコンドリアゲノム

　哺乳類のミトコンドリアゲノムは小さくて密である。イントロンはなく，ある部分では遺伝子が重複しているので，事実上すべての塩基対がコード遺伝子の一部分である。ヒトとマウスのミトコンドリアゲノム塩基配列はすでに決定され，非常に相同性が高い。各々約16.5 kbの大きさであり，酵母のミトコンドリアゲノムや葉緑体のゲノムに比べるとかなり小さい。生殖細胞ではミトコンドリアはほぼ卵母細胞にのみ存在し，精子にはほとんど含まれない。それゆえミトコンドリアは母親から卵母細胞を介して伝達される（母系遺伝）。

A．ヒトのミトコンドリア遺伝子

　ヒトのミトコンドリアゲノムは1981年にAndersonらにより塩基配列が決定された。16,569 bpの大きさで，各ミトコンドリアにはDNA分子が2〜10コピー存在する。密度勾配遠心分離法により，それぞれ1本鎖であるH鎖（重鎖）とL鎖（軽鎖）が区別される。ヒトのミトコンドリアDNA（mtDNA）には4種類の代謝過程のための13のタンパクコード領域がある。4種類の代謝過程とは，(1) NADHデヒドロゲナーゼ，(2) シトクロムcオキシダーゼ複合体（サブユニット1，2，3），(3) シトクロムb，(4) ATP合成酵素複合体（サブユニット6，8）である。酵母と異なり哺乳類のmtDNAは，NADHデヒドロゲナーゼの7種類のサブユニット（ND1〜6, ND4L）をコードしている。mtDNAのコード領域の60％は，これら7種類のサブユニットで占められている。

　遺伝子の多くはH鎖上にある。L鎖は1種類のタンパク（ND6）と8種類のtRNAをコードしている。H鎖からは2種類のRNAが転写され，短い方にはrRNAが，長い方にはmRNAと14種類のtRNAが含まれる。L鎖から転写されるRNAは1種類である。環状構造の11時方向と12時方向の中間にある複製起点（ORI）の近くから反時計方向には，7S RNAが転写される。

B．ミトコンドリアゲノムと核ゲノムの協働

　ミトコンドリアタンパクの多くは核遺伝子産物とミトコンドリア遺伝子産物の集合体である。核での転写と細胞質での翻訳によって産生された核遺伝子産物は，ミトコンドリア内に移送される。ミトコンドリアでは，核遺伝子産物とミトコンドリア遺伝子産物をサブユニットとして機能タンパクが構成される。ミトコンドリア遺伝性疾患の多くがメンデル遺伝形式を示し，完全に母系遺伝するのは純粋にミトコンドリア遺伝子によって規定される疾患のみであるのは，このためである。

C．ミトコンドリアゲノムの進化的関連性

　ミトコンドリアは細胞に取り込まれた独立の微生物に由来するものと考えられている。mtDNA，核DNA，葉緑体DNAの構造と機能の類似性から，特に葉緑体DNAからmtDNAへ，そしてその両者から真核生物間の核DNAへという，進化的な関連性のあることが推定されている。

参考文献

Anderson S et al: Sequence and organization of the human mitochondrial genome. Nature 290: 457–474, 1981.

Chinnery PF: Searching for nuclear-mitochondrial genes. Trends Genet 19: 60–62, 2003.

Lang BF et al: Mitochondrial genome evolution and the origin of eukaryotes. Ann Rev Genet 33: 351–397, 1999.

Singer M, Berg P: Genes and Genomes. Blackwell Scientific Publishers, Oxford, 1991.

Suomalainen A et al: An autosomal locus predisposing to deletions of mitochondrial DNA. Nature Genet 9: 146–151, 1995.

Wallace DC: Mitochondrial diseases: genotype versus phenotype. Trends Genet 9: 128–133, 1993.

Wallace DC: Mitochondrial DNA sequence variation in human evolution and disease. Proc Nat Acad Sci 91: 8739–8746, 1994.

A. ヒトのミトコンドリア遺伝子

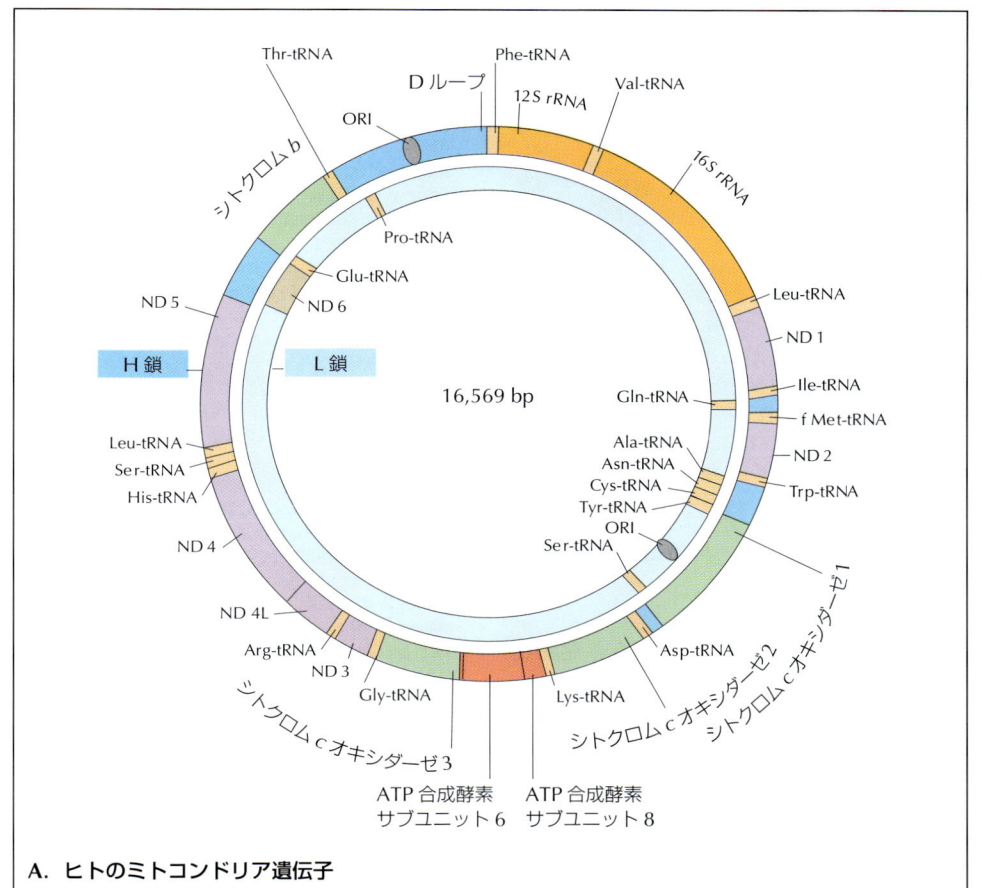

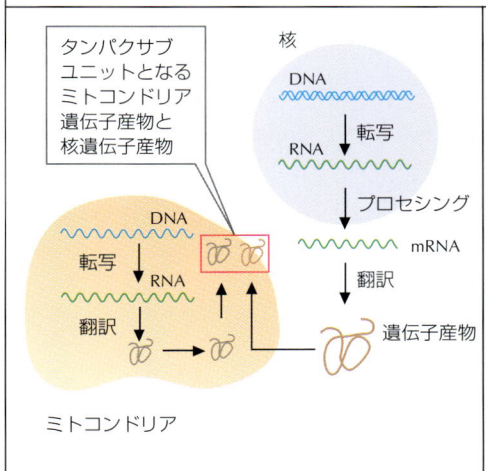

B. ミトコンドリアゲノムと核ゲノムの協働

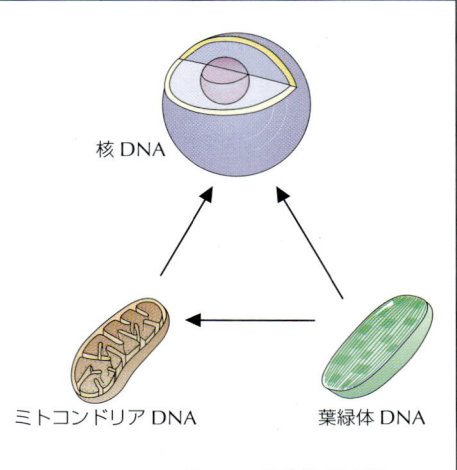

C. ミトコンドリアゲノムの進化的関連性

ミトコンドリア病

ヒトミトコンドリアDNA（mtDNA）の点変異や欠失により，数多くの複雑で単一でない疾患群が生じる．ミトコンドリア病の臨床像や発症年齢にはかなり幅がある．ミトコンドリア病では，脳，心臓，骨格筋，眼，聴覚器，肝臓，膵臓，腎臓など，エネルギー需要の大きい臓器が特に侵されやすい．通常，後天的ミトコンドリア遺伝子変異は年齢とともに蓄積していく．ミトコンドリア遺伝子変異は母系遺伝により伝達される．

mtDNAの変異率は核DNAよりも10倍高い．ミトコンドリア遺伝子変異は，酸化的リン酸化反応の際に活性酸素分子が関与した経路により生じる．有効なDNA修復機構や防御的なヒストンタンパクがないので変異は蓄積される．出生時には大部分のmtDNA分子が同一である（**ホモプラスミー** homoplasmy）が，次第に各ミトコンドリアに変異が蓄積されていくので，各ミトコンドリアでDNAが異なるようになる（**ヘテロプラスミー** heteroplasmy）．

A. ヒトミトコンドリアDNAの点変異と欠失

点変異も欠失もミトコンドリア病の原因となる．ある種の変異は特徴的で，血縁関係のない患者にも同じ変異がみられる．重要な点変異や欠失およびミトコンドリア病の例を，**図A**と巻末の付表3に示した．（図はWallace, 1999；MITOMAP；Marie T. LottとD. C. Wallaceとの私信より）

B. ミトコンドリア病の母系遺伝

精子にはほとんどミトコンドリアが含まれないので，遺伝性のミトコンドリア病は母系からのみ伝達される．罹患男性からその子どもへ伝達されることはない．

C. ミトコンドリア遺伝子変異のヘテロプラスミー

ミトコンドリアの点変異や欠失の多くは生後に獲得される．変異をもつミトコンドリアの比率は組織により異なり，年齢によっても違う．この差異をヘテロプラスミーと呼び，ミトコンドリア病の多様性の一因となる．生殖細胞変異の場合は，すべての細胞に変異がある（ホモプラスミー）．機能異常を示すミトコンドリアの割合は細胞分裂が繰り返された後には細胞ごとに異なる．

参考文献

Brandon MC, Lott MT, Nguyen KC, et al: MITOMAP: a human mitochondrial genome database—2004 update. Nucleic Acids Res 33 (Database issue): D611–613, 2005 (available online at http://www.mitomap.org).

Chinnery PF, Howell N, Andrews RM, Turnbull DM: Clinical mitochondrial genetics. J Med Genet 36: 425–436, 1999.

Estivill X, Govea N, Barcelo E, et al: Familial progressive sensorineural deafness is mainly due to the mtDNA A1555 G mutation and is enhanced by treatment with aminoglycosides. Am J Hum Genet 62: 27–35, 1998.

Gilbert-Barness E, Barness L: Metabolic Diseases. Foundations of Clinical Management, Genetics, and Pathology. Eaton Publishing, Natick, Massachusetts, 2000.

Harper PS: Practical Genetic Counselling, 6th ed. Edward Arnold, London, 2004.

Wallace DC: Mitochondrial diseases in man and mice. Science 283: 1482–1488, 1999.

Wallace DC et al: Mitochondria and neuro-ophthalmologic dieases. In: The Metabolic and Molecular Bases of Inherited Disease. 8th ed. CR Scriver et al, eds. McGraw-Hill, New York, 2001.

Wallace DC, Lott MT: Mitochondrial genes in degenerative diseases, cancer, and aging. In: Emery and Rimoin's Principles and Practice of Medical Genetics. 4th ed. DL Rimoin et al, eds. Churchill-Livingstone, Edinburgh, 2002.

ミトコンドリア病

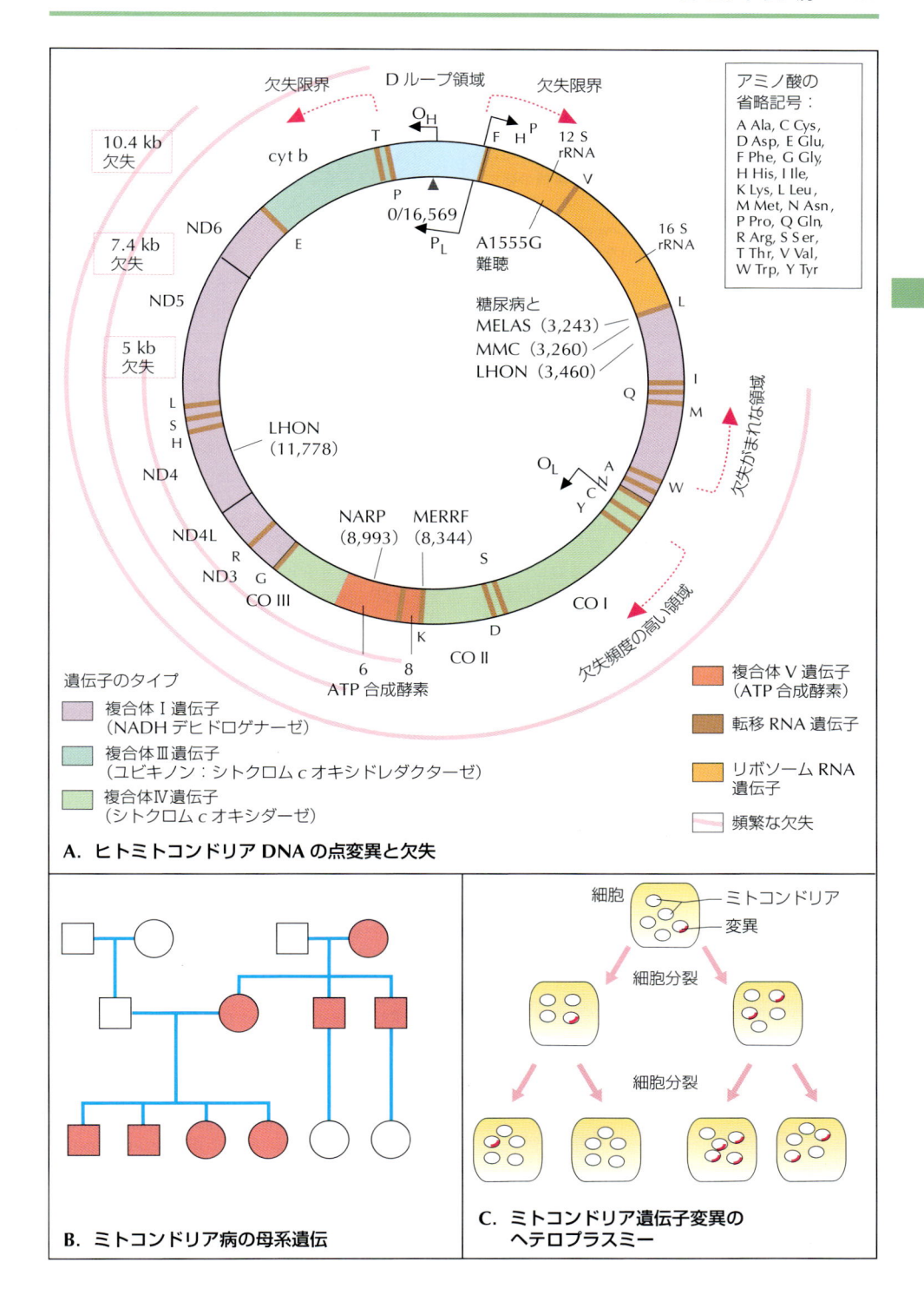

A. ヒトミトコンドリア DNA の点変異と欠失

D ループ領域

欠失限界 / 欠失限界
10.4 kb 欠失
7.4 kb 欠失
5 kb 欠失

アミノ酸の省略記号：
A Ala, C Cys,
D Asp, E Glu,
F Phe, G Gly,
H His, I Ile,
K Lys, L Leu,
M Met, N Asn,
P Pro, Q Gln,
R Arg, S Ser,
T Thr, V Val,
W Trp, Y Tyr

cyt b, T, O_H, F, H, P, 12S rRNA, V, 16S rRNA, L, ND6, E, 0/16,569, P_L, A1555G 難聴, 糖尿病と MELAS (3,243), MMC (3,260), LHON (3,460), Q, I, M, ND5, W, LHON (11,778), L S H, O_L, A N C Y, ND4, S, CO I, ND4L, R, D, ND3, G, CO III, K, CO II, NARP (8,993), MERRF (8,344), 6 8 ATP 合成酵素

欠失がまれな領域
欠失頻度の高い領域

遺伝子のタイプ
- 複合体 I 遺伝子（NADH デヒドロゲナーゼ）
- 複合体 III 遺伝子（ユビキノン：シトクロム *c* オキシドレダクターゼ）
- 複合体 IV 遺伝子（シトクロム *c* オキシダーゼ）
- 複合体 V 遺伝子（ATP 合成酵素）
- 転移 RNA 遺伝子
- リボソーム RNA 遺伝子
- 頻繁な欠失

B. ミトコンドリア病の母系遺伝

C. ミトコンドリア遺伝子変異のヘテロプラスミー

細胞 — ミトコンドリア — 変異
細胞分裂
細胞分裂

メンデル形質

　遺伝の基本原則の科学的基盤は 1865 年，オーストリアの修道士 Gregor Mendel がブリュン自然科学協会において発表した（出版は翌 1866 年）卓越した観察結果により確立された．『植物雑種の研究（*Versuche über Pflanzen-Hybriden*）』と題したこの論文で，Mendel はエンドウ（*Pisum sativum*）の形質が互いに独立して，かつ規則的な様式に従って遺伝することを報告した．しかし，Mendel の生物学上の発見の重要性が H. de Vries，C. Correns，E. Tschermak によってそれぞれ独立に認識されたのは，1900 年になってからのことであった．

A．エンドウ

　エンドウは通常自家受粉する．つまり，葯からの花粉は同一花の柱頭に落ちる．しかし，容易に交配（人工受粉）させることができる．エンドウ（左図）は茎・葉・花・鞘からなる．花（右図）には雌雄の生殖器官がみえる．めしべは柱頭，花柱，胚珠から構成され，雄性器官は葯と花糸からなるおしべである．交配実験を行うにあたって，Mendel は花を開き，自家受粉しないように葯を取り除いてから，別の株の花粉を直接，柱頭に移した．

B．Mendel が観察した形質（表現型）

　Mendel は 7 種類の特徴的な形質を観察した．それは植物の丈（図 1），花のつき方（図 2），鞘の色（図 3）と形（図 4），種子の形（図 5）と色（図 6），種皮の色（図 7）である．Mendel は，これらの形質が決まった比で次世代へ伝達されることを実験で観察したのである．

メンデル遺伝からの逸脱

　メンデル形質は次項で述べる決まった比から逸脱することがある．**エピスタシス** epistasis とは，非アレル性の〔訳注：遺伝子座が異なること〕遺伝子間に一方向性の相互作用がみられることをいう．その結果，1 つの遺伝子の効果によって別の遺伝子の発現が隠されてしまう．1902 年，W. Bateson はこの現象をショウジョウバエの劣性遺伝子「無翅」で説明した．ホモ接合体は無翅であり，「巻翅」のように翅の形態に影響を与える他の遺伝子の発現は隠されてしまう（「無翅」遺伝子は「巻翅」遺伝子に対して上位にある）．**劣性上位** recessive epistasis の例として，ラブラドル犬の黄色の毛色がある．B（黒）ならびに b（茶）という 2 つのアレルが，別の遺伝子のアレル e による影響を受け，黄色の毛色となるのである（Griffiths ら，2000 参照）．ボンベイ血液型はもう 1 つの例である（Bhende ら，1952；Race & Sanger，1975）．

　分離比歪み（segregation distortion）または**マイオティックドライブ** meiotic drive とは，1 つのアレルが他方に比べて優先的に伝達されることである．その結果，子孫において，ある 1 つの形質の出現が対立形質よりもはるかに高頻度となる．顕著な例はマウスの「t コンプレックス」（t／＋ ヘテロ接合雄マウスの子孫がヘテロ接合体になる頻度は 50％ではなく 99％）や，ショウジョウバエの「分離比歪み（sd）」遺伝子である．

　シベリアのマウス集団では，逆位のホモ接合性は生殖適応度を低くし選択上不利となる〔訳注：2 コピーの染色体部分が 1 番染色体に逆位挿入された *ln* 染色体と正常染色体をヘテロ接合でもつ雌と，野生型ホモ接合の雄の子孫は，85％がヘテロ接合体となる．また，*ln* 染色体と正常染色体をヘテロ接合でもつ雌と *ln* ホモ接合の雄の子孫は，65％がヘテロ接合体となる〕．

　おそらく，メンデルの法則からの逸脱は従来考えられていたよりも頻度が高い．**ゲノムインプリンティング**（genomic imprinting，ゲノム刷込み，234 頁参照）も，メンデル遺伝からの逸脱を生む 1 つの原因である．

参考文献

Bhende YM et al: A "new" blood group character related to the ABO system. Lancet I: 903–904, 1952.

Brink RA, Styles ED: Heritage from Mendel. Univ of Wisconsin Press, Madison, 1967.

Corcos AF, Monaghan FV: Gregor Mendel's Experiments on Plant Hybrids. Rutgers Univ Press, New Brunswick, 1993.

Griffith AJF et al: An Introduction to Genetic Analysis, 7th ed. WH Freeman, New York, 2000.

Mendel G: Versuche über Pflanzenhybriden. Verh naturf Ver Brünn 4: 3–47, 1866.

Pomiankowski A, Hurst DL: Siberian mice upset Mendel. Nature 363: 396–397, 1993.

Race RR, Sanger R: Blood Groups in Man, 6th ed. Blackwell, Oxford, 1975.

Vogel F, Motulsky AG: Human Genetics. Problems and Approaches, 3rd ed. Springer, Berlin-Heidelberg, 1997.

Weiling F: Johann Gregor Mendel: Der Mensch und Forscher. II Teil. Der Ablauf der Pisum Versuche nach der Darstellung. Med Genetik 2: 208–222, 1993.

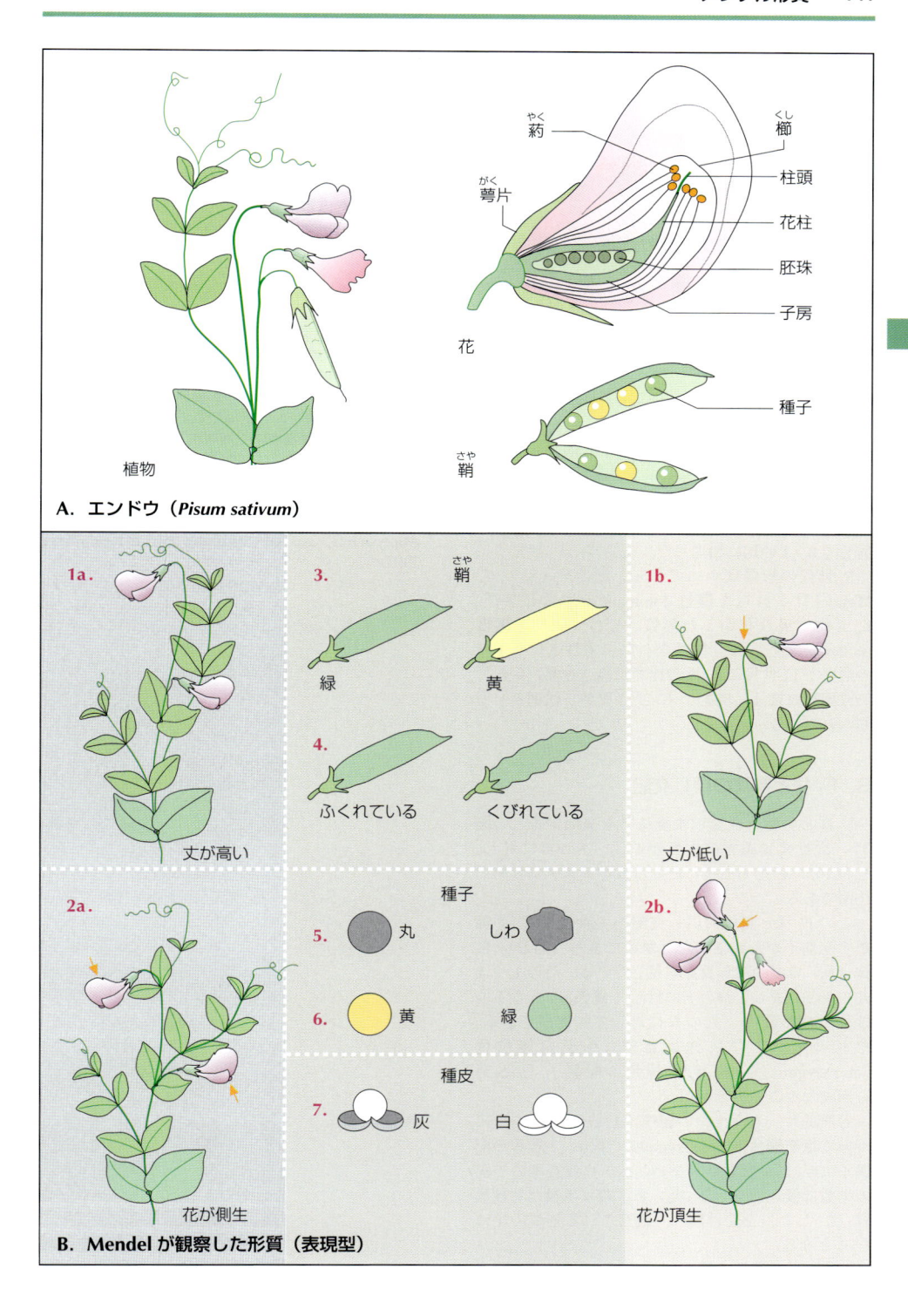

メンデル形質　141

A. エンドウ（*Pisum sativum*）

植物

花
- 葯（やく）
- 櫛（くし）
- 柱頭
- 花柱
- 胚珠
- 子房
- 萼片（がくへん）

鞘（さや）
- 種子

B. Mendel が観察した形質（表現型）

1a. 丈が高い　　1b. 丈が低い

2a. 花が側生　　2b. 花が頂生

3. 鞘：緑 / 黄

4. ふくれている / くびれている

5. 種子：丸 / しわ

6. 黄 / 緑

7. 種皮：灰 / 白

メンデル形質の分離

Mendel は前項で述べたエンドウ（*Pisum sativum*）の形質が明確な様式に従って次世代へ伝達されることを観察し，後にメンデルの法則と呼ばれるようになる生物学的に重要な解釈を行った。

A. 優性形質と劣性形質の分離

Mendel は2種類の実験を行い，種子の形（丸/しわ）と色（黄/緑）を観察した。丸としわ，黄と緑の親世代（P）をそれぞれ交配したところ，第一世代（F_1）ではすべての種子が丸，黄となることがわかった。

自家受粉で生じた次の世代（F_2）では，P世代でみられた形質（丸としわ，黄と緑）が再び出現した。1回の実験で観察した7,324の種子のうち，5,474が丸，1,850がしわであり，両者はほぼ3：1の比を示した。色を観察した実験では，8,023の F_2 種子のうち，6,022が黄，2,001が緑であり，これも同じく3：1の比に相当した。

F_1 世代の形質はすべてが丸，黄であったので，Mendel はこれらを**優性** dominant の形質と呼び，F_1 世代で現れなかった形質（しわ，緑）を**劣性** recessive と呼んだ。優性ならびに劣性という1対の形質が F_2 世代に3：1の比で出現（分離）するという観察結果は，現在，メンデルの第一法則として知られている。

B. F_1 株と親株の戻し交配

F_1 株と劣性形質を示す親株とを交配すると（図1），次世代に両方の形質が1：1（丸106に対し，しわ102）の比で出現した。これがメンデルの第二法則である。

この F_1 株と親株の戻し交配の実験結果は，2種類の配偶子が形成されたと解釈できる（図2）。F_1 株（丸）は2つの形質を内包している。その1つは丸の形質（R；しわの r に対して優性），もう1つはしわの形質（r；丸の R に対して劣性）である。それゆえ，この F_1 株は雑種（**ヘテロ接合性** heterozygous）であり，2種類の配偶子（R と r）を形成することができる。

対照的に，もう1つの親株はしわの形質（r）について**ホモ接合性** homozygous であり，1種類の配偶子（r）しか形成できない。ヘテロ接合株の子孫の半数は優性形質（R，丸）を，残り半数は劣性形質（r，しわ）を受け取り，観察される形質の比は1：1となる。

観察される形質を**表現型** phenotype（特定の特徴について観察できる外見）という。2種類の要素 R と r の組み合わせ，Rr または rr を**遺伝子型** genotype という。要素の各々を**アレル** allele といい，それらはある1つの遺伝子座の異なる遺伝情報の結果である。

アレルが異なれば遺伝子型はヘテロ接合性であり，一致すればホモ接合性である（このいい方は常に，ある1つの遺伝子座に関して用いる）。

参考文献

Brink RA, Styles ED: Heritage from Mendel. Univ of Wisconsin Press, Madison, 1967.

Corcos AF, Monaghan FV: Gregor Mendel's Experiments on Plant Hybrids. Rutgers Univ Press, New Brunswick, 1993.

Griffith AJF et al: An Introduction to Genetic Analysis, 7th ed. WH Freeman, New York, 2000.

Mendel G: Versuche über Pflanzenhybriden. Verh naturf Ver Brünn 4: 3–47, 1866.

Vogel F, Motulsky AG: Human Genetics. Problems and Approaches, 3rd ed. Springer, Berlin-Heidelberg, 1997.

メンデル形質の分離

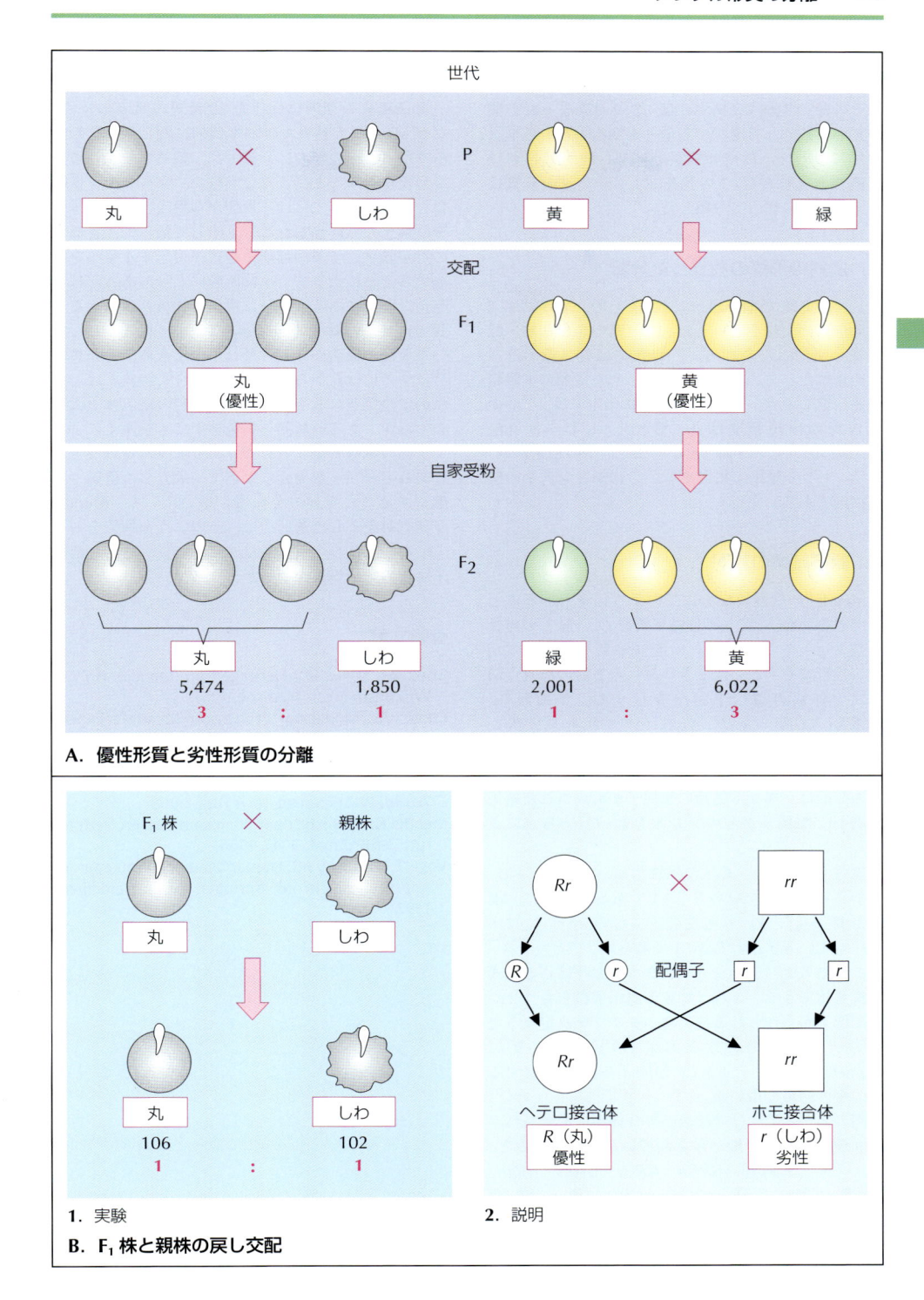

世代

P: 丸 × しわ   黄 × 緑

交配

F₁: 丸（優性）   黄（優性）

自家受粉

F₂:
丸	しわ	緑	黄
5,474	1,850	2,001	6,022
3	**1**	**1**	**3**

A. 優性形質と劣性形質の分離

1. 実験

F₁株 × 親株
丸 × しわ
↓
丸 106 : しわ 102
1 : 1

2. 説明

Rr × rr

配偶子: R, r ／ r, r

→ ヘテロ接合体 Rr : R（丸）優性
→ ホモ接合体 rr : r（しわ）劣性

B. F₁株と親株の戻し交配

2対の形質の独立した分配

その後の実験でMendelは，2つの異なった形質が互いに独立して遺伝することを観察した。各形質の対に関して，以前の観察と同様，F_2世代において優性と劣性が3:1の比を示した。2対の形質は一定の様式に従って分離した。

A．2対の形質の独立した分配

1つの実験でMendelは，丸/しわ，黄/緑の2対の形質の交配を解析した。丸・黄の株をしわ・緑の株と交配したところ，F_1世代では丸・黄の株だけが現れた。この結果は前項に示した最初の実験結果と一致したが，F_2世代の556株の中では，2つの形質対の出現頻度は丸・黄315，しわ・黄108，丸・緑101，しわ・緑32であった。この結果は9:3:3:1の分離比に相当する。これがメンデルの第三法則である。

B．観察結果の説明

Mendelの観察結果を以下のようにまとめることができる。今，「黄」の優性形質をG，「緑」の劣性形質をg，さらに「丸」の優性形質をR，「しわ」の劣性形質をrとしたとき，これら2対の形質に関して9種類の遺伝子型が存在する。すなわち，*GGRR*，*GGRr*，*GgRR*，*GgRr*（いずれも丸・黄），*GGrr*，*Ggrr*（しわ・黄），*ggRR*，*ggRr*（丸・緑），および*ggrr*（しわ・緑）である。図Aに示した形質の分配は，異なる種類の配偶子が形成された結果であり，配偶子がどのアレルをもっているかによる。

優性形質「黄」（G）の劣性形質「緑」（g）に対する比は12:4すなわち3:1である。同様に，優性形質「丸」（R）の劣性形質「しわ」（r）に対する比も12:4すなわち3:1である。

この結果はパンネットのスクエアと呼ばれる図式で視覚化できる。これは特定の遺伝子型をもつ2つの配偶子から作られる接合体のタイプを決定するためのチェス盤のような方法で，1911年にR. C. Punnettが『メンデル遺伝（*Mendelism*）』と題する本の中で初めて用いた。

図のスクエアには受精後の接合体中に形成されうる9種類の遺伝子型が示されている。集計すると，丸・黄が9/16（*GRGR*，*GRGr*，*GrGR*，*GRgR*，*gRGR*，*GRgr*，*GrgR*，*gRGr*，*grGR*），丸・緑が3/16（*gRgR*，*gRgr*，*grgR*），しわ・黄が3/16（*GrGr*，*Grgr*，*grGr*），およびしわ・緑が1/16（*grgr*）となる。2対の形質（優性の黄と劣性の緑，または優性の丸と劣性のしわ）のいずれも，3:1の比（優性:劣性）になる。

遺伝現象の理解に向けた19世紀の試みのうち，なぜMendelの観察だけが本質的に新しかったのだろうか？　その理由は，第一に，観察しやすいような形質を選ぶことによって実験のアプローチを単純化したこと，第二には，世代から世代への伝達様式を計量化して評価したこと，そして第三に，各形質の対が独立して予測可能な様式で遺伝する事実を指摘することによって，生物学的に意味のある解釈を与えたことにある。これは遺伝の仕組みに対する本質的に新しい洞察であった。当時広く行きわたっていた遺伝の概念からかけ離れていたため，その重要性はすぐには認められなかった。今日の我々は，遺伝的に決定される形質は，互いに別の染色体上に存在するか，あるいは同一染色体上でも組換えによって1回の減数分裂ごとに別々に分配されるほど十分に離れて存在する場合にかぎり，独立して遺伝（分離）することを知っている。幸いにして，Mendelが研究対象とした遺伝子は，そのような性質をもっていた。それらの遺伝子はクローニングされ，遺伝子産物の分子構造が明らかになっている。

参考文献

Brink RA, Styles ED: Heritage from Mendel. Univ of Wisconsin Press, Madison, 1967.

Corcos AF, Monaghan FV: Gregor Mendel's Experiments on Plant Hybrids. Rutgers Univ Press, New Brunswick, 1993.

Griffith AJF et al: An Introduction to Genetic Analysis, 7th ed. WH Freeman, New York, 2000.

Mendel G: Versuche über Pflanzenhybriden. Verh naturf Ver Brünn 4: 3–47, 1866.

Vogel F, Motulsky AG: Human Genetics. Problems and Approaches, 3rd ed. Springer, Berlin-Heidelberg, 1997.

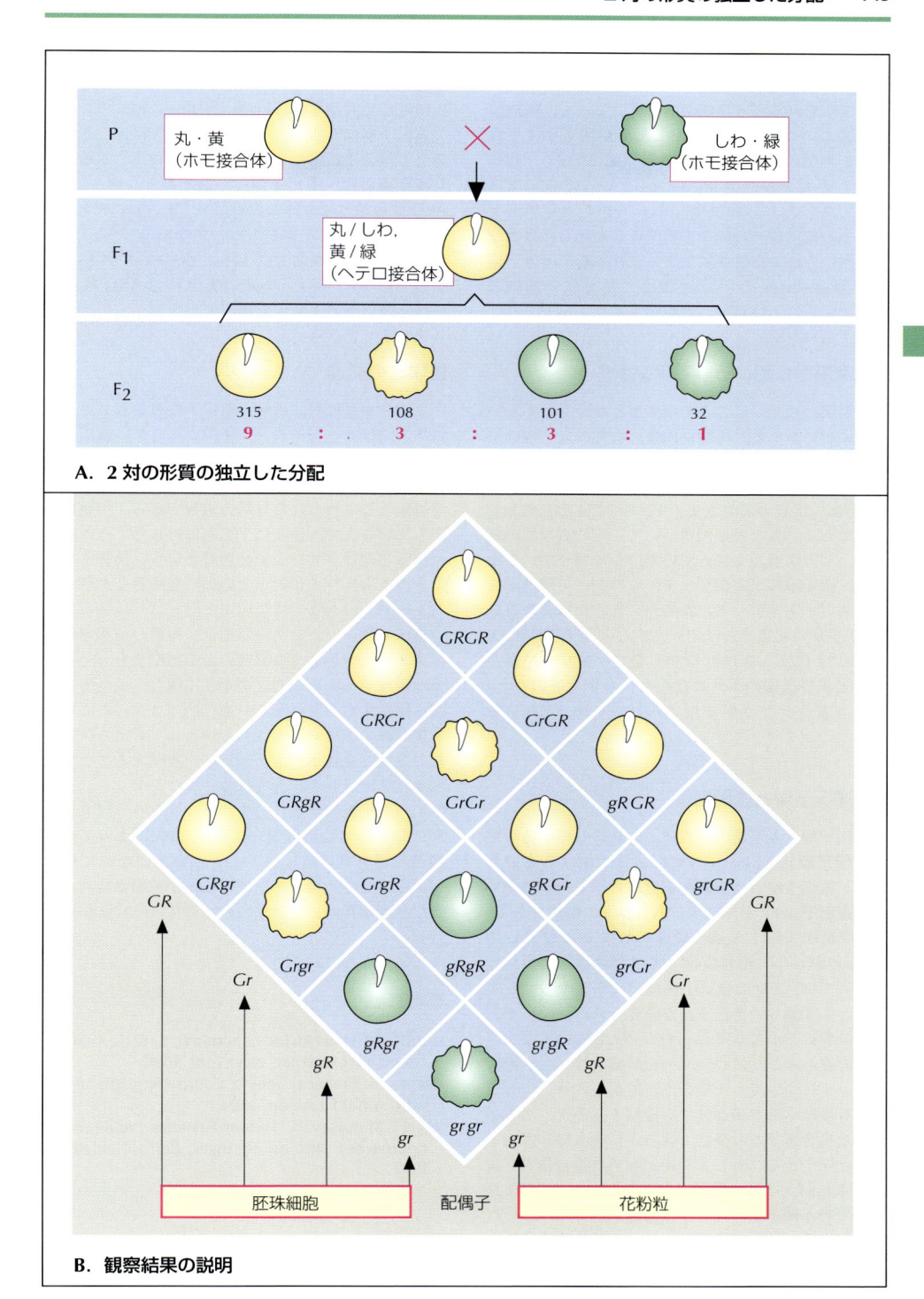

2対の形質の独立した分配　145

| P | 丸・黄（ホモ接合体） × しわ・緑（ホモ接合体） |

F₁　丸/しわ，黄/緑（ヘテロ接合体）

F₂

315	108	101	32
9 :	**3** :	**3** :	**1**

A. 2対の形質の独立した分配

碁盤目状の図：F₂の遺伝子型

上から：
- GRGR
- GRGr, GrGR
- GRgR, GrGr, gRGR
- GRgr, GrgR, gRGr, grGR
- Grgr, gRgR, grGr
- gRgr, grgR
- grgr

配偶子（胚珠細胞）：GR, Gr, gR, gr
配偶子（花粉粒）：GR, Gr, gR, gr

B. 観察結果の説明

表現型と遺伝子型

ヒトにおける形式遺伝学的解析によって，家族関係に基づいた個々人の遺伝的関係が明らかにされる．この関係は家系図で示され（家系分析），観察される形質を**表現型** phenotype という．表現型は疾患であったり，血液型，タンパクのバリアントや，その他の観察可能な形質のこともある．表現型は観察の方法や正確さに大きく依存する．一方，**遺伝子型** genotype という用語は，表現型の基礎になっている遺伝情報のことを指す．

A. 家系図に用いられるシンボル

家系図の表記にはここで示すようなシンボルが一般的に用いられる．男性は四角，女性は丸，性別不明（不十分な情報が理由）の個人は菱形で表す．遺伝医学の分野では，表現型決定の信頼性の度合い（例えば，疾患の有無など）について言及しておくべきである．各々の症例について，どの表現型（例えば，どの疾患）を扱っているのかに言及すべきである．確定診断（完全データ）なのか，可能性が高い診断（不完全データ）なのか，あるいは診断疑い（半信半疑の記述またはデータ）なのかを〔訳注：家系図上で〕区別しなければならない．他にも，例えばX連鎖性遺伝のヘテロ接合女性を表すものなど，さまざまなシンボルが用いられている（150頁参照）．

B. 遺伝子型と表現型

遺伝子型と表現型の定義は，問題にしている特定の**遺伝子座** gene locus の遺伝情報に関するものである．遺伝子座とは問題の形質に対する遺伝情報である**遺伝子** gene が局在する染色体上の場所である．1つの遺伝子座上の遺伝情報の異なる型を**アレル** allele という．二倍体生物（すべての動物と多くの植物）では，1つの遺伝子座における2つのアレルに関して3通りの遺伝子型が考えられる．(1) 一方のアレルについてホモ接合性，(2) 2つの異なるアレルの組み合わせについてヘテロ接合性，(3) 他方のアレルについてホモ接合性，である．

アレルはヘテロ接合体でも確認できるか，あるいはホモ接合体でのみ確認できるかによって，区別することができる．もしアレルがヘテロ接合体でも確認できれば，それを**優性** dominant といい，ホモ接合体でのみ確認できるときは**劣性** recessive という．優性・劣性の概念は観察の正確さに属するのであって，分子レベルでは適用できない．2つのアレルが双方ともヘテロ接合体で確認できれば，それらは**共優性** codominant と表現される（例えば，ABO血液型においてアレルAとBは共優性，OはAおよびBに対して劣性である）．もし〔訳注：集団中に〕1つの遺伝子座に3種以上のアレルがある場合，それに応じて遺伝子型の数も増えることになる．3種のアレルがあれば，遺伝子型は6通りある．例として，ABO血液型には3種の表現型A，B，Oがあり，遺伝子型は以下の6通りある．すなわち，AAとAO（いずれも表現型はA），BBとBO（いずれも表現型はB），AB，OOである（実際にはABO血液型には4種以上のアレルが存在する）．

医学との関連

メンデル遺伝形式は単一遺伝子疾患をもつ患者に対する遺伝カウンセリングを確立させた．**遺伝カウンセリング** genetic counseling とは，遺伝性疾患の診断や発症可能性の評価に関連して，家族や血縁者を対象として行われる対話の過程である．疾患に罹患している人で，最初に（医師に対して）その家系に注意を向けさせた人を発端者という．情報を求めてきた人をクライアントといい，発端者とクライアントは同一の人物ではないことがしばしばある．

遺伝カウンセリングの目標は，疾患の予想される経過，医療的ケア，可能性のある治療法もしくは治療が困難である理由の説明などに関し，包括的な情報を提供することにある．遺伝的リスクがあるため家族計画の実施が考慮される場合に，考えられる決断の選択肢を提示し，その概要を説明することも遺伝カウンセリングに含まれる．カウンセラーには職業上の守秘義務があり，またカウンセラーは意思決定に関与してはならない．DNA検査によって疾患関連情報を発症前に得ることが容易になっているが，この場合，検査を受けることが被験者に利益をもたらすか否かにつき細心の注意をはらう必要がある．

参考文献

Griffith AJF et al: An Introduction to Genetic Analysis, 7th ed. WH Freeman, New York, 2000.

Harper PS: Practical Genetic Counselling, 6th ed. Edward Arnold, London, 2004.

Vogel F, Motulsky AG: Human Genetics. Problems and Approaches, 3rd ed. Springer, Berlin-Heidelberg, 1997.

表現型と遺伝子型

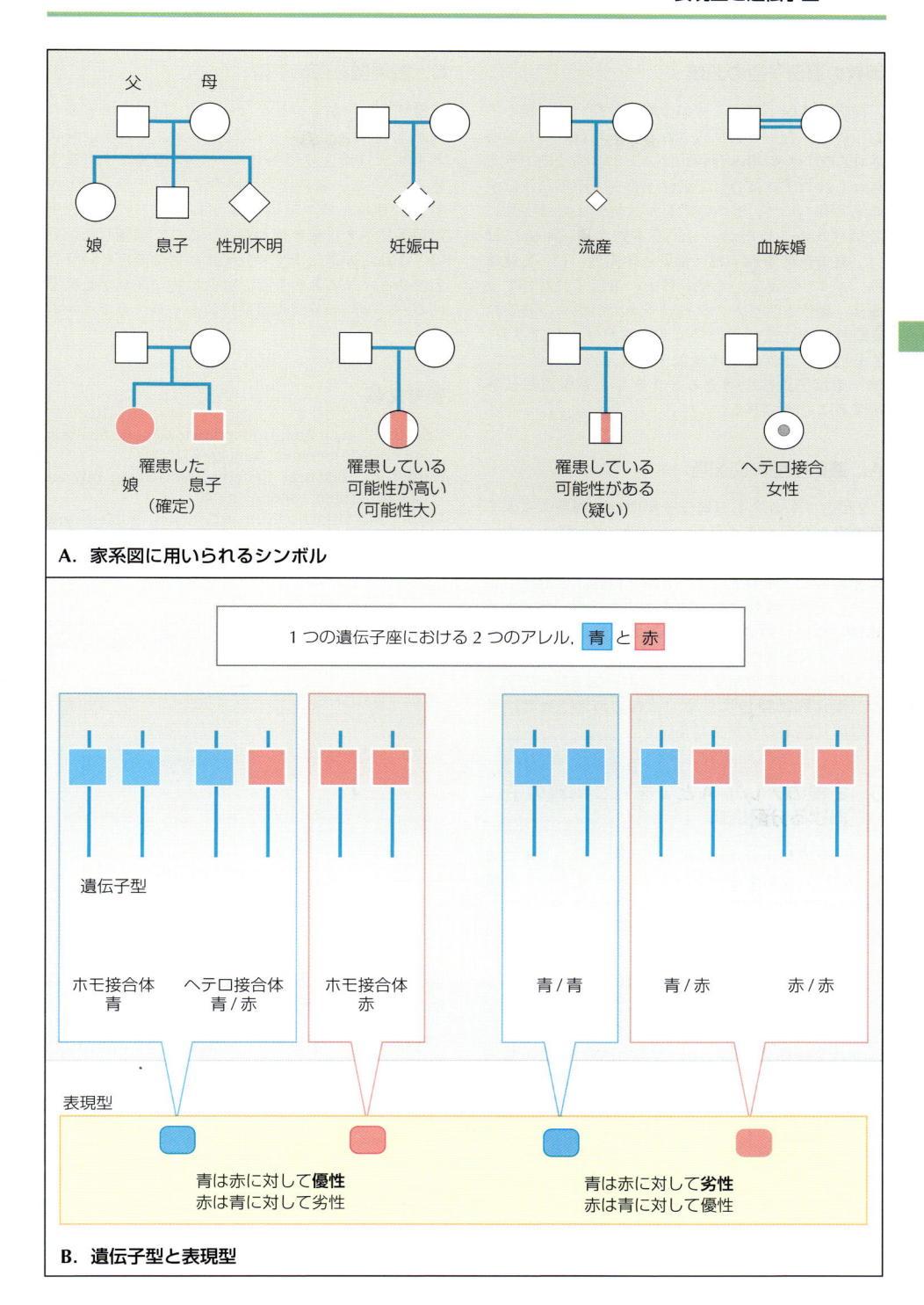

A. 家系図に用いられるシンボル

父 母

娘　息子　性別不明　　妊娠中　　流産　　血族婚

罹患した娘 息子（確定）　罹患している可能性が高い（可能性大）　罹患している可能性がある（疑い）　ヘテロ接合女性

B. 遺伝子型と表現型

1つの遺伝子座における2つのアレル，青 と 赤

遺伝子型

ホモ接合体　ヘテロ接合体　ホモ接合体　青/青　青/赤　赤/赤
青　　　　青/赤　　　　　赤

表現型

青は赤に対して**優性**
赤は青に対して劣性

青は赤に対して**劣性**
赤は青に対して優性

両親の遺伝子型の分離

両親の遺伝子型の子への分離（分配）は，親のアレルの組み合わせに左右される．子に現れると予測されるアレルの組み合わせはメンデルの法則で与えられる．ヘテロ接合体で遺伝子型が表現型に及ぼす効果に基づいて，1つのアレルは優性または劣性に分類される．したがって，基本的な遺伝形式には（1）常染色体優性，（2）常染色体劣性，（3）X連鎖性，の3つがある．X染色体上の遺伝子に対しては通常，優性か劣性かの区別は重要ではない（後述）．Y染色体上の遺伝子は常に父から息子へ伝達され，Y染色体には疾患関連遺伝子はほとんどないので，単一遺伝子遺伝を考えるときY染色体性遺伝は無視することができる．

A. 遺伝子型の交配型

2種のアレルをもつ遺伝子座では，両親の遺伝子型の組み合わせは6通りが可能である（**図1〜6**）．ここでは2種のアレル「青」と「赤」を考える．青は赤に対して優性とする．3通りの組み合わせ（1, 3, 4）では，劣性アレル（赤）のホモ接合体である親はいない．別の組み合わせ（2, 5, 6）では，両親のいずれかまたは両方が劣性アレルのホモ接合体であり劣性の表現型を示す．子の遺伝子型と表現型の分配様式は**図B**に示す．これらの例では親の性別は取り換えてもかまわない．

B. 2種のアレル A と a をもつ両親の子における分配様式

2つのアレル A（aに対して優性）と a（Aに対して劣性）に関する両親の3種の交配型では，分離（減数分裂時の分配）するアレルの組み合わせが3通りある．これらは**図A**に示した両親の組み合わせ1, 2, 3に相当する．

交配型1と2では，親の片方はヘテロ接合体 Aa で，他方はホモ接合体 aa である．子における遺伝子型の期待分配比は1：1，つまり50%（0.50）はヘテロ接合体 Aa，残りの50%（0.50）はホモ接合体 aa である．両親ともヘテロ接合体 Aa（**図A**の交配型3）の場合，子の遺伝子型は AA, Aa, aa がそれぞれ1：2：1の比である．つまり，子の25%（0.25）はホモ接合体 AA，50%（0.50）はヘテロ接合体 Aa，25%（0.25）はホモ接合体 aa である．両親とも各々異なるアレル AA と aa のホモ接合体の場合，すべての子はヘテロ接合体 Aa となる．

C. 表現型と遺伝子型

優性アレルが1つしかない場合（図の左の家系の父がもつ A），それは子の50%に伝えられる．両親ともヘテロ接合体であれば，子の25%はホモ接合体 aa である．親の片方が優性アレル A の，他方が劣性アレル a のホモ接合体であれば，すべての子は確実にヘテロ接合体となる．ここで強調したいのは，これらの遺伝子型の分配比は期待値だということである．子の数が少ない場合は特に注意が必要であるが，実際の分配比は期待値から外れることがある．

参考文献

Griffith AJF et al: An Introduction to Genetic Analysis, 7th ed. WH Freeman, New York, 2000.
Harper PS: Practical Genetic Counselling, 6th ed. Edward Arnold, London, 2004.
Vogel F, Motulsky AG: Human Genetics. Problems and Approaches, 3rd ed. Springer, Berlin-Heidelberg, 1997.

両親の遺伝子型の組み合わせと，子における遺伝子型の期待分配比

両親	子	遺伝子型の期待分配比
$AA \times AA$	AA	1（100%）
$AA \times Aa$	AA, Aa	1：1（50%ずつ）
$Aa \times Aa$	AA, Aa, aa	1：2：1 (25%, 50%, 25%)
$AA \times aa$	Aa	1（100%）
$Aa \times aa$	Aa, aa	1：1（50%ずつ）
$aa \times aa$	aa	1（100%）

A. 2種のアレル（青は赤に対して優性）に関する遺伝子型の交配型

1. 青/青 × 青/赤
2. 青/赤 × 赤/赤
3. 青/赤 × 青/赤
4. 青/青 × 青/青
5. 青/青 × 赤/赤
6. 赤/赤 × 赤/赤

B. 2種のアレル A と a をもつ両親の子における遺伝子型の分配様式

Aa × aa → Aa : aa = 1 : 1 (50%) (50%) / 0.5 0.5

Aa × Aa → AA : Aa : aa = 1 : 2 : 1 (25%) (50%) (25%) / 0.25 0.5 0.25

AA × aa → Aa (100%) / 1.0

C. 優性アレル A と劣性アレル a をもつ両親の子の表現型と遺伝子型

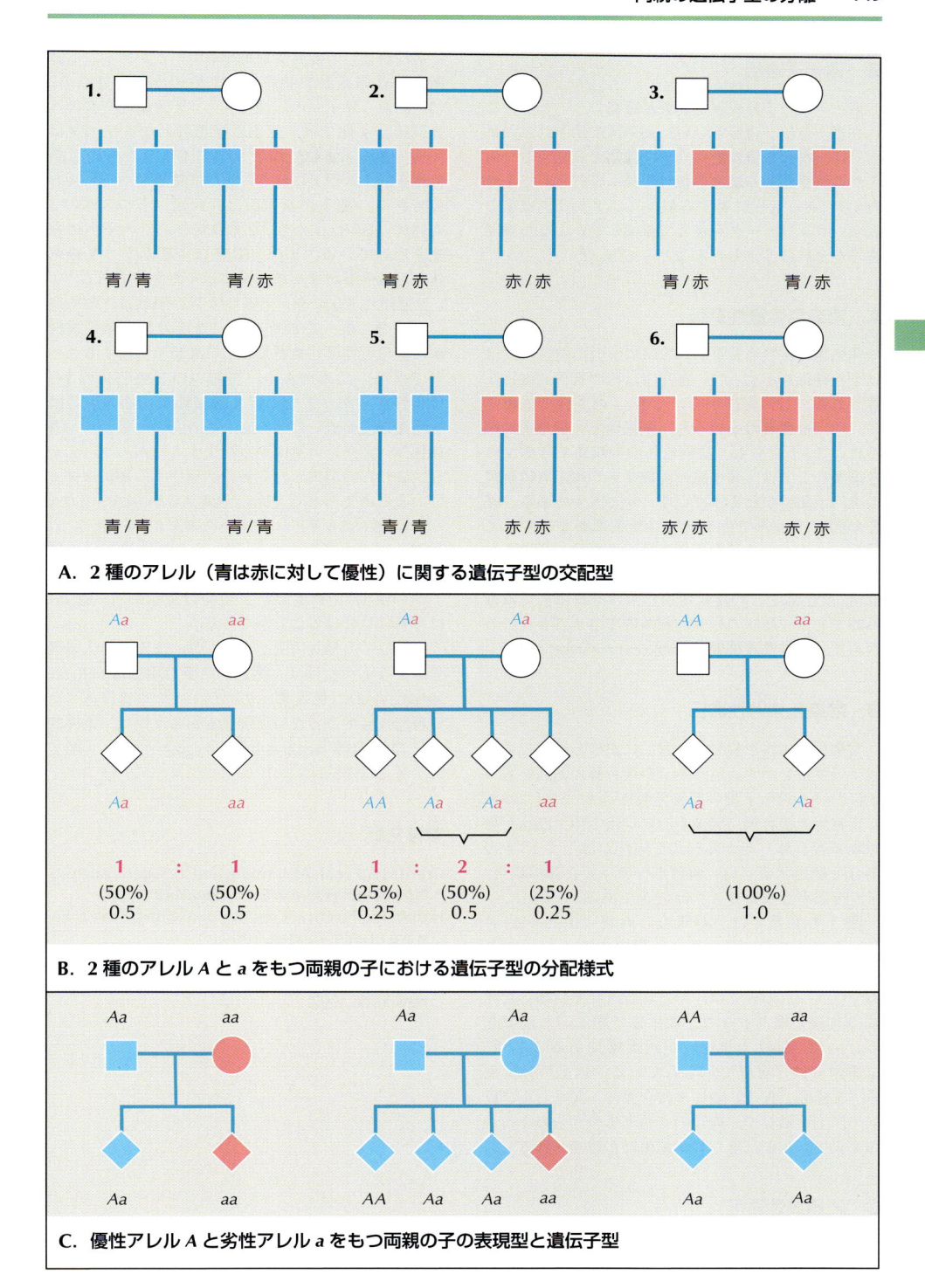

Aa × aa → Aa, aa

Aa × Aa → AA, Aa, Aa, aa

AA × aa → Aa, Aa

単一遺伝子遺伝

単一の遺伝子の表現型効果が確認できるとき，これを単一遺伝子遺伝といい，家系図で示される。ヒトでは，世代を慣習的にローマ数字で表記する（何らかの情報がある最初の世代を第一世代としてⅠで表す）。ある世代に属する個々人はアラビア数字で表す。コンピュータを使って重複しないような識別番号が全員に与えられることもある。

A. 常染色体優性遺伝

常染色体優性形質をもつ家系における遺伝形式は以下の特徴を示す。(1) 罹患者は次の世代に直接伝達される，(2) 両性が等しく1：1の割合で罹患する，(3) 罹患者の子のうち，罹患者と非罹患者の期待比は1：1である。常染色体性の疾患で考慮すべき重要なことは，非罹患の両親をもつ罹患者に新規の遺伝子変異が起こっていないかどうかである。**図2**と**図3**の家系では世代Ⅱで新生変異が発生している。いくつかの常染色体優性疾患では，変異をもつ人が症状をもたないことがあり，**非浸透** nonpenetrance と呼ばれる。しかしそれはむしろ例外的である。症状の程度が家系内でさまざまなことがあり，**変動性表現度** variable expressivity という。

B. 常染色体劣性遺伝

常染色体劣性形質をもつ家系における遺伝形式は以下の特徴を示す。(1) ヘテロ接合体の両親をもつ子における遺伝子型の期待分配比は1：2：1（25％が正常ホモ接合体，50％がヘテロ接合体，25％が罹患ホモ接合体）である，(2) 両性が等しく1：1の割合で罹患する，(3) 両親がヘテロ接合体の場合，子が罹患者となるリスクは25％である。

図1の家系では，非罹患の両親（Ⅱ-3とⅡ-4）はヘテロ接合体に違いない。**図2**の家系のⅠ-1とⅠ-2も同様である。**図3**の家系では，罹患している子（Ⅳ-2）の祖先は，いとこどうしで結婚した両親の共通祖先（Ⅰ-1とⅠ-2）まで遡ることができる。両親（Ⅲ-1とⅢ-2）が血族婚であることは，家系図では二重線で示されている。以上の分析から，罹患者（Ⅳ-2）のホモ接合性は，父系および母系の双方を通して，両親の共通祖先のうちの1人から変異アレルが伝達された結果だと結論される。

C. X連鎖性遺伝

X染色体に局在する遺伝子の遺伝形式は以下の特徴を示す。(1) ヘミ接合男性だけが罹患する（まれに女性が2つの変異アレルをもつことがある），(2) 罹患男性の変異アレルは母からのみ伝達される，(3) 父から息子への伝達はない。X連鎖性変異のヘテロ接合女性では，息子が罹患者となるリスクは50％である。また，娘の50％にも変異をもつX染色体を伝えるが，これらの娘は非罹患のヘテロ接合体である。**図1**の家系図は，両親がもつ3本のX染色体（1本は父から，2本は母から）の子への分配を示している。また，**図2**は両親がもつX染色体とY染色体の子への分配を示したものである。

X連鎖性遺伝における新生変異の頻度は比較的高い（**図3, 4**）。その理由は，重症のX連鎖性遺伝病の罹患男性は，結婚して子に変異を伝達することができないためである。集団中のX染色体の1/3は男性がもち，また重症X連鎖性遺伝病の患者は生殖適応度が低いことから，これらの男性がもつX染色体（変異）は集団から消失するであろう。しかし，これらの消失した変異分は新生する変異が補っていると考えられる〔訳注：変異アレルの頻度が毎世代一定（疾患の頻度が変わらない）と考えられる場合〕。したがって，家族歴がない重症X連鎖性遺伝病の罹患男性の1/3は新生変異によるのである（ホールデンの法則）。典型的なX連鎖性遺伝形式（**図5**）は容易に見分けることができる。

罹患息子と罹患同胞をもつ女性，または2人の罹患息子をもつ女性は，**絶対的ヘテロ接合体** obligate heterozygote（保因者）という。ヘテロ接合体である可能性もそうでない可能性もある女性は，**条件的ヘテロ接合体** facultive heterozygote という（例えば，Ⅲ-5とⅣ-2）。

参考文献

Griffiths AJF et al: An Introduction to Genetic Analysis, 7th ed. WH Freeman & Co, New York, 2000.
Harper PS: Practical Genetic Counselling, 6th ed. Edward Arnold, London, 2004.
Vogel F, Motulsky AG: Human Genetics. Problems and Approaches, 3rd ed. Springer Verlag, Heidelberg–New York, 1997.

単一遺伝子遺伝　151

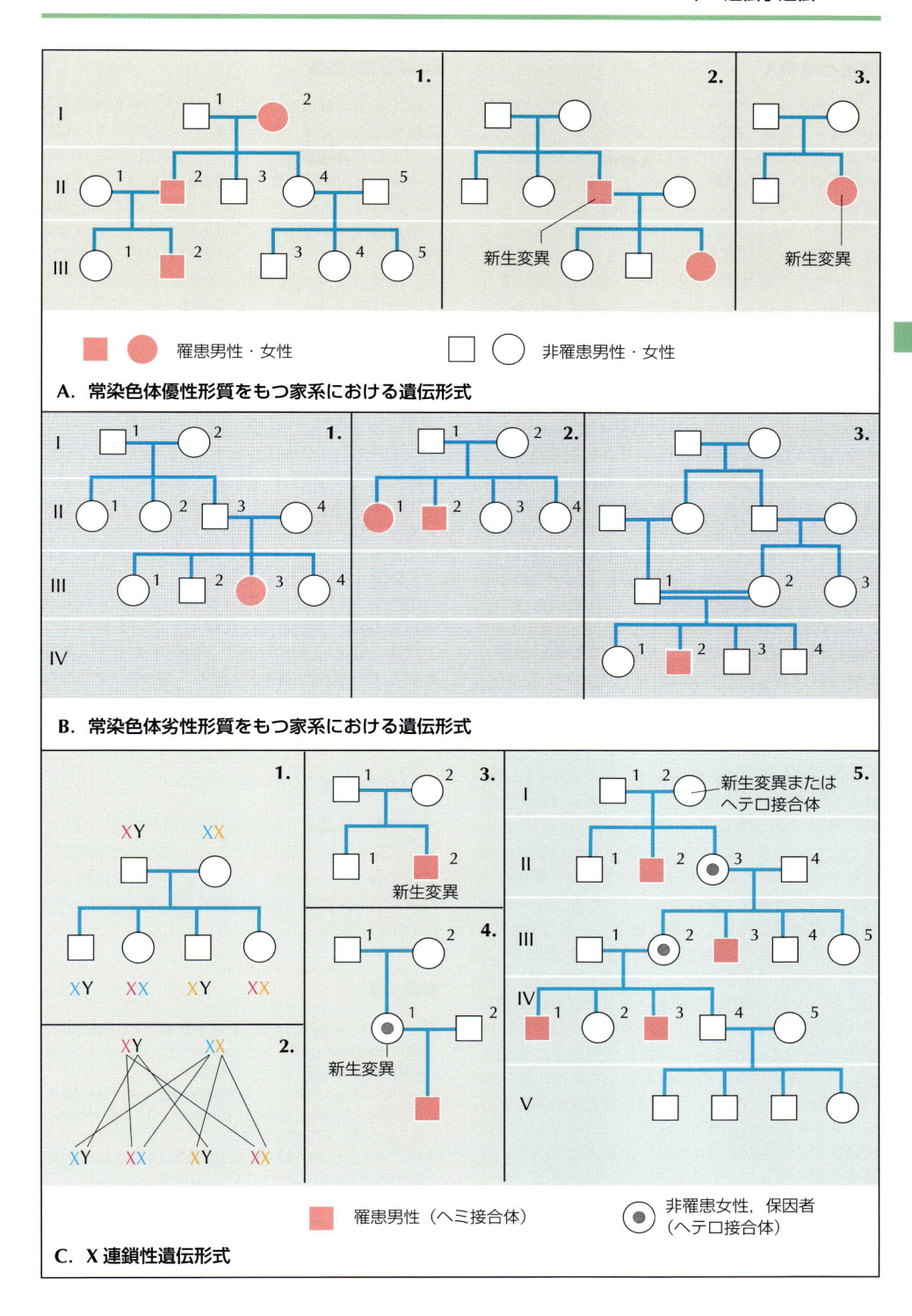

罹患男性・女性　　　非罹患男性・女性

A. 常染色体優性形質をもつ家系における遺伝形式

新生変異

B. 常染色体劣性形質をもつ家系における遺伝形式

新生変異

罹患男性（ヘミ接合体）　　　非罹患女性，保因者（ヘテロ接合体）

新生変異またはヘテロ接合体

C. X連鎖性遺伝形式

連鎖と組換え

遺伝的連鎖とは，同一染色体上の2つ以上の遺伝子がともに子孫へ伝達される現象のことである。これとは対照的に，2つの遺伝子が異なる染色体上に存在するか，または同一染色体上でも十分に離れて局在する場合は，両者は互いに独立して1：1の比で分配される。連鎖現象は1902年にCorrensによって最初に報告され，Batesonらによってスイートピーの花の色と長い花粉の形の遺伝子で確立された。同時に伝達される場合と別々に伝達される場合との比率から，互いの（染色体上の）距離を推定することができる。

連鎖は遺伝子座と関連するが特定のアレルとは関連しない。互いに距離が近いためともに遺伝する複数の遺伝子座のアレルを**ハプロタイプ** haplotype という。各々のアレル頻度から予測される期待値よりも高い頻度もしくは低い頻度でともに遺伝する異なる遺伝子座上のアレルは，**連鎖不平衡** linkage disequilibrium を示しているといわれる（166頁参照）。**シンテニー** synteny（H. J. Renwick, 1971）とは，連鎖や互いの距離とは無関係に，同一染色体上に局在する遺伝子座のことである〔訳注：シンテニーという用語は一般的に，類縁生物種間において進化上保存されている遺伝子の順番や保存されている領域を表す際にも用いられる〕。

A. 染色体交差による組換え

親の染色体上の隣接遺伝子が，ともに子へ伝達されるか，それとも分離して伝達されるかは減数分裂時の細胞学的事象による。アレル A, a と B, b をもつ2つの遺伝子座 A と B の間で染色体交差が起こらなければ，それらは子においても同一染色体上にある。この場合，減数分裂で生じた配偶子の染色体は組換え体ではなく，親染色体と一致している。しかし，この2つの遺伝子座間で染色体交差が起これば，配偶子の染色体は2つの遺伝子座に関して組換え体となる。細胞学的事象（**図1**）は遺伝学的結果（**図2**）に反映される。同一染色体上の2つの隣接遺伝子座 A と B に関し，起こりうる遺伝学的結果には次の2つの可能性がある。非組換え染色体（親の遺伝子型と同じ），または組換え染色体（新しいアレルの組み合わせ）である。これら2つの可能性は，2つの遺伝子座についての親の遺伝子型が有用な情報を与えてくれるときのみ区別できる（少なくとも親の片方は，Aa, Bb であることが必要条件）。

B. 遺伝的連鎖

病的変異の遺伝形式は，例えば常染色体劣性やX連鎖性の遺伝では，判別できないことがある。しかし，もし疾患座が多型アレル座と連鎖していれば，マーカー座の解析で遺伝形式を評価することができる。図には，ある家系における連鎖した2つの遺伝子座の分離を示す。2つの可能性がある。1つは組換えがない場合，もう1つは組換えがある場合である。座位 A をマーカー座，座位 B を疾患座と仮定すると，アレル A, a ならびに B, b で構成されるハプロタイプを検討することで，組換えが起きたか否かを判別することができる。**図1**の例では，父と3人の子が罹患（家系図上で赤いシンボル）している（図では子を菱形で示し，その性別は無視している）。3人の子はすべて，変異アレル B とともにマーカーアレル A を父から受け継いでいる。一方，非罹患の子3人は，アレル b とマーカーアレル a を父から受け継いでいる。すなわち，父のアレル a をもっていることは，（変異アレル B をもたないので）変異がないことを示す。したがって組換えは起こらなかったのである（**図1**）。

組換えが起こると，**図2**に示す2人のように状況は変わる。罹患者の1人は父からアレル A と B ではなく a と B を受け継ぎ，非罹患者の1人はアレル A と b を受け継いでいる。このような状態は罹患者である父がマーカー座（A, a）に関してヘテロ接合性であるときだけ観察できるものである。

医学との関連

疾患座と連鎖する多型マーカー座のDNA解析は，ある家系において罹患者が保有するとすでに判明している変異アレルが，罹患していない構成員に伝わっているか否かを決定するのに利用される（間接的DNA診断法）。

参考文献

Bateson W, Saunders ER, Punnett RC: Experimental studies in the physiology of heredity. Reports Evolut Comm Royal Soc 3: 1–53, 1906.

Correns C: Scheinbare Ausnahmen von der Mendelschen Spaltungsregel für Bastarde. Ber deutsch bot Ges 20: 97–172, 1902.

Griffiths AJF et al: An Introduction to Genetic Analysis. 7th ed. W.H. Freeman & Co., New York, 2000.

Harper PS: Practical Genetic Counselling. 6th ed. Edward Arnold, London, 2004.

Vogel F, Motulsky AG: Human Genetics. Problems and Approaches. 3rd ed. Springer Verlag, Heidelberg–New York, 1997.

連鎖と組換え　153

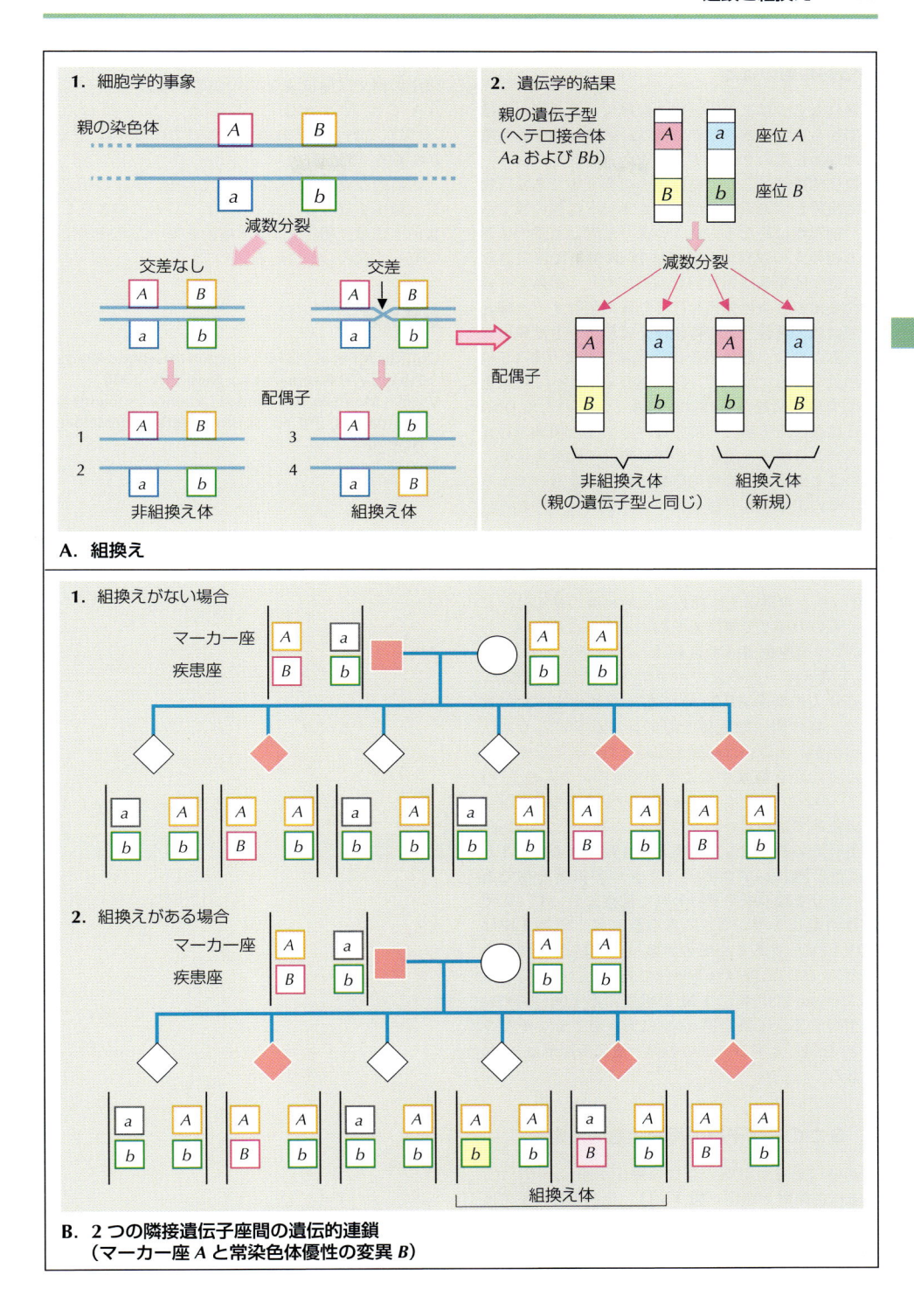

1. 細胞学的事象

親の染色体

減数分裂

交差なし　交差

配偶子

1　2　3　4

非組換え体　組換え体

2. 遺伝学的結果

親の遺伝子型
(ヘテロ接合体
Aa および Bb)

座位 A
座位 B

減数分裂

配偶子

非組換え体　　　組換え体
(親の遺伝子型と同じ)　(新規)

A. 組換え

1. 組換えがない場合

マーカー座
疾患座

2. 組換えがある場合

マーカー座
疾患座

組換え体

B. 2つの隣接遺伝子座間の遺伝的連鎖
　(マーカー座 A と常染色体優性の変異 B)

遺伝的距離の推定

離れた2つ以上の座位間の距離は，その間の組換え率から推定することができる。距離は遺伝的距離と物理的距離の2つの方法で表される。

遺伝的距離は2つの座位間の組換え率であり，物理的距離とは両座位間のヌクレオチド塩基の数である。両距離は異なる方法，つまり前者は家系内における組換えの観察で，後者はDNA解析で決定される。遺伝的距離は相対的なものであり，組換えを起こす交差の各染色体における分布に依存する。哺乳類では雌の減数分裂時の組換えは雄よりも高頻度で起こるために，雌での遺伝的距離は雄よりも1.5倍ほど長くなる。加えて，染色体交差はすべての染色体上で均一に起こるわけではなく，そのためDNA上には組換えを起こしていない連続した領域が存在する。この理由で遺伝的距離は物理的距離を反映しないことがある。物理的距離は絶対的なものであるが，その決定はより難しい。

A．2つの座位間の距離を表す組換え率

2つ以上の遺伝子座間の遺伝的距離の推定は，どのくらいの頻度で組換えが起こるのかに基づいている。2つの座位 A（アレル A, a）と B（アレル B, b）を考え，一方の親のハプロタイプが AB と AB, もう片方の親が AB と ab であったとする。次の世代で，親の同一染色体上のアレルが子にともに伝わったか，あるいは組換えが起きたために分かれて伝わったかを観察することができる。2人の子（1と2）のハプロタイプは親のものとは異なり，子1の染色体では新しいハプロタイプ Ab, 子2では aB が生じている。彼らは組換え体と呼ばれる。子3と4は親と同じハプロタイプをもつ非組換え体である。十分な数の家系で行われた観察において，組換え体の遺伝子型が3％にみられれば，組換え率は0.03（3％）である。この距離（遺伝的距離）はモルガン（M）と呼ばれる単位で表され（遺伝学者T. H. Morgan に由来），1 M が組換え率 1.00（100％）に相当する。組換え率 0.01（1％）を1センチモルガン（cM）とする。図中の例の遺伝的距離は 3 cM である。

B．3つの遺伝子座の相対距離の決定

互いに距離が不明の3つの遺伝子座（A, B, C）の遺伝的距離と順序（図1）は，親どうしの交差検定で決定することができる。従来の実験遺伝学では交配実験がこの目的のために行われた。交差検定には遺伝子型が異なる親が用いられる。観察される組換え率は互いの座位間の相対距離を示す（図2）。図中の例では座位 A と C の間の距離は 0.08（8％），B と C の間は 0.23（23％），A と B の間は 0.31（31％）である。それゆえ，並び方の順序は A-C-B である（図3）。

古典的な実験遺伝学において，遺伝子座の相対位置と順序を決める目的で行われていたこのような間接的方法は，組換え DNA 技術を用いた直接決定法に取って代わられている。

参考文献

Griffiths AJF et al: An Introduction to Genetic Analysis, 7th ed. WH Freeman & Co, New York, 2000.

Vogel F, Motulsky AG: Human Genetics. Problems and Approaches, 3rd ed. Springer Verlag, Heidelberg–New York, 1997.

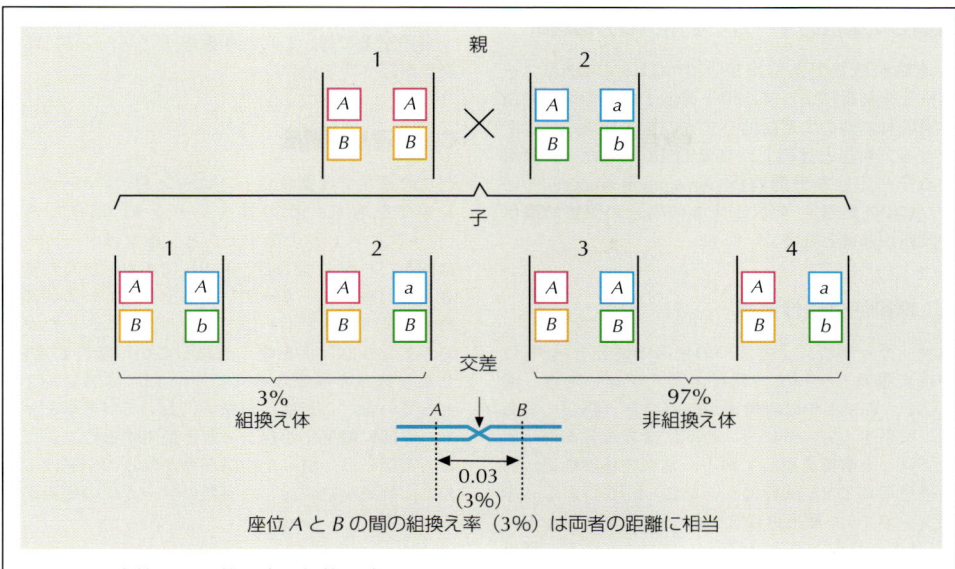

遺伝的距離の推定

A. 2つの座位間の距離を表す組換え率

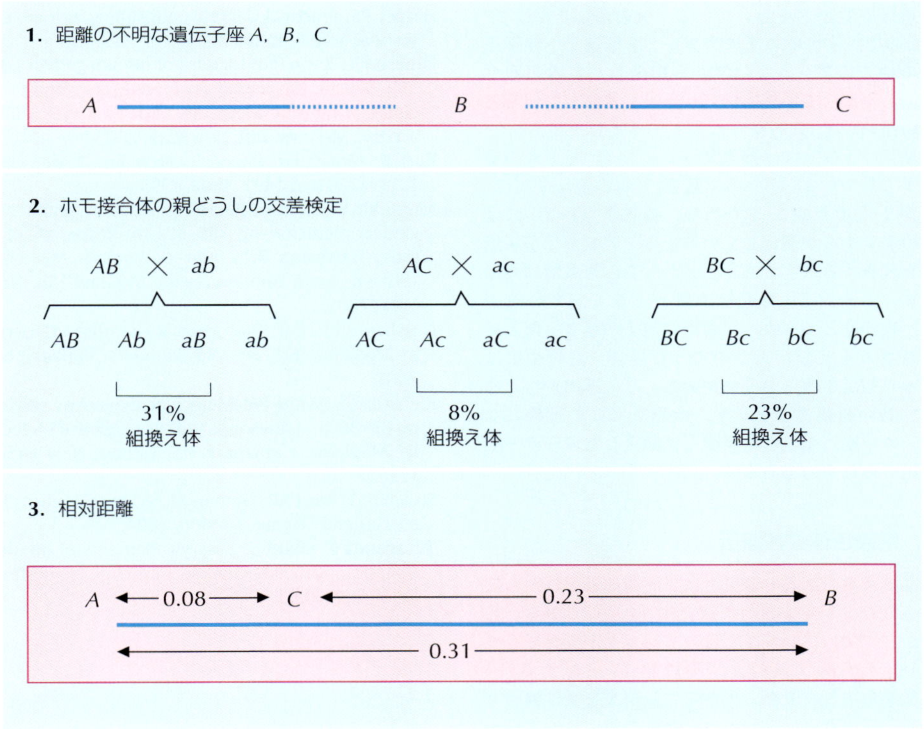

親
1: A A / B B × 2: A a / B b

子
1: A A / B B, 2: A a / B b (3% 組換え体)
3: A A / B B, 4: A a / B b (97% 非組換え体)

交差
座位 A と B の間の組換え率（3%）は両者の距離に相当
0.03 (3%)

B. 3つの遺伝子座の相対距離の決定

1. 距離の不明な遺伝子座 A, B, C

2. ホモ接合体の親どうしの交差検定

   $AB \times ab$ → AB, Ab, aB, ab — 31% 組換え体

   $AC \times ac$ → AC, Ac, aC, ac — 8% 組換え体

   $BC \times bc$ → BC, Bc, bC, bc — 23% 組換え体

3. 相対距離

   A ←0.08→ C ←0.23→ B
   ←————0.31————→

連鎖した遺伝的マーカーを用いる分離解析

連鎖が既知である疾患と2つ以上のDNAマーカーとの解析によって，単一遺伝子疾患をもつ家系の構成員について遺伝的リスクの情報を得ることができる．疾患と連鎖した多型DNAマーカーを利用するその方法を**分離解析** segregation analysis といい（158頁参照），変異が未知の場合の間接的遺伝子診断の基礎となる．

A．常染色体優性遺伝

マーカー解析による2つの家系の研究を示す．1つは疾患座とマーカー間に組換えがない場合（図1）で，もう1つは組換えがある場合（図2）である．家系1（左）のレーンの下には8人各々のサザンブロット解析を示してある．常染色体優性遺伝病の罹患者のDNA試料はレーン2, 4, 5である（赤いシンボル）．罹患母は2つのマーカーアレル1と2, つまり遺伝子型1-2をもっている．2人の罹患子は同じ遺伝子型1-2をもつが，非罹患子（レーン3, 6, 7, 8）は誰もこの遺伝子型をもたず，別の遺伝子型2-2をもっている．父の遺伝子型は2-2なので，すべての子にアレル2を伝達し，非罹患子の他方のアレル2は母から由来したと考えられる．したがって疾患座はアレル1と連鎖しているに違いない．

家系2（右）には罹患父（レーン1）と1人の罹患子（レーン4）がいる（**図2**）．親の遺伝子型は，父が1-2で母が1-1である．罹患子（1-2）には父のアレル2が遺伝しているから，アレル2が疾患座を代表するはずである．しかしこの家系では非罹患子（レーン5）も遺伝子型1-2をもっているので，疾患座とマーカー座間で組換えが起こったと結論せざるをえない．このような場合，解析結果は誤った結論を導くおそれがある．この理由から，非常に低い組換え率を示す，疾患座にごく近接したマーカー座，できれば疾患座に隣接したマーカー座が用いられるのである．

B．常染色体劣性遺伝

左の家系の2人の罹患者は，両親それぞれから伝達されたアレル1のホモ接合体（1-1）である．したがって父のアレル1と母のアレル1が変異をもつアレルを代表している．非罹患子（レーン3, 5, 6）は父からアレル1を，母からアレル2を受け継いでいる．罹患者にはアレル2がないので，このアレル2が変異をもっていることはない．この家系の場合，非罹患子が父から受け継いだ変異アレル1のヘテロ接合体か否かは決定できない．

右の家系では，1人の非罹患子（レーン6）に組換えが起きたに違いない．

C．X連鎖性遺伝

この家系では罹患息子（レーン5）はマーカーアレル1をもち，その妹（レーン6）は6人の子（レーン8～13）の母親である．彼女はマーカー座に関してヘテロ接合性（1-2）であり，2人の罹患息子も同様にマーカーアレル1をもっている．非罹患の息子（レーン11）はアレル2をもつ．したがって，アレル2は疾患座と連鎖しない可能性が高い．しかし第三の罹患息子（レーン13）はアレル2をもっている．これはこの息子において疾患座とマーカー座間に組換えが起こったと説明することができる．実際には，誤った結論が導かれるのを避けるために，疾患座に隣接した複数のマーカーの使用が試みられる．

参考文献

Harper PS: Practical Genetic Counselling, 6th ed. Edward Arnold, London, 2004.

Jameson JL, Kopp P: Principles of human genetics, pp 359–379. In: Kasper DL et al (eds) Harrison's Principles of Internal Medicine, 16th ed. (with online access). McGraw-Hill, New York, 2005.

Korf B: Molecular diagnosis. New Eng J Med 332: 1218–1220 and 1499–1502, 1995.

Miesfeldt S, Jameson JL: The practice of genetics in clinical medicine, pp 386–391. In: Kasper DL et al (eds) Harrison's Principles of Internal Medicine, 16th ed. (with online access). McGraw-Hill, New York, 2005.

Nussbaum RL et al: Thompson & Thompson Genetics in Medicine, 6th ed. WB Saunders, Philadelphia, 2001.

Richards CS, Ward PA: Molecular diagnostic testing, pp 83–88. In: Jameson JL (ed) Principles of Molecular Medicine. Humana Press, Totowa, New Jersey, 1998.

Strachan T, Read AP: Human Molecular Genetics, 3rd ed. Garland Science, London, 2004.

Turnpenny P, Ellard S: Emery's Elements of Medical Genetics, 12th ed. Elsevier-Churchill Livingstone, Edinburgh, 2005.

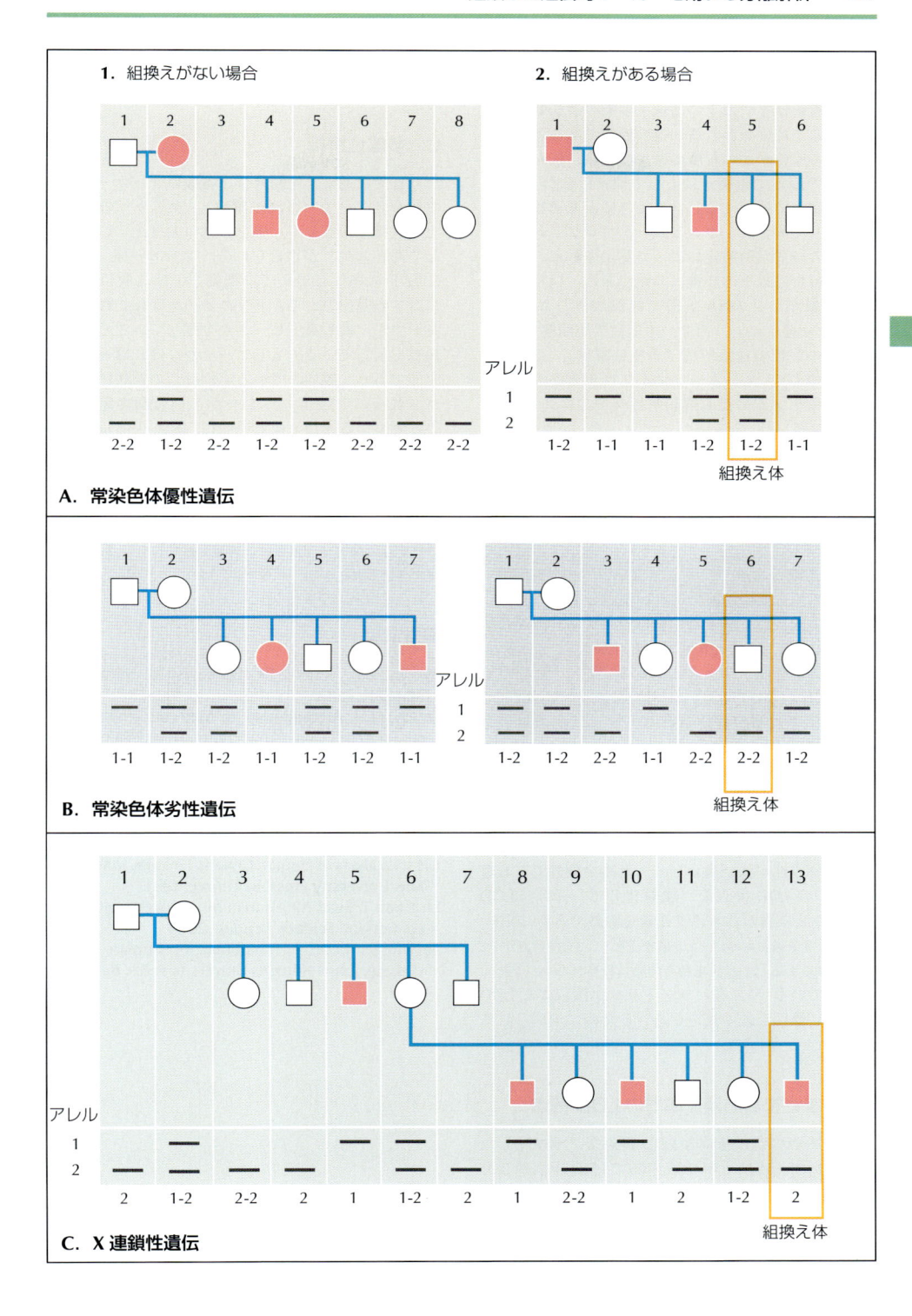

連鎖した遺伝的マーカーを用いる分離解析　157

1. 組換えがない場合

（家系図省略）

アレル 1 / 2

2-2　1-2　2-2　1-2　1-2　2-2　2-2　2-2

2. 組換えがある場合

アレル 1 / 2

1-2　1-1　1-1　1-2　1-2　1-1
　　　　　　　　　　組換え体

A. 常染色体優性遺伝

アレル 1 / 2

1-1　1-2　1-2　1-1　1-2　1-1

アレル 1 / 2

1-2　1-2　2-2　1-1　2-2　2-2　1-2
　　　　　　　　　　　組換え体

B. 常染色体劣性遺伝

アレル 1 / 2

2　1-2　2-2　2　1　1-2　2　1　2-2　1　2　1-2　2
　　　　　　　　　　　　　　　　　　　　　　組換え体

C. X連鎖性遺伝

連鎖解析

連鎖解析は2つ以上の遺伝子座間の遺伝的距離を決定するために行われる一連の検定である。調べようとする座位がどの程度の確率で一緒に伝わり，どの程度の確率で組換えによって別々に伝わるかを，多数の家系で観察する。結果は連鎖と非連鎖の確率の比として表され，コンピュータプログラムを用いた各種の統計学的検定によって算出される。

連鎖解析は以下の3種に分類できる。(1) 病的変異（疾患座）とDNA多型で特徴づけられる座位（マーカー座）といった2つの座位の連鎖解析，(2) 数カ所の座位の連鎖解析（多座位解析），(3) 各染色体上のDNAマーカー（マイクロサテライト）を用いた全ゲノムに及ぶ連鎖解析（ゲノムスキャン，262頁参照）。この3種のアプローチはそれぞれ異なる方法で異なる仮定のもとに行われる。その背景の簡単な概略を以下に示す。

A. LOD得点

組換え率（通常，ギリシャ文字シータ θ で表す）は2つの座位間の距離であり，減数分裂時の組換えによって別々に分離する尤度に相当する。非連鎖座位の θ は0.5であり，θ が0なら座位は同一である。

「連鎖の確率」を「非連鎖の確率」で除した値（オッズ比）が1,000：1（10^3：1）以上であれば，2つの座位の連鎖が推定される。オッズ比の対数をLOD (logarithm of odds) 得点という。例えば，LOD得点3は1,000：1のオッズ比に等しい。2つの座位が互いに近ければ近いほどLOD得点は高い。表には組換え率が0.05未満で密接に連鎖している場合 (a)，組換え率0.15で連鎖の可能性が高い場合 (b)，連鎖の可能性が低い場合 (c)，連鎖を除外できる場合 (d) のLOD得点を（簡略化して）示す。LOD得点が-2未満のときには連鎖を除外できる〔訳注：原文には0未満とあるが-2未満が正しく，LOD得点が-2～3の間にあるときは決定的な結論は得られない〕（表には示していない）。非パラメトリック法によるLOD得点は，遺伝形式の仮定を避けるために用いられている。

B. さまざまな組換え率でのLOD得点

図Aの表の値に基づきLOD得点をグラフ化したものを示す。組換え率0.05未満でLOD得点が3を超える青色の曲線aは，密接な連鎖を意味している。緑色の曲線bは，組換え率0.16のときLOD得点が3のピークをもち，連鎖の可能性が高いことを示している。赤色の曲線cは連鎖がありそうもないことを示し，紫色の曲線dでは連鎖を除外できる。（図はEmery, 1986より）

C. 多座位解析

今日では通常，連鎖解析は多数のマーカーを用いて行われている（多座位解析）。マーカーの染色体上の位置を考慮して，確率の比（尤度比）の対数として局在スコアが求められる。マーカー座 (A, B, C, D) の各々について，探索している座位の局在スコアが算出される。4つのピークそれぞれが連鎖を示すが，最も高いピークが今探している遺伝子の局在を示している。もしピークがなければ連鎖は否定的であり，探索している座位はこの領域にはマップされない（除外マッピング）。座位間の距離について考察する連鎖とは対照的に，関連（association）という用語はアレルまたは表現型の共起性（co-occurrence）のことである。1つの特定アレルが，ある疾患をもつ集団に個別の頻度から予測される値より高い頻度でみられるとき，「関連」があるという〔訳注：関連が「直ちには連鎖を意味しないこと」は理解すべきである〕。

参考文献

Byerley WF: Genetic linkage revisited. Nature 340: 340–341, 1989.
Emery AEH: Methodology in Medical Genetics. 2nd ed. Churchill Livingstone, Edinburgh, 1986.
Lander ES, Kruglyak L: Genetic dissection of complex traits: guidelines for interpreting and reporting linkage results. Nature Genet 11: 241–247, 1995.
Morton NE: Sequential tests for detection of linkage. Am J Hum Genet 7: 277–318, 1955.
Ott J: Analysis of Human Genetic Linkage. Johns Hopkins University Press, Baltimore, 1991.
Strachan T, Read AP: Human Molecular Genetics. 3rd ed. Garland Science, London, 2004.
Terwilliger J, Ott J: Handbook for Human Genetic Linkage. Johns Hopkins University Press, Baltimore, 1994.

	組換え率									
	<0.05	0.05	0.10	0.15	0.20	0.30	0.35	0.40	0.45	0.50
a	**3**	0.7	0.3	0.2	0.01	0				
b		0	0.1	**3**	0.2	0				
c	0	0.2	0.7	**1.6**	1.0	0				
d		0	0.1	0.2	0.3	0.2	0.1	0.1	0	

A. LOD 得点

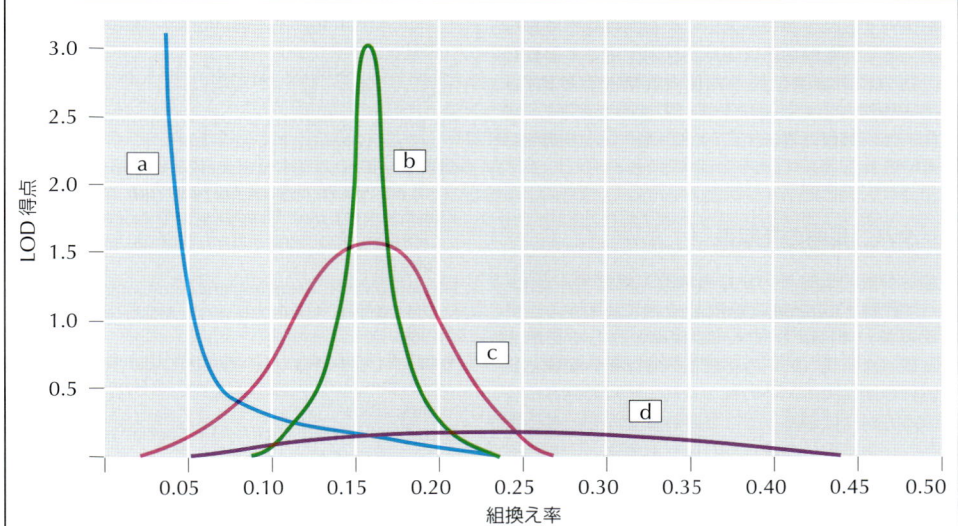

B. 密接な連鎖（a），連鎖の可能性が高い（b），連鎖の可能性が低い（c），連鎖を除外できる（d）場合の LOD 得点曲線

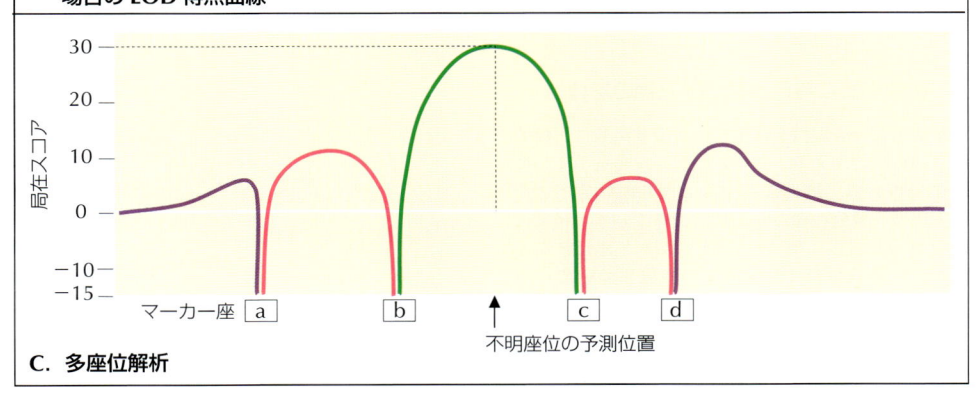

C. 多座位解析

遺伝形質の量的差異

個体間あるいは生物種間にみられる表現型の差異の多くは，自然界では質的というよりも量的なものである。量的な形質は個体間で連続的に分布している。メンデル遺伝形式に従う単一遺伝子形質〔訳注：しばしば悉無形質と呼ばれる〕が，それぞれが明確に区別された質的形質であるのとは対照的である。量的形質の基盤となっている遺伝子の伝達は識別できない。ヒトのありふれた量的形質の例として，身長，体重，皮膚の色調，血圧，血糖値，血清脂質値，知能，行動パターンなどがある。

量的遺伝学 quantitative genetics という用語は1883年に Francis Galton（1822～1911）によって導入され，1909年に Nilsson-Ehle によるライ麦と麦の実験で示された。遺伝と環境が形質に与える影響を区別することが量的遺伝学の初期の目標であったが，多くの量的形質は明確に区別することが難しい。基盤にある遺伝的多様性（遺伝子型多様性）は，同義語として多遺伝子性（多数の遺伝子），複遺伝子性（数種の遺伝子），多因子性（多くの要因）ともいわれる。

A. タバコ植物の花冠長

量的形質の伝達をいかに実験的に解析するかを，タバコ植物 *Nicotiana longiflora* を例に説明する。平均花冠長が 40 cm と 90 cm の親株どうしを交配したとき，次世代（F_1）の花冠長分布は短い親株と長い親株の間に入る。その次の世代（F_2）の分布は長短の両方向に拡がる。ここで短い株どうし，長い株どうし，中くらいの株どうしを交配すると，それぞれの F_3 世代の平均分布は親株の花冠長に一致し，短いもの（左図），長いもの（右図），平均のもの（中央図）となる。この結果は，花冠長という形質の差異に関係する遺伝子群の分布の差によって説明できる。（図は Ayala & Kiger, 1984 より）

B. 量的形質に与える遺伝子座数の影響

量的形質の表現型を決定する遺伝子座数は比較的少ない可能性がある。各1対のアレルをもつ4つの座位について，親世代Pでは4通りの状態と2つの表現型（黄色の棒）が図に示されている。親世代の仮想的な遺伝子型 *aa* と *AA*，*aabb* と *AABB* などから，F_1 世代では4つすべての座位についてヘテロ接合性の遺伝子型が現れる。F_2 世代では関与する遺伝子座数に依存した数の表現型群が現れる。座位が4つでは群間の頻度の差は小さいが，座位の数が増えると右図の下に示すように連続分布に似てく

る。滑らかになった分布曲線はベル形の正規分布曲線（ガウス曲線）に一致する。横軸は身長のような連続形質を示し，縦軸は集団内頻度である。実際の分布曲線の分散が全分散（V_T）である。個々人の表現型は，関与している座位における各アレルの寄与（それらの本体は通常は不明であるが）の総和である。表現型分散（V_P）は遺伝分散（V_G）と環境分散（V_E）の和である。V_G/V_T 比は遺伝率と呼ばれる。しかし多くの場合，特にヒトでは，これらの分散のタイプを区別することは難しい。量的特徴に寄与する座位を量的形質座（quantitative trait locus, QTL）という。

参考文献

Ayala FJ, Kiger JA: Modern Genetics, 2nd ed. Benjamin/Cummings Publishing Co, Menlo Park, California, 1984.

Burns GW, Bottinger PJ: The Science of Genetics, 6th ed. Macmillan Publ Co, New York–London, 1989.

Falconer DS : Introduction to Quantitative Genetics, 2nd ed. Longman, London, 1981.

Griffith AJF et al: An Introduction to Genetic Analysis 5th ed. WH Freeman & Co, New York, 2000.

King R, Rotter J, Motulsky AG, eds: The Genetic Basis of Common Disorders, 2nd ed. Oxford Univ Press, Oxford, 2002.

Nilsson-Ehle H: Kreuzungsuntersuchungen an Hafer und Weizen. Lunds Universit Arsskr NF 5: 1–122, 1909.

Vogel F, Motulsky AG: Human Genetics and Approaches, 3rd ed. Springer Verlag, Heidelberg–New York, 1997.

Quantitative Trait Loci (QTL). Special Issue. Trends Genet 11: 463–524, 1995.

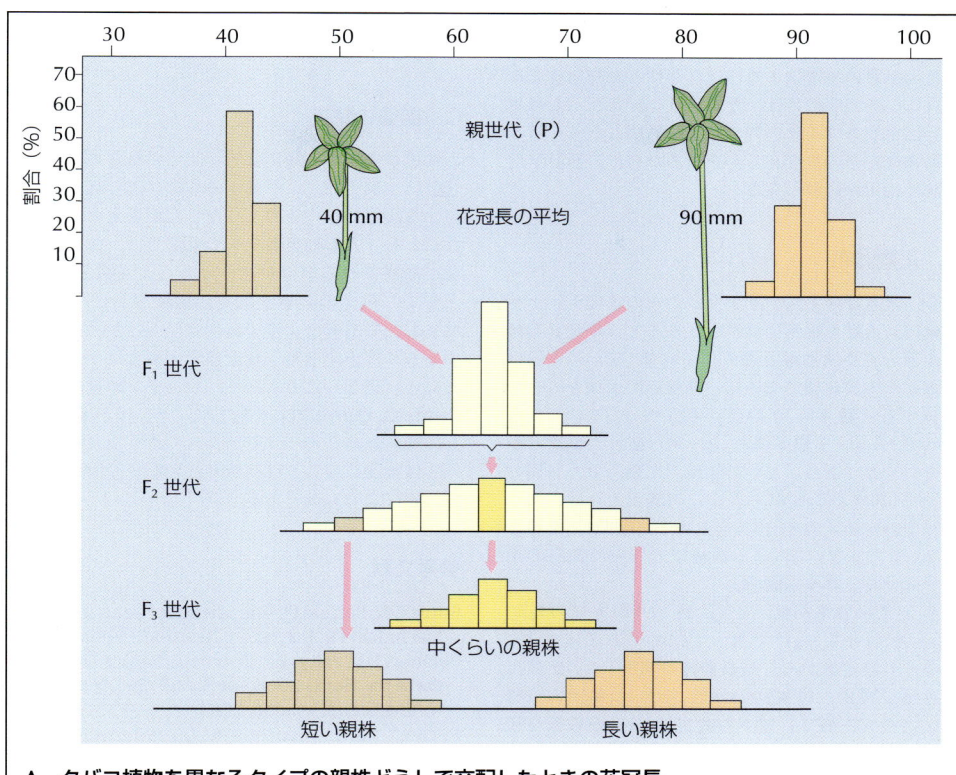

A. タバコ植物を異なるタイプの親株どうしで交配したときの花冠長

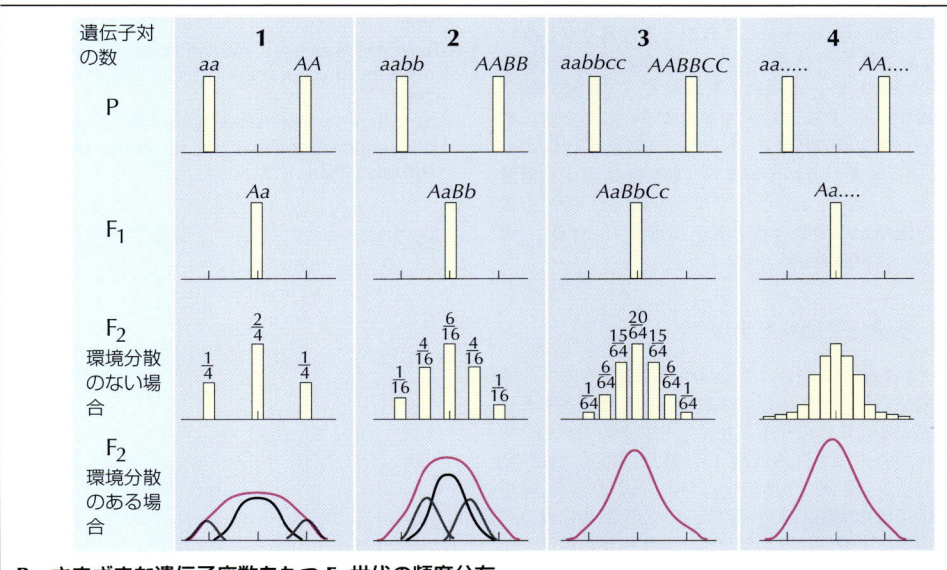

親世代（P）
40 mm　花冠長の平均　90 mm
F_1 世代
F_2 世代
F_3 世代
短い親株　中くらいの親株　長い親株
割合（％）

B. さまざまな遺伝子座数をもつ F_2 世代の頻度分布

遺伝子対の数	1	2	3	4
P	aa　AA	$aabb$　$AABB$	$aabbcc$　$AABBCC$	$aa\ldots$　$AA\ldots$
F_1	Aa	$AaBb$	$AaBbCc$	$Aa\ldots$
F_2 環境分散のない場合	$\frac{1}{4}$, $\frac{2}{4}$, $\frac{1}{4}$	$\frac{1}{16}$, $\frac{4}{16}$, $\frac{6}{16}$, $\frac{4}{16}$, $\frac{1}{16}$	$\frac{1}{64}$, $\frac{6}{64}$, $\frac{15}{64}$, $\frac{20}{64}$, $\frac{15}{64}$, $\frac{6}{64}$, $\frac{1}{64}$	
F_2 環境分散のある場合				

正規分布と多遺伝子閾値モデル

量的形質の多遺伝子遺伝はあらゆる動植物種でみられる．その解析には，サンプリングを行った母集団と測定サンプルとの間の差異を評価したり，結論の信頼性がどの程度あるかを知るために，統計学的手法の応用が必要となる．

A．正規分布

今，大きなサイズのサンプルからの量的データを横軸に，人数を縦軸にプロットすると，頻度分布はベル形のガウス曲線となる．平均値（$\bar{x}$）の垂線は曲線とその最高値で交差し，曲線下の領域を等しく二分する（図1）．平均値から左へ（$-1s$），また右へ（$+1s$），1標準偏差（s）だけ離れた位置で垂線を引くと，さらに2つの領域（左側のcと右側のd）を区別することができる．領域aとbは各々が曲線下の全領域の34.13％を占める（図2）．横軸上の$2s$または$3s$における垂線で，さらに左右の小部分に分割される（図3）．

サンプルの平均値（$\bar{x}$）は個々の測定値の総和（Σx）を総人数（n）で割って求められる（式1）．数多くの測定値から，観察個体の頻度（f_x）が算出できる（式2）．母集団の分散（σ^2）は集団の多様性を定義する値で，個々の測定値（x）から母集団の平均値（μ）を差し引いた値の2乗の総和（Σ）を，母集団の人数（N）で除したものである（式3）．母集団の分散は直接決定できないので，サンプルの分散（s^2）を推定して代用しなければならない（式4）．個々の測定値（x）からサンプルの平均値（$\bar{x}$）を差し引いた値の2乗の総和（Σ）を，測定値の数（n）で除してs^2を推定する．このとき，独立した測定値の数は$n-1$なので，修正項として$n/(n-1)$を乗じる必要がある（簡略式は式5）．標準偏差（s, 式6）とはサンプルの分散（s^2）の平方根で，連続した多数のサンプルに基づいている．（図はBurns & Bottino, 1989より）

B．多遺伝子閾値モデル

連続変異形質のいくつかは疾患感受性を表す．ある閾値を超えたときに，疾患が症状を表すと考えられている．この閾値モデルでは全個人間で疾患感受性は異なるとされる（図1）．罹患者の子（第一度近親者）（図2）や第二度近親者（図3）の易罹患性は，血縁関係のない一般集団よりも閾値に近づいている．一般的に，易罹患性を表す正規曲線は，第一度近親者では一般集団の平均値の約半分（$\bar{x}/2$）だけ閾値方向へ移動し，第二度近親者では平均値の約1/4（$\bar{x}/4$）だけ移動する〔訳注：それゆえ，血縁者が疾患を発症する可能性が高くなる〕．

C．閾値の性差

疾患が発症する閾値は男女間で異なることがある（図1）．例えば，いずれかの性に，より高頻度で発症する疾患では，そのようなことが考えられる．少なくとも1人の罹患者をもつ家系では，他にも罹患者が観察される頻度が違うであろう（図2）．補足として，男性の閾値が低く，男性患者が多い場合に，もし発端者が女性であれば発端者が男性のときよりも，罹患する第一度近親者の割合は予想に反して高い（図3）こともある．ロンドンの遺伝医学者Cedric O. Carterの名を冠した「カーター効果」として知られるこのパラドックスのような現象は，しばしば集団に起こる性別依存性の疾患原因遺伝要因の影響によるものである．

参考文献

Burns GW, Bottino PJ: The Science of Genetics, 6th ed. Macmillan Publishing Co, New York, 1989.

Comings DE: Polygenic disorders. Nature Encyclopedia of the Human Genome 4: 589–595, Nature Publishing Group, London, 2003.

Falconer DS: Introduction to Quantitative Genetics, 2nd ed. Longman, London, 1981.

Fraser CF: Evolution of a palatable multifactorial threshold model. Am J Hum Genet 32: 796–813, 1980.

Glazier AM, Nadeau JH, Aitman TJ: Finding genes that underlie complex traits. Science 298: 2345–2349, 2002.

King R, Rotter J, Motulsky AG (eds): The Genetic Basis of Common Disorders, 2nd ed. Oxford Univ Press, Oxford, 2002.

正規分布と多遺伝子閾値モデル

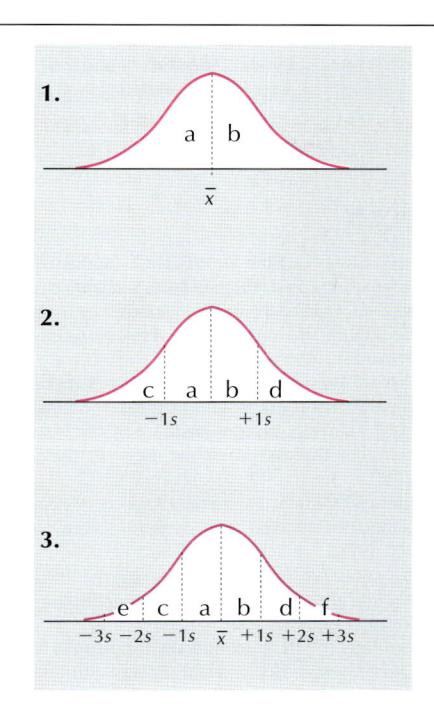

1	$\bar{x} = \dfrac{\sum x}{n}$	平均
2	$\bar{x} = \dfrac{\sum fx}{n}$	
3	$\sigma^2 = \dfrac{\sum (x - \mu)^2}{N}$	母集団の分散
4	$s^2 = \left[\dfrac{\sum (x - \bar{x})^2}{n}\right]\left[\dfrac{n}{n-1}\right]$	
5	$s^2 = \dfrac{\sum (x - \bar{x})^2}{n-1}$	
6	$s = \sqrt{\dfrac{\sum f(x - \bar{x})^2}{n-1}}$	標準偏差

A. 正規分布

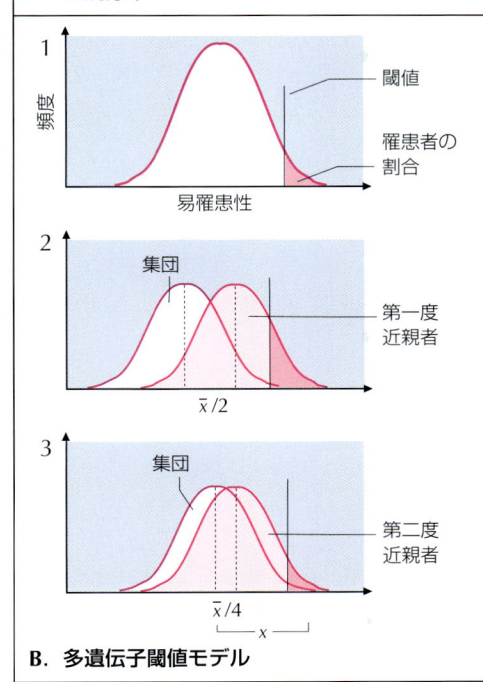

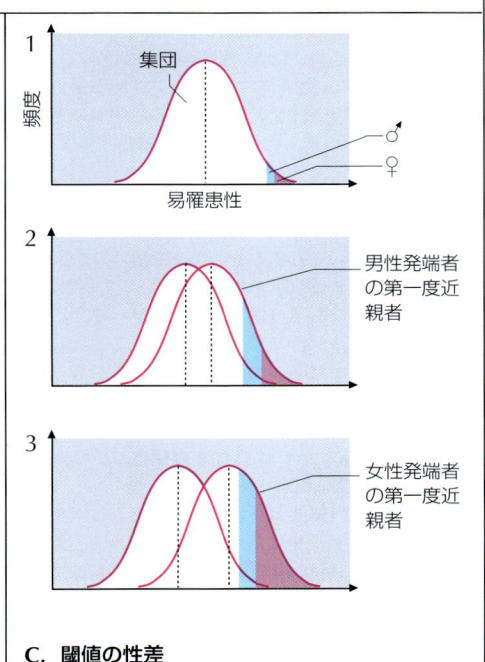

B. 多遺伝子閾値モデル

C. 閾値の性差

集団における遺伝子の分布

集団遺伝学とは集団の遺伝的構成を科学的に研究する分野である．そのおもな目標は，自然集団中のさまざまな座位における種々のアレルの頻度（**アレル頻度** allele frequency，または**遺伝子頻度** gene frequency ともいう）を推定することである．それにより，観察される差異を選択の影響に基づいて説明するための手掛かりを得ることができる．集団はさまざまな遺伝子座におけるアレル頻度により特徴づけることができるのである．

A. さまざまな遺伝子型をもつ親の子における遺伝子型の頻度

1対のアレル A（優性）と a（劣性）について，親遺伝子型の6種類の交配が可能である（**図1～6**）．図に示すように，子の遺伝子型はメンデルの法則に従って分配される．この様式がみられるのは，すべての遺伝子型が交配にあずかり，重症の疾患による妨げがない場合に限られる．各々の交配型の頻度は集団中のアレル頻度に依存している．

B. アレル頻度

アレル頻度（しばしば遺伝子頻度と呼ばれる）とは，ある集団における特定座位での特定アレルの頻度のことである．今，1つの座位の1つのアレルが，集団中に存在する同座位の全アレルの20％を占めるとき，その頻度を0.2であるとする．アレル頻度によって集団中の個々の遺伝子型の頻度は決まる．例えば，2つのアレル A と a が考えられる場合，3種の遺伝子型（AA, Aa, aa）が可能である．2つのアレルの頻度（アレル A の頻度を p，アレル a の頻度を q とする）を加えると1（100％）になる．仮に2つのアレルが同じ頻度（各々0.5）であれば，$p=0.5$，$q=0.5$ である（**図1**）．したがって，この座位では方程式 $p+q=1$ が集団を規定することになる．ある集団における2つのアレルの頻度分布は単純な二項関係式 $(p+q)^2=1$ に従い，集団の遺伝子型の分布は $p^2+2pq+q^2=1$ となる．p^2 は遺伝子型 AA の頻度，$2pq$ はヘテロ接合体の頻度，q^2 はホモ接合体 aa の頻度に相当する．

1つのアレルの頻度がわかっているときは，集団中の遺伝子型の頻度を推定することができる．例えば，アレル A の頻度 p が 0.6（60％）であれば，アレル a の頻度 q は 0.4（40％）である（$q=1-p=1-0.6$）．したがって，遺伝子型 AA の頻度は0.36，Aa は0.48，aa は0.16 である（**図2**）．

逆にいうと，遺伝子型の頻度が観察されればアレル頻度は決定できる．ホモ接合体 aa の頻度がわかっていれば（例えば，常染色体劣性遺伝病ではわかっている），q^2 はその疾患の頻度に一致する．$p=1-q$ の式からヘテロ接合体の頻度（$2pq$）や正常のホモ接合体の頻度（p^2）も決定できる．

参考文献

Cavalli-Sforza LL, Bodmer WF: The Genetics of Human Populations. WH Freeman & Co, San Francisco, 1971.

Cavalli-Sforza LL, Menozzi P, Piazza A: The History and Geography of Human Genes. Princeton Univ Press, Princeton, New Jersey, 1994.

Eriksson AW et al (eds): Population Structure and Genetic Disorders. Academic Press, London, 1980.

Jorde L: Linkage disequilibrium and the search for complex diseases. Genome Res 10: 1435–1444, 2000.

Kimura M, Ohta T: Theoretical Aspects of Population Genetics. Princeton Univ Press, Princeton, New Jersey, 1971.

Kruglyak L: Prospects for whole-genome linkage disequilibrium mapping of common disease genes. Nature Genet 22: 139–144, 1999.

Terwilliger J, Ott J: Handbook for Human Genetic Linkage. Johns Hopkins Univ Press, Baltimore, 1994.

Vogel F, Motulsky AG: Human Genetics. Problems and Approaches, 3rd ed. Springer Verlag, Heidelberg–New York, 1997.

集団における遺伝子の分布

A. さまざまな遺伝子型をもつ親の子における遺伝子型の頻度

	遺伝子型	
	親	子
1	AA と AA	1.0 AA
2	AA と Aa	0.50 AA 0.50 Aa
3	Aa と Aa	0.25 AA 0.50 Aa 0.25 aa
4	Aa と aa	0.50 Aa 0.50 aa
5	AA と aa	1.0 Aa
6	aa と aa	1.0 aa

B. アレル頻度

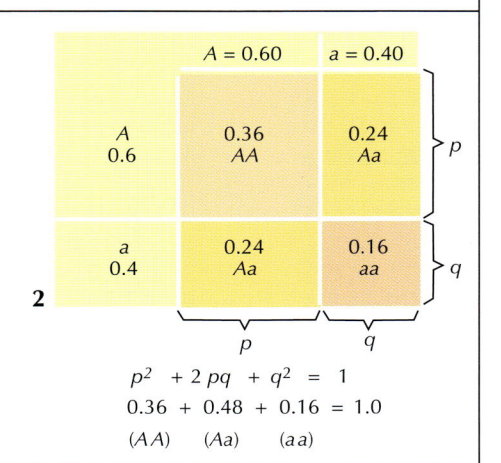

1

親	0.5 A	0.5 a
0.5 A	AA 0.25	Aa 0.25
0.5 a	Aa 0.25	aa 0.25

子

$p = 0.50$（A の頻度）
$q = 0.50$（a の頻度）

2

	$A = 0.60$	$a = 0.40$
A 0.6	0.36 AA	0.24 Aa
a 0.4	0.24 Aa	0.16 aa

$p^2 + 2pq + q^2 = 1$
$0.36 + 0.48 + 0.16 = 1.0$
$(AA) \quad (Aa) \quad (aa)$

ハーディー-ワインベルクの法則

ハーディー-ワインベルクの法則によれば，ある状況下では集団中のアレル頻度は毎世代，不変である。この原理は 1908 年，英国の数学者 G. F. Hardy とドイツの医師 W. Weinberg が，それぞれ独立に定式化した。この法則によれば，生殖不能な重症疾患の原因となる〔訳注：次世代に伝わらない〕アレルは，その座位での変異率が一定である限り，次世代では新規の突然変異によって置き換えられる。

A．アレル頻度の定常性

ホモ接合体で重症疾患を起こす常染色体劣性のアレル（ここではアレル a とする）は，集団におけるそのヘテロ接合状態は検知されず，疾患を発症するホモ接合体 aa だけが認識される。罹患者（ホモ接合体 aa）の頻度はアレル a の頻度（q）に依存する。3 種の遺伝子型の頻度は二項関係式 $(p+q)^2 = 1$ によって定められる（ここで p はアレル A の頻度，q はアレル a の頻度，前項参照）。ある世代で生殖不能な疾患のために除去されたホモ接合アレル（aa）は，〔訳注：次世代では〕新規に起こる変異で補充される。このことは毎世代で起き，疾患による除去と変異を起こす頻度は平衡状態にある。

B．アレル頻度に影響を及ぼす要因

ハーディー-ワインベルクの法則は，ある特定の状況下でのみ有効である。第一に，ある特定の遺伝子型に対する選択が働いていない場合に限って適用される。ヘテロ接合体に対する選択は，選択優位性をもつアレル頻度を増加させる（176 頁，マラリアとヘモグロビン異常症の項参照）。第二に，非ランダム交配（選択交配）はアレル頻度（p と q の比率）を変化させる。第三に，突然変異率の変化は変異を起こしたアレルを増加させる。第四に，小さな集団ではランダムなゆらぎがアレル頻度を変化させる。これを **遺伝的浮動** genetic drift という。

この他にもアレル頻度を変化させる原因はある。集団が極端な人口減少を経験し，その後人口が回復したとき，過去にはまれだったあるアレルが集団の拡大とともに，偶然にその集団中で普通にみられるようになることがある。これを **創始者効果** founder effect という。

連鎖不平衡 linkage disequilibrium とは，1 つのハプロタイプ（同一染色体上の連鎖座位）上のあるアレル群の分布が，集団における個々のアレル頻度からの期待値から偏って分布していることである。連鎖不平衡があるとハプロタイプのいくつかは期待値よりも高頻度もしくは低頻度となる。連鎖不平衡は選択などいくつかの要因の 1 つが原因となっていることもあるし，また集団に突然変異が生じてからの時間経過（世代数）を反映することもある。（写真は Weegee/Arthur Fellig "*Coney Island, 1938*" より）

参考文献

Cavalli-Sforza LL, Bodmer WF: The Genetics of Human Populations. WH Freeman & Co, San Francisco, 1971.

Cavalli-Sforza LL, Menozzi P, Piazza A: The History and Geography of Human Genes. Princeton Univ Press, Princeton, New Jersey, 1994.

Croucher PJP: Linkage disequilibrium. Nature Encyclopedia of the human Genome 3: 727–728. Nature Publishing Goup, London, 2003.

Eriksson AW et al (eds): Population Structure and Genetic Disorders. Academic Press, London, 1980.

Jorde L: Linkage disequilibrium and the search for complex diseases. Genome Res 10: 1435–1444, 2000.

Kimura M, Ohta T: Theoretical Aspects of Population Genetics. Princeton Univ Press, Princeton, New Jersey, 1971.

Kruglyak L: Prospects for whole-genome linkage disequilibrium mapping of common disease genes. Nature Genet 22: 139–144, 1999.

Vogel F, Motulsky AG: Human Genetics. Problems and Approaches, 3rd ed. Springer Verlag, Heidelberg–New York, 1997.

Zöllner S, Haeseler A von: Population history and linkage equilibrium. Nature Encyclopedia of the Human Genome 4: 628–637. Nature Publishing Goup, London, 2003.

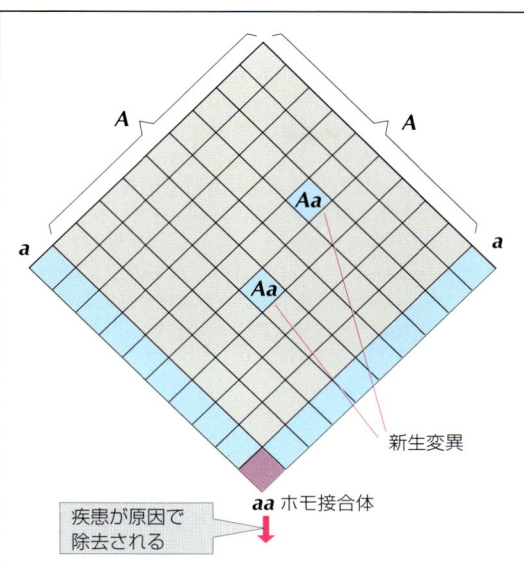

ハーディー–ワインベルクの法則

A. アレル頻度の定常性（ハーディー–ワインベルク平衡）

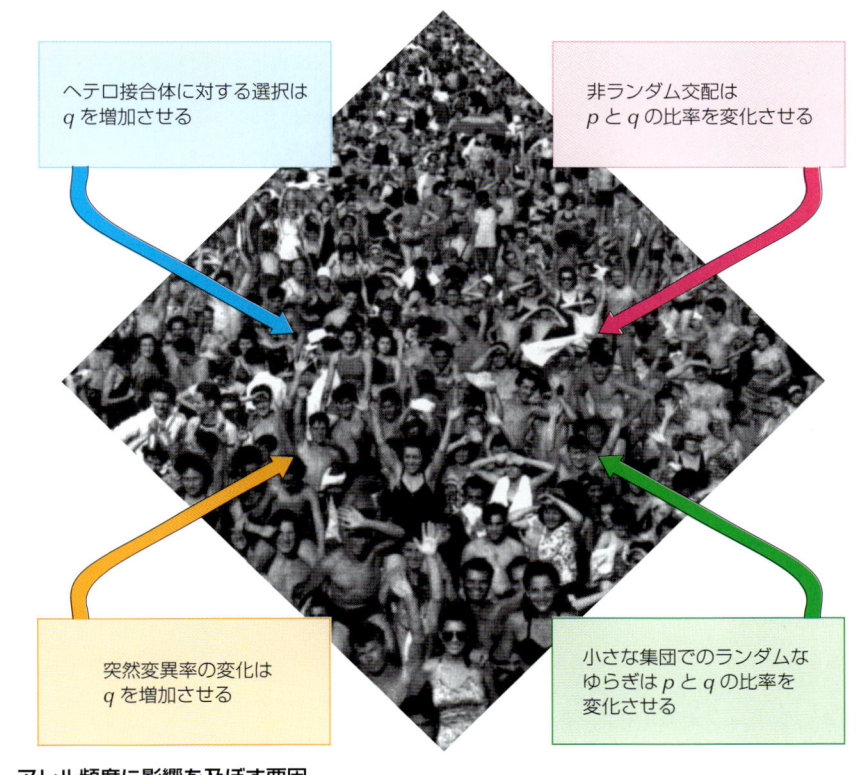

アレル a は，ホモ接合体 aa が重症疾患を発症するため集団から除去されるが，新生変異によって補充される。除去と補充は平衡状態にある。

遺伝子型		頻度
ホモ接合体	AA	p^2
ヘテロ接合体	Aa	$2pq$
ホモ接合体	aa	q^2

新生変異

aa ホモ接合体

疾患が原因で除去される

B. アレル頻度に影響を及ぼす要因

ヘテロ接合体に対する選択は q を増加させる

非ランダム交配は p と q の比率を変化させる

突然変異率の変化は q を増加させる

小さな集団でのランダムなゆらぎは p と q の比率を変化させる

血族婚と同系交配

　血族婚とは，両親が過去4世代のうちに少なくとも1人の共通先祖（同じ血筋であること）をもつことをいう。血族婚は，あるアレルが子孫においてホモ接合性となる機会を増加させる。この場合，両方のアレルが同一となり，同祖性(identity by descent, IBD) という。この理由から，血族婚は非常にまれな常染色体劣性遺伝病でしばしばみられるのである。血族婚は，一部の集団では広く行われており25〜40％にも及ぶが，通常は1〜2％の頻度である。同系交配は血族婚がよくみられる集団で起き，近親交配とは第一度近親者間（兄妹，親子）の関係のことである。

　血族婚の程度は2つの数値で表すことができる。親縁係数（coefficient of kinship, ϕ）と近交係数 (inbreeding coefficient, F) である。ϕ は，個体Aからのアレルと個体Bからのアレルが同一である確率のことである。F は，血族婚の両親の子で2つのアレルがホモ接合性となる確率である。ある個体の F は，その両親の ϕ と同じである。類縁係数 (coefficient of relationship, r) は，2人の個体において血縁により同一であるアレルの割合である。

A. 血族婚のタイプ

　同胞どうしや親子間の交配を近親交配という（図1）。両親（ここではA，Bとする）に由来する2つのアレルに関して，2人の同胞各々への伝達確率はそれぞれ0.5（1/2）である。同胞CとDは遺伝子の半分が共通で，類縁係数 r は1/2である。彼らの子において，ある座位がIBDによりホモ接合性となる確率は1/4（CとDからEへ各々1/2）である。

　いとこどうしは遺伝子の1/8が共通で（図2），はとこ（またいとこ）どうしは1/32が共通である。いとこどうしの子がIBDによりホモ接合性となる確率は1/16である。おじと姪は遺伝子の1/4が共通で（図3），r は1/4であり，彼らの子がホモ接合性となる確率は1/8である。血縁関係のない個体Eからの変異アレルの伝達は通常無視できる。

B. 同祖性（IBD）

　共通先祖をもつゆえに，ゲノムのある領域が同一となっていることをIBDという。例えば，先祖Ⅰのアレル A，B，および先祖Ⅱのアレル C，D が，次世代へ伝わる確率は各々0.5（1/2）である。同様のことはさらに次の世代の個体ⅢとⅣにもいえ，最終的にⅢからⅤへ，ⅣからⅤへも同じく0.5（1/2）の確率で伝わる。ⅠからⅢへ，またⅠからⅣへの伝達確率は各々 $(1/2)^2$ である。Ⅴがホモ接合性であるには，両アレルがⅠからⅢおよびⅣへと伝達される必要があり，その確率は $(1/2)^4$ である。ⅤがIBDによりホモ接合性となる確率は，$(1/2)^4$ と $(1/2)^4$ を加え，さらに1/2を乗じなければならない。結果は1/16となる。こうして得られた，ある座位がホモ接合性となる確率が近交係数 F である。共通先祖からIBDとなるアレルを**オート接合性** autozygous という。IBDは，ある疾患に罹患している血縁者に共通するゲノム領域を特定するのに利用される（ホモ接合性マッピング）。血縁関係とは無関係にホモ接合性となっている2つのアレルは**アロ接合性** allozygous と呼ばれる。

医学との関連

　血族婚は遺伝カウンセリングの行われる理由として頻度が高い。いとこどうしの子がIBDによりホモ接合性となる確率は1/16である。彼らの子が有害アレルについてホモ接合性となる確率は1/64である。ここで，他方の共通先祖も考慮しなければならないので，最終的リスクは1/32である。このリスク3.125％は高いようにみえるが，一般集団でのリスクと比べると必ずしもそうではない。新生児における遺伝性疾患の全リスクが1〜2％と推定されているからである。

参考文献

Bittles AH, Neel JV: The costs of human inbreeding and their implications for variations at the DNA level. Nature Genet 8: 117–121, 1994.

Griffith AJF et al: An Introduction to Genetic Analysis, 7th ed. WH Freeman & Co, New York, 2000.

Harper PS: Practical Genetic Counselling, 6th ed. Edward Arnold, London, 2004.

Jaber L, Halpern GJ, Shohat M: The impact of consanguinity worldwide. Community Genet 1: 12–17, 1998.

Turnpenny P, Ellard S: Emery's Elements of Medical Genetics, 12th ed. Elsevier-Churchill Livingstone, Edinburgh, 1995.

血族婚と同系交配　169

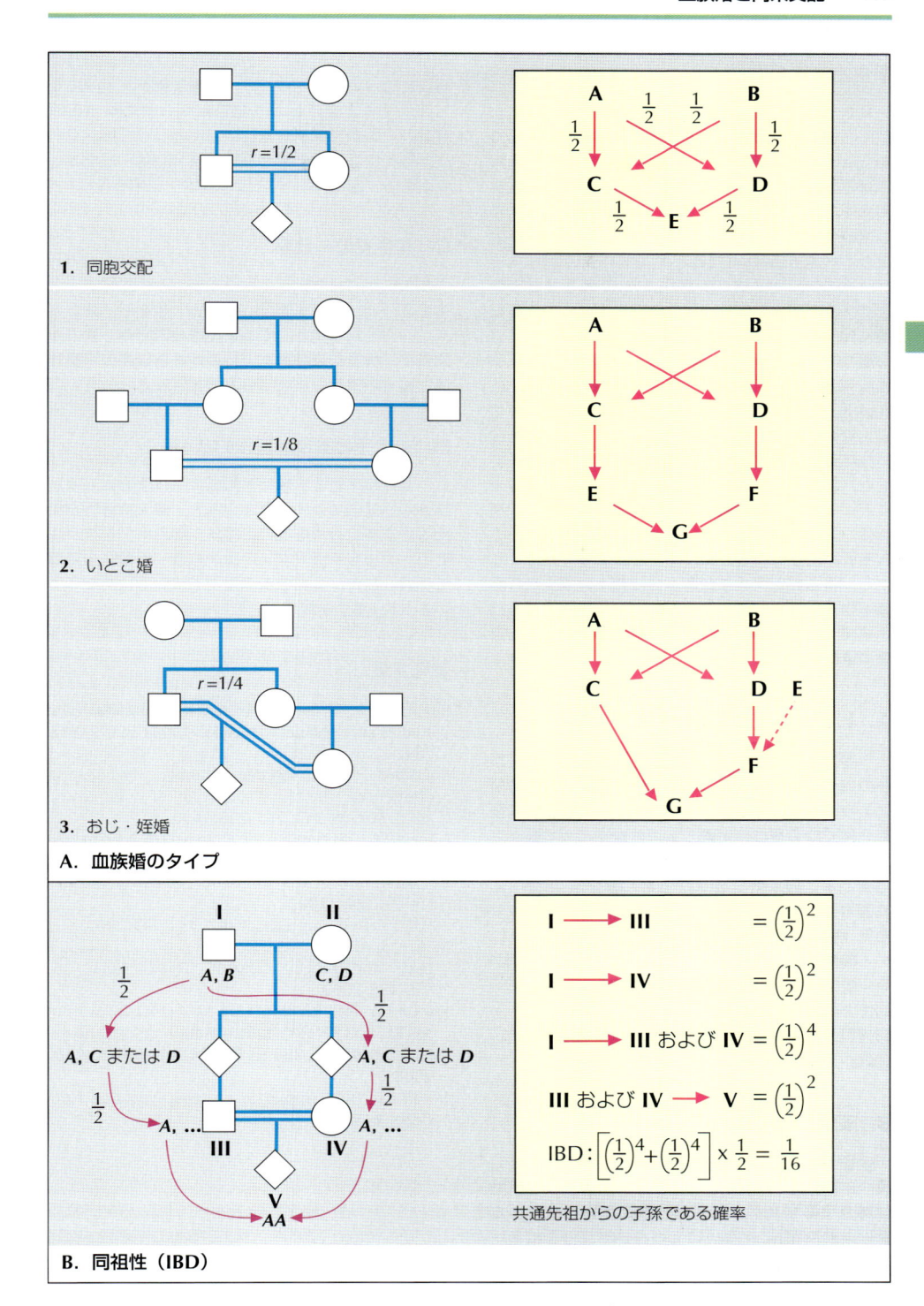

1. 同胞交配　$r=1/2$

2. いとこ婚　$r=1/8$

3. おじ・姪婚　$r=1/4$

A. 血族婚のタイプ

I ─→ III $= \left(\frac{1}{2}\right)^2$

I ─→ IV $= \left(\frac{1}{2}\right)^2$

I ─→ III および IV $= \left(\frac{1}{2}\right)^4$

III および IV ─→ V $= \left(\frac{1}{2}\right)^2$

IBD: $\left[\left(\frac{1}{2}\right)^4 + \left(\frac{1}{2}\right)^4\right] \times \frac{1}{2} = \frac{1}{16}$

共通先祖からの子孫である確率

B. 同祖性 (IBD)

双生児

　双胎や三胎（品胎）ないし四胎妊娠は多くの哺乳類で一般的に起こる。ヒトでは超音波検査によって40妊娠に1例の割合で双胎がみられるが，生産児では1/80である。この差異が生じるのは，妊娠初期に片方の胎児が子宮内で死亡することがあり，その組織は吸収されてしまうからである。1,000出生あたりの双生児の頻度は，アジアの6例からヨーロッパの10～20例，アフリカの40例までさまざまである。双生児は単一の受精卵由来のもの［遺伝的に同一な一卵性（一接合子性）双生児］と，2つの異なった受精卵由来のもの［二卵性（二接合子性）双生児］とがあり，その区別は1874年にC. Daresteが最初に提唱した。出生時における一卵性双生児の頻度は比較的一定である。双生児の研究はF. Galtonによって1876年に始められ，一卵性双生児と二卵性双生児の多面的かつ組織的な比較を行うことにより，疾患の原因や疾患感受性，知能・行動特性，先天奇形などにおける遺伝要因と環境要因それぞれの関与を明らかにすることが試みられた。しかし，得られたデータに関しては種々の観点から異論が唱えられている。ともあれ，双生児研究は多因子疾患（160頁参照），行動特性といった複雑な形質の遺伝的起源に対して光を当てるかもしれない。

A. ヒト一卵性双生児のタイプ

　一卵性双生児は発生の非常に初期の段階で，初期胚の内部細胞塊の分割によって生じる。分割の時期によって3つのタイプに区別される。栄養膜形成後の分割では共通の絨毛膜と2つの独立した羊膜をもつ双生児（図1），羊膜形成後の分割では単一の絨毛膜と単一の羊膜をもつ双生児（図2），栄養膜形成前の分割では各々独立した絨毛膜と羊膜をもつ双生児（図3）となる。

　一卵性双生児の約66%は1絨毛膜・2羊膜性であり，受精後5日目の絨毛膜形成から9日目の羊膜形成までの間に分割が生じたタイプである。また，一卵性双生児の約33%は2絨毛膜・2羊膜性である。（図はGilbert, 2003；Goerke, 2002より）

B. 双生児の異常な形態

　羊膜形成後になって分割が生じた場合，1絨毛膜・1羊膜性の双生児となるが，そのような双生児は結合するリスクがある（結合双生児，いわゆるシャム双生児）。比較的頻度の高い不完全分離形は胸結合体であり，さまざまな程度で胸郭領域が結合している（図1）。二卵性双生児には血液供給の誤りが生じることがある。循環系における短絡経路の形成によって双生児の片方の血液供給が不十分になると，発育が遅延したり死亡に至るおそれがある（図2）。臓器形成不全は特に重症の奇形を招きやすく，例えば心臓の欠損した胎児（無心体）となることがある（図3）。

C. 双生児の一致率

　双生児が同一の形質をもつとき，その形質が一致するといい，形質が異なっているときを不一致という。一卵性双生児と二卵性双生児の間での一致率の比較は，複雑な形質の原因における遺伝要因の相対的な寄与の割合を反映すると考えられる。

D. 双生児の薬理遺伝学的パターン

　一卵性双生児と二卵性双生児は生化学的にも差異がある。遺伝的差異が存在すると，酵素の活性が異なるため多くの治療薬の代謝率や排泄率にも差が生じる。フェニルブタゾンの排泄率は一卵性双生児間では同一だが，二卵性双生児や同胞間では異なっている（Vesell, 1978）。

参考文献

Boomsma D, Busjahn A, Peltonen L: Classical twin studies and beyond. Nature Rev Genet 3: 872–882, 2002.

Bouchard TJ et al: Sources of human psychological differences: The Minnesota study of twins reared apart. Science 250: 223–228, 1990.

Gilbert SF: Developmental Biology, 7th ed. Sinauer, Sunderland, Massachusetts, 2003.

Goerke K: Taschenatlas der Geburtshilfe. Thieme Verlag, Stuttgart, 2002.

Hall JG: Twinning. Lancet 362: 735–743, 2003.

McGregor AJ et al: Twins. Novel uses to study complex traits and genetic diseases. Trends Genet 16: 131–134, 2000.

Phelan MC, Hall JG: Twins, pp 1377–1411. In: Stevenson RE, Hall JG (eds) Human Malformations and Related Anomalies, 2nd ed. Oxford Univ Press, Oxford, 2006

Vesell ES: Twin studies in pharmacogenetics. Hum Genet 1 (Suppl): 19–30, 1978.

双生児

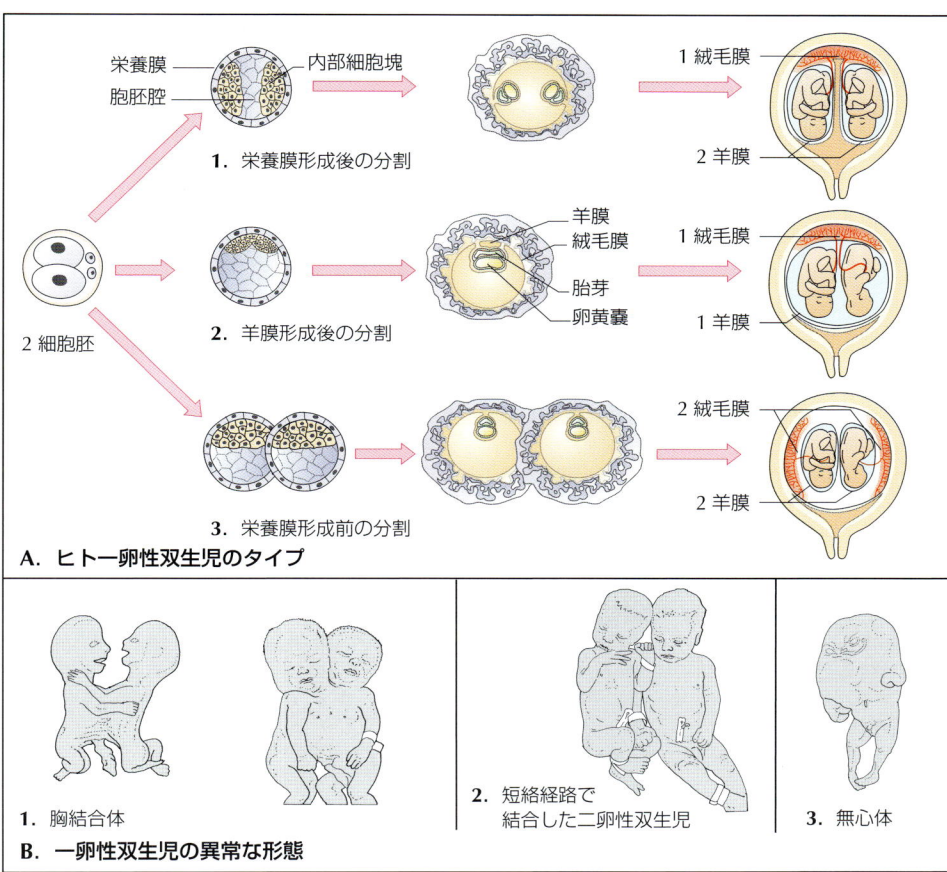

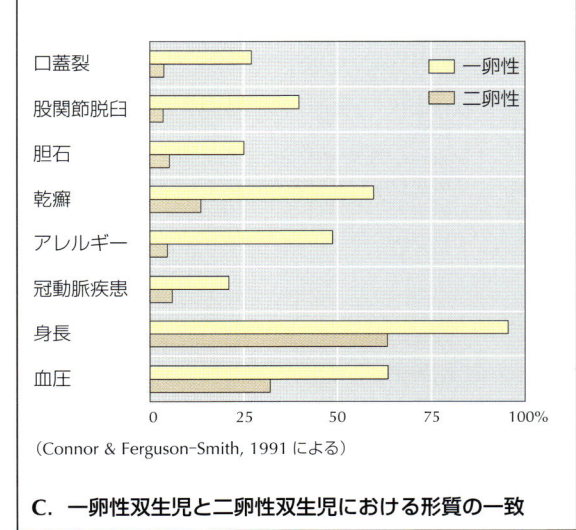

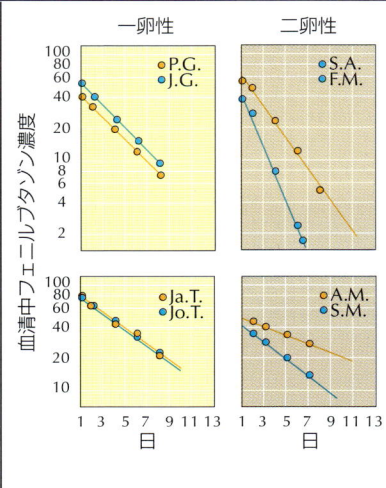

A. ヒト一卵性双生児のタイプ

- 栄養膜
- 胞胚腔
- 内部細胞塊
- 1. 栄養膜形成後の分割
- 1 絨毛膜
- 2 羊膜

- 2 細胞胚
- 羊膜
- 絨毛膜
- 胎芽
- 卵黄嚢
- 2. 羊膜形成後の分割
- 1 絨毛膜
- 1 羊膜

- 3. 栄養膜形成前の分割
- 2 絨毛膜
- 2 羊膜

B. 一卵性双生児の異常な形態

1. 胸結合体
2. 短絡経路で結合した二卵性双生児
3. 無心体

C. 一卵性双生児と二卵性双生児における形質の一致

口蓋裂、股関節脱臼、胆石、乾癬、アレルギー、冠動脈疾患、身長、血圧

一卵性／二卵性

(Connor & Ferguson-Smith, 1991 による)

D. 双生児の薬理遺伝学的パターン

一卵性：P.G., J.G. ／ Ja.T., Jo.T.
二卵性：S.A., F.M. ／ A.M., S.M.

血清中フェニールブタゾン濃度／日

多型

　遺伝的多型とは集団でみられる遺伝的多様性のことである。2種類の多型，不連続多型と連続多型，が区別される（160頁参照）。自然集団においてよくみられる2種以上の不連続的な多様性を**多型** polymorphism（「多数の形状」という意味のギリシャ語に由来する）と呼ぶ。少ない方のアレルの頻度が0.01（1%）以上［ヘテロ接合体の頻度が0.02（2%）以上であることに相当する］のとき，ある座位は多型性であるという。アレル多型はしばしば表現型に差異をもたらす。あるアレルの存在が選択上優位性をもたらさなければ多型は（選択上）中立的と考えられるが，ときに選択上の優位性が現れることがある。自然選択とは生存率や生殖率に差異のあることをいう。生存や生殖の相対的確率をダーウィン的適応度（または生殖適応度）と呼び，適応度が1は「正常」，0は生殖の欠如を意味する。ここでは「適応」という用語を日常的な意味と混同してはならない。多型の結果生じた遺伝的多様性が，ある環境状況下で個体の生殖適応度が高くなるように寄与するとき，その多型は集団に選択的優位性をもたらすのである。

　多型は個体全体のレベル（表現型多型）のほか，タンパクのバリアントや血液型物質（生化学的多型），染色体の形態（染色体多型）〔訳注：染色体形態のバリアントは一種の連続値を現すため，通常の多型と区別して染色体異型と呼ばれる〕，あるいはDNAレベルでの塩基の違い（DNA多型，80頁参照）でも観察される。

A. 表現型多型

　表現型多型の印象的な例としてナミテントウ（*Harmonia axyridis*）の羽根鞘の色調がある（**図1**）。シベリアから日本にかけての生息域では多数のバリアントがみられ（Ayala, 1978），それは同一遺伝子の異なるアレルの組み合わせによるのである。カリフォルニアキングヘビ（*Lampropeltis getulus californiae*）の色調は，同一種であるにもかかわらず個体によってまるで別種のように異なる（**図2**）。（図1は Ayala, 1978 より；図2はサンディエゴ動物園のJ. H. Tashjianより）

B. 環境状態に関係した多型

　生物は環境に適応した結果，集団中のいくつかのアレル頻度が少しずつ異なっている。例えば，カリフォルニアのシエラネバダ山脈に植生しているノコギリソウの丈の平均高は，高度が上がるに従って低くなる（**図1**）。違う高度で採取した種を庭に蒔いて比較すると，丈の平均高は採取された高度によって遺伝的に決められていた。（図は Campbell, 1990 より）

　色調の多型性に対する自然選択の最も印象深い例の1つは，19世紀の終盤にB. Kettlewellによって記載された英国中部地方の蛾，オオシモフリエダシャク（*Biston betularia*）である（**図2**）。当初は明灰色の一般的なバリアント（*B. betularia typica*）と暗灰色のまれなバリアント（*B. betularia carbonaria*）の2種類が，明るい色調の地衣類で被われた樹皮や岩石上に生息していた。ところが1850年頃までに工業化の影響で樹皮や岩石の表面が黒くなると，同時にそれまでまれだった暗色のバリアントが増え，1900年までには事実上暗色のバリアントばかりとなったのである。明色の表面にいる暗色のバリアントは捕食者に見つかりやすかったために本来まれであったが，工業化の開始とともに明るい色調の地衣類はまれとなり，暗色のバリアントが選択的優位性をもつようになったと推定される。実際，1950年代になって公害が減少すると，明色のバリアントが再び現れ優勢となった。この遺伝的適応による自然選択の美しい例に対して疑義が投げかけられているのは残念なことである（Majerus, 1998；Coyne, 2002を参照）。

参考文献

Ayala FJ: Mechanisms of evolution. Scient Amer 329: 48–61, 1978.

Campbell NA: Biology, 2nd ed. Benjamin/Cummings Publishing Co, Menlo Park, California, 1990.

Coyne JA: A look at the controversy about industrial melansism in the peppered moth. Nature 418: 19–20, 2002.

Lewontin R: Adaptation. Scient Amer 239: 156–169, 1978.

Majerus, MEN: Melanism: Evolution in Action. Oxford Univ Press, Oxford, 1998. (reviewed in Nature 396: 35–36, 1998; doi:10.1038/23856).

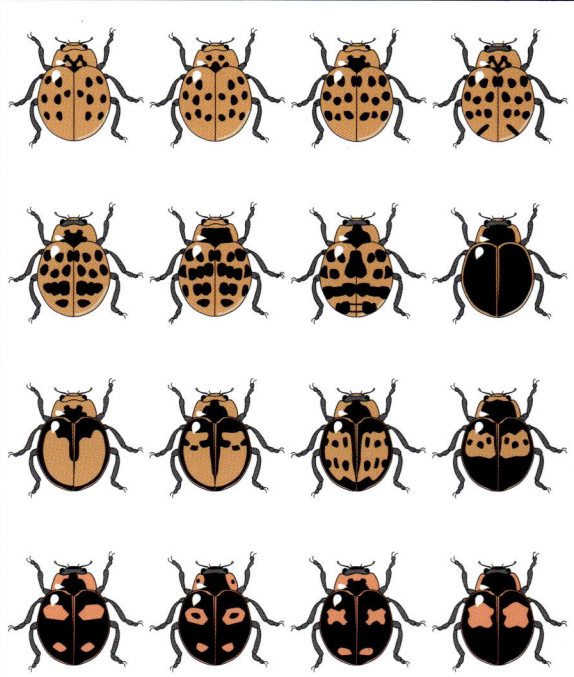

多 型 173

1. ナミテントウ（*Harmonia axyridis*） 
2. カリフォルニアキングヘビ（*Lampropeltis getulus californiae*）
A. 表現型多型

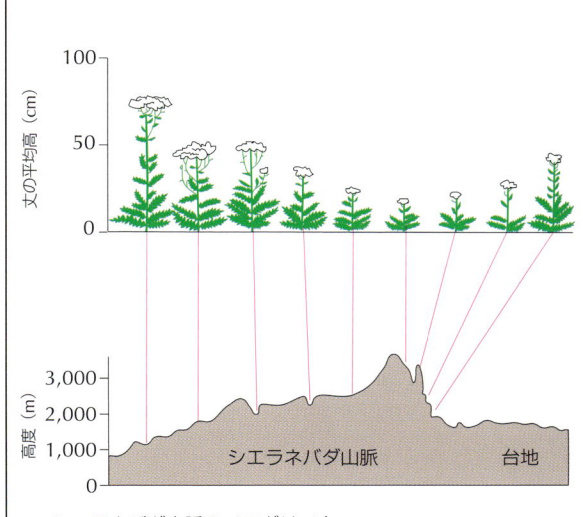

丈の平均高 (cm)
高度 (m)
シエラネバダ山脈　　台地

暗色の樹皮
B. carbonaria
B. typica

明色の樹皮
B. carbonaria
B. typica

1. シエラネバダ山脈のノコギリソウ
2. オオシモフリエダシャク（*Biston betularia*）
B. 環境状態に関係した多型

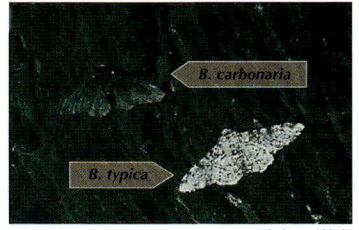

生化学的多型

検査などで発見される代謝反応の違いによる遺伝的多型を生化学的多型という。遺伝子の塩基配列の差異がコドンを変化させると、対応する（タンパクの）場所に組込まれるアミノ酸が変わる。この差異はタンパクの電気泳動パターンを解析することで確認することができる。

A. ゲル電気泳動による多型の検出

1966年、R. C. Lewontin と J. L. Hubby はウスグロショウジョウバエ（*Drosophila pseudoobscura*）の自然集団におけるタンパクのバリアントを探索するためにゲル電気泳動を最初に用いた。電荷の異なるアミノ酸の存在を利用して、互いに異なるタンパクの遺伝的多型を調べることができる。この場合、遺伝子産物のアレル型を電場中の移動速度の違いで区別できる（電気泳動）。例えば、差異が2つのアレルでコードされた2つのバリアントに由来するものである場合、3種の遺伝子型が同定される。図に示した6つのレーンのうち、レーン1〜3はある1つのタンパク、レーン4〜6は別のタンパクのものである。一番上のバンドは電気泳動の開始点であり、その下に現れるバンドがホモ接合パターン（レーン1と2、および4と5）、もしくはヘテロ接合パターン（レーン3と6）を示している。

B. 遺伝子産物の多型

ここでは遺伝子産物の典型例としてショウジョウバエの3つの酵素、すなわちホスホグルコムターゼ（図1）、リンゴ酸デヒドロゲナーゼ（図2）、酸性ホスファターゼ（図3）を取り上げ、それぞれ多型が高頻度にみられることを示す。各々の図は12匹のハエのデンプンゲル電気泳動であり、ゲルはそれぞれのタンパクに特異的な染色を施してある。

ホスホグルコムターゼ（図1）の遺伝子座は、レーン2、4、10では移動度の異なる2つのバンドが存在することからヘテロ接合性である。リンゴ酸デヒドロゲナーゼ（図2）は二量体タンパクなので、ヘテロ接合ハエではレーン4、5、6、8のように3本のバンドがみられる。酸性ホスファターゼ（図3）は4つのアレルでコードされているので、ヘテロ接合ハエはレーン1、3、4、6、9のような複雑なパターンを示す。ヘテロ接合ハエは全体の約8〜15%を占め、これは1966年の時点では新しい知見であった。（図は Ayala & Kiger, 1984 より）

C. 多型の頻度

遺伝的多型はありふれた現象である。ショウジョウバエの一種 *D. willistoni* における平均ヘテロ接合度の研究では、180遺伝子座のうち 17.7% がヘテロ接合性であった（図1）。平均ヘテロ接合度とは集団中に占めるヘテロ接合個体の割合を、解析した遺伝子座に関して平均した値であり、座位あたり個体総数あたりのヘテロ接合体の割合の総和として与えられる。DNA レベルでの多型は最もありふれたものである（80頁参照）。ここでは免疫グロブリン H 鎖遺伝子の J 領域近傍の DNA を制限酵素で消化し、サザンブロット法で分離した結果を示す。16人それぞれに制限断片長の差があるため、いくつかの多型バンドが観察される（図2）。（図2は White ら, 1986 より）

D. 遺伝的多様性と進化

遺伝的多様性は進化によって選択されたものである。遺伝的に多様な集団は、均一な集団よりも、環境が変化しても生存する確率が高いであろう。ショウジョウバエの一種 *D. serrata* の2つの集団を25世代にわたりスペースや栄養に制限を設けた別々の容器で飼育した初期の研究によれば、遺伝的に多様な集団は均一な集団よりも生きのびる個体の数が多いようであった。当初この結果は、多様性の大きな集団は均一な集団よりも環境状態によりよく適応できると解釈された。しかし今日ではそれが唯一の解釈ではなく、ランダムなゆらぎの可能性も否定できないと考えられている。（図は Ayala & Kiger, 1984 より）

参考文献

Ayala FJ: Genetic polymorphisms: From electrophoresis to DNA sequences. Experentia 39: 813–823, 1983.

Ayala FJ, Kieger JA: Modern Genetics, 2nd ed. Benjamin/Cummings Publishing Co, Menlo Park, California, 1984.

Beaudet AL et al: Genetics, biochemistry, and molecular basis of variant human phenotypes, pp 3–45. In: Scriver CR et al (eds) The Metabolic and Molecular Bases of Inherited Disease, 8th ed. McGraw-Hill, New York, 2001.

White R et al: Construction of human genetic linkage images. I. Progress and perspectives. Cold Spring Harbor Symp Quant Biol 51: 29–38, 1986.

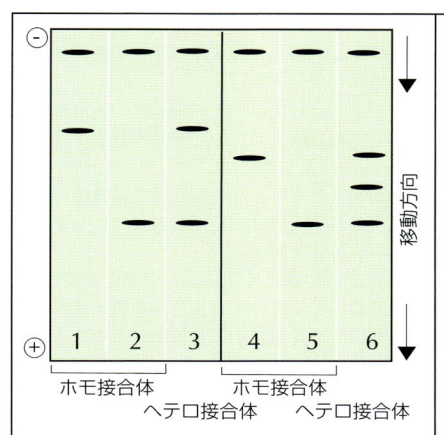

生化学的多型

A. ゲル電気泳動による多型の検出

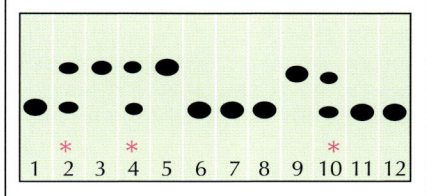

ホモ接合体 1, 2, 3
ヘテロ接合体
ホモ接合体 4, 5, 6
ヘテロ接合体
移動方向

B. 遺伝子産物の多型

1. ウスグロショウジョウバエ（*D. pseudoobscura*）のホスホグルコムターゼ

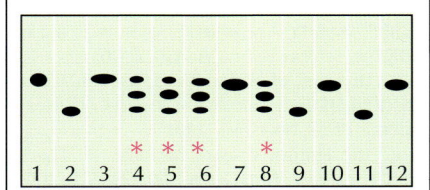

2. ショウジョウバエの一種 *D. equinoxialis* のリンゴ酸デヒドロゲナーゼ

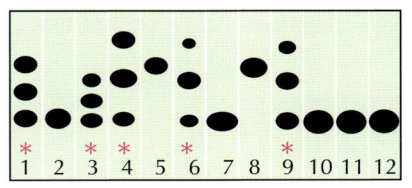

3. ショウジョウバエの一種 *D. equinoxialis* の酸性ホスファターゼ
（＊＝ヘテロ接合ハエ）

C. 多型の頻度

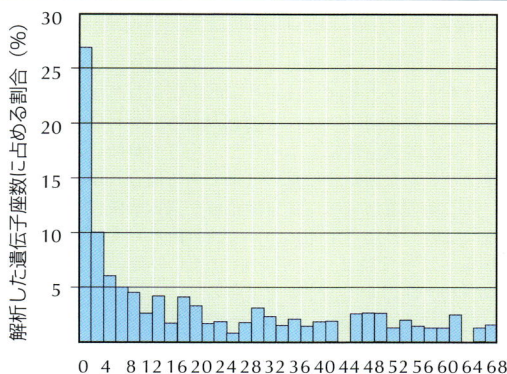

1. 高い平均ヘテロ接合度
（180 遺伝子座の 17.7％）

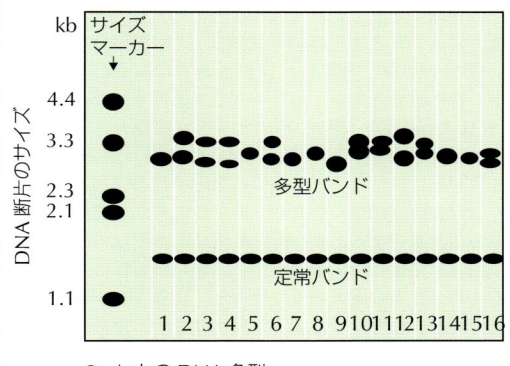

D. willistoni におけるヘテロ接合体の割合（％）
解析した遺伝子座数に占める割合（％）

2. ヒトの DNA 多型（16 人）

サイズマーカー
多型バンド
定常バンド
DNA 断片のサイズ kb

D. 遺伝的多様性と進化

ショウジョウバエの一種 *D. serrata* の 2 つの集団 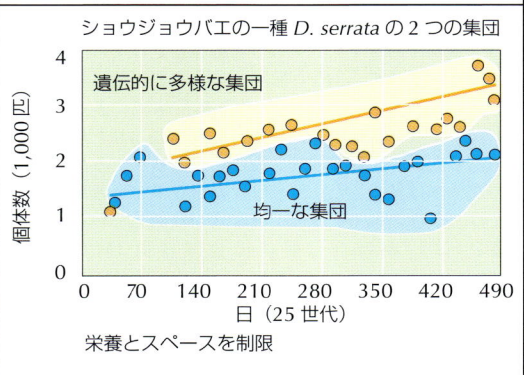
遺伝的に多様な集団
均一な集団
個体数（1,000 匹）
日（25 世代）
栄養とスペースを制限

ある種のアレルにみられる地理的分布の差異

ヒト集団では，ある種の変異アレルの頻度はさまざまである．ある集団ではありふれた常染色体劣性遺伝病が別の集団ではまれなことがある．これはアレルの選択的優位性による場合と，小さな集団におけるランダムな創始者効果の結果である場合とがある．ある種の遺伝病はヘテロ接合体が選択的優位性をもつため，特定の集団において比較的高頻度にみられる．ここでは2つの例を示す（その他の例はTurnpenny & Ellard, 2005を参照）．

A. 頻度の差異

フィンランドは数種のまれな劣性遺伝病が他の国よりもはるかに高い頻度でみられる小さな集団である．最も可能性のある理由として，創始者効果と遺伝的隔離の複合要因が考えられる．フィンランドの特定の地域に集中してみられる疾患の例として，西部地方にみられる先天性扁平角膜症（2型扁平角膜症，MIM 217300）（図1），南西部地方にみられる重症の腎疾患であるフィンランド型先天性ネフローゼ（MIM 256300）（図2），および南東部地方にみられる変形性骨格異形成症（MIM 222600）（図3）の3種が挙げられる．これらの疾患の劣性の変異アレルは同祖性（IBD）を示し，祖父母の多くが当該地域の出身なので，3種の疾患変異はそれぞれの地域で独立して生じたに違いない．ヘテロ接合体における変異アレルの選択的優位性など，変異アレルの頻度の高さを説明できるような理由はない．地理的分布の差異は単に変異が生じた相対的な時期や場所を反映しているに過ぎない．似たような例は世界中のさまざまな地域や集団でみられる．

B. マラリアとヘモグロビン異常症

寄生虫病であるマラリアの分布地域は，種々のヘモグロビン異常症（346頁参照）の分布と密接に重なっている．マラリアは熱帯や亜熱帯地域に多い（図1）．かつては地中海沿岸地方ではありふれた疾患であったが，予防が成功したことによってマラリアの発生率は減少した．マラリアが風土病である地域では，数種のヘモグロビン異常症が蔓延している（図2, 3）．典型例は鎌状赤血球貧血（MIM 141900）と種々のタイプのサラセミア（MIM 187550，352頁参照）である．1954年にA. C. Allisonは，鎌状赤血球変異のヘテロ接合体はマラリア感染に対する感受性が低いという考えを提唱した．これは，ヒトにおけるヘテロ接合体の選択的優位性の最初で最良の例である（348頁参照）．

鎌状赤血球変異は少なくとも4回，別々の地域で独立して発生し，ヘテロ接合体の選択的優位性のためにその地域に根づいた．

マラリア感染に対するヘテロ接合体の優位性を付与する別の赤血球病として，X連鎖性貧血を起こすグルコース-6-リン酸デヒドロゲナーゼ欠損症（MIM 305900）がある．ヘミ接合男性は重症の貧血を起こすが，ヘテロ接合女性は正常でマラリアに対して比較的抵抗性を示す．

これらの遺伝性疾患にみられる選択的優位性は，マラリア原虫にとってヘテロ接合体の血液はホモ接合体の血液に比べて生存しにくい条件をそなえていることによる（348頁参照）．ヘテロ接合体にみられる抵抗性は，ヘモグロビン異常症の罹患者であるホモ接合体の犠牲の上に成り立っている．つまりその利益は集団レベルでのものである．アフリカやアジア，南米では，年間4億人以上の人々がマラリアに感染し，そのうち特にサハラ砂漠以南で，約100万～300万人が毎年死亡している．マラリア原虫（*Plasmodium falciparum*）とその媒介蚊（*Anopheles gambiae*）のゲノム塩基配列が決定されたので，流行地域における予防手段の導入が期待されている．

参考文献

Cavalli-Sforza LL, Menozzi P, Piazza A: The History and Geography of Human Genes. Princeton Univ Press, Princeton, 1994.

Marshall E: Malaria: A renewed assault on an old and deadly foe. Science 290: 428–430, 2000.

Norio R: Diseases of Finland and Scandinavia. In: Rothschild HR (ed) Biocultural Aspects of Disease. Academic Press, New York, 1981.

Norio R: The Finnish disease heritage. III. The individual diseases. Hum Genet 112: 470–526, 2003.

Turnpenny P, Ellard S: Emery's Elements of Medical Genetics, 12th ed. Elsevier-Churchill Livingstone, Edinburgh, 2005.

Weatherall DJ, Clegg JB: Thalassemia - a global public health problem. Nature Med 2: 847–849, 1996.

ある種のアレルにみられる地理的分布の差異　　177

1. 先天性扁平角膜症
2. 先天性ネフローゼ
3. 変形性骨格異形成症

A. フィンランドにおける遺伝病の頻度の差異

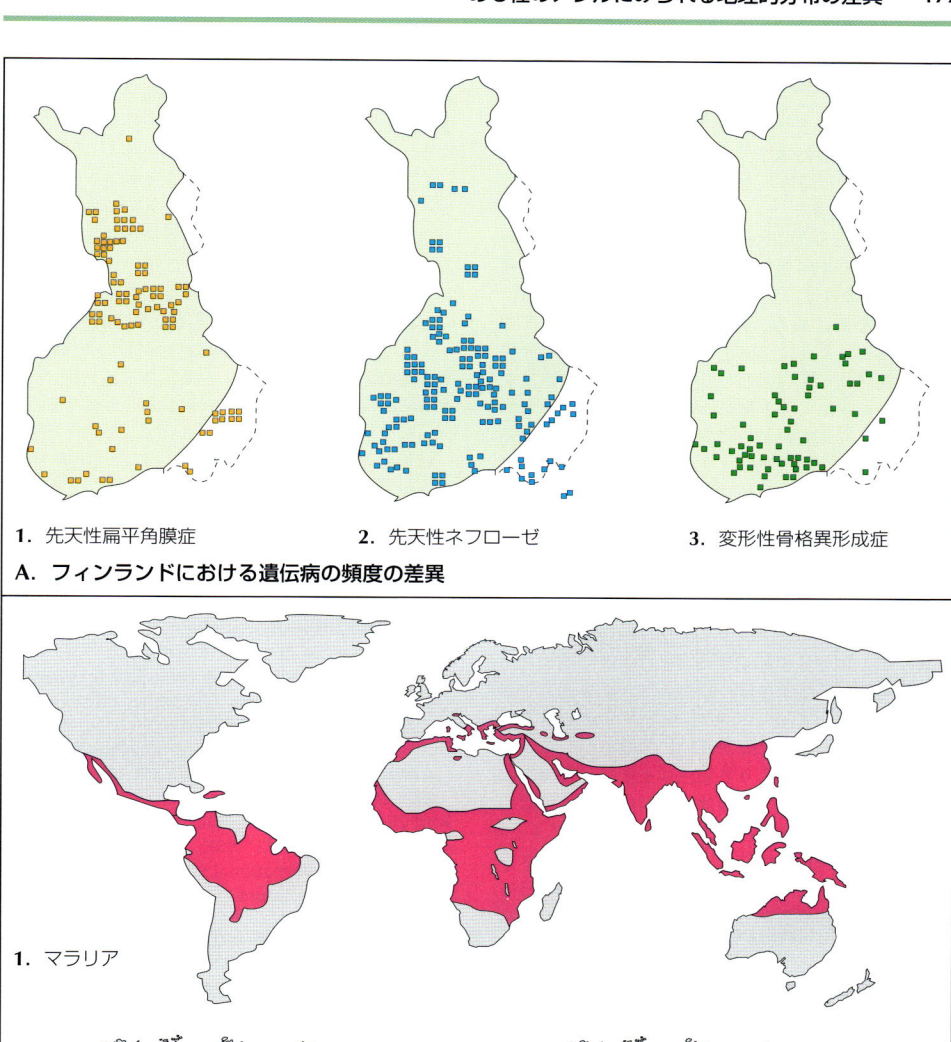

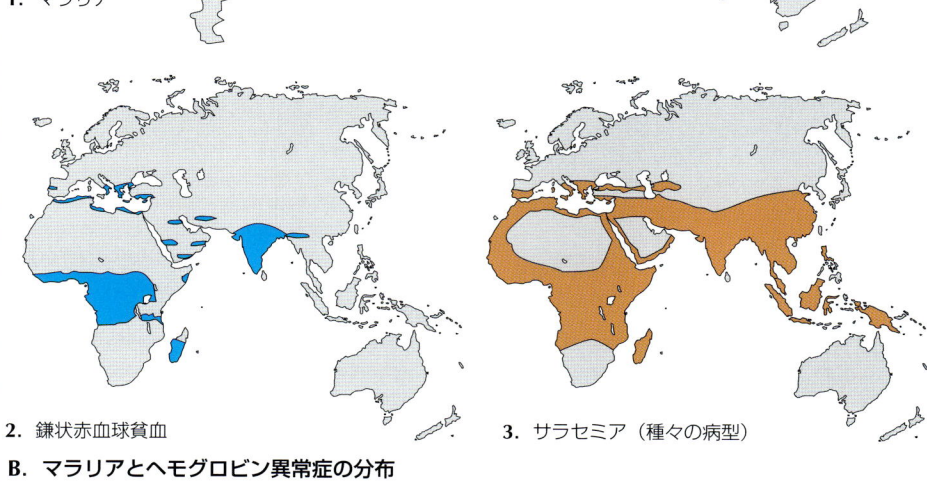

1. マラリア
2. 鎌状赤血球貧血
3. サラセミア（種々の病型）

B. マラリアとヘモグロビン異常症の分布

分裂中期の染色体

染色体は遺伝子が組織化されたユニットである。真核細胞の各染色体は，連続した糸状の DNA 二重らせんとそれに関連したタンパクからなる。

「染色された糸」という意味のギリシャ語に由来する染色体という用語は，1888 年に W. Waldeyer によって導入された。原核生物の染色体は 1 本で通常は環状構造をとっているが，真核生物の染色体は核内の定位置にある。1879 年に W. Flemming が初めて言及したように，染色体は有糸（体細胞）分裂の間，独立した構造物として光学顕微鏡下で観察することができる。各生物は一定の形態をした一定数の染色体をもっている。ヒトの染色体の数は，1956 年，ルント大学の Tjio と Levan，またオックスフォード大学の Ford と Hamerton により，それまで推定されていた 48 本ではなく 46 本であることが確立された。

A．ヒトの分裂中期染色体

図に示した分裂中期染色体は 2,800 倍に拡大したものである。各染色体は，長さ，セントロメア（着糸点）の位置，横走する明暗バンド（分染パターン）の配置や大きさなどが互いに異なる。したがって，分染パターンにより各染色体やその一部を識別することができる。典型的な分裂中期標本では約 300〜550 の明瞭なバンドを見分けることができる。分裂前中期の染色体は分裂中期よりも長く，より多くのバンドが観察できる。そのため，目的によっては分裂前中期の染色体も解析の対象となる。

B．分裂中期染色体の種類

各染色体はセントロメアの位置に従って，**次中部着糸型** submetacentric，**中部着糸型** metacentric，**次端部着糸型** acrocentric に分類される。セントロメアは染色体のくびれとして観察され，有糸分裂中に紡錘糸が付着する部位である。次中部着糸型染色体は，セントロメアの位置で短腕（p,「小さい」という意味のフランス語 "*petit*" に由来する）と長腕（q, p の次の文字）に分けられる。中部着糸型染色体では，長腕と短腕の長さはほぼ同じである。次端部着糸型染色体は，短腕としてサテライト（付随体）と呼ばれる濃密な付属物をもつ（サテライト DNA と混同しないこと）。

C．核型

核型とは，細胞・個体・生物種における染色体構成をいう。これは各生物種に固有のものである。光学顕微鏡で観察した分裂中期染色体の形態上の特徴が記載される。核型図式とは，片方は母親からもう片方は父親から受け継いだ相同染色体どうしを対にして，それを相対的な長さやセントロメアの位置に従って並べ，全染色体を表示したものである。各染色体は慣習的につけられている番号の順に配列される。ヒト（*Homo sapiens*）は 22 対の染色体（1〜22 番の常染色体）と，それに加えて女性では 2 本の X 染色体，男性では X 染色体と Y 染色体を 1 本ずつもつ（核型は女性が 46,XX，男性が 46,XY）。核型は総染色体数，コンマ，性染色体構成の順に記載する。ヒトの 22 対の常染色体は A〜G の 7 群に分けられている。

異なる生物種の核型は，その進化上の関係に従って類似点や相違点がみられる。

参考文献

Caspersson T, Zech L, Johansson C: Differential binding of alkylating fluorochromes in human chromosomes. Exp Cell Res 60: 315–319, 1970.

Dutrillaux B: Chromosomal evolution in primates: tentative phylogeny for *Microcebus murinus* (prosimian) to man. Hum Genet 48: 251–314, 1979.

Dutrillaux B, Lejeune J: Sur une nouvelle technique d'analyse du caryotype humain. CR Acad Sci Paris D 272: 2638–2640, 1971.

Ford CE, Hamerton JL: The chromosomes of man. Nature 178: 1020–1023, 1956.

ISCN 2005. An International System for Human Cytogenetic Nomenclature. Shaffer LG, Tommerup N (eds). Karger, Basel, 2005.

Lewin B: Genes VIII. Pearson Educational International, 2004.

Miller OJ, Therman E: Human Chromosomes, 4th ed. Springer, New York, 2001.

Riddihough G: Chromosomes through space and time. Science 301: 779, 2003.

The Dynamic Chromosome. Science, special issue, 301: 717–876, 2003.

Tjio JH, Levan A: The chromosome number of man. Hereditas 42: 1–6, 1956.

分裂中期の染色体　179

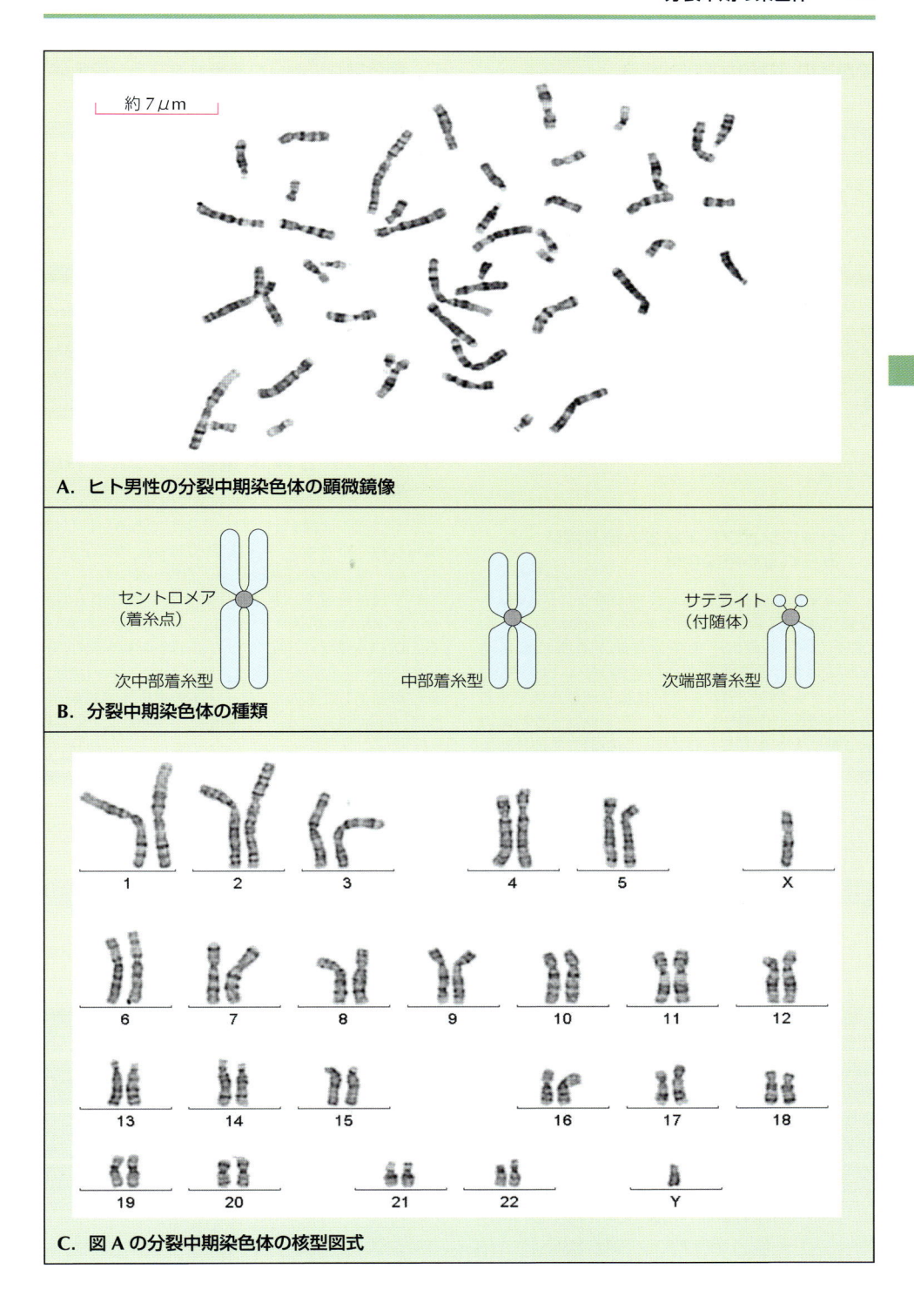

A. ヒト男性の分裂中期染色体の顕微鏡像

約7μm

セントロメア（着糸点）　　　サテライト（付随体）

次中部着糸型　　　中部着糸型　　　次端部着糸型

B. 分裂中期染色体の種類

1　2　3　4　5　X
6　7　8　9　10　11　12
13　14　15　16　17　18
19　20　21　22　Y

C. 図Aの分裂中期染色体の核型図式

染色体の可視的な機能的構造

ある種の昆虫や両生類の細胞や組織では，その機能に関連した染色体構造を観察することができる．細胞分裂なしにDNA合成を繰り返した結果として形成される多糸染色体は，光学顕微鏡下で容易に観察できる染色体バンドの明瞭なパターンをもっている．この染色体は1881年，E. G. Balbianiによってキイロショウジョウバエ（*Drosophila melanogaster*）とユスリカ（*Chironomus*）の唾液腺細胞で最初に観察された．一時的に膨隆した局所領域はBalbiani環と呼ばれている．

ある種の動物の卵母細胞では，細いループが減数分裂複糸期（120頁参照）の染色体から突起している．その外観から1882年，W. Flemmingによってランプブラシ染色体と名づけられている〔訳注：ランプブラシ染色体はいわゆる開いたクロマチンで，遺伝子発現が盛んなところだと考えられている〕．

A. ショウジョウバエ幼虫の唾液腺にみられる多糸染色体

多糸染色体は姉妹染色分体の分離なしに10回の複製が繰り返された結果である．したがって，約1,024（2^{10}）本の同一染色分体鎖が厳密に横に連なっている．ショウジョウバエのゲノムは約5,000のバンドを含み，各バンドには番号が振られて多糸染色体地図が作製されている．ショウジョウバエの唾液腺にみられる多糸染色体の顕微鏡詳細像は特徴的な分染パターンを示す（図Aの下）．暗いバンドは巨大な間期多糸染色体のクロマチン凝縮に由来している．（図はT. S. Painter, J. Hered. 25: 465-476, 1934の改変に基づくAlbertsら，2002より）

B. 多糸染色体における機能的段階

ショウジョウバエの幼虫発生段階で，多糸染色体の一定の場所に膨隆（パフ）が一時的に出現したり消えたりする（図1）．各パフは約22時間のごく短い発生期の間にのみ活発となる．パフは染色体が伸びて拡がった部分であり，転写中の遺伝子を含む活性化した染色体領域である．パフの出現位置と持続期間はどの幼虫でも共通しており，幼虫の発生段階を反映している．放射性同位元素で標識したRNAの取り込みにより（図2），パフ領域でRNA合成が起きていること，すなわち遺伝子の転写が行われていることが証明された．（図はM. Ashburner et al., Cold Spring Harbor Symp. Quant. Biol. 38: 655-662, 1974に基づくAlbertsら，2002より）

C. 卵母細胞にみられるランプブラシ染色体

ランプブラシ染色体は，ある種の両生類の卵母細胞の減数分裂複糸期にみられる著しく伸びた二価染色体である．この状態は数カ月にわたって持続することもある．減数分裂時の二価染色体の2対の姉妹染色分体を光学顕微鏡下で観察することができる（図1）．これらはキアズマを形成した部位で互いに付着しており，対を作った染色体のループが鏡像構造を形成していると考えられている（図2）．ブチイモリ（*Notophthalmus viridescens*）のランプブラシ染色体は，有糸分裂時の染色体に比べて著しく大きく，長さは約400〜800μmある．対照的に減数分裂終期には15〜20μm程度となる．（顕微鏡写真はJ. G. Gallによる；Albertsら，2002より）

D. リボソームRNA遺伝子クラスターの転写の観察

リボソームは翻訳が行われる場所である．図には縦列反復したリボソームRNA（rRNA）遺伝子がイモリの一種 *Triturus viridescens* の核小体で転写されている様子を示す．各遺伝子に沿って多くのrRNA分子がRNAポリメラーゼIによって合成されている．DNAの幹から伸びているのが伸長中のRNA分子で，短いものは転写開始直後のもの，長いものは転写が完了したものである．（写真はO. L. Miller & B. A. Hamkaloによる；Griffithsら，2000より）

参考文献

Alberts B et al: Molecular Biology of the Cell, 4th ed. Garland Publishing, New York, 2002.
Callan HG: Lampbrush chromosomes. Proc R Soc Lond B Biol Sci 214: 417-448, 1982.
Gall JG: On the submicroscopic structure of chromosomes. Brookhaven Symp Biol 8: 17-32, 1956.
Griffiths AJF et al: An Introduction to Genetic Analysis, 7th ed. WH Freeman, New York, 2000.
Lewin B: Genes VIII. Prentice Hall, New Jersey, 2004.
Miller Jr OL: The visualization of genes in action. Scientific American 228: 34-42, 1973.

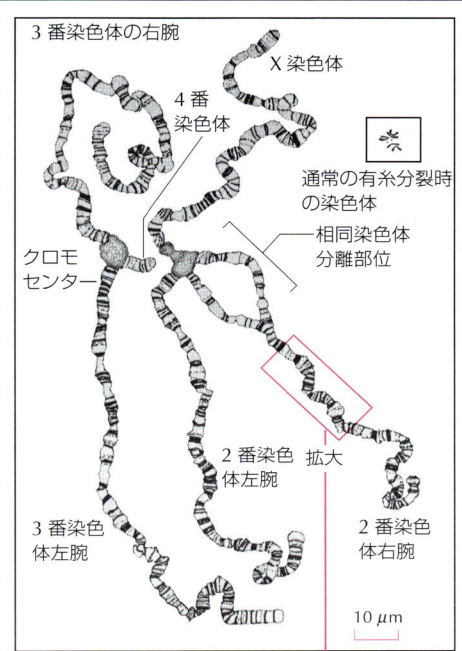

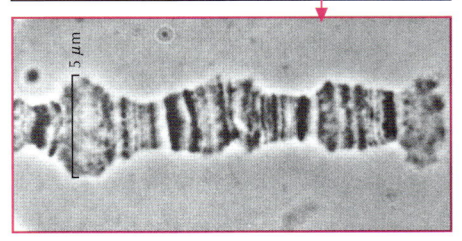

染色体の可視的な機能的構造

A. ショウジョウバエ幼虫の唾液腺にみられる多糸染色体

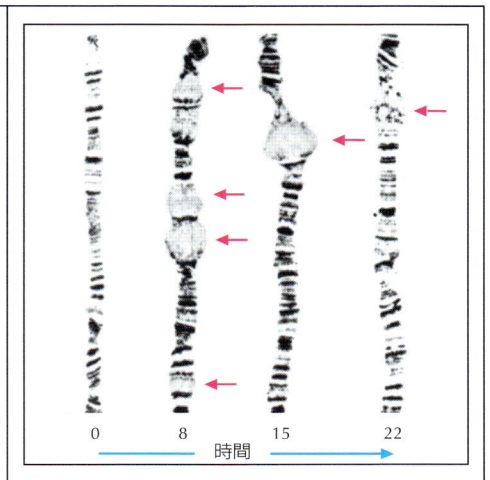

3番染色体の右腕
X染色体
4番染色体
通常の有糸分裂時の染色体
相同染色体分離部位
クロモセンター
2番染色体左腕
拡大
3番染色体左腕
2番染色体右腕
10 μm

5 μm

B. 多糸染色体における機能的段階

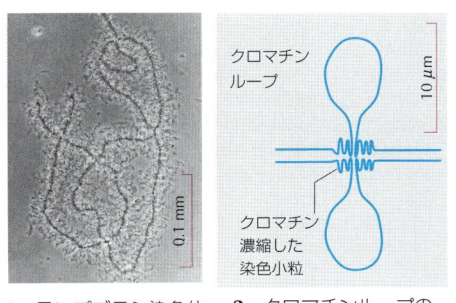

1. パフの形成（矢印）

時間　0　8　15　22

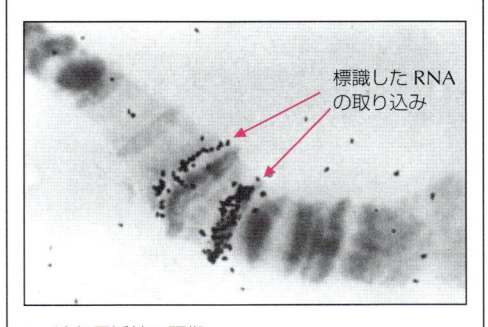

標識したRNAの取り込み

2. 遺伝子活性の証拠

C. 両生類卵母細胞にみられるランプブラシ染色体

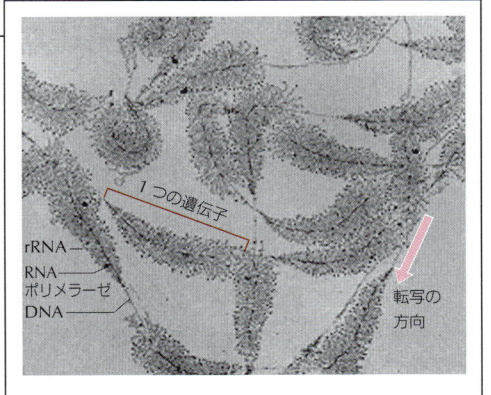

1. ランプブラシ染色体
0.1 mm

2. クロマチンループの模式図

クロマチンループ
10 μm
クロマチン濃縮した染色小粒

D. リボソームRNA遺伝子クラスターの転写の観察

1つの遺伝子
rRNA
RNAポリメラーゼ
DNA
転写の方向

染色体の構成

染色体は有糸分裂時にのみ独立した構造物として観察されるが、間期には絡まり合った糸の塊のようにみえ、クロマチンと呼ばれる。クロマチンの密度は変化に富み、密度の高い部分はヘテロクロマチン、低い部分はユークロマチンという（E. Heitz, 1928）。これらは遺伝子の全体的な活性に関係しており、ユークロマチンは活性な遺伝子を含む領域、ヘテロクロマチンは不活性化された遺伝子を含む領域に対応する。

A. ヒストンを除去した染色体の電子顕微鏡像

ヒストンタンパクを染色体から除去すると、染色体の骨格であるDNAを電子顕微鏡で観察することができる（図1）。ヒストンを除去してタンパクの含量をもとの約8％まで減らした染色体が濃染骨格として中心にみえ、その周囲をDNAのハロー（黒く染まった糸）が囲んでいる。高倍率ではDNAが1本の連続糸であることがわかる（図2）。（写真はPaulson & Laemmli, 1977 より）

B. 染色体構成の段階的レベル

染色体からDNA鎖まで、段階的な構成のレベルを区別することができる。分裂中のヒト細胞に含まれる一倍体DNAの全長は約1mにも及ぶ。有糸分裂時には、これを各々約3〜7μmの23本の染色体におさめなければならない。染色体全体の10％に相当する染色体腕の一部を10倍に拡大すると、選んだ部分にもよるが、約40個の遺伝子が含まれる（図2には8個のみ示す）。この断片をさらに10倍に拡大すると（図3）、染色体全体の1％に相当する領域には平均3〜4個の遺伝子が含まれるだろう。さらに10倍に拡大すると（図4）、エキソンとイントロンをもつ1つの遺伝子がみえてくる。最後のレベル（図5）は、遺伝子または周辺領域のDNA塩基配列である。（図はAlbertsら、2002より）

C. ヘテロクロマチンとユークロマチン

1928年にEmil Heitzは、ミズゼニゴケ（*Pellia epiphylla*）の染色体の一部分が、間期にも有糸分裂時のように太く濃く染まったままであることを観察し、この構造物を**ヘテロクロマチン** heterochromatin と名づけた。対照的に、薄く染色され分裂終期からその後の間期にはみえなくなる部分を**ユークロマチン** euchromatin と呼んだ。その後の研究で、ヘテロクロマチンは活性な遺伝子をほとんどあるいはまったく含まない領域に対応し、一方、ユークロマチンは活性な遺伝子を含む領域に対応することが明らかになった。活性な遺伝子がヘテロクロマチンの近くに位置するようになると、それらは通常不活性化される（位置効果による斑入り）。（図はHeitz, 1928より）

D. セントロメア領域の構成的ヘテロクロマチン（Cバンド）

真核生物染色体のセントロメアにはαサテライトDNAと呼ばれる反復配列が多く含まれており、各染色体ごとに固有のパターンがある。αサテライトDNAは構成的ヘテロクロマチンとしてセントロメア領域にみることができ、特異染色でCバンドとして確認できる。Y染色体長腕の遠位側半分にもCバンドがみられる。ヒト1、9、16番染色体のセントロメア領域とY染色体長腕にみられるヘテロクロマチンは、個々人で長さが異なる（染色体多型）。（図はVerma & Babu, 1989より）

参考文献

Bickmore WA, Sumner AT: Mammalian chromosome banding: an expression of genome organization. Trends Genet 5: 144–148, 1989.

Brown SW: Heterochromatin. Science 151: 417–425, 1966.

Grasser SM, Laemmli UK: A glimpse at chromosomal order. Trends Genet 3: 16–22, 1987.

Grewal SIS, Moazed D: Heterochromatin and epigenetic control of gene expression. Science 301: 798–802, 2003.

Heitz E: Das Heterochromatin der Moose. I. Jahrb Wiss Bot 69: 762–818, 1928.

Lewin B: Genes VIII. Pearson Education International, 2004.

Manuelidis L: View of metaphase chromosomes. Science 250: 1533–1540, 1990.

Passarge E: Emil Heitz and the concept of heterochromatin: Longitudinal chromosome differentiation was recognized fifty years ago. Am J Hum Genet 31: 106–115, 1979.

Paulson JR, Laemmli UK: The structure of histone-depleted metaphase chromosome. Cell 12: 817–828, 1977.

Pluta AF et al: The centromere: Hub of chromosomal activities. Science 270: 1591–1594, 1995.

Sumner A: Chromosomes: Organization and Function. Blackwell, Malden, MA, 2003.

Verma AS, Babu A: Human Chromosomes. Pergamon Press, New York, 1989.

染色体の構成 183

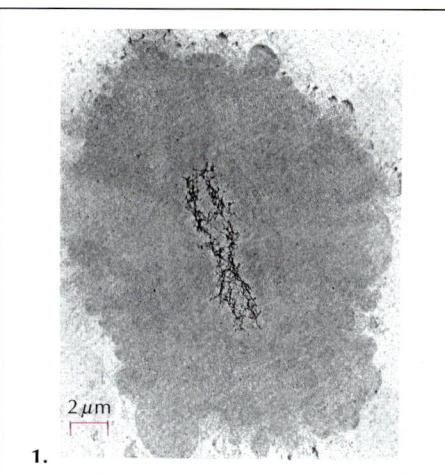

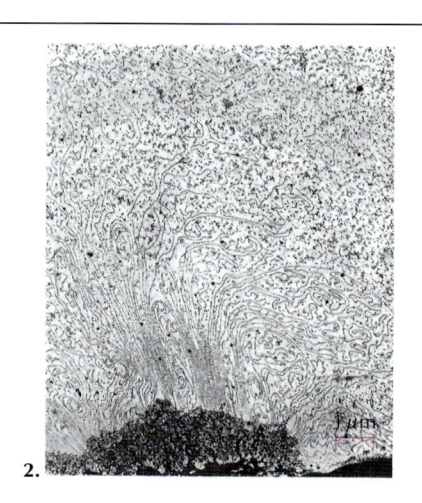

A. ヒストンを除去した染色体の電子顕微鏡像

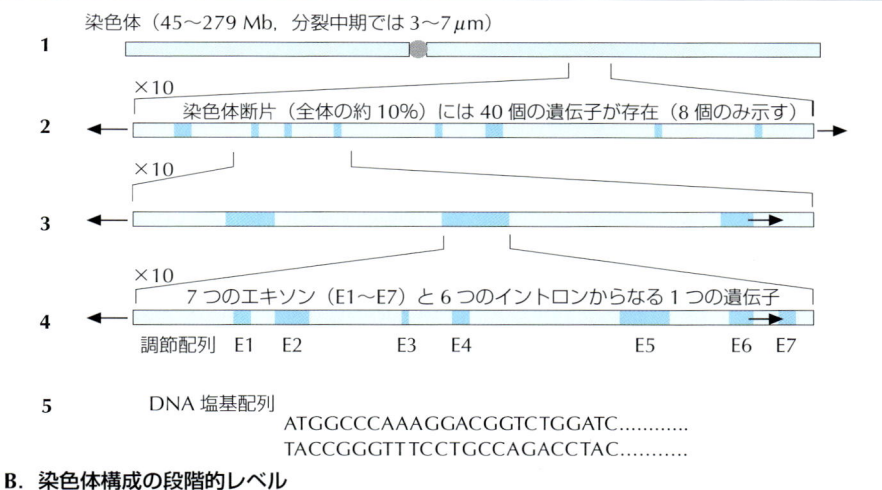

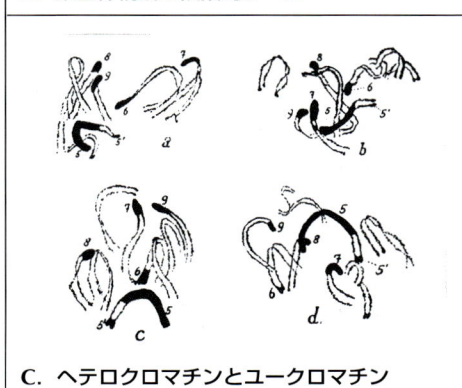

1. (2 μm スケール)
2. (1 μm スケール)

B. 染色体構成の段階的レベル

1 染色体（45〜279 Mb，分裂中期では 3〜7 μm）

2 ×10 染色体断片（全体の約 10%）には 40 個の遺伝子が存在（8 個のみ示す）

3 ×10

4 ×10 7 つのエキソン（E1〜E7）と 6 つのイントロンからなる 1 つの遺伝子
調節配列　E1　E2　　E3　E4　　　　E5　　E6　E7

5 DNA 塩基配列
　　ATGGCCCAAAGGACGGTCTGGATC............
　　TACCGGGTTTCCTGCCAGACCTAC............

C. ヘテロクロマチンとユークロマチン

D. セントロメア領域の構成的ヘテロクロマチン（C バンド）

染色体の機能的要素

染色体が機能を果たすための構造として，以下の3つの要素が必要である．(1) セントロメア配列（CEN），(2) 自律複製配列（ARS，複製起点），(3) テロメア配列（TEL）である．これら各要素の寄与は，変異出芽酵母（*Saccharomyces cerevisiae*，パン酵母）細胞を用いて明らかにされた．酵母人工染色体（YAC）は3つの要素すべてを含んでいる必要がある．

A. 真核生物染色体の基本的特徴

セントロメア centromere と染色体の両末端にある**テロメア** telomere は，目立った特徴である．セントロメア（着糸点）は有糸分裂の際に染色体を紡錘糸に付着させる部位となる．セントロメアには α サテライト DNA と呼ばれる反復配列が多く含まれている．最も多いのは 171 塩基の単位配列の長い縦列反復である．セントロメア領域の DNA の全長は約 300～5,000 kb に及ぶ．クローニングされた α サテライト DNA 断片は，個々の染色体に特異的にハイブリッド形成する．

サブテロメア配列はテロメア配列の近位側に位置しており，他のいくつかの染色体と共通の相同配列を含んでいる（Martin ら，2002）．サブテロメア配列は医学的に重要である．なぜなら，その再構成が精神遅滞患者の約 5％ にみられるからである（De Vries ら，2003；Knight ら，1999）．テロメアに関しては 190 頁で述べる．

B. 自律複製配列（ARS）

ロイシン（Leu）を合成できない変異酵母細胞は，Leu 合成に必要な遺伝子を含むプラスミドを用いて形質転換させることができる．しかし，形質転換細胞は DNA 複製ができず，それだけでは Leu 欠乏培地で増殖することはできない（図 1）．Leu 合成に必要な遺伝子とともに ARS を導入すれば，複製能力は回復する（図 2）．しかし，プラスミド DNA が分配された 5～20％ の娘細胞だけが，Leu 欠乏培地で増殖できる．

C. セントロメア配列

Leu 合成に必要な遺伝子と ARS に加えて，酵母染色体のセントロメア配列がプラスミドに含まれる場合，90％ 以上の子孫細胞が Leu 欠乏培地で増殖できる（図 1）．これは有糸分裂時に正常な分離が行われるからであり（図 2），セントロメア配列は有糸分裂時の染色体の正常な分配（118 頁参照）に必要であると考えられる．セントロメア配列はすべての染色体に存在し，3 つの要素を含む全長約 220 bp の配列である．

D. テロメア配列

Leu 合成に必要な遺伝子に加えて ARS とセントロメア配列を含むプラスミドを用いて Leu$^-$ 酵母細胞を形質転換させるとき，図 B や図 C のような環状プラスミドではなく線状のプラスミドを用いた場合には（図 1），この細胞は Leu 欠乏培地で増殖できない（図 2）．しかし，この線状プラスミドの両端にテロメア配列を付加して（図 3）細胞内に導入した場合（図 4），Leu 欠乏培地で正常に増殖することができる（図 5）．線状プラスミドはテロメア配列があると正常な染色体のようにふるまう．（図は Lodish ら，2004 より）

参考文献

Burke DT, Carle GF, Olson MV: Cloning of large segments of exogenous DNA into yeast by means of artificial chromosome vectors. Science 236: 806–812, 1987.

Clarke L, Carbon J: The structure and function of yeast centromeres. Ann Rev Genet 19: 29–55, 1985.

Cleveland DW, Mao Y, Sullivan KI: Centromeres and kinetochores: From epigenetics to mitotic checkpoint signaling. Cell 112: 407–421, 2003.

De Vries BBA et al: Telomeres: a diagnosis at the end of chromosomes. J Med Genet 40: 385–398, 2003.

Knight SJL, Flint J: Perfect endings: a review of subtelomeric probes and their clinical use. J Med Genet 37: 401–409, 2000.

Martin CL et al: The evolutionary origin of human subtelomeric homologies – or where the end begins. Am J Hum Genet 70: 972–984, 2002.

Miller OJ, Therman E: Human Chromosomes, 4th ed. Springer, New York, 2001.

Schlessinger D: Yeast artificial chromosomes: Tools for mapping and analysis of complex genomes. Trends Genet 6: 248–258, 1990.

Schueler MG et al: Genomic and genetic definition of a functional human centromere. Science 294: 109–115, 2001.

A. 真核生物染色体の基本的特徴

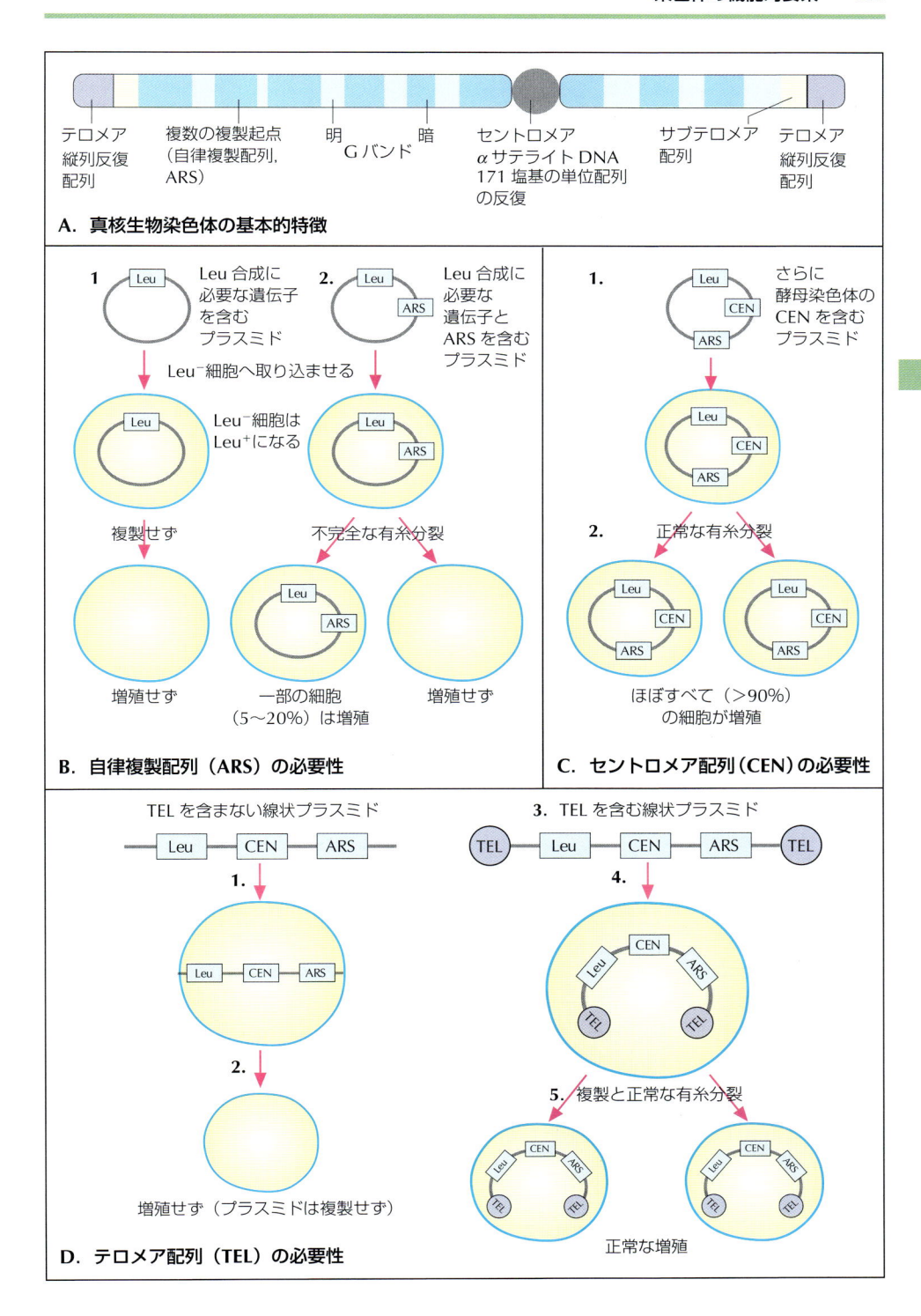

テロメア縦列反復配列 / 複数の複製起点（自律複製配列, ARS） / 明 暗 Gバンド / セントロメア αサテライトDNA 171塩基の単位配列の反復 / サブテロメア配列 / テロメア縦列反復配列

B. 自律複製配列（ARS）の必要性

1. Leu合成に必要な遺伝子を含むプラスミド
2. Leu合成に必要な遺伝子とARSを含むプラスミド

Leu⁻細胞へ取り込ませる

Leu⁻細胞はLeu⁺になる

複製せず → 増殖せず

不完全な有糸分裂 → 一部の細胞（5〜20％）は増殖 / 増殖せず

C. セントロメア配列（CEN）の必要性

1. さらに酵母染色体のCENを含むプラスミド

2. 正常な有糸分裂

ほぼすべて（＞90％）の細胞が増殖

D. テロメア配列（TEL）の必要性

TELを含まない線状プラスミド：Leu─CEN─ARS

1.
2. 増殖せず（プラスミドは複製せず）

3. TELを含む線状プラスミド：TEL─Leu─CEN─ARS─TEL

4.
5. 複製と正常な有糸分裂

正常な増殖

DNAとヌクレオソーム

　DNAおよびそれに結合しているタンパク（ヒストン）は，間期には密に詰め込まれてクロマチンを形成している。DNAの詰め込み比は約1,000〜10,000倍にも及ぶ。この高度な詰め込みは階層的な機構で成し遂げられている。クロマチンの基本構成単位はヌクレオソームであり，1974年にR. D. Kornbergが初めて明らかにした。ヒストンをコードする遺伝子は進化の過程で高度に保存されている（エンドウとウシのヒストンH4のアミノ酸配列の違いは，102残基のうちたった2個だけである）（Albertsら，2002, p.210参照）。

A. DNA詰め込みの基本ユニットであるヌクレオソーム

　ヌクレオソームは，8つのヒストン分子（H2A, H2B, H3, H4が各2分子ずつ）からなる八量体コアの周囲に，約150 bpのDNAが巻きついて形成されている（図1）。ヒストンコアの分子量は108 kDaである（H2AとH2Bはそれぞれ28 kDa, H3は30 kDa, H4は22 kDa含まれる；Lewin, 2004, p.572参照）。ヒストン八量体は円盤状のコアを形成している（**図A**は模式的に描いたもの）。約140〜150 bp（ヒトでは147 bp）のDNAが左巻きに（左巻きスーパーヘリックス）1.67回ヒストンコアに巻きつき（**図2**），直径約11 nm, 高さ6 nmのヌクレオソームを形成する。DNAの巻きはじめの点と巻き終わりの点とは互いに近接している。第五のヒストンであるH1がこの部分に位置し，2つのヌクレオソーム間のDNAに結合している。各ヌクレオソームは50〜70 bpのリンカーDNAによって隣のヌクレオソームから隔てられており，157〜240 bpを1単位として構成されている。転写や修復の際には，DNAとヒストンの緊密な結合は緩められなければならない（232頁参照）。

B. ヌクレオソームの三次元構造

　ヌクレオソームを上からみたリボン図を示す。この図は2.8 Åの高分解能X線構造解析のデータに基づいたもので，ヒストンコアに巻きついたDNAを示している。DNAの1本の鎖は緑色，もう1本は橙色で表示し，それぞれのヒストンは別々の色で表してある。（写真はT. J. Richmondの許可を得てLugerら，1997より）

C. クロマチン構造

　クロマチンには，凝縮した領域（密に折り畳まれている），凝縮が少ない領域（部分的に折り畳まれている），および折り畳まれていない伸長した領域がある。等張緩衝液内で核から抽出されたとき，ほとんどのクロマチンは直径約30 nmの線維状にみえる。それぞれ異なった手法で撮影された電子顕微鏡写真では，クロマチンはコンパクトに凝縮した（折り畳まれた）30〜50 nmの構造（図上），部分的に折り畳まれた25 nm線維（図中），あるいは「糸に通したビーズ」のような11 nm線維（図下）として観察される。（図はAlbertsら，2002より；電子顕微鏡写真はThoma, Koller & Klug, 1979より）

D. クロマチン分節

　図Cに示したクロマチン構造は，30 nm線維への折り畳みという第三のレベルの詰め込みに相当する。このクロマチン構造形成によりユークロマチンで1,000倍（有糸分裂時の染色体とほぼ同じ），ヘテロクロマチンでは中期と間期のいずれにおいても10,000倍という詰め込み比が実現されるのである（Lewin, 2004, p.571参照）。（図はAlbertsら，2002より）

参考文献

Alberts B et al: Molecular Biology of the Cell, 4th ed. Garland Publishing, New York, 2002.
Dorigo B et al: Nucleosome arrays reveal the two-start organization of the chromatin fiber. Science 306: 1471–1573, 2004.
Kornberg RD, Lorch Y: Twenty-five years of the nucleosome, fundamental particle of the eukaryote chromosome. Cell 98: 285–294, 1999.
Khorasanizadeh S: The nucleosome: From genomic organization to genome regulation. Cell 116: 259–272, 2004.
Lewin B: Genes VIII. Pearson International, 2004.
Lodish H et al: Molecular Cell Biology, 5th ed. WH Freeman & Co, New York, 2004.
Luger K et al: Crystal structure of the nucleosome core particle at 2.8 Å resolution. Nature 389: 251–260, 1997.
Mohd-Sarip A, Verrijzer CP: A higher order of silence. Science 306: 1484–1485, 2004.
Richmond TJ, Dave, CA: The structure of DNA in the nucleosome. Nature 423: 145–150, 2003.
Schalch T et al: X-ray structure of a tetranucleosome and its implications for the chromatin fibre. Nature 436: 138–141, 2005.
Thoma F, Koller T, Klug A: Involvement of histone H1 in the organization of the nucleosome and of the salt-dependent superstructures of chromatin. J Cell Biol 83: 403–427, 1979.

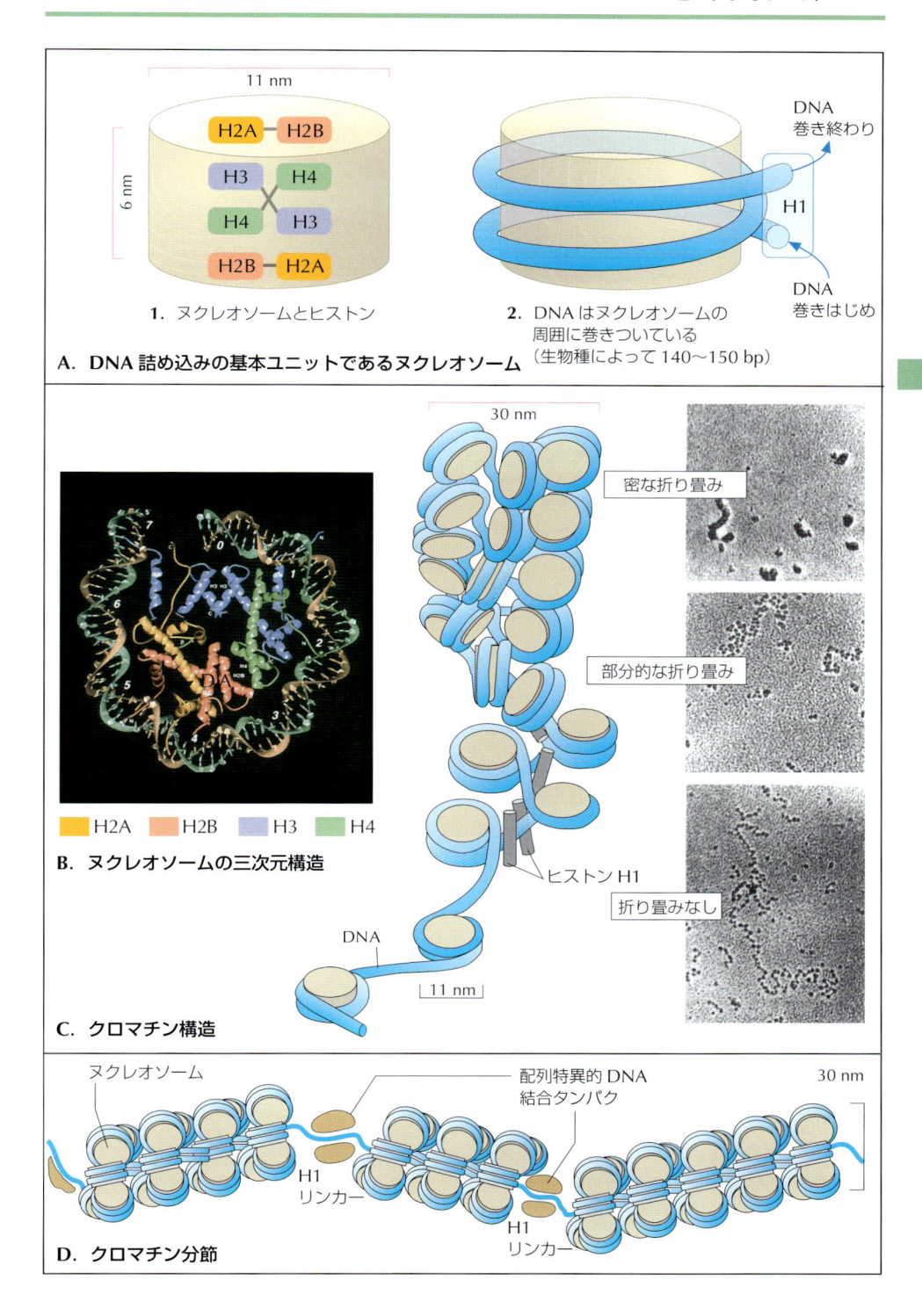

DNAとヌクレオソーム

A. DNA詰め込みの基本ユニットであるヌクレオソーム

1. ヌクレオソームとヒストン
2. DNAはヌクレオソームの周囲に巻きついている（生物種によって140〜150 bp）

B. ヌクレオソームの三次元構造

H2A　H2B　H3　H4

C. クロマチン構造

密な折り畳み
部分的な折り畳み
折り畳みなし

ヒストン H1
DNA

D. クロマチン分節

ヌクレオソーム
配列特異的DNA結合タンパク
H1リンカー

染色体のDNA

　分裂を前にして間期染色体は分裂期染色体へと凝縮する。これは高度に組織化された様式で起こる。間期染色体から分裂期染色体への変化は**コンデンシン** condensin と呼ばれる一群のタンパクを必要とする。コンデンシンはアデノシン三リン酸（ATP）の加水分解で得られたエネルギーを使って，個々の間期染色体をコイル状に巻いて分裂期染色体とする。コンデンシンの5つのサブユニットのうち2つがATPとDNAに相互作用する。細胞周期タンパクであるcdc2（細胞周期，126頁参照）が間期と中期の凝縮の両方に必要である（Aonoら，2002）。

A．クロマチン詰め込みのモデル

　染色体DNAは効率的な方法で折り畳まれ，詰め込まれる。分裂中期染色体におけるDNA詰め込みの機構には6つの階層的レベルがあり，上から下へ順に模式図で示す。第一のレベルは，中期染色体の凝縮したループである。この部分を高倍率で拡大すると，骨格に接着したループ状のDNAをもつ骨格関連領域のやや伸びた部分として観察される。これらのループは，下に示す次のレベルのように，詰め込まれたヌクレオソームの30 nmクロマチン線維に相当する。その次のレベルは「糸に通したビーズ」のような11 nmクロマチン線維である。ごく一部のみ（5回転）を示したDNA二重らせんは分子レベルの構造である。（図はAlbertsら，2002；Lodishら，2000より改変）

B．間期核における各染色体の配置

　個々の染色体は間期核において特定の位置を占めている。近年T. Cremerら（Bolzerら，2005）は，小型の染色体は線維芽細胞核の中心付近に位置する傾向がある一方，大型の染色体は核辺縁付近に位置することを報告している。間期核での染色体が占める空間的配置は，遺伝子の含有量によって異なっているようである。ヒト18番，19番染色体の占有領域の光軸に沿って測定すると，遺伝子が少ない18番染色体は19番染色体よりも核膜の頂点や底部に近い。*Alu*配列と遺伝子に乏しいクロマチンが核膜の近くにあり，それらが豊富なクロマチンは核の内部にみられる傾向があるという。おそらく，複雑な遺伝的機構ならびにエピジェネティックな機構が種々のレベルで働き，核の正常な機能に必要な高次元のクロマチン再構成を確立し，維持し，また変更させているのであろう。図1の左下の数字は染色体の脱凝縮の度合いを示す（モンテカルロ法による弛緩段階200，1,000，400,000；Bolzerら，2005参照）。（画像はBolzerら，2005より；Thomas Cremer教授，Münchenの厚意による）

参考文献

Alberts B et al: Molecular Biology of the Cell, 4th ed. Garland Publishing, New York, 2002.
Aono N et al: Cdn2 has dual roles in mitotic chromosomes. Nature 417: 197–2002, 2002.
Bolzer A et al: Three-dimensional maps of all chromosomes in human male fibroblast nuclei and prometaphase rosettes. PloS Biol, Vol 3, No 5, e157, May 2005.
Cremer T, Cremer C: Chromosome territories, nuclear architecture and gene regulation in mammalian cells. Nature Rev Genet 2: 292–301, 2001.
Gilbert N et al: Chromatin architecture of the human genome: Gene-rich domains are enriched in open chromatin fibers. Cell 118: 555–566, 2004.
Hagstrom KA, Meyer BJ: Condensin and cohesin: more than chromosome compactor and glue. Nature Rev Genet 4: 520–534, 2003.
Lodish H et al: Molecular Cell Biology, 5th ed. WH Freeman, New York, 2004.
Riddihough G: Chromosomes through space and time. Science 301: 779, 2003.
Science Special Issue: The Dynamic Chromosome. Science 301: 717–876, 2003.
Sun HB, Shen J, Yokota H: Size-dependent positioning of human chromosomes in interphase nuclei. Biophys J 79: 184–190, 2000.
Tyler-Smith C, Willard HF: Mammalian chromosome structure. Curr Opin Genet Dev 3: 390–397, 1993.

染色体のDNA 189

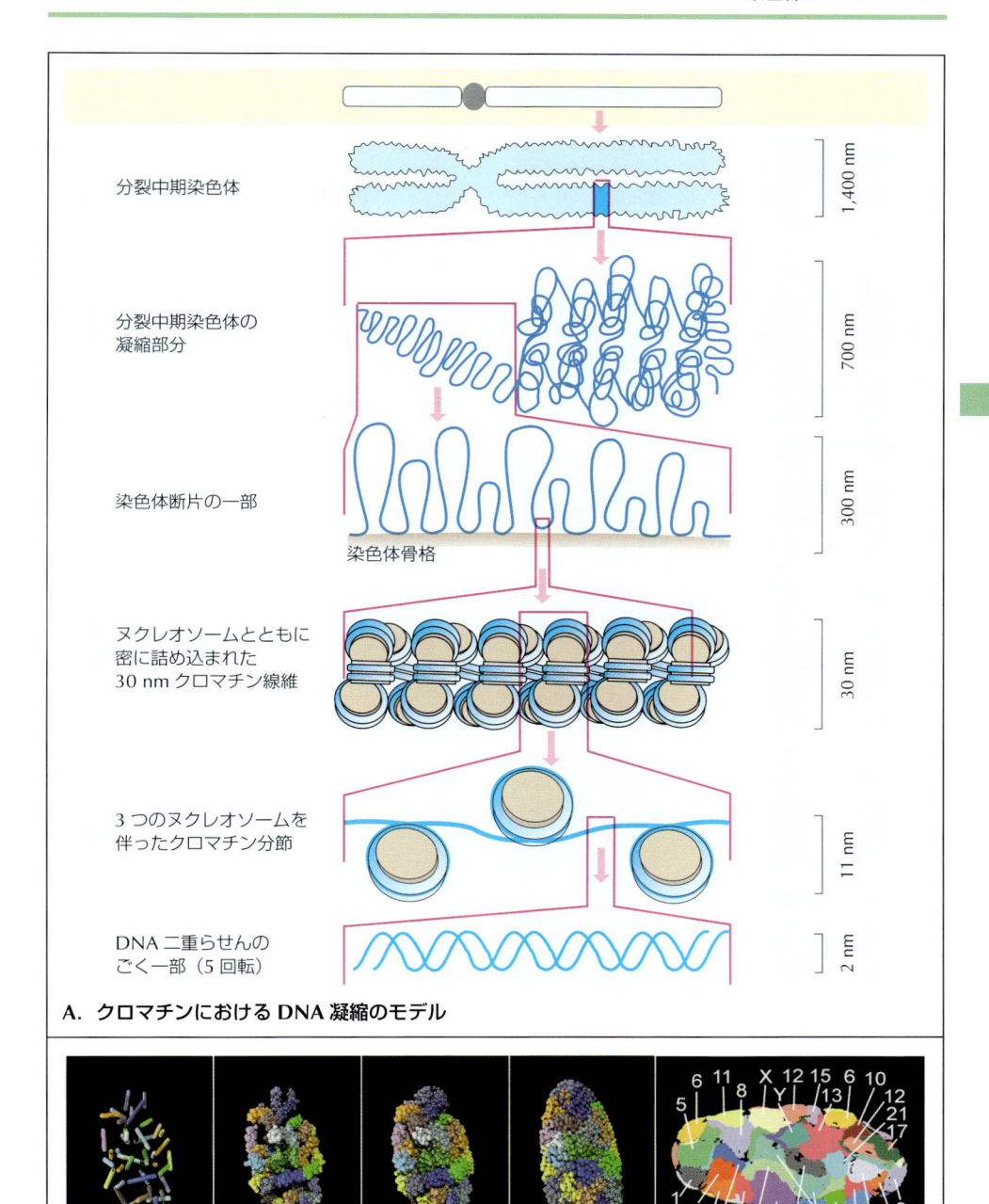

分裂中期染色体	1,400 nm
分裂中期染色体の凝縮部分	700 nm
染色体断片の一部 (染色体骨格)	300 nm
ヌクレオソームとともに密に詰め込まれた 30 nm クロマチン線維	30 nm
3つのヌクレオソームを伴ったクロマチン分節	11 nm
DNA二重らせんのごく一部（5回転）	2 nm

A. クロマチンにおけるDNA凝縮のモデル

1. 分裂期と間期における染色体の位置
2. 間期核における各染色体の配置

B. 間期核における各染色体の配置

テロメア

　テロメアは染色体の末端を保護する特別な構造である。哺乳類のテロメア DNA 配列は約 60 kb にわたる縦列反復配列である。片鎖はグアニン豊富で，もう片鎖はシトシン豊富である。あらゆるテロメア配列は，一般式として $C_n(A/T)_m$（$n > 1$，$m = 1 \sim 4$）で記載することができる（Lewin, 2004, p.563 参照）。TTAGGG リピート領域の長さは，ヒトで 10 〜 15 kb，マウスでは 25 〜 50 kb（Blasco, 2005）である。体細胞は細胞分裂のたびにテロメアからヌクレオチドを失う。そのため染色体末端は時間の経過とともに短くなる。

A．末端複製問題

　DNA 合成は 5′ から 3′ の方向にのみ進行するから，親分子の 2 つの鋳型は合成の連続性の観点から違いがある。3′ → 5′ 方向の鋳型鎖では，新たな DNA は 1 本の短い RNA プライマーからひと続きの 5′ → 3′ 鎖として合成される（DNA 複製，52 頁参照）。ところが 5′ → 3′ 方向の鋳型鎖では，DNA はたくさんの短い RNA プライマーから短い断片（岡崎フラグメント）として合成される（ラギング鎖合成）。この場合，鋳型となるラギング鎖の末端の 8 〜 12 塩基は DNA ポリメラーゼによって合成することができない。プライマーが結合できないからである。そのため，細胞分裂に先立つ複製のたびに染色体末端から 8 〜 12 ヌクレオチドが失われることになる。

B．グアニン豊富な反復配列

　テロメアの DNA はグアニン豊富な縦列反復配列からなる（脊椎動物では 5′ -TTAGGG- 3′，酵母では 5′ -TGTGGG- 3′，原生動物では 5′ -TTGGGG- 3′）。グアニン豊富な突出配列は，2 本鎖ループ（C 参照）の形成によるテロメア保護に重要である。テロメラーゼはグアニン豊富な突出配列に結合する。

C．DNA 2 本鎖ループの形成

　テロメアには 2 つの特徴がある。(1) 複製に伴う染色体末端のヌクレオチド欠失を代償するテロメラーゼ活性と，(2) テロメア DNA のループ形成による染色体末端の安定化である。テロメラーゼは逆転写酵素の一種で，特徴的な二次構造をした RNA 分子（約 450 ヌクレオチド）とテロメラーゼ逆転写酵素（TERT）とから構成される（Cech, 2004）。RNA ヌクレオチドは染色体 3′ 末端にヌクレオチドを付加する際の鋳型となる。テロメラーゼによって 3′ 末端にグアニン豊富な鎖が伸長し，5′ 鎖が DNA ポリメラーゼによって新たな岡崎フラグメントとして合成される

　テロメアの 2 本鎖 DNA は，テロメア反復配列に結合する TRF1 と TRF2（テロメア反復配列結合因子 1, 2）という 2 つの関連タンパクの働きにより，ループ（Griffith ら，1999）を形成する。このループはグアニン豊富な突出配列（B 参照）がテロメア DNA の 2 本鎖部分に挿入されることで固定される。（図は Griffith ら，1999 より）

D．テロメアの一般的構造

　染色体末端の 6 〜 10 kb では，テロメア配列とテロメア隣接配列を区別できる（図 1）。テロメア隣接配列は自律複製配列（ARS）を含んでいる。テロメア配列自身はグアニン豊富な配列の約 250 〜 1,500 回反復（約 9 kb）からなり，反復配列は異なる生物種間で高度に保存されている（図 2）。原生動物と酵母ではテロメラーゼ活性が生存のために不可欠である。脊椎動物ではテロメラーゼ活性は主として生殖細胞にあり，体細胞組織では確認されていない。

医学との関連

　テロメアの短縮は細胞老化（セネッセンス）の原因となる。悪性細胞や培養中の不死化細胞では高いテロメラーゼ活性が認められる（Li ら，2003；Hiyama ら，1995）。先天性角化異常症（MIM 305000）という重症疾患ではテロメラーゼの構成要素の 1 つが欠損している（Mitchell ら，1999）。

参考文献

Blackburn EH: Telomere states and cell fate. Nature 408: 53–56, 2000.
Blasco MA: Telomeres and human disease: Ageing, cancer and beyond. Nature Rev Genet 6: 611–622, 2005.
Cech TR: Beginning to understand the end of the chromosome. Cell 116: 273–279, 2004.
DeLange T: T loops and the origin of telomeres. Nature Rev Mol Cell Biol 5: 323–329, 2004.
Griffith JD et al: Mammalian telomeres end in a large duplex loop. Cell 97: 503–514, 1999.
Hodes RJ: Telomere length, aging, and somatic cell turnover. J Exp Med 190: 153–156, 1999.
Mitchell JR; Wood E, Collins K: A telomerase component is defective in the human disease dyskeratosis congenital. Nature 402: 551–555, 1999.

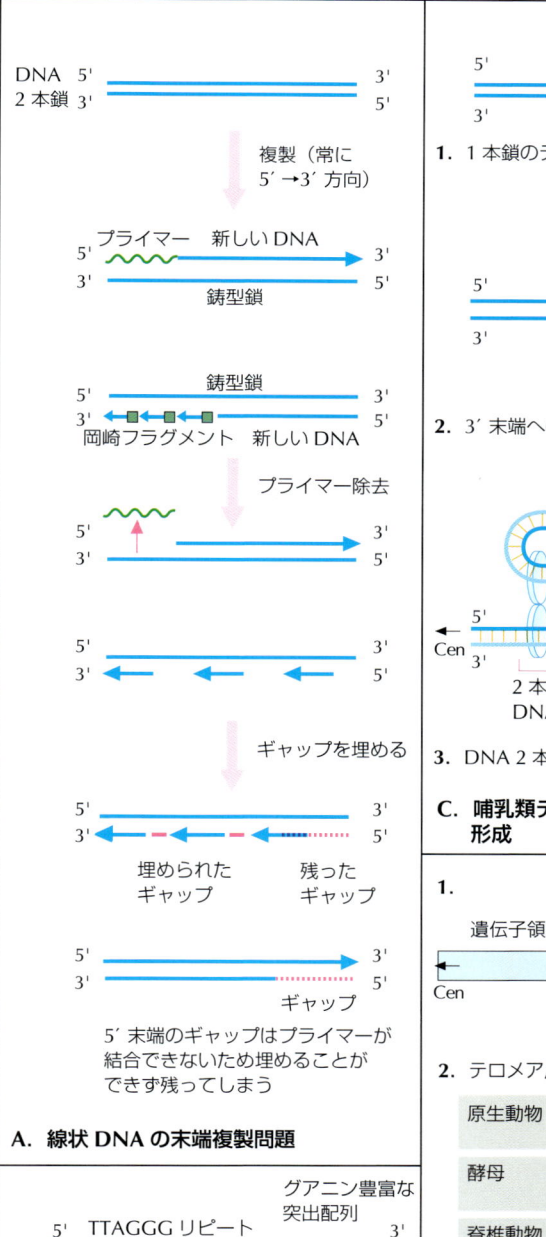

テロメア

A. 線状 DNA の末端複製問題

DNA 2本鎖 5'━━━━━3' / 3'━━━━━5'

↓ 複製（常に 5'→3' 方向）

プライマー 新しい DNA
5' 〜〜━━━━━3'
3' ━━━━━5'
　　鋳型鎖

鋳型鎖
5' ━━━━━3'
3' ━━◀■━◀■━◀■━5'
　岡崎フラグメント 新しい DNA

↓ プライマー除去

5' 〜━━━━━3'
3' ━━━━━5'

5' ━━━━━3'
3' ◀━◀━◀━5'

↓ ギャップを埋める

5' ━━━━━3'
3' ━━━-◀━-◀━━5'
　埋められた　残った
　ギャップ　　ギャップ

5' ━━━━━3'
3' ━━━━━‥‥5'
　　　　　　ギャップ

5' 末端のギャップはプライマーが結合できないため埋めることができず残ってしまう

B. テロメア DNA の 3' 末端にはグアニン豊富な反復配列がある

　　　　　　　　　　　　　グアニン豊富な突出配列
　　　　5' ━━TTAGGG リピート━━━━3'
←Cen　3' ━━━━━━5'

C. 哺乳類テロメアにおける DNA 2 本鎖ループの形成

1. 1 本鎖のテロメア配列末端

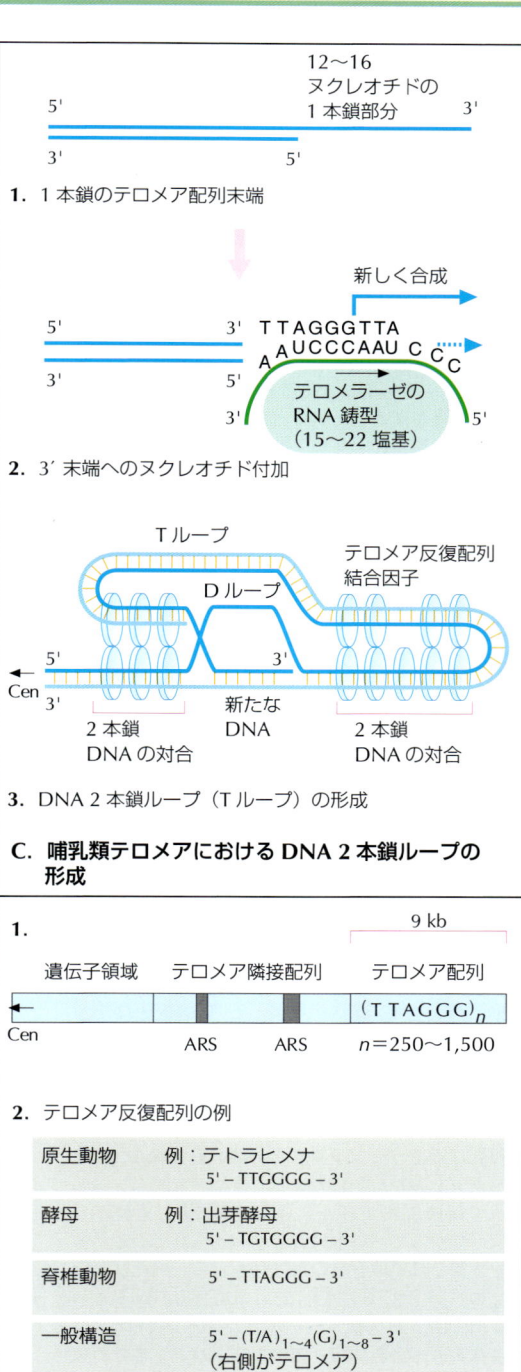

　　　　　　　　　　12～16 ヌクレオチドの 1 本鎖部分
5' ━━━━━3'
3' ━━━━━5'

2. 3' 末端へのヌクレオチド付加

　　　　　　　　　　　　新しく合成
5' ━━━━━3'　　T T A G G G T T A
3' ━━━━━5'　A U C C C A A U C C C
　　　　　　　　テロメラーゼの RNA 鋳型（15～22 塩基）

3. DNA 2 本鎖ループ（T ループ）の形成

T ループ / D ループ / テロメア反復配列結合因子
←Cen　2 本鎖 DNA の対合　新たな DNA　2 本鎖 DNA の対合

D. テロメアの一般的構造

1.

　　　　　　　　　　　　　　　　　　　　9 kb
遺伝子領域　テロメア隣接配列　テロメア配列
←Cen　　　　ARS　　ARS　　(TTAGGG)$_n$
　　　　　　　　　　　　　　　　$n=250～1,500$

2. テロメア反復配列の例

原生動物	例：テトラヒメナ 5'–TTGGGG–3'
酵母	例：出芽酵母 5'–TGTGGGG–3'
脊椎動物	5'–TTAGGG–3'
一般構造	5'–(T/A)$_{1～4}$(G)$_{1～8}$–3' （右側がテロメア）

ヒト染色体の分染パターン

　1956年にTjioとLevan，およびFordとHamertonが，ヒトの染色体数が46本であることを独立に決定したときには，染色体対の多くは互いに識別することができなかった。個体や種における染色体の完全なセットが**核型** karyotypeであり，1924年にLevitskyによって導入された用語である。相同染色体どうしを対にして全染色体を並べて表示したものが**核型図式** karyogramである。1971年以前には，各染色体を互いに明確に識別することはできなかった。そこで，分裂中期染色体上に特異的なパターン（**分染パターン** banding pattern）として，顕微鏡下で観察可能な横走する明暗バンドを染め分けるための技術が開発されてきた。最も一般的に利用されるのは**G分染法** G-bandingである。染色体標本をプロテアーゼの一種であるトリプシンで前処理した後，ギムザ染色を行う。Gはギムザ染色（Giemsa stain）のGに由来している。Gバンド以外の染色体バンドとして，Qバンド（キナクリン染色），Rバンド（Gバンドの逆転バンド），Cバンド（セントロメア領域の構成的ヘテロクロマチン），Tバンド（テロメア）などがある（ISCN，2005と巻末の付表4を参照）。すべての染色体の明確な識別は，特定の遺伝子座が染色体上で占める位置の決定（遺伝子マッピング）や，染色体構造異常の切断点の同定に必須である。

A. ヒト1～12番染色体のサイズと分染パターン

　バンドとは，対をなすバンドとして染色された隣接領域から明確に区別できる染色体の一部分と定義される。ヒトの1～12番染色体のG分染パターンを模式的に示す（13～22番，X，Y染色体は次項参照）。

　各染色体は短腕（p）と長腕（q）に分けられる。それぞれの領域はセントロメアからテロメアへ向かって番号がつけられている。例えば，1番染色体の短腕は近位（セントロメアの隣）の領域1（明暗のバンドを含む）から始まり，遠位（末端部）へ向かって領域2，3と続く。各領域内でも，近位から遠位へ向かってバンドに番号がつけられている。各バンド番号は領域番号の後に付される。例えば，領域2のバンド2，3は22，23，領域3のバンド1～6は31，32，33，34，35，36となる。各バンドは染色体番号，染色体腕，領域番号，バンド番号の順で表記される。したがって1p23とは1番染色体の短腕の領域2のバンド3を示す。解像度が上がって観察されるようになったバンド（付加的バンド）が1p23内に識別することができる場合，小数点を用いて1p23.1，1p23.2，1p23.3などと表記される。このシステムは1971年のパリ会議で最初に提案されたもので，国際ヒト細胞遺伝学命名規約（ISCN，2005）に詳細が定められている。

　1番染色体や9番染色体など，いくつかの染色体にはセントロメアに隣接して二次狭窄部位が認められる。これは多型性のある着糸点ヘテロクロマチンの領域である。その長さには個人差があるが，約2～3％の人は二次狭窄部位が比較的長い。約1～2％の人では9番染色体のこの領域に腕間逆位が生じている（逆位，204頁参照）。

参考文献

Bickmore WA, Craig J: Chromosome Bands: Patterns in the Genome. Chapman & Hall, New York, 1997.

Ford CE, Hamerton JL: The chromosomes of man. Nature 178: 1020–1023, 1956.

ISCN 2005: An International System for Human Cytogenetic Nomenclature. Shaffer LG, Tommerup N (eds) Cytogenetics and Cell Genetics, Karger, Basel, 2005.

Miller OJ, Therman E: Human Chromosomes, 4th ed. Springer Verlag, New York, 2001.

Philip AGS, Polani PE: Historical perspectives: Chromosomal abnormalities and clinical syndromes. NeoReviews, Aug 2004; 5: e315–e320 (online at NeoReviews.org).

Tjio JH, Levan A: The chromosome number of man. Hereditas 42: 1–6, 1956.

Traut W: Chromosomen. Klassische und molekulare Cytogenetik. Springer, Heidelberg, 1991.

Verma RS, Babu A: Human Chromosomes. Principles and Techniques. McGraw-Hill, New York, 1995.

Wegner RD, ed.: Diagnostic Cytogenetics. Springer, Berlin, 1999.

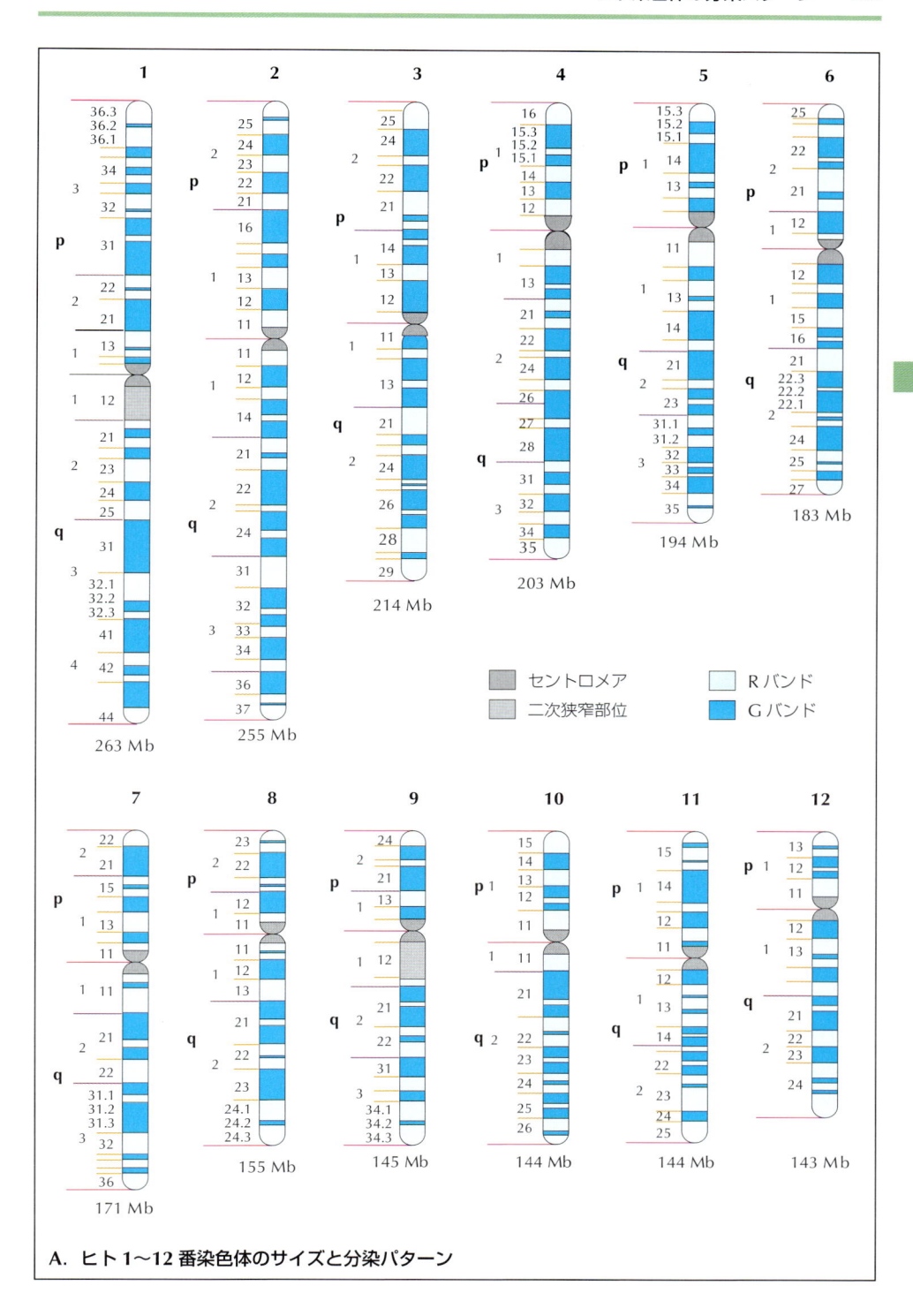

ヒト染色体の分染パターン 193

A. ヒト1〜12番染色体のサイズと分染パターン

ヒトとマウスの核型

A. ヒト13〜22番，X，Y染色体の サイズと分染パターン

ヒトの核型の模式図は前項からの続きである。

B. マウスの核型

マウス（*Mus musculus*）は各々特徴的な分染パターンをもつ20対の染色体を基本核型としている（**図1**）。X染色体を除き，すべての染色体はセントロメア（着糸点）が末端部に位置する端部着糸型である。

変異系統のマウスでは中部着糸型染色体をもつ核型がみられるものがある。これは2本の端部着糸型染色体間で起きた着糸点融合の結果である。図に示した例では，4番と2番，8番と3番，7番と6番，13番と5番，12番と10番，14番と9番，18番と11番，17番と16番の染色体が融合している。1番，15番，19番の染色体対は基本核型と同じである。この変異系統の個体はすべて融合染色体をもっており，融合による染色体進化の例である。（写真1はTraut, 1991より；写真2はH. Winking博士，Lübeck, Germanyの厚意による）

ヒト染色体命名法

詳細な命名法が定められている。これは何度か改訂を重ねており，最近では2005年に改訂された。この命名法に従い，正常もしくは異常な染色体所見を記載する。重要な例をいくつか巻末の付表5に掲載したが，詳細は国際ヒト細胞遺伝学命名規約（ISCN, 2005）を参照されたい。

参考文献

ISCN 2005: An International System for Human Cytogenetic Nomenclature. Shaffer LG, Tommerup N (eds); S. Karger, Basel, 2005.

Traut W: Chromosomen. Klassische und molekulare Cytogenetik. Springer, Heidelberg, 1991.

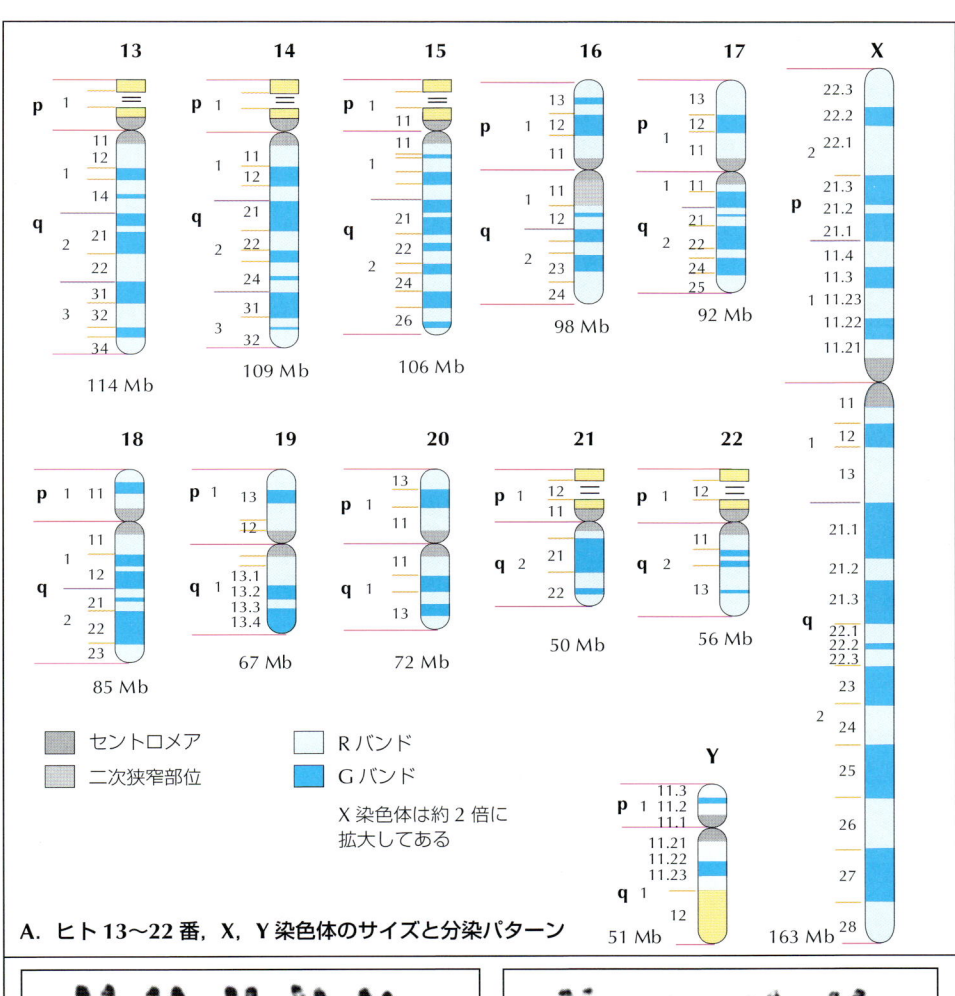

ヒトとマウスの核型　195

A. ヒト13〜22番，X，Y染色体のサイズと分染パターン

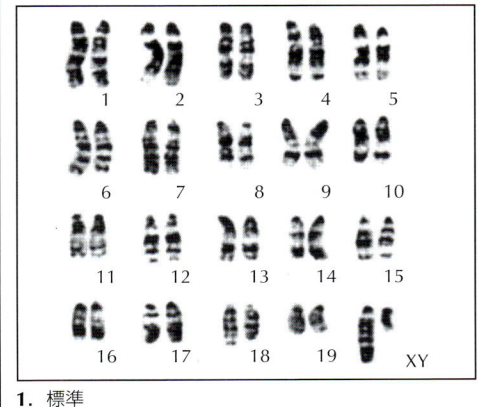

凡例：
- セントロメア
- 二次狭窄部位
- Rバンド
- Gバンド

X染色体は約2倍に拡大してある

B. マウス（*Mus musculus*）の核型

1. 標準
2. 融合した染色体をもつ変異系統の個体

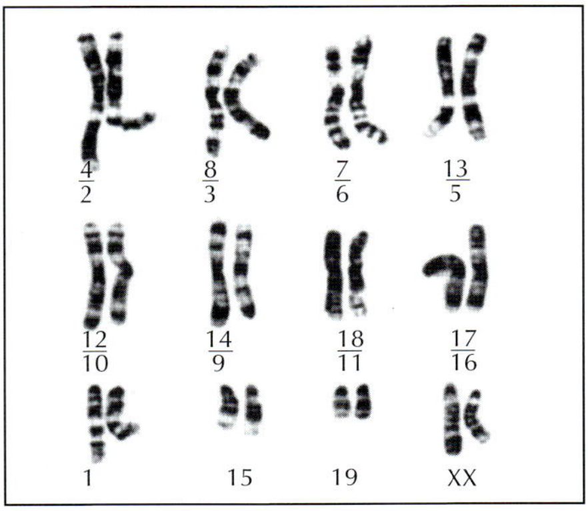

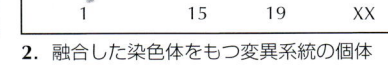

分裂中期染色体標本の作製

臨床診断のために，通常は培養リンパ球から作製した分裂中期核板で染色体分析は実施される．中期核板標本は，培養皮膚線維芽細胞，培養羊水細胞，胎盤絨毛細胞，あるいは骨髄細胞からも作製可能である．末梢血リンパ球は分裂させるためにフィトヘマグルチニン（PHA）で刺激した後，浮遊培養で増殖させる．リンパ球の寿命は数回の分裂に制限される．しかし，培養リンパ球にエプスタイン-バー（EB）ウイルスを感染させることにより，永久増殖能をもつリンパ芽球様細胞株に形質転換させることも可能である（130頁参照）．

A．血液検体を用いた染色体分析

以下の5つのステップを必要とする．(1) リンパ球培養，(2) 分裂中期染色体の収穫，(3) 染色体標本の作製，(4) 特殊な色素による染色体（とクロマチン）の染色，(5) 顕微鏡下の分析である．現在はコンピュータを利用することが多い．

リンパ球培養では，末梢血を直接使用するか，末梢血からリンパ球（Tリンパ球）を分離して用いる．約0.5 mLの末梢血が必要である．培養細胞の増殖を妨げる凝血を抑制するためにヘパリンを添加しなければならない．血液20に対してヘパリン1の割合で添加する．リンパ球に2回の細胞分裂を行わせるためには，37℃で約72時間の〔訳注：PHA添加後〕培養が必要である．細胞収穫前に適切な濃度のコルヒチン誘導体（コルセミド）を培養液に添加し，2時間処理することにより分裂期の細胞を中期で停止させる．コルセミドは紡錘糸の形成を阻害し，体細胞分裂を中期で停止させて分裂核板の収穫効率を高めることができる．72時間の培養後，約5％の細胞が分裂期にあり，培養はこの時点で終了して分裂期核板を収穫する（図1）．

細胞収穫では培養液を遠沈し（図2），塩化カリウム低張液（0.075 M KCl）を添加して20分間処理する（図3）．その後，メタノールと氷酢酸を3：1で混合した固定液を加え（図4），通常は遠沈と固定液の交換を4～6回繰り返す．固定された細胞の一部をピペットにとり，脱脂し水に浸しておいた清潔な顕微鏡観察用のスライドグラス上に滴下し風乾する（図5）．作製標本は目的とする分染法ごとに適切な前処理を行い（図6），染色し（図7），カバーグラスで封入する〔訳注：封入は一般的でない〕（図8）．

分析に適した中期核板を顕微鏡下に倍率100倍で確認し，引き続き1,250倍程度の強拡大で分析する（図9）．顕微鏡下の直接分析では，染色体数，過剰なあるいは欠損している染色体や，確認できる染色体部分を記録しておく．標本の作製工程そのものによって，一部の細胞に染色体数や構造の異常な中期核板が誘発される可能性もあるので，2個以上の細胞を分析しなければならない．染色体分析の目的にもよるが，5～100個（通常は10～20個）の中期核板を分析対象とする．中期核板の顕微鏡写真を撮影し，何枚かの写真から染色体を切り貼りして核型図式（図10）を作成する．核型分析の所用時間は，検査や異常の内容にもよるが通常3～4時間である．染色体・核型分析はコンピュータの利用で大幅に合理化され，画像解析により核型図式も容易に作成可能である．

参考文献

Arakaki DT, Sparkes RS: Microtechnique for culturing leukocytes from whole blood. Cytogenetics 85: 57-60, 1963.

Miller OJ, Therman E: Human Chromosomes, 4th ed. Springer Verlag, New York, 2001.

Moorhead PS, Nowell P, Mellman WJ, Battips DM, Hungerford DA: Chromosome preparations of leucocytes cultured from human peripheral blood. Exp Cell Res 20: 613-616, 1960.

Schwarzacher HG: Preparation of metaphase chromosomes. In: Schwarzacher HG, Wolf U, Passarge E, eds.: Methods in Human Cytogenetics. Springer, Berlin, 1974.

Schwarzacher HG, Wolf U, Passarge E eds.: Methods in Human Cytogenetics. Springer, Berlin, 1974.

Verma RS, Babu A: Human Chromosomes. Manual of Basic Techniques. Pergamon Press, New York, 1989.

Wegner RD ed.: Diagnostic Cytogenetics. Springer, Berlin, 1999.

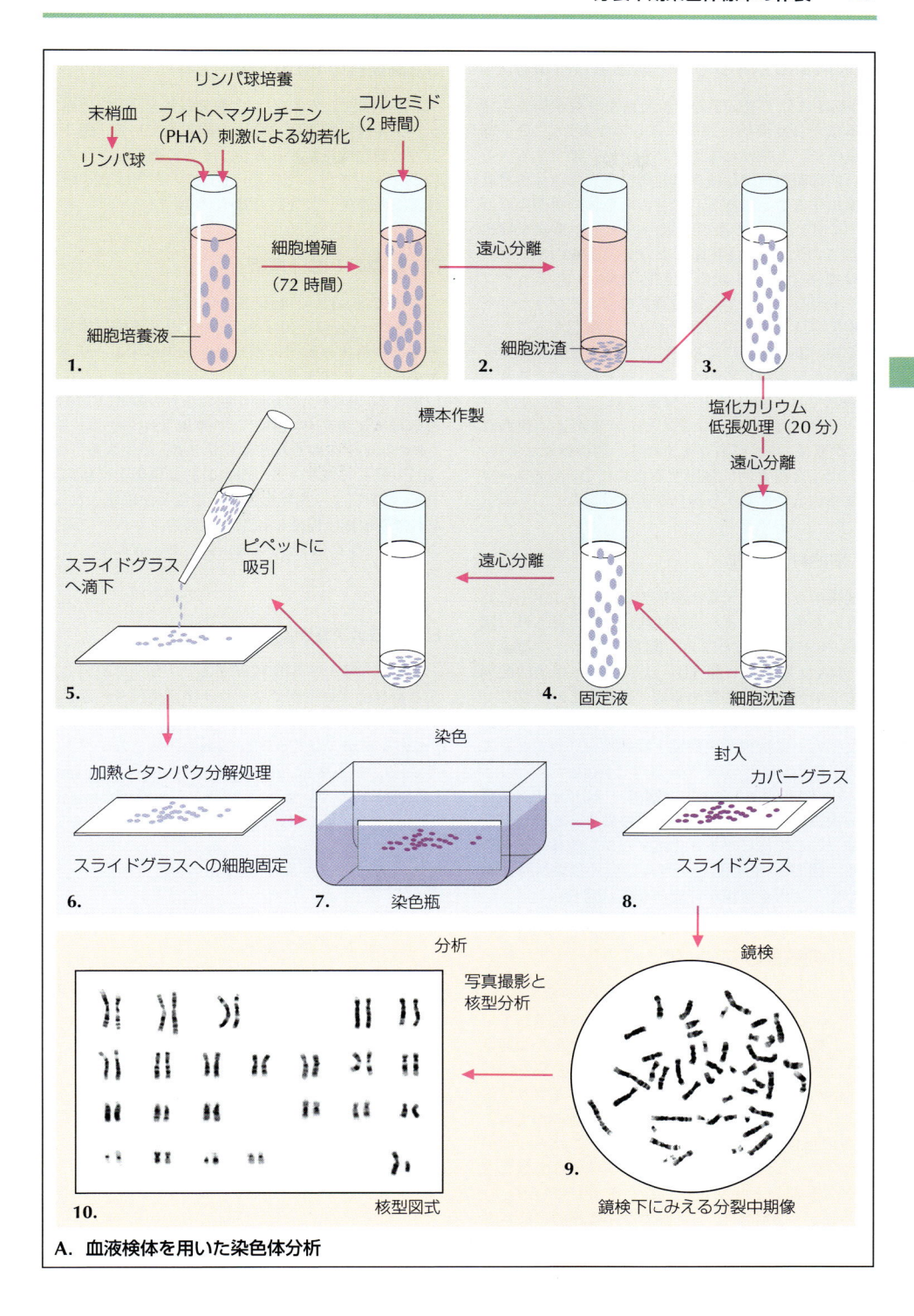

分裂中期染色体標本の作製

1. リンパ球培養
- 末梢血 → リンパ球
- フィトヘマグルチニン（PHA）刺激による幼若化
- 細胞培養液
- 細胞増殖（72時間）
- コルセミド（2時間）

2. 遠心分離 → 細胞沈渣

3. 塩化カリウム低張処理（20分） → 遠心分離

4. 細胞沈渣 → 固定液 → 遠心分離

5. 標本作製
- ピペットに吸引
- スライドグラスへ滴下

6. スライドグラスへの細胞固定（加熱とタンパク分解処理）

7. 染色（染色瓶）

8. 封入（カバーグラス／スライドグラス）

9. 鏡検（鏡検下にみえる分裂中期像）

10. 分析（写真撮影と核型分析）／核型図式

A. 血液検体を用いた染色体分析

蛍光 in situ ハイブリッド形成法（FISH）

　FISH は分子遺伝学的解析技術を分裂中期染色体標本または間期核に適用するものであり，"分子細胞遺伝学"と呼ばれるアプローチの一種である。その目的は顕微鏡では検出困難な微細な染色体再構成を検出することである。通常の染色体分析が 400 万 bp（4 Mb）以上の染色体成分の欠失や重複を検出できるのに対し，FISH における標識 DNA プローブは標本上の 1 本鎖の染色体 DNA と直接ハイブリッド形成するので，領域特異的なハイブリッド形成結果を染色体上のシグナルとして確認することができる。直接標識による方法と，非同位元素標識を利用する間接的な方法がある。蛍光色素による直接標識法では，蛍光色素で修飾されたヌクレオチド（2′-デオキシウリジン 5′-三リン酸がよく使われる）が直接 DNA に取り込まれる。間接標識法では，シグナルを視覚的に検出するために DNA プローブを蛍光色素で標識する操作が必要である。

A. FISH の原理

　間接的な非同位元素標識法では，スライド上に固定された中期核板または間期核は変性させられ（図1a），1 本鎖 DNA となる（図2）。ビオチン標識した DNA プローブ（図1b）は標本上で相補的配列をもつ染色体上の特異的領域（図3）とハイブリッド形成する。その領域は蛍光標識した抗ビオチン抗体と結合して暗視野顕微鏡下に蛍光シグナルとして検出される〔訳注：ビオチンに対する抗体はストレプトアビジンで代用することが多い〕（図4）。抗ビオチン抗体は一次抗体であり，蛍光強度を増幅するために二次抗体（ここではビオチン化抗アビジン抗体）が結合する（図5）。その結果，さらに蛍光標識抗体が結合してシグナル増幅が可能となる（図6）。

B. 中期核板の FISH 例

　ここでは，全染色体が DAPI（4′, 6-ジアミノ-2-フェニルインドール）で暗青色に染色されている。2 本の 3 番染色体は 2 個の赤いシグナルで同定され，緑色の蛍光標識プローブ（D354559，Vysis 社，Downers Grove）は短腕（3p）末端とハイブリッド形成している。もう 1 つの緑色のシグナルが 1 本の 16 番染色体長腕上にも検出される。これら 3 つの緑色シグナルは，3 番染色体短腕領域が 3 カ所存在する（3p 部分トリソミー）ことを示している。核板右上方の 2 本の 21 番染色体は非特異的に染色されている。

C. 間期核の FISH 解析

　2 つの緑色シグナルは 22 番染色体を，1 つの赤色シグナルは長腕領域（22q）を検出している（図1）。上方の細胞は正常であるが，下方の細胞は 1 つの赤色シグナルを欠いている（図2）。これは 22q 染色体領域の喪失（欠失）を意味する。

D. 転座の FISH 解析

　ここでは 8q24 と 4p15.3 を切断点として 2 本の派生染色体，der(4)，der(8) を生じた 8 番染色体長腕と 4 番染色体短腕間の相互転座を例示する。正常 4 番染色体と正常 8 番染色体は中期核板中で下方左に位置する。8q24 上の転座切断点を含む領域は 170 kb の酵母人工染色体（YAC）で標識され，その結果，3 個のシグナルがそれぞれ正常 8 番，派生 8 番［der(8)］，そして派生 4 番［der(4)］染色体上に検出される。これにより相互転座であることが確認される。4 本の染色体は同時に動原体特異的プローブで識別される。（写真は H.-J. Lüdecke, Essen の厚意による）

E. テロメア配列の FISH

　ここに示すヒト中期核板では，テロメア配列に対する特異的プローブで全テロメアが染色される。各テロメアには 2 つずつのシグナルが検出される。各 1 つのシグナルはそれぞれの染色分体上のシグナルである。（写真は Robert M. Moyzes, Los Alamos Laboratory の厚意により Scientific American, August 1991, pp. 34–41 より）

参考文献

Miller OJ, Therman E: Human Chromosomes, 4th ed. Springer, New York, 2001.
Ried T, Schröck E, Ning Y, Wienberg J: Chromosome painting: a useful art. Hum Mol Genet 7: 1619–1626, 1998.
Speicher MR, Carter NP: The new cytogenetics: Blurring the boundaries with molecular biology. Nature Rev Genet 6: 782–792, 2005.
Strachan T, Read AP: Human Molecular Genetics, 3rd ed. Garland Science, London-New York, 2004.

ネット上の情報：
Website Cytogenetics Resource:
http://www.kumc.edu/gec/prof/cytogene.html.

蛍光 in situ ハイブリッド形成法（FISH）

1a. 2本鎖 DNA　　　スライドグラス上の染色体　　**1b.** 標的領域に対するプローブ

↓ 変性　　　　　　　　　　　　　　　　　　　　　↓ ビオチン標識

2. 1本鎖 DNA

3. 標本上でのハイブリッド形成

蛍光標識一次抗体

蛍光／蛍光色素

4.

ビオチン化二次抗体

5.　　　　一次抗体の再度の反応によるシグナル増幅　　→　**6.** 蛍光シグナルの増幅

A. 蛍光 in situ ハイブリッド形成法の原理

B. 中期核板の FISH 解析例

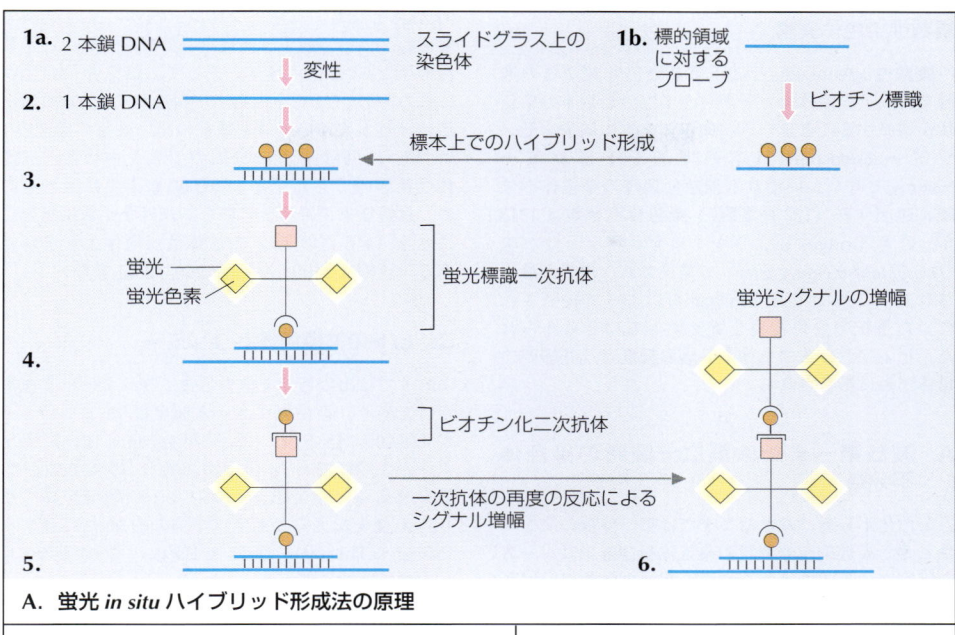

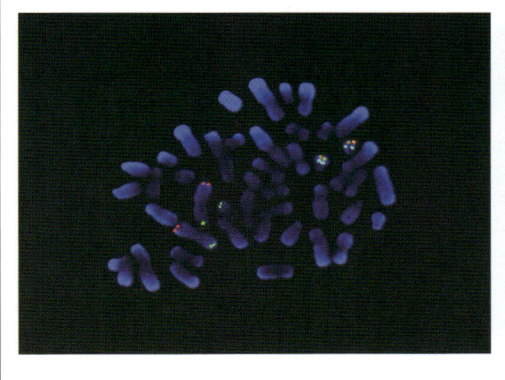

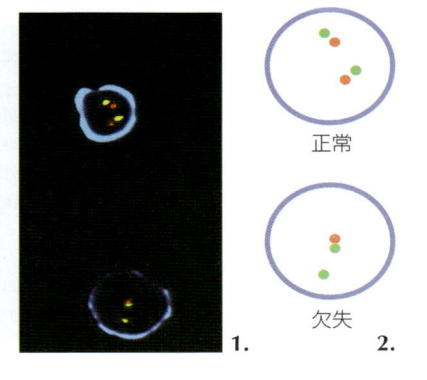

C. 間期核の FISH 解析
1. （画像）
2. 正常／欠失

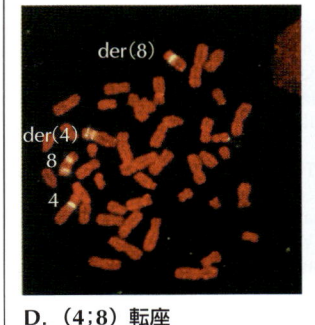

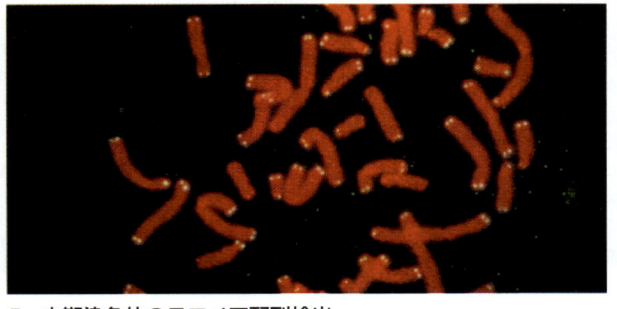

D. (4;8) 転座　　der(8)、der(4)、8、4

E. 中期染色体のテロメア配列検出

異数性染色体異常

　異数性 aneuploidy とは正常な染色体数からの逸脱であり，二倍体セットから1本ないし数本の染色体が増減することをいう．染色体1本の減少を**モノソミー** monosomy，1本の増加を**トリソミー** trisomy と呼び，いずれも減数分裂時の染色体不分離に起因する（122頁参照）．染色体不分離は1913年，C. B. Bridges によりキイロショウジョウバエ（*Drosophila melanogaster*）で発見され，用語が導入された．これは T. H. Morgan らによって提唱されていた遺伝の染色体説を実証するものと考えられた．ヒトにおける染色体不分離の頻度は，妊娠時の母体年齢に影響される．

A．減数第一または第二分裂時の染色体不分離

　染色体不分離は減数第一または第二分裂の双方で生じる．減数第一分裂時の染色体不分離では，一方の娘細胞に1本ではなく2本の相同染色体が分配され，他方の娘細胞には1本も分配されない（図では1対の相同染色体だけを示してある）．この結果，2本の染色体を含むもの（ダイソミー）またはその染色体を失ったもの（ナリソミー）の2種類の配偶子をそれぞれ生じる．減数第二分裂時の染色体不分離では，減数第一分裂（122頁参照）が正常に経過した後，減数第二分裂時に一方の娘細胞に2本の染色体が分配され（ダイソミーとなる），他方には分配されない（ナリソミーとなる）．ダイソミー配偶子が受精すればトリソミー受精卵が生じ，ナリソミー配偶子が受精すればモノソミー受精卵を生じる．ヒトでは出生可能なモノソミー個体は X 染色体のモノソミーのみである．

B．一般的な異数性染色体異常

　異数性染色体異常は以下の3種に分類することができる．（1）トリソミー（1対2本ではなく，3本の染色体構成），（2）モノソミー（2本のところを1本の染色体構成），（3）三倍体と四倍体（3セットおよび4セットの半数染色体が存在）．三倍体は減数分裂時の染色体不分離に起因するのではなく，他の段階のさまざまな原因により生じる．例えば，2個の精子が卵子に進入した場合（二精子受精），卵子または精子が染色体セットを減数しないまま減数第一または第二分裂を終了した場合，第二極体が半数性卵子の核と再結合した場合などである．二精子受精では，3セットの染色体のうち2セットが父親に由来し，核型は 69,XYY，69,XXY，あるいは 69,XXX となる．二精子受精は三倍体の原因の66％を占め，二倍性精子（減数第一分裂の失敗）と半数性卵子との受精が24％，そして二倍性卵子の受精によるものが10％を占める（Jacobs ら，1978）．三倍体はヒトにおいて最も頻度の高い染色体異常の1つであり，自然流産の原因の17％を占める．三倍体受精卵のうちわずか 1/10,000 が出生に至るものの，重篤な先天奇形を合併し，例外なく新生児死亡に至る（416頁参照）．四倍体は三倍体よりまれである（詳細は Miller & Therman, 2001 参照）．

C．ヒトの常染色体トリソミー

　ヒトでは出生可能な常染色体トリソミーは3種類だけであり，新生児における頻度は13トリソミーが 1/8,000，18トリソミーが 1/5,000，21トリソミーが 1/600 である（414頁参照）．母体年齢が35歳を超えると常染色体トリソミーの頻度が高くなり，40歳を超えると頻度は平均の約10倍に達する（Miller & Therman, 2001 と Harper, 2004 参照）．

D．性染色体の過剰

　X 染色体または Y 染色体の過剰は，新生児において約 1/800 の頻度で発生する．明瞭な表現型との関連はないが，言語発達障害や学習障害，行動異常に陥りがちである（詳細は Harper, 2004 参照）．

参考文献

Bridges CB: Nondisjunction of the sex chromosomes of Drosophila. J Exp Zool 15: 587–606, 1913.

Gardner RJM, Sutherland GR: Chromosome Abnormalities and Genetic Counseling, 3rd ed. Oxford University Press, Oxford, 2003.

Harper P: Practical Genetic Counseling, 6th ed. Edward Arnold, London, 2004.

Hassold T, Jacobs PA: Trisomy in man. Ann Rev Genet 18: 69–97, 1984.

ISCN 2005: An International System for Human Cytogenetic Nomenclature. Shaffer LG, Tommerup N (eds). Karger, Basel, 2005.

Jacobs PA, Hassold T: The origin of numerical chromosome abnormalities. Adv Hum Genet 33: 101–133, 1995.

Jacobs PA et al: The origins of human triploids. Ann Hum Genet 42: 49–57, 1978.

Miller OJ. Therman E: Human Chromosomes, 4th ed. Springer, New York, 2001.

Rooney DE, Czepulski BH (eds): Human Cytogenetics. A Practical Approach, 2nd ed. Oxford University Press, Oxford, 2001.

Schinzel A: Catalogue of Unbalanced Chromosome Aberrations in Man. De Gruyter, Berlin, 2001.

異数性染色体異常 201

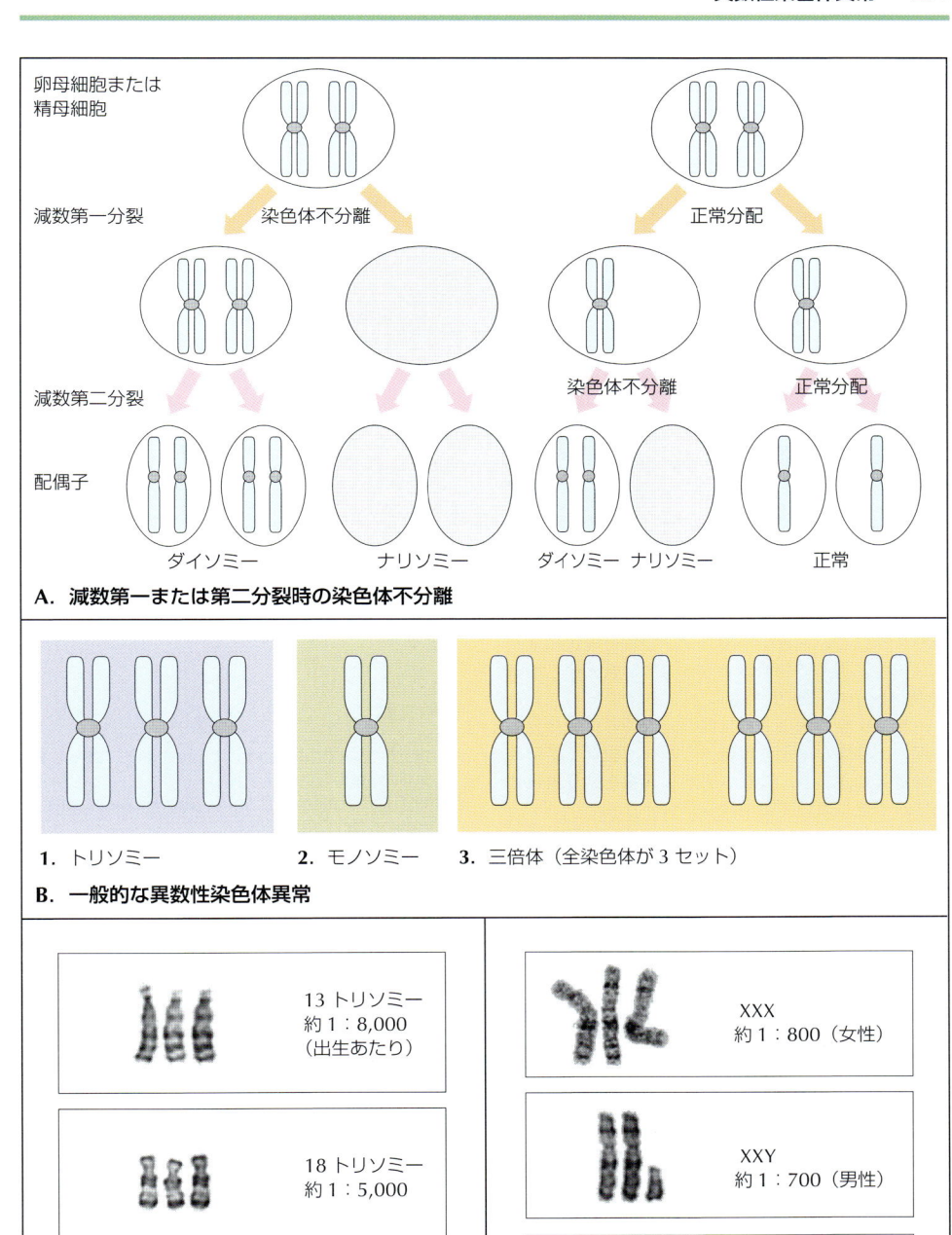

卵母細胞または精母細胞

減数第一分裂　染色体不分離　　　　正常分配

減数第二分裂　　　　　　　　　　　染色体不分離　　正常分配

配偶子　　ダイソミー　ナリソミー　ダイソミー　ナリソミー　正常

A．減数第一または第二分裂時の染色体不分離

1. トリソミー　　2. モノソミー　　3. 三倍体（全染色体が3セット）

B．一般的な異数性染色体異常

13 トリソミー
約 1：8,000
（出生あたり）

18 トリソミー
約 1：5,000

21 トリソミー
約 1：600

C．ヒトの常染色体トリソミー

XXX
約 1：800（女性）

XXY
約 1：700（男性）

XYY
約 1：800（男性）

D．X または Y 染色体の過剰

染色体転座

染色体の一部（または全体）がある座位から別の座位へ移ることを転座と呼ぶ。通常みられるのは染色体成分の過不足を伴わずに一部が互いに交換される相互転座であり、表現型への影響はないことが多い。転座は自然にも生じるが、数世代にわたって子孫へ伝達されうる。ときに転座切断点が遺伝子内に存在し、その遺伝子の機能を破壊する場合があり、これは造血器腫瘍の原因として重要である。

特殊な転座の型として、ロバートソン型転座と呼ばれているものがある。2本の次端部着糸型染色体が融合した染色体で、1911年にW. R. B. Robertsonが昆虫で発見した。中部着糸型染色体は進化の過程で次端部着糸型染色体の融合により生じたとRobertsonは結論している。

A. 相互転座

2本の染色体間の相互転座では、切断点において遺伝子の機能が破壊されることがなければ通常、疾患リスクはない。遺伝子のコード領域と調節領域がゲノム中に占める割合はわずか5%に過ぎず、切断点が遺伝子内に存在することはまれである。しかし、相互転座の保因者では減数分裂時の染色体分離の際に不均衡な染色体の組み合わせで配偶子が形成されることがあり、これは表現型異常を伴う染色体異常が子孫において発生する原因となる。

正常な相同染色体と転座染色体とは、減数第一分裂の際に通常と同様に対合する。転座を含まない各染色体が、転座をもつ相同染色体と対合する。しかし、転座染色体は四放射状染色体を形成することによってのみ対合することができる。交差と二次的な染色体不分離を無視すれば、いくつかの結果が起こりうる。最も単純なのは、一方の配偶子に正常染色体2本、他方の配偶子に転座染色体2本が分配される場合である（**交互分離** alternate segregation）。形成される配偶子は均衡型の核型となる。

これに対して、2本の隣接染色体が同一配偶子に分配（分離）されれば、形成される配偶子は部分重複と欠失とをあわせもった不均衡型の核型となる。隣接型の分離は2つのタイプに区別される。**隣接Ⅰ型分離** adjacent-1 segregationでは、着糸点の異なる正常染色体と転座染色体の組み合わせで配偶子に分離され、不均衡型の核型を2種類生じる。**隣接Ⅱ型分離** adjacent-2 segregationはまれであるが、着糸点の同じ染色体が同一極に引かれることにより、不均衡型の核型を2種類生じる。四放射状染色体の分離では、さらに極端な1：3分離や0：4分離も起こりうる。

B. 次端部着糸型染色体の着糸点融合

ロバートソン型転座（着糸点融合）には、相同染色体間で起こるものと、2本の非相同の次端部着糸型染色体間で起こるものがあり、減数分裂時の分離後の結果は大きく異なる。相同染色体間の融合では、ダイソミー配偶子とナリソミー配偶子だけが生じる。したがって、接合体はトリソミーかモノソミーのいずれかであり、必ず不均衡型となる。一方、非相同染色体間の融合ははるかに頻繁にみられ、14番染色体と21番染色体間（**図1**）の着糸点融合は最も頻度が高い（新生児において約1/1,000の頻度）。14番染色体長腕（14q）と21番染色体長腕（21q）が融合してt(14q;21q)転座染色体を形成すれば（**図2**）、サテライト（付随体）を含む両染色体の短腕部は欠失するが、これによる表現型への影響はない。原則として、21ナリソミー、正常核型、均衡型、21ダイソミーという4種類の配偶子が形成される（**図3**）。これらは受精後、それぞれ21モノソミー（出生しない）、正常核型、均衡型融合染色体、21トリソミー（414頁参照）の受精卵を形成する。

参考文献

Harper P: Practical Genetic Counseling, 6th ed. Edward Arnold, London, 2004.

Miller OJ, Therman E: Human Chromosomes, 4th ed. Springer, New York, 2001.

Rooney DE, Czepulski BH (eds): Human Cytogenetics. A Practical Approach, 2nd ed. Oxford University Press, Oxford, 2001.

Schinzel A: Catalogue of Unbalanced Chromosome Aberrations in Man. De Gruyter, Berlin, 2001.

染色体転座　203

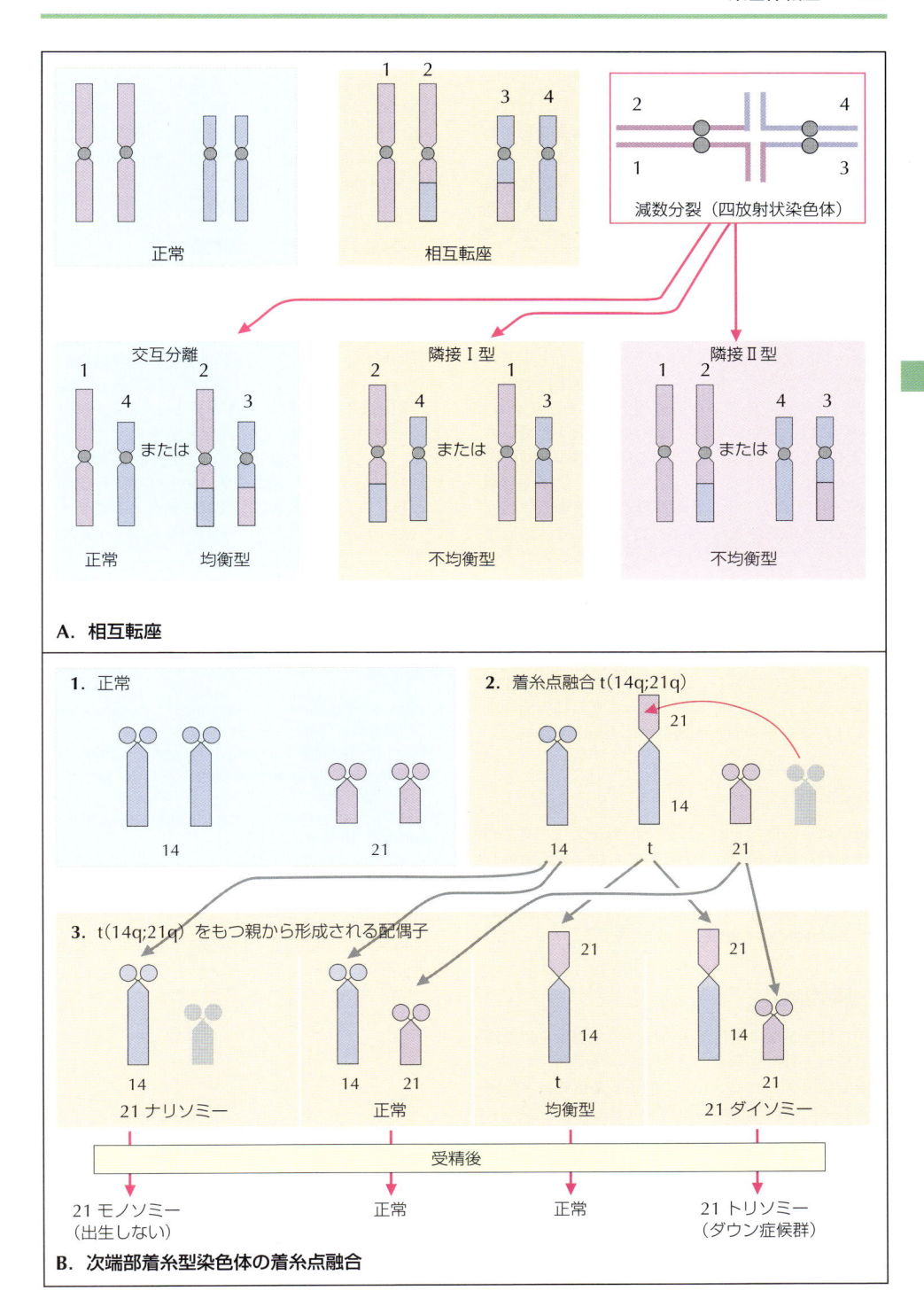

正常　　相互転座　　減数分裂（四放射状染色体）

交互分離　　隣接Ⅰ型　　隣接Ⅱ型
正常　均衡型　　不均衡型　　不均衡型

A. 相互転座

1. 正常　　　　2. 着糸点融合 t(14q;21q)
14　21　　　　14　t　21

3. t(14q;21q)をもつ親から形成される配偶子

14　　　　14　21　　　t　　　　21
21ナリソミー　正常　　均衡型　21ダイソミー

受精後

21モノソミー　正常　　正常　21トリソミー
（出生しない）　　　　　　　（ダウン症候群）

B. 次端部着糸型染色体の着糸点融合

染色体構造異常

染色体構造異常は，染色体の1カ所ないし複数カ所の切断の結果生じる。ヒトにみられる構造異常の基本型には，欠失，重複，同腕染色体，逆位，そして特殊なものとして環状染色体がある。染色体構造異常は精神遅滞患者1,000人中に0.7〜2.4人の頻度で検出される。微細過剰染色体は出生前診断2,500例中に1例の頻度で検出される。

A. 欠失，重複，同腕染色体

染色体欠失は，1カ所の切断に伴うその末端断片の喪失（末端欠失，図1），または2カ所の切断に挟まれた領域の喪失（中間部欠失，図2）による。分子的には，末端欠失は真に末端部が欠失しているわけではなく，テロメア反復配列 (TTAGGG)$_n$ によりキャップされている。重複（図3）の多くは微細過剰染色体であり，その半数が15番染色体腕間近位側領域の逆位重複 inv dup(15) である。これはヒトにおいて最も高い頻度で検出される構造異常の1つである (Schreck ら, 1977)。

同腕染色体（図4）は逆位重複の一種であり，正常な染色体が縦方向ではなく横方向に分離したことで，2つの長腕または2つの短腕からなる染色体が形成されたものである。いずれが形成されても他方の腕を欠損することになる。最も頻度の高い同腕染色体はX染色体長腕の同腕染色体 i(Xq) である。

B. 逆位

逆位は，染色体上の2カ所で切断を生じ，その間に挟まれた領域が180度回転して再結合したものである。逆位領域内にセントロメアを含む場合を**腕間逆位** pericentric inversion，含まない場合を**腕内逆位** paracentric inversion として区別する。

C. 環状染色体

環状染色体は，染色体上の2カ所で切断を生じ両端を失った後，切断点どうしが再結合して生じる。末端領域を喪失しているので，環状染色体は不均衡型となる。環状染色体は体細胞分裂と減数分裂の双方において不安定となる（E参照）。

D. 組換えによるアニューソミー

減数分裂時に正常な染色体と逆位染色体が対合するときには，逆位領域でループが形成される（図1）。逆位領域が大きければ，その領域内で交差を起こす可能性がある（図2）。図に示した娘細胞では，一方で領域Aと領域Bが重複し領域Fが欠失した組換え染色体を生じ（図3），他方では領域Aと領域Bが欠失し領域Fが重複した組換え染色体を生じる（図4）。これらの組換え染色体は不均衡型である（組換えによるアニューソミー）。

E. 減数分裂時の環状染色体

環状染色体は体細胞分裂と減数分裂の双方において不安定となり，高い頻度で失われる。減数分裂時に交差を起こせば，セントロメアを2つもつ環状染色体が形成され，分裂後期にそれぞれ反対の極に引かれることによりランダムな切断が生じる。この結果，娘細胞には環状染色体の異なる領域が分配され，一方では欠失を，他方では重複を生じることとなる。環状染色体では二動原体染色体が高頻度に形成され，その結果，分裂後期に染色体がそれぞれ反対の極に引かれるときに，切断・融合・架橋サイクル (McClintock, 1938) を起こす。この現象は体細胞分裂時にも（交差なしに）起こりうる。以上のように，環状染色体からは新しく派生染色体が生じ，それらはすべて不均衡型である。

参考文献

Madan K: Paracentric inversions: a review. Hum Genet 96: 503–515, 1995.
Meltzer PS, Guan X-Y, Trent JC: Telomere capture stabilizes chromosome breakage. Nature Genet 4: 252–273, 1993.
Miller OJ, Therman E: Human Chromosomes, 4th ed. Springer, New York, 2001.
Niss R, Passarge E: Derivative chromosomal structures from a ring chromosome 4. Humangenetik 28: 9–23, 1975.
Schreck RR et al: Preferential derivation of abnormal human G-group-like chromosomes. Hum Genet 36: 1–12, 1977.

染色体構造異常

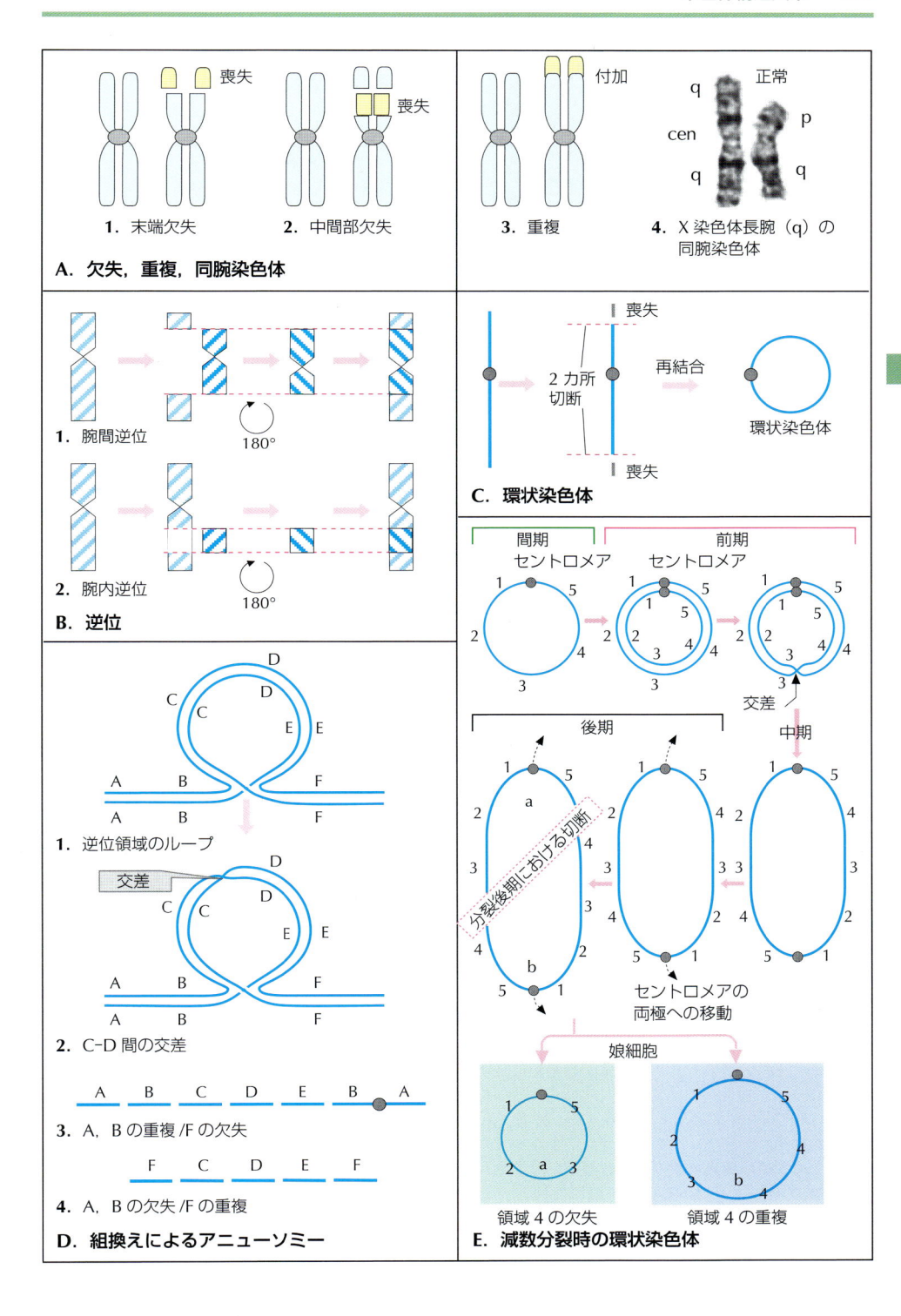

A. 欠失, 重複, 同腕染色体
1. 末端欠失
2. 中間部欠失
3. 重複
4. X染色体長腕（q）の同腕染色体

B. 逆位
1. 腕間逆位
2. 腕内逆位

C. 環状染色体
2カ所切断 → 再結合 → 環状染色体

D. 組換えによるアニューソミー
1. 逆位領域のループ
2. C-D間の交差
3. A, Bの重複/Fの欠失
4. A, Bの欠失/Fの重複

E. 減数分裂時の環状染色体
間期 / 前期 / 中期 / 後期
セントロメア / 交差 / 分裂後期における切断 / セントロメアの両極への移動 / 娘細胞
領域4の欠失 / 領域4の重複

多色 FISH による染色体の同定

　コンピュータを利用して各染色体を同定し微細な再構成を検出する方法が開発された。染色体特異的なプローブのセットを染色体全体またはその一部とハイブリッド形成させる方法を「染色体ペインティング（chromosome painting）」という。同時に識別できる染色体数を増やすために，プローブの蛍光標識の組み合わせ（DNA プローブを同時に 2 種以上の蛍光色素で標識する）や異なる割合で標識する方法が用いられる。多彩色された染色体は自動化されたデジタル画像解析によって検出される。多色 FISH（M-FISH；Speicher ら，1996）とスペクトル核型分析（SKY；Schröck ら，1996）の二法が特に有用である。また人工的に伸長させた DNA またはクロマチン線維に対する FISH〔訳注：ファイバー FISH〕など，他のアプローチや改良法も開発された。

A．多色 FISH

　多色 FISH（M-FISH；Speicher ら，1996）では，各染色体に特異的な DNA プローブのセットを，1 本鎖に変性させた分裂中期染色体とハイブリッド形成させる。それぞれのプローブは酵母人工染色体（YAC）にクローニングされており，各染色体を識別できるように特異的な組み合わせで蛍光標識されている。5 種類の蛍光色素を使用すれば，CCD カメラをとりつけた落射型蛍光顕微鏡を用いて画像解析することにより，異なる 24 色を作り出すことが可能となる。専用のソフトウェアを利用すれば，各染色体を擬似カラー化して表示することが可能である。〔写真は Sabine Uhrig 博士と Michael Speicher 博士，Graz（以前は München）の厚意による〕

B．スペクトル核型分析

　スペクトル核型分析（SKY；Schröck ら，1996）は，光学顕微鏡，フーリエ分光法，CCD による画像化を組み合わせた方法である。試料全域を対象に可視域から近赤外域の励起蛍光スペクトルが同時に測定され，各染色体に固有のスペクトル特性があることを利用して，それぞれの染色体が自動的に識別される。

　まず 24 種類すべてのヒト染色体（1～22 番，X，Y）がフローソーティングで分離され，少なくとも 1 種，最大 5 種の蛍光色素の組み合わせで標識される（SKY プローブ）。DNA を 1 本鎖に変性させた後，SKY プローブを分裂中期染色体標本に 37℃で 24～72 時間ハイブリッド形成させる。

　SKY プローブを描画するために，干渉計と CCD カメラ（SpectraCube）を取り付けた落射型蛍光顕微鏡を用いる。1 回の露出で試料中のすべての蛍光色素が同時に励起される。励起光はサニャック干渉計を通過して CCD カメラで撮像され，画像中のすべての画素について分光光路長の差異に基づく干渉図形が測定される。こうして元のスペクトル情報から得られた染色体固有のスペクトル特性は，RGB（赤，緑，青の 3 色）イメージとして分裂核板上で表示され，染色体の自動識別が可能となる。さらに各々の画素にスペクトル特性に従った個別の擬似カラーを指定すれば，構造異常や数的異常が容易に検出できる。スペクトル核型分析は臨床細胞遺伝学・腫瘍細胞遺伝学における診断技術として広く適用されている。（写真は Evelin Schröck 教授，Dresden 大学の厚意による）

参考文献

Heiskanen M, Peltonen L, Palotie A: Visual mapping by high resolution FISH. Trends Genet 12: 379–384, 1996.
Lichter P: Multicolor FISHing: what's the catch? Trends Genet 13: 475–479, 1997.
Miller OJ, Therman E: Human Chromosomes, 4th ed. Springer, New York, 2001.
Ried T et al: Chromosome painting: a useful art. Hum Mol Genet 7: 1619–1626, 1998.
Schröck E et al: Multicolor spectral karyotyping of human chromosomes. Science 273: 494–497, 1996.
Speicher MR, Ballard SG, Ward DC: Karyotyping human chromosomes by combinatorial multi-fluor FISH. Nature Genet 12: 368–375, 1996.
Strachan T, Read A: Human Molecular Genetics, 3rd ed. Bios Scientific Publishers, Oxford, 2004.
Uhrig S et al: Multiplex-FISH for pre- and postnatal diagnostic application. Am J Hum Genet 65: 448–462, 1999.

ネット上の情報：

NCI and NCBI's SKY/M-FISH and CGH Database 2005:
http://www.ncbi.nlm.nih.gov/entrez/query.fcgi?db=CancerChromosomes
http://www.ncbi.nlm.nih.gov/projects/sky/

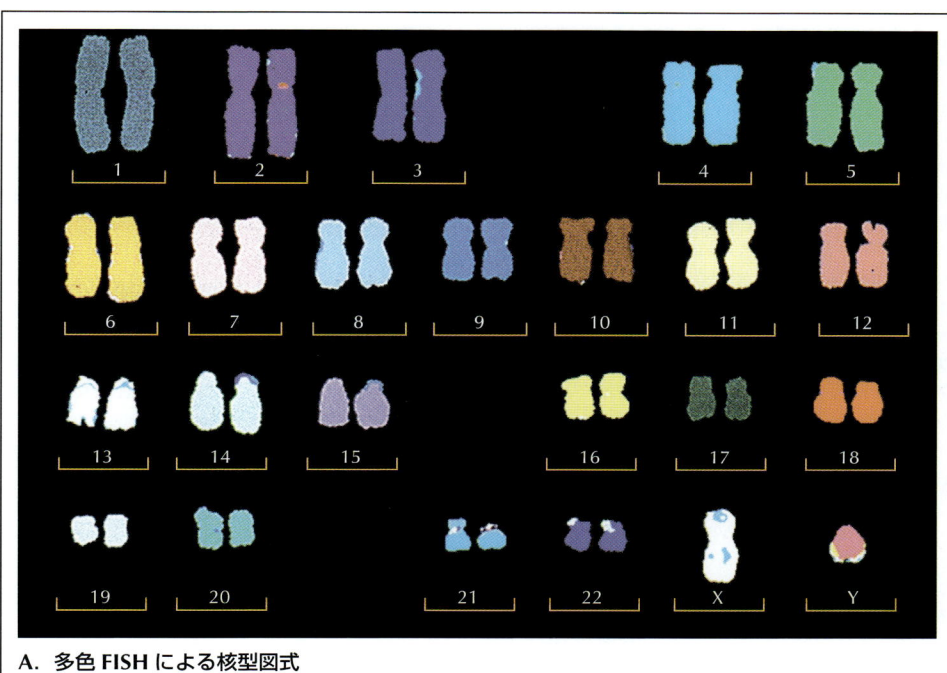

多色 FISH による染色体の同定　207

A. 多色 FISH による核型図式

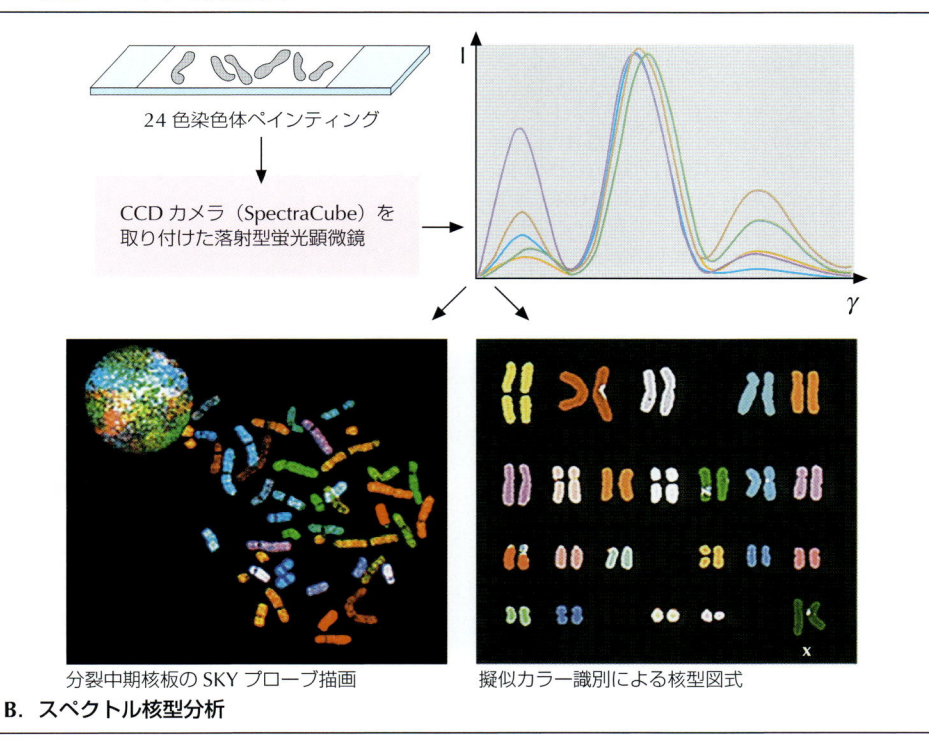

24 色染色体ペインティング

CCD カメラ（SpectraCube）を取り付けた落射型蛍光顕微鏡

分裂中期核板の SKY プローブ描画　　擬似カラー識別による核型図式

B. スペクトル核型分析

比較ゲノムハイブリッド形成法

　比較ゲノムハイブリッド形成法（CGH）は全染色体上のDNAのコピー数の差異を同時に検出する手法である。FISH法と染色体全長にハイブリッド形成するプローブを使用した染色体ペインティングを組み合わせた技術であり，腫瘍細胞の中期核板や間期核を対象とした研究に広く利用されている。フォワード染色体ペインティング（forward chromosome painting）では，標的染色体に対するプローブを腫瘍細胞の中期核板にハイブリッド形成させて検出する。このCGHの変法として，アレイCGH（aCGH）法（262頁参照）や多種ライゲーション依存性プローブ増殖法（MLPA；Sellner & Taylor, 2004）が開発された。

A．CGHの適用

　CGHは，腫瘍試料から抽出したDNAと，対照として用いる正常人ゲノムDNAを比較する。緑色の蛍光色素イソチオシアン酸フルオレセイン（FITC）で標識した腫瘍の全ゲノムDNAと，赤色の蛍光色素ローダミンで標識した正常人のDNAとをハイブリッド形成させる。標的染色体中の相補的DNAに競合的にハイブリッド形成するプローブの染色体領域におけるコピー数を正確に評価するために，高度反復配列へのハイブリッド形成は抑制される。図には遺伝性の腎細胞癌であるフォン・ヒッペル–リンダウ症候群（MIM 193300）の患者の分裂中期像を示す。左の分裂像（図1）はFITC標識された腫瘍DNAにより緑色に染色されている。中央（図2）は同じ分裂像がローダミン標識された対照DNAにより赤色に染色されている。右（図3）は緑色と赤色の蛍光色素に染色された像をコンピュータ上で合成した画像である。黄色の領域は緑色と赤色の蛍光強度比が1：1と正常で，染色体成分の欠失と重複がないことを示す。赤色の蛍光は腫瘍において欠失している領域を，緑色は重複している領域を示す。ハイブリッド形成パターンは全染色体領域について CGHプロファイルとして示される（図4）。各染色体はAT含量の高い配列を染色する青色の蛍光色素4′,6-ジアミジノ-2-フェニルインドール（DAPI）により蛍光顕微鏡下で識別される。中期像は赤色，緑色，青色（DAPI対比染色）用の蛍光フィルターシステムを利用して，CCDカメラで連続して解析される。DAPIの青色蛍光を白黒イメージに変換すればG分染様の分染パターンを描出可能で，染色体の識別に役立つ。CGHプロファイルは各染色体を走査し，赤色（染色体イディオグラムの右に示した図で左端の縦軸）側への変位は欠失領域を，緑色（左から3本めの縦軸）側への変位は重複領域を示す。4番染色体の長腕全長にわたって赤色線よりも左側への変位がみられ，これは4q欠失を示す。10番染色体長腕にみられる緑色線よりも右側への変位は10q成分の重複を示す。セントロメア領域は灰色の横長のボックスで示されている。（画像はNicole McNeil博士とThomas Ried博士，NIHの厚意による）

B．M-FISHによる過剰染色体領域の同定

　ここでは，通常の核型分析（左図）では検出困難な過剰染色体領域を，多色FISH（M-FISH，前項参照）で描出した例を示す。M-FISH核型（右図）は1番染色体長腕末端（矢印）に〔訳注：原図の左図は通常の核型分析ではなく右図（核型図式）の元になった染色体展開図であり，また原図の21番染色体に矢印があるのは誤り。使用している写真が誤っていると思われる〕小さな過剰バンドの存在を示し，このバンドは12番染色体に由来している。（写真はSabine Uhrig博士とMichael Speicher博士，Grazの厚意による）

参考文献

Chudoba I et al: High-resolution multicolor-banding: A new technique for refined FISH analysis of human chromosomes. Cytogenet Cell Genet 84: 156–160, 1999.

Sellner LN, Taylor GR: MLPA and MAPH: New techniques for detection of gene deletions. Hum Mutat 23: 413–419, 2004.

Speicher MR, Carter NP: The new cytogenetics: Blurring the boundaries with molecular biology. Nature Rev Genet 6: 782–292, 2005.

Wong A et al: Detection and calibration of microdeletions and microduplications by array-based comparative genomic hybridization and its applicability to clinical genetic testing. Genet Med 7: 264–271, 2005.

ネット上の情報：

CGH Data Base, Department of Molecular Cytogenetics (MCG), Medical Research Institute Tokyo: http://www.cghtmd.jp/cghdatabase/index_e.html

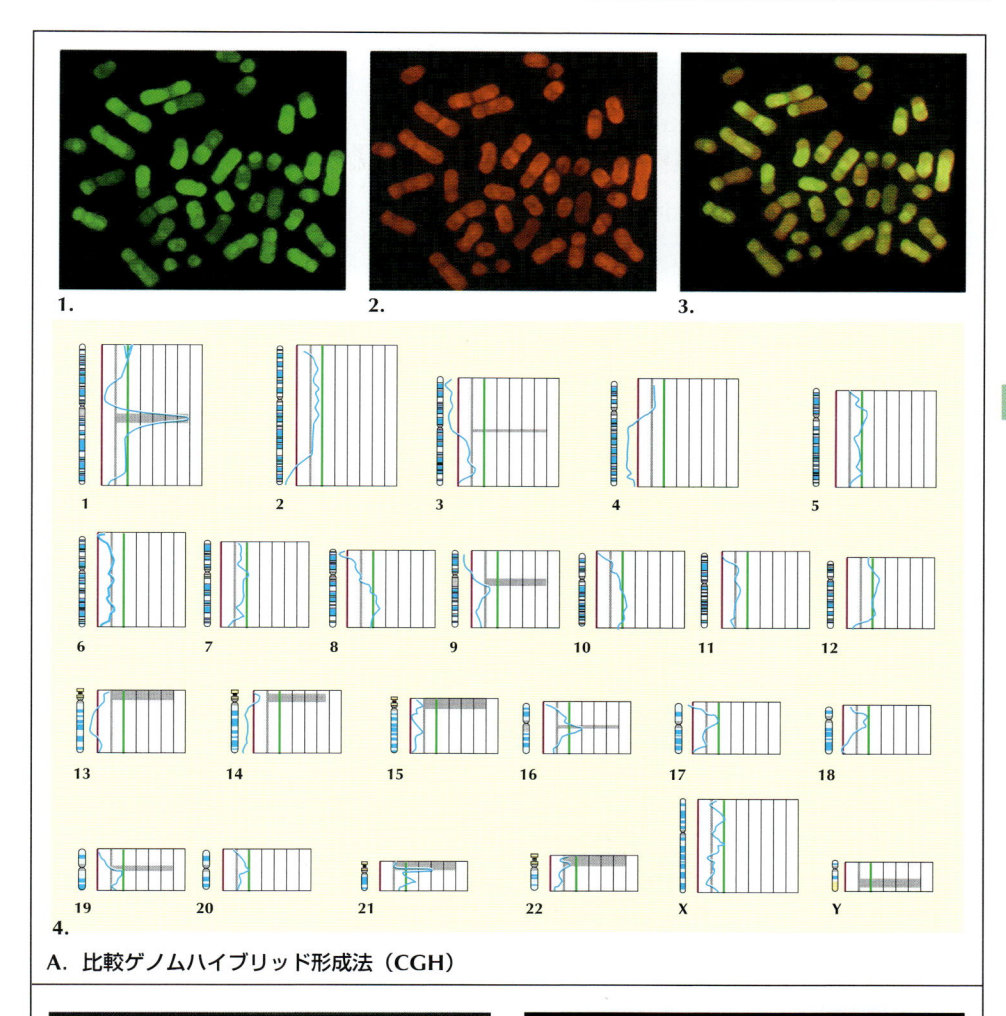

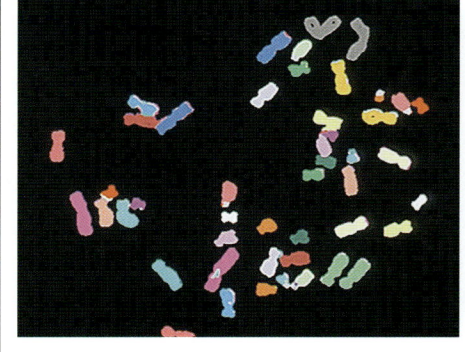

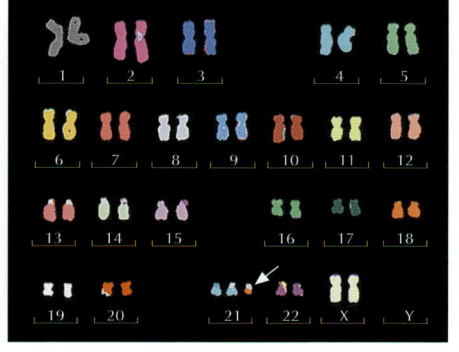

A. 比較ゲノムハイブリッド形成法 (CGH)

B. M-FISH による過剰染色体領域の同定

リボソームとタンパクの組み立て

リボソームは巨大な RNA-タンパク複合体であり，タンパク合成の際に mRNA と tRNA の相互作用を協調させる．ある瞬間に細胞で作られた全タンパクの総体を**プロテオーム** proteome と呼ぶ．真核生物に必要とされるタンパクの総数はおよそ9万種類と考えられている．リボソームは各リボソーム遺伝子から作られる．

A. リボソームの構造と構成

リボソームは大小のサブユニットからなる．細菌のリボソームは3種類のリボソーム RNA（rRNA）分子と83のタンパクからできている．大腸菌のリボソームの沈降係数は70Sである．沈降係数とは低密度溶媒中に浮遊した分子を超遠心した際の沈降速度の指標であり，スベドベリ（Svedberg）単位（S）で表される．S値は加算的な値ではない．一方，ダルトン（Da）とは原子質量または分子質量の単位である．細菌は約2万のリボソームを細胞内にもち，これは総質量の約25％に相当する．

原核生物の70Sリボソームは50Sと30Sのサブユニットに分かれる．50Sサブユニットは小さなrRNA（5S）と大きなrRNA（23S）で構成されており，それぞれ120ならびに約2,900のリボヌクレオチドからなる．加えて33〜35のタンパクが存在する．30Sサブユニットは大きな16SのrRNAと21のタンパクからなる．30Sサブユニットは遺伝情報が解読される部位であり，校正機構もそなわっている．50Sサブユニットはペプチジルトランスフェラーゼ活性をもつ．70Sリボソームの総分子質量は250万ダルトン（2.5 MDa）である．細菌の50Sならびに30Sリボソームサブユニットの構造は5Åの解像度で解析されている．

真核生物のリボソームは原核生物のものよりずっと大きく（80S，4.2 MDa），60Sと40Sのサブユニットからなる．60Sサブユニットは5S，5.8S，28SのrRNA（それぞれ120，160，4,800ヌクレオチド）に加え，50のタンパクからなる．40Sサブユニットは18SのrRNA（1,900ヌクレオチド）と33のタンパクからなる．

B. 遺伝子からタンパクへ

核は内在性タンパクの製造を指揮する（タンパク合成）．核内のRNAは核RNA結合タンパクと結合して安定化される．成熟したRNAは核から細胞質に放出され，そこでリボソームと結合する．

C. 核小体とリボソーム

核小体は核において形態学的にも機能的にも特殊な領域であり，ここでリボソームが合成される．ヒトでは rRNA 遺伝子（一倍体ゲノム中に200コピー存在）は RNA ポリメラーゼ I によって転写され，45S rRNA 分子ができる．45S rRNA 前駆体は細胞質から運び込まれたリボソームタンパクと速やかに組み立てられる．この複合体が核から細胞質へ転送される前に rRNA は分割され，4つの rRNA サブユニットのうちの3つを形成する．これらは別に合成された5Sサブユニットと一緒に細胞質内へ放出され，そこで機能的なリボソームを形成する．

重要な機能をもつ2つのタイプの低分子 RNA がある．核内低分子 RNA（small nuclear RNA，snRNA）は，核内低分子リボ核タンパク（small nuclear ribonucleoprotein，snRNP）と特異的に結合する RNA ファミリーであり，RNA の転写後修飾に重要な役割を果たす．snRNA は RNA スプライシングの際に未熟な mRNA と塩基対形成する．もう1つの重要なタイプである核小体低分子 RNA（small nucleolar RNA，snoRNA）は，前駆 rRNA（pre-rRNA）プロセシングやリボソームの組み立てを助ける．（図は Alberts ら，2002に基づく）

医学との関連

毒として自然界で産生されるさまざまな化学物質や人工合成産物が，その転写・翻訳阻害作用から癌の治療に使われている（巻末の付表6参照）．

参考文献

Agalarov SC et al: Structure of the S15, S6, S18-rRNA complex: assembly of the 30S ribosome central domain. Science 288: 107–112, 2000.
Alberts B et al: Molecular Biology of the Cell, 4th ed. Garland Publishing, New York, 2002.
Garrett R: Mechanics of the ribosome. Nature 400: 811–812, 1999.
Lodish H et al: Molecular Cell Biology, 5th ed. WH Freeman, New York, 2004.
Stryer L: Biochemistry, 4th ed. WH Freeman, New York, 1995.
Wimberly BT et al: Structure of the 30S ribosomal subunit. Nature 407: 327–339, 2000.

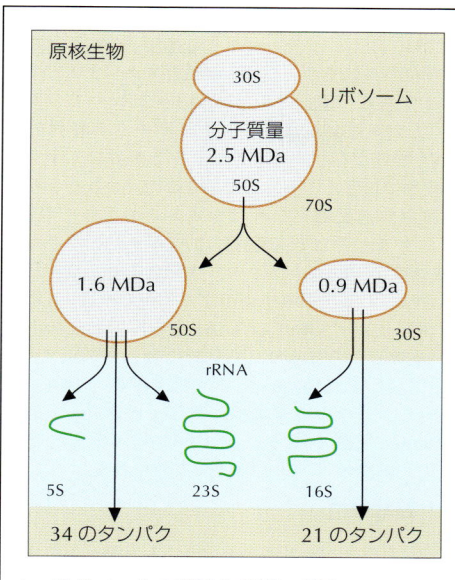

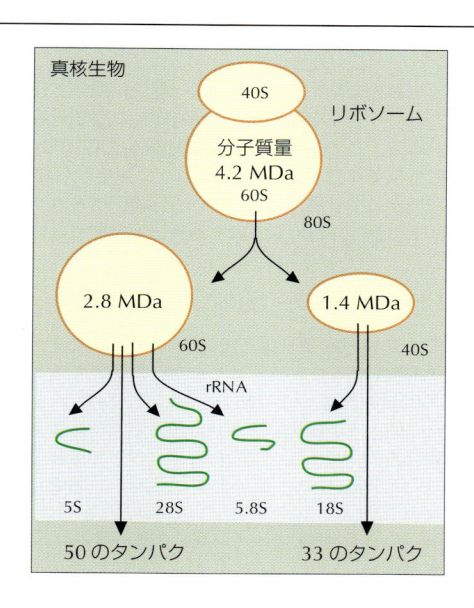

リボソームとタンパクの組み立て

A. リボソームの構造と構成の概略

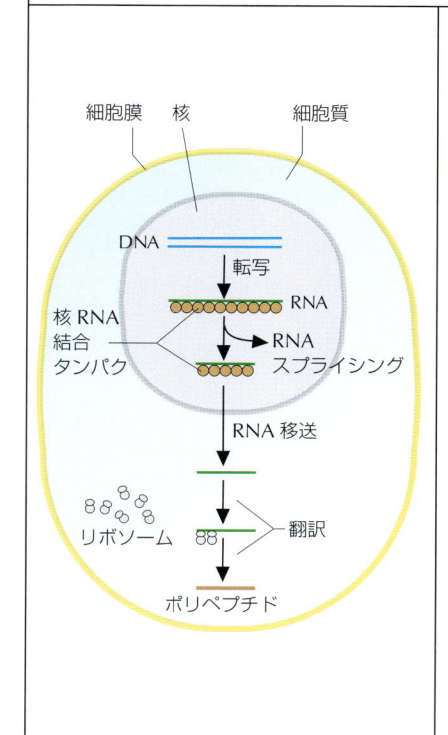

原核生物 リボソーム
- 30S + 50S → 70S、分子質量 2.5 MDa
- 50S: 1.6 MDa → rRNA 5S, 23S、34のタンパク
- 30S: 0.9 MDa → rRNA 16S、21のタンパク

真核生物 リボソーム
- 40S + 60S → 80S、分子質量 4.2 MDa
- 60S: 2.8 MDa → rRNA 5S, 28S, 5.8S、50のタンパク
- 40S: 1.4 MDa → rRNA 18S、33のタンパク

B. 遺伝子からタンパクへ

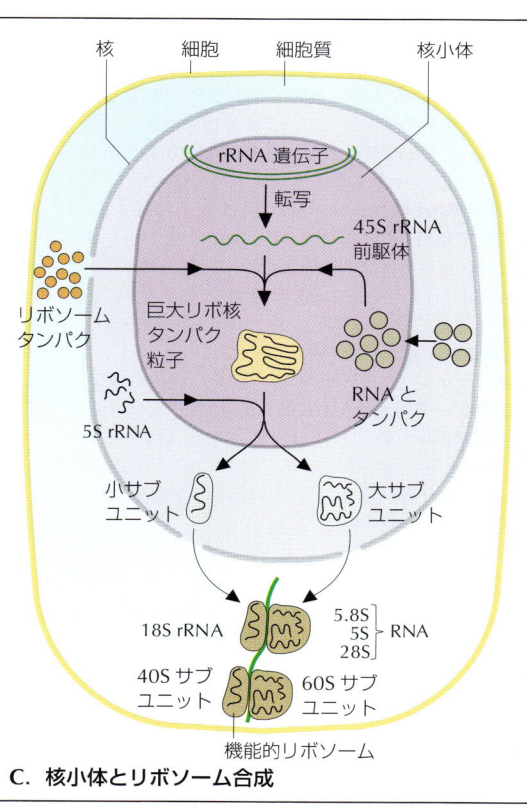

細胞膜、核、細胞質
DNA → 転写 → RNA（核RNA結合タンパク）→ RNAスプライシング → RNA移送 → リボソーム → 翻訳 → ポリペプチド

C. 核小体とリボソーム合成

核、細胞、細胞質、核小体
rRNA遺伝子 → 転写 → 45S rRNA前駆体
リボソームタンパク、RNAとタンパク → 巨大リボ核タンパク粒子
5S rRNA
小サブユニット、大サブユニット
18S rRNA / 5.8S, 5S, 28S RNA
40S サブユニット + 60S サブユニット → 機能的リボソーム

転写

転写の際にDNA二重らせんは一時的に開いてほどけ、2本の鎖のうちの鋳型鎖がRNAの直接合成に使われる。この過程はある特定の部位で開始し、特定の部位で終結する。RNAはその5′末端から3′末端に向かって合成される。RNA合成はRNAポリメラーゼによって行われ、転写過程は4段階に分けられる。

A. RNAポリメラーゼIIによる転写

転写の最初の段階では、RNAポリメラーゼIIが特定のDNA配列をもつプロモーターに結合することで鋳型鎖を認識する（図1）。次いでDNA二重らせんが開き、開始複合体が鋳型鎖と相補的な塩基対を作れるようにする。開始複合体において最初のRNA分子が合成されて転写が開始される（図2）。最初の9個のヌクレオチドをつないでいる間は、RNAポリメラーゼはプロモーターにとどまっている。転写開始にはアクチベーター（転写活性化因子）や転写因子と総称される別のタンパク群が必要である。RNAポリメラーゼがDNA分子に沿って移動することで転写伸長（図3）の過程が始まり、次第にRNA鎖が伸長されていく。ポリメラーゼの移動に伴い、DNA二重らせんが開かれる。特殊な酵素であるDNAヘリカーゼがこの過程を助ける。転写されたDNAはポリメラーゼが通り過ぎると閉じて再び二重らせんを形成する。転写が終結すると（図4）、RNAポリメラーゼはDNAから解離する。この時点で不安定な一次転写産物の合成が完了する。一次転写産物は不安定なため、原核生物では直ちに翻訳され、真核生物では修飾を受ける（RNAプロセシング、60頁参照）。すべての過程はさまざまな酵素の複雑な相互作用によって行われる（ここでは示していない）。転写は迅速で、細菌のRNAポリメラーゼの場合、1秒間に約40ヌクレオチドの速度で進み、翻訳もほぼ同等の速度（15アミノ酸/秒）で進行する。しかし、複製の速度（800ヌクレオチド/秒）よりは遅い（Lewin, 2004, p.243参照）。

B. ポリメラーゼ結合部位

ポリメラーゼ結合部位は転写の開始点を決定する。転写終結部位でDNA鎖は再び閉じて二重らせんに戻る。細菌のRNAポリメラーゼは約60ヌクレオチドの特異的なDNA領域に結合する。

C. 転写のプロモーター

プロモーターとは、転写が始まるRNAポリメラーゼ結合部位を指定するDNA配列のことであり、配列相同性をもついくつかの領域からなる。真核生物では、タンパクをコードする遺伝子の転写は複数の部位から始まり、しばしば数百ヌクレオチド上流にまで遡る。遺伝子の25〜35ヌクレオチド上流（5′方向）には約4〜8ヌクレオチドの特異的なDNA配列が存在する。このような配列は、すべての生物でほとんど共通しているので、コンセンサス配列（共通配列）と呼ばれる。その1つにTATAボックスと呼ばれる配列［TATA（またはT）AA（またはT）TA/G］があり、進化の過程で高度に保存されている。原核生物のプロモーターは、6塩基のコンセンサス配列TATAATを転写開始点の上流10 bpのところにもつ［発見者の名からプリブナウボックス（Pribnow box）とも呼ばれる］。保存されているもう1つの領域は、遺伝子の35 bp上流のTTGACA配列である。これらの配列はそれぞれ−10ボックス、−35ボックスと呼ばれる。

D. 転写単位

転写単位とは転写開始部位から転写終結部位までのDNA領域をいう。

E. 転写開始部位の同定

転写開始部位はS1ヌクレアーゼプロテクション法を使って同定できる。S1ヌクレアーゼは真菌の一種ニホンコウジカビ（*Aspergillus oryzae*）が生産する酵素で、1本鎖のDNAやRNAを切断できるが、2本鎖の核酸は切断できない。DNA断片を変性させて1本鎖にし、解析対象の遺伝子を含む細胞由来の全RNAと混合してハイブリッド形成させ、解析対象の遺伝子を含むRNAとの間でDNA-RNAヘテロ2本鎖を形成させる。これをS1ヌクレアーゼで処理すると、1本鎖DNAはすべて除かれ、目的とするDNA領域を同定することができる。

参考文献

Alberts B et al: Molecular Biology of the Cell, 4th ed. Garland Publishing, New York, 2002.

Lewin B: Genes VIII. Pearson Education International, 2004.

Lodish H et al: Molecular Cell Biology, 5th ed. WH Freeman & Co, New York, 2004.

Strachan T, Read AP: Human Molecular Genetics, 3rd ed. Garland Science, London-New York, 2004.

Rosenthal N: Regulation of gene expression. N Eng J Med 331: 931–933, 1994.

転写　213

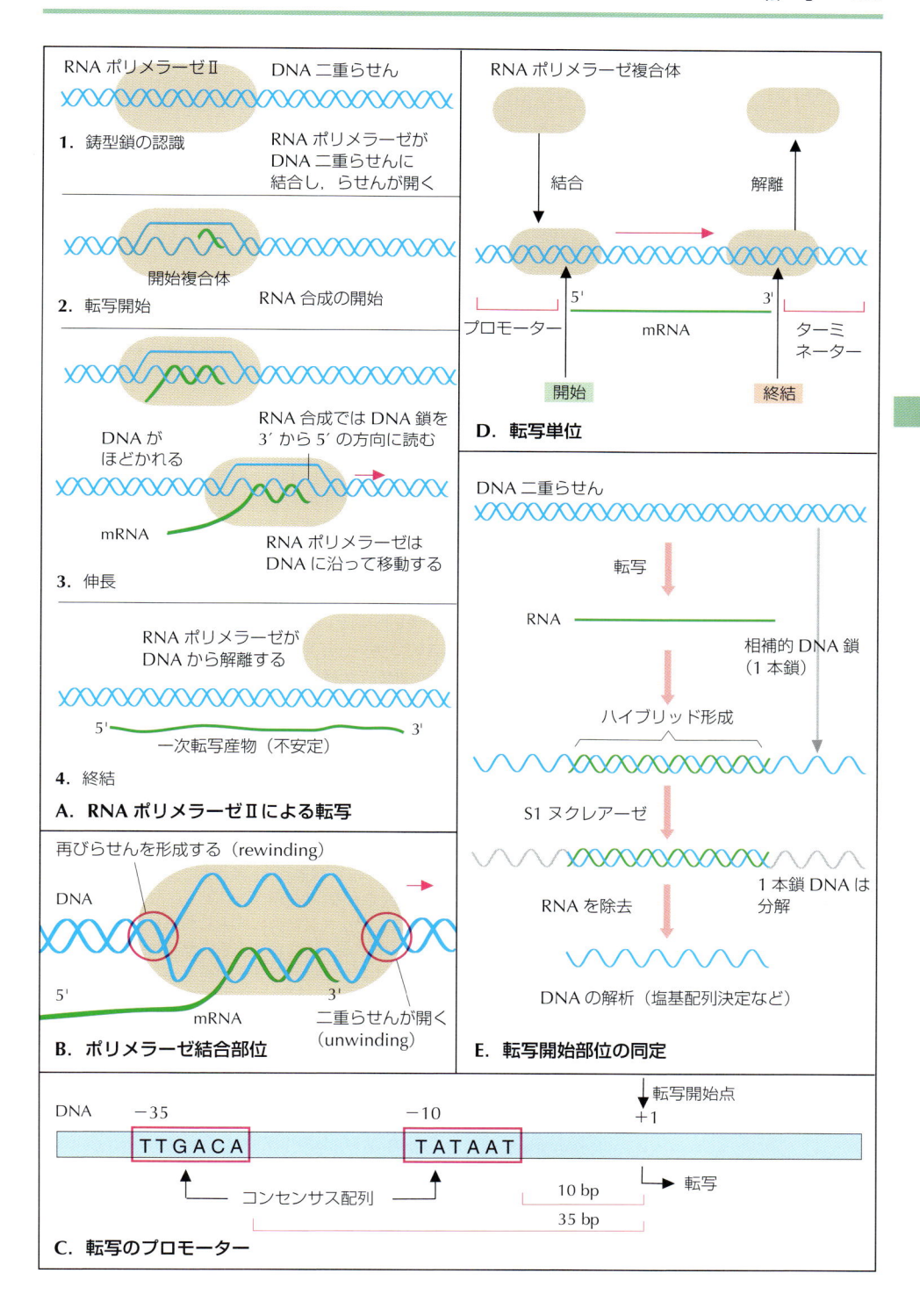

A. RNAポリメラーゼIIによる転写

1. 鋳型鎖の認識
   RNAポリメラーゼがDNA二重らせんに結合し，らせんが開く

2. 転写開始
   開始複合体
   RNA合成の開始

3. 伸長
   DNAがほどかれる
   RNA合成ではDNA鎖を3′から5′の方向に読む
   mRNA
   RNAポリメラーゼはDNAに沿って移動する

4. 終結
   RNAポリメラーゼがDNAから解離する
   一次転写産物（不安定）

B. ポリメラーゼ結合部位

再びらせんを形成する（rewinding）
DNA
mRNA
二重らせんが開く（unwinding）

C. 転写のプロモーター

DNA　−35　−10　転写開始点 +1
TTGACA　TATAAT
コンセンサス配列
10 bp
35 bp
転写

D. 転写単位

RNAポリメラーゼ複合体
結合　解離
プロモーター　mRNA　ターミネーター
開始　終結

E. 転写開始部位の同定

DNA二重らせん
↓ 転写
RNA
相補的DNA鎖（1本鎖）
↓ ハイブリッド形成
↓ S1ヌクレアーゼ
1本鎖DNAは分解
↓ RNAを除去
DNAの解析（塩基配列決定など）

原核生物のリプレッサーとアクチベーター：*lac* オペロン

細菌は環境の変化に迅速に応答する。細菌では2つの基本的な様式により遺伝子活性が制御されている。1つは負の調節で、リプレッサー（転写抑制因子）がRNAポリメラーゼを阻害し、遺伝子発現を妨げる。他方、正の調節ではアクチベーター（転写活性化因子）がリプレッサーと結合し、転写を誘導する。抑制と活性化の切り替えはスイッチのオン/オフと同じである。2つの要素からなる調節機構が、遺伝子スイッチとして多くの細菌の反応を制御している。同一の代謝経路で働くタンパクをコードする細菌遺伝子は、通常並んで位置しており、オペロンと呼ばれる1つの単位として制御されている (Jacob & Monod, 1961)。

A. 環境の変化に対する細菌の典型的な応答

ラクトースのない環境で成長する大腸菌は、ラクトースの分解に必要な酵素を生産しない。ラクトースが培地に加えられると、ラクトースをガラクトースとグルコースに切断する酵素が10分以内に合成される（図1）。この効果は酵素誘導と呼ばれる。ラクトースのない状態では、酵素の合成は遺伝子調節タンパクであるラクトース (*lac*) リプレッサーによって阻止されている（図2）。*lac* リプレッサーは2つの機能をもつ38 kDaの同一サブユニット4つからなる小さな四量体分子で、リプレッサーとして最初に単離された (Gilbert & Müller-Hill, 1966)。4つのサブユニットのうち2つはオペレーターへの結合部位をもち、他の2つはインデューサー（誘導因子）としての機能をもつ。N末端の2つのαヘリックスがDNAの主溝に適合する。

B. 大腸菌のラクトースオペロン

ラクトースの分解に必要な3つの酵素 β-ガラクトシダーゼ、β-ガラクトシドパーミアーゼ（透過酵素）、β-ガラクトシドアセチルトランスフェラーゼ（アセチル基転移酵素）をコードする遺伝子の転写活性の変化は、上記の応答によって起こる。これら3つの遺伝子 *lacZ*, *lacY*, *lacA* はラクトース (*lac*) オペロンを構成し、その転写活性はプロモーター (P) とオペレーター (O) からなる調節領域により連動して制御されている。*lac* 遺伝子は負の調節によって制御されており、通常、*lac* リプレッサーによってオフになっていない場合は転写されている。*lac* リプレッサーは調節遺伝子 *laci* 遺伝子の産物である。（*lac* リプレッサーの図は Koolman & Röhm, 2005 より）

C. *lac* オペロンの調節

ラクトースのない状態では、*lac* リプレッサーは *lac* プロモーター・オペレーターに結合している（図1）。これにより RNA ポリメラーゼの転写開始が妨げられ、転写が阻害される。インデューサーはリプレッサーに結合する β-ガラクトシドである。これにより RNA ポリメラーゼがプロモーターに結合できるようになり、3つの遺伝子が転写される（図2）。*lac* mRNA は非常に不安定で3分以内に分解されるため、この過程は速やかに元の状態に戻りうる。

D. *lac* リプレッサーの遺伝子制御塩基配列

lac リプレッサーは *lac* オペロンのプロモーター・オペレーター領域の21ヌクレオチドからなる特異的な塩基配列を認識する。各々の結合は水素結合、イオン結合、疎水性相互作用を介した弱いものであるが、21のヌクレオチドへの結合を総合すると特異的で強い結合となる。このような DNA-タンパク相互作用は、生物学の領域で知られている最も特異的で強い分子間相互作用の1つである (Alberts ら, 2002, p.383 参照)。

lac リプレッサーの認識配列は、両端（肌色のボックスで示してある）に付加的なヌクレオチドがあり、2回対称軸をもっている。これらはリプレッサーのサブユニットに一致する。制限酵素によるパリンドローム切断部位でみられるように（68頁参照）、DNAとタンパクの相互作用においてはこのタイプの対称適合がしばしば認められる。

誘導された状態と抑制された状態の違いは約1,000倍である。*lac* オペレーター/リプレッサーシステムをマウスゲノムに導入してチロシナーゼ遺伝子につなぐと、はるかに大きいマウスゲノム内でさえもリプレッサーは認識配列を見つけ、チロシナーゼが誘導される (Lewin, 2004, p.296)。（図は Stryer, 1995 より）

参考文献

Alberts B et al: Molecular Biology of the Cell, 4th ed. Garland Science, New York, 2002.

Gilbert W, Müller-Hill B: Isolation of the *lac* repressor. Proc Nat Acad Sci 56: 1891–1998, 1966.

Jacob F, Monod J: Genetic regulatory mechanisms in the synthesis of proteins. J Mol Biol 3: 318–356, 1961.

Koolman J, Röhm KH: Color Atlas of Biochemistry, 2nd ed. Thieme, Stuttgart New York, 2005

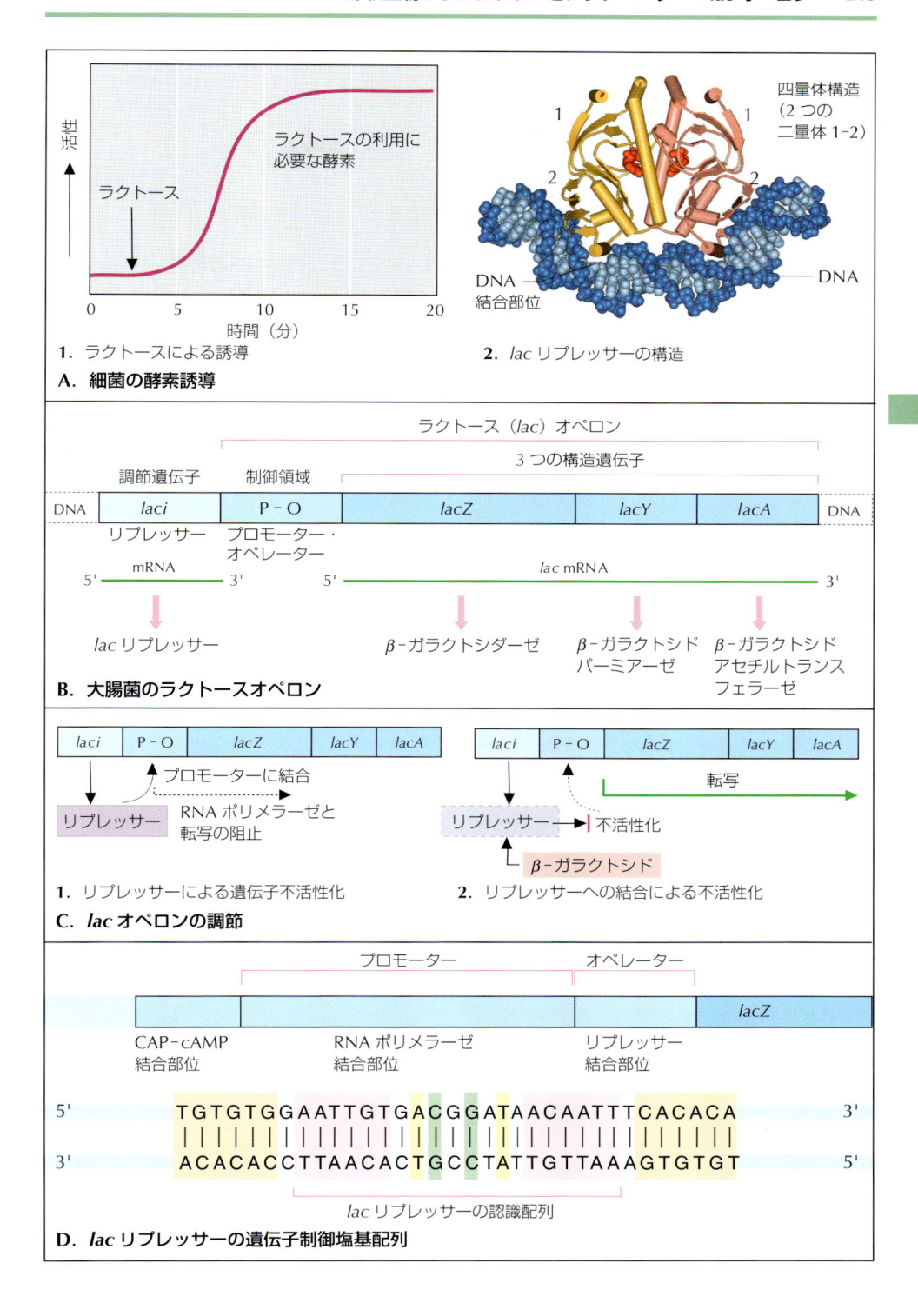

原核生物のリプレッサーとアクチベーター：lac オペロン

A. 細菌の酵素誘導

1. ラクトースによる誘導

2. lac リプレッサーの構造

四量体構造（2 つの二量体 1-2）

DNA 結合部位

B. 大腸菌のラクトースオペロン

調節遺伝子 / 制御領域 / ラクトース（lac）オペロン / 3 つの構造遺伝子

laci ／ P-O ／ lacZ ／ lacY ／ lacA

リプレッサー ／ プロモーター・オペレーター

lac リプレッサー ／ β-ガラクトシダーゼ ／ β-ガラクトシドパーミアーゼ ／ β-ガラクトシドアセチルトランスフェラーゼ

C. lac オペロンの調節

1. リプレッサーによる遺伝子不活性化 — プロモーターに結合、RNA ポリメラーゼと転写の阻止

2. リプレッサーへの結合による不活性化 — 転写、不活性化、β-ガラクトシド

D. lac リプレッサーの遺伝子制御塩基配列

プロモーター ／ オペレーター

CAP-cAMP 結合部位 ／ RNA ポリメラーゼ結合部位 ／ リプレッサー結合部位

```
5' TGTGTGGAATTGTGACGGATAACAATTTCACACA 3'
   ||||||||||||||||||||||||||||||||||
3' ACACACCTTAACACTGCCTATTGTTAAAGTGTGT 5'
```

lac リプレッサーの認識配列

RNA の構造変化による遺伝子制御

細菌は転写を中途で終結することによって遺伝子発現を抑制することができる。その好例として，大腸菌のトリプトファン（*trp*）オペロンにおける，mRNA レベルでの転写終結機構が挙げられる。トリプトファンのない状態では，トリプトファン合成に必要な遺伝子の mRNA の転写は正常に行われる。しかし，トリプトファンが存在すると，mRNA の相補的な配列どうしが対形成してヘアピン様構造を作り，転写は中途で終結する（アテニュエーション，転写減衰）。

A. 大腸菌におけるトリプトファン合成の調節

栄養培地にトリプトファンが存在しなければ，細菌はそれを合成することができる。トリプトファンを添加すると，その生合成に必要な酵素の活性は約10分以内に減少する（図1）。トリプトファンは代謝経路においてコリスミ酸やアントラニル酸から合成される（図2）。

B. トリプトファンの生合成

トリプトファンの生合成経路には4つの中間代謝物が含まれる。コリスミ酸は芳香族アミノ酸であるトリプトファン，フェニルアラニン，チロシンの共通の前駆体である。トリプトファン合成は3つの酵素，アントラニル酸シンテーゼ，インドール-3-グリセロールリン酸シンテーゼ，トリプトファンシンテーゼによって行われる。1964年，Yanofsky らは遺伝子とそのタンパク産物の共直線性（互いに1：1で対応すること）を示した（56頁参照）。

C. 大腸菌の *trp* オペロン

大腸菌の *trp* オペロンは5つの構造遺伝子，*trpE*, *trpD*, *trpC*, *trpB*, *trpA* からなる。これらは代謝経路で必要とされる順に並んでいる。*trp* オペロンには調節配列（プロモーターとオペレーター），リーダー配列（L），アテニュエーター配列も含まれている。mRNA の 5′ 末端から開始コドンまでがリーダー配列で，アテニュエーター配列はその一部である。

D. アテニュエーターの役割

trp オペロンのアテニュエーションは，転写開始点から約 100〜140 ヌクレオチド 3′ 方向の配列（*trp* リーダー mRNA）によって制御されている。トリプトファンが存在する場合，*trp* リーダー mRNA はアテニュエーター配列で中断され（図1），転写は起こらない。トリプトファンが欠損していると，転写の開始が遅れ，終止コドンである UGA は読まれず（アテニュエーション），転写は続く（図2）。

E. アテニュエーションの機構

アテニュエーションの機構の鍵となるのは，*trp* リーダーペプチドに含まれる2つのトリプトファン残基である。トリプトファンが存在する場合（図1），リボソームは完全なリーダーペプチドを合成することができる。リボソームは鋳型 DNA を転写しつつある RNA ポリメラーゼ（図には示していない）のすぐ後ろを追随している。領域1を通り過ぎたリボソームは，相補的な領域2と領域3が互いに対形成してヘアピン様構造を作るのを防ぐ。その代わり相補的な領域3と領域4が対となってステム（幹）とループを形成し，転写を終結させる。一方，トリプトファンが欠損している場合は（図2），トリプトファン tRNA が欠如しているため，リボソームは2つの Trp コドン UGG の位置で停止する。これにより mRNA の構造が変化して領域2と領域3が対形成し，領域4は1本鎖のままとなるので転写は続く。アテニュエーションは転写と翻訳の緊密な関係を示す1つの例である。このように，*trp* リーダー mRNA は2通りの塩基対構造で存在できる。1つは転写を許し，もう一方は許さない構造である。（図は Stryer, 1995 より）

参考文献

Alberts B et al: Molecular Biology of the Cell, 4th ed. Garland Publishing Co, New York, 2002.
Bertrand K et al: New features of the regulation of the tryptophan operon. Science 189: 22–26, 1975.
Lewin B: Genes VIII. Pearson International, 2004.
Lodish H et al: Molecular Cell Biology, 5th ed. WH Freeman & Co, New York, 2004.
Stryer L: Biochemistry, 4th ed. WH Freeman & Co, New York, 1995.
Yanofsky C: Attenuation in the control of expression of bacterial operons. Nature 289: 751–758, 1981.
Yanofsky C, Konan KV, Sarsero JP: Some novel transcription attenuation mechanisms used by bacteria. Biochemie 78: 1017–1024, 1996.

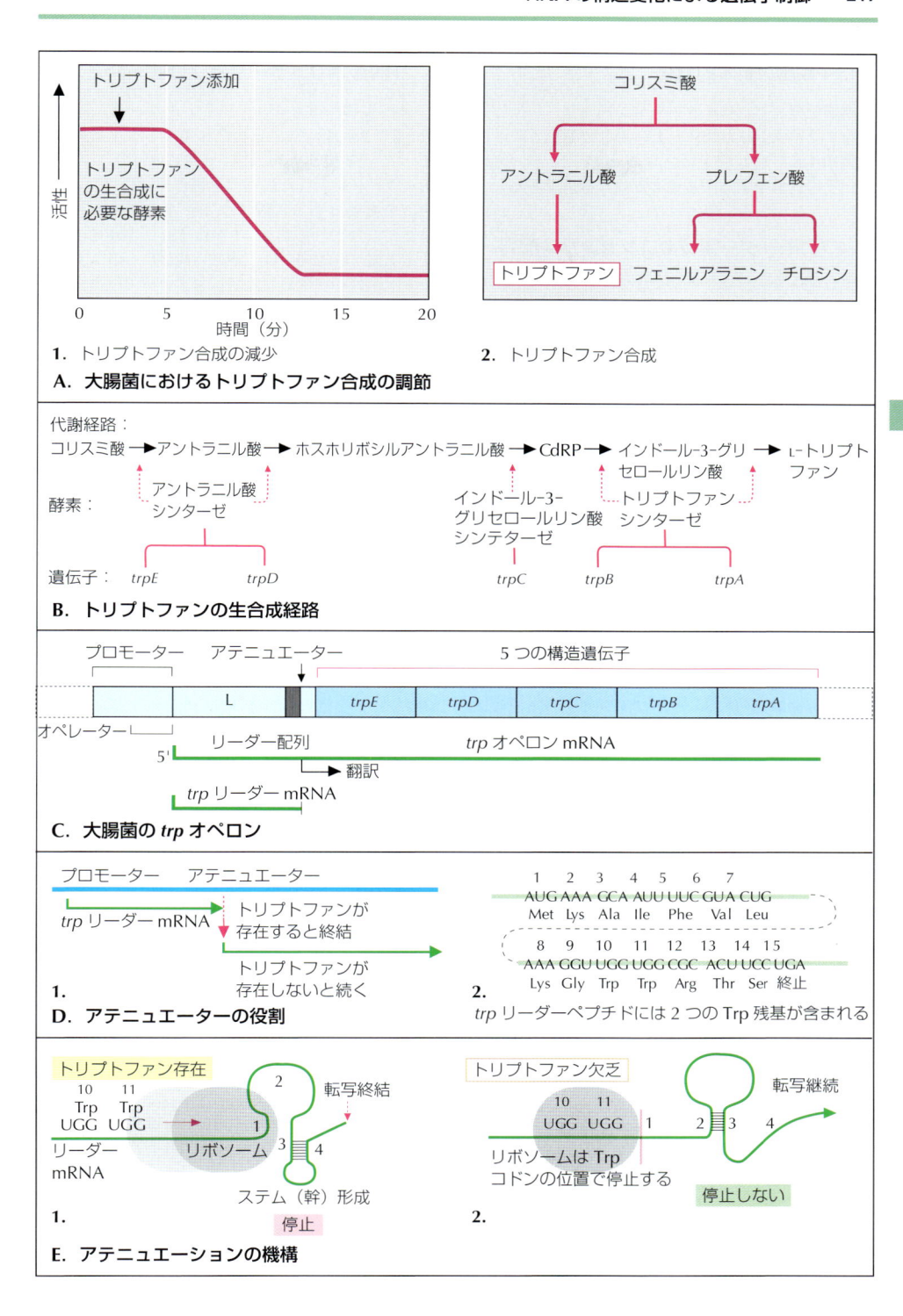

RNA の構造変化による遺伝子制御

A. 大腸菌におけるトリプトファン合成の調節

1. トリプトファン合成の減少
2. トリプトファン合成

B. トリプトファンの生合成経路

代謝経路：コリスミ酸 → アントラニル酸 → ホスホリボシルアントラニル酸 → CdRP → インドール-3-グリセロールリン酸 → L-トリプトファン

酵素：アントラニル酸シンターゼ、インドール-3-グリセロールリン酸シンテターゼ、トリプトファンシンターゼ

遺伝子：*trpE*, *trpD*, *trpC*, *trpB*, *trpA*

C. 大腸菌の *trp* オペロン

プロモーター、オペレーター、アテニュエーター、L、*trpE*、*trpD*、*trpC*、*trpB*、*trpA*、5つの構造遺伝子、リーダー配列、翻訳、*trp* オペロン mRNA、*trp* リーダー mRNA

D. アテニュエーターの役割

1. プロモーター、アテニュエーター、*trp* リーダー mRNA
   - トリプトファンが存在すると終結
   - トリプトファンが存在しないと続く

2.
1	2	3	4	5	6	7
AUG	AAA	GCA	AUU	UUC	GUA	CUG
Met	Lys	Ala	Ile	Phe	Val	Leu

8	9	10	11	12	13	14	15
AAA	GGU	UGG	UGG	CGC	ACU	UCC	UGA
Lys	Gly	Trp	Trp	Arg	Thr	Ser	終止

trp リーダーペプチドには 2 つの Trp 残基が含まれる

E. アテニュエーションの機構

1. トリプトファン存在
   - 10 Trp UGG、11 Trp UGG
   - リーダー mRNA、リボソーム、ステム（幹）形成、転写終結、停止

2. トリプトファン欠乏
   - 10 UGG、11 UGG
   - リボソームは Trp コドンの位置で停止する、転写継続、停止しない

遺伝子制御の基本的機構

調節配列（プロモーターとエンハンサー）は特異的なタンパク（転写因子）と結合して遺伝子の活性を調節する。転写因子のプロモーターへの結合は、遺伝子の活性を調節する最も重要な機構である。

A. プロモーター領域のコンセンサス配列

プロモーターは突然変異による変化を許容できないため、〔訳注：選択された結果〕進化的に遠い生物種の間でも一定している（つまり、配列は進化上保存されている）。原核生物では2つの重要な調節配列が転写開始点の10ヌクレオチドならびに35ヌクレオチド上流（5′方向）に存在する（Pribnow, 1975）。−10ボックス（プリブナウボックス）は5′-TATAAT-3′であり、−35ボックスは5′-TATTGACA-3′である（図1）。遺伝子上流の突然変異は、それが存在する場所によって結果が異なる（図2）。（図はRosenberg & Court, 1979に基づくWatson et al., Molecular Biology of the Gene, 4th edition, 1987より）

B. 基本転写因子の組み立て

真核生物ではプロモーター領域のTATAボックスは転写開始点の約25〜35ヌクレオチド上流に位置している（図1）。いくつかのプロモーター近位因子（転写因子）が遺伝子活性の調節を助ける。基本転写因子は一定の順序で会合してくる。最初にTFⅡD（ポリメラーゼⅡのための転写因子Dという意味）がTATAボックスに結合する（図2）。TFⅡDを構成する多くのサブユニットの1つに30 kDaの小さなTATA結合タンパク（TBP）があり、これがTATAボックスを認識する（TBPの結合によってDNAに生じたゆがみは図には示していない）。次にTFⅡBが複合体に結合する（図3）。引き続き別の転写因子（TFⅡH、次いでTFⅡE）と、TFⅡFに導かれたPolⅡが複合体に加わり、PolⅡが確実にプロモーターに接触する（図4）。PolⅡがTFⅡHによってリン酸化されて活性化されると転写が始まる（図5）。TFⅡHには、この他にもヘリカーゼ活性、ATPアーゼ活性がある。PolⅡがリン酸化を受ける部位はポリペプチド尾部で、哺乳類の場合、アミノ酸配列YSPTSPSが52回反復している部位のセリン（S）とトレオニン（T）側鎖がリン酸化される。（図はAlbertsら, 2002；Lewin, 2004より簡略化したもの）

C. RNAポリメラーゼとプロモーター

真核生物の3つのRNAポリメラーゼ（PolⅠ, PolⅡ, PolⅢ）は、それぞれ異なるタイプのプロモーターを使う。PolⅡは上流にある1つのプロモーターに結合した転写因子複合体（TFⅡD；B参照）を必要とする（図1）。PolⅠのプロモーターは2つに分かれており、1つは170〜180ヌクレオチド上流（5′方向）に、他方は約20〜45ヌクレオチド上流に存在する。後者はコアプロモーターと呼ばれる（図2）。PolⅠは2つの補助因子としてUPE1（upstream promoter element 1）とSL1を必要とする。PolⅢは上流プロモーター、または転写開始部位の下流にある2つの遺伝子内プロモーターを使う（図3）。遺伝子内プロモーターに必要な3つの転写因子は、TFⅢA（ジンクフィンガータンパク, 222頁参照）、TFⅢB（TBPと他の2つのタンパクからなる）、TFⅢC（500 kDa以上の大きなタンパク, 詳細はLewin, 2004, p.601以下を参照）である。

PolⅠは核小体に存在しリボソームRNAを合成する。活性全体に占める割合は約50〜70%である。PolⅡとPolⅢは核質（核内の核小体を除いた部分）に存在する。PolⅡは細胞内活性の約20〜40%を占める。mRNAの前駆体であるヘテロ核内RNA（hnRNA）を合成する役割を担っている。PolⅢはtRNAとその他の低分子RNAの合成を担っているが、活性全体の約10%を占めるに過ぎない。真核生物のRNAポリメラーゼはいずれも大きく（500 kDa以上）、8〜14個のサブユニットから構成され、原核生物にみられる1種類しかないRNAポリメラーゼに比べ複雑である。

参考文献

Alberts B et al: Molecular Biology of the Cell, 4th ed. Garland Publishing Co, New York, 2002.
Lewin B: Genes VIII. Pearson International, 2004.
Lodish H et al: Molecular Cell Biology, 5th ed. WH Freeman, New York, 2004.
Pribnow D: Nucleotide sequence of an RNA polymerase binding site at an early T7 promoter. Proc Nat Acad Sci 72: 784–789, 1975.
Rosenberg M, Court D: Regulatory sequences involved in the promotion and termination of RNA transcription. Ann Rev Genet 13: 319–353, 1979.

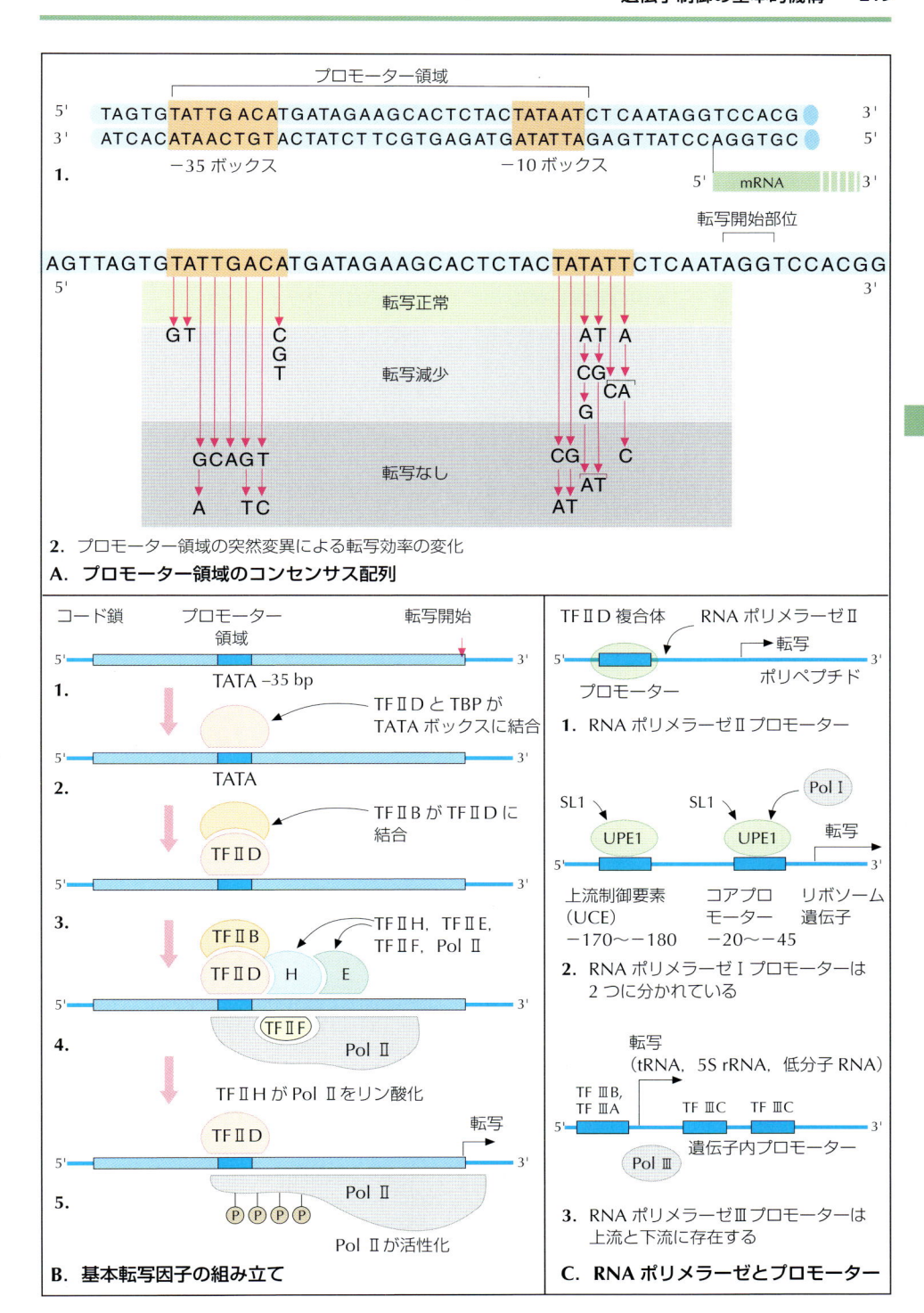

A. プロモーター領域のコンセンサス配列

1. プロモーター領域

   5' TAGTG **TATTG ACA** TGATAGAAGCACTCTAC **TATAAT** CT CAATAGGTCCACG 3'
   3' ATCAC **ATAACTGT** ACTATCTTCGTGAGATG **ATATTA** GAGTTATCCAGGTGC 5'

   −35 ボックス　　　　　　　　　　　−10 ボックス

   転写開始部位　　mRNA

2. プロモーター領域の突然変異による転写効率の変化

B. 基本転写因子の組み立て

1. コード鎖　プロモーター領域　転写開始　TATA −35 bp
2. TFⅡDとTBPがTATAボックスに結合
3. TFⅡBがTFⅡDに結合
4. TFⅡH, TFⅡE, TFⅡF, Pol Ⅱ
5. TFⅡHがPol Ⅱをリン酸化 → Pol Ⅱが活性化

C. RNAポリメラーゼとプロモーター

1. RNAポリメラーゼⅡプロモーター
   TFⅡD複合体　RNAポリメラーゼⅡ　転写　ポリペプチド　プロモーター

2. RNAポリメラーゼⅠプロモーターは2つに分かれている
   SL1　SL1　Pol Ⅰ　UPE1　UPE1　転写
   上流制御要素（UCE）−170〜−180　コアプロモーター −20〜−45　リボソーム遺伝子

3. RNAポリメラーゼⅢプロモーターは上流と下流に存在する
   転写（tRNA, 5S rRNA, 低分子RNA）
   TFⅢB, TFⅢA　TFⅢC　TFⅢC　遺伝子内プロモーター　Pol Ⅲ

真核生物における遺伝子発現の制御

遺伝子発現 gene expression とは，活性な遺伝子の遺伝情報が解読される全過程を意味する。細胞や生物の一生を通して常に活性のある（発現している）遺伝子は**構成的発現** constitutive expression を示すという。一方，特定の細胞により，もしくは特定の時期に，ある環境下でのみ転写される遺伝子は**条件的発現** conditional expression を示すという。

A. 真核生物での遺伝子発現の制御レベル

遺伝子発現はおおまかに4つのレベルで制御されている。まず最初に行われ，かつ最も重要なものは転写開始の制御である。次のレベルは転写産物のRNAプロセシングによる成熟mRNAの生成の過程に対するもので，一次転写産物のレベルで制御されている。単一の遺伝子から選択的スプライシングによって複数のmRNAが発現されうる（D参照）。遺伝子発現の制御機構として最近新たにRNA干渉（RNAi）が発見された（226頁参照）。mRNA編集により翻訳のレベルでの制御が可能である（B参照）。最後に，タンパクのレベルでは翻訳後修飾がタンパクの活性を決定する。

B. RNA編集

RNA編集とはRNAレベルで遺伝情報を修飾することである。図には脂質代謝に関与するアポリポタンパクB遺伝子（MIM 107730）を例として示す。この遺伝子は4,536アミノ酸からなる512 kDaのタンパク（アポB-100）をコードしている。これは肝臓で合成されて血中に分泌され，そこで脂質を運ぶ。アポB-48（250 kDa）は2,152アミノ酸からなる機能的に関連した短いタンパクで，腸で合成される。腸のデアミナーゼは2,152番目のコドンCAA（グルタミンをコードする）のシトシン（C）をウラシル（U）に変換する。この変化によって終止コドン（UAA）が生じ，この部位で翻訳が終結する。

C. エンハンサーによる遠方からの遺伝子活性化

エンハンサーという用語は転写の開始（212頁参照）を刺激するDNA配列を指す。エンハンサーは遺伝子と同一のDNA鎖（シス作用性）あるいは異なるDNA鎖（トランス作用性）の上流または下流に位置し，遺伝子から離れた部位から作用する。エンハンサーは塩基配列特異的DNA結合タンパクを介して作用を発揮する。エンハンサーとプロモーターの間でDNAがループを形成するというモデルが提唱されている（Blackwood & Kadonga, 1998）。ループの形成により，エンハンサーに結合したアクチベータータンパク（ステロイドホルモンなど）が，プロモーター上の基本転写因子複合体と接触することができる。最初に発見されたエンハンサーはSV40（Simian virus 40）の複製起点の近傍に存在する72 bpの縦列反復配列であった。実験的にβグロビン遺伝子（346頁参照）につないでみると，その転写をかなり高める効果がみられた（Banerji, 1981）。エンハンサーにより組織特異的あるいは時期依存的な制御が可能となっている。

D. 選択的スプライシング

選択的スプライシングは，単一の遺伝子から複数のタンパクアイソフォームを生み出すための重要な機構である。こうして生成した各タンパクはアミノ酸配列の一部がそれぞれ異なっており，その機能にも違いが生じうるのである。図にカルシトニン遺伝子（MIM 114130）の例で示すように，発現する組織ごとに機能的な違いが生じることが多い。カルシトニン遺伝子の一次転写産物は6つのエキソンからなり，スプライシングの違いによって2種類の成熟mRNAを生成する。その一方はエキソン1～4からなる（エキソン5，6は除かれる）カルシトニンmRNAで，甲状腺で発現している。もう一方はエキソン4を除いたエキソン1, 2, 3, 5, 6からなるカルシトニン遺伝子関連ペプチド（CGRP）mRNAで，視床下部で発現している。後者はカルシトニン様のタンパクをコードしている。

選択的スプライシングは機能に高い柔軟性を付与しうる機構であり，進化の過程で明らかに有利に作用してきたものと思われる（Gravely, 2001; Modrek & Lee, 2002参照）。

参考文献

Alberts B et al: Molecular Biology of the Cell, 4th ed. Garland Publishing Co, New York, 2002.

Banerji J, Rusconi S, Schaffner S: Expression of a beta-globin in gene is enhanced by remote SV40 DNA sequences. Cell 27: 299–308, 1981.

Blackwood EM, Kadonga JF: Going the distance: A current view of enhancer action. Science 281: 60–63, 1998.

Bulger M, Groudine M: Enhancers. Nature Encyclopedia Hum Genome 2: 290–293, 2003.

Gravely BR: Alternative splicing: increasing diversity in the proteomic world. Trends Genet 17: 100–107, 2001.

Lewin B: Genes VIII, Pearson International, 2004.

Lodish H et al: Molecular Cell Biology, 5th ed. WH Freeman, New York, 2004.

Modrek B, Lee C: A genomic view of alternative splicing. Nature Genet 30: 13–19, 2002.

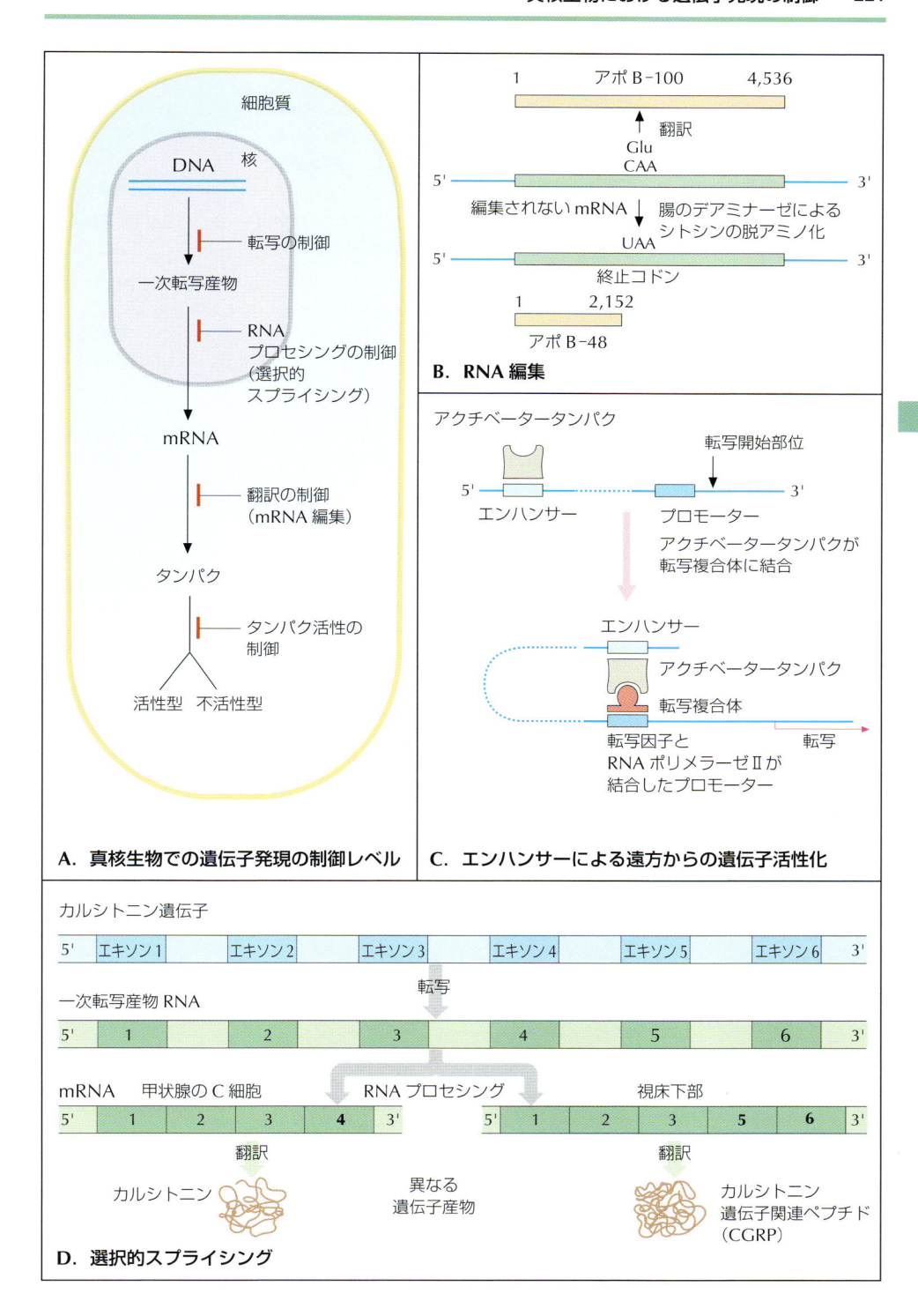

真核生物における遺伝子発現の制御

A. 真核生物での遺伝子発現の制御レベル

- 細胞質
- 核
- DNA
- 転写の制御
- 一次転写産物
- RNAプロセシングの制御（選択的スプライシング）
- mRNA
- 翻訳の制御（mRNA編集）
- タンパク
- タンパク活性の制御
- 活性型　不活性型

B. RNA編集

- アポ B-100（1〜4,536）
- 翻訳
- Glu CAA
- 編集されない mRNA
- 腸のデアミナーゼによるシトシンの脱アミノ化
- UAA 終止コドン
- アポ B-48（1〜2,152）

C. エンハンサーによる遠方からの遺伝子活性化

- アクチベータータンパク
- エンハンサー
- プロモーター
- 転写開始部位
- アクチベータータンパクが転写複合体に結合
- 転写複合体
- 転写因子とRNAポリメラーゼIIが結合したプロモーター
- 転写

D. 選択的スプライシング

カルシトニン遺伝子：エキソン1〜エキソン6

一次転写産物 RNA：1〜6

mRNA
- 甲状腺のC細胞：1, 2, 3, 4 → 翻訳 → カルシトニン
- 視床下部：1, 2, 3, 5, 6 → 翻訳 → カルシトニン遺伝子関連ペプチド（CGRP）

RNAプロセシング　異なる遺伝子産物

DNA 結合タンパクⅠ

DNA 上の調節配列は DNA 結合タンパクと特異的に相互作用して制御機能を発揮する。遺伝子調節タンパクはタンパク表面で DNA の二重らせんに正確に適合し，特異的な塩基配列を認識する。

A．遺伝子調節タンパクの DNA への結合

遺伝子調節タンパクは，二重らせん内の水素結合に影響を与えずに塩基配列の情報を認識することができる。各塩基対は遺伝子調節タンパクに対する水素結合受容部位（赤い四角で示す）と水素結合供与部位（緑の四角で示す）の特有のパターンをもっている。遺伝子調節タンパクは DNA の主溝に結合する。図には DNA 結合タンパクのアスパラギン（Asn）が核酸塩基であるアデニン（A）と相互作用している様子を示した。面対面の接触には典型的には 10 〜 20 の相互作用が関与しており，これによって高い特異性を示す。（図は Alberts ら，2002，p.384 より）

B．DNA 結合タンパクと DNA の相互作用

DNA 結合タンパクの α ヘリックスは特異的な塩基配列を認識する。細菌のリプレッサー（転写抑制因子）タンパクには二量体が多く，二量体各々の α ヘリックス（認識ヘリックスまたは配列読み取りヘリックスと呼ばれる）が DNA 二重らせん上の隣接した主溝に入り込むことができる。2 つのヘリックスが互いに隣あって存在することから，この構造モチーフはヘリックス・ループ・ヘリックスモチーフと呼ばれている。図はバクテリオファージ 434 のリプレッサータンパクが，1.5 回転分の長さの DNA 分子の片側に強固に結合している様子を示している。（図は A. K. Aggarwal et al., Science 242: 899, 1988 に基づく Lodish ら，2004，p.463 より）

C．ジンクフィンガーモチーフ

真核生物の遺伝子調節タンパクには，亜鉛イオン（Zn^{2+}）を中心に取り囲む，指に似た構造モチーフ（ジンクフィンガーと呼ばれる）をもつものがある。図の左側に示したのはカエルのタンパクのアミノ酸配列の模式図で（Lee ら，Science 24: 635-637, 1989），亜鉛がポリペプチド鎖の 4 つのアミノ酸に結合した基本的なジンクフィンガーモチーフがみられる。右側の三次元構造は，逆平行 β シート（アミノ酸 1 〜 10）と α ヘリックス（アミノ酸 12 〜 24）からなり，亜鉛が結合している様子がわかる。3 番と 6 番の 2 つのシステイン，19 番と 23 番の 2 つのヒスチジンの計 4 つのアミノ酸（Cys3, Cys6, His19, His23）が亜鉛に結合し，α ヘリックスの C 末端（COOH）を β シートの一端にしっかり固定している。

D．ジンクフィンガータンパクは DNA に結合する

ジンクフィンガーの α ヘリックスは DNA 二重らせんの主溝に接触し，らせん数回転分の長さにわたって特異的で強い相互作用を生じる。遺伝子制御における並はずれた柔軟性は，相互作用するジンクフィンガーの数を調整することにより，進化の過程で獲得されたものである。

ジンクフィンガータンパクは胚の発生と分化において重要な役割を担っている。（図は Alberts ら，2002，p.386 より再描画）

E．ホルモン応答配列

DNA 結合タンパクにはシグナル伝達物質として働くものもある。シグナルは細胞内受容体を活性化するホルモンや増殖因子である。ステロイドホルモンは標的細胞に入り，特異的な受容体タンパクと結合する。図にはグルココルチコイド受容体と DNA との結合を示す。グルココルチコイド受容体は 2 本のポリペプチド鎖からなる二量体で，それぞれの鎖は 4 つのシステイン側鎖が亜鉛イオンに結合して安定化されている（図 1）。骨格モデル（図 2）は，二量体タンパクが DNA 二重らせんの**ホルモン応答配列** hormone response element（HRE）に結合している様子を示している。空間充填モデル（図 3）は，二量体タンパクの各認識ヘリックスが DNA 二重らせん上の隣接した主溝にぴったりと適合している様子を示している。（図は B. F. Luisi et al., Nature 352: 497, 1991 に基づく Stryer, 1995, p.1002 より）

参考文献

Alberts B et al: Molecular Biology of the Cell, 4th ed. Garland Publishing Co, New York, 2002.
Alberts B et al: Essential Cell Biology. Garland Publishing Co, New York, 1998.
Lodish H et al: Molecular Cell Biology, 5th ed. WH Freeman & Co, New York, 2004.
Stryer L: Biochemistry, 4th ed. WH Freeman & Co, New York, 1995.
Tjian R: Molecular machines that control genes. Sci Am 272: 38-45, 1995.

DNA 結合タンパク I   223

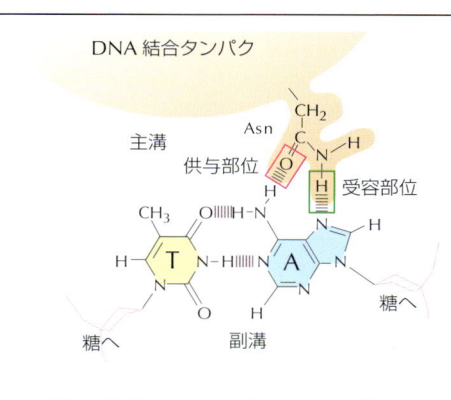

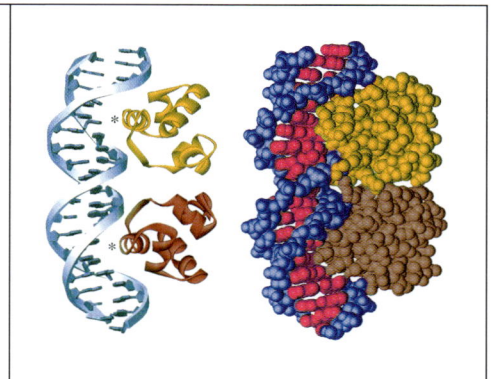

A. 遺伝子調節タンパクの DNA への結合

B. DNA 結合タンパクと DNA の相互作用

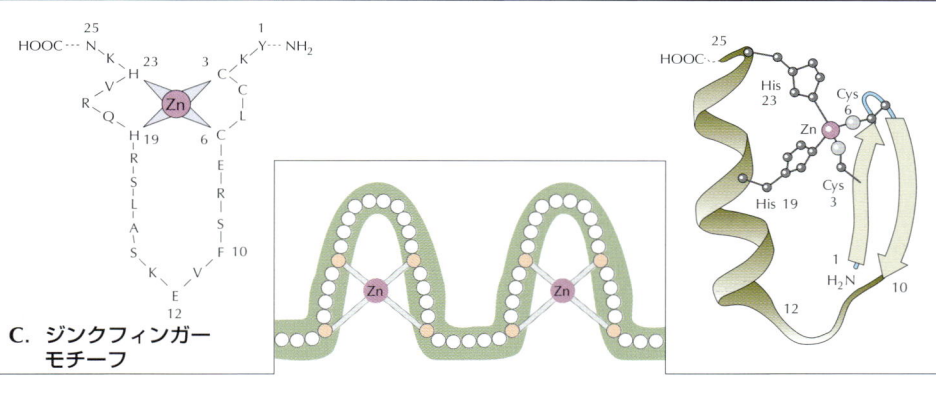

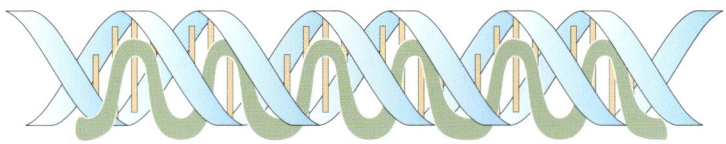

C. ジンクフィンガーモチーフ

D. ジンクフィンガータンパクは DNA に結合する

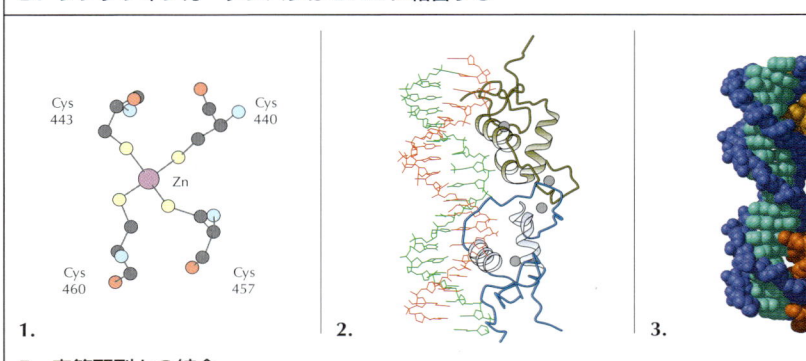

E. 応答配列との結合

1.
2.
3.

DNA 結合タンパクⅡ

　真核生物のアクチベーター（転写活性化因子）やリプレッサー（転写抑制因子）の DNA 結合ドメインは，構造モチーフの違いに基づいて分類することができる。DNA とタンパク間の特異的な結合は，タンパクの DNA 結合ドメインの α ヘリックス内の原子と，DNA 二重らせんの主溝の外側にある原子との非共有結合性相互作用によることが一般的である。ヒトゲノム中には約 2,000 の転写因子がコードされている（Lodish, 2004, p.463 参照）。DNA 結合ドメインの重要なクラスとして，(1) 進化の過程で**ホメオボックス** homeobox として高度に保存された 180 bp の塩基配列を含む**ホメオドメインタンパク** homeodomain protein（第 3 部「遺伝学と医学」の胚発生における遺伝子の項参照），(2) **ジンクフィンガータンパク** zinc finger protein（前項参照），(3) **ロイシンジッパータンパク** leucine-zipper protein（以下参照），(4) **塩基性ヘリックス・ループ・ヘリックス（bHLH）タンパク** basic helix-loop-helix protein がある。

A. ロイシンジッパータンパクと bHLH タンパク

　DNA 結合調節タンパクの多くは二量体構造をとり，2 つの機能をもっている。一方の分子は特異的な塩基配列を認識し，他方がそれを安定化する。よくみられるタンパクのクラスとして，ロイシンジッパーと呼ばれる特徴的な構造モチーフをもつ一群が存在する。名称はその基本構造に由来している。典型的なロイシンジッパータンパクはロイシンが 7 残基ごとに周期的に反復し，二量体を形成している。ロイシン残基は各々の α ヘリックスの一面に沿って並び，DNA 二重らせん上の隣接した主溝と相互作用する（図 1）。bHLH タンパクでは，DNA に近い N 末端にある DNA 結合ヘリックスが非らせんループによって残りの部分と区分されている（図 2）。（図は Lodish ら，2004, p.465 より）

B. ヘテロ二量体の組み合わせの可能性

　ロイシンジッパータンパクと bHLH タンパクは，異なる 2 つの単量体からなるヘテロ二量体として存在することがしばしばある。これにより組み合わせの可能性が飛躍的に増大する。

　高等真核生物では，ロイシンジッパータンパクが転写におけるサイクリック AMP（cAMP）の効果をしばしば仲介する。この種の制御下に置かれている遺伝子は，cAMP 応答配列（cAMP responsive element, CRE）という 8 bp のパリンドローム型認識配列をもっている。この標的配列に結合する 43 kDa のタンパクは，cAMP 応答配列結合タンパク（cAMP responsive element binding protein, CREB）として知られている。ロイシンジッパータンパクは 1988 年，W. H. Landschulz, P. F. Johnson と S. L. McKnight によって最初に記載された（King & Stansfield, 2002）。（図は Alberts ら，2002, p.389 に基づく）

C. ステロイドホルモン‐受容体複合体のエンハンサーへの結合による活性化

　エンハンサーとは転写の効率を高める調節 DNA 領域をいう。転写開始点に対するエンハンサーの距離と方向はさまざまである。図はホルモン‐受容体複合体がホルモン応答配列に特異的に結合し，エンハンサーが活性化されている様子を示す。これによりプロモーターが活性化され，転写が始まる（活性な遺伝子）。哺乳類の発生においては多数の重要な遺伝子がステロイドによって制御されている（ステロイド応答性転写）。

D. DNA‐タンパク相互作用の検出

　さまざまな調節タンパクはそれぞれ特異的な塩基配列（転写制御配列）と結合する。このような特異的塩基配列とそれに結合する調節タンパクを検出する方法に DN アーゼⅠフットプリント法がある（図 1）。この手法は，タンパクが結合している部位では DNA は DN アーゼⅠによる消化から保護されるが，結合部位以外は消化されるという観察結果に基づいている。この酵素はタンパクが結合していない多くの箇所で DNA を切断する。ゲル電気泳動により DNA 断片をそのサイズに従って分離すると，タンパクと結合し保護されていた DNA 部位ではバンドが抜けてみえる（「フットプリント（足跡）」）ことで確認できる。バンドシフト法（もしくはモビリティーシフト法）は，ゲル電気泳動において DNA‐タンパク複合体は DNA 分子単独よりも移動速度が遅くなるという事実に基づいている（図 2）。

参考文献

Alberts B et al: Molecular Biology of the Cell, 4th ed. Garland Publishing Co, New York, 2002.
King RC, Stansfield WD: A Dictionary of Genetics, 6th ed. Oxford University Press, Oxford, 2002.
Lodish H et al: Molecular Cell Biology, 5th ed. WH Freeman & Co, New York, 2004.
Stryer L: Biochemistry, 4th ed. WH Freeman, New York, 1995.

DNA 結合タンパクⅡ

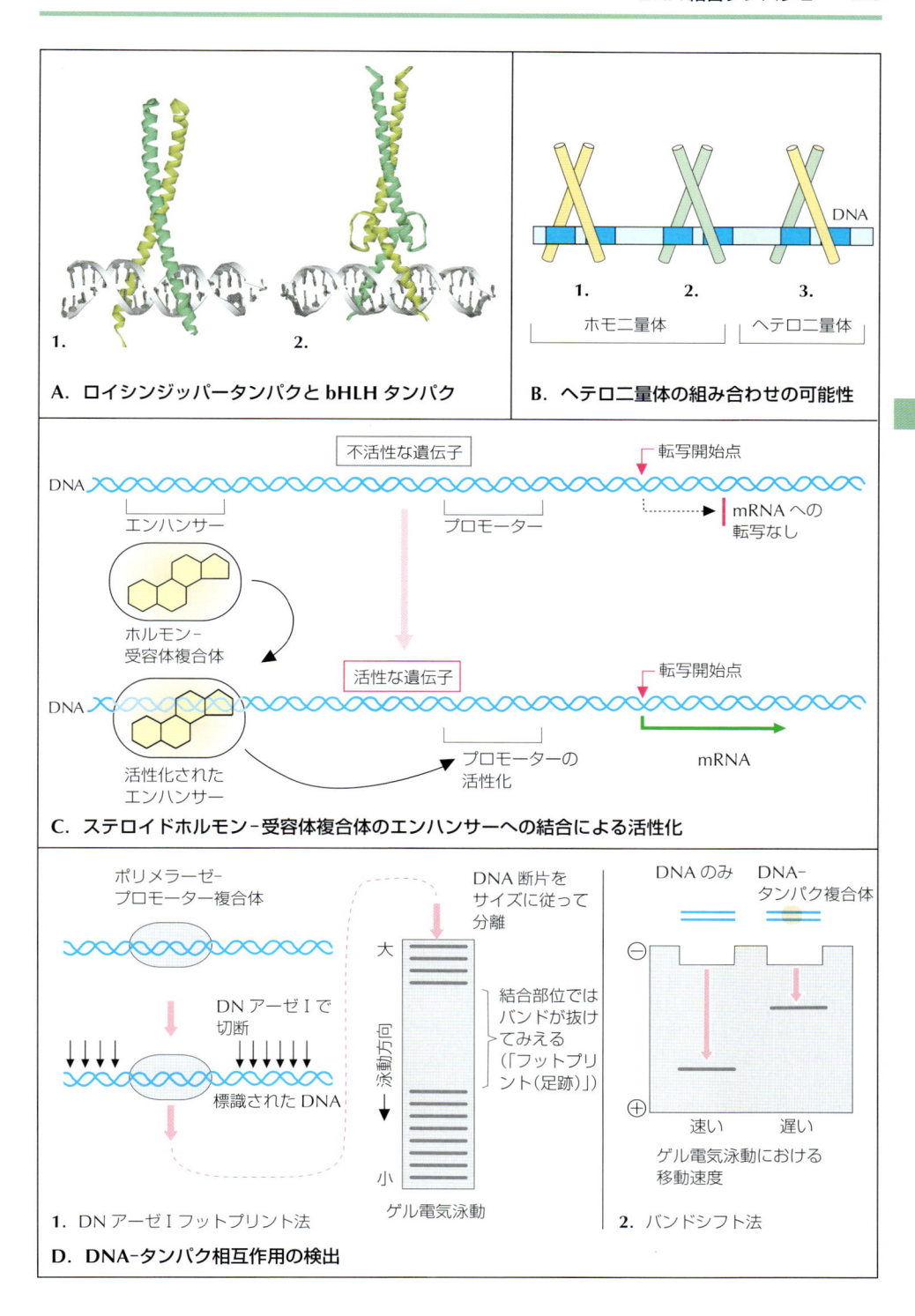

A. ロイシンジッパータンパクと bHLH タンパク

1.　　　2.

B. ヘテロ二量体の組み合わせの可能性

1.　2.　3.

ホモ二量体　　ヘテロ二量体

DNA

C. ステロイドホルモン-受容体複合体のエンハンサーへの結合による活性化

不活性な遺伝子

DNA
エンハンサー　　プロモーター　　転写開始点　　mRNA への転写なし

ホルモン-受容体複合体

活性な遺伝子

DNA
活性化されたエンハンサー　　プロモーターの活性化　　転写開始点　　mRNA

D. DNA-タンパク相互作用の検出

ポリメラーゼ-プロモーター複合体

DNアーゼⅠで切断

標識された DNA

DNA 断片をサイズに従って分離

大　　泳動方向　　小

結合部位ではバンドが抜けてみえる（「フットプリント（足跡）」）

ゲル電気泳動

1. DNアーゼⅠフットプリント法

DNA のみ　　DNA-タンパク複合体

速い　　遅い

ゲル電気泳動における移動速度

2. バンドシフト法

RNA 干渉（RNAi）

RNA 干渉（RNA interference, RNAi）は最近発見された生物学上の現象である。RNAi は選択的に転写を妨げる。RNAi は低分子干渉 RNA（short interfering RNA, siRNA）によって誘導される。siRNA は 20 bp 内外の短い 2 本鎖 RNA（dsRNA）で，標的分子である mRNA の塩基配列に高い特異性をもっている。

これと似た RNA でマイクロ RNA（micro-RNA, miRNA）と呼ばれる分子は，他の遺伝子のアンチセンス鎖制御因子として働く。RNAi は内因性寄生体や外来性病原核酸に対する自然防御機構と考えられている。siRNA は遺伝子の機能を解析する上で，新しい重要なツールとなっている。ヒトゲノムには約 200 ～ 255 の miRNA 遺伝子が含まれるといわれている（Lim ら，2003）。

A. 低分子干渉 RNA（siRNA）

siRNA は典型的には 19 ヌクレオチドの dsRNA で，両端に 2 塩基突出をもつ。

B. RNA 誘導性サイレンシング複合体（RISC）

植物やショウジョウバエでは，siRNA はヌクレアーゼとヘリカーゼの活性をもつ酵素複合体によって作られる。RNA エンドヌクレアーゼ活性は長い dsRNA を切断し，ヘリカーゼ活性が dsRNA をほどく。このタンパク複合体は RNA 誘導性サイレンシング複合体（RNA-induced silencing complex, RISC）として知られている。

C. 転写後遺伝子サイレンシング（PTGS）

転写後遺伝子サイレンシング（post-transcriptional gene silencing, PTGS）の標的分子は mRNA である（図 1）。アデノシン三リン酸（ATP）からアデノシン二リン酸（ADP）への加水分解反応で得られるエネルギーを利用して，RISC のヘリカーゼ活性が siRNA をほどく（図 2）。その結果，1 本鎖となった siRNA は塩基配列特異的に mRNA に結合し，遺伝子の発現を抑制する（図 3）。RISC の特異的リボヌクレアーゼⅢ（RN アーゼⅢ）活性が隣接する 1 本鎖 RNA を切断（赤矢印）する。切断された mRNA 断片は細胞内ヌクレアーゼによって速やかに分解される（図 4）。

D. ダイサーによる 2 本鎖 RNA の分解

ダイサーとは，エンドヌクレアーゼとヘリカーゼの活性（RN アーゼⅢヘリカーゼ活性）をもち dsRNA を切断できる複合分子である（図 1）。ダイサー複合体は dsRNA に結合し（図 2），ヘリカーゼ活性が dsRNA をほどき，RNA エンドヌクレアーゼ（RN アーゼⅢ）活性が RNA を切断する（図 3）。こうして siRNA が形成される（図 4）。

E. 遺伝子機能に対する RNAi の効果

RNAi は遺伝子の正常な機能を調べるために，解析対象とする遺伝子を人為的に抑制する目的で用いることができる。図には発生中の線虫（Caenorhabditis elegans, 306 頁参照）の遺伝子を RNAi により抑制した例を示す。塩基配列の情報に基づき，ある遺伝子を標的にした dsRNA を合成し，これを成虫の性腺に注入した（図 1）。その効果は発生中の胚において観察できる（図 2）。dsRNA が標的遺伝子の発現を低下させる効果は，標的遺伝子から発現した mRNA に対するプローブを標識し，ハイブリッド形成させることにより可視化される。dsRNA を注入されていない正常な胚にはプローブがハイブリッド形成するが（図 2a，紫色），dsRNA を注入された胚にはハイブリッド形成せず（図 2b），標的遺伝子の mRNA が破壊されていることがわかる。（図 A ～ D は McManus & Sharp, 2002；Kitabwalla & Ruprecht, 2002 より改変；図 E は Lodish ら，2004 より）

参考文献

Fire A et al: Potent and specific genetic interference by double-stranded RNA in Caenorhabditis elegans. Nature 391: 806-811, 1998.

Hannon GJ: RNA interference. Nature 418: 244-251, 2002.

Kitabwalla M, Ruprecht RM: RNA interference – A new weapon against HIV and beyond. New Eng J Med 347: 1364-1367, 2002.

Lim LP et al: Vertebrate microRNA genes. Science 299: 1540, 2003.

Lodish H et al: Molecular Cell Biology, 5th ed. WH Freeman, New York, 2004.

McManus MT, Sharp PA: Gene silencing in mammals by small interfering RNAs. Nature Rev Genet 3: 737-747, 2002.

RNAi. Nature Insight, 16 September 2004, pp 338-378.

RNAi and its application poster. Nature Rev Genet 7: 1, 2006 (Online at www.nature.com/nrg/poster/rnai).

Stevenson M: Therapeutic potential of RNA interference. New Eng J Med 351: 1772-1777, 2004.

Soutchek J et al: Therapeutic silencing of an endogenous gene by systematic administration of modified RNAs. Nature 432: 173-174, 2004.

RNA 干渉（RNAi）

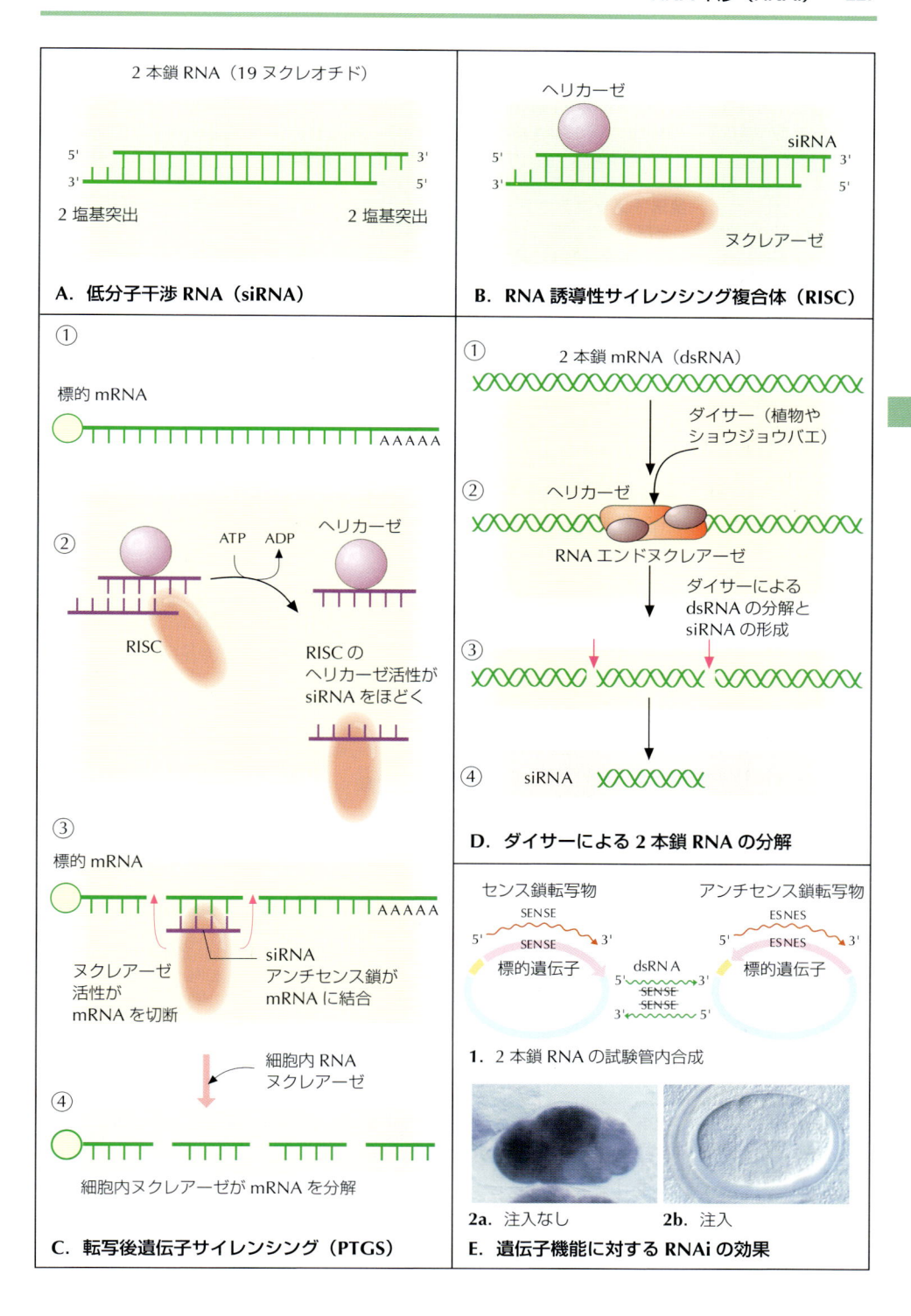

A. 低分子干渉 RNA（siRNA）

2 本鎖 RNA（19 ヌクレオチド）

2 塩基突出　　　　　　　　2 塩基突出

B. RNA 誘導性サイレンシング複合体（RISC）

ヘリカーゼ
siRNA
ヌクレアーゼ

C. 転写後遺伝子サイレンシング（PTGS）

① 標的 mRNA —— AAAAA

② RISC
ATP → ADP
ヘリカーゼ
RISC のヘリカーゼ活性が siRNA をほどく

③ 標的 mRNA —— AAAAA
ヌクレアーゼ活性が mRNA を切断
siRNA アンチセンス鎖が mRNA に結合
細胞内 RNA ヌクレアーゼ

④ 細胞内ヌクレアーゼが mRNA を分解

D. ダイサーによる 2 本鎖 RNA の分解

① 2 本鎖 mRNA（dsRNA）

② ヘリカーゼ
RNA エンドヌクレアーゼ
ダイサー（植物やショウジョウバエ）

ダイサーによる dsRNA の分解と siRNA の形成

③

④ siRNA

E. 遺伝子機能に対する RNAi の効果

センス鎖転写物　　　　　アンチセンス鎖転写物
SENSE　　　　　　　　　ESNES
標的遺伝子　　dsRNA　　標的遺伝子

1. 2 本鎖 RNA の試験管内合成

2a. 注入なし　　2b. 注入

標的遺伝子の破壊

標的遺伝子の破壊とは，遺伝子の機能を研究するために，目的の遺伝子を実験的に不活性にすることをいう．「ノックアウト」動物（たいていはマウスであるが）では，解析対象とする遺伝子を生殖細胞系列で不活性にする（**遺伝子ノックアウト** gene knockout）．その効果は胎児期および出生後に解析できる．最終的には，得られた知見はヒトの遺伝性疾患にみられるヒト相同遺伝子の変異の影響を理解するために利用される．

ノックアウトの変形として**遺伝子ノックイン** gene knock-in が知られている．この場合，組換えベクターには，解析する遺伝子に変異を加えたものや，あるいは解析する遺伝子の代わりに別の正常の遺伝子が組込まれる．トランスジェニック動物は初期胚の時期に注入された外来遺伝子をもつ．

A. ノックアウト変異をもつ ES 細胞の準備

標的遺伝子は，人工的に作られた機能しないアレルとの相同組換えにより，胚性幹細胞（embryonic stem cell, ES cell）において破壊（ノックアウト）される．破壊された遺伝子をもつ ES 細胞の単離には，ポジティブおよびネガティブ選択が必要である．正常の標的遺伝子を部分的にクローニングしてできた人工的アレルに，細菌のネオマイシン耐性遺伝子（neo^R）を組込む（図1, 2）．さらに単純ヘルペスウイルス由来のチミジンキナーゼ遺伝子（tk^+）を相同領域の外側の遺伝子置換部位につなぐ（図3）．選択培地はポジティブおよびネガティブ選択マーカーであるネオマイシンとガンシクロビルを含んでいる．非組換え細胞およびランダムな部位に非相同領域で組換えを起こした細胞は，この培地では増殖できない．非組換え細胞はネオマイシン感受性のままであり，組換え細胞はネオマイシン耐性である（ポジティブ選択，図には示していない）．tk^+ 遺伝子はヌクレオチド類似体であるガンシクロビルに対する感受性を付与する．哺乳類の内在性チミジンキナーゼとは異なり，単純ヘルペスウイルス由来の酵素はガンシクロビルを一リン酸型に変換できる．ガンシクロビル一リン酸は三リン酸型へと変換され，これは細胞内の DNA 複製を阻害する．したがって，非相同組換え ES 細胞はランダムな部位に tk^+ 遺伝子をもち，ガンシクロビルに感受性となって，その存在下では増殖することができない（ネガティブ選択，図4）．相同組換えを起こした細胞だけが，neo^R 遺伝子をもち tk^+ 遺伝子をもたないので生き残ることができる（図5）．（図は Lodish ら，2004, p.389 より再描画）

B. ノックアウトマウスの作製

受精後 3.5 日（マウスの妊娠期間は 19.5 日間）のマウスの胚盤胞から ES 細胞を樹立する（図1）．放射線を照射して分裂を止めたフィーダー細胞層上で胚盤胞を培養する（図2）．このようにして，培養した胚盤胞から多能性分化能をもった ES 細胞が分離される．

ES 細胞に標的遺伝子を導入して，目的とする組換え ES 細胞を単離し（前項 A 参照，図3で橙色の細胞が相同組換え ES 細胞），それとは異なる毛色のマウス由来のレシピエント胚盤胞に注入する（図4）．図の例では，使用する ES 細胞が黒毛のマウス由来で，白毛のマウス由来の胚盤胞を用いている．ES 細胞を注入された胚盤胞は偽妊娠マウスに移植される（図5）．生まれたマウスで組換え ES 細胞由来の部分をもつマウスはキメラであり，破壊された遺伝子をもつ細胞（ES 細胞由来）ともたない細胞（胚盤胞由来）からなる．黒毛系統の ES 細胞と白毛系統の胚盤胞を用いたので，この場合，キメラマウスは ES 細胞由来の部分では黒毛をもっている（図6）．キメラマウスを白毛のマウスと戻し交配する（図7）．この交配で生まれた黒毛マウスは破壊された遺伝子（変異遺伝子）をヘテロ接合でもつことになる（図8）．さらにヘテロ接合マウス（図9）どうしを交配すれば，破壊遺伝子をホモ接合でもつマウスが得られる．（図は Alberts ら，2002 より）〔訳注：原文前半部には，誤りや誤解を与える記述が多く，図に即して大幅に記述を改変した〕

参考文献

Alberts B et al: Molecular Biology of the Cell, 4th ed. Garland Publishing Co, New York, 2002.

Capecchi MR: Altering the genome by homologous recombination. Science 244: 1288–1292, 1989.

Capecchi MR: Targeted gene replacement. Sci Am, pp 52–59, March 1994.

Lodish H et al: Molecular Cell Biology, 5th ed. WH Freeman & Co, New York, 2004.

Gordon JW: Genetic transformation of mouse embryos by microinjection of purified DNA. Proc Nat Acad Sci 77: 7380–7384, 1980.

Majzoub JA, Muglia LJ: Knockout mice. Molecular Medicine. New Engl J Med 334: 904–907, 1996.

Strachan T, Read AP: Human Molecular Genetics, 3rd ed. Garland Publishing Co, New York, 2004.

ネット上の情報：

Internet Resources for Mammalian Transgenesis: BioMetNet Mouse Knockout Database: www.bioednet.com/db/mkmd. Jackson Laboratory Database: www.jaxmice.jax.org/index.shtml.

標的遺伝子の破壊

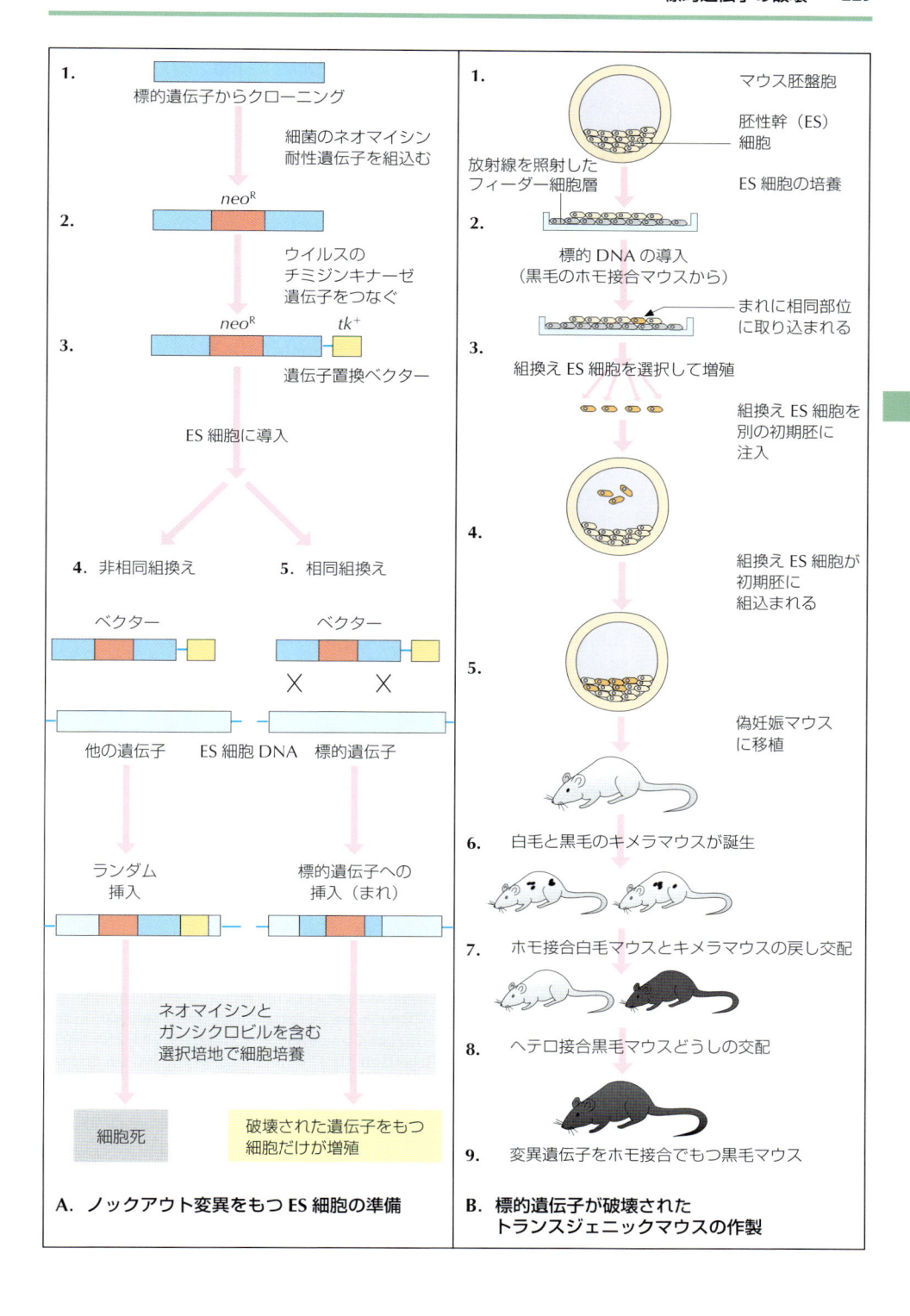

A. ノックアウト変異をもつ ES 細胞の準備

1. 標的遺伝子からクローニング
   ↓ 細菌のネオマイシン耐性遺伝子を組込む
2. neo^R
   ↓ ウイルスのチミジンキナーゼ遺伝子をつなぐ
3. neo^R tk^+
   遺伝子置換ベクター
   ↓ ES 細胞に導入

4. 非相同組換え
   ベクター
   他の遺伝子 ES 細胞 DNA
   ランダム挿入

5. 相同組換え
   ベクター
   標的遺伝子
   標的遺伝子への挿入（まれ）

ネオマイシンとガンシクロビルを含む選択培地で細胞培養

細胞死 ／ 破壊された遺伝子をもつ細胞だけが増殖

B. 標的遺伝子が破壊されたトランスジェニックマウスの作製

1. マウス胚盤胞
   胚性幹（ES）細胞
   放射線を照射したフィーダー細胞層
   ES 細胞の培養
2. 標的 DNA の導入（黒毛のホモ接合マウスから）
   まれに相同部位に取り込まれる
3. 組換え ES 細胞を選択して増殖
   組換え ES 細胞を別の初期胚に注入
4. 組換え ES 細胞が初期胚に組込まれる
5. 偽妊娠マウスに移植
6. 白毛と黒毛のキメラマウスが誕生
7. ホモ接合白毛マウスとキメラマウスの戻し交配
8. ヘテロ接合黒毛マウスどうしの交配
9. 変異遺伝子をホモ接合でもつ黒毛マウス

DNA メチル化

　DNA メチル化とは，一般には DNA の特定の位置にあるシトシンにメチル基が付加されることである．高等生物におけるシトシンの約 10％までがメチル化されている．シトシンのメチル化は CG 連続配列が豊富な CpG アイランドと呼ばれる領域によく起こる．CpG アイランドは多くの遺伝子の5′末端に認められる．DNA メチル化は機能的に重要なエピジェネティック修飾（後成的修飾）である．エピジェネティック修飾とは，DNA 配列の変化なしに特定の遺伝子の発現に影響を与える，次世代へ伝達可能な変化をいう．**エピジェネティクス** epigenetics（「後成遺伝学」）という用語は 1939 年に C. H. Waddington によって導入された（Speybroeck, 2002）．

　DNA メチル化の異常は発生異常や疾患を生じるため，DNA のメチル化パターンは機能的に重要である．哺乳類の細胞は，複製後の新しい DNA 鎖におけるメチル化を維持し，確立するための酵素を含んでいる．DNA メチルトランスフェラーゼ（DNMT）と，CpG アイランドに結合するメチルシトシン結合タンパク（MeCP）である．メチルトランスフェラーゼは，その基本的な機能により2つのタイプに分けられる．メチル化維持に働くもの（DNMT1）と，新生メチル化に関わるもの（DNMT3a および DNMT3b）である．

A. DNA メチル化の維持

　DNA 複製と細胞分裂の後，DNA メチル化を維持するために，新しく合成された DNA 鎖にもメチル基が付加される．親鎖のメチル化部位（図1）を鋳型として複製後の2本の娘鎖（図2）がメチル化され，親鎖のメチル化パターンが正確に維持される（図3）．この役割を果たす酵素が Dnmt1（ヒトでは DNMT1）である．

B. DNA の新生メチル化

　新生メチル化では，DNA の両鎖上の新しい位置に新たにメチル基が付加される．全体の再メチル化において，機能の一部重複した異なるメチルトランスフェラーゼをコードする2つの遺伝子 *Dnmt3a* と *Dnmt3b* が同定されている．非メチル化 DNA（図1）は，それらの酵素によって（図2），部位特異的および組織特異的なパターンでメチル化される（図3）．Dnmt3a ならびに Dnmt3b をホモ接合性にノックアウトしたマウスには，重度の発生異常がみられる．Dnmt3a を欠損したマウスは，ゲノム全体に及ぶ脱メチル化の結果，生後数週以内に死に至る（Okano ら，1999）．

C. メチル化 DNA の認識

　ある種の制限酵素は認識配列がメチル化されていると DNA を切断しない（図1）．制限酵素 *Hpa*II はその認識配列 5′-CCGG-3′ がメチル化されていないときのみ DNA を切断する（図2）．一方，*Msp*I は同じ 5′-CCGG-3′ 配列をメチル化と無関係に認識して，この部位で切断する．この切断パターンの違いは異なるサイズの DNA 断片を生じるので，DNA のメチル化パターンを区別するのに利用できる．

D. ヒト *DNMT3B* 遺伝子と突然変異

　3B 型の新生メチルトランスフェラーゼをコードするヒト遺伝子 *DNMT3B* の変異は，ICF 症候群（免疫不全，セントロメア不安定性，顔貌異常，MIM 242860）を起こす（Hansen ら，1999；Xu ら，1999）．2型と3型のサテライト DNA が局在する1番，9番，16 番染色体のセントロメアは特に不安定である．ヒト *DNMT3B* 遺伝子（図1）はゲノム上の 47 kb にわたって存在する 23 個のエキソンから構成される．6個のエキソンは選択的スプライシングを受ける．DNMT3B タンパク（図2）は 845 アミノ酸からなり，C 末端領域に5つの DNA メチルトランスフェラーゼモチーフ（I，IV，VI，IX，X）をもつ．6つの変異部位を矢印で示す．ヌクレオチド 2,426 位の A から G への変異（図3）は，コドン 809 の GAC から GGC への置換をきたし，アスパラギン酸（Asp）からグリシン（Gly）への置換を起こす．両親はこの変異のヘテロ接合体である．ICF 症候群患者のリンパ球には多数の短腕と長腕をもつ放射状染色体が一般的にみられる．図では1番染色体と 16 番染色体に由来する放射状染色体が R バンド法で示されている（図4）．（図は Xu ら，1999 より）

参考文献

Hansen RS et al: *DNMT3B* DNA methyltransferase gene is mutated in the ICF immunodeficiency syndrome. Proc Natl Acad Sci 96: 14412-14417, 1999.

Okano M et al: DNA methyltransferases Dnmt3a and Dnmt3b are essential for de novo methylation and mammalian development. Cell 99: 247-257, 1999.

Robertson KD: DNA methylation and human disease. Nature Rev Genet 6: 597-610, 2005.

Speybroek L van: From epigenesis to epigenetics. The case of C. H. Waddington. Ann NY Acad Sci 981: 61-81, 2002.

Xu G, Bestor T et al: Chromosome instability and immunodeficiency syndrome caused by mutations in a DNA methyltransferase gene. Nature 402: 187-191, 1999.

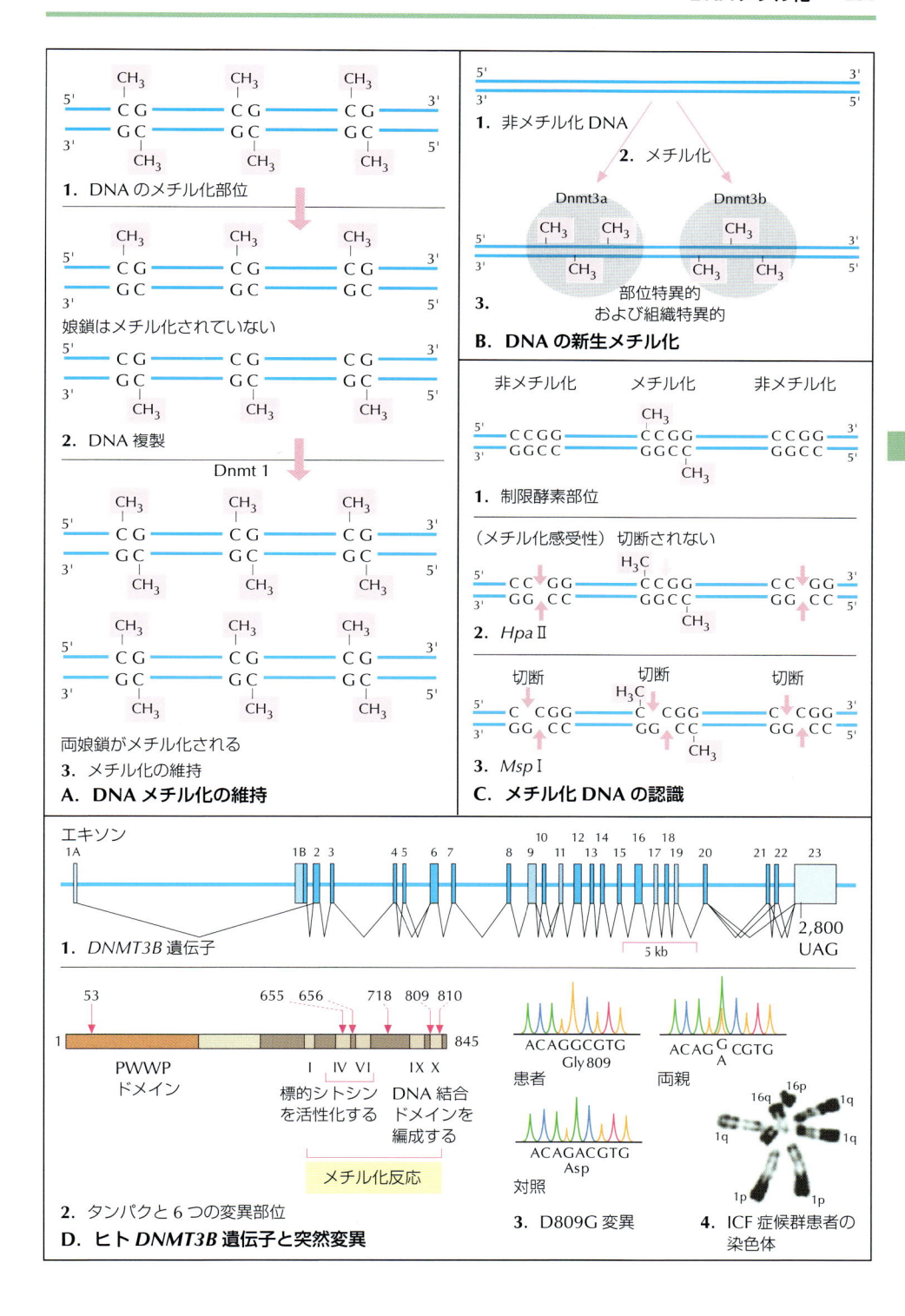

DNA メチル化

A. DNA メチル化の維持

1. DNA のメチル化部位
2. DNA 複製 — 娘鎖はメチル化されていない
3. メチル化の維持（Dnmt1）— 両娘鎖がメチル化される

B. DNA の新生メチル化

1. 非メチル化 DNA
2. メチル化（Dnmt3a, Dnmt3b）
3. 部位特異的および組織特異的

C. メチル化 DNA の認識

1. 制限酵素部位
2. *Hpa* II（メチル化感受性）切断されない
3. *Msp* I 切断

D. ヒト *DNMT3B* 遺伝子と突然変異

1. *DNMT3B* 遺伝子
2. タンパクと 6 つの変異部位
   - PWWP ドメイン
   - I, IV, VI：標的シトシンを活性化する
   - IX, X：DNA 結合ドメインを構成する
   - メチル化反応
3. D809G 変異（患者 Gly809 / 両親 G/A / 対照 Asp）
4. ICF 症候群患者の染色体

クロマチン構造の可逆的変化

ユークロマチン内の遺伝子は転写されやすいが，ヘテロクロマチン内の遺伝子はそうではない。クロマチンの局所構造（188頁参照）を「エピジェネティック」状態という。これは，クロマチンリモデリングと呼ばれるさまざまな機構によって可逆的に変化しうる。クロマチンリモデリングは，DNA分子からヒストンを再配置させて遺伝子が発現しやすいようにする，能動的で可逆的な過程である。ATPアーゼサブユニットに従って分類される大きなリモデリング複合体内でのアデノシン三リン酸（ATP）の加水分解によって，必要なエネルギーは供給される（詳細はLewin, 2004, p.665以下を参照）。

A. ヒストン修飾

クロマチンリモデリングにおける重要な事象は，コアヒストンであるヒストンH3とH4の修飾である（186頁参照）。ヒストンH3（図1）とH4（図2）のN末端（尾部）領域のアミノ酸20残基中の特定部位が，メチル化（メチル基-CH_3の付加），アセチル化（アセチル基-$COCH_3$の付加），およびリン酸化（リン酸基の付加）による修飾を受ける。その結果生じるシグナルの組み合わせはヒストンコードと呼ばれる（Turner, 2002）。修飾はヒストンメチルトランスフェラーゼとヒストンデメチラーゼ，ヒストンアセチルトランスフェラーゼとヒストンデアセチラーゼ，およびキナーゼによって仲介される。

活性クロマチンでは，ヒストンH3とH4のリシン残基がアセチル化されている。不活性クロマチンでは，ヒストンH3の9番目のアミノ酸であるリシンやその他のリシン残基がメチル化され〔訳注：H3K4のメチル化は活性クロマチンでみられ，リシンのメチル化すべてが不活性クロマチンと関連しているのではない〕，またCpGアイランドのシトシンがメチル化されている。修飾は個別の機能に関連づけることができる。ヒストンH3のLys-9はメチル化だけでなくアセチル化を受けることもある。このように多数の修飾が生じて互いに影響しあっている。（図はStrachan & Read, 2004とLewin, 2004のデータによる）

B. ヒストンのアセチル化と脱アセチル化

アセチル化はヒストンアセチルトランスフェラーゼ（HAT）によって仲介される。HATは大きな活性化複合体の一部である（図1）。アセチル基は可逆的な過程で除去することができ（図2），この脱アセチル化はヒストンデアセチラーゼ（HDAC）によって仲介される。HATには2つのグループがあり，グループAは転写に関わり，グループBはヌクレオソーム構築に関わる（Lewin, 2004, p.665以下を参照）。

脱アセチル化とメチル化は相互に関係している可能性がある。2種類のメチルシトシン結合タンパクMeCP1とMeCP2は，メチル化DNAに選択的に結合する。一方で，MeCP1とMeCP2による転写抑制は，多タンパク複合体内のヒストン脱アセチル化を伴う。（図はLodishら, 2004, p.475より）

C. クロマチンのリモデリング

アクチベーター（転写活性化因子）は，ヘテロクロマチンで不活性化されている遺伝子を活性化させることができる。アクチベータータンパクはクロマチン内での特異的なDNA結合調節因子で，多タンパク複合体と相互作用できる。アクチベータータンパクが仲介タンパクに結合すると，クロマチンが脱凝縮して遺伝子は活性化状態になると考えられている。基本転写因子やRNAポリメラーゼがプロモーターに会合することによって転写が開始されるが，リプレッサータンパク（転写抑制因子）が調節配列に結合すると，RNAポリメラーゼによる転写開始が阻害される。ヘテロクロマチンの形成は，メチル化されたヒストン3にヘテロクロマチンタンパク1（HP1）が結合することによって開始される。DNA結合タンパクRAP1は，他のタンパク（SIR3, SIR4）を動員する。これらはヒストンH3とH4に結合し，クロマチンに沿って重合する。（図はLodishら, 2004, p.448より）

医学との関連

Xq28に局在する*MECP2*遺伝子の変異はレット症候群の原因となる（MIM 312750, Amirら, 1999）。

参考文献

Amir RE et al: Rett syndrome is caused by mutations in X-linked *MECP2*, encoding methyl-CpG binding protein 2. Nature Genet 23: 185–188, 1999.

Jaenisch R, Bird A: Epigenetic regulation of gene expression: how the genome integrates intrinsic and environmental signals. Nature Genet Suppl 33: 245–254, 2003.

Lachner M, O'Sullivan RJ, Jenuwein T: An epigenetic road map for histone lysine methylation. J Cell Sci 116: 2117–2124, 2003.

Lewin B: Genes VIII. Pearson International, 2004.

Lodish H et al: Molecular Cell Biology, 5th ed. WH Freeman, New York, 2004.

Strachan T, Read AD: Human Molecular Genetics, 3rd ed. Garland Science, London & New York, 2004.

Turner BM: Cellular memory and the histone code. Cell 111: 285–291, 2002.

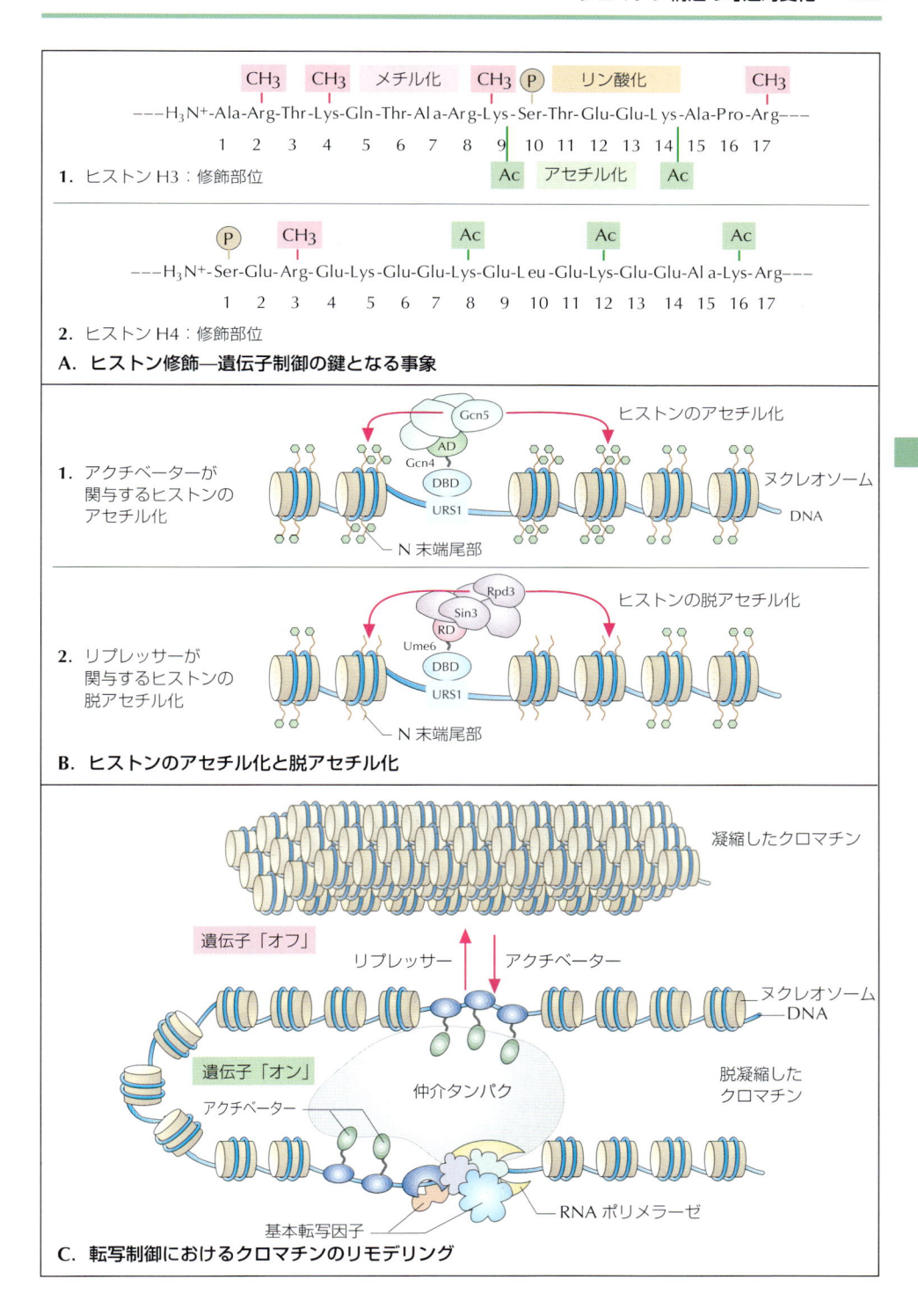

クロマチン構造の可逆的変化　233

---H₃N⁺-Ala-Arg-Thr-Lys-Gln-Thr-Ala-Arg-Lys-Ser-Thr-Glu-Glu-Lys-Ala-Pro-Arg---
　　　　1　2　3　4　5　6　7　8　9　10　11　12　13　14　15　16　17

上部修飾：CH₃ (Arg 2), CH₃ (Lys 4), メチル化, CH₃ (Lys 9) / P (Ser 10), リン酸化, CH₃ (Lys 14)
下部修飾：Ac (Lys 9), アセチル化, Ac (Lys 14)

1. ヒストンH3：修飾部位

---H₃N⁺-Ser-Glu-Arg-Glu-Lys-Glu-Glu-Lys-Glu-Leu-Glu-Lys-Glu-Glu-Ala-Lys-Arg---
　　　　1　2　3　4　5　6　7　8　9　10　11　12　13　14　15　16　17

修飾：P (Ser 1), CH₃ (Arg 3), Ac (Lys 5), Ac (Lys 8), Ac (Lys 12), Ac (Lys 16)

2. ヒストンH4：修飾部位

A. ヒストン修飾—遺伝子制御の鍵となる事象

1. アクチベーターが関与するヒストンのアセチル化
   - Gcn5, AD, Gcn4, DBD, URS1
   - ヒストンのアセチル化
   - ヌクレオソーム
   - DNA
   - N末端尾部

2. リプレッサーが関与するヒストンの脱アセチル化
   - Rpd3, Sin3, RD, Ume6, DBD, URS1
   - ヒストンの脱アセチル化
   - N末端尾部

B. ヒストンのアセチル化と脱アセチル化

- 凝縮したクロマチン
- 遺伝子「オフ」
- リプレッサー / アクチベーター
- ヌクレオソーム / DNA
- 遺伝子「オン」
- アクチベーター
- 仲介タンパク
- 脱凝縮したクロマチン
- 基本転写因子
- RNAポリメラーゼ

C. 転写制御におけるクロマチンのリモデリング

ゲノムインプリンティング

真核生物では，ある遺伝子の1つのアレルだけが発現され，他方はその個体で恒久的に抑制される現象がある．発現の状態はアレルを伝達する親，すなわち母方由来か父方由来かに依存する（親特異的発現）．この現象を**ゲノムインプリンティング**（genomic imprinting，ゲノム刷込み）と呼ぶ．ゲノムインプリンティングは哺乳類における重要なエピジェネティックな変化である．インプリンティングは母性アレルと父性アレルの子宮内競合に応答して，哺乳類で進化してきたと考えられている．自然選択は母性ゲノムと父性ゲノムに別々に作用する．母体の生存と胎児の成長とが均衡することが好ましい．

A．2つの異なる親由来のゲノムの重要性

マウス受精卵（図1）において，雌性前核と雄性前核の両者が融合する前に，定位置に残存（図3）させずに，雌性前核を受精卵から除去（図2）または雄性前核を受精卵から除去（図4）すると，それぞれ異なった発生結果が観察される．雌性前核を雄性前核で置換すれば雄核発生体となる．この場合，胚は最初正常にみえるが，ほぼすべてが着床前に致死となる（図2）．着床後まで進むまれな例でも，発生に異常が起こり12体節期よりも進行しない．

対照的に，雄性前核が雌性前核と置き換わると雌核発生体を生じるが（図4），結果は雄核発生体とはまったく異なる．雌核発生体の約85％は着床前まで正常に発生するが，胚体外膜を欠くか形成不全となる．結果として，胚は40体節期かそれより前に致死となる．（図はSapienza & Hall, 2001より）

B．母性ゲノムと父性ゲノムの必要性

自然発生するヒト雄核発生体は胞状奇胎である（図1）．2セットの父性染色体をもつが母性染色体を欠く異常な胎盤が形成される．着床するが胚は発生しない．胎盤組織には多くの嚢胞が生じている（図2）．一方，母性染色体のみをもつ場合は，種々の異なった胎児組織をもつ卵巣奇形腫が発生する（図3）．この自然発生雌核発生体には胎盤組織は存在しない．比較的頻度の高い致死的なヒト染色体異常である三倍体（416頁参照）では，胎盤の極度の形成不全が認められ，胎児は過剰な染色体セットが母方由来であるときにのみ観察される（図4）．（写真はHelga Rehder教授，Marburgの厚意による）

C．ゲノムインプリンティングは胚発生の初期に確立される

インプリンティングを確立するための変化は胚発生の初期に起こる．体細胞の典型的なインプリンティングパターン（図1）は始原生殖細胞の段階で消去され（図2），配偶子形成時に初期化される（図3）．父方由来のインプリンティング染色体領域は父性パターンを受け取り，母方由来のインプリンティング染色体領域は母性パターンとなる．結果として，受精後には正確なインプリンティングパターンが受精卵に存在することになり（図4），以降すべての細胞分裂を通して維持される．

医学との関連

遺伝子再構成のため正常なインプリンティングパターンの確立に失敗すると，重要でさまざまな**インプリンティング病** imprinting disease の原因となる（412頁参照）．

参考文献

Constância M, Kelsey G, Reik W: Resourceful imprinting. Nature 432: 53–57, 2004.

Horsthemke B, Buiting K: Imprinting defects on human chromosome 15. Cytogenet Genome Res 113: 292–299, 2006.

Morrison IM, Reeve AE: Catalogue of imprinted genes and parent-of-origin effects in humans and animals. Hum Mol Genet 7: 1599–1609, 1998.

Reik W, Walter J: Genomic imprinting: parental influence on the genome. Nature Rev Genet 2: 21–32, 2001.

Reik W, Dean W, Walter J: Epigenetic reprogramming in mammalian development. Science 293: 1089–1093, 2001.

Sapienza C, Hall JG: Genetic imprinting in human disease, pp 417–431. In: The Metabolic and Molecular Bases of Inherited Disease, 8th ed. CR Scriver et al (eds), McGraw-Hill, New York, 2001.

Wilkins JF, Haig D: What good is genomic imprinting: the function of parent-specific gene expression. Nature Rev Genet 4: 359–368, 2003.

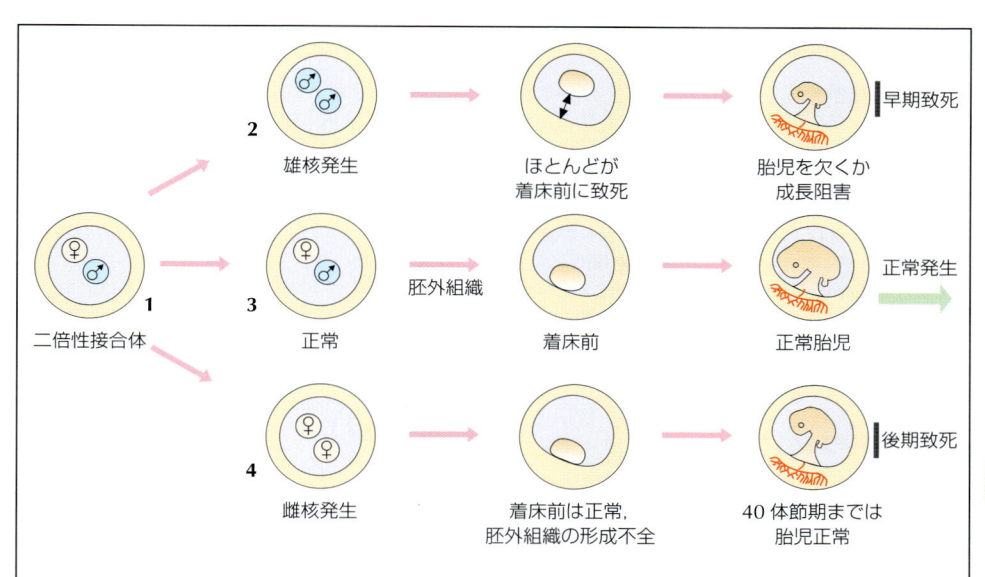

ゲノムインプリンティング 235

A. 2つの異なる親由来のゲノムの重要性

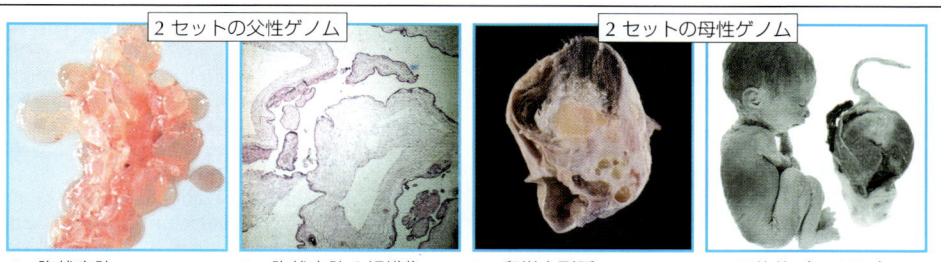

- 1. 二倍性接合体
- 2. 雄核発生 → ほとんどが着床前に致死 → 胎児を欠くか成長阻害（早期致死）
- 3. 正常 → 胚外組織 → 着床前 → 正常胎児（正常発生）
- 4. 雌核発生 → 着床前は正常, 胚外組織の形成不全 → 40体節期までは胎児正常（後期致死）

B. ヒト胚発生には母性ゲノムと父性ゲノムの両者が必要である

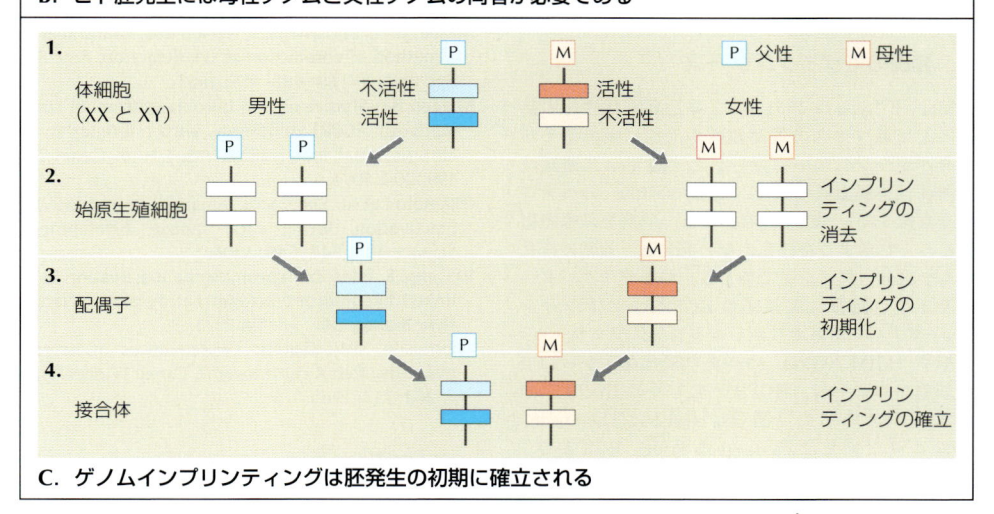

2セットの父性ゲノム
1. 胞状奇胎
2. 胞状奇胎の組織像

2セットの母性ゲノム
3. 卵巣奇形腫
4. 三倍体（69, XXX）

C. ゲノムインプリンティングは胚発生の初期に確立される

P 父性　M 母性

1. 体細胞（XXとXY）　男性　不活性/活性　活性/不活性　女性
2. 始原生殖細胞 — インプリンティングの消去
3. 配偶子 — インプリンティングの初期化
4. 接合体 — インプリンティングの確立

哺乳類のX染色体不活性化

　哺乳類の雌のすべての細胞がもつ2本のX染色体のうち，一方に存在する遺伝子は不活性化される。その結果，1948年，H. J. Mullerによって名づけられた**遺伝子量補償** dosage compensation が達成される。胚発生の初期に，Xist（X-inactivation specific transcript）と呼ばれる17 kbの長い非コードRNA分子が，細胞中の2本のX染色体のうち1つを覆う。Xistは他のタンパクを動員してメチル化とヒストン修飾を起こし，遺伝子の不活性化をもたらす。XistはXq13.2に局在する*XIST*遺伝子（MIM 314670）の転写産物である。

A．Xクロマチン

　Xクロマチンは1949年，雌ネコの神経細胞に存在する小さく暗く染色される小体（図1，3）としてBarrとBertramにより記述されたもので，雄にはみられない（図2）。DavidsonとSmithは末梢白血球にみられる太鼓のバチ様の類似の構造を報告した（図4）。Xクロマチンは口腔塗抹標本から得た粘膜細胞の核や培養線維芽細胞の静止核に，約0.8×1.1μmの黒いクロマチン塊として観察される（図5）。（図1〜3はBarr & Bertram，1949より）

B．X染色体不活性化の仕組み

　母性Xistは桑実胚期から発現し，胚盤胞期以降に母性あるいは父性のX染色体のいずれかをランダムに不活性化する。不活性化パターンはすべての娘細胞に安定に伝達される。

C．発現のモザイクパターン

　Mary F. Lyonは1961年，X染色体不活性化の結果として雌マウスのX連鎖性の毛色に現れるモザイクパターンについて報告した（図1）。X連鎖性の無汗性外胚葉異形成症（MIM 305100）のヘテロ接合女性〔訳注：保因者〕の指紋は，同疾患の罹患男性にみられるような汗孔のない部分と，通常の汗孔をもつ部分（黒インクで染まる）のモザイクパターンを示す（図2）。X連鎖性HGPRT（ヒポキサンチン-グアニンホスホリボシルトランスフェラーゼ）欠損症（MIM 308000）のヘテロ接合女性からの培養細胞コロニーは，HGPRT⁻もしくはHGPRT⁺のいずれかであった（図3）。（図1はThompson，1965より；図2はPassarge & Fries，1973より；図3はMigeon，1971より）

D．X染色体不活性化のプロファイル

　ヒトX染色体上の決まった領域の遺伝子は活性化されない。458（74％）の遺伝子が不活性化され，94（15％）が不活性化を免れている（Carrel & Willard，2005）。65（11％）の遺伝子は一部の女性でのみ不活性化されていた。

　X染色体の図の左（図a）には，9種の齧歯類/ヒト雑種細胞の遺伝子発現プロファイルを示す。不活性化X染色体上で発現される遺伝子は青で，不活性化される遺伝子は黄色で示されている。右（図b）には不活性化X染色体における発現レベルを図示する。（図はLaura Carrel博士，Hershey Medical Center，Pennsylvaniaの厚意により，Carrel & Willard，2005より）

E．X染色体の進化的階層

　ヒトX染色体にはさまざまな進化的起源と時間の階層（S1〜S5）がある（258頁参照）。

参考文献

Barr ML, Bertram EG: A morphological distinction between neurones of the male and female, and the behaviour of the nucleolar satellite during accelerated nucleoprotein synthesis. Nature 163: 676-677, 1949.

Davidson WM, Smith DR: A morphological sex difference in the polymorphonuclear neutrophil leukocytes. Brit Med J 2: 6-7, 1954.

Lyon MF: Gene action in the X-chromosome of the mouse (*Mus musculus* L.). Nature 190: 372-373, 1961.

Marberger E, Boccabella, R, Nelson WO: Oral smear as a method of chromosomal sex detection. Proc Soc Exp Biol (NY) 89: 488-489, 1955.

Migeon BR: Studies of skin fibroblasts from 10 families with HGPRT deficiency, with reference to X-chromosomal inactivation. Am J Hum Genet 23: 199-200, 1971.

Okamoto I et al: Epigenetic dynamics of imprinted X inactivation during early mouse development. Science 303: 644-649, 2004.

Passarge E, Fries E: X chromosome inactivation in X-linked hypohidrotic ectodermal dysplasia. Nature New Biology 245: 58-59, 1973.

Thompson MW: Genetic consequences of heteropyknosis of an X chromosome. Canad J Genet Cytol 7: 202-213, 1965.

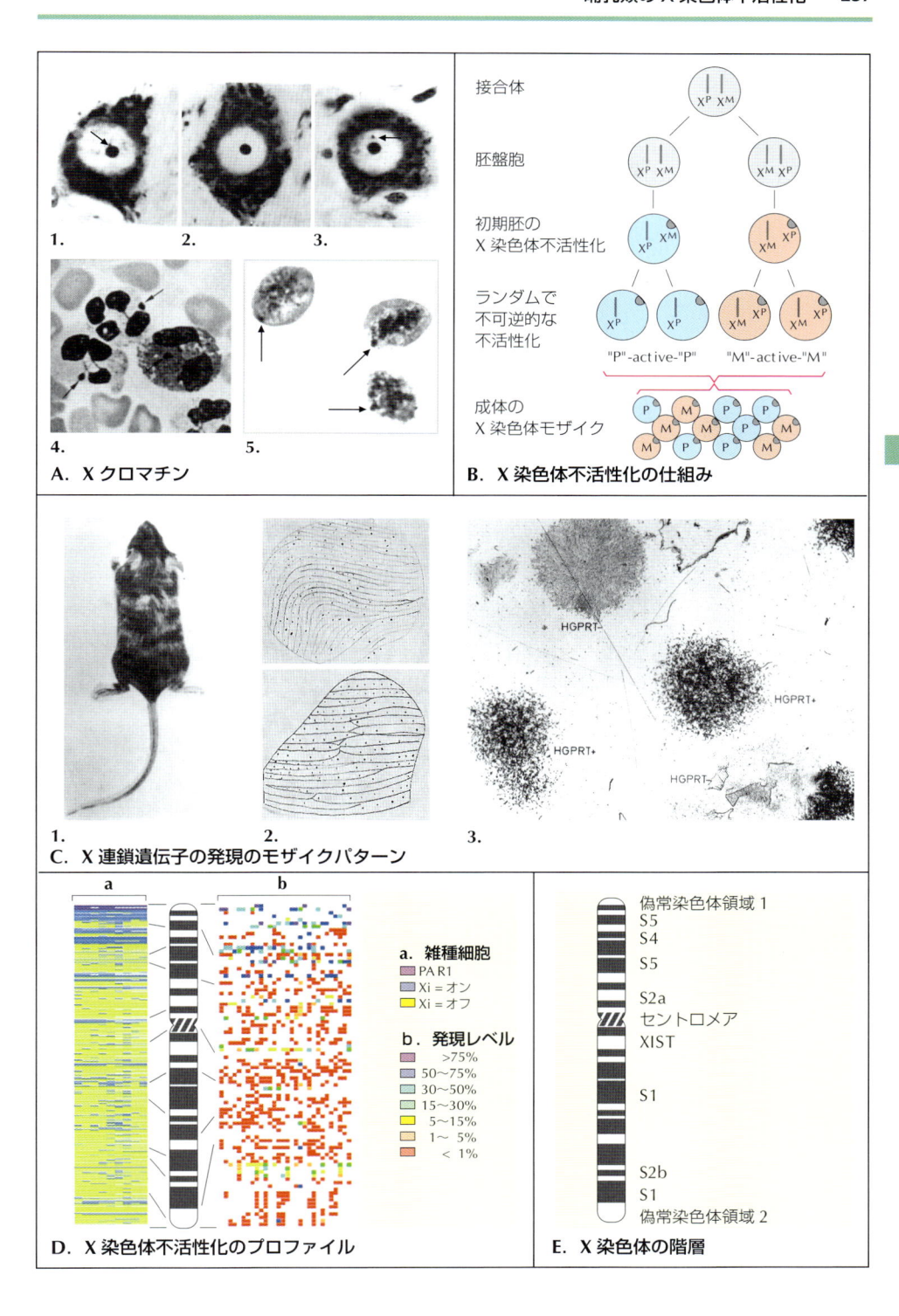

哺乳類のX染色体不活性化   237

A. Xクロマチン

B. X染色体不活性化の仕組み

接合体
胚盤胞
初期胚の
X染色体不活性化
ランダムで
不可逆的な
不活性化
"P"-active-"P"   "M"-active-"M"
成体の
X染色体モザイク

C. X連鎖遺伝子の発現のモザイクパターン

1.   2.   3.

D. X染色体不活性化のプロファイル

a. 雑種細胞
PAR1
Xi = オン
Xi = オフ

b. 発現レベル
>75%
50〜75%
30〜50%
15〜30%
5〜15%
1〜5%
<1%

E. X染色体の階層

偽常染色体領域1
S5
S4
S5
S2a
セントロメア
XIST
S1
S2b
S1
偽常染色体領域2

第 2 部

ゲノミクス

ゲノミクス——ゲノム構造に関する研究

ゲノミクスとはさまざまな生物種のゲノムの構造と機能をあらゆる側面から研究する科学分野である。その第一義的な目標はゲノムの全塩基配列の決定である。関連分野として，転写や翻訳に関わるすべての分子とそれらの制御に関する研究領域（**トランスクリプトミクス** transcriptomics）や，細胞または生物が産生するすべてのタンパクの解析（**プロテオミクス** proteomics），すべての遺伝子の機能解析（**機能ゲノミクス** functional genomics），ゲノムの進化を扱う領域（**比較ゲノミクス** comparative genomics），データの蓄積・保管・管理に関する研究領域（**バイオインフォマティクス** bioinformatics）などがある。ゲノム研究は医療や農業とも重要な関連がある。

A. ゲノム塩基配列が決定された生物種の例

ヒトのゲノムは28億5千万塩基（2.85 Gb，2,851,300,913塩基）で構成されるが，タンパクをコードする遺伝子の数は意外に少なく，2万2千ほどである〔訳注：この数値は絶対的なものではなく，最近では3万数千と推定されている〕。これは，より小さな生物種のもつ遺伝子数と比較してみると驚くほど少ない。ヒトゲノムのその他の基本的な特徴として，遺伝子の平均密度が低い，進化の過程で重複により生じた染色体領域が存在する，散在性の反復配列が高い割合を占める，転位が起こっている証拠がある，遺伝子やその他の部分の塩基配列に他の生物種との相同性がみられる，などがある。ヒトの24種類の染色体すべての塩基配列が決定されている。ヒトやその他の生物種のゲノムに関する情報はインターネットから入手できる。

画像の出典：1）A. Dürer, 1507. Adam und Eva. Museo Nacional del Prado, Madrid；2）J. Weissenbach, 2004；3）Nature 429: 353–355；4）www.prevent-protect.at/mausfolgen.gif；5）Robert Geisler, Max Planck Institute for Developmental Biology, Germany (www.zf-models.org/)；6）Marco van Kerkhoven (www.kennislink.nl)；7）University of Guelph, Ontario (www.uoguelph.ca/.../Drosophila2.jpg；www.gen.cam.ac.uk/dept/ashburner.html)；8）Dr. Michel Viso (www.desc.med.vu.nl/NL-Taxi.htm)；9）Winston Laboratory, Department of Genetics, Harvard Medical School (genetics.med.harvard.edu/~winston/)；10）MichiganTech (www.techalive.mtu.edu/meec/)；11）The Swiss-Prot plant proteome annotation program (www.biologie.uni-ulm.de/bio2/knoop/images/arabidopsis.jpg)

参考文献

ヒ ト：International Human Genome Sequencing Consortium (IHGSC): Initial sequencing and analysis of the human genome. Nature 409: 860–921, 2001.
International Human Genome Sequencing Consortium (IHGSC): Finishing the euchromatic sequence of the human genome. Nature 431: 931–945, 2004.
Nature Webfocus: The Human Genome (www.nature.com/nature/focus/humangenome/index.html).
Venter JC et al: The sequence of the human genome. Science 291:1304–1351, 2001.

チンパンジー：Chimpanzee Sequencing and Analysis Consortium: Initial sequence of the chimpanzee genome and comparison with the human genome. Nature 437: 69–87, 2005.

イ ヌ：Lindblad-Toh K et al: Genome sequence, comparative analysis and haplotype structure of the domestic dog. Nature 438: 803–819, 2005.

マ ウ ス：Mouse Genome Sequencing Consortium: Initial sequencing and comparative analysis of the mouse genome. Nature 420: 520–562, 2002.

ラット（図には示していない）：Gibbs RA et al: Genome sequence of the Brown Norway rat yields insights into mammalian evolution. Nature 428: 493–521, 2004.

ゼブラフィッシュ：2008年10月1日現在，1,948 Mb中1,449 Mbの配列が決定されている（www.sanger.ac.uk/）。

マラリア原虫（*Plasmodium falciparum*）を媒介するハマダラカ：Holt RA et al: The genome sequence of the malaria mosquito *Anopheles gambiae*. Science 298: 129–149, 2002.（原虫のゲノムも配列決定されている：Gardner MJ et al, Nature 419: 498–519, 2000）

キイロショウジョウバエ：Adams MD et al: The genome sequence of *Drosophila melanogaster*. Science 287: 2185–2195, 2000.

線 虫：*C. elegans* Sequencing Consortium: Genome sequence of the nematode *C. elegans*: a platform for investigating biology. Science 282: 2012–2018, 1998.

出 芽 酵 母：Goffeau A et al: Life with 6000 genes. Science 274: 546, 563–567, 1996.

大 腸 菌：Blattner FR et al: The complete genome sequence of *Escherichia coli* K-12. Science 277: 1453–1474, 1997.

シロイヌナズナ：*Arabidopsis* Genome Initiative: Analysis of the genome sequence of the flowering plant *Arabidopsis thaliana*. Nature 408: 796–815, 2000.

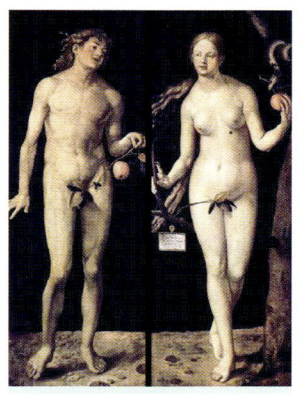

ゲノミクス——ゲノム構造に関する研究 241

1. ヒト（*Homo sapiens*）：約3,000 Mb，約22,000 遺伝子
2. チンパンジー：約3,000 Mb，ヒトと1.2%の違い 
3. イヌ（*Canis domesticus*）：2,410 Mb，19,300 遺伝子 
4. マウス（*Mus musculus*）：2,500 Mb，約25,000 遺伝子 
5. ゼブラフィッシュ（*Danio rerio*）：1,600 Mb（70%が配列決定された），約22,000 遺伝子 
6. ハマダラカ（*Anopheles gambiae*）：278 Mb，約14,000 遺伝子 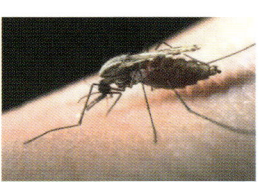
7. キイロショウジョウバエ（*D. melanogaster*）：180 Mb，13,600 遺伝子 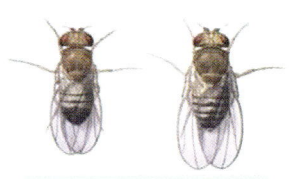
8. 線虫（*C. elegans*）：97 Mb，19,000 遺伝子 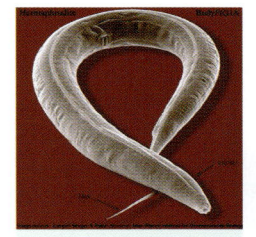
9. 出芽酵母（*S. cerevisiae*）：12.1 Mb，6,300 遺伝子 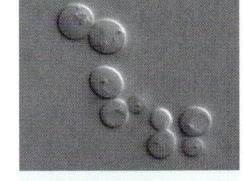
10. 大腸菌（*E. coli*）：4,700 kb，4,300 遺伝子 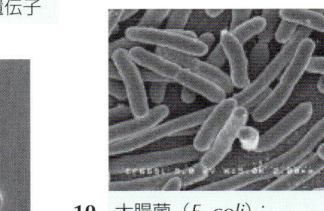
11. シロイヌナズナ（*Arabidopsis thaliana*）：125 Mb，約25,000 遺伝子 

A. ゲノム塩基配列が決定された生物種の例

遺伝子の同定

遺伝子を同定する最初のステップは，その遺伝子座の染色体上での正確な位置を決めることである。これが，遺伝子のエキソン／イントロン構造という次のレベルの情報を得るための出発点となる。遺伝子の部分的または完全な配列情報は，その機能を知る手掛かりとなる。多型マーカーの地図に関する配列情報がデータベースとして保存されている。さまざまな生物種からの対応するデータや，その他の情報源からの情報が利用される。ここでは遺伝子を同定する際に利用される3つの原理について概説する。

A. 疾患関連遺伝子の同定のための手法

基本的に3つの手法が有効であることがわかっている。すなわち，(1) **ポジショナル（位置的）クローニング法** positional cloning，(2) **機能的クローニング法** functional cloning，(3) **候補遺伝子クローニング法** candidate gene cloning である。すべての手法において最初の重要なステップは，疾患の症状を臨床的に確定すること，つまり臨床診断である。ヒトの遺伝子と表現型に関する McKusick のカタログ（McKusick, 1998），もしくはそのオンライン版である OMIM の利用が，この目的に不可欠となる。遺伝的異質性の可能性を考慮することは重要である。多因子性で複雑な遺伝をする場合は，ここで述べているように単一の遺伝子を同定することは通常不可能である。

ポジショナルクローニング法は対象遺伝子の染色体上での位置情報から始まる。一般に，この情報は近隣の遺伝子座との連鎖解析によって前もって得られているのが普通である。遺伝子が同定されて単離されれば，変異解析により機能異常と関連づけることができる。同定された変異が病因であることを示すには，その変異が患者にのみ存在し，家系内の健常者や正常対照群には存在しないことを証明する必要がある。

機能的クローニング法では対象遺伝子の機能に関する情報がわかっていなければならない。研究の開始時点では遺伝子の機能は不明なことが多いので，この方法の利用は限られている。機能が判明している遺伝子があらかじめ染色体上にマップされていて，疾患の症状からその遺伝子機能との関連が推測できる場合に，この方法が有効である。

候補遺伝子クローニング法は独立に得られた情報を利用する。問題としている疾患と関連した機能をもつ遺伝子が存在し，その位置が決まっていれば，患者でその遺伝子に変異がないかを調べることができる。もし患者でその候補遺伝子に変異が存在すれば，その遺伝子が疾患の原因遺伝子である可能性が高い。

B. 遺伝子同定のための基本的なステップ

ヒト遺伝病の原因遺伝子を同定するためには，DNA用の血液試料とともに，臨床データや家族歴を患者と健常者から集める必要がある。単一遺伝子疾患の場合，疾患の遺伝形式は常染色体劣性遺伝，常染色体優性遺伝，X連鎖性遺伝の3つのうちのどれかになる（図1）。原因遺伝子が存在する染色体領域の推定は，連鎖解析または染色体構造異常（欠失や転座など）による物理的マッピングのような，いくつかの遺伝的マッピング法の1つを用いて行う（図2）。さらに遺伝子の存在領域を2～3 Mbの範囲まで絞り込む（図3）。その領域について，酵母人工染色体（YAC）や細菌人工染色体（BAC），コスミドライブラリの重なり合うDNAクローンのコンティグ地図を作製する（図4）。この領域にマップされている一群の多型マーカーを用いて，これをさらに精密化する（図5）。オープンリーディングフレーム（ORF），転写産物，エキソン，ポリアデニル化シグナルを手掛かりとして，この領域で遺伝子を同定し単離する（図6）。単離した遺伝子について変異解析を行う（図7）。患者で変異が見つからない遺伝子は除外される。解析した遺伝子の1つに変異が見つかり，それが多型でないならば，その遺伝子が目的とする遺伝子である（図8）。その遺伝子について，エキソン／イントロン構造，大きさ，転写産物を決定する。確認のために，遺伝子の発現パターンを調べ，他の生物種の相同遺伝子と比較する（ズーブロット法，次項参照）。最後に，遺伝子全体の塩基配列を決定する。

参考文献

Brown TA: Genomes, 2nd ed. Bios Scientific Publishers, Oxford, 2002.

McKusick VA: Mendelian Inheritance in Man. Catalog of Human Genes and Genetic Disorders, 12th ed. Johns Hopkins University Press, Baltimore, 1998. Online Version OMIM at www.ncbi.nlm.nih.gov/Omim.

Strachan T, Read AP: Human Molecular Genetics, 3rd ed. Garland Science Publishing, London–New York, 2004.

遺伝子の同定　243

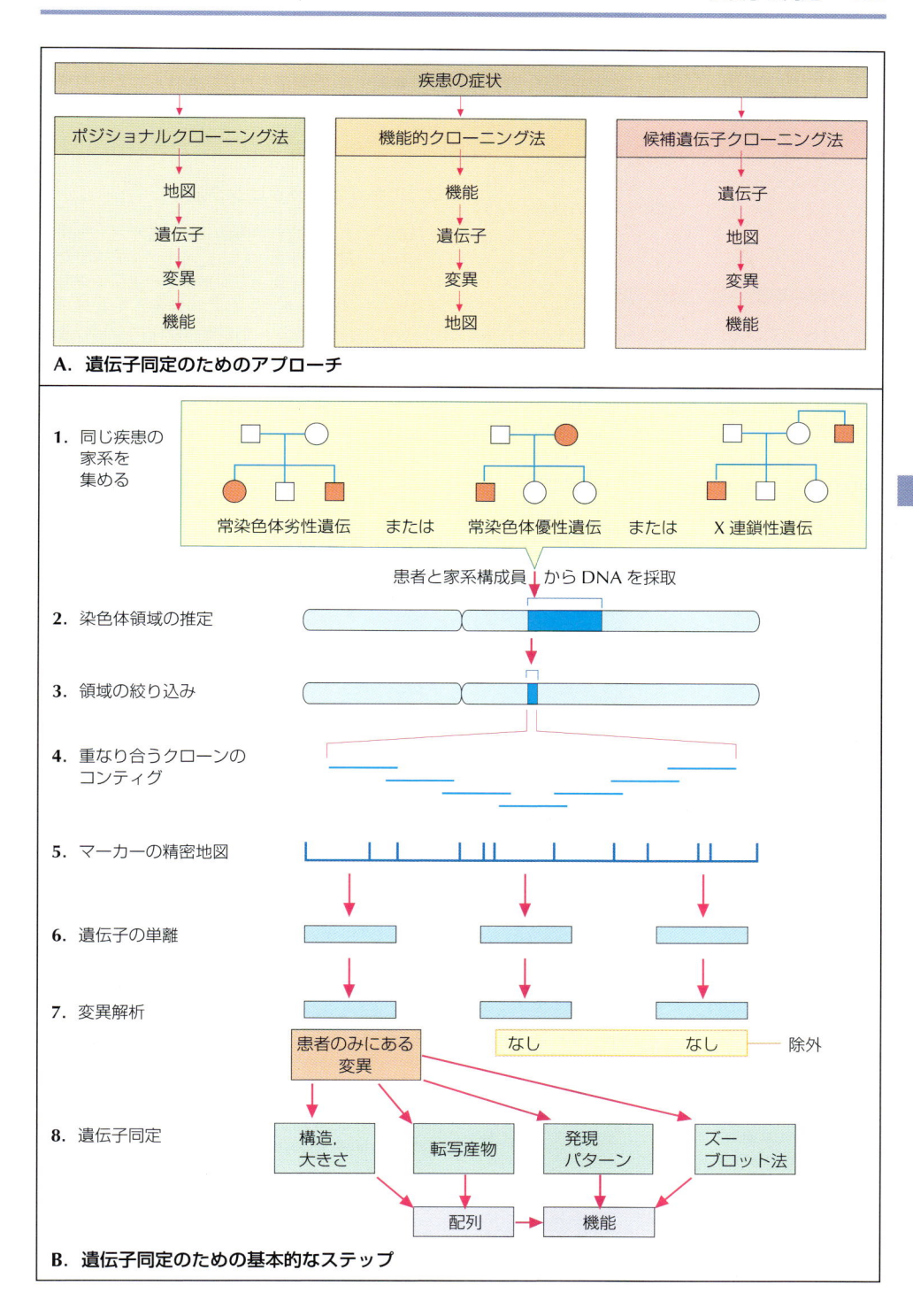

```
                              疾患の症状
                    ↓            ↓            ↓
            ポジショナルクローニング法  機能的クローニング法  候補遺伝子クローニング法

                地図             機能             遺伝子
                 ↓               ↓               ↓
                遺伝子           遺伝子            地図
                 ↓               ↓               ↓
                変異             変異             変異
                 ↓               ↓               ↓
                機能             地図             機能
```

A. 遺伝子同定のためのアプローチ

1. 同じ疾患の家系を集める

    常染色体劣性遺伝　または　常染色体優性遺伝　または　X連鎖性遺伝

    患者と家系構成員からDNAを採取

2. 染色体領域の推定

3. 領域の絞り込み

4. 重なり合うクローンのコンティグ

5. マーカーの精密地図

6. 遺伝子の単離

7. 変異解析

    患者のみにある変異　　なし　　なし　── 除外

8. 遺伝子同定

    構造,大きさ　　転写産物　　発現パターン　　ズーブロット法

    → 配列　　機能

B. 遺伝子同定のための基本的なステップ

発現（転写）DNA の同定

　高等生物ではゲノム DNA の 1〜2％のみが遺伝子であるため，未知の遺伝子を発見するには発現されている DNA 配列を探さなければならない。広い範囲の DNA 塩基配列を決める手間をとらずに，目的とする遺伝子を見つけて解析するための多くの方法がある。

A. 分裂中期染色体の顕微切断

　この方法を用いるには，解析する遺伝子の染色体上でのおよその局在がわかっている必要がある。分裂中期染色体の遺伝子部位（図の右方の赤矢印）を顕微操作器で切り出し，得られた DNA をクローニングして解析する。この方法の利点は，他の染色体領域をすべて除去できる点にある。（写真は K. Buiting 博士，Essen の厚意により Buiting ら，1990 より）

B. 酵母人工染色体（YAC）

　大きな（200〜300 kb）外来 DNA 断片を酵母細胞の染色体に挿入して酵母人工染色体（YAC，184 頁参照）を作製し，これを酵母細胞内で複製させることができる。例として，6 種類の YAC をパルスフィールドゲル電気泳動法の一種（TAFE）で解析したものを示す。レーン 1，8，9 はサイズマーカーである。各 YAC はエチジウムブロミド（DNA を可視化するための試薬）染色したゲル中で，さまざまなサイズの DNA 断片（酵母の本来の染色体に由来する）の間に余剰の DNA バンド（黄色い点でマークしてある）としてみることができる。レーン 2 から 7 にみられる余剰のバンドが YAC である。（写真は K. Buiting 博士と B. Horsthemke 博士，Essen の厚意による）

C. 1 本鎖 DNA 高次構造多型（SSCP）

　この方法は遺伝子の全部または大部分の塩基配列を解析する手間をとらず，変異による遺伝子の変化を検出するものである。上部の写真（図 1）は，温度や pH などの条件を変えて行ったポリアクリルアミドゲル電気泳動の 5 つのレーンを示している。移動度が異なる DNA 断片がレーン 4 にみえる。この方法は，多型や変異があると 1 本鎖 DNA の高次構造（コンホメーション）が変化することを利用している。2 つの DNA 断片間で変異によって 1 カ所だけ塩基が異なると，高次構造が異なるため（1 本鎖 DNA 高次構造多型，SSCP），電気泳動での移動度にも差が生じる（図 2）。短い断片は長い断片より速く移動する。（銀染色ポリアクリルアミドゲル電気泳動の写真は D. Lohmann 博士，Essen の厚意による）

D. エキソントラッピング法

　以前使われていたこの方法では，エキソンを探すことにより遺伝子を見つける。エキソンを探すために，強力なプロモーターとレポーター遺伝子をもつベクター（発現ベクター）に，対象となるゲノム DNA 断片を挿入する。もしその断片に未知の遺伝子のエキソンが含まれていれば，そのエキソンはレポーター遺伝子と一緒に転写されて RNA となる。スプライシングを受けた RNA から，そのエキソンを cDNA として回収する。cDNA は PCR で増幅して塩基配列を決定できる。（図は Davies & Read，1992 より改変）

E. ズーブロット法

　「ズーブロット法」は，異なる生物種のゲノム DNA をサザンブロット法で比較するものである。写真は 5 つの生物種の DNA を同じプローブでサザンブロット法により解析したものである。種の違いを超えて同じ DNA が交差ハイブリッド形成すること（「ズーブロット」〔訳注：「ズー zoo」とは動物園のこと。より多種の生物種を用いるものを「ノアの箱船」ブロット法と呼ぶことがある〕）は，その配列がタンパクをコードしていることを示している。（写真は K. Buiting 博士，Essen の厚意による）

参考文献

Buiting K et al: Microdissection of the Prader–Willi syndrome chromosome region and identification of potential gene sequences. Genomics 6: 521–527, 1990.

Davies KE, Read AP: Molecular Basis of Inherited Disease, 2nd ed. IRL Press, Oxford, 1992.

Lüdecke HJ et al: Cloning defined regions of the human genome by microdissection of banded chromosomes and enzymatic amplification. Nature 338: 348–350, 1989.

Strachan T, Read AP: Human Molecular Genetics, 3rd ed. Garland Science Publishing, London–New York, 2004.

発現（転写）DNA の同定

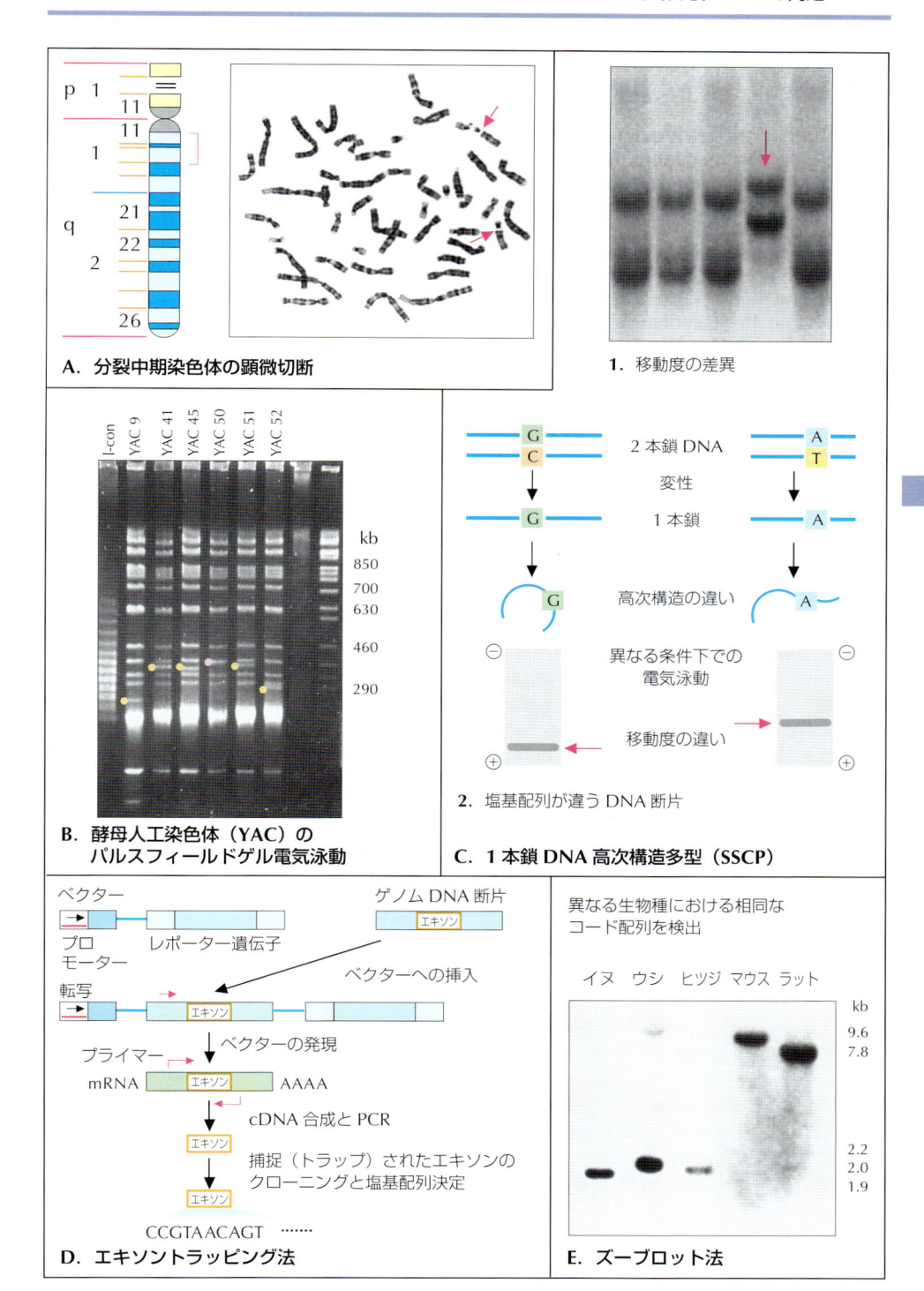

A. 分裂中期染色体の顕微切断

B. 酵母人工染色体（YAC）の パルスフィールドゲル電気泳動

C. 1 本鎖 DNA 高次構造多型（SSCP）
1. 移動度の差異
2. 塩基配列が違う DNA 断片

D. エキソントラッピング法

E. ズーブロット法

ゲノム研究の手法

　ゲノムの全塩基配列が決定される以前のゲノム研究では，いくつかの手法が互いに補い合う形で使われていた。第一義的な関心はゲノムのサイズ，含まれる遺伝子の数，遺伝子の分布（遺伝子密度），そして遺伝子の機能と進化であった。ゲノムの塩基配列決定には大きく分けて2つの手法がある。クローン単位ごとの塩基配列決定法と，いわゆるショットガン法である。前者では互いの関係がわかっている個々のDNAクローンを単離し，順番に並べてから塩基配列を決める。ショットガン法ではゲノムを切断して互いの関係はわからない数百万の断片にする。どこに由来するかわからないこれらのDNAをクローニングして配列を決める。塩基配列が決まったら，高速コンピュータを使ってクローンの順番を決める。これら2つの方法は互いに相手の欠点を補うものである。

A. 重なり合うDNAクローンの整列化

　一群の互いに重なり合うDNAクローン（図1）を整列化することで，そのクローンが由来したゲノムDNA領域を再構成する（図2）。最初に，放射標識したDNAプローブ（プローブA）を準備し，ゲノムDNAライブラリへのハイブリッド形成実験を行って，クローン1と隣り合うクローンを単離する。次に，別のプローブ（プローブB）のハイブリッド形成で隣り合う断片を見つける。これを繰り返して，各クローンをそれらがゲノム中で配列していた順番に並べる。この方法は染色体（またはDNA）歩行法とも呼ばれ，ゲノムのいくつかの場所から出発して両方向に進めていく。初期の頃は，ヒトの多くの遺伝子がこの方法で同定された。例として，嚢胞性線維症の原因遺伝子 *CFTR* がある（286頁参照）。

B. ゲノム解析の精密さのレベル

　ゲノム解析ではその精密さにいくつかのレベルがある。すなわち染色体（図1），クローニングされた一連のDNA断片（図2），DNA断片を整列化させて長いゲノム領域を再構築したコンティグ（図3），位置目印を並べて作製した地図（図4），最後に塩基配列（図5）である。ここでいう位置目印とは，各断片を区別するための多型DNAマーカーをいう。

C. クローンライブラリからのSTS地図作製

　STS地図の作製はゲノム地図を作製する上で重要である。STS（sequence tagged site，配列タグ部位）とは非反復の短い（60～1,000 bp）ゲノム塩基配列であり，各STSはゲノム中で決まった位置をもちPCR法（62頁参照）で解析できる。STSに関連した情報，すなわちPCR用プライマーの配列やその他のデータは電子的に保存しておくことができ，生物材料を必要としない。STS地図は順番が不明のDNA断片のクローンライブラリ（図1）から作製できる。断片の末端部は制限酵素による切断のパターンで特徴づけられる（68頁参照）。どの末端が重なり合うかによってDNA断片の順番を決め，重なり合う断片の一連の集団，クローンコンティグを作る（図2）。こうして，図ではA, B, Cで表されている位置目印の位置と物理的な距離を示す地図が作製される（図3）。重なり合うクローンの2つの末端配列（100～300 bp）を決めることで，STSが作られる（図4）。

D. EST地図の作製

　EST（expressed sequence tag，発現配列タグ）はcDNAクローン（72頁参照）から得た短いDNA配列である。各ESTは遺伝子の一部に対応している。それらの位置はcDNAクローンの集団（図1）をゲノムDNA（図2）にハイブリッド形成させることで決定できる。このようにして，発現している遺伝子のゲノム上での位置を決定することができ（図3），染色体上へのマッピングによりEST地図が作製される。

参考文献

Brown TA: Genomes. Bios Scientific Publishers, 2nd ed. Oxford, 2002.

Green ED: The human genome project and its impact on the study of human disease, pp 259–298. In: Scriver CR et al (eds) The Metabolic and Molecular Bases of Inherited Disease, 8th ed. McGraw-Hill, New York; 2001.

Strachan T, Read AP: Human Molecular Genetics, 3rd ed. Bios Scientific Publishers, Oxford, 2004.

ネット上の情報：

GenBank at *www.ncbi.nlm.nih.gov*.

ゲノム研究の手法

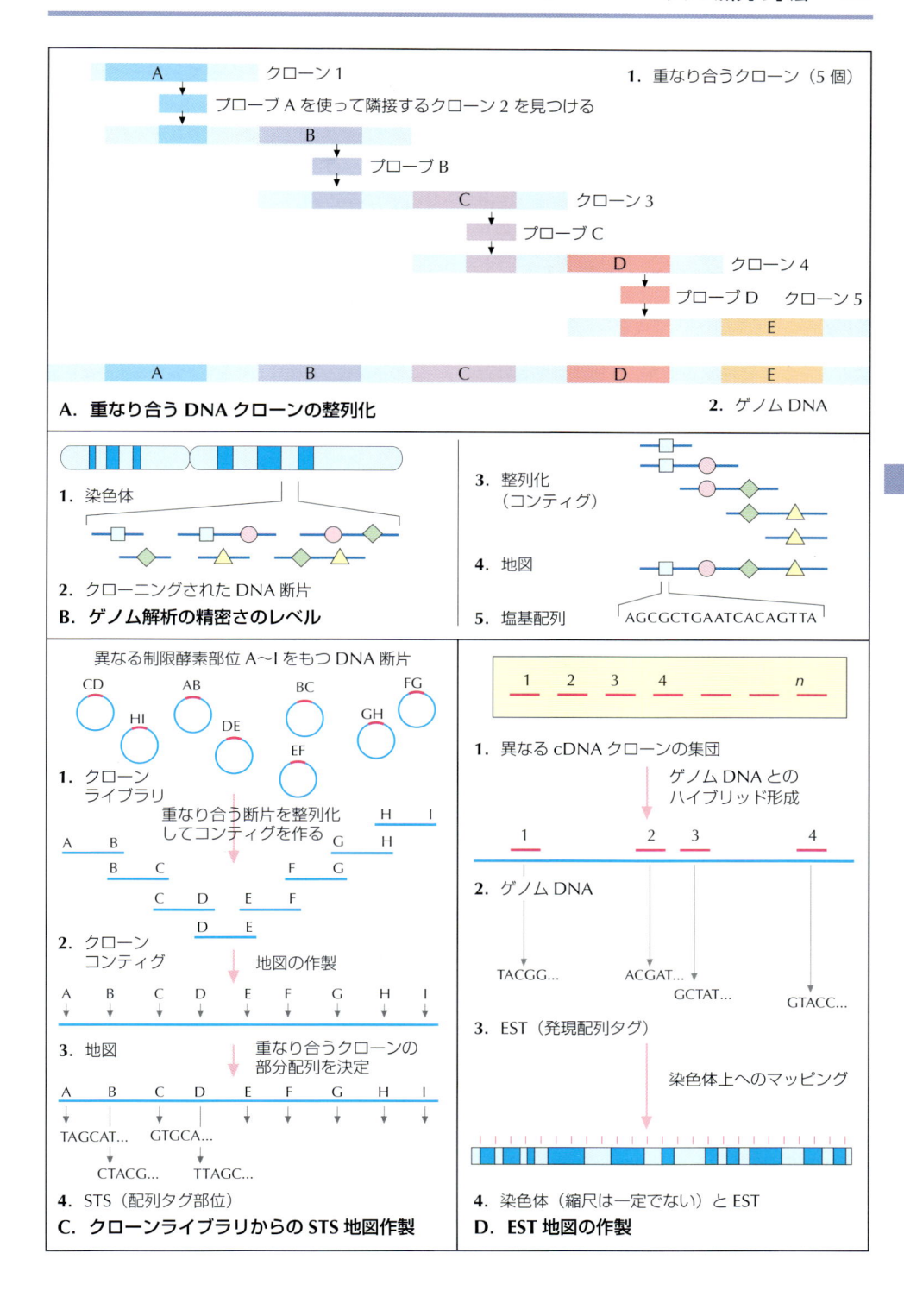

A. 重なり合う DNA クローンの整列化

1. 重なり合うクローン（5個）
   - クローン1
   - プローブAを使って隣接するクローン2を見つける
   - プローブB
   - クローン3
   - プローブC
   - プローブD　クローン5
   - クローン4
2. ゲノムDNA

B. ゲノム解析の精密さのレベル

1. 染色体
2. クローニングされた DNA 断片
3. 整列化（コンティグ）
4. 地図
5. 塩基配列　AGCGCTGAATCACAGTTA

C. クローンライブラリからの STS 地図作製

異なる制限酵素部位 A～I をもつ DNA 断片

1. クローンライブラリ
2. クローンコンティグ　　重なり合う断片を整列化してコンティグを作る
   地図の作製
3. 地図
   重なり合うクローンの部分配列を決定
   TAGCAT...　GTGCA...
   CTACG...　TTAGC...
4. STS（配列タグ部位）

D. EST 地図の作製

1. 異なる cDNA クローンの集団
   ゲノム DNA とのハイブリッド形成
2. ゲノム DNA
   TACGG...　ACGAT...　GCTAT...　GTACC...
3. EST（発現配列タグ）
   染色体上へのマッピング
4. 染色体（縮尺は一定でない）と EST

微生物のゲノム

細菌のゲノムは小さく，500〜10,000 kb の範囲にある。遺伝子は高い密度で存在し，環状の染色体上にほぼ連続して並んでいる。コード領域は短く（平均 1 kb），イントロンをもたない。細菌はそのゲノムのサイズと主要な特徴により分類することができる。細菌のゲノムから遺伝子を選択的に除去していくことで，研究室の培養条件下での必須遺伝子はおよそ 265〜350 個であることがわかった（Hutchison ら，1999）。

ゲノムのサイズが小さいことから，全生物種の中でインフルエンザ菌（*Haemophilus influenzae*）ゲノムの全塩基配列が 1995 年，最初に決定された（Fleischmann ら，1995）。最近のデータは細菌のゲノムにも偽遺伝子が存在することを示している。大腸菌 K-12 では，およそ 20 のコード領域あたり 1 つの偽遺伝子がある。最も小さい細菌ゲノムはマイコプラズマ（*Mycoplasma genitalium*）のものである（580,073 bp，483 遺伝子）。この細菌は偏性細胞内寄生体であり，代謝関連のタンパクをコードする遺伝子の多くが失われている。周囲の環境から細胞内に生命維持に必要な分子を取り込むことで，自身の限られた代謝機能を補っている。

寄生体でない細菌で最も小さいゲノムをもつのは *Pelagibacter ubique* である（1,308,759 bp，1,354 遺伝子；Giovannoni ら，2005）。この小さなゲノムには，他のすべての細菌と違い，すべてのアミノ酸の完全な生合成経路の遺伝子が存在する。

A. 小さなバクテリオファージのゲノム

ファージ φX174 は，そのゲノムの配列が最初に決定された生命体で，5,386 ヌクレオチドの 1 本鎖 DNA に 10 個の遺伝子（A〜J）がある（F. Sanger ら，1977）。ファージ φX174 のゲノムは非常にコンパクトで，いくつかの遺伝子は重なり合っている。（図は Sanger ら，1977 より）

B. ファージ φX174 の重なり合う遺伝子

遺伝子 A と B，B と C，D と E の読み枠が部分的に重なり合っている。重なり合う遺伝子は異なる読み枠で翻訳される。例えば，遺伝子 E の開始コドン ATG の初めの 2 つのヌクレオチド（AT）は，遺伝子 D のチロシン（Tyr）コドン TAT の一部でもある。同様に，遺伝子 E の終止コドン TGA は，遺伝子 D のコドン GTG（バリン）と ATG（メチオニン）の一部でもある。このように，この小さなゲノムは非常に効率よく使われている。

C. 大腸菌（*Escherichia coli*）のゲノム

この単純化した図は，細菌ゲノムの基本的な特徴を示している。機能的に関連した遺伝子は，通常集合してオペロンを形成している（多くのオペロンのうち図には 4 つを示す）。大腸菌では約半数の遺伝子がオペロンを形成している。

参考文献

Brown TA: Genomes, 2nd ed. Bios Scientific Publ, Oxford, 2002.
Fleischmann RD et al: Whole-genome random sequencing and assembly of *Haemophilus influenzae* Rd. Science 269: 496–512, 1995.
Fraser CM, Eisen JA, Sulzberg SL: Microbial genome sequencing. Nature 406: 799–803, 2000.
Giovannoni SJ et al: Genome streamlining in a cosmopolitan oceanic bacterium. Science 309: 1242–1245, 2005.
Ochman H, Davalos LM: The nature and dynamics of bacterial genomes. Science 311: 1730–1733, 2006.
Sanger F et al: Nucleotide sequence of the bacteriophage ΦX174 DNA. Nature 265: 687–695, 1977.
Bacterial genome information online: www.tigr.org/tdb/mdb/mdbinprogress.html.
(Entrez Genomes and search for sequenced microorganisms at http://www.ncbi.nlm.nih.gov/).
GenomesOnLine Database www.genomesonline.org/.
Parasite Genomes Website: www.ma.ucla.edu/par/.

細菌のゲノムのサイズと一般的な内容

ゲノムのおもな特徴	独立栄養	条件的病原体	病原体または偏性寄生体
ゲノムのサイズ	大（5〜10 Mb）	2〜5 Mb	小（0.5〜1.5 Mb）
ゲノムの安定性	安定または不安定	不安定	安定
遺伝子の水平伝達	頻繁	頻繁／まれ	まれ，または，なし
偽遺伝子の数	少ない	多い	ごく少ない
細菌集団の大きさ	大	小	小
病原性	ない	ある	ある

Mb：100 万塩基対（データは Ochman & Davalos，2006 より）

微生物のゲノム 249

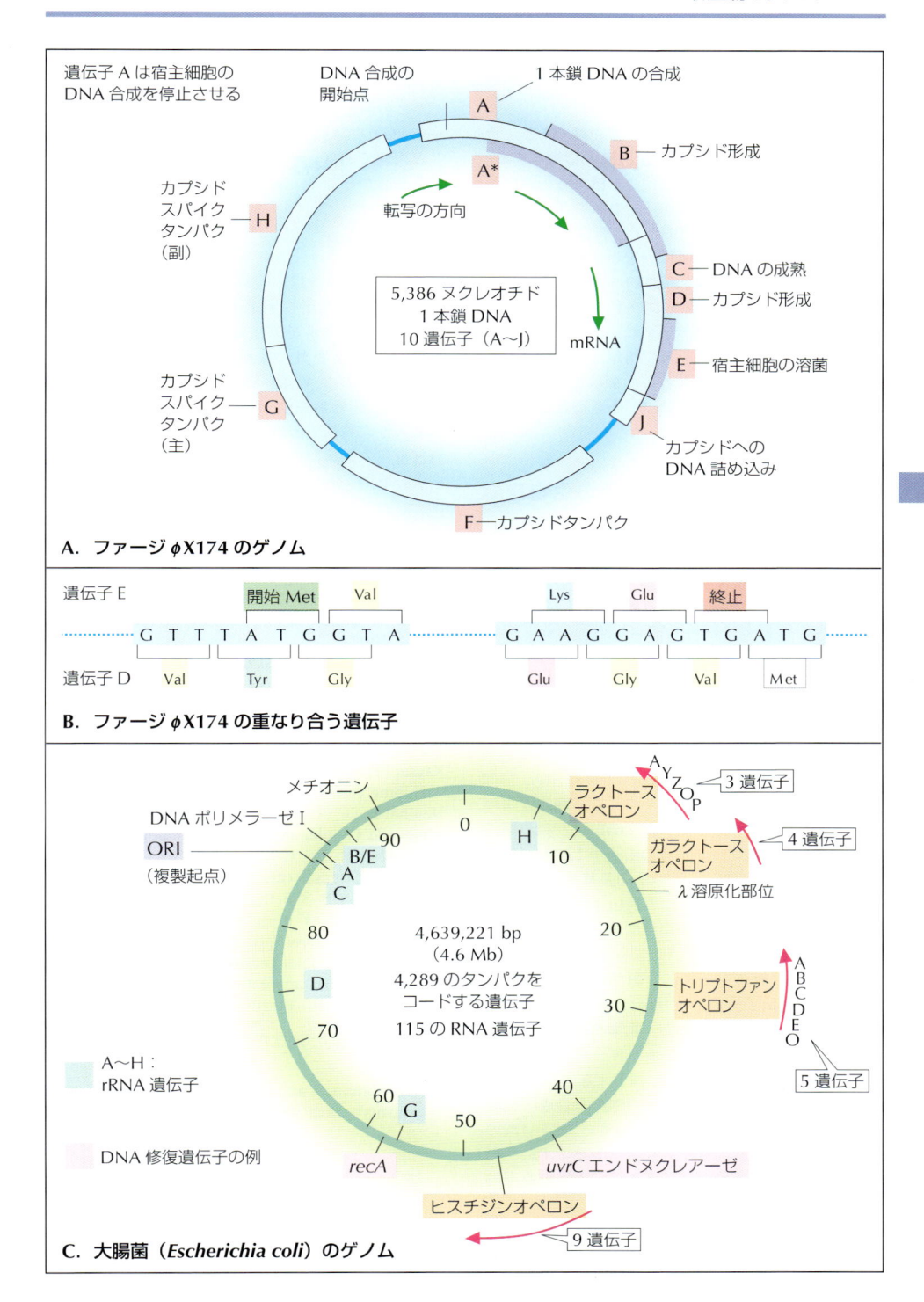

遺伝子Aは宿主細胞の
DNA合成を停止させる

DNA合成の開始点

A — 1本鎖DNAの合成

A*

転写の方向

B — カプシド形成

5,386 ヌクレオチド
1本鎖DNA
10 遺伝子（A～J）

mRNA

C — DNAの成熟
D — カプシド形成
E — 宿主細胞の溶菌

H — カプシドスパイクタンパク（副）

G — カプシドスパイクタンパク（主）

J — カプシドへのDNA詰め込み

F — カプシドタンパク

A. ファージφX174のゲノム

遺伝子E　　開始 Met　　Val　　　　　　Lys　　Glu　　終止

G T T T A T G G T A ... G A A G G A G T G A T G

遺伝子D　Val　　Tyr　　Gly　　　　　Glu　　Gly　　Val　　Met

B. ファージφX174の重なり合う遺伝子

メチオニン

DNAポリメラーゼI

ORI（複製起点）

B/E
A
C

ラクトースオペロン — A Y Z O P — 3遺伝子
ガラクトースオペロン — 4遺伝子
λ溶原化部位

4,639,221 bp
(4.6 Mb)
4,289 のタンパクをコードする遺伝子
115 の RNA 遺伝子

トリプトファンオペロン — A B C D E O — 5遺伝子

A～H：rRNA遺伝子

DNA修復遺伝子の例

G
recA
uvrC エンドヌクレアーゼ

ヒスチジンオペロン — 9遺伝子

C. 大腸菌（*Escherichia coli*）のゲノム

大腸菌（*Escherichia coli*）ゲノムの完全な塩基配列

　大腸菌はヒトや動物の消化管の常在菌である。そのため，この細菌は糞便による汚染の指標となる。ある種の大腸菌は非常に頻繁にヒト感染症の原因となる。ここでは，塩基配列が決定された多くの微生物ゲノムの一例として，1997年に報告された大腸菌 K12 株のゲノムの全塩基配列を示す（Blattner ら，1997）。このゲノムは 4,639,221 bp（4.6 Mb）の大きさで，4,289 のタンパクをコードする遺伝子を含んでいる。ゲノムの配列データは，遺伝子の機能を決定する部位であることを示す情報，感染性（毒性因子）を決定する部位であることを示す情報，他の生物種と相同性がみられる部位であることを示す情報などと関連づけられている。

A. 全般的な構造ならびに他の生物種のゲノム塩基配列との比較

　図は大腸菌ゲノムの約 80 kb の小さな領域を原報から抜粋したものである。塩基番号 3,310,000～3,345,000 の配列を上段に（図1），3,339,000～4,025,000 の配列を下段に（図2）示す。各段の一番上に色分けして示した2本の帯は，2本鎖 DNA の各鎖にコードされた大腸菌タンパクの遺伝子である。配列決定が完了した他の5種類の生物のゲノムを比較のために示してある。CAI（codon adaptation index，コドン適合指標）は，ある生物でのコドン使用頻度の偏りを反映している。

　タンパクをコードする遺伝子のうち，機能既知のタンパクをコードする遺伝子が 2,657（62％），機能不明のタンパクをコードする遺伝子が 1,632（38％）同定されている。遺伝子間の平均距離は 118 bp であった。10万 bp あたり1つの遺伝子が存在する真核生物ゲノムと比べ，この距離は著しく短い。タンパクをコードする遺伝子（ゲノムの 87.8％ を占める）は 22 の機能グループに分類される（図の下半分に示した遺伝子機能のカラーコードを参照）。その内容は以下のとおりである。制御機能をもつ遺伝子が 45（全体の 1.05％），エネルギー代謝に関わる遺伝子が 243（5.67％），DNA 複製・組換え・修復が 115（2.68％），転写ならびに RNA の合成・代謝が 255（5.94％），翻訳が 182（4.24％），アミノ酸の生合成と代謝が 131（3.06％），ヌクレオチドの生合成と代謝が 58（1.35％）。これは原核生物の典型的な遺伝子機能の分布パターンである。

　大腸菌のタンパクは他の生物種のタンパクとの間に相同性がみられる。1,703 のタンパクがインフルエンザ菌（*Haemophilus influenzae*）のタンパクと，468 がマイコプラズマ（*Mycoplasma genitalium*）のタンパクと相同性を示す。相同性は真核生物のタンパクとの間にさえ存在し，出芽酵母（*Saccharomyces cerevisiae*）では 5,885 のタンパクが大腸菌のタンパクと相同である。（図は Blattner ら，1997 による完全な地図からごく一部を抜粋した）

医学との関連

　大腸菌のある株は，さまざまな症状や重症度の小腸感染症を引き起こす。注目すべき病原性株として，(1) 志賀毒素産生性大腸菌（STEC，代表例は加熱不十分な牛肉に検出される O157 : H7），(2) 腸管毒素原性大腸菌（ETEC，旅行者下痢症の原因），(3) 腸管病原性大腸菌（EPEC），(4) 腸管組織侵入性大腸菌（EIEC，赤痢の原因），(5) 腸管拡散付着性大腸菌（DAEC，旅行者下痢症と持続性下痢症の原因；Russo，2005 参照）がある。

参考文献

Blattner FR et al.: The complete genome sequence of Escherichia coli K-12. Science 277: 1453–1474, 1997.
Brown TA: Genomes, 2nd ed. Bios Scientific Publ, Oxford, 2002.
Fraser CM, Eisen JA, Sulzberg SL: Microbial genome sequencing. Nature 406: 799–803, 2000.
Hutchison III CA et al: Global transposon mutagenesis and a minimal mycoplasma genome. Science 286: 2165–2169, 1999.
Kayser FH et al: Medizinische Mikrobiologie, 10th ed. Thieme Verlag, Stuttgart–New York, 2001.
Neidhardt FC et al (eds): *Escherichia coli* and *Salmonella*. Cellular and Molecular Biology. ASM Press, Washington, DC, 1996.
Russo TA: Diseases caused by gram-negative enteric bacilli, pp 878–885. In: Kasper DL et al (eds) Harrison's Principles of Internal Medicine, 16th ed. McGraw-Hill, New York, 2005.
Wren BW: Microbial genome analysis: insights into virulence, host adaptation and evolution. Nature Rev Genet 1: 30–39, 2000.

ゲノム塩基配列が決定された微生物に関するネット上の情報：
(Entrez Genomes and search for sequenced microorganisms at http://www.ncbi.nlm.nih.gov/).

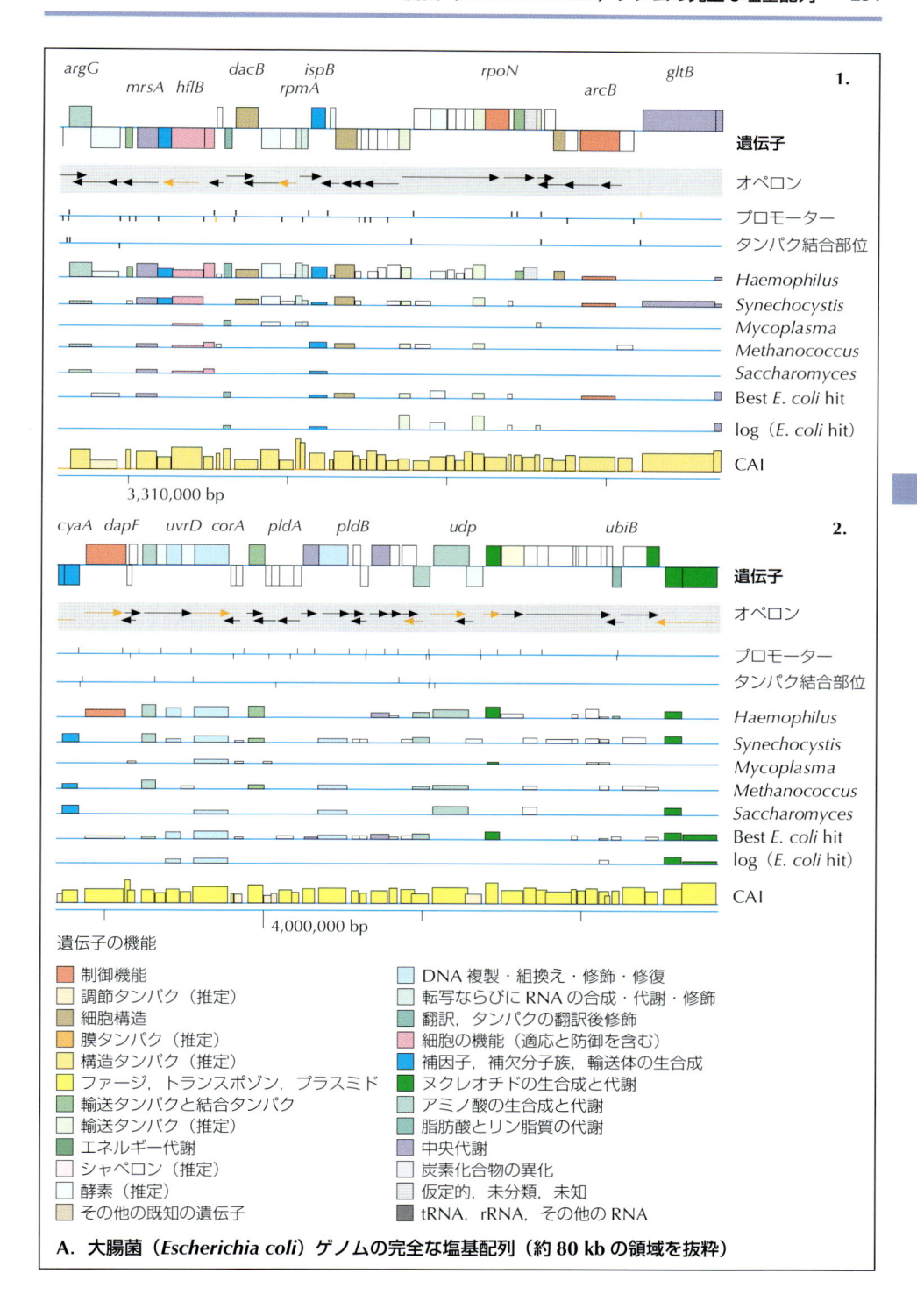

大腸菌（*Escherichia coli*）ゲノムの完全な塩基配列　　251

	遺伝子
	オペロン
	プロモーター
	タンパク結合部位
	Haemophilus
	Synechocystis
	Mycoplasma
	Methanococcus
	Saccharomyces
	Best *E. coli* hit
	log（*E. coli* hit）
	CAI

1. *argG*, *mrsA*, *hflB*, *dacB*, *ispB*, *rpmA*, *rpoN*, *arcB*, *gltB*　3,310,000 bp

2. *cyaA*, *dapF*, *uvrD*, *corA*, *pldA*, *pldB*, *udp*, *ubiB*　4,000,000 bp

遺伝子の機能

- 制御機能
- 調節タンパク（推定）
- 細胞構造
- 膜タンパク（推定）
- 構造タンパク（推定）
- ファージ，トランスポゾン，プラスミド
- 輸送タンパクと結合タンパク
- 輸送タンパク（推定）
- エネルギー代謝
- シャペロン（推定）
- 酵素（推定）
- その他の既知の遺伝子
- DNA複製・組換え・修飾・修復
- 転写ならびにRNAの合成・代謝・修飾
- 翻訳，タンパクの翻訳後修飾
- 細胞の機能（適応と防御を含む）
- 補因子，補欠分子族，輸送体の生合成
- ヌクレオチドの生合成と代謝
- アミノ酸の生合成と代謝
- 脂肪酸とリン脂質の代謝
- 中央代謝
- 炭素化合物の異化
- 仮定的，未分類，未知
- tRNA，rRNA，その他のRNA

A. 大腸菌（*Escherichia coli*）ゲノムの完全な塩基配列（約80 kbの領域を抜粋）

多剤耐性プラスミドのゲノム

プラスミドは細菌内で染色体とは独立して自己複製をする2本鎖の環状DNA分子である。細胞あたりのプラスミド数は数個〜数千個の範囲にあり，その大きさは数千bp〜100kb以上に及ぶ。プラスミドはしばしば抗生物質を不活性化する酵素をコードする遺伝子をもつことで，その存在が細菌宿主にとって有利になる。薬剤耐性プラスミドは効果的な抗生物質治療にとって大きな脅威となっている。そのうえ，多くのプラスミドは接合遺伝子をもっている。接合遺伝子は巨大分子でできた管である線毛を構成するタンパクをコードしていて，この構造はプラスミドDNAのコピーが他の細菌へ移行するための通路となる。そのため薬剤耐性は非常に急速に広がることができる。図に示したのは，多くの種類の抗生物質への耐性をもった多剤耐性コリネバクテリウム由来のプラスミドである。このプラスミドは土壌，植物，動物やヒトの体内に病原体として存在する，さまざまな種類の細菌に由来するDNA領域から構成されている。

A. 多剤耐性プラスミドpTP10

プラスミドpTP10は，51,409bpの大きなゲノムをもったヒトのグラム陽性日和見病原菌 *Corynebacterium striatum* M82B 株に存在する。このプラスミドは，構造上6つに分類される16種類の抗生物質に対する耐性を宿主細菌にもたらすタンパクをコードする遺伝子をもつ（Tauchら，2000）。2000年にその配列が報告された時点では，配列が決定された最大のプラスミドであった。プラスミドを構成する各DNA領域には，ヒト病原菌であるジフテリア菌（*Corynebacterium diphtheriae*）のプラスミド由来のエリスロマイシン耐性領域（**Em**，環状ゲノムの内側に表示），結核菌（*Mycobacterium tuberculosis*）の染色体DNA由来のテトラサイクリン（**Tc**）ならびにオキサシリン耐性領域，土壌細菌 *Corynebacterium glutamicum* のプラスミド由来のクロラムフェニコール耐性領域（**Cm**），それに魚類の病原菌 *Pasteurella piscicida* のプラスミドに由来するアミノグリコシド系薬物カナマイシン（**Km**），ネオマイシン，リビドマイシン，パロモマイシン，リボスタマイシンに対する耐性領域などが含まれる。さらに，5つのトランスポゾンと8カ所に4種類の挿入配列（IS1249, IS1513, IS1250, IS26）をもつ。結局，進化的な起源の異なる8種類の遺伝的に異なるDNA領域が，このプラスミド中には存在する。

B. プラスミドpTP10の遺伝的地図

プラスミドpTP10には47のオープンリーディングフレーム（ORF）がある。それぞれは8種類のDNA領域のいずれかに属して連続して並んでおり，図に示すようにⅠ，Ⅱ，Ⅶb，Ⅲ，Ⅶa，Ⅷ，Ⅳa，Ⅴa，Ⅵ，Ⅴb，Ⅳb，Ⅶcの領域に区分される。

領域Ⅰ（緑色）には5つのORFが含まれ，複合薬剤耐性トランスポゾンTn5432を構成する。挿入配列のIS1249b（ORF1）とIS1249a（ORF5）が，エリスロマイシン耐性遺伝子領域 *ermCX*（ORF3）と *ermLP*（ORF4）に隣接している。まったく同じIS1249がORF29（領域Ⅷ）にも存在する。Tn5432の中央にあるORF3は，短いリーダーペプチドをもつ23S rRNAメチルトランスフェラーゼをコードしており，エリスロマイシン誘導性翻訳停止の調節に関与すると思われる。この領域は *C. diphtheriae* S601のプラスミドpNG2がもつ薬剤耐性遺伝子領域（エリスロマイシンならびにクリンダマイシン耐性領域）と事実上同一である。

Tn5432の下流にある領域Ⅱ（ORF6〜14）にはテトラサイクリン耐性遺伝子領域 *tetA*（ORF6）と *tetB*（ORF7）が含まれる。領域Ⅱは *M. smegmatis* の染色体で見つかったABC（ATP binding cassette）輸送体ファミリーとよく似ている。隣接して並ぶ *tetA* ならびに *tetB* 遺伝子領域は，テトラサイクリンとは構造も機能も異なるβラクタム系抗生物質オキサシリンへの耐性ももたらす。これはTetABタンパクがヘテロ二量体を形成し，オキサシリンを細菌細胞外へ排出するためと考えられている。他の領域についても同様の解析がなされている。（図はTauchら，2000より；原図はAlfred Pühler教授，University of Bielefeld, Germanyの提供による）

参考文献

Kayser FH et al: Medizinische Mikrobiologie, 10th ed. Thieme Verlag Stuttgart–New York, 2001.

Tauch A, Krieft S, Kalinowski J, Pühler A: The 51,409-bp R-plasmid pTP10 from the multiresistant clinical isolate *Corynebacterium striatum* M82B is composed of DNA segments initially identified in soil bacteria and in plant, animal, and human pathogens. Mol Gen Genet 263 : 1–11, 2000.

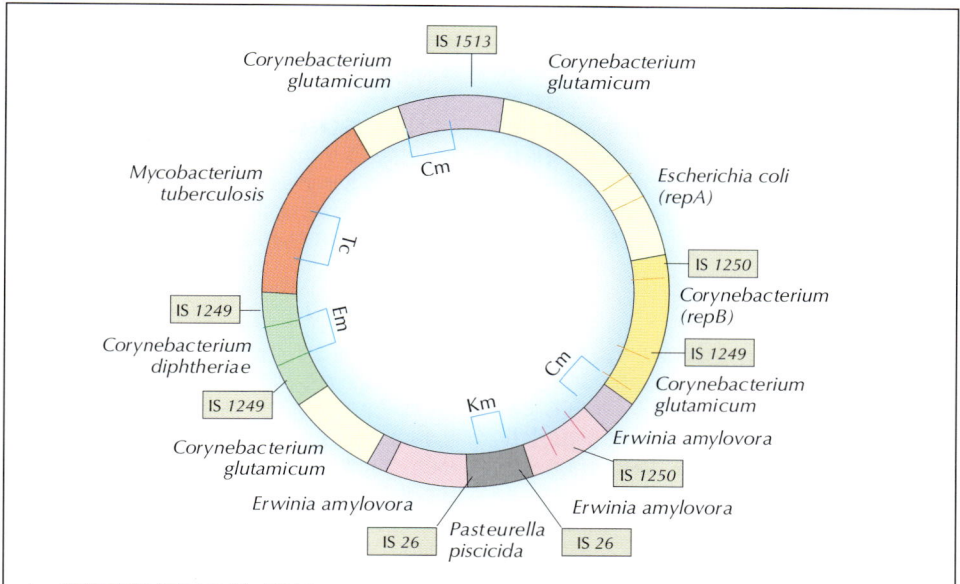

A. 多剤耐性プラスミド pTP10

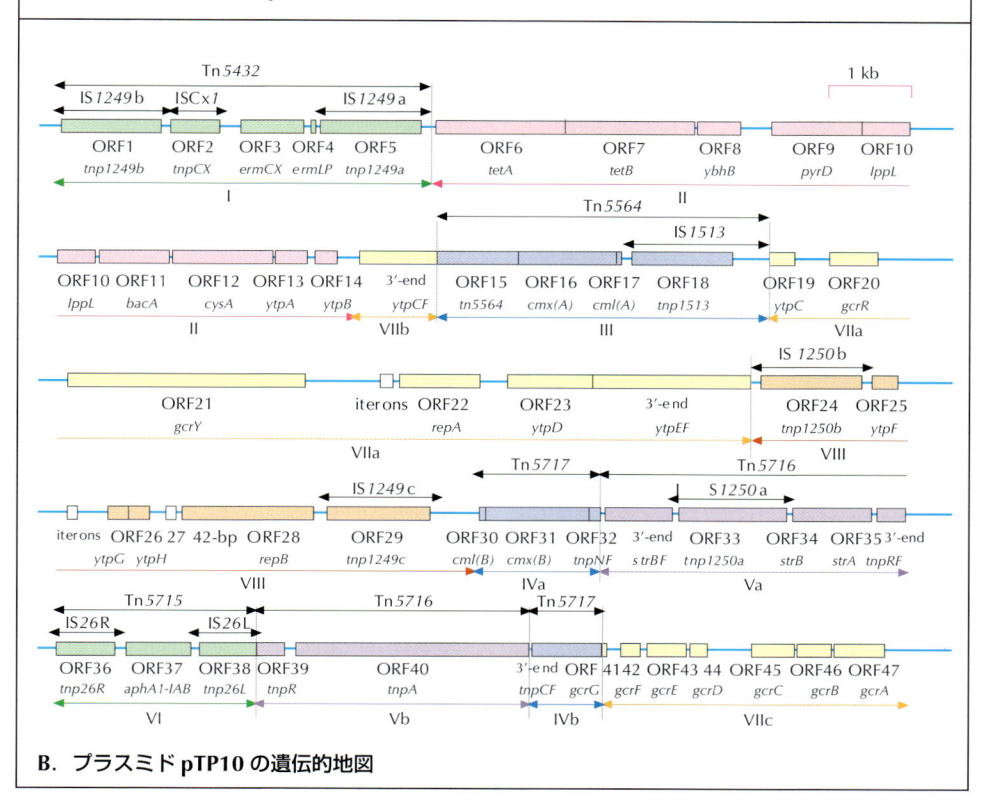

B. プラスミド pTP10 の遺伝的地図

ヒトゲノムの構造

ヒトゲノムは哺乳類でみられる複雑で大きなゲノムの代表的なものである。特筆すべき構造的特徴は，さまざまなタイプの反復配列や非翻訳配列をもつことである。このような特徴のいくつかは脊椎動物の進化の過程で組込まれてきた。個々の染色体は一部に配列の重複した区域部分（部分重複）がみられる。

A. 塩基配列のタイプ

ヒトゲノムのサイズは一倍体あたり約30億塩基対（3×10^9 bp, 3,000 Mb）である。全ゲノムDNAのうち，遺伝子の翻訳領域（エキソン）はわずか1.2%（34 Mb）でしかなく，転写されるが翻訳されない領域は0.7%（21 Mb）ある〔訳注：最後の0.7%は，タンパクをコードしている遺伝子の非翻訳領域という意味である〕。（図は Brown, 2002；Strachan & Read, 2004 より）

B. 散在性反復配列

長い散在性の反復配列 long interspersed nuclear element（LINE，図1）は，哺乳類のレトロトランスポゾンであるが，レトロウイルスと異なり長い末端反復配列（LTR）を欠く。LINE は最大 6,500 bp の長さの反復配列で，その 3′ 末端はアデニンに富み，ゲノムの21%を占める。LINE は2つのオープンリーディングフレーム（ORF）をもち（ORF1, ORF2），どちらも翻訳される。5′ 末端のプロモーター（P）に加えて，内部プロモーターをもつ。おおよそ60万コピーの L1 がヒトゲノム全体にわたって散在している。L1 がある遺伝子に挿入されると遺伝性疾患（例えば，血友病 A，376頁参照）の原因となる。L2 と L3 は 3′ 末端からの逆転写が 5′ 方向へ進むことができないため不活性である。

短い散在性の反復配列 short interspersed nuclear element（SINE，図2）は，約 100～400 bp の反復配列で，GC 豊富な領域がアデニンの豊富な領域を挟んで縦列反復している。タンパクをコードせず自律的な挿入はできない。ヒトの SINE では *Alu* 配列が最も多く，約 3 kb に1つの割合で120万コピーが存在する（ゲノムの約6%）。*Alu* 配列1個の全長は約 120 bp の単量体が2つつながった約 280 bp の二量体で，その後にアデニン豊富な短い配列が続いている。非対称で，右側の反復配列には 32 bp の内部配列が含まれるが，他方には含まれない。*Alu* 配列は霊長類に特徴的な反復配列である。

LTR 型レトロトランスポゾン LTR retroposon（図3）は，LTR に挟まれた配列であり転写調節配列を含む。自律的な挿入をするレトロトランスポゾンは，レトロ転位に必要な *gag*, *pol* という遺伝子を含んでいる（108頁，レトロウイルスの項参照）。

DNA トランスポゾン DNA transposon（図4）は，細菌のトランスポゾンに似て末端逆方向反復配列とトランスポザーゼ活性をもつ。少なくとも7つの主要なクラスがあり，その由来からいくつかのファミリーに分けられる。

C. 分節的重複

分節的重複は 1～200 kb のゲノム塩基配列で，同一染色体の異なる部位（染色体内）あるいは別の染色体（染色体間）の，通常は傍テロメア領域に存在する。例えば，X染色体，20番染色体，4番染色体は，図に線で示したように他の染色体の一部の領域を共有している。ヒトゲノムには 10,310 対の遺伝子を含む 1,077 の重複領域がある。95%以上の配列相同性と 10 kb 以上の長さがあれば，2つの領域間で不等交差が起こる可能性があり，**ゲノム異常症** genomic disorder につながる重複や欠失が生じやすくなる。

参考文献

Brown TA: Genomes, 2nd ed. Bios Scientific Publ, Oxford, 2002.

Chen J-M et al: A systematic analysis of LINE-1 endonuclease-dependent retropositional events causing human genetic diseases. Hum Genet 117: 411–427, 2005.

Cheng Z et al: A genome-wide comparison of recent chimpanzee and human segmental duplications. Nature 437: 88–93, 2005.

Emmanual BS, Shaikh TH: Segmental duplication: an expanding role in genomic instability and disease. Nature Rev Genet 2: 791–800, 2001.

Kazazian Jr HH: Mobile elements: drivers of genome evolution. Science 303: 1626–1632, 2004.

Kazazian Jr HH: L1 retrotransposons shape the mammalian genome. Science 289:1152–1153, 2000.

Strachan T, Read AP: Human Molecular Genetics, 3rd ed. Bios Scientific Publishers, Oxford, 2004.

ネット上の情報：

Nature's Guide to the Human Genome at www.nature.com/nature/focus/humangenome and www.sciencegenomics.org.

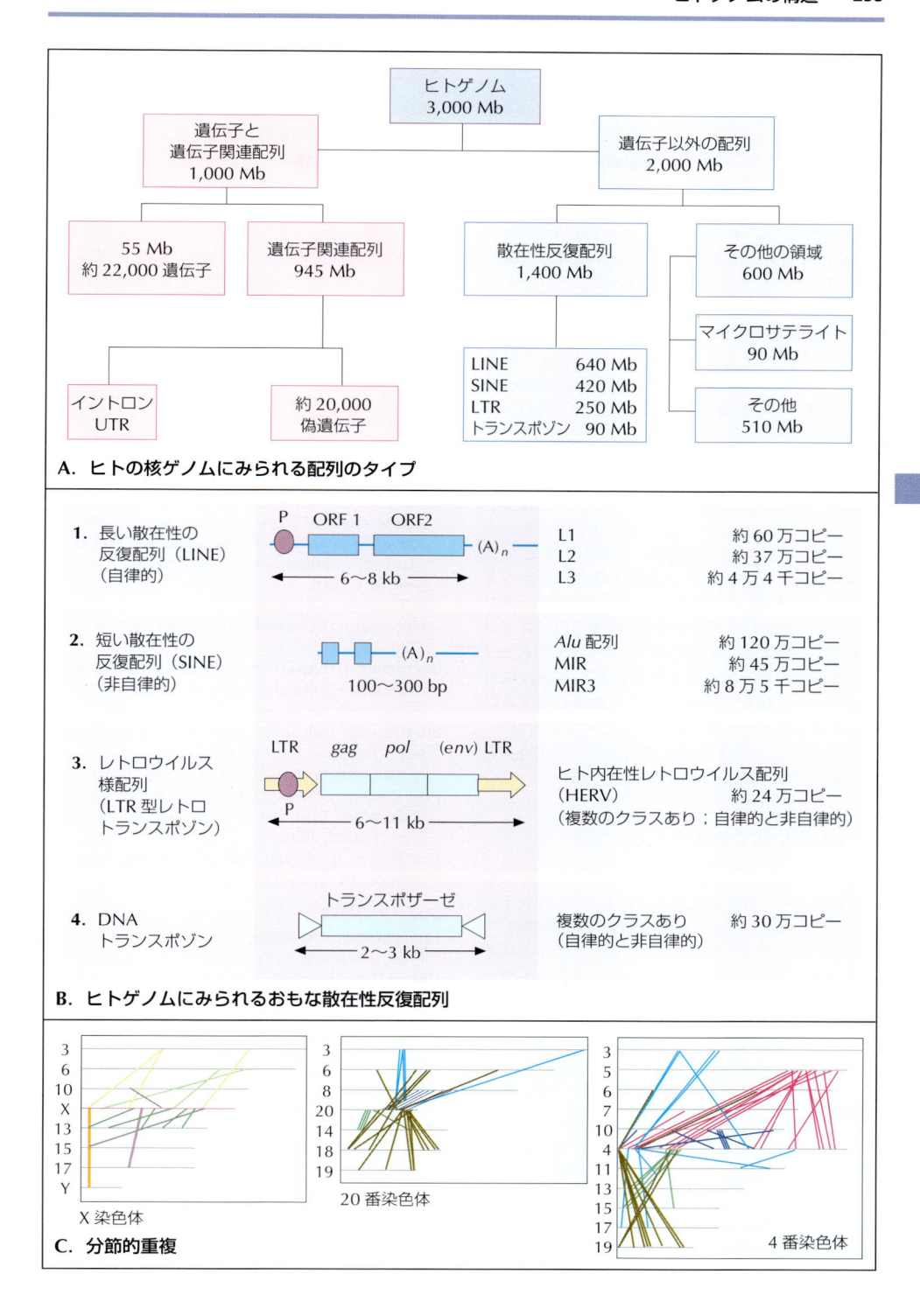

ヒトゲノムの構造

```
                        ヒトゲノム
                        3,000 Mb
              ┌─────────────┴─────────────┐
         遺伝子と                      遺伝子以外の配列
      遺伝子関連配列                      2,000 Mb
        1,000 Mb
      ┌──────┴──────┐              ┌──────┴──────┐
   55 Mb      遺伝子関連配列    散在性反復配列      その他の領域
 約22,000遺伝子    945 Mb         1,400 Mb          600 Mb
      ┌──────┴──────┐                                │
   イントロン     約20,000          LINE    640 Mb   マイクロサテライト
    UTR         偽遺伝子          SINE    420 Mb       90 Mb
                                 LTR     250 Mb
                                 トランスポゾン 90 Mb    その他
                                                      510 Mb
```

A. ヒトの核ゲノムにみられる配列のタイプ

1. 長い散在性の反復配列（LINE）（自律的）
   P — ORF 1 — ORF 2 —(A)n — 6〜8 kb
   - L1　約60万コピー
   - L2　約37万コピー
   - L3　約4万4千コピー

2. 短い散在性の反復配列（SINE）（非自律的）
   □□—(A)n　100〜300 bp
   - Alu 配列　約120万コピー
   - MIR　約45万コピー
   - MIR3　約8万5千コピー

3. レトロウイルス様配列（LTR型レトロトランスポゾン）
   LTR — gag — pol — (env) — LTR　P　6〜11 kb
   - ヒト内在性レトロウイルス配列（HERV）　約24万コピー
   - （複数のクラスあり：自律的と非自律的）

4. DNAトランスポゾン
   トランスポザーゼ　2〜3 kb
   - 複数のクラスあり（自律的と非自律的）　約30万コピー

B. ヒトゲノムにみられるおもな散在性反復配列

C. 分節的重複

X染色体／20番染色体／4番染色体

ヒトゲノムプロジェクト

　ヒトゲノムプロジェクト（Human Genome Project, HGP）は，ヒトゲノムのユークロマチン領域の塩基配列解読を目的とした国際協力研究である．米国の4施設と英国の1施設により1990年に開始され，フランス，ドイツ，日本，中国のグループが参加した．米国の国立ヒトゲノム研究所（National Human Genome Research Institute, NHGRI）が中心機関である．2001年にドラフト配列が発表され（IHGSC, 2001；Venter ら, 2001），2004年には完全解読された（IHGSC, 2004）．この情報はオンラインで入手可能である（参考文献参照）．ヒトゲノム機構（Human Genome Organization, HUGO）がさまざまな面においてこのプロジェクトに関与した．

　HGP の関連している分野として，遺伝子とゲノムの機能解析（**機能ゲノミクス** functional genomics），転写の全容の解析（**トランスクリプトミクス** transcriptomics），細胞または生物が産生するすべてのタンパクの解析（**プロテオミクス** proteomics），ヒトゲノムと他の生物種のゲノムとの比較（**比較ゲノミクス** comparative genomics），莫大なデータを扱う新しい手法の開発（**バイオインフォマティクス** bioinformatics），エピジェネティックな機能の解析（**エピジェネティクス** epigenetics）などがある．HGPに加え，他の生物種に関する同様のプロジェクトも始まっている．

　つい最近，DNA多型解析を目的としたHapMapプロジェクト（IHC, 2005）が開始された．

A．HGPに関するネット上の情報

　HGPの進展の速さを印刷媒体で追いかけるのは不可能なため，さまざまな情報がインターネットから入手できる．右の頁には得られる情報を大別して示した．すなわち，HGPについて，遺伝子と疾患の関連性，遺伝子地図，データベースネットワーク，教育用リソース，ヒト以外の生物種のゲノムである．紙面の都合でここには紹介できない情報も，さまざまなウェブサイトから提供されている．

倫理的・法的・社会的問題

　HGPのもつ倫理的・法的・社会的問題は重要である．これには個人の遺伝的情報の利用にあたっての秘匿性や公正性，遺伝的差別の防止，臨床診断における遺伝的手法の利用，遺伝学的検査の条件，一般への啓蒙と専門教育など広範囲の問題が含まれる．

医学との関連

　HGPは医学の理論や実践にも重要である．ヒト遺伝子について完全に理解することは，より正確な診断，より正しい遺伝的リスク評価，そして治療法の開発につながる．特に，ありふれているが複雑な疾患に関して，その疾患になりやすい特定のハプロタイプの組み合わせを同定することが可能となるであろう（King, Rotter, Motulsky, 2002 参照）．

参考文献

Bailey JA et al: Recent segmental duplications in the human genome. Science 297: 1003–1007, 2002.

Caron H et al: The human transcriptome map: Clustering of highly expressed genes in chromosomal domains. Science 291: 1289–1297, 2001.

Goldstein DB, Cavalleri GL: Genomics: Understanding human diversity. Nature 437: 1241–1242, 2005.

Green ED: The human genome project and its impact on the study of human disease, pp 259–298. In: Scriver CR et al (eds) The Metabolic and Molecular Bases of Inherited Disease, 8th ed. McGraw-Hill, New York, 2001.

ICH: The International HAPMAP consortium: A haplotype map of the human genome. Nature 437: 1299–1220, 2005.

International Human Sequencing Genome Consortium (IHSGC): Initial sequencing and analysis of the human genome. Nature 409: 860–921, 2001.

International Human Genome Sequencing Consortium: Finishing the euchromatic sequence of the human genome. Nature 431: 931–945, 2004.

King R, Rotter J, Motulsky AG (eds): The Genetic Basis of Common Disorders, 2nd ed. Oxford University Press, Oxford, 2002.

Venter JG et al: The sequence of the human genome. Science 291: 1304–1351, 2001.

ネット上の情報：

Human Genome Website:
http://www.ncbi.nlm.nih.gov/.

United States National Human Genome Research Institute (NHGRI): *http://www.genome.gov/*).

Various eukaryote genomes: www.sanger.ac.uk/Projects, www.mpg.de/.

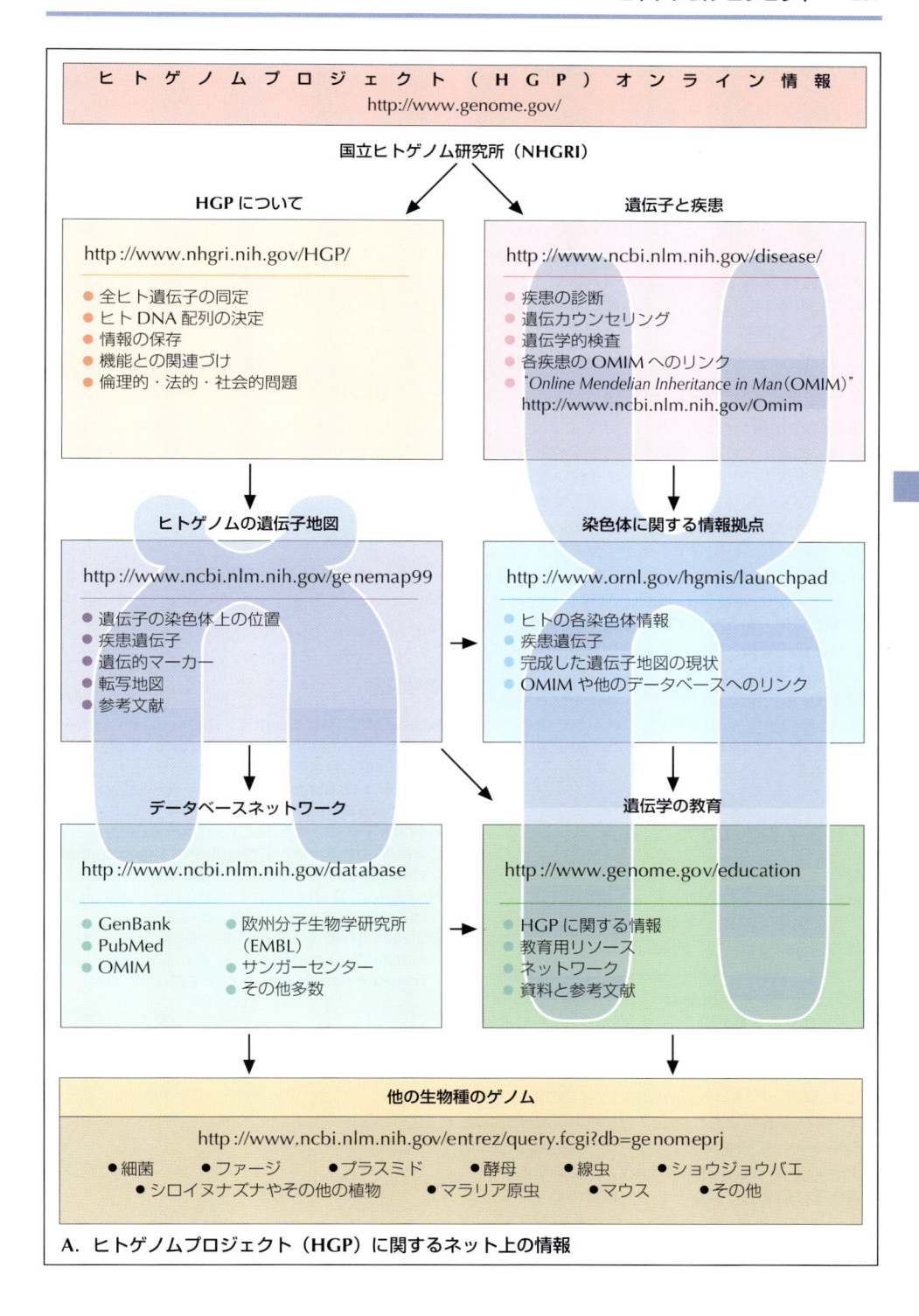

ヒトゲノムプロジェクト（HGP）オンライン情報
http://www.genome.gov/

国立ヒトゲノム研究所（NHGRI）

HGP について
http://www.nhgri.nih.gov/HGP/

- 全ヒト遺伝子の同定
- ヒト DNA 配列の決定
- 情報の保存
- 機能との関連づけ
- 倫理的・法的・社会的問題

遺伝子と疾患
http://www.ncbi.nlm.nih.gov/disease/

- 疾患の診断
- 遺伝カウンセリング
- 遺伝学的検査
- 各疾患の OMIM へのリンク
- "Online Mendelian Inheritance in Man (OMIM)"
  http://www.ncbi.nlm.nih.gov/Omim

ヒトゲノムの遺伝子地図
http://www.ncbi.nlm.nih.gov/genemap99

- 遺伝子の染色体上の位置
- 疾患遺伝マーカー
- 遺伝的マーカー
- 転写地図
- 参考文献

染色体に関する情報拠点
http://www.ornl.gov/hgmis/launchpad

- ヒトの各染色体情報
- 疾患遺伝子
- 完成した遺伝子地図の現状
- OMIM や他のデータベースへのリンク

データベースネットワーク
http://www.ncbi.nlm.nih.gov/database

- GenBank
- PubMed
- OMIM
- 欧州分子生物学研究所（EMBL）
- サンガーセンター
- その他多数

遺伝学の教育
http://www.genome.gov/education

- HGP に関する情報
- 教育用リソース
- ネットワーク
- 資料と参考文献

他の生物種のゲノム
http://www.ncbi.nlm.nih.gov/entrez/query.fcgi?db=genomeprj

- 細菌
- ファージ
- プラスミド
- 酵母
- 線虫
- ショウジョウバエ
- シロイヌナズナやその他の植物
- マラリア原虫
- マウス
- その他

A. ヒトゲノムプロジェクト（HGP）に関するネット上の情報

ヒトX染色体とY染色体のゲノム構造

ヒトのX染色体とY染色体は同じ1対の祖先常染色体から3億年かけて進化してきた（Ohno, 1967）。X染色体は常染色体の特徴を多く残しているが，Y染色体は大部分の遺伝子を失い非常に小さなものとなった。Y染色体の機能は胎児発生過程における性決定と成人男性における精子形成の維持に限られている。X染色体とY染色体は短腕遠位端の**偽常染色体領域** pseudoautosomal region（PAR1）で対合し組換えを起こすが，その他の領域で組換えを起こすことはない。

A．ヒトX染色体のゲノム構造

機能的遺伝子は図に黒い四角で示したように，X染色体に散在している（四角の高さがその領域内の遺伝子数を表している）。代表的な9個の遺伝子のおよその位置と転写方向（矢印）を示してある。短腕（Xp）の大部分はX付加領域（X-added region, XAR）と呼ばれ，祖先常染色体が1億5千万年前にXpに転座してできた領域である。長腕（Xq）はX保存領域（X-conserved region, XCR）と呼ばれ，哺乳類で進化上保存されている領域である。X染色体には進化的階層と呼ばれる5種類の進化的に保存されている領域（S1～S5）がある。ヒトX染色体には1,098個の遺伝子があり，これは100万塩基あたり7.1個の頻度で遺伝子密度の最も低い染色体の1つである（平均は10～13個）。（図はRossら，2005より）

B．ヒトY染色体のゲノム構造

ヒトY染色体はユークロマチン部分に5種類の領域が区別される特徴的なゲノム構造をしている。(1) 短腕末端（PAR1）と長腕末端（PAR2）の2つの偽常染色体領域，(2) 約35 kbのY染色体男性特異的領域（male-specific region of Y chromosome, MSY），(3) 祖先常染色体に由来する約8.6 Mb（ユークロマチン部分の38%を占める）のX縮重領域（X-degenerate region），(4) 300万～400万年前にX連鎖性遺伝子の転位によって生じた3.4 MbのX転位領域（X-transposed region, XTR），(5) 3つの異なる過程で生じた10.2 Mbのアンプリコン（ampliconic）配列である。アンプリコン配列（P1～P8）は，始原X染色体もしくは始原Y染色体上の遺伝子に由来し，転位やレトロ転位により常染色体上の男性妊性因子が獲得されたと考えられている。増幅したパリンドローム配列（アンプリコン）からなるためアンプリコン配列と呼ばれ，99.9%以上の相同性を示すさまざまなサイズ（10 kb～数百 kb）のDNAで構成されている。翻訳遺伝子も非翻訳遺伝子も含まれる。アンプリコン配列内のほとんどの遺伝子は精巣特異的に発現することから，精子形成に必須の領域と考えられている。

MSYは組換えを起こすことがないため，変異や再構成による構造の変化を正常配列に置き換える機構の1つを失っていることになる。そこで，パリンドロームの一方が非機能的になってしまった場合，パリンドローム配列間の遺伝子変換（Y-Y変換）が正常な配列を復元させる機構と考えられている。（図はSkaletskyら，2003より）

C．X染色体とY染色体の相同性

X染色体とY染色体は進化的起源が共通しているため，相同部位を有している（詳しくはRoss ら，2005参照）。（図はRossら，2005より）

医学との関連

Y染色体長腕にあるAZFa, AZFb, AZFcの3領域の欠失は，成熟精子を産生できない男性不妊に関連している。

参考文献

Jobling MA, Tyler-Smith C: The human Y chromosome: An evolutionary marker comes of age. Nature Rev Genet. 4: 598–612, 2003.

Ohno S: Sex Chromosomes and Sex-linked Genes. Springer, Berlin, 1967.

Repping S et al: High mutation rates have driven extensive structural polymorphisms among human Y chromosomes. Nature Genet 38: 463–467, 2006.

Ross MT et al: The DNA sequence of the human X chromosome. Nature 434: 325–337, 2005.

Skaletsky H et al.: The male-specific region of the human Y chromosome is a mosaic of discrete sequence classes. Nature 423: 825–837, 2003.

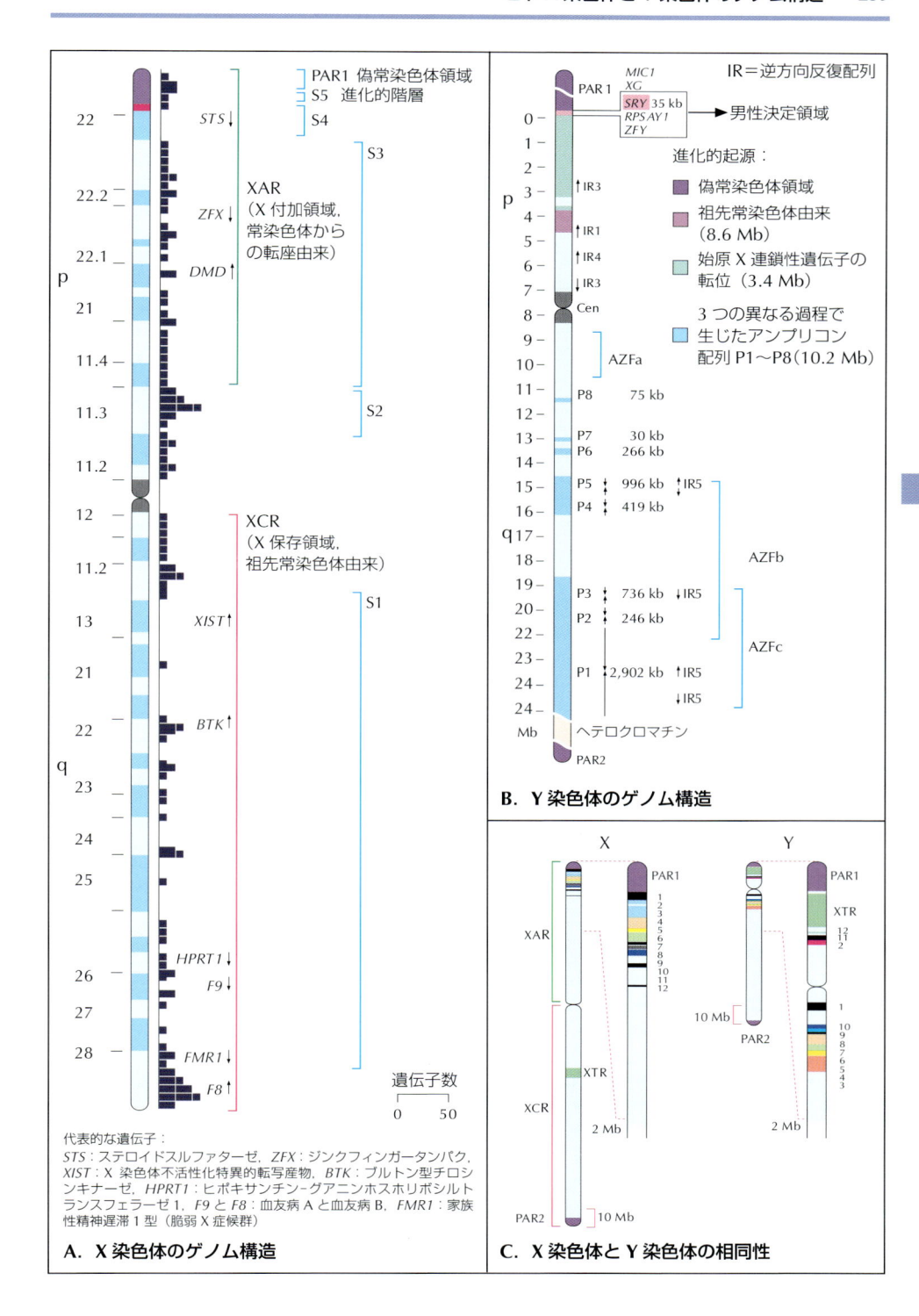

ヒトX染色体とY染色体のゲノム構造

A. X染色体のゲノム構造

代表的な遺伝子：
STS：ステロイドスルファターゼ，ZFX：ジンクフィンガータンパク，XIST：X染色体不活性化特異的転写産物，BTK：ブルトン型チロシンキナーゼ，HPRT1：ヒポキサンチン-グアニンホスホリボシルトランスフェラーゼ1，F9とF8：血友病Aと血友病B，FMR1：家族性精神遅滞1型（脆弱X症候群）

ラベル：
- PAR1 偽常染色体領域
- S5 進化的階層
- S4
- S3
- XAR（X付加領域，常染色体からの転座由来）
- S2
- XCR（X保存領域，祖先常染色体由来）
- S1

遺伝子：STS, ZFX, DMD, XIST, BTK, HPRT1, F9, FMR1, F8

B. Y染色体のゲノム構造

IR＝逆方向反復配列

PAR1, MIC1, XG, SRY 35 kb, RPSAY1, ZFY → 男性決定領域

進化的起源：
- 偽常染色体領域
- 祖先常染色体由来（8.6 Mb）
- 始原X連鎖性遺伝子の転位（3.4 Mb）
- 3つの異なる過程で生じたアンプリコン配列P1～P8（10.2 Mb）

Cen, AZFa, AZFb, AZFc
- P8 75 kb
- P7 30 kb
- P6 266 kb
- P5 996 kb
- P4 419 kb
- P3 736 kb
- P2 246 kb
- P1 2,902 kb

ヘテロクロマチン, PAR2

C. X染色体とY染色体の相同性

X：PAR1, XAR, XTR, XCR, 2 Mb, PAR2, 10 Mb
Y：PAR1, XTR, 10 Mb, PAR2, 2 Mb

DNA マイクロアレイを使ったゲノム解析

マイクロアレイまたはDNAチップは，小さな格子状の表面にオリゴヌクレオチドなどのDNAプローブが固定されたものである．cDNAクローンなど別のプローブも使われる．マイクロアレイは数多くの遺伝子発現の同時解析が可能である．したがって，遺伝子変異や疾患罹患性に関わる配列の多型を迅速に効率よく検出できる．アレイで遺伝子を解析するにはいくつかの方法がある．1つはmRNA由来のcDNAを用いた遺伝子発現スクリーニング，もう1つは塩基配列の多型を用いたDNA多型スクリーニングである．マイクロアレイの有用性は多岐にわたる．一度に数千の遺伝子について少量のサンプルを用いて簡単な操作で自動的に解析できるのである．小さな高密度スライドグラス（例えば，1.28×1.28 cm）上に30万種のDNAプローブを配置可能な高効率のマイクロアレイがいくつかのメーカーから発売されている．

DNAマイクロアレイは2つのタイプに分けられる．(1) 既存のcDNAクローンやPCR産物を基盤表面の二次元座標に沿って格子状に配置したマイクロアレイ，(2) 基盤表面でオリゴヌクレオチドを合成したマイクロアレイ．いずれのタイプも溶液に溶かした標識DNAとハイブリッド形成する．多くの変法が開発されている（総説としてNature Genetics Chipping Forecast, 2005参照）．

A. cDNAアレイ解析による遺伝子発現プロファイル

図はヒトX染色体に由来する1,500の遺伝子のcDNAマイクロアレイである．cDNAは健常な男性（XY）と女性（XX）のリンパ芽球様細胞から得た．女性細胞由来のcDNAをCy3（赤）で，男性細胞由来のものをCy5（緑）で蛍光標識してある．女性細胞の2本のX染色体のうち1本は不活性化されているため，X染色体上のほとんどの遺伝子について発現量の男女比は1:1となる．赤と緑の蛍光強度が等しいため，重ね合わせた画像では，ほとんどのスポットが黄色にみえる．

黄色の円で囲んだ7カ所のスポットは赤色である．これは女性細胞でX染色体不活性化を免れ，発現量が2倍となった遺伝子を示している．（写真はG. M. Wieczorek博士，U. Nuber博士，H. H. Ropers博士，Max-Planck Institute for Molecular Genetics, Berlinの厚意による）

B. ヒト癌細胞株の遺伝子発現パターン

マイクロアレイを用いて癌細胞の遺伝子発現パターンを解析し，癌の診断や治療のモニターとして役立てることができる．さまざまなヒトの癌から樹立された60種類の細胞株の遺伝子発現パターンを示す．およそ8,000の遺伝子がこの方法で解析された（Ross ら, 2000）．遺伝子発現パターンと癌の由来組織との間には特定の関連性が認められる．

図1は64の癌細胞株における1,161遺伝子の発現量と由来組織との関係を示した系統樹である．図2は細胞株由来のmRNAから作製したcDNAをCy3（赤）で標識し，リファレンスmRNAから作製したcDNAをCy5（緑）で標識したときのマイクロアレイデータである．1,161遺伝子の列と60細胞株の行で構成される図中に，発現が亢進している遺伝子群（クラスター）がいくつか赤色に認められる．これらは腫瘍細胞で遺伝子発現パターンが変化している遺伝子を示している．（図はRossら, 2000より著者とNature Geneticsの許可を得て転載）

参考文献

Brown TA: Genomes, 2nd ed. Bios Scientific Publ, Oxford, 2002.

Gaasterland T, Bekiranov S: Making the most of microarray data. Nature Genet 24: 204–206, 2000.

Hoheisel JD: Microarray technology: beyond transcript profiling and genotype analysis. Nature Rev Genet 7: 200–210, 2006.

Nature Genetics: The Chipping Forecast III. Nature Genet 37: Supplement, June 2005.

Pinkel D: Cancer cells, chemotherapy and gene clusters. Nature Genet 24: 208–209, 2000.

Ross DT et al: Systematic variation in gene expression patterns in human cancer cell lines. Nature Genet 24: 227–235, 2000.

Strachan T, Read AP: Human Molecular Genetics, 3rd ed. Bios Scientific Publishers, Oxford, 2004.

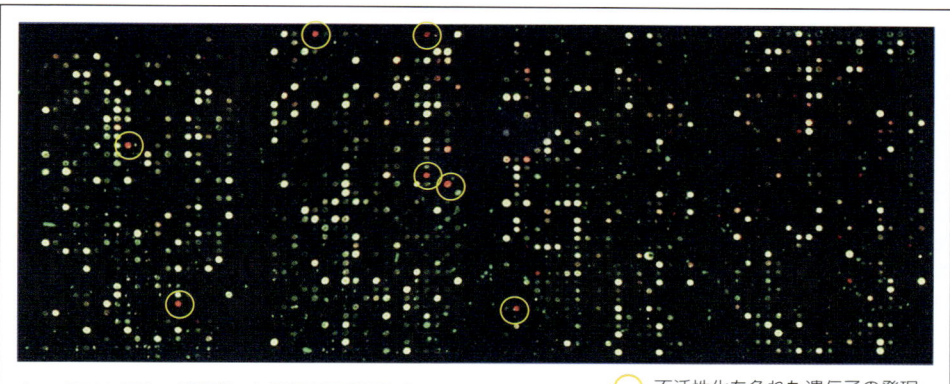

DNA マイクロアレイを使ったゲノム解析　261

A. cDNA アレイ解析による遺伝子発現プロファイル　　○ 不活性化を免れた遺伝子の発現

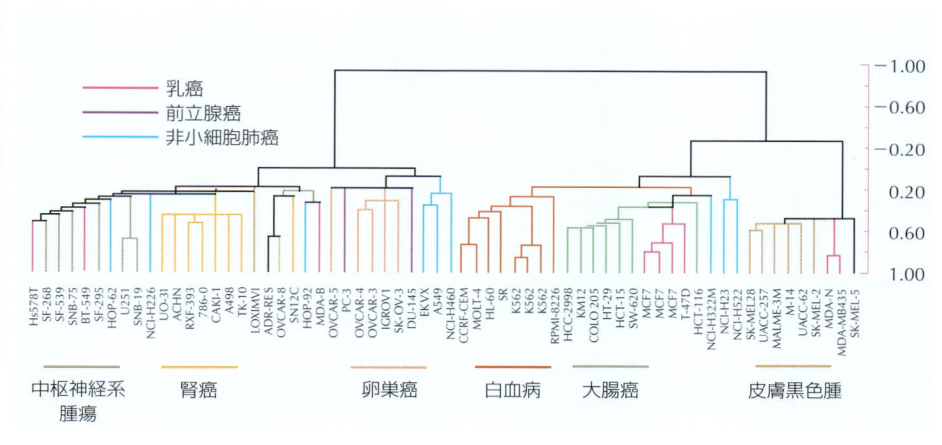

1. 細胞株の系統樹

― 乳癌
― 前立腺癌
― 非小細胞肺癌

中枢神経系腫瘍　腎癌　卵巣癌　白血病　大腸癌　皮膚黒色腫

a. 白血病クラスター　　b. 上皮性腫瘍クラスター　　c. 皮膚黒色腫クラスター　　d. 中枢神経系腫瘍クラスター

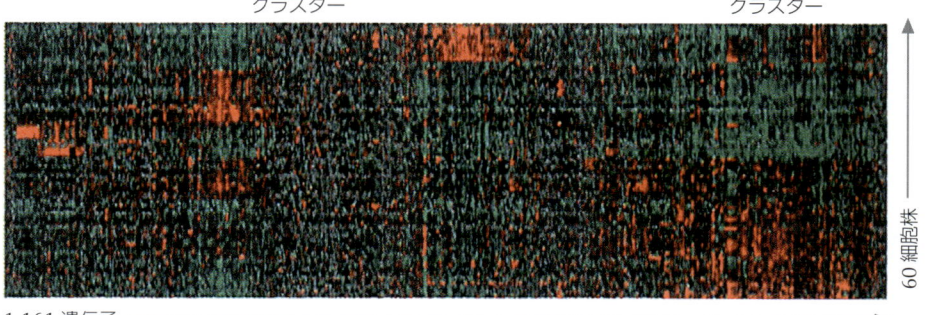

1,161 遺伝子

60 細胞株

2. マイクロアレイデータ

B. ヒト癌細胞株の遺伝子発現パターン

ゲノムスキャンとアレイ CGH

　全ゲノムスキャンとアレイ比較ゲノムハイブリッド形成法（CGH，208 頁参照）は，全ゲノムを対象にした遺伝学的解析法である．全ゲノムスキャンの 1 つの目的は連鎖解析（158 頁参照）への応用である．すべての染色体上に数多く分布する DNA 多型配列（一塩基多型，SNP）を利用して，疾患の原因遺伝子や易罹患性遺伝子座を含む領域との連鎖を探すのである．ゲノム中の 150 万個もの SNP を示した高密度地図が利用できる（Hinds ら，2005）．また，疾患への易罹患性に関係する領域と特定のアレルとの関連性の解析にも用いられる．アレイ CGH（aCGH）はマイクロアレイ技術と比較ゲノムハイブリッド形成法を組み合わせた方法で，原理を図に示す．

A．全ゲノムスキャン

　全ゲノムスキャンでは，疾患遺伝子座とすべての染色体上に分布する多型マーカーとの連鎖解析（多点連鎖解析）を行う（図では 4 本の染色体のみ示す）．2 番染色体上で LOD 得点が約 4 のピークは，ある疾患座とマーカーが連鎖することを示す（赤と青は別の家系を示す）．LOD 得点が 3 以上ということは，連鎖すると仮定した場合と連鎖しないと仮定した場合の確率の比が 1,000：1 以上であることを意味する．

　全ゲノムスキャンは，多型と遺伝的に複雑な疾患の易罹患性遺伝子座との関連性の同定にもよく使われる〔訳注：最近では全ゲノムの関連解析を GWAS と呼ぶ〕．関連性がある場合，連鎖不平衡がもたらされる．連鎖不平衡は特定のアレルと易罹患性領域との優先的分離のあることを示している．連鎖解析に用いるコンピュータ解析法が数多く考案されている（参考文献参照）．

B．アレイ比較ゲノムハイブリッド形成法（aCGH）

　アレイ CGH（aCGH）はマイクロアレイ技術（260 頁参照）と比較ゲノムハイブリッド形成法（CGH，208 頁参照）を組み合わせた方法である．aCGH では分裂中期染色体の代わりにマイクロアレイ上に配置されたゲノムクローンを用いる．この方法により微細な欠失や重複の同定効率が上昇する．調べたいゲノムと対照となる正常ゲノムを，それぞれ標識してプローブとして用いる．ここでは被験者の DNA を緑の蛍光を呈する Cy5 で，対照 DNA を赤い蛍光の Cy3 で標識した例を示す．DNA 量〔訳注：当該 DNA 断片のゲノム中のコピー数〕が同じであれば黄色のシグナルが検出される．DNA 量が同じでない場合，欠失によって DNA コピー数が減少しているときは赤に，重複によって増加しているときは緑になる．このような 2 つのスポットを図中に示した．アレイ CGH は，欠失や重複を全ゲノムにわたり効率よく検出する技術である．解像度はヒト全ゲノムを 30,000 個以上の重なり合うクローンでカバーできるレベルまで向上している（詳しくは参考文献参照）．（図は A. A. Snijders, Cancer Research Institute San Francisco と D. P. Locke & E. E. Eichler, Department of Genome Sciences, University of Washington, Seattle の厚意による）

参考文献

Cardon LR, Bell JI: Association study design for complex diseases. Nature Rev Genet 2: 91–99, 2001.
Eichler EE: Widening the spectrum of human genetic variation. Nature Genet 38: 9–11, 2006.
Göring HHH et al: Large upward bias in estimation of locus-specific effects from genomewide scans. Am J Hum Genet 69: 1357–1369, 2001.
Hinds DA et al: Whole-genome patterns of common DNA variation in three human populations. Science 307: 1072–1079, 2005.
Ishkanian AS et al: A tiling resolution DNA microarray with complete coverage of the human genome. Nature Genet 23: 41–46, 2004.
LI J et al: High-resolution human genome scanning using whole-genome BAC arrays. Cold Spring Harbor Symp Quant Biol LXVIII: 323–329, 2003.
Newman TL et al: High-throughput genotyping of intermediate-size variation. Hum Mol Genet 15: 1159–1169, 2006.
Pinkel D et al: High-resolution analysis of DNA copy number variations using comparative genomic hybridization to microarrays. Nature Genet 20: 207–211, 1998.
Thomas DC et al: Recent developments in genomewide association scans: A workshop summary and review. Am J Hum Genet 77: 337–345, 2005.
Vissers LE et al: Identification of disease genes by whole genome CGH arrays. Hum Mol Genet 14: R215–R223, 2005.

A. 全ゲノムスキャンの原理

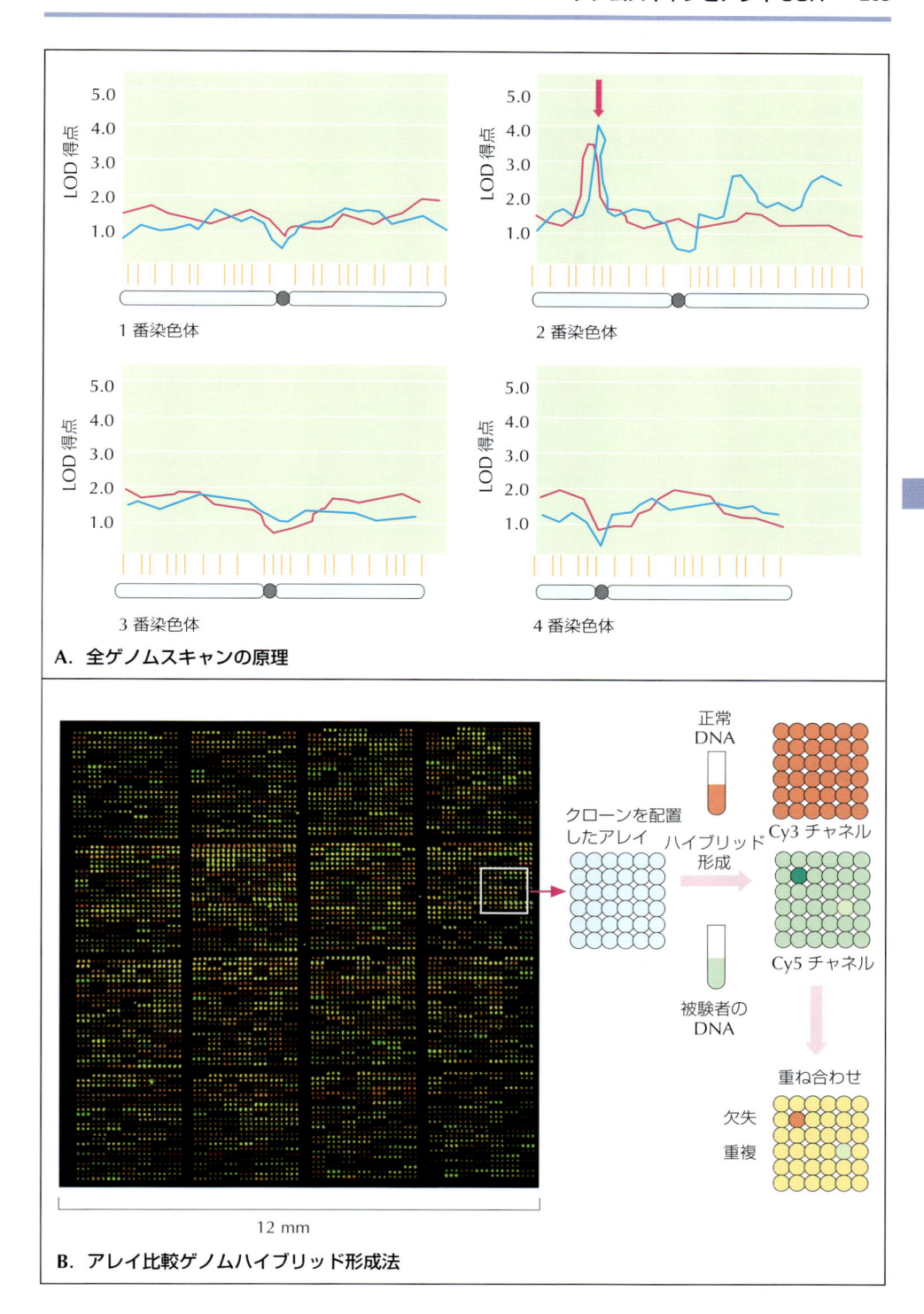

1番染色体　　2番染色体

3番染色体　　4番染色体

B. アレイ比較ゲノムハイブリッド形成法

12 mm

正常DNA　Cy3 チャネル
クローンを配置したアレイ　ハイブリッド形成
被験者のDNA　Cy5 チャネル
重ね合わせ
欠失
重複

動的なゲノム：可動性遺伝因子

「動的なゲノム」という用語は，生物のゲノムは安定ではないという観察に由来する言葉である。ゲノムは柔軟性があり変化を受けやすい。DNA 配列はゲノム中で位置を変えることができる。この珍しい現象は 1940 年代後半，Barbara McClintock がトウモロコシ（*Zea mays*）の遺伝学的研究で初めて発見した。彼女は，ある種の遺伝子が自然発生的にその位置を変えることを発見して「ジャンプする遺伝子」と呼び，後になって**可動性遺伝因子** mobile genetic element と命名した。今日ではこれらは**トランスポゾン** transposon として知られている［転位（トランスポジション），88 頁参照］。McClintock の観察は当初懐疑的にみられていたが，最終的に 1984 年になって，この業績によりノーベル賞を受賞した（McClintock，1984；Fox Keller，1983）。転位性遺伝因子はヒトを含むほとんどの生物で多数見いだされる。

A．安定変異と不安定変異

McClintock（1953）はトウモロコシの変異には不安定なものもあることを見いだした。C 座位の安定変異はトウモロコシの粒を紫色にするが（**図左**），不安定変異は個々の粒に微細なスポット状の着色を生じる（斑入り，**図右**）。

B．変異と転位の効果

普通，C 座位の遺伝子はトウモロコシのアリューロン細胞内で紫色の色素を産生させる（**図左**）。ところが，この遺伝子が可動性遺伝因子（*Ds*）の挿入によって不活性化されると，無色の粒が作られるようになる（**図中**）。*Ds* が転位によって除かれると，C 座位の機能が回復して色素の小スポットが現れる（**図右**）。

C．*Ds* の挿入と除去

Activator/Dissociation（*Ac*/*Ds*）系はトウモロコシの調節因子の 1 つのシステムである。*Ac* は本質的に不安定な自律的因子で，他の座位 *Ds* を活性化し，染色体切断を起こす（**図 1**）。*Ac* は独自に転位することができるが（**自律的転位** autonomous transposition），*Ds* は *Ac* の影響下でのみ染色体の別の部位へ転位することができる（**非自律的転位** nonautonomous transposition）。*Ac* 座位は 4.6 kb のトランスポゾンで，*Ds* はトランスポザーゼ遺伝子（88 頁参照）をもたない不完全トランスポゾンである。C 座位（**図 2**）は *Ds* の挿入により不活性化される。*Ds* は *Ac* の影響下で転位により除去され，C 座位の機能が正常に回復する。転位が発生早期に起これば色素スポットは比較的大きく，発生後期に起これば小さい。

D．細菌の可動性遺伝因子

可動性遺伝因子はその効果と分子構造によって分類される。単純な挿入配列（IS）と，より複雑なトランスポゾン（Tn）である。トランスポゾンは，例えば細菌の抗生物質耐性遺伝子などの付加的な遺伝子を含むことがある。転位は組換えの特殊型であり，約 750 bp 〜 10 kb の DNA 断片が，ある場所から別の場所（同一 DNA 分子内あるいは他の DNA 分子）へ移動することである。挿入が起こる部位が組込み部位（**図 1**）であり，DNA 断片は切断（**図 2**）と組込み（**図 3**）を経て挿入される。挿入断片の両端に隣接するのは順方向反復配列となる。挿入配列やトランスポゾンの両端には逆方向反復配列があり，その長さと配列の特徴は挿入配列とトランスポゾンごとに異なる。大腸菌は 1 細胞あたり平均 10 コピーの可動性遺伝因子をもつ。酵母，ショウジョウバエ，その他の真核細胞にも可動性遺伝因子が認められる。（写真は Fedoroff，1984 より）

参考文献

Fedoroff NV: Transposable genetic elements in maize. Sci Am 250: 65–74, 1984.

Fedoroff NV, Botstein D (eds): The Dynamic Genome: Barbara McClintock's Ideas in the Century of Genetics. Cold Spring Harbor Laboratory Press, New York, 1992.

Fox-Keller E: A Feeling for the Organism: The Life and Work of Barbara McClintock. WH Freeman & Co, San Francisco, 1983.

McClintock B: Introduction of instability at selected loci in maize. Genetics 38: 579–599, 1953.

McClintock B: Controlling genetic elements. Brookhaven Symp Biol 8: 58–74, 1955.

McClintock B: The significance of responses of the genome to challenge. Science 226: 792–801, 1984.

Schwartz RS: Jumping genes. New Engl J Med 332: 941–944, 1995.

Zhang J, Peterson T: A segmental deletion series generated by sister-chromatid transposition of Ac transposable elements in maize. Genetics 171: 333–344, 2005.

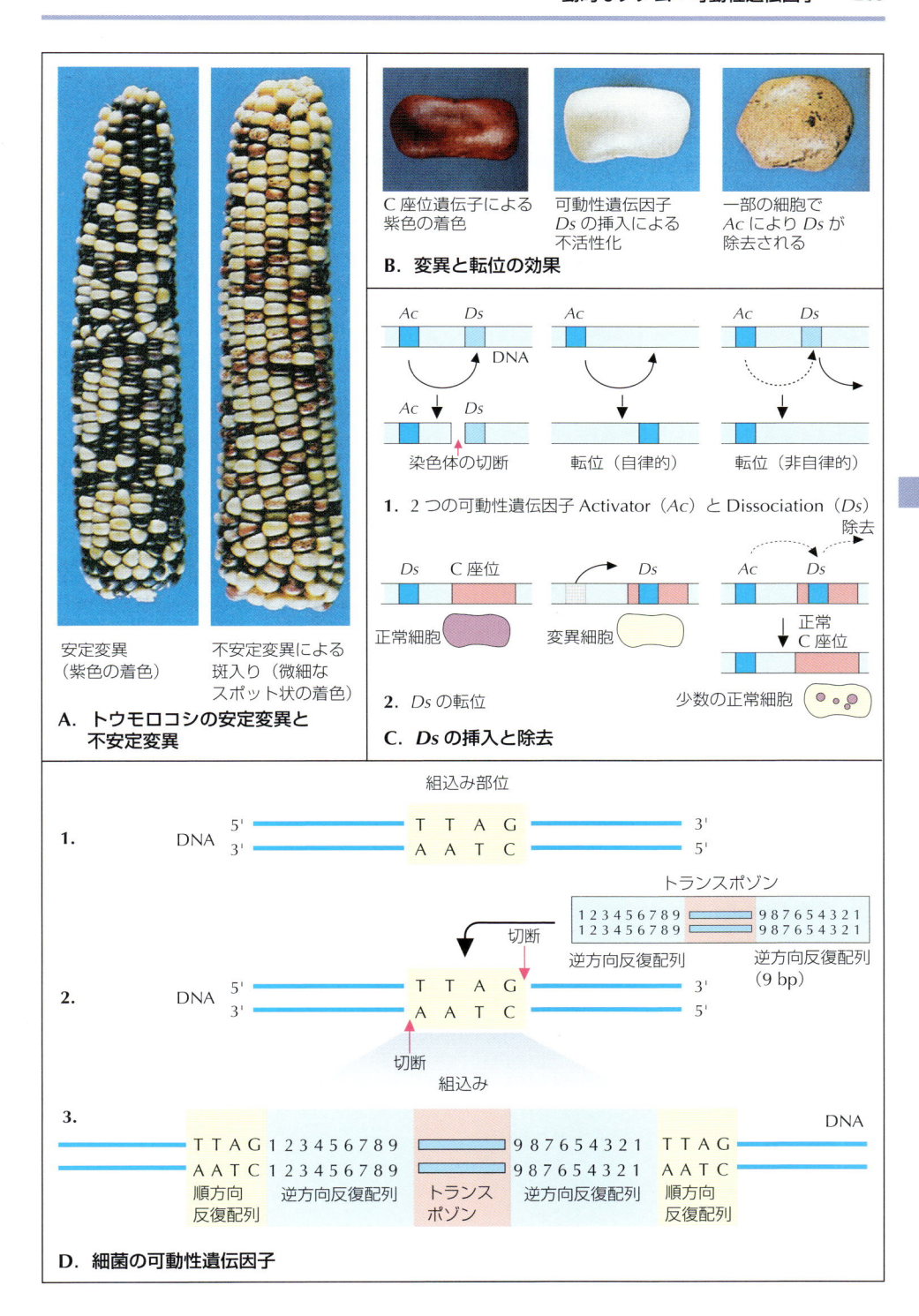

動的なゲノム：可動性遺伝因子　265

C 座位遺伝子による紫色の着色

可動性遺伝因子 *Ds* の挿入による不活性化

一部の細胞で *Ac* により *Ds* が除去される

B. 変異と転位の効果

染色体の切断　　転位（自律的）　　転位（非自律的）

1. 2つの可動性遺伝因子 Activator (*Ac*) と Dissociation (*Ds*)

除去

Ds　C 座位　　　　　　　　*Ds*　　　　　　　　*Ac*　*Ds*

正常細胞　　　　　　変異細胞　　　　　　　正常 C 座位

少数の正常細胞

2. *Ds* の転位

C. *Ds* の挿入と除去

安定変異（紫色の着色）

不安定変異による斑入り（微細なスポット状の着色）

A. トウモロコシの安定変異と不安定変異

組込み部位

1. DNA　5'　TTAG　3'
    　　3'　AATC　5'

トランスポゾン

123456789　　987654321
123456789　　987654321
逆方向反復配列　　逆方向反復配列 (9 bp)

切断

2. DNA　5'　TTAG　3'
    　　3'　AATC　5'

切断

組込み

3.　TTAG 123456789　　987654321 TTAG
　　AATC 123456789　　987654321 AATC
　　順方向　逆方向反復配列　トランス　逆方向反復配列　順方向
　　反復配列　　　　　　　　ポゾン　　　　　　　　　反復配列

D. 細菌の可動性遺伝因子

遺伝子とゲノムの進化

　遺伝子やゲノムの今日の姿は，過去に起きた事象の累積的な結果である。1859年に発表されたCharles Darwinの古典的進化論では，以下のように唱えられている。(1) 現在生存しているすべての生物は過去に生存した生物の子孫である。(2) 過去に生存した生物は現在生存している生物とは異なる。(3) 程度の差はあれ変化はゆっくりと起こり，一度に起こる変化は非常に小さい。(4) その変化は通常，生物に多様性を生じさせるため，古代の生物種は現在の生物種より少ない。

A. 重複による遺伝子進化

　さまざまな生物のゲノムの研究により，いくつかのレベルの重複が生じてきたことが示された。各々の遺伝子もしくは遺伝子の一部（エキソン）の重複，ゲノムの部分的重複，全ゲノム重複（まれ）などである（Ohno, 1970）。重複は遺伝子への選択圧を軽減する。重複の後，もし重複した遺伝子が別の制御機構のもとに置かれるならば，元の遺伝子は，その本来の機能を損なうことなく変異を蓄積することができる。（図はStrachan & Read，2004より）

B. エキソンシャッフリングによる遺伝子進化

　真核生物にみられるエキソン／イントロン構造は，遺伝子に進化的な多様性を与える。既存の遺伝子のパーツが新しく並び換えられて，新しい機能的特性をもった新しい遺伝子が生じうる。これはエキソンシャッフリングあるいはドメインシャッフリングと呼ばれる（Gilbert, 1987；Kaessmannら，2002）。（図はStrachan & Read，2004より）

C. 染色体の進化

　進化は染色体レベルの再構成による構造の変化によっても起こる。例えば哺乳類のように互いに近縁の種間でも染色体の数と形態は異なるが，遺伝子の数はそれほど違わないし，場合によっては意外なほど高度に保存されている。ヒトの2番染色体は霊長類の2本の染色体が融合して進化したものであるらしい。3番染色体にみられる違いはもっとわずかであるが，オランウータンでは3番染色体が腕間逆位を起こし，ヒトや他の霊長類と異なっている。すべての霊長類の染色体分染パターンは非常によく似ており，進化的に近縁であることを反映している。（図はYunis & Prakash，1982より）

D. 分子系統学と進化系統樹の再構築

　系統樹の構築には，化石，タンパクの相違，免疫学的データ，DNA-DNAハイブリッド形成，DNA配列の相同性など，さまざまな証拠が利用される。今日みられる多様性を説明するためには，いくつの事象が起こった必要があるのかを求めることができる。祖先遺伝子からの系統樹の模式図（**図1**）には2つの事象を示してある。相同遺伝子はパラログとオルソログの大きく2つに分けられる（**図2**）。**パラログ** paralogは，同一種内で祖先遺伝子の重複により進化した相同遺伝子である。**オルソログ** orthologは，異なるが近縁な種間において，共通な祖先遺伝子に由来する相同遺伝子をいう。ヒトのαグロビン遺伝子とδグロビン遺伝子はパラログの例であり，ヒトと他の哺乳類のβグロビン遺伝子はオルソログの例である。

参考文献

Brown TA: Genomes, 2nd ed. Bios Scientific Publ, Oxford, 2002.

Eichler EE, Sankoff D: Structural dynamics of eukaryotic chromosome evolution. Science: 301: 793–797, 2003.

Gilbert W: The exon theory of genes. Cold Spring Harbor Symp Quant Biol 46: 151–153, 1987.

Jobling MA, Hurles ME, Tyler-Smith C: Human Evolutionary Genetics. Origins, Peoples, and Disease. GS Garland Science Publishers, New York, 2004.

Klein J, Takahata N: Where Do We Come From? The Molecular Evidence for Human Descent. Springer, Berlin–Heidelberg–New York, 2002.

Ohno S: Evolution by Gene Duplication. Springer Verlag, Heidelberg, 1970.

Strachan T, Read AP: Human Molecular Genetics, 3rd ed. Bios Scientific Publishers, Oxford, 2004.

Yunis JJ, Prakash O: The origin of man: A chromosomal pictorial legacy. Science 215: 1525–1530, 1982.

遺伝子とゲノムの進化

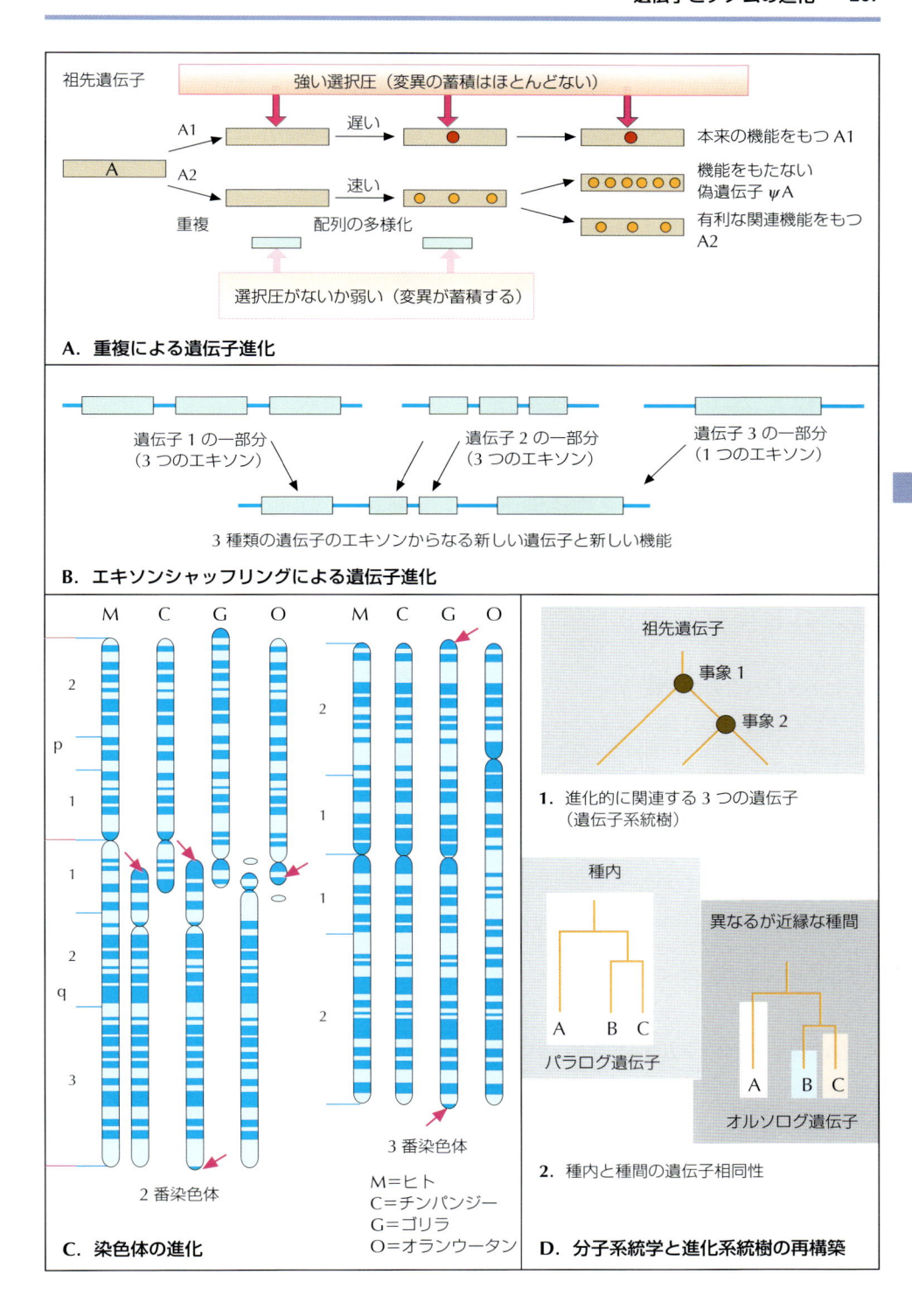

A. 重複による遺伝子進化

祖先遺伝子 — 強い選択圧（変異の蓄積はほとんどない）

A1 → 遅い → 本来の機能をもつ A1

A → 重複 → A2 → 速い → 配列の多様化 → 機能をもたない偽遺伝子 ψA／有利な関連機能をもつ A2

選択圧がないか弱い（変異が蓄積する）

B. エキソンシャッフリングによる遺伝子進化

遺伝子1の一部分（3つのエキソン）／遺伝子2の一部分（3つのエキソン）／遺伝子3の一部分（1つのエキソン）

3種類の遺伝子のエキソンからなる新しい遺伝子と新しい機能

C. 染色体の進化

2番染色体／3番染色体

M＝ヒト
C＝チンパンジー
G＝ゴリラ
O＝オランウータン

D. 分子系統学と進化系統樹の再構築

1. 進化的に関連する3つの遺伝子（遺伝子系統樹）

祖先遺伝子／事象1／事象2

2. 種内と種間の遺伝子相同性

種内：パラログ遺伝子
異なるが近縁な種間：オルソログ遺伝子

比較ゲノミクス

　異なる生物種のゲノムは進化的な関係の遠近によって違っていたり似ていたりする．相違点の数やタイプは，共通祖先が生存していた時代からの経過時間や，共通祖先から分岐して以来発生したゲノムの構造変化と変異の頻度に依存する．2つのゲノムが十分に近縁である場合，染色体上の遺伝子の並び順は保存されているであろう．

　比較ゲノミクスの2つの領域において実用的な応用がなされている．1つは植物ゲノム間での比較である．例えば，食料として重要なコムギは 16,000 Mb という非常に大きなゲノム（ヒトの5倍以上）をもつが，さらに重要だと思われるイネのゲノムが最近解読され，430 Mb しかないことがわかった．比較ゲノミクスにより，収穫量，害虫に対する耐性やその他の特性に関係する遺伝子の同定が試みられている．もう1つの領域はヒト以外の生物種におけるヒト疾患遺伝子の相同遺伝子検索である（Brown, 2002, p.214 参照）．酵母ゲノムには約 6,200 の遺伝子が含まれるが，その中にはヒト疾患遺伝子の相同遺伝子が多数ある．同じことが線虫（*Caenorhabditis elegans*）やショウジョウバエ（*Drosophila melanogaster*）との間にもいえる．

A. ヒトタンパクの相同性

　ヒトゲノムの配列から，ヒトのタンパクが他の生物種のタンパクとかなりの相同性を示すことがわかった．例えば，全体の 21% が他の真核生物および原核生物との間で相同性がある．（図は IHGSC, 2001 より）

B. 染色体関連タンパク

　染色体関連タンパクと転写因子は進化上保存されている．ヒト，ショウジョウバエ，線虫のクロマチン構造の 60% は共通である．（図は IHGSC, 2001 より）

C. ヒトとマウスの間で保存されている染色体領域

　ヒトゲノムは 183 の領域がマウスゲノムと共通であることがわかった．その長さは 24 kb 〜 90.5 Mb の範囲で平均は 15.4 Mb である（IHGSC, 2001）．図には少なくとも2つの遺伝子の並び順がマウス染色体との間で保存されているヒト染色体の領域を，対応するマウス染色体の色で示している．（図は IHGSC, 2001 より）

参考文献

Brown TA: Genomes, 2nd ed. Bios Scientific Publishers, Oxford, 2002.

Elgar G et al: Small is beautiful: comparative genomics with the pufferfish (*Fugu rubripes*). Trends Genet 12: 145–150, 1996.

International Human Sequencing Genome Consortium (IHSGC): Initial sequencing analysis of the human genome. Nature 409: 860–921, 2001.

Rubin GM et al: Comparative genomics of the eukaryotes. Science 287: 2204–2215, 2000.

The Genome of *Homo sapiens*. Cold Spring Harbor Quant Biol LXVIII: 1–512, 2003.

Steinmetz LM et al: Systematic screen for human disease genes in yeast. Nature Genet 31: 400–404, 2002.

Strachan T, Read AP: Human Molecular Genetics, 3rd ed. Garland Science Publishing, London – New York, 2004.

4種の無脊椎動物のゲノム塩基配列データに基づく比較ゲノミクス

生物	遺伝子数	重複により生じた遺伝子	遺伝子ファミリー（コアプロテオーム）	生物のタイプ
インフルエンザ菌	1,709	284	1,425	細菌
出芽酵母	6,241	1,858	4,383	酵母
線虫	18,424	8,971	9,453	線虫
ショウジョウバエ	13,601	5,536	8,065	昆虫

（Rubin ら，2000 のデータより）

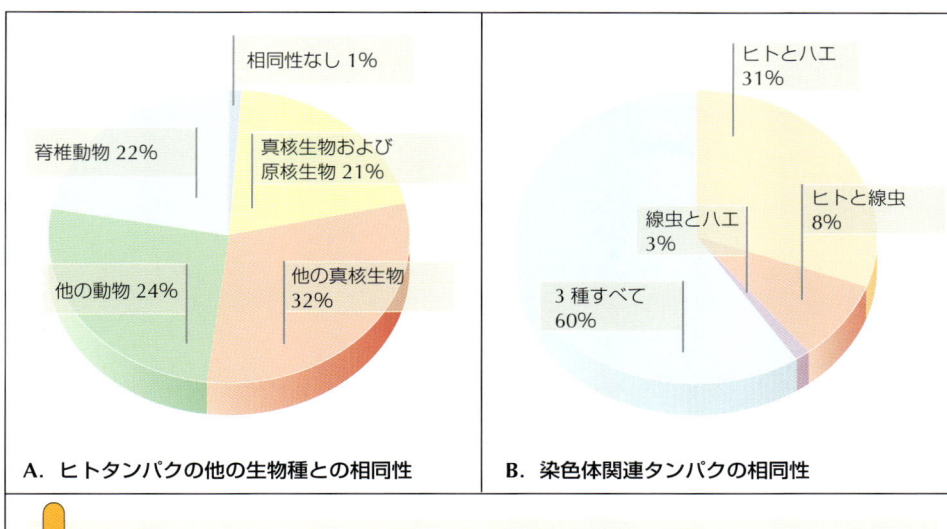

比較ゲノミクス　269

A. ヒトタンパクの他の生物種との相同性
- 相同性なし 1%
- 真核生物および原核生物 21%
- 他の真核生物 32%
- 他の動物 24%
- 脊椎動物 22%

B. 染色体関連タンパクの相同性
- ヒトとハエ 31%
- ヒトと線虫 8%
- 線虫とハエ 3%
- 3種すべて 60%

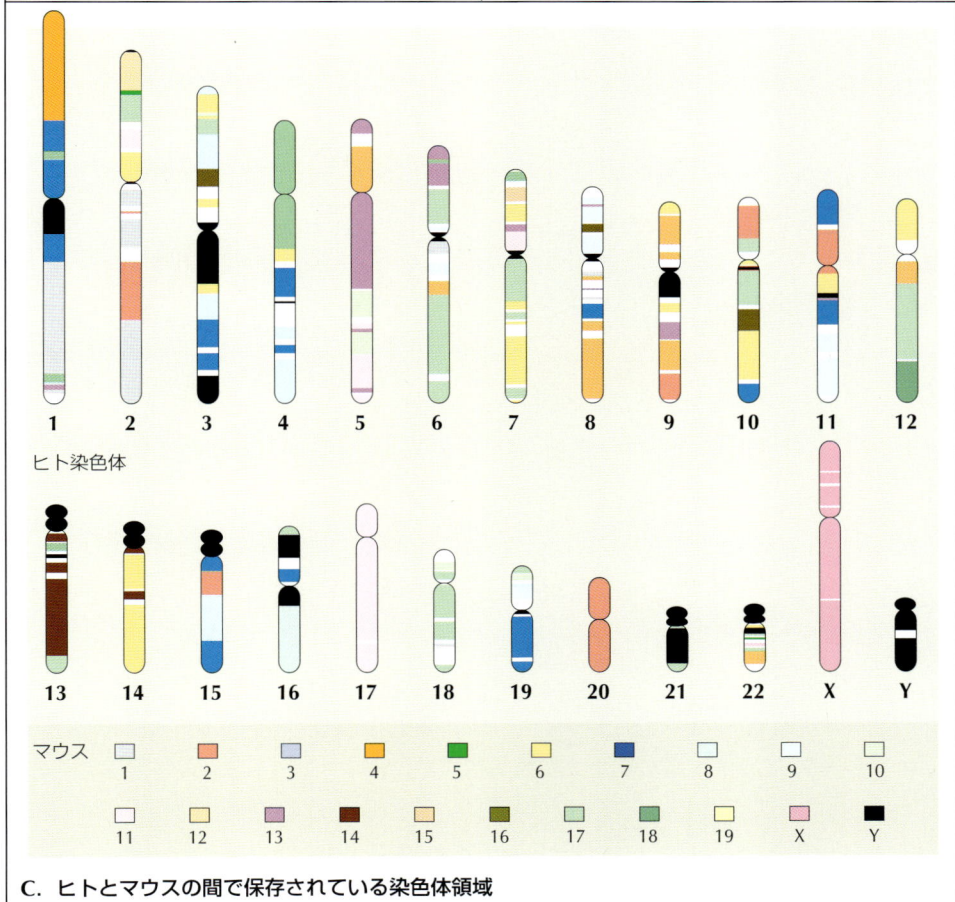

C. ヒトとマウスの間で保存されている染色体領域

ヒト染色体 1–22, X, Y

マウス: 1, 2, 3, 4, 5, 6, 7, 8, 9, 10, 11, 12, 13, 14, 15, 16, 17, 18, 19, X, Y

第 3 部
遺伝学と医学

細胞内シグナル伝達

多細胞生物は細胞間および細胞内の情報伝達においてさまざまな細胞外シグナル分子を用いる。細胞外シグナル分子（リガンド）が標的細胞の受容体と特異的に結合し，特異的な反応を引き起こす。この過程は**シグナル伝達経路** signal transduction pathway（またはシグナル経路）と呼ばれる一連の相互的な活性化もしくは阻害性の分子事象から成り立つ。

A. 増殖を調節する主要な細胞内機能

増殖因子は多数の分泌型タンパクからなる一群の重要なシグナル分子である（図1）。各因子は細胞表面の受容体タンパクにきわめて特異的に結合する（図2）。リガンドが結合すると細胞内シグナル伝達タンパクが活性化され（図3），セカンドメッセンジャーとして働くエフェクタータンパクのカスケード的な活性化（しばしばリン酸化による）が開始する（図4）。ホルモンは小さなシグナル分子であり（図5），血流にのって標的に到達し，拡散もしくは細胞表面受容体への結合により細胞に入る（図6）。ホルモンには核内受容体に結合するものもある（図7）。活性化された転写因子（図8）は，補因子と会合して転写を開始する（図9）。転写に先立ち精密なDNA損傷認識修復機構（図10）がDNAの質をチェックする（細胞周期制御，図11）。DNAの欠陥が修復できれば細胞分裂が進み，もし修復が不可能であればその細胞はアポトーシスにより死ぬ（細胞死，図12）。（図はLodishら，2004より）

B. 受容体型チロシンキナーゼファミリー

受容体型チロシンキナーゼ（RTK）は細胞表面受容体の主要なクラスで，細胞外のN末端領域，膜貫通領域，細胞内のC末端領域からなる膜貫通タンパクである。細胞内領域にはチロシンキナーゼドメインが含まれる。RTKのリガンドは増殖と分化を含めさまざまな幅広い機能を調節する増殖因子である。RTKファミリーの各メンバーは，構造的特徴は共通しているが機能には差がある。RTKの細胞外リガンド結合ドメインにはシステイン豊富な領域がある。一部のRTKのリガンド結合ドメインは，他分子との結合能力で知られている免疫グロブリン鎖（322頁参照）に似ている（免疫グロブリン様ドメイン）。

医学との関連

RTKをコードしている遺伝子に変異が起こると，増殖因子の結合なしに増殖シグナルが誘導され，胎児期の発生と分化の誤り（先天異常）や癌の原因となることがある。RTK変異は重要な一群の疾患や奇形症候群を引き起こす。変異による表現型は，関与するRTKの種類と変異のタイプにより異なる（巻末の付表7参照）。

参考文献

Alberts B et al: Molecular Biology of the Cell, 4th ed. Garland Publishing Co, New York, 2002.
Brivanlou AH, Darnell JE: Signal transduction and the control of gene expression. Science 295: 813–818, 2002.
Cohen jr MM: FGFs/FGFRs and associated disorders, pp 380–400. In: Epstein CJ, Erickson RP, Wynshaw-Boris A (eds) Inborn Errors of Development. The Molecular Basis of Clinical Disorders of Morphogenesis. Oxford University Press, Oxford, 2004.
Lodish H et al: Molecular Cell Biology, 5th ed. WH Freeman & Co, New York, 2004.
Muenke M et al: Fibroblast growth factor receptor-related skeletal disorders: craniosynostosis and dwarfism syndromes, pp. 1029–1038. In: JL Jameson (ed) Principles of Molecular Medicine. Humana Press, Totowa, New Jersey, 1998.
Münke M, Schell U: Fibroblast-growth-factor receptor mutations in human skeletal disorders. Trends Genet 11:308–313, 1995.
Robertson SC, Tynan JA, Donoghue DJ: RTK mutations and human syndromes: when good receptors turn bad. Trends Genet 16: 265–271, 2000.
Tata JR: One hundred years of hormones. A new name sparked multidisciplinary research in endocrinology, which shed light on chemical communication in multicellular organisms. EMBO J Reports 6: 490–496, 2005.

細胞内シグナル伝達

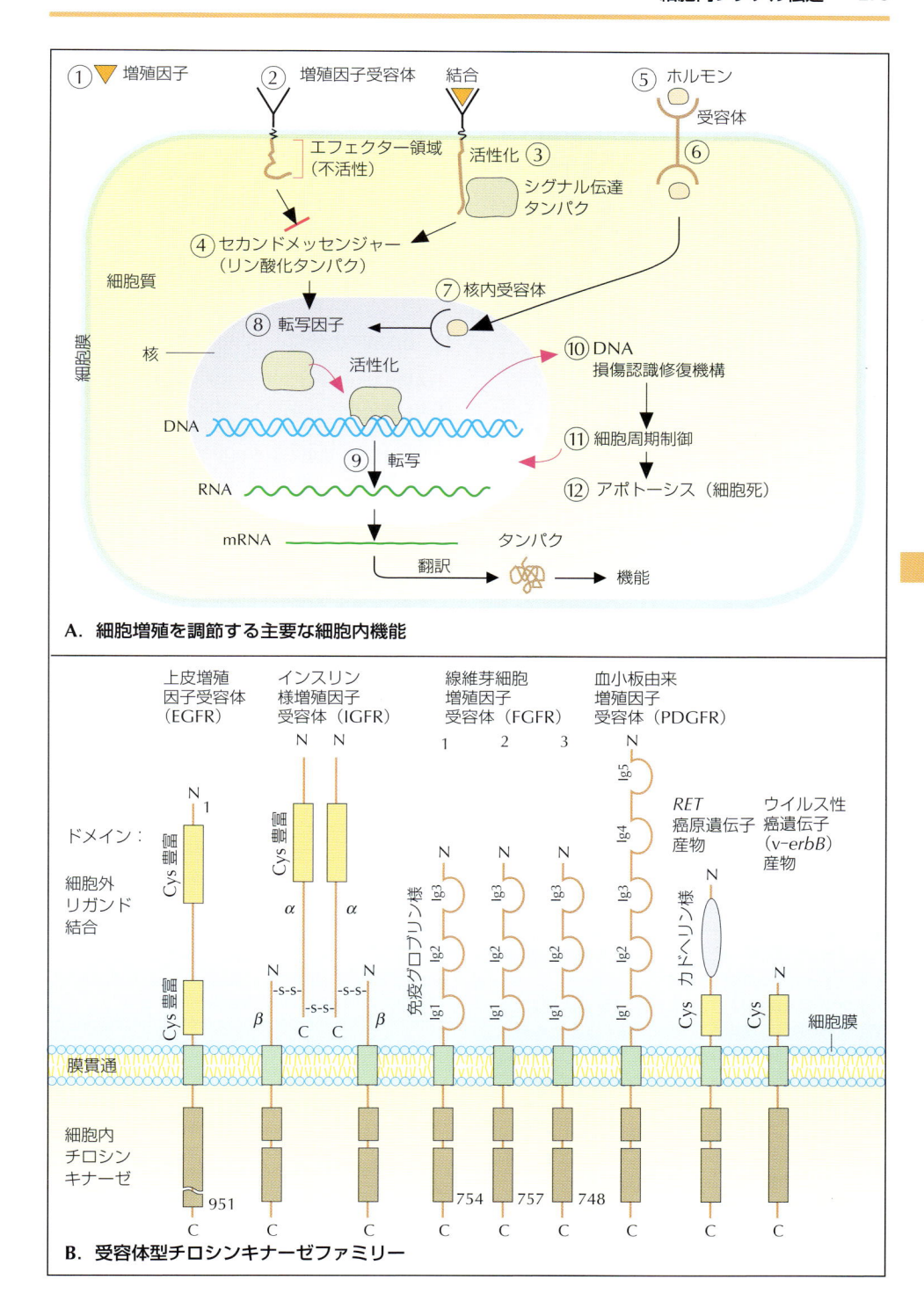

① 増殖因子
② 増殖因子受容体
　エフェクター領域（不活性）
③ 活性化 シグナル伝達タンパク
④ セカンドメッセンジャー（リン酸化タンパク）
⑤ ホルモン
⑥ 受容体
⑦ 核内受容体
⑧ 転写因子　活性化
⑨ 転写
⑩ DNA損傷認識修復機構
⑪ 細胞周期制御
⑫ アポトーシス（細胞死）

細胞質／細胞膜／核／DNA／RNA／mRNA／翻訳／タンパク → 機能

A. 細胞増殖を調節する主要な細胞内機能

上皮増殖因子受容体（EGFR）／インスリン様増殖因子受容体（IGFR）／線維芽細胞増殖因子受容体（FGFR）1, 2, 3／血小板由来増殖因子受容体（PDGFR）／RET癌原遺伝子産物／ウイルス性癌遺伝子（v-erbB）産物

ドメイン：
細胞外リガンド結合　— Cys豊富／α／β／-S-S-／免疫グロブリン様（Ig1〜Ig5）／カドヘリン様／Cys

膜貫通

細胞内チロシンキナーゼ　951／754／757／748

B. 受容体型チロシンキナーゼファミリー

シグナル伝達経路

シグナル伝達経路は，ある遺伝子の活性を調節する一連の事象により細胞内へシグナルを伝達する。応答細胞の細胞表面受容体はリガンドと結合することにより活性化される（112頁参照）。リガンドの結合は受容体の構造変化を引き起こす。細胞内の活性化カスケードと抑制カスケードは，標的遺伝子の転写を誘導もしくは抑制するシグナルを核へ伝達する。活性化は抑制因子の抑制により達成されることもある。

A. 受容体型チロシンキナーゼ（RTK）

受容体型チロシンキナーゼ（RTK，前項参照）にリガンドが結合すると，隣接した2つのRTKが細胞膜上で二量体化することにより活性化する。その結果，細胞内ドメインのチロシン残基がリン酸化され，別の標的タンパクをリン酸化して活性化を誘導し，シグナル伝達が進行する。

B. Gタンパク共役受容体

Gタンパクは α，β，γ サブユニットからなる三量体グアニンヌクレオチド結合タンパクであり，不活性化状態と短い活性化状態の間で分子スイッチとして働く。α サブユニットは不活性化状態ではグアノシン二リン酸（GDP）と，活性化状態ではグアノシン三リン酸（GTP）と結合している。Gタンパク共役受容体（GPCR）は細胞膜を7回貫通した構造をしている（そのためヘビ状受容体と呼ばれることもある）。特異的リガンドが結合すると，Gタンパクの α サブユニットに結合したGDPが放出されてGTPに置き換わり，受容体は活性化される。この変化の結果，三量体は α サブユニットと $\beta\gamma$ 複合体に解離する。放出された $\beta\gamma$ 複合体は，標的タンパク（エフェクタータンパク）となる酵素や細胞膜イオンチャネルと相互作用する。

α サブユニットはGTPアーゼであり，結合したGTPをGDPへと速やかに加水分解する。その結果，α サブユニットと $\beta\gamma$ 複合体は再び会合して不活性化状態のGタンパクが再生される。したがって，解離した活性化状態の α サブユニットと $\beta\gamma$ 複合体は短命である。毒素もしくは変異によって，不活性化状態への速やかな復帰が遅延するか不可能になれば，正常な機能は著しく損なわれる。

哺乳類のGタンパク α サブユニットは，さまざまな種類のエフェクタータンパクと結合する大きなシグナル分子ファミリーを形成している。哺乳類では約20種の α サブユニット，5種の β サブユニット，12種の γ サブユニットが同定されている。

C. サイクリックAMP

シグナル伝達受容体分子へのリガンド（ファーストメッセンジャー）の結合は，セカンドメッセンジャーとして作用する細胞内の小さなシグナル分子の濃度を短時間で増減させる。サイクリックAMP（cAMP）は，糖の3′炭素と5′炭素に結合しているリン酸基とが形成する環状構造を有している。

D. cAMPの分解

cAMPはプロテインキナーゼA（PKA）を活性化する。ホスホジエステラーゼはcAMPをアデノシン一リン酸（AMP）へと速やかに分解する。活性型PKAは100種類以上ものシグナル伝達タンパクと転写因子をリン酸化する。

医学との関連

コレラ毒素はGTPの加水分解を抑制し，Gタンパクを永続的に活性化状態としてしまう。消化管上皮細胞において，これは大量の水分と塩素イオンが喪失する原因となる。百日咳毒素は抑制性Gタンパク（G_i）の α サブユニットを修飾し，G_i タンパクが受容体と相互作用できないようにして，G_i がアデニル酸シクラーゼ活性を抑制できなくする。そのため，アデニル酸シクラーゼが永続的に活性化されてしまう。

いくつかの内分泌疾患は，Gタンパク共役受容体またはGタンパク自身をコードする遺伝子の変異から生じる。機能獲得変異および機能喪失変異がみられる。例として巻末の付表8を参照のこと。

参考文献

Alberts B et al: Molecular Biology of the Cell, 4th ed. Garland Science, New York, 2002.

Clapham DE: Mutations in G protein-linked receptors: novel insights on disease. Cell 75: 1237–1239, 1993.

Lodish H et al: Molecular cell Biology. 5th ed. WH Freeman, New York, 2004.

Lowe WL et al: Mechanisms of hormone action, pp 419–431. In: JL Jameson (ed) Principles of Molecular Medicine. Humana Press, Totowa, New Jersey, 1998.

Newley SE, Aelst L van: Guanine nucleotide-binding proteins, pp 832–848. In: Epstein CJ, Erickson RP, Wynshaw-Boris A (eds): Inborn Errors of Development. The Molecular Basis of Clinical Disorders of Morphogenesis. Oxford University Press, Oxford, 2004.

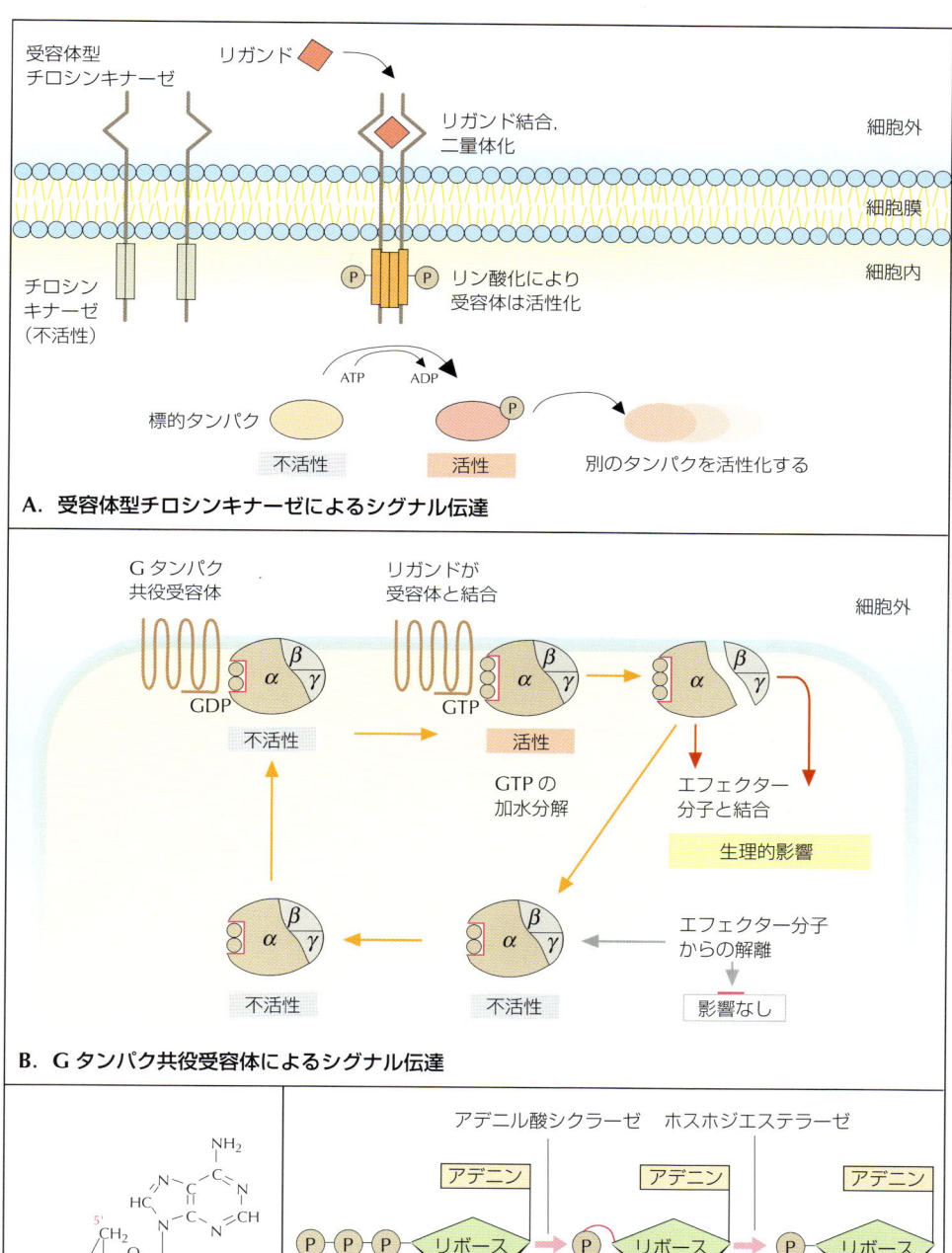

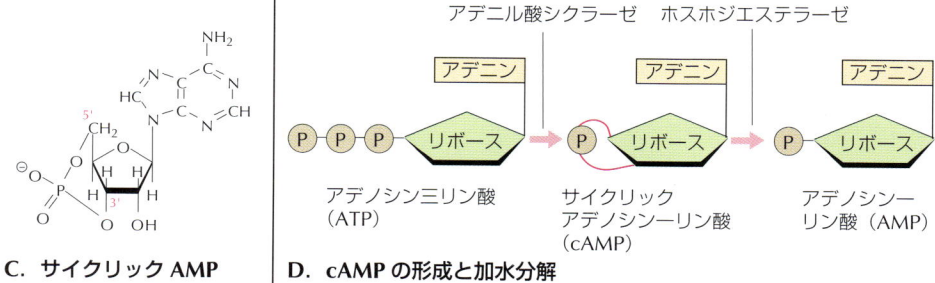

シグナル伝達経路　275

受容体型チロシンキナーゼ
リガンド
リガンド結合，二量体化
細胞外
細胞膜
細胞内
チロシンキナーゼ（不活性）
リン酸化により受容体は活性化
ATP　ADP
標的タンパク
不活性
活性
別のタンパクを活性化する

A．受容体型チロシンキナーゼによるシグナル伝達

Gタンパク共役受容体
リガンドが受容体と結合
細胞外
GDP
不活性
GTP
活性
GTPの加水分解
エフェクター分子と結合
生理的影響
エフェクター分子からの解離
影響なし
不活性
不活性

B．Gタンパク共役受容体によるシグナル伝達

アデニル酸シクラーゼ　ホスホジエステラーゼ
アデニン　アデニン　アデニン
リボース　リボース　リボース
アデノシン三リン酸（ATP）
サイクリックアデノシン一リン酸（cAMP）
アデノシン一リン酸（AMP）

C．サイクリック AMP

D．cAMP の形成と加水分解

TGFβ ならびに Wnt/β カテニンシグナル伝達経路

トランスフォーミング増殖因子β（TGFβ）シグナル伝達経路と Wnt（Wingless）/β カテニンシグナル伝達経路は，さまざまな発生過程や細胞機能に関わる重要なシグナル伝達経路の例である。

A. TGFβ シグナル伝達経路

TGFβ スーパーファミリーは約30種の構造的に関連した増殖因子と分化因子を含む。それらに対する受容体は，細胞内セリン／トレオニンキナーゼドメインを有する二量体の膜貫通タンパクである。リガンドが結合すると，II型およびI型の受容体それぞれ2コピーずつからなる四量体複合体の形成が誘導される（図には各1コピーのみ示してある）。恒常的にリン酸化されているII型受容体は，グリシンとセリンが豊富な保存された配列であるI型受容体のGSドメインをリン酸化する。これによってI型受容体のキナーゼドメインが活性化される。その結果，転写因子である Smad ファミリーメンバー〔訳注：図ではR-Smad〕のセリンがリン酸化され，リン酸化されない共有型 Smad（Co-Smad, Smad4）と複合体を形成する。複合体は核内に入り，DNA結合タンパクと結合して転写を開始させる。

TGFβ スーパーファミリーは胚の発生と分化，器官形成，未分化な段階での幹細胞の自己再生と維持，細胞分化系譜の選択，腫瘍発生の抑制に重要な役割を担っている（Mishra ら，2005）。TGFβ ファミリーは最古のシグナル伝達経路の1つで，およそ13億年前，節足動物と脊椎動物が分岐する以前に出現したとする系統発生学的な証拠がある（26頁参照）。（図は Petryk & O'Connor, 2004 より再描画）

B. Wnt/β カテニンシグナル伝達経路

Wingless（Wg）はショウジョウバエのセグメントポラリティー変異体である（300頁参照）。脊椎動物のオルソログは Wnt（名前はショウジョウバエの *wingless* 遺伝子とマウスの *int-1* 遺伝子から取られている）であり，その最も重要な機能はβカテニンをタンパクレベルで調節することである。βカテニン（ショウジョウバエでは Armadillo と呼ばれる）は別のタンパクと相互作用して標的遺伝子を活性化する。Wnt の受容体は Frizzled と名づけられた7回膜貫通受容体であり，低密度リポタンパク（LDL）受容体関連タンパク（LDL receptor-related protein）の LRP6（370頁参照）が共受容体として働いている。Wnt が受容体に結合すると，Dsh（disheveled）と呼ばれるタンパクが活性化される。Dsh はグリコーゲンシンターゼキナーゼ3（GSK-3）を抑制する。GSK-3 はプロテインキナーゼで，通常はβカテニンとγカテニンが核内に蓄積するのを防いでいる。GSK-3 活性が抑制されると，APC（腺腫様大腸ポリポーシス，332頁参照）タンパクに結合していたβカテニンが解離する。βカテニンは核内に入り，いくつかの他のタンパク（転写因子の LEF や TCF など）と複合体を形成して多数の標的遺伝子を調節する。Wnt シグナルの欠如下では，βカテニンは GSK-3，APC，アキシン（足場タンパク）の働きでリン酸化され，そして分解される（図には示していない）。Dsh の下流には少なくとも3つの経路が知られているが，ここでは主経路のみを図示した。さまざまな Wnt シグナルが発生の過程（原腸形成，脳の発達，四肢のパターン形成，器官形成など）で重要な役割を担っている。（図は Sheldahl & Moon, 2004 より再描画）

医学との関連

活性化されたβカテニンは細胞増殖を刺激する癌原遺伝子 c-*myc* を活性化する。ヒト大腸癌の80％に APC の変異がみられる（332頁参照）。*WNT4* は卵巣決定遺伝子の有力候補である。

参考文献

Brivanlou AH, Darnell JE: Signal transduction and the control of gene expression. Science 295: 813–818, 2002.

Mishra L, Derynck R, Mishra B: Transforming growth factor-β signaling in stem cells and cancer. Science 310: 68–71, 2005.

Moore RT et al: WNT and β-catenin signaling: diseases and therapies. Nature Rev Genet 5: 691–701, 2004.

Nelson WJ, Nusse R: Convergence of Wnt, β-catenin, and cadherin pathways. Science 303: 1483–1487, 2004.

Petryk A, O'Connor MB: The transforming growth factor β (TGF-β) signaling pathway, pp 285–295. In: Epstein CJ, Erickson RP, Wynshaw-Boris A (eds): Inborn Errors of Development. The Molecular Basis of Clinical Disorders of Morphogenesis. Oxford University Press, Oxford, 2004.

Sheldahl LC, Moon RT: The Wnt (Wingless-type) signaling pathway, pp 272–281. In: Epstein CJ, Erickson RP, Wynshaw-Boris A (eds): Inborn Errors of Development. The Molecular Basis of Clinical Disorders of Morphogenesis. Oxford University Press, Oxford, 2004.

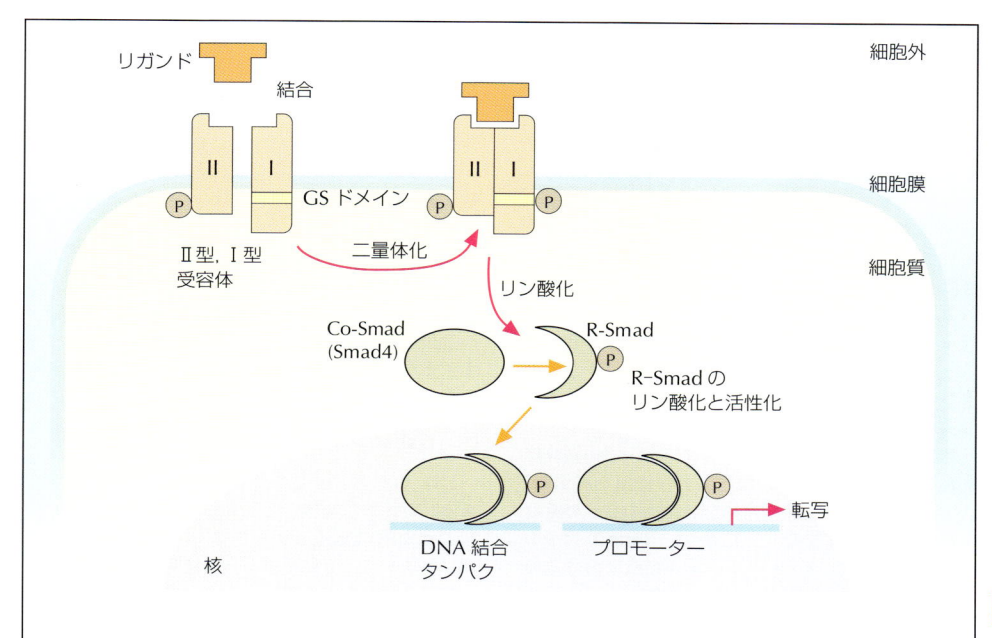

A. TGFβシグナル伝達経路

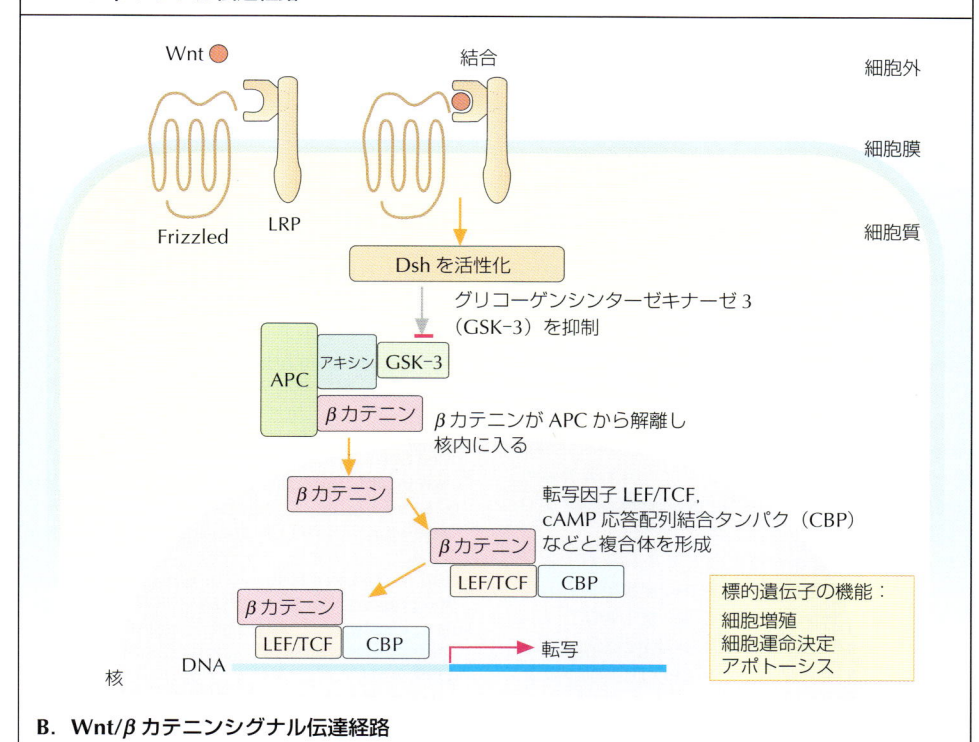

B. Wnt/βカテニンシグナル伝達経路

ヘッジホッグならびに TNFα シグナル伝達経路

ヘッジホッグと呼ばれる分泌タンパク（パラクリン因子）ファミリーは，多くの発生過程，特に脊椎動物における四肢のパターン形成と神経分化に必要なシグナルを伝える。ショウジョウバエのヘッジホッグ遺伝子（*hh*）はセグメントポラリティー遺伝子で，他のタンパクと協調して活性化と抑制の両機能を発揮する転写因子として働く。*hh* 変異体のハエは体表にスパイク（刺）がみられることから，ヘッジホッグ（hedgehog，ハリネズミ）と名づけられた。脊椎動物のゲノムには3つのヘッジホッグ遺伝子，*Shh*（Sonic hedgehog），*Dhh*（Desert hedgehog），*Ihh*（Indian hedgehog）がある。

腫瘍壊死因子（TNF）はマクロファージから分泌されるサイトカインで，細胞傷害性作用を有する。TNFα はシグナル伝達経路において次の2つの重要な過程に関わっている。(1) キナーゼと転写因子の活性化，および (2) アポトーシス経路におけるカスパーゼの活性化（128頁参照）である。ヒトの TNFα は29種の TNF 受容体（TNFR）と18種の TNF リガンドで構成される大きなファミリーに属する。TNFR1，TNFR2，およびそれらのリガンドは，炎症応答やその他の免疫機能において重要な役割を担っている。

A．ヘッジホッグシグナル伝達経路

12個以上のヘッジホッグ経路の遺伝子が一方向の伝達経路というよりもむしろネットワークを形成している。45 kDa 前駆体タンパクとして分泌されたヘッジホッグ（Hh）シグナル伝達タンパクは，20 kDa の N 末端断片と 25 kDa の C 末端断片に切断される。N 末端断片はエステル結合した疎水性のコレステロール基とアミド結合したパルミトイル基を含んでおり，これらがシグナル伝達活性に重要である。Hh は patched（Ptch，ヒトでは PTCH）と呼ばれる膜貫通受容体タンパクのリガンドである。Ptch にリガンドが結合すると，smoothened（Smo，ヒトでは SMO；名称はショウジョウバエ変異体の表現型に由来）と呼ばれる別の抑制性膜貫通タンパクの調節を行う。

Smo は7つの疎水性膜貫通ドメインを有するタンパクで，Hh シグナル伝達物質の変換装置として働く。Hh シグナルの欠如下では，微小管結合タンパク群（キネシン様タンパクの Costal 2 とセリンレオニンキナーゼの Fused）が 155 kDa のエフェクタータンパク Ci に結合している。プロテインキナーゼA（PKA）と Slimb は Ci を2つの断片に切断し，断片のうちの1つがヘッジホッグ応答遺伝子の転写を抑制する。Hh シグナル伝達物質が Ptch に結合すると，Ptch による Smo の抑制が解除される。それによって PKA と Slimb が抑制され，その結果，Costal 2 と Fused はリン酸化されて Ci を活性化する。活性化された Ci は核内に入り，コアクチベーター（転写共同活性化因子）である CREB 結合タンパク（CBP）やその他の因子とともに転写を開始する。

医学との関連

ヘッジホッグ遺伝子ネットワークには12個以上の遺伝子が関係しているが，その変異や欠失は，さまざまな奇形症候群の原因となる（巻末の付表9参照）。

B．TNFα シグナル伝達経路

TNF リガンドとその受容体は三量体タンパクである。TNFα 受容体の細胞外領域は，長く伸びた同じような形の構造モチーフ2～8個からなっており，ジスルフィド結合により安定化されている。

TNFα が受容体に結合すると，受容体の細胞内ドメインの構造が変化して，細胞内シグナル伝達タンパク RIP（受容体相互作用プロテインキナーゼ），アダプタータンパク，TRAF2（TNF 受容体関連因子2）とデスドメインタンパク TRADD が集合して複合体を形成し，最終的には転写因子 NF-κB（nuclear factor kappa B；B リンパ球の免疫グロブリン κL 鎖遺伝子を調節する核内因子として発見された）が活性化される。NF-κB の阻害タンパク IκB のリン酸化と分解が，この経路の重要な特徴である。NF-κB タンパクは細胞特異的な分化，炎症応答やアポトーシス応答に関わる多くの遺伝子の発現を調節している。

参考文献

Abbas AK, Lichtman AH: Cellular and Molecular Immunology, 5th ed. WB Saunders, Philadelphia, 2005.

Cohen jr MM: The hedghog signaling network. Am J Med Genet 123 A: 5–28, 2003.

Cohen jr MM: The sonic hedgehog pathway, pp 210–228. In: Epstein CJ et al (eds) Inborn Errors of Development. Oxford University Press, Oxford, 2004.

Karim M: Nuclear factor-κB in cancer development and progress. Nature Insight 441: 431–436, 2006.

Lum L, Beachy PA. The Hedgehog response network: sensors, switches, and routers. Science 304: 1755–1759, 2004.

Schneider PL: The tumor necrosis factor signaling pathway, pp 340–358. In: Epstein CJ et al (eds) Inborn Errors of Development. Oxford University Press, Oxford, 2004.

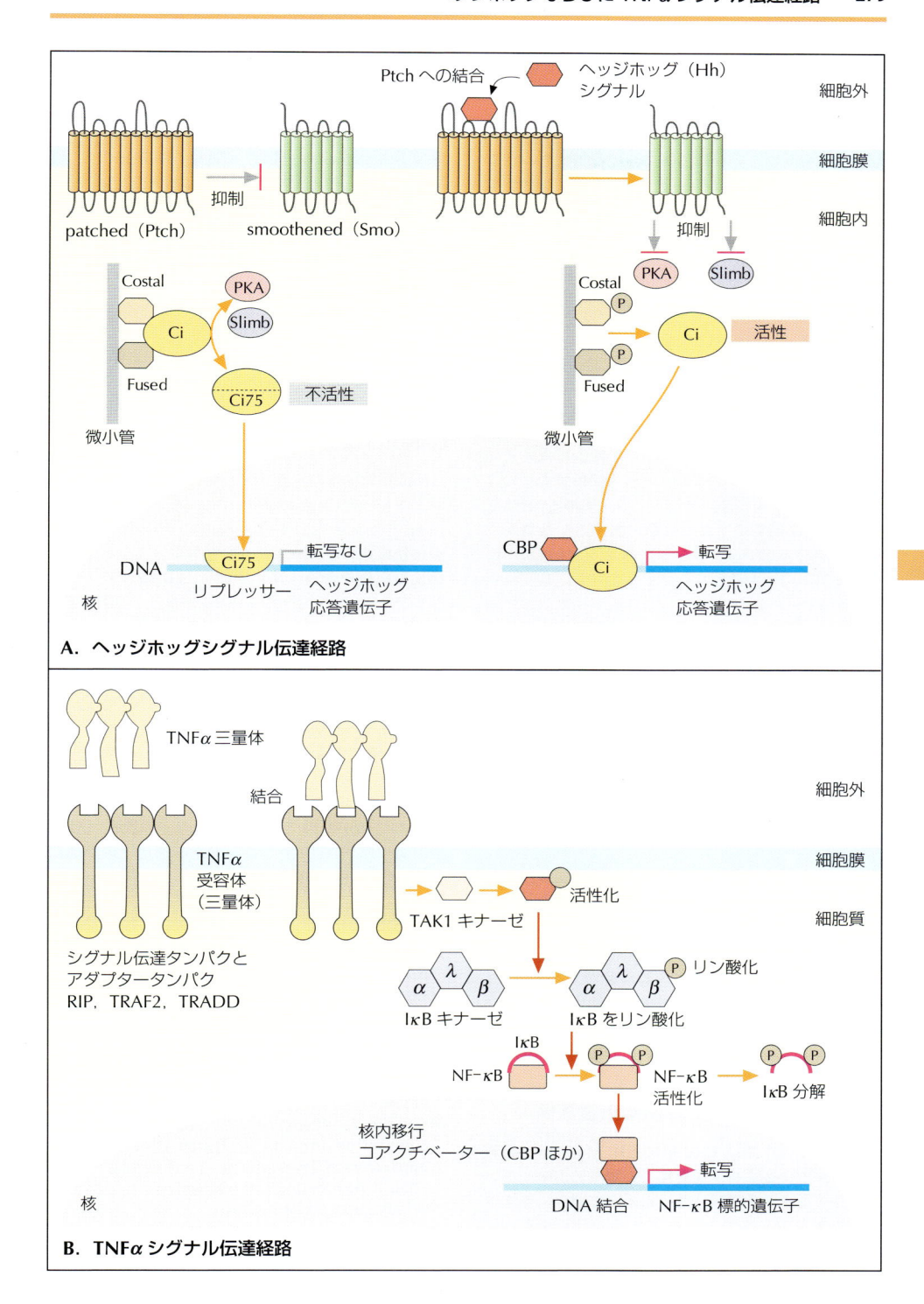

ヘッジホッグならびに TNFα シグナル伝達経路   279

A. ヘッジホッグシグナル伝達経路

B. TNFα シグナル伝達経路

Notch/Delta シグナル伝達経路

Notch シグナル伝達は，細胞運命の決定（例えば，神経発生，筋発生，造血など），胚のパターン形成，脊椎動物と非脊椎動物における発生中のさまざまな組織の形態形成を決定する。Notch シグナルは情報を送る細胞と受け取る細胞の直接相互作用によって伝達される。受容体である Notch と，DSL ファミリー（Delta，Serrate，Lag-2）と呼ばれるタイプの異なるリガンド群がシグナルを仲介する。Notch の活性化には Notch の3カ所の切断が関与している。

A．Notch シグナル伝達

リガンドと受容体はともに1回膜貫通タンパクであり，両方ともタンパク分解切断を必要とする（図中のリガンドには示していない）。Notch の最初の切断は，フリン様コンベルターゼ（転換酵素）によりトランスゴルジ網で行われる。切断を受けた Notch は，1残基のフコースを付加するグリコシルトランスフェラーゼであるフリンジ（fringe）によって，いくつかのセリン，トレオニン，ヒドロキシリシンが O-グリコシル化される。リガンドに結合すると，次の2カ所のタンパク分解切断が誘導される。Notch 尾部は核へ移行し，Notch シグナル伝達の主要なエフェクタータンパクである CSL（哺乳類では CBF1，ハエとカエルでは hairless の抑制 Suppression，線虫では Lag-2）に結合する。加えて，その他の遺伝子調節タンパクと結合すると，Notch 標的遺伝子の転写が誘導される。（図は Alberts ら，2002, p.894 に基づく）

B．Notch シグナル伝達による側方抑制

Notch シグナル伝達に特徴的な機能はショウジョウバエの神経細胞発生における側方抑制である。神経細胞は一層の上皮前駆細胞内で独立した単一の細胞として生じる。神経細胞への発生が決定しているこの細胞は，Notch シグナル伝達経路を利用して，隣接する細胞が同様に神経細胞へと分化しないように抑制する。もしこれが失敗すると神経細胞の致命的過剰を生じ，胚死を引き起こす。（図は Alberts ら，2002, p.894 に基づく）

C．ショウジョウバエの Notch 変異体

Notch という語は1919年に T.H. Morgan が記載したショウジョウバエ変異体の表現型に由来している。つまり，ヘテロ接合雌は翅の遠位部分にさまざまな大きさの V 字型の切れ込み（notch）をもっていた。ヘミ接合雄は神経系の過剰形成により胚の発生途中で死亡する。

D．Notch 受容体ファミリー

Notch 受容体は哺乳類では50種にも及ぶ細胞表面タンパクの大きなファミリーを形成している。原型はショウジョウバエの Notch（dNotch）で，細胞外ドメインに上皮増殖因子受容体（EGFR）様の縦列反復を36個もつ 300 kDa のタンパクである。その他の特徴として3つのシステイン豊富な反復配列，LNR（Lin-12 Notch-Related region），および N 末端細胞外ドメインのシグナルペプチド（SP）がある。細胞内ドメインには2つの核局在シグナル（NLS）に挟まれた6つのアンキリン反復配列（ANK）が含まれる。ヒトの Notch 受容体には NOTCH1～4 の4つがある（線虫の小さな Notch 受容体 Lin-2 と Glp-1 は図示していない）。

E．Notch 受容体リガンドの DLS ファミリー

Notch 受容体のリガンドも受容体と同様に細胞表面タンパクの大きなファミリーを形成しており，Delta リガンドもしくは Serrate リガンドのいずれかに分類される。いずれも細胞外ドメインに EGFR 様反復配列を含み，N 末端側に DSL 結合ドメインおよびシグナルペプチド（SP）がある。（図 D と E は Miyamoto & Weinmeister, 2004 より）

医学との関連

Notch シグナル伝達の異常は多種多様なヒト疾患に関係している。例えば，アラジル症候群（MIM 118450）は，hJagged1 もしくは NOTCH2 をコードする遺伝子の変異による。また，脊椎肋骨異形成（MIM 122600，602768）は *DLL3*（*delta-like 3*）遺伝子の変異が原因であり，大動脈弁弁膜症（MIM 109730）は NOTCH1 をコードする遺伝子の変異による（Garg ら，2005）。

参考文献

Alberts B et al: Molecular Biology of the Cell, 4th ed., p. 736. Garland Publishing Co, New York, 2002.

Lodish H et al: Molecular Cell Biology, 5th ed. WH Freeman & Co, New York, 2004.

McDaniel R et al.: *NOTCH2* mutations cause Alagille syndrome, a heterogeneous disorder of the notch signaling pathway. Am J Hum Genet 79: July 2006, in press.

Miyamoto A, Weinmaster G: The notch signaling pathway, pp 447–460. In: Epstein CJ et al (eds) Inborn Errors of Development. The Molecular Basis of Clinical Disorders of Morphogenesis. Oxford University Press, Oxford, 2004.

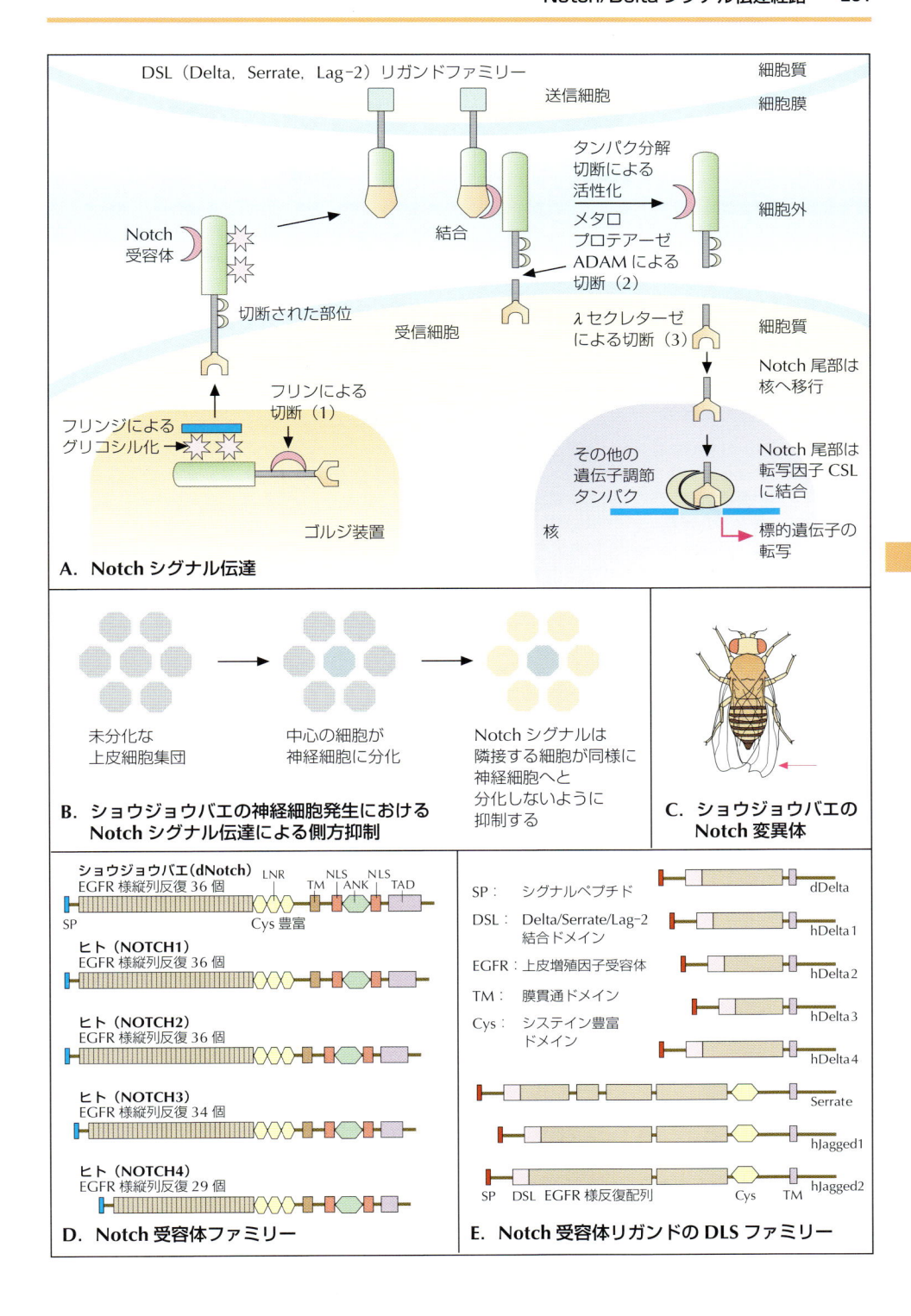

Notch/Delta シグナル伝達経路

A. Notch シグナル伝達

- DSL（Delta, Serrate, Lag-2）リガンドファミリー
- 送信細胞
- 細胞質
- 細胞膜
- Notch 受容体
- 結合
- タンパク分解切断による活性化
- メタロプロテアーゼ ADAM による切断（2）
- 切断された部位
- 受信細胞
- 細胞外
- λセクレターゼによる切断（3）
- 細胞質
- フリンジによるグリコシル化
- フリンによる切断（1）
- Notch 尾部は核へ移行
- ゴルジ装置
- その他の遺伝子調節タンパク
- 核
- Notch 尾部は転写因子 CSL に結合
- 標的遺伝子の転写

B. ショウジョウバエの神経細胞発生における Notch シグナル伝達による側方抑制

- 未分化な上皮細胞集団
- 中心の細胞が神経細胞に分化
- Notch シグナルは隣接する細胞が同様に神経細胞へと分化しないように抑制する

C. ショウジョウバエの Notch 変異体

D. Notch 受容体ファミリー

- ショウジョウバエ（dNotch）EGFR 様縦列反復 36 個
- ヒト（NOTCH1）EGFR 様縦列反復 36 個
- ヒト（NOTCH2）EGFR 様縦列反復 36 個
- ヒト（NOTCH3）EGFR 様縦列反復 34 個
- ヒト（NOTCH4）EGFR 様縦列反復 29 個

SP, LNR, TM, ANK, NLS, NLS, TAD, Cys 豊富

E. Notch 受容体リガンドの DLS ファミリー

- SP ： シグナルペプチド
- DSL ： Delta/Serrate/Lag-2 結合ドメイン
- EGFR ： 上皮増殖因子受容体
- TM ： 膜貫通ドメイン
- Cys ： システイン豊富ドメイン

dDelta, hDelta1, hDelta2, hDelta3, hDelta4, Serrate, hJagged1, hJagged2

SP DSL EGFR 様反復配列 Cys TM

神経伝達物質受容体とイオンチャネル

　活動電位と呼ばれる電気的刺激により，神経細胞（ニューロン）に沿ってシグナルが伝達される。イオンチャネルは細胞内外の電位差を調節する（電位依存性イオンチャネル）。活動電位が軸索終末に到達すると，神経伝達物質と呼ばれる化学物質が分泌される。これらは近接した細胞の受容体に結合し，膜電位を変化させる。アセチルコリンを除けば，ほとんどの神経伝達物質はアミノ酸（グリシン，グルタミン酸）またはアミノ酸誘導体［ドーパミン，ノルアドレナリン，アドレナリン，セロトニン，γ-アミノ酪酸（GABA），ヒスタミン］である。

A. 神経伝達物質受容体

　アセチルコリンは神経筋接合部における神経伝達物質である。アセチルコリン受容体は，ニコチンとムスカリンへの薬理学的応答によって，遺伝学的および機能的に異なる2種類のタイプに分類される。**ニコチン感受性** nicotine-sensitive アセチルコリン受容体はカリウムとナトリウムのイオンチャネルであり，リガンドであるアセチルコリンによって調節されている（リガンド依存性イオンチャネル）。5つのサブユニット（2つのαと各1つのβ，γ，δ）からなる五量体タンパクである（図1）。αとγの接合部分とαとδの接合部分に2つのアセチルコリン分子が結合する（赤矢印）。各サブユニットは4つの膜貫通ドメインからなり（図2），それぞれ別々の遺伝子にコードされている（図3）。これらの遺伝子は類似の構造および塩基配列を有する。**ムスカリン感受性** muscarine-sensitive アセチルコリン受容体は7つのαヘリックスをもつ7回膜貫通タンパクである（図4）。タンパクのアミノ酸配列において，親水性および疎水性アミノ酸の相対的比率によって細胞内領域であるか細胞外領域であるかを推定することができ，その位置によって各ドメインを推定することが可能である（図5）。ドメイン構造は遺伝子のエキソン構造に対応している（図6）。（図はWatsonら，1992に基づく）

B. 電位依存性イオンチャネル

　イオンチャネルは膜貫通タンパクであり，毎秒最大1億個という高い効率で無機イオンを細胞内外に通過させることができる。通過は受動輸送（つまり，下り坂方向）のみである。おもにNa^+，K^+，Ca^{2+}，Cl^-といったイオンが，脂質二重層内外の電気化学的勾配に従った素早い拡散によりチャネルを通過する。イオンチャネルは特定のイオンを選択的に通過させる。各イオンチャネルは通常は閉じているが，膜電位の変化（**電位依存性** voltage-gated），リガンドの結合（**リガンド依存性** ligand-gated），イオン（**イオン依存性** ion-gated）に反応して短時間のみ開く。カリウムイオン（K^+）チャネルは4つの同じサブユニットからなる（図には1つだけ表示している）。各サブユニットは600～700アミノ酸からなる6つの膜貫通αヘリックスを有し（図1），そのN末端とC末端は細胞質側にある。N末端は球状形をしており，開いたチャネルの不活性化に重要である。4番目の膜貫通ドメインが電位感受性ドメインである。

　ナトリウムイオン（Na^+）チャネルは4つのサブユニット（I～IV）からなる単量体である（図2）。各サブユニットは6つの膜貫通ドメインを有している。イオンチャネルのサブユニットは小孔を形成し，この小孔が活動電位に反応して開いたり（図3）閉じたり（図4）する。カルシウムイオン（Ca^{2+}）チャネルの構造はNa^+チャネルの構造に類似している。（図はWatsonら，1992より）

医学との関連

　神経伝達物質やその受容体をコードする遺伝子の変異は，さまざまな神経筋疾患や心疾患の原因となる（Drachman，2005参照）。

参考文献

Drachman DB: Myasthenia gravis and other diseases of the neuromuscular junction, pp. 2518–2523. In: Kasper DL et al, editors: Harrison's Principles of Internal Medicine. 16th ed. McGraw-Hill, New York, 2005.

Hauser SL, Beal, MF: Neurobiology of disease, p. 2339–2344. In: Kasper DL et al, editors: Harrison's Principles of Internal Medicine. 16th ed. McGraw-Hill, New York, 2005.

Jiang Y, Ruta V, Chen J, Lee A, MacKinnon R: The principle of gating charge movement in a voltage-dependent K^+ channel. Nature 423: 33–41, 2003.

Lee S-Y et al: Structure of the KvAP voltage-dependent K+ channel and its dependence on the lipid membrane. Proc Natl Acad Sci USA 102: 15441–15446, 2005.

Long SB, Campbell EB, MacKinnon R: Voltage sensor of Kv1.2: Structural basis of electromechanical coupling. Science 309: 903–908, 2005.

MacKinnon R: Structural biology. Voltage sensor meets lipid membrane. Science 306: 1304–1305, 2004.

Watson JD, Gilman M, Witkowski J, Zoller M: Recombinant DNA, 2nd ed. WH Freeman, Scientific American Books, New York, 1992.

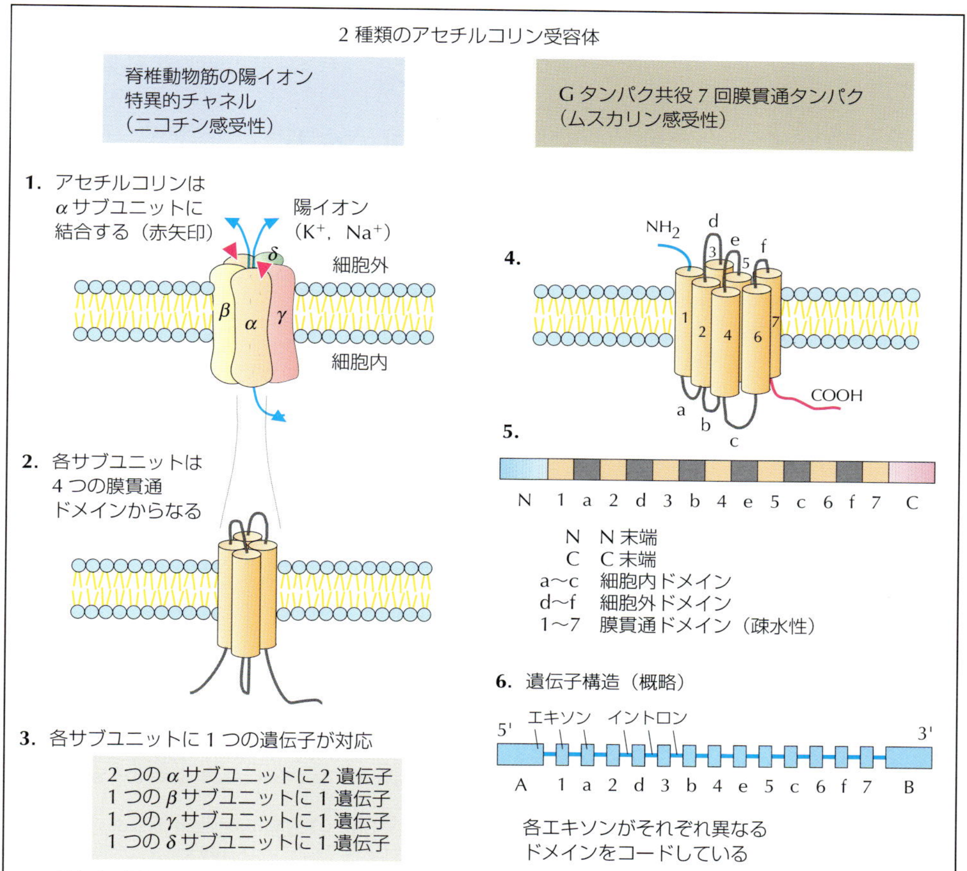

神経伝達物質受容体とイオンチャネル

2種類のアセチルコリン受容体

脊椎動物筋の陽イオン特異的チャネル（ニコチン感受性）

1. アセチルコリンは α サブユニットに結合する（赤矢印）
   陽イオン（K^+, Na^+）
   細胞外／細胞内
   β, α, γ, δ

2. 各サブユニットは4つの膜貫通ドメインからなる

3. 各サブユニットに1つの遺伝子が対応

   2つの α サブユニットに2遺伝子
   1つの β サブユニットに1遺伝子
   1つの γ サブユニットに1遺伝子
   1つの δ サブユニットに1遺伝子

Gタンパク共役7回膜貫通タンパク（ムスカリン感受性）

4. NH_2 — d, e, f — COOH（膜貫通ドメイン 1〜7, a, b, c）

5. N 1 a 2 d 3 b 4 e 5 c 6 f 7 C

   - N　N末端
   - C　C末端
   - a〜c　細胞内ドメイン
   - d〜f　細胞外ドメイン
   - 1〜7　膜貫通ドメイン（疎水性）

6. 遺伝子構造（概略）

   5′ — エキソン　イントロン — 3′
   A 1 a 2 d 3 b 4 e 5 c 6 f 7 B

   各エキソンがそれぞれ異なるドメインをコードしている

A. 神経伝達物質受容体

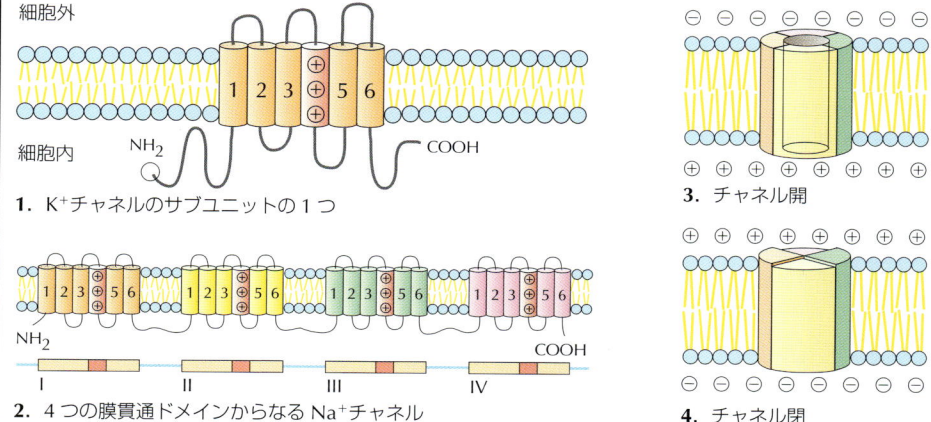

細胞外／細胞内

1. K^+ チャネルのサブユニットの1つ
   NH_2 — 1 2 3 ⊕ 5 6 — COOH

2. 4つの膜貫通ドメインからなる Na^+ チャネル
   I, II, III, IV
   NH_2 — COOH

3. チャネル開

4. チャネル閉

B. イオンチャネル

イオンチャネルの遺伝的欠陥：QT延長症候群

　イオンチャネルをコードする遺伝子の変異は30種以上の遺伝病の原因となる．イオンチャネルは心筋と横紋筋，神経筋接合部，中枢神経系の神経細胞，内耳および網膜において顕著な生理学的機能を担っている．イオンチャネルの欠陥による疾患の好例としてQT延長症候群（LQT症候群）がある．LQT症候群は遺伝的に異なる8つの疾患（1型～8型）からなり（巻末の付表10およびMIM 192500参照），心伝導系に必要なそれぞれ異なるタイプのイオンチャネルをコードする遺伝子の変異から生じる．LQT症候群は心停止と突然死に至る心不整脈の原因として重要である．選択すべき治療薬が異なるので，病型分類は重要である．

A. 遺伝的心不整脈であるQT延長症候群

　LQT症候群の特徴は，心電図上QT間隔の延長（心拍補正後460ミリ秒以上），心拍の突然の欠落（失神発作）もしくは一連の頻拍（torsade de pointes），そして小児期から成人前期にかけての心室細動による突然死の高リスクである．

B. QT延長症候群のいくつかのタイプ

　心電図上のQT間隔延長は心活動電位の持続時間延長に原因がある（図1）．細胞は興奮刺激後の活性化されたナトリウム電流によって急速に脱分極し（第0相），正常な場合，活動電位は約300ミリ秒持続する（第1相～第2相）．続いて細胞は再分極して（第3相）静止膜電位に達する（第4相）．LQT1（図2）はK$^+$チャネルをコードする*KCNQ1*遺伝子の変異により生じ，LQT症候群の約1/3を占める．LQT2（図3）は*KCNH2*遺伝子（以前は*HERG*と呼ばれた）の変異が原因である．*KCNH2*は第3相における再分極に関係するもう1つのK$^+$チャネル（1,159アミノ酸からなる膜貫通タンパク）をコードする．LQT3（図4）は4つのサブユニット（Ⅰ～Ⅳ）からなるNa$^+$チャネルをコードする遺伝子の変異に起因する．各サブユニットは6つの膜貫通ドメインと多数のリン酸結合部位を有している．

　LQT症候群は難聴とも関連しており，常染色体優性遺伝のロマノ-ワード症候群（LQT1の原因遺伝子*KCNQ1*の変異による）が含まれる．*KCNQ1*や*KCNE1*（LQT5の原因遺伝子）変異のホモ接合体は難聴の関連したLQT症候群を発症し，これは常染色体劣性遺伝のジェルベル-ランゲ・ニールセン症候群である（巻末の付表10参照）．（図は

Ackerman & Clapham, 1997 より）

参考文献

Ackerman AJ: Cardiac channelopathies: it's in the genes. Nature Med 10: 463-464, 2004.
Ackerman MJ, Clapham DD: Ion channels—basic science and clinical disease. New Eng J Med 336: 1575-1586, 1997.
Keating MT, Sanguinetti MC: Molecular and cellular mechanisms of cardiac arrthythmias. Cell 104: 569-580, 2004.
Marks AR: Arrhythmias of the heart: beyond ion channels. Nature Med 9: 263-264, 2003.
Modell SM, Lehmann MH: The long QT syndrome family of cardiac ion channelopathies: A HuGE review. Genet Med 8: 143-155, 2006.
Mohler PJ et al: Ankyrin-B mutation causes type 4 long-QT cardiac arrhythmia and sudden cardiac death. Nature 421: 634-639, 2003.
Schulze-Bahr E et al: *KCNE1* mutations cause Jervell and Lange-Nielsen syndrome. Nature Genet 17: 267-268, 1997.
Schulze-Bahr E et al: The long-QT syndrome. Current status of molecular mechanisms. Z Kardiol 88: 245-254, 1999.
Splawski I et al: Ca (V)1.2 calcium channel dysfunction causes a multisystem disorder including arrhythmia and autism. Cell 119: 19-31, 2004.
Splawski I, Timothy K et al: Severe arrhythmia disorder caused by cardiac L-type calcium channel mutations. Proc Nat Acad Sci 102: 8089-8096, 2005.
Viskin S: Long QT syndromes and torsades de pointes. Lancet 354: 1625-1633, 1999.

ネット上の情報：

Gene Connection for the Heart (Europ. Soc. Cardiol.) at www.pc4.fsm.it:81/cardmoc

イオンチャネルの遺伝的欠陥：QT延長症候群　285

A. 遺伝的心不整脈であるQT延長症候群

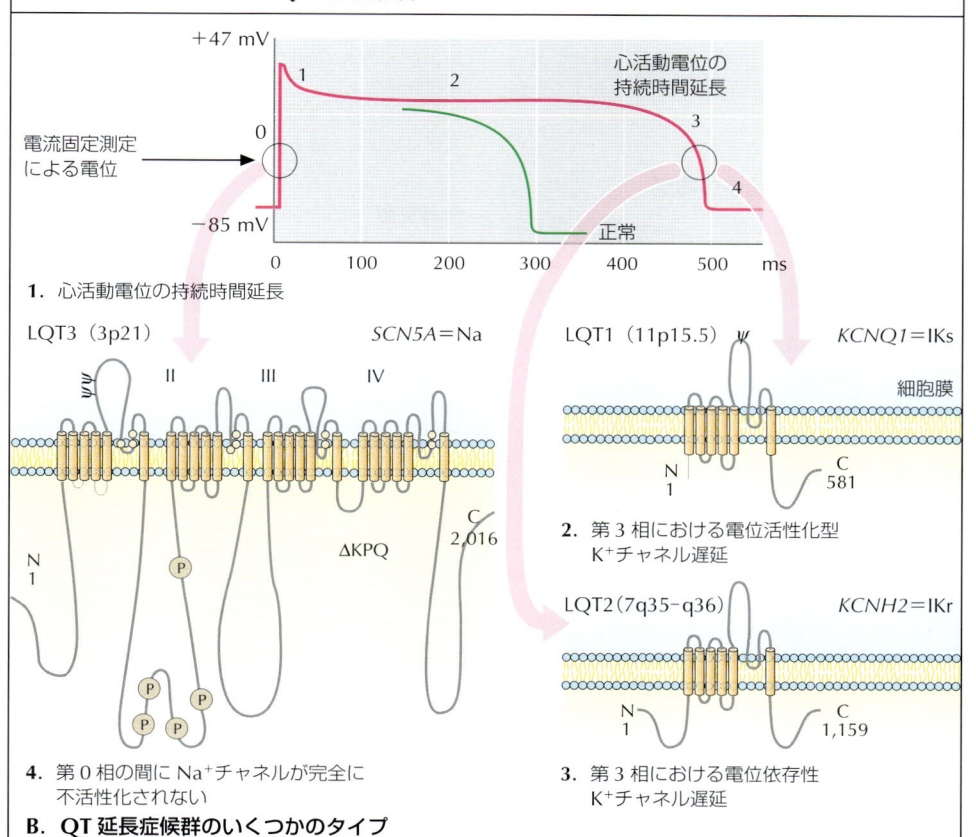

1. おもな特徴

- 心電図上QT間隔の延長
- 失神発作
- 突然死
- 常染色体優性遺伝
- 関連遺伝子の異なる8つのタイプ（LQT1〜LQT8）

2. 心電図

QT間隔延長

torsade de pointes

3. 遺伝的分類

QT延長症候群

タイプ	座位	遺伝子
LQT1	11p15.5	KCNQ1 (KVLQT1)
LQT2	7q35-q36	KCNH2 (HERG)
LQT3	3p21	SCN5A
LQT4	4q25-q27	ANK2
LQT5	21q22	KCNE1
LQT6	21q22	KCNE2
LQT7	17q23-q24	KCNJ2
LQT8	12p13.3	CACNA1C

B. QT延長症候群のいくつかのタイプ

1. 心活動電位の持続時間延長

電流固定測定による電位：+47 mV 〜 −85 mV、心活動電位の持続時間延長、正常

2. 第3相における電位活性化型K⁺チャネル遅延

LQT1（11p15.5）　KCNQ1＝IKs

3. 第3相における電位依存性K⁺チャネル遅延

LQT2（7q35-q36）　KCNH2＝IKr
N1　C1,159

4. 第0相の間にNa⁺チャネルが完全に不活性化されない

LQT3（3p21）　SCN5A＝Na
ΔKPQ　N1　C2,016

塩素チャネル欠損症：嚢胞性線維症

嚢胞性線維症（膵嚢胞性線維症，MIM 219700）は非常に多様性に富んだ多臓器疾患で，嚢胞性線維症膜貫通調節タンパク（*CFTR*）遺伝子の変異による。ヨーロッパ起源の人種では常染色体劣性遺伝病の中で最も高頻度にみられるものの1つである（約 2,500 出生に 1 人）。ヘテロ接合体が高頻度（25 人に 1 人）にみられるという事実は，流行性下痢（コレラ）に対する抵抗性が選択的優位性をもたらしたと考えられている。肺症状の重症度は，別の遺伝子（例えば，*TGFB1* 遺伝子の 5′ 末端）の多型によって修飾される（Drumm ら，2005）。

A. 嚢胞性線維症の臨床像

嚢胞性線維症ではおもに気管支と消化管が侵される。粘度の高い粘液が産生されて肺や気管支にしばしば再発する感染症を引き起こし，慢性肺機能不全に至る。典型的な嚢胞性線維症患者の平均寿命は約 30 歳であるが，軽い経過をとることもある。先天性両側性輸精管無形成症（CBAVD）の男性において，*CFTR* 遺伝子にある種の変異がみられることがある。

B. 嚢胞性線維症遺伝子の同定

塩素チャネルをコードする *CFTR* 遺伝子は，ポジショナルクローニングによって初めて同定されたヒト遺伝病の原因遺伝子の 1 つである。*CFTR* 遺伝子は連鎖解析によって 7q31 にマッピングされ，次いで約 1,500 kb の制限酵素地図を作製することで 250 kb の範囲まで絞り込まれ，典型的な方法で同定され解析が行われた。

C. *CFTR* 遺伝子とそのタンパク産物

大きな *CFTR* 遺伝子は，ゲノム上の 250 kb にわたり 27 個のエキソンから構成される（エキソン 6，14，17 はそれぞれ 6a/6b，14a/14b，17a/17b と番号が付けられている）。6.5 kb の mRNA のほか，選択的スプライシングによって何種類かの転写産物が産生される。1,480 アミノ酸からなるタンパクは，図に示したような 5 つの機能ドメインをもつ膜結合型の塩素チャネル調節タンパクである。ヌクレオチド結合ドメイン 1（NBD1）は，サイクリック AMP（cAMP）を介して塩素チャネルの活性を調節する。このドメインに最もよくみられる変異は 508 番目のフェニルアラニンのコドン欠失である（ΔF508）。調節（R）ドメインにはプロテインキナーゼ A とプロテインキナーゼ C によるリン酸化の推定標的部位が含まれる。*CFTR* 遺伝子は上皮細胞に幅広く発現している。

CFTR 遺伝子に観察されている約 1,300 種の変異は，以下のような基準で分類される。(1) 完全長タンパク合成の停止，(2) タンパクの翻訳後修飾の阻害，(3) 塩素チャネルの調節の阻害，(4) 塩素チャネルの透過性の減少，および (5) 正常 CFTR タンパクの量の減少である。その原因となる遺伝的欠陥には，ミスセンス変異，ナンセンス変異，RNA スプライス変異，欠失がある。最も頻度の高い変異である ΔF508 は患者の約 66% にみられる。ΔF508 の寄与度は，ヨーロッパ内でも北欧の 88% からイタリアの 50% まで幅がある（トルコでは 30%）。その他に比較的よくみられる変異として，G542X（2.4%，542 番目のグリシンが終止コドンに置換），G551D（1.6%），N1303K（1.3%），W1282X（1.2%）などがある。アシュケナージ系ユダヤ人では G542X が 12%，G551D が 3% を占める。変異のタイプによって，ある程度まで疾患の重症度を予測できる。最も重篤なタイプは ΔF508 のホモ接合体，および ΔF508/G551D と ΔF508/G542X の複合ヘテロ接合体である。多型 5T〔訳注：イントロン 8 のチミンが 5 個連続する多型〕は，CBAVD もしくは播種性気管支拡張症の患者の約 40〜50% にみられる。

参考文献

Bobadilla JL et al: Cystic fibrosis: A worldwide analysis of *CFTR* mutations–correlation with incidence data and application to screening. Hum Mutat 19: 575–606, 2002.

Chillon M et al.: Mutations in the cystic fibrosis gene in patients with congenital absence of the vas deferens. New Engl J Med 332:1475–1480, 1995.

Collins FS: Cystic fibrosis: molecular biology and therapeutic implications. Science 256: 774–779, 1992.

Drumm ML et al: Genetic modifiers of lung disease in cystic fibrosis. New Engl J Med 353: 1443–1453, 2005.

Rosenstein BJ, Zeitline PC: Cystic fibrosis. Lancet 351:277–282, 1998.

Tsui LC: The spectrum of cystic fibrosis mutations. Trends Genet 8:392–398, 1992.

Welsh MJ et al: Cystic fibrosis, pp 5121–5188. In: Scriver CR et al (eds) The Metabolic and Molecular Bases of Inherited Disease, 8th ed. McGraw-Hill, New York, 2001.

ネット上の情報：

Toronto Hospital for Sick Children at http://www.genet.sickkids.on.ca/cftr

塩素チャネル欠損症：嚢胞性線維症

嚢胞性線維症（膵嚢胞性線維症）

気管支と消化管を侵す重篤な進行性の疾患

CFTR 遺伝子変異による塩素チャネル機能の阻害

常染色体劣性遺伝

遺伝子座　7q31.2

疾患の頻度　約 2,500 出生に 1 人

ヘテロ接合度　約 25 人に 1 人

ΔF508 変異　約 70%

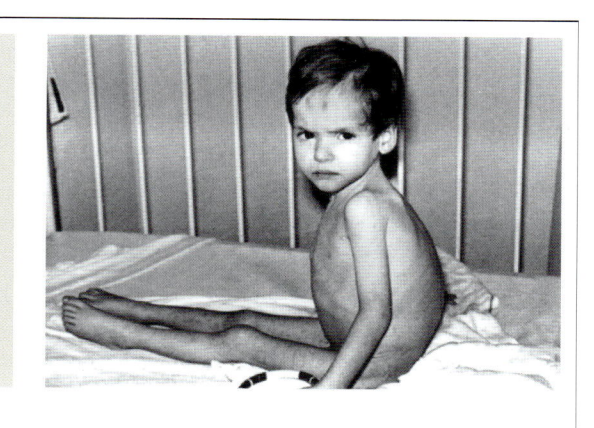

A. 嚢胞性線維症の臨床像

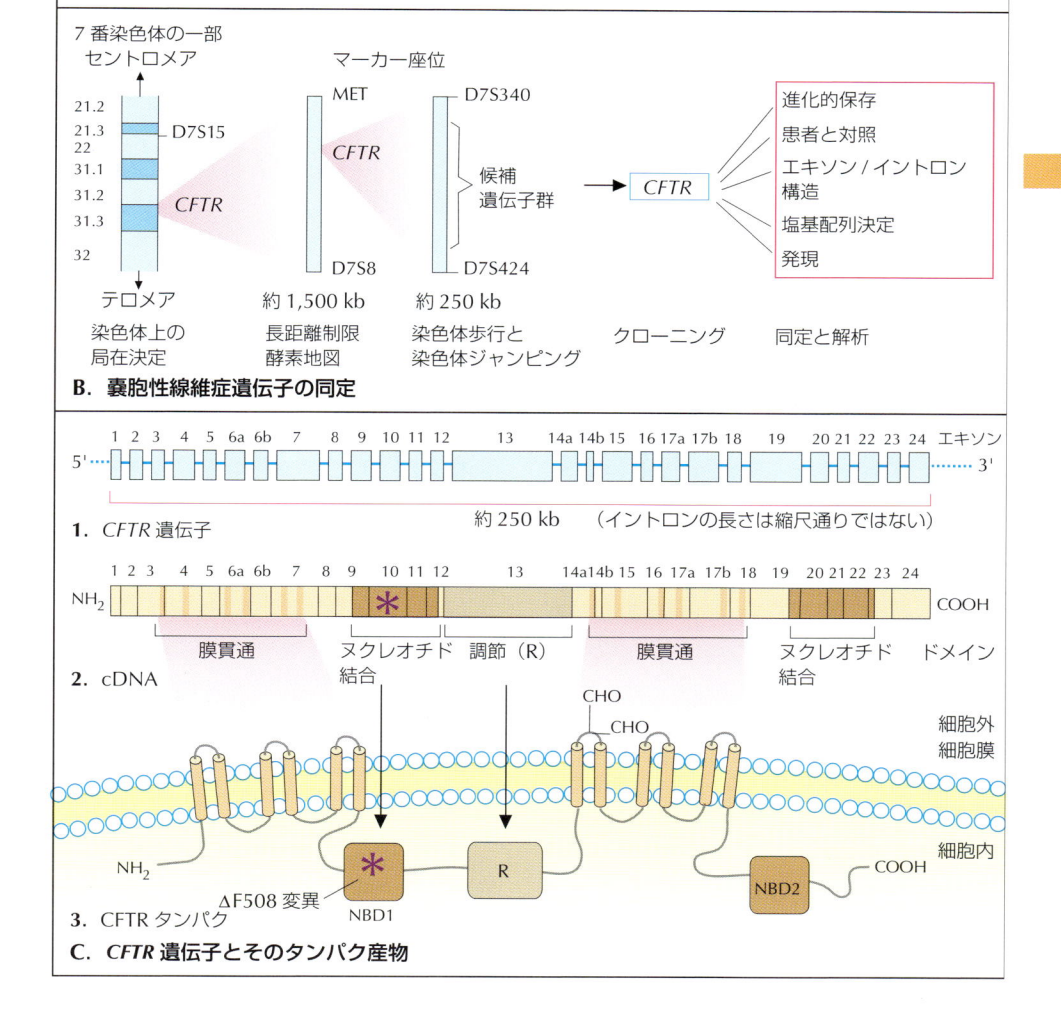

7 番染色体の一部
セントロメア

21.2
21.3　D7S15
22
31.1
31.2　*CFTR*
31.3
32

テロメア

マーカー座位
MET
CFTR
D7S8

D7S340
候補遺伝子群
D7S424

→ *CFTR*

- 進化的保存
- 患者と対照
- エキソン/イントロン構造
- 塩基配列決定
- 発現

染色体上の局在決定　　約 1,500 kb 長距離制限酵素地図　　約 250 kb 染色体歩行と染色体ジャンピング　　クローニング　　同定と解析

B. 嚢胞性線維症遺伝子の同定

エキソン 1 2 3 4 5 6a 6b 7 8 9 10 11 12 13 14a 14b 15 16 17a 17b 18 19 20 21 22 23 24

5'　　　　　　　　　　　　　　　　　　　　　　　　　　　　　　　　　　3'

約 250 kb　（イントロンの長さは縮尺通りではない）

1. *CFTR* 遺伝子

1 2 3 4 5 6a 6b 7 8 9 10 11 12 13 14a 14b 15 16 17a 17b 18 19 20 21 22 23 24

NH₂ ─────────────────────────── COOH

膜貫通　ヌクレオチド結合　調節（R）　膜貫通　ヌクレオチド結合　ドメイン

2. cDNA

CHO CHO

細胞外
細胞膜
細胞内

NH₂　　*　ΔF508 変異　NBD1　　R　　　　　NBD2　　COOH

3. CFTR タンパク

C. *CFTR* 遺伝子とそのタンパク産物

ロドプシン，光受容体

網膜の特化した細胞中に存在する2種類の光受容体が，色覚と暗所での光知覚を担っている。ヒトの網膜には色覚のための約600万個の**錐体** cone（錐体細胞）と，微弱な光を感じる約1億1千万個の**桿体** rod（桿体細胞）が存在する。微弱な光を感じる光受容体は**ロドプシン** rhodopsin である。ロドプシンは光で活性化されるGタンパク共役受容体である。桿体だけがロドプシンに共役する三量体Gタンパクを含む。

A. 桿体

桿体は光受容体としてのロドプシンをもつ高度に特殊化した細胞である。その外節には1枚あたり約 4×10^7 分子のロドプシンを含む1,000枚の円板が層状に重なっている。およそ16 nmの厚さの円板はペリフェリンタンパクによって折り畳まれている。桿体の内節には核，小胞体，ゴルジ装置，ミトコンドリアが存在する。1個の桿体は1個のシナプスを有し，ここからシグナルが視神経へ伝達され，視神経から大脳の視覚野へと伝達される。暗所での桿体の膜電位は約 -30 mV で，これは典型的な神経細胞の静止膜電位である $-60 \sim -90$ mV よりも小さい値である。桿体は非選択性イオンチャネルを開口させることで膜電位を脱分極状態に維持しているので，桿体からは常に神経伝達物質が放出されている。光を吸収するとチャネルが閉じ，シグナルが誘発される。

B. 光活性化

1958年，George Wald らは光が 11-*cis*-レチナール（図1）を全 *trans*-レチナール（図2）に異性化させることを発見した。この構造変化はフェムト秒単位の超高速で起こる反応であるため，信頼性と再現性の高い神経シグナルを誘発することができる。ロドプシンの吸収スペクトル（図3）は500 nmの波長にピークをもち，日光のスペクトルに対応している。暗所では全 *trans*-レチナールは 11-*cis*-レチナールに戻るため，全 *trans*-レチナールは暗所では存在しない（1,000年に1分子の確率）。脊椎動物，節足動物，軟体動物は解剖学的には異なる形の眼をもつが，すべて 11-*cis*-レチナールを光活性化に利用している。

C. 光カスケード

光刺激で活性化されたロドプシンは一連の酵素反応（光カスケード）を誘発する。まず光活性化されたロドプシンは，Gタンパク共役受容体タンパクであるトランスデューシン（G_t）を活性化する。活性化されたトランスデューシンは，グアノシン三リン酸（GTP，274頁参照）に結合する。GTPはサイクリックグアノシン一リン酸（cGMP）ホスホジエステラーゼの抑制性γサブユニットに結合してこれを活性化する。これにより cGMP がグアノシン一リン酸（GMP）に変換され，cGMP 依存型イオンチャネルが閉じる。桿体の細胞膜の過分極によって誘発されたシグナルが，視神経を経由して大脳の視覚野へと伝達される。

D. ロドプシン

ロドプシンは典型的な7回膜貫通タンパクで，その細胞質側にトランスデューシン，ロドプシンキナーゼ，アレスチンといった機能的に重要な分子の結合部位をもつ。光吸収物質である 11-*cis*-レチナールは，7番目の膜貫通ドメイン内の296番目のリシンに結合している。GTPの結合を受けてどのように $G\alpha$ と $G\beta\gamma$ に解離するのかは，X線結晶構造解析により解明された（詳細は Lodish ら，2004, p.559 参照）。

E. 光シグナル伝達物質としての cGMP

cGMP は光シグナル伝達系のセカンドメッセンジャーであり，桿体の外節においては通常，高濃度（約 0.07 mM）で存在する。ロドプシンによる光吸収は，cGMP ホスホジエステラーゼを活性化する。これにより cGMP が加水分解を受けて GMP となり，桿体内の cGMP 濃度が低下する。暗所では cGMP 濃度が高いので，cGMP 依存型陽イオンチャネルが常に開口している。光に当たるとチャネルは閉じ，細胞膜が過分極して神経シグナルが誘発される。桿体はきわめて光に敏感である。光量子1個でも，桿体の膜電位が約 1 mV 低下するといった測定可能な反応が引き起こされる。ヒトは5個程度の光量子を感知できる（詳細は Lodish ら，2005, p.557 参照）。（図は Stryer, 1995 より）

参考文献

Kukura P et al: Structural observation of the primary isomerazation in vision with femtosecond-stimulated Raman. Science 310: 1006–1009, 2005.
Lodish H et al: Molecular Cell Biology, 5th ed. WH Freeman, New York, 2004.
Stryer L: Biochemistry, 4th ed. WH Freeman, New York, 1995.
Stryer L: Molecular basis of visual excitation. Cold Spring Harbor Symp Quant Biol. 53: 28–294, 1988.
Wald G: The molecular basis of visual excitation. Nature 219: 800–807, 1968.

ロドプシン，光受容体　289

A. 桿体

- 細胞膜
- 細胞質
- ロドプシンを含んだ円板
- ペリフェリン
- 円板間隙
- ミトコンドリア
- ゴルジ装置
- 小胞体
- 核
- シナプス
- シグナル

外節（光受容体）
内節（シグナル転送）
40 μm
1 μm

B. 光活性化

1. 11-cis-レチナール
2. 全 trans-レチナール
   光量子による 11-cis-レチナールから全 trans-レチナールへの異性化
3. 吸光係数 (10^4 cm^{-1}M^{-1})　波長（nm）

C. 光カスケード

光
↓
ロドプシン光活性化
↓
トランスデューシン活性化
↓
ホスホジエステラーゼ活性化
↓
cGMP の加水分解
↓
細胞質の cGMP 濃度が低下
↓
Na$^+$ チャネル閉口
↓
シグナル

D. ロドプシン

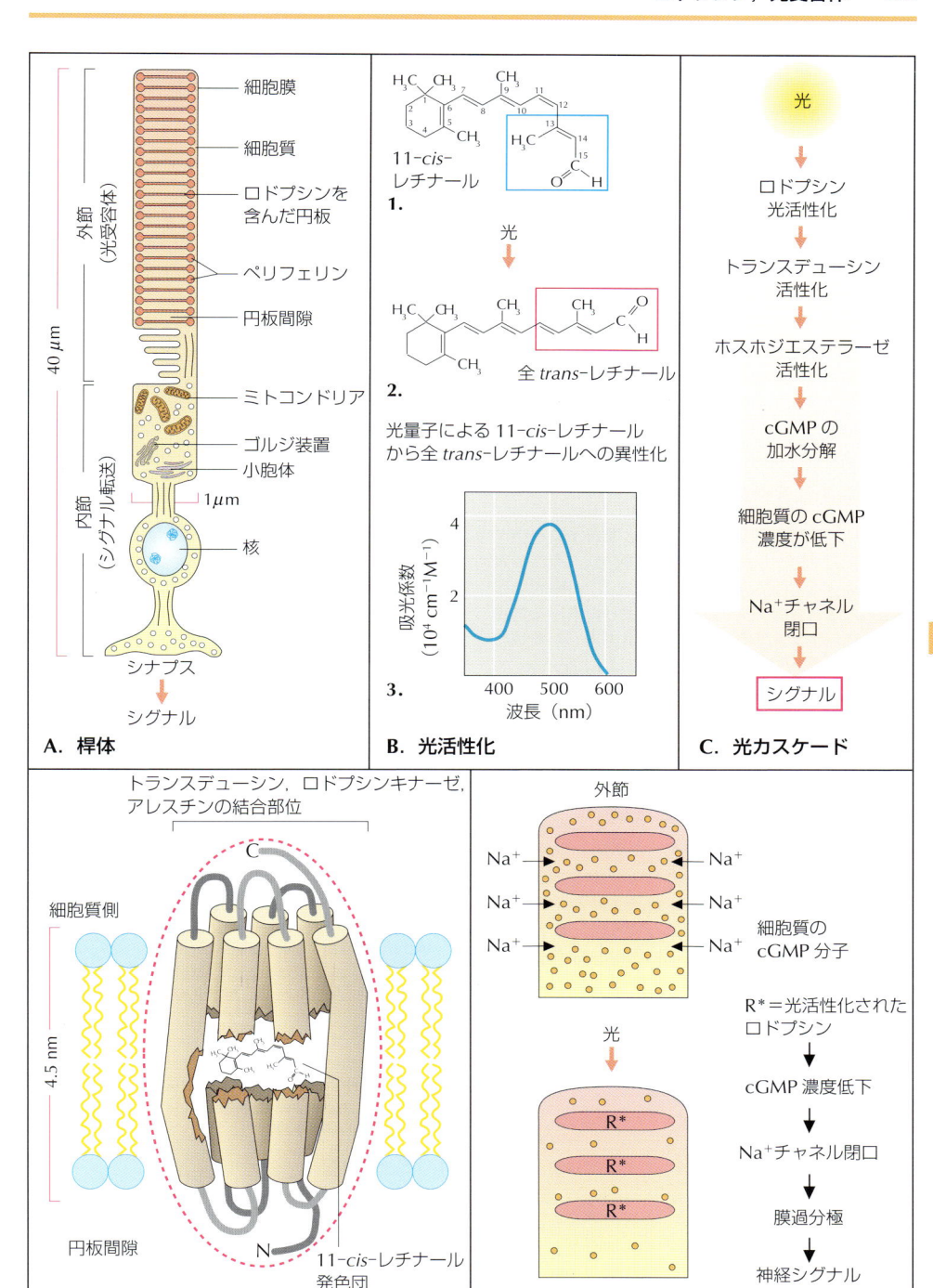

- トランスデューシン，ロドプシンキナーゼ，アレスチンの結合部位
- 細胞質側
- 4.5 nm
- 円板間隙
- 11-cis-レチナール発色団（Lys296 に結合）

E. 光シグナル伝達物質としての cGMP

外節
Na$^+$
細胞質の cGMP 分子

R* = 光活性化されたロドプシン
↓
cGMP 濃度低下
↓
Na$^+$ チャネル閉口
↓
膜過分極
↓
神経シグナル

網膜色素変性症

網膜の色素変性（網膜色素変性症）は，大きな一群を形成する眼疾患である（MIM 180100, 180102, 312600）．100以上の遺伝子座における遺伝子変異が網膜変性の原因となる．常染色体優性（10座以上），常染色体劣性（22座以上），X連鎖劣性（少なくとも3座）の遺伝形式で，それぞれ異なるタイプの網膜色素変性症が起こる．光カスケードに関与するペリフェリンやサイクリックAMP（cAMP）ホスホジエステラーゼなどのタンパクをコードする遺伝子の変異でも，網膜色素変性症は生じうる．網膜色素変性症は単独（非症候群性）でも起きるし，多臓器が侵される系統疾患（症候群性）の一症状としても起きる．

A. 網膜色素変性症

患者は，まず周辺視野が欠損し，進行すると小さな中心視野を残すのみとなる（管状視）．それとともに弱い光を知覚できなくなる（夜盲）．眼底は狭小化した毛細血管，蒼白でろうを塗ったような黄色の視神経，色素沈着した領域と色素喪失した領域の不規則なパターンを呈する．（写真はE. Zrenner教授，Tübingenの厚意による）

B. 最も多いロドプシン変異

ロドプシン遺伝子の典型的な変異は，エキソン1-コドン23におけるシトシン（C）からアデニン（A）へのトランスバージョンである（Dryjaら，1990）．この変異はプロリン（CCC）をヒスチジン（CAC）に変え，P23H変異と表記される．変異体のDNA部分配列は，図に示したように，コドン23にアデニンの付加バンドがみられる．23番目のプロリンは，10種類以上の関連するGタンパク共役受容体において進化の過程で高度に保存されたアミノ酸である．

C. その他のロドプシン変異

ヒトのロドプシン遺伝子（*RHO*）は3q21.4に局在する．ロドプシンは348個のアミノ酸残基からなり，そのうちの38個は脊椎動物では共通している．図はロドプシン分子の代表的な変異の分布を示している．多くは1つのアミノ酸の置換をもたらすようなミスセンス変異である．数塩基の遺伝子再構成はDNAの微細欠失を引き起こす．常染色体優性の網膜色素変性症では100種類以上の変異が報告されているが，常染色体劣性の網膜色素変性症では少数の変異しか知られていない．

D. 変異の簡易診断

3世代にわたって13人の罹患者がいる家系の例を示す（図1）．罹患者を灰色で，非罹患者を白色で，男性を四角で，女性を丸で示してある．変異はBで示したものと同じP23H変異である．変異情報があらかじめわかっているので，アレル特異的オリゴヌクレオチドとポリメラーゼ連鎖反応（PCR）を利用して，正常アレルと変異アレルを区別することができる（図2）．変異アレルに対応したオリゴヌクレオチドの配列は3′-CATGAGCTTCACCGACG-CA-5′である［変異はシトシンからアデニン（A，下線部）への置換］．この変異アレル特異的オリゴヌクレオチドは，変異アレルにのみハイブリッド形成し，正常アレルにはハイブリッド形成しない．したがって，この家系のすべての罹患者ではハイブリッド形成のドットシグナルが観察されるが，非罹患者ではみられない（なお，II-2, II-12, III-4ではドットがみられないが，これは検査を実施しなかったためである）．（Dryjaら，1990のデータによる）

参考文献

Dryja TP: Retinitis pigmentosa, pp 5903–5933. In: CR Scriver et al (eds) The Metabolic and Molecular Bases of Inherited Disease, 8th ed. McGraw-Hill, New York, 2001.

Dryja TP et al: A point mutation of the rhodopsin gene in one form of retinitis pigmentosa. Nature 343: 364–366, 1990.

Phelan JK, Bok D: A brief review of retinitis pigmentosa and the identified retinitis pigmentosa genes. Mol Vis 6: 116–124, 2000.

Rattner A, Sun H, Nathans J: Molecular genetics of human retinal diseases. Ann Rev Genet 33: 89–131, 1999.

Rivolta C et al: Retinitis pigmenosa and allied diseases: numerous diseases, genes, and inheritance patterns. Hum Mol Gent 11: 1219–1227, 2002.

Wright AF: New insights into eye disease. Trends Genet 8: 85–91, 1992.

ネット上の情報：

Retinal Information Network: www.sph.uth.tmc.edu/Retnet

Retina International: www.retina-international.com/sci-news/database.htm

網膜色素変性症

A. 網膜色素変性症

網膜の光受容体の変性を伴う一群の遺伝性疾患

夜盲

進行性の視力低下

発生頻度：
約3,500人に1人

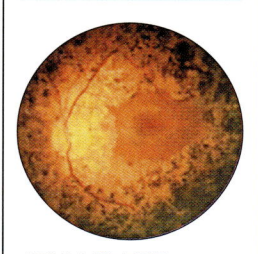

典型的な眼底所見：
色素変化，血管狭小化，蒼白でろうを塗ったような視神経

各遺伝形式の頻度

25%　常染色体優性
20%　常染色体劣性
8%　X連鎖性
47%　遺伝形式不明
　　　（孤発例も含め）

重要な診断的所見

眼底：
血管狭小化
蒼白な視神経
斑点
光反射色素上皮の拡大
網膜電図の消失

前房の二次性変化：
硝子体変性

白内障
近視

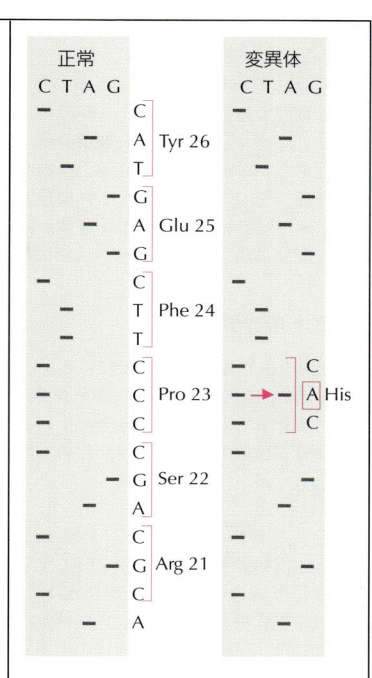

B. 最も多いロドプシン変異

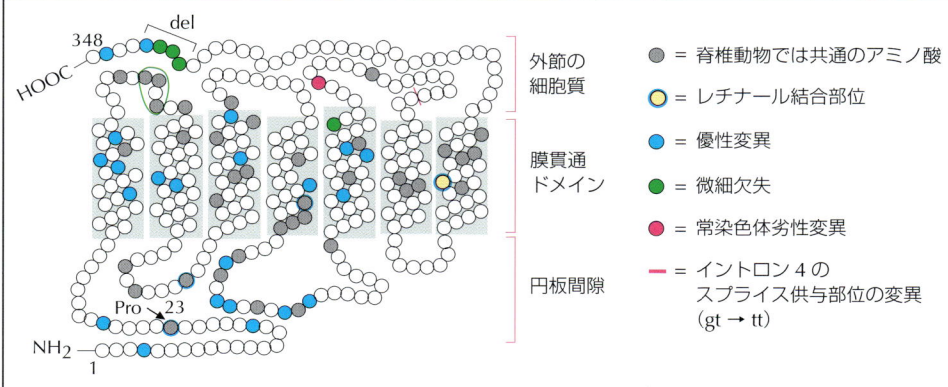

正常　　変異体
C T A G　C T A G

Tyr 26
Glu 25
Phe 24
Pro 23 → His
Ser 22
Arg 21

C. その他のロドプシン変異

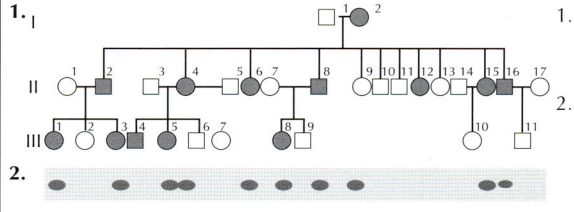

- ● = 脊椎動物では共通のアミノ酸
- ● = レチナール結合部位
- ● = 優性変異
- ● = 微細欠失
- ● = 常染色体劣性変異
- ― = イントロン4のスプライス供与部位の変異（gt → tt）

外節の細胞質
膜貫通ドメイン
円板間隙

D. PCR後，オリゴヌクレオチドとのハイブリッド形成によりコドン23の変異（P23H）を証明する

1. コドン23の変異（P23H）による常染色体優性網膜色素変性症の家系

2. コドン23を含むDNA部分配列を増幅し，変異アレルに対応したオリゴヌクレオチド
3′-CATGAGCTTCACCGACGCA-5′ とハイブリッド形成させた際のオートラジオグラム

色覚

1802年, Thomas Youngはヒトの色覚が青, 緑, 赤の3色型であると提唱した. 網膜の錐体には, 短波長（青）, 中波長（緑）, 長波長（赤）にそれぞれ感受性をもつ3種類の光受容体が存在する. 青色光受容体をコードする遺伝子は常染色体の7q31.3-q32に局在しており, 赤色光受容体と緑色光受容体をコードする遺伝子は, いずれもXq28に局在している.

A．ヒトの光受容体

3種類の色覚光受容体の吸収スペクトルは, 青色が420 nm, 緑色が530 nm, 赤色が560 nmの波長にピークをもち, 裾は重なり合っている. 赤色領域の色知覚にはわずかな個人差が認められる.

B．進化

色覚光受容体の遺伝子は, 光感受性タンパクをコードする祖先遺伝子が重複を起こすことにより進化を遂げてきた. 約8億年前に起きた重複によって, 祖先視覚色素は桿体色素ロドプシンと錐体色素に分岐した. 当時の錐体色素は1種類しかなかったが, 約5億年前に起きた別の重複によって, 短波長感受性の青色視覚色素遺伝子と中波長感受性の赤緑視覚色素遺伝子の2種類に分岐した. 7億年前に生存していた脊椎動物はロドプシン-トランスデューシン系を利用していたことになる. 新世界ザルが旧世界ザルから分岐していった後の3千〜4千万年前, それまで1種類しかなかった旧世界ザルの赤緑視覚色素遺伝子が重複を起こした. 重複した2つのコピーはそれぞれ赤, 緑の波長に感受性の視覚色素遺伝子に進化した. それゆえ, ヒトと旧世界ザルは3色型の色覚をもつのに対して, 新世界ザルは2色型の色覚（青, 赤-緑）なのである.

C．光色素の構造類似性

4種類の光色素はいずれも7本のヘリックス構造をもつ膜貫通タンパクで, アミノ酸配列も類似したかなり似た構造をしている. 色覚光受容体遺伝子のDNA配列は1986年, J. Nathansらによって決定された. 図にはアミノ酸配列の相同性を百分率で示してある. 白丸は4種類の光色素に共通のアミノ酸, 灰色の丸は異なるアミノ酸を示す.（図はNathansら, 1986より）

D．赤色光受容体の多型

赤色領域の色知覚にわずかな個人差が認められることはMotulskyらによって発見された（Winderickxら, 1992）. その差異は赤色光受容体の180番目のアミノ酸のセリン／アラニン, 230番目のイソロイシン／トレオニン, 233番目のアラニン／セリンという3つの部位の多型による（図1, 2）. 男性集団での研究では, 60％がそれぞれセリン, イソロイシン, アラニンであり, 36％がアラニン, イソロイシン, アラニンであった. Raleighが考案した色覚テストに基づく赤色知覚の集団分布図によれば, 赤と赤-緑混合の認識に個人差がみられ, これは180番目のアミノ酸がセリン／アラニンのどちらであるかで決まってくる（図3）.（図はWinderickxら, 1992より）

E．色覚の異常

ヒトの遺伝性色覚異常は200年以上も前から観察されており, タルムード〔訳注：ユダヤ教の律法集〕にもその記述がある. 男性の約8％がX連鎖性の赤緑色覚異常である（MIM 303800/303900）. この疾患の頻度が高い理由は, 赤色光受容体遺伝子と緑色光受容体遺伝子が縦列に配列しているということで説明できる（図1）.

赤色光受容体遺伝子と緑色光受容体遺伝子はDNA配列が酷似しているため, 両遺伝子間領域（約15 kb）で不等交差がしばしば生じ, 結果的に欠損や重複を起こしやすい. それにより, さまざまな程度の赤緑色覚異常が生じる（図2）.

その他の色覚異常として, 青色光受容体の異常による第3二色覚〔訳注：旧称は青色盲, 第3色盲〕（MIM 190900）や, 完全に色覚を欠損する一色覚〔訳注：旧称は全色盲〕（MIM 216900）などがある.

参考文献

Motulsky AG, Deeb SS: Color vision and its genetic defects, pp 5955–5976. In: CR Scriver et al (eds) The Metabolic and Molecular Bases of Inherited Disease, 8th ed. McGraw-Hill, New York, 2001.

Nathans J, Thomas D, Hogness DS: Molecular genetics of human color vision: the genes encoding blue, green, and red pigments. Science 232:193–202, 1986.

Winderickx J et al: Polymorphism in red photopigment underlies variation in colour matching. Nature 356: 431–433, 1992.

Wissinger B, Sharpe LT: New aspects of an old theme: The genetic basis of human color vision. Am J Hum Genet 63: 1257–1262, 1998.

Young T: On the theory of light and colours. Phil Trans Royal Soc London 92: 12–48, 1802.

色覚　293

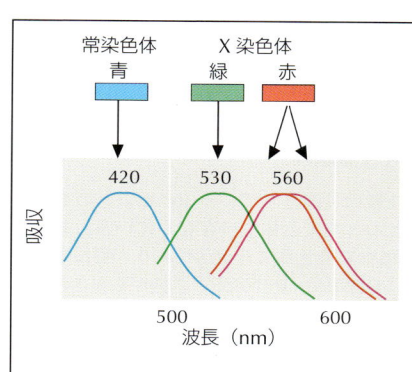

A. 桿体の光受容体タンパク

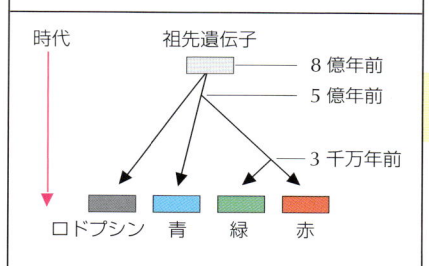

常染色体　X染色体
青　緑　赤
420　530　560
吸収
波長（nm）
500　600

B. 色覚光受容体遺伝子の進化

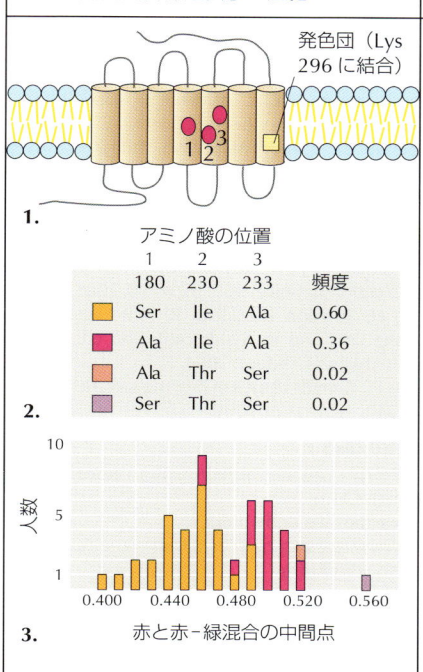

時代　祖先遺伝子
8億年前
5億年前
3千万年前
ロドプシン　青　緑　赤

C. 光色素の構造類似性

細胞質　COOH
細胞外　NH₂

1. 青/ロドプシン 75%
2. 緑/ロドプシン 41%
3. 緑/青 44%
4. 緑/赤 96%

D. 赤色光受容体の多型

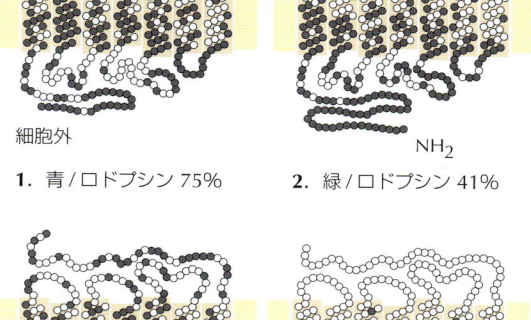

発色団（Lys 296に結合）

1.

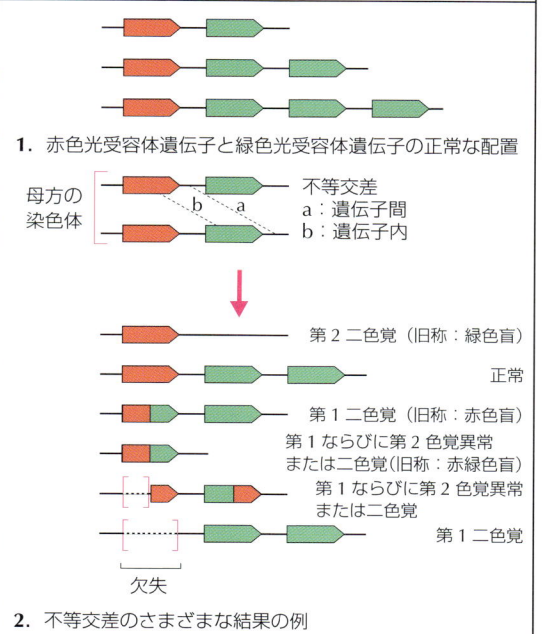

2.
	アミノ酸の位置			
	1	2	3	
	180	230	233	頻度
	Ser	Ile	Ala	0.60
	Ala	Ile	Ala	0.36
	Ala	Thr	Ser	0.02
	Ser	Thr	Ser	0.02

3. 人数　赤と赤－緑混合の中間点
0.400　0.440　0.480　0.520　0.560

E. 赤緑色覚の正常と異常

1. 赤色光受容体遺伝子と緑色光受容体遺伝子の正常な配置

母方の染色体　不等交差
a：遺伝子間
b：遺伝子内

第2二色覚（旧称：緑色盲）
正常
第1二色覚（旧称：赤色盲）
第1ならびに第2色覚異常または二色覚（旧称：赤緑色盲）
第1ならびに第2色覚異常または二色覚
第1二色覚

欠失

2. 不等交差のさまざまな結果の例

聴覚系

音波信号はコミュニケーションや周囲の状況に対する適切な反応のために必要不可欠なものである。正常な聴力は，協調して働く多様なタンパク群によって巧妙に統合されている。内耳にある特別な感覚細胞が，入ってきた音波を処理して電気信号へと変換する。およそ1,000人に1人が，生後すぐ，ないしは幼児期の初期に重度の聴覚障害もしくは聾を患う（言語習得前失聴）。言語習得前に生じた聴覚障害の30％は，難聴に加えて他器官の障害を合併する（症候群性の疾患で数百にも及ぶタイプがある；Petitら，2001a参照）。95％の難聴児の両親は正常聴覚者である。遺伝性の幼児期難聴は主として単一遺伝子変異によるものである。

A. 耳の主要な構成要素

音波は鼓膜を振動させる。その振動がチェーン状に連なった3つの小さな可動性の骨（ツチ骨，キヌタ骨，アブミ骨）を介して中耳から内耳へ伝達される。蝸牛のコルチ器において，聴覚信号は増幅され処理される（聴覚路）。加えて，内耳には3つの半円状の管，卵形嚢，球形嚢をそなえた前庭があり，ここで平衡機能を統制している。

B. 蝸牛

蝸牛は液体が充満した3つの管（前庭階，中央階，鼓室階）でできたカタツムリの形をした器官である。中央階の内リンパ液と前庭階・鼓室階の外リンパ液の間には，約+85 mVの電位差がある。中央階の血管条から内リンパ液に分泌されたカリウムイオン（K^+）は，K^+チャネルとギャップ結合〔例えば，コネキシン26（Cx26）〕によって支持細胞を介して再吸収され循環する。蝸牛には2種類の感覚細胞があり，1列のものが内有毛細胞，3列のものが外有毛細胞と呼ばれる。音波によって生じた蓋膜の振動は，不動毛〔訳注：感覚毛，毛ともいう〕を偏向させ，機械刺激感受性チャネルを開いて感覚細胞内へのK^+流入を引き起こす。膜電位の変化が聴神経の刺激を誘導し，大脳の聴覚野へと伝達される。（図はWillems，2000；Kubisch，2005より）

C. 外有毛細胞

約5万個の外有毛細胞の不動毛は，パイプオルガンのパイプのように配列している（図1）。それぞれの毛の先端は，ミオシンと細胞接着因子カドヘリン23を含む先端糸によってつながれている。外有毛細胞の規則的な配列（図2）は，細胞骨格に影響を与える変異によって破壊されてしまう。（図2はSelfら，1998；Kubisch，2005より）

D. 先天性難聴

遺伝性難聴に関与している100種以上の遺伝子は，ほとんどの染色体上に存在している。変異の75～85％は常染色体劣性遺伝であり（遺伝子座は2005年にDFNB1～DFNB55と名称が整理された），15％は常染色体優性遺伝（DFNA1～DFNA48），そして1～2％がX連鎖性遺伝である（DFN1～DFN3）。同定された難聴原因遺伝子のうち40以上は，聴覚路に関与するさまざまなタンパク群をコードしている（巻末の付表11参照）。最も頻度の高い変異はCx26の変異（DFNA3とDFNB1）であり，20～50％を占める。ある種のミトコンドリアDNA（mtDNA）変異をもつ個体は，アミノグリコシド系抗生物質（例えば，ストレプトマイシン）に対して高い感受性を示し，アミノグリコシド系抗生物質によって難聴となることがある。

参考文献

Kubisch C: Genetische Grundlagen nichtsyndromaler Hörstörungen. Dtsch Ärztebl 102 A: 2946–2952, 2005.

Petersen MB, Willems PJ: Non-syndromic, autosomal recessive deafness. Clin Genet 69: 371–392, 2006.

Petit C et al: Hereditary hearing loss, pp 6281–6328. In: Scriver CR, Beaudet AL, Sly WS, Valle D (eds) The Metabolic and Molecular Bases of Inherited Disease, 8th ed. McGraw-Hill, New York, 2001 a.

Petit C, Levilliers J, Hardelin JP: Molecular genetics of hearing loss. Ann Rev Genet 35: 589–646, 2001 b.

Smith RJH, Bale JF jr, White KR: Sensorineural hearing loss in children. Lancet 365: 879–890, 2005.

Toriello H, Reardon W, Gorlin RJ (eds) Hereditary Hearing Loss and its Syndromes, 2nd ed. Oxford University Press, Oxford, 2004.

Willems PJ: Genetic causes of hearing loss. New Engl J Med 342: 1101–1109, 2000.

ネット上の情報：

http://deafness.about.com/od/medicalcauses/a/genetics.htm

http://webhost.ua.ac.be/hhh/

http://www.iurc.montp.inserm.fr/cric/audition/english/start2.htm

聴覚系 295

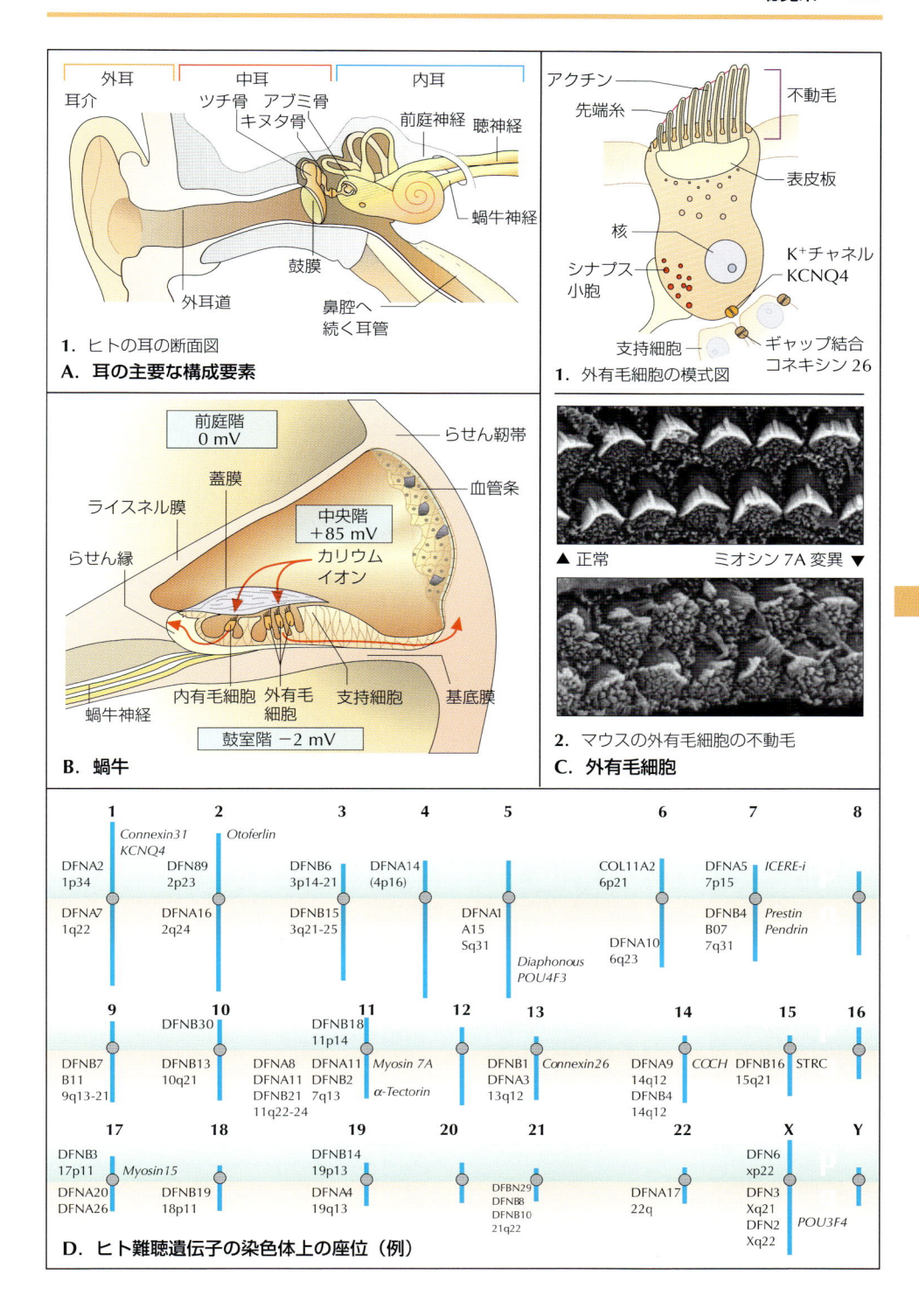

1. ヒトの耳の断面図
A. 耳の主要な構成要素

外耳 / 中耳 / 内耳
耳介、ツチ骨、アブミ骨、キヌタ骨、前庭神経、聴神経、蝸牛神経、鼓膜、外耳道、鼻腔へ続く耳管

1. 外有毛細胞の模式図

アクチン、先端糸、不動毛、表皮板、核、シナプス小胞、支持細胞、K^+チャネル KCNQ4、ギャップ結合 コネキシン26

B. 蝸牛

前庭階 0 mV、らせん靱帯、蓋膜、血管条、ライスネル膜、中央階 +85 mV、カリウムイオン、らせん縁、内有毛細胞、外有毛細胞、支持細胞、基底膜、蝸牛神経、鼓室階 −2 mV

C. 外有毛細胞

▲ 正常　　ミオシン 7A 変異 ▼

2. マウスの外有毛細胞の不動毛

D. ヒト難聴遺伝子の染色体上の座位（例）

1	2	3	4	5	6	7	8
Connexin31 *KCNQ4* DFNA2 1p34	*Otoferlin* DFN89 2p23	DFNB6 3p14-21	DFNA14 (4p16)		COL11A2 6p21	DFNA5 7p15	*ICERE-i*
DFNA7 1q22	DFNA16 2q24	DFNB15 3q21-25		DFNA1 A15 Sq31	DFNA10 6q23	DFNB4 B07 7q31	*Prestin* *Pendrin*
				Diaphonous POU4F3			

9	10	11	12	13	14	15	16
DFNB7 B11 9q13-21	DFNB30 DFNB13 10q21	DFNB18 11p14 DFNA8 DFNA11 DFNB21 DFNB2 7q13 11q22-24	*Myosin 7A* α-*Tectorin*	DFNB1 DFNA3 13q12	*Connexin26* DFNA9 14q12 DFNB4 14q12	*COCH* DFNB16 15q21	STRC

17	18	19	20	21	22	X	Y
DFNB3 17p11	*Myosin15*	DFNB14 19p13		DFBN29 DFNB8 DFNB10 21q22	DFNA17 22q	DFN6 xp22	
DFNA20 DFNA26	DFNB19 18p11	DFNA4 19q13				DFN3 Xq21 DFN2 Xq22	POU3F4

嗅覚受容体

脊椎動物は嗅神経細胞の絨毛上にある特異的受容体（嗅覚受容体）によって何千種類ものにおいを識別することができる。嗅覚受容体遺伝子群は何回もの遺伝子重複を経て進化してきた。嗅覚受容体遺伝子ファミリーは哺乳類で知られている最大規模のファミリーで、全遺伝子の3～4％を占める。哺乳類のゲノムには約1,000個の嗅覚受容体遺伝子が含まれている。魚類では100個、ラットでは65領域の多遺伝子クラスターと44個の単一遺伝子から構成される1,866個の嗅覚受容体遺伝子がゲノム全体の113カ所にわたって局在している。ヒトでは嗅覚受容体遺伝子の約60％が偽遺伝子である。

A. 感覚性嗅神経細胞

鼻粘膜の末梢嗅神経上皮は、嗅球への軸索をもつ嗅神経細胞、支持細胞、および基底細胞の3種の細胞からなっている。基底細胞は幹細胞として機能しており、分化して嗅神経細胞となる。どの嗅神経細胞も双極性で、嗅覚絨毛のある鼻粘膜腔側と、軸索を嗅球へ伸ばす側とがある。におい分子によって誘導されたシグナルは、嗅神経を経て大脳へと伝達される。

B. におい分子特異的受容体

におい分子の特異的受容体は、G_{olf}という特異的な刺激性αサブユニットをもつGタンパクである。におい分子がリガンドとして受容体に結合すると、まずG_{olf}が活性化され、これがアデニル酸シクラーゼを活性化する。サイクリックAMP（cAMP）の濃度が上昇してcAMP依存性イオンチャネルが開口し、細胞膜が脱分極して神経シグナルが誘発される。嗅神経細胞の絨毛に存在する受容体は、各々がたった1つのにおい分子にしか結合しない。このように、嗅覚におけるシグナル増幅は、光シグナル伝達系のものとはまったく異なっている。

C. 嗅覚受容体タンパク

嗅覚受容体は典型的なGタンパク共役7回膜貫通タンパクである。嗅覚受容体タンパクはロドプシンとは異なり、特に4番目と5番目の膜貫通ドメイン中には多様性のあるアミノ酸が数多く含まれており、そのアミノ酸が機能と関連している可能性が高い（Buck & Axel, 1991）。

D. 排他的な遺伝子発現

嗅覚受容体遺伝子は1つのアレルのみが発現しており、さらに各々の遺伝子は少数の神経細胞でのみ発現している。アメリカナマズ（Ictalurus punctatus）を用いた実験では、受容体特異的なプローブは嗅上皮のごくわずかな神経細胞しか認識しない。プローブ202は2つの神経細胞にハイブリッド形成し（2つの黒点、図1）、プローブ32は1つの神経細胞にのみハイブリッド形成している（図2）。嗅神経細胞は末梢ではランダムに分布しているが、それらの軸索は嗅球のある決まった位置に投射している。中枢のどの神経細胞が刺激されるかによって、においは脳内で識別されている。（図はNgaiら、1993より）

E. 嗅覚受容体遺伝子ファミリー内のサブファミリー

嗅覚受容体遺伝子は関連した遺伝子と巨大な遺伝子ファミリーを形成している。BuckとAxel（1991）によれば、cDNAクローン（F2～F24）の部分塩基配列から推定されるアミノ酸配列は、特に膜貫通ドメインⅢとⅣで多様性を示す（図1）。サブファミリー内では、アミノ酸配列のかなりの部分が同一である。例えば、ファミリーF12とF13は44カ所中4カ所しか違いがなく、91％の配列相同性を示す（図2）。この事実は、違いのわずかな膨大な種類があるにおいを嗅ぎ分ける能力を反映している。（図はBuck & Axel, 1991；Ngaiら、1993より）

医学との関連

60歳未満の集団の約1％が嗅覚機能異常を罹患している（Lalwani & Snow, 2005）。X連鎖性（MIM 308700）、常染色体優性（MIM 147950）、常染色体劣性（MIM 244200）の変異を原因とするカルマン症候群では、ゴナドトロピン放出ホルモン欠損による低ゴナドトロピン性性腺機能低下症を呈するが、これと関連して無嗅覚症（嗅覚の欠損）もみられる。

参考文献

Buck L, Axel R: A novel multigene family may encode odorant receptors: a molecular basis for odor recognition. Cell 65:175–187, 1991.

Emes RD et al: Evolution and comparative genomics of odorant- and pheromone-associated genes in rodents. Genome Res 14: 591–602, 2004.

Lalwani AK, Snow JB: Disorders of smell, taste, and hearing, pp 176–185. In: Kasper DL et al (eds) Harrison's Principles of Internal Medicine, 16th ed. McGraw-Hill, New York, 2005.

Ngai J et al: The family of genes encoding odorant receptors in the channel catfish. Cell 72: 657–666, 1993.

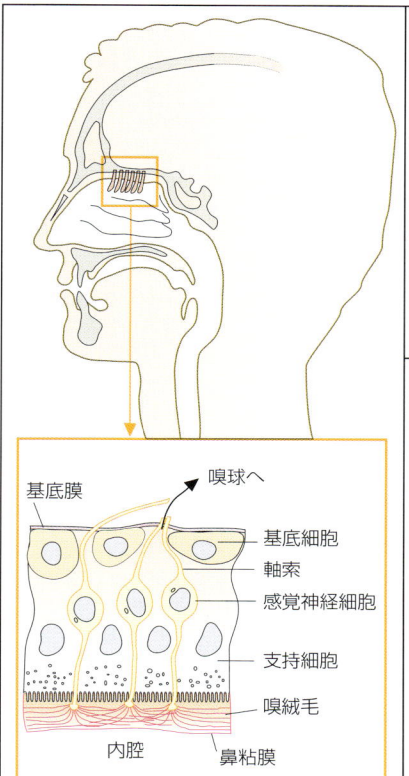

嗅覚受容体

A. 鼻粘膜の嗅神経細胞

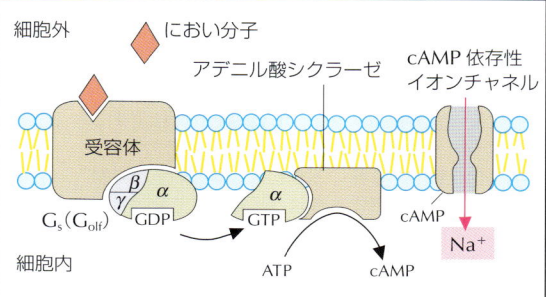

基底膜 / 嗅球へ / 基底細胞 / 軸索 / 感覚神経細胞 / 支持細胞 / 嗅絨毛 / 内腔 / 鼻粘膜

B. におい分子特異的膜貫通受容体

細胞外 / におい分子 / アデニル酸シクラーゼ / cAMP依存性イオンチャネル / 受容体 / $G_s(G_{olf})$ / GDP / GTP / cAMP / Na^+ / 細胞内 / ATP / cAMP

C. 嗅覚受容体タンパク

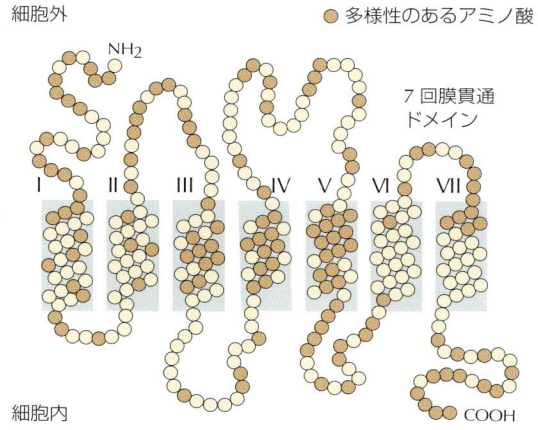

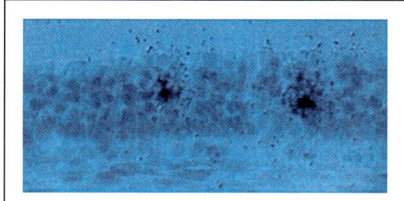

細胞外 / 多様性のあるアミノ酸 / NH_2 / 7回膜貫通ドメイン / I II III IV V VI VII / 細胞内 / COOH

D. 嗅覚受容体遺伝子の排他的発現

1. プローブ 202
2. プローブ 32

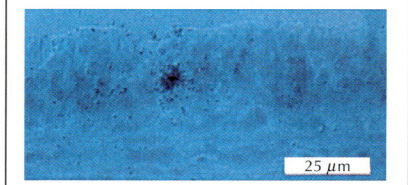

25 μm

E. 多重遺伝子ファミリー内でのサブファミリー

cDNAクローン　　膜貫通ドメイン

```
F2   RVNE  VVIFIVVSLFLVLPFALIIMSYV  RIVSSILKVPSSQGIYK
F3   FLND  LVIYFTLVLLATVPLAGIFYSYF  KIVSSICAISSVHGKYK
F5   HLNE  LMILTEGAVVMVTPFVCILISYI  HITCAVLRVSSPRGGWK
F6   QVVE  LVSFGIAFCVILGSCGITLVSYA  YIITTIIKIPSARGRHR
F7   HVNE  LVIFVMGGILVLIPFVLIIVSYV  KIVSSLFVPSARGIRK
F8   FPSH  LTMHLVPVILAAISLSGILYSYF  KIVSSIRSMSSVQGKYK
F12  FPSH  LIMNLVPVMLAAISFSGILYSYF  KIVSSIHSISTVQGKYK
F13  FPSH  LIMNLVPVMLAAISFSGILYSYF  KIVSSIHSISTVQGKYK
F23  FLND  VIMYFALVLLAVVPLLGILYSYS  KIVSSIRAISTVQGKYK
F24  HEIE  MIILVLAAFNLISSLLVVLVSYL  FILIAILRMNSAEGRRK
```

1. アミノ酸配列の多様性

```
F12  FPSH  LIMNLVPVMLAAIISFSGILYSYF  KIVSSIHSISTVQGKYK
F13  FPSH  LIMNLVPVMLAAIISFSGILYSYF  KIVSSIRSVSSVKGKYK
F8   FPSH  LTMHLVPVILAAIISLSGILYSYF  KIVSSIRSMSSVQGKYK
I12  FPSH  LIMNLVPVMLGAIISLSGILYSYF  KIVSSVRSISSVQGKHK
F23  FLND  VIMYFALVLLAVVPLLGILYSYS  KIVSSIRAISTVQGKYK
F3   FLND  LVIYFTLVLLATVVPLAGIFYSYF KIVSSICAISSVHGKYK
```

2. サブファミリー内での相同性

哺乳類の味覚受容体

味覚によって異なる化学物質を識別することは，好ましいものを選び有害物質を避けるという観点から，生物の食餌行動に役立っている．甘味は望ましい糖質を含むことを意味し，苦味はアルカロイド，シアン化合物，ある種の芳香族化合物といった毒物と関係がある．ヒトは5種類の味覚を感じ分けることができる．甘味，酸味，塩味，苦味，うま味（アジア料理に含まれるグルタミン酸ナトリウムの味）である．酸味の原因は酸に由来する水素イオン（H^+）である．塩味は水溶性の塩に由来するナトリウムイオン（Na^+）の直接流入による．対照的に，苦味，甘味，うま味の味覚はGタンパク共役受容体（GPCR）シグナル伝達経路を介して伝えられる．特に苦味はきわめて低濃度でも感知される．

A．哺乳類の化学感覚上皮

哺乳類の鼻腔と口腔には3つの独特な化学感覚上皮がある．(1) 主嗅上皮（MOE）は鼻腔にあり，嗅覚受容体（前項参照）をもつ感覚細胞を含んでいる．(2) 味覚上皮は舌，軟口蓋，喉頭蓋の味蕾にある．(3) 鋤鼻器（VOM，ヤコブソン器官とも呼ばれる）は鼻中隔にあり，フェロモン受容体をもつ感覚細胞を含んだ管状構造物である．主嗅球（MOB）は，MOEから大脳皮質の嗅覚野までの神経シグナルを中継する．副嗅球（AOB）は，VOMから扁桃体と視床下部までの神経シグナルを中継する．

B．化学感覚シグナルの伝達

哺乳類の化学感覚受容細胞は次の3つのいずれかに属している．(1) 嗅覚系（前項参照），(2) 味覚系，(3) フェロモンとして届くシグナルを検出する鋤鼻系．主嗅覚系の各神経細胞（図1）は特定の僧帽細胞（糸状体）へ軸索を伸ばし，そこから主嗅球と嗅神経まで伸びている．嗅覚受容体遺伝子ファミリーには約1,000の遺伝子が属し，各遺伝子が別々のにおい特異性をもつ7回膜貫通型のサイクリックヌクレオチド依存性チャネル（嗅覚特異的Gタンパク，G_{olf}）をコードしている．苦味感覚系（図2）は，味蕾にある味覚上皮の受容細胞からの軸索投射と，脳幹にある味覚核とを連結している．味覚受容体をコードする遺伝子には2つのファミリーがあり，それぞれT1受容体（T1R；3個の遺伝子），T2受容体（T2R；ガストデューシン類の50～80個の遺伝子）と呼ばれる．鋤鼻器にある哺乳類のフェロモン受容体をコードする遺伝子にも2つのファミリーがあり，それぞれV1受容体（V1R；30～50個の遺伝子），V2受容体（V2R；100個以上の遺伝子）と呼ばれる（図3）．

C．味覚受容体遺伝子ファミリー

図はヒト（h），ラット（r），マウス（m）から得た23種類のT2受容体のアミノ酸配列であるが，2番目と3番目の膜貫通ドメイン（それぞれTM2，TM3）の間の領域に配列の相違が集中している．一方，TM1とTM2の間の領域では多くのアミノ酸が保存されている．濃い青色は示した配列の少なくとも半数での一致，薄い青色は保存された塩基置換を示す．残りは不一致の多い領域である．T2受容体遺伝子はいくつかの染色体上でクラスターを形成している（ヒトでは5番，7番，12番染色体，マウスでは6番，15番染色体）．

D．発現パターン

嗅覚系の受容細胞とは違って，個々の味覚受容細胞は多数の受容体（T2R）を発現する．図1で暗くみえる部分のように，最大で10種ほどのT2Rプローブが少数の細胞とハイブリッド形成する．二重標識蛍光 *in situ* ハイブリッド形成法を用いて，T2R7は緑色（図2），T2R3は赤色（図3）の蛍光を発するようにすれば，異なる受容体遺伝子が同一の味覚受容細胞で発現していることがわかる．T2受容体が低濃度でも苦味を感知できる高い感度をもたらしている．（図はDulac, 2000; Adler ら, 2000より）

参考文献

Adler E et al: A novel family of mammalian taste receptors. Cell 100: 693–702, 2000.

Buck LB: The molecular architecture of odor and pheromone sensing in mammals. Cell 100: 611–618, 2000.

Chandrashekar J et al: T2 Rs function as bitter taste receptors. Cell 100: 703–711, 2000.

Dulac C: The physiology of taste, vintage 2000. Cell 100: 607–610, 2000.

Emes RD et al: Evolution and comparative genomics of odorant- and pheromone-associated genes in rodents. Genome Res 14: 591–602, 2004.

Malnic B et al: Combinatorial receptor codes for odors. Cell 96: 713–723, 1999.

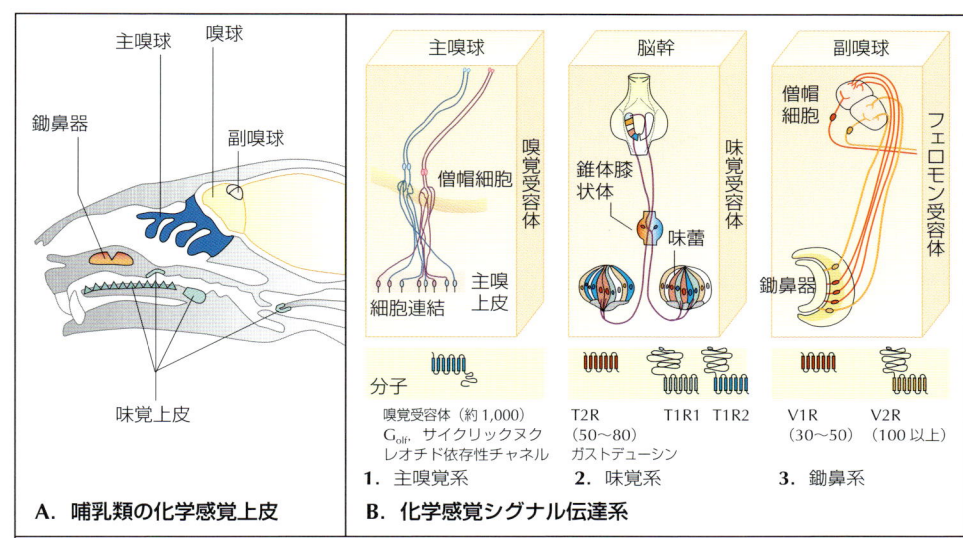

哺乳類の味覚受容体

A. 哺乳類の化学感覚上皮

B. 化学感覚シグナル伝達系

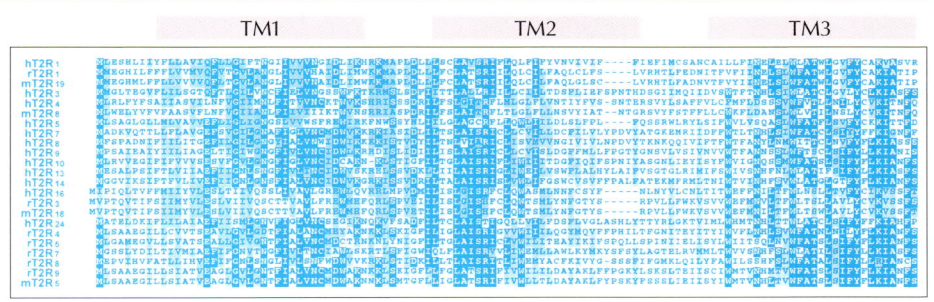

主嗅球 / 脳幹 / 副嗅球

嗅覚受容体（約1,000）
G_{olf}，サイクリックヌクレオチド依存性チャネル

1. 主嗅覚系

T2R (50〜80) / T1R1 T1R2
ガストデューシン

2. 味覚系

V1R (30〜50) / V2R (100以上)

3. 鋤鼻系

C. 味覚受容体遺伝子ファミリー

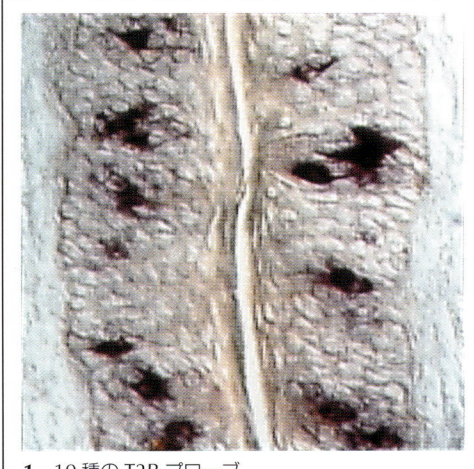

TM1　TM2　TM3

D. 味覚受容体遺伝子の発現パターン

1. 10種のT2Rプローブ
2. T2R7
3. T2R3

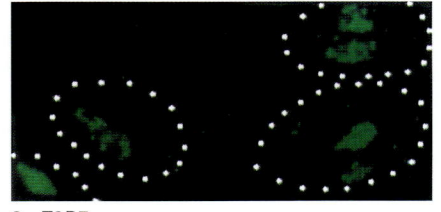

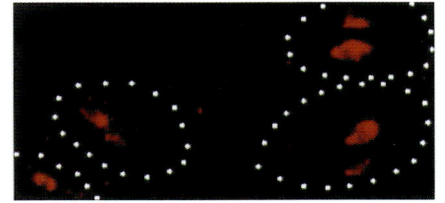

ショウジョウバエの胚発生

ショウジョウバエ胚の初期の発生は種々の遺伝子によって決定されている。それらは発生段階で，ある決まった時期に発現し，発生中の胚の体の原型を決定する。まず最初に，前方と後方，背側と腹側の極性が決定され，次に胚の体節パターンが決定され，最後に頭部，胸部ならびに肢と触覚，そして腹部の区別が決まる。哺乳類における相同遺伝子も，その胚の発生のパターンを支配している。

A. ショウジョウバエの生活環

受精卵（およそ 0.5×0.15 mm）から成虫のハエ（2 mm）になるまでには9日を要する。受精卵は，細胞質の分裂なしに8分ごとに9回の核分裂を起こし，合胞体（シンシチウム）を形成する。核は合胞体内にとどまるが，9回目の核分裂を経た受精90分後に核は卵周縁に移動し，**多核性胞胚** syncytial blastoderm が形成される。さらに4回の核分裂を経たのち，周縁から細胞膜が成長し，それぞれの核を包み込む。こうして約6,000の細胞からなる**細胞性胞胚** cellular blastoderm が形成される。この段階まで，胚は受精前に存在した雌親由来のmRNAとタンパクに主として依存している。胚は3つの幼虫の段階を経て繭をつくり，さなぎとなる。変態の5日後に成虫のハエが羽化する。（図は Carolina Biological Supply Company より）

B. 体節の編成

成虫のハエは14の体節からなり，3つの体節（C1～3）は頭部を，3つ（T1～3）は胸部，8つ（A1～8）は腹部を形成する。どの体節にも前方の分画と後方の分画がある。最初に形成される14の擬体節（パラセグメント）は，前方の体節の後方の分画と，後方の体節の前方の分画からなる。

C. 胚発生を決定する遺伝子群

ショウジョウバエの胚発生を決定する遺伝子群は，発生における役割によって分類されている。この分類は，エチルメタンスルホン酸（EMS）を用いて雄ハエに変異を誘発し，胚の致死的変異を観察することで認識された。ランダムな変異をもつ雄をさまざまな変異のヘテロ接合雌と交配すると，同じ変異をもつ親どうしの仔の1/4はその変異についてホモ接合性となり，胚表現型に対する変異の影響を分析することができる（遺伝的スクリーニング）。変異には変異胚の形態に由来したさまざまな名前がつけられており，発見者の母国語がそのまま用いられることもある。

以下の発生遺伝子群が階層的な順序で働いている。(1) **卵極性遺伝子** egg-polarity gene（**母性効果遺伝子** maternal effect gene ともいう）は，卵と初期胚において，前方と後方，背側と腹側の極性を決定する。(2) **ギャップ遺伝子** gap gene と**ペアルール遺伝子** pair-rule gene は，細胞運命を決定して分節化を誘導する。(3) **ホメオティック遺伝子** homeotic gene は，体節の境界が決定した後に，体のどの部分の構造になるかを決定する（次項参照）。正常胚は，頭部領域，3体節からなる胸部，8体節からなる腹部によって構成されている（図1）。卵極性（母性効果）遺伝子の *bicoid* 変異体では前方体節が欠損している（図2）。ギャップ遺伝子は9個ほど見つかっており，*krüppel* 変異体（図3）や *knirps* 変異体（図4）のように不規則な分節化を引き起こす。ペアルール遺伝子は8個見つかっており，その特徴的な変異表現型として，1つおきに体節が欠損する *even-skipped*（図5）や *fushi tarazu*（図6）がある（"*fushi tarazu*" は「体節が足りない」という意味の日本語である）。10個以上の**セグメントポラリティー遺伝子** segment polarity gene が，各体節の前方と後方の極性を決定している（例えば *gooseberry*，図7）。セグメントポラリティー遺伝子は，Wingless ならびにヘッジホッグシグナル伝達経路に関与するタンパクをコードしている（276頁，278頁参照）。ホメオティック遺伝子（図8）は，各体節の最終的な運命を決める。*antennapedia* 変異体では肢が触角の位置に発生する（異所性の肢）。

参考文献

Gilbert SF: Developmental Biology 7th ed. Sinauer, Sunderland, Massachusetts, 2003.
Lawrence PA: The Making of a Fly. The Genetics of Animal Design. Blackwell Scientific, Oxford, 1992.
Nüsslein-Volhard C, Wieschaus E: Mutations affecting segment number and polarity in *Drosophila*. Nature 287: 795–801, 1980.
Nüsslein-Volhard C, Frohnhöfer HG, Lehmann R: Determination of anterior–posterior polarity in *Drosophila*. Science 238: 1675–1681, 1987.
Wolpert L et al: Principles of Development. Current Biology & Oxford University Press, Oxford, 1998.

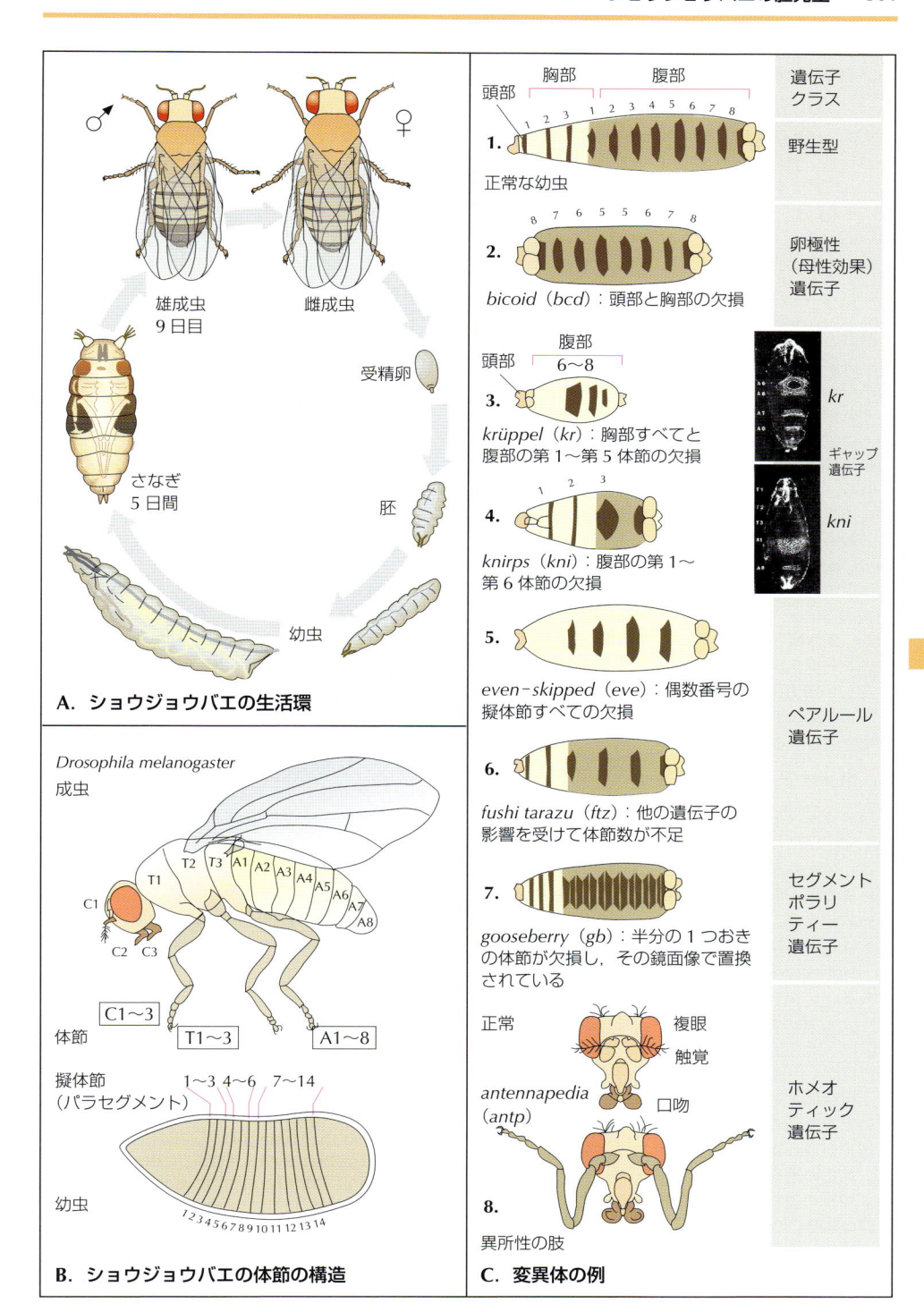

ショウジョウバエの胚発生　301

A. ショウジョウバエの生活環

雄成虫　雌成虫
9日目
受精卵
さなぎ
5日間
胚
幼虫

B. ショウジョウバエの体節の構造

Drosophila melanogaster
成虫

C1, C2, C3　T1, T2, T3　A1, A2, A3, A4, A5, A6, A7, A8

体節　C1〜3　T1〜3　A1〜8

擬体節（パラセグメント）　1〜3　4〜6　7〜14

幼虫　1 2 3 4 5 6 7 8 9 10 11 12 13 14

C. 変異体の例

頭部　胸部　腹部
遺伝子クラス

1. 正常な幼虫 — 野生型

2. *bicoid*（*bcd*）：頭部と胸部の欠損 — 卵極性（母性効果）遺伝子

3. *krüppel*（*kr*）：胸部すべてと腹部の第1〜第5体節の欠損

4. *knirps*（*kni*）：腹部の第1〜第6体節の欠損

kr, *kni* — ギャップ遺伝子

5. *even-skipped*（*eve*）：偶数番号の擬体節すべての欠損

6. *fushi tarazu*（*ftz*）：他の遺伝子の影響を受けて体節数が不足

— ペアルール遺伝子

7. *gooseberry*（*gb*）：半分の1つおきの体節が欠損し，その鏡面像で置換されている

— セグメントポラリティー遺伝子

正常　複眼　触覚　口吻

antennapedia（*antp*）

8. 異所性の肢

— ホメオティック遺伝子

ホメオティック遺伝子

ショウジョウバエの発生において，以下の5種類の重要なパターン決定遺伝子群が階層的な順序で働いている。(1) 卵極性遺伝子，(2) ギャップ遺伝子，(3) ペアルール遺伝子，(4) セグメントポラリティー遺伝子，(5) ホメオティック遺伝子。脊椎動物のHox遺伝子は，ショウジョウバエのホメオティック遺伝子の相同遺伝子である。

A. パターン決定遺伝子群による階層的制御

前方と後方の決定は，母性由来mRNA分子（前方を決定するbicoidと後方を決定するnanos）の局在からもたらされる。コードされるタンパクは，それぞれ前極もしくは後極から反対側の極にかけて徐々に減少する勾配を形成して拡散する。背側-腹側軸はTollと呼ばれる膜貫通受容体によって決定される。第四のシグナルとして，Torsoと呼ばれる膜貫通受容体型チロシンキナーゼが両極で生成される。最も重要な3つのギャップ遺伝子はkrüppel, hunchback, およびknirpsであり，局所のパターンを決定する。ギャップ遺伝子によってeven-skippedやfushi tarazuのようなペアルール遺伝子が誘導される。擬体節（パラセグメント）に発現しているセグメントポラリティー遺伝子は，個々の分節における正しい前方と後方の方向性を決定する。ホメオティック遺伝子は，触角，翅，肢やその他の構造の発生を決定する。

B. ホメオティック遺伝子

ホメオティック遺伝子はHox遺伝子（ヒトではHOX遺伝子）と呼ばれる遺伝子複合体を形成している。各々の遺伝子はantennapedia (antp) クラスターまたはbithorax/ultrabithorax (btx/ubx) クラスターに属する。antpクラスターに属する5つの遺伝子はlabial (lb), proboscis (pb), deformed (dfd), sex comb reduced (scr), そしてantennapedia (antp) である。ショウジョウバエは1セット，哺乳類は4セットのHox遺伝子群をもつ。哺乳類のHox遺伝子群はショウジョウバエ遺伝子から直接派生したものではなく，両者には共通の祖先ホメオティック遺伝子複合体がある。哺乳類が進化してくる過程で2回の重複を起こしたため，ヒトやマウスでは39の遺伝子がA～Dの4つのクラスターを形成している。進化の過程で失われた遺伝子もあった一方で，いくつかの遺伝子が加わった。哺乳類のHox遺伝子群は体軸に沿ったパターン形成を担い，四肢の発生に関与している。各遺伝子は体軸の前方に関わるものから後方に関わるものの順でクラスターの3′から5′方向へと配置されており，3′から5′方向の順で発現する。ヒト染色体上の局在は7p15 (*HOXA*), 17q21-q22 (*HOXB*), 12q13 (*HOXC*), および2q31-q32 (*HOXD*) である。(図はAlbertsら，2002より)

C. *bithorax*変異

*bithorax*遺伝子複合体（*BX-C*）の変異は，完全に発達した翅をもつ付加的な胸部体節の発生を誘導する(Bridges, 1915)。E. B. Lewisは1978年，*bithorax*遺伝子群は，重複とそれに続く特定の機能への分化によって，少数の祖先遺伝子から進化してきたものであることを発見した。(写真はE. B. Lewisに基づくLawrence, 1992より)

D. ホメオボックス

ホメオティック遺伝子（*Hox*）は，転写因子のような遺伝子調節タンパクをコードしており，進化の過程で高度に保存されている。*antennapedia*遺伝子には180 bpの保存された配列が含まれ，これはホメオボックスと呼ばれる。Hoxという名称は「ホメオボックス」に由来している。タンパクレベルでは，ホメオボックスに対応する60の保存されたアミノ酸が，転写因子に一般的にみられる4つのDNA結合ドメイン（I～IV）をもつホメオドメインを形成している。ホメオティック遺伝子の発現はセグメントポラリティー遺伝子に依存している。

医学との関連

少なくとも20のヒト*HOX*遺伝子（MIM 142950ほか）がさまざまな疾患に関わっている。例えば，*HOXD13*の変異は合多指症（MIM 142989）を引き起こす。

参考文献

Alberts B et al: Molecular Biology of the Cell, 4th ed. Garland Publishing Co., New York, 2002.

Garcia-Fernàndez J: The genesis and evolution of homeobox gene clusters. Nature Rev Genet 6: 881–892, 2005.

Gehring WJ et al: The structure of the homeodomain and its functional implications. Trends Genet 6: 323–329, 1990.

Krumlauf R: Hox genes in vertebrate development. Cell 78: 191–201, 1994.

Lawrence PA: The Making of a Fly. The Genetics of Animal Design. Blackwell Scientific, Oxford, 1992.

Mark M, Rijli FM, Chambon P: Homebox genes in embryogenesis and pathogenesis. Pediat Res 42: 421–429, 1997.

Scott MP: A rational nomenclature for vertebrate homeobox (HOX) genes. Nucleic Acids Res 21: 1687–1688, 1993.

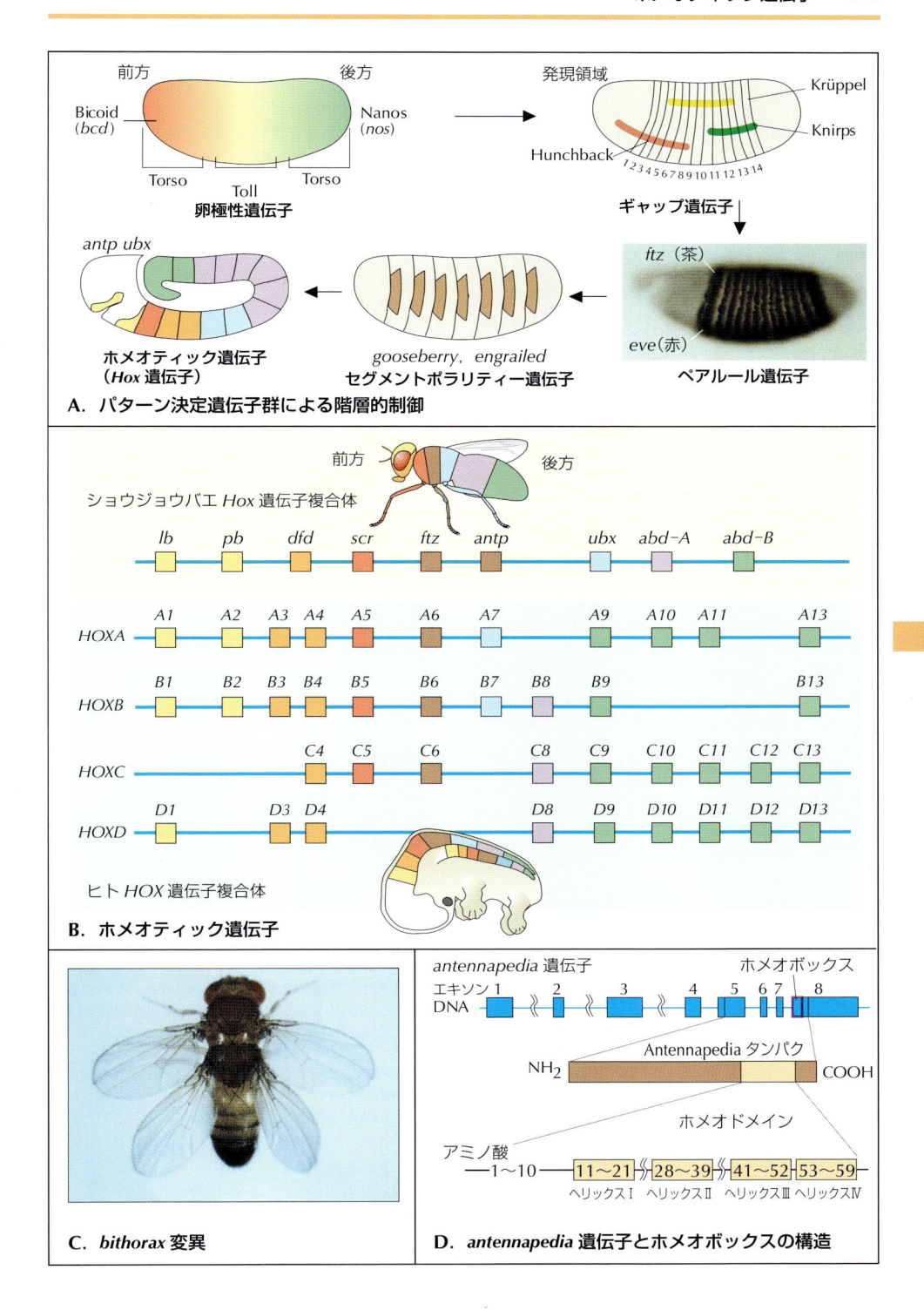

ホメオティック遺伝子 303

A. パターン決定遺伝子群による階層的制御

卵極性遺伝子: Bicoid (bcd), Nanos (nos), Torso, Toll
ギャップ遺伝子: Krüppel, Hunchback, Knirps
ペアルール遺伝子: ftz（茶）, eve（赤）
セグメントポラリティー遺伝子: gooseberry, engrailed
ホメオティック遺伝子 (Hox遺伝子): antp, ubx

B. ホメオティック遺伝子

ショウジョウバエ Hox 遺伝子複合体
前方 — lb, pb, dfd, scr, ftz, antp, ubx, abd-A, abd-B — 後方

HOXA: A1, A2, A3, A4, A5, A6, A7, A9, A10, A11, A13
HOXB: B1, B2, B3, B4, B5, B6, B7, B8, B9, B13
HOXC: C4, C5, C6, C8, C9, C10, C11, C12, C13
HOXD: D1, D3, D4, D8, D9, D10, D11, D12, D13

ヒト HOX 遺伝子複合体

C. bithorax 変異

D. antennapedia 遺伝子とホメオボックスの構造

antennapedia 遺伝子
エキソン 1, 2, 3, 4, 5, 6, 7, 8 — ホメオボックス
DNA

Antennapedia タンパク
NH_2 — COOH
ホメオドメイン

アミノ酸 1〜10 | 11〜21 | 28〜39 | 41〜52 | 53〜59
ヘリックス I, ヘリックス II, ヘリックス III, ヘリックス IV

半透明な脊椎動物胚の遺伝学：ゼブラフィッシュ

系統的な遺伝学的解析で研究された最初の脊椎動物であるゼブラフィッシュ（Danio rerio）の変異を通じて，初期発生における1,000以上の遺伝子の役割が解明された（Development 123: 1-481, December 1996のゼブラフィッシュ特集を参照）。

A. 胚の発生段階

受精後29時間の透明な胚（ファリングラ期）において，脳の主要な部分（前脳，中脳，菱脳），神経管，体節，底板が識別できる。受精後48時間（ハッチング期）で色素沈着が始まり，ひれ，眼，脳，心臓とその他の構造が観察できるようになる。5日目（遊泳幼生）には，魚の外形が明確になってくる。

B. 誘発変異

雄親に誘発したランダムな変異が，何千もの子孫のさまざまな胚の発生段階において解析された。この手法は遺伝的スクリーニングと呼ばれる。雄の成魚を3 mMのエチルニトロソウレア（ENU）水溶液に曝露し，変異を誘発する。その変異雄を野生型の雌（P）と交配し，変異（m）のヘテロ接合体である第一世代（F_1）を得る。繁殖させた次の世代（F_2）の50％は，少なくとも1つの変異をもつことになる。同一変異のヘテロ接合体どうしの自由交配により得られた子孫は，25％がホモ接合体となる。それぞれ骨格の発達と脳に影響を及ぼす2つの変異の例を以下に説明する。

C. 癒合体節（fss）変異の骨格表現型

野生型の魚では，体節原基は脊椎ならびに体幹・尾部の筋肉の正常な分節パターンを形成する（図1）。異常な体節境界をもつ5種の変異体が同定された（van Eedenら，1996）。そのうち4種は後方体節の欠損と神経過形成を伴う本質的に同一の表現型であるが，5番目の変異体は癒合体節（fss）と呼ばれ，前後軸全体にわたって体節の形成がまったくなくなっている（図2）。形状の不規則な脊柱が誤った部位で異所性に発生する。fss遺伝子がコードしているのは，前原体節期の中胚葉の成熟に必要なTボックス転写因子Tbx24（MIM 607044）である（Nikaidoら，2002）。

D. 中脳峡部欠損（noi）変異

noi遺伝子の変異は，ゼブラフィッシュの中枢神経系と脊髄に影響を及ぼす60以上の変異表現型の1つをもたらす（Hafferら，1996；Brandら，1996）。noi変異体の胚は，中脳と菱脳の境界部分にあるべき顕著な狭窄部が欠如している（Brandら，1996）。正常の28時間胚（wt，野生型）においては，セグメントポラリティー遺伝子であるengrailed（eng，303頁参照）が中脳と菱脳の間で強い発現を示すが（図1），noi変異体では発現がない（図4）。engと菱脳の神経小片〔訳注：菱脳内の神経管を形成する分節〕3と5のマーカーであるkrox20 RNAに対する二重染色で調べると，正常の8体節胚は中脳-菱脳境界でengとkrox20を発現している（図2）が，noi変異体はengを発現していない（図5）。noi変異体はまた，20体節胚において，中脳-菱脳境界の後方蓋板でWingless（Wnt1）タンパクの発現がみられない（図3，6）。（図はHafferら，1996；van Eedenら，1996；Brandら，1996より）

医学との関連

病的変異をもつ多くのヒト遺伝子は，ゼブラフィッシュのゲノムにその相同遺伝子をもっている。

参考文献

Brand M et al: Mutations in zebrafish genes affecting the formation of the boundary between midbrain and hindbrain. Development 123: 179-190, 1996.

Dodd A et al: Zebrafish: bridging the gap between development and disease. Hum Mol Genet 9: 2443-2449, 2000.

Eeden FJM van et al: Mutations affecting somite formation and patterning in the zebrafish, Danio rerio. Development 123: 153-164, 1996.

Haffter P et al: The identification of genes with unique and essential functions in the development of the zebrafish, Danio rerio. Development 123: 1-36, 1996.

Nikaido M et al: Tbx24, encoding a T-box protein, is mutated in the zebrafish somite-segmentation mutant fused somites. Nature Genet 31: 195-199, 2002.

ネット上の情報：

The Zebrafish Information Network
www.zfish.uoregon.edu/ and
www.sanger.ac.uk/ Projects/

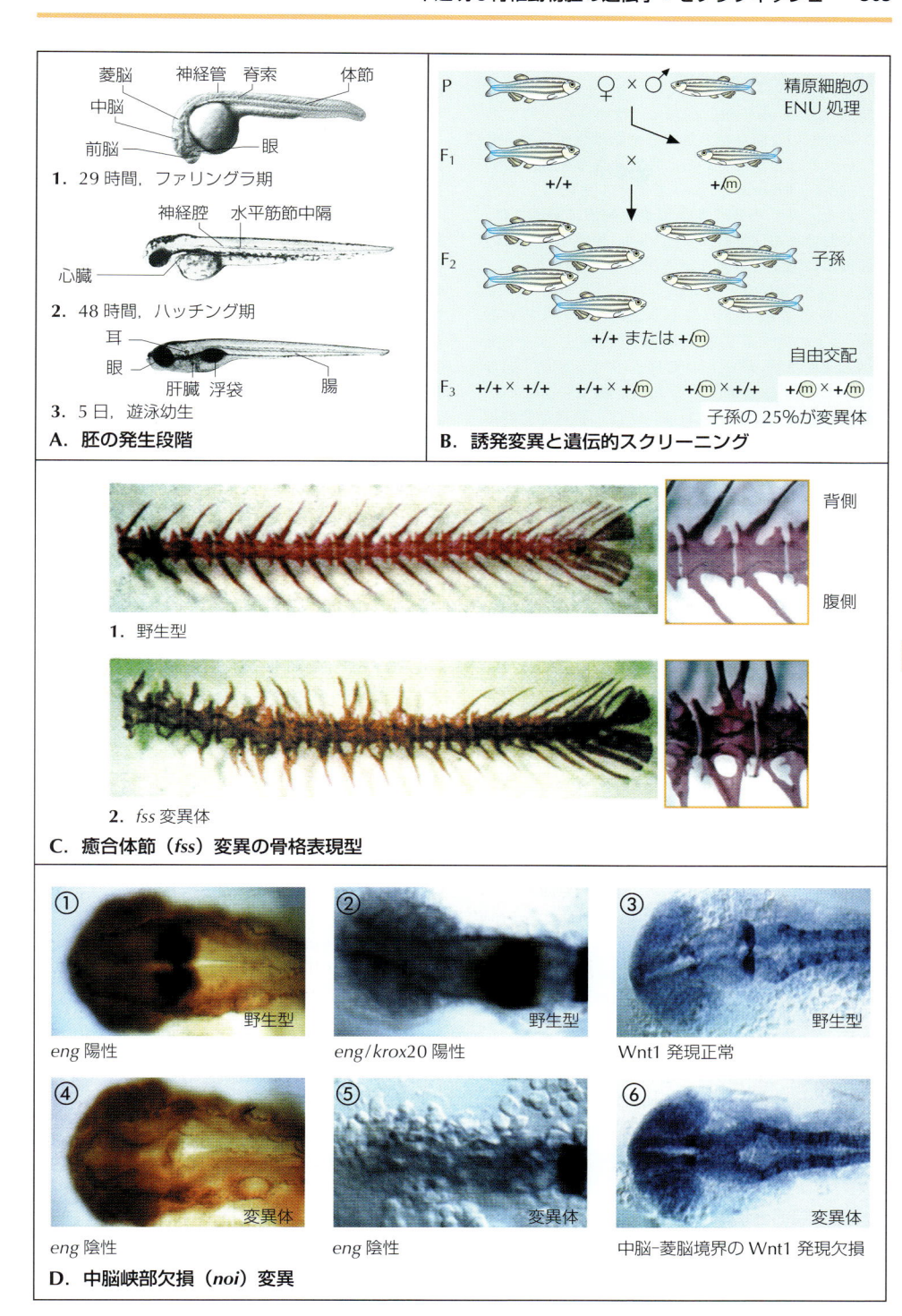

半透明な脊椎動物胚の遺伝学：ゼブラフィッシュ

A. 胚の発生段階

1. 29時間，ファリングラ期
   - 菱脳，神経管，脊索，体節
   - 中脳
   - 前脳
   - 眼

2. 48時間，ハッチング期
   - 神経腔，水平筋節中隔
   - 心臓

3. 5日，遊泳幼生
   - 耳
   - 眼
   - 肝臓，浮袋
   - 腸

B. 誘発変異と遺伝的スクリーニング

- P ♀×♂ 精原細胞のENU処理
- F_1 +/+ × +/(m)
- F_2 +/+ または +/(m)
- F_3 +/+ × +/+　　+/+ × +/(m)　　+/(m) × +/+　　+/(m) × +/(m)
- 自由交配
- 子孫の25％が変異体

C. 癒合体節（fss）変異の骨格表現型

1. 野生型（背側／腹側）
2. fss 変異体

D. 中脳峡部欠損（noi）変異

① 野生型　eng 陽性
② 野生型　eng/krox20 陽性
③ 野生型　Wnt1 発現正常
④ 変異体　eng 陰性
⑤ 変異体　eng 陰性
⑥ 変異体　中脳-菱脳境界のWnt1発現欠損

線虫における細胞の系譜

線虫（*Caenorhabditis elegans*）は小さな生物であり，体細胞の正確な数と各々の創始細胞からの系譜がはっきりとわかっている。この小さな虫は，1965年，Sydney Brennerによってモデル生物として導入された。多くの変異表現型が系統的に解析され，発生における遺伝学的，解剖学的，生理学的形質の相互作用に関する重要な洞察がもたらされた。

線虫の97 Mbのゲノムは，タンパクをコードする19,000の遺伝子と，非翻訳RNAをコードする1,000以上の遺伝子を含む（CSC, 1998）。コード配列のおよそ32%がヒトの配列と相同であり，知られているヒトのタンパクの70%が線虫のタンパクと相同性をもつ。数が多い遺伝子は，膜貫通受容体（特に化学受容体が多い）をコードする遺伝子（790），ジンクフィンガー転写因子をコードする遺伝子（480），プロテインキナーゼドメインをもつタンパクをコードする遺伝子である。RNA干渉（RNAi, 226頁参照）は線虫において重要な役割を担っている。

A. 線虫

線虫は長さ約1 mmの透明な虫で，生活環はおよそ3日間である。その基本的な構造は，神経，筋肉，皮膚，腸からなる左右対称の細長い体である。線虫は2つの性別，すなわち雌雄同体または雄として存在する。雌雄同体は卵と精子を作り，自家受精によって生殖可能である。雌雄同体成虫は959個の体細胞からなり，雄成虫は1,031個からなる。それに加えて1,000～2,000個の生殖細胞がある。（図はSulston & Horvitz, 1977に基づくWood, 1988より）

B. 個々の細胞の起源

すべての組織が6個の創始細胞から発生する。それぞれの細胞分裂ごとに，遺伝学的に確立されたルールが2つの娘細胞の運命を決める。腸と性腺の細胞を除き，分化した細胞は複数の創始細胞に由来する。消化管は8細胞期の1つの創始細胞（E）から形成され，性腺は16細胞期の1つの創始細胞（P_4）から形成される。成虫の959個の細胞のうち302個が神経細胞である。

C. 発生調節遺伝子

エチルメタンスルホン酸（EMS）により誘発された変異体の解析により，発生を方向づける多くの遺伝子が同定されてきた。典型的な変異は，細胞を誤ったタイプの細胞に分化させたり（B型の代わりにZ型というように），分裂が早すぎたり遅すぎたりするようにさせる（分裂変異体）。

D. 線虫におけるアポトーシス

アポトーシス（プログラムされた細胞死）は脊椎動物および無脊椎動物の発生の正常な要素である（128頁参照）。線虫の胚発生の間，雌雄同体成虫の947個の非性腺細胞のうち131個が，決められた時期，決められた発生段階の分岐点でアポトーシスを起こす（図1）。*ced-9*遺伝子の変異はアポトーシスを誘導する。正常では，*ced-9*はアポトーシスを抑制しており，*ced-3*や*ced-4*がアポトーシス促進遺伝子である。*ced-9*と*ced-3*の両方が変異した二重変異体にはアポトーシスは起こらない。なぜならアポトーシスの経路において*ced-9*は*ced-3*の上流にあるからである。写真（図2）は，およそ40分間にわたってp11.app細胞の細胞死を示したものである。（写真はSulston & Horvitz, 1977に基づくWood, 1988より）

医学との関連

ヒトの*BCL2*遺伝子は*ced-9*と相同であり，Bリンパ球前駆細胞においてアポトーシスを抑制するミトコンドリアの内膜タンパクをコードしている。ヒト18番染色体に存在するこの遺伝子の異常は，濾胞性リンパ腫やB細胞腫瘍を引き起こす（MIM 151430）。

参考文献

Brenner S: The genetics of *Caenorhabditis elegans*. Genetics 77: 71–94, 1974.
CSC – The *C. elegans* Sequencing Consortium: Genome sequence for the nematode *C. elegans*: A platform for investigating biology. Science 282: 2012–2018, 1998.
Culetto E, Sattelle DB: A role for *Caenorhabditis elegans* in understanding the function and interactions of human disease genes. Hum Mol Genet 9: 869–878, 2000.
Jorgensen EM, Mango SE: The art and design of genetic screens: *C. elegans*. Nature Rev Genet 3: 356–369, 2002.
Wood WB and the Community of C. elegans Researchers: The Nematode *Caenorhabditis elegans*. Monograph 17, Cold Spring Harbor, New York, 1998.

ネット上の情報：

Wormbase at www.wormbase.org

線虫における細胞の系譜

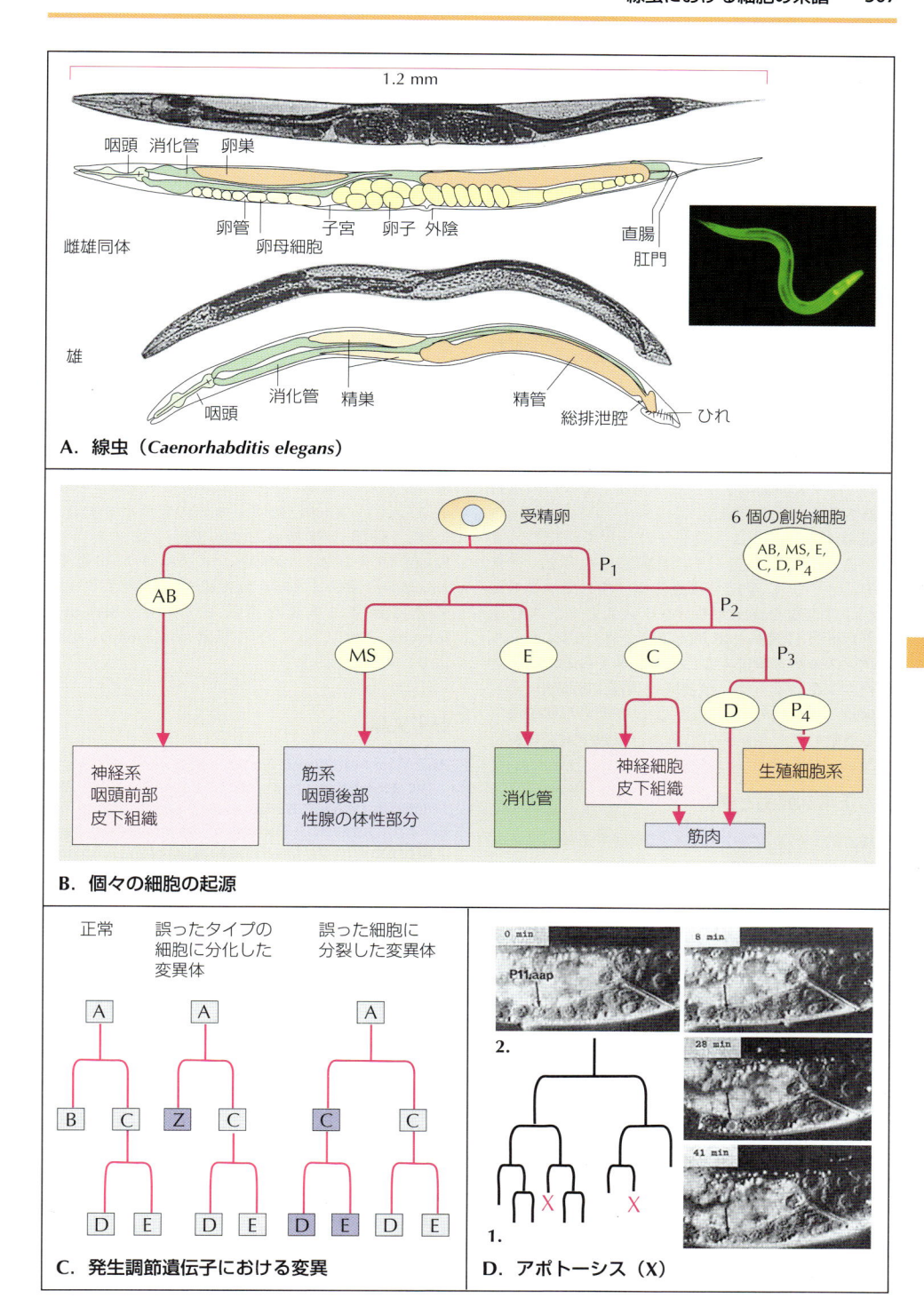

A. 線虫（*Caenorhabditis elegans*）

雌雄同体：咽頭、消化管、卵巣、卵管、卵母細胞、子宮、卵子、外陰、直腸、肛門

雄：咽頭、消化管、精巣、精管、総排泄腔、ひれ

1.2 mm

B. 個々の細胞の起源

受精卵 → P₁
- AB → 神経系、咽頭前部、皮下組織
- P₁ → MS, E, P₂
  - MS → 筋系、咽頭後部、性腺の体性部分
  - E → 消化管
  - P₂ → C, P₃
    - C → 神経細胞、皮下組織、筋肉
    - P₃ → D, P₄
      - D → 筋肉
      - P₄ → 生殖細胞系

6個の創始細胞：AB, MS, E, C, D, P₄

C. 発生調節遺伝子における変異

正常 / 誤ったタイプの細胞に分化した変異体 / 誤った細胞に分裂した変異体

D. アポトーシス（X）

0 min / 8 min / 28 min / 41 min
P11.aap

1. 2.

植物（シロイヌナズナ）の発生遺伝子

進化の歴史において植物から動物が分岐してからおよそ16億年になる。共通祖先である単細胞真核生物から派生して，植物と動物はまったく異なる多細胞生物へと進化した。しかしこれらの生物における初期の発生段階はいまだに類似している。化石の証拠によると，顕花植物はわずか1億2千500万年前に現れたばかりである（脊椎動物が3億5千万年前に現れたのに比べて）。小さな顕花植物であるシロイヌナズナ（*Arabidopsis thaliana*）の系統的な遺伝学的解析により，植物の発生原理に対する洞察がもたらされた。シロイヌナズナはゲノム塩基配列が決定された最初の植物である（AGI, 2000）。その小さく密度の高いゲノム（115 Mb DNA）は25,498個の遺伝子を含んでいる（1 kbに4～5遺伝子）。初期の発生段階は階層的なパターンに従っている。4つのクラスの遺伝子が，花を構成する4つの器官である萼片，花弁，雄蕊（おしべ），心皮（めしべ）を誘導する。クラスA遺伝子は萼片を決定し，クラスAとクラスB遺伝子は共同して花弁を，クラスBとクラスC遺伝子は雄蕊を，そしてクラスC遺伝子は心皮を決定する。クラスAとクラスC遺伝子は相互に抑制しあう。誘発変異（0.3％エチルメタンスルホン酸による）をもつ種子の遺伝的スクリーニングによって，植物胚の頂端－基部軸に沿った構造，放射軸方向の構造，およびその形態を決定する多数のアレルが同定された（Mayerら，1991）。

A．正常な発生と構造

基本的な構造プランは互いに重層する軸パターンと放射パターンに従っている。幼苗が形成されるまでに，8細胞期，球状期および，いわゆる心臓期を区別することができる。8細胞期のA，C，Bの部分は，のちの心臓期のA，C，Bの部分にそれぞれ相当する。A部分は子葉と分裂組織を形成し，C部分は胚軸を，そしてB部分は根を形成する。幼苗は識別可能な7つの構造，すなわち導管（v），外表皮（e），短分裂組織（s），子葉（c），胚軸（h），基本組織（g），根原基（r）の1セットからなる。構成のパターンは心臓期に方向づけられる。（図はMayerら，1991より）

B．変異表現型

Mayerら（1991）は相補解析を用いて，植物の3つの領域それぞれについて，頂端－基部のパターン，放射パターン，そして形態が影響を受けた変異表現型を決定した。頂端－基部の変異は，それぞれが特徴的な表現型を生じる数個の遺伝子の1つに関連している。頂端部の欠失は *gurke*，中央部の欠失は *fackel*，基部の欠失は *monopteros*，末端部の欠失は *gnom* に関連している。（図はMayerら，1991より）

C．野生型

シロイヌナズナ胚の正常な構造は2つの基本的過程から生じる。すなわち，パターン形成（頂端－基部軸と放射軸）と，異なる細胞の形成や細胞分裂の部位による違いを通じて起こる形態形成である。

D．胚の変異表現型

頂端－基部パターンにみられる4つの変異表現型は Gurke（9アレル），Fackel（5アレル），Monopteros（11アレル），Gnom（15アレル）である（B参照）。放射パターンにおける欠失は，Keule（9アレル），Knolle（2アレル）の表現型を引き起こす。形態の変異体には，Fass（12アレル），Knopf（6アレル），Mickey（8アレル）がある。*monopteros* 遺伝子（*ml*）は頂端－基部軸のパターン形成に非常に重要な遺伝子である（Berleth & Jürgens, 1993）。（C，Dの写真はMayerら，1991より）

参考文献

AGI – The Arabidopsis Genome Initiative: Analysis of the genome sequence of the flowering plant *Arabidopsis thaliana*. Nature 408: 796–815, 2000.

Berleth T, Jürgens G: The role of the monopteros gene in organising the basal body region of the *Arabidopsis* embryo. Development 118: 575–587, 1993.

Friml J et al: Efflux-dependent auxin gradients establish the apical-basal axis of *Arabidopsis*. Nature 426: 147–153, 2003.

Mayer U et al: Mutations affecting body organization in the *Arabidopsis* embryo. Nature 353: 402–407, 1991.

Pelaz S et al: B and C floral organ identity functions require *SEPALLATA* MADS-box genes. Nature 405: 200–203, 2000.

Pennisi E: Plant Genomics: *Arabidopsis* comes of age. Science 290, 32–35, 2000.

Sommerville C, Koorneef M: A fortunate choice: the history of *Arabidopsis* as a model plant. Nature Rev Genet 3: 883–889, 2002.

Sommerville S: Plant functional genomics. Science 285: 380–383, 1999.

ネット上の情報：

Arabidopsis Information Resource
www.arabidopsis.org/

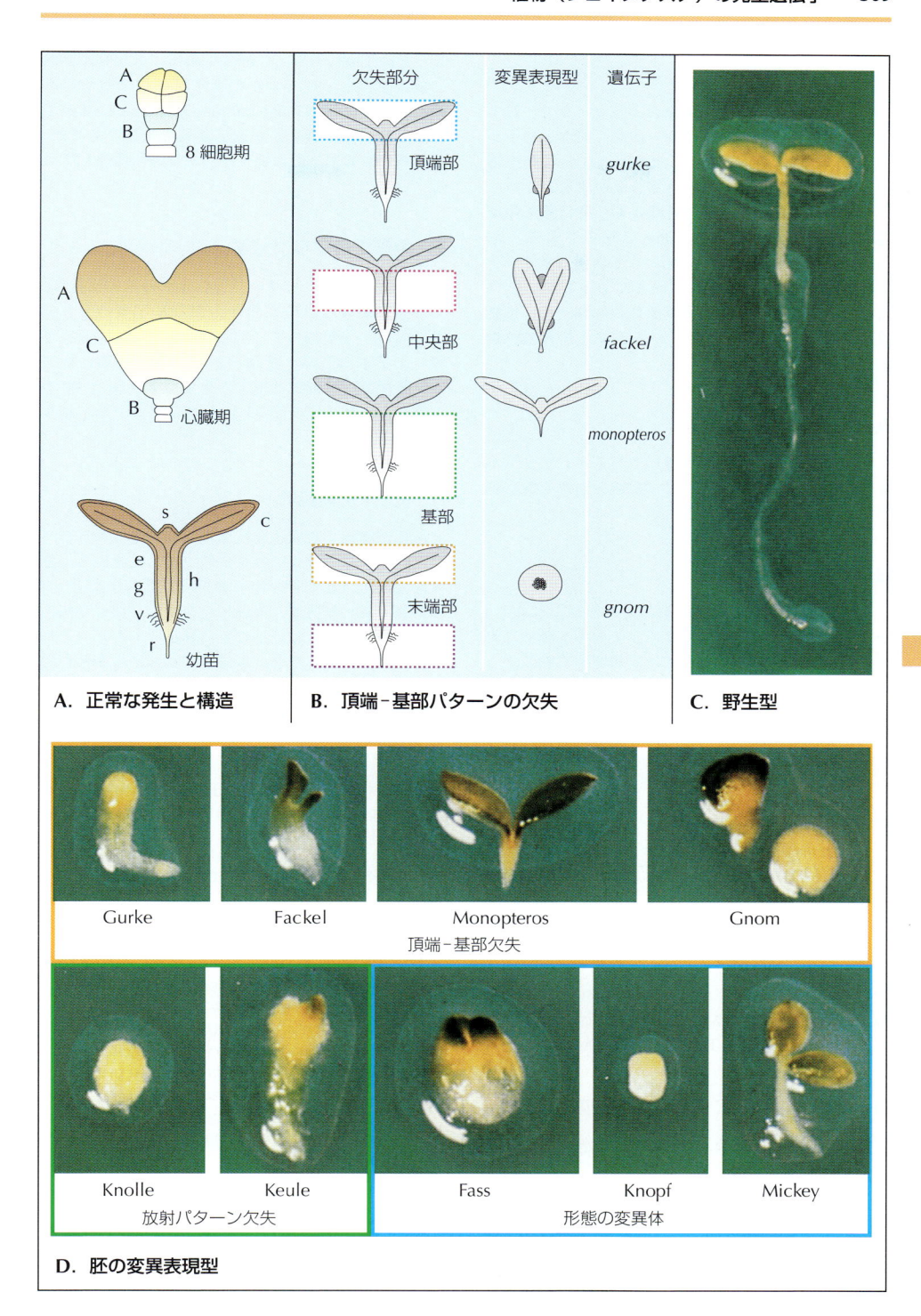

植物（シロイヌナズナ）の発生遺伝子　309

A. 正常な発生と構造

8細胞期
心臓期
幼苗

B. 頂端-基部パターンの欠失

欠失部分	変異表現型	遺伝子
頂端部		*gurke*
中央部		*fackel*
基部		*monopteros*
末端部		*gnom*

C. 野生型

D. 胚の変異表現型

Gurke　Fackel　Monopteros　Gnom
頂端-基部欠失

Knolle　Keule
放射パターン欠失

Fass　Knopf　Mickey
形態の変異体

免疫系の構成要素

免疫系は，侵入する微生物およびウイルスに対する防御機構をつかさどる器官，組織，細胞，分子から構成される。**自然免疫** innate immunity は微生物を速やかに（4時間以内）感知し破壊する。この一連の初期防御機構を破った感染性微生物は**適応免疫応答** adaptive immune response で撃退される。おもに以下の3つの手段が，侵入してきた外来分子を不活性化し排除するために宿主によって用いられる。(1) 抗体による細胞外病原体の中和，(2) 感染細胞の破壊，(3) マクロファージによる細菌の直接的殺傷。

A．リンパ器官

一次リンパ組織は胸腺と骨髄である。二次リンパ組織はリンパ節，脾臓，および扁桃と虫垂を含む副リンパ組織（ALT）である。

B．リンパ球

ヒト体内には約 2×10^{12} 個のリンパ球が存在し，その総量は脳や肝臓に匹敵する。その適応免疫における役割は，1950年代後半に放射線照射実験によって明らかにされた。すなわち，一定線量を超えた放射線照射を受けたマウスは免疫反応を起こせなくなったが，非照射マウスからのリンパ球移植によって免疫反応を回復させることができた。

C．T細胞とB細胞

Tリンパ球とBリンパ球という機能的に異なる2種類のリンパ球がある。未熟なTリンパ球は胚発生期と胎児発達期に胸腺において分化する（それゆえ胸腺 thymus の頭文字からT細胞と命名された）。Bリンパ球は哺乳類では骨髄で，鳥類ではファブリキウス嚢で分化する（それゆえ嚢 bursa の頭文字からB細胞と命名された）。その後の成熟と分化は，T細胞はリンパ節で，B細胞は脾臓で起こる。

D．細胞性ならびに体液性の免疫応答

抗原（例えば，細菌，ウイルス，真菌，外来タンパク）によって誘導される免疫応答の第一段階は，B細胞の迅速な増殖である（**体液性免疫応答** humoral immune response）。成熟B細胞は形質細胞となり，抗体（免疫グロブリン）というエフェクター分子を分泌する。抗体は抗原に結合する。体液性免疫応答は迅速であるが，体細胞に侵入してしまった微生物に対しては無効である。微生物が細胞に侵入すると，いくつかのタイプのT細胞が担う**細胞性免疫応答** cellular immune response が誘導される。細胞性免疫応答が適応免疫の主体であるが，これら2つの基本的な免疫応答は互いに関連している。

E．免疫グロブリン分子

抗体（免疫グロブリン，Ig）分子の基本構造は，異なる数種のペプチド鎖からなるY字型のタンパクである。一般的なタイプの Ig は2本のH鎖（重鎖）と2本のL鎖（軽鎖）からなる。両鎖ともアミノ酸配列の可変部と定常部を含んでいる。ペプチド鎖どうしは特定の部位においてジスルフィド結合で連結されている。

F．抗原–抗体結合

抗体が認識する構造は抗原決定基またはエピトープと呼ばれる。抗体は外来分子である抗原のこの部位を認識し，6カ所の超可変部（L鎖の3カ所，H鎖の3カ所）で抗原と強固に結合する。超可変部のアミノ酸配列は抗体分子ごとに異なっており，それゆえ抗体は多種多様な抗原分子に結合することができる。（図は Alberts ら，2002 より）

参考文献

Abbas AK, Lichtman A: Cellular and Molecular Immunology, 5th ed. WB Saunders Company, Philadelphia, 2005.
Alberts B et al: Molecular Biology of the Cell, 4th ed. Garland Publ, New York, 2002.
Burmester G-R, Pezzutto A: Color Atlas of Immunology. Thieme Medical Publishers, Stuttgart–New York, 2003.
Haynes BF, Fauci AS: Introduction to the immune system, pp 1907–1930. In: Kasper DL et al (eds) Harrison's Principles of Internal Medicine, 16th ed. McGraw-Hill, New York, 2005.
Janeway CA, Travers P, Walport M, Shlomchik MJ: Immunobiology, 6th ed. The Immune System in Health and Disease. Garland Science, New York–London, 2005.
Nossal GJ: The double helix and immunology. Nature 421: 440–444, 2003.

免疫系の構成要素

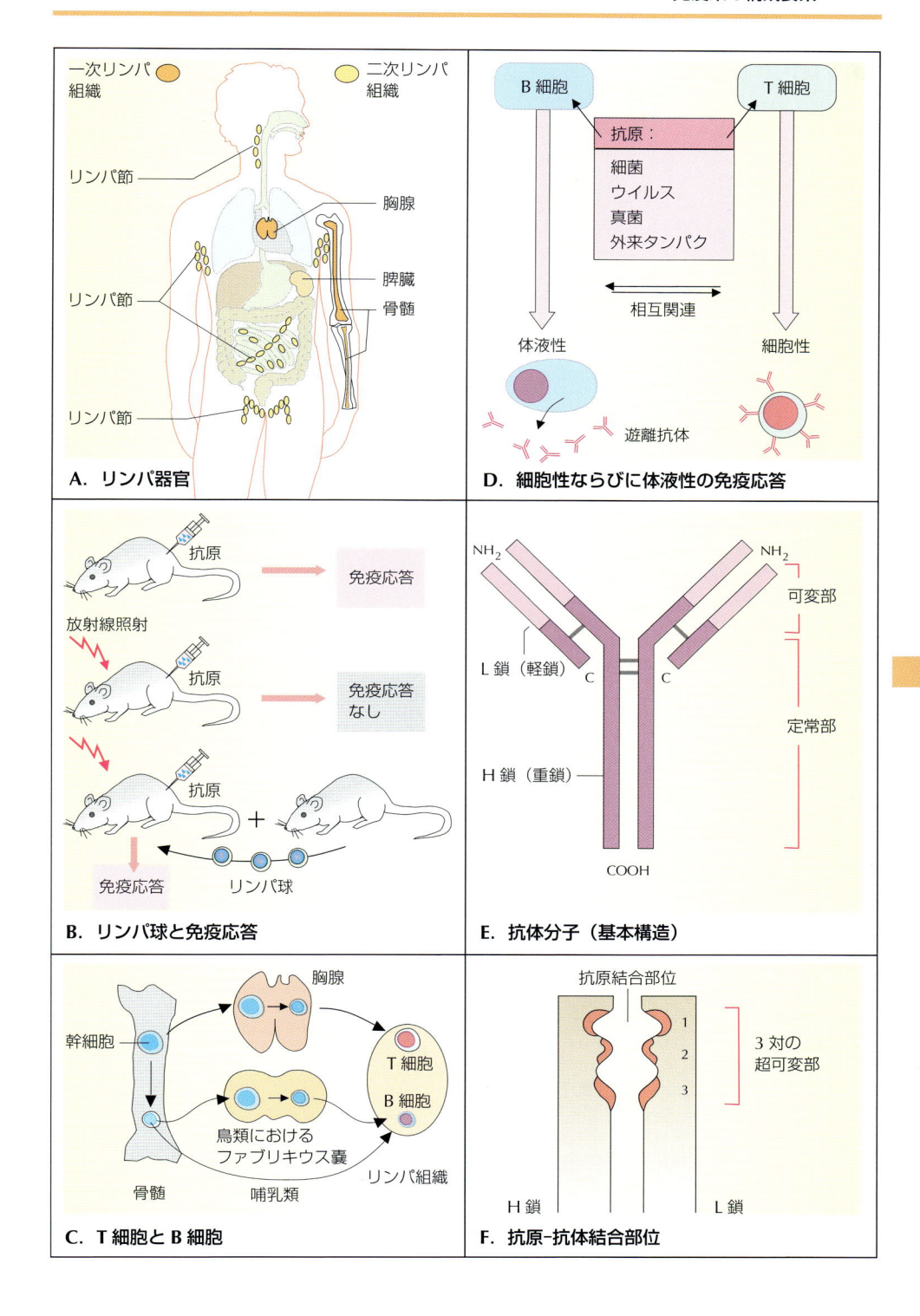

A. リンパ器官

- 一次リンパ組織
- 二次リンパ組織
- リンパ節
- 胸腺
- 脾臓
- 骨髄

B. リンパ球と免疫応答

- 抗原 → 免疫応答
- 放射線照射 + 抗原 → 免疫応答なし
- 放射線照射 + 抗原 + リンパ球 → 免疫応答

C. T細胞とB細胞

- 幹細胞
- 胸腺
- 鳥類におけるファブリキウス嚢
- 哺乳類
- リンパ組織
- T細胞
- B細胞
- 骨髄

D. 細胞性ならびに体液性の免疫応答

- B細胞、T細胞
- 抗原：細菌、ウイルス、真菌、外来タンパク
- 相互関連
- 体液性 — 遊離抗体
- 細胞性

E. 抗体分子（基本構造）

- NH_2
- 可変部
- L鎖（軽鎖）
- C
- 定常部
- H鎖（重鎖）
- COOH

F. 抗原-抗体結合部位

- 抗原結合部位
- 3対の超可変部（1, 2, 3）
- H鎖
- L鎖

免疫グロブリン分子

　免疫グロブリン（Ig）は免疫系のエフェクター分子である．2種類の基本的な形態，すなわち膜結合細胞表面受容体もしくは遊離抗体として存在し，いずれもきわめて多様性に富んでいる．重要な特徴は外来分子である抗原との結合部位である．結合部位のアミノ酸配列は Ig 分子ごとに異なっており，それゆえ個々の Ig 分子は外来タンパク上の特定のエピトープに特異的に結合することができる．おびただしい種類のエフェクター分子が驚くべき多様性をもたらしている．個々の Ig 分子の細部は構造的・機能的に異なってはいるが，共通の祖先分子に由来する比較的単純な基本パターンは共有されている．

A. 免疫グロブリン G（IgG）

　IgG は体液性免疫における分泌型抗体分子のプロトタイプである．分子は2本の H 鎖（重鎖）と2本の L 鎖（軽鎖）がジスルフィド結合で連結している．各 H 鎖は3つの定常部（C_H1，C_H2，C_H3 ドメイン）と1つの可変部（V_H ドメイン）をもち，440 アミノ酸からなる（うち 110 が可変部）．各 L 鎖は1つの定常部（C_L ドメイン）と1つの可変部（V_L ドメイン）をもち，214 アミノ酸からなる（同じく，うち 110 が可変部）．両鎖の可変部には，相補性決定領域（CDR）と呼ばれる3対の超可変部を含む抗原結合部位があり，ここで実際に外来エピトープとの物理的接触が起きる．ヒンジ（蝶番）部と呼ばれる領域が C_H1 と C_H2 をつないでおり，この構造が分子に柔軟性を与えている．H 鎖どうし，および H 鎖と L 鎖の間は，ジスルフィド結合で連結されている．各鎖の内部にもジスルフィド結合が形成されている．L 鎖には κ（カッパ）と λ（ラムダ）の2種類があり，1分子の Ig では，どちらか一方が使われる．

　H 鎖の定常部が互いに異なるいくつかのクラスの免疫グロブリン，IgA（C_α），IgD（C_δ），IgE（C_ε）がある．最大の分泌型 Ig である IgM は，5つの Ig 分子の五量体として存在する．H 鎖によるクラスの違いはアイソタイプといわれる．

　Ig 分子は2種類のプロテアーゼによって特徴的なフラグメントに部分消化される（図1）．パパインは Ig 分子を H 鎖どうしのジスルフィド結合の N 末端側で切断し，Fab フラグメント（Fragment antigen binding，抗原結合フラグメント）2つと Fc フラグメント（Fragment crystallizable，結晶化可能フラグメント）1つ，計3つの部分に分解する．ペプシンはジスルフィド結合を保持した F(ab′)$_2$ フラグメント1つと，いくつかの小さな Fc フラグメント（pFc′）に Ig 分子を分解する．

B. 免疫グロブリン分子の三次元構造

　大きさの類似した3つの球状ドメインが，ヒンジ部と呼ばれる柔軟性のある構造で連結され，Y字型の抗体（免疫グロブリン）分子を形成している．リボン図では2本の H 鎖が橙色とベージュ色で，2本の L 鎖が茶色で示されている．Y字の2つの先端部分に抗原結合部位がある．（図は Janeway ら，2005 より）

C. 免疫グロブリン分子の各部位をコードする遺伝子

　Ig 分子や受容体分子は，多重遺伝子ファミリーに属する別の DNA 配列にコードされている．λL 鎖をコードする遺伝子はヒトでは 22q11 に局在し，マウスでは 16 番染色体にある．κL 鎖のヒト遺伝子は 2p12 に局在し，マウスでは 6 番染色体にある．H 鎖のヒト遺伝子は 14q32 に局在し，マウスでは 12 番染色体にある．

参考文献

Abbas AK, Lichtman A: Cellular and Molecular Immunology, 5th ed. WB Saunders Company, Philadelphia, 2005.

Alberts B et al: Molecular Biology of the Cell, 4th ed. Garland Publ, New York, 2002.

Delves PJ, Roitt IM: The immune system. Two parts. New Engl J Med 343: 37–49 and 108–117, 2000.

Haynes BF, Fauci AS: Introduction to the immune system, pp 1907–1930. In: Kasper DL et al (eds) Harrison's Principles of Internal Medicine, 16th ed. McGraw-Hill, New York, 2005.

Janeway CA, Travers P, Walport M, Shlomchik MJ: Immunobiology, 6th ed. The Immune System in Health and Disease. Garland Science, New York–London, 2005.

Nossal GJ: The double helix and immunology. Nature 421: 440–444, 2003.

Strominger JL: Developmental biology of T cell receptors. Science 244: 943–950, 1989.

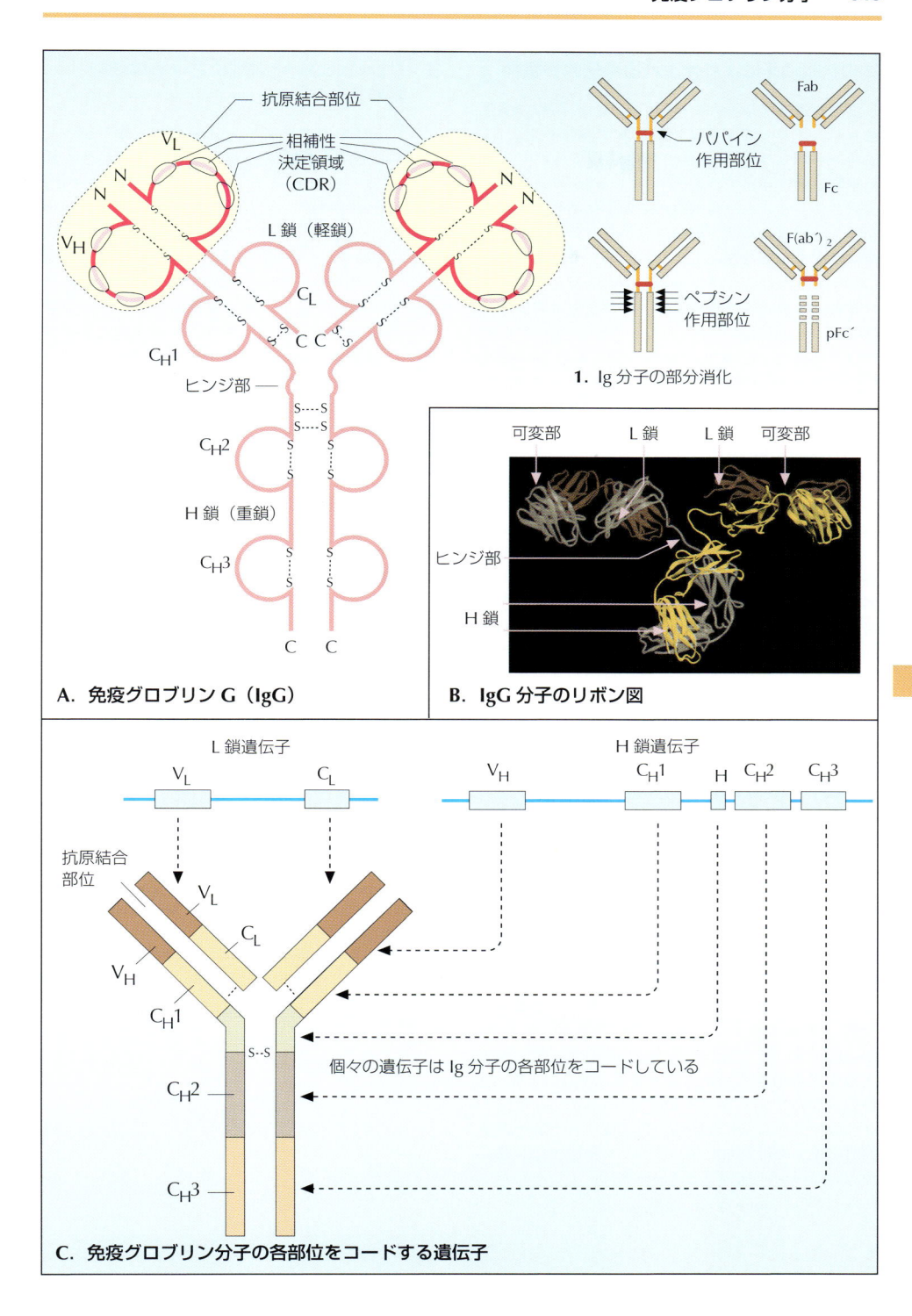

免疫グロブリン分子

A. 免疫グロブリン G（IgG）

抗原結合部位
相補性決定領域（CDR）
V_L, V_H
L鎖（軽鎖）
C_L, C_H1
ヒンジ部
C_H2
H鎖（重鎖）
C_H3

1. Ig 分子の部分消化

パパイン作用部位 → Fab, Fc
ペプシン作用部位 → F(ab')$_2$, pFc'

B. IgG 分子のリボン図

可変部、L鎖、ヒンジ部、H鎖

C. 免疫グロブリン分子の各部位をコードする遺伝子

L鎖遺伝子：V_L, C_L
H鎖遺伝子：V_H, C_H1, H, C_H2, C_H3

抗原結合部位

個々の遺伝子は Ig 分子の各部位をコードしている

体細胞組換えにより生まれる遺伝的多様性

　生物が遭遇する膨大な種類の抗原は，同様の多様性レパートリーをもつ抗原特異的受容体と出会う。Bリンパ球とTリンパ球の分化過程において，生殖細胞系列に存在する遺伝子群の一部がランダムに選択され，それらは各細胞とその子孫細胞に特異的な新しい組み合わせで再構成される。これにより細胞には大きな多様性が生まれる。個々の細胞は互いに異なる抗原結合分子を発現し，ある特定のタイプの受容体1種のみを発現する。この現象は**アレル排除** allelic exclusion と呼ばれている。そのおもな機構は，B細胞とT細胞の分化過程における体細胞組換えである。免疫グロブリン分子の各ドメインに対して，ゲノム中には選択可能な配列が多数存在する。リンパ球DNAでは，これらの配列が分子ごとに多様な組み合わせで連結されている。

　Bリンパ球とTリンパ球の分化過程において，体細胞組換えと呼ばれる機構により多様性が生まれる。機能的な遺伝子は，生殖細胞系列DNAの複数の要素（V, D, J）の遺伝子再構成により生じる。各要素に対して選択可能な配列が多数存在する。各要素の配列が多様な組み合わせで連結されてできた遺伝子が，T細胞受容体およびB細胞受容体のポリペプチド鎖の1本をコードしている。こうしてさまざまな抗原結合分子を発現する細胞の多様性が生み出されているのである。加えて，超可変部に起きた体細胞変異がさらなる遺伝的差異を生じさせる。

A. ヒトゲノムにおける免疫グロブリン遺伝子座の構成

　B細胞とT細胞は一連の分化段階を経て成熟するが，その過程で2本のL鎖（軽鎖）と1本のH鎖（重鎖）をそれぞれコードする遺伝子座において体細胞組換えが起こる。これらの座位にはV（可変），J（結合），C（定常）と呼ばれる遺伝子断片が含まれる。H鎖については，これに加えて25のD（多様性）断片（D_H）が含まれる。機能的な遺伝子を構成する遺伝子断片数は，V_λが約30，V_κが約40，V_Hが約50である。これらの断片はB細胞の分化過程で再構成される（B参照）。C_H遺伝子群はJ遺伝子群の3′方向で200 kbにわたる大きな遺伝子クラスターを形成している。再構成された各「機能的遺伝子」は新規のポリペプチドを小胞体腔へ導くためのリーダー配列（シグナル配列，L）をもっている。（図はJanewayら，2005より）

B. リンパ球の分化過程における体細胞組換え

　ここでは免疫グロブリンH鎖遺伝子座を例として，体細胞組換えによる遺伝子再構成を示す（図1）。最初の再構成でリンパ球DNAのD断片とJ断片が連結される（D-J組換え，図2）。次の再構成によってV_H遺伝子群のうちの1つが連結済のDJ断片に連結され，最終的にV-DJ組換えとなる（図3）。その結果，5′から3′の方向にV_H, D_H, J, C遺伝子が順番に並んだ転写単位が形成される（図4）。各C断片は異なるエキソンから構成され，完全なC領域のドメインやさまざまなアイソタイプ（C_λ, C_δ）などのドメインに対応している。一次転写産物はスプライシングを受けて，V, D, J, C断片それぞれ1つずつを含むmRNAとなり（図5），翻訳されて完全なH鎖に相当するポリペプチドを産出する鋳型となる（図6）。糖鎖付加などの翻訳後修飾を経て最終的なH鎖が完成する（図7）。

　体細胞組換えの結果，抗原結合部位の分子構造が一意的な独特の細胞が生まれることになる。これにより，他のどの細胞とも抗原結合の特異性の異なる分子が供給されるのである。L鎖やT細胞受容体（318頁参照）をコードする遺伝子も同様の機構で作られる。ただし，H鎖と異なりL鎖の組換えにはD遺伝子は含まれず，V遺伝子とJ遺伝子が直接連結される。（図はAbbas & Lichtman, 2005より）

参考文献

Abbas AK, Lichtman AH, Pober JS: Cellular and Molecular Immunology, 3rd ed. WB Saunders, Philadelphia, 2005.

Janeway CA, Travers P, Walport M, Shlomchik MJ: Immunobiology, 6th ed. The Immune System in Health and Disease. Garland Science, New York–London, 2005.

Schwartz, RS: Diversity of the immune repertoire and immunoregulation. New Eng J Med 348: 1017–1026, 2003.

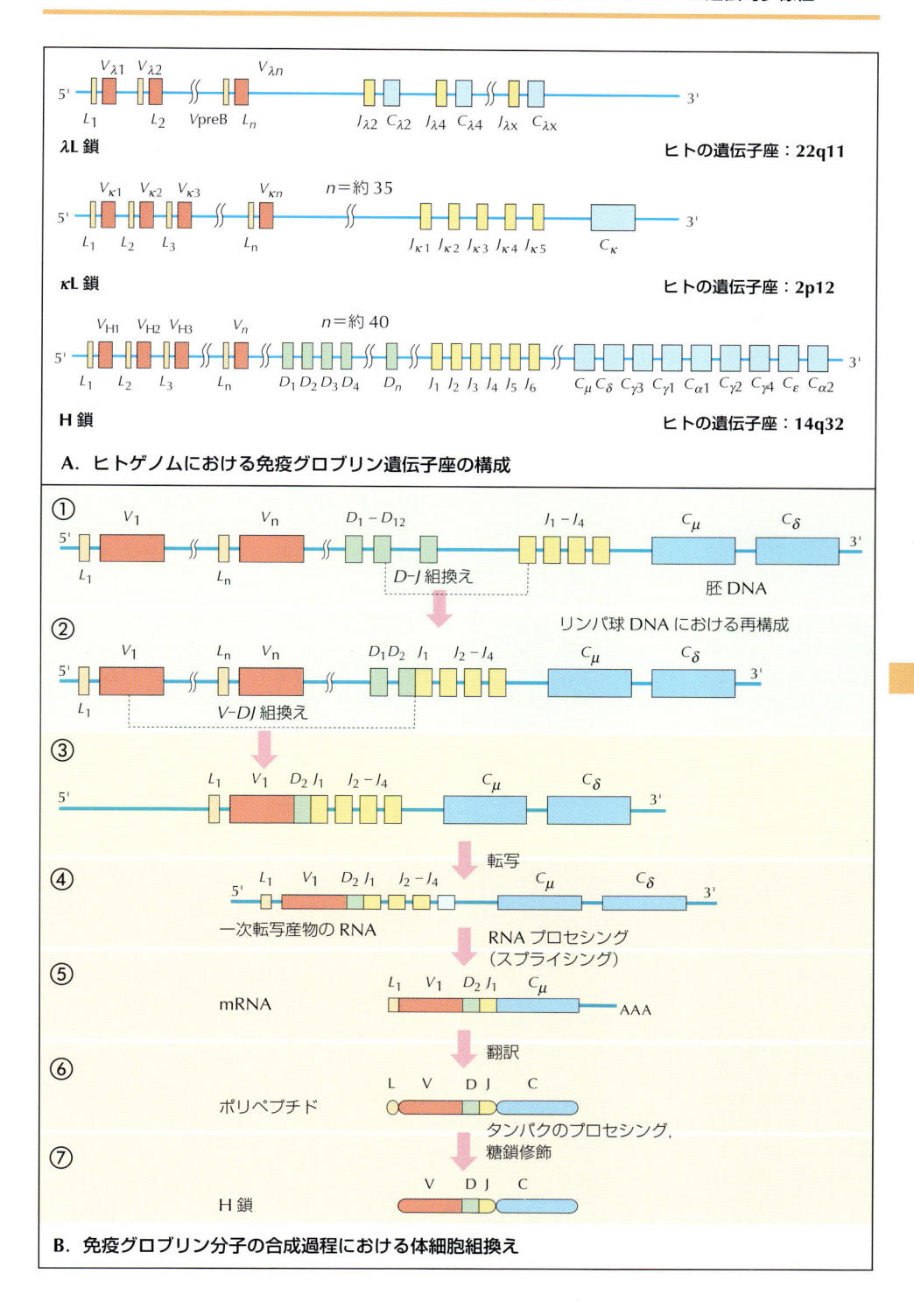

体細胞組換えにより生まれる遺伝的多様性

A. ヒトゲノムにおける免疫グロブリン遺伝子座の構成

λL鎖　ヒトの遺伝子座：22q11
κL鎖　ヒトの遺伝子座：2p12
H鎖　ヒトの遺伝子座：14q32

B. 免疫グロブリン分子の合成過程における体細胞組換え

① 胚DNA — D-J組換え
② リンパ球DNAにおける再構成 — V-DJ組換え
③
④ 転写 → 一次転写産物のRNA
⑤ RNAプロセシング（スプライシング）→ mRNA
⑥ 翻訳 → ポリペプチド
⑦ タンパクのプロセシング，糖鎖修飾 → H鎖

免疫グロブリン遺伝子再構成の機構

分化の過程における免疫グロブリン分子の遺伝子再構成では，1つの V 断片が1つの D 断片または J 断片と連結し，別の V 断片とは連結しないことが保証されなければならない。これを実現しているのが，組換え部位に隣接する保存された非コード DNA 配列である。V, D, J 断片の組換えは，V(D)J リコンビナーゼ（組換え酵素）と呼ばれるリンパ球特異的 DNA 修飾酵素によって行われる。RAG1 と RAG2 遺伝子（recombination activating gene，組換え活性化遺伝子）にコードされるこの酵素は，特別な種類の非相同組換えを触媒する。

リンパ球特異的遺伝子 RAG1 と RAG2 はプレ B 細胞と未熟 T 細胞で発現している。再構成に関与する別の酵素として，2本鎖 DNA 修復や DNA の屈曲，切断された DNA 末端の結合に必要な DNA 修飾タンパク群がある。

A. DNA 認識配列

組換えは同一染色体上の断片間で起こる。12塩基スペーサーをもつ組換えシグナル配列（recombination signal sequence, RSS）に隣接する断片だけが，23塩基スペーサーに隣接する断片と連結することができる（12/23 ルール）。結果として，12塩基スペーサーを両側にもつ D 断片は，H 鎖（重鎖）の J 断片と連結するはずである。同様に H 鎖の V 断片は，J 断片ではなく D 断片とだけ連結することができる。V 断片と J 断片はいずれも 23塩基スペーサーに隣接しているからである。

認識配列が局在しているのは，各 V エキソン（可変部）の3′末端の非コード領域と各 J 断片の5′末端の非コード領域である。D 断片は両側に認識配列が隣接している。認識配列は非コード配列であるが，高度に保存された7塩基配列（CACAGTG，ヘプタマー）と9塩基配列（ACAAAAACC，ノナマー）の DNA 断片である。ヘプタマーとノナマーの間には12塩基または23塩基が挟まれている〔訳注：それゆえスペーサーという〕。このヘプタマー-スペーサー-ノナマー配列が組換えシグナル配列となる。

H 鎖が作られる際，D 断片と J 断片のヘプタマー間で非相同対形成が起こる。リンパ球特異的リコンビナーゼ RAG1 と RAG2 は，各 D エキソンの3′末端および各 J エキソンの5′末端に存在する DNA 配列を認識し，認識部位で DNA の両鎖を切断する。このとき，RAG タンパクが認識部位の配列をそろえ，RAG 複合体のエンドヌクレアーゼが DNA の両鎖を5′末端で切断する。これにより遺伝子断片コード領域にヘアピン DNA が形成される。次に D 断片と J 断片は組換えによって連結される（D-J 結合）。つまり12塩基と23塩基のスペーサーおよび，すべての介在 DNA がループを形成し，このループは切り離され，D 断片と J 断片が非相同末端結合機構によって連結される。その後，DJ 断片5′末端と V 遺伝子3′末端認識配列の対形成と組換えにより，V 断片と DJ 断片が連結される。T 細胞受容体の多様性（318頁参照）も同様の機構で生み出される。

B. 遺伝的多様性

すべてのタイプの免疫グロブリン遺伝子と T 細胞受容体遺伝子の組み合わせは約 10^{18} 通りにも及ぶが，この多様性にはいくつかの要因がある。まず，鎖の種類によって異なるが，多数の可変ドメインが用意されている（H 鎖で 250～1,000 種，L 鎖は 250 種，T 細胞受容体 α 鎖は 75 種類など）。D 断片や J 断片にもいくつかの種類があり，可能な組み合わせの数を増加させている。加えて，超可変部では DNA 配列の変化（体細胞変異）が頻繁に起き，可能な組み合わせの総数をさらに増やしている。

医学との関連

RAG1 と RAG2 遺伝子の変異（MIM 179615/179616）は V(D)J 組換えの異常を引き起こし，重症複合免疫不全症（SCID）やオーメン症候群の原因となる。

参考文献

Abbas AK, Lichtman AH: Cellular and Molecular Immunology, 5th ed. WB Saunders, Philadelphia, 2005.

Agrawal A, Schaz DG: RAG1 and RAG2 form a stable postcleavage synaptic complex with DNA containing signal end in V(D)J recombination. Cell 89: 43–53, 1997.

Schwartz K et al: RAG mutations in human B cell-negative SCID. Science 274: 97–99, 1996.

ネット上の情報：
Undergraduate Immunology Class at Davidson College, Davidson, NC 28035 at
www.bio.davidson.edu/Courses/Immunology/Students/Spring2003/Beaghan/mfip.html

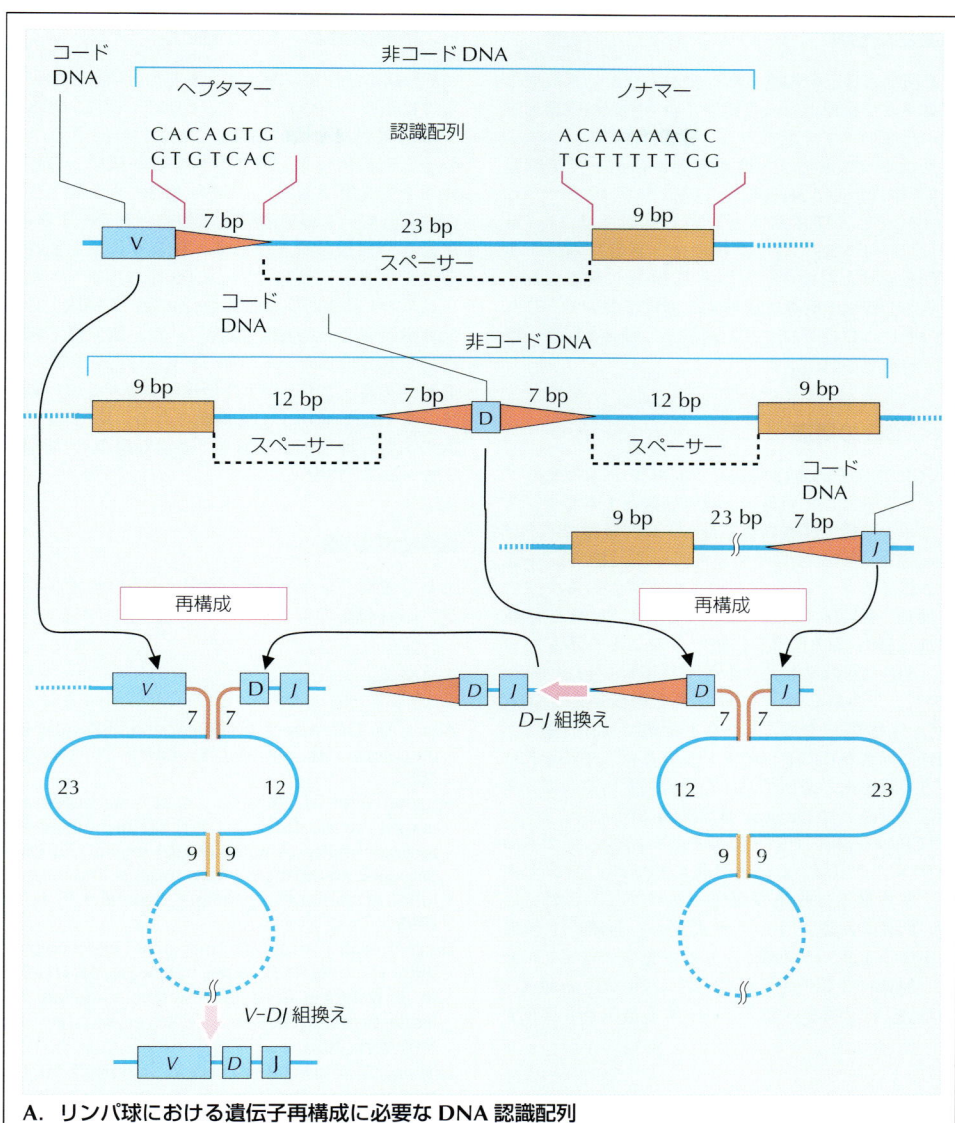

免疫グロブリン遺伝子再構成の機構

A. リンパ球における遺伝子再構成に必要な DNA 認識配列

要因	免疫グロブリン		TCRαβ		TCRγδ	
	H鎖	L鎖	α	β	γ	δ
可変ドメインの総数	250〜1,000	250	75	25	7	10
D 断片の総数	12	0	0	2	0	2
J 断片の総数	4	4	50	12	2	2
可変部における断片の組み合わせ総数	65,000〜250,000		1,825		70	
多様性の総数	10^{11}		10^{16}		10^{18}	

B. 免疫グロブリン遺伝子とT細胞受容体遺伝子の遺伝的多様性

T細胞受容体

T細胞は自己の細胞表面へ提示された外来抗原を認識する。抗原となるのはウイルスや細胞内細菌由来の小さいペプチドである。抗原はMHCクラスIまたはクラスII分子（次項参照）によってT細胞受容体（T-cell receptor, TCR）へ提示される。α/βTCRとδTCRをコードする遺伝子は，V（可変），D（多様性），J（結合），C（定常）領域の各遺伝子断片として生殖細胞系列DNAに配置されている。T細胞が胸腺で成熟する過程において，これらの断片は免疫グロブリン遺伝子の場合と同様の機構で再構成される。

A. TCRの構造

TCRの分子構造は免疫グロブリン分子のFabフラグメントと似ている。α鎖とβ鎖が1本ずつジスルフィド架橋で共有結合したヘテロ二量体で，不可欠な膜タンパクとして発現している（図1）。γ鎖とδ鎖1本ずつからなるサブタイプもある。三次元構造（図2）は超可変部のCDR1, 2, 3が抗体の抗原結合部位と相互作用できることを示している。50～70のV断片，2つのD断片，12～60のJ断片，2つのC断片に対応する遺伝子がゲノムDNAには存在する。1つのT細胞では，α鎖とβ鎖は，両親からの2つのアレルのうち，それぞれは片方の親由来の遺伝子だけが発現している（アレル排除）。（図2はJanewayら，2005より）

TCRはジスルフィド架橋で共有結合した2本のポリペプチド鎖，α鎖とβ鎖のヘテロ二量体である。基本構造は細胞表面免疫グロブリンと似ている。β鎖はα鎖よりもやや大きい。各鎖のV領域は102～109アミノ酸からなり，免疫グロブリン分子と同様に3対の超可変部を含んでいる。α鎖とβ鎖に加え，γ鎖とδ鎖をコードする遺伝子も存在する。

B. TCRとMHCとの相互作用

TCRはMHCクラスIまたはクラスII分子をもつ抗原提示細胞と相互作用する（図1）。三次元構造（図2）は相互作用する分子どうしが強固に結合していることを示している。感染細胞を破壊することのできるT細胞（細胞溶解性Tリンパ球，またはキラーT細胞）はMHCクラスI分子上の抗原を認識し，ヘルパーT細胞と呼ばれるT細胞はMHCクラスII分子と特異的に結合する。CD8細胞はMHCクラスI分子とのみ，CD4細胞はMHCクラスII分子とのみ結合する。

C. 抗原認識とT細胞活性化

T細胞の活性化に関与する多くの分子のうち，ここではそのいくつかを示す。CD4ならびにCD8分子は制限要素として働く。CD4はMHCクラスII分子と直接結合し，TCRのペプチド抗原との相互作用を安定化させる。CD8はMHCクラスI分子に結合している細胞溶解性T細胞（キラーT細胞）に対して同様の働きを示す。TCRが抗原を認識すると，TCRと共役しているCD3複合体がリン酸化される。T細胞の完全な活性化には，T細胞上の補助刺激受容体（CD28, LFA-1）や，抗原提示細胞上のそれらのリガンド（B-7, ICAM-1）の関与が必要である。このシグナル伝達によりインターロイキン2（IL2）遺伝子が活性化される。IL-2はT細胞の主要な増殖因子であり，細胞周期をG_1期からS期へと進行させる。

医学との関連

ヒト免疫不全ウイルス（HIV）のgp120タンパクは，CD4細胞の第二ドメインと相互作用する。

参考文献

Abbas AK, Lichtman AH: Cellular and Molecular Immunology, 5th ed. WB Saunders, Philadelphia, 2005.

Amadou C et al: Localization of new genes and markers to the distal part of the human major histocompatibility complex (MHC) region and comparison with the mouse: new insights into the evolution of mammalian genomes. Genomics 26: 9–20, 1995.

Fugger L et al: The role of human major histocompatibility complex (HLA) genes in disease, pp 311–341. In: Scriver CR et al (eds) The Metabolic and Molecular Bases of Inherited Disease, 8th ed. McGraw-Hill, New York, 2001.

Janeway CA, Travers P, Walport M, Shlomchik MJ: Immunobiology, The Immune System in Health and Disease, 6th ed. Garland Science, New York–London, 2005.

Jiang H, Chess L: Regulation of immune responses by T cells. New Engl J Med 354: 1166–1176, 2006.

T細胞受容体

1. 模式図

抗原結合部位
糖鎖
可変部 (V)
可変部 (V)
定常部 (C)
定常部 (C)
ジスルフィド結合
ヒンジ部
細胞膜
細胞内
α鎖 β鎖
(γδもあり)

2. 分解能 2.5 Å の結晶構造

3種類の抗体で識別した，T細胞受容体の抗原結合部位の配置

TCRα V_α / IgL V_L
TCRβ V_β / IgH V_H

- TCR の CDR1, 2, 3
- V_H の Ig CDR1
- V_H の CDR2
- V_H の CDR3
- TCR の HV4 ループ（Ig には相当する構造はない）
- V_L 鎖
- V_H 鎖
- V_L 鎖

A. T細胞受容体

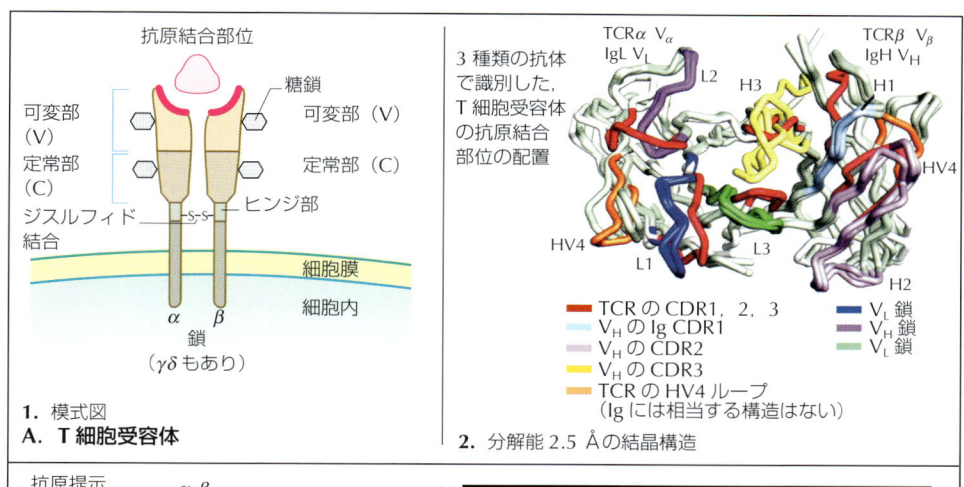

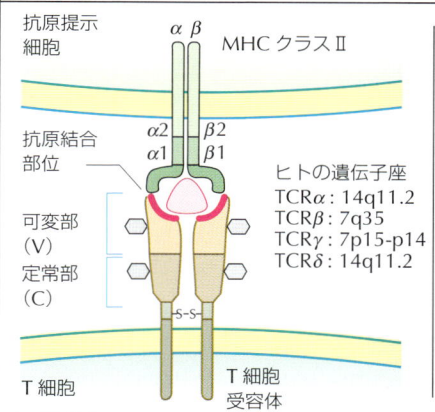

1. 模式図

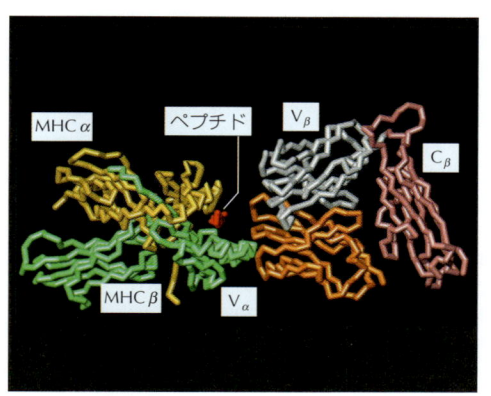

抗原提示細胞
α β MHC クラス II
α2 β2
α1 β1
抗原結合部位
可変部 (V)
定常部 (C)
T細胞
T細胞受容体

ヒトの遺伝子座
TCRα : 14q11.2
TCRβ : 7q35
TCRγ : 7p15-p14
TCRδ : 14q11.2

2. 三次元構造

MHCα, MHCβ, ペプチド, V_α, V_β, C_β

B. T細胞受容体と MHC クラス I，クラス II 分子との相互作用

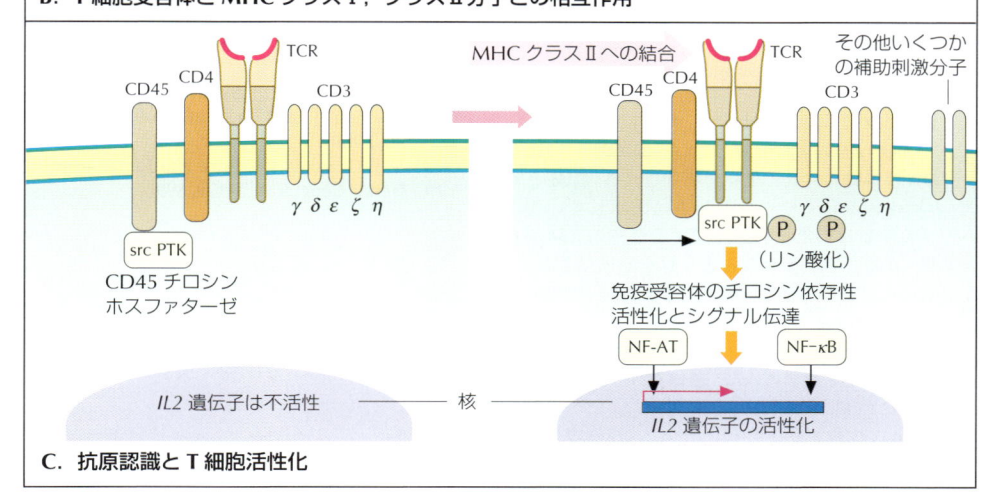

C. 抗原認識と T細胞活性化

CD45, CD4, TCR, CD3 (γ δ ε ζ η)
src PTK
CD45 チロシンホスファターゼ

MHC クラス II への結合 → その他いくつかの補助刺激分子
src PTK (P)(P)（リン酸化）
免疫受容体のチロシン依存性活性化とシグナル伝達
NF-AT, NF-κB

核: *IL2* 遺伝子は不活性 → *IL2* 遺伝子の活性化

MHC 領域の遺伝子

主要組織適合遺伝子複合体（MHC）は4,000 kb近くにも及ぶ大きな染色体領域で，400以上の遺伝子を含み，ヒトゲノム中で遺伝子密度の最も高い（100 kbに6個，平均は1個）領域である．最も多型に富む領域でもあり，多くの座位で30〜60，*HLA-A*座には400以上，*HLA-B*座には700以上，*HLA-DRB1*座には500以上のアレルがある．各MHC分子は2本のポリペプチド鎖からなり，さまざまな細胞の表面に発現している．このことは結合アッセイ，もしくは混合リンパ球培養テストにおける細胞毒性反応を利用して，血清学的に示すことができる．

A. MHCの基本構成

MHC領域はヒトでは6番染色体短腕（6p21.3）に局在し，マウスでは17番染色体にある．遺伝子群は3つのクラス（クラスI〜III）に大別される．クラスIとクラスIIは*HLA*（ヒト白血球抗原，human leukocyte antigen）システムに，マウスでは*H-2*システムに属する．ヒトのクラスI遺伝子群は*HLA-A*，*HLA-B*，*HLA-C*，その他いくつかの座位 *HLA-E*〜*HLA-J*からなる．マウスのクラスI遺伝子群は2つのグループ，すなわち3′末端側の*D*と*L*，および5′末端側の*K*に分かれている．ヒトのクラスII遺伝子群は*DP*，*DQ*，*DR*に分けられる（マウスでは*I-A*と*I-E*；Iはアルファベットのアイで，ローマ数字ではない）．クラスIII遺伝子群には，免疫応答に関与する腫瘍壊死因子（TNF）やリンホトキシンなどの遺伝子のほか，免疫系には直接関与しない遺伝子も含まれる．

B. MHC領域における遺伝子構成

ヒトのクラスII領域において，セントロメア側から*DP*，*DQ*，*DR*の順に配列しているサブクラスは，α鎖およびβ鎖の構成に従って細分される（*DM*と*DO*の間にあるいくつかの遺伝子は図示していない）．*DR*座にはDR分子を構成する2種のβ鎖が含まれ，β鎖2本が1本のα鎖と対を形成できる．したがって，3セット〔訳注：*DP*，*DQ*，および2種のβ鎖をコードする*DR*〕の遺伝子が4タイプのDR分子を産生することができる．クラスIとクラスIIの間に位置するクラスIII領域には，補体C2とC4（*C4A*，*C4B*），ステロイド21-ヒドロキシラーゼ（*CYP21B*），さまざまなサイトカイン（腫瘍壊死因子*TNFA*，リンホトキシン*LTA*，*LTB*）の遺伝子が含まれる．クラスIII領域にはその他にもいくつかのクラスIII遺伝子が存在する（図には示していない）．

C. MHC分子の構造

MHCクラスI分子とクラスII分子の構造は明確に異なっている．クラスI分子のHLA-A，HLA-B，HLA-Cは1回膜貫通ポリペプチドである．α鎖は細胞外のN末端から順に3つのドメインα1，α2，α3をもち（図1），ヒト15番染色体上の遺伝子にコードされる$β_2$ミクログロブリンと非共有結合している．3つの細胞外ドメインは各々約90のアミノ酸で構成されている．α1ドメインとα2ドメインは高度の多型性を示すペプチド結合部位となる．α3ドメインと$β_2$ミクログロブリンは，構造的に免疫グロブリン様ドメインに相当する．一方，MHCクラスII分子（図2）は2本のポリペプチド鎖，α鎖とβ鎖からなる．各鎖は各々約90のアミノ酸で構成される2つのドメインα1とα2，β1とβ2を有し，25アミノ酸からなる膜貫通領域をもつ．ペプチド結合部位となるα1ドメインとβ1ドメインは高度の多型性を示す．結晶構造解析によりMHC分子とペプチドとの結合の詳細が解明された．MHCクラスI分子とクラスII分子には，約1.0〜2.5 nm（10〜25 Å）の小さなペプチド結合溝が存在する．（図BとCの三次元構造はJanewayら，2005より）

参考文献

Dausset J: The major histocompatibility complex in man: past, present, and future concepts. Science 213: 1469–1474, 1981.

Janeway CA, Travers P, Walport M, Shlomchik MJ: Immunobiology, 6th ed. The Immune System in Health and Disease. Garland Science, New York–London, 2005.

Klein J, Sato A: Advances in immunology. The HLA system. New Engl J Med 343: 702–709 (part I) and 782–786, 2000.

Trowsdale J: Genomic structure and function in the MHC. Trends Genet 9: 117–122, 1993.

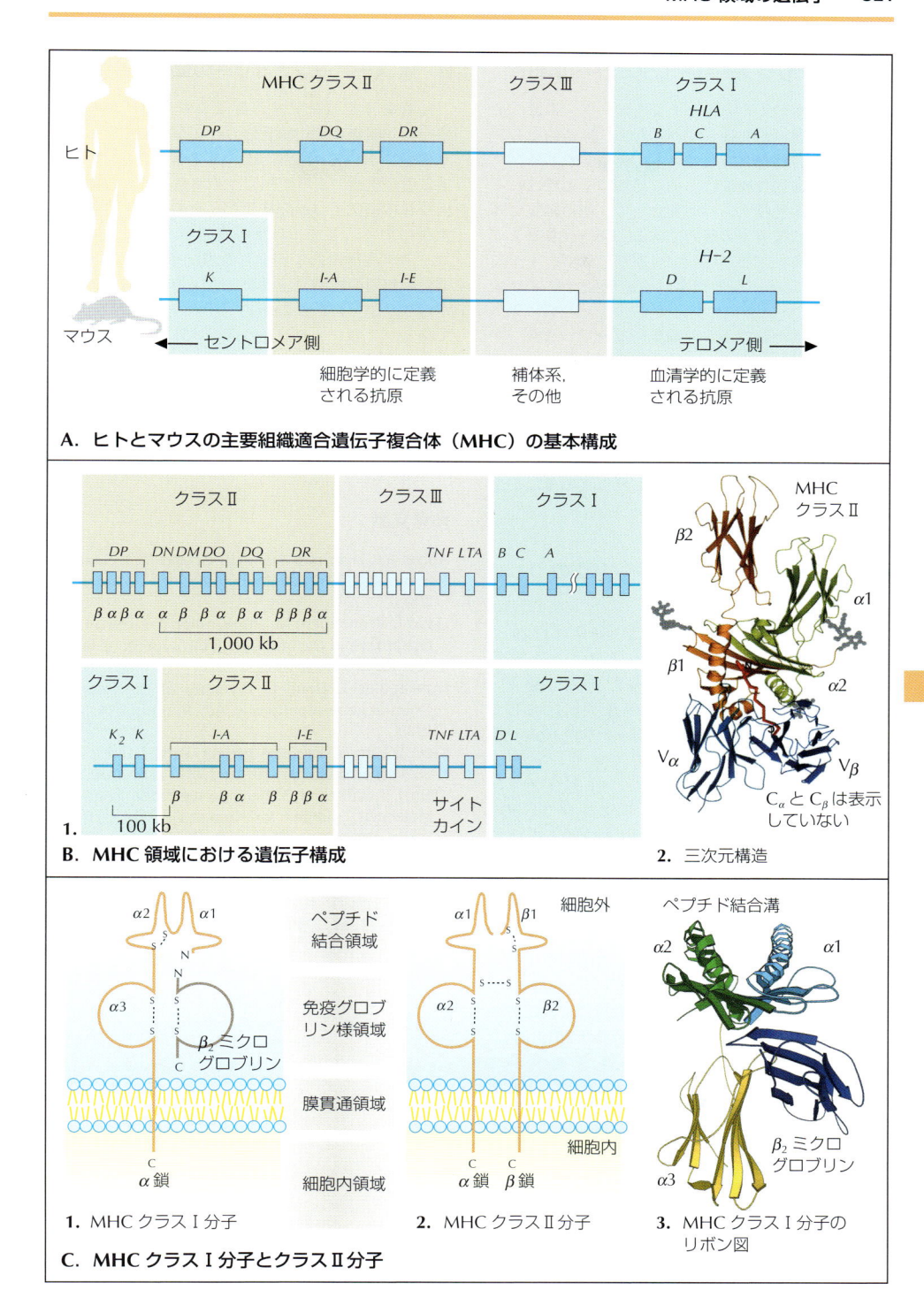

MHC 領域の遺伝子

A. ヒトとマウスの主要組織適合遺伝子複合体（MHC）の基本構成

ヒト：MHC クラスII（DP, DQ, DR）／ クラスIII ／ クラスI　HLA（B, C, A）
マウス：クラスI（K）／ I-A, I-E ／ H-2（D, L）

← セントロメア側　　　　テロメア側 →

細胞学的に定義される抗原／補体系, その他／血清学的に定義される抗原

B. MHC領域における遺伝子構成

1. クラスII: DP, DN DM DO, DQ, DR （β α β α, α β, β α, β α, β β β α）1,000 kb ／ クラスIII: TNF LTA ／ クラスI: B C A

　クラスI: K_2 K ／ クラスII: I-A, I-E （β, β α, β β β α）100 kb ／ TNF LTA サイトカイン ／ クラスI: D L

2. 三次元構造

MHCクラスII：β2, α1, β1, α2, Vα, Vβ
$C_α$ と $C_β$ は表示していない

C. MHC クラスI分子とクラスII分子

1. MHCクラスI分子：α2, α1, α3, $β_2$ミクログロブリン, α鎖
2. MHCクラスII分子：α1, β1, α2, β2, α鎖 β鎖
3. MHCクラスI分子のリボン図：ペプチド結合溝, α2, α1, α3, $β_2$ミクログロブリン

ペプチド結合領域／免疫グロブリン様領域／膜貫通領域／細胞内領域

細胞外／細胞内

免疫グロブリンスーパーファミリーの進化

免疫系のすべての分子とそれをコードする遺伝子は，進化の起源が共通しているため，構造的ならびに機能的な特性を共有している。免疫グロブリンタンパクに特徴的な属性は，細胞接着分子と呼ばれる特殊化した細胞膜タンパクを介して，他の細胞や外来タンパクに接着する能力である。細胞接着分子は大規模なグループを形成しているが，以下の4つの主要なファミリーに分類される。免疫グロブリン（Ig）スーパーファミリー，カドヘリン，インテグリン，セレクチンである。細胞接着分子は通常，性質の異なるいくつかのドメインを単位とした反復構造をしている。Igスーパーファミリーは球状ドメインをもつ分子で構成される大きなグループである。遺伝子スーパーファミリーとは，遺伝子重複によって共通の進化的起源に由来して発生し，その後，新しい機能を獲得して分岐した一群の遺伝子をいう。

A. Igスーパーファミリータンパクの基本構造

Igに共通する特徴的な構造は，通常は約70～110アミノ酸からなる可変（V）ドメインと定常（C）ドメインを単位とした反復構造である（図1）。各Igドメインは保存されたDNA配列に由来している。プロトタイプであるIgGは，2本のH鎖（重鎖）各々にVドメイン1つとCドメイン3つ，2本のL鎖（軽鎖）各々にVドメインとCドメインを1つずつもっている。T細胞受容体（TCR），MHCクラスⅠとクラスⅡのIg分子は基本構造が類似している。それらをコードする遺伝子は別々の染色体にあるが，遺伝子産物は互いに機能的複合体を形成する。すべての抗原受容体のV, D, J遺伝子断片やCドメインの遺伝子など，遺伝子クラスターを形成している遺伝子もある。MHC領域内の遺伝子群や，CD8を構成する2本の鎖（α鎖とβ鎖）の遺伝子は，それぞれ互いに近傍に位置している（MHC領域は6p21.3, CD8遺伝子は2p12）。

CD2, CD3, CD4, CD8, およびチモシン1（Thy-1）などの副分子もこのファミリーのメンバーであり，比較的単純であるが類似の構造をもつ（図2）。Igスーパーファミリーのその他のメンバーとして，Fc受容体Ⅱ（FcRⅡ）などの細胞接着分子，上皮細胞の細胞膜を介して抗体を輸送するポリIg受容体（PIGR），神経細胞接着分子（NCAM），血小板由来増殖因子受容体（PDGFR）などがある（図3）。（図はHunkapiller & Hood, 1989より）

B. Igスーパーファミリーの遺伝子進化

Ig様分子をコードする遺伝子やその産物の相同性から，明確な進化的関係の存在が確認できる。始原細胞において可変部（V）と定常部（C）の原基遺伝子が重複によって生じ，それらは別々の細胞表面受容体遺伝子へと分岐した。その後さらに起きた重複により，ドメイン反復構造をもつタンパクをコードする構造的に類似した遺伝子断片が生じた。進化の初期の段階で，異なる遺伝子断片間の再構成が起き，Ig, T細胞受容体, CD8の原型ができたのである。このファミリーの別のメンバーは体細胞組換えを起こすことなく，Thy-1やPIGRなどの細胞接着分子へと進化した。抗原結合分子の遺伝子に体細胞組換えが起きることは，進化上の大きな優位性を明らかにもっている。（図はHoodら，1985より）

参考文献

Abbas AK, Lichtman AH: Cellular and Molecular Immunology, 5th ed. WB Saunders, Philadelphia, 2005.

Hood L, Kronenberg M, Hunkapiller T: T-cell antigen receptors and the immunoglobin supergene family. Cell 40: 225–229, 1985.

Hunkapiller T, Hood L: Diversity of the immunoglobulin gene superfamily. Adv Immunol 44: 1–63, 1989.

Klein J, Sato A: The HLA system. Parts I and II. New Engl J Med 343: 702–709 and 782–786, 2000.

Klein J, Takahata N: Where do we come from? The Molecular Evidence for Human Descent. Springer, Berlin–Heidelberg–New York, 2002.

Shiina T et al: Molecular dynamics of MHC genes is unraveled by sequence analysis of the 1 796 938-bp HLA class I region. Proc Nat Acad Sci 96: 13282–13287, 1999.

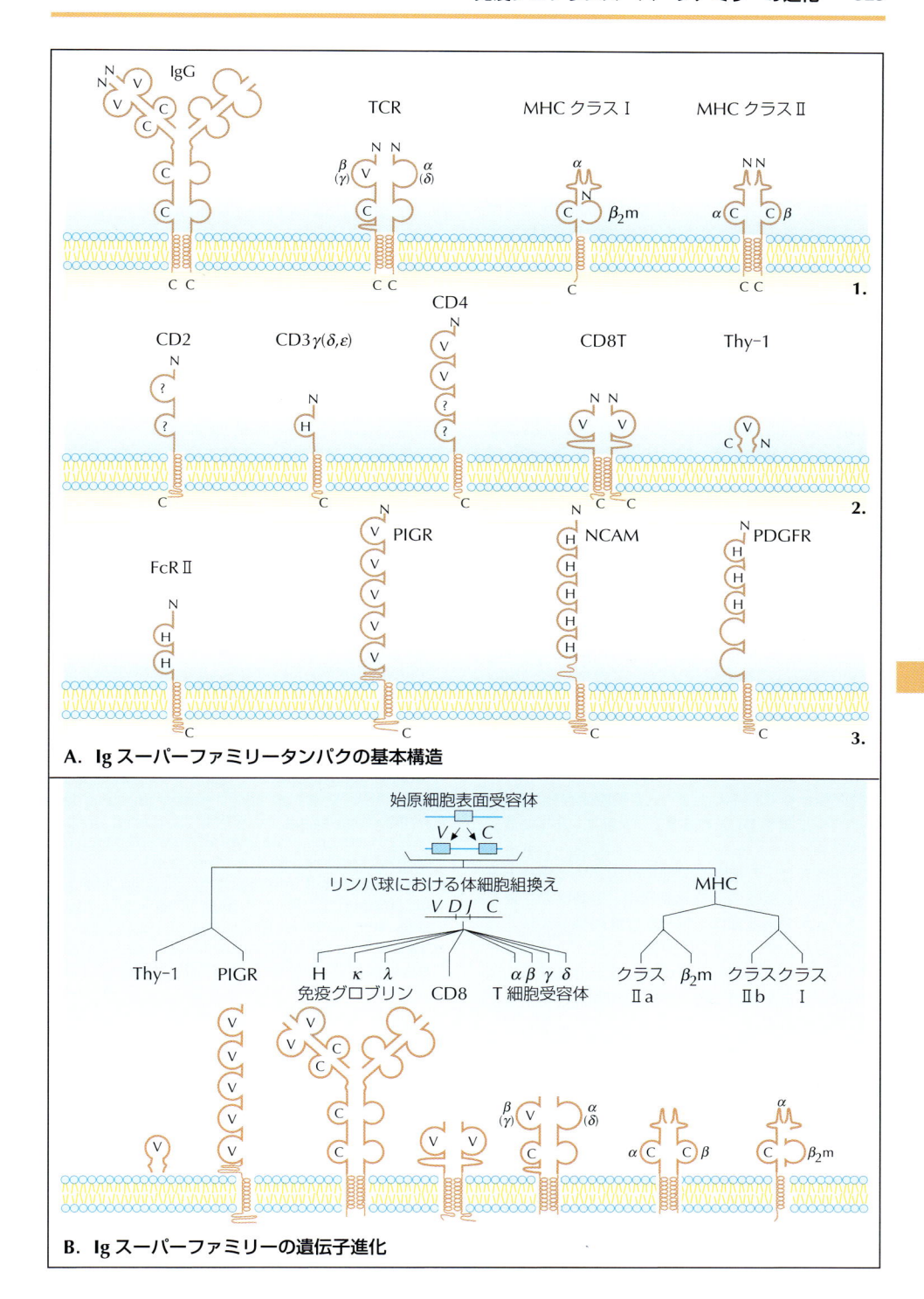

A. Igスーパーファミリータンパクの基本構造

B. Igスーパーファミリーの遺伝子進化

遺伝性免疫不全症

免疫系に関与するさまざまなタンパクをコードする遺伝子の変異は，重篤でしばしば生命を脅かす疾患の原因となる。遺伝性免疫不全症は単独の疾患としても多臓器疾患の一症候としても起こりうる。原発性免疫不全症には体液性自然免疫，細胞性自然免疫，あるいは体液性・細胞性適応免疫の疾患が含まれる。

A. 遺伝性免疫不全症：概説

この一群の疾患は，免疫系のどの部分が主に，もしくは単独で関与しているかに基づき分類することができる。疾患群の1つである重症複合免疫不全症（SCID）は，前駆細胞がB細胞またはT細胞に分化する前に，分化が遺伝的に障害されることが原因である。したがってB細胞とT細胞の両系列に影響が及ぶ。B細胞とT細胞の分化における種々の欠陥を原因とするさまざまな遺伝性疾患が含まれる。

最初に記載された遺伝性免疫不全症は，Ogden Brutonが1952年に報告したブルトン型X連鎖無ガンマグロブリン血症（MIM 300300）である（B参照）。X染色体（Xq22）上の BTK 遺伝子に生じた変異のためにブルトン型チロシンキナーゼ（Btk）が欠損し，B細胞分化の最初の段階であるプレB細胞から成熟B細胞への分化が停止する。別のタイプとして，その後の分化過程の障害（種々の免疫不全症を生じる）やIgアイソタイプ（サブクラス）単独欠損症などがある。また，T細胞受容体（TCR）シグナル伝達や $V(D)J$ 組換え（$RAG1$，$RAG2$ 遺伝子の変異），サイトカインシグナル伝達，アポトーシス制御など，T細胞の欠陥を原因とする免疫不全症もある。T細胞の活性化異常や，T細胞の主要なサブセットであるCD4またはCD8の機能欠損による疾患も存在する。リンパ系腫瘍に対する易罹患性や自己免疫機能異常は，免疫不全症として比較的頻度が高い。ある種の免疫不全症では骨髄移植が有効な治療法である。

B. 重症複合免疫不全症（SCID）

SCIDは単一でない疾患群の総称である。最も頻度が高いのはX連鎖性SCID（MIM 308380, 300400）である。SCIDX1（MIM 300400）は，インターロイキン2受容体のγサブユニット（IL-2Rγ）をコードするXq13.1上の $IL2RG$ 遺伝子の変異が原因である。他のインターロイキン受容体，例えばIL-4受容体やIL-15受容体も，このサブユニットを共有している。$IL2RG$ はサイトカイン受容体ファミリーの非典型的なメンバーで，8個のエキソンから構成されゲノムDNA上の4.5 kbにもわたっている。本遺伝子には200種以上の変異が報告されている（Belmont & Puck, 2001）。

C. ディジョージ症候群と22q11欠失

ディジョージ症候群（MIM 188400）は，T細胞の欠陥と，胸腺欠損や第三・四鰓弓由来の非常に多彩な先天奇形の組み合わせを呈する。副甲状腺が欠損している場合は，新生児低カルシウム血症を起こして直ちに生命が脅かされる。加えて，顔貌異常が認められる。ディジョージ症候群は現在，さまざまな程度の22q11欠失により発症する疾患群の一病型と考えられている（微細欠失症候群）。この疾患群には従来別の疾患だと思われていた疾患，例えばシュプリンツェン型口蓋帆心顔症候群（MIM 192430）が含まれる。その他の遺伝性免疫不全症の例を巻末の付表12に示した。（図BとCはBurmester & Pezzuto, 2003より）

参考文献

Belmont JW, Puck JM: T cell and combined immunodeficiency disorders, pp 4751–4783. In: Scriver CR, Beaudet AL, Sly WS, Valle D (eds) The Metabolic and Molecular Bases of Inherited Disease, 8th ed. McGraw-Hill, New York, 2001.

Burmester G-R, Pezzuto: Color Atlas of Immunology. Thieme Medical Publ., Stuttgart–New York, 2003.

Cooper MD, Schroeder HW: Primary immune deficiency diseases, pp 1939–1947. In: Kasper DL et al (eds) Harrison's Principles of Internal Medicine, 16th ed. McGraw-Hill, New York, 2005.

Hong R: Inherited immune deficiency, pp 283–291. In: Jameson JL (ed) Principles of Molecular Medicine. Humana Press, Totowa, New Jersey, 1998.

Schwartz K et al: RAG mutations in human B cell-negative SCID. Science 274: 97–99, 1996.

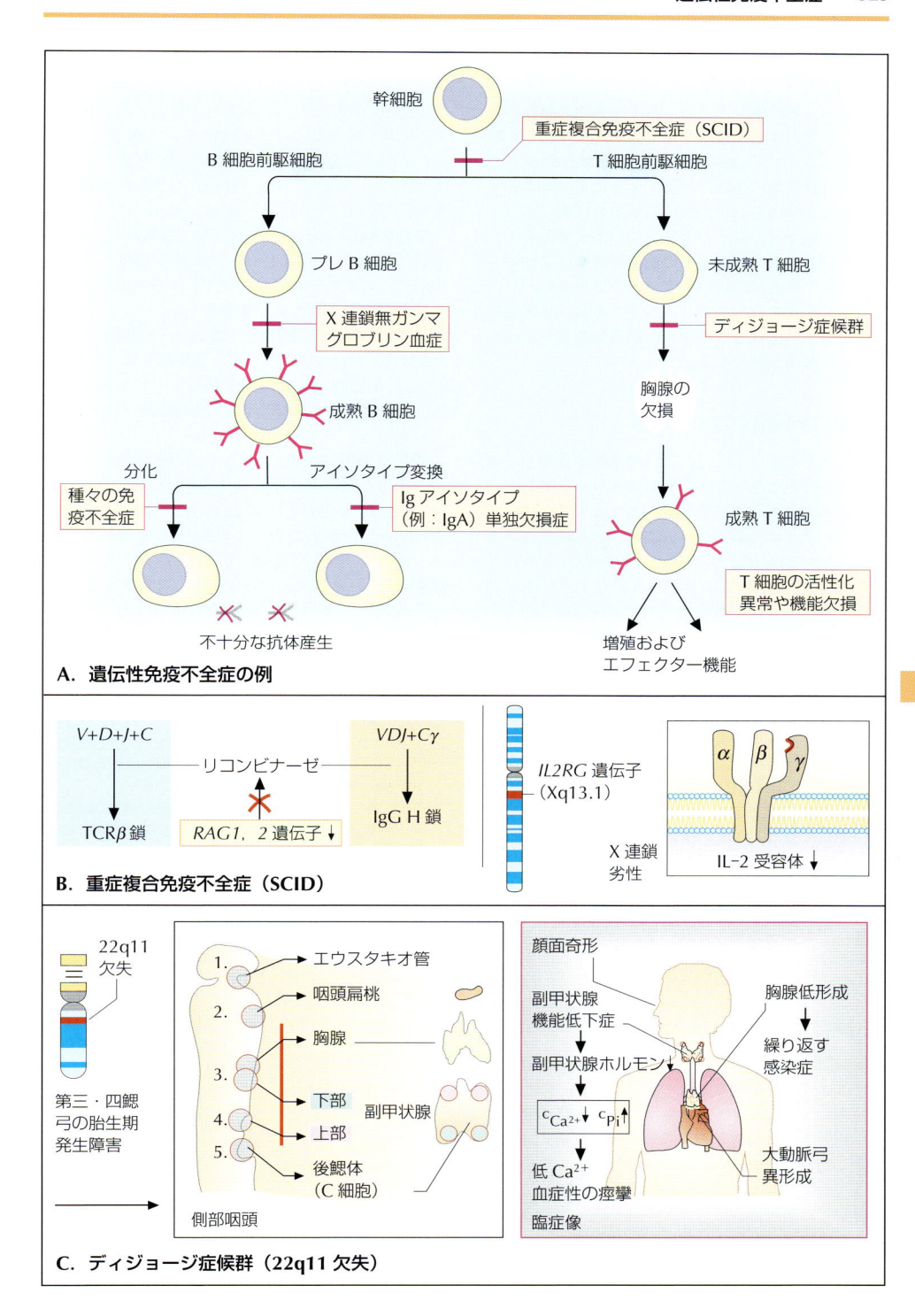

遺伝性免疫不全症

A. 遺伝性免疫不全症の例

幹細胞 → 重症複合免疫不全症（SCID）

B細胞前駆細胞 → プレB細胞
- X連鎖無ガンマグロブリン血症
→ 成熟B細胞
- 分化：種々の免疫不全症
- アイソタイプ変換：Igアイソタイプ（例：IgA）単独欠損症
→ 不十分な抗体産生

T細胞前駆細胞 → 未成熟T細胞
- ディジョージ症候群
- 胸腺の欠損
→ 成熟T細胞
- T細胞の活性化異常や機能欠損
→ 増殖およびエフェクター機能

B. 重症複合免疫不全症（SCID）

$V+D+J+C$ → リコンビナーゼ → $VDJ+C\gamma$
↓　　　　　　　×　　　　　　　↓
TCRβ鎖　　RAG1, 2遺伝子↓　IgG H鎖

IL2RG遺伝子（Xq13.1）
X連鎖劣性
IL-2受容体 α β γ ↓

C. ディジョージ症候群（22q11欠失）

22q11欠失
第三・四鰓弓の胎生期発生障害

側部咽頭
1. エウスタキオ管
2. 咽頭扁桃
3. 胸腺（下部）
4. 副甲状腺（上部）
5. 後鰓体（C細胞）

臨症像：
- 顔面奇形
- 副甲状腺機能低下症 → 副甲状腺ホルモン↓ → Ca^{2+}↓ P_i↑ → 低Ca^{2+}血症性の痙攣
- 胸腺低形成
- 繰り返す感染症
- 大動脈弓異形成

癌の遺伝的原因：背景

癌細胞（悪性細胞）では，多細胞生物の細胞にみられる2つの原則が破壊されている．すなわち，癌細胞およびその子孫細胞には細胞分裂の制限がなく，他の細胞型の組織に浸潤してそこでコロニーを形成する．癌はそれが由来する細胞の種類によって次のように分けられる．上皮細胞に由来するものが癌で，結合組織や筋肉などの軟部組織に由来するものは肉腫，造血組織に由来するものは白血病，リンパ球系に由来するものがリンパ腫である．体細胞変異による癌は遺伝しないが，生殖細胞変異が素因となる場合は遺伝性である．

A．癌の多段階クローン増殖

ほとんどの癌は，たった1つの細胞が変化し，遺伝的に不安定となったその細胞がクローンとして増殖したものである〔訳注：クローンとは，単一細胞に由来するまったく同じ細胞という意味である〕．自然突然変異率は1つの遺伝子につき1回の細胞分裂あたり10^{-6}と見積もられている．ヒトの体では一生に約10^{16}回の細胞分裂が起きるとされているので，10^{10}個の変異が生じうることになる（Albertsら，2002，p.1317参照）．しかしすべての変異が細胞分裂調節遺伝子の機能を損なうわけではなく，ほとんどの変異は修復を受けるか，細胞がアポトーシスによって除去される．正常細胞は成熟して分化が進み機能の特化した細胞になるまで分裂を続け，そこで分裂を止める．常に細胞新生を必要とする組織では，幹細胞が新たな細胞を供給している．生理学的に正常でない細胞分裂は，さまざまな選択障壁によって検出され，阻止されている．何らかの遺伝的な変化を生じた細胞（腫瘍前駆細胞）がその障壁を突破したとしても，通常は除去される．しかし，もし十分に多くの遺伝的な変化が蓄積すれば，選択障壁を突破して腫瘍へ成長し続けることになる．

B．腫瘍細胞にみられる4種類の遺伝的変化

細胞増殖調節遺伝子に影響を及ぼす多くの遺伝的変化は4つに分類することができる．(1) 細胞増殖調節遺伝子の DNA 配列の変化（体細胞突然変異），(2) 制御された細胞分裂の必要な組織（例えば，免疫系や骨髄での血球産生）で発現されている遺伝子の相互転座による破壊，(3) 腫瘍進展時に起こった体細胞での染色体の数的異常，(4) 細胞増殖調節遺伝子の増幅．それぞれの例を以下に挙げる．

DNA 配列の変化（図1）：トランスフォーミング増殖因子β2型受容体遺伝子（*TGFBR2*）の塩基配列にはアデニンが10個連続している部分がある．大腸癌細胞株において，このうち2つが欠失してコドン AAG（リシン）が GCC（アラニン）に変化している場合がある．この欠失によって〔訳注：フレームシフトが起こり〕，その後のコドンが TGG（トリプトファン），次いで TGA（終止コドン）と変化するため，短縮型タンパクが生じる．

染色体転座（図2）：神経芽腫（MIM 256700）細胞株において，1番染色体と17番染色体の相互転座によってそれぞれの染色体上にある神経芽腫関連遺伝子が破壊されている場合がある．

大規模な染色体変化（図3）：大腸癌細胞株（SW837）クローンにおいて，3番染色体（赤矢印）と12番染色体（黄矢印）が喪失している場合がある．このような大規模な変化が腫瘍進展中にはしばしば起こる．

遺伝子増幅（図4）：いくつかの癌細胞培養株では，小さな派生染色体断片（二重微小染色体）や均一染色領域（HSR）が認められる．Biedler と Spengler（1976）によって最初に記載された HSR は，遺伝子増幅の細胞学的徴候である．特定の DNA 配列が通常よりも異常に多く複製されている．ここでは，25世代にわたって増殖させた大腸癌細胞株 SW837 クローンからの分裂中期核板を示す．（データと図は Lengauer ら，1998 より）

参考文献

Alberts B et al: Molecular Biology of the Cell, 4th ed. Garland Publishing Co, New York, 2002.
Biedler Jl, Spengler BA: Metaphase chromosome anomaly: association with drug resistance and cell-specific products. Science 191: 185–187, 1976.
Hahn WC, Weinberg RA: Rules for making human tumor cells. New Eng J Med 347: 1593–1603, 2002.
Hogarty MD, Brodeur GM: Gene amplification in human cancers: Biological and clinical significance, pp 115–128. In: Vogelstein B, Kinzler KW (eds): The Genetic Basis of Human Cancer, 2nd ed. McGraw-Hill, New York, 2002.
Lengauer C, Kinzler W, Vogelstein B: Genetic instabilities in human cancers. Nature 396: 643–649, 1998.
Weinberg RA: The Biology of Cancer. Garland Science, New York, 2006.

癌の遺伝的原因：背景　327

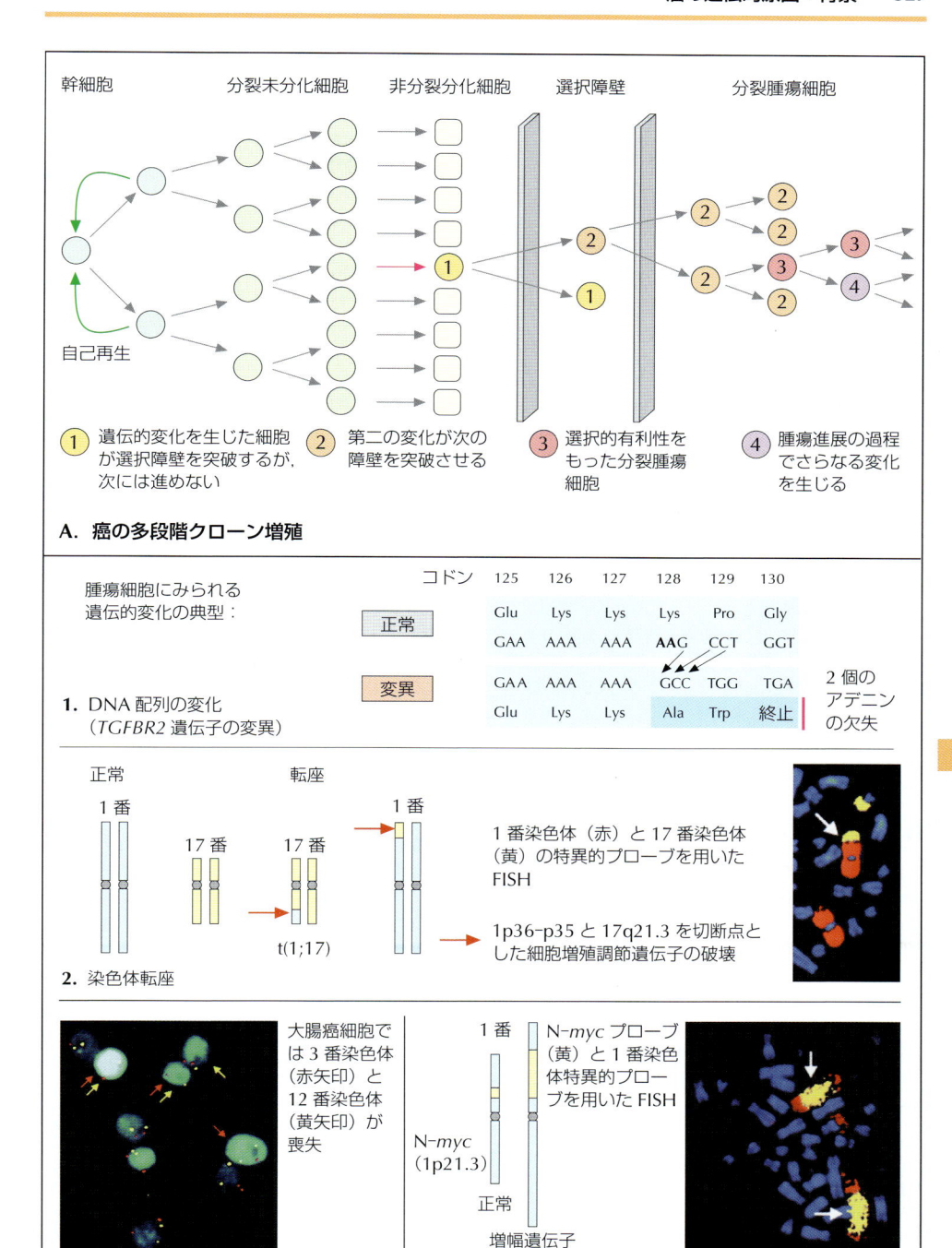

| 幹細胞 | 分裂未分化細胞 | 非分裂分化細胞 | 選択障壁 | | 分裂腫瘍細胞 |

① 遺伝的変化を生じた細胞が選択障壁を突破するが，次には進めない
② 第二の変化が次の障壁を突破させる
③ 選択的有利性をもった分裂腫瘍細胞
④ 腫瘍進展の過程でさらなる変化を生じる

A．癌の多段階クローン増殖

腫瘍細胞にみられる遺伝的変化の典型：

	コドン	125	126	127	128	129	130	
正常		Glu	Lys	Lys	Lys	Pro	Gly	
		GAA	AAA	AAA	AAG	CCT	GGT	
変異		GAA	AAA	AAA	GCC	TGG	TGA	2個のアデニンの欠失
		Glu	Lys	Lys	Ala	Trp	終止	

1．DNA配列の変化（TGFBR2 遺伝子の変異）

正常　1番　17番　　　転座　17番　1番

1番染色体（赤）と17番染色体（黄）の特異的プローブを用いたFISH

1p36-p35と17q21.3を切断点とした細胞増殖調節遺伝子の破壊

t(1;17)

2．染色体転座

大腸癌細胞では3番染色体（赤矢印）と12番染色体（黄矢印）が喪失

1番　N-myc プローブ（黄）と1番染色体特異的プローブを用いたFISH

N-myc (1p21.3)　正常　増幅遺伝子

3．大規模な染色体変化　　**4．遺伝子増幅**

B．腫瘍細胞にみられる4種類の遺伝的変化

癌関連遺伝子の分類

癌は人口の約1/4が罹患する頻度の高い遺伝病である。変異を起こしたときに癌を引き起こしうる遺伝子は、ヒトゲノム中に100以上も見つかっている。それらは変異の効果によって3つに分類される。変異により遺伝子産物の活性が過剰となる癌遺伝子、遺伝子産物の活性が不十分となる癌抑制遺伝子、およびゲノム安定化遺伝子である。

A. 癌関連遺伝子の3分類

第一のクラスは**癌原遺伝子** proto-oncogene である。その変異型は**癌遺伝子** oncogene と呼ばれ、正常では分裂すべきでない細胞を分裂させる（機能獲得変異）。たった1つの活性化変異が癌化の第一段階となる（自動車のアクセルが踏まれっぱなしの状態に例えられる）。第二のクラスは**癌抑制遺伝子** tumor suppressor gene である。これが癌化に関与するには2回の変異事象が起こる必要がある（壊れたブレーキに例えられる）。最初の変異は細胞を癌化へ向かわせる素因となり、第二の変異が別のアレルを不活性化すると（機能喪失変異）、細胞分裂の制御が失われる。癌関連遺伝子の第三の範疇は**安定化遺伝子** stability gene または**ケアテイカー** caretaker と呼ばれる遺伝子で、変異により種々のDNA修復過程のいずれかが働かなくなりゲノム安定性が損なわれる。

B. 癌遺伝子の活性化

癌遺伝子は細胞分裂を制御するシグナル伝達経路で働いている。例えば ras 遺伝子は細胞増殖調節タンパクをコードしている。Rasタンパクは細胞増殖を開始させるスイッチとして働くGタンパクであり、GDP（グアノシン二リン酸）と結合しているときは不活性型で、GTP（グアノシン三リン酸）と結合すると活性型となる。受容体型チロシンキナーゼがグアニンヌクレオチド交換因子（GEF）を活性化し、これによってRasが活性化される。GTPアーゼ活性化タンパク（GAP）は、Rasに結合したGTPの加水分解を促進してRasを不活性化する。

変異型Rasは異常活性型で、GAPと反応せずにGTPと結合したままとなり、複数の伝達経路で核に細胞分裂促進シグナルを送り続け、制御不能の細胞分裂を引き起こす。癌遺伝子を活性化する遺伝的機構には、点変異、染色体再構成（転座）、遺伝子増幅がある。

C. 癌抑制遺伝子

同一の細胞内で2回の変異事象が起こる必要がある（図1）。最初の変異が片方のアレルを不活性化し、細胞分裂の制御が失われるための素因を形成する。ここで他方のアレルも変異によって不活性化されると、細胞分裂の制御は失われ、腫瘍が発生する。この第二段階には以下のいくつかの機序のいずれかが関与する。第二の変異、細胞分裂時の染色体喪失（染色体不分離）、または遺伝子変換を伴う体細胞組換えである。癌抑制遺伝子は**ゲートキーパー** gatekeeper ならびに**ケアテイカー**という2つのグループに分けることができる。ゲートキーパー遺伝子は腫瘍増殖を直接的に抑制する。ケアテイカー遺伝子が不活性化されると遺伝的不安定がもたらされ、間接的に腫瘍化が促進される。

片方のアレルに変異をもつ体細胞におけるもう一方のアレルの喪失はサザンブロット法で検出することができる（図2）。マーカー部位がヘテロ接合性の体細胞では2つのシグナルが得られるのに対して、片側アレルを喪失している腫瘍細胞では1つのシグナルしか得られない（ヘテロ接合性の喪失、LOH）。LOHは癌抑制遺伝子の指標である。LOHは腫瘍によって頻度は異なるが、変異を間接的に検出するには有用であろう。

癌抑制遺伝子の変異は、接合体（親からの伝達、あるいは新生変異）にすでに存在することも、体細胞に起こることもある（図3）。生殖細胞系列に生じた（受精時にすでに存在する）変異は、すべての細胞に癌化素因を与える。一方、体細胞変異は1つの細胞にしか癌化素因を与えない。遺伝性の癌の基盤として生殖細胞変異があり、非遺伝性の癌の基盤として体細胞変異がある。受精卵の最初の体細胞分裂の後で起きた体細胞系列の変異は、変異細胞と正常細胞のモザイクを生じる原因となる。

参考文献

Alberts B et al: Molecular Biology of the Cell, 4th ed. Garland Publishing Co, New York, 2002.

Hahn WC, Weinberg RA: Modelling the molecular circuitry of cancer. Nature Rev Cancer 2: 331–341, 2002.

Hanahan D, Weinberg RA: The hallmarks of cancer. Cell 100: 57–70, 2000.

Vogelstein B, Kinzler KW: Cancer genes and the pathways they control. Nature Med 10: 789–799, 2004.

Vogelstein B, Kinzler KW (eds): The Genetic Basis of Human Cancer. McGraw-Hill, New York, 2002.

Weinberg RA: Tumor suppressor genes. Science 254: 1138–1146, 1991.

癌関連遺伝子の分類

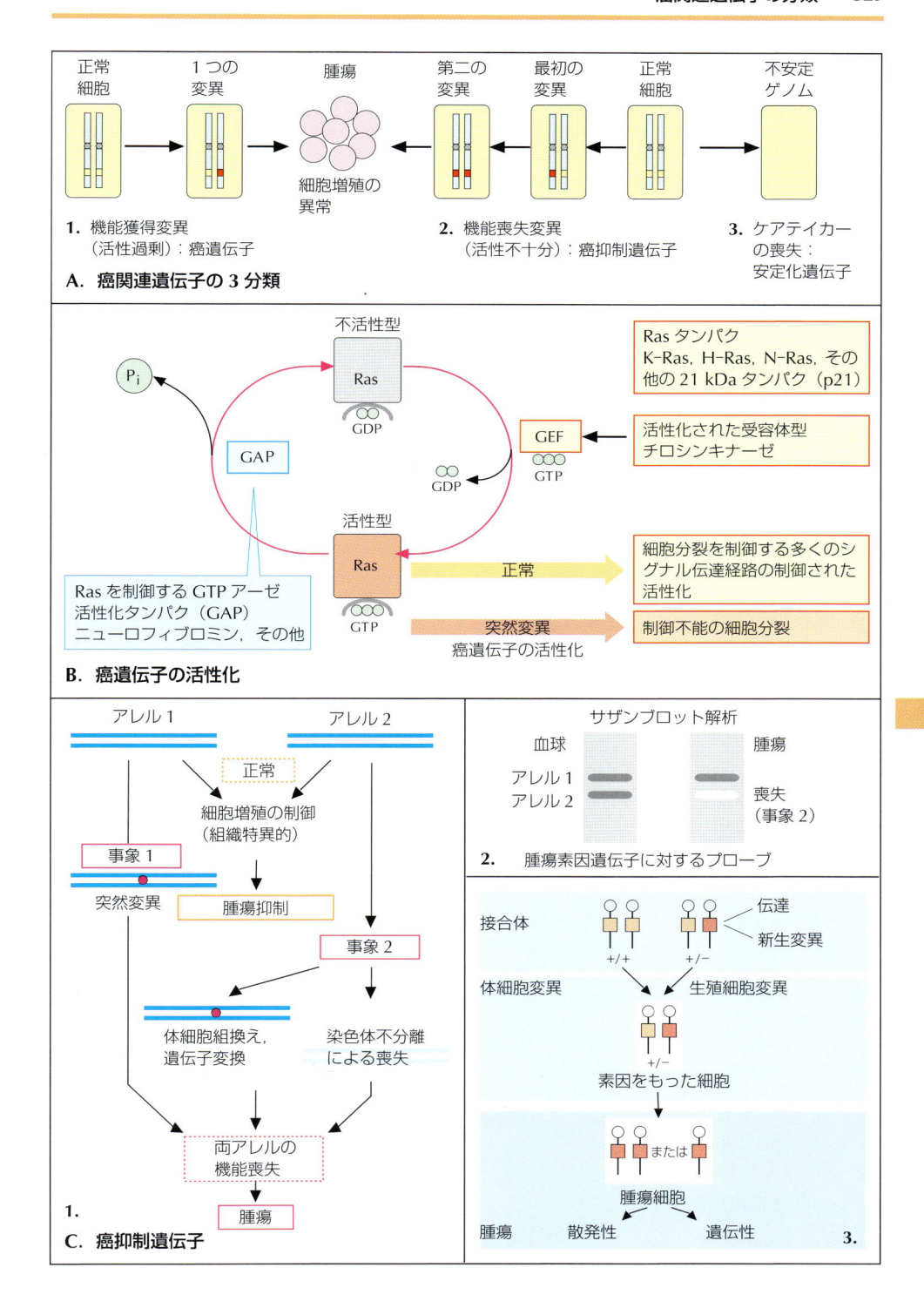

A. 癌関連遺伝子の3分類

正常細胞 → 1つの変異 → 腫瘍（細胞増殖の異常） ← 第二の変異 ← 最初の変異 ← 正常細胞 ← 不安定ゲノム

1. 機能獲得変異（活性過剰）：癌遺伝子
2. 機能喪失変異（活性不十分）：癌抑制遺伝子
3. ケアテイカーの喪失：安定化遺伝子

B. 癌遺伝子の活性化

- 不活性型 Ras（GDP）
- 活性型 Ras（GTP）
- GAP → Pi
- GEF：GDP → GTP

Rasタンパク：K-Ras, H-Ras, N-Ras, その他の21 kDaタンパク（p21）

活性化された受容体型チロシンキナーゼ

Rasを制御するGTPアーゼ活性化タンパク（GAP）ニューロフィブロミン，その他

- 正常 → 細胞分裂を制御する多くのシグナル伝達経路の制御された活性化
- 突然変異（癌遺伝子の活性化）→ 制御不能の細胞分裂

C. 癌抑制遺伝子

1. アレル1・アレル2 → 正常 → 細胞増殖の制御（組織特異的）→ 腫瘍抑制
   - 事象1：突然変異
   - 事象2：体細胞組換え，遺伝子変換／染色体不分離による喪失
   - 両アレルの機能喪失 → 腫瘍

2. サザンブロット解析：血球（アレル1，アレル2）／腫瘍（喪失，事象2）
   腫瘍素因遺伝子に対するプローブ

3. 接合体（+/+，+/−）伝達／新生変異
   - 体細胞変異／生殖細胞変異
   - 素因をもった細胞（+/−）
   - 腫瘍細胞（または）
   - 腫瘍：散発性／遺伝性

癌抑制遺伝子 *p53*

　癌抑制遺伝子 *p53* は，細胞周期の調節，アポトーシス，ゲノム安定性の維持において中心的役割を担っている．17番染色体短腕（17p13）に約20 kbにわたって存在し，2.8 kbのmRNAから翻訳される53 kDaの核内リン酸化タンパクをコードしている．p53タンパクは特異的な塩基配列に結合して，増殖に関与するさまざまな調節因子の発現を制御している．DNA損傷に応答して他のタンパクと相互作用し，損傷が修復できないときにはアポトーシス（細胞死）を誘導する．p53の基本的な機能は，細胞周期がS期に入るのを調節することである（126頁，細胞周期の調節の項参照）．腫瘍全体の約半数に*p53*遺伝子の体細胞変異が認められる．

A. ヒトの p53 タンパク

　ヒトの活性型p53タンパクは4つの同一サブユニットからなる四量体で，転写因子として働く．通常時にはp53タンパクはMDM2タンパクと結合しているため，非常に不安定な状態であり転写活性化作用を示さない．*p53*の癌性変異は優性ネガティブ変異であり，片方のアレルのみの変異で活性は完全に消失してしまう．p53タンパクの各サブユニットは393アミノ酸からなり，5つの高度に保存された機能ドメイン（Ⅰ～Ⅴ）をもっている．300番目のアミノ酸よりもC末端側はDNAに非特異的に結合するドメインで，また四量体形成にも関与している．p53タンパクの機能はヒトパピローマウイルスのE6タンパク，アデノウイルスのE1bタンパク，SV40ウイルスなどによって阻害される．ほとんどの変異は保存されたドメインⅡ～Ⅴに集中している．すなわちコドン129～146（エキソン4），171～179（エキソン5），234～260（エキソン7），270～287（エキソン8）である．変異が特に多いのが175, 248, 249, 273, 282番目のアルギニン（R），245番目のグリシン（G）の6カ所である．これらの部分にミスセンス変異，挿入変異，欠失変異が起こる．

　*p53*ノックアウトマウスは正常に発育するが，高頻度に癌が発生する．培養気管支上皮細胞株において，活性型のベンゾピレンは*p53*遺伝子の175, 248, 275番目のコドンに変異を引き起こす．（図はLodishら，2005より）

B. *p53* の生殖細胞変異

　*p53*の生殖細胞系列の変異は，家族性の多発性腫瘍症候群であるリー－フラウメニ症候群（MIM 151623）を引き起こす．1969年にLiとFraumeniが報告した常染色体優性遺伝形式のこの症候群は，家族性にさまざまなタイプの癌，おもに軟部組織肉腫，若年発症の乳癌，脳腫瘍，骨肉腫，白血病，肺癌，膵癌，副腎皮質腫瘍などを発症する．同様の症候群をLynchは「癌家系症候群」として報告した．図1の家系図は*p53*遺伝子の248番目のコドンに生じた変異（アルギニンをコードしているCGGがトリプトファンをコードするTGGとなった）により，家系内の4人（Ⅱ-2，Ⅱ-3，Ⅲ-1，Ⅲ-2）にさまざまなタイプの癌が発生していることを示している．変異はⅠ-1，Ⅲ-5にも認められており，彼らに癌は生じていないが生じるリスクは高い．Ⅲ-3，Ⅲ-4には変異が認められないので，癌を生じるリスクは高いものではない（D. Malkinのデータによる）．リー－フラウメニ症候群患者の一部には*p53*の変異が認められない．

C. *p53* 遺伝子機能のモデル

　通常時には活性をもたないp53（図1）は，DNA損傷に応答して活性化する（図2）．MDM2結合部位のリン酸化によってMDM2が解離し，p53は活性化する．リン酸化はATM（毛細血管拡張性運動失調症，342頁参照）タンパクや，おそらくATRタンパクによっても引き起こされる．活性化されたp53はDNAに結合し，細胞周期調節タンパクp21を誘導する．p21はCdk複合体に結合し，その結果，細胞はS期に入ることができなくなる．DNA修復が成功すれば細胞周期を再開できるが，修復できなければ細胞はアポトーシスに陥って死に至る．p53タンパクが欠損した細胞では，DNA損傷が起こっても細胞はG_1期にとどまることがない．（図はLane, 1992より）

参考文献

Bell DW et al: Heterozygous germline *hCHK2* mutations in Li-Fraumeni syndrome. Science 286: 2828–2831, 1999.

Hanahan D, Weinberg RA: The hallmarks of cancer. Cell 100: 57–70, 2000.

Lane DP: p53, guardian of the genome. Nature 358: 15–16, 1992.

Lodish H et al: Molecular Cell Biology, 5th ed. WH Freeman & Co, New York, 2004.

Malkin D: The Li-Fraumeni syndrome, pp 387–401. In: Vogelstein B, Kinzler KW (eds) The Genetic Basis of Human Cancer, 2nd ed. McGraw-Hill, New York, 2002.

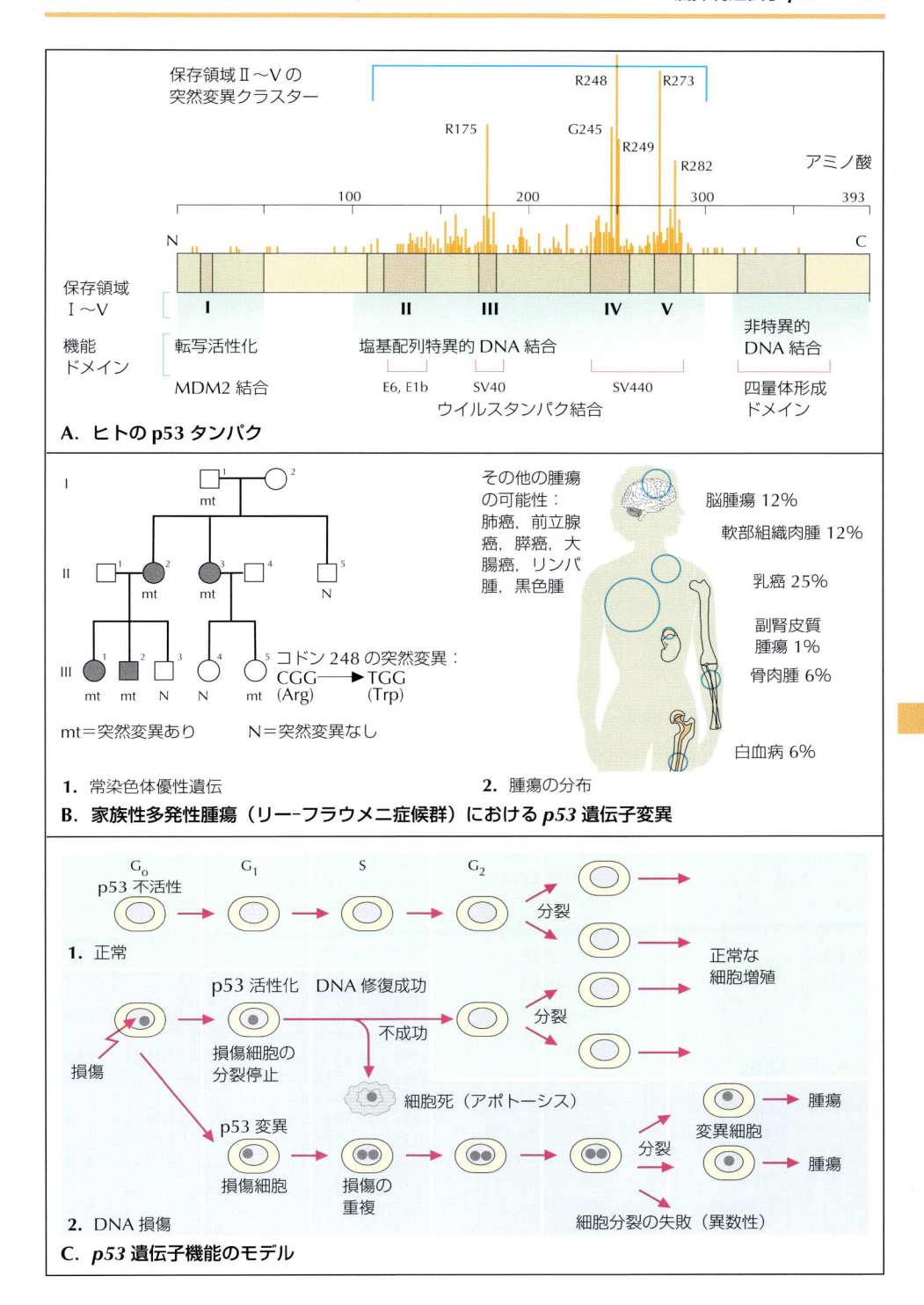

癌抑制遺伝子 p53

A. ヒトの p53 タンパク

保存領域 II〜V の突然変異クラスター

R248, R273, R175, G245, R249, R282

アミノ酸 100, 200, 300, 393

保存領域 I〜V：I, II, III, IV, V

機能ドメイン：
- 転写活性化
- 塩基配列特異的 DNA 結合
- 非特異的 DNA 結合
- MDM2 結合
- E6, E1b
- SV40
- SV440
- 四量体形成ドメイン
- ウイルスタンパク結合

B. 家族性多発性腫瘍（リー-フラウメニ症候群）における p53 遺伝子変異

1. 常染色体優性遺伝

mt＝突然変異あり　N＝突然変異なし

コドン 248 の突然変異：
CGG (Arg) → TGG (Trp)

2. 腫瘍の分布

その他の腫瘍の可能性：肺癌，前立腺癌，膵癌，大腸癌，リンパ腫，黒色腫

- 脳腫瘍 12%
- 軟部組織肉腫 12%
- 乳癌 25%
- 副腎皮質腫瘍 1%
- 骨肉腫 6%
- 白血病 6%

C. p53 遺伝子機能のモデル

1. 正常

G_0 p53 不活性 → G_1 → S → G_2 → 分裂 → 正常な細胞増殖

2. DNA 損傷

損傷 → p53 活性化・損傷細胞の分裂停止 → DNA 修復成功 → 分裂 → 正常な細胞増殖

不成功 → 細胞死（アポトーシス）

損傷 → p53 変異・損傷細胞 → 損傷の重複 → 分裂 → 変異細胞 → 腫瘍

細胞分裂の失敗（異数性）

APC 遺伝子と大腸腺腫症

大腸直腸癌の死亡数は癌死全体の第二位を占める。人口のおよそ5％は大腸直腸癌を発症するリスクがある。ほとんどの大腸直腸腫瘍はいくつかの遺伝子の一連の体細胞変異から生じてくる。APC（腺腫様大腸ポリポーシス）遺伝子は Wnt/β カテニンシグナル伝達経路（276頁参照）で作用する癌抑制遺伝子である。変異型 APC タンパクは β カテニンに結合しない。これによって癌遺伝子 MYC（MIM 190080）を含むいくつかの細胞増殖調節遺伝子の転写が誘導される。APC 遺伝子の生殖細胞変異は家族性腺腫性大腸ポリポーシス（FAP）の主要な原因である。

A. 家族性腺腫性大腸ポリポーシス（FAP）

FAP（MIM 175100）は常染色体優性遺伝病である。小児期後半から若年早期までに大腸粘膜に1,000個以上ものポリープが生じる（図1）。ポリープは悪性化する可能性がある（図2）。約85％の罹患者の網膜には視力に影響しない小さな過形成領域が認められる（先天性網膜色素上皮肥大，CHRPE，図3）。（写真1と2は U. Pfeifer, Bonn，写真3は W. Friedl, Bonn の厚意による）

B. APC 遺伝子の構造と機能

APC 遺伝子は 5q21-q22 領域に局在している。15エキソンからなる 8,538 bp のこの遺伝子は，2,843アミノ酸のタンパクおよびいくつかの選択的スプライシング型タンパクをコードしている。エキソン15は 6,579 bp の特に長いオープンリーディングフレーム（ORF）をもつ。APC 遺伝子の変異の95％以上は，ナンセンス変異（40％），欠失（41％），挿入（12％），スプライス部位の変異（7％）により，C末端側をさまざまな長さで失った機能をもたない短縮型タンパクを与えることになる。変異の起こった部位が疾患表現型に影響している。

C. FAP の診断

APC 遺伝子近傍の DNA 多型マーカーを用いたハプロタイプ解析が間接的 DNA 診断法となる（図1）。罹患者のⅠ-1とⅡ-3は，いずれも D5S82 と D5S346 のハプロタイプ6-8をもっている。このハプロタイプが変異と連鎖しているに違いない。Ⅱ-4はこのハプロタイプを受け継いでいるので，FAPを発症するリスクがある。短縮型タンパク試験（図2）は，サイズが小さく正常タンパクよりも速く泳動される変異タンパクを検出する手法である。（データは W. Friedl 博士，Bonn による）

D. 大腸直腸腫瘍形成における変異

腫瘍形成にはいくつかの段階が必要とされる。まず片方のアレルに変異が起こり，次に正常アレルの喪失（LOH）または第二アレルの変異が続く。その結果，やや未分化な細胞からなる初期の腺腫が形成される。初期のポリープはこの段階で発生する。これに別の細胞増殖調節遺伝子の変異が加わると悪性化が起こり，腫瘍が発生する。変異の起こる順番が重要なようである。大腸癌の約半数には RAS 遺伝子（MIM 603384）の変異がある。癌化に関与している遺伝子には他に DCC（MIM 120470），SMAD4（MIM 600993），SMAD2（MIM 601366），p53（MIM 191170）などがある。（図は Fearon & Vogelstein, 1990 より）

遺伝性非ポリポーシス大腸癌（HNPCC, MIM 120435）は200～1,000人に1人の割合で発生する（全大腸癌の約3％）。DNA ミスマッチ修復遺伝子 hMSH1, hMLH2, hPMS1, hPMS2，その他の関連遺伝子のうちいずれかに起こった生殖細胞系列遺伝子変異が原因である。マイクロサテライト不安定性が HNPCC の重要な特徴である。

参考文献

Boland CR, Meltzer SJ: Cancer of the colon and the gastrointestinal tract, pp 1824–1867. In: Rimoin DL, Connor JM, Pyeritz RE, Korf BR (eds) Emery and Rimoin's Principles and Practice of Medical Genetics, 4th ed. Churchill-Livingstone, Edinburgh, 2002.

Bronner CE et al: Mutation in the DNA mismatch repair gene homologue hMLH1 is associated with hereditary nonpolyposis colon cancer. Nature 368: 258–261, 1994.

Chapelle A de la, Peltomäki P: The genetics of hereditary common cancers. Curr Opin Genet Develop 8: 298–303, 1998.

Fearon ER, Vogelstein B: A genetic model for colorectal tumorigenesis. Cell 61: 759–767, 1990.

Groden J et al: Identification and characterization of the familial adenomatous polyposis coli gene. Cell 66: 589–600, 1991.

Kinzler KW, Vogelstein B: Colorectal tumors, pp 583–612. In: Vogelstein B & Kinzler KW (eds) The Genetic Basis of Human Cancer, 2nd ed. McGraw-Hill, New York, 2002.

APC 遺伝子と大腸腺腫症

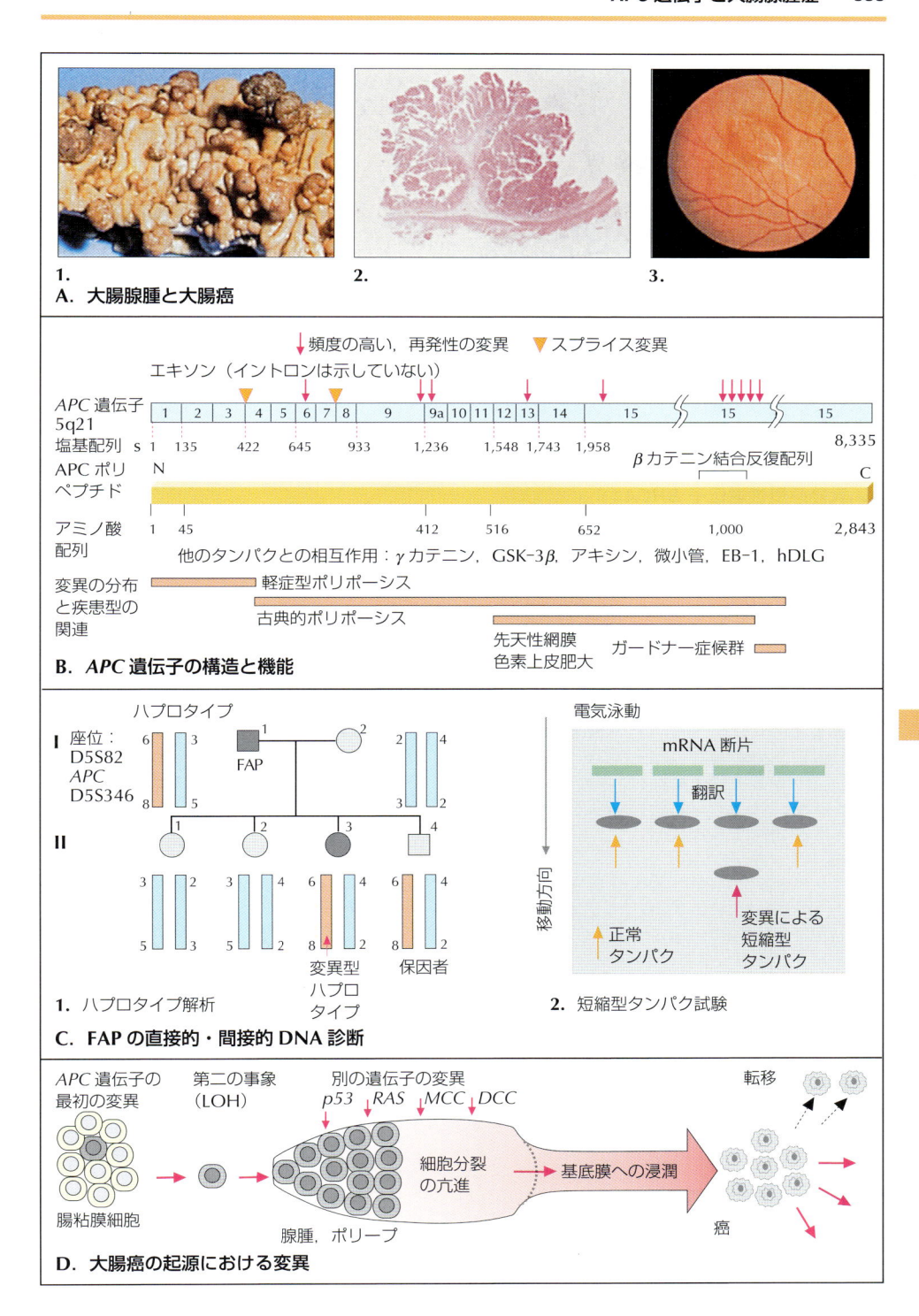

A. 大腸腺腫と大腸癌

1.　　　　　　　　2.　　　　　　　　3.

B. APC 遺伝子の構造と機能

↓ 頻度の高い，再発性の変異　▼ スプライス変異

エキソン（イントロンは示していない）

APC 遺伝子 5q21

塩基配列 s 1　135　422　645　933　1,236　1,548　1,743　1,958　　　　8,335

APC ポリペプチド　N　　　　　　　　　　　　　　　　　βカテニン結合反復配列　　C

アミノ酸配列　1　45　　　　　412　516　652　　　1,000　　　2,843

他のタンパクとの相互作用：γカテニン，GSK-3β，アキシン，微小管，EB-1，hDLG

変異の分布と疾患型の関連
- 軽症型ポリポーシス
- 古典的ポリポーシス
- 先天性網膜色素上皮肥大
- ガードナー症候群

C. FAP の直接的・間接的 DNA 診断

1. ハプロタイプ解析

座位：D5S82　APC　D5S346

変異型ハプロタイプ　保因者

2. 短縮型タンパク試験

電気泳動　mRNA 断片　翻訳　移動方向　正常タンパク　変異による短縮型タンパク

D. 大腸癌の起源における変異

APC 遺伝子の最初の変異　→　第二の事象（LOH）　→　別の遺伝子の変異 p53 RAS MCC DCC　→　細胞分裂の亢進　→　基底膜への浸潤　→　転移

腸粘膜細胞　　　　　　　　　　　腺腫，ポリープ　　　　　　　　　　　　　　　　癌

乳癌感受性遺伝子

乳癌は欧米では癌全体の32％を占める最も頻度の高い癌の1つである。変異した場合に乳癌と卵巣癌の素因となる遺伝子として *BRCA1* と *BRCA2* の2つが知られている。いずれもゲノム安定性，相同組換え，2本鎖DNA修復，転写共役DNA修復（92頁参照）に重要な役割を果たしている多機能タンパクをコードしている。BRCA1タンパクとBRCA2タンパクは相互作用し，細胞周期の調節にも関与している（126頁参照）。生殖細胞変異は家族性発症の基盤となる。個々の患者の変異は遺伝子全体に分布している。患者に見つかった塩基置換が実際に発症の原因であるかどうかを評価することは難しい。しかも塩基配列の多型はしばしば認められる。他の遺伝子の変異も関係しているであろう。

A. 乳癌感受性遺伝子 *BRCA1*

17q21.1に局在する *BRCA1* 遺伝子は，常染色体優性遺伝形式の乳癌の20～30％に関与している。ゲノム上約80kbにわたって存在するこの遺伝子は24エキソンからなり，約7.8kbのmRNAに転写される。血縁関係にない患者集団においては，乳癌組織の体細胞変異も生殖細胞変異も遺伝子全体に均等に分布している。変異の約55％は大きなエキソン11（3.4kb）に認められる。185番目のアデニン（A）と186番目のグアニン（G）の欠失（185-186delAG）と5,382番目へのシトシン（C）の挿入（5382insC）が最も頻度が高く，それぞれ全体の10％を占める。これらの変異はアシュケナージ系ユダヤ人集団に特によくみられる。

1,863アミノ酸からなるタンパクには明瞭な機能ドメインがある。BARD1（BRCA1関連RINGドメイン1）でヘテロ二量体を形成する。また，3つのタンパク結合ドメインでp53タンパク，DNA組換えタンパクRAD51（細菌のRecAタンパクのヒト相同タンパク），RNAヘリカーゼと結合する。RAD50とRAD51は体細胞分裂および減数分裂時の組換えに関与するタンパクで，2本鎖DNA切断時の組換え修復にも関与している。C末端領域は転写の活性化とDNA修復に関与する。500～508番目，609～615番目の2カ所のアミノ酸領域には核局在シグナル（NLS）がある。

B. 乳癌感受性遺伝子 *BRCA2*

13q12に局在する *BRCA2* 遺伝子の変異は遺伝子全体に分布している。6,174番目のチミン（T）の欠失（6174delT）は，アシュケナージ系ユダヤ人集団において比較的頻繁に（1％）認められる。BRCA2タンパクには明瞭な機能ドメインがある。大きな中央部ドメインは8コピーの30～80アミノ酸反復部分からなり，これはすべての哺乳類のBRCA2タンパクで高度に保存されている（BRCリピート）。このうち4つはRAD51タンパクと結合する。（図はCouch & Weber, 2002；Welcshら，2000に基づく）

C. BRCA1がp53に及ぼす効果

BRCA1はRNAヘリカーゼAやヒストンアセチルトランスフェラーゼCREB結合タンパクを介して，RNAポリメラーゼⅡホロ酵素などいくつかの遺伝子のコアクチベーター（転写共同活性化因子）として働く。特に重要なのはp53タンパクとの相互作用である。真核細胞には2本鎖DNA切断の修復機構として，非相同末端結合修復と相同組換え（減数分裂時の組換えに用いられる機構，120頁参照）修復の2つがある。BRCA1は相同組換えによる修復に関連している。DNA損傷に応答してBRCA1がp53によって誘導されるアポトーシスに関与するというモデルが提唱されている。（図はHohenstein & Giles, 2003より再描画）

参考文献

Couch FJ, Weber BL: Breast cancer, pp 549–581. In: Vogelstein B, Kinzler KW (eds) The Genetic Basis of Human Cancer, 2nd ed. McGraw-Hill, New York, 2002.

Hohenstein P, Giles RH: BRCA1: a scaffold for p53 response? Trends Genet 19: 489–494, 2003.

Miki Y et al: A strong candidate for the breast and ovarian cancer susceptibility gene *BRCA1*. Science 266: 66–71, 1994.

Welcsh PL, Schubert EL, King MC: Inherited breast cancer: an emerging picture. Clin Genet 54: 447–458, 1998.

Welcsh PL, Owens KN, King MC: Insights into the functions of BRCA1 and BRCA2. Trends Genet 16: 69–74, 2000.

Wooster R et al: Identification of the breast cancer susceptibility gene *BRCA2*. Nature 378: 789–792, 1995.

乳癌感受性遺伝子　335

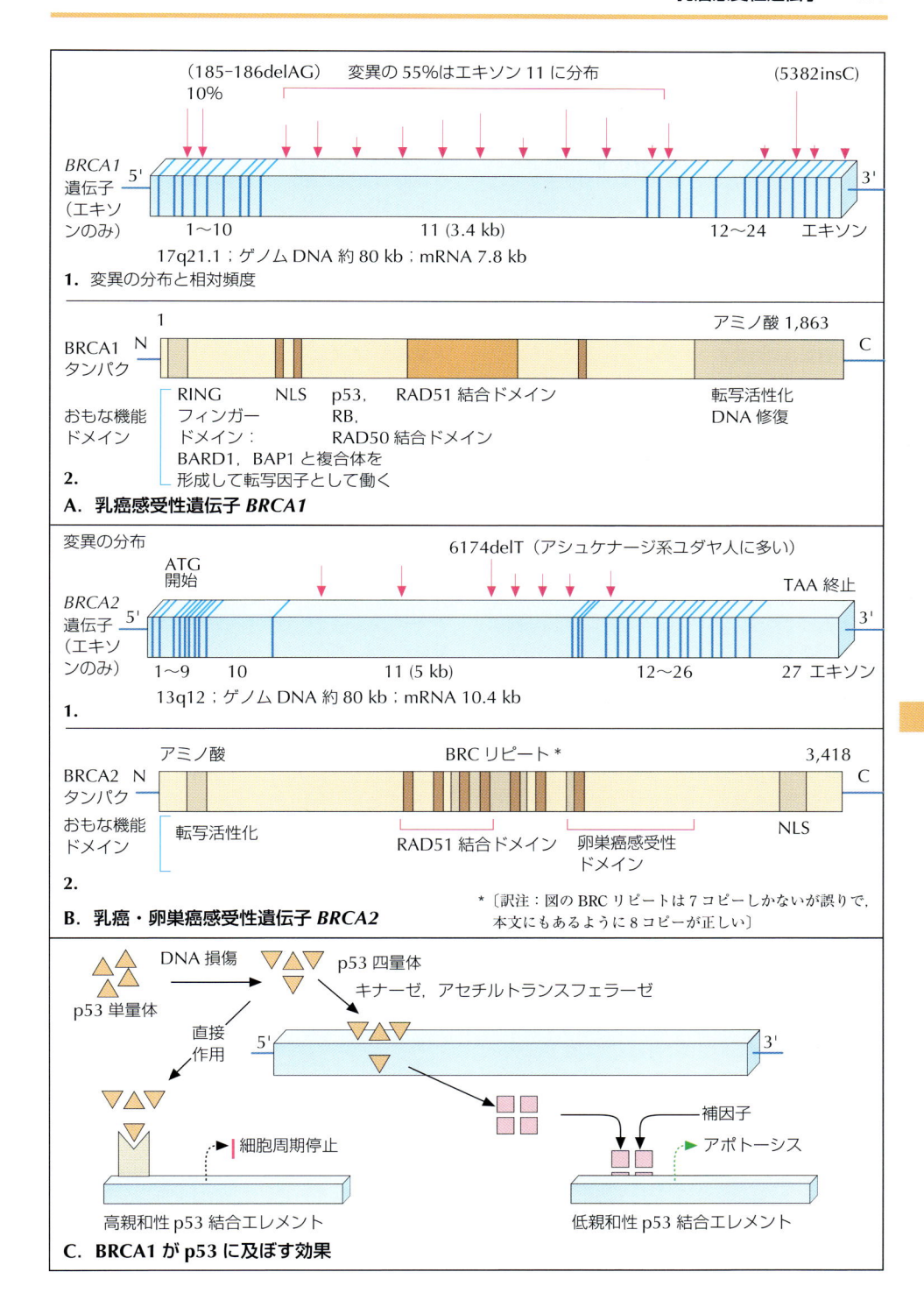

A. 乳癌感受性遺伝子 BRCA1

1. 変異の分布と相対頻度

（185-186delAG）10%　変異の55%はエキソン11に分布　（5382insC）

BRCA1遺伝子（エキソンのみ）
1〜10　11 (3.4 kb)　12〜24　エキソン
17q21.1；ゲノムDNA 約80 kb；mRNA 7.8 kb

2. BRCA1タンパク　アミノ酸 1,863

おもな機能ドメイン：
- RINGフィンガードメイン：BARD1, BAP1と複合体を形成して転写因子として働く
- NLS
- p53, RB, RAD50結合ドメイン
- RAD51結合ドメイン
- 転写活性化 DNA修復

B. 乳癌・卵巣癌感受性遺伝子 BRCA2

1. 変異の分布

ATG開始　6174delT（アシュケナージ系ユダヤ人に多い）　TAA終止

BRCA2遺伝子（エキソンのみ）
1〜9　10　11 (5 kb)　12〜26　27 エキソン
13q12；ゲノムDNA 約80 kb；mRNA 10.4 kb

2. BRCA2タンパク　アミノ酸　BRCリピート*　3,418

おもな機能ドメイン：
- 転写活性化
- RAD51結合ドメイン
- 卵巣癌感受性ドメイン
- NLS

*〔訳注：図のBRCリピートは7コピーしかないが誤りで、本文にもあるように8コピーが正しい〕

C. BRCA1がp53に及ぼす効果

p53単量体 → DNA損傷 → p53四量体 → キナーゼ，アセチルトランスフェラーゼ

直接作用

高親和性p53結合エレメント → 細胞周期停止

低親和性p53結合エレメント → 補因子 → アポトーシス

網膜芽細胞腫

網膜芽細胞腫（MIM 180200）は幼小児期から若年早期までに生じる眼の悪性腫瘍の中で最も多く，15,000～25,000出生に1人の割合でみられる。網膜芽細胞腫遺伝子 *RB1* の両アレルが機能を失うことによって生じる。Knudson が1971年に提唱したように，腫瘍化には2回の不活性化事象が必要である（two-hit 説）。最初の変異が細胞に腫瘍化の素因を与え，他方のアレルに変異が起こることによって腫瘍形成が始まる。最初の変異は，1個の網膜前駆細胞（網膜芽細胞）に起こる体細胞変異か，または生殖細胞系列の変異である。

A. 表現型

網膜芽細胞腫は片眼にも両眼にも発生することがある（片側性もしくは両側性）。初期の兆候はチラチラと白く光る「ネコの目」（図1）や急速に進行する斜視である。1つもしくは複数の腫瘍（孤発性もしくは多発性）が罹患眼の網膜に生じ（図2），急速に進展する（図3）。早期診断，早期治療が重要である。約60％は体細胞変異によるもので（非遺伝性網膜芽細胞腫），その場合はたいてい片側性，孤発性である。約40％の患者は *RB1* 変異のヘテロ接合体であり，その変異は親から伝えられたか（10～15％），あるいは生殖細胞系列の新生変異である。後者の場合，大部分は父方由来のアレルに起こった変異である（10：1）。癌遺伝子 *RB1* の片側アレルに変異をもつ保因者は網膜芽細胞腫発症の素因をもち，この形質は常染色体優性遺伝する。しかしまれに，*RB1* に変異をもつ保因者であっても腫瘍を発症しない家系もある（非浸透）。この不完全浸透の表現型は，特定の *RB1* 変異で認められる。胚の一部の細胞のみに変異が存在するときにも（変異モザイク），比較的軽度の表現型が観察される。

B. 網膜芽細胞腫座位

13q14.2 の網膜芽細胞腫座位は，顕微鏡下に観察される染色体の中間部欠失により初めて同定された。

C. 網膜芽細胞腫遺伝子 *RB1* とそのタンパク

RB1 遺伝子はゲノム上に183 kb にわたって存在し，27 エキソンからなる（図1）。*RB1* 遺伝子はあらゆる細胞で発現しており，4.7 kb の mRNA に転写される（図2）。遺伝性網膜芽細胞腫の変異の内訳は，欠失（約26％），挿入（約9％），スプライス部位の変異を含めた点変異（約65％）であり，変異は遺伝子全体に比較的均等に分布している。不完全浸透の網膜芽細胞腫にはミスセンス変異が関連している。

遺伝子産物（RB タンパク）は928 アミノ酸からなる 100 kDa のリン酸化タンパク（図3）で，細胞周期の調節において重要な機能を担っている（126頁参照）。細胞周期が G_0 期から G_1 期に進行するにつれ，RB タンパクは約12か所のセリン／トレオニン残基（図中の P）がリン酸化されて活性化する。3つの機能ドメイン A，B，C が細胞周期依存性に癌遺伝子産物の MDM2 や c-ABL を含む転写因子に結合する。核局在シグナル（NLS）は C 末端領域にある。

D. 診断の原理

診断とリスク評価には分子解析がきわめて有用である。患者の約3～5％では 13q14 領域の中間部欠失または 13q 領域の大きな欠失が染色体分析によって観察され（図1），通常，発達遅滞と関連している。家族性網膜芽細胞腫の場合，*RB1* 領域の DNA マーカーを用いた分離解析による間接的診断が行われる。罹患女児（II-1）は正常な父親からハプロタイプ a を，正常な母親からハプロタイプ c を受け継いでいる（図2）。罹患眼から得た腫瘍細胞の解析ではハプロタイプ a しか検出できない（ヘテロ接合性の喪失，LOH）。これが変異をもつアレルである〔訳注：すなわち，片方が欠失，もう片方が変異をもって存在している〕。直接 DNA 診断は血球細胞中の生殖細胞変異を検出することにより可能である。保因者 I-2 と II-2（図3）はコドン 575 に C から T へのトランスバージョン（CAA のグルタミンが TAA の終止コドンとなる）をもっている（図4）。（写真は W. Höpping & D. Lohmann, Essen の厚意による）

参考文献

Knudson AG: Mutation and cancer: Statistical study of retinoblastoma. Proc Nat Acad Sci 68: 820–823, 1971.

Lohmann DR: RB1 gene mutations in retinoblastoma. Hum Mutat 14: 283–288, 1999.

Lohmann DR et al: Spectrum of RB1 germ-line mutations in hereditary retinoblastoma. Am J Hum Genet 58: 940–949, 1996.

Newsham IF, Hadjistilianou T, Cavenee WK: Retinoblastoma, pp 357–386. In: Vogelstein B, Kinzler KW (eds) The Genetic Basis of Human Cancer, 2nd ed. McGraw-Hill, New York, 2002.

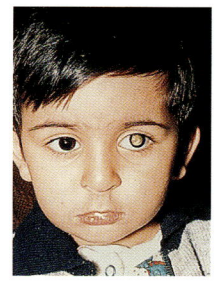

網膜芽細胞腫

A. 表現型
1. いわゆる「ネコの目」
2. 網膜内の腫瘍 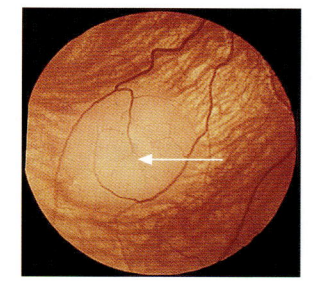
3. 眼内の大きな腫瘍 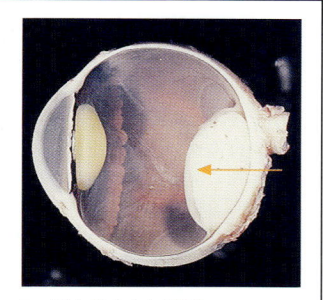

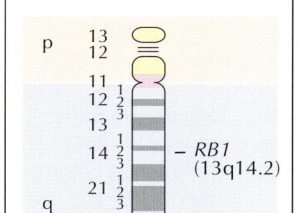

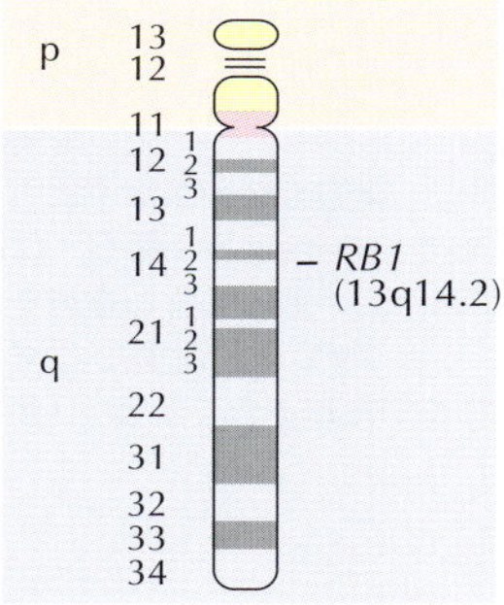

B. 13番染色体上の網膜芽細胞腫座位
RB1 (13q14.2)

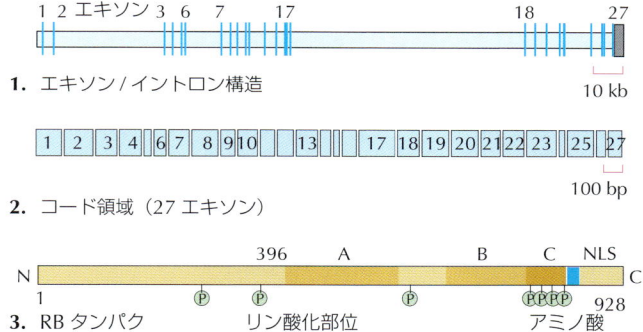

C. 機能ドメインA～Cをもつ網膜芽細胞腫（RB）タンパク
1. エキソン/イントロン構造
2. コード領域（27エキソン）
3. RBタンパク　リン酸化部位　アミノ酸

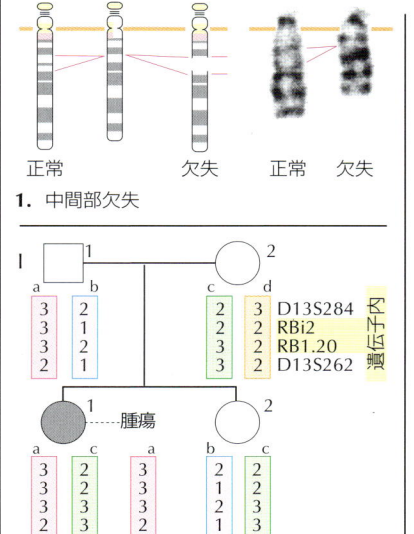

D. 診断の原理
1. 中間部欠失
2. ハプロタイプ解析
   D13S284, RBi2, RB1.20, D13S262　遺伝子内
3. 保因者
4. 塩基配列解析
   コドン575　グルタミン　正常　C→T トランスバージョン　突然変異　Stop 変異型

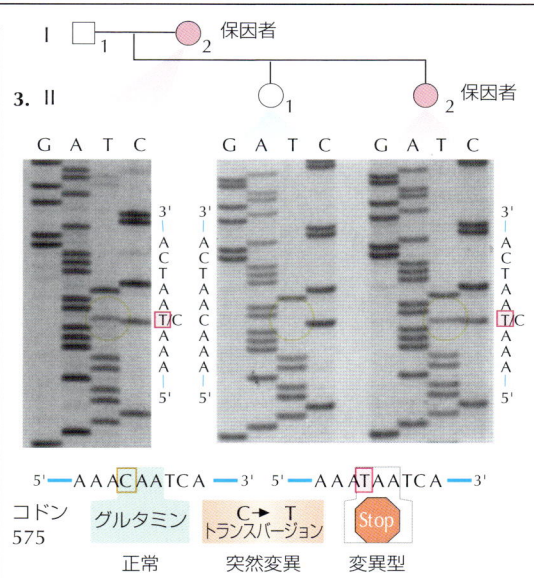

慢性骨髄性白血病と BCR/ABL 融合タンパク

慢性骨髄性白血病（CML, MIM 151410）は骨髄中の1個の骨髄系細胞からのクローン増殖に由来する成人の悪性腫瘍である（10万人に1.5人/年）。この疾患は慢性の経過をたどる。急性増悪が間欠的に起こり死に至る。この疾患の特徴として，腫瘍細胞において9番染色体と22番染色体の間で相互転座が認められる。腫瘍細胞が産生する癌原タンパクを阻害するような小分子を治療薬として利用できる。腫瘍を引き起こすその他の転座の例を巻末の付表13に示した。

A. 重要な所見

末梢血中における骨髄細胞（青色に染まる白血球）の著明な増加（図1）と，腫瘍細胞でみられる転座 t(9;22)(q34;q11)（図2，矢印）が CML の特徴である。この転座によって22番染色体は短縮し，フィラデルフィア染色体（Ph^1）を形成する（名称は1960年に P. Nowell と D. Hungerford がこの染色体を発見したフィラデルフィア市に由来する）。Ph^1 染色体はほとんどの CML 患者の骨髄細胞で認められる。もしこれが認められない場合は，疾患の進行は速く予後不良である。Ph^1 染色体は急性リンパ性白血病（ALL）でもしばしば認められ，その割合は成人 ALL で 30～40%，小児では 3～5% である。ALL の場合は Ph^1 染色体が認められる方が予後不良のことが多い。ALL では融合転写産物はサイズが小さく（6.5～7.0 kb），翻訳されて185～190 kDa の融合タンパクとなる。

B. Ph^1 転座

22番染色体長腕の約半分が9番染色体長腕に転座し（図1），9番染色体長腕末端の非常に小さな部分が22番染色体に転座する（図2）。しかし後者は光学顕微鏡では観察できない。（画像は A. Schneider, Essen と www.cmlsupport.com/cyto.jpg より）

C. 2つの遺伝子 *BCR* と *ABL* の融合

Ph^1 転座の切断点は 22q11 の *BCR* 遺伝子と 9q34 の *ABL* 遺伝子にある。その結果，これら2つの遺伝子は融合する。切断の詳細な場所は患者によって異なるが，*BCR* 遺伝子の切断点は約 5.8 kb の小さな領域に集中している［そのため切断点クラスター領域（breakpoint cluster region）の意味で *BCR* の名がつけられた］。CML では切断点は *BCR* 遺伝子のエキソン10～12にあり，Ph^1 陽性急性白血病（例えば ALL）では，より 5′ 側のエキソン1か2に切断点がある。*ABL* 遺伝子の切断点はエキソン1aと1bの間 180 kb 以上の領域にわたる。

D. BCR/ABL 融合タンパク

ABL 遺伝子からは選択的スプライシングによって2種類の転写産物が産生される。1つは 7 kb（エキソン1b, 2～11），もう1つは 6 kb（エキソン1a, 2～11）で（図1），$p145^{ABL}$ と呼ばれる 145 kDa のタンパクに翻訳される（図2）。これはチロシンキナーゼである。CML の融合遺伝子は 8.5 kb の mRNA に転写される（図3）。融合タンパク（$p210^{BCR/ABL}$）は 210 kDa である（図4）。正常タンパクと異なり，融合タンパクは不適切に活性化された ABL キナーゼドメインをもつ。そのため骨髄の造血細胞が過度に増殖し，細胞分裂が制御不能となり腫瘍化する。STI571 という小分子（図5）は融合タンパクに特異的に結合し，その異常な機能を無力化する（図6）。これは CML の治療薬としてグリベック® という商品名で使用されている。（図は Schindler, 2000 より）

参考文献

Bartram CR et al: Translocation of c-abl oncogene correlates with the presence of a Philadelphia chromosome in chronic myelocytic leukaemia. Nature 306: 277–280, 1983.

Faderl S et al: The biology of chronic myeloid leukemia. New Engl J Med 341: 164–172, 1999.

Kurzrok R, Gutterman JU, Talpaz M: The molecular genetics of Philadelphia-positive leukemias. New Engl J Med 319: 990–998, 1988.

Sawyers CL: Chronic myeloid leukemia. New Engl J Med 340: 1330–1340, 1999.

Schindler T et al: Structural mechanism for STI-571 inhibition of Abelson tyrosine kinase. Science 289: 1938–1942, 2000.

Wetzler M, Byrd JC, Bloomfield CD: Acute and chronic myeloid leukemia, pp 631–641. In: Kasper DL et al (eds) Harrison's Principles of Internal Medicine, 16th ed. McGraw-Hill, New York, 2005.

ネット上の情報：

www.cmlsupport.com

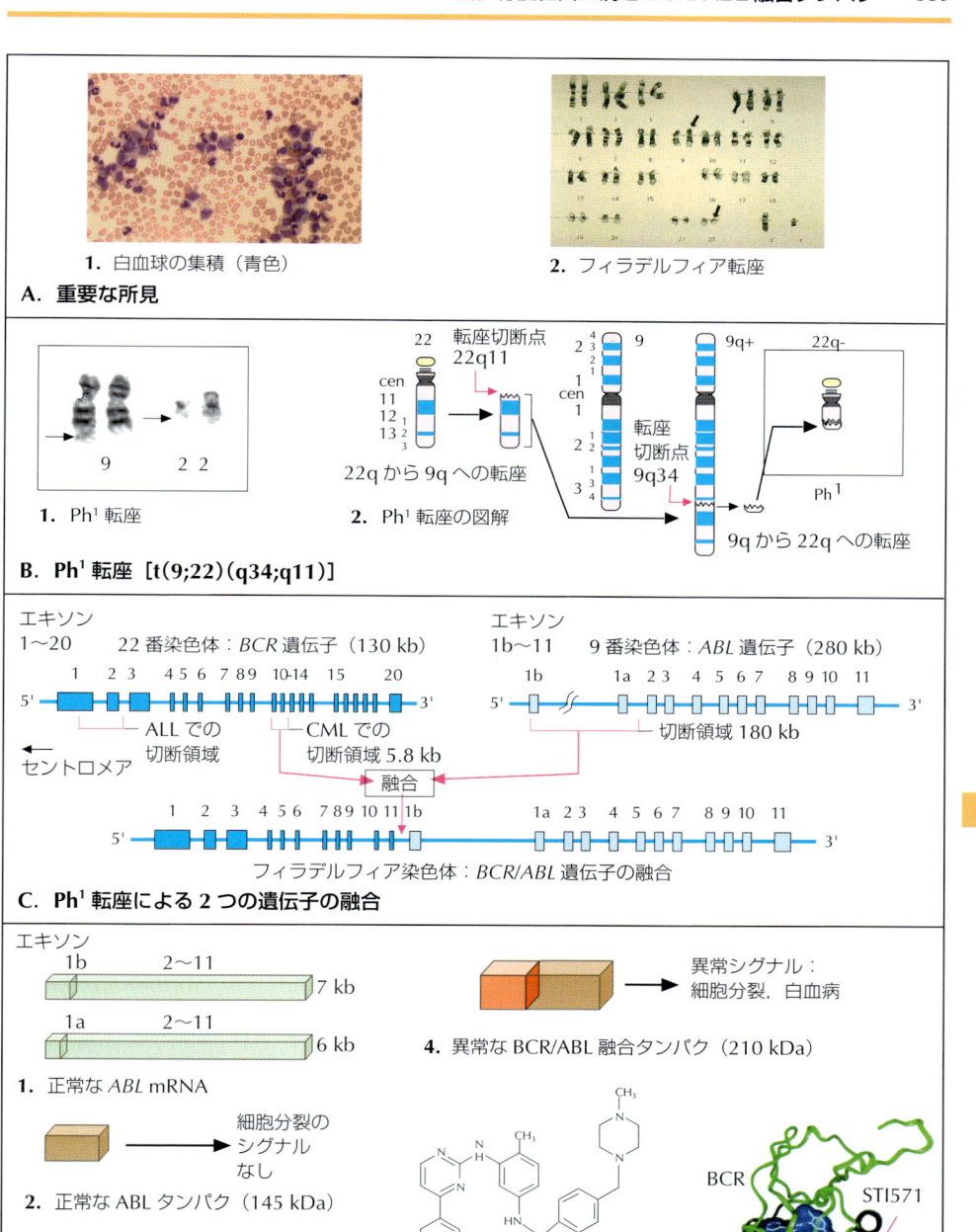

慢性骨髄性白血病とBCR/ABL融合タンパク

A. 重要な所見
1. 白血球の集積（青色）
2. フィラデルフィア転座

B. Ph¹転座［t(9;22)(q34;q11)］
1. Ph¹転座
2. Ph¹転座の図解
   - 22q11 転座切断点
   - 22qから9qへの転座
   - 9q34 転座切断点
   - 9qから22qへの転座

C. Ph¹転座による2つの遺伝子の融合
- エキソン1～20　22番染色体：BCR遺伝子（130 kb）
- エキソン1b～11　9番染色体：ABL遺伝子（280 kb）
- ALLでの切断領域
- CMLでの切断領域 5.8 kb
- 切断領域 180 kb
- セントロメア
- 融合
- フィラデルフィア染色体：BCR/ABL遺伝子の融合

D. BCR/ABL融合タンパク
1. 正常なABL mRNA（7 kb, 6 kb）
2. 正常なABLタンパク（145 kDa）
   - 細胞分裂のシグナルなし
3. 異常なBCR/ABL融合mRNA（8.5 kb）
4. 異常なBCR/ABL融合タンパク（210 kDa）
   - 異常シグナル：細胞分裂，白血病
5. STI571（グリベック®）の化学構造
6. リボン図

神経線維腫症

神経線維腫症は，神経系の良性・悪性の腫瘍発生素因を示す，臨床的・遺伝的に異質な一群の常染色体優性遺伝病である．最も重要なのは神経線維腫症1型（NF1, MIM 162200）と2型（NF2, MIM 101000/607379）であるが，他のタイプも存在する．

A. NF1 のおもな症候

NF1（フォン・レックリングハウゼン病）は約3,000人に1人の割合で罹患し，きわめて多彩な症候を呈する．特徴は90%以上の患者の虹彩にみられるリッシュ結節（図1），95%以上の患者にみられるカフェオレ斑（径2 cmより大きくかつ6カ所以上の色素斑が診断基準の1つである）（図2），および90%以上の患者にみられる多発性神経線維腫（図3）で，通常，4歳から15歳の間に出現する．約2〜3%の患者には神経線維肉腫やその他の悪性腫瘍を生じる．

B. NF1 遺伝子

NF1遺伝子は17q11.2に局在し，少なくとも59エキソンからなり，ゲノム上の350 kbにわたる大きな遺伝子である．この遺伝子は1990年，ポジショナルクローニング法によって600 kbの Nru I 制限断片から単離された．17q11.2に切断点がある転座をもつ2人の患者と，CpGアイランドが重要な位置情報を与えた．NF1遺伝子の反対鎖には3つの無関係な遺伝子，OMGP，EVI2B，EVI2Aが組込まれている．約50%のNF1患者は，欠失，挿入，塩基置換，スプライス変異などの新生変異をもっている．現在，60〜70%の患者にNF1遺伝子の変異が同定されている．（図はClaudio & Rouleau, 1998 より）

C. NF1 遺伝子産物：ニューロフィブロミン1

選択的スプライシングによる 11〜13 kb の多数の転写産物から，2,818 アミノ酸からなる 220〜250 kDa のニューロフィブロミン 1 というタンパクが翻訳され，多くの組織で発現している．このタンパクは GTP アーゼ活性化タンパク（GAP）の1つで，Ras シグナル伝達経路（328頁参照）の p21 を抑制する．アミノ酸配列の 840〜1,200 番目は，出芽酵母（$Saccharomyces\ cerevisiae$）の遺伝子産物 Ira1（inhibitor of ras mutant）と相同性をもつ GAP 相同部位である．NF1 の生殖細胞変異や体細胞変異は，Ras シグナル伝達経路を中断させ，細胞分裂の制御を失わせる．（図は Xu ら，1990 より）

D. NF2 遺伝子

NF2 遺伝子は 22q12 にゲノム上の約 110 kb にわたって局在し，16 の構成的エキソンと選択的スプライシングを受けるエキソン1つからなる．この遺伝子は 2.6 kb, 4.4 kb, 7.0 kb の3種の mRNA をコードする．さまざまな組織で発現しており，1993年にRouleau らとTrofatter らにより酵母人工染色体（YAC）のコスミドのコンティグ中から同定された．血縁関係のない2人の患者の2種の欠失（Del1とDel2）が遺伝子発見の手がかりとなった．変異は患者の 50% 以上に認められる（遺伝子全体または複数のエキソンにわたる大きな欠失や，小さな欠失の頻度が高い）．遺伝子産物のニューロフィブロミン 2（シュワノーミンとも呼ばれる）は，ERMファミリー［エズリン（ezrin），ラディキシン（radixin），モエシン（moesin）といくつかのチロシンホスファターゼを含む］と呼ばれるバンド 4.1 細胞骨格関連タンパクスーパーファミリー（388頁参照）のメンバーである．これらタンパクの主要な機能は細胞の完全性を保つことにある．（図はClaudio & Rouleau, 1998 より）

参考文献

Carey JC, Viskochil DH: Neurofibromatosis Type 1: a model condition for the study of the molecular basis of variable expressivity in human disorders. Am J Med Genet (Semin Med Genet) 89: 7–13, 1999.

Claudio JO, Rouleau GA: Neurofibromatosis type 1 and type 2, pp 963–970. In: Jameson JL (ed) Principles of Molecular Medicine. Humana Press, Totowa, NJ, 1998.

Huson SM: What level of care for the neurofibromatoses? Lancet 353: 1114–1116, 1999.

Messiaen LM et al: Exhaustive mutation analysis of the NF1 gene allows identification of 95% of mutations and reveals a high frequency of unusual splicing defects. Hum Mutat 15: 541–555, 2000.

Riccardi VM, Eichner JE: Neurofibromatosis. Phenotype, Natural History and Pathogenesis, 2nd ed. Johns Hopkins University Press, Baltimore, 1992.

Rouleau GA et al: Alteration in a new gene encoding a putative membrane-organizing protein causes neurofibromatosis type 2. Nature 363: 515–521, 1993.

Trofatter JA et al: A novel Moesin-, Ezrin-, Radixin-like gene is a candidate for the neurofibromatosis 2 tumor suppressor. Cell 72: 791–800, 1993.

Xu G et al: The neurofibromatosis type 1 gene encodes a protein related to GAP. Cell 62: 599–608, 1990.

神経線維腫症　341

A. 神経線維腫症1型（NF1）のおもな症候

神経線維腫症1型（NF1）
（フォン・レックリングハウゼン病）

- 常染色体優性
- 3,000人に1人が罹患
- 遺伝子座は17q11.2
- カフェオレ斑
- 虹彩のリッシュ結節
- 多発性神経線維腫
- 骨格系奇形
- 神経系腫瘍の発生素因
- 50%は新生変異

1. リッシュ結節
2. カフェオレ斑
3. 神経線維腫

B. NF1遺伝子

NF1遺伝子（59エキソン、350kb）

染色体座位17q11.2（600kbのNruI制限断片）

←セントロメア　　NruI　CpG-1　t(1;17)　t(17;22)　CpG-2　CpG-3　NruI　テロメア→

50 kb

3個の遺伝子が組込まれている　OMGP　EVI2B　EVI2A

1エキソン　　　　　　　　　　　　　　　　　　　　　　　59

C. NF1遺伝子産物：ニューロフィブロミン1

NF1ペプチド　N　500　840　1,200　2,060　2,818　C　アミノ酸

GTPアーゼ活性化タンパク（GAP）　N　700　1,047　C

酵母 Ira1　N　1,150　1,500　1,880　2,725　2,938　C

相同遺伝子産物

GAP相同部位

D. NF2遺伝子（22q12.1）

22番染色体NF2座位の領域地図

200　　　500　　　100　　　450　kb

←セントロメア　　　　　　　　　　　　　　テロメア→

DNA断片のコンティグ

CpG-1　CpG-2　　　Del2
　　　　　　　　　Del1

Cp-3G

遺伝子　EWSR1　GAS2L1　NEHF　NF2　MTMR3

C13　　　　　　　　　　　　C16　90 kb

ゲノム不安定性疾患

毛細血管拡張性運動失調症，ファンコニー貧血，ブルーム症候群は，ゲノム安定性に寄与している遺伝子の変異によって起こる遺伝性疾患の重要な例である。分裂中期細胞の光学顕微鏡観察により，さまざまなパターンの染色体切断や再構成をみることができる。その基盤にある遺伝的欠損によって，患者はさまざまなタイプの癌の素因をもつことになる。

A. 毛細血管拡張性運動失調症（AT）

毛細血管拡張性運動失調症（MIM 208900）は 11q23 に局在する *ATM* 遺伝子の変異によりさまざまな症候をきたす常染色体劣性遺伝病である。主要な症候は免疫不全症，小脳失調症，小児期早期に出現する特徴的な結膜の末梢血管拡張（図 1）である。患者は放射線照射に対する感受性が非常に高く，リンパ腫や白血病を発症しやすい。*ATM* 遺伝子は 66 エキソンからなり，ゲノム上に 150 kb にわたって存在している。ATM タンパクは 3,056 アミノ酸（350 kDa）のプロテインキナーゼで，選択的スプライシングによって転写された 13 kb の mRNA から翻訳される。ATM は DNA 2 本鎖の切断によって活性化され，このタンパクは DNA 損傷や染色体組換えに対する細胞応答を制御するタンパクネットワークの中心的役割を果たしている。関連遺伝子（*NBS1*）の変異はナイミーヘン症候群（MIM 251260）を生じる。

B. ファンコニー貧血

ファンコニー貧血（MIM 227650）は小児期早期の汎血球減少症と発育不全（図 1），しばしば母指低形成・欠損を伴う橈骨低形成（図 2），その他の徴候を呈する常染色体劣性または X 連鎖性の単一でない疾患群である。約 8 種〔訳注：OMIM 最新版では 13 種〕の関連遺伝子が相補性群を形成している（巻末の付表 14 参照）。これらの遺伝子がコードするタンパクは FANC 複合体を形成する。この複合体は他のタンパクとともに，DNA 損傷や複製の誤りを検出する。最も高頻度に認められる変異は *FANCA*（または *FA-A*）遺伝子にあり，約 65％の患者にみられる。ファンコニー貧血細胞は，染色体切断を誘発するジエポキシブタンなどの DNA 架橋剤に対する感受性が高い。(説明図は Rahman & Ashworth, 2004 より)

C. ブルーム症候群

ブルーム症候群（MIM 210900）は出生前および出生後の発育不全を呈する疾患で（平均的には出生体重 2,000 g，出生身長 40 cm，成人身長 150 cm），狭小な顔，日光に当たって生じる顔面紅斑，さまざまな程度の免疫不全，さまざまなタイプの悪性腫瘍のリスクの増大（5 人に 1 人）などの特異的な表現型を示す（図 1）。患者は化学療法にほとんど耐えられない。

特徴は姉妹染色分体交換（SCE，巻末の用語集参照）（図 2, 3）の自然発生率の増加（およそ 10 倍）である。1 本もしくは両方の染色分体の切断と姉妹染色分体間の交換が，分裂中期染色体の 1～2％にみられる。

ブルーム症候群は 15q26.1 に局在する *BLM* 遺伝子の変異が原因で，常染色体劣性遺伝である。この遺伝子は RecQ ファミリーの DNA ヘリカーゼである BLM タンパクをコードする。BLM は 1,417 アミノ酸からなり，FANC 複合体と相互作用して減数分裂時の組換えに関与する。BLM は酵母の Sgs1 (slow growth suppressor) タンパク，ヒトの WRN タンパク（ウェルナー症候群，MIM 277700）と相同性をもつ。変異は遺伝子全体に比較的均等に分布しており，短縮型タンパクを与えるナンセンス変異が多いが（図 4），ミスセンス変異もある。最も明確なのはアシュケナージ系ユダヤ人集団における創始者変異で，2,281 番目の位置の 6 塩基欠失 /7 塩基挿入である。*BLM* 遺伝子変異のホモ接合体は体細胞変異率が高くなる。

参考文献

Auerbach AD, Buchwald M, Joenje H: Fanconi anemia, pp. 289–306. In: Vogelstein B, Kinzler KW (eds) The Genetic Basis of Human Cancer, 2nd ed. McGraw-Hill, New York, 2002.

D'Andrea ADD, Grompe M: The Fanconi anaemia/BRCA pathway. Nature Rev Cancer 3: 23–34, 2003.

Gatti R: Ataxia-telangiectasia, pp 239–266. In: Vogelstein B, Kinzler KW (eds) The Genetic Basis of Human Cancer, 2nd ed. McGraw-Hill, New York, 2002.

German J, Ellis NA: Bloom syndrome, pp 301–315. In: Vogelstein B, Kinzler KW (eds) The Genetic Basis of Human Cancer, 2nd ed. McGraw-Hill, New York, 2002.

Rahman N, Ashworth A: A new gene on the X involved in Fanconi anemia. Nature Genet 36: 1142–1143, 2004.

Zhao S et al: Functional link between ataxia-telangiectasia and Nijmegen breakage syndrome gene products. Nature 405: 473–477, 2000.

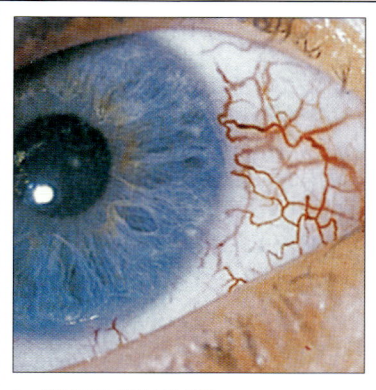

ゲノム不安定性疾患　343

1. 結膜の末梢血管拡張
2. ATMとゲノム安定性を維持する他のタンパクとの関係 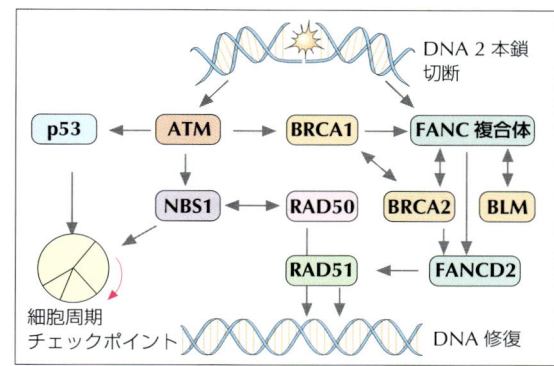

A. 毛細血管拡張性運動失調症

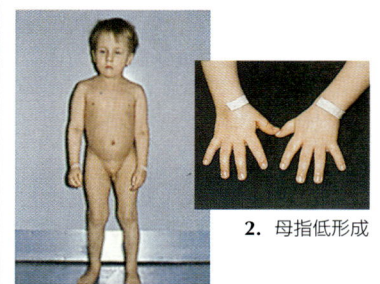

1. 表現型
2. 母指低形成
3. ファンコニー貧血関連タンパク 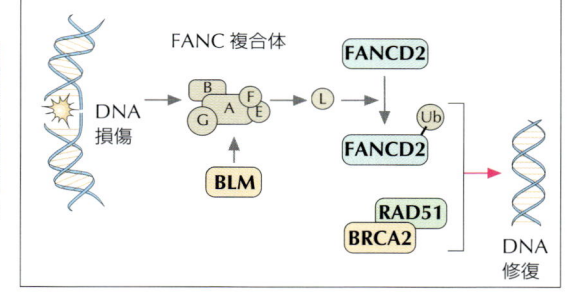

B. ファンコニー貧血

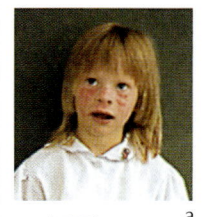

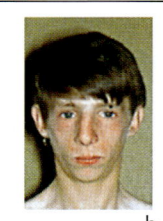

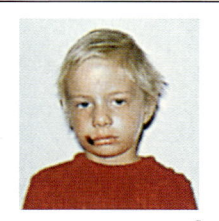

1. 表現型 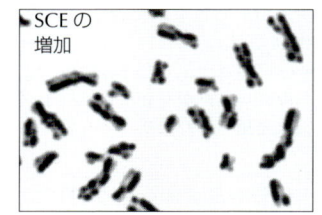
2. ブルーム症候群の分裂中期染色体 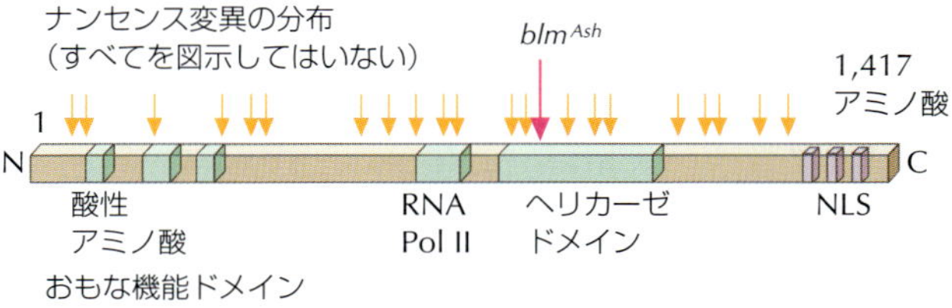
3. 正常の分裂中期染色体
4. BLMタンパクと変異の分布

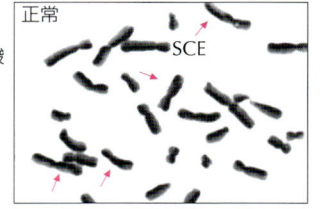

ナンセンス変異の分布
（すべてを図示してはいない）
blm^{Ash}
1,417アミノ酸

酸性アミノ酸
RNA Pol II
ヘリカーゼドメイン
NLS

おもな機能ドメイン

C. ブルーム症候群

ヘモグロビン：総論

酸素は生体分子にランダムな変化を誘導する。それゆえヘモグロビンなどの生体分子に結合していない遊離の酸素は毒性を発揮する。ヘモグロビンとミオグロビンは脊椎動物において酸素の結合と輸送に特化したタンパクである。ミオグロビンは筋細胞にあり，ヘモグロビンは赤血球にある。ミオグロビンは約150アミノ酸からなる1本のグロビンポリペプチド鎖からなり，酸素結合部位を1ヵ所もつ。1862年にHoppe-Seylerにより命名されたヘモグロビンは，4本のグロビン鎖からなり，それぞれに酸素結合部位がある。進化の過程でミオグロビンから複数のタイプのヘモグロビン分子が生じた。ヘモグロビンはアミノ酸配列が決定された最初のヒトタンパクであり（Ingram, 1956），5.5Åの解像度で三次元構造が決定された最初のヒトタンパクでもある（Perutz, 1960）。

A. ヘモグロビンのタイプ

ヘモグロビンのサブユニットはギリシャ文字を用いてα, β, γ, δと名づけられている。哺乳類の胚発生の過程では，これに加えて特別なグロビンサブユニット，ε（イプシロン）およびζ（ゼータ）が存在する。ヘモグロビン分子は2対のグロビン分子が異なる場合にのみ安定である。成人ヘモグロビン（Hb A）はα鎖2本とβ鎖2本からなる（$\alpha_2\beta_2$）。胎児ヘモグロビン（Hb F）はα鎖2本とγ鎖2本からなり（$\alpha_2\gamma_2$），成人ヘモグロビンとして少量存在するHb A_2はβ鎖ではなくδ鎖をもつ（$\alpha_2\delta_2$）。胎生初期には一過性にHb Gower-1（$\zeta_2\varepsilon_2$），Hb Gower-2（$\alpha_2\varepsilon_2$），Hb Portland（$\zeta_2\gamma_2$）などの胎芽ヘモグロビンが存在する（ヘモグロビンの名前の多くは発見された場所にちなんでつけられている）。

B. サラセミアのヘモグロビン

サラセミアは遺伝性のヘモグロビン合成障害による一群の疾患である。どの鎖の合成が障害されるかによって分類され，α鎖ならばαサラセミア，β鎖ならばβサラセミアと呼ばれる。βサラセミアはHb Aの障害による疾患，αサラセミアはHb AとHb Fの障害による疾患である。4本のグロビン鎖がすべて同一のヘモグロビンは非常に不安定で，患者は生存できない［4本のβ鎖からなるHb H（β_4），4本のγ鎖からなるHb Bart's（γ_4）］。

C. ヘモグロビンの進化

Hb A分子（$\alpha_2\beta_2$）の4ヵ所の酸素結合部位は相互作用し，酸素を取り込んだり離したりする上で分子内にアロステリック変化を起こす。現在，哺乳類がもつ複数のタイプのヘモグロビンは，グロビン鎖をコードする遺伝子の重複によって生じてきた。最も原始的な1本の鎖からなる酸素結合タンパクが，原始地球の大気中の酸素濃度上昇に適応して進化の初期に出現した。これがミオグロビンと現在のヘモグロビンの共通祖先と考えられている。約5億年前にグロビン遺伝子の重複が起こり，α鎖系とβ鎖系のグロビンができた。さらに過去1億年の哺乳類の進化の過程で，祖先βグロビン鎖からさらに異なるタイプのものへと重複によって進化してきた。

D. 胎芽期のグロビン合成

発生の過程では時期によって異なるタイプのグロビン鎖が，異なる解剖学的部位で産生される。例えば，ヒト発生の最初の6週は胎芽ヘモグロビンが卵黄嚢で産生され，6週から出生前までは胎児ヘモグロビンが肝臓と脾臓で産生される。成人では成人ヘモグロビンが骨髄中の赤血球前躯細胞において産生される。各ヘモグロビンは酸素に対する親和性が異なっており，このように発生の段階ごとに酸素運搬が最適化されていることは，明らかに進化上の選択的優位性として働いている。（図AとBはLehmann & Huntsman, 1974より；図DはWeatherallら，2001より）

参考文献

Ingram VM: Specific chemical difference between the globin of normal and sickle-cell anaemia hemoglobin. Nature 178: 792–794, 1956.

Lehmann H, Huntsman RG: Man's Hemoglobins. North-Holland, Amsterdam, 1974.

Thein SL, Rochette J: Disorders of hemoglobin structure and synthesis, pp 179–190. In: Jameson JL (ed) Principles of Molecular Medicine. Humana Press, Totowa, New Jersey, 1998.

Weatherall DJ, Clegg JB, Higgs DR, Wood WG: The hemoglobinopathies, pp 4571–4636. In: Scriver CR et al (eds) The Metabolic and Molecular Bases of Inherited Disease, 8th ed. McGraw-Hill, New York, 2001.

Weatherhall DJ, Clegg JB: Genetic disorders of hemoglobin. Semin Hematol 36:2–37, 1999.

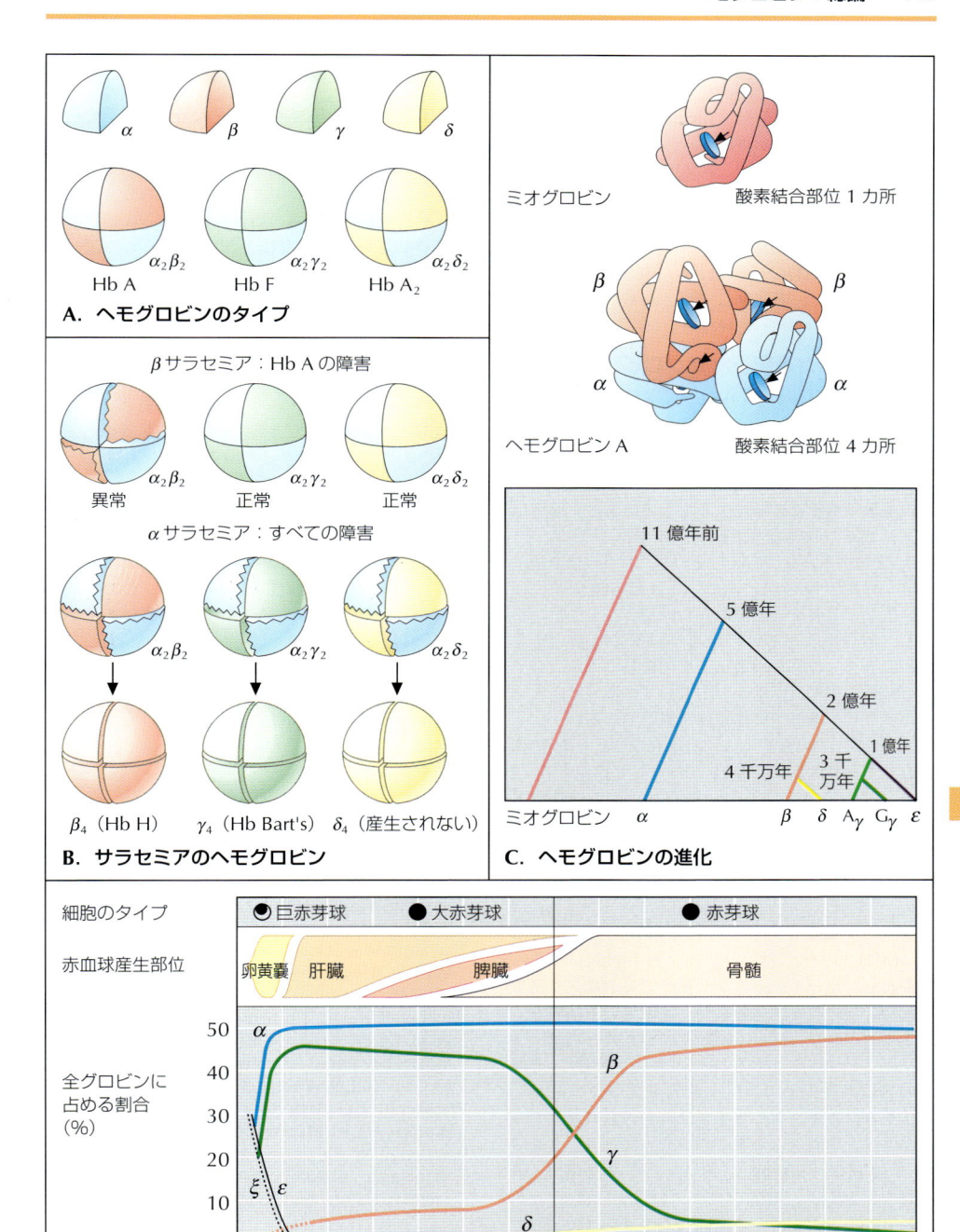

ヘモグロビン：総論　345

A. ヘモグロビンのタイプ

- α, β, γ, δ
- Hb A ($\alpha_2\beta_2$)
- Hb F ($\alpha_2\gamma_2$)
- Hb A$_2$ ($\alpha_2\delta_2$)

B. サラセミアのヘモグロビン

βサラセミア：Hb A の障害
- 異常 $\alpha_2\beta_2$
- 正常 $\alpha_2\gamma_2$
- 正常 $\alpha_2\delta_2$

αサラセミア：すべての障害
- $\alpha_2\beta_2$ → β_4（Hb H）
- $\alpha_2\gamma_2$ → γ_4（Hb Bart's）
- $\alpha_2\delta_2$ → δ_4（産生されない）

ミオグロビン　　酸素結合部位 1 カ所

ヘモグロビン A　　酸素結合部位 4 カ所

C. ヘモグロビンの進化

11 億年前、5 億年、2 億年、1 億年、4 千万年、3 千万年

ミオグロビン　α　β　δ　Aγ　Gγ　ε

D. 個体発生の過程でのグロビン合成

細胞のタイプ：巨赤芽球、大赤芽球、赤芽球

赤血球産生部位：卵黄嚢、肝臓、脾臓、骨髄

全グロビンに占める割合（％）：α, β, γ, δ, ξ, ε

胎生齢（週）　出生　生後齢（週）

ヘモグロビンの遺伝子

ヘモグロビンはグロビン遺伝子クラスターにコードされている。α鎖系グロビンは16番染色体上に，β鎖系は11番染色体上にクラスターを形成しており，グロビン鎖の種類ごとに1つの遺伝子が対応している。グロビン遺伝子は上流（5′方向）にある共通の遺伝子座調節領域（LCR）による調節を受けている。発生の過程で活性化される順番（前項参照）で整列していて，その順に発現される。

A. βグロビン遺伝子とαグロビン遺伝子

ヒトのβ鎖系グロビン遺伝子（β, δ, $^A\gamma$, $^G\gamma$, ε）は，染色体11p15.5の約60 kbにわたって存在し，3′から5′方向に遺伝子クラスターを形成している（図1）。γ遺伝子には$^A\gamma$と$^G\gamma$の2つがあるが，これは遺伝子重複によって生じたものである。両者はコドン136のみ異なっており，$^A\gamma$ではアラニンを，$^G\gamma$ではグリシンをコードしている。1つの偽遺伝子（ψβ）がδと$^A\gamma$の間にある。これはβ遺伝子に似ているが，欠失を含んでおり，内部に終止コドンを有し，活性をもたない。共通のLCRが上流（5′方向）にあり，これらの遺伝子を制御している。いずれも共通の祖先遺伝子から由来しているので，すべてのグロビン遺伝子の構造は類似している。

ヒトのα鎖系グロビン遺伝子は，染色体16p13.11-p13.33の約30 kbにわたって存在する。2つのα遺伝子の5′方向には胎芽期にのみ活性化されるζ遺伝子があり，その間には3つの偽遺伝子（ψζ, $\psi\alpha_2$, $\psi\alpha_1$）がある。さらに機能のまだわかっていないθ遺伝子がこの領域に同定されている。

グロビン遺伝子の原型といえるβグロビン遺伝子（MIM 141900）は，ゲノム上約1.6 kbにわたって存在し，短いイントロンと長いイントロンで隔てられた3つのエキソンをもつ。エキソン1はアミノ酸1～30をコードし，エキソン2は31～104，エキソン3は105～146をコードする（図2）。その他のβ鎖系遺伝子のコード配列も3つのエキソンからなる。エキソンのサイズはいずれも似通っているが，イントロン2の長さが異なっており，β遺伝子では850～900 bpである。2つのα遺伝子HBA1とHBA2（MIM 141800, 141850）はゲノム上約0.8 kb（800 bp）の範囲におさまっているが，これはおもにβ鎖系遺伝子よりもイントロン2が短いためである。

B. βグロビン鎖の三次構造

ミオグロビンとヘモグロビンのα鎖，β鎖の三次元構造は，非常によく似ている。しかし，例えばα鎖のアミノ酸配列は141アミノ酸のうち24しか一致していない。β鎖は146アミノ酸からなり，α鎖よりもやや長い。構造の類似性は機能の類似性にも反映されている。酸素結合部位は分子の内部にあり，周囲の液体から保護されている。酸素の取り込みと放出は可逆的である。

C. β鎖の機能ドメイン

どのグロビン鎖においても3つの機能ドメイン・構造ドメインが区別できる。各ドメインは遺伝子の3つのエキソンに対応している。アミノ酸1～30（エキソン1）および105～146（エキソン3）の部分からなる2つのドメインは，主として親水性のアミノ酸で構成されており，分子の外側に位置している。第三のドメイン（エキソン2によってコードされる）は主として非極性の疎水性アミノ酸で構成されており，分子の内部にあって酸素結合部位をもつ。

60以上の生物種を通じ，ヘモグロビンのアミノ酸配列は9部位について一致している。これらの定常部位は分子の機能に特に重要である。定常部位の変異は分子の機能に重大な影響をもたらし，完全に機能を失わせる。

参考文献

Antonarakis SE, Kazazian Jr HH, Orkin SH: DNA polymorphism and molecular pathology of the human globin gene clusters. Hum Genet 69: 1–14, 1985.

Stamatoyannopoulos G, Majerus PW, Perimutter RM, Varmus H, eds: The Molecular Basis of Blood Disease, 4th ed. Saunders, New York, 2001.

Weatherall DJ et al.: The hemoglobinopathies, p 4571–4636. In: CR Scriver et al., eds, The Metabolic and Molecular Bases of Inherited Disease. 8th ed. McGraw Hill, New York, 2001.

Weatherall DJ, Clegg JB: The Thalassaemia Syndromes. 4th ed. Blackwell Science, Oxford, 2001.

Weatherall DJ: Phenotype-genotype relationships in monogenic disease: Lessons from the thalassaemias. Nature Rev Genet 2: 245–255, 2001.

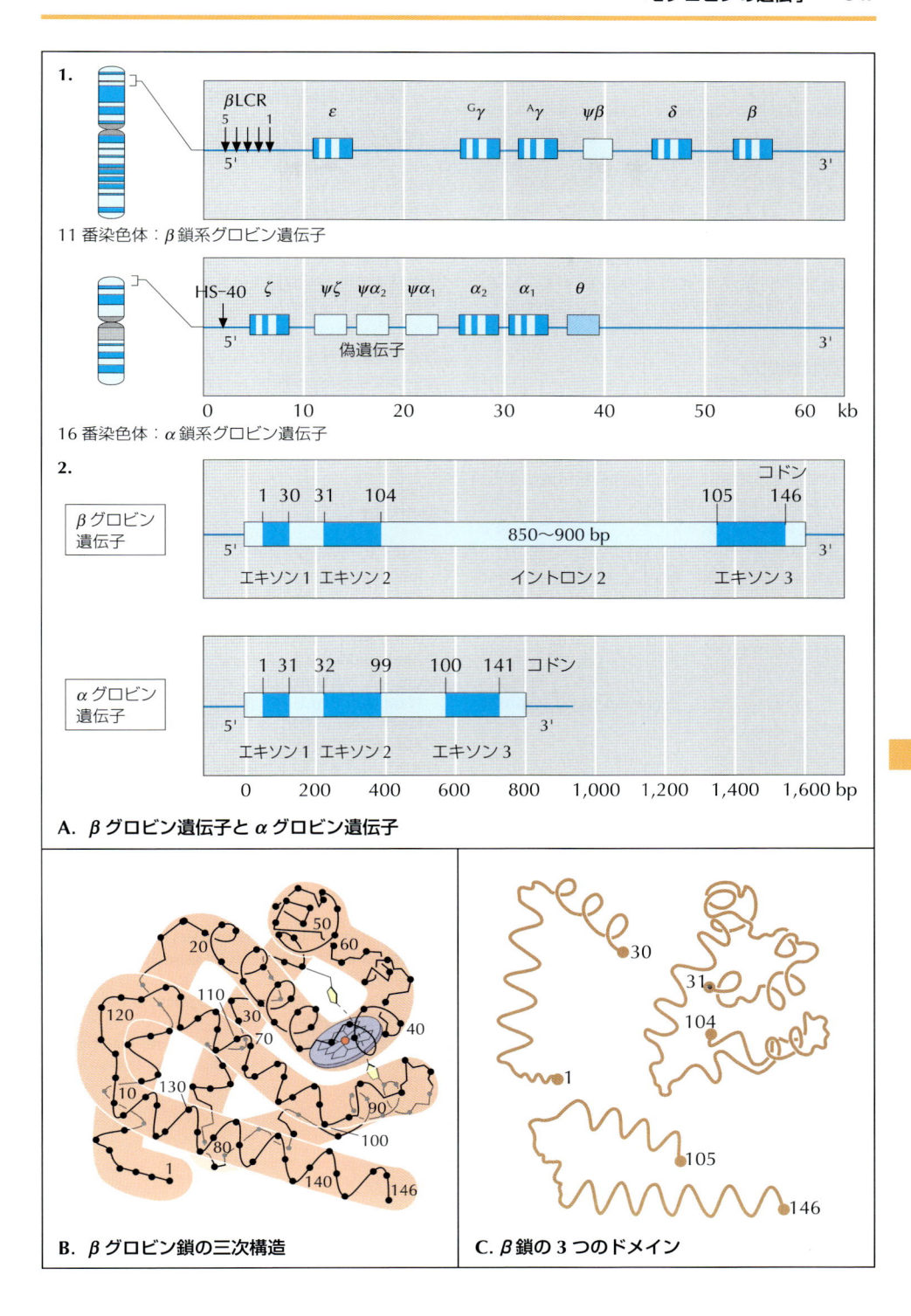

ヘモグロビンの遺伝子

1.

11番染色体：β鎖系グロビン遺伝子

βLCR 5←←←←←1　ε　Gγ　Aγ　ψβ　δ　β

16番染色体：α鎖系グロビン遺伝子

HS-40　ζ　ψζ　ψα₂　ψα₁　α₂　α₁　θ
偽遺伝子

2.

βグロビン遺伝子

コドン 1 30　31 104　　　　　　　　　105 146
エキソン1　エキソン2　イントロン2　850〜900 bp　エキソン3

αグロビン遺伝子

コドン 1 31　32 99　100 141
エキソン1　エキソン2　エキソン3

A. βグロビン遺伝子とαグロビン遺伝子

B. βグロビン鎖の三次構造

C. β鎖の3つのドメイン

鎌状赤血球貧血

鎌状赤血球貧血（Herrick，1910）は多くの合併症を伴う重度の溶血性貧血である。βグロビン遺伝子の変異のホモ接合体に生じる。マラリアが風土病である熱帯地方によくみられる（176頁参照）。頻度は500人に1人で，この地域での死亡の重要な原因となっている。鎌状赤血球貧血は分子レベルで解明された最初のヒト疾患である（Paulingら，1949）。常染色体劣性遺伝形式により遺伝する（Neel，1949）。ヘテロ接合保因者は容易に同定可能である。

A. 鎌状赤血球

患者の血液塗抹標本を光学顕微鏡下で観察すると，ほとんどの赤血球が鎌形をしている（図1）。鎌状赤血球によって微小血管が閉塞し（図2），結果として多くの組織において血液供給が減少する。正常の血液塗抹標本（図3）では，赤血球は直径 $7\,\mu m$ の正円状の円盤にみえる。この疾患の経過では，鎌状赤血球クリーゼと呼ばれる急性発症が起こり，鎌状赤血球が非常に増加して血液像では完全に優勢となる。ヘテロ接合体では時に鎌状赤血球がみられるが，クリーゼを起こすことはなく，大部分はごく軽度の症候を呈するのみである。（図1と3はDaniel Nigro 博士，Santa Ana College，California，図2はNational Heart，Lung and Blood Institute，Bethesda，Maryland の提供による）。

B. 鎌状赤血球変異の影響

鎌状赤血球貧血のすべての症状は，基礎にある変異に基づいて理解できる。1956年，V. M. Ingramはアミノ酸配列解析によって，βグロビン遺伝子のコドン6におけるグルタミン酸からバリンへの置換（E6V変異）を同定した。これはアデニン（A）からチミン（T）へのトランスバージョンにより，コドン GAG が GTG に変化したことが原因である。分子の外側にあるコドン6のバリンが疎水性アミノ酸なので，鎌状赤血球ヘモグロビン（Hb S）は正常ヘモグロビンよりも水溶性が低くなる。Hb S は酸素が結合していない状態では結晶化して小さな棒状の形態をとり，そのため赤血球は微小血管を通過する際に変形できなくなる。その結果，小動脈および毛細血管が閉塞し，種々の臓器において局所的な酸素欠乏が生じる。脳の慢性的な酸素欠乏は学習障害を生じる可能性がある。欠陥のある赤血球は破壊される（溶血）。慢性貧血は心不全，肝障害，感染症など多くの続発症をもたらす。

C. マラリア地域における Hb S ヘテロ接合体の選択的優位性

毎年約150万～250万人の子どもがマラリアで死亡し，その多くはサハラ砂漠以南のアフリカの子どもである。1954年に A. C. Allison は，鎌状赤血球変異のヘテロ接合体はマラリアの感染頻度が低く重症度も軽いことに注目し，これらの個体が重度のマラリア感染から守られていることを示唆した。鎌状赤血球変異のヘテロ接合体の赤血球は，正常ホモ接合体のものと比較して，マラリア原虫にとっては好ましくない環境である。それゆえヘテロ接合体は生存して子孫を残す確率が高くなる。鎌状赤血球貧血はヘテロ接合体が選択的優位性を有する最良の例である（176頁参照）。鎌状赤血球変異は少なくとも4～5カ所の異なるマラリア蔓延地域で独立に生じ，その地域の人口集団で維持されてきた。

参考文献

Allison AC: Polymorphism and natural selection in human populations. Cold Spring Harb Symp Quant Biol 29: 137–149, 1954.

Ashley-Koch A, Yang Q, Olney RS: Sickle hemoglobin (HbS) allele and sickle cell disease: a HuGE review. Am J Epidemiol 15: 839–845, 2000.

Evans AG, Wellems TE: Coevolutionary genetics of *Plasmodium* malaria parasites and their human hosts. Integrative & Comparative Biology 42: 401–407, 2002.

Herrick JB: Peculiar elongated and sickle-shaped red blood cell corpuscles in a rare case of severe anemia. Arch Intern Med 6: 517–521, 1910.

Neel JV: The inheritance of sickle cell anemia. Science 110: 64–66, 1949.

Pauling L, Itano HA, Singer SJ, Wells IG: Sickle cell anemia, a molecular disease. Science 110: 543–548, 1949.

Pawlink R et al: Correction of sickle cell disease in transgenic mouse models by gene therapy. Science 294: 2368–2371, 2001.

Stuart MJ, Nagel RL: Sickle-cell anemia. Lancet 364: 1343–1360, 2004.

Vernick KD, Waters AP: Genomics and malaria control. New Eng J Med 351: 1901–1904, 2004.

鎌状赤血球貧血 349

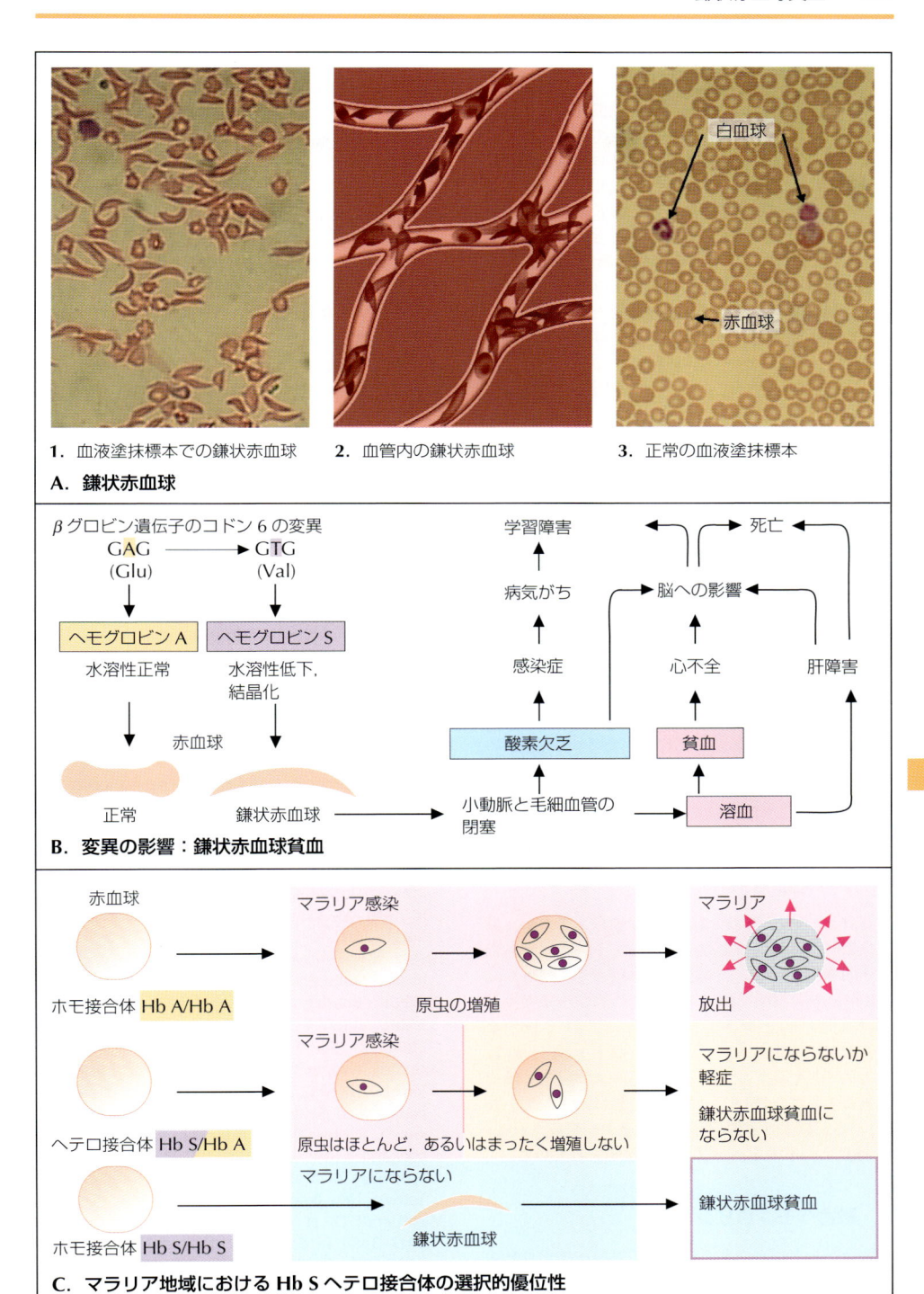

1. 血液塗抹標本での鎌状赤血球
2. 血管内の鎌状赤血球
3. 正常の血液塗抹標本

A. 鎌状赤血球

βグロビン遺伝子のコドン6の変異
GAG → GTG
(Glu) (Val)

ヘモグロビン A — 水溶性正常 → 赤血球 正常

ヘモグロビン S — 水溶性低下, 結晶化 → 鎌状赤血球 → 小動脈と毛細血管の閉塞 → 酸素欠乏 → 感染症 → 病気がち → 学習障害

酸素欠乏 → 脳への影響 → 死亡

貧血 ← 心不全 → 脳への影響

溶血 → 肝障害

貧血 → 溶血

B. 変異の影響：鎌状赤血球貧血

赤血球

ホモ接合体 Hb A/Hb A → マラリア感染 → 原虫の増殖 → マラリア 放出

ヘテロ接合体 Hb S/Hb A → マラリア感染 → 原虫はほとんど，あるいはまったく増殖しない → マラリアにならないか軽症／鎌状赤血球貧血にならない

ホモ接合体 Hb S/Hb S → マラリアにならない／鎌状赤血球 → 鎌状赤血球貧血

C. マラリア地域における Hb S ヘテロ接合体の選択的優位性

グロビン遺伝子の変異

グロビン鎖の1つに単一アミノ酸置換をもつ異常ヘモグロビンは750種以上が知られている。多くはさまざまなタイプと重症度のヘモグロビン異常症に関連している。このほか，長さの変化したグロビン鎖が生じたり，β鎖とδ鎖もしくはβ鎖とγ鎖の融合したグロビン鎖が生じたりすることもある。機能への影響は，置換したアミノ酸の荷電状態，大きさ，ポリペプチドにおける位置によりさまざまである。変異は分子の柔軟性を減少させたり，不安定にさせたり，酸素親和性を変化させたりする可能性がある。

A. βグロビン遺伝子の変異

βグロビン遺伝子では300種以上，αグロビン遺伝子では100種以上の点変異が報告されている。コドン6を変化させる臨床的に重要な2つの変異がある。鎌状赤血球変異である 6Glu → Val（コドン6のグルタミン酸がバリンに置換：鎌状赤血球ヘモグロビン，Hb S），および 6Glu → Lys（コドン6のグルタミン酸がリシンに置換：ヘモグロビン C，Hb C）である。相同染色体の片方に起きた Hb S 変異と，もう一方の Hb C 変異の複合ヘテロ接合体（Hb SC）はよくみられる。Hb Zürich と Hb Saskatoon の著しいメトヘモグロビン形成は，ヘモグロビン分子の酸素結合部位に当たるコドン63のヒスチジン（His）が置換された結果である。Hb E （$\alpha_2 \beta_2^{26Glu \rightarrow Lys}$）はタイ，カンボジア，ベトナムで多くみられる。

B. 不等交差

グロビン遺伝子間には配列相同性があるため，減数分裂時に非相同対形成を起こして不等交差をもたらす可能性がある。1968年に報告された Hb Gun Hill がその典型的な例である。この異常ヘモグロビンはコドン90とコドン95，あるいは91と96，などの対形成で生じる。その結果，コドン91〜95は片方のDNA鎖では欠失し，もう一方のDNA鎖では重複することになる（重複した鎖は図示していない）。これにより不安定ヘモグロビンが形成される。90種以上の不安定ヘモグロビンが知られている。

C. 融合ヘモグロビン

融合ヘモグロビンあるいは分子雑種ヘモグロビンは，おそらく近接する遺伝子の一部を巻き込んだ不等交差に由来する。最初に発見されたのは1962年に報告された Hb Lepore である。このヘモグロビンでは，δ鎖の最初の50〜80アミノ酸がβ鎖のC末端の60〜90アミノ酸残基に融合している。その相補的な状況が Hb anti-Lepore であり，正常のδおよびβ遺伝子とともにβδ融合遺伝子が存在する。

D. 延長グロビン鎖をもつヘモグロビン

グロビン鎖が延長した異常グロビン鎖は10種以上が知られている。終止コドンの1塩基置換，フレームシフト変異，あるいは転写開始メチオニンに影響する変異が，この異常グロビン鎖を生じさせる。Hb Cranston ではβ鎖のコドン145への2塩基挿入により，UAU（チロシン）がAGU（セリン）に変化している。この変化は146の次の終止コドンをACU（トレオニン）に変えてコドン157までのリードスルーを生じさせ，結果として11アミノ酸が過剰のグロビン鎖を与える（図1）。

Hb Constant Spring（図2）では，α鎖の終止コドン UAA が1塩基置換により CAA（グルタミン）に変化している。そのため終止コドン以降の配列が翻訳されて31アミノ酸が過剰となる。

参考文献

Baglioni C: The fusion of two peptide chains in hemoglobin Lepore and its interpretation as a genetic deletion. Proc Nat Acad Sci 48: 1880–1886, 1962.

Benz Jr EJ: Genotypes and phenotypes—another lesson from the hemoglobinopathies. New Engl J Med 351: 1490–1492, 2004.

Old J: Hemoglobinopathies and thalassemias, pp 1861–1898. In: Rimoin DL et al (eds) Emery and Rimoin's Principles and Practice of Medical Genetics, 4th ed. Churchill-Livingstone, London–Edinburgh, 2002.

Perutz MF, Lehmann H: Molecular pathology of human hemoglobin. Nature 219: 902–909, 1968.

Rieder RF, Bradley TB: Hemoglobin Gunn Hill: An unstable protein associated with chronic hemolysis. Blood 32: 355–369, 1968.

Stamatoyannopoulos G, Majerus PW, Perimutter RM, Varmus H (eds): The Molecular Basis of Blood Disease, 4th ed. Saunders, New York, 2001.

Thein SL, Rochette J: Disorders of hemoglobin structure and synthesis, pp 179–190. In: Jameson JL (ed) Principles of Molecular Medicine. Humana Press, Totowa, New Jersey, 1998.

Weatherall DJ et al: The hemoglobinopathies, pp 3417–3484. In: Scriver CR et al (eds) The Metabolic and Molecular Bases of Inherited Disease, 8th ed. McGraw-Hill, New York, 2001.

グロビン遺伝子の変異

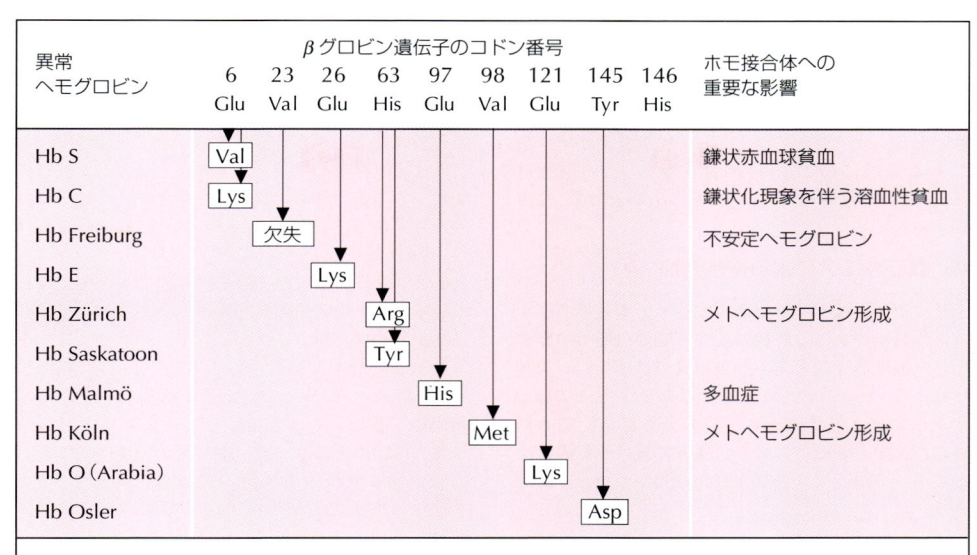

異常ヘモグロビン	6 Glu	23 Val	26 Glu	63 His	97 Glu	98 Val	121 Glu	145 Tyr	146 His	ホモ接合体への重要な影響
Hb S	Val									鎌状赤血球貧血
Hb C	Lys									鎌状化現象を伴う溶血性貧血
Hb Freiburg		欠失								不安定ヘモグロビン
Hb E			Lys							
Hb Zürich				Arg						メトヘモグロビン形成
Hb Saskatoon				Tyr						
Hb Malmö				His						多血症
Hb Köln					Met					メトヘモグロビン形成
Hb O (Arabia)						Lys				
Hb Osler								Asp		

A. βグロビン遺伝子の変異

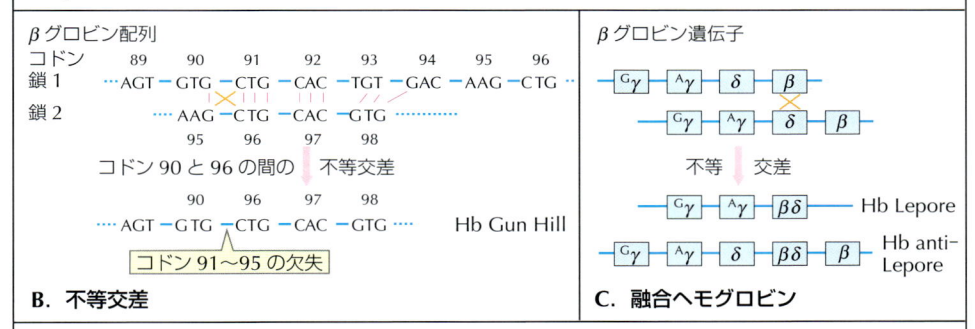

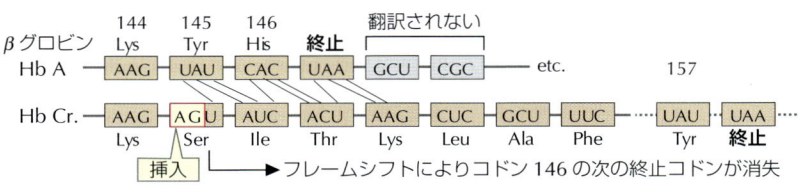

βグロビン配列
コドン　　89　　90　　91　　92　　93　　94　　95　　96
鎖1 ···AGT—GTG—CTG—CAC—TGT—GAC—AAG—CTG···
鎖2 ···AAG—CTG—CAC—GTG···
　　　　　　　95　　96　　97　　98

コドン90と96の間の 不等交差

　　　　　　89　　90　　96　　97　　98
　　　···AGT—GTG—CTG—CAC—GTG···　Hb Gun Hill
　　　　　　　　コドン91〜95の欠失

B. 不等交差

βグロビン遺伝子

Gγ — Aγ — δ — β
Gγ — Aγ — δ — β

不等　交差

Gγ — Aγ — βδ　　　　　Hb Lepore
Gγ — Aγ — δ — βδ — β　Hb anti-Lepore

C. 融合ヘモグロビン

βグロビン
　　　　　144　145　146　　翻訳されない
　　　　　Lys　Tyr　His　終止
Hb A　—AAG—UAU—CAC—UAA—GCU—CGC— etc.　　157
Hb Cr.—AAG—AGU—AUC—ACU—AAG—CUC—GCU—UUC···UAU—UAA···
　　　　Lys　Ser　Ile　Thr　Lys　Leu　Ala　Phe　Tyr　終止
　　　　　　挿入　　フレームシフトによりコドン146の次の終止コドンが消失

1. Hb Cranston：フレームシフトによるグロビン鎖の延長

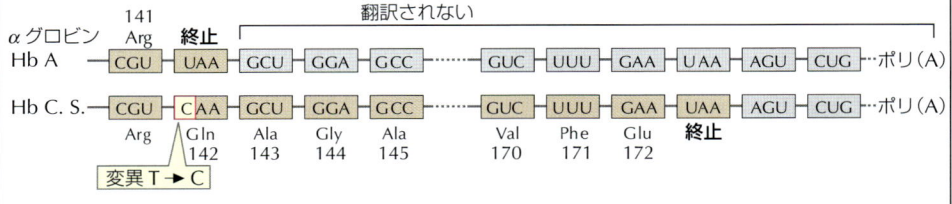

αグロビン
　　　　141
　　　　Arg　終止　　　　　　　翻訳されない
Hb A —CGU—UAA—GCU—GGA—GCC···GUC—UUU—GAA—UAA—AGU—CUG···ポリ(A)
Hb C.S.—CGU—CAA—GCU—GGA—GCC···GUC—UUU—GAA—UAA—AGU—CUG···ポリ(A)
　　　　Arg　Gln　Ala　Gly　Ala　Val　Phe　Glu　終止
　　　　　　142　143　144　145　170　171　172
　　　　　変異T→C

2. Hb Constant Spring：終止コドンの変異によるグロビン鎖の延長

D. 延長グロビン鎖をもつヘモグロビン

サラセミア

サラセミアはグロビン鎖合成の減少または欠損によって生じる，さまざまなヘモグロビン異常症の総称である。サラセミアは主としてマラリアが風土病である地域に起こる（176頁参照）。この用語は「海」という意味のギリシャ語"θαλασσα"に由来する。

A. サラセミアによる慢性貧血

サラセミアはタイプによって種々の重症度を呈する慢性貧血である。肝臓および脾臓での髄外造血が生じ，両臓器が肥大する。重症例では感染症，栄養不良，その他の症状が合併する。サラセミアはαサラセミアとβサラセミアに分類される。それ以外に，δ鎖とβ鎖グロビンの両方の減少が原因となる場合もある。（写真はWeatherall & Clegg, 2001より）

B. βサラセミアとαサラセミア

サラセミアには種々の遺伝子型と表現型があり，その病像は幅広い。βサラセミアの遺伝子型（図1）はβ鎖の完全欠損（$β^0$）と減少（$β^+$）とに区別される。αグロビン座位は4つあるので，αサラセミアの遺伝子型（図2）は複雑なパターンをとる。無症候性保因者となる$αα^0/αα$，同一染色体上の2つのα座位に変異をもつ$α^0α^0/αα$（thal-1），異なる染色体上の2つのα座位に変異をもつ$αα^0/αα^0$（thal-2）などである。α遺伝子座は相同性をもつ4 kbの領域内に位置しており，その内部には短い非相同領域によって中断されている部分があるが，減数分裂時にα遺伝子座間で誤った対を形成して非相同交差を起こしやすい。その結果，片方の染色体でα座位が1つになったり（欠失），3つになったりする（重複）。thal-1は主として東南アジアでみられ，thal-2は主としてアフリカでみられる。

C. βサラセミア変異の種類と分布

上流（5'方向）にある遺伝子座調節領域（LCR）の変異，ナンセンス変異，ミスセンス変異，スプライス変異などを含め，変異は遺伝子全体に分布している。αグロビン遺伝子の変異も同様に広く分布している。

D. RFLP解析によるハプロタイプ

βグロビン遺伝子変異の多くはβグロビン遺伝子クラスター内の制限酵素部位の多型と連鎖不平衡となっている。それゆえ，ある変異は制限断片長多型（RFLP，76頁参照）で区別できる特定のハプロタイプと連鎖している。例えば，7つの制限断片長多型によって9つのハプロタイプが区別される。図にはそのうちの5つ（A～E）を示した。この情報を利用して，ある変異が多くみられる集団において，変異のあるハプロタイプであるか否かを決定するという単純化した遺伝学的診断を行うことができる。変異は元来存在していたハプロタイプの上で独立に生じ，その後近隣のDNAとの連鎖がまだ残っているからである。（CおよびDのデータはAntonarakisら，1985より）

αサラセミアは精神遅滞を引き起こすと考えられている。2つの症候群が存在する。ATR-16症候群（MIM 141750）は，αグロビン遺伝子クラスターを含む16pter-p13.3における大きな（1～2 Mb）欠失による。もう1つはATR-X症候群（MIM 301040，遺伝子座はXq13）で，αグロビン遺伝子の欠失は認められないが，軽症型のHb H病ともいえる一様な表現型を呈するX連鎖性疾患である。トランス作用性の制御因子がX染色体上にコードされているようである（Gallegoら，2005；Wadaら，2005）〔訳注：αサラセミア・精神遅滞症候群のうちMIM 141750を「欠失型」，もう一方のMIM 301040を「非欠失型」と呼ぶ〕。

参考文献

Antonarakis SE, Kazazian Jr HH, Orkin SH: DNA polymorphism and molecular pathology of the human globin gene clusters: Hum Genet 69: 1–14, 1985.

Cooley TB, Lee P: A series of splenomegaly in children with anemia and peculiar bone changes. Trans Am Pediat Soc 37: 29, 1925.

Gallego MS et al: ATR-16 due to a de novo complex rearrangement of chromosome 16. Hemoglobin 29: 141–150, 2005.

Olivieri NF: The thalassemias. New Engl J Med 341: 99–109, 1999.

Rund D, Rachmilewitz E: β-thalassemia. New Engl J Med 353: 1135–1146, 2005.

Wada T et al: Non-skewed X-inactivation may cause mental retardation in a female carrier of X-linked alpha-thalassemia/mental retardation syndrome (ATR-X): X-inactivation study of nine female carriers of ATR-X. Am J Med Genet 138 A: 18–20, 2005.

Weatherall DJ et al.: The hemoglobinopathies, pp 4571–4636. In: Scriver CR et al (eds) The Metabolic and Molecular Bases of Inherited Disease, 8th ed. McGraw-Hill, New York, 2001.

Weatherall DJ: Phenotype-genotype relationships in monogenic disease: Lessons from the thalassaemias. Nature Rev Genet 2: 245–255, 2001.

Weatherall DJ, Provan AB: Red cells I: inherited anaemias. Lancet 355: 1169–1175, 2000.

Weatherall DJ, Clegg JB: The Thalassemia Syndromes, 4th ed. Oxford, 2001.

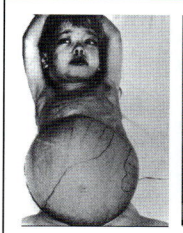

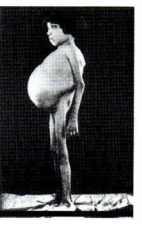

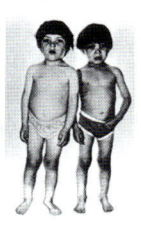

A. サラセミアによる慢性貧血

サラセミアの各タイプ
- α：α グロビン鎖合成の減少
- β：β グロビン鎖合成の減少
- $\delta\beta$：δ 鎖と β 鎖グロビンの両方の減少

→ 不安定ヘモグロビン → 慢性貧血

B. β サラセミアと α サラセミア

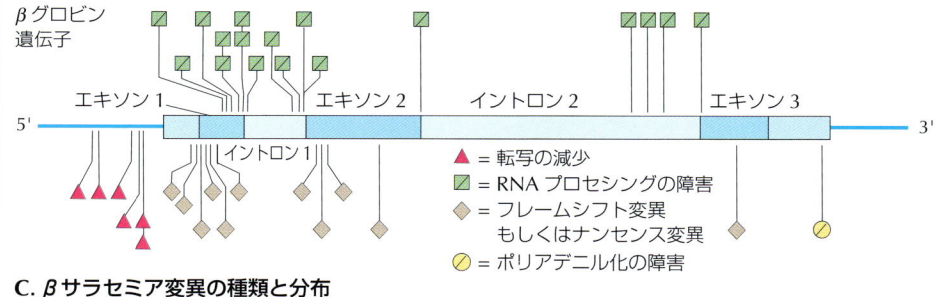

1. β サラセミア

	遺伝子型	表現型
± (+) (+)	β^0 ヘテロ接合体 β^+ ヘテロ接合体	軽症サラセミア（無症候性）
(+) (+) ± ±	β^+ ホモ接合体 β^0 ヘテロ接合体	中間型サラセミア（輸血非依存性）
− または (+) −	β^0 ホモ接合体 （β^0 サラセミア） β^+/β^0 ホモ接合体 （β^+ サラセミア）	重症サラセミア（輸血依存性）

2. α サラセミア

遺伝子型		表現型
α α α α		正常
α α^0 α α		無症候性保因者（正常）
α^0 α^0 α α	(thal-1)	サラセミア
α α^0 α α^0	(thal-2)	
α α^0 α^0 α^0		Hb H 病 （Hb H＝β_4）
α^0 α^0 α^0 α^0		胎児水腫

C. β サラセミア変異の種類と分布

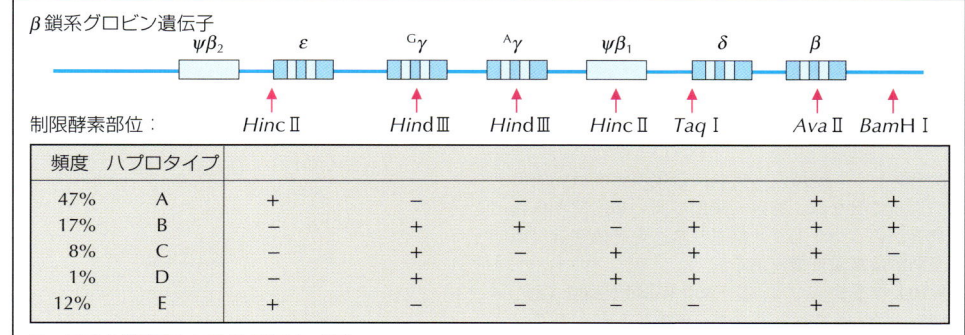

β グロビン遺伝子：エキソン1、イントロン1、エキソン2、イントロン2、エキソン3

- ▲ ＝ 転写の減少
- ■ ＝ RNA プロセシングの障害
- ◆ ＝ フレームシフト変異もしくはナンセンス変異
- ● ＝ ポリアデニル化の障害

D. RFLP 解析によるハプロタイプ

β 鎖系グロビン遺伝子：$\psi\beta_2$, ε, $^G\gamma$, $^A\gamma$, $\psi\beta_1$, δ, β

制限酵素部位：Hinc II, Hind III, Hind III, Hinc II, Taq I, Ava II, BamH I

頻度	ハプロタイプ	Hinc II	Hind III	Hind III	Hinc II	Taq I	Ava II	BamH I
47%	A	+	−	−	−	−	+	+
17%	B	−	+	+	−	+	+	+
8%	C	−	+	−	+	+	+	−
1%	D	−	+	−	+	+	−	+
12%	E	+	−	−	−	−	+	−

遺伝性胎児ヘモグロビン遺残症

遺伝性胎児ヘモグロビン遺残症（hereditary persistence of fetal hemoglobin, HPFH）は，発生過程におけるβグロビン遺伝子の一過性の発現に変化を生じた遺伝学的に異質な複数の疾患の総称である。HPFH患者では胎児ヘモグロビン（Hb F）量が増加している。状況によっては，Hb Fのみがβ鎖系グロビン遺伝子産物として形成される場合もある。Hb Fは出生後の環境に最適なヘモグロビンとはいえないが，HPFHは臨床的には比較的良性である。HPFHの解析からグロビン鎖の転写制御に関する知見が得られ，非コード配列における変異の影響がわかってきた。

A. β鎖系グロビン遺伝子クラスターの大規模欠失

β鎖系グロビン遺伝子クラスターの非常に大規模な欠失が，特に3′側の領域で多数知られている。この欠失の分布は民族集団によって異なっており，それぞれが別の時期に発生した欠失であることを反映している。症例によってはδβサラセミアやβグロビン産生不全を引き起こすことがある。

B. プロモーター領域の非コード配列の変異

β鎖系グロビン遺伝子クラスターの上流（5′方向）にあるプロモーター領域の非コード配列（εグロビン遺伝子の5′側）に生じた変異もHPFHの原因となることがある。高度に保存された配列CACCC，CCAAT，ATAAAは変異を生じにくいが，それ以外の非コード配列（長距離転写調節領域）の重要性は，既知の変異の数によって立証されている。おそらく長距離転写調節領域は，胎芽期および胎児発達期に起こっている異なる遺伝子座の転写調節の変換に必要なのであろう。（図はGelehrter & Collins, 1990より）

C. 民族集団ごとに異なるβサラセミア変異の頻度

βサラセミア変異のヘテロ接合体の頻度は民族集団によって異なる。特定の集団に高い頻度でみられる変異がいくつかあり，疾患リスクを評価するための予防的診断が可能である。

WHOの推定によれば（Bull World Health Org, 1983），全世界でおよそ2億7,500万人がヘモグロビン異常症のヘテロ接合体である。おもな内訳はアジアのβサラセミア（6,000万人以上），アジアの α^0 サラセミア（3,000万人），アジアのHb E/βサラセミア（8,400万人），アフリカの鎌状赤血球変異ヘテロ接合体（5,000万人），インド，カリブ海諸国，米国の鎌状赤血球変異ヘテロ接合体（5,000万人）となっている。少なくとも20万人の重症ホモ接合患者が毎年生まれており，その50％が鎌状赤血球貧血，50％がサラセミアである（Weatherall, 1991）。

参考文献

Antonarakis SE, Kazazian Jr HH, Orkin SH: DNA polymorphism and molecular pathology of the human globin gene clusters. Hum Genet 69: 1–14, 1985.

Gelehrter TD, Collins F: Principles of Medical Genetics. Williams & Wilkins, Baltimore, 1990.

Kan YW, Holland JP, Dozy AM, Charache S, Kazazian Jr H: Deletion of the beta globin structural gene in hereditary persistence of fetal hemoglobin. Nature 258: 162–163, 1975.

Orkin SH, Kazazian HH: The mutation and polymorphism of the human β-globin gene and its surrounding DNA. Ann Rev Genet 8: 131–171, 1984.

Stamatoyannopoulos G et al (eds): The Molecular Basis of Blood Diseases, 4th ed. WB Saunders, Philadelphia, 2001.

Weatherall DJ et al: The hemoglobinopathies, pp 4571–4636. In: Scriver CR et al (eds) The Metabolic and Molecular Bases of Inherited Disease, 8th ed. McGraw-Hill, New York, 2001.

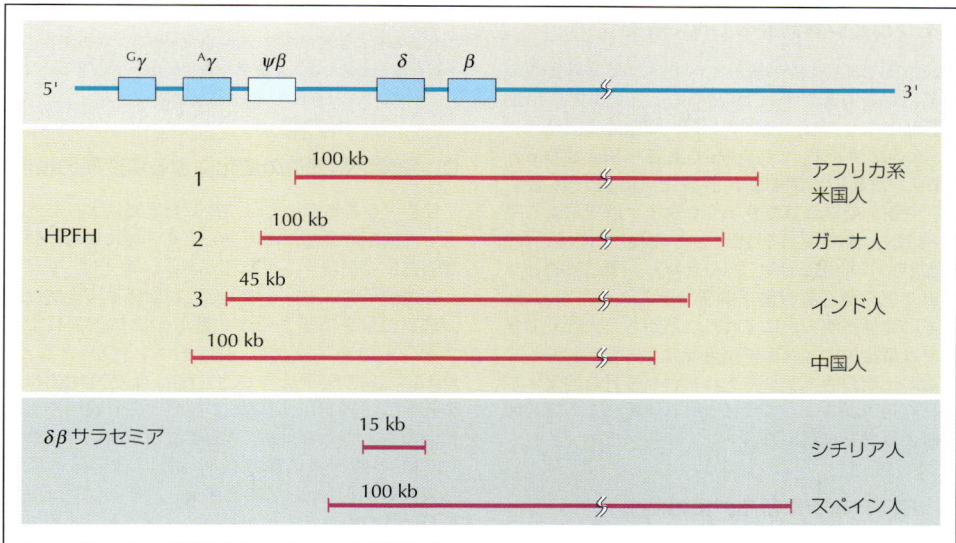

遺伝性胎児ヘモグロビン遺残症

A. βグロビン遺伝子クラスターの大規模欠失

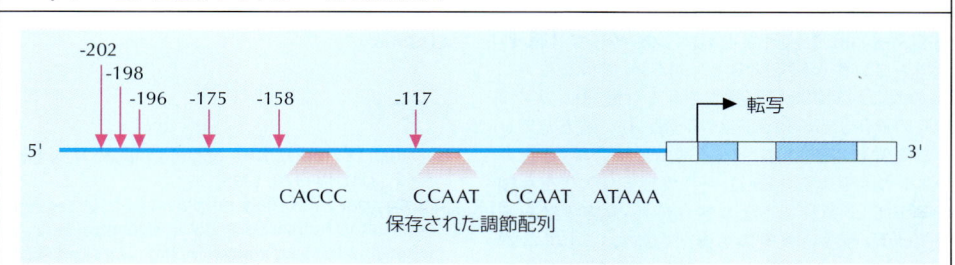

HPFH		
1	100 kb	アフリカ系米国人
2	100 kb	ガーナ人
3	45 kb	インド人
	100 kb	中国人

δβサラセミア		
	15 kb	シチリア人
	100 kb	スペイン人

B. βグロビン遺伝子のプロモーター領域の非コード配列に生じた変異もHPFHの原因となりうる

変異位置: -202, -198, -196, -175, -158, -117

保存された調節配列: CACCC, CCAAT, CCAAT, ATAAA

C. 民族集団ごとに異なるβサラセミア変異の頻度

βサラセミア変異	頻度	民族集団	タイプ
イントロン1（110G→A）	35%	地中海民族	β^+
コドン39（39C→T）	27%	地中海民族	β^0
TATAボックス（−29A→C）	39%	アフリカ系米国人	β^+
ポリ(A)（T→C）	26%	アフリカ系米国人	β^+
イントロン1（5G→C）	36%	インド人	β^+
部分欠失（619塩基）	36%	インド人	β^0
コドン71-72 フレームシフト	49%	中国人	β^0
イントロン2（654C→T）	38%	中国人	β^0
コドン41-42（−CTTT）	非常に多い	東南アジア人	β^0

ヘモグロビン異常症のDNA解析

　組換えDNA技術が初めてヘモグロビン異常症の診断に用いられたのは1978年のことである。出生前診断とありふれた変異アレルの高頻度集団のスクリーニングが行われたのである（Kan & Dozy, 1978）。初期には制限断片長多型（RFLP，76頁参照）を用いた変異連鎖性ハプロタイプ解析による間接的DNA診断が行われた。その後，PCR法（62頁参照）の利用により，ヘモグロビン構造異常とサラセミアの両者を容易に診断できるようになった。多くの変異が明らかにされたことから，大部分の症例では直接的アプローチが可能になった。しかし今もなお，間接的アプローチはまれな変異を同定するのに有用である。ここではRFLP解析による間接的診断の原理を説明する。

A. RFLP解析による欠失の検出

　図の例では14.5 kbの制限断片（赤矢印に挟まれた領域）内の2つのαグロビン遺伝子に起きた欠失を示す。α_2遺伝子を認識するプローブ（図1）を用いて欠失を同定すると，14.5 kbではなく10.5 kbの長さの制限断片が検出される（図2）。次の3通りの遺伝子型が考えられる（図3）。両方のアレルが正常の14.5 kb断片（正常ホモ接合体），片方のアレルが正常の14.5 kb断片で他方は欠失を示唆する10.5 kb断片（ヘテロ接合体），両方のアレルが10.5 kb断片（欠失のホモ接合体）。これら3通りの可能性はサザンブロット解析（図4）で明瞭に区別することができ，正確な診断が可能である。

B. 変異連鎖性ハプロタイプ解析

　ハプロタイプ解析では制限酵素部位の多型が診断に利用される。あるバリアントは7 kbと6 kbの2つの制限断片をもち，別のバリアントは13 kb断片をもつとする（図1）。7 kb断片を認識するプローブ（図2）を用いてサザンブロット解析を行う。この解析法では，どの断片に変異が起こるかが前もってわかっている必要がある（以下参照）。ここでは変異が13 kb断片に起きるものとする。可能な3通りの遺伝子型（図3）は，サザンブロット解析で容易に区別することができる。正常ホモ接合体は2つの7 kb断片をもち，ヘテロ接合体は7 kbと13 kb断片を1つずつもち，ホモ接合患者は2つの13 kb断片をもつ（図4）。

　この種の間接的解析法では，どのアレルが変異をもっているのかという事前情報が必要である。これは家系内の罹患者と非罹患者の解析によって知ることができる（図には示していない）〔訳注：もし事前に7 kb断片に変異があると知られていれば，7 kb断片のホモ接合体が患者である。変異を直接検出しているのではない。ハプロタイプ解析時の注意点である〕。

C. 制限酵素部位の変化による点変異の検出

　変異アレルにおいては，生じた変異によって元々あった制限酵素部位が消失したり，逆に新しい制限酵素部位が出現する可能性がある。例えば，βグロビン遺伝子のコドン6に生じた鎌状赤血球変異は制限酵素部位を消失させる（図1）。この変異によりコドン6のチミン（T）がアデニン（A）となり，Mst II 認識部位の配列 CCTNTGG は CCTNAGG に変化する（図2）。変異によって中央の制限酵素部位が消失したことから，Mst II による消化で生じる1.15 kbの断片は正常アレル（$^A\beta$），1.35 kbの断片は変異アレル（$^S\beta$）に相当する。サザンブロット解析では3つの遺伝子型が明瞭に区別され，正確で簡便かつ安価な診断が可能である（図3）〔訳注：本方法は間接的方法ではあるが，Bで示した解析法に比べ直接法により近い〕。

参考文献

Housman D: Human DNA polymorphism. New Engl J Med 332: 318–320, 1995.

Kan YW, Dozy AM: Polymorphism of DNA sequence adjacent to human beta-globin structural gene: relationship to sickle mutation. Proc Nat Acad Sci 75: 5631–5635, 1978.

Kan YW, Dozy AM: Antenatal diagnosis of sickle-cell anaemia by DNA analysis of amniotic-fluid cells. Lancet II: 910–912, 1978.

Kan YW et al: Polymorphism of DNA sequence in the beta-globin gene region: application to prenatal diagnosis of beta-zero-thalassemia in Sardinia. New Engl J Med 302: 185–188, 1980.

Old J: Hemoglobinopathies and thalassemias, pp 1861–1898. In: Rimoin DL et al (eds) Emery and Rimoin's Principles of Medical Genetics, 4th ed. Churchill-Livingstone, London–Edinburgh, 2002.

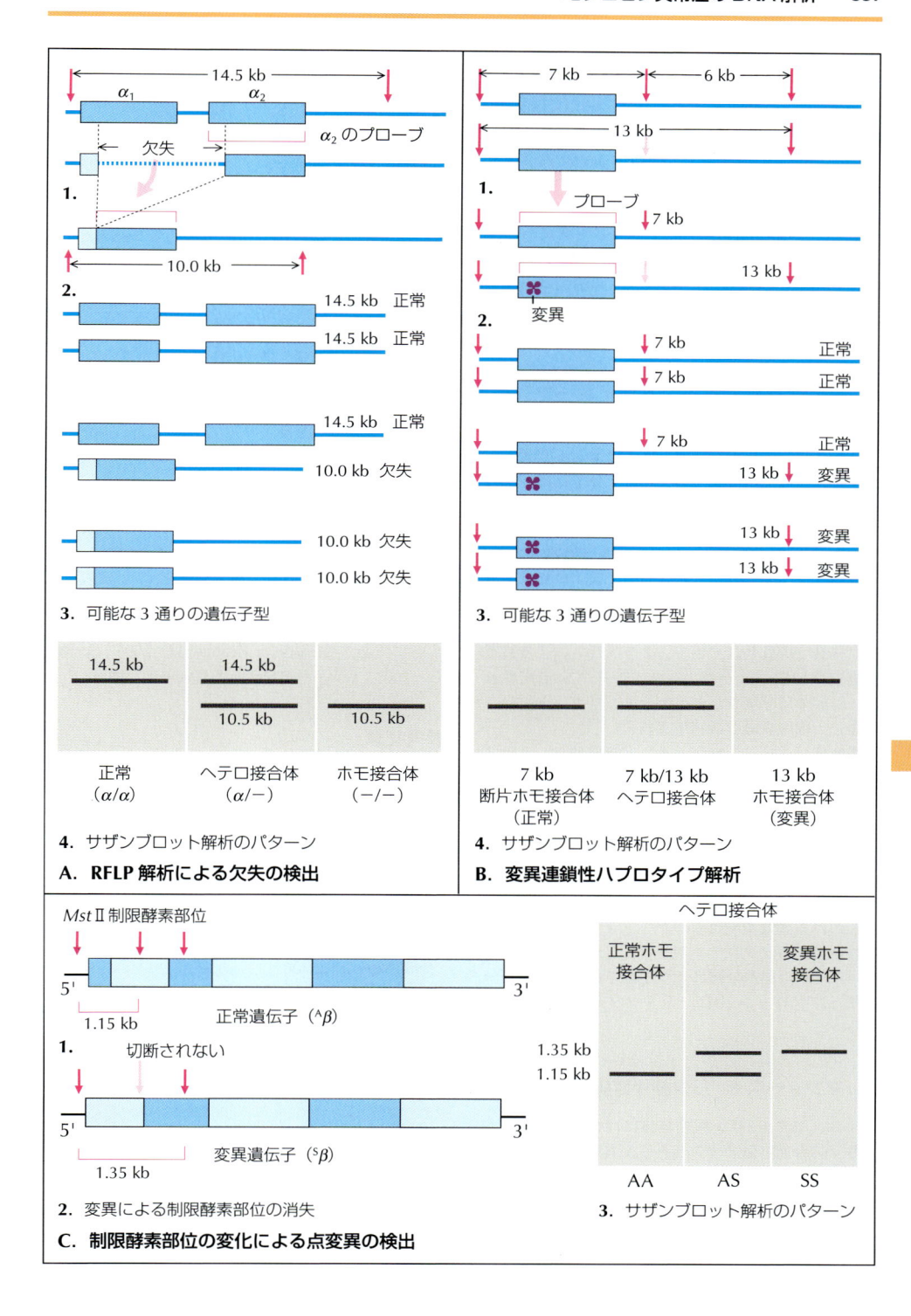

ヘモグロビン異常症のDNA解析　357

1.

2.

3. 可能な3通りの遺伝子型

4. サザンブロット解析のパターン

正常（α/α）　ヘテロ接合体（α/−）　ホモ接合体（−/−）

A．RFLP解析による欠失の検出

1.

2.

3. 可能な3通りの遺伝子型

4. サザンブロット解析のパターン

7 kb 断片ホモ接合体（正常）　7 kb/13 kb ヘテロ接合体　13 kb ホモ接合体（変異）

B．変異連鎖性ハプロタイプ解析

Mst II 制限酵素部位

正常遺伝子（$^Aβ$）

1. 切断されない

変異遺伝子（$^Sβ$）

2. 変異による制限酵素部位の消失

C．制限酵素部位の変化による点変異の検出

3. サザンブロット解析のパターン

正常ホモ接合体　ヘテロ接合体　変異ホモ接合体

AA　AS　SS

リソーム

　リソームは膜で囲まれた直径 0.05 〜 0.5 μm の細胞内小胞で，大きな分子の細胞内消化に必要である。酸性環境下（pH 約 5）に 50 以上の活性型加水分解酵素（酸性加水分解酵素）を内包している。例えば，グリコシダーゼ，スルファターゼ，ホスファターゼ，リパーゼ，ホスホリパーゼ，プロテアーゼ，ヌクレアーゼのような酵素であり，まとめてリソソーム酵素と呼ばれる。リソソーム酵素は認識シグナル（マンノース 6-リン酸）およびその受容体の働きでリソソーム内に入る。

A. 受容体を介するエンドサイトーシスと，リソソームの形成

　分解されるべき細胞外巨大分子はエンドサイトーシスにより細胞内に取り込まれる。分子は最初に特殊な細胞表面受容体に結合する（受容体を介するエンドサイトーシス）。分子と結合した受容体は，陥入した細胞膜（被覆ピット）の内部で濃縮される。被覆ピットは細胞膜から離れ，膜に覆われた細胞質内の区画（被覆小胞）を形成する。小胞の細胞質側の表面は，三量体タンパクであるクラスリンのネットワークで構成されている。クラスリンによる被覆は細胞内で取り除かれ，エンドソームが形成される。受容体は分解されるべき分子（リガンド）から分離し，細胞表面で再利用される。

　多胞体（エンドリソソーム）が形成され，クラスリン被覆小胞に取り込まれた酸性加水分解酵素を取り込む。加水分解はリソソームで行われる。膜の一部は，ここでも再利用される。

　マンノース 6-リン酸受容体はエンドリソソームへの取り込みのための認識シグナルとして働き，ゴルジ装置へ戻され，やはり再利用される。リソソームにおける酸性環境は膜のプロトンポンプにより維持されている。プロトンポンプはアデノシン三リン酸（ATP）の加水分解により生産されたエネルギーを使ってプロトン（H^+）をリソソーム内へ移動させる。

B. マンノース 6-リン酸受容体

　マンノース 6-リン酸受容体には 2 つのタイプがあり，結合能と陽イオン依存性が異なっている。マンノース 6-リン酸受容体は，構成するアミノ酸数の異なる 2 個または 16 個の細胞外ドメインを有している。陽イオン非依存性マンノース 6-リン酸受容体（CI-MPR）の cDNA は，II 型インスリン様増殖因子（IGF-II）と同一である。したがって，CI-MPR は多機能性結合タンパクである。

C. 生合成

　認識シグナルとなるマンノース 6-リン酸の生合成には 2 つの酵素が必須である。ホスホトランスフェラーゼ（リン酸基転移酵素）とホスホグリコシダーゼである。リン酸基はウリジン 5′-二リン酸-N-アセチルグルコサミン（UDP-GlcNAc）により運ばれる（転移酵素は N-アセチルグルコサミン-1-ホスホトランスフェラーゼ）。もう 1 つの酵素 N-アセチルグルコサミニルホスホグリコシダーゼは，マンノースの 6 位から N-アセチルグルコサミンを除去し，リン酸基を残して，結果的にマンノースにリン酸基を残す。（図は Sabatini & Adesnik, 2001 ; de Duve, 1984 より）

医学との関連

　リソソーム蓄積症はグリコーゲン，ムコ多糖，酸性リパーゼ，酸性セラミダーゼ，酸性スフィンゴミエリナーゼ，スフィンゴ脂質活性化タンパク，アリールスルファターゼ，β-ガラクトシダーゼ，ガングリオシドなどが関与する，遺伝病の大きなグループである（Hopkin & Grabowski, 2005 ; Scriver ら, 2001 ; Gilbert-Barness & Barness, 2000）。

参考文献

de Duve C: A Guided Tour of the Living Cell, 2 vols., Scientific American Books, Inc, New York, 1984.

Gilbert-Barness E, Barness L: Metabolic Diseases. Foundations of Clinical Management, Genetics, and Pathology, 2 vols., Eaton Publishing, Natick, Massachussetts, 2000.

Hopkin RJ, Grabowsi GA: Lysosomal storage diseases, pp 2315–2319. In: Kasper DL et al (eds) Harrison's Principles of Internal Medicine, 16th ed. McGraw-Hill, New York, 2005.

Sabatini DD, Adesnik MB: The biogenesis of membranes and organelles, pp 433–517. In: Scriver CR et al (eds) The Metabolic and Molecular Bases of Inherited Disease, 8th ed. McGraw-Hill, New York, 2001.

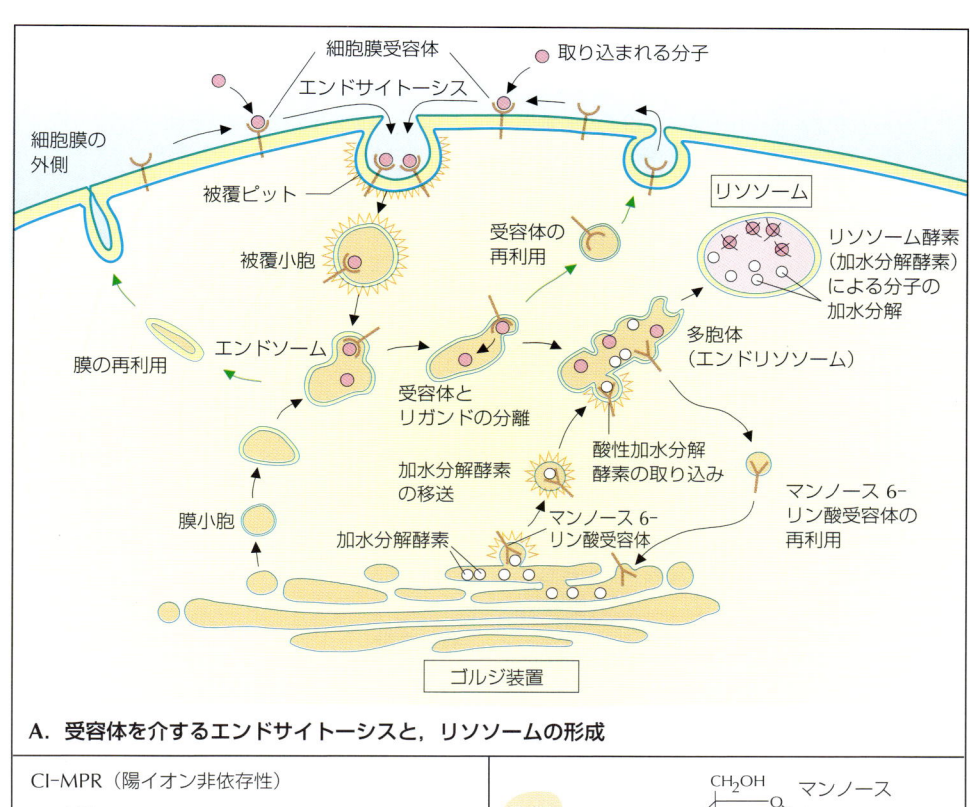

リソーム 359

A. 受容体を介するエンドサイトーシスと，リソームの形成

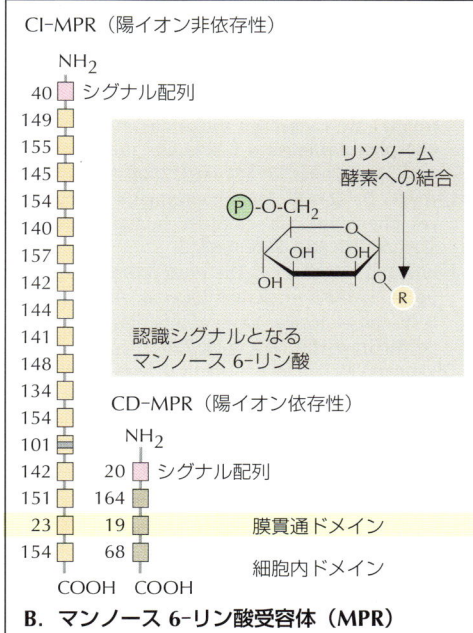

B. マンノース 6-リン酸受容体（MPR）

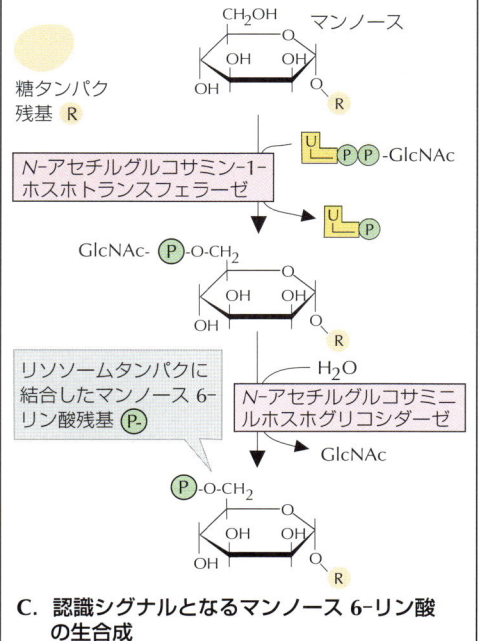

C. 認識シグナルとなるマンノース 6-リン酸の生合成

リソーム酵素欠損による疾患

リソソームにおいて巨大分子を加水分解する酵素（リソソーム酵素）をコードする遺伝子の変異は，数多くの疾患の原因となる．その臨床症候と生化学的ならびに細胞学的な所見は，関与する酵素の正常な生理機能に関係している．正常では分解されるべき巨大分子がリソソームに残存すると，**リソソーム蓄積症** lysosomal storage disease が発症する．発症率はさまざまであり，各疾患は独自の転帰をたどる．それぞれ特定のリソソーム機能に関連している，遺伝学的に決定された12グループの異常症が知られており，各グループには3～10の独立した疾患がある．

A. リソソームへの酵素取り込みの異常：I細胞病

ムコ脂質症II型（MIM 252500）は，Leroy & DeMars（1967）により初めて記載された疾患で，明瞭な細胞封入体が認められることからI細胞病とも呼ばれ〔訳注：封入体（inclusion body）の頭文字Iから命名された〕，間葉系細胞におけるリソソーム輸送やタンパク選別の異常による疾患である．リソソーム酵素である N-アセチルグルコサミン-1-ホスホトランスフェラーゼ（前項参照）をコードする *GNPTA* 遺伝子（12q23.3）の変異（MIM 607840）のため，ゴルジ装置における2段階反応の最初の反応が欠損している．その結果，認識シグナルとなるマンノース6-リン酸の付加が起こらず，ムコ脂質が間葉系細胞に蓄積する（図1）．正常の線維芽細胞では蓄積がない（図2）．認識シグナルとなるマンノース6-リン酸が付加していないため，加水分解酵素はリソソームに取り込まれず，小胞封入体を形成する．リソソームはいくつかの酵素を欠損し，それらの細胞外濃度が高くなる．重症かつ進行性の疾患が，生後6カ月までに明らかとなる（図3）．*GNPTA* 遺伝子はゲノム上85 kbにわたって存在し，21個のエキソンがある（Tiedeら，2005）．変異の結果，翻訳が早期に停止する．ムコ脂質症II型には2つの亜型が確立されており，その他の型のムコ脂質症（MIM 252600, 252650）も知られている．

B. ヘパラン硫酸の分解

リソソーム酵素は結合特異的であって，基質特異的ではない．したがって，ムコ脂質以外に，デルマタン硫酸，ケラタン硫酸，コンドロイチン硫酸などのムコ多糖類，すなわちグリコサミノグリカンもリソソーム酵素によって分解される．10種類の特異的な酵素欠損がムコ多糖症の原因となる（次項参照）．ヘパラン硫酸は8種類のリソソーム酵素によって段階的に分解される巨大分子の一例である．ヘパラン硫酸分解の最初の段階は，イズロン酸スルファターゼによる末端イズロン酸からの硫酸基の除去である．イズロン酸スルファターゼをコードする遺伝子の欠損は，X連鎖性ムコ多糖症（MPS II，ハンター症候群）の原因となる．その他のムコ多糖症はすべて常染色体劣性である．第二段階の酵素反応は α-L-イズロニダーゼによる末端イズロン酸の除去である．責任遺伝子のホモ接合変異は，ムコ多糖症I型（MPS I，ハーラー症候群／シェイ症候群）の原因となる．これに続く3段階で働く酵素の欠損は，ムコ多糖症III型（MPS III，サンフィリッポ症候群）の4亜型のうち3亜型の原因となる（MPS IIIA，IIIC，IIIB）．MPS IIIDは，最終（第八）段階で働く酵素の欠損による．MPS VII（スライ症候群）は β-グルクロニダーゼ（第七段階）の欠損による疾患で，MPS I型，II型，III型とは異なる表現型を示す．

参考文献

Kornfeld S, Sly WS: I-cell disease and Pseudo-Hurler polydystrophy: Disorders of lysosomal enzyme phosphorylation and localization, pp 3469-3482. In: CR Scriver et al (eds) The Metabolic and Molecular Bases of Inherited Disease, 8th ed. McGraw-Hill, New York, 2001.

Kudo M et al: Mucolipidosis II (I-cell disease) and mucolipidosis IIIA (classical pseudo-Hurler polydsystrophy) are caused by mutations in the GlcNAc-phosphotransferase α/β-subunits precursor gene. Am J Hum Genet 78: 451-463, 2006.

Leroy JG, DeMars RI: Mutant enzymatic and cytological phenotypes in cultured human fibroblasts. Science 157: 804-806, 1967.

Neufeld EF, Muenzer J: The mucopolysaccharidoses, pp 3421-3452. In: Scriver CR et al (eds) The Metabolic and Molecular Bases of Inherited Disease, 8th ed. McGraw-Hill, New York, 2001.

Olkkonen VM, Ikonen E: Genetic defects of intracellular-membrane transport. New Engl J Med 343: 1095-1104, 2000.

Tiede S et al: Mucolipidosis II is caused by mutations in GNPTA encoding the alpha/beta GlcNAc-1-phosphotransferase. Nature Med 11: 1109-1112, 2005.

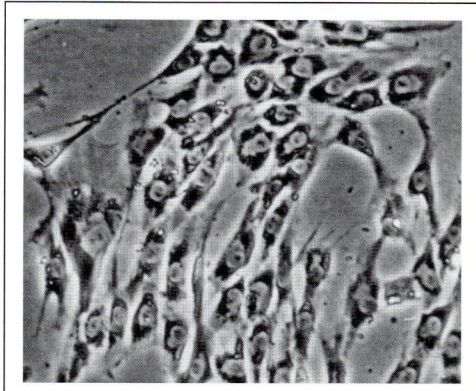

リソーム酵素欠損による疾患　361

1. I細胞病の培養線維芽細胞
2. 正常な培養線維芽細胞 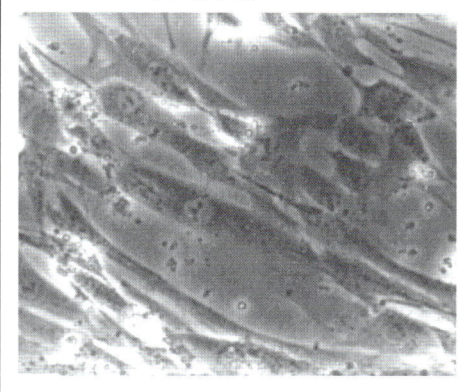
3. I細胞病の患者 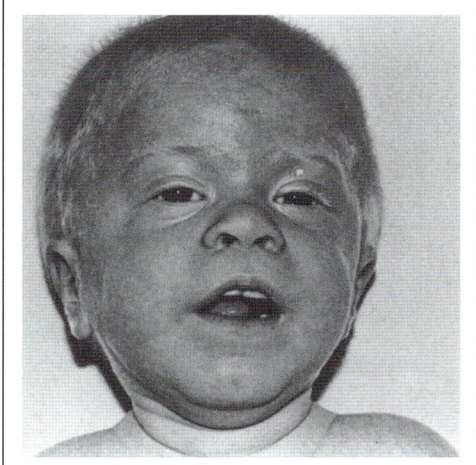

A. リソソームへの酵素取り込みの異常：I細胞病

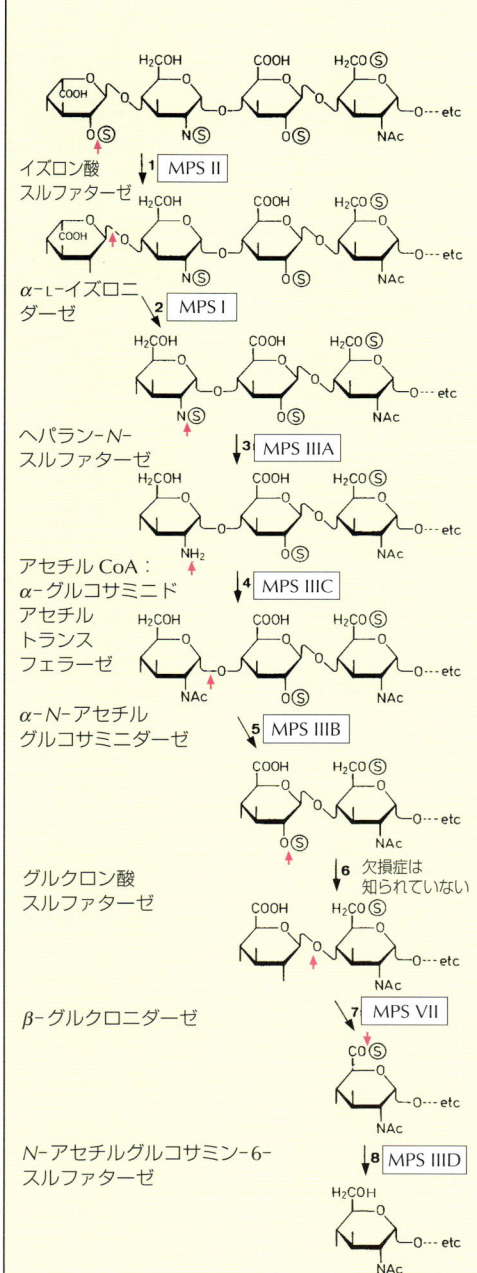

B. 8種類のリソソーム酵素によるヘパラン硫酸の分解

- イズロン酸スルファターゼ　↓1 MPS II
- α-L-イズロニダーゼ　↓2 MPS I
- ヘパラン-N-スルファターゼ　↓3 MPS IIIA
- アセチルCoA：α-グルコサミニドアセチルトランスフェラーゼ　↓4 MPS IIIC
- α-N-アセチルグルコサミニダーゼ　↓5 MPS IIIB
- グルクロン酸スルファターゼ　↓6 欠損症は知られていない
- β-グルクロニダーゼ　↓7 MPS VII
- N-アセチルグルコサミン-6-スルファターゼ　↓8 MPS IIID

ムコ多糖症

ムコ多糖症（ムコ多糖蓄積症）は，臨床的ならびに遺伝的に異質な一群のリソソーム蓄積症であり，ムコ多糖（グリコサミノグリカン）の分解に関与する種々の酵素の欠損による（巻末の付表15参照）。ムコ多糖症II型（ハンター症候群）を除き，すべて常染色体劣性遺伝で伝達される。

A. ムコ多糖症I型（ハーラー症候群／シェイ症候群）

ムコ多糖症IH型（ハーラー症候群，MIM 252800）の幼児は，最初は正常のようにみえるが，1～2歳頃から初期の徴候が出現し始め，顔貌が次第に粗野となり，精神遅滞，関節拘縮，肝肥大，臍ヘルニアなどの徴候を呈するようになる。X線写真では骨格構造の荒さ（多発性異骨症）が認められる。1人の患者の年齢を追った写真を次頁に示す（著者の症例）。ムコ多糖症IS型（シェイ症候群）はIH型とは臨床的に区別される軽症型の疾患である。ハーラー症候群とシェイ症候群の原因遺伝子は同一で，両症候群は「アレリック」な疾患である。

B. ムコ多糖症II型（ハンター症候群）

ムコ多糖症II型（ハンター症候群，MIM 309900）はX連鎖性遺伝で伝達される。同じ家系に属する4人の患者の家系図と写真を次頁に示す。この疾患は臨床的にはI型に似ているが進行が遅い。ほとんどの症例で分子診断が可能である。（写真はPassargeら，1974より）

診 断

ムコ多糖症の診断は，病歴，臨床的ならびに放射線学的な注意深い評価，尿の生化学的分析に基づいて行われる。ムコ多糖症ではその型によって，何種類かのグリコサミノグリカンのうち1つの尿中濃度が上昇している。DNA診断を行う際には，遺伝的異質性が非常に高い疾患であることを考慮しなければならない。

参考文献

Hopkin RJ, Grabowsi GA: Lysosomal storage diseases, pp 2315–2319. In: Kasper DL et al (eds) Harrison's Principles of Internal Medicine, 16th ed. McGraw-Hill, New York, 2005.

McKusick VA: Mendelian Inheritance in Man, 12th ed. 1998 (OMIM at www.ncbi.nlm.nih/Omim).

Neufeld EF, Muenzer J: The mucopolysaccharidoses, pp 3421–3452. In: Scriver CR et al (eds) The Metabolic and Molecular Bases of Inherited Disease, 8th ed. McGraw-Hill, New York, 2001.

Passarge E et al: Krankheiten infolge genetischer Defekte im lysosomalen Mucopolysaccarid-Abbau. Dtsch Med Wschr 99: 144–158, 1974.

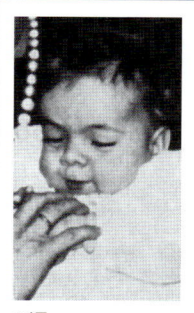

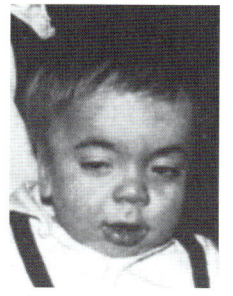

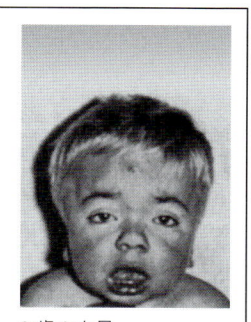

ムコ多糖症　363

8週　　7カ月　　2歳3カ月　　3歳9カ月

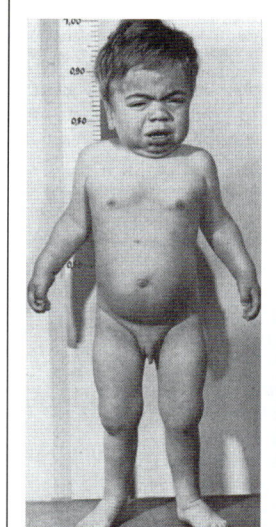

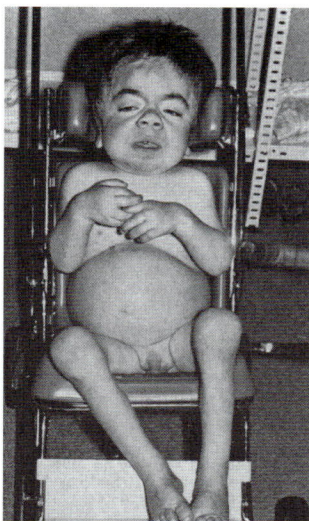

5歳　　8歳

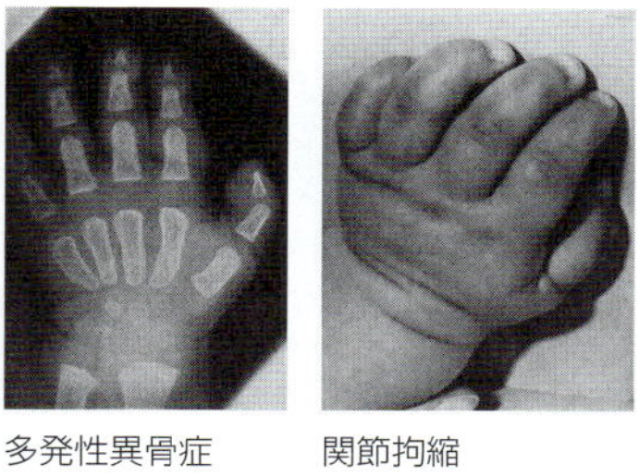

多発性異骨症　　関節拘縮

A. ムコ多糖症ⅠH型（ハーラー症候群）

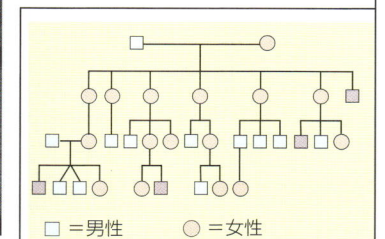

□＝男性　　○＝女性
■＝ハンター症候群
X連鎖性

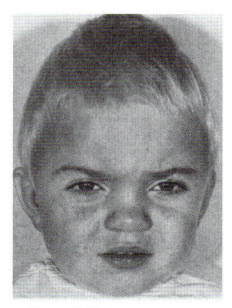

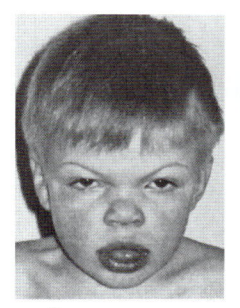

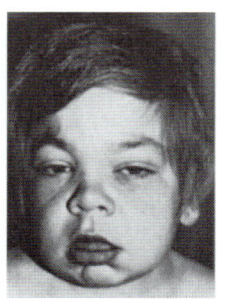

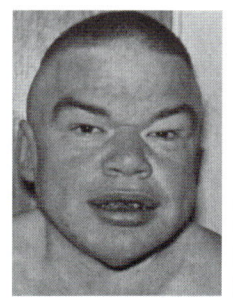

4歳6カ月　　10歳　　13歳　　21歳

B. ムコ多糖症Ⅱ型（ハンター症候群）

ペルオキシソーム形成異常症

ペルオキシソームは膜に結合した直径約 $0.5 \sim 1.0$ μm の細胞小器官であり，そのサイズはミトコンドリアよりもいくぶん小さい．同化や異化の代謝機能に関与している．その名前は，酸化的代謝の中間代謝産物として産生される過酸化水素に由来している．ほとんどの細胞，特に肝臓と腎臓は，およそ $100 \sim 1,000$ 個のペルオキシソームを含む．ペルオキシソームの形成やペルオキシソーム酵素の合成に関係する多くの遺伝的欠損は重大な疾患をもたらす（ペルオキシソーム病）．

ペルオキシソームは一層の顆粒マトリックスに覆われている．顆粒マトリックスには約50種類のマトリックス酵素が含まれている．それらの酵素は，脂肪酸の β 酸化，リン脂質や胆汁酸の生合成，その他の機能をもっている．マトリックスタンパク（ペルオキシン）の合成と，受容体を介する細胞小器官への移行を経てペルオキシソームが形成される．細胞小器官への移行は，少なくとも23個の PEX 遺伝子とペルオキシソーム標的シグナル（peroxisomal targetting signal，PTS）による調節下で行われる．

A. 生化学反応

ラット肝細胞の3個のペルオキシソームの電子顕微鏡写真を示す（図1）．細胞小器官内にみられる暗黒色の線状構造は，尿酸が酵素に酸化されて生じた尿酸塩である．ペルオキシソームは異化（分解）と同化（合成）の2つの機能をあわせもっている（図2）．2つの生化学反応，すなわちペルオキシソーム性呼吸鎖と極長鎖脂肪酸の β 酸化が特に重要である．ペルオキシソーム性呼吸鎖（図3）では，酸化酵素とカタラーゼが共同して働く．酸化酵素の特異的基質は有機代謝中間産物である．極長鎖脂肪酸は，4つの酵素反応からなるサイクルである β 酸化により分解される（図4）．ペルオキシソームにおけるエネルギー産生は，ミトコンドリアにおけるそれと比較して相対的に効率が悪い．ミトコンドリアでは自由エネルギーがアデノシン三リン酸（ATP）という形で保存されるのに対して，ペルオキシソームではエネルギーのほとんどが熱に変換される．ペルオキシソームはおそらく，進化上かなり早い時期における生命体の酸素に対する適応の名残なのであろう．（写真は de Duve，1984 より）

B. ペルオキシソーム病

重要な6つのペルオキシソーム病を示す．すべて常染色体劣性遺伝である．

新生児副腎白質ジストロフィーの患者は，十分な量のプラスマローゲン（リン脂質の一種）を合成できず，またフィタン酸とピペコリン酸を適切に分解できない．患者からの培養線維芽細胞の融合試験により，12種以上の相補性群が確立されている．異なるサブタイプからの雑種細胞は互いの欠陥を補い合う（130頁参照）．

C. ツェルベガー脳・肝・腎症候群

特徴的な常染色体劣性遺伝病で，1p36, 1q22, 2p15, 6q23-q24, 7q21-q22, 12p13.3, 22q11.21 に局在する遺伝子の変異により生じる（MIM 214100）．特徴的な顔貌（図1～4）と重度の筋力低下（図5）に加え，X線写真で認められる関節の石灰化点状骨端（図6），腎囊胞（図7, 8），水晶体や角膜の混濁などの随伴症状によって診断される．重症型の患者は通常，1歳以前に死亡する．（写真1～5は Passarge & McAdams，1967 より）

参考文献

de Duve C: A Guided Tour through the Living Cell. Scientific American Books, New York, 1984.

Gould SJ, Raymond BV, Valle D: The peroxisome biogenesis disorders, pp 3181–3217. In: Scriver CR et al (eds) The Metabolic Bases of Inherited Disease, 8th ed. McGraw-Hill, New York, 2001.

Muntau AC et al: Defective peroxisome membrane synthesis due to mutations in human PEX3 causes Zellweger syndrome, complementation group G. Am J Hum Genet 67: 967–975, 2000.

Passarge E, McAdams AJ: Cerebro-hepato-renal syndrome. A newly recognized hereditary disorder of multiple congenital defects, including sudanophilic leukodystrophy, cirrhosis of the liver, and polycystic kidneys. J Pediat 71: 691–702, 1967.

Shimozawa N et al: A human gene responsible for Zellweger syndrome that affects peroxisome assembly. Science 255: 1132–1134, 1992.

Warren DS et al: Phenotype-genotype relationships in PEX10-deficient peroxisome biogenesis disorder patients. Hum Mutat 15: 509–521, 2000.

ネット上の情報：

www.peroxisome.org at Johns Hopkins University School of Medicine, Stephen J. Gould

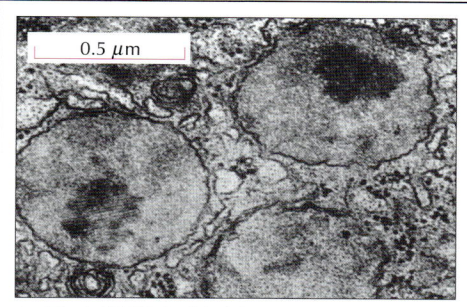

ペルオキシソーム形成異常症

1. ラット肝細胞のペルオキシソーム

a) 異化
　過酸化水素の関与する細胞呼吸
　長鎖脂肪酸の β 酸化
　プロスタグランジン，コレステロール側鎖など
　プリン，尿酸塩類
　ピペコリン酸，ジカルボン酸類
　エタノール，メタノール

b) 同化
　リン脂質（プラスマローゲン）類
　コレステロール，胆汁酸類
　糖新生
　グリオキシル酸へのアミノ基転移

2. ペルオキシソームの機能

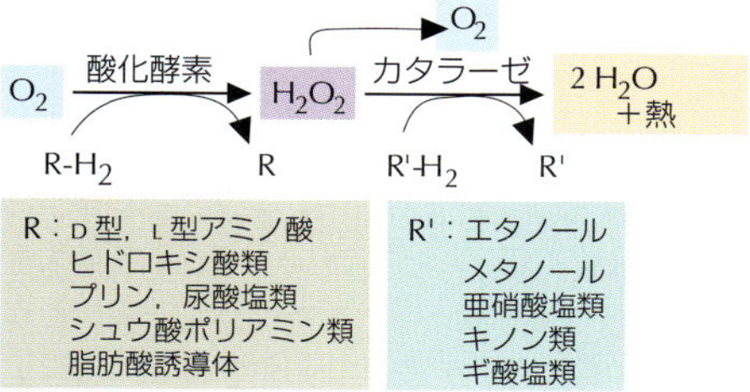

3. ペルオキシソーム性呼吸鎖

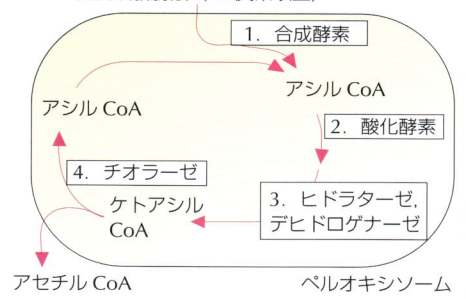

$O_2 \xrightarrow{\text{酸化酵素}} H_2O_2 \xrightarrow{\text{カタラーゼ}} 2H_2O + 熱$

R-H$_2$ → R　　R'-H$_2$ → R'

R：D型，L型アミノ酸
　ヒドロキシ酸類
　プリン，尿酸塩類
　シュウ酸ポリアミン類
　脂肪酸誘導体

R'：エタノール
　メタノール
　亜硝酸塩類
　キノン類
　ギ酸塩類

4. β 酸化

極長鎖脂肪酸（13 炭素以上）
　1. 合成酵素
　アシル CoA
　2. 酸化酵素
　3. ヒドラターゼ，デヒドロゲナーゼ
　ケトアシル CoA
　4. チオラーゼ
　アセチル CoA
　ペルオキシソーム

A. ペルオキシソーム内での生化学反応

214100：ツェルベガー脳・肝・腎症候群
202370：新生児副腎白質ジストロフィー
266510：幼児レフスム病
239400：高ピペコリン酸尿症
215100：近位肢型点状軟骨異形成症
259900：原発性高シュウ酸塩尿症Ⅰ型ほか

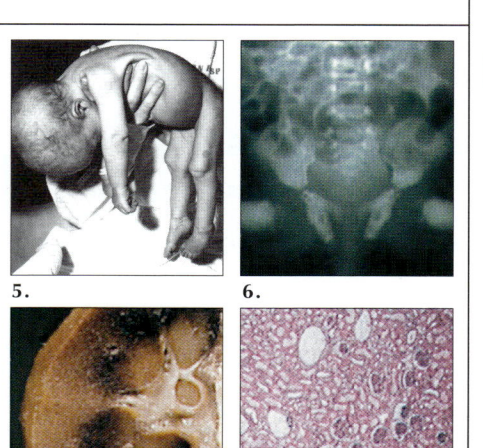

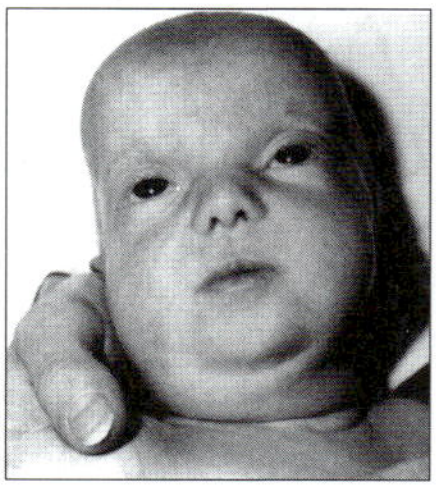

B. ペルオキシソーム病の例

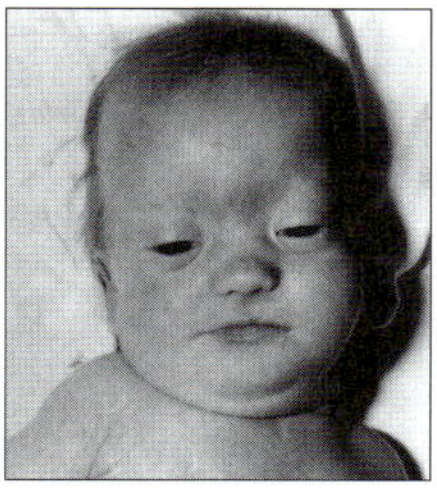

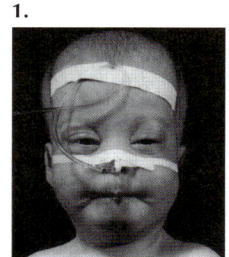

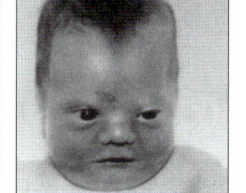

C. ツェルベガー脳・肝・腎症候群

コレステロール生合成

コレステロールは多くのステロイドホルモンの前駆体で，真核生物の細胞膜の流動性を調節している主要成分でもある。1932年にWielandとDaneはその構造が炭素数27の単不飽和性ステロールであることを明らかにした。コレステロールの生合成経路は，分子状酸素による酸化，還元，脱メチル化，二重結合の移動を含む，一連の22個の遺伝子によって制御される約30にも及ぶ酵素反応を必要とする。Konrad Blochはこの経路を解明したことにより1964年ノーベル賞を受賞した。コレステロールは地球の大気に酸素が豊富に含まれるようになってから進化した。過去10年の間に，コレステロール生合成に関与する酵素をコードする遺伝子の突然変異の結果引き起こされる数多くの遺伝病が発見されてきた。

A. コレステロール代謝の欠陥による奇形症候群

コレステロール生合成経路の遮断を原因とする7種類の遺伝病が知られている（次項参照）。ここではそのうち3つの例を示す。(1) 常染色体劣性のスミス−レムリ−オピッツ症候群（MIM 270400），(2) X連鎖優性点状軟骨異形成症2型（CDPX2，コンラディ−ヒューナーマン症候群，MIM 302960），(3) 常染色体優性の出生前致死型グリーンバーグ骨異形成症（MIM 215140）。（図1は患児の両親；図2はRichard I. Kelley博士，Baltimore；図3はDavid L. Rimoin博士，Los Angelesの厚意による）

B. コレステロール生合成の概略

コレステロール生合成はアセチルCoAから始まり，27個すべての炭素原子はアセチルCoAに由来する。アセチルCoAとアセトアセチルCoAが縮合して3-ヒドロキシ-3-メチルグルタリル（HMG）-CoAになる。これがHMG-CoAレダクターゼによりメバロン酸に変換される。これはイソプレンの前駆体で，3段階を経てイソプレンが合成される（図には示していない）。スクアレンは炭素数30の直鎖状イソプレノイドで，6つのイソプレン単位から合成される。イソペンテニル二リン酸を出発点として，$C_5 \rightarrow C_{10} \rightarrow C_{15} \rightarrow C_{30}$ と反応が続く。スクアレンからコレステロール生合成の後半経路が始まる。

メバロン酸尿症（MIM 251170）はメバロン酸キナーゼの遮断の結果引き起こされる。この多彩な症状を呈する常染色体劣性遺伝病は，成長障害，精神運動遅滞，嘔吐，下痢，繰り返す発熱，特徴的な顔貌を伴うメバロン酸の尿中排泄増加が特徴である。

C. スクアレンからラノステロールへ

まず最初に，スクアレンは反応性に富む中間体エポキシスクアレン（図には示していない）を経てシクラーゼの働きにより環化し，最初のステロール中間体である炭素数30のラノステロールになる。これには4つの二重結合を介した電子の移動と2つのメチル基の転位が必要である。24-25位の二重結合が還元されて，もう1つのコレステロール前駆体であるジヒドロラノステロールができる。

参考文献

Farese jr RV, Herz J: Cholesterol metabolism and embryogenesis. Trends Genet 14: 115–120, 1998.

Fitzky BU et al.: Mutations in the delta-7-sterol reductase gene in patients with the Smith–Lemli–Opitz syndrome. Proc Nat Acad Sci 95: 8181–8186, 1998.

Goldstein JL, Brown MS: Regulation of the mevalonate pathway. Nature 343: 425–430, 1990.

Greenberg CR et al.: A new autosomal recessive lethal chondrodystrophy with congenital hydrops. Am J Med Genet 29: 623–632, 1988.

Herman GE et al: Characterization of mutations in 22 females with X-linked dominant chondrodysplasia punctata (Happle syndrome). Genet Med 4: 434–438, 2002.

Herman GE: Disorders of cholesterol biosynthesis: prototypic metabolic malformation syndromes. Hum Mol Genet 12(R1): R75–R88, 2003.

Kelley RI et al: Abnormal sterol metabolism in patients with Conradi–Hünerman–Happle syndrome and sporadic chondrodysplasia punctata. Am J Med 83: 231–219, 1999.

Porter FB: Malformations due to inborn errors of cholesterol synthesis. J Clin Invest 110: 715–724, 2002.

Smith DW, Lemli L, Opitz JH: A newly recognized syndrome of multiple congenital anomalies. J Pediat 64: 210–217, 1964.

Waterham HR et al.: Autosomal recessive HEM/Greenberg skeletal dysplasia is caused by 3-beta-hydroxysterol delta (14)-reductase deficiency due to mutations in the lamin B receptor gene. Am J Hum Genet 72: 1013–1017, 2003.

Waterman HR: Inherited disorders of cholesterol biosynthesis. Clin Genet 61: 393–403, 2002.

Witsch-Baumgartner M et al.: Maternal apo E genotype is a modifier of the Smith–Lemli–Opitz syndrome. J Med Genet 41: 577–584, 2004.

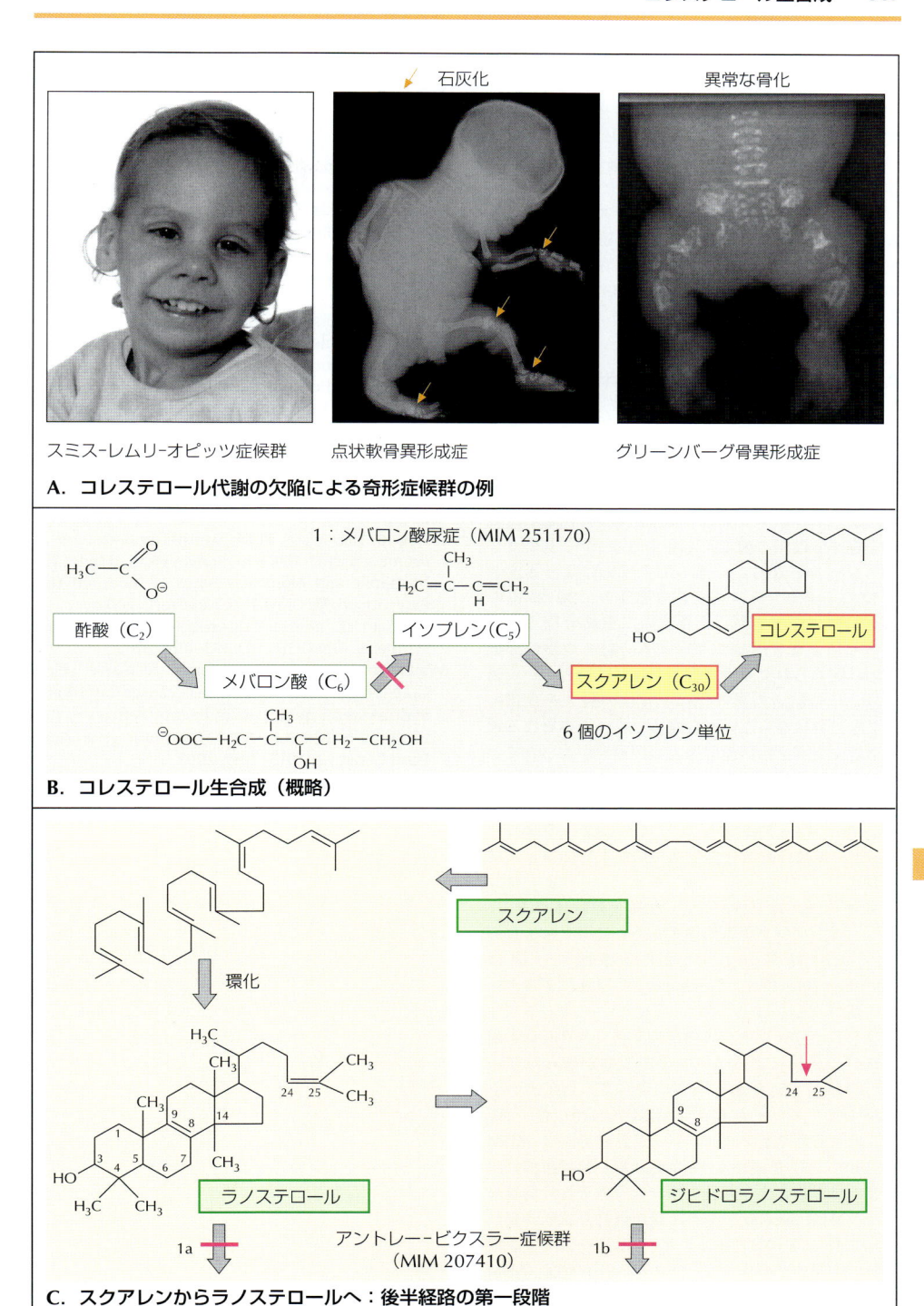

コレステロール生合成

石灰化　　　異常な骨化

スミス-レムリ-オピッツ症候群　　点状軟骨異形成症　　グリーンバーグ骨異形成症

A. コレステロール代謝の欠陥による奇形症候群の例

1：メバロン酸尿症（MIM 251170）

酢酸（C_2）→ メバロン酸（C_6）→[1]→ イソプレン（C_5）→ スクアレン（C_{30}）→ コレステロール

6個のイソプレン単位

B. コレステロール生合成（概略）

スクアレン

環化

ラノステロール　　ジヒドロラノステロール

[1a]　　アントレー-ビクスラー症候群（MIM 207410）　　[1b]

C. スクアレンからラノステロールへ：後半経路の第一段階

コレステロール生合成の後半経路

　コレステロール生合成の後半経路（スクアレン生成後）では，ラノステロールとジヒドロラノステロール（前項参照）が，コレステロールの直接前駆体であるデスモステロールと 7-デヒドロコレステロールにそれぞれ変換される．コレステロール生合成に必要とされる酵素をコードする遺伝子の変異がすべての段階で発見されており，発育遅延や骨格その他の異常を特徴とするまれな遺伝病の原因となる．

A. コレステロール生合成の後半経路と疾患

　ラノステロールとジヒドロラノステロール（前項参照）は，コレステロールの直接前駆体であるデスモステロール（コレスタ-5,24-ジエン-3β-オール）と 7-デヒドロコレステロールにそれぞれ変換される．ジヒドロラノステロールは，4 つの代謝中間産物を経て 6 段階の酵素反応により 7-デヒドロコレステロールとなる．一連の酵素反応により 4 位と 14 位の 3 つのメチル基が取り除かれ，24–25 位の二重結合は還元され，8–9 位の二重結合はイソメラーゼにより 7–8 位へ移動する．いくつかの酵素反応は定められた順序で起きなければならない．例えば，二重結合の異性化は 14α 位の脱メチル化の後でなければならない．経路はいくつかの異なる細胞機能やシグナル伝達経路との関連性が知られている．ラノステロールとそれに続く 2 つの中間体である 4,4-ジメチルコレスタ-8,14,24-トリエン-3β-オールと 4,4-ジメチルコレスタ-8,24-ジエン-3β-オールは，減数分裂促進作用をもち卵巣と精巣に蓄積する（Herman, 2003 参照）．7-デヒドロコレステロールはビタミン D の直接前駆体である．ヘッジホッグシグナル伝達タンパクはコレステロールにより修飾される（278 頁参照）．（図は Dorothea Haas 博士，Heidelberg の厚意によるデータに基づく）

　コレステロール生合成の後半経路（スクアレン生成後）の欠損による 7 種類の遺伝病が知られている．経路の反応が進む順序に従って，(1) アントレー－ビクスラー症候群（MIM 207410）の一部，(2) 出生前致死型グリーンバーグ骨異形成症（MIM 215140），(3) X 連鎖 CHILD 症候群（魚鱗癬様紅皮症または母斑および四肢欠損を伴う先天性片側異形成症，MIM 308050），(4) X 連鎖優性点状軟骨異形成症 2 型（CDPX2，コンラディ－ヒューナーマン症候群，MIM 302960），(5) ラノステロール症（MIM 607330），(6) スミス－レムリ－オピッツ症候群（MIM 270400），(7) デスモステロール症（MIM 602398）がある．これらの疾患の主要な症状を表にまとめた（巻末の付表 16 参照）．

参考文献

Farese jr RV, Herz J: Cholesterol metabolism and embryogenesis. Trends Genet 14: 115–120, 1998.

Greenberg CR, Rimoin DL, Gruber HE et al: A new autosomal recessive lethal chondrodystrophy with congenital hydrops. Am J Med Genet 29: 623–632, 1988.

Herman GE: Disorders of cholesterol biosynthesis: prototypic metabolic malformation syndromes. Hum Mol Genet 12(R1): R75–R88, 2003.

Herman GE, Kelley RI, Pureza V et al: Characterization of mutations in 22 females with X-linked dominant chondrodysplasia punctata (Happle syndrome). Genet Med 4: 434–438, 2002.

Kelley RI, Herman GE: Inborn errors of sterol metabolism. Ann Rev Genomics Hum Genet 2: 299–341, 2001.

Kelley RI, Hennekam RCM: Smith-Lemli-Opitz syndrome, pp 6183–6201. In: Scriver CR et al (eds) The Metabolic and Molecular Bases of Inherited Disease, 8th ed. McGraw-Hill, New York, 2001.

Waterman HR: Inherited disorders of cholesterol biosynthesis. Clin Genet 61: 393–403, 2002.

Waterham HR et al: Autosomal recessive HEM/Greenberg skeletal dysplasia is caused by 3-beta-hydroxysterol delta (14)-reductase deficiency due to mutations in the lamin B receptor gene. Am J Hum Genet 72: 1013–1017, 2003.

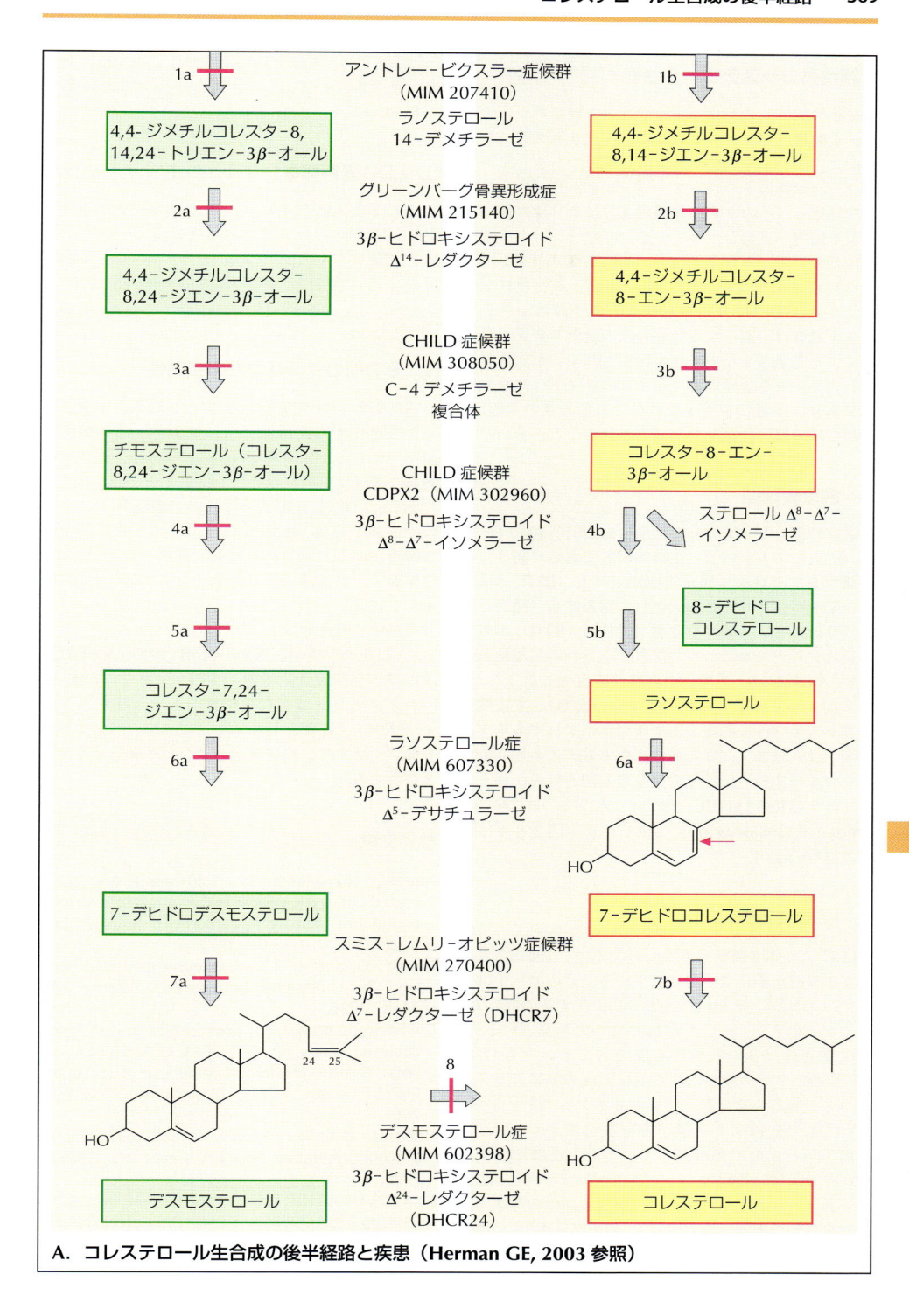

1a ↓	アントレー-ビクスラー症候群 （MIM 207410） ラノステロール 14-デメチラーゼ	1b ↓
4,4-ジメチルコレスタ-8, 14,24-トリエン-3β-オール		4,4-ジメチルコレスタ- 8,14-ジエン-3β-オール
2a ↓	グリーンバーグ骨異形成症 （MIM 215140） 3β-ヒドロキシステロイド Δ^{14}-レダクターゼ	2b ↓
4,4-ジメチルコレスタ- 8,24-ジエン-3β-オール		4,4-ジメチルコレスタ- 8-エン-3β-オール
3a ↓	CHILD症候群 （MIM 308050） C-4 デメチラーゼ 複合体	3b ↓
チモステロール（コレスタ- 8,24-ジエン-3β-オール）		コレスタ-8-エン- 3β-オール
4a ↓	CHILD症候群 CDPX2（MIM 302960） 3β-ヒドロキシステロイド Δ^8-Δ^7-イソメラーゼ	4b ↓ ステロール Δ^8-Δ^7- イソメラーゼ
		8-デヒドロ コレステロール
5a ↓		5b ↓
コレスタ-7,24- ジエン-3β-オール		ラソステロール
6a ↓	ラソステロール症 （MIM 607330） 3β-ヒドロキシステロイド Δ^5-デサチュラーゼ	6a ↓
7-デヒドロデスモステロール		7-デヒドロコレステロール
7a ↓	スミス-レムリ-オピッツ症候群 （MIM 270400） 3β-ヒドロキシステロイド Δ^7-レダクターゼ（DHCR7）	7b ↓
デスモステロール	8 ↓ デスモステロール症 （MIM 602398） 3β-ヒドロキシステロイド Δ^{24}-レダクターゼ （DHCR24）	コレステロール

A. コレステロール生合成の後半経路と疾患（Herman GE, 2003 参照）

家族性高コレステロール血症

家族性高コレステロール血症は，主要なコレステロール輸送リポタンパクである低密度リポタンパクの血漿中濃度の上昇による遺伝性疾患である。リポタンパクは体液中のコレステロールとトリグリセリドを運搬し，そのタンパク構成成分により疎水性の脂質を細胞へ近接しやすくする。リポタンパクは密度に基づいて，キロミクロン，超低密度リポタンパク（VLDL），低密度リポタンパク（LDL），高密度リポタンパク（HDL）に分類される。家族性高コレステロール血症は，関与する代謝経路の段階や変異の種類によりさまざまなタイプが区別される。家族性高コレステロール血症以外にも多くのタイプの高脂血症があり，多遺伝子性または単一遺伝子性の要因，そして環境要因により引き起こされることが多い。

A. 疾患表現型

家族性高コレステロール血症（MIM 143890）は，約500人に1人がヘテロ接合保因者である（図1）。血漿コレステロール値が著明に上昇し（図2），重要な臨床所見として虹彩周囲への脂質沈着（図3），腱（特にアキレス腱）や皮膚（黄色腫，図4）へのコレステロールエステルの沈着がみられる。細胞あたりの機能的LDL受容体の活性は約50％に低下し，ホモ接合体ではほとんど消失する（図5）。家族性高コレステロール血症のホモ接合体はまれであるが（100万人に1人），20歳前に死亡する。この他にもいくつかの他の遺伝子座の関与する関連疾患が知られている（MIM 144010，107730，603776，607786）。（図2と5はGoldsteinら，2001より；図3と4は著者自身の症例）

B. LDL受容体

LDL受容体は細胞表面受容体であり，19p13.2に局在する遺伝子にコードされている。その遺伝子はゲノムDNAに45 kbにわたって存在する18個のエキソンをもち，5.3 kbのmRNAへと転写される。LDL受容体は6つの異なる機能ドメインをもち，839残基のアミノ酸からなる160 kDaの膜結合型タンパクである。リガンド結合ドメイン（エキソン2～6）は，各40アミノ酸からなるシステインに富んだ7つの単位で形成されている。上皮増殖因子（EGF）前駆体相同ドメイン（エキソン7～14）は，エンドソーム内でリポタンパクが受容体から解離するのを可能にする（次項参照）。エキソン17の一部と18の5'側にコードされた細胞内ドメインは，エンドサイトーシスの際に被覆ピット内に受容体を局在化させたり，肝細胞内へ取り込まれるためのシグナルを含んでいる。（図はHobbsら，1990に基づくGoldsteinら，2001より）

C. LDL受容体を介するエンドサイトーシス

LDL受容体はLDLのエンドサイトーシスを仲介する。LDLと結合した受容体は被覆ピット内に集積し（図1），細胞内でエンドサイトーシス小胞を形成する（図2）。（写真はAndersonら，1977より）

D. その他のタンパクとの相同性

哺乳類のLDL受容体は少なくとも5億年前から進化の過程で高度に保存されており（哺乳類間で90％，ヒトとサメの間では79％が相同），進化上の共通の起源に由来する遺伝子ファミリーのメンバーである。LDL受容体ファミリーの細胞外ドメインの近位側半分は，EGF受容体ファミリーに構造上の関連がある。両者は血液凝固系のプロテアーゼ，第IX因子，第X因子，プロテインC，補体C9に関連している。

その他の関連遺伝子（図には示していない）として，VLDL受容体，ApoE受容体2（ApoER2），LDL受容体関連タンパク（LRP），メガリンがある。LRPとメガリンは多彩な機能をもち，リポタンパク，プロテアーゼとそのインヒビター，ペプチドホルモン，ビタミン輸送タンパクなど多様なリガンドと結合する。

参考文献

Anderson RGW, Brown MS, Goldstein JL: Role of the coated endocytic vesicle in the uptake of receptor-bound low density lipoprotein in human fibroblasts. Cell 10: 351–364, 1977.

Brown MS, Goldstein JL: A receptor-mediated pathway for cholesterol homeostasis. Science 232: 34–47, 1986.

Goldstein JL, Brown MS, Hobbs HH: Familial hypercholesterolemia, pp 2863–2913. In: Scriver CR et al (eds) The Metabolic and Molecular Bases of Inherited Disease, 8th ed. McGraw-Hill, New York, 2001.

Hobbs HH et al: The LDL receptor locus in familial hypercholesterolemia. Ann Rev Genet 24: 133–170, 1990.

Rader DJ, Hobbs HH: Disorders of lipoprotein metabolism, pp 2286–2298. In: Kasper DL et al (eds) Harrison's Principles of Internal Medicine, 16th ed. McGraw-Hill, New York, 2005.

家族性高コレステロール血症

- 低密度リポタンパク（LDL），コレステロールの血漿中濃度高値
- 動脈硬化症の早期発症
- 皮膚や腱の黄色腫
- 短命
- 常染色体優性遺伝
- LDL受容体遺伝子の変異

1. 一般的な特徴

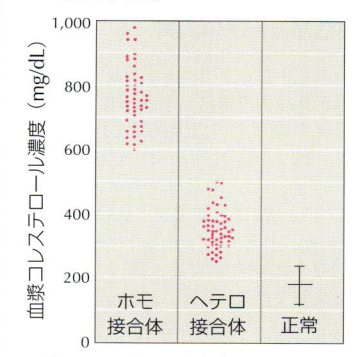

2. 高コレステロール血症

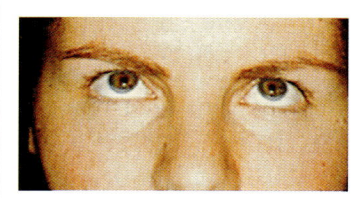

3. 虹彩周囲への脂質沈着

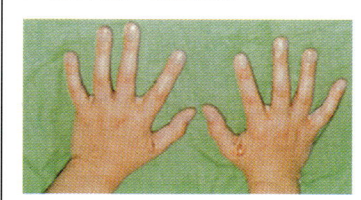

4. 黄色腫の形成

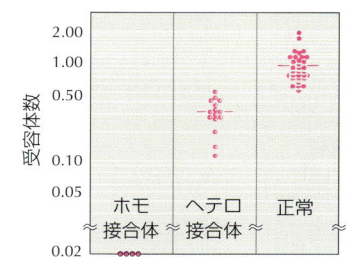

5. LDL受容体の減少

A. 家族性高コレステロール血症

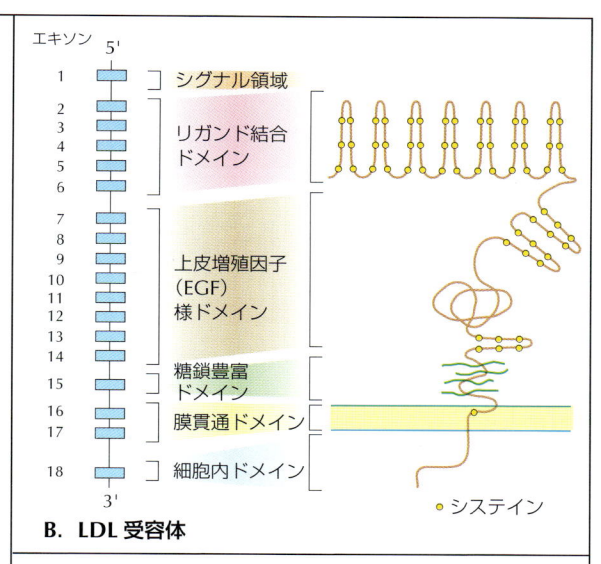

B. LDL受容体

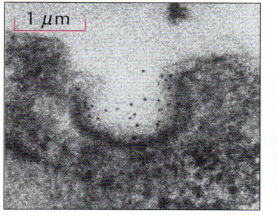

エキソン：シグナル領域、リガンド結合ドメイン、上皮増殖因子（EGF）様ドメイン、糖鎖豊富ドメイン、膜貫通ドメイン、細胞内ドメイン
○ システイン

1. 被覆ピット 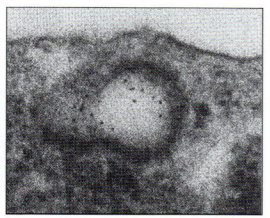　　**2. エンドサイトーシス小胞**

LDL分子（黒い点）を取り込んだ培養線維芽細胞の電子顕微鏡写真（LDL分子にフェリチンを結合させて可視化している）

C. 受容体を介するLDLのエンドサイトーシス

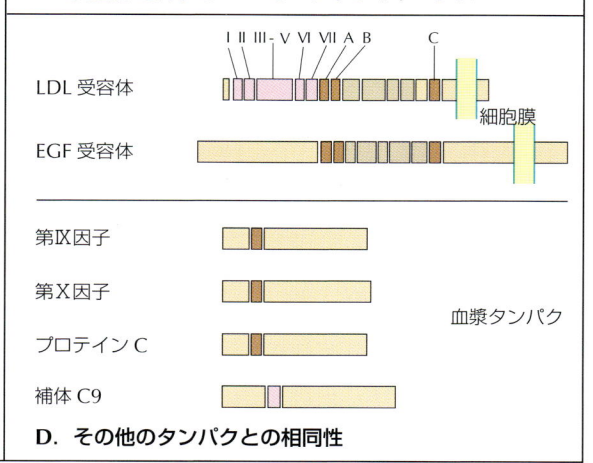

LDL受容体
EGF受容体
細胞膜

第IX因子
第X因子
プロテインC
補体C9
血漿タンパク

D. その他のタンパクとの相同性

LDL 受容体の変異

　低密度リポタンパク（LDL）は，血中のコレステロールの主要な輸送体である．その疎水性コアには，リン脂質の外膜に取り囲まれたエステル化コレステロール分子とアポB-100リポタンパク分子1個をもった非エステル化コレステロール分子が約1,500個含まれる．LDLはコレステロールを末梢組織に運搬し，そこでのコレステロールの新規合成を制御する．

A. LDL 受容体の変異の分類

　受容体-LDL複合体は被覆ピット内に集積し，エンドサイトーシスにより細胞内へ取り込まれる（358頁参照）．エンドソーム内でLDL受容体はアポB-100とLDLを放出し，受容体は細胞表面で再生利用される．リソソーム内でLDLはアミノ酸とコレステロールに分解される．遊離コレステロールはエステル化を触媒する酵素であるアシルCoA：コレステロール アシルトランスフェラーゼ（ACAT）を活性化する．内因性のコレステロール合成の鍵を握る酵素は3-ヒドロキシ-3-メチルグルタリル（HMG）-CoAレダクターゼである．この酵素は外因性のLDLの取り込みにより発現が抑制される．LDL受容体の変異はこのフィードバック機構を遮断し，内因性コレステロール合成を亢進させることになる．

　LDL受容体の変異は以下の5つに大きく分けられる．（1）小胞体における受容体タンパク合成を欠損させる受容体ヌル変異（R⁰），（2）ゴルジ装置への細胞内輸送の欠損，（3）細胞外リガンド結合の欠損，（4）エンドサイトーシスの欠損（R⁺変異），（5）エンドソーム内でのLDL分子放出の欠損（再利用欠損変異）．（図は Goldstein ら，2001 より）

B. 変異の種類と分布

　LDL受容体遺伝子には350以上の変異が報告されており（Varret ら，1998），そのうち63％がミスセンス変異である．変異は遺伝子全体に分布しているが，エキソン4と9の変異が相対的に多い．エキソン13と15の変異は少ない．リガンド結合ドメイン（エキソン2〜6）に位置する変異の多く（74％）は，進化上保存されたアミノ酸に影響を与えるものである（Varret ら，1998；http://www.umd.necker.fr でもデータを入手できる）．点変異に加え，さまざまな座位のさまざまな大きさの欠失や，挿入が報告されている．変異の遺伝子内の位置に応じて，mRNA合成の欠損，結合能の消失（図1）もしくは受容体再利用の欠損（図2）による細胞内輸送の欠損，膜局在化の減少（図4），細胞内取り込みの欠損（図5）など異なる影響が観察される．遺伝子内欠損の原因として Alu 配列の関与が考えられている．（図は Hobbs ら，1990；Goldstein ら，2001 より）

C. LDL 受容体遺伝子の変異

　配列決定によりエキソン9の変異を直接的に検出することができる．まず最初にポリメラーゼ連鎖反応（PCR）によりエキソン9が増幅される（P1：プライマー1，P2：プライマー2）．コドン429の変異［GTG（バリン）→ ATG（メチオニン）］は正常では存在しない Nla III 認識部位（CATG）を作り出す．その結果，正常では 222 bp の断片が，126 bp と 96 bp の2つの断片になる（図1）．そのため保因者（家系図の1と3）では，222 bp の断片に加えて 126 bp と 96 bp の2つの短い断片が検出される（図2）．患者（家系図の1）の塩基配列解析で，正常グアニンの隣のレーンにアデニン（A，黄色い丸）が検出され，変異の種類が確定された（図3）．具体的な変異が確定されれば，家系の他のすべての構成員は，適切な遺伝カウンセリングの後，変異の有無に関するスクリーニングを受けることができる．（写真は H. Schuster 博士，Berlin の厚意による）

参考文献

Goldstein JL, Brown MS, Hobbs HH: Familial hypercholesterolemia, pp 2863–2913. In: Scriver CR et al (eds) The Metabolic and Molecular Bases of Inherited Disease, 8th ed. McGraw-Hill, New York, 2001.

Rader DJ, Hobbs HH: Disorders of lipoprotein metabolism, pp 2286–2298. In: Kasper DL et al (eds) Harrison's Principles of Internal Medicine, 16th ed. McGraw-Hill, New York, 2005.

Varret M et al.: LDLR database (second edition): new additions to the database and the software, and results of the first molecular analysis. Nucleic-Acids Res 26: 248–252, 1998.

ネット上の情報：

Universal Mutation Database (UMD) at www.umd.necker.fr/

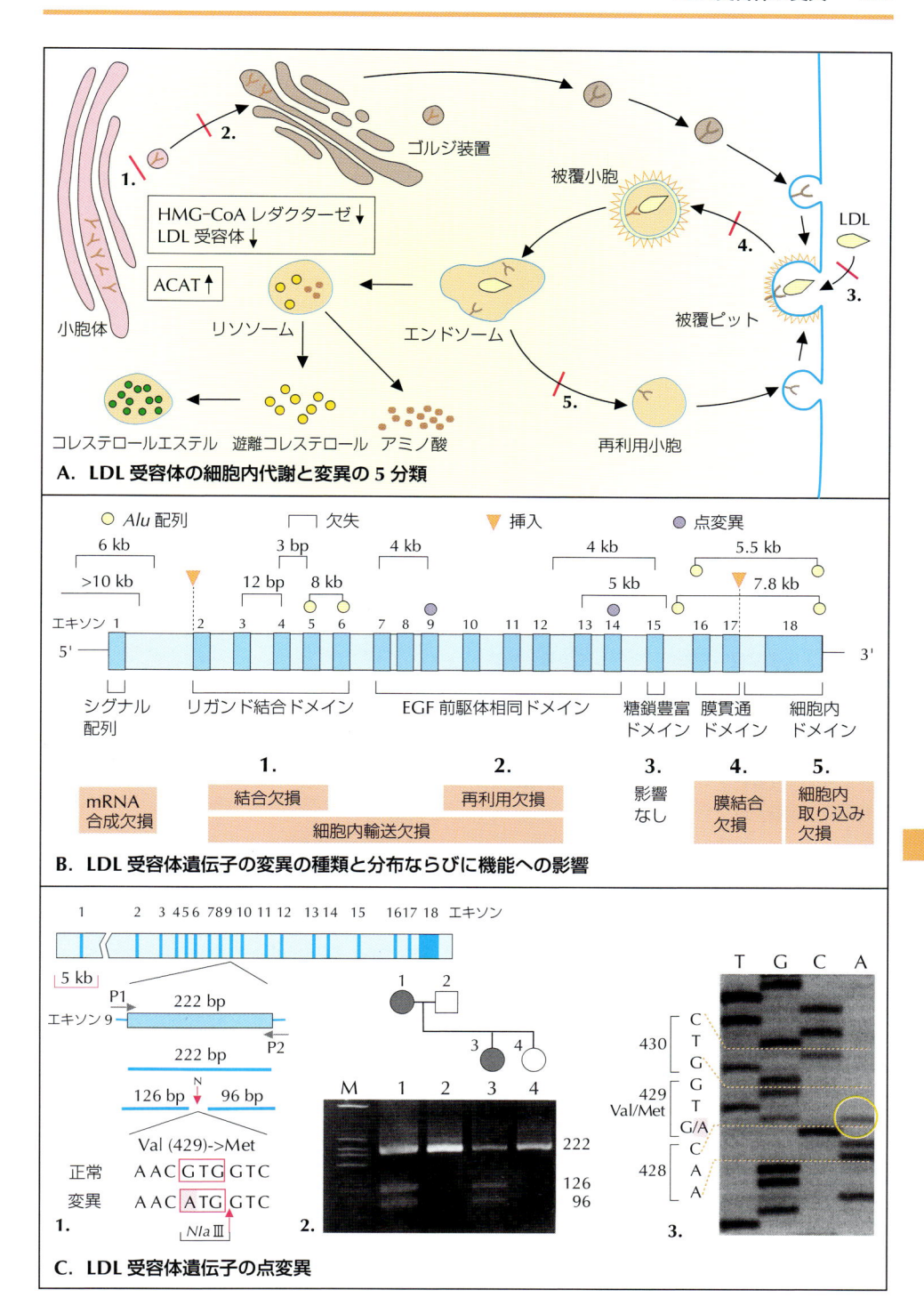

A. LDL受容体の細胞内代謝と変異の5分類

B. LDL受容体遺伝子の変異の種類と分布ならびに機能への影響

○ *Alu* 配列　　⌐¬ 欠失　　▼ 挿入　　● 点変異

1. mRNA合成欠損
2. 結合欠損 / 細胞内輸送欠損 / 再利用欠損
3. 影響なし
4. 膜結合欠損
5. 細胞内取り込み欠損

シグナル配列　リガンド結合ドメイン　EGF前駆体相同ドメイン　糖鎖豊富ドメイン　膜貫通ドメイン　細胞内ドメイン

C. LDL受容体遺伝子の点変異

Val (429) -> Met

正常　AAC GTG GTC
変異　AAC ATG GTC
　　　　　NlaⅢ

430 C/T
429 Val/Met G/T (G/A)
428 C/A/A

糖尿病

糖尿病は成因が単一でない60以上の独立した疾患からなる疾患群であり，空腹時の血中グルコース濃度の高値（＞125 mg/dLを高血糖という）を特徴とする．2つのおもなタイプは，1型（インスリン依存性糖尿病，IDDM，MIM 222100）と2型（インスリン非依存性糖尿病，NIDDM，MIM 125853）である．1型糖尿病では自己免疫過程により膵臓のβ細胞が破壊され，その結果インスリンが欠乏する．2型糖尿病では末梢組織でのインスリン抵抗性と，β細胞の機能不全に伴うインスリン分泌減少により高血糖となる．糖尿病は世界中の多くの地域でありふれた健康上の問題となっており，人口の1～2％が罹患している．高血糖は，血管障害，心筋梗塞，脳卒中，腎不全，しばしば切断が必要となる下肢の潰瘍，失明といった多くの合併症の原因となる．

A. インスリンの生合成

ヒトのインスリンは，11p15.5に局在し2つのエキソンと5′側にシグナル配列をもつ遺伝子にコードされている〔訳注：結局，3つのエキソンからなっている〕．遺伝子の5′側にはβ細胞特異的エンハンサーと可変縦列反復配列（VNTR）を有している．一次転写産物はスプライシングを受けてmRNAとなり，これが翻訳されてプレプロインスリン（1,430アミノ酸）が生成される．次いでシグナル配列（24アミノ酸）とCペプチドが除去され，A鎖とB鎖がジスルフィド結合によって連結される．この遺伝子は膵臓のβ細胞だけで発現している．

B. インスリン受容体

インスリン受容体は2本の細胞外α鎖と2本の膜貫通β鎖から構成され，4本の鎖は特定の部位でジスルフィド結合によって連結されている．細胞内外に機能の異なるドメインが存在することが，インスリン受容体のさまざまな機能を反映している．インスリン受容体基質（insulin receptor substrate, IRS）とShcタンパクが，増殖因子，タンパク合成，グリコーゲン合成，グルコース輸送の活性化などインスリンのおもな機能を仲介する．

C. 糖尿病（単純化モデル）

1型糖尿病はある種のウイルス感染などの外的因子により引き起こされる．外的因子は遺伝的感受性を背景として，直接的にまたは自己免疫反応によりβ細胞を破壊する．2型糖尿病は遺伝要因により起こるが，生活様式が強力な環境要因として関係している．一卵性双生児では1型糖尿病の一致率が約25％，2型糖尿病では約40～50％である．1型糖尿病患者の第一度近親者は，血縁関係の強さと発症年齢に応じて2～7％が罹患する．常染色体優性遺伝の成人型2型糖尿病のいくつかのタイプが存在する（若年発症成人型糖尿病，maturity onset diabetes of the young，MODY 1～6型，MIM 125850）．インスリン受容体欠損に関連するいくつかの遺伝性疾患（インスリン抵抗性症候群）に続発する症状としても糖尿病がみられる．

D. 遺伝的感受性

1型糖尿病に対する遺伝的感受性には，MHC（HLA）クラスⅡ遺伝子群（320頁参照）のある種のアレルが大きく影響する．*HLA-DR3*座や*HLA-DR4*座のいくつかのアレル，特に*DR3/DR4*ヘテロ接合体は，1型糖尿病に対する感受性の高さに関連している．逆に，*HLA-DR2*座のいくつかのアレルは糖尿病に対する抵抗性を与える．2型糖尿病に対する感受性を高める遺伝子や遺伝子座が，ヒトゲノムのいくつかの部位に数多く同定されている．

参考文献

Bell GI, Polonsky KS: Diabetes mellitus and genetically programmed defects in β-cell function. Nature 414: 788–791, 2002.

Daneman D: Type 1 diabetes. Lancet 367: 847–858, 2006.

Lowe Jr WL: Diabetes mellitus, pp 433–442. In: Jameson JL (ed) Principles of Molecular Medicine. Humana Press, Totowa, New Jersey, 1998.

Maclaren NK, Kukreja A: Type 1 diabetes, pp 1471–1488. In: Scriver CR et al (eds) The Metabolic and Molecular Bases of Inherited Diseases, 8th ed. McGraw-Hill, New York, 2001.

O'Rahilly S, Barroio I, Wareham NJ: Genetic factors in type 2 diabetes: The end of the beginning. Science 307: 370–372, 2005.

Schwartz MW et al: Leptin- and insulin-receptor signalling. Nature 404: 663, 2000.

Stumvoll M, Goldstein BJ, van Haeften TW: Type 2 diabetes: principles of pathogenesis and therapy. Lancet 365: 1333–1346, 2005.

Taylor SI: Insulin action, insulin resistance, and type 2 diabetes mellitus, pp 1433–1469. In: Scriver CR et al (eds) The Metabolic and Molecular Bases of Inherited Diseases, 8th ed. McGraw-Hill, New York, 2001.

糖尿病

A. インスリンの生合成

β細胞特異的エンハンサー — シグナル配列 — L — エキソン1 — エキソン2 — インスリン遺伝子 (5'→3')

転写 → 一次転写産物（キャップ — AAAA）

スプライシング → mRNA

翻訳 → プレプロインスリン（シグナルペプチド — NH₂ — 1 — 30 — B鎖 — 1 — Cペプチド — 63 — 1 — A鎖 — 21 — COOH）

シグナルペプチドの除去とA, B鎖の連結 → プロインスリン

Cペプチドの除去 → インスリン

B. インスリン受容体

インスリン
- L1（アミノ酸 1～154）
- システイン豊富（155～312）
- L2（313～428）
- 抗原性（450～601）
- エキソン 11（718～729）

（細胞外 / 細胞膜 / 細胞内）

- チロシン（965, 972）
- ATP 結合（1,003～1,030）
- 触媒ループ（1,131～1,137）
- チロシン（1,158, 1,162, 1,163, 1,328, 1,334）

増殖因子 / タンパク合成 / グリコーゲン合成 / グルコース輸送 → インスリン受容体基質（IRS）と Shc タンパク

C. 糖尿病（単純化モデル）

外的因子（例：ウイルス）— 遺伝子型（HLA–D ほか）→ 自己免疫 → β細胞 → 破壊 → 絶体的なインスリン欠乏 → **1型糖尿病**（インスリン依存性）

食物 → 血糖値上昇 → β細胞（膵臓）正常 → インスリン産生正常 → 血糖値正常

過食 / 体重増加 / 活動性低下、年齢、遺伝要因、インスリン/インスリン受容体の欠損 → β細胞 正常または機能不全 → インスリン産生が不十分 → インスリン機能不全（インスリン抵抗性）→ **2型糖尿病**（インスリン非依存性）

D. 糖尿病に対する遺伝的感受性

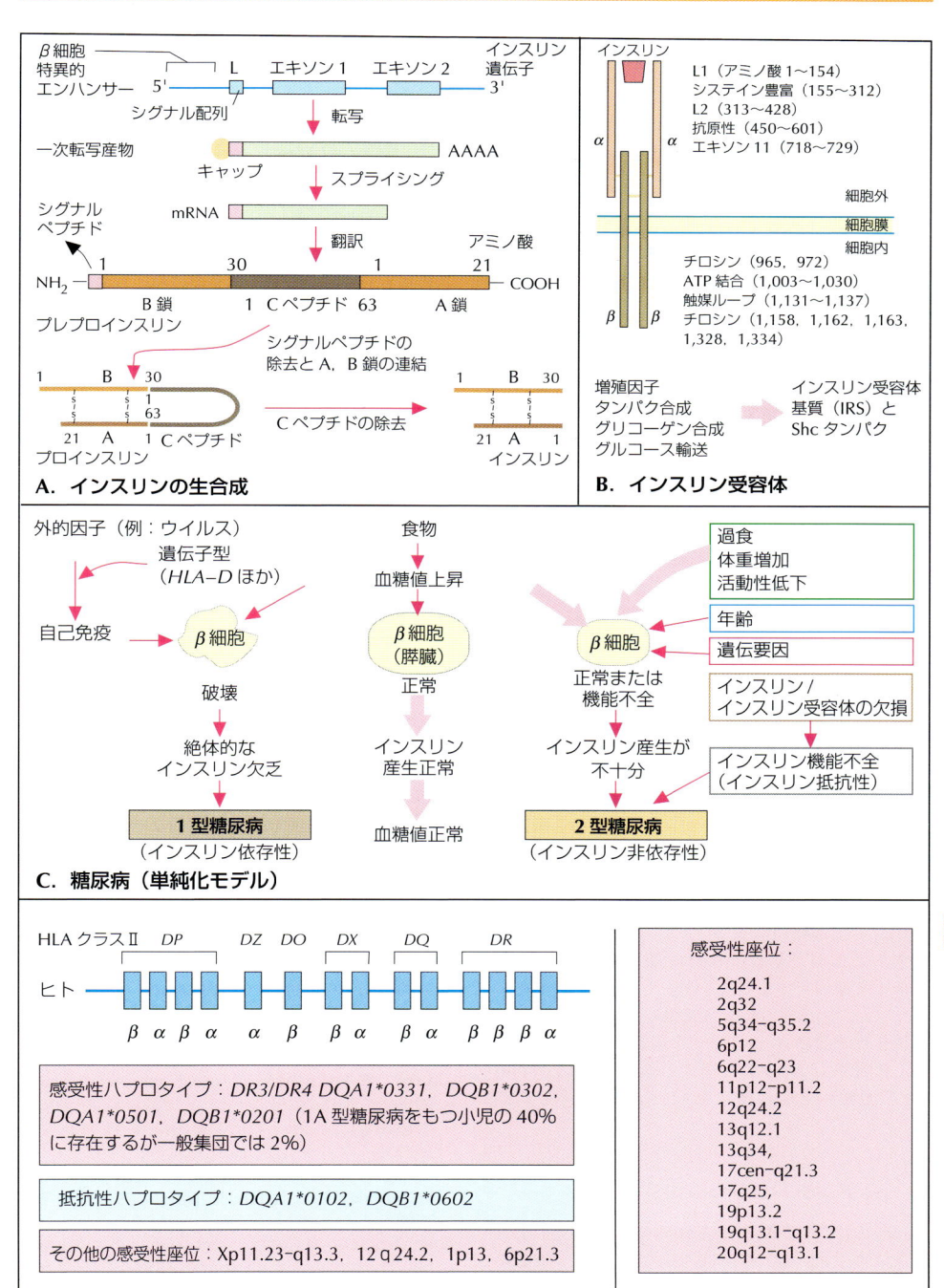

HLA クラスⅡ：DP, DZ, DO, DX, DQ, DR（β α β α / α / β / α / β α / β β α）

1. 1型（インスリン依存性）糖尿病（MIM 222100）

- 感受性ハプロタイプ：DR3/DR4 DQA1*0331, DQB1*0302, DQA1*0501, DQB1*0201（1A型糖尿病をもつ小児の40%に存在するが一般集団では2%）
- 抵抗性ハプロタイプ：DQA1*0102, DQB1*0602
- その他の感受性座位：Xp11.23-q13.3, 12q24.2, 1p13, 6p21.3

2. 2型（インスリン非依存性）糖尿病（MIM 125853）

感受性座位：
- 2q24.1
- 2q32
- 5q34-q35.2
- 6p12
- 6q22-q23
- 11p12-p11.2
- 12q24.2
- 13q12.1
- 13q34,
- 17cen-q21.3
- 17q25,
- 19p13.2
- 19q13.1-q13.2
- 20q12-q13.1

プロテアーゼインヒビター：α_1 アンチトリプシン

α_1 アンチトリプシン（α_1-AT）は血漿中に存在する必須のプロテアーゼインヒビターであり，LaurellとErickssonにより1963年に最初に記載された。セリンプロテアーゼインヒビタースーパーファミリー（SERPIN）のメンバーとして，好中球エラスターゼやその他のプロテアーゼの活性化を通じて，プロテアーゼ／抗プロテアーゼのバランスを維持する役割を果たしている。α_1-ATは，エラスターゼ，トリプシン，キモトリプシン，トロンビン，細菌プロテアーゼなど広範なプロテアーゼと結合する。その最も重要な生理学的影響は，気管支における白血球エラスターゼの阻害である。

A. α_1 アンチトリプシン

ヒト α_1-ATは394のアミノ酸と12%の糖質からなる52 kDaの糖タンパクであり，14q32.1にゲノム上12.2 kbにわたって存在する5つのエキソンをもつ遺伝子にコードされている。

B. α_1 アンチトリプシン欠損症

α_1-AT欠損症（MIM 107400）は，おもな徴候として慢性閉塞性肺気腫（胸部X線写真でより黒くみえる）を伴うさまざまな疾患を引き起こす（写真はN. Konietzko, Essenの厚意による）。肺胞のエラスチンに対する白血球エラスターゼの活性阻害作用がなくなることが原因である。ヘテロ接合体（赤色の四角）は肺胞液中のα_1-AT濃度がかなり低下しており，ホモ接合体（黄色の三角）ではさらに低い。α_1-AT濃度の低下はα_1-ATの経静脈投与で治療することができる。同様のSERPINファミリー遺伝子を原因とする関連疾患として α_1 アンチキモトリプシン欠損症（MIM 107280）がある。

酸化性物質はα_1-AT分子を阻害し不活性化させる。喫煙者はα_1-AT欠損症の進行が非常に早い（呼吸困難の発症は通常の45〜50歳に対して35歳）。

C. α_1 アンチトリプシンの変異

100以上のアレルが知られている。α_1-ATタンパクは46, 83, 247番目のアミノ酸にオリゴ糖鎖をもち，糖鎖の多様性とアミノ酸配列の違いによって多型性に富む。反応中心は358/359（メチオニン／セリン）の位置にある。その遺伝子は4つのコードエキソン（2, 3, 4, 5）と3つの非コードエキソン（1a, 1b, 1c）をもつ。α_1-ATアレルは，（1）正常アレル，（2）欠損アレル，（3）ヌルアレル，（4）機能不全アレルの4クラスに分けられる。典型的な正常アレルは $Pi*M$ であり，最も重要な欠損アレルは $Pi*Z$, $Pi*P$, $Pi*S$ である。

最も高頻度にみられる欠損アレル $Pi*Z$ の場合，α_1-ATの血中濃度はホモ接合体（$Pi*ZZ$）で通常の12〜15%，ヘテロ接合体（$Pi*MZ$）では64%である。MSヘテロ接合体はMMホモ接合体の86%の活性をもつ。変異が最も高頻度に起こる部位はコドン213（$Pi*Z$），256（$Pi*P$），264（$Pi*S$），342（$Pi*Z$），358（Pi(Pittsburgh)）である。分子遺伝学的診断は多型を示す制限酵素部位の存在で容易になる。

D. α_1 アンチトリプシンの生合成

α_1-AT遺伝子は肝細胞で発現している。その遺伝子産物はゴルジ装置を通して輸送され，細胞から放出（分泌）される。Z変異は肝細胞でのα_1-AT酵素の凝集を導き，分泌を極端に少なくする。S変異は酵素の未熟な段階での分解をもたらす。中央および北部ヨーロッパ集団の約2〜4%がMZヘテロ接合体である。

E. プロテアーゼインヒビターの反応中心

α_1-ATは，特に反応中心に関して著明な相同性を示すプロテアーゼインヒビターファミリーのメンバーである。酸化性物質は抑制的な効果をもち，分子を不活性化させる。（図C〜EはCox, 2001；Owenら，1983より）

参考文献

Cox DW: α_1-Antitrypsin deficiency, pp 5559–5584. In: Scriver CR et al (eds) The Metabolic and Molecular Bases of Inherited Disease, 8th ed. McGraw-Hill, New York, 2001.

Laurell C-B, Eriksson S: The electrophoretic alpha-1-globulin pattern of serum in alpha-1-antitrypsin deficiency. Scand J Clin Lab Invest 15: 132–140, 1963.

Lomas DA et al.: The mechanism of Z α_1-antitrypsin accumulation in the liver. Nature 357: 605–607, 1992.

Owen MC et al: Mutation of antitrypsin to antithrombin: α_1-antitrypsin Pittsburgh (358→Arg), a fatal bleeding disorder. N Engl J Med 309: 694–698, 1983.

Stoller JK, Aboussovan LS: α_1-Antitrypsin deficiency. Lancet 365: 2225–2236, 2005.

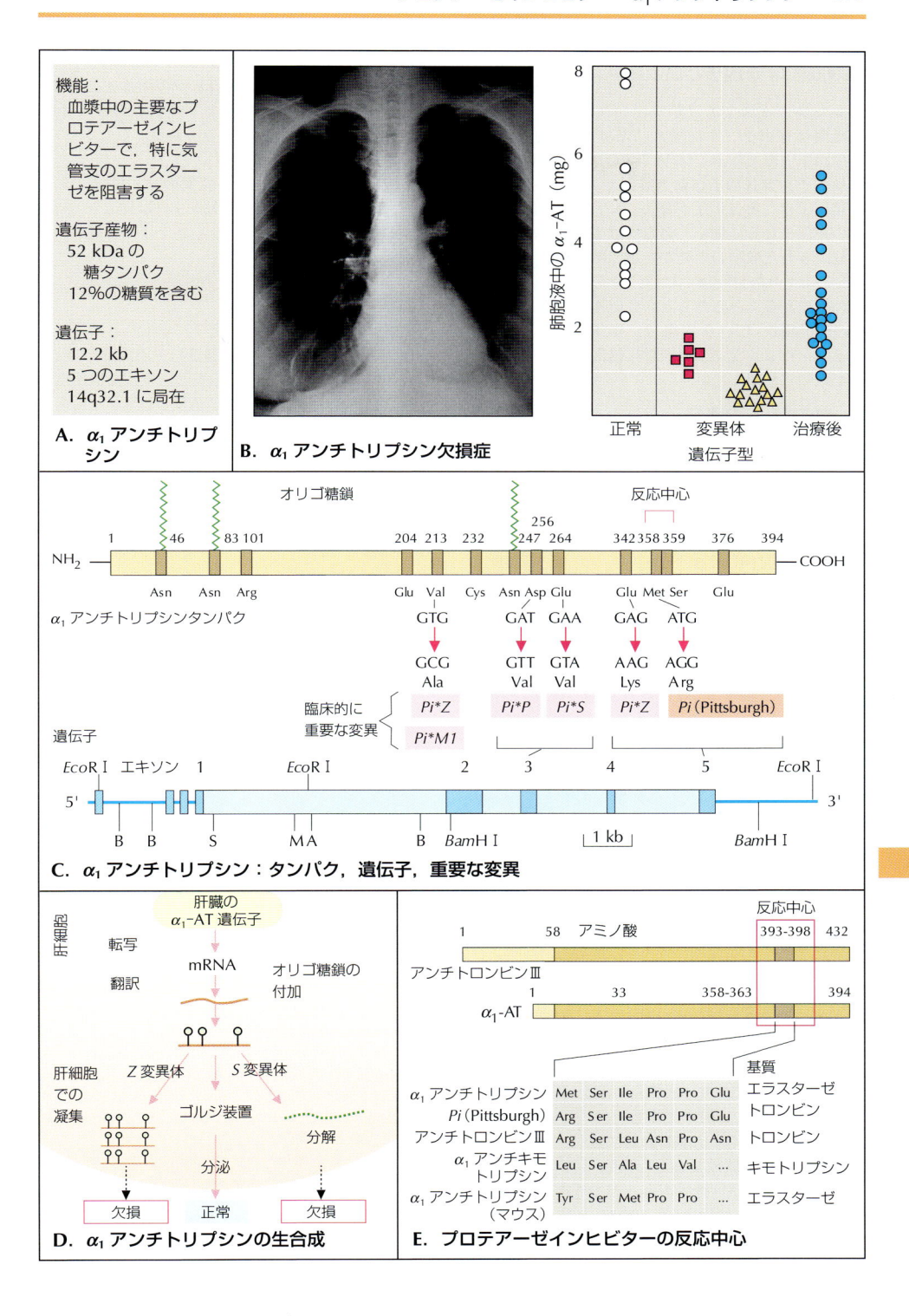

プロテアーゼインヒビター：α₁ アンチトリプシン

A. α₁ アンチトリプシン

機能：
血漿中の主要なプロテアーゼインヒビターで，特に気管支のエラスターゼを阻害する

遺伝子産物：
52 kDa の糖タンパク
12％の糖質を含む

遺伝子：
12.2 kb
5 つのエキソン
14q32.1 に局在

B. α₁ アンチトリプシン欠損症

C. α₁ アンチトリプシン：タンパク，遺伝子，重要な変異

α₁ アンチトリプシンタンパク

位置: 1, 46, 83, 101, 204, 213, 232, 247, 256, 264, 342, 358, 359, 376, 394

Asn, Asn, Arg, Glu, Val, Cys, Asn, Asp, Glu, Glu, Met, Ser, Glu

コドン変化					
GTG→GCG (Ala)	GAT→GTT (Val)	GAA→GTA (Val)	GAG→AAG (Lys)	ATG→AGG (Arg)
Pi*M1	Pi*P	Pi*S	Pi*Z	Pi (Pittsburgh)
Pi*Z				

臨床的に重要な変異

遺伝子：EcoRI — エキソン 1 — EcoRI — 2 — 3 — 4 — 5 — EcoRI
B B S M A B BamHI 1 kb BamHI

D. α₁ アンチトリプシンの生合成

肝細胞 → 肝臓の α₁-AT 遺伝子 → 転写 → mRNA → 翻訳 → オリゴ糖鎖の付加

Z 変異体 / S 変異体 → ゴルジ装置 → 分解

肝細胞での凝集 → 欠損 / 正常（分泌）/ 欠損

E. プロテアーゼインヒビターの反応中心

アンチトロンビンIII: 1 — 58 アミノ酸 — 393-398 — 432
α₁-AT: 1 — 33 — 358-363 — 394

反応中心 / 基質

							基質
α₁ アンチトリプシン	Met	Ser	Ile	Pro	Pro	Glu	エラスターゼ
Pi (Pittsburgh)	Arg	Ser	Ile	Pro	Pro	Glu	トロンビン
アンチトロンビンIII	Arg	Ser	Leu	Asn	Pro	Asn	トロンビン
α₁ アンチキモトリプシン	Leu	Ser	Ala	Leu	Val	...	キモトリプシン
α₁ アンチトリプシン（マウス）	Tyr	Ser	Met	Pro	Pro	...	エラスターゼ

血液凝固第Ⅷ因子と血友病 A

血友病は重篤な X 連鎖性出血性疾患であり，血液凝固第Ⅷ因子（血友病 A，MIM 306700）または第Ⅸ因子（血友病 B，MIM 306900）の欠損による。第Ⅷ因子や第Ⅸ因子は血液凝固カスケードで働く。第Ⅷ因子は，第Ⅹ因子が第Ⅹa 因子へ活性化するときの補因子として働く。血友病は遺伝性であることが認識された最初の主要な疾患である。タルムード〔訳注：ユダヤ教の律法集〕には，特定の家系の男性にこの疾患が多くみられるという記述がある。血友病（hemophilia）という用語は，1828年，F. Hopff がドイツ・ヴュルツブルク大学に提出した学位論文の中で最初に使用した。

A．血友病 A の遺伝

血友病 A は男性およそ 1 万人に 1 人の頻度でみられる X 連鎖性疾患である。その X 連鎖性の遺伝形式は，いくつかのヨーロッパ王室の家系に明確にみることができる。

B．血液凝固第Ⅷ因子

トロンビンにより活性化されると，第Ⅷ因子タンパクの 5 つのサブユニット（A1，A2，A3，C1，C2）がカルシウムイオン（Ca^{2+}）を中心として集合する（図 1）。不活性な第Ⅷ因子タンパク（図 2）は 3 種類のドメイン（A，B，C）を含む。ドメイン A として 3 つの相同コピー（A1，A2，A3），ドメイン C として 2 つの相同コピー（C1，C2），ドメイン B として 1 つのコピーがある。ヒト *F8* 遺伝子（図 3）は Xq28 に局在し，第Ⅸ因子をコードする遺伝子の近くにある。*F8* 遺伝子はゲノム上の 186 kb にわたって存在する 26 個のエキソンから構成される。注目すべきは，ドメイン B をコードする大きなエキソン 14（3,106 bp）と，エキソン 22 と 23 の間の大きなイントロン 22（32,000 bp）である。変異の多くは DNA 配列 TCGA の 2 塩基 CG に起きる。この 2 塩基のシトシンは高頻度にメチル化されるため，メチルシトシンの脱アミノ化を経て C から T へのトランジションが起こり，配列は TTGA に変異しやすい。終止コドン（TGA）が生じることによって，短縮した第Ⅷ因子タンパクが生じる。2,307 番目の位置に生じた終止コドンによって最後のたった 26 アミノ酸が欠損しただけで，重度の血友病となる。TCGA は制限酵素 *Taq* I の認識配列であるから，制限断片長多型（RFLP）を利用した分子遺伝学的診断が可能である。ここでは，別の制限酵素 *Bcl* I（認識部位は TGATCA）を使った分子遺伝学的診断を示す（図 4）。エキソン 17，18 近傍の *Bcl* I 認識部位の多型により，中央の認識配列がなければ 1,165 bp の単一断片が生じ，認識配列がある場合は 879 bp と 286 bp の 2 つの断片が生じる。家系図（図 5）において，2 人の罹患男性（Ⅱ-1 と Ⅲ-2）には 879 bp 断片がみられる。したがって，この断片は変異の存在を示す。

血友病 A によくみられる変異のタイプは，ナンセンス変異が 14％，小さな欠失または挿入が 15％，スプライス変異が 4％，フリップティップ逆位（D 参照）が 42％である。

C．臨床症状

軽微な外傷で急性出血（図 1）を生じるエピソードが度重なると，膝関節（図 2）や肘関節の硬直，軟部組織に生じた広範な血腫など，重大な機能障害がもたらされる。第Ⅷ因子の活性が正常の 2％を下回ると，関節，筋肉，内臓の自然出血を伴う非常に重篤な症状を呈する（全体の 48％）。活性が正常の 2〜10％であればやや重篤な症状（31％），10〜30％では比較的軽度の血友病（21％）となる。（図 1 は www.pathguy.com/lectures/ より；図 2 は Gulnara Huseinova，Baku，Azerbaijan より Google で取得）

D．第Ⅷ因子遺伝子の逆位

血友病の原因として多いものの 1 つは，イントロン 22 内の遺伝子 *A*（*F8* 遺伝子とは無関係）と，それと相同性をもつ遠位側の 2 つの遺伝子 *A* のうち 1 つとの間での非相同の染色体交叉およびそれに続く逆位である。このフリップティップ逆位によりエキソン 22 と 23 の間で *F8* 遺伝子が破壊される。

参考文献

Dahlbäck B: Blood coagulation. Lancet 355: 1627–1632, 2000.
Gitschier J et al: Detection and sequence of mutations in the factor VIII gene of haemophiliacs. Nature 315: 427–430, 1985.
Graw J et al.: Haemophilia A: From mutation analysis to new therapies. Nature Rev Genet 6: 488–501, 2005.
Hopff F: Über die Haemophilie oder die erbliche Anlage zu tötlichen Blutungen. Inaugural Dissertation, Universität Würzburg, 1828.
Kazazian Jr HH, Tuddenham EGD, Antonaraksis SE: Hemophilia A: Deficiencies of coagulation factors VIII, pp 4367–4392. In: Scriver CR et al (eds) The Metabolic and Molecular Bases of Inherited Disease, 8th ed. McGraw-Hill, New York, 2001.

ネット上の情報：
National Hemophilia Foundation
　http://www.hemophilia.org/NHFWeb/

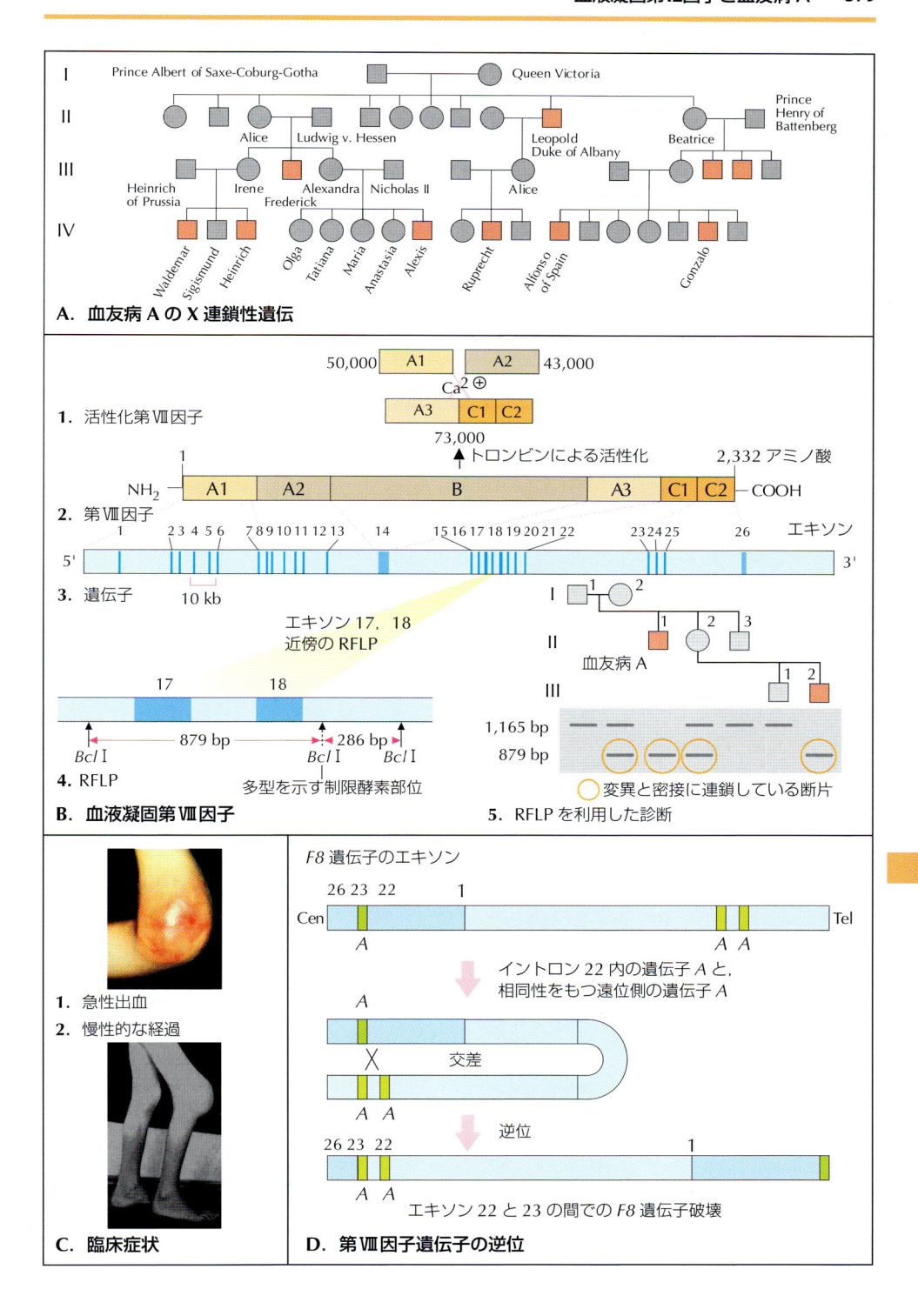

血液凝固第VIII因子と血友病 A

A. 血友病 A の X 連鎖性遺伝

B. 血液凝固第VIII因子

1. 活性化第VIII因子
2. 第VIII因子
3. 遺伝子
4. RFLP
5. RFLP を利用した診断

エキソン 17, 18 近傍の RFLP

多型を示す制限酵素部位

○ 変異と密接に連鎖している断片

C. 臨床症状

1. 急性出血
2. 慢性的な経過

D. 第VIII因子遺伝子の逆位

F8 遺伝子のエキソン

イントロン 22 内の遺伝子 A と、相同性をもつ遠位側の遺伝子 A

交差

逆位

エキソン 22 と 23 の間での F8 遺伝子破壊

フォン・ヴィルブラント病

フォン・ヴィルブラント因子 von Willebrand factor（vWF）と名づけられた複雑な多量体糖タンパクの血漿中，血小板，血管内皮下の間葉組織での遺伝的機能異常は，単一でないよくみられる出血性疾患の原因となり，総称してフォン・ヴィルブラント病またはフォン・ヴィルブラント-ユルゲンス症候群（MIM 193400）と呼ばれている。vWF には 2 つの基本的な生物学的機能がある。すなわち，血小板表面と血管内皮下結合組織にある特異的な受容体に結合し，血管の傷害部位と血小板の間に架橋を形成する働き，そして血液凝固第Ⅷ因子と結合してこれを安定化させる働きである。vWF が欠損すると血小板の接着能が低下もしくは失われ，二次的に第Ⅷ因子の機能不全をきたす。vWF の遺伝的欠損症は最も頻度の高いヒトの出血性疾患で，すべての型を合わせて約 250 人に 1 人，重症型は約 8,000 人に 1 人にみられる。1926 年，Erik von Willebrand によってフィンランドのオーランド諸島の大家系で最初に報告された。

A. フォン・ヴィルブラント因子

vWF は内皮細胞や巨核球，おそらくその他のいくつかの組織でも産生される。vWF をコードする遺伝子は 12p13.3 に局在し，ゲノム上で 178 kb にわたる種々の大きさの 52 のエキソンからなる大きな遺伝子である。8.7 kb の cDNA には多型を示す制限酵素部位（赤矢印）がいくつか存在する（図 1）。mRNA が翻訳されて 2,813 アミノ酸からなる前駆ペプチド（プレプロ-vWF）が合成される（図 2）。プレプロ-vWF は 22 アミノ酸のシグナルペプチドを含み，5 種類の反復する機能ドメイン（A～D，CK）をもつ。ドメインは N 末端側から D1，D2，D3，A1，A2，A3，D4，B1，B2，B3，C1，C2，CK の順に配列している。D1 と D2 の 741 アミノ酸の部分がフォン・ヴィルブラント抗原Ⅱ（vWAgⅡ）に対応している。さまざまなドメインが，第Ⅷ因子，ヘパリン，コラーゲン，血小板，トロンビンに対する結合部位をもっている。C 末端近くに位置する Arg-Gly-Asp-Ser（RGDS）のテトラペプチド配列が血小板やトロンビンへの結合部位となる。vWF は 8.3％のシステインを含んでおり（2,813 アミノ酸のうち 234 がシステイン），これは N 末端と C 末端に集中している。一方，3 つのドメイン A にはシステインが少ない（図 3）。翻訳後修飾を受けて成熟した血漿中 vWF は 12 のオリゴ糖鎖をもち（図 4），糖質が vWF 分子の質量の 19％を占める。

B. フォン・ヴィルブラント因子の成熟

vWF mRNA が翻訳されてプレプロ-vWF が合成される。小胞体でシグナルペプチドが除去された後，2 分子のプロ-vWF が多くのジスルフィド架橋によって C 末端で互いに結合し，二量体を形成する。この二量体が成熟 vWF の反復基本単位（プロトマー）となる。プロ-vWF 二量体はゴルジ装置へ輸送され，そこでプロ-vWF 抗原（vWAgⅡ）が切り離される。成熟 vWF と vWAgⅡ は上皮細胞のワイベル-パラーデ小体に蓄積される。成熟サブユニットと vWAgⅡ は，第Ⅷ因子，ヘパリン，コラーゲン，リストセチン＋血小板，そしてトロンビンによって活性化された血小板に対する結合部位をもっている。

C. 分類

出血時間は延長するが，凝固時間は正常である。出血は関節よりもむしろ粘膜皮膚組織におもに起こる。この疾患はいくつかのタイプに分けられる。vWF の欠損は Ⅰ型と Ⅲ型では量的であり，Ⅱ型では質的である。vWF 欠損症で優性型と劣性型（MIM 277480）を区別することはしばしば困難である。なぜなら，ヘテロ接合体は顕在性ではなく，臨床検査で初めて決定できるからである。サブタイプとして ⅠA 型と ⅠB 型に細分される Ⅰ型が最もよくみられる（全患者の 70％）。（図は Sadler，2001 より）

参考文献

James AH: Von Willebrand disease. Obstet Gynecol Survey 61: 136–145 2006.

Manusco DJ et al: Structure of the gene for human von Willebrand factor. J Biol Chem 264: 19514–19527, 1989.

Sadler JE: Von Willebrand disease, pp 4415–4431. In: Scriver CR et al (eds) The Metabolic and Molecular Bases of Inherited Disease, 8th ed. McGraw-Hill, New York, 2001.

von Willebrand EA: Hereditär pseudohemofili. Fin Laekaresaellsk Hand 68: 87–112, 1926.

von Willebrand EA, Jürgens R: Über ein neues vererbbares Blutungsübel. Dtsch Arch Klin Med 175: 453–483, 1933.

Wise RJ et al: Autosomal recessive transmission of hemophilia A due to a von Willebrand factor mutation. Hum Genet 91: 367–372, 1993.

1. cDNA

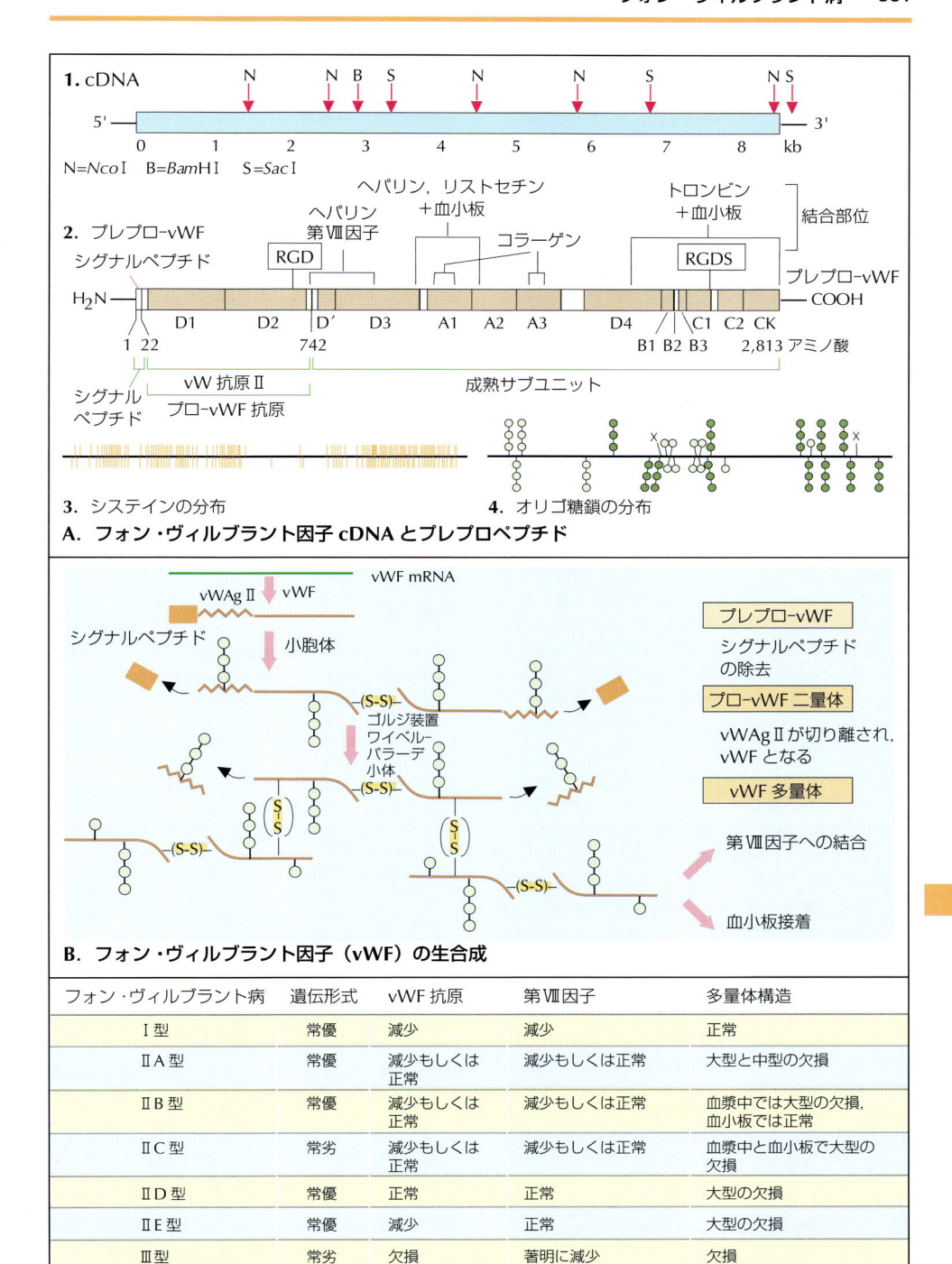

N=NcoⅠ B=BamHⅠ S=SacⅠ

2. プレプロ-vWF

シグナルペプチド / RGD / ヘパリン 第Ⅷ因子 / ヘパリン, リストセチン+血小板 / コラーゲン / トロンビン+血小板 / RGDS / 結合部位 / プレプロ-vWF

D1　D2　D'　D3　A1　A2　A3　D4　C1　C2　CK
1　22　　　　742　　　　　　　　　B1 B2 B3　　2,813 アミノ酸

シグナルペプチド
vW抗原Ⅱ
プロ-vWF抗原
成熟サブユニット

3. システインの分布
4. オリゴ糖鎖の分布

A. フォン・ヴィルブラント因子 cDNA とプレプロペプチド

B. フォン・ヴィルブラント因子（vWF）の生合成

プレプロ-vWF → シグナルペプチドの除去
プロ-vWF 二量体 → vWAgⅡが切り離され，vWFとなる
vWF 多量体 → 第Ⅷ因子への結合 / 血小板接着

フォン・ヴィルブラント病	遺伝形式	vWF 抗原	第Ⅷ因子	多量体構造
Ⅰ型	常優	減少	減少	正常
ⅡA型	常優	減少もしくは正常	減少もしくは正常	大型と中型の欠損
ⅡB型	常優	減少もしくは正常	減少もしくは正常	血漿中では大型の欠損, 血小板では正常
ⅡC型	常劣	減少もしくは正常	減少もしくは正常	血漿中と血小板で大型の欠損
ⅡD型	常優	正常	正常	大型の欠損
ⅡE型	常優	減少	正常	大型の欠損
Ⅲ型	常劣	欠損	著明に減少	欠損

C. フォン・ヴィルブラント病の分類

薬理遺伝学

薬理遺伝学 pharmacogenetics とは，Motulsky (1957) や Vogel (1959) により導入された用語であり，遺伝的に決定される薬理学的反応の個人差を扱う遺伝学と薬理学の融合領域をいう。薬理遺伝学の基盤となる遺伝学の原理は，事実上あらゆる遺伝子座に多型が存在するということである。その結果，疾患の治療に使われる化学物質に対する反応は個人により異なるのである。酵素が異なるアレルにコードされていれば，代謝速度にも差が生じるかもしれない。化学物質の代謝が速い人もいれば遅い人もいる。望ましくない不測の副作用により患者が危険に陥ることもある。**薬理ゲノミクス** pharmacogenomics は，さまざまな薬物に対する反応を全ゲノムに基づいて科学的に研究する領域である。

A. 悪性高熱症

悪性高熱症（MIM 145600，154275，180901）は，全身麻酔に用いられるハロタンや類似の麻酔薬に対して過敏性をもつ患者に起こる，重篤で生命に危険を及ぼす合併症である。正常では，神経インパルスは神経筋終板において神経終末の細胞膜を脱分極させる（図1）。細胞へのカルシウムの流入が引き金となってアセチルコリンが放出される。放出されたアセチルコリンの作用で，アセチルコリン受容体によって制御される陽イオン（ナトリウム）チャネル（282頁参照）が一時的に開く。筋細胞へのナトリウム流入が筋小胞体のカルシウムチャネルを開き，筋線維の収縮を起こす。筋小胞体のカルシウムチャネルはリアノジン受容体によって調節される。4つの膜貫通ドメインをもつリアノジン受容体に変異が起こると（図2），ハロタンやその他の麻酔薬に対する感受性が著明に増大する（図3）。そのため，麻酔薬の作用で筋硬直，急激な体温の上昇（高熱症），アシドーシス，心停止が引き起こされる（図4）。悪性高熱症は常染色体優性形質として遺伝する（図5）。関与する遺伝子座は 19q13.1（MIM 145600, MH1），17q11.2-q24（154275, MH2），7q21-q22（154276, MH3），3q13.1（600467, MH4），1q32（601887, MH5），5p（161888, MH6）である。家系内の変異ハプロタイプは分離解析により決定することができる。

B. ブチリルコリンエステラーゼの薬理遺伝学的バリアント

約200人に1人では，スキサメトニウム（スクシニルコリン）などの筋弛緩薬による筋弛緩が遷延し，呼吸停止を起こす。そのような人は，血清中のブチリルコリンエステラーゼ（MIM 177400）の活性が低いためスキサメトニウムを分解できない。この酵素はアセチルコリンエステラーゼ（MIM 100740）よりも速やかにブチリルコリンを加水分解する。酵素の活性だけではリスクのある人を識別することはできない（図1）。しかし，ブチリルコリンエステラーゼを抑制するジブカインの投与後に活性を測定すれば，3つの遺伝子型を区別できる（図2）。リスクのある人（赤い四角）は活性が20%まで低下するが，ヘテロ接合体は 50〜70%，正常ホモ接合体は約 80%の活性までしか低下しない。ブチリルコリンエステラーゼは 3q26.1-q26.2 と 7q22 に局在する遺伝子にコードされている。（図は Harris, 1975 より）

C. 薬物に対する有害反応

薬理遺伝学的なヒト疾患は数多く知られている（次頁の表と Nebert, 2003 を参照）。

参考文献

Arranz MJ et al: Pharmacogenetic and pharmacogenomic research in psychiatry: current advances and clinical applications. Current Pharmacogenomics 1: 151–158, 2003.

Denborough M: Malignant hyperthermia. Lancet 352: 1131–1136, 1998.

Kalow W, Grant DM: Pharmacogenetics, pp 225–255. In: Scriver CR et al (eds) The Metabolic and Molecular Bases of Inherited Disease, 8th ed. McGraw-Hill, New York, 2001.

McLennan DH, Britt BA: Malignant hyperthermia and central core disease, pp 949–954. In: Jameson JL (ed) Principles of Molecular Medicine. Humana Press, Totowa, New Jersey, 1998.

Meyer VA: Pharmacogenetics – five decades of therapeutic lessons from genetic diversity. Nature Rev Genet 5: 669–676, 2004.

Motulsky AG: Drug reactions, enzymes and biochemical genetics. JAMA 165: 835–837, 1957

Nebert DW: Pharmacogenetics and pharmacogenomics. Nature Encyclopedia Human Genome 4: 558–567, 2003.

Roses AD: Pharmacogenetics and the practice of medicine. Nature 405: 857–865, 2000.

Vogel F: Moderne Probleme der Humangenetik. Ergeb Inn Med Kinderheilk 12: 52–125, 1959.

Weinhilsboum R: Inheritance of drug response. New Engl J Med 348: 529–573, 2003.

薬理遺伝学　383

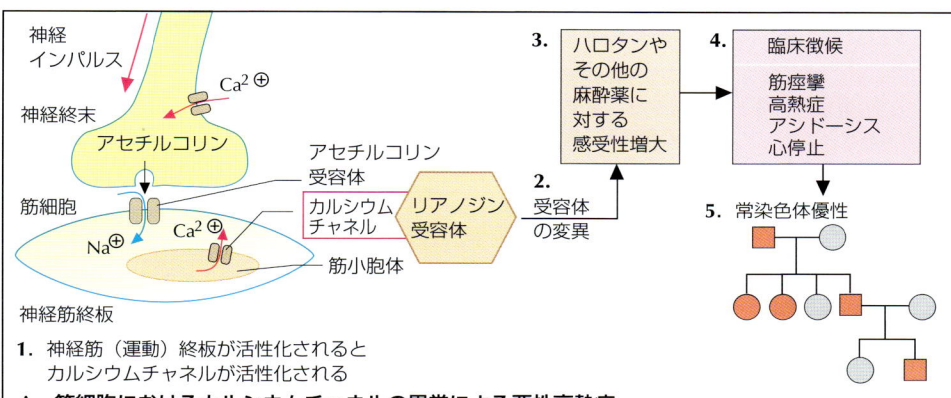

1. 神経筋（運動）終板が活性化されると
カルシウムチャネルが活性化される

A. 筋細胞におけるカルシウムチャネルの異常による悪性高熱症

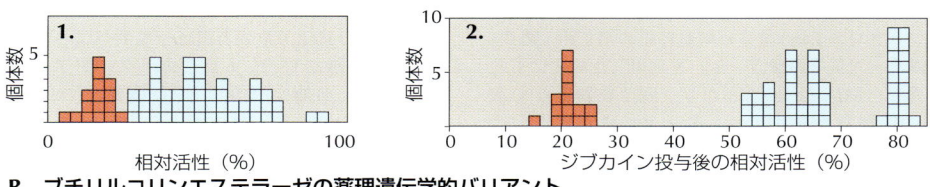

B. ブチリルコリンエステラーゼの薬理遺伝学的バリアント

異常	問題となる化学物質	臨床的な結果	頻度	発症機構	遺伝形式
クマリン抵抗性	クマリン（ワルファリン）	抗凝固療法無効	8万人に1人未満	酵素または受容体の欠損によりビタミンK親和性が増大	常染色体優性
イソニアジド感受性の増大	イソニアジド　スルファメタジン　フェネルジン　ヒドララジンなど	多発神経炎，ループス様反応	約50%	肝臓のイソニアジドアセチルトランスフェラーゼの活性低下	常染色体劣性
イソニアジド無効	イソニアジド　スルファメタジン　フェネルジン　ヒドララジン	抗結核薬としての効果が減弱		イソニアジドの排泄増大	常染色体優性
グルコース-6-リン酸デヒドロゲナーゼ（G6PD）欠損症	スルホンアミド　抗マラリア薬　ニトロフラントイン　ソラマメ	溶血	ヨーロッパではまれ，アフリカと東南アジアでよくみられる	赤血球のG6PD欠損	X連鎖性（多くの変異型あり）
ヘモグロビンZürich	スルホンアミド	溶血	まれ	βグロビンの点変異による不安定ヘモグロビン（コドン63のヒスチジンがアルギニンに置換）	常染色体優性
ヘモグロビンH	スルホンアミド	溶血	まれ	αグロビン鎖の欠損によりβ鎖4本の不安定ヘモグロビン	常染色体優性
成人の緑内障（一部）	コルチコステロイド	緑内障	よくみられる	不明	おそらく常染色体優性

C. 遺伝的に決定される治療薬に対する有害反応の例

シトクロム P450（*CYP*）遺伝子群

シトクロム P450 系はヒトゲノム中の 57 個の遺伝子（*CYP* 遺伝子）群とそれらがコードする機能の異なる酵素群である。これらの酵素が一酸化炭素に結合すると，450 nm で最大の吸光度を示すことから名づけられた。シトクロム P450 酵素は肝臓のミクロソームや副腎髄質のミトコンドリアにおいて，酸化酵素（モノオキシゲナーゼ）系として薬物や植物毒といった複雑な化学物質を分解する。*CYP* 遺伝子群は，哺乳類において基質特異性の異なる一群のシトクロム P450 酵素をコードしている進化的に関連のある遺伝子の大きなグループである。

A. シトクロム P450 系

シトクロム P450 酵素は解毒経路の第 I 相（図 1）で働く。大気中の酸素（O_2）を利用した酸化によって基質（RH）は ROH となり，副生成物として水（H_2O）ができる。レダクターゼ（還元酵素）は NADPH（還元型ニコチンアミドアデニンジヌクレオチドリン酸）または NADH（還元型ニコチンアミドアデニンジヌクレオチド）からプロトン（H^+）を運んでくる。第 II 相では ROH がさらに分解され，最終的に排泄される。シトクロム P450 酵素は広範な活性をもつ（図 2）。その特徴として，1 つのシトクロム P450 酵素が多くの異なる化学物質を酸化できるし，逆にいくつかのシトクロム P450 酵素が同一の基質を分解する。解毒経路第 I 相と第 II 相の酵素の活性はよく協調している必要がある。第 II 相の初期の段階で毒性の強い中間体がしばしば生成するからである。

B. デブリソキンの代謝

デブリソキンは，集団の 5 ～ 10 ％で重篤な副作用を起こすことが判明するまで高血圧の治療に使用されていたイソキノリン-カルボキサミジン誘導体である。副作用を示す人はデブリソキン-4-ヒドロキシラーゼ（CYP2D）の活性が低い。この酵素は β 遮断薬，抗不整脈薬，抗うつ薬といったいくつかの治療薬を分解する。集団は普通のグループと分解速度の遅いグループの 2 つに分けられる（図 1）。活性が低い個体では有害反応が起こる危険性が高い。分解速度が遅い個体ではデブリソキン/4-ヒドロキシデブリソキンの比が大きくなっている。この酵素は 22q13.1 に局在する *CYP2D6* 遺伝子（MIM 124030/608902）にコードされている。9 つのエキソンをもつこの遺伝子の一次転写産物に生じた変異にはスプライシング異常を引き起こすものがある（図 2）。結果として，1 つのイントロンを保持した変異 mRNA ができ，活性が低下した酵素タンパクを作り出す。（図は Gonzales ら，1988 より）

C. *CYP* 遺伝子スーパーファミリー

哺乳類のシトクロム P450 遺伝子群は，エキソン/イントロン構造が似ており関連した酵素をコードする遺伝子スーパーファミリーを形成している。cDNA 配列の相同性に基づく進化的系統樹は，*CYP* 遺伝子スーパーファミリーが 15 億～ 20 億年前に出現したことを示している。哺乳類で最大のシトクロム P450 遺伝子ファミリーは *CYP2* ファミリーであり，ヒトでは 16 個の遺伝子が属している。*CYP2* ファミリーは，動物において植物毒素の解毒に対応するために進化してきたと推測されている。少なくとも 30 回の遺伝子重複と遺伝子変換によって，異例なほど多様なレパートリーを示す *CYP* 遺伝子群が生じた。薬物の代謝に最も重要なのは酵素 CYP2C8，CYP2C9，CYP2C18，CYP2C19 であり，これらは協調して 50 以上の化合物を代謝する。CYP3A4，CYP2D6，CYP2C9 はそれぞれ 50 ％，25 ％，5 ％の薬物の代謝に関与している。（図は Gonzales ら，1988；Gonzales & Nebert，1990 より）

参考文献

Gonzalez FJ et al: Characterization of the common genetic defect in humans deficient in debrisoquine metabolism. Nature 331: 442–446, 1988.
Gonzalez FJ, Nebert DW: Evolution of the P450 gene superfamily: animal-plant "warfare," molecular drive, and human genetic differences in drug oxidation. Trends Genet 6: 182–186, 1990.
Nebert DW, Russell DW: Clinical importance of the cytochromes P450. Lancet 360: 1155–1162, 2002.
Nebert DW, Nelson DR: Cytochrome P450 (*CYP*) gene superfamily. Nature Encyclopedia Hum Genome 1: 1028–1037, 2003.
Nelson DR: Comparison of cytochrome P450 (CYP) genes from the mouse and human genomes, including nomenclature recommendations for genes, pseudogenes and alternative-splice variants. Pharmacogenetics 14: 1–18, 2004.
Panserat S et al: DNA haplotype-dependent differences in the amino acid sequence of debrisoquine 4-hydroxylase (CYP2D6): evidence for two major allozymes in extensive metabolisers. Hum Genet 94: 401–406, 1994.
Sachse C et al: Cytochrome P450 2 D6 variants in a Caucasian population: allele frequencies and phenotypic consequences. Am J Hum Genet 60:284–295, 1997.

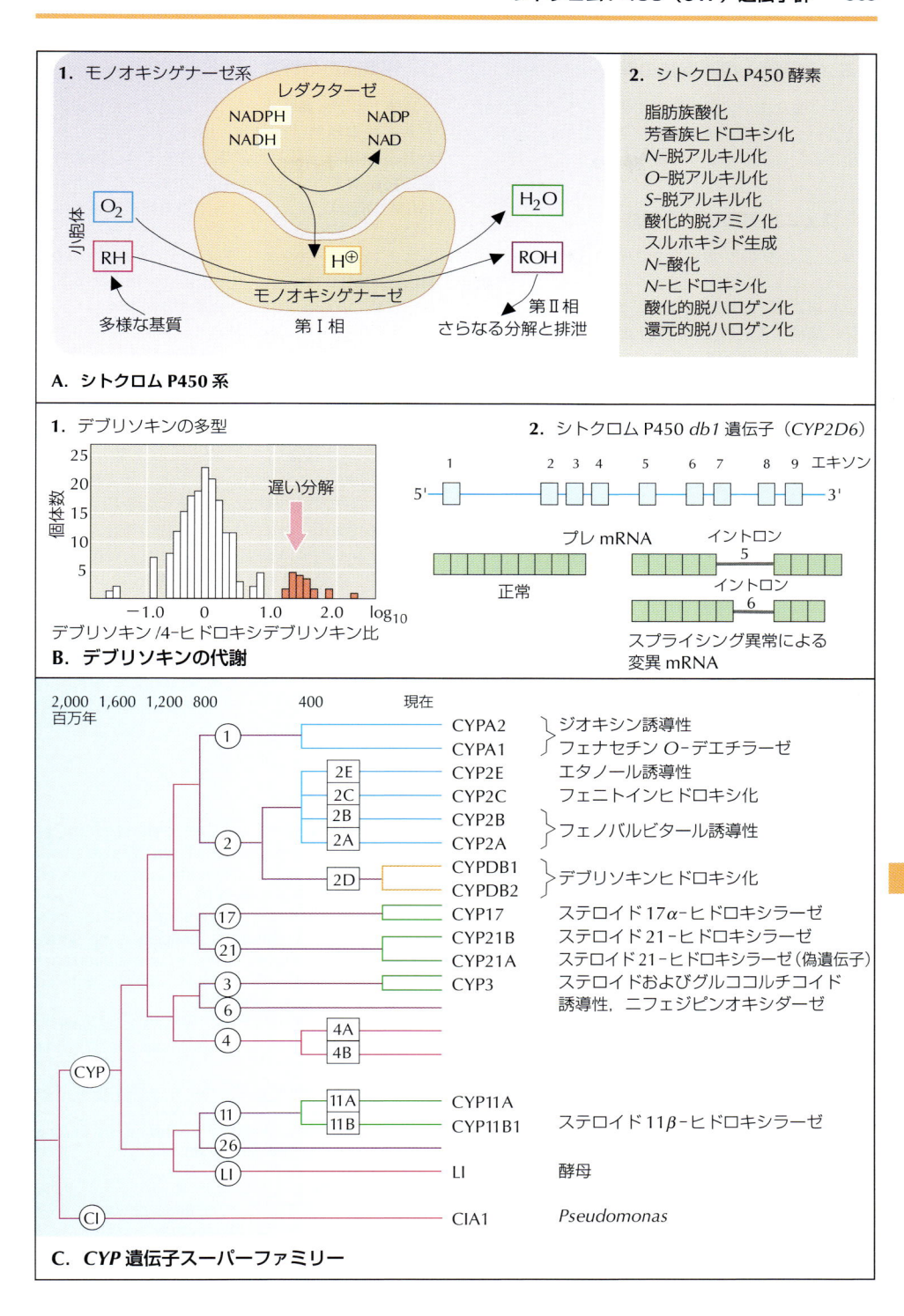

シトクロム P450（*CYP*）遺伝子群

1. モノオキシゲナーゼ系

レダクターゼ
NADPH　NADP
NADH　NAD

小胞体
O_2
RH　多様な基質
$H^⊕$
モノオキシゲナーゼ
第Ⅰ相
H_2O
ROH → 第Ⅱ相　さらなる分解と排泄

2. シトクロム P450 酵素

- 脂肪族酸化
- 芳香族ヒドロキシ化
- *N*-脱アルキル化
- *O*-脱アルキル化
- *S*-脱アルキル化
- 酸化的脱アミノ化
- スルホキシド生成
- *N*-酸化
- *N*-ヒドロキシ化
- 酸化的脱ハロゲン化
- 還元的脱ハロゲン化

A. シトクロム P450 系

1. デブリソキンの多型

（ヒストグラム：横軸 デブリソキン/4-ヒドロキシデブリソキン比 $\log_{10}$、縦軸 個体数）
遅い分解

2. シトクロム P450 *db1* 遺伝子（CYP2D6）

エキソン 1　2 3 4　5　6 7　8 9
5'　　　　　　　　　　　　　　3'

プレ mRNA

正常

イントロン 5
イントロン 6
スプライシング異常による変異 mRNA

B. デブリソキンの代謝

CYP 遺伝子スーパーファミリー

2,000　1,600　1,200　800　400　現在
百万年

- ① — CYPA2　ジオキシン誘導性
- 　　 CYPA1　フェナセチン *O*-デエチラーゼ
- ② — 2E — CYP2E　エタノール誘導性
- 　　 2C — CYP2C　フェニトインヒドロキシ化
- 　　 2B — CYP2B　フェノバルビタール誘導性
- 　　 2A — CYP2A
- 　　 2D — CYPDB1　デブリソキンヒドロキシ化
- 　　　　 CYPDB2
- ⑰ — CYP17　ステロイド 17α-ヒドロキシラーゼ
- ㉑ — CYP21B　ステロイド 21-ヒドロキシラーゼ
- 　　 CYP21A　ステロイド 21-ヒドロキシラーゼ（偽遺伝子）
- ③ — CYP3　ステロイドおよびグルココルチコイド誘導性，ニフェジピンオキシダーゼ
- ⑥
- ④ — 4A
- 　　 4B
- ⑪ — 11A — CYP11A
- 　　 11B — CYP11B1　ステロイド 11β-ヒドロキシラーゼ
- ㉖
- Ll — Ll　酵母
- Cl — CIA1　*Pseudomonas*

C. *CYP* 遺伝子スーパーファミリー

アミノ酸代謝と尿素回路の異常

アミノ酸代謝や尿素回路に関係するさまざまな酵素をコードする遺伝子に変異が生じると多くの疾患が起こる。ここでは2つの例を示す。

A. フェニルアラニン分解経路

フェニルケトン尿症（PKU, MIM 261600）はフェニルアラニンヒドロキシラーゼ（PAH）の欠損により起こる。この酵素はフェニルアラニンをチロシンに変換する。PKUは *PAH* 遺伝子の変異により起こり，常染色体劣性形質として遺伝する。フェニルアラニンをヒドロキシ化する複雑な酵素系にはテトラヒドロビオプテリン（BH_4）補酵素が必要で，BH_4 の再利用にはジヒドロプテリジンレダクターゼ（MIM 261630）やプテリン-4α-カルビノールアミンデヒドラターゼ（MIM 264070）などいくつかの酵素が必要となる。12q24.1に局在する *PAH* 遺伝子は13個のエキソンをもち，5′非翻訳領域の複雑なシス作用性・トランス活性化調節配列を有し，ゲノムDNA上の90 kbにわたって存在している。*PAH* 遺伝子は発生時期特異的かつ組織特異的に転写と翻訳がなされる。肝臓と腎臓の遺伝子産物は452アミノ酸からなるポリペプチドである。いくつかの多型部位［制限断片長多型（RFLP）や一塩基多型（SNP），4塩基縦列反復配列］は連鎖不平衡にあり，一定のハプロタイプを構築している。

高フェニルアラニン血症は，血漿中のフェニルアラニン濃度 $> 120\mu M$（2 mg/dL）と定義されている。600 μM を超えるフェニルアラニン濃度が長期間続くと，古典的PKUのように重度の精神遅滞をきたす。この疾患は1934年にノルウェーのAsbjørn Føllingにより最初に報告され，治療可能な代謝疾患の代表である。新生児期間はフェニルアラニンの食事制限を行う必要がある。PKUは新生児スクリーニングで発見される。妊娠期間中にフェニルアラニンの血中濃度が適切にコントロールされない場合，母体のPKUが胎児の発育にさまざまな問題をもたらす。

B. *PAH* 変異の分布

PAH 遺伝子には疾患の原因となる変異が500近くも報告されており，その多くは集団によって頻度に差がある。ヨーロッパ人とは異なる変異がアジア人（中国，韓国）にみられる。PKUはフィンランド人，アシュケナージ系ユダヤ人，米国先住民，日本人にはまれである。（データは Scriver ら，2003；Zschocke, 2003 より）

C. 尿素回路の異常

地球上の脊椎動物は，最初に記述された代謝経路である尿素回路（1932年，Krebs と医学生であった Henseleit による）で尿素を合成する。尿素の直前の前駆物質であるアルギニンは，アルギナーゼ（MIM 207800）により加水分解され尿素とオルニチンになる。オルニチントランスカルバミラーゼ（オルニチンカルバモイルトランスフェラーゼ，OTC, MIM 300461）は，カルバモイルリン酸をオルニチンへ転移し，シトルリンを合成する。カルバモイルリン酸は，NH_4^+, CO_2, H_2O, アデノシン三リン酸（ATP）からカルバモイルリン酸シンターゼ（MIM 237300）により合成される。アルギニノコハク酸シンターゼ（MIM 215700）は，シトルリンとアスパラギン酸の縮合を触媒し，アルギニノコハク酸の合成を行う。これはアルギニノコハク酸リアーゼ（MIM 207900）によりアルギニンとフマル酸に分解される。尿素回路の酵素をコードする遺伝子の変異は5つの代謝疾患の原因となる。強い神経毒性をもつ血中アンモニアの濃度上昇が，それらの疾患の特徴である。患児は進行性の傾眠傾向を示し，昏睡を起こして新生児期に死に至ることもある。遅発性の病型は脳症として発症する。最もよくみられる病型は Xp21.1 に局在する *OTC* 遺伝子の変異によって起こる X 連鎖 OTC 欠損症である。*OTC* 遺伝子は10個のエキソンをもち，ゲノムDNA上の73 kbにわたって存在している。（図は Stryer, 1995 より）

参考文献

Brusilow SW, Horwich AL: Urea cycle enzymes, pp 1909–1963. In: Scriver CR et al (eds) The Metabolic and Molecular Bases of Inherited Disease, 8th ed. McGraw-Hill, New York, 2001.

Scriver CR, Kaufman S: Hyperphenylalalinemia: Phenylalanine hydroxylase deficiency, pp 1667–1724. In: Scriver CR et al (eds) The Metabolic and Molecular Bases of Inherited Disease, 8th ed. McGraw-Hill, New York, 2001.

Scriver CR et al: *PAHdb* 2003: What a locus-specific knowledgebase can do. Hum Mutat 21: 333–344, 2003.

Stryer l: Biochemistry, 4th ed. WH Freeman, New York, 1995.

Zschocke J: Phenylketonuria mutations in Europe. Hum Mutat 21: 345–356, 2003.

ネット上の情報：

PHD database (http://www.pahdb.mcgill.ca/).
National Society for Phenylketonuria
　http://www.nspku.org/

アミノ酸代謝と尿素回路の異常

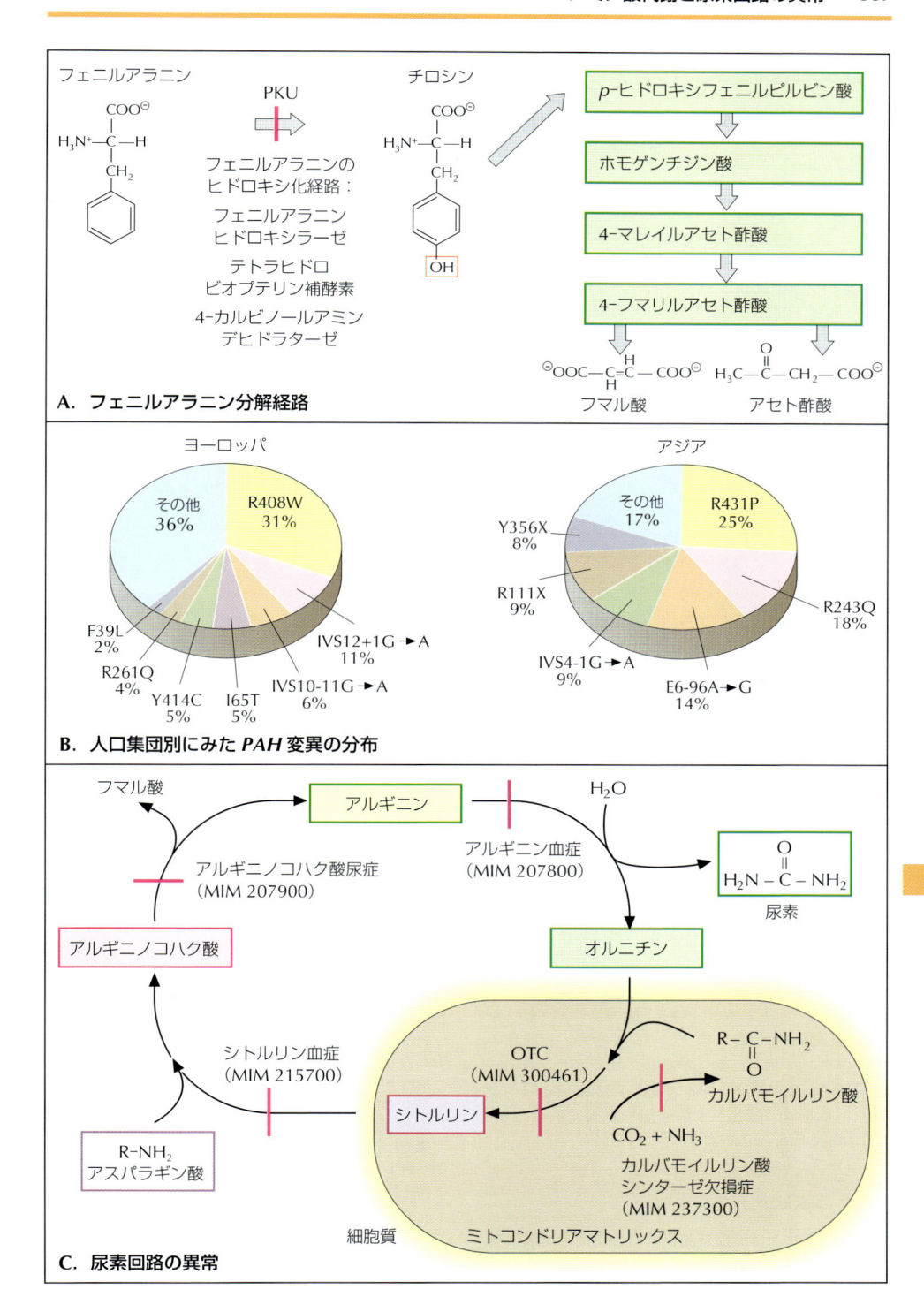

A. フェニルアラニン分解経路

フェニルアラニン / PKU / チロシン → p-ヒドロキシフェニルピルビン酸 → ホモゲンチジン酸 → 4-マレイルアセト酢酸 → 4-フマリルアセト酢酸 → フマル酸 / アセト酢酸

フェニルアラニンのヒドロキシ化経路：
- フェニルアラニンヒドロキシラーゼ
- テトラヒドロビオプテリン補酵素
- 4-カルビノールアミンデヒドラターゼ

B. 人口集団別にみた PAH 変異の分布

ヨーロッパ:
- R408W 31%
- その他 36%
- F39L 2%
- R261Q 4%
- Y414C 5%
- I65T 5%
- IVS10-11G→A 6%
- IVS12+1G→A 11%

アジア:
- R431P 25%
- その他 17%
- Y356X 8%
- R111X 9%
- IVS4-1G→A 9%
- E6-96A→G 14%
- R243Q 18%

C. 尿素回路の異常

- アルギニノコハク酸尿症（MIM 207900）
- アルギニン血症（MIM 207800）
- シトルリン血症（MIM 215700）
- OTC（MIM 300461）
- カルバモイルリン酸シンターゼ欠損症（MIM 237300）

フマル酸 ← アルギニン ← H_2O → 尿素 $H_2N-C(=O)-NH_2$
アルギニノコハク酸 ← アスパラギン酸（R-NH_2）
オルニチン → シトルリン ← カルバモイルリン酸 ← $CO_2 + NH_3$ / R-C(=O)-NH_2

細胞質 / ミトコンドリアマトリックス

赤血球の細胞骨格タンパク

　細胞骨格は線維構造をもつタンパクによって構成される細胞内システムである。ミクロフィラメント（直径7.9 nm），中間径フィラメント（直径10 nm），微小管（直径24 nm）という3つの主要な構成要素からなる。これらは小さなサブユニットの複合体である。ミクロフィラメントと膜結合タンパクが，細胞膜下において細胞の骨格となっている。アクチンは中間の大きさのタンパクであり，全細胞タンパクの1～5%，筋細胞では10%を占める。複数のアクチンが進化上保存された遺伝子ファミリーを形成している。赤血球が要求される条件は非常に過酷なもので，自身より狭い毛細血管の中を4カ月の寿命の間で約50万回も通過しなければならない。筋細胞の機能にも膜の柔軟性が必須である。

A. 赤血球

　正常な赤血球では細胞骨格タンパクによって両面が凹んだ特徴的な円盤形が維持されている。細胞骨格タンパクの遺伝的欠損は，欠損するタンパクの種類によって特徴的な赤血球変形を引き起こす（D参照）。例えば，楕円（楕円赤血球），球状（球状赤血球），口のような領域の形成（有口赤血球），棘状の突起の形成（有棘赤血球）などである。（走査電子顕微鏡写真はDavies & Lux, 1989より）

B. 赤血球細胞膜のタンパク

　スペクトリンは200 nm長の桿状タンパクで，赤血球細胞膜に平行に走っている。赤血球の特徴的形態はスペクトリン-アクチン骨格が赤血球細胞膜に結合することによって維持されている。この結合は2種類の特異的な必須膜タンパク，アンキリンとバンド4.1タンパクの働きによる。アンキリンは細胞膜の陰イオン輸送タンパクであるバンド3タンパクと結合する。バンド4.1タンパクはグリコホリンと結合する。グリコホリン（A, B, C）はいくつかの糖鎖構造をもつ膜貫通タンパクである。赤血球の主要なタンパクマーカーであるグリコホリンAは1回膜貫通シアロ糖タンパクである。赤血球の陰イオンチャネルは二酸化炭素の輸送に重要である。（図はLuna & Hitt, 1992より）

C. αおよびβスペクトリン

　スペクトリンは赤血球細胞骨格の主要な構成要素である（図1）。これは260 kDaのα鎖と225 kDaのβ鎖で構成される長いタンパクである。各鎖はそれぞれ20個（α鎖）と18個（β鎖）のサブユニットからなり（図2），それぞれ106のアミノ酸で構成されている。各サブユニットは3本のαヘリックスタンパク鎖が互い違いの向きに平行に走行して成り立っているが，α鎖のサブユニット10とサブユニット20だけは3本ではなく5本の平行鎖で構成されている。各サブユニットはいくつかのドメイン（α鎖ではドメインⅠ～Ⅴ，β鎖ではドメインⅠ～Ⅳ）のいずれかに振り分けられる。

D. 赤血球細胞骨格タンパク

　SDSポリアクリルアミドゲル電気泳動により，多くの膜関連赤血球タンパクが分離される。ゲルの各バンドには番号がふられ，それぞれが別のタンパクに相当する。おもなタンパクとして，αおよびβスペクトリン，アンキリン，陰イオンチャネルタンパク（バンド3タンパク），バンド4.1および4.2タンパク，アクチンなどがある。

医学との関連

　遺伝性の赤血球膜障害として球状赤血球症（MIM 182900, 270970），楕円赤血球症（MIM 611804, 130600）があり，まれな疾患として熱変形赤血球症（MIM 130500），有棘赤血球症（MIM 109270），有口赤血球症1型および2型（MIM 185000, 185010）がある。常染色体劣性球状赤血球症（MIM 270970）を除き，図に示した遺伝子座の異常による疾患は，すべて常染色体優性遺伝である。

参考文献

Davies KA, Lux SE: Hereditary disorders of the red cell membrane skeleton. Trends Genet 5: 222-227, 1989.

Delaunay J: Disorders of the red cell membrane, pp 191-196. In: Jameson JL (ed) Principles of Molecular Medicine. Humana Press, Totowa, New Jersey, 1998.

Luna EJ, Hitt AL: Cytoskeleton plasma membrane interactions. Science 258: 955-964, 1992.

Tse T, Lux SE: Hereditary spherocytosis and hereditary elliptocytosis, pp 4665-4727. In: Scriver CR et al (eds) The Metabolic and Molecular Bases of Inherited Disease, 8th ed. McGraw-Hill, New York, 2001.

Tse WT, Lux SE: Red blood cell membrane disorders. Br J Haematol 104: 2-13, 1999.

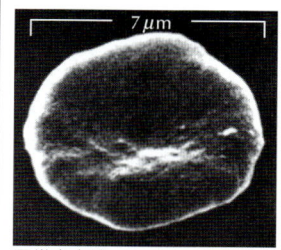

赤血球の細胞骨格タンパク

A. 赤血球

- 正常赤血球（7μm）
- 楕円赤血球（スペクトリン欠損）
- 球状赤血球（アンキリン欠損） 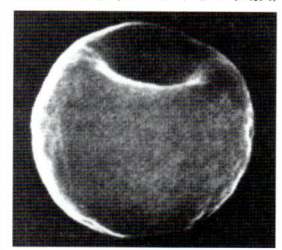
- 有口赤血球（トロポミオシン欠損） 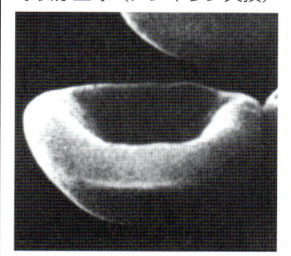
- 有棘赤血球 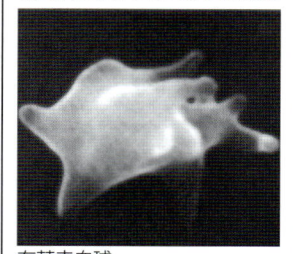

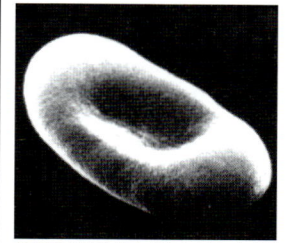

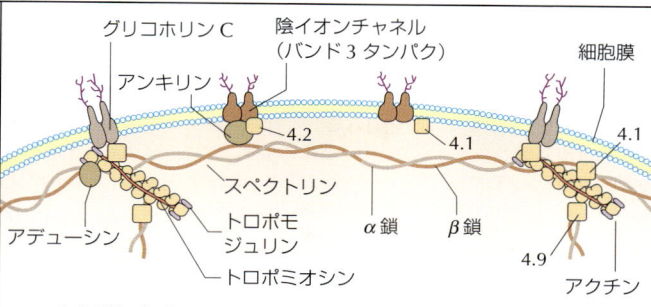

B. 赤血球細胞膜のタンパク

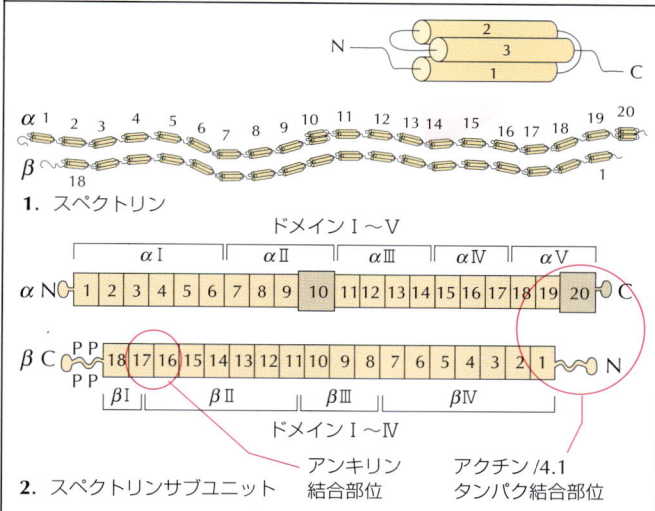

グリコホリンC、陰イオンチャネル（バンド3タンパク）、アンキリン、細胞膜、4.2、4.1、スペクトリン（α鎖、β鎖）、アデューシン、トロポモジュリン、トロポミオシン、4.9、アクチン

C. αおよびβスペクトリン

1. スペクトリン
2. スペクトリンサブユニット

αN ドメインI～V（αI, αII, αIII, αIV, αV）
βC ドメインI～IV（βI, βII, βIII, βIV）

アンキリン結合部位、アクチン/4.1タンパク結合部位

D. 赤血球細胞骨格タンパク

バンド	SDSゲル	タンパク	座位	疾患
1		αスペクトリン	1q22-q25	楕円赤血球症2型
2		βスペクトリン	14q23-q24	球状赤血球症2型
		アンキリン	8p11-p21	球状赤血球症1型
3		陰イオンチャネル（SLC4A1）	17q21-q22	有棘赤血球症
4.1		4.1タンパク	1p35.3	楕円赤血球症1型
4.2		4.2タンパク	15q15.2	
5		アクチン	7pter-q22	
6		グリセルアルデヒド-3-リン酸デヒドロゲナーゼ	12p13	
7		トロポミオシン（非筋肉型）	1q31-q41	有口赤血球症

遺伝性筋疾患

遺伝性神経筋疾患は筋ジストロフィー，先天性およびその他のミオパチー，脊髄性筋萎縮症，運動ニューロン疾患，その他に分類される。これらの疾患は遺伝的異質性を示し，臨床像が多彩であり，McKusick のカタログ "Online Mendelian Inheritance in Man"（OMIM，www.ncbi.nlm.nih.gov/Omim）" では50種以上に細分類されている。

A. ジストロフィン-グリカン複合体

ジストロフィン-グリカン複合体は，6個のタンパクが互いに接着してできた多種多様な構造物で，筋細胞膜に結合している。グリカンはジストログリカンとサルコグリカンに分類される。ラミニンは細胞外マトリックスと結合している。中心となるタンパクはジストロフィンである。これは 175 nm の細長い巨大タンパクで，2つのサブユニットからなる特異的な構造をしており，N末端は細い筋フィラメントであるFアクチン（Fはフィラメント状 filamentous の頭文字）と結合し，C末端はジストロブレビンおよびシントロフィンと結合している。ジストロフィンは収縮性の筋フィラメントにつながる細胞内骨格と細胞外マトリックスとの橋渡しをする。連結タンパクのうち最大の α ジストログリカン（156 kDa）は細胞外に位置し，ヘテロ三量体タンパクであるラミニン2を介して細胞外マトリックスと結合している。α ジストログリカンと結合している β ジストログリカン（43 kDa）は筋細胞膜に埋め込まれており，他の細胞骨格タンパク群と連結している。この細胞骨格タンパクはサルコグリカンとシントロフィンというサブ複合体に分けられる。隣り合うジストロフィン-グリカン複合体は，2つのジストロフィン分子で連結している。サルコグリカン複合体のすべての構成要素が，それぞれ特定の型の筋ジストロフィーと関連している。

いくつかのタイプの先天性筋ジストロフィーが知られている。複雑な一群の肢帯型筋ジストロフィー（MIM 159000，159001，253600，253601）は，図に示すように，原因となっているサルコグリカンのタイプに基づいて分類される。

B. ジストロフィン分子

スペクトリンスーパーファミリーの中で最大のメンバーであるジストロフィン（427 kDa）は，3,685個のアミノ酸からなり，以下の4つの機能ドメインをもつ。(1) 336 アミノ酸からなる N 末端のアクチン結合ドメイン，(2) スペクトリンと同じように，88 アミノ酸または 126 アミノ酸の3本の α ヘリックスで構成される反復単位 24 個からなる桿状ドメイン，(3) システイン豊富な 135 アミノ酸からなり筋細胞膜に結合するドメイン，(4) 320 アミノ酸からなりジストロブレビン／シントロフィン結合部位をもつ C 末端ドメインである。3本鎖 α ヘリックス領域は中心の桿状ドメインを構成し，その長さは 100～125 nm である。（図は Koenig ら，1988 より）

C. ジストロフィン遺伝子

ヒトのジストロフィン遺伝子（DMD，MIM 310200）は Xp21.1 に局在する（図1）。ヒト遺伝子の中でも最大のものとして知られており，2.3 Mb（2,300 kb）にわたって存在し，79 エキソンからなる（図2）。巨大な DMD 転写産物は 14 kb に及ぶ。DMD 遺伝子は少なくとも7つの遺伝子内プロモーターを含む。筋肉以外の組織，特に中枢神経系においては，一次転写産物は選択的スプライシングによりさまざまな種類の mRNA となり，筋細胞のものよりも小さなタンパクを発現する。

D. 欠失の分布

DMD 遺伝子に起きる欠失（患者の60％）の分布には偏りがある。頻度が高いのはエキソン 43～55 とエキソン 1～15 を含む欠失で，それぞれFアクチン結合部位とジストログリカン結合部位にほぼ相当する。1つもしくは複数のエキソンの重複（患者の6％）や点変異も起こる。（データは C. R. Müller-Reible 教授，Würzburg の厚意による）

参考文献

Ahu AW, Kunkel LM: The structural and functional diversity of dystrophin. Nature Genet 3: 283–291, 1993.

Duggan DJ et al: Mutations in the sarcoglycan genes in patients with myopathy. N Engl J Med 336: 618–624, 1997.

Flanigan KM et al: Rapid direct sequence analysis of the dystrophin gene. Am J Hum Genet 72: 931–939, 2003.

Koenig M, Monaco AP, Kunkel LM: The complete sequence of dystrophin predicts a rod-shaped cytoskeletal protein. Cell 53: 219–228, 1988.

Worton R: Muscular dystrophies: diseases of the dystrophin-glycoprotein complex. Science 270: 755–756, 1995.

ネット上の情報：

Diseases of the Musculoskeletal System. The Stanford Health Library (http://healthlibrary.stanford.edu/resources/internet/bodysystems/musc_muscle.html).

遺伝性筋疾患

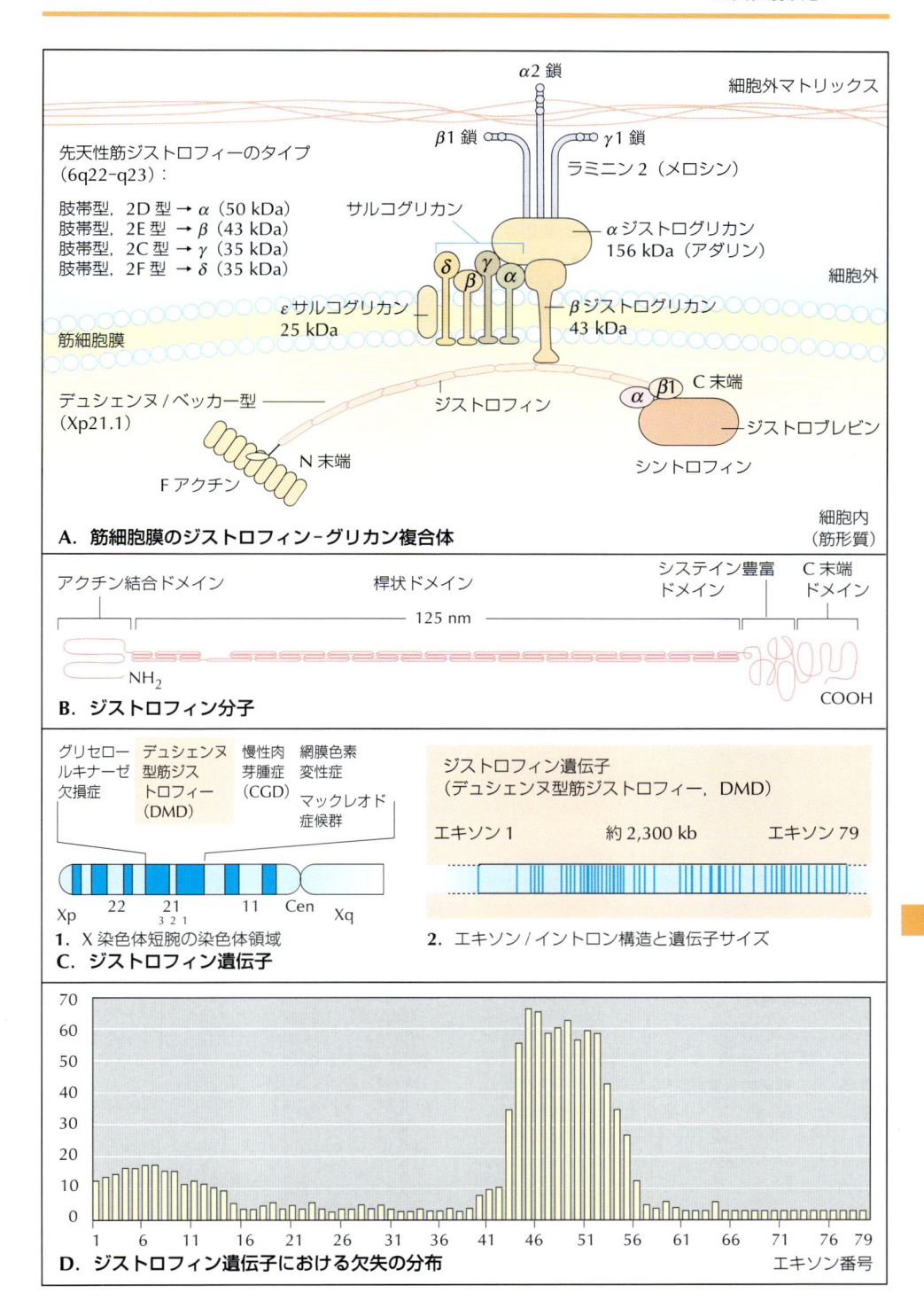

先天性筋ジストロフィーのタイプ (6q22-q23):
- 肢帯型, 2D型 → α (50 kDa)
- 肢帯型, 2E型 → β (43 kDa)
- 肢帯型, 2C型 → γ (35 kDa)
- 肢帯型, 2F型 → δ (35 kDa)

デュシェンヌ/ベッカー型 (Xp21.1)

A. 筋細胞膜のジストロフィン-グリカン複合体

細胞外マトリックス / α2鎖 / β1鎖 / γ1鎖 / ラミニン2（メロシン）/ サルコグリカン / αジストログリカン 156 kDa（アダリン）/ εサルコグリカン 25 kDa / βジストログリカン 43 kDa / 細胞外 / 筋細胞膜 / ジストロフィン / C末端 / ジストロブレビン / シントロフィン / Fアクチン / N末端 / 細胞内（筋形質）

B. ジストロフィン分子

アクチン結合ドメイン / 桿状ドメイン / システイン豊富ドメイン / C末端ドメイン / 125 nm / NH_2 / COOH

C. ジストロフィン遺伝子

1. X染色体短腕の染色体領域

グリセロールキナーゼ欠損症 / デュシェンヌ型筋ジストロフィー (DMD) / 慢性肉芽腫症 (CGD) / 網膜色素変性症 / マックレオド症候群

Xp 22 21(3 2 1) 11 Cen Xq

2. エキソン/イントロン構造と遺伝子サイズ

ジストロフィン遺伝子（デュシェンヌ型筋ジストロフィー, DMD）

エキソン1　　約2,300 kb　　エキソン79

D. ジストロフィン遺伝子における欠失の分布

エキソン番号

デュシェンヌ型筋ジストロフィー

デュシェンヌ型筋ジストロフィー（DMD, MIM 310200）は筋ジストロフィーの中で最も一般的で，男性3,500人に1人の頻度で発生する。その名は1861年にこの疾患について報告したフランスの神経学者 Guillaume Duchenne（1806～1875）に由来する。この疾患は *DMD* 遺伝子の変異が原因であり，新生変異によってあるいはヘテロ接合体の母親から伝達された変異によって発症する。性腺モザイクの関与（さまざまな割合の生殖細胞に *DMD* 遺伝子変異を有する女性）も知られており，突然変異率は高い。

A. 臨床徴候

通常3歳未満で発症し，4～5歳頃に症状が明らかになる。患者は12歳までに車椅子が必要となり，通常20歳までに死亡する。臀部，大腿部，背中の筋肉の進行性の筋力低下により歩行や階段昇降が困難となる。腰椎前弯や肥大しているが筋力の低下した腓腹筋（偽性肥大）がみられる（図1）。罹患児は膝位から立ち上がる際に特徴的な一連の動作を行う（ガワーズ徴候，図2）。

ベッカー型筋ジストロフィー（BMD）はデュシェンヌ型より軽度の臨床所見を示す亜型（同一遺伝子の異常による疾患）の1つで，発症年齢は遅く経過も緩やかである。これら臨床症状の違いは *DMD* 遺伝子の再構成の種類の違いによる。DMDではコドンのリーディングフレーム（読み枠）が変化しているのに対し，BMDではリーディングフレームは保たれている。このように，リーディングフレームさえ変化していなければ，比較的大きな欠失があっても筋機能は残存しうる。（図は Emery，1993 より Duchenne，1861 ならびに Gowers，1879 によるスケッチ）

B. 筋細胞におけるジストロフィン解析

正常では筋細胞膜に沿ってジストロフィンが存在するが（図1），患者ではその構造が消失している（図2）。ヘテロ接合女性ではX染色体不活性化の影響（236頁参照）で，正常な領域と欠損領域がまだらに存在する（図3）。（写真は R. Gold 博士，Department of Neurology, University of Würzburg の厚意による）

C. DMD 家系の解析

患者の約1/3では変異が同定されないかもしれない。解析には1本鎖DNA高次構造多型（SSCP，244頁参照）や，ヘテロ2本鎖解析，逆転写PCR（RT-PCR）（62頁参照），短縮型タンパク試験（PTT，420頁参照）などの解析手法が用いられる。2人以上の罹患男児がいる家系では間接的DNA解析を行うことができる。図には2アレルをもつ DXS7 マーカーを利用した解析例を示す（C. R. Müller-Reible 博士，Institute of Human Genetics, University of Würzburg の提供によるデータに基づく）。2人の患児（III-1とIII-2）はアレル1をもっており，彼らの母親（II-1とII-2）はその共通の母親（I-2）と同様に変異のヘテロ接合体であると考えられる。非罹患男児（II-4）はアレル2をもっており，アレル2が変異を有していないことがわかる。

2人の男児（III-3とIII-4）は罹患しておらず，このことは母親（II-5）において組換えが起こったと考えれば説明できる。現在では組換えに起因する誤診を避けるために，疾患領域周辺の数個の関連マーカーをセットにして解析を行っている。ヘテロ接合女性の8%が軽度の臨床症状を示す。孤発患者の母親の約23%は変異を有しておらず，このことは重症のX連鎖性疾患患者の約1/3は新生変異によるとするホールデンの法則に一致する。

D. その他の筋ジストロフィー

男性ではその他にもいくつかの遺伝性筋ジストロフィーが知られている。その経過，診断，分子遺伝学的解析は基礎となる疾患によって異なる。いくつかの例を表に示す。

参考文献

Emery AEH: Duchenne Muscular Dystrophy, 2nd ed. Oxford University Press, Oxford, 1993.

Emery AEH: The muscular dystrophies. Fortnightly review. Brit J Med 317: 991–995, 1998 (Online at http://bmj.bmjjournals.com/cgi/content/full/317/7164/991).

Hoffman EP: Muscular dystrophies, pp 859–868. In: Jameson JG (ed) Principles of Molecular Medicine. Humana Press, Totowa, NJ, 1998.

Tennyson CN, Klamut HJ, Worton RG: The human dystrophin gene requires 16 hours to be transcribed and is cotranscriptionally spliced. Nature Genet 9: 184–190, 1995.

Worton RG et al: The X-linked muscular dystrophies, pp 5493–5523. In: Scriver CR et al (eds) The Metabolic and Molecular Bases of Inherited Disease, 8th ed. McGraw-Hill, New York, 2001.

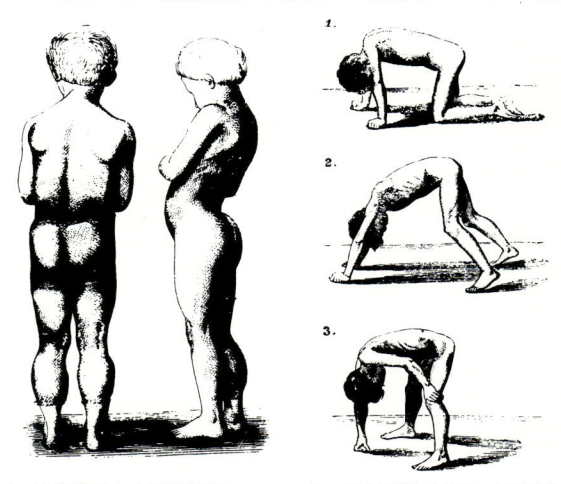

デュシェンヌ型筋ジストロフィー 393

1. 腓腹筋肥大と腰椎前弯   **2.** 起立困難（ガワース徴候）

A. デュシェンヌ型筋ジストロフィーの臨床徴候

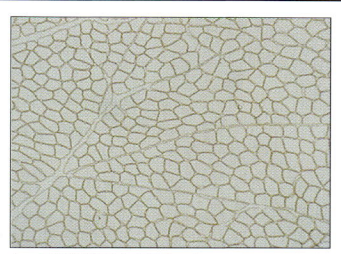

1. 正常ジストロフィン

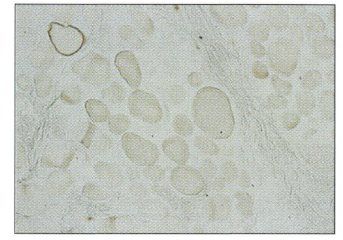

2. ジストロフィン欠損

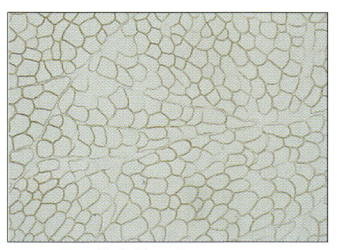

3. ヘテロ接合体での
ジストロフィン欠損領域

**B. 筋細胞における
ジストロフィン解析**

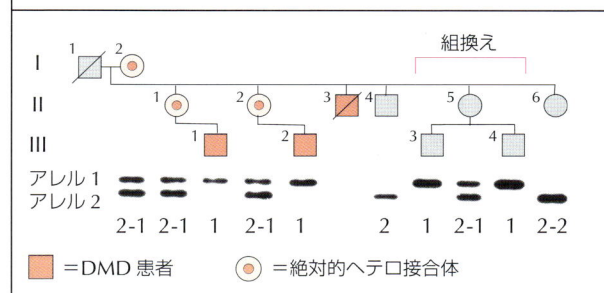

C. DNA マーカーを用いた DMD 家系の解析

■ = DMD 患者　　◉ = 絶対的ヘテロ接合体

疾患	染色体領域	MIM 番号
X 染色体：		
デュシェンヌ型筋ジストロフィー	Xp21.2	310200
ベッカー型筋ジストロフィー（DMD と同一遺伝子）	Xp21.2	310200
エメリー–ドライフス型筋ジストロフィー	Xq28	310300
常染色体優性：		
筋緊張性ジストロフィー	19q13	160900
顔面肩甲上腕型筋ジストロフィー	4q35 – qter	158900
眼咽頭型筋ジストロフィー	14q11.2 – q13	164300
常染色体劣性：		
デュシェンヌ様筋ジストロフィー	13q12 – q13	253700
福山型先天性筋ジストロフィー	9q31 – q33	253800
肢帯型筋ジストロフィー（数タイプ）	15q15 – q22，その他	253600

D. 男性における各種の重要な遺伝性筋ジストロフィー

コラーゲン分子

コラーゲンは組織の形態と構造の維持に特化した役割をもつ，一群の不溶性細胞外糖タンパクである．哺乳類で最も豊富なタンパクで，体を構成するタンパク全体の約1/4を占めている．コラーゲンは皮膚，骨，腱，軟骨，靭帯，血管，歯，基底膜，内臓の支持組織に存在する．ほとんどのコラーゲンは非常に強靭な不溶性の糸（原線維）が互いに架橋し合い，大きな力学的弾性を有している．IからXXVIIまで番号がふられた27種類のコラーゲンが知られており，そのおもな構造と機能の特徴によって分類されている．ヒトにおいて重要なものは，線維状コラーゲンI，II，III，V，XI型，そして基底膜コラーゲン（IV型）である．I型コラーゲンは腱，靭帯，骨の，II型は軟骨および脊椎動物胚の脊索の，III型は動脈，腸管，子宮の，IV型は上皮の基底膜，特に腎糸球体および毛細血管の基底膜の主要な構成要素である．

A. コラーゲンの構造

コラーゲンは三重らせん構造を形成する3本鎖からなり，7つの主要な過程を経て合成される．コラーゲンのアミノ酸配列は単純で周期的である（図1）．3つ目ごとに常にグリシン（Gly）が現れ，グリシン間にその他のアミノ酸が現れる．一般構造モチーフは$(Gly-X-Y)_n$で，XとYは一般にプロリンまたはヒドロキシプロリンの場合が多いが，リシンまたはヒドロキシリシンの場合もある（図2）．3本のポリペプチド鎖が三重らせん構造を形成する（図3）．最初に**プロコラーゲン** procollagen という前駆分子が形成される．I型プロコラーゲンの三重らせん構造は2本の$\alpha 1（I）$鎖と1本の$\alpha 2（I）$鎖から構成されている（図4）．プロコラーゲンのN末端とC末端からプロコラーゲンペプチダーゼによってペプチドが除去され，**トロポコラーゲン** tropocollagen が形成される（図5）．トロポコラーゲン分子は，多くのヒドロキシプロリン残基やリシン残基が架橋し合って**コラーゲン原線維** collagen fibril を形成している（図6）．各原線維は，トロポコラーゲン分子が末端の間にわずかなスペースをあけて直線上に配列し，それらがスペースの位置をずらしながら互いに平行に並んでできている（図7）．コラーゲン原線維のこの構造は，電子顕微鏡で縞模様として観察される（図8）．直径1 mmのコラーゲン線維は約10 kgの重さに耐えられる．（写真はStryer, 1995 より）

B. プロコラーゲン遺伝子のプロトタイプ

II型プロコラーゲンは3本の$\alpha 1（II）$鎖が三重らせん構造を形成して成り立っており，これを$\alpha 1（II）_3$と記述する．$\alpha 1（II）$鎖をコードする遺伝子 *COL2A1* はサイズの異なる52のエキソンからなり，各エキソンが5，6，11，12，または18個のGly-X-Yユニットをコードしている．エキソン1の翻訳部位（85 bp）は分泌に必須のシグナルペプチドをコードしている．I型，II型，III型プロコラーゲンの遺伝子は，いくつかのエキソンが融合している点が異なっているが，その他の点ではよく似ており，中でも3つの主要な線維状コラーゲン（I，II，III型）の遺伝子は特によく似ている．

C. $\alpha 1（I）$鎖遺伝子の構造

I型プロコラーゲンは2本の$\alpha 1（I）$鎖と1本の$\alpha 2（I）$鎖で構成され，$\alpha 1（I）_2 \alpha 2（I）$と記述される．相当する遺伝子は *COL1A1* と *COL1A2* である．$\alpha 1（I）$鎖をコードする *COL1A1* 遺伝子は52のエキソンからなり，各エキソンがドメインA〜Gのいずれかをコードしている．$\alpha 2（I）$鎖をコードする *COL1A2* 遺伝子は，イントロンの長さが平均して *COL1A1* の2倍であるため，ゲノム上では *COL1A1* の約2倍の大きさ（約40 kb）である．

医学との関連

コラーゲンをコードする遺伝子の変異は10種以上のヒト疾患の原因となる（巻末の付表17参照）．

参考文献

Byers PH: Disorders of collagen synthesis and structure, pp 5241–5285. In: Scriver CR et al (eds) The Metabolic and Molecular Bases of Inherited Disease, 8th ed. McGraw-Hill, New York, 2001.

Chu M-L, Prockop DJ: Collagen gene structure, pp 149–165. In: Broyce PM, Steinmann B (eds) Connective Tissue and Its Heritable Disorders. Wiley-Liss, New York, 1993.

De Paepe A: Heritable collagen disorders: from phenotype to genotype. Verh K Acad Geneeskd Belg 65: 463–482, 1998.

Myllyharju J, Kiviriko KI: Collagens, modifying enzymes and their mutations in humans, flies, and worms. Trends Genet 20: 33–43, 2004.

Rauch F, Glorieux FH: Osteogenesis imperfecta. Lancet 363 : 1377–1385, 2004

ネット上の情報：

Kimball's Biology Pages at www.biology-pages.info

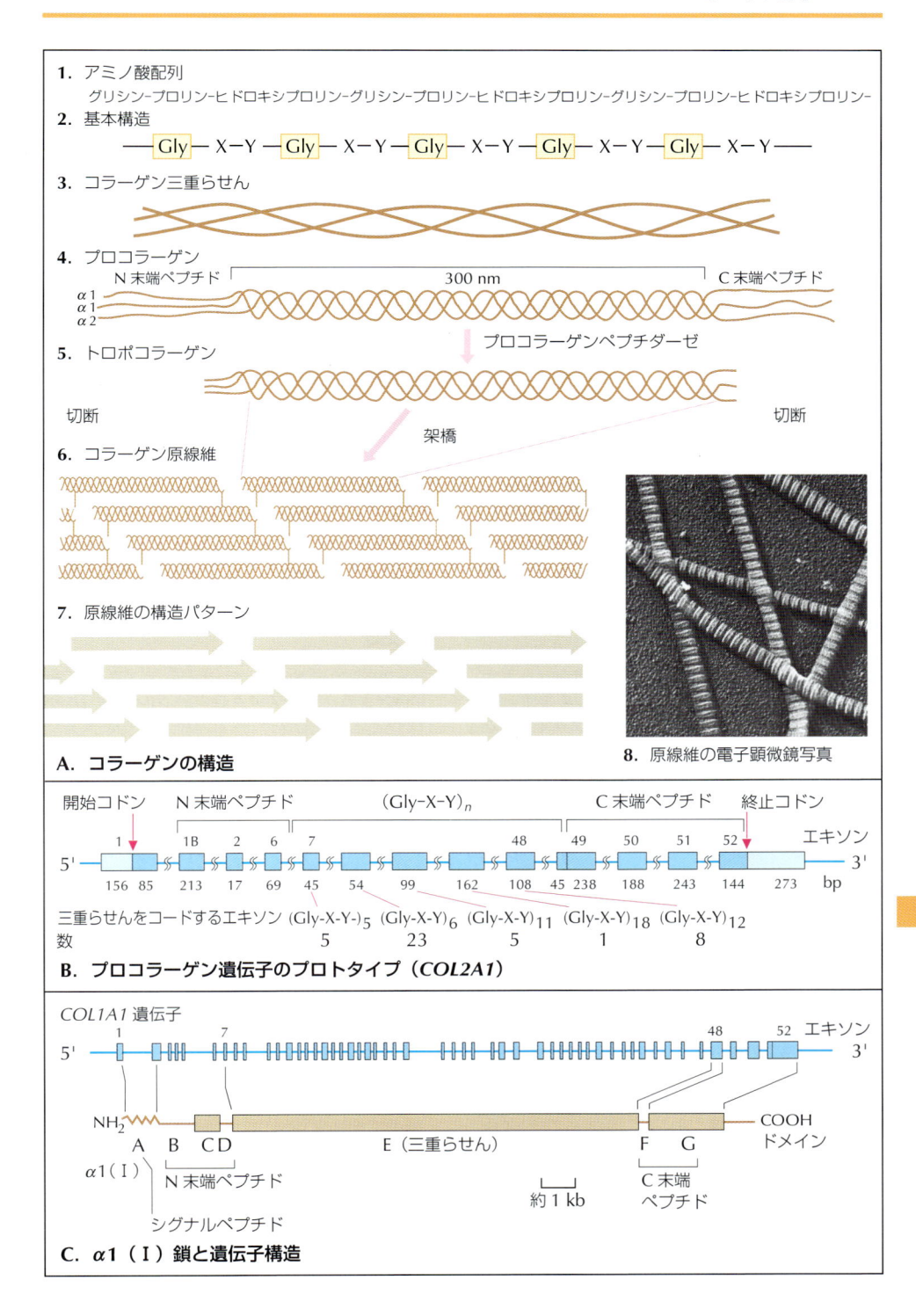

コラーゲン分子

1. **アミノ酸配列**
   グリシン-プロリン-ヒドロキシプロリン-グリシン-プロリン-ヒドロキシプロリン-グリシン-プロリン-ヒドロキシプロリン-

2. **基本構造**
   ―― Gly ― X―Y ― Gly ― X―Y ― Gly ― X―Y ― Gly ― X―Y ― Gly ― X―Y ――

3. **コラーゲン三重らせん**

4. **プロコラーゲン**
   N末端ペプチド ←―― 300 nm ――→ C末端ペプチド
   α1
   α1
   α2
   プロコラーゲンペプチダーゼ

5. **トロポコラーゲン**
   切断　　　架橋　　　切断

6. **コラーゲン原線維**

7. **原線維の構造パターン**

A. コラーゲンの構造

8. **原線維の電子顕微鏡写真**

開始コドン　N末端ペプチド　(Gly-X-Y)$_n$　C末端ペプチド　終止コドン
　　　　　1　　1B 2 6　　7　　　　　48　49 50 51 52　　　エキソン
5'――――――――――――――――――――――――――――3'
　　　156 85　213 17 69　45 54 99 162 108 45 238 188 243 144 273 bp

三重らせんをコードするエキソン (Gly-X-Y)-5 (Gly-X-Y)6 (Gly-X-Y)11 (Gly-X-Y)18 (Gly-X-Y)12
数　　　　　　　　　　　　　　　5　　　　23　　　　5　　　　1　　　　8

B. プロコラーゲン遺伝子のプロトタイプ（COL2A1）

COL1A1 遺伝子
　　　1　　7　　　　　　　　　　　　　　　　　48　52 エキソン
5'――――――――――――――――――――――――3'

NH$_2$　　　　　　　　　　　　　　　　　　　　　　　　　COOH
　　A　B CD　　　E（三重らせん）　　　　　F　G　　ドメイン
α1（I）　N末端ペプチド　　　　　　　　　　　C末端
　　　　シグナルペプチド　　約1 kb　　　　ペプチド

C. α1（I）鎖と遺伝子構造

骨形成不全症

骨形成不全症（OI，MIM 120150）または「脆弱骨疾患」は臨床的および遺伝的に異なる単一でない疾患群であり，1万人に1人の頻度で発症する．共通の徴候として，易骨折性，骨変形，低身長，歯牙欠損（象牙質形成不全症），耳小骨形成不全による難聴，青色強膜がある．強膜が異常に薄いため屈折光が青色へ偏光することにより起こる．OI の徴候は疾患のタイプによって異なる．OI は7世紀のエジプトのミイラにもみつかっている（Byers，1993）．OI のすべてではないが，多くは I 型コラーゲンを構成する2種類の鎖をコードする2つの遺伝子，*COL1A1* または *COL1A2* のいずれかに起こった変異による I 型コラーゲンの欠損を原因とする．

A. 分子機構

通常の I 型プロコラーゲンを構成する2種類の鎖，α1（I）鎖とα2（I）鎖は，必要量が合成されて正常なプロコラーゲンを形成する（図1）．ある種の変異はα1（I）鎖の合成を減少させる（図2）．この場合，産生量の不均衡のためにα2（I）鎖は分解し，プロコラーゲンの産生量が少なくなるが欠陥はない．プロコラーゲンの欠陥の原因となるようなα1（I）鎖またはα2（I）鎖をコードする遺伝子（*COL1A1* または *COL1A2*）の変異（図3）には，*COL1A1* アレルの欠失やスプライシング異常などがある．*COL1A1* 遺伝子の変異は *COL1A2* 遺伝子の変異よりも重篤である．それは前者の方が多くの欠陥コラーゲンが産生されることになるからである．（図は Wenstrup et al., 1990 より）

B. 遺伝子変異と表現型

遺伝子変異の部位は表現型に影響する．一般的に3′領域の変異は5′領域の変異よりも重篤である（「位置効果」）．*COL1A1* 遺伝子の変異は *COL1A2* 遺伝子の変異よりも重篤である（「鎖効果」）．三重らせん構造の形成に欠かせないグリシンがより大きなアミノ酸に置換すると重度の障害につながる（「サイズ効果」）．欠失，プロモーターまたはエンハンサーにおける変異，スプライス変異といったさまざまな形式の変異が起こりうる．コラーゲン分子に高頻度で存在するリシンに対するコドン（AAG，AAA）の最初のアデニンのチミンへの置換（TAG，TAA）があり，容易に終止コドンを形成する．生じた終止コドンにより短くて不安定なプロコラーゲンが形成される．スプライス変異はエキソンの欠損につながる（エキソンスキッピング）．（図は Byers, 2001 より）

C. 種々の病型

OI は Sillence の分類では I～IV の4型に分類される．この分類は遺伝子変異の種類に基づいたものではないが，一般的に臨床での有用性が証明されている．I 型および IV 型の OI は II 型（幼児期致死）および III 型の OI に比べると重症度が低い．3枚の X 線写真は，IV 型 OI における比較的軽度な（しかし患者にとってはそれでも深刻な障害である）脛骨と腓骨の変形（図1），III 型 OI における頚骨および腓骨の重度の変形（図2），致死性の II 型 OI における著明に肥厚し短縮した長幹骨（図3）を示す．OI の原因となる遺伝子変異は常染色体優性遺伝であり，重症型は新生変異によるものである．非罹患の両親から生まれた同胞患者のまれな例は，性腺モザイクによって説明できる．

2002年に OI の新しい病型が2種類報告された．骨軟化症を伴う V 型（MIM 120215，遺伝子の局在は 9q34.2-q34.3）と増殖性の仮骨形成を伴う VI 型（Glorieux ら，2002）である．

参考文献

Byers PH: Osteogenesis imperfecta, pp 137-350. In: Broyce PM, Steinmann B (eds) Connective Tissue and Its Heritable Disorders. Wiley-Liss, New York, 1993.

Byers PH: Disorders of collagen synthesis and structure, pp 5241-5285. In: Scriver CR et al (eds) The Metabolic and Molecular Bases of Inherited Disease, 8th ed. McGraw-Hill, New York, 2001.

Chu M-L, Prockop DJ: Collagen gene structure, pp 149-165. In: Broyce PM, Steinmann B (eds) Connective Tissue and Its Heritable Disorders. Wiley-Liss, New York, 1993.

Glorieux FH et al: Osteogenesis imperfecta type VI: A form of brittle bone disease with a mineralization defect. J Bone Min Res 17: 30-38, 2002.

Kocher MS, Shapiro F: Osteogenesis imperfecta. J Am Acad Orthop Surg 6: 225-236, 1998.

Sillence DO, Senn A, Danks DM: Genetic heterogeneity in osteogenesis imperfecta. J Med Genet 16: 101-116, 1979.

Wenstrup J et al: Distinct biochemical phenotypes predict clinical severity in nonlethal variants of osteogenesis imperfecta. Am J Hum Genet 46: 975-982, 1990.

A. 骨形成不全症の分子機構

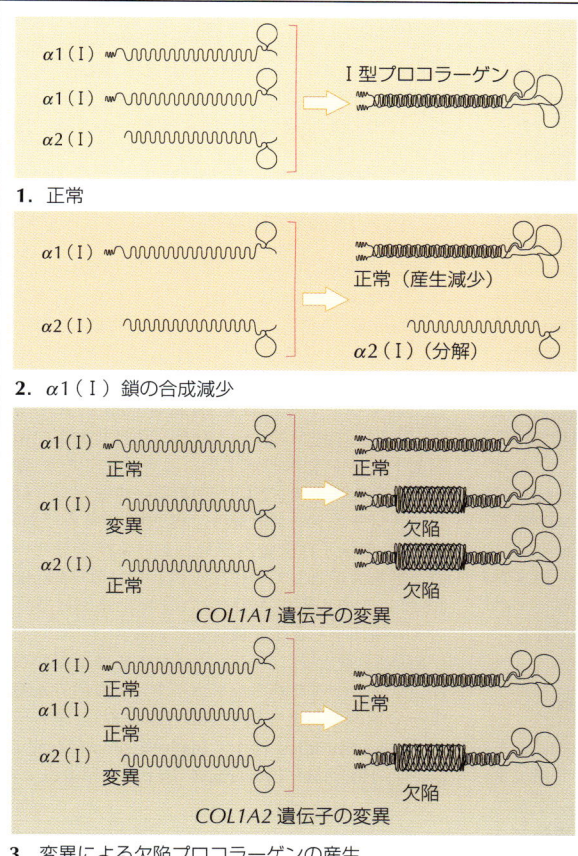

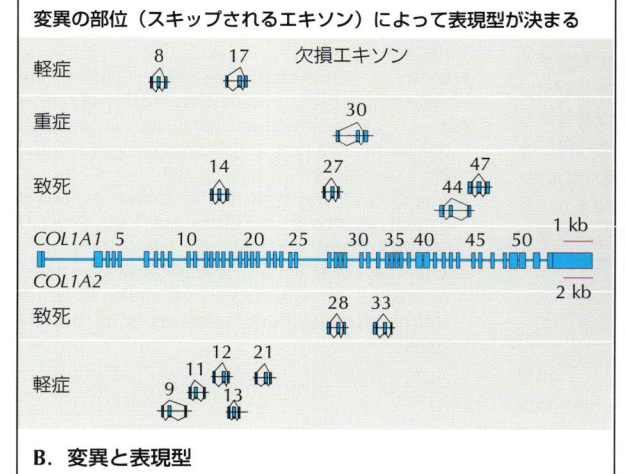

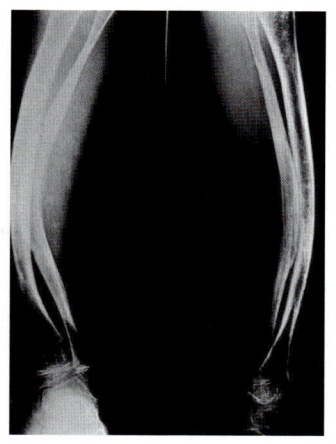

1. 正常
   - α1(I), α1(I), α2(I) → I型プロコラーゲン

2. α1(I)鎖の合成減少
   - α1(I) → 正常（産生減少）
   - α2(I) → α2(I)(I)(分解)

3. 変異による欠陥プロコラーゲンの産生
   - COL1A1 遺伝子の変異：α1(I)正常、α1(I)変異、α2(I)正常 → 正常／欠陥／欠陥
   - COL1A2 遺伝子の変異：α1(I)正常、α1(I)正常、α2(I)変異 → 正常／欠陥

B. 変異と表現型

変異の部位（スキップされるエキソン）によって表現型が決まる

- 軽症： 8, 17　欠損エキソン
- 重症： 30
- 致死： 14, 27, 44, 47

COL1A1　5　10　20　25　30　35　40　45　50　1 kb
COL1A2　　　　　　　　　　　　　　　　　　2 kb

- 致死： 28, 33
- 軽症： 9, 11, 12, 13, 21

C. 骨形成不全症の種々の病型

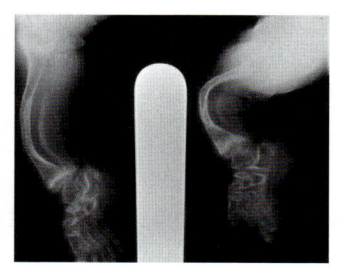

1. 骨変形（IV型）
2. 重度の骨変形（III型）
3. 致死型（II型）

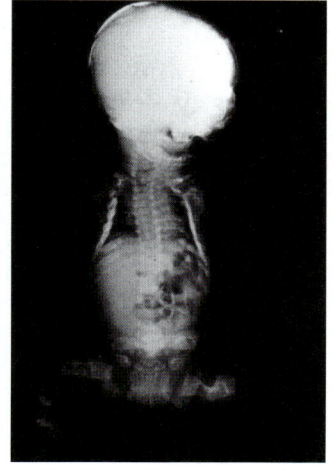

骨発生の分子基盤

骨は3つの中胚葉細胞系列から発生し，特殊化した3種類の細胞，すなわち**軟骨細胞** chondrocyte（軟骨を形成する細胞），**骨芽細胞** osteoblast（骨を形成する細胞），**破骨細胞** osteoclast（骨を分解する細胞）へと分化する。骨形成はおもに2種類の過程によって行われる。(1) 間葉組織から骨組織への直接的な変換過程（**膜性骨化** intramembranous ossification あるいは**皮膚骨化** dermal ossification），(2) 軟骨細胞で形成された軟骨が骨芽細胞に置換される過程（**軟骨内骨化** enchondral ossification）。骨芽細胞は細胞外骨基質タンパクの大部分を産生し，その石灰化を制御している。骨芽細胞系列は骨芽細胞特異的転写因子（OSF）によって生じる。その1つである Cbfa1 は，直接的な膜性骨化の過程で働く骨芽細胞分化誘導の主要な調節因子である。これはショウジョウバエのペアルール遺伝子産物 runt にしたがって Runx2 と再命名された。マウスの転写因子 runx2 をコードする *Runx2* 遺伝子（ヒトでは *RUNX2*）は runt ドメイン遺伝子ファミリーのメンバーである。runt ドメインはショウジョウバエの runt との相同性をもつ DNA 結合ドメインである。

A. マウスにおける *Runx2* 変異の効果

マウス17番染色体上にある *Runx2* 遺伝子にホモ接合性（−/−）の変異を導入すると，全骨格に異常を生じた重度の表現型を呈する（図1）。正常マウス（+/+，図1a，c）と比較すると，変異マウス（−/−）はアリザリンレッドで染色されないことから示されるように骨発生が完全に欠落している（図1b，e）。変異ホモマウスは小型で出生時に呼吸障害で死亡する。ヘテロ接合マウス（+/−，図1d）は，上腕の長幹骨の骨化減少および上腕結節（円で示す）の重度低形成を示す。頭蓋骨と胸郭にも重度の障害がみられる（図2）。ヘテロ接合マウスでは頭蓋骨の骨化が起こっていない（図2b）。正常に石灰化した骨（図2a は胎生17.5日，出生3.5日前）はアリザリンレッドによって赤く染まり，軟骨はアルシアンブルーによって青く染まる。正常マウス（図2c）と比較して，ヘテロ接合マウスは鎖骨が欠損している（図2d，矢印）。

B. ヒトの鎖骨頭蓋形成不全症

鎖骨頭蓋形成不全症（CCD, MIM 118980）は常染色体優性遺伝の骨格疾患であり，6p21 に局在するヒト *RUNX2* 遺伝子の変異が原因である。鎖骨の欠損と頭蓋骨の骨形成不全を特徴とする。X 線写真では全身性の骨化不全を示す。患者は鎖骨が欠損しているため（図2，写真は J. Warkany 博士, Cincinnati による），両肩を合わせることができる（図1）。頭蓋冠は前正中領域の骨化が不十分なため拡大している（図3）。（図3は Mundlos ら，1997より）。

C. ヒト *RUNX2* 遺伝子

6p21 に局在する *RUNX2* 遺伝子（MIM 600211）は CBF（core-binding factor）ファミリーに属する転写因子をコードしている。以前に決定された7つではなく9つのエキソンを有し，2つのプロモーター（P1 と P2）をもった選択的転写開始部位を含む。エキソン1〜3は DNA 結合 runt ドメインをコードし，エキソン4〜7は転写活性化および転写抑制ドメインをコードする。エキソン3の3′側には核局在シグナル（NLS）がある。エキソン6は選択的スプライシングを受け，*RUNX2* に特有である。*RUNX2* 遺伝子は軟骨内骨化における軟骨分化の主要な調節因子としての役割も担っている（Mundlos, 1999）。このように *RUNX2* は骨発生における「マスター遺伝子」として機能している。

RUNX2 遺伝子に生じたすべての変異は機能喪失につながる。すなわちハプロ不全により鎖骨頭蓋形成不全症の表現型を呈することになる。（図A〜C は Stefan Mundlos 博士, Institute for Medical Genetics, Humboldt University, Berlin の厚意による）

参考文献

Komori T et al: Targeted disruption of Cbfa1 results in a complete lack of bone formation owing to maturational arrest of osteoblasts. Cell 89: 755-764, 1997.

Mundlos S: Cleidocranial dysplasia: clinical and molecular genetics. J Med Genet 36:177-182, 1999.

Mundlos S et al: Mutations involving the transcription factor CBFA1 cause cleidocranial dysplasia. Cell 89: 773-779, 1997.

Zheng Q et al: Dysregulation of chondrogenesis in human cleidocranial dysplasia. Am J Hum Genet 77: 305-312, 2005.

Zou G et al: *CBFA1* mutations analysis and functional correlation with phenotypic variability in cleidocranial dysplasia. Hum Mol Genet 8: 2311-2316, 1999.

骨発生の分子基盤　399

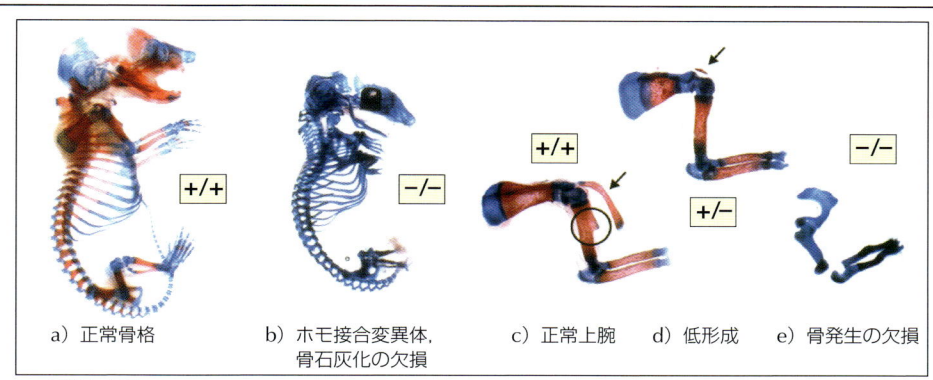

1. 骨格と上腕

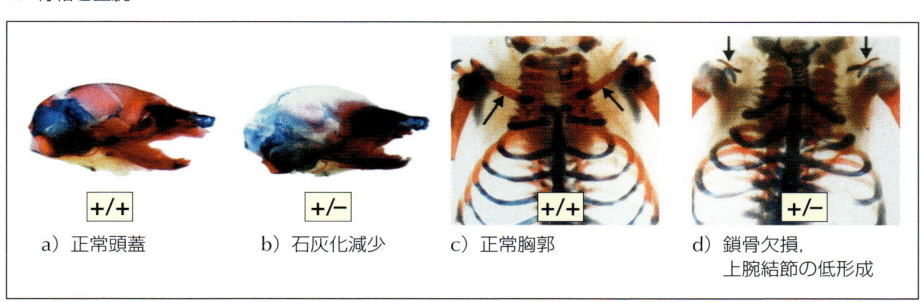

a) 正常骨格 +/+
b) ホモ接合変異体, 骨石灰化の欠損 −/−
c) 正常上腕 +/+
d) 低形成 +/−
e) 骨発生の欠損 −/−

2. 鎖骨と胸郭

a) 正常頭蓋 +/+
b) 石灰化減少 +/−
c) 正常胸郭 +/+
d) 鎖骨欠損, 上腕結節の低形成 +/−

A. マウスにおける *Runx2* 変異の効果

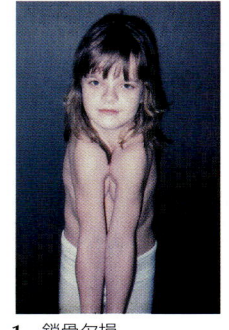

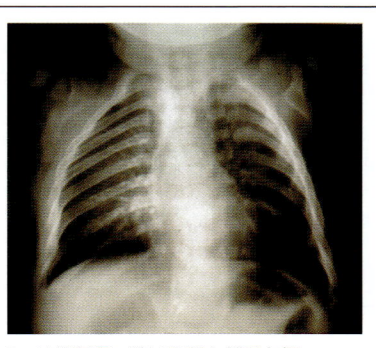

1. 鎖骨欠損
2. X線写真：狭い胸郭と鎖骨欠損
3. 頭蓋石灰化の欠損

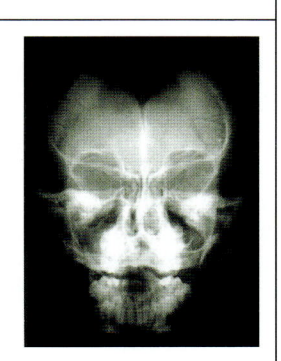

B. ヒトの鎖骨頭蓋形成不全症

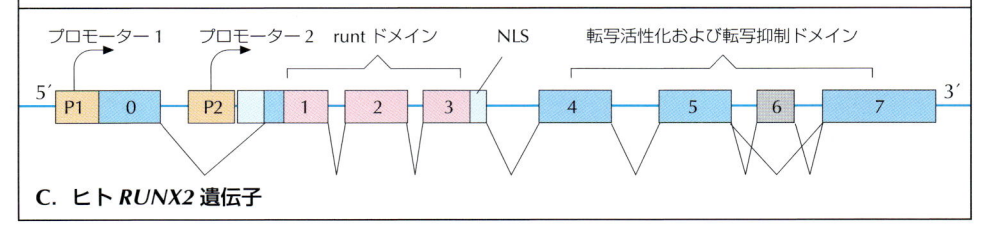

プロモーター1　プロモーター2　runt ドメイン　NLS　転写活性化および転写抑制ドメイン

5′ P1 — 0 — P2 — 1 — 2 — 3 — 4 — 5 — 6 — 7 — 3′

C. ヒト *RUNX2* 遺伝子

哺乳類における性決定

性決定過程に関与する遺伝子は雄か雌かへの発生分化を調節している．この一連の段階的過程において，遺伝子は適切な組織で適切な時期に発現する．各段階において，いずれかの性に向けて二者択一の選択がなされる．まず最初にY染色体の有無によって将来の性が決定され，その後，未分化な発生段階にある性腺，内性器，外性器が女性または男性のものへと分化する．

A. 哺乳類Y染色体の役割

1959年に2つのヒト疾患，ターナー症候群とクラインフェルター症候群で染色体分析がなされ，ヒトY染色体の重要な役割が明らかになった．クラインフェルター症候群の患者は2本のX染色体と1本のY染色体をもち，性発達は不完全であるが男性の表現型を示す（416頁参照）．X染色体の数にかかわらず，1本の機能的Y染色体が存在する限り女性の表現型は現れない．ターナー症候群の患者はX染色体を1本だけもち，Y染色体をもたず，不完全な性発達と通常は奇形を伴うが表現型は女性である（416頁参照）．1940年代にフランスの発生学者Alfred Jostは，外性器が雄へと分化する前のウサギ胎仔の精巣を除去すると雌になることを観察した．このように，雄への分化にはY染色体と胎児精巣が必要である．

B. 性決定領域 SRY

動物実験ならびにY染色体のさまざまな大きさの欠失を伴ったヒト男性の臨床的観察から，Y染色体短腕のごく小さな領域が男性への分化に必要であることが明らかになった．この領域はSRY（sex-related Y）と名づけられている．

SRYはヒトY染色体短腕の小さな領域であり，その中に*SRY*（sex-determining region Y）遺伝子が同定されている．*SRY*遺伝子は偽常染色体領域1（PAR1）のすぐ近位側の区間1A1内に存在する．PAR1はX染色体短腕の遠位部分との間に相同性があり，男性の減数分裂の際，両者は対合して交差を起こす．

C. *SRY* 遺伝子

*SRY*遺伝子（MIM 480000）はYp11.32に局在し，1つのエキソンからなる．転写因子TFⅡDが結合するためのTATAAAモチーフをもち，1.1 kbのRNAに転写され，612 bpのコード領域が翻訳されて204アミノ酸からなる23.9 kDaのタンパクが産生される（図1）．SRYタンパクは転写因子SOXファミリーのメンバーである．保存されたHMG（high mobility group）モチーフを含み，DNAに結合して可逆性の折れ曲がりを起こさせる（図2）．この折れ曲がりにより二重らせんが開き，転写因子の接近が可能となる．HMGモチーフを含むタンパクは非ヒストンDNA結合タンパクである．（図2はMichael A. Weiss博士，Clevelandの厚意によりLiら，2006より）

D. *Sry* トランスジェニック XX 雄マウス

*Sry*の重要な役割はマウスでの実験的証拠からも確認されている．すなわち，マウス*Sry*遺伝子を含む14 kDaのDNA断片を，染色体上は雌（XX）のマウスの胚盤胞に注入すると，雄マウスとなる．（図はKoopmanら，1991より）

E. Sry 発現の経時的変化

XY染色体をもつマウス胚では，Sryは胚発生の10.5〜12.5日齢の間でのみ発現される．（図はKoopman & Gubbay，1991より）

参考文献

Brennan J, Capel B: One tissue, two fates: molecular genetic events that underlie testis versus ovary development. Nature Rev Genet 5: 509–521, 2004.

Erickson RP: The sex determination pathway, pp 482–501. In: Epstein CJ, Erickson RP, Wynshaw-Boris A (eds) Inborn Errors of Development. The Molecular Basis of Clinical Disorders of Morphogenesis. Oxford University Press, Oxford, 2004.

Koopman P et al: Male development of chromosomally female mice transgenic for *Sry*. Nature 351: 117–121, 1991.

Li B et al: SRY-directed DNA bending and human sex reversal: Reassessment of a clinical mutation uncovers a global coupling between the HMB box and its tail. J Mol Biol, in press.

MacLaughlin DT, Donahoe PK: Sex determination and differentiation. New Engl J Med 350: 367–378, 2004.

Scherer G & Schmid M, eds: Genes and Mechanisms in Vertebrate Sex Determination. Birkhäuser, Basel, 2001.

哺乳類における性決定

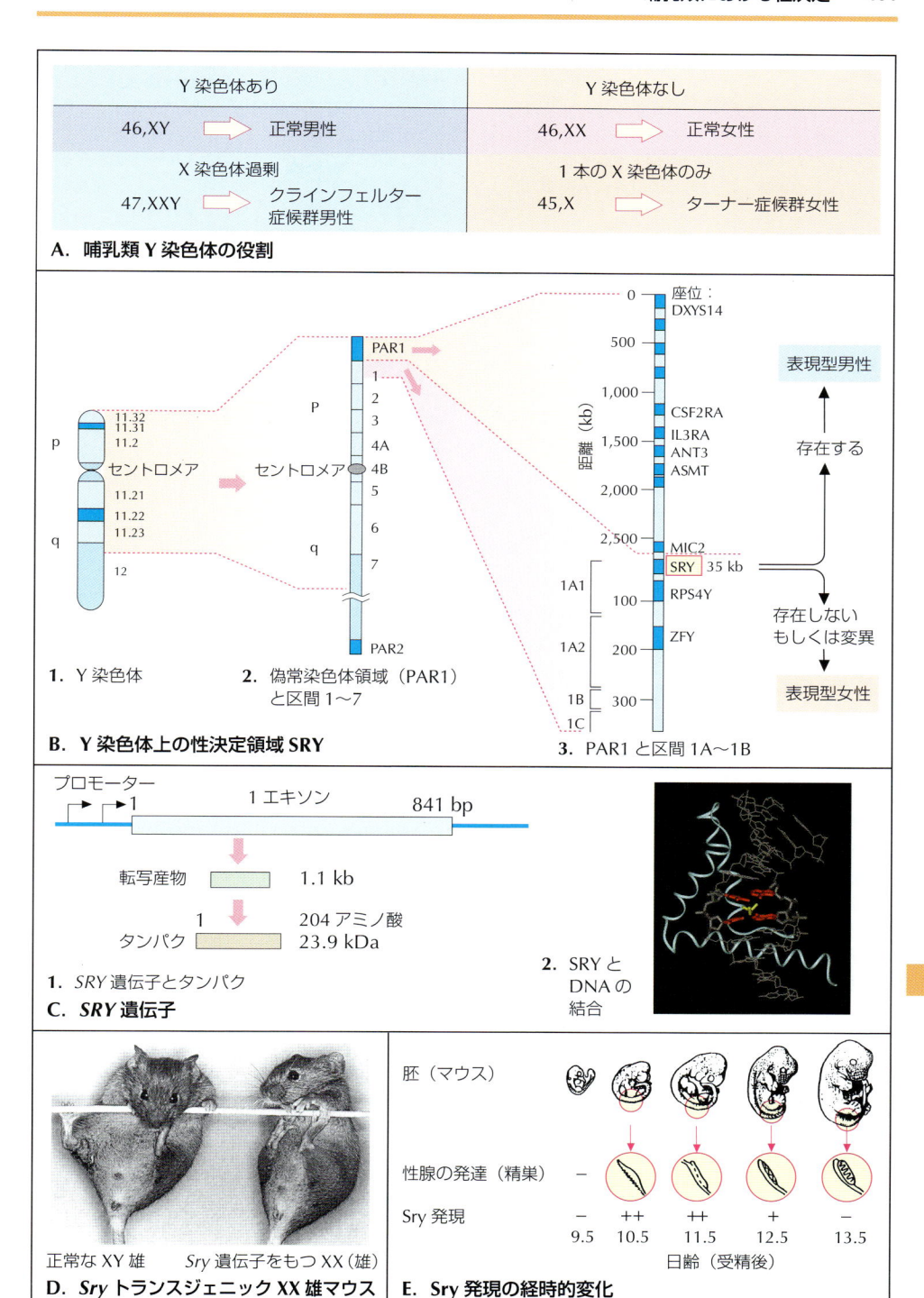

A. 哺乳類Y染色体の役割

Y染色体あり		Y染色体なし	
46,XY ⇒ 正常男性		46,XX ⇒ 正常女性	
X染色体過剰		1本のX染色体のみ	
47,XXY ⇒ クラインフェルター症候群男性		45,X ⇒ ターナー症候群女性	

B. Y染色体上の性決定領域 SRY

1. Y染色体
2. 偽常染色体領域（PAR1）と区間1〜7
3. PAR1と区間1A〜1B

座位：DXYS14、CSF2RA、IL3RA、ANT3、ASMT、MIC2、SRY 35 kb、RPS4Y、ZFY

存在する → 表現型男性
存在しないもしくは変異 → 表現型女性

C. SRY遺伝子

1. SRY遺伝子とタンパク

プロモーター — 1エキソン 841 bp
転写産物 1.1 kb
タンパク 1 — 204アミノ酸 23.9 kDa

2. SRYとDNAの結合

D. SryトランスジェニックXX雄マウス

正常なXY雄　　Sry遺伝子をもつXX（雄）

E. Sry発現の経時的変化

胚（マウス）

日齢（受精後）	9.5	10.5	11.5	12.5	13.5
性腺の発達（精巣）	−	✓	✓	✓	✓
Sry発現	−	++	++	+	−

性分化

性分化は初期胚形成期における一連の発生過程であり、最終的に雌と雄のどちらかに帰結する。すべての解剖学的構造は初めは未分化であるが、さまざまな遺伝子の影響下でいずれかの性に発達する。

A. 性腺と外性器

性腺（図1）、（中腎および中腎傍）排出管（図2）、外性器（図3）は、すべて1つの未分化な原基から発生する。ヒトでは妊娠6週の終わり頃に、胚の始原生殖細胞が初期未分化性腺に移動し、性腺の内側部分（髄質）と外側部分（皮質）が識別できるようになる（図1）。XY胚では妊娠10週頃に精巣決定因子（TDF）である *SRY* 遺伝子の影響下で初期の胚性精巣が発達する。*SRY* 遺伝子が存在しなければ卵巣が発達する。初期の胚性精巣は2種類のホルモン、男性への分化を誘導する作用をもつテストステロンとミュラー管抑制因子（MIF、抗ミュラー管ホルモンともいう）を産生する。MIF は女性の解剖学的構造の発達を抑制する。排出管は初期性腺が産生するホルモンの影響下で分化する（図2）。卵管、子宮、腟上部の前身であるミュラー管は、男性への分化を誘導するホルモンの作用がないときに発達する。男性の輸出管（精管、精嚢、前立腺）の前身であるウォルフ管は、胎児精巣で作られる男性ステロイドホルモンであるテストステロンの作用下で発達する。テストステロンが欠損していたり作用できなかったりすると、ウォルフ管は退化する。性腺が精巣あるいは卵巣に分化した後に、外性器が発達する。この変化はヒトでは比較的遅く、妊娠15～16週で起こる（図3）。男性外性器の完全な発達は、男性への分化を誘導するテストステロンの誘導体、5-ジヒドロテストステロンに依存している。これは5α-レダクターゼの作用によりテストステロンから産生される。生殖堤の両能性性腺への分化、そして卵巣あるいは精巣への分化には、簡略化して図示したようにいくつかの遺伝子が必要である。（図4は Gilbert, 2003 より）

B. 性分化の諸段階

性分化は大きく4つの段階に分けることができる。(1) 遺伝的な性の決定、(2) 性腺の性の決定、(3) 出生前段階の解剖学的な性の決定、および (4) 幼児期以降の心理的な性の決定段階である。第五の段階として、あらゆる法的文書に「女性」あるいは「男性」として記載される法的な性を加えることもできるであろう。どの段階も、一時的な調節を受ける一連の段階からなっている。まず始原生殖細胞が TDF、主として *SRY* 遺伝子（他の哺乳類では *Sry* 遺伝子）の影響下で初期胚性精巣に分化する。男性への分化には MIF によるミュラー管の抑制が含まれる。*SRY* 遺伝子が欠損していると精巣が発達せず、その後の男性への分化が起こらない。精巣がなければ卵巣が発達し、ウォルフ管は退化して、ミュラー管が卵管、子宮、腟上部に分化する。テストステロンが男性への分化を誘導する作用は、細胞内のアンドロゲン受容体の働きを介している（次項参照）。テストステロンは、後年になって明瞭になってくる精神−性的な方向づけに影響を及ぼすことで、中枢神経系に対する作用も発揮する（「脳の刷込み」）。テストステロンが欠損しているか、あるいは受容体の欠損によって作用できなければ、性の方向づけは女性となる。

遺伝子量依存的に関わっているその他の遺伝子として、Xp21.3-p21.2 に局在する *DAX1*（MIM 300473）、17q24.3-q25.1 に局在する *SOX9*（MIM 608160）などがある。卵巣決定遺伝子として働いているのは、おそらく、*DAX1* と協調作用して女性への分化を制御している *WNT4*（MIM 603490）である。

参考文献

Acherman JC, Jameson JL: Disorders of sexual differentiation, pp 2214–2220. In: Kasper DL et al (eds) Harrison's Principles and Practice of Internal Medicine, 16th ed. McGraw-Hill, New York, 2005.

Goodfellow PN et al: SRY and primary sex-reversal syndromes, pp 1213–1221. In: Scriver CR et al (eds) The Metabolic and Molecular Bases of Inherited Disease, 8th ed. McGraw-Hill, New York, 2001.

Su H, Lau Y-FC: Identification of the transcriptional unit, structural organization, and promoter sequence of the human sex-determining region Y (SRY) gene, using a reverse genetic approach. Am J Hum Genet 52: 24–38, 1993.

性分化 403

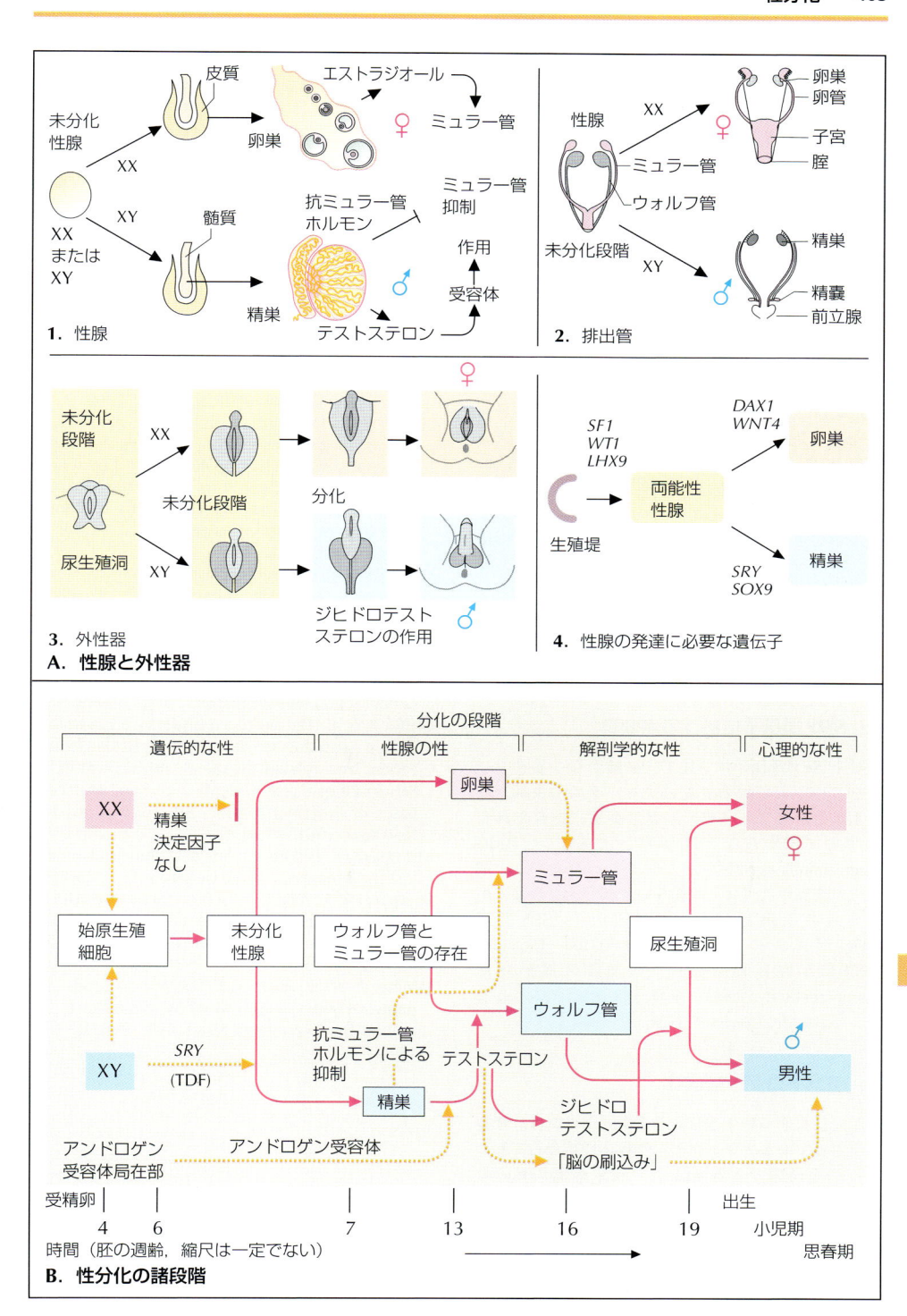

A. 性腺と外性器

1. 性腺
2. 排出管
3. 外性器
4. 性腺の発達に必要な遺伝子

B. 性分化の諸段階

性発達障害

性発達障害は，Y染色体やX染色体の変異や再構成により，性決定または性分化（前項参照）のどの段階においても生じる（巻末の付表18参照）。性腺は生殖管や外性器としばしば一致しない。また，外性器は性の判別不明瞭（部分的に女性，部分的に男性）となることがある（仮性半陰陽）。真性半陰陽では性腺は精巣と卵巣の両方の組織を含んでいる。治療にあたっては根本にある発生異常を正確に診断する必要がある。

A. XX男性とXY女性

正常では，減数分裂時における相同染色体の対合や交差の際，男性を決定するY染色体特異的なDNA配列（*SRY*遺伝子）はY染色体にとどまる。しかし，*SRY*遺伝子は偽常染色体領域1（PAR1）の非常に近傍に位置しているので，PAR1の外側で交差が起きた場合，*SRY*遺伝子はX染色体に転位し，結果として核型がXXの男性が生じる（XX男性症候群，MIM 278850）。一方，*SRY*遺伝子を失ったY染色体では，核型がXYでありながら女性の表現型を生じる（XY女性性腺発生異常症，MIM 306100）。

B. *SRY*遺伝子における点変異

ヒト*SRY*遺伝子は204アミノ酸からなるタンパクをコードしている。このタンパクの中央部（58～137番目のアミノ酸）には，高度に保存された79アミノ酸からなるDNA結合ドメイン［HMG (high mobility group) ボックス］がある。この部位の点変異や欠失は，完全ないし部分的な性腺発生異常症の原因となる。*SOX9*遺伝子（SRY関連HMGボックス遺伝子，MIM 608160，17q24.3-q25.1に局在）の変異は，弯曲肢骨異形成症（campomelic dysplasia）を伴う性逆転の原因となる。（図はMcElreavey & Fellous, 1999より）

C. アンドロゲン受容体

胎児精巣から産生されるテストステロンは，細胞内受容体であるアンドロゲン受容体に結合して初めて作用を発揮できる（図1）。尿生殖洞において5α-レダクターゼの働きでテストステロンから合成されるジヒドロテストステロン（DHT）も，この受容体を必要とする。活性化したホルモン-受容体複合体は，ウォルフ管と尿生殖洞の分化を制御する遺伝子に対し転写因子として働く。アンドロゲン受容体遺伝子の変異はアンドロゲン不応症の原因となる。アンドロゲン受容体遺伝子変異のあるXY個体は，*SRY*遺伝子と精巣をもちテストステロンを産生するが，テストステロンは作用を発揮できず，結果として表現型は女性になる（図2）。これがアンドロゲン不応症（MIM 300068）で，精巣性女性化症候群とも呼ばれる。アンドロゲン受容体遺伝子（MIM 313700）はXq11-q12に局在する。

参考文献

Acherman JC, Jameson JL: Disorders of sexual differentiation, pp 2214–2220. In: Kasper DL et al (eds) Harrison's Principles and Practice of Internal Medicine, 16th ed. McGraw-Hill, New York, 2005.

Erickson RP: Introduction to the sex determining pathway: Mutations in many genes lead to sexual ambiguity and reversal, pp 482–491. In: Epstein CJ, Erickson RP, Wynshaw-Boris A (eds) Inborn Errors of Development. The Molecular Basis of Clinical Disorders of Morphogenesis. Oxford University Press, Oxford, 2004.

Foster JW et al: Campomelic dysplasia and autosomal sex reversal caused by mutations in an SRY-related gene. Nature 372: 525–530, 1994.

Goodfellow PN, Camerino G: DAX-1, an "antitestis" gene. Cell Mol Life Sci 55: 857–863, 1999.

Gottlieb B et al: Androgen insensitivity. Am J Med Genet (Semin Med Genet) 89: 210–217, 1999.

Griffin JE et al: The androgen resistance syndromes: Steroid 5α-reductase deficiency, testicular feminization, and related disorders, pp 4117–4146. In: Scriver CR et al (eds) The Metabolic and Molecular Bases of Inherited Disease, 8th ed. McGraw-Hill, New York, 2001.

McElreavey K, Fellous, M: Sex determination and the Y chromosome. Am J Med Genet 89: 176–185, 1999.

Sharp A et al: Variability of sexual phenotype in 46,XX (SRY+) patients: the influence of spreading X inactivation versus position effects. J Med Genet 42: 420–427, 2005.

Wagner T et al: Autosomal sex reversal and campomelic dysplasia are caused by mutations in and around the SRY-related SOX9. Cell 79: 1111–1120, 1994.

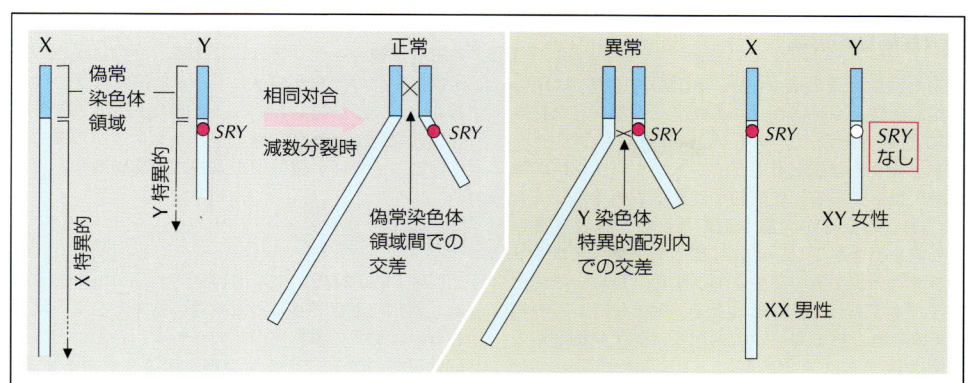

性発達障害   405

A. XX 男性と XY 女性

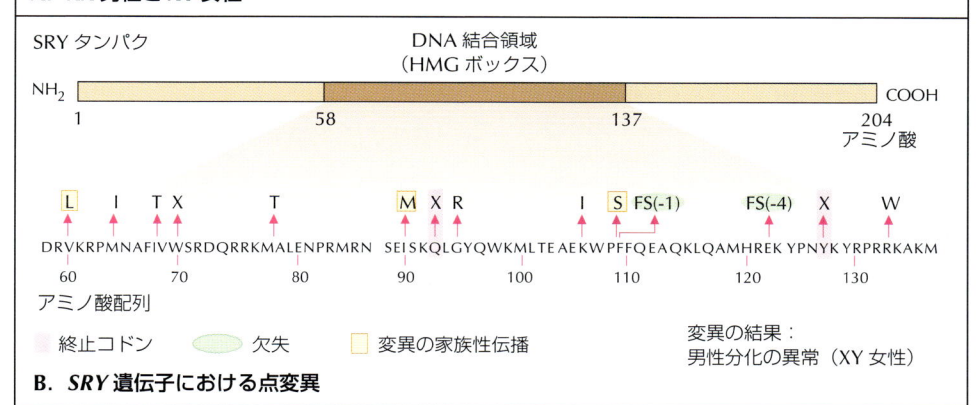

1. *SRY* は Y 染色体にとどまる
2. *SRY* の X 染色体への転位

- X 特異的
- 偽常染色体領域
- Y 特異的
- SRY
- 相同対合 減数分裂時
- 正常
- 偽常染色体領域間での交差
- 異常
- Y 染色体特異的配列内での交差
- XX 男性
- XY 女性
- *SRY* なし

B. *SRY* 遺伝子における点変異

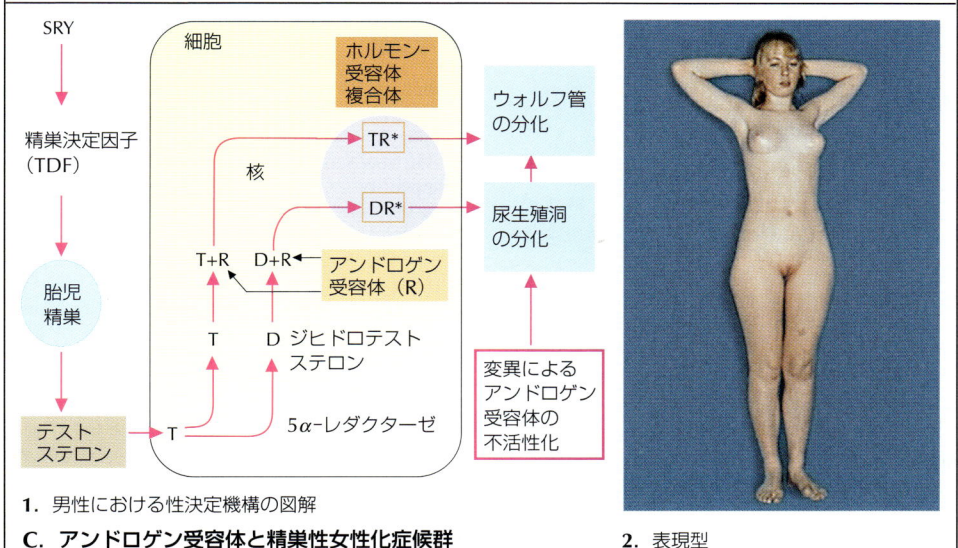

SRY タンパク
DNA 結合領域（HMG ボックス）

NH₂ — 1 — 58 — 137 — 204 COOH
アミノ酸

変異位置: L I T X T M X R I S FS(-1) FS(-4) X W

アミノ酸配列：
DRVKRPMNAFIVWSRDQRRKMALENPRMRN SEISKQLGYQWKMLTE AEKW PFFQEAQKLQAMHREK YPNYK YRPRRKAKM
60   70   80   90   100   110   120   130

- 終止コドン
- 欠失
- 変異の家族性伝播

変異の結果：男性分化の異常（XY 女性）

C. アンドロゲン受容体と精巣性女性化症候群

1. 男性における性決定機構の図解

SRY → 精巣決定因子（TDF）→ 胎児精巣 → テストステロン

細胞内：
- T + R → TR* （核内）→ ウォルフ管の分化
- D + R → DR* （核内）→ 尿生殖洞の分化
- T → D（5α-レダクターゼ）ジヒドロテストステロン
- アンドロゲン受容体 (R)
- ホルモン-受容体複合体
- 変異によるアンドロゲン受容体の不活性化

2. 表現型

先天性副腎過形成

先天性副腎過形成（CAH，MIM 201910）は副腎性器症候群とも呼ばれ，ミクロソームのシトクロムP450酵素であるステロイド21-ヒドロキシラーゼの不十分な生合成を原因とする，コルチゾールの遺伝的欠損症である。代償的に副腎皮質刺激ホルモン（ACTH）の分泌が亢進することから，副腎皮質の過形成を引き起こし，それに伴って男性ステロイドホルモンの出生前の産生が増加する。最も一般的なタイプのCAHは新生児およそ5,000人に1人の頻度でみられ，ヨーロッパと米国ではヘテロ接合体の頻度は50人に1人である。

A. 概要

この疾患のおもな特徴を図に列挙した（図1）。CAHには以下の3タイプがある。(1) 患者の60～70%を占める重篤な塩類喪失型，(2) 塩類喪失がみられない単純男性化型，および (3) 軽症の遅発型。いずれのタイプであるかは，部分的には遺伝子変異の種類によって決まる。重篤な塩類喪失型は新生児期に生命の危機にさらされる。性の判別不明瞭な，もしくは男性化した外性器が女児に認められる（図2）。生化学的な欠陥により副腎過形成が引き起こされる（図3）。遺伝形式は常染色体劣性である（図4）。未治療または十分な治療を受けていない患児は，成長促進と思春期早発症を呈するが，骨端軟骨板が早期に閉鎖するため成人としては低身長となる。このような女児は男性的な体型になる（図5）。妊娠6週以前の母体へのデキサメタゾン投与による出生前治療により，女児胎児の男性化を軽減できる可能性がある。

B. 生化学的欠陥

ステロイド21-ヒドロキシラーゼ欠損により，プロゲステロンの21位のヒドロキシ化によるデオキシコルチゾールへの変換が遮断される。結果として，17-ヒドロキシプロゲステロンの血漿中濃度が上昇する。

C. *CYP21*遺伝子の構造

*CYP21*遺伝子は6p21.3に局在し，密接に連鎖している3つの遺伝子，すなわち補体C4a（*C4A*）遺伝子，機能をもたない偽遺伝子（*CYP21P*），補体C4b（*C4B*）遺伝子と縦列している。これらは主要組織適合遺伝子複合体（MHC）クラスIII遺伝子群（320頁参照）の中に存在する。*CYP21*遺伝子はゲノム上の6 kb近くにわたって存在し，その欠失やナンセンス変異，フレームシフト変異は重篤な塩類喪失型CAHを引き起こす。ミスセンス変異は塩類喪失型と単純男性化型の両方にみられる。ほとんどの患者が複合ヘテロ接合体である。一般に疾患の重症度は変異の種類と関連している。図には7つの変異を示す。欠失は古典的な塩類喪失型CAHの約20%の原因であり，大部分がエキソン3から8の間に起こっている。遺伝子の重複には臨床的意義はない。

D. 交差

C4A, *CYP21P*, *C4B*, *CYP21*の4つの遺伝子には，進化の過程で起こった重複の結果として，構造あるいは配列の類似性が認められる。このことは減数分裂時の誤対合や不等交差を起こしやすくする。多様な交差の結果は，*CYP21*遺伝子の一部または全体の欠失や重複の原因となるかもしれない。遺伝子変換は重要な機構である。すなわち，機能をもつ*CYP21*遺伝子と機能をもたない偽遺伝子*CYP21P*の誤対合は，*CYP21*の一部を*CYP21P*に変えてしまう。

E. 分子遺伝学的解析

半定量的PCR法による8塩基欠失の検出を図に示す。正常個体（レーン2, 4, 6～8）では，エキソン1～3に由来する952 bp断片の強度は，200 bp断片の強度とほぼ同等である。952 bp断片の強度は，ヘテロ接合体（レーン5, 9）では対照よりも弱く，患者（レーン3）では欠損している。各レーンの一番下の断片は，対照として用いたβアクチン遺伝子である。（図はAlireza Baradaran博士，Mashhad, Iranの厚意によりVakiliら，2005より）

参考文献

Donohoue PA et al: Congenital adrenal hyperplasia, pp 4077–4115. In: Scriver CR et al (eds) The Metabolic Basis of Inherited Disease, 8th ed. McGraw-Hill, New York, 2001.

Höppner W: 21-Hydroxylase-Mangel und andere Ursachen des kongenitalen adrenogenitalen Syndroms. Medgenet 16: 292–298, 2004.

Merke DP, Bornstein SR: Congenital adrenal hyperplasia. Lancet 365: 2125–2136, 2005.

New I, Wilson RC: Genetic disorders of the adrenal gland, pp 2277–2314. In: Rimoin DL et al (eds) Emery and Rimoin's Principles and Practice of Medical Genetics, 4th ed. Churchill-Livingstone, Edinburgh, 2002.

Vakili R et al: Molecular analysis of the *CYP21* gene and prenatal diagnosis in families with 21-hydroxylase deficiency in Northeastern Iran. Hormone Res 63: 119–124, 2005.

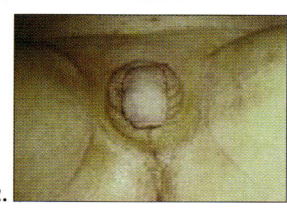

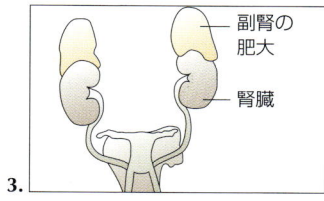

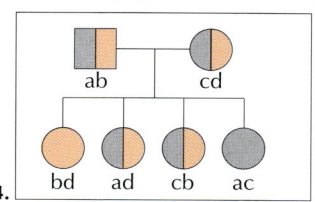

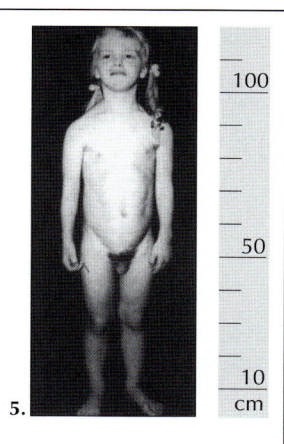

先天性副腎過形成

A. 臨床表現型と遺伝形式

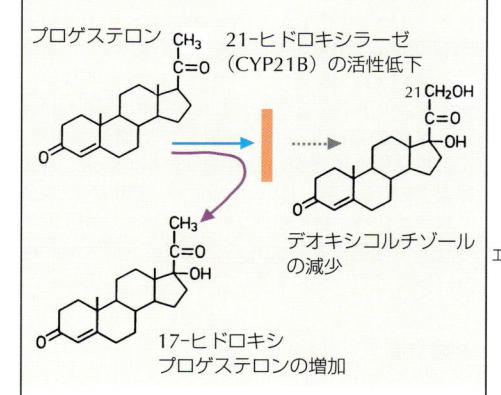

1.
- コルチゾール欠損
- 塩類の喪失
- 出生前の男性化
- 副腎過形成
- ステロイド21-ヒドロキシラーゼ欠損

2.

3. 副腎の肥大／腎臓

4. ab × cd → bd, ad, cb, ac

5.

B. 生化学的欠陥

プロゲステロン → 21-ヒドロキシラーゼ（CYP21B）の活性低下 → デオキシコルチゾールの減少

17-ヒドロキシプロゲステロンの増加

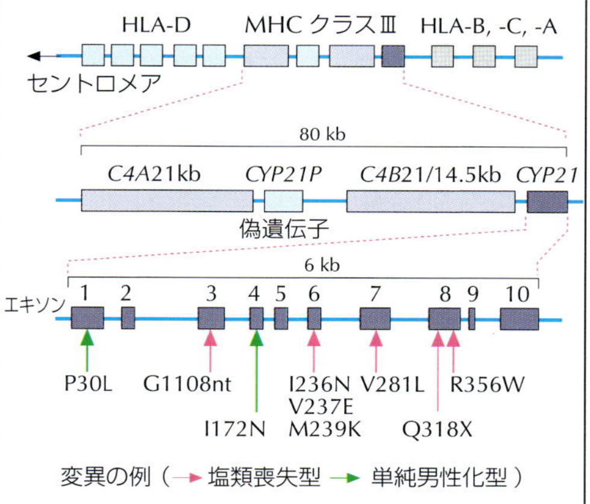

C. CYP21 遺伝子の構造

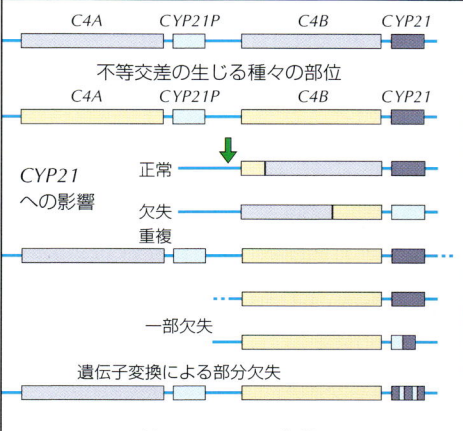

HLA-D　MHC クラスⅢ　HLA-B, -C, -A
セントロメア

80 kb
C4A 21kb　CYP21P　C4B 21/14.5kb　CYP21
偽遺伝子

6 kb
エキソン 1 2 3 4 5 6 7 8 9 10

P30L　G1108nt　I236N／V237E　V281L　R356W
　　　　　I172N　M239K　Q318X

変異の例（→ 塩類喪失型　→ 単純男性化型）

D. CYP21 遺伝子における交差

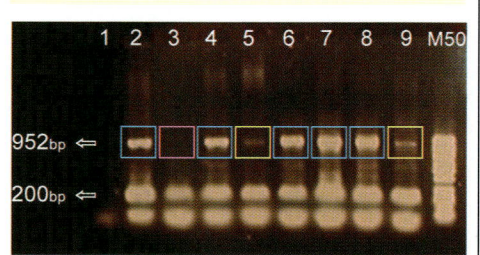

C4A　CYP21P　C4B　CYP21

不等交差の生じる種々の部位

CYP21 への影響
- 正常
- 欠失
- 重複
- 一部欠失
- 遺伝子変換による部分欠失

E. 分子解析

正常：レーン 2, 4, 6, 7, 8

ホモ接合性欠失：レーン 3

ヘテロ接合性欠失：レーン 5, 9

952bp
200bp

不安定反復配列の伸長

中枢神経系が侵される特徴的な疾患群がヌクレオチド反復配列の病的伸長により引き起こされる。疾患のほとんどは遺伝子内のある特定部位の3塩基反復配列（トリプレットリピート）が伸長して起こるが，中には4塩基や5塩基の反復配列の伸長によるものもある。20種近くの疾患が知られている。

A. 疾患の種類

不安定反復配列の伸長による疾患は，遺伝子の非翻訳領域（5′UTR，3′UTR），もしくはエキソンやイントロン内に存在する反復配列の伸長により起こる。その結果，タンパクの機能喪失，もしくは異常RNAや異常タンパクの発現がもたらされ，それらは翻訳制御機構の変化（脆弱X症候群A型，FRAXA）やシグナル伝達の変化（脆弱X症候群E型，FRAXE），ミトコンドリア機能の変化（フリードライヒ運動失調症，FRDA）を引き起こす。コード領域で起きた伸長の結果，タンパク内に伸長したグルタミン鎖を生じることがある（ポリグルタミン病）。ハンチントン病はその代表例である。

B. ハンチントン病

1872年に George Huntington がロングアイランドの1家系について報告したハンチントン病（MIM 143100）は，人口10万人あたり約4〜7人が罹患している。常染色体優性形式で遺伝する神経細胞死による晩発性進行性の神経変性疾患であり，発症後5〜10年のうちに運動調節能と知的能力を完全に喪失する（図1）。通常は40〜50歳頃に不随意運動（舞踏運動，聖ウィトゥスのダンスともいわれる），興奮，幻覚，精神変化などで発症する。完全浸透であり，変異のヘテロ接合体とホモ接合体の間に差はみられない。ヒト染色体4p16.3のマーカーD4S127 と D4S125 の間（図2）に局在するゲノム上で210 kb にわたる遺伝子は67のエキソンをもっている。転写産物は10.3 kb と13.6 kb の2種が存在し，神経の機能と生存に関係する3,144アミノ酸からなるタンパク，ハンチンチンをコードしている。遺伝子の5′側翻訳領域にはシトシン，アデニン，グアニンのトリプレットリピート（CAG リピート）が5〜35回繰り返され，グルタミンをコードしている。患者では反復数が40〜250回まで増えている。CAG リピートの長さと発症年齢の間には負の相関がある。診断検査では伸長した CAG リピートと正常の CAG リピートとを区別する（図3）。この方法により臨床的な発症前から予測的診断が可能である。そのような検査の実施前には，確立されたガイドラインに則った包括的な遺伝カウンセリングによりインフォームドコンセントを確実に得なければならない。（図3の写真は W. Engel 教授，Göttingen の厚意により Zühlke ら，1993より）

C. 筋緊張性ジストロフィー

筋緊張性ジストロフィー1型および2型（DM1, MIM 160900/605377 および DM2, MIM 602668）は，それぞれ異なる不安定反復配列の伸長が原因で起こる常染色体優性の多臓器障害性神経性疾患である。早発型は小児期もしくは幼児期に発症する。臨床所見は筋力低下，白内障，異常心筋伝導，精巣の萎縮などである（図1）。仮面様顔貌は特徴的である（図2）。DM1の疾患原因変異は筋緊張性ジストロフィープロテインキナーゼ遺伝子（*DMPK*）に起こり，この変異により *DMPK* 遺伝子の3′UTR 内の CTG リピートの反復数が増加する（図3）。これにより RNA の CUG 区域が伸長し，RNA の機能が変化する。健常者の反復数が5〜37回であるのに対し，罹患者では50〜2,000回まで増加している。反復数は疾患の重症度と関連がある。*Eco*R I 制限酵素で切断した後，D19S95 マーカー部位の pBB0.7 プローブを用いたサザンブロット解析で DNA 断片のサイズ増加を検出できる（図4）。（図は Harley ら，1992のデータによる）

参考文献

Gatchel JR, Zoghbi HY: Diseases of unstable repeat expansion: Mechanisms and common principles. Nature Rev Genet 6: 743–755, 2005.

Harley HG et al: Unstable DNA sequence in myotonic dystrophy. Lancet 339: 1125–1130, 1992.

Harper P, Johnson K: Myotonic dystrophy, pp 5525–5550. In: Scriver CR et al. (ers) The Metabolic and Molecular Bases of Inherited Disease, 8th ed. McGraw-Hill, New York, 2001.

Hayden MR, Kremer B: Huntington disease, pp 5677–5701. In: Scriver CR et al (eds) The Metabolic and Molecular Bases of Inherited Disease, 8th ed. McGraw-Hill, New York, 2001.

Zühlke C et al: Mitotic stability and meiotic variability of the (CAG)n repeat in the Huntington disease gene. Hum Mol Genet 2: 2063–2067, 1993.

ネット上の情報：

Huntington disease:
 www.huntington-study-group.org
Hereditary Disease Foundation:
 www.hdfoundation.org
Muscular Dystrophy Association:
 www.mdausa.org

A. 疾患の種類

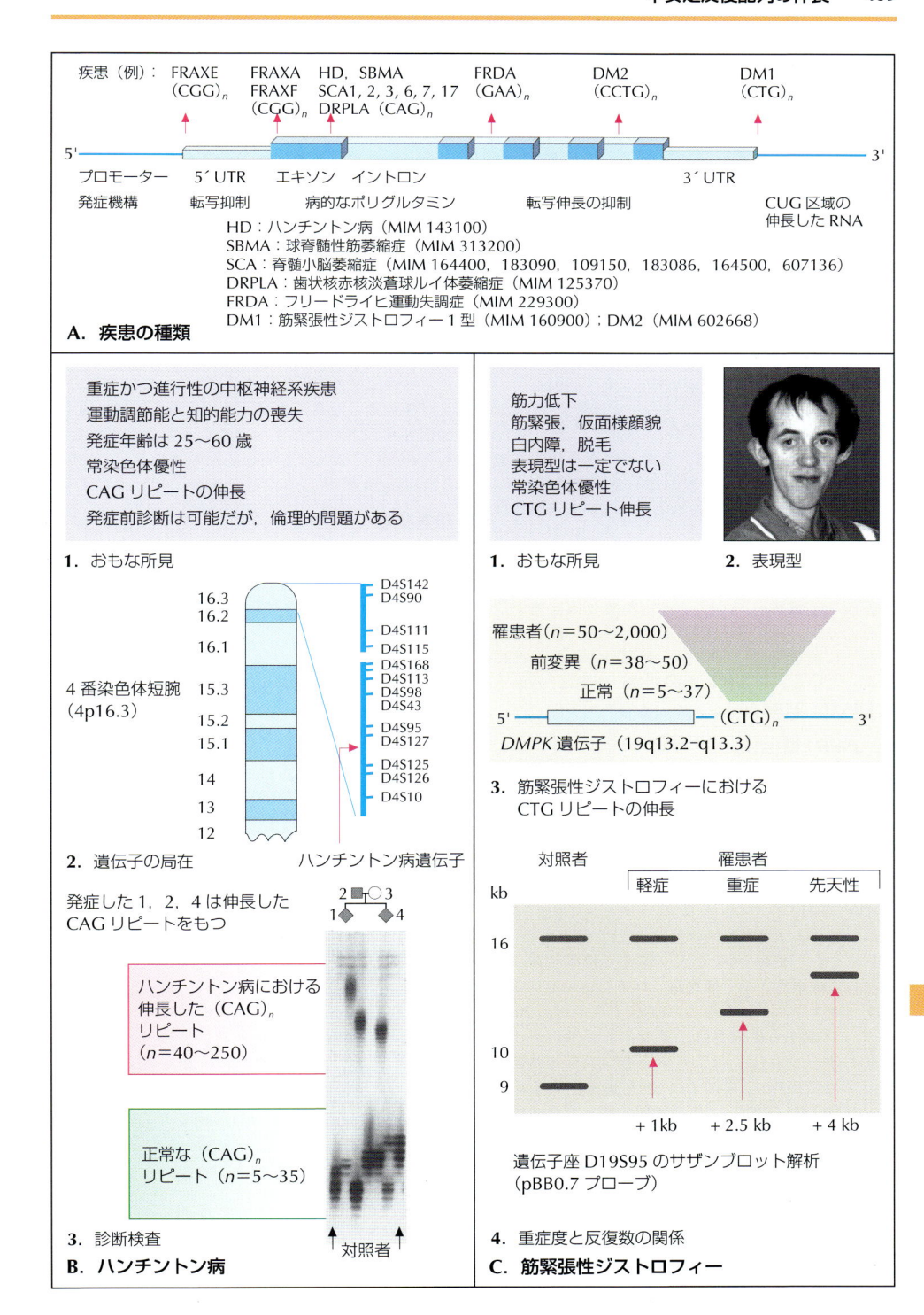

疾患（例）：
- FRAXE $(CGG)_n$
- FRAXA / FRAXF $(CGG)_n$
- HD, SBMA, SCA1, 2, 3, 6, 7, 17, DRPLA $(CAG)_n$
- FRDA $(GAA)_n$
- DM2 $(CCTG)_n$
- DM1 $(CTG)_n$

5'　プロモーター　5´UTR　エキソン　イントロン　3´UTR　3'

発症機構：転写抑制　病的なポリグルタミン　転写伸長の抑制　CUG区域の伸長したRNA

- HD：ハンチントン病（MIM 143100）
- SBMA：球脊髄性筋萎縮症（MIM 313200）
- SCA：脊髄小脳萎縮症（MIM 164400, 183090, 109150, 183086, 164500, 607136）
- DRPLA：歯状核赤核淡蒼球ルイ体萎縮症（MIM 125370）
- FRDA：フリードライヒ運動失調症（MIM 229300）
- DM1：筋緊張性ジストロフィー1型（MIM 160900）; DM2（MIM 602668）

B. ハンチントン病

重症かつ進行性の中枢神経系疾患
運動調節能と知的能力の喪失
発症年齢は 25〜60 歳
常染色体優性
CAG リピートの伸長
発症前診断は可能だが, 倫理的問題がある

1. おもな所見

4 番染色体短腕（4p16.3）

16.3　D4S142 / D4S90
16.2
16.1　D4S111 / D4S115
15.3　D4S168 / D4S113 / D4S98 / D4S43
15.2　D4S95
15.1　D4S127
14　　D4S125 / D4S126
13　　D4S10
12

2. 遺伝子の局在 — ハンチントン病遺伝子

発症した 1, 2, 4 は伸長した CAG リピートをもつ

ハンチントン病における伸長した $(CAG)_n$ リピート（$n=40〜250$）

正常な $(CAG)_n$ リピート（$n=5〜35$）

3. 診断検査

C. 筋緊張性ジストロフィー

筋力低下
筋緊張, 仮面様顔貌
白内障, 脱毛
表現型は一定でない
常染色体優性
CTG リピート伸長

1. おもな所見　　**2. 表現型**

罹患者（$n=50〜2,000$）
前変異（$n=38〜50$）
正常（$n=5〜37$）

5'— $(CTG)_n$ —3'

DMPK 遺伝子（19q13.2-q13.3）

3. 筋緊張性ジストロフィーにおける CTG リピートの伸長

対照者 | 罹患者（軽症／重症／先天性）

16 kb
10
9

+1 kb　+2.5 kb　+4 kb

遺伝子座 D19S95 のサザンブロット解析（pBB0.7 プローブ）

4. 重症度と反復数の関係

脆弱X症候群

脆弱X症候群（MIM 309550，同義語：脆弱X精神遅滞症候群，FMR1，マーティン-ベル症候群）は精神遅滞の原因として頻度が高く，有病率は男性で 3,000〜6,000 人に 1 人である。Xq27.3 に局在する *FMR1* 遺伝子の 5′ 非翻訳領域における CGG トリプレットリピートの伸長により引き起こされる。CGG リピートの反復数の増加は転写を停止させ，その結果 FMR1 タンパクが欠損し，シナプス関連タンパクの翻訳調節が行われなくなる。脆弱X症候群は，不安定なトリプレットリピートの伸長が原因となる初めてのヒト疾患として，1991 年に同定された（Oberle ら，1991；Verkerk ら，1991）。

A. 表現型

脆弱X症候群の患者は，行動異常や身体的特徴と関連したさまざまな程度の知的発達遅滞を示す。結合組織の脆弱性が認められる患者もいる。精巣は通常，肥大している。

B. 脆弱部位 FRAXA

脆弱X症候群という名称は，葉酸欠損培地で培養したリンパ球の染色体標本において，Xq27.3 バンド上に脆弱部位（FRAXA）が認められることに由来している。その他の脆弱部位，例えば Xq28 上の FRAXE（MIM 309548）なども存在する。

C. *FMR1* 遺伝子とタンパク

FMR1 遺伝子はゲノム上 38 kb にわたって存在し，17 のエキソンからなる。その転写産物は選択的スプライシングを受け，少なくとも 20 種類のタンパクアイソフォームに翻訳され，FMR タンパクは選択的に RNA と結合する。少なくとも 2 つの機能ドメイン（KH2 ドメインと RGG ドメイン〔訳注：おそらく KH1 も〕）が RNA 結合部位として働いている。KH ドメインは 40〜60 アミノ酸から構成され，保存された疎水性アミノ酸残基（ロイシン，イソロイシン，メチオニン）をもつ。RGG ドメインは 20〜30 アミノ酸から構成され，アルギニン（R）-グリシン（G）-グリシン（G）モチーフをもつ。ショウジョウバエでは，*Fmr1* 遺伝子は RNA 誘導性サイレンシング複合体（RISC，226 頁参照）の一部を構成している。

D. 遺伝と遺伝学的検査

サザンブロット解析（図1）により，完全変異アレル（CGG リピートの反復数＞200回），前変異アレル（59〜200回），正常アレル（6〜50回）をそれぞれ区別できる。観察されるバンド（矢印）は，制限酵素 *Pst* I で切断されたゲノム DNA 由来の CGG リピート領域の DNA 断片であり，放射標識 *FMR1* プローブ Ox0.55 とハイブリッド形成させて検出する。ポリメラーゼ連鎖反応（PCR）を利用すれば，正常および前変異アレルの長さを測定できる。リピート伸長は *FMR1* 遺伝子の高メチル化と転写抑制を引き起こす。（図は P. Steinbach 教授，Ulm，Germany の厚意による）

家系図（図2）には各人の *FMR1* 遺伝子における CGG リピートの反復数が示されている。前変異は女性（I-2，II-3，III-2）からも男性（II-2）からも伝達されうる。前変異アレルは母親から子へ伝えられるときに完全変異に伸長する可能性がある。正常男性伝達者（男性保因者）からの娘はすべてヘテロ接合体となる。前変異アレルの保因者は通常，脆弱X症候群の徴候を示さない。完全変異をもつ女児の 50〜60％は著明な認知障害を示す。（図は P. Steinbach 教授，Ulm，Germany のデータによる）

参考文献

Gatchel JR, Zoghbi HY: Diseases of unstable repeat expansion: Mechanisms and common principles. Nature Rev Genet 6: 743–755, 2005.

Ishizuka A, Siomi MC, Siomi H: A *Drosophila* fragile X protein interacts with components of RNAi and ribosomal proteins. Genes Dev 16: 2497–2508, 2002.

Nolin SL et al. Expansion of the fragile X CGG repeat in females with premutation or intermediate alleles. Am J Hum Genet 72: 454–464, 2003.

Oberle I et al: Instability of a 550-base pair DNA segment and abnormal methylation in fragile X syndrome. Science 252: 1097–1102, 1991.

Verkerk A et al: Identification of a gene (FMR-1) containing a CGG repeat coincident with a breakpoint cluster region exhibiting length variation in fragile X syndrome. Cell 65: 905–914, 1991.

Warren ST, Sherman SL: The fragile X syndrome, pp. 1257–1289. In: Scriver CR et al, eds: The Metabolic and Molecular Bases of Inherited Disease. 8th ed. McGraw-Hill, New York, 2001.

Wöhrle D et al: Demethylation, reactivation, and destabilization of human fragile X full-mutation alleles in mouse embryocarcinoma cells. Am J Hum Genet 69: 504–515, 2001.

Zalfa F et al: The fragile X syndrome protein FMRP associates with *BC1* RNA and regulates the translation of specific mRNAs at synapses. Cell 112: 317–327, 2003.

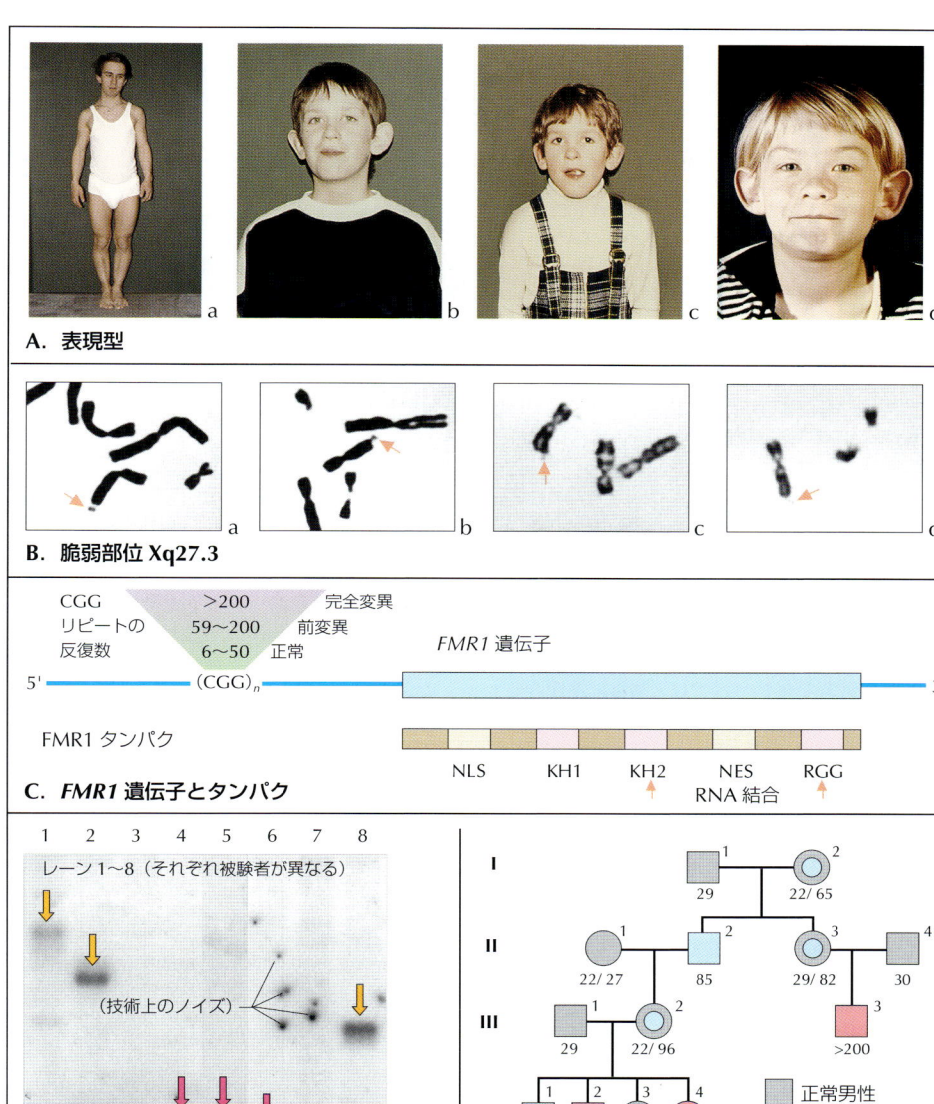

脆弱 X 症候群　411

A. 表現型

B. 脆弱部位 Xq27.3

C. FMR1 遺伝子とタンパク

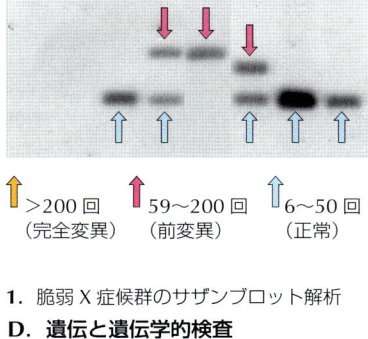

CGG リピートの反復数
- >200　完全変異
- 59〜200　前変異
- 6〜50　正常

FMR1 タンパク: NLS　KH1　KH2　NES　RGG
RNA 結合

D. 遺伝と遺伝学的検査

1. 脆弱 X 症候群のサザンブロット解析

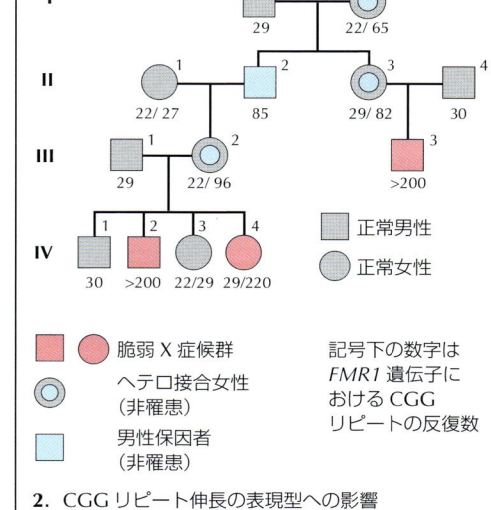

レーン 1〜8（それぞれ被験者が異なる）
（技術上のノイズ）

↑ >200 回（完全変異）
↑ 59〜200 回（前変異）
↑ 6〜50 回（正常）

2. CGG リピート伸長の表現型への影響

■ 正常男性
● 正常女性
■ 脆弱 X 症候群（赤四角・赤丸）
◎ ヘテロ接合女性（非罹患）
■ 男性保因者（非罹患）

記号下の数字は FMR1 遺伝子における CGG リピートの反復数

I: 1) 29　2) 22/65
II: 1) 22/27　2) 85　3) 29/82　4) 30
III: 1) 29　2) 22/96　3) >200
IV: 1) 30　2) >200　3) 22/29　4) 29/220

インプリンティング病

インプリンティング病とは，ゲノムインプリンティング領域にある正常では片親からのアレルでのみ発現する遺伝子の異常による疾患である．最もよく知られているのがプラダー-ウィリ症候群（MIM 176270）とアンジェルマン症候群（MIM 105830），および11p15.5領域におけるベックウィズ-ウィーデマン症候群（MIM 130650）である．

A．プラダー-ウィリ症候群とアンジェルマン症候群

プラダー-ウィリ症候群（PWS）とアンジェルマン症候群（AS）は発達障害を伴う神経遺伝疾患であり，2 Mbにわたるヒト15番染色体のインプリンティング領域（15q11-q13）における各々異なった部分の異常によって起こる．この領域の腕内欠失の影響は，欠失が父方由来の15番染色体で起きたか（PWSとなる），母由来で起きたか（ASとなる）に依存する．PWSの特徴は，新生児期の筋緊張低下と哺乳障害，それに続く幼児期の食欲調節機能の低下ないし喪失と，小児期に多くの患者で認められる著明な肥満である．ASでは，通常，重度の発達遅滞が認められ，言語発達のほぼ完全な欠損，脳波異常，痙攣傾向，多動を伴う．

B．欠失と片親性ダイソミー

インプリンティング領域における欠失と片親性ダイソミーとが機能に及ぼす結果は同一である．15q11-q13の欠失が父方由来の15番染色体に起こるとPWSとなる（左のサザンブロット解析図に示す父性アレル3の喪失）．もし母由来の15番染色体に起きれば，ASとなる（図1）．片親性ダイソミーでは相同染色体が両方とも同一の片親由来である（図2）．**アイソダイソミー** isodisomyの場合，2つの染色体は同一のものとなり〔訳注：相同染色体の片方が重複して2本，子に伝わる〕（図左，レーン1の1-1），**ヘテロダイソミー** heterodisomyでは，2つの染色体はどちらも由来は同一の片親であるが，それぞれは異なった染色体である〔訳注：相同染色体の両方が子に伝わる〕（図右，レーン3の1-2）（巻末の付表19参照）．

C．親起源効果

15q11-q13のインプリンティング領域では，いくつかの遺伝子はそれらを伝えた親起源に依存して発現する（図1）．PWSはPWS決定領域の父性発現遺伝子の機能喪失により起こる（図2）．ASは母性発現遺伝子である *UBE3A* 遺伝子の機能喪失により起こる（図3）．PWS患者の5～10%では，この領域に起きた点変異が原因となっている可能性があり，家族発生例となる．

D．インプリンティングを受ける染色体領域

染色体15q11-q13領域の単純化した遺伝的地図を示す．父性発現遺伝子（紫）の発現喪失によってPWSとなる．ASは *UBE3A* 遺伝子（ユビキチンタンパクリガーゼE3，MIM 600012）の機能喪失が原因である．*UBE3A* 遺伝子は母性発現遺伝子（赤）であるが，その片側アレル発現は脳細胞でのみ観察される．

インプリンティング領域全体を調節するインプリンティングセンターは，2つの要素から構成されているようである．1つは胚発生の初期における父性インプリント〔訳注：父方由来を表す刻印のこと〕の維持に必要であり，もう1つは女性生殖細胞系列における母性インプリンティングに必要である．（図はK. Buiting & B. Horsthemke, Essenの厚意による）

参考文献

Constancia M, Kelsey G, Reik W: Resourceful imprinting. Nature 432: 53–57, 2004.

Horsthemke B, Dittrich B, Buiting K: Imprinting mutations on human chromosome 15. Hum Mutat 10: 329–337, 1997.

Horsthemke B, Buiting K: Imprinting in Prader–Willi and Angelman syndromes, pp 245–258. In: Jorde LB, Little PFR, Dunn MJ, Subramaniam S (eds) Encyclopedia of Genetics, Genomics, Proteomics, and Bioinformatics, vol 1. Wiley & Sons, Chichester, 2005.

Horsthemke B, Buiting K: Imprinting defects on human chromosome 15. Cytogenet Genome Res 113: 292–299, 2006.

Lossie AC et al: Distinct phenotypes distinguish the molecular classes of Angelman syndrome. J Med Genet 38: 834–845, 2001.

Nicholls RD, Knepper JL: Genome organization: Function and imprinting in Prader–Willi and Angelman syndromes. Ann Rev Genom Hum Genet 2: 53–175, 2001.

Varela MC et al: Phenotypic variability in Angelman syndrome: comparison among different deletion classes and between deletion and UPD subjects. Eur J Hum Genet 12: 987–992, 2004.

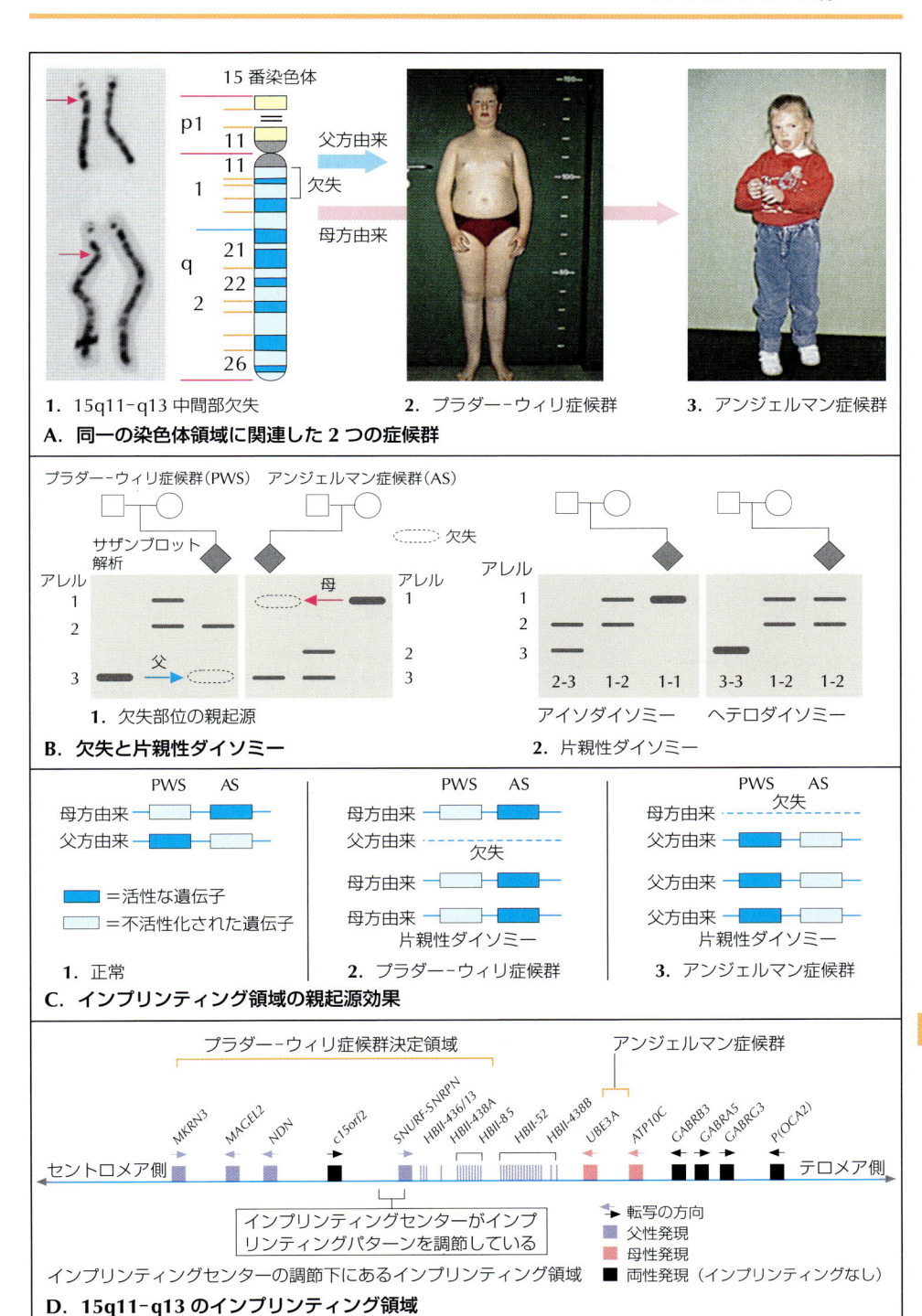

インプリンティング病 413

1. 15q11-q13 中間部欠失
2. プラダー-ウィリ症候群
3. アンジェルマン症候群

A. 同一の染色体領域に関連した2つの症候群

プラダー-ウィリ症候群（PWS）　アンジェルマン症候群（AS）
サザンブロット解析
欠失
アレル
母
父
アイソダイソミー　ヘテロダイソミー

1. 欠失部位の親起源
2. 片親性ダイソミー

B. 欠失と片親性ダイソミー

PWS　AS
母方由来
父方由来
■ =活性な遺伝子
□ =不活性化された遺伝子

1. 正常
2. プラダー-ウィリ症候群（片親性ダイソミー）
3. アンジェルマン症候群（片親性ダイソミー）

C. インプリンティング領域の親起源効果

プラダー-ウィリ症候群決定領域　　アンジェルマン症候群

MKRN3　MAGEL2　NDN　c15orf2　SNURF-SNRPN　HBII-436/13　HBII-438A　HBII-85　HBII-52　HBII-438B　UBE3A　ATP10C　GABRB3　GABRA5　GABRG3　P(OCA2)

セントロメア側　　　　　　　　　　　　　　　　　　　　　　　　　　　　テロメア側

インプリンティングセンターがインプリンティングパターンを調節している

インプリンティングセンターの調節下にあるインプリンティング領域

→ 転写の方向
■ 父性発現
■ 母性発現
■ 両性発現（インプリンティングなし）

D. 15q11-q13のインプリンティング領域

常染色体トリソミー

トリソミーは減数第一または第二分裂（120頁参照）時の染色体不分離（染色体の誤った分配）によって，**接合体形成前**に起こる。頻度は低いが，**接合体形成後**の初期胚における体細胞分裂（有糸分裂）時に染色体不分離が起こることもある。その場合，過剰な染色体は，ある限られた細胞集団にのみ存在する。この状態は**染色体モザイク** chromosomal mosaicism と呼ばれる。22対のヒト常染色体の中で13番，18番，21番染色体の各トリソミーのみが出生児にみられる。

A. チョウセンアサガオのトリソミー

トリソミーの表現型への効果は，1922年にA. F. Blakeslee によって植物で初めて発見された。彼はシロバナヨウシュチョウセンアサガオ（*Datura stramonium*）を研究し，その12対の各染色体のいずれか1つを3コピーもつ個体は，過剰な染色体の種類に応じて特異的な外見を呈することを観察した。（図は Blakeslee，1922より）

B. マウスのトリソミー

常染色体のトリソミーやモノソミーの表現型への特異的な影響はマウスでも観察される。1970年代にA. Gropp らは，マウスにおいて各トリソミーならびにモノソミーがそれぞれ特異的な発生経過をもたらし，各トリソミーが特徴的な形態的変化や奇形と関連していることを発見した（図1）。モノソミーの胚は，21日ある妊娠期間の最初の8日間の発生初期段階で死亡する。トリソミーの胚が子宮内で生存できる期間は，トリソミーとなった染色体によって異なる。図2に12トリソミーのマウス胚を，図3には19トリソミーマウスの出生時の脳の例を，それぞれ正常対照と比較して示す。胎生14日目の12トリソミーのマウス胚には，開放頭蓋とその他の奇形がみられる。19トリソミーのみが出生まで生存できるが，その脳は非常に小さい。発育遅延はすべてのトリソミーに一般的な特徴である。種々の染色体間の転座をもつマウスの交配によりトリソミーが作製され，トリソミーの影響がさまざまな発生段階で観察された。（図1はGropp，1982より；図2と3はH. Winking 博士，Lübeck，Germany のご厚意による）

C. ヒトの常染色体トリソミー

ヒトのトリソミーには21トリソミー（頻度は約1：600），18トリソミー（約1：5,000），および13トリソミー（約1：8,000）がある。各々のトリソミーは特徴的な先天奇形を呈する。21トリソミー（ダウン症候群）はさまざまな程度の精神遅滞を伴い，18トリソミーおよび13トリソミーでは重度の精神遅滞が認められる。21トリソミーのみが成人期まで生存できるが，その平均余命は正常集団の半分程度である。

D. 原因としての染色体不分離

ヒトのトリソミーは3種とも母体年齢の増加に伴って頻度が高くなる（図1）。父親の年齢はまったく関与していないか，ごくわずかの影響しか及ぼさない。染色体不分離が減数第一分裂で起これば3コピーの染色体はいずれも異なっているが（1＋1＋1），減数第二分裂で起これば染色体3コピーのうち2コピーは同一である（2＋1）。ヒトでは染色体不分離の約70％が減数第一分裂で起こり，約30％が減数第二分裂で起こる。

参考文献

Antonarakis SE: Down syndrome, pp 1069–1078. In: Jameson JL (ed) Principles of Molecular Medicine. Humana Press, Totowa, New Jersey, 1998.

Blakeslee AF: Variation in Datura due to changes in chromosome number. Am Naturalist 56: 16–31, 1922.

Boué A, Gropp A, Boué J: Cytogenetics of pregnancy wastage. Adv Hum Genet 14: 1–57, 1985.

Epstein CJ: Down syndrome (trisomy 21), pp 1223–1256. In: Scriver CR et al (eds) The Metabolic and Molecular Bases of Inherited Disease, 8th ed. McGraw-Hill, New York, 2001.

Gropp A: Value of an animal model for trisomy. Virchows Arch Pathol Anat 395: 117–131, 1982.

Miller OJ, Therman E: Human Chromosomes, 4th ed. Springer, New York–Heidelberg, 2001.

Roizen NJ, Patterson D: Down's syndrome. Lancet 361: 1281–1289, 2003.

Tolmie JJ: Down syndrome and other autosomal trisomies, pp 1129–1183. In: Emery and Rimoins's Principles and Practice of Medical Genetics, 4th ed. Churchill-Livingstone, London–New York, 2002.

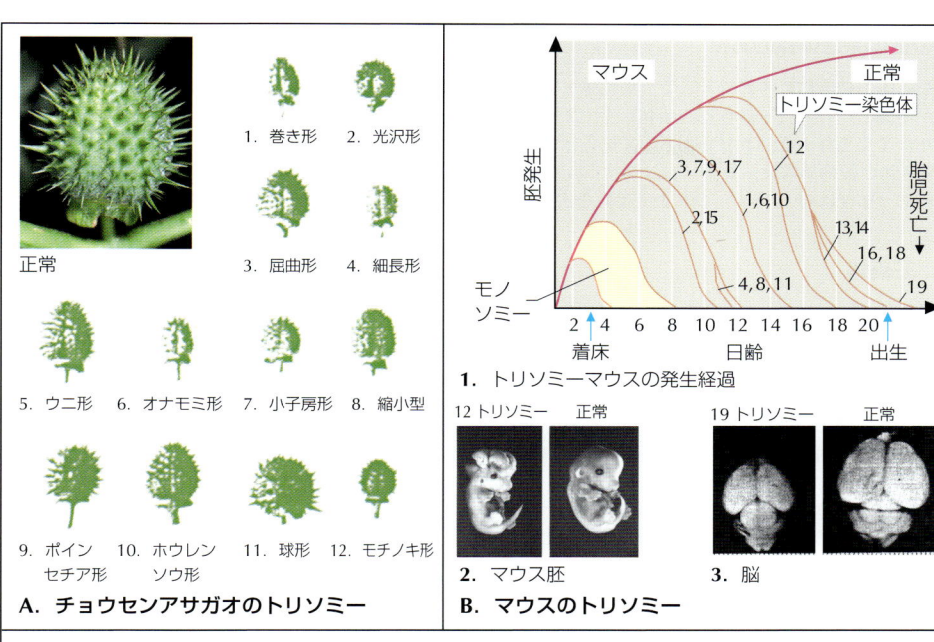

常染色体トリソミー

A. チョウセンアサガオのトリソミー

正常

1. 巻き形
2. 光沢形
3. 屈曲形
4. 細長形
5. ウニ形
6. オナモミ形
7. 小子房形
8. 縮小型
9. ポインセチア形
10. ホウレンソウ形
11. 球形
12. モチノキ形

B. マウスのトリソミー

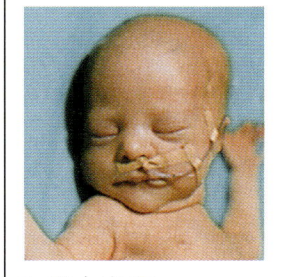

1. トリソミーマウスの発生経過
2. マウス胚　12トリソミー　正常
3. 脳　19トリソミー　正常

C. ヒトのトリソミー

1. 21トリソミー
2. 18トリソミー 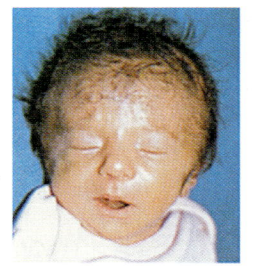
3. 13トリソミー 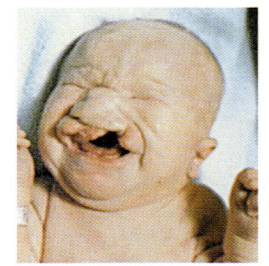

D. トリソミーの原因としての染色体不分離

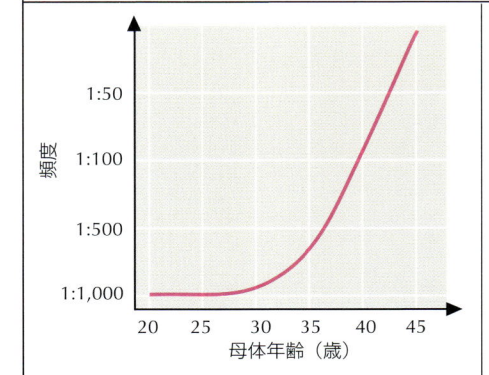

1. 出生児の21トリソミー
2. 1本の染色体の誤った分配

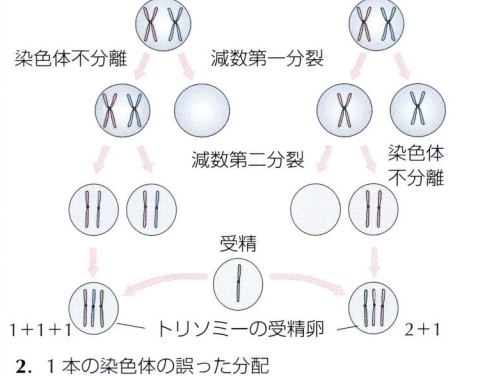

その他の染色体数的異常

その他の染色体数的異常として，染色体セットの数が増加したもの（三倍体や四倍体）や，X染色体またはY染色体の数的異常がある．X染色体またはY染色体の数的異常は，ヒトにおけるすべての染色体異常（頻度は約1：400）のおよそ半数を占める．

A．三倍体

三倍体には，父方由来の染色体1セットと母方由来2セットをもつもの（核型は69,XXYあるいは69,XXX）と，父方由来2セットと母方由来1セットをもつもの（69,XXX，69,XYY，あるいは69,XXY）とがある（図3）．重度の発育遅延ならびに先天奇形との関連があり（図1），胎児は心異常，唇裂口蓋裂，骨格異常など，さまざまな重篤な奇形を伴う（図2）．三倍体は自然流産の原因の約17%を占める．三倍体の原因として，二倍体精母細胞や二倍体卵母細胞の受精，あるいは1つの卵子への2つの精子の受精（二精子受精）がある．

B．Xモノソミー（ターナー症候群）

Xモノソミー（核型は45,X）は，受精時には約5%と高頻度に起こっている．しかし，Xモノソミーの接合体のうち出生まで至るのは，わずか1/40に過ぎない．Xモノソミーは軽症例から重症例まで非常に広範な表現型を呈しうるターナー症候群を引き起こす．胎児期の表現型は通常，頭頸部の重度のリンパ浮腫，大きく多房性で壁の薄いリンパ嚢胞である（図1）．特に大動脈を含む心血管系の先天異常と腎奇形の頻度が高い．重要なことは，胎児の卵巣が結合組織に変性して索状性腺となることである．低身長は必ずみられ，成人の平均身長は約150cmである．多くの患者の症状発現は軽度であるが（図2），一部の患者では胎児期のリンパ浮腫の遺残である頸部の翼状片（翼状頸）が認められる（図3）．ほとんどの患者は染色体モザイク（45,X/46,XX）であり，一部の細胞は正常の核型で，一部の細胞はX染色体短腕の欠失もしくは長腕の同腕染色体i(Xq)をもつ．X染色体短腕の遺伝子喪失が表現型の原因である（*SHOX*遺伝子，MIM 312865参照）．

C．XまたはY染色体の過剰

男性におけるX染色体の過剰（47,XXY）は，未治療であれば思春期後にクラインフェルター症候群の原因となる（図1）．高身長，男性の第二次性徴発来の欠如または減弱，精子形成の欠如による不妊を呈する．思春期初期のテストステロン補充が必要である．対照的に，Y染色体の過剰（47,XYY）は認識できる表現型を呈さない（図2）．X染色体を3本もつ女性（47,XXX）には目立った身体的特徴はない（図3）．しかし，このような子どもの一部には学習障害や言語発達遅滞が観察されている．

D．ヒト胎児にみられる常染色体トリソミー

受精時にはさまざまな染色体にトリソミーやモノソミーが起こるが，妊娠2～3カ月で自然流産となる．自然流産した胎児にみられるトリソミーの頻度は，染色体によって異なっている．最も多いのが16トリソミーで，常染色体トリソミー全体の約30%を占める．（データはLauritsen，1982より）

参考文献

DeGrouchy J, Turleau C: Clinical Atlas of Human Chromosomes, 2nd ed. John Wiley & Sons, New York, 1984.

Lauritsen JG: The cytogenetics of spontaneous abortion. Res Reprod 14: 3-4, 1982.

Menasha J: Incidence and spectrum of chromosome abnormalities in spontaneous abortions: new insights from a 12-year study. Genet Med 7: 251-263, 2005.

Miller OJ, Therman E: Human Chromosomes, 4th ed. Springer, New York-Heidelberg, 2001.

Ranke MB, Saenger P: Turner's syndrome. Lancet 358: 309-314, 2001.

Schinzel A: Catalogue of Unbalanced Chromosome Aberrations in Man, 2nd ed. W de Gruyter, Berlin, 2001.

その他の染色体数的異常　417

A. 三倍体

三倍体
- 自然流産胎児における最も頻度の高い（約17%）染色体異常
- 重度の発育遅延，初期に死亡
- まれに出生まで至るが重篤な奇形を伴う
- 原因として二精子受精が多い

1.　2. 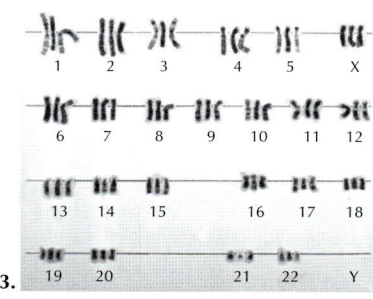　3.

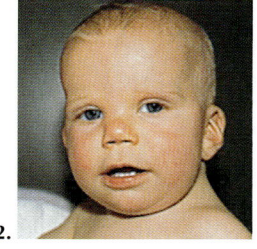

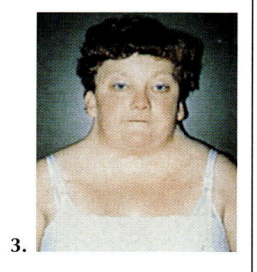

B. X モノソミー（ターナー症候群；45,X）

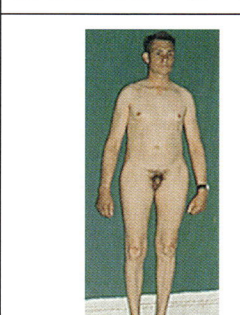

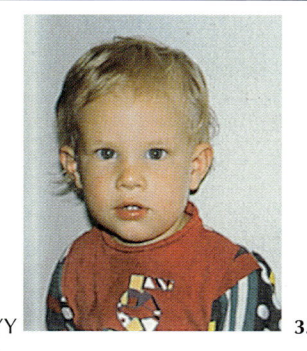

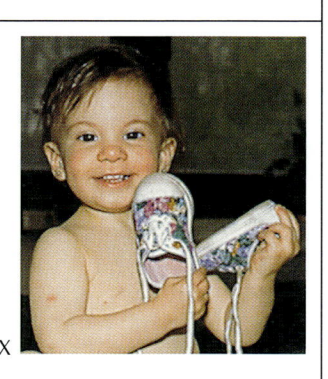

1.　2.　3.

C. X または Y 染色体の過剰

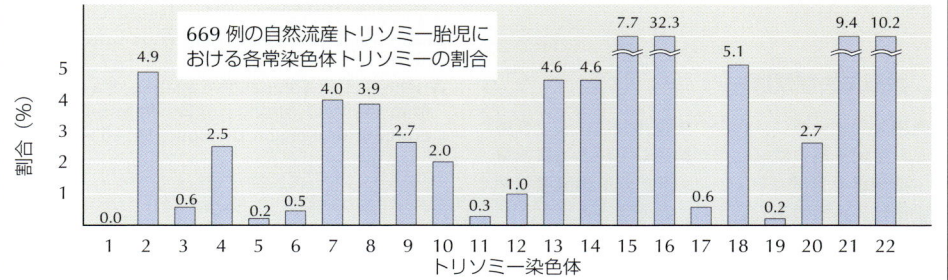

1. XXY　2. XYY　3. XXX

D. ヒト胎児にみられる常染色体トリソミー

669例の自然流産トリソミー胎児における各常染色体トリソミーの割合

トリソミー染色体	割合(%)
1	0.0
2	4.9
3	0.6
4	2.5
5	0.2
6	0.5
7	4.0
8	3.9
9	2.7
10	2.0
11	0.3
12	1.0
13	4.6
14	4.6
15	7.7
16	32.3
17	0.6
18	5.1
19	0.2
20	2.7
21	9.4
22	10.2

常染色体欠失症候群

細胞遺伝学的に観察できる欠失や重複は，通常，臨床的に識別可能な発達障害や先天奇形の原因となる（Brewerら，1998）．大きなサイズの末端欠失で重要なものは，4p-, 5p-, 9p-, 11p-, 11q-, 13q-, 18p-, 18q- である．重要な範疇の欠失に，蛍光 *in situ* ハイブリッド形成法（FISH）やその他の分子的手法（参考文献参照）でのみ検出できるサブテロメアの欠失がある．ほとんどの欠失や重複は新たに生じたものである．

A. 5p 欠失：ネコ鳴き症候群

1963年にパリの Lejeune らは，5番染色体短腕の部分欠失（5p-）をもち精神遅滞と特徴的な顔貌を呈する子どもを報告し，ネコ鳴き症候群（MIM 123450）と命名した．欠失サイズはさまざまであるが，決定的な欠失部位は 5p15.2 である．罹患児は仔ネコのように長くかん高い声で泣く．約12%は両親のいずれかが5番染色体を含む転座をもっている．

B. 4p 欠失：ウォルフ-ハーシュホーン症候群

この特徴的な表現型を呈する症候群（MIM 194190）は，4番染色体短腕のさまざまな大きさの部分欠失に起因する．1964年に U. Wolf らと K. Hirschhorn らによって独立に報告された．程度には差があるが重度の精神遅滞と平衡運動遅滞がみられ，特徴的な顔貌（図1，2）や身体正中部奇形（口蓋裂，尿道下裂），虹彩欠損，先天性心疾患やその他の関連奇形がみられる．通常の核型判定では認識できないほど欠失部分が小さいことがあるので，欠失を確認するために FISH 解析が必要である．本疾患に決定的な染色体領域（WHSCR, Wolf-Hirschhorn critical region）は 4p16 である（図3）．（図3 は Wright ら，1999 より）

C. 微細欠失症候群

微細欠失症候群には特定の染色体領域における隣接した遺伝子座の微細欠失が関連している（隣接遺伝子症候群とも呼ばれる）．通常，分子細胞遺伝学的手法によってのみ同定することができる．

20種以上の微細欠失症候群が知られているが（巻末の付表20と Budarf & Emanuel, 1997 参照），ここでは3つの例を示す．ウィリアムズ-ビューレン症候群（図1, MIM 194050, 130160）は，通常，特徴的な顔貌（妖精顔貌），乳児期の高カルシウム血症，大動脈弁上狭窄，発育遅延，精神遅滞を呈する．22q11 欠失（図2）は，臨床的には異なるが部分的に重複する一群の疾患，すなわちディジョージ症候群（MIM 188400：胸腺と副甲状腺の欠損あるいは低形成，大動脈弓奇形），シュプリンツェン型口蓋帆心顔症候群（MIM 192430），円錐動脈幹部心奇形（MIM 217095），その他の原因となる．ルビンスタイン-ティビ症候群（MIM 180849）は，典型的な顔貌（図3），X線像の異常を伴う幅広い手足の親指と大きな爪，精神遅滞などの特徴を呈する．CREB 結合タンパクをコードする *CREBBP* 遺伝子の変異（MIM 600140）がこの疾患の原因である．患者の12%に 16p13.3 の欠失がみられる．

D. 年齢別にみる 5q 重複の表現型

同一の重複が，年齢が異なっても類似の顔貌（表現型）を呈する実例を示す．妊娠22週の胎児（図1），5カ月の乳児（図2），8歳の小児（図3）である．症例は互いに同胞であり，精神遅滞を伴っている．父方由来の相互転座によって 5q33-qter の部分重複が生じた（Passarge ら，1982）．

参考文献

Brewer C et al: A chromosomal deletion map of human malformations. Am J Hum Genet 63: 1153–1159, 1998.

De Vries BBA et al: Telomeres: a diagnosis at the end of chromosomes. J Med Genet 40: 385–398, 2003.

Linardopoulou EV et al: Human subtelomeres are hot spots of interchromosomal recombination and segmental duplication. Nature 437: 94–100, 2005.

Miller OJ, Therman E: Human Chromosomes, 4th ed. Springer, New York–Heidelberg, 2001.

Passarge E et al: Fetal manifestation of a chromosomal disorder: partial duplication of the long arm of chromosome 5 (5q33-qter). Teratology 25: 221–225, 1982.

Schinzel A: Catalogue of Unbalanced Chromosome Aberrations in Man, 2nd ed. W de Gruyter, Berlin, 2001.

Wright TJ et al: Comparative analysis of a novel gene from the Wolf-Hirschhorn/Pitt-Rogers-Danks syndrome critical region. Genomics 59: 203–212, 1999.

常染色体欠失症候群 419

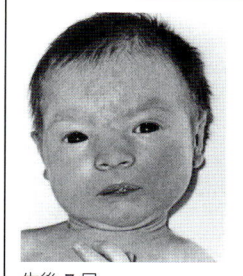

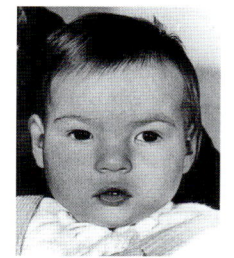

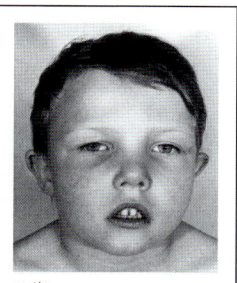

生後7日　　　　　9カ月　　　　　3歳　　　　　　6歳
A．5p 欠失：ネコ鳴き症候群

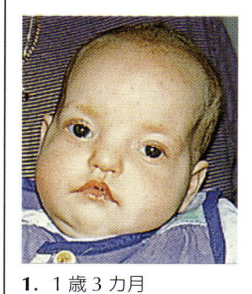

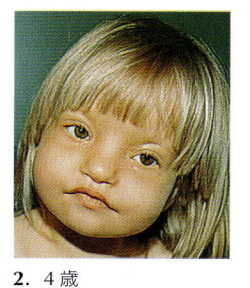

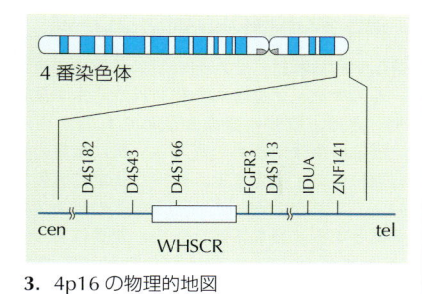

1．1歳3カ月　　　2．4歳　　　　　3．4p16の物理的地図

4番染色体

D4S182　D4S43　D4S166　FGFR3　D4S113　IDUA　ZNF141

cen　　　　　WHSCR　　　　　tel

B．4p 欠失：ウォルフ-ハーシュホーン症候群

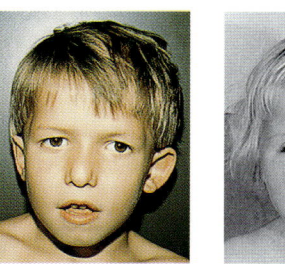

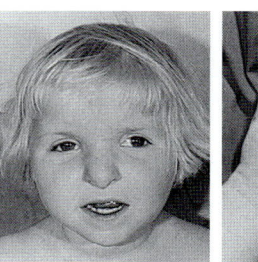

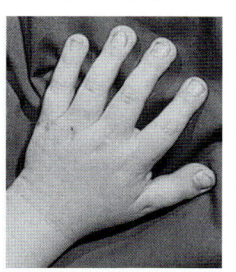

1．ウィリアムズ-ビューレン症候群　2．22q11 欠失　3．ルビンスタイン-タイビ症候群
C．その他の微細欠失症候群（例）

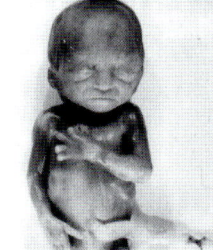

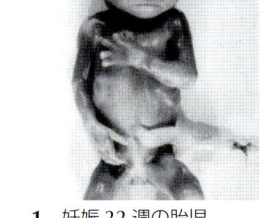

1．妊娠22週の胎児　　2．生後5カ月　　　3．8歳
D．年齢別にみる 5q 重複の表現型

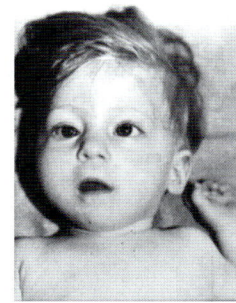

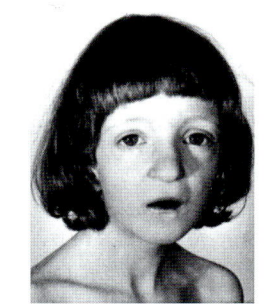

遺伝学的診断の原則

遺伝病の診断には多くの臨床的ならびに遺伝学的な考察を考慮に入れた系統的なアプローチが要求される．まず最初に，表現型，すなわち当該疾患の解析が行われる．個々の症例について，McKusickによるヒトメンデル遺伝形質のカタログ"*Mendelian Inheritance in Man*"（MIM）と遺伝子地図『ヒトゲノムの疾患解剖学（*The Morbid Anatomy of the Human Genome*）』とともに，変異データベースも調べておかなくてはならない．

A. 遺伝学的診断の段階的アプローチ

遺伝学的診断は，それぞれが二者択一の決定を伴う一連のステップを踏んで行われる．まず最初に決定すべきは，既知の徴候が認められるか否かである．既知の徴候が認められたら，次に疾患の遺伝学的分類について決定する．確実な決定は実際には難しいかもしれないが，この決定がその後のステップの基礎となる．異なる遺伝子座の変異によって同一の表現型がみられることもあるし（**座位異質性** locus heterogeneity），同一遺伝子座の異なる変異アレルが同一の表現型を生じることもある（**アレル異質性** allele heterogeneity）．遺伝学的診断のあらゆる手順に先立ち，関係者からのインフォームドコンセント取得を含めた遺伝カウンセリングが行われなければならない．

B. PCRタイピングによる遺伝子型解析

遺伝子型の解析にあたっては，制限酵素部位の多型を利用したPCRタイピングの方が，より面倒なサザンブロット解析よりも好まれる（76頁参照）．（図はStrachan & Read，2004より）

C. 短縮型タンパク試験（PTT）

短縮型タンパクを検出することにより，そのようなタンパクの産生につながる終止コドンを変異部位の下流に新生させるフレームシフト変異やスプライス変異，あるいはナンセンス変異を検出する方法である．試験管内の翻訳系によって産生された短縮型タンパクが検出される．変異によって新生した終止コドンで翻訳が中断されると短縮型タンパクが産生され，その大きさをゲル電気泳動で決定する．短縮型タンパク試験は *APC* 遺伝子，*BRCA1* 遺伝子，*BRCA2* 遺伝子などナンセンス変異の頻度の高い遺伝子において有効である．（図はStrachan & Read，2004より）

参考文献

Aase JM: Diagnostic Dysmorphology. Plenum Medical Book Company, New York, 1990.

Hochedlinger K, Jaenisch R: Nuclear reprogramming and pluripotency. Nature 441: 1061–1067, 2006

Horaitis R, Scriver CR, Cotton RGH: Mutation databases: Overview and catalogues, pp 113–125. In: Scriver CR et al (eds) The Metabolic and Molecular Bases of Inherited Disease, 8th ed. McGraw-Hill, New York, 2001.

Jones KL: Smith's Recognizable Patterns of Human Malformation, 6th ed. WB Saunders, Philadelphia, 2006.

McKusick VA: Mendelian Inheritance in Man. A Catalog of Human Genes and Genetic Disorders, 12th ed. Johns Hopkins University Press, Baltimore, 1998 (Online at OMIM www.ncbi.nlm.nih.gov/Omim with links to diagnostic laboratories at www.genetests.com).

Misfeldt S, Jameson JL: The practice of genetics in clinical medicine, pp 386–391. In: Kapser DS et al (eds) Harrison's Principles of Internal Medicine, 16th ed. McGraw-Hill, New York, 2005.

Passarge E, Kohlhase J: Genetik, pp 4–66. In: Siegenthaler W & Blum HE (eds) Klinische Pathophysiologie, 9 Aufl. Thieme Verlag, Stuttgart-New York, 2006.

Pelz J, Arendt V, Kunze J: Computer assisted diagnosis of malformation syndromes: an evaluation of three databases (LDDB, POSSUM, and SYNDROC). Am J Med Genet 63: 257–267, 1996.

Rimoin DL, Connor JM, Pyeritz RE, Korf BR: Emery and Rimoins's Principles and Practice of Medical Genetics, 5th ed. Elsevier Churchill-Livingstone, London-New York, 2006.

Stevenson RE, Hall JG (eds): Human Malformations and Related Anomalies, 2nd ed. Oxford Univ. Press, Oxford, 2006.

Strachan T, Read AP: Human Molecular Genetics, 3rd ed. Garland Science, London–New York, 2004.

van der Luijit R et al: Rapid detection of translation terminating mutations at the adenomatous polyposis (APC) gene locus by direct protein truncation test. Genomics 20: 1–4, 1994.

遺伝学的診断に関するネット上の情報：
http://www.geneclinics.org

遺伝学的診断の原則

A. 遺伝学的診断の段階的アプローチ

表現型（臨床徴候）
↓
既知の徴候が認められるか？ → イイエ → 診断の行き詰まり → 経験的なリスク予測
↓ ハイ
疾患の分類（遺伝的異質性を考慮）

- 単一遺伝子疾患
  - 遺伝子がマップされているか？
    - ハイ → 遺伝子が同定されているか？
      - ハイ → 分子診断の確定 → 確実なリスク予測
      - イイエ → 家族性発症か？
        - ハイ → 間接的DNA分析 → 変異ハプロタイプ決定 → 確実なリスク予測
        - イイエ → メンデル遺伝形式に基づくリスク予測
    - イイエ → メンデル遺伝形式に基づくリスク予測
- 複雑系疾患, 多遺伝子疾患 → 経験的なリスク予測
- 異数性, アニューソミー → 染色体分析 → 診断確定 → 確実なリスク予測

→ 遺伝カウンセリング

B. PCRタイピングによる遺伝子型解析

アレル1 ←――― a ―――→
         プライマー
5' □□□□□   3'
3'   □□□□□ 5'
         プライマー

アレル2 ←― b ―→←― c ―→
         プライマー
5' □□□□□   ■   3'
3'   □□□□□ 5'
         プライマー

制限酵素部位の多型の存在
↓
増幅
↓
制限酵素によるPCR産物の消化
↓
ゲル電気泳動
アレル1とアレル2のタイピング

- 1-1 ホモ接合体: a
- 1-2 ヘテロ接合体: a, b, c
- 2-2 ヘテロ接合体: b, c

C. 短縮型タンパク試験（PTT）の概略

遺伝子産物 — 正常タンパク
変異体A
変異体B ┐ ナンセンス変異による短縮型タンパク
変異体C ┘

↓
mRNAの単離
↓
cDNAの合成
↓
逆転写PCR
↓
増幅されたDNA
↓
試験管内翻訳
↓
タンパクの大きさ決定
↓
ゲル電気泳動

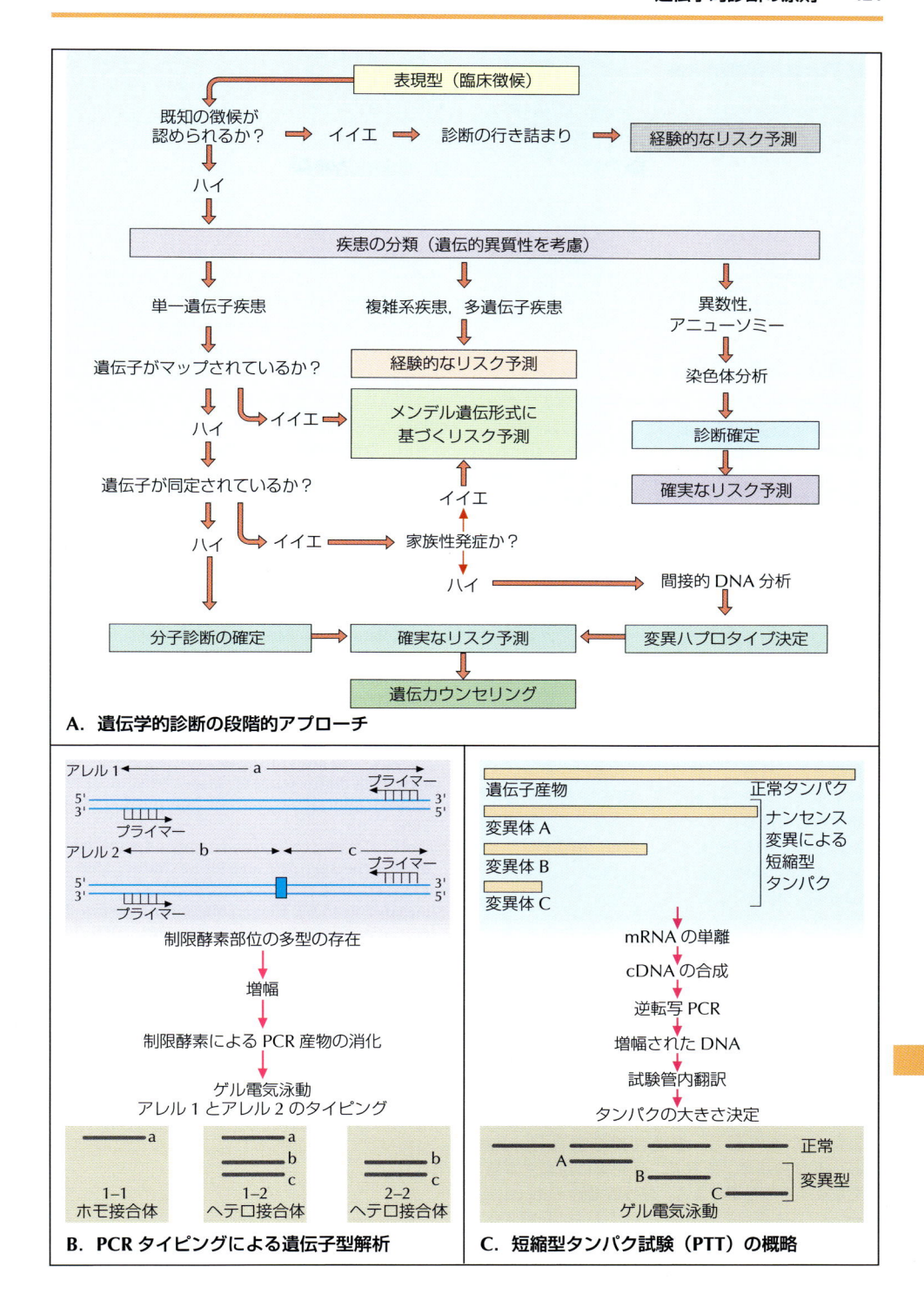

- 正常
- A, B, C 変異型

遺伝子治療と幹細胞治療

遺伝性疾患の治療は，限られた疾患に臨床試験として施行されているのが現状である．遺伝子治療の目的は，欠陥遺伝子を正常のアレルで置き換えることにより，疾患を治療するか，その進行を遅らせることにある．幹細胞治療は，再生可能な多能性細胞を利用して，疾患によって不可逆的な障害を受けた器官を再生させようとするものである．大きな技術的困難と副作用とを克服する必要があり，倫理的な問題もまた考慮しなければならない．

A. 遺伝子治療の原理

罹患組織の体細胞内に治療用遺伝子を導入する方法が，体細胞遺伝子治療である．これは（1）*ex vivo* 法と（2）*in vivo* 法の2つに大きく分けられる．前者では体外で遺伝子を細胞に組込み，続いて治療が必要な組織へ導入する．後者ではウイルスベクターを用いたり，またはウイルスを用いない方法で遺伝子を直接導入する．ウイルスベクターの利点はレシピエントの細胞に比較的侵入しやすいということである．しかしウイルス産生の管理，導入できる遺伝子の大きさ，細胞増殖への依存性などの問題がその適用を難しくしている．

ここでは治療用遺伝子を造血系に導入して行う1つの戦略を示す．患者から採取した血液（図1）から赤血球と白血球を分離し，赤血球は再度体内へ戻す（図2）．白血球（図3）から必要なCD34細胞を免疫学的に分離し（図4），正常遺伝子を組込んだウイルスベクターと混ぜて（図5），細胞培養で増殖させる（図6）．ウイルスベクターが欠陥細胞に組込まれて遺伝子が修正されたら，細胞をレシピエントの体内へ戻す（図7）．（図はJ. A. Barranger, Pittsburgh の厚意による）

B. 幹細胞

幹細胞は特殊化したさまざまな細胞に分化する能力をもった未分化前駆細胞である．幹細胞はその運命，複製能，分化能などによって分類される．**全能性幹細胞** totipotent stem cell は分化して完全な胚となり，胎盤を形成することができる．この能力をもっているのは，接合体が最初の2, 3回だけ分裂した細胞に限られる．**多能性幹細胞** pluripotent stem cell は内胚葉，中胚葉，外胚葉に由来する組織を形成することができる．**胚性幹細胞** embryonic stem cell（ES細胞）はこのカテゴリーに分類される．幹細胞は対称性に分割して2個の同一の幹細胞となる（自己再生）．こうして形成された細胞プールから，非対称性分裂によって特殊化した細胞の前駆細胞が発生する．特殊化した細胞は分裂して自己再生する能力を失っている．

C. 幹細胞治療

幹細胞治療により，遺伝学的に修正された細胞をレシピエントへ永久的に供給できるようになる．このことは骨髄（造血系）や上皮細胞系（例えば，消化管内腔）のように，絶えず細胞が失われ置換されている器官では特に重要な意味をもつ．将来的には幅広い組織や疾患に幹細胞治療を適用できるようになるであろう〔訳注：人工多能性幹細胞（iPS細胞）は本書刊行後の発見なので，ここでは言及されていない〕．胚性幹細胞を用いる必要があるのか，それとも成人の幹細胞で十分であるのかは，まだはっきりわかっていない．（図はNabel, 2004より）

参考文献

Bodine D, Jameson JL, McKay R: Stem cell and gene therapy in clinical medicine, pp 392–397. In: Kasper DL et al: Harrison's Principles of Internal Medicine. 16th ed. McGraw-Hill, New York, 2005.

Gilbert-Barness E, Barness L: Metabolic Diseases. Foundations of Clinical Management, Genetics, and Pathology. Eaton Publishing, Natick, MA 01760, USA, 2000.

Hochedlinger K, Jaenisch R: Nuclear transplantation, embryonic stem cells, and the potential for cell therapy. New Eng J Med 349:275–286, 2003.

Jiang Y et al: Pluripotency of mesenchymal stem cells derived from adult marrow. Nature 418: 41–49, 2002.

Nabel GJ: Genetic, cellular and immune approaches to disease therapy: past and future. Nature Med 10: 135–141, 2004.

Strachan T, Read AP: Human Molecular Genetics. 3rd ed. Garland Science, London–New York, 2004.

ネット上の情報：

Database of clinical trials, J Gene Med
www.wiley.co.uk/genetherapy/clinical

遺伝子治療と幹細胞治療

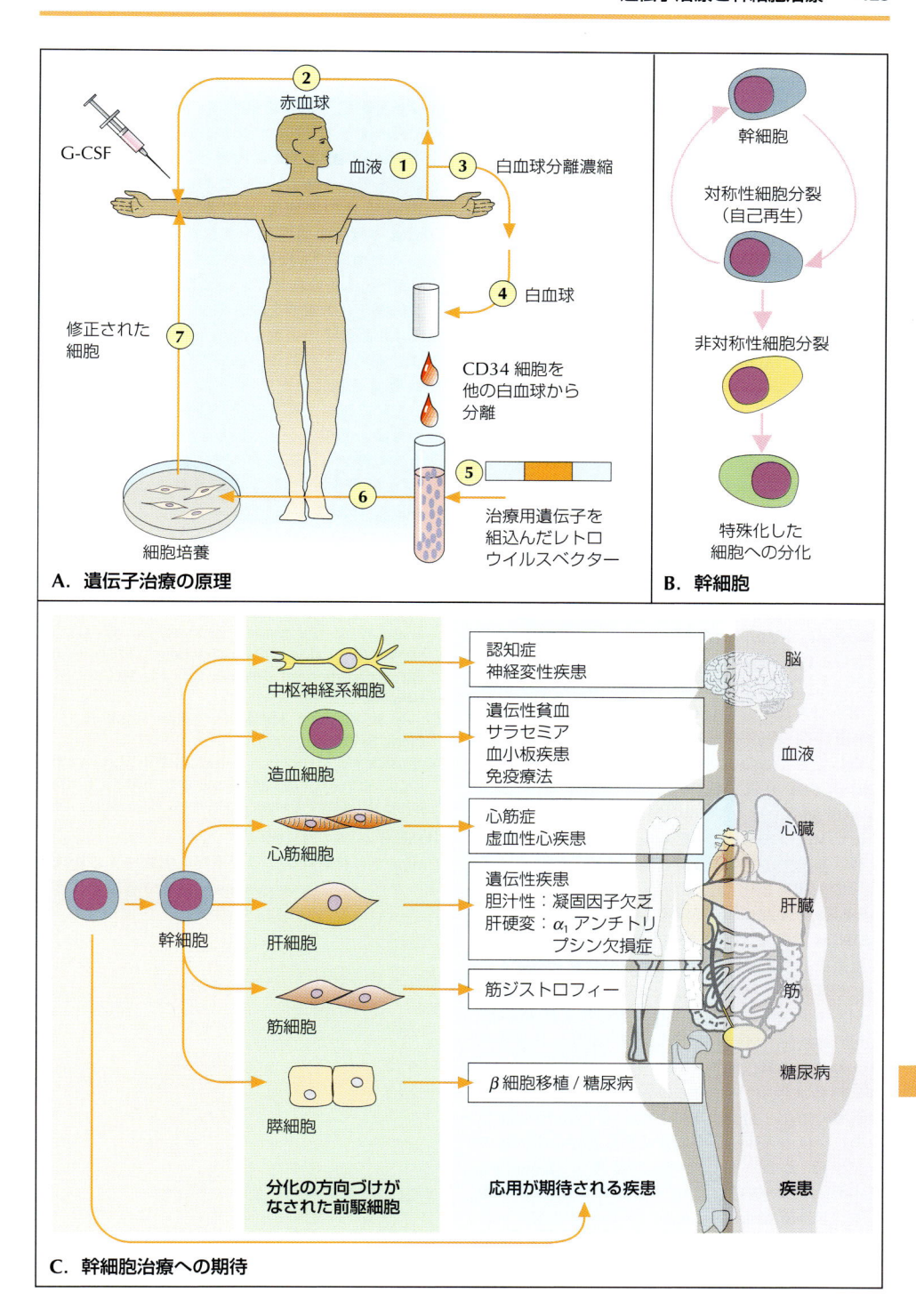

A. 遺伝子治療の原理

- G-CSF
- ① 血液
- ② 赤血球
- ③ 白血球分離濃縮
- ④ 白血球
- CD34細胞を他の白血球から分離
- ⑤ 治療用遺伝子を組込んだレトロウイルスベクター
- ⑥
- ⑦ 細胞培養
- 修正された細胞

B. 幹細胞

- 幹細胞
- 対称性細胞分裂（自己再生）
- 非対称性細胞分裂
- 特殊化した細胞への分化

C. 幹細胞治療への期待

幹細胞 → 分化の方向づけがなされた前駆細胞 → 応用が期待される疾患 / 疾患

前駆細胞	応用が期待される疾患	疾患部位
中枢神経系細胞	認知症、神経変性疾患	脳
造血細胞	遺伝性貧血、サラセミア、血小板疾患、免疫療法	血液
心筋細胞	心筋症、虚血性心疾患	心臓
肝細胞	遺伝性疾患、胆汁性肝硬変：凝固因子欠乏、α_1アンチトリプシン欠損症	肝臓
筋細胞	筋ジストロフィー	筋
膵細胞	β細胞移植／糖尿病	糖尿病

ヒト疾患遺伝子の染色体上の位置

　ここではヒト遺伝性疾患の原因となる遺伝子変異に関する知見の集積について述べる。およそ3,000種の独立した疾患表現型に関連した遺伝子座が染色体上には存在し，その遺伝子座が地図としてまとめられている。これらのうち1,000種以上については分子レベルで明らかにされている。この遺伝子地図は『ヒトゲノムの疾患解剖学（*The Morbid Anatomy of the Human Genome*）』（McKusick, 1998；Amerbergerら, 2001）と呼ばれている。この地図がヒト疾患の遺伝的原因の理解にもたらした寄与の大きさは，Andreas Vesalius（1514～1564）が1543年に著した7巻の『人体の構造（*De humani corporis fabrica*）』（通称『ファブリカ』）やGiovanni Morgagni（1682～1771）が1761年に発表した『解剖所見による病気の所在と原因について（*De sedibus, et causis morborum per anatomen indagatis*）』が医学に与えた影響にも匹敵するものである。遺伝性疾患に関する知見の集積は，ジョンズ・ホプキンス大学医学部のVictor A. McKusick博士によりこれまで12版が出版されている，ヒト疾患遺伝子と遺伝性疾患のカタログ"*Mendelian Inheritance in Man*"（MIM）の歴史でたどることができる。1966年発行の初版には計1,487項目が含まれていた。1968年の第2版（1,545項目）には初めてマップされた常染色体上の遺伝子が含まれていた。その後の版では，項目数がおよそ15年ごとに倍増してきている（1983年の第6版で3,368項目，1992年の第10版で5,710項目，1998年の第12版で8,587項目，そして2001年5月13日にはオンラインで16,774項目）。1987年からMcKusickのカタログは米国国立医学図書館を通じて国際的にオンラインで利用可能となっている（"*Online Mendelian Inheritance in Man*"，OMIM；参考文献参照）。

　OMIMは絶えずデータが更新されており，ヒト疾患遺伝子と遺伝性疾患の重要な情報源となっている。それぞれの項目には6桁からなる固有の識別番号があり，(1) 常染色体優性，(2) 常染色体劣性，(3) X連鎖性，(4) Y連鎖性，(5) ミトコンドリア性，の5つの遺伝的カテゴリーに分類されている。常染色体性の項目は1994年から登録が開始され，識別番号の上1桁は6となっている。McKusickのカタログは，人類遺伝学の体系的な基盤を提供してくれるという点で，1869年にDimitrij I. Mendeleyevが発見した化学元素の周期表や1862年にLudwig Alois Ferdinand Köchelが出版した『モーツァルト全作品目録』〔訳注：いわゆるケッヘル番号〕に匹敵するものである。

　McKusickのカタログ独特の特徴として疾患責任遺伝子座を染色体上の具体的な位置に示した地図があり，前述のように『ヒトゲノムの疾患解剖学』と呼ばれている。これは1971年発行の第3版にたった1頁の図として初めて掲載されたが，現在では完全な情報を判別可能な印刷物として提供することはもはや不可能である。そのため次頁からの地図には一部の項目のみを示してある。完全な情報はOMIMの検索により入手されたい。とはいえ，次頁からの地図でも概観をつかむことは可能であろう。McKusickのカタログはまた，通常の臨床医学と遺伝医学との重要な違いを反映している。臨床医学では疾患をその主要な所見，罹患臓器，年齢，性別など表現型との関連において分類するが，遺伝医学は遺伝子型に焦点を当てている。すなわち，関わっている遺伝子座，変異の種類，遺伝的異質性が疾患分類の基盤となっている。これにより疾患というものの概念は，臨床的に明らかな所見や発症年齢という枠組みを超えて拡張されることになった（Childs, 1999参照）。

参考文献

Amberger JS, Hamosh A, McKusick VA: The morbid anatomy of the human genome, pp 47–111. In: Scriver CR et al (eds) The Metabolic and Molecular Bases of Inherited Disease, 8th ed. McGraw-Hill, New York, 2001.

Childs B: Genetic Medicine. Johns Hopkins Univ. Press, Baltimore, 1999.

McKusick VA: Mendelian Inheritance in Man. A Catalog of Human Genes and Genetic Disorders, 12th ed. Johns Hopkins University Press, Baltimore, 1998

（OMIMとしてオンラインwww.ncbi.nlm.nih.gov/Omimでも利用可能；診断検査を実施できる施設のデータベースはwww.genetests.comで利用できる）.

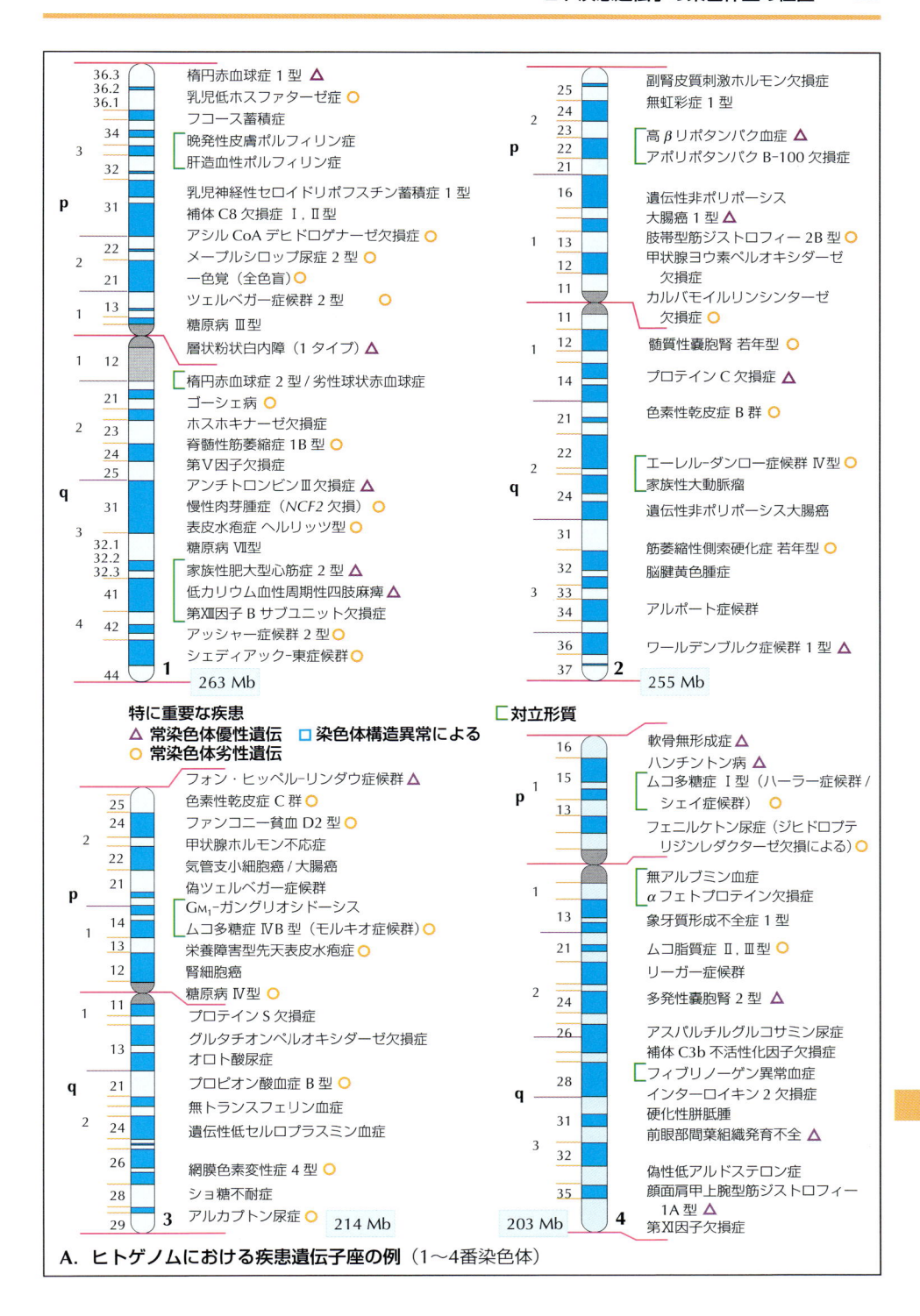

ヒト疾患遺伝子の染色体上の位置

第1染色体 (263 Mb)

- 36.3 楕円赤血球症 1 型 △
- 36.2 乳児低ホスファターゼ症 ○
- 36.1 フコース蓄積症
- 34 ⌈晩発性皮膚ポルフィリン症
   ⌊肝造血性ポルフィリン症
- 32
- p 31 乳児神経性セロイドリポフスチン蓄積症 1 型
     補体 C8 欠損症 Ⅰ, Ⅱ 型
- 22 アシル CoA デヒドロゲナーゼ欠損症 ○
- 21 メープルシロップ尿症 2 型 ○
- 13 一色覚 (全色盲) ○
     ツェルベガー症候群 2 型 ○
- 糖原病 Ⅲ 型
- 12 層状粉状白内障 (1 タイプ) △
- ⌈楕円赤血球症 2 型 / 劣性球状赤血球症
- 21 ゴーシェ病
- 23 ホスホキナーゼ欠損症
- 24 脊髄性筋萎縮症 1B 型 ○
- 25 第Ⅴ因子欠損症
- q 31 アンチトロンビンⅢ欠損症 △
     慢性肉芽腫症 (NCF2 欠損) ○
     表皮水疱症 ヘルリッツ型 ○
- 32.1 糖原病 Ⅶ型
- 32.2
- 32.3 ⌈家族性肥大型心筋症 2 型 △
     低カリウム血症周期性四肢麻痺 △
     第ⅩⅢ因子 B サブユニット欠損症
- 41
- 42 アッシャー症候群 2 型
- 44 シェディアック-東症候群 ○

特に重要な疾患
- △ 常染色体優性遺伝   □ 染色体構造異常による
- ○ 常染色体劣性遺伝

第3染色体 (214 Mb)

- フォン・ヒッペル-リンダウ症候群 △
- 25 色素性乾皮症 C 群 ○
- 24 ファンコニー貧血 D2 型 ○
- 22 甲状腺ホルモン不応症
- 21 気管支小細胞癌 / 大腸癌
     偽ツェルベガー症候群
- p 14 ⌈GM1-ガングリオシドーシス
     ⌊ムコ多糖症 ⅣB 型 (モルキオ症候群) ○
- 13 栄養障害型先天表皮水疱症
- 12 腎細胞癌
- 11 糖原病 Ⅳ 型 ○
     プロテイン S 欠損症
- 13 グルタチオンペルオキシダーゼ欠損症 ○
     オロト酸尿症
- q 21 プロピオン酸血症 B 型 ○
     無トランスフェリン血症
- 24 遺伝性低セルロプラスミン血症
- 26 網膜色素変性症 4 型 ○
- 28 ショ糖不耐症
- 29 アルカプトン尿症 ○

第2染色体 (255 Mb)

- 25 副腎皮質刺激ホルモン欠損症
     無虹彩症 1 型
- 24
- p 23 高β リポタンパク血症 △
- 22 ⌈アポリポタンパク B-100 欠損症
- 21
- 16 遺伝性非ポリポーシス
     大腸癌 1 型 △
- 13 肢帯型筋ジストロフィー 2B 型 ○
- 12 甲状腺ヨウ素ペルオキシダーゼ
- 11 欠損症
     カルバモイルリンシンターゼ
- 11 欠損症
- 12 髄質性嚢胞腎 若年型 ○
- 14 プロテイン C 欠損症 △
- 21 色素性乾皮症 B 群 ○
- 22 ⌈エーレル-ダンロー症候群 Ⅳ 型
- q ⌊家族性大動脈瘤
- 24 遺伝性非ポリポーシス大腸癌
- 31 筋萎縮性側索硬化症 若年型 ○
- 32 脳腱黄色腫症
- 33 アルポート症候群
- 34
- 36
- 37 ワールデンブルク症候群 1 型 △

⌈対立形質

第4染色体 (203 Mb)

- 16 軟骨無形成症 △
     ハンチントン病 △
- 15 ムコ多糖症 Ⅰ 型 (ハーラー症候群 /
- p ⌊シェイ症候群) ○
- 13 フェニルケトン尿症 (ジヒドロプテ
     リジンレダクターゼ欠損による) ○
- 無アルブミン血症
     αフェトプロテイン欠損症
- 13 象牙質形成不全症 1 型
- 21 ムコ脂質症 Ⅱ, Ⅲ 型
     リーガー症候群
- 24 多発性嚢胞腎 2 型 △
- 26 アスパルチルグルコサミン尿症
     補体 C3b 不活性化因子欠損症
- 28 ⌈フィブリノーゲン異常血症
     インターロイキン 2 欠損症
- q 硬化性胼胝腫
- 31 前眼部間葉組織発育不全 △
- 32 偽性低アルドステロン症
     顔面肩甲上腕型筋ジストロフィー
     1A 型 △
- 35 第Ⅺ因子欠損症

A. ヒトゲノムにおける疾患遺伝子座の例 (1〜4 番染色体)

426　ヒトゲノムの疾患解剖学

5番染色体 (194 Mb)

p腕
- 15.3, 15.2, 15.1: ネコ鳴き症候群遺伝子領域
- 14: 短指症 A1 型
- 14: ヒルシュスプルング病（1 タイプ）
- 13: 補体 C6，C7，C9 欠損症
- 13: 低身長症 ラロン型
- 11: ムコ多糖症Ⅵ型（いくつかのタイプ）

q腕
- 13: 脊髄性筋萎縮症（いくつかのタイプ）
- 13: βヘキソサミニダーゼ欠損症；G_{M_2}-ガングリオシドーシス（サンドホフ病）
- 14: 家族性大腸ポリポーシス
- 21: ガードナー症候群
- 21: 大腸癌
- 23: ジフテリア毒素への感受性
- 31.1: コルチゾール不応症
- 31.2: 低音域難聴
- 32: 肢帯型筋ジストロフィー
- 33: 下顎顔面異形成症
- 34: 捻曲性骨異形成症
- 35: 第ⅩⅡ因子欠損症
- 35: 頭蓋骨癒合症 2 型

6番染色体 (183 Mb)

p腕
- 25: 第XIII因子 A サブユニット欠損症
- 25: メープルシロップ尿症 3 型
- 22: 脊髄小脳失調症 1 型
- 22: 心房中隔欠損症（1 タイプ）
- 21: 補体 C2，C4 欠損症
- 21: 21-ヒドロキシラーゼ欠損症
- 12: 若年ミオクロニーてんかん
- 12: ヘモクロマトーシス

q腕
- 12: メチルマロン酸尿症
- 12: 黄斑変性症
- 15: 網膜色素変性症（ペリフェリン異常）
- 16: 嚢胞腎，劣性
- 21: 骨幹端軟骨異形成症（シュミット型）
- 22.3, 22.2, 22.1: 筋ジストロフィー（メロシン欠乏性）
- 24: アルギニン血症
- 25: 卵黄様黄斑変性症
- 27: プラスミノーゲン欠損症 Ⅰ，Ⅱ型

7番染色体 (171 Mb)

p腕
- 22: セートレ-ヒョツエン頭蓋骨癒合症
- 22: 頭蓋多合指症候群 グレイグ型
- 21: 若年発症成人型糖尿病（MODY）（1 タイプ）
- 15: ホスホグリセリン酸ムターゼ欠損症
- 13: アルギニノコハク酸尿症
- 13: 慢性肉芽腫症（NCF1 欠損）
- 11: ツェルベガー症候群

q腕
- 11: ムコ多糖症Ⅶ型
- 11: エーレル-ダンロー症候群 ⅦB 型
- 11: 骨形成不全症（COL1A2 変異）
- 21: 欠指症 1 型
- 21: 皮膚弛緩症（新生児マルファン様型）
- 22: 嚢胞性線維症
- 31.1: トリプシノーゲン欠損症
- 31.2: 第 3 色覚異常
- 31.3: スミス-レムリ-オピッツ症候群
- 32: 遺伝性胎児ヘモグロビン遺残症（1 タイプ）
- 32: 全前脳胞症 3 型
- 36: 3-ヒドロキシアシル CoA デヒドロゲナーゼ欠損症
- 36: 先天性ミオトニア（2 タイプ）
- 36: ヘモクロマトーシス

8番染色体 (155 Mb)

p腕
- 23: 高リポタンパク血症 Ⅰ 型
- 23: グルタチオンレダクターゼ欠損症
- 23: プラスミノーゲン活性化因子欠損症
- 12: ウェルナー症候群
- 11: 球状赤血球症 2 型
- 11: 網膜色素変性症 1 型

q腕
- 12: シャルコー-マリー-トゥス病 4a 型
- 13: 11β-ヒドロキシラーゼ欠損症
- 21: 多発性外骨腫症
- 22: 毛髪鼻指節症候群 1 型
- 22: ランガー-ギデオン症候群
- 24.1: バーキットリンパ腫
- 24.2: 表皮水疱症 オグナ型
- 24.3: 非定型卵黄様黄斑変性症
- 24.3: 遺伝性甲状腺機能低下症

B. ヒトゲノムにおける疾患遺伝子座の例（5〜8番染色体）

染色体 9 (145 Mb)

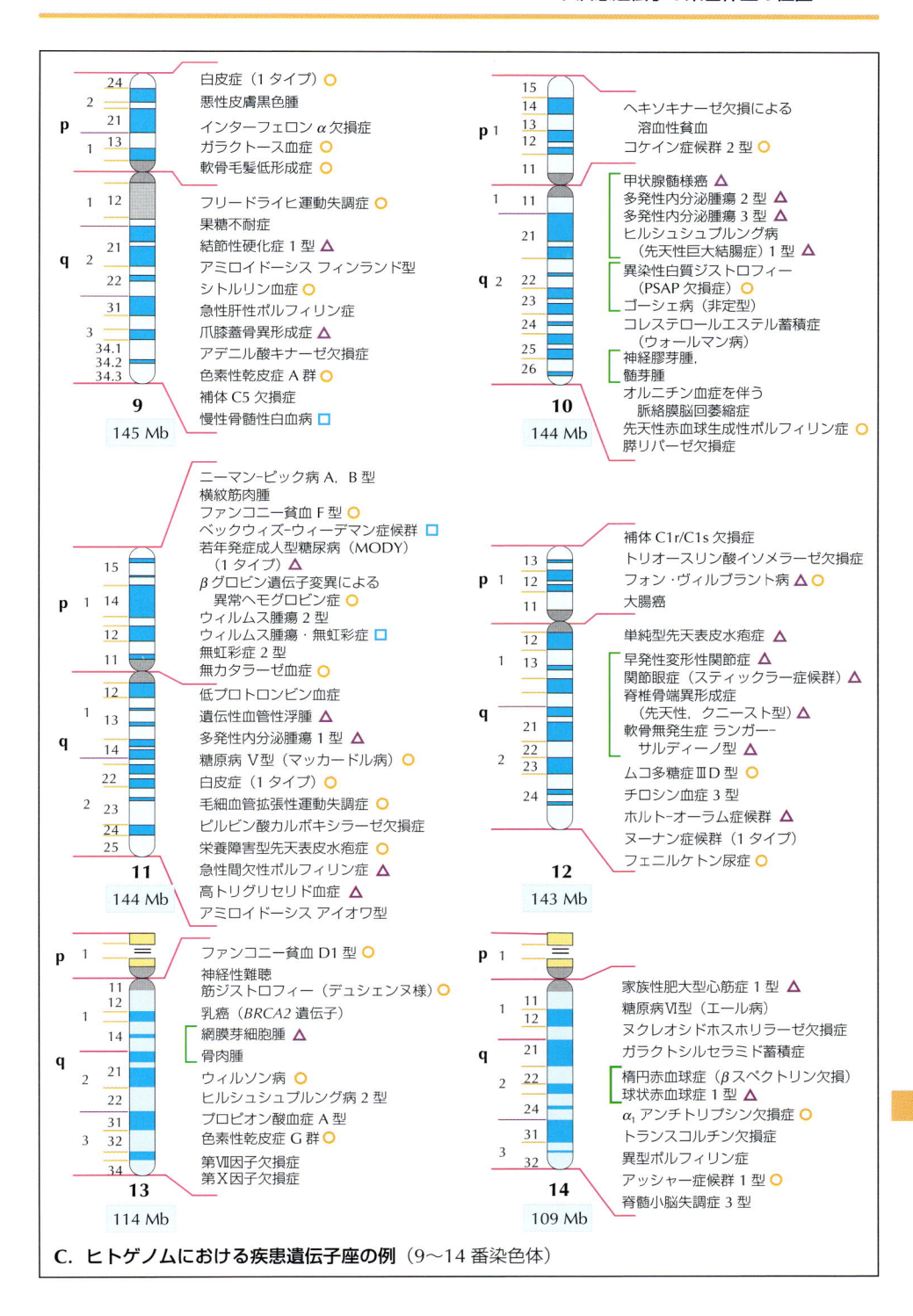

- p24 白皮症（1 タイプ）○
- p2 悪性皮膚黒色腫
- p21 インターフェロン α 欠損症
- p13 ガラクトース血症
- p1 軟骨毛髪低形成症 ○
- q12 フリードライヒ運動失調症 ○
- 果糖不耐症
- q21 結節性硬化症 1 型 △
- q2 アミロイドーシス フィンランド型
- q22 シトルリン血症
- q31 急性肝性ポルフィリン症
- q3 爪膝蓋骨異形成症 △
- q34.1 アデニル酸キナーゼ欠損症
- q34.2
- q34.3 色素性乾皮症 A 群 ○
- 補体 C5 欠損症
- 慢性骨髄性白血病 □

染色体 10 (144 Mb)

- p15 ヘキソキナーゼ欠損による溶血性貧血
- p14
- p1 p13 コケイン症候群 2 型 ○
- p12
- p11
- q 甲状腺髄様癌 △
- q11 多発性内分泌腫瘍 2 型 △
- 多発性内分泌腫瘍 3 型 △
- q21 ヒルシュシュプルング病（先天性巨大結腸症）1 型 ○
- q2 q22 異染性白質ジストロフィー（PSAP 欠損症）○
- q23 ゴーシェ病（非定型）
- q24 コレステロールエステル蓄積症（ウォールマン病）
- q26 神経膠芽腫，髄芽腫
- オルニチン血症を伴う脈絡膜脳回萎縮症
- 先天性赤血球生成性ポルフィリン症 ○
- 膵リパーゼ欠損症

染色体 11 (144 Mb)

- ニーマン－ピック病 A，B 型
- 横紋筋肉腫
- ファンコニー貧血 F 型 ○
- ベックウィズ－ウィーデマン症候群 □
- 若年発症成人型糖尿病（MODY）（1 タイプ）
- p15 β グロビン遺伝子変異による異常ヘモグロビン症 ○
- p1 p14 ウィルムス腫瘍 2 型
- p12 ウィルムス腫瘍・無虹彩症 □
- p11 無虹彩症 2 型
- 無カタラーゼ血症
- q12 低プロトロンビン血症
- q1 q13 遺伝性血管性浮腫
- q14 多発性内分泌腫瘍 1 型 △
- 糖原病 V 型（マッカードル病）○
- q22 白皮症（1 タイプ）
- q2 q23 毛細血管拡張性運動失調症 ○
- q24 ピルビン酸カルボキシラーゼ欠損症
- q25 栄養障害型先天表皮水疱症 ○
- 急性間欠性ポルフィリン症 ○
- 高トリグリセリド血症 △
- アミロイドーシス アイオワ型

染色体 12 (143 Mb)

- p1 p13 補体 C1r/C1s 欠損症
- p12 トリオースリン酸イソメラーゼ欠損症
- p11 フォン・ヴィルブラント病 △ ○
- 大腸癌
- q12 単純型先天表皮水疱症 △
- q13 早発性変形性関節症 △
- 関節眼症（スティックラー症候群）△
- 脊椎骨端異形成症（先天性，クニースト型）
- q21 軟骨無発生症 ランガー－サルディーノ型 △
- q2 q22 ムコ多糖症 III D 型 ○
- q23 チロシン血症 3 型
- q24 ホルト－オーラム症候群 △
- ヌーナン症候群（1 タイプ）
- フェニルケトン尿症 ○

染色体 13 (114 Mb)

- p1
- q11 ファンコニー貧血 D1 型 ○
- q12 神経性難聴
- q1 筋ジストロフィー（デュシェンヌ様）○
- q14 乳癌（BRCA2 遺伝子）
- 網膜芽細胞腫 △
- 骨肉腫
- q21 ウィルソン病 ○
- q2 q22 ヒルシュシュプルング病 2 型
- q31 プロピオン酸血症 A 型
- q3 q32 色素性乾皮症 G 群 ○
- q34 第 VII 因子欠損症
- 第 X 因子欠損症

染色体 14 (109 Mb)

- p1
- q11 家族性肥大型心筋症 1 型 △
- q1 q12 糖原病 VI 型（エール病）
- ヌクレオシドホスホリラーゼ欠損症
- q21 ガラクトシルセラミド蓄積症
- q2 q22 楕円赤血球症（β スペクトリン欠損）
- 球状赤血球症 1 型 △
- q24 α1 アンチトリプシン欠損症 ○
- トランスコルチン欠損症
- q31 異型ポルフィリン症
- q3 q32 アッシャー症候群 1 型 ○
- 脊髄小脳失調症 3 型

C. ヒトゲノムにおける疾患遺伝子座の例（9～14 番染色体）

染色体 15 (106 Mb)

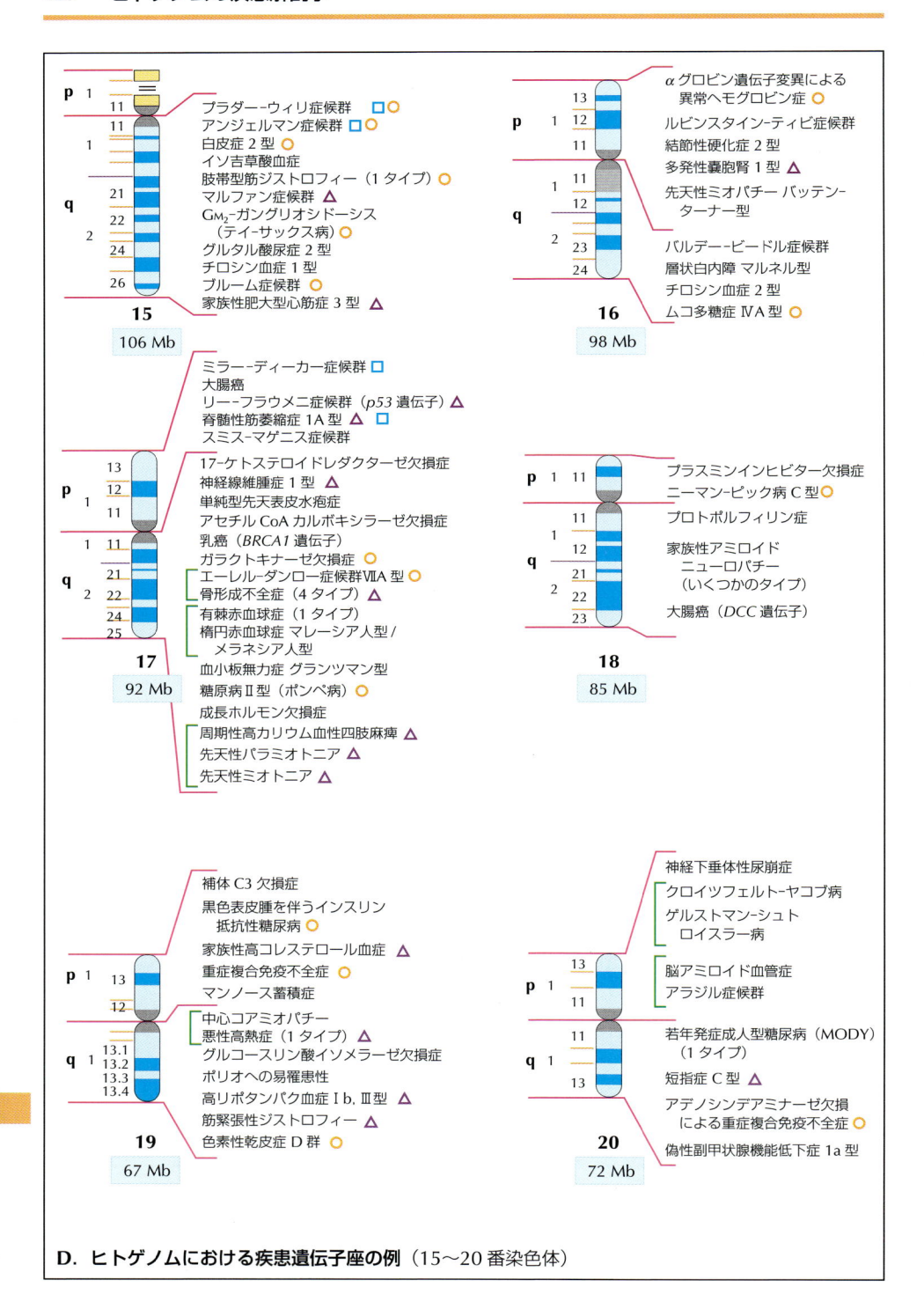

p 1 — 11
q 1 — 11, 21, 22, 24, 26
2

- プラダー–ウィリ症候群 □ ○
- アンジェルマン症候群 □ ○
- 白皮症 2 型 ○
- イソ吉草酸血症
- 肢帯型筋ジストロフィー（1 タイプ）○
- マルファン症候群 △
- G_{M_2}–ガングリオシドーシス（テイ–サックス病）○
- グルタル酸尿症 2 型
- チロシン血症 1 型
- ブルーム症候群 ○
- 家族性肥大型心筋症 3 型 △

染色体 16 (98 Mb)

p 1 — 13, 12, 11
q 1 — 11, 12
2 — 23, 24

- αグロビン遺伝子変異による異常ヘモグロビン症 ○
- ルビンスタイン–ティビ症候群
- 結節性硬化症 2 型
- 多発性嚢胞腎 1 型 △
- 先天性ミオパチー バッテン–ターナー型
- バルデー–ビードル症候群
- 層状白内障 マルネル型
- チロシン血症 2 型
- ムコ多糖症 IVA 型 ○

染色体 17 (92 Mb)

p 1 — 13, 12, 11
q — 11, 21, 22, 24, 25
2

- ミラー–ディーカー症候群 □
- 大腸癌
- リー–フラウメニ症候群（p53 遺伝子）△
- 脊髄性筋萎縮症 1A 型 □
- スミス–マゲニス症候群
- 17-ケトステロイドレダクターゼ欠損症
- 神経線維腫症 1 型 △
- 単純型先天表皮水疱症
- アセチル CoA カルボキシラーゼ欠損症
- 乳癌（BRCA1 遺伝子）
- ガラクトキナーゼ欠損症 ○
- エーレル–ダンロー症候群 VIIA 型 ○
- 骨形成不全症（4 タイプ）△
- 有棘赤血球症（1 タイプ）
- 楕円赤血球症 マレーシア人型／メラネシア人型
- 血小板無力症 グランツマン型
- 糖原病 II 型（ポンペ病）○
- 成長ホルモン欠損症
- 周期性高カリウム血症四肢麻痺 △
- 先天性パラミオトニア △
- 先天性ミオトニア △

染色体 18 (85 Mb)

p 1 — 11
q 1
2 — 21, 22, 23

- プラスミンインヒビター欠損症
- ニーマン–ピック病 C 型 ○
- プロトポルフィリン症
- 家族性アミロイドニューロパチー（いくつかのタイプ）
- 大腸癌（DCC 遺伝子）

染色体 19 (67 Mb)

p 1 — 13, 12
q 1 — 13.1, 13.2, 13.3, 13.4

- 補体 C3 欠損症
- 黒色表皮腫を伴うインスリン抵抗性糖尿病 ○
- 家族性高コレステロール血症 △
- 重症複合免疫不全症 ○
- マンノース蓄積症
- 中心コアミオパチー
- 悪性高熱症（1 タイプ）△
- グルコースリン酸イソメラーゼ欠損症
- ポリオへの易罹患性
- 高リポタンパク血症 Ib、III 型 △
- 筋緊張性ジストロフィー △
- 色素性乾皮症 D 群 ○

染色体 20 (72 Mb)

p 1 — 13, 11
q 1 — 11, 13

- 神経下垂体性尿崩症
- クロイツフェルト–ヤコブ病
- ゲルストマン–シュトロイスラー病
- 脳アミロイド血管症
- アラジル症候群
- 若年発症成人型糖尿病（MODY）（1 タイプ）
- 短指症 C 型 △
- アデノシンデアミナーゼ欠損による重症複合免疫不全症 ○
- 偽性副甲状腺機能低下症 1a 型

D. ヒトゲノムにおける疾患遺伝子座の例（15〜20 番染色体）

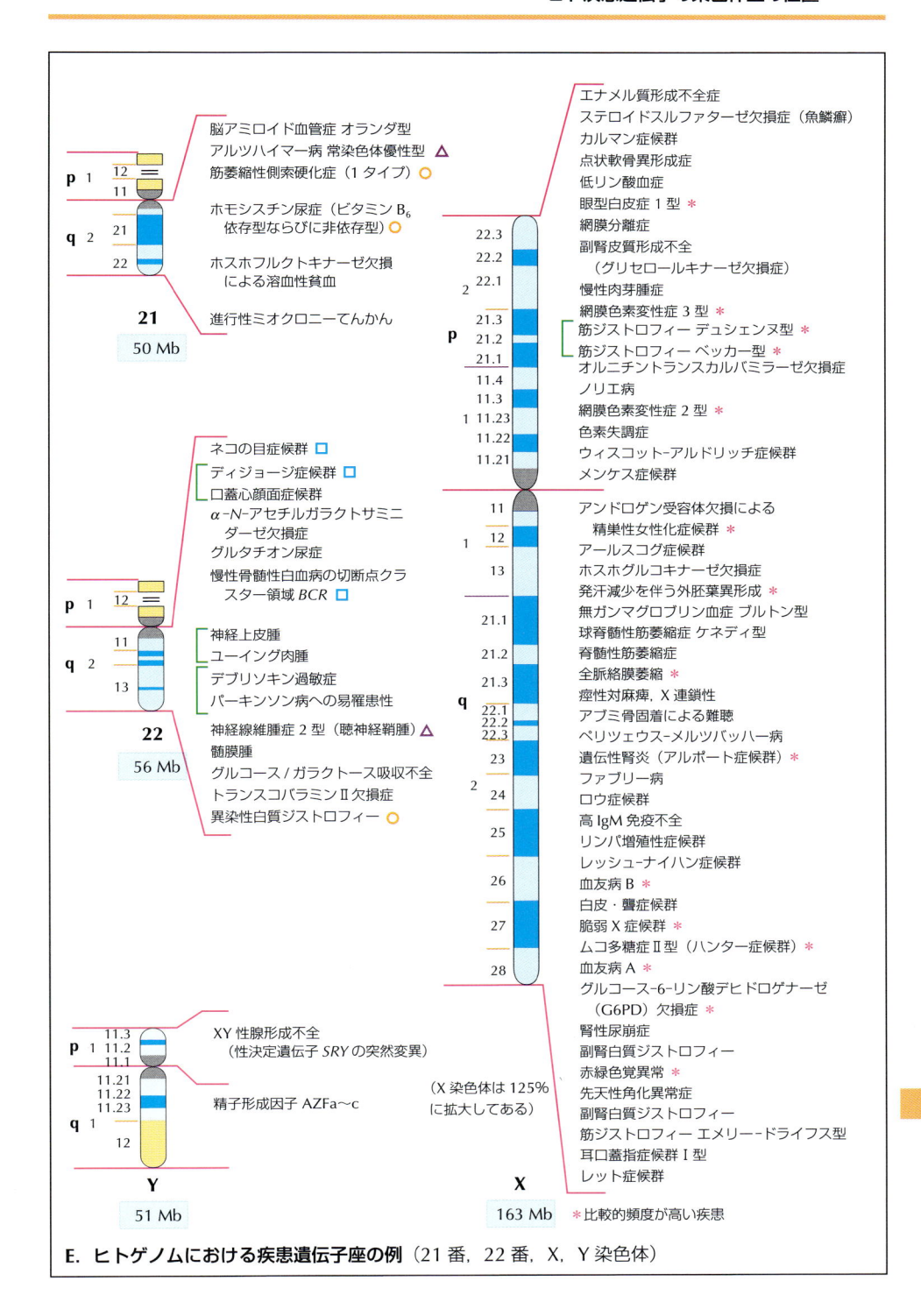

ヒト疾患遺伝子の染色体上の位置

21番染色体 (50 Mb)

p
- 12
- 11

q
- 21
- 22

- 脳アミロイド血管症 オランダ型
- アルツハイマー病 常染色体優性型 △
- 筋萎縮性側索硬化症（1 タイプ）○
- ホモシスチン尿症（ビタミン B_6 依存型ならびに非依存型）○
- ホスホフルクトキナーゼ欠損による溶血性貧血
- 進行性ミオクロニーてんかん

22番染色体 (56 Mb)

p
- 12
- 11

q
- 2: 11, 13

- ネコの目症候群 □
- ディジョージ症候群 □
- 口蓋心顔面症候群
- α-N-アセチルガラクトサミニダーゼ欠損症
- グルタチオン尿症
- 慢性骨髄性白血病の切断点クラスター領域 BCR □
- 神経上皮腫
- ユーイング肉腫
- デブリソキン過敏症
- パーキンソン病への易罹患性
- 神経線維腫症 2 型（聴神経鞘腫）△
- 髄膜腫
- グルコース/ガラクトース吸収不全
- トランスコバラミン II 欠損症
- 異染性白質ジストロフィー ○

Y染色体 (51 Mb)

p 1
- 11.3
- 11.2
- 11.1

q 1
- 11.21
- 11.22
- 11.23
- 12

- XY 性腺形成不全（性決定遺伝子 SRY の突然変異）
- 精子形成因子 AZFa〜c

X染色体 (163 Mb)

（X 染色体は125%に拡大してある）

p
- 2: 22.3, 22.2, 22.1
- 1: 21.3, 21.2, 21.1, 11.4, 11.3, 11.23, 11.22, 11.21

q
- 1: 11, 12, 13, 21.1, 21.2, 21.3, 22.1, 22.2, 22.3
- 2: 23, 24, 25, 26, 27, 28

- エナメル質形成不全症
- ステロイドスルファターゼ欠損症（魚鱗癬）
- カルマン症候群
- 点状軟骨異形成症
- 低リン酸血症
- 眼型白皮症 1 型 *
- 網膜分離症
- 副腎皮質形成不全（グリセロールキナーゼ欠損症）
- 慢性肉芽腫症
- 網膜色素変性症 3 型 *
- 筋ジストロフィー デュシェンヌ型 *
- 筋ジストロフィー ベッカー型 *
- オルニチントランスカルバミラーゼ欠損症
- ノリエ病
- 網膜色素変性症 2 型 *
- 色素失調症
- ウィスコット-アルドリッチ症候群
- メンケス症候群
- アンドロゲン受容体欠損による精巣性女性化症候群 *
- アールスコグ症候群
- ホスホグルコキナーゼ欠損症
- 発汗減少を伴う外胚葉異形成 *
- 無ガンマグロブリン血症 ブルトン型
- 球脊髄性筋萎縮症 ケネディ型
- 脊髄性筋萎縮症
- 全脈絡膜萎縮
- 痙性対麻痺，X 連鎖性
- アブミ骨固着による難聴
- ペリツェウス-メルツバッハー病
- 遺伝性腎炎（アルポート症候群）*
- ファブリー病
- ロウ症候群
- 高 IgM 免疫不全
- リンパ増殖性症候群
- レッシュ-ナイハン症候群
- 血友病 B *
- 白皮・聾症候群
- 脆弱 X 症候群 *
- ムコ多糖症 II 型（ハンター症候群）*
- 血友病 A *
- グルコース-6-リン酸デヒドロゲナーゼ（G6PD）欠損症 *
- 腎性尿崩症
- 副腎白質ジストロフィー
- 赤緑色覚異常 *
- 先天性角化異常症
- 副腎白質ジストロフィー
- 筋ジストロフィー エメリー-ドライフス型
- 耳口蓋指症候群 I 型
- レット症候群

* 比較的頻度が高い疾患

E. ヒトゲノムにおける疾患遺伝子座の例（21番, 22番, X, Y 染色体）

（425〜429 頁の地図の五十音順索引である。"ch." は「染色体」の略。）

■ あ

悪性高熱症（ch.19 ほか）
悪性皮膚黒色腫（ch.9）
アシル CoA デヒドロゲナーゼ欠損症（ch.1）
アスパルチルグルコサミン尿症（ch.4）
アセチル CoA カルボキシラーゼ欠損症（ch.17）
アッシャー症候群 1 型（ch.14）
アッシャー症候群 2 型（ch.1）
アデニル酸キナーゼ欠損症（ch.9）
アデノシンデアミナーゼ欠損による重症複合免疫不全症（ch.20）
アブミ骨固着による難聴（ch.X）
アポリポタンパク B-100 欠損症（ch.2）
アミロイドーシス アイオワ型（ch.11）
アミロイドーシス フィンランド型（ch.9）
アラジル症候群（ch.20）
アルカプトン尿症（ch.3）
アルギニノコハク酸尿症（ch.7）
アルギニン血症（ch.6）
アールスコグ症候群（ch.X）
アルツハイマー病 常染色体優性型（ch.21）
α_1 アンチトリプシン欠損症（ch.14）
α-N-アセチルガラクトサミニダーゼ欠損症（ch.22）
α グロビン遺伝子変異による異常ヘモグロビン症（ch.16）
α フェトプロテイン欠損症（ch.4）
アルポート症候群（ch.2）
アンジェルマン症候群（ch.15）
アンチトロンビン III 欠損症（ch.1）
アンドロゲン受容体欠損（ch.X）

■ い

異型ポルフィリン症（ch.14）
異染性白質ジストロフィー（ch.22）
異染性白質ジストロフィー（PSAP 欠損症）（ch.10）
イソ吉草酸血症（ch.15）
一色覚（全色盲）（ch.1）
遺伝性血管性浮腫（ch.11）
遺伝性甲状腺機能低下症（ch.8）
遺伝性腎炎（アルポート症候群）（ch.X）
遺伝性胎児ヘモグロビン遺残症（1 タイプ）（ch.7）
遺伝性低セルロプラスミン血症（ch.3）
遺伝性非ポリポーシス大腸癌（ch.2）
遺伝性非ポリポーシス大腸癌 1 型（ch.2）
インターフェロン α 欠損症（ch.9）
インターロイキン 2 欠損症（ch.4）

■ う

ウィスコット−アルドリッチ症候群（ch.X）
ウィルソン病（ch.13）
ウィルムス腫瘍 2 型（ch.11）
ウィルムス腫瘍・無虹彩症（ch.11）
ウェルナー症候群（ch.8）

■ え

栄養障害型先天表皮水疱症（ch.3, 11）
XY 性腺形成不全（ch.Y）
エナメル質形成不全症（ch.X）
エメリー−ドライフス型筋ジストロフィー（ch.X）
エーレル−ダンロー症候群 IV 型（ch.2）
エーレル−ダンロー症候群 VII A 型（ch.17）
エーレル−ダンロー症候群 VII B 型（ch.7）

■ お

黄斑変性症（ch.6）
横紋筋肉腫（ch.11）
オルニチン血症を伴う脈絡膜脳回萎縮症（ch.10）
オルニチントランスカルバミラーゼ欠損症（ch.X）
オロト酸尿症（ch.3）

■ か

下顎顔面異形成症（フランチェスケッティ−クライン症候群）（ch.5）
家族性アミロイドニューロパチー（いくつかのタイプ）（ch.18）
家族性高コレステロール血症（ch.19）
家族性大腸ポリポーシス（ch.5）
家族性大動脈瘤（ch.2）
家族性肥大型心筋症 1 型（ch.14）
家族性肥大型心筋症 2 型（ch.1）
家族性肥大型心筋症 3 型（ch.15）
果糖不耐症（ch.9）
ガードナー症候群（ch.5）
ガラクトキナーゼ欠損症（ch.17）
ガラクトシルセラミド蓄積症（ch.14）
ガラクトース血症（ch.9）
カルバモイルリン酸シンターゼ欠損症（ch.2）
カルマン症候群（ch.X）
眼型白皮症 1 型（ch.X）
関節眼症（スティックラー症候群）（ch.12）
肝造血性ポルフィリン症（ch.1）
顔面肩甲上腕型筋ジストロフィー 1A 型（ch.4）

■ き

気管支小細胞癌／大腸癌（ch.3）
偽性低アルドステロン症（ch.4）
偽性副甲状腺機能低下症 1a 型（ch.20）

偽ツェルベガー症候群（ch.3）
球状赤血球症 1 型（ch.14）
球状赤血球症 2 型（ch.8）
急性間欠性ポルフィリン症（ch.11）
急性肝性ポルフィリン症（ch.9）
球脊髄性筋萎縮症 ケネディ型（ch.X）
筋萎縮性側索硬化症（1 タイプ）（ch.21）
筋萎縮性側索硬化症 若年型（ch.2）
筋緊張性ジストロフィー（ch.19）
筋ジストロフィー エメリー–ドライフス型（ch.X）
筋ジストロフィー デュシェンヌ型（ch.X）
筋ジストロフィー デュシェンヌ様（ch.13）
筋ジストロフィー ベッカー型（ch.X）
筋ジストロフィー メロシン欠乏性（ch.6）

■ く ■
グルコース / ガラクトース吸収不全（ch.22）
グルコースリン酸イソメラーゼ欠損症（ch.19）
グルコース-6-リン酸デヒドロゲナーゼ（G6PD）欠損症（ch.X）
グルタチオン尿症（ch.22）
グルタチオンペルオキシダーゼ欠損症（ch.3）
グルタチオンレダクターゼ欠損症（ch.8）
グルタル酸尿症 2 型（ch.15）
クロイツフェルト–ヤコブ病（ch.20）

■ け ■
痙性対麻痺，X 連鎖性（ch.X）
欠指症 1 型（ch.7）
血小板無力症 グランツマン型（ch.17）
結節性硬化症 1 型（ch.9）
結節性硬化症 2 型（ch.16）
血友病 A（ch.X）
血友病 B（ch.X）
ゲルストマン–シュトロイスラー病（ch.20）

■ こ ■
高 IgM 免疫不全（ch.X）
口蓋心顔面症候群（ch.22）
硬化性肝胆腫（ch.4）
甲状腺髄様癌（ch.10）
甲状腺ホルモン不応症（ch.3）
甲状腺ヨウ素ペルオキシダーゼ欠損症（ch.2）
高トリグリセリド血症（ch.11）
高 β リポタンパク血症（ch.2）
高リポタンパク血症 I 型（ch.8）
高リポタンパク血症 I b 型（ch.19）
高リポタンパク血症 III 型（ch.19）
黒色表皮腫を伴うインスリン抵抗性糖尿病（ch.19）
コケイン症候群 2 型（ch.10）

ゴーシェ病（ch.1）
ゴーシェ病（非定型）（ch.10）
骨幹端軟骨異形成症 シュミット型（ch.6）
骨形成不全症（ch.17）
骨形成不全症（*COL1A2* 変異）（ch.7）
骨肉腫（ch.13）
コルチゾール不応症（ch.5）
コレステロールエステル蓄積症（ウォールマン病）（ch.10）

■ さ ■
3-ヒドロキシアシル CoA デヒドロゲナーゼ欠損症（ch.7）

■ し ■
シェディアック–東症候群（ch.1）
G_{M_1}-ガングリオシドーシス（ch.3）
G_{M_2}-ガングリオシドーシス（サンドホフ病）（ch.5）
G_{M_2}-ガングリオシドーシス（テイ–サックス病）（ch.15）
色素失調症（ch.X）
色素性乾皮症 A 群（ch.9）
色素性乾皮症 B 群（ch.2）
色素性乾皮症 C 群（ch.3）
色素性乾皮症 D 群（ch.19）
色素性乾皮症 G 群（ch.13）
肢帯型筋ジストロフィー（ch.5, 15）
肢帯型筋ジストロフィー 2B 型（ch.2）
シトルリン血症（ch.9）
ジフテリア毒素への感受性（ch.5）
若年発症成人型糖尿病（MODY）（1 タイプ）（ch.7, 11, 20）
若年ミオクロニーてんかん（ch.6）
シャルコー–マリー–トゥス病 4a 型（ch.8）
11β-ヒドロキシラーゼ欠損症（ch.8）
周期性高カリウム血性四肢麻痺（ch.17）
重症複合免疫不全症（ch.19）
17-ケトステロイドレダクターゼ欠損症（ch.17）
ショ糖不耐症（ch.3）
神経下垂体性尿崩症（ch.20）
神経膠芽腫，髄芽腫（ch.10）
神経上皮腫（ch.22）
神経性難聴（ch.13）
神経線維腫症 1 型（ch.17）
神経線維腫症 2 型（聴神経鞘腫）（ch.22）
進行性ミオクロニーてんかん（ch.21）
腎細胞癌（ch.3）
腎性尿崩症（ch.X）
心房中隔欠損症（1 タイプ）（ch.6）

■す■

髄質性囊胞腎 若年型（ch.2）
髄膜腫（ch.22）
膵リパーゼ欠損症（ch.10）
ステロイドスルファターゼ欠損症（魚鱗癬）（ch.X）
スミス–マゲニス症候群（ch.17）
スミス–レムリ–オピッツ症候群（ch.7）

■せ■

精子形成因子 AZFa～c（ch.Y）
脆弱 X 症候群（ch.X）
精巣性女性化症候群（アンドロゲン受容体欠損）（ch.X）
成長ホルモン欠損症（ch.17）
脊髄小脳失調症 1 型（ch.6）
脊髄小脳失調症 3 型（ch.14）
脊髄性筋萎縮症（ch.X）
脊髄性筋萎縮症 1A 型（ch.17）
脊髄性筋萎縮症 1B 型（ch.1）
脊椎骨端異形成症 クニースト型（ch.12）
脊椎骨端異形成症（先天性）（ch.12）
赤緑色覚異常（ch.X）
セートレ–ヒョツェン頭蓋骨癒合症（ch.7）
前眼部間葉組織発育不全（ch.4）
全前脳胞症 3 型（ch.7）
先天性角化異常症（ch.X）
先天性巨大結腸症（ヒルシュスプルング病）1 型（ch.10）
先天性巨大結腸症（ヒルシュスプルング病）2 型（ch.13）
先天性赤血球生成性ポルフィリン症（ch.10）
先天性パラミオトニア（ch.17）
先天性ミオトニア（ch.17）
先天性ミオトニア（2 タイプ）（ch.7）
先天性ミオパチー バッテン–ターナー型（ch.16）
全脈絡膜萎縮（ch.X）

■そ■

象牙質形成不全症 1 型（ch.4）
爪膝蓋骨異形成症（ch.9）
層状白内障マルネル型（ch.16）
層状粉状白内障（ch.1）
早発性変形性関節症（ch.12）

■た■

第 V 因子欠損症（ch.1）
第 VII 因子欠損症（ch.13）
第 X 因子欠損症（ch.13）
第 XI 因子欠損症（ch.4）
第 XII 因子欠損症（ch.5）
第 XIII 因子 A サブユニット欠損症（ch.6）
第 XIII 因子 B サブユニット欠損症（ch.1）
第 3 色覚異常（ch.7）
大腸癌（ch.5, 12, 17, 18）
楕円赤血球症 1 型（ch.1）
楕円赤血球症 2 型／劣性球状赤血球症（ch.1）
楕円赤血球症 マレーシア人型／メラネシア人型（ch.17）
楕円赤血球症（β スペクトリン欠損）（ch.14）
多発性外骨腫症（ch.8）
多発性内分泌腫瘍 1 型（ch.11）
多発性内分泌腫瘍 2 型（ch.10）
多発性内分泌腫瘍 3 型（ch.10）
多発性囊胞腎 1 型（ch.16）
多発性囊胞腎 2 型（ch.4）
短指症 A1 型（ch.5）
短指症 C 型（ch.20）
単純型先天表皮水疱症（ch.12, 17）

■ち■

中心コアミオパチー（ch.19）
チロシン血症 1 型（ch.15）
チロシン血症 2 型（ch.16）
チロシン血症 3 型（ch.12）

■つ■

ツェルベガー症候群（ch.7）
ツェルベガー症候群 2 型（ch.1）

■て■

低音域難聴（ch.5）
低カリウム血性周期性四肢麻痺（ch.1）
ディジョージ症候群（ch.22）
低身長症 ラロン型（ch.5）
低プロトロンビン血症（ch.11）
低リン酸血症（ch.X）
デブリソキン過敏症（ch.22）
デュシェンヌ型筋ジストロフィー（ch.X）
デュシェンヌ様筋ジストロフィー（ch.13）
点状軟骨異形成症（ch.X）

■と■

頭蓋骨癒合症 2 型（ch.5）
頭蓋多合指症候群 グレイグ型（ch.7）
糖原病 II 型（ポンペ病）（ch.17）
糖原病 III 型（ch.1）
糖原病 IV 型（ch.3）
糖原病 V 型（マッカードル病）（ch.11）
糖原病 VI 型（エール病）（ch.14）
糖原病 VII 型（ch.1）

トランスコバラミンⅡ欠損症（ch.22）
トランスコルチン欠損症（ch.14）
トリオースリン酸イソメラーゼ欠損症（ch.12）
トリプシノーゲン欠損症（ch.7）

■ な ■
軟骨無形成症（ch.4）
軟骨無発生症 ランガー–サルディーノ型（ch.12）
軟骨毛髪低形成症（ch.9）

■ に ■
21-ヒドロキシラーゼ欠損症（ch.6）
ニーマン–ピック病A，B型（ch.11）
ニーマン–ピック病C型（ch.18）
乳癌（*BRCA1*遺伝子）（ch.17）
乳癌（*BRCA2*遺伝子）（ch.13）
乳児神経性セロイドリポフスチン蓄積症1型（ch.1）
乳児低ホスファターゼ症（ch.1）

■ ぬ ■
ヌクレオシドホスホリラーゼ欠損症（ch.14）
ヌーナン症候群（1タイプ）（ch.12）

■ ね ■
ネコ鳴き症候群遺伝子領域（ch.5）
ネコの目症候群（ch.22）
捻曲性骨異形成症（ch.5）

■ の ■
脳アミロイド血管症（ch.20）
脳アミロイド血管症 オランダ型（ch.21）
脳腱黄色腫症（ch.2）
囊胞腎，劣性（ch.6）
囊胞性線維症（ch.7）
ノリエ病（ch.X）

■ は ■
バーキットリンパ腫（ch.8）
パーキンソン病への易罹患性（ch.22）
白皮症（1タイプ）（ch.9, 11）
白皮症2型（ch.15）
白皮・聾症候群（ch.X）
発汗減少を伴う外胚葉異形成（ch.X）
バルデー–ビードル症候群（ch.16）
ハンチントン病（ch.4）
晩発性皮膚ポルフィリン症（ch.1）

■ ひ ■
非定型卵黄様黄斑変性症（ch.8）
皮膚弛緩症（新生児マルファン様型）（ch.7）

表皮水疱症 オグナ型（ch.8）
表皮水疱症 ヘルリッツ型（ch.1）
ヒルシュスプルング病（先天性巨大結腸症）1型（ch.10）
ヒルシュスプルング病（先天性巨大結腸症）2型（ch.13）
ヒルシュスプルング病 その他（ch.4, 5, 19, 20）
ピルビン酸カルボキシラーゼ欠損症（ch.11）

■ ふ ■
ファブリ病（ch.X）
ファンコニー貧血D1型（ch.13）
ファンコニー貧血D2型（ch.3）
ファンコニー貧血F型（ch.11）
フィブリノーゲン異常血症（ch.4）
フェニルケトン尿症（ch.12）
フェニルケトン尿症（ジヒドロプテリジンレダクターゼ欠損による）（ch.4）
フォン・ヴィルブラント病（ch.12）
フォン・ヒッペル–リンダウ症候群（ch.3）
副腎白質ジストロフィー（ch.X）
副腎皮質形成不全（グリセロールキナーゼ欠損症）（ch.X）
副腎皮質刺激ホルモン欠損症（ch.2）
フコース蓄積症（ch.1）
プラスミノーゲン活性化因子欠損症（ch.8）
プラスミノーゲン欠損症Ⅰ，Ⅱ型（ch.6）
プラスミンインヒビター欠損症（ch.18）
プラダー–ウィリ症候群（ch.15）
フリードライヒ運動失調症（ch.9）
ブルーム症候群（ch.15）
プロテインC欠損症（ch.2）
プロテインS欠損症（ch.3）
プロトポルフィリン症（ch.18）
プロピオン酸血症A型（ch.13）
プロピオン酸血症B型（ch.3）

■ へ ■
ヘキソキナーゼ欠損による溶血性貧血（ch.10）
βグロビン遺伝子変異による異常ヘモグロビン症（ch.11）
βヘキソサミニダーゼ欠損症；G_{M_2}-ガングリオシドーシス（サンドホフ病）（ch.5）
ベッカー型筋ジストロフィー（ch.X）
ベックウィズ–ウィーデマン症候群（ch.11）
ヘモクロマトーシス（ch.6, 7）
ペリツェウス–メルツバッハー病（ch.X）

■ ほ ■
ホスホキナーゼ欠損症（ch.1）

ホスホグリセリン酸ムターゼ欠損症（ch.7）
ホスホグルコキナーゼ欠損症（ch.X）
ホスホフルクトキナーゼ欠損による溶血性貧血（ch.21）
補体C1r/C1s 欠損症（ch.12）
補体C2, C4 欠損症（ch.6）
補体C3 欠損症（ch.19）
補体C3b 不活性化因子欠損症（ch.4）
補体C5 欠損症（ch.9）
補体C6, C7, C9 欠損症（ch.5）
補体C8 欠損症I, II型（ch.1）
ホモシスチン尿症（ビタミンB_6依存型ならびに非依存型）（ch.21）
ポリオへの易罹患性（ch.19）
ホルト-オーラム症候群（ch.12）

■ま■

マルファン症候群（ch.15）
慢性骨髄性白血病（ch.9）
慢性骨髄性白血病の切断点クラスター領域 *BCR*（ch.22）
慢性肉芽腫症（ch.X）
慢性肉芽腫症（*NCF1* 欠損）（ch.7）
慢性肉芽腫症（*NCF2* 欠損）（ch.1）
マンノース蓄積症（ch.19）

■み■

耳口蓋指症候群I型（ch.X）
ミラー-ディーカー症候群（ch.17）

■む■

無アルブミン血症（ch.4）
無カタラーゼ血症（ch.11）
無ガンマグロブリン血症 ブルトン型（ch.X）
無虹彩症1型（ch.2）
無虹彩症2型（ch.11）
ムコ脂質症II, III型（ch.4）
ムコ多糖症I型（ハーラー症候群/シェイ症候群）（ch.4）
ムコ多糖症II型（ハンター症候群）（ch.X）
ムコ多糖症IIID型（ch.12）
ムコ多糖症IVA型（ch.16）
ムコ多糖症IVB型（モルキオ症候群）（ch.3）
ムコ多糖症VI型（マロトー-ラミー症候群）（ch.5）
ムコ多糖症VII型（ch.7）
無トランスフェリン血症（ch.3）

■め■

メチルマロン酸尿症（ch.6）
メープルシロップ尿症2型（ch.1）
メープルシロップ尿症3型（ch.6）

メロシン欠乏性筋ジストロフィー（ch.6）
メンケス症候群（ch.X）

■も■

毛細血管拡張性運動失調症（ch.11）
毛髪鼻指節症候群1型（ch.8）
網膜芽細胞腫（ch.13）
網膜色素変性症1型（ch.8）
網膜色素変性症2型（ch.X）
網膜色素変性症3型（ch.X）
網膜色素変性症4型（ch.3）
網膜色素変性症（ペリフェリン異常）（ch.6）
網膜分離症（ch.X）

■ゆ■

ユーイング肉腫（ch.22）
有棘赤血球症（ch.17）

■ら■

卵黄様黄斑変性症（ch.6）
ランガー-ギデオン症候群（ch.8）

■り■

リーガー症候群（ch.4）
リー-フラウメニ症候群（ch.17）
リンパ増殖性症候群（ch.X）

■る■

ルビンスタイン-ティビ症候群（ch.16）

■れ■

レッシュ-ナイハン症候群（ch.X）
レット症候群（ch.X）

■ろ■

ロウ症候群（ch.X）

■わ■

ワールデンブルク症候群1型（ch.2）

注意：異なる座位のさまざまな遺伝子に生じた変異が，いずれも類似の表現型を示す疾患を引き起こすことがしばしばあり，それらは異なった遺伝形式をとることもある。ここに挙げたリストとそれに対応する地図は網羅的なものではなく，一例を取り上げたものに過ぎない。完全な情報は OMIM（www.ncbi.nlm.nih.gov/Omim）で入手することができる。

付録：補足情報

　ここに示す表は，次の各項目の図版や説明に関する補足情報を提供するものである。

1. ウイルスの分類（104 頁）
2. アポトーシス（128 頁）
3. ミトコンドリア病（138 頁）
4. ヒト染色体の分染パターン（192 頁）
5. ヒトとマウスの核型（194 頁）
6. 転写と翻訳の阻害物質（210 頁）
7. 遺伝病と FGF 受容体（272 頁）
8. 疾患と G タンパク（274 頁）
9. ヘッジホッグシグナル伝達経路に関係する疾患（278 頁）
10. 遺伝性不整脈（284 頁）
11. 遺伝性難聴に関わる遺伝子（294 頁）
12. 遺伝性免疫不全症（324 頁）
13. 腫瘍を引き起こす染色体転座（338 頁）
14. ファンコニー貧血に関わる遺伝子（342 頁）
15. ムコ多糖症（362 頁）
16. コレステロール生合成の後半経路（368 頁）
17. コラーゲン分子と疾患（394 頁）
18. 性発達障害（404 頁）
19. インプリンティング病（412 頁）
20. 微細欠失症候群（418 頁）
21. ヒト疾患遺伝子の染色体上の位置（424 頁）

1．ウイルスの分類 （104 頁）

ヒト疾患に関連の深いウイルスの代表例

科	名称	ゲノム	脂質エンベロープ
パルボウイルス科	パルボウイルス B19	1 本鎖 DNA	なし
パポバウイルス科	ヒトパピローマウイルス	2 本鎖 DNA	なし
アデノウイルス科	ヒトアデノウイルス	2 本鎖 DNA	なし
ヘルペスウイルス科	単純ヘルペスウイルス 水痘帯状疱疹ウイルス サイトメガロウイルス エプスタイン-バー（EB）ウイルス	2 本鎖 DNA	あり
ヘパドナウイルス科	B 型肝炎ウイルス	2 本鎖 DNA（1 本鎖部分あり）	あり
ポックスウイルス科	痘瘡ウイルス	2 本鎖 DNA	あり
ピコルナウイルス科	ポリオウイルス コクサッキーウイルス エコーウイルス A 型肝炎ウイルス	RNA（＋）	なし
フラビウイルス科	黄熱ウイルス C 型および G 型肝炎ウイルス デング熱ウイルス	RNA（＋）	あり
トガウイルス科	風疹ウイルス	RNA（＋）	あり
コロナウイルス科	コロナウイルス SARS コロナウイルス	RNA（＋）	あり
ラブドウイルス科	狂犬病ウイルス	RNA（－）	あり
フィロウイルス科	マールブルクウイルス エボラウイルス	RNA（－）	あり
パラミクソウイルス科	ムンプスウイルス 麻疹ウイルス	RNA（－）	あり

つづく ▶

ヒト疾患に関連の深いウイルスの代表例（つづき）

科	名称	ゲノム	脂質エンベロープ
オルトミクソウイルス科	A，B，C型インフルエンザウイルス	RNA(−)，8断片	あり
レオウイルス科	ロタウイルス	2本鎖RNA，10〜12断片	なし
レトロウイルス科	HIV-1，-2 HTLV-1，-2	RNA(+)，2断片	あり

（データは Wang & Kieff，2005 より）

2．アポトーシス（128頁）

アポトーシスに関与するおもなタンパク

タンパク	別名	アポトーシスへの影響	遺伝子座
Fas	APT1，CD95，Apo-1，Fas1	+	10q24
FADD	MORT-1	+	11q13
カスパーゼ2	ICH-1，NEDD2	+	7q35
カスパーゼ3	CPP32B；NEDD2	+	4q33
カスパーゼ4	TX，ICH-2，ICE-rel-II	+	11q22
カスパーゼ6	MCH2	+	4q25
カスパーゼ7	MCH3，ICE-LAP3，CMH3	+	10q25
カスパーゼ8	MACH，MCH5，FLICE	+	2q33
カスパーゼ9	APAF3，MCH6，ICE-LAP6	+	1p36.21*
カスパーゼ10	MCH4	+	2q33
Apaf-1	CED4	+	12q23.1*
Bcl-2		−	18q21
Bak1	Bcl-2L7	+	6p21
Bax		+	19q13
Bid		+／−	22q11
Bil	NBK	+？	22q13.2*

（データは S. Nagata，2005 より；＊は訳者補遺）

3. ミトコンドリア病（138 頁）

ヒトミトコンドリア DNA の変異または欠失による疾患の例

MIM 番号	疾患名	略語
530000	カーンズ-セイヤー症候群（眼筋麻痺，網膜色素変性，心筋症）	KSS
535000	レーバー遺伝性視神経萎縮症	LHON
540000	ミトコンドリア脳筋症・乳酸アシドーシス・脳卒中様発作症候群	MELAS
545000	赤色ぼろ線維を伴うミオクローヌスてんかん	MERRF
551500	ニューロパチー・運動失調・網膜色素変性	NARP
603041	ミトコンドリア性神経・消化器・脳筋症（常染色体劣性）	MNGIE
557000	ピアソン骨髄・膵症候群	PEAR
515000	クロラムフェニコール誘導性毒性	
580000	アミノグリコシド誘導性難聴（A1555G 変異）	
520000	母性伝達性糖尿病・難聴症候群	

（データは OMIM より）

4. ヒト染色体の分染パターン（192 頁）

一般的に利用される染色体バンドの例

名称	特徴	手法の概要
G バンド	ユークロマチンの明るいバンドとヘテロクロマチンの暗いバンド	トリプシンによる前処理
Q バンド	暗視野下におけるヘテロクロマチンの明るい蛍光	キナクリンマスタードあるいは Hoechst 33258 による染色
R バンド	G バンドの逆転バンド	80〜90℃でのアルカリ前処理
C バンド	セントロメア領域の構成的ヘテロクロマチンの選択的染色	酸と水酸化バリウムによる前処理
T バンド	テロメアの選択的染色	テロメア特異的 DNA プローブ
DAPI バンド	AT 豊富部位の蛍光染色（4',6-ジアミジノ-2-フェニルインドール）	染色体上の蛍光増強

5. ヒトとマウスの核型（194頁）

ヒト染色体命名法

略号	詳細な説明
46,XX	2本のX染色体を含む46本の染色体（正常女性核型）
46,XY	1本のX染色体と1本のY染色体を含む46本の染色体（正常男性核型）
47,XXY	2本のX染色体と1本のY染色体を含む47本の染色体
47,XXX	3本のX染色体を含む47本の染色体
47,XY,+21	1本のX染色体と1本のY染色体および1本の過剰な21番染色体を含む47本の染色体（21トリソミー）
13p	13番染色体短腕
13q	13番染色体長腕
13q14	13番染色体長腕の領域1，バンド4
13q14.2	13番染色体長腕の領域1，バンド4.2
2q−	2番染色体長腕の染色体物質の喪失（欠失）
t(2;5)(q21;q31)	2q21と5q31を切断点とする2番染色体と5番染色体間の相互転座
t(13q14q)	13番染色体と14番染色体間の着糸点融合
der	再構成の結果として生じた派生染色体
dic(Y)	2つの動原体をもつ二動原体Y染色体
del(2)(q21qter)	2番染色体のq21から末端部までの欠失
fra(X)(q27.3)	X染色体q27.3の脆弱部位
dup(1)	1番染色体における重複
h	（セントロメア領域の）構成的ヘテロクロマチン
i	同腕染色体，例えばX染色体長腕の同腕染色体i(Xq)
ins(5;2)(p14;q22q32)	2番染色体q22-q32部分の5番染色体p14への挿入
inv(9)(p11q21)	9番染色体のp11とq21（切断点を意味する）間の逆位
inv dup(15)	15番染色体における逆位重複
mat	母性（母親由来の）染色体
pat	父性（父親由来の）染色体
r(13)	環状13番染色体（部分欠失を伴う）

（ISCN，2005より）

6. 転写と翻訳の阻害物質 （210 頁）

代表例

阻害物質	効果
原核生物	
アクチノマイシン	隣り合う GC 塩基対間への挿入（インターカレーション）
エリスロマイシン	50S リボソームサブユニットに結合して 70S リボソームを阻害
クロラムフェニコール	70S リボソームサブユニットのペプチジルトランスフェラーゼを阻害
ストレプトマイシン	エリスロマイシンと同じ
ダウノマイシン	アクチノマイシンと同じ
テトラサイクリン	30S リボソームサブユニットに結合して tRNA が 30S サブユニットに結合するのを阻害
ネオマイシン	テトラサイクリンと同じ
ピューロマイシン	アミノアシル tRNA との構造類似性により翻訳を早期停止させる
リファマイシン	ペプチド鎖伸長を早期停止させる
真核生物	
アミノグリコシド系薬物	翻訳の全過程を阻害
α アマニチン	RNA ポリメラーゼ II を阻害
クロラムフェニコール	ミトコンドリアリボソームのペプチジルトランスフェラーゼを阻害
シクロヘキシミド	ペプチジルトランスフェラーゼを阻害
ジフテリア毒素	伸長因子 eEF2 を阻害

（データは M. Singer & P. Berg: Genes and Genomes, Blackwell Scientific, Oxford University Press, 1991 より）

7. 遺伝病と FGF 受容体 （272 頁）

FGF 受容体の変異による遺伝病の例

遺伝子	座位	疾患	おもな表現型	MIM 番号
FGFR1	8p11.2	パイファー症候群	頭蓋骨癒合，幅広母指	101600
FGFR2	10q25.3	アペール症候群	頭蓋骨癒合，癒合指趾	101200
		クルーゾン症候群	頭蓋骨癒合，眼球突出	123500
		パイファー症候群	頭蓋骨癒合，幅広母指	101600
FGFR3	4p16.3	軟骨無形成症	低身長，骨異形成	100800
		軟骨低形成症	軟骨無形成症の軽症型	146000
		ムエンケ症候群	非対称性冠状縫合早期癒合	602849

ここに示した以外にも多くの疾患があり，そのいくつかは特異的な変異による。

8. 疾患とGタンパク（274頁）

Gタンパク共役受容体またはGタンパクの変異による疾患

疾患	MIM番号	変異タンパク	遺伝形式
マッキューン–アルブライト症候群	174800	$G\alpha_s$（機能獲得）	体細胞性
副甲状腺機能低下症	145980	Ca^{2+}感受性受容体	常染色体優性
尿崩症	304800	$G\alpha_s$（機能喪失）	X連鎖性
先天性甲状腺機能低下症	275200	甲状腺刺激ホルモン受容体	常染色体劣性
	188545	甲状腺刺激ホルモン放出ホルモン	常染色体優性

代表例のみ示した。OMIM参照。

9. ヘッジホッグシグナル伝達経路に関係する疾患（278頁）

ヘッジホッグおよび関連タンパク

名称	遺伝子	座位	MIM番号
Sonic Hedgehog	*SHH*	7q36	600725
Indian Hedgehog	*IHH*	2q33-q35	600726
Desert Hedgehog	*DHH*	12q13.1	605423
Hedgehogアセチルトランスフェラーゼ	*HHAT*	1q32	605743
Hedgehog相互作用タンパク	*HHIP*	4q28-q32	606178
Smoothened	*SMO*	7q31-q33	601500
Patched	*PTCH*	9q22.3	601309

（データはOMIMより）

ヘッジホッグ遺伝子ネットワークには10個以上のヒト遺伝子が関係しているが，その変異や欠失は，脳奇形を伴う奇形症候群である全前脳胞症（MIM 236100, 142945など；次の表参照）の原因となる（総説として Muenke & Beachy, 2001；Cohen, 2003）。*PTCH*（9q22）の変異はゴーリン–ゴルツ型基底細胞母斑症候群（MIM 109400）の原因となり，*SMO*（7q31）の変異はいくつかの基底細胞癌や髄芽腫で発見されている。セグメントポラリティー遺伝子 *Ci* は，3種のGliタンパク（Gl1, Gl2, Gl3）からなる脊椎動物の *Gli* 遺伝子ファミリーのオルソログである〔訳注：Ci, Gliタンパクは，膜貫通受容体タンパクであるPTCH, SMOタンパクによるシグナル伝達系の下流に位置するタンパクである〕。ヒトの *GLI1* はほぼすべての孤発性基底細胞癌（MIM 139150）で発現している。*GLI3* 変異はグレイグ型頭蓋多合指症候群（MIM 175700, 145400）およびパリスター–ホール症候群（視床下部過誤芽腫, MIM 146510）の原因となる。ショウジョウバエにおけるPtchとSmoの機能喪失変異は非常によく似た表現型となる。

全前脳胞症の原因に関わる遺伝子座

全前脳胞症のタイプ	遺伝子座	MIM 番号
HPE1	21q22.3, 2q37.1-q37.3	236100
HPE2	2p21	157170
HPE3	7q36	142945
HPE4	18p11.3	142946
HPE5	13q32	609637
HPE6	2q37.1-q37.3	605934
HPE7	9q22.3	601309
HPE8	14q13	609408
偽性トリソミー症候群	13q22 ?	264480

10. 遺伝性不整脈 (284頁)

遺伝性不整脈 (QT延長症候群)[1)]

タイプ	遺伝子	座位	発症年齢	MIM 番号
LQT1	*KCNQ1*	11p15.5	小児期 (90%は20歳まで)	192500
LQT2	*KCNH2*	7q35-q36	青年期 (従来の遺伝子名は *HERG*)	152427
LQT3	*SCN5A*	3p21	青年期	603830
LQT4	*ANK2*[2)]	4q25-q27	成人期	600919
LQT5	*KCNE1*	21q22	小児期	176261
LQT6	*KCNE2*	21q22	成人期	603796
LQT7	*KCNJ2*	17q23-q24	成人期 (アンダースン症候群)	600681
LQT8	*CACNA1C*	12p13.3	合指症, 免疫不全	601005

難聴を伴う症候群性のタイプ：ロマノ-ワード症候群 (MIM 192500) およびジェルベル-ランゲ・ニールセン症候群 (MIM 220400)

[1)] 遺伝性不整脈にはこれ以外のタイプもある。[2)] アンキリン2 (マウスでは *AnkB*)。

11. 遺伝性難聴に関わる遺伝子 （294 頁）

遺伝性難聴に関わる遺伝子とタンパクの例

タンパク	主要機能	遺伝子	難聴分類記号	MIM 番号	変異マウス
細胞骨格タンパク					
ミオシン 6	モータータンパク	*MYO6*	DFNB37/A22	600970	Snell's waltzer
ミオシン 7A	モータータンパク	*MYO7A*	DFNB2/A11	276903	Shaker-1
ミオシン 15	モータータンパク	*MYO15*	DFNB3	600316	Shaker-2
イオントランスポーター					
コネキシン 26	ギャップ結合	*GJB2/CX26*	DFNB1/A3	220290	
コネキシン 30	ギャップ結合	*BJB6/CX30*	DFNB1/A3	604418	
KCNQ4	K$^+$チャネル	*KCNQ4*	DFNA2	600101	
ペンドリン	I$^-$, Cl$^-$トランスポーター	*SLC26A4*	DFNB4	605646	
構造タンパク					
αテクトリン	蓋膜	*TECTA*	DFNB21/A8/A12	602574	
XI型コラーゲン	細胞外マトリックス	*COL11A2*	DFNB53	609706	
コクリン	細胞外マトリックス	*COCH*	DFNA9	603196	
POU3F4		*POU3F4*	DFN3	300039	
ミトコンドリア性					
12S RNA			DFNA5	600994	
不明					
ダイアファナス	毛細胞におけるアクチン重合	*DIAPH1*	DFNA1	602121	

（データは Petit ら，2001 および Petersen & Willems，2006 より）

12. 遺伝性免疫不全症 (324 頁)

遺伝性免疫不全症 (例)

疾患	MIM 番号	遺伝子座	遺伝子	遺伝形式
自然免疫				
補体系の疾患	106100	11q11-q13.1	*C1NH*	常染色体優性
	217000	6p21.3	*C2*	常染色体劣性
	120700	19p13.3-p13.2	*C3*	常染色体優性
慢性肉芽腫症	306400	Xp21.1	*CYBB*	X 連鎖性
	300481			
適応免疫				
無ガンマグロブリン血症, ブルトン型	300300	Xq21.3-q22	*BTK*	X 連鎖性
重症複合免疫不全症 (T 細胞と B 細胞)	308380	Xq13.1	*IL2RG*	X 連鎖性
	300400			
アデノシンデアミナーゼ欠損症	608950	20q13.1	*ADA*	常染色体劣性
μ 鎖欠損症	147020	14q32	Ig H 鎖	常染色体劣性
ディジョージ症候群	188400	del(22)(q11)	複数の遺伝子	孤発例
ウィスコット-アルドリッチ症候群	301000	Xp11.23	*WAS*	X 連鎖性
毛細血管拡張性運動失調症	208900	11q23	*ATM*	常染色体劣性

13. 腫瘍を引き起こす染色体転座 (338 頁)

腫瘍を引き起こす染色体転座の例

転座	腫瘍のタイプ	関与する遺伝子
(9;22)(q34;q11)	慢性骨髄性白血病	*ABL/BCR*
(14;18)(q32;q21)	濾胞性リンパ腫	*BCL2, IgH*
(14;19)(q32;q13)	B 細胞性白血病	*BCL3, IgH*
(8;14)(q24;q32)	バーキットリンパ腫, B 細胞性急性リンパ性白血病	*MYC, IgH*
(11;14)(q13;q32)	マントル細胞リンパ腫	*BCL1, IgH*
(1;7)(p34;q35)	T 細胞性急性リンパ性白血病	*LCK, TCRB*
(4;11)(q21;q23)	急性リンパ性白血病	*MLL, ALL1, HRX*
(3;21)(q26;q22)	急性骨髄性白血病	*AML1, EAP, EV11*
(1;14)(p22;q32)	粘膜関連リンパ組織 (MALT) リンパ腫	*BCL10*
(21;22)(q22;q12)	ユーイング肉腫	*EWS, ERG*
(11;22)(q24;q12)	ユーイング肉腫	*EWS, FL11*

(データは P. J. Morin: Cancer Genetics, p. 519, Harrison's Principles of Internal Medicine, 16th Edition, 2005 より)

14. ファンコニー貧血に関わる遺伝子（342 頁）

遺伝子	座位	MIM 番号
FANCA	16q24.3	607139
FANCB	Xp22.31	300514
FANCC	9q22.3	227645
FANCD1	13q12.3	605724
FANCD2	3p25.3	227646
FANCE	6p22-p21	600901
FANCF	11p15	603467
FANCG	9p13	602956
FANCI	15q25-q26	611360
FANCJ	17q22	609054
FANCL	2p16.1	608111
FANCM	14q21.3	609644
FANCN	16p12	610832

（データは OMIM より）

15. ムコ多糖症（362 頁）

ムコ多糖症の分類

タイプ	MIM 番号	欠損酵素	遺伝子座	主要徴候
ⅠH（ハーラー症候群）	252800	α-L-イズロニダーゼ	4p16.3	多発性異骨症，発達遅滞，角膜混濁
ⅠS（シェイ症候群）	252800	α-L-イズロニダーゼ	4p16.3	関節拘縮，正常の発達
Ⅱ（ハンター症候群）	309900	イズロン酸スルファターゼ	Xq28	ⅠH 型と類似するが角膜混濁なし
Ⅲ（サンフィリッポ症候群）				
ⅢA	252900	ヘパラン-N-スルファターゼ	17q25.3	進行性精神遅滞
ⅢB	252920	α-N-アセチルグルコサミニダーゼ		同上
ⅢC	252930	アセチル CoA：α-グルコサミニド アセチルトランスフェラーゼ		同上
ⅢD	252940	N-アセチルグルコサミン-6-スルファターゼ		同上
Ⅳ（モルキオ症候群）				
ⅣA	253000	N-アセチルガラクトサミン-6-スルファターゼ	16q24.3	骨格異常
ⅣB	253010	β-ガラクトシダーゼ	3p21.33	低身長

つづく▶

ムコ多糖症の分類（つづき）

タイプ	MIM 番号	欠損酵素	遺伝子座	主要徴候
Ⅵ（マロトー–ラミー症候群）	253200	N-アセチルガラクトサミン-4-スルファターゼ	5q13-q14	多発性異骨症，正常の知的発達
Ⅶ（スライ症候群）	253220	β-グルクロニダーゼ	7q21.11	多発性異骨症，角膜混濁
Ⅸ	601492	ヒアルロニダーゼ	3p21.2-p21.3	軟部組織腫瘤，低身長

（データは Neufeld & Muenzer, 2001 より）

16. コレステロール生合成の後半経路 (368 頁)

コレステロール生合成の後半経路（スクアレン生成後）の疾患

疾患	MIM 番号	遺伝子座	遺伝子	主要徴候
アントレー–ビクスラー症候群（の一部）	207410 601637	7q21.2	CYP51	骨格異形成，後鼻孔閉鎖，橈尺骨癒合
グリーンバーグ骨異形成症	215140 600024	1q42.1	LBR	胎児水腫，異所性カルシウム沈着，出生前致死
CHILD 症候群	308050 300275	Xq28	NSDHL	片側異形成症，魚鱗癬様紅皮症，四肢欠損
点状軟骨異形成症 2 型	302960	Xp11.2	EBP	骨格異形成，関節上カルシウム沈着，短い四肢
ラソステロール症	607330	11q13	SC5DL	顔貌異常，SLOS と類似，精神遅滞
スミス–レムリ–オピッツ症候群（SLOS）	270400 602858	11q13	DHCR7	骨格異常，顔貌異常，奇形
デスモステロール症	603398	1p31-p33	DHCR24	顔貌異常，短い四肢，胎児致死

遺伝子名の意味：CYP51，シトクロム P450 のファミリー 51；LBR，ラミニン受容体 B；NSDHL，NADH ステロイドデヒドロゲナーゼ様タンパク；EBP，エモパミル結合タンパク；SC5DL，ステロール C-5 デサチュラーゼ様タンパク；DHCR7，7-デヒドロコレステロールレダクターゼ；DHCR24，デスモステロールレダクターゼ［詳細は OMIM または GeneReviews (www.geneclinics.org) 参照］．

17. コラーゲン分子と疾患 (394頁)

重要なヒトコラーゲンとその遺伝子変異による疾患

タイプ	分子の構造	遺伝子	座位	疾患	MIM番号
I	$[\alpha1(I)]_2\alpha2(I)$	COL1A1	17q21-q22	骨形成不全症	120150
		COL1A2	7q22	エーレル-ダンロー症候群	130000
II	$[\alpha1(II)]_3$	COL2A1	12q13.1	スティックラー症候群	108300
				脊椎骨端異形成症	183900
				軟骨無発生症	200600
				その他	
III	$[\alpha1(III)]_3$	COL3A1	2q31	エーレル-ダンロー症候群IV型	225350
IV	$[\alpha1(IV)]_2\alpha2(IV)$ など	COL4A1, A2	13q34	常染色体性アルポート症候群	203780
		COL4A3, A4	2q36		
		COL4A5, A6	Xq22	X連鎖性アルポート症候群	301050
V	$[\alpha1(V)]_2\alpha2(V)$	COL5A1	9q34.2	エーレル-ダンロー症候群I型+II型	130000
		COL5A2	2q31		

(データはByers, 2001およびOMIMより)

18. 性発達障害 (404頁)

主要な性発達障害

1. SRYの変異または構造異常による性分化障害 (XX男性症候群, XY女性性腺発生異常症, その他)
2. 精巣発生の異常 (SF1, DAX1, WNT4, SOX9, その他)
3. アンドロゲン生合成の欠損 (21-ヒドロキシラーゼ欠損症など)
4. ステロイド5α-レダクターゼの欠損 (ジヒドロテストステロン欠損症)
5. アンドロゲン受容体の欠損 (精巣性女性化症候群)
6. ミュラー管抑制因子の欠損 (ミュラー管遺存症候群)
7. XO/XY性腺発生異常症
8. ターナー症候群 (45,X), クラインフェルター症候群 (47,XXY)
9. 真性半陰陽 (XX/XY)

19. インプリンティング病 (412頁)

プラダー–ウィリ症候群（PWS）とアンジェルマン症候群（AS）の原因となる遺伝的異常の頻度

疾患	15q11-q13の欠失	片親性ダイソミー	インプリンティング変異	UBE3A 変異	原因不明
PWS	70%	29%	1%	関係なし	
AS	70%	1〜3%	2〜4%	10〜15%	10〜15%

20. 微細欠失症候群 (418頁)

染色体領域	疾患名	説明	MIM 番号
4p16.3	ウォルフ–ハーシュホーン症候群（4p-症候群）	G 分染分析では観察できないこともある	194190
5p15.2-p15.3	ネコ鳴き症候群（5p-症候群）	12〜15%が転座による家族性発生	123450
5q35	ソトス症候群	過成長，精神遅滞，痙攣；NSD1 遺伝子の欠失（日本人患者に多い）〔訳注：および点変異〕	117550
7q11.23	ウィリアムズ-ビューレン症候群	エラスチンやその他の遺伝子が関与；70%が欠失による	194050
11p13	ウィルムス腫瘍・無虹彩・尿路性器異常・精神遅滞（WAGR）	WT1 と PAX6 の両遺伝子が関与	194072
15q11-q13	プラダー–ウィリ症候群	父性15番染色体が関与；70%が欠失，29%が片親性ダイソミー，1%がインプリンティング変異による	176270
15q11-q13	アンジェルマン症候群	母性15番染色体が関与；70%が欠失，2〜4%がインプリンティング変異，1〜3%が片親性ダイソミー，25%が UBE3A 変異などその他の異常による	105830
16p13.3	ルビンスタイン-ティビ症候群	CREB 結合タンパク遺伝子が関与	180849
17p11.2	スミス–マゲニス症候群	多発性奇形症候群	182290
17p13.3	ミラー–ディーカー症候群	滑脳症；90%が LIS1 遺伝子の欠失による	247200
20p12.1	アラジル症候群	動脈肝異形成やその他の全身徴候；JAG1 変異	118450
22q11	ディジョージ/シュプリンツェン症候群	免疫不全，新生児低カルシウム血症，先天性心奇形，幅広い臨床像；70〜90%に TBX1 遺伝子の欠失	192430

臨床像や欠失サイズはさまざまで，しばしば分子細胞遺伝学的分析を要する．

21. ヒト疾患遺伝子の染色体上の位置（424 頁）

遺伝性疾患の数

	常染色体性	X 連鎖性	Y 連鎖性	ミトコンドリア性	計
遺伝子の塩基配列が既知	10,910	501	48	37	11,496
遺伝子の塩基配列と表現型が既知	349	32	0	0	381
表現型と分子基盤が既知	1,907	176	2	26	2,111
メンデル遺伝する表現型／座位だが分子基盤が未知	1,441	132	4	0	1,577
メンデル遺伝すると推定されるその他の表現型	1,995	144	2	0	2,141
計	16,602	985	56	63	17,706

（データは 2007 年 5 月 28 日の OMIM より．訳注：訳者が更新）

各ヒト染色体上の遺伝子座数

染色体	遺伝子座数	染色体	遺伝子座数	染色体	遺伝子座数	染色体	遺伝子座数
1	997	7	456	13	191	19	669
2	636	8	358	14	318	20	256
3	552	9	380	15	301	21	132
4	386	10	359	16	397	22	257
5	491	11	642	17	604	X	577
6	615	12	543	18	147	Y	44

（データは 2007 年 5 月 28 日の OMIM より．訳注：訳者が更新）

遺伝学用語

■ あ ■

アイソザイム（isozyme/isoenzyme；Markert & Møller, 1959；Vesell, 1959） イソ酵素。同じ生物内で類似の機能をもった区別可能な複数の酵素の1つ。アイソザイムとは遺伝的多型の生化学的な現れである。

アイソダイソミー（isodisomy） 片方の親から伝達された染色体が2本存在している状態。〔訳注：2本の染色体は片親の1本の染色体に由来し，それが倍加して2本の相同染色体として存在している。〕（⇨ 片親性ダイソミー，ヘテロダイソミー）

アイソタイプ（isotype） 密接に関係した一群の免疫グロブリン鎖。〔訳注：ヒト免疫グロブリンはH鎖（重鎖）の構造の違いにより5つのクラス，IgG, IgA, IgM, IgD, IgE に分類され，これをアイソタイプと呼ぶ。〕

アウストラロピテクス（*Australopithecus*） ユーラシア大陸で見つかった化石人類。直立歩行し，脳の大きさは現生人類と他の霊長類との中間であり，大きく頑丈な顎をもつ。約400万〜500万年前に生存した。

アーキア（Archaea） 古細菌。現存している生物の3系統のうちの1つ。原核生物超界，真核生物超界と区別され，過酷な環境下でも生存できる。

アクチベーター（activator） 転写活性化因子。転写因子として遺伝子発現を活性化するタンパク。

アクチン（actin） 他の多くのタンパクと相互作用する構造タンパクの1つ。筋組織では筋収縮時にFアクチンがミオシンと相互作用する。

アテニュエーター（attenuator） 転写終結を制御し，一部の細菌オペロンの発現制御に関与している終末配列。

アニューソミー（aneusomy） 正常の相同染色体部分のみの数の偏り。組換えによるアニューソミー（aneusomy by recombination）とは，逆位をもつ染色体と正常染色体とがループを形成して対合し，ループ内で染色体交差が起こることにより生じる部分欠失や重複のこと。

アニーリング（annealing） 相補的塩基配列をもつ1本鎖の核酸どうしがハイブリッド形成して2本鎖になること（DNA-DNA, RNA-RNA, DNA-RNA のいずれの場合もありうる）。

アポトーシス（apoptosis） プログラムされた細胞死。損傷を受けた細胞や発生過程で必要のなくなった細胞を排除するために，制御された細胞内過程により引き起こされる細胞死。

アミノアシル tRNA（aminoacyl tRNA） アミノ酸を運搬している状態の tRNA。

アミノ酸（amino acid） アミノ基（$-NH_2$）とカルボキシ基（$-COOH$）をもつ有機化合物。

rRNA ＝リボソーム RNA

RNアーゼ（RNase） リボヌクレアーゼ（ribonuclease）。RNA を切断する酵素。

RNA リボ核酸（ribonucleic acid）。DNA と同様の構造をもつポリヌクレオチド。DNA では糖がデオキシリボースであるのに対して RNA の糖はリボースである。

RNA 干渉（RNA interference, RNAi）。アンチセンス RNA による遺伝子の発現抑制現象。

RNA サイレンシング（RNA silencing） 2本鎖 RNA による遺伝子発現の抑制。

RNA スプライシング（RNA splicing） 真核生物において一次転写産物の RNA から成熟 mRNA を作り出す処理過程。"splice"とは「連結する」という意味。

RNA 編集（RNA editing） 転写後の RNA 塩基配列を編集すること。遺伝子発現制御機構の1つ。

RNA ポリメラーゼ（RNA polymerase） DNA を鋳型として RNA を合成する酵素。

RFLP 制限断片長多型（restriction fragment length polymorphism）。DNA を特定の制限酵素で切断したとき，個々人によって制限酵素部位に相違があるために認められる DNA 断片長の遺伝的多型。

アルキル基（alkyl group） 共有結合で結ばれた炭素原子と水素原子からなる基の総称。メチル基や

エチル基など。

Alu配列（*Alu* sequence）　制限酵素 *Alu* によって認識される配列をもつ約 300 bp からなる類似した DNA 塩基配列のファミリー。ヒトゲノムには約 120 万個の *Alu* 配列が散在している。

アレル（allele；Johannsen, 1909）もしくは**アレロモルフ**（allelomorph；Bateson & Saunders, 1902）　特定の座位における塩基配列が複数存在する場合，その1つを指す。〔訳注：対立遺伝子という訳語も用いられていたが，現在では遺伝子座以外の座位にも用いられる用語であり，対立遺伝子という訳語は適切ではない。〕

アレル排除（allelic exclusion）　片方のアレルのみしか発現しないこと。

アンチコドン（anticodon）　tRNA がもつ3塩基配列で，mRNA 上の特定のアミノ酸をコードしているコドンと相補的な配列。

アンチセンスRNA（antisense RNA）　mRNA に相補的な配列をもつ RNA 鎖。mRNA が正常なタンパク翻訳反応に使われることを阻害する。アンチセンスという用語は一般に，mRNA 塩基配列に相補的な配列をもつ DNA 鎖や RNA 鎖に用いられる。

アンバーコドン（amber codon）　終止コドン UAG のこと（発見者 Bernstein の名前はドイツ語で「琥珀（amber）」の意味）。

■い■

EST　発現配列タグ（expressed sequence tag）。cDNA の一部で塩基配列が確定している部分。隣接する塩基配列不明な cDNA の目印（タグ）となる。遺伝子のマッピングに利用される。（⇨ STS）

異核共存体（heterokaryon；Ephrussi & Weiss, 1965；Harris & Watkins, 1965；Okada & Murayama, 1965）　ヘテロカリオン。異なるゲノムを含む複数の核をもつ細胞。

鋳型（template）　塩基鎖を合成するときにその塩基配列を決定するための元になる相補的な塩基列をもった分子。（⇨ RNA，DNA）

異質性，遺伝的——（genetic heterogeneity；Harris, 1953；Fraser, 1956）　明らかに均一な表現型が，異なる遺伝子座の複数の遺伝子型によって引き起こされる現象。

異種移植（xenogeneic）　異なる種間の移植。

異数性（aneuploidy；Täckholm, 1922）　染色体数が正常に比べ増減する数的異常。（⇨ トリソミー，モノソミー）

異数体（heteroploid；Winkler, 1916）　異常な数の染色体をもつ細胞または個体。

イソ酵素＝アイソザイム

イソ染色体＝同腕染色体

位置効果（position effect；Sturtevant, 1925）　遺伝子の作用がゲノム上の位置によって変化する現象（A. H. Sturtevant, Genetics 10：117-147, 1925）。

一次転写産物（primary transcript）　真核生物において，転写後プロセシング（スプライシング，キャップ付加，ポリアデニル化）を受ける前の，遺伝子から転写された直後の RNA。

一接合子性＝一卵性

一倍体（haploid；Strasburger, 1905）　半数体，ハプロイド。1セットの染色体構成（各染色体が1本ずつ）をもつ細胞または個体。配偶子は一倍体である。

一卵性（monozygotic）　一接合子性。まったく同一の核遺伝子セットをもつ双生児。（⇨ 二卵性）

一致（concordance）　双生児（一卵性または二卵性）においてその形質や疾患が両方に認められること。（⇨ 不一致）

遺伝暗号（genetic code）　DNA の3塩基（トリプレット）配列が特定のアミノ酸に対応している遺伝情報。この情報に従ってポリペプチド鎖の合成が行われる。

遺伝学（genetics；Bateson, 1906）　遺伝と生物の遺伝的基盤を研究する科学の一分野。ギリシャ語の "*genesis*"（「起源」）に由来する。

遺伝子（gene；Johannsen, 1909）　1単位の遺伝物質を構成している遺伝因子。特定のポリペプチド鎖をコードしている DNA の一部分に相当する。（⇨

シストロン）

遺伝子型（genotype；Johannsen, 1909）　個体や細胞の全体または特定の部分の遺伝子構成。〔訳注：1つの座位における1対のアレルの構成タイプ。〕（⇨ 表現型）

遺伝子クラスター（gene cluster；Demerec & Hartman, 1959）　機能が似ている複数の隣接した遺伝子の集まり。例えばHLAや免疫グロブリン遺伝子などはクラスターを形成している。

遺伝子座（gene locus；Morgan, Sturtevant, Muller, Bridges, 1915）　座位。染色体上の遺伝子の位置。

遺伝子産物（gene product）　遺伝子にコードされたポリペプチドまたはリボソームRNAなど。（⇨ タンパク）

遺伝子増幅（gene amplification；Brown & David, 1968）　他の遺伝子の増加を伴わずに，特定の遺伝子のコピーを選択的に多数産生させること。

遺伝子地図（gene map）　染色体上の遺伝子座の位置を染色体ごとに示したもの。物理的地図（physical map）は遺伝子座を絶対的基準によって示すもので，遺伝子座間の距離をその間の塩基数で記載する。遺伝的地図（genetic map）とは，遺伝的に連鎖している遺伝子座間の距離を組換え率で示したものである。

遺伝子バンク（gene bank）　クローニングされたDNA断片の収集で，それらが由来する生物のゲノムを代表している。遺伝子ライブラリともいう。

遺伝子頻度（gene frequency）　集団中の特定座位の特定アレルの頻度。アレル頻度ともいう。

遺伝子ファミリー（gene family）　コード領域の塩基配列の同一性・共通性などから，進化的に共通の遺伝子であったと考えられる遺伝子の一群。

遺伝子変換（gene conversion；Winkler, 1930；Lindgren, 1953）　ある遺伝子の配列の一部が他の遺伝子の一部へと一方向性に移動すること。一方の遺伝子は塩基配列を提供するドナーとなり何の影響も受けないが，受け取り側の遺伝子は多様化する。〔訳注：重複した1対の遺伝子間でしばしば認められる。〕

遺伝子流動（gene flow；Berdsell, 1950）　ある集団から他の集団に特定のアレルが移動すること。

遺伝子量（gene dosage）　ある遺伝子が細胞内で発現している量的程度。ゲノム中に存在している遺伝子のコピー数を指すこともある。〔訳注：例えば一倍体細胞では1，二倍体細胞では2。〕

遺伝子量補償（dosage compensation；Muller, 1948）遺伝子量補正。各アレルの活性の差を補いバランスをとる機構。〔訳注：例えばX染色体は男性には1本，女性には2本あるが，女性のX染色体の片方は不活性化されることにより機能的に補償されている。〕

遺伝的指紋＝フィンガープリント

遺伝的マーカー（genetic marker）　多型を示す遺伝的性質で，各アレルがどちらの親に由来しているかを区別することに利用できる。特定の遺伝子型を決定するのに利用されるアレルを指すこともある。

遺伝率（heritability；Lush, 1950；Falconer, 1960）遺伝力。表現型分散の総和に対する相加遺伝分散の比。表現型分散は集団における遺伝要因および非遺伝要因の相互作用の結果である。〔訳注：表現型は遺伝要因と環境要因によって決定されるが，その中で遺伝要因の影響の度合いを示したもの。〕

移動期（diakinesis stage；Haecker, 1897）　ディアキネシス期。減数第一分裂前期最後の，染色体が両極に移動する時期。

***in situ* ハイブリッド形成法**（*in situ* hybridization）1本鎖のDNA鎖やRNA鎖を，それと相補的な塩基配列をもつ領域にハイブリッド形成させて局在を決定する方法。（⇨ FISH）

in silico　インシリコ。コンピュータ内で行われるプロセス。例えば生物学的データの解析など。

インデューサー（inducer）　誘導因子。遺伝子の発現を誘導する分子。

イントロン（intron；Gilbert, 1978）　遺伝子において遺伝暗号をコードしていない部分（⇨ エキソン）。一次転写産物のRNAに転写はされるが，翻訳される前に取り除かれる。

in vitro　インビトロ。実験室において，生体外の人工的環境で行われる生物学的反応。

in vivo　　インビボ。生体内での生物学的反応。

■う■

ウイルス（virus）　特定のサイズの塩基配列をもつDNAまたはRNA分子が，それ自身の遺伝子がコードしているタンパクに包まれた粒子で，感染した感受性のある宿主細胞内でのみ複製ができる。

ウェスタンブロット法（western blot）　タンパク抗原を検出するための手法。原理はサザンブロット法と同様。（⇨サザンブロット法）

■え■

Hfr細胞（Hfr cell）　接合時にDNAを高頻度に相手に移行させる塩基配列をもった細菌。

HMGタンパク（HMG protein）　非ヒストン性のクロマチン構成タンパク。電気泳動の際の移動度が大きいため高移動度群（high mobility group, HMG）の名がある。

HLA（Dausset, Terasaki, 1954）　ヒト白血球抗原（human leukocyte antigen）。〔訳注：最も重要な組織適合性システムの１つ。〕

H鎖（heavy strand）　重鎖。A/GとC/Tの含量の差によって生じるDNA相補鎖の密度差に関して，高いものをH鎖，軽いものをL鎖（軽鎖）という。ミトコンドリアDNAにみられる。（136頁参照）

HGPRT　ヒポキサンチン-グアニンホスホリボシルトランスフェラーゼ（hypoxanthine-guanine phosphoribosyltransferase）。プリン再利用経路の酵素で，レッシュ-ナイハン症候群では活性が著しく低下している。

エイムス試験（Ames test）　ラット肝臓と変異細菌株を混合して行われる変異原性試験。〔訳注：ラット肝臓，ヒスチジン要求性の変異細菌株，突然変異誘発物質の三者を混合して培養すると，変異細菌株の中からヒスチジン非要求性の細胞株が生じてくる。〕

栄養要求株（auxotroph；Ryan & Lederberg, 1946）　特定の栄養を加えないと最小培地で増殖できない細胞や細胞株のこと。（⇨原栄養株）

エキソサイトーシス（exocytosis）　不拡散性の粒子を細胞膜を通して細胞外に放出する過程。

エキソヌクレアーゼ（exonuclease）　ヌクレオチド鎖を末端から（5′末端からか3′末端からかは酵素によって違う）順に切断していく酵素。（⇨エンドヌクレアーゼ）

エキソン（exon；Gilbert, 1978）　真核生物において成熟mRNAに含まれるDNA領域。（⇨イントロン）

壊死＝ネクローシス

snRNA＝核内低分子RNA

snRNP＝核内低分子リボ核タンパク

S期（S phase；Howard & Pelc, 1953）　真核細胞の細胞周期の中で，G_1期とG_2期の間にあるDNAの複製期。DNA合成（DNA synthesis）が行われることからS期の名がある。

STS　配列タグ部位（sequence tagged site）。塩基配列の判明している短いDNA断片。（⇨EST）

Xクロマチン（X chromatin；Barr & Bartram, 1949）　以前はバー小体（Barr body）と呼ばれていた。間期細胞核内にみられる濃縮される凝集物で，不活性化されたX染色体に相当する。

X染色体不活性化（X-inactivation；Lyon, 1961）　哺乳類の雌の２本のX染色体のうち１本が，胎生初期にXクロマチンを形成して不活性化されること。

X連鎖性（X-linked）　遺伝子がX染色体上に座位していること。

N結合型オリゴ糖鎖（N-linked oligosaccharide）　糖タンパクにおいてアスパラギン残基のアミノ基に結合している分枝オリゴ糖鎖。（⇨O結合型オリゴ糖鎖）

エピジェネティクス（epigenetics）　DNA塩基配列の変化なしに表現型に影響を与えるような遺伝的機構の研究領域。

エピジェネティック修飾（epigenetic modification）　DNA塩基配列の変化を伴わない，遺伝子や染色体の機能上の遺伝的影響。

エピスタシス（epistasis；Bateson, 1907）　同一

遺伝子座（アレル性）または異なる遺伝子座（非アレル性）における，遺伝子の表現型発現を変化させるような一方向性の遺伝子間相互作用。〔訳注：複数の遺伝子座の効果が相加的でなく，上位と下位が存在すること。あるいは異なった遺伝子座間の非相加的交互作用のことにも用いる。〕

エピソーム（episome；Jacob & Wollman, 1958）宿主細菌の細胞質内に独立して存在するか，または宿主ゲノム内に組込まれて存在するか，いずれの状態もとりうるプラスミド。（⇨ プラスミド）

エピトープ（epitope）　抗原において抗体と結合する部分。

エフェクター（effector）　他のタンパクの機能を促進または阻害する機能をもったタンパク。

F 小体 ＝ Y クロマチン

mRNA（Brenner, Jacob, & Meselson, 1961；Jacob & Monod, 1961）　メッセンジャー RNA, 伝令 RNA（messenger RNA）。〔訳注：タンパク翻訳のための設計図となる RNA。〕

MHC（Thorsby, 1974）　主要組織適合遺伝子複合体（major histocompatibility complex）。最も重要な組織適合性システムの1つ。ヒトの MHC である HLA は，クラス I, クラス II, クラス III の抗原遺伝子群からなる。

mtDNA ＝ ミトコンドリア DNA

LTR　長い末端反復配列（long terminal repeat）。レトロウイルスやウイルストランスポゾンのコード領域に隣接した 600 bp 程度の DNA 反復塩基配列。

塩基対（base pair, bp）　DNA において2つの相対している塩基（一方はプリン塩基で他方はピリミジン塩基）は水素結合でつながっている。通常 A と T，C と G が対をなして DNA 二重らせんを形成している。リボソーム RNA においては，これ以外の組み合わせの塩基対も形成されうる。〔訳注：DNA の長さを表す最小単位としても用いられる。〕

エンドサイトーシス（endocytosis）　細胞表面における細胞外物質の取り込み様式。取り込まれる物質は陥入した細胞膜に取り巻かれ，そのまま細胞膜に包まれた粒子として細胞質内に取り込まれる。

エンドヌクレアーゼ（endonuclease）　1本鎖または2本鎖の DNA や RNA のヌクレオチド間の結合を切断する一群の酵素。（⇨ エキソヌクレアーゼ）

エンハンサー（enhancer；Banerji, 1981）　転写因子の結合部位を含むシス作用性の制御 DNA 領域。プロモーターからの距離は遺伝子によりさまざまである。エンハンサーは転写効率を約 10 倍にも上げる働きをする。

■お■

オーカーコドン（ochre codon）　終止コドン UAA のこと。（⇨ アンバーコドン，終止コドン）

岡崎フラグメント（Okazaki fragment）　DNA 複製時にラギング鎖で合成される短いヌクレオチド配列範囲。（⇨ 複製）

O 結合型オリゴ糖鎖（O-linked oligosaccharide）糖タンパクにおいてセリンやトレオニン残基のヒドロキシ基に結合しているオリゴ糖鎖。（⇨ N 結合型オリゴ糖鎖）

オートラジオグラフィー（autoradiography；Lacassagne & Lattes, 1924）　細胞や組織に取り込まれた放射性同位元素を画像として検出する手法。組織や細胞，分裂中期染色体などに放射性同位元素で標識した物質を取り込ませ，その局在を写真フィルムや感光乳剤を密着させて検出する。

オープンリーディングフレーム（open reading frame, ORF）　開いた読み枠。終止コドンを含まないため翻訳される可能性のあるさまざまな長さの塩基配列。

オペレーター（operator；Jacob & Monod, 1959）オペロンの認識配列で，リプレッサータンパクが結合して転写を抑制的に調節する。

オペロン（operon；Jacob ら, 1960）　原核生物において，一括して発現制御を受けている，機能的にも構造的にも関連した一連の遺伝子群。

オルソログ（ortholog）　進化的に関連している生物種の間で，共通の祖先から進化した相同塩基配列または遺伝子。例えば α グロビン遺伝子と β グロビン遺伝子の関係。（⇨ パラログ）

オンコジーン＝癌遺伝子

■か■

開始因子（initiation factor，IF）　タンパク合成が開始されるときにリボソームの小サブユニットに結合するタンパク（原核生物では IF，真核生物では eIF）。

外胚葉（ectoderm）　胚を構成する基本的な3層のうちの1つで，表皮組織，神経組織，外表感覚器官などに分化する。（⇨ 中胚葉，内胚葉）

回文配列＝パリンドローム

外来遺伝子＝導入遺伝子

カイロミクロン＝キロミクロン

核型（karyotype；Levitsky, 1924）　細胞，個体または生物種の染色体構成。

核酸（nucleic acid）　遺伝情報を保持できる DNA や RNA などの分子。

核内低分子 RNA（small nuclear RNA，snRNA）　核内にある小さな RNA の一種。そのうちの5つはスプライソソームの構成因子である。

核内低分子リボ核タンパク（small nuclear ribonucleoprotein, snRNP）　核内低分子 RNA（snRNA）とタンパクの複合体。

核内倍加（endoreduplication；Levan & Hauschka, 1953）　間期細胞において細胞分裂なしで起こる染色体複製。核内倍加した染色体は，分裂中期には2つのセントロメアでまとめられた隣り合う4本の染色分体からなる。

隔離，遺伝的——（genetic isolation；Waklund, 1928）　物理的または社会的に孤立して，他の集団の個体とは交配のないこと。任意交配（panmixis）ではない状態である。

カスパーゼ（caspase）　システイン残基を含む特殊なプロテアーゼファミリーで，特異的タンパクを認識してアスパラギン酸の C 末端側で切断する。アポトーシスに関与している。

仮性半陰陽（pseudohermaphroditism）　男性または女性の性腺をもち，表現型がそれとは逆を示す状態。

片親性ダイソミー（uniparental disomy，UPD）　2本の染色体がともに片方の親由来であること。1対の相同染色体が片方の親由来であること。2本の相同染色体が同一であるときをアイソダイソミー（isodisomy），片親由来の2本の相同染色体をもつ場合をヘテロダイソミー（heterodisomy）という。（⇨ アイソダイソミー，ヘテロダイソミー）

活性部位（active site）　タンパクにおいて機能的活性を担っている主要な部分。

カテネーション（catenation）　分子の連環化。複数の環状 DNA が絡み合って連環化（catenated DNA）した状態。I 型および II 型トポイソメラーゼは DNA の連環化および脱連環化を触媒する。

可動性遺伝因子（mobile genetic element）　他の位置に移動することができる DNA 配列。（⇨ トランスポゾン）

カドヘリン（cadherin）　細胞接着分子の1つ。

可変縦列反復配列＝VNTR

下流（downstream）　遺伝子の 3′ 方向。

癌遺伝子（oncogene；Heubner & Todaro, 1969）　オンコジーン。真核生物ゲノムに取り込まれて細胞を悪性化させるウイルス由来の遺伝子。（⇨ 癌原遺伝子）

間期，分裂——（interphase）　細胞周期における分裂期と分裂期の間の時期。（⇨ 有糸分裂）

癌原遺伝子（proto-oncogene）　プロトオンコジーン。真核生物遺伝子の一種で，癌遺伝子として活性を示すレトロウイルス内では，短縮した形で存在することが多い。細胞性癌遺伝子（cellular oncogene）とも呼ばれる。（⇨ 癌遺伝子）

幹細胞（stem cell）　特定の環境下で分化する能力を保持したまま，分裂，自己再生する能力をもった未分化な細胞。全能性幹細胞（omnipotent stem cell）と多能性幹細胞（pluripotent stem cell）とに区別される。

環状染色体（ring chromosome）　リング状の染

色体。原核生物では通常染色体は環状であるが，哺乳類における環状染色体は染色体成分の欠損を伴う染色体構造異常である。

癌抑制遺伝子（tumor suppressor gene）　1つのアレルでも機能していれば腫瘍の発生を抑制することができる遺伝子。（⇨ 癌遺伝子）

■ き ■

キアズマ（chiasma；Janssens, 1909）　二価染色体において組換え時に交差している領域として細胞遺伝学的に認識できる部分。いくつかの生物において複糸期後期から移動期（⇨ 減数分裂）にかけてキアズマが染色体末端に向かって移動するのが観察される（キアズマ終結化）。ヒトの男性の二価常染色体における平均キアズマ数は 52 個，女性では 25〜30 個である。ヒトのキアズマの数については，1956 年にヒトの染色体数を確認した論文において初めて報告された（C. E. Ford & J. L. Hamerton, Nature 178：1020, 1956）。

偽遺伝子（pseudogene）　遺伝子の DNA 配列とよく似ているが，終止コドンが入っていたり，欠失やその他の構造異常のために機能がない塩基配列。プロセシングされた偽遺伝子はイントロン配列ももたないなど，元になった遺伝子の mRNA と非常によく似た配列からなる。

偽似有性的（parasexual；Pontecorvo, 1954）　有性生殖しない場合の遺伝的組換え。〔訳注：例えば，ある種の糸状菌が細胞融合し，引き続きヘテロカリオン状態，核融合，組換えを経て，相同染色体を分配した後に分裂していく例など。〕

機能獲得変異（gain-of-function mutation）　新しい機能を生じるような突然変異（多くの場合，好ましくない結果をもたらす）。

キメラ（chimera；Winkler, 1907）　受精前の起源に基づき，遺伝子型の異なる細胞から構成されている個体や組織。（⇨ モザイク）

逆位（inversion；Sturtevant, 1926）　染色体構造異常の一種で，染色体が 2 カ所で切断され，その間に生じた断片が逆向きに再結合されたもの。腕間逆位（pericentric inversion）はセントロメアを含む染色体部分に起こる逆位であり，腕内逆位（paracentric inversion）はセントロメアを含まない。逆位それ自体は必ずしも臨床症状を引き起こすとは限らないが，逆位の生じた部分に組換えが起こると子に欠失や重複が起こるため〔組換えによるアニューソミー（aneusomy by recombination）〕，潜在的な遺伝的リスクは存在する。染色体逆位は進化の過程で重要な役割を果たしてきた。

逆転写酵素（reverse transcriptase）　RNA ウイルスがもつ酵素複合体で，RNA を鋳型として DNA を合成する。

逆方向反復配列（inverted repeat sequence）　2 つの同じ塩基配列が逆向きに並んでいる反復配列。レトロウイルスに特徴的に認められる。

CAT ボックス（CAT box）　CAAT ボックス（CAAT box）。真核生物遺伝子の 5′ 側に存在する転写制御 DNA 配列。この部分に転写因子が結合する。

共直線性（colinearity）　DNA の 3 塩基（トリプレット）配列とそれに対応するアミノ酸に 1：1 の対応関係があること。

共有結合（covalent bond）　1 個以上の電子対を共有することによって原子どうしを結びつける安定な化学結合。非共有結合である水素結合と対比される。

共優性（codominant）　2 つの優性形質が同時に発現すること。例えば血液型の AB 型は共優性の一例である。（⇨ 優性）

極性分子（polar molecule）　全体として電荷を帯びた分子，または正と負の電荷が非対称に分布している分子。（⇨ 非極性分子）

極体（polar body；Robin, 1862）　卵形成の過程で生じ，卵になることのない退化した細胞。

ギラーゼ＝ジャイレース

キロベース（killobase, kb）　1,000 bp。

キロミクロン（chylomicron）　カイロミクロン。腸管上皮細胞より分泌されるリポタンパク。トリグリセリドやコレステロールを腸管から他の組織へ運搬する。

近交係数（inbreeding coefficient；Wright, 1929）　ある個体の 1 座位における 2 つのアレルがともに同祖性（IBD）である，つまり両親に共通する祖先の

1つのアレルのコピーである確率指標。また，ある個体の遺伝子座のうちホモ接合になっている座位の割合のこと。(⇨ 同祖性)

■く■

組換え（recombination；Bridges & Morgan, 1923）　減数分裂時に相同染色体どうしで交差を起こし，遺伝子を交換して染色体の組み合わせ構成を新しくすること。

組換え DNA（recombinant DNA）　異なる起源のDNAを組み合わせて作られたDNA分子。

組換え率（recombination frequency）　組換え価，組換え頻度。複数の遺伝子座間で組換えが起こる頻度。θで表現される。θが0.01（組換え率1％）のとき，その遺伝子間の距離は1センチモルガン(cM)である。

クラスリン（clathrin）　アダプタータンパクと相互作用し，細胞膜から出芽する小胞を被覆するタンパク。

グルコース-6-リン酸デヒドロゲナーゼ = G6PD

クレイド = 同源系統群

クローニング効率（cloning efficiency）　哺乳類の培養細胞クローンを作製するときの効率。または，組換え体技術を用いて，ベクターへの外来DNAをクローニングする効率。

クローニングベクター（cloning vector）　クローン作製（多くの断片コピーの産生）の目的で用いられる，外来DNA断片を運ぶプラスミド，ファージ，細菌人工染色体，酵母人工染色体など。

クロマチン（chromatin；Flemming, 1882）　間期の核内に認められる染色される物質。DNA，塩基性染色体タンパク（ヒストン），非ヒストン染色体タンパク，少量のRNAからなる。

クロマチンリモデリング（chromatin remodeling）　転写や複製のためにヌクレオソーム構造がエネルギー依存性に崩壊したり再構築されたりすること。

クローン（clone；Webber, 1903）　単一の細胞または単一の祖先から由来し，その元となった細胞や祖先に同一で，互いにも同一であるような分子・細胞・生物の一群。

クローン選択（clonal selection）　〔訳注：リンパ球は多様な抗原を認識するようにさまざまな抗原認識能をもつものがランダムに産生される。〕その中から特定の抗原に対する受容体をもつリンパ球が選択されること。

■け■

蛍光 *in situ* ハイブリッド形成法 = FISH

形質転換（transformation）　この用語は生物学の分野においていくつかの異なった意味をもつ。遺伝学では，以下の3つの意味がある。(1) 悪性転換（malignant transformation）：細胞が増殖制御能を失って癌化すること。(2) 遺伝的形質転換（genetic transformation；Griffith, 1928；Avery ら, 1944）：遺伝情報を導入することによって細胞のもつ遺伝的性質を変化させること。(3) 芽球化転換（blastic transformation）：リンパ球を分裂刺激物質（フィトヘマグルチニンや特異抗原など）と反応させて分裂するように変化させること。

形質導入（transduction；Zinder & Lederberg, 1952）　トランスダクション。特殊なウイルス（バクテリオファージ）を用いて，ある細胞から他の細胞（通常は細菌）へ遺伝子を移すこと。

形態形成因子 = モルフォゲン

血縁（consanguinity）　1人もしくは複数の祖先を共有している2人以上の個体は血縁関係にあるという。血縁の濃さを示す指標として近交係数がある。(⇨ 近交係数)

欠失（deletion；Painter & Muller, 1929）　染色体の一部もしくは全体，またはDNA塩基配列が失われること。

欠損（deficiency；Bridges, 1917）　交差失敗による染色体の一部の喪失。例えば不等交差や逆位内の交差，環状染色体内の交差による（⇨ 環状染色体，逆位）。同時に他方の染色体には重複が起こり，重複/欠損といわれる（⇨ 重複）。

ゲノミクス（genomics）　ゲノム学。全ゲノムの構造や機能について明らかにしようとする科学の一分野。(第2部「ゲノミクス」参照)

ゲノム（genome；Winkler, 1920）　細胞または個体中の遺伝物質のすべて。〔訳注：遺伝子（gene）と染色体（chromosome）の合成語。〕

ゲノムインプリンティング（genomic imprinting）　ゲノム刷込み。父方由来か母方由来かによってそれぞれのアレルの発現が異なる現象。

ゲノム学＝ゲノミクス

ゲノムスキャン（genome scan）　全染色体上に存在しているマーカーを用い，位置の不明な遺伝子座位を連鎖解析によって明らかにしようとすること。

ゲノム刷込み＝ゲノムインプリンティング

原栄養株（prototroph）　培地に特別な栄養を加えなくても増殖できる細胞や細胞株のこと。（⇨ 栄養要求株）

原核生物（prokaryote）　例えば細菌のように，細胞が核や細胞小器官をもたない微小生物。（⇨ 古細菌，真核生物）

減数分裂（meiosis；Strasburger, 1884）　生殖細胞の特殊な核分裂で，染色体構成の減数が起き，二倍体から一倍体になる。減数第一分裂前期が最も重要で，細糸期，接合糸期（合糸期），太糸期（厚糸期），複糸期，移動期の各段階からなる。

■こ■

後期，分裂──（anaphase；Strasburger, 1884）　体細胞分裂および減数分裂の一時期。このとき相同染色体（減数第二分裂では姉妹染色分体）が紡錘糸によって細胞の両極に分けられる。

抗原（antigen）　免疫反応を引き起こす構造を分子表面にもつ物質。引き起こされた免疫反応により，抗体が産生されたり，産生された特異抗体と抗原の反応（抗原抗体反応）が起きたりする。

交差（crossing-over；Morgan & Cattell, 1912）　乗換え。減数第一分裂の複糸期に，キアズマ形成によって相同染色体間の遺伝情報が交換されること（⇨ キアズマ）。これにより，連鎖した遺伝子間で遺伝的組換えが行われる。不等交差（unequal crossing-over；Sturtevant, 1925）は組換え部位の相同DNA領域間の誤対合で生じる。その結果，片方のアレルの重複，他方のアレルの欠失といった構造変化を起こしたDNA領域や染色体が生じる。交差は体細胞でも起こりうる（Stern, 1936）。

厚糸期＝太糸期

合糸期＝接合糸期

酵素（enzyme；Büchner, 1897）　生化学反応を触媒するタンパク。特異性に関与するタンパク部分（アポ酵素）と，活性に必要な非タンパク部分（補酵素）からなる。酵素は基質に結合して，これを代謝的に変化させたり他の物質と結合させたりする。酵素によって触媒される化学反応のほとんどは次の6群のうちのいずれかに分類される。
(1)「ヒドロラーゼ（加水分解酵素）」による加水分解（水を付加して結合を切断する）。
(2)「トランスフェラーゼ（転移酵素）」による供与分子から受容分子への化学基の転移。
(3)「オキシダーゼ（酸化酵素）」と「レダクターゼ（還元酵素）」による酸化と還元（酸化される分子から還元される分子へ電子や水素原子を伝達する）。
(4)「イソメラーゼ（異性化酵素）」による異性化（分子内で原子や官能基の位置を移動させる）。
(5)「リガーゼ（シンテターゼ）」による新分子の形成（2つの基質分子を結合させる）。
(6)「リアーゼ」による非加水分解的な結合切断。分解産物の一方または両方が二重結合をもつ。

抗体（antibody）　免疫反応として，抗原を認識してこれに結合するタンパク（免疫グロブリン）。

酵母人工染色体（yeast artificial chromosome, YAC）　外来DNAを分節している酵母内で複製させるために人工的に作製した酵母染色体。1,000 kb以上の比較的大きなDNA断片を挿入することができる。（⇨ 細菌人工染色体）

酵母ツーハイブリッド法（yeast two-hybrid method）　機能的に相互作用するタンパクや遺伝子を特定するための手法。

古細菌＝アーキア

***cos*部位**（*cos* site）　DNA断片を切断してλファージ頭部にパッケージングするのに必要な制限酵素部位。

コスミド（cosmid）　複製に必要な塩基配列と

cos 部位をもったプラスミド（⇨ cos 部位）。約 40 kb 前後の DNA 断片をクローニングするのに用いられる。

固定（fixation）　ある新しいアレルが集団内に永久的に存在するようになること。

コード鎖（DNA の）（coding strand）　翻訳の鋳型となる RNA 鎖（センス RNA）である mRNA と同様な塩基配列をもつ DNA 鎖のこと。これに相補的な DNA 鎖が mRNA の鋳型となる鋳型鎖である。（⇨ アンチセンス RNA）

コドン（codon；Brenner, Crick, 1963）　特定のアミノ酸または翻訳停止をコードしている DNA や RNA の 3 塩基（トリプレット）配列。

コヒーシン（cohesin）　姉妹染色分体を取りまとめているタンパク群。

コンカテマー（concatemer）　DNA 分子の相補末端（付着末端）どうしが頭尾結合して縦列反復した状態。ある種のウイルスゲノムやファージゲノムの複製時にみられる。

混合リンパ球培養テスト（mixed lymphocyte culture test, MLC test；Bach & Hirschhorn, Bach & Lowenstein, 1964）　HLA-D 表現型の違いをみるためのテスト。

混数体（mixoploid；Nemec, 1910；Hamerton, 1971）　染色体数の異なる細胞群をもつ組織または個体。染色体モザイク（chromosomal mosaic）とも呼ばれる。

コンセンサス配列（consensus sequence）　異なる遺伝子や異なる生物種間で非常によく似たもしくは同一の DNA 塩基配列。

コンティグ（contig）　その一部分が互いに重なり合っている一連の DNA 断片。

コンデンシン（condensin）　染色体が細胞分裂を準備する際（染色体凝縮時）に機能するタンパク群。

■ さ ■

座位（locus）＝遺伝子座

催奇形性物質（teratogen；Ballantyne, 1894）　胚発生を障害し奇形を誘発する化学物質または物理的要因。

細菌人工染色体（bacterial artificial chromosome, BAC）　細菌内での DNA の複製・分離のために，細菌の DNA 塩基配列を含んだ人工 DNA 分子。（⇨ 酵母人工染色体）

サイクリック AMP（cyclic AMP, cAMP）　サイクリックアデノシン一リン酸。G タンパク共役受容体が活性化されることによって生じるセカンドメッセンジャー。

サイクリン（cyclin）　細胞周期の調節に関与しているタンパク。

再結合（DNA の）（renaturation）　相補的な塩基配列をもつ 1 本鎖 DNA どうしが会合して 2 本鎖 DNA になること。（⇨ 変性）

ザイゴテン期＝接合糸期

サイトカイン（cytokine）　細胞表面の受容体に結合して細胞分裂や細胞分化を引き起こす分泌タンパク。

細胞骨格（cytoskeleton）　細胞質と細胞膜を安定化させるため細胞内に張りめぐらされたタンパク網。

細胞質遺伝（cytoplasmic inheritance）　ミトコンドリアがもつ遺伝情報の伝達様式。精子はミトコンドリアを含まないため，細胞質遺伝の情報は母方由来となる。染色体外遺伝（extrachromosomal inheritance）ともいう。

細胞周期（cell cycle；Howard & Pelc, 1953）　個々の細胞のライフサイクル。分裂細胞においては次の 4 つの段階がある。G_1 期（間期），S 期（DNA 合成期），G_2 期，M 期（分裂期）。分裂しない細胞は G_0 期にあるといわれる。

細胞性癌遺伝子＝癌原遺伝子

細胞老化（senescence）　培養細胞が継代を重ねて老化し，不可逆的に増殖できない状態になること。

サイレンサー配列（silencer sequence）　当該領

域のヘテロクロマチン構造を密にすることによって，転写に必要なタンパクの接近を阻害する真核生物のDNA塩基配列．〔訳注：最終的に転写活性が抑えられる．〕

SINE　短い散在性の反復配列（short interspersed nuclear element）．サイン．（⇨ LINE）

サザンブロット法（Southern blot；Southern, 1975）　DNA断片をアガロースゲル上で電気泳動して断片長に従って分離した後，膜に写し取る手法．

雑種強勢（heterosis；Shull, 1911）　ヘテロシス．植物や動物においてヘテロ接合体の方がホモ接合体よりも生殖適応度が高い現象．

雑種形成 = ハイブリッド形成

雑種細胞（cell hybrid）　2つの異なる培養細胞どうしを融合させて作製した細胞．両親細胞の染色体を完全または不完全にもっている．遺伝子マッピングにおける重要なツールとなる．

サテライト（satellite；Navashin, 1912）　付随体．次端部着糸型染色体の短腕に柄のような構造を介して付着している小さな染色体構造物で，核小体の形成に関与している（⇨ 次端部着糸型染色体）．柄の部分は特殊な銀染色（NOR染色）で染色される．サテライトの大きさ，柄の長さ，アクリジン染色後の蛍光強度は細胞遺伝学的多型マーカーとなる．

サテライトDNA（satellite DNA, sDNA；Sueoka, 1961；Kit, 1961；Britten & Kohne, 1968）　さまざまな長さの縦列反復配列を含むDNA塩基配列．塩化セシウム密度勾配遠心分離法により，DNAの主要部分とは別の位置に形成されるいくつかのバンドとして分離される．真核生物においては軽サテライト（ATに富む）と重サテライト（GCに富む）が分離される．古典的なサテライトDNAは100〜6,500 bpの長い縦列反復配列から構成される．次端部着糸型染色体のサテライトと混同してはならない．また，マイクロサテライトDNA，ミニサテライトDNAは縦列反復配列であるが，密度勾配遠心分離法から定義された「古典的」サテライトDNAとは異なる．（254頁参照）

■ し ■

cAMP = サイクリックAMP

色素体 = プラスチド

シグナル配列（signal sequence）　分泌タンパクのN末端アミノ酸配列．タンパクが細胞内で正しい場所へ移送されるのに必要となる．

シス作用性（cis-acting）　遺伝子の制御領域が同一の染色体上に存在していること．これに対して，異なる染色体上に存在している場合をトランス作用性（trans-acting）という．

シス/トランス（cis/trans；Haldane, 1941）　相同染色体上で二重ヘテロ接合性（2つの隣接遺伝子座がともにヘテロ接合性）の遺伝子の位置関係．化学的異性体と同様に，ある2つのアレル（例えば，変異アレル）が同一染色体上に2つ並んで存在しているとき，これらはシスの位置関係にあるという．それらが異なる相同染色体上に存在しているとき，トランスの位置関係にあるという．シス/トランス検定（cis/trans test；Lewis, 1951；Benzer, 1955）は，遺伝学的手法（遺伝的相補性）を用いて2つの変異遺伝子がシスの関係にあるのかトランスの関係にあるのかを調べる方法である．遺伝的連鎖に関して相引/相反という用語はシス/トランスと同義である．（⇨ 相引，相反）

シストロン（cistron；Benzer, 1955）　シス/トランス検定で示される遺伝子効果の機能単位．表現型がシスの位置関係にある両座位のアレルの変異体で，各変異アレルが遺伝的相補性を示さないとき，その2つのアレルは同一のシストロンにあるという．遺伝的相補性を示すときには非アレル性（nonallelic）であるという．Benzerによるこの定義はその後拡張されており（Fincham, 1959），現在，シストロンは遺伝子産物単位をコードしているDNA領域を意味する．シストロン内ではトランスにある変異は遺伝的相補性を示さない．シストロンという用語は機能的には遺伝子と同義である．

Gタンパク（G protein）　シグナル伝達に関与するグアニンヌクレオチド結合タンパク．

次端部着糸型染色体（acrocentric chromosome；White, 1945）　端部付近の着糸点（動原体）により長腕と非常に短い短腕に分けられている染色体．

次中部着糸型染色体（submetacentric chromosome）　着糸点（動原体）により長い長腕と短い短腕に分けられている染色体．

cDNA（complementary DNA）　相補的DNA。RNAを鋳型として逆転写酵素によって合成されたDNAで，RNAに相補的な塩基配列をもつ。

CD領域（common docking region，CD region）　標的タンパクとの結合に関与している領域。

シナプシス（synapsis；Moore, 1895）　減数分裂前期に相同染色体どうしが接合し，二価染色体を形成すること。

シナプス（synapse）　神経細胞と筋の，もしくは神経細胞間の接合部位。

シナプトネマ複合体（synaptonemal complex；Moses, 1958）　対合複合体。減数分裂時に相同染色体どうしが密着し，所々でキアズマを形成している状態。電子顕微鏡下で確認できる。

Cバンド（C-band）　分裂中期染色体のセントロメア領域の特異染色による染色体バンド。

Gバンド（G-band）　分裂中期染色体において各染色体を特定するのに利用される分染パターン。〔訳注：ギムザ（Giemsa）染色で現れるのでGの名称がある。〕

CpGアイランド（CpG island）　メチル化されていない5′-CG-3′ジヌクレオチド配列が非常に多い1～2 kbにわたるゲノム領域。遺伝子の5′領域に認めることが多い。

四放射状染色体（quadriradial chromosome）　相互転座をもつ染色体が減数分裂時に対合するときにみられる四放射状の染色体。ごくまれに体細胞分裂時にみられることもある。

姉妹染色分体交換（sister chromatid exchange, SCE；Taylor, 1958）　分裂中期染色体にみられる2本の姉妹染色分体における組換え。5-ブロモデオキシウリジン（BrdU）などのハロゲン化核酸塩基類似体を加えた培地で培養している細胞では，2回の複製サイクルを経ると1本の姉妹染色分体のDNAは2本鎖ともに同分子を含んだものに置換され，もう片方の姉妹染色分体では2本鎖のうち1本だけが同分子を含んだものとなる。その結果，2本の姉妹染色分体は染色濃度が異なることになり，その間の組換えが起こった位置を特定することができる。

ジャイレース（gyrase）　ギラーゼ。2本鎖DNAの両鎖を切断して，DNAに生じた超らせん構造をほどく細菌にみられるⅡ型トポイソメラーゼ。

シャペロン（chaperon）　他のタンパクを正しく折り畳み，また正しい立体構造をとらせるために必要なタンパク。

種（species）　共通の遺伝子プールをもつ個体の間で交配が行われる自然集団。

重鎖 = H鎖

終止コドン（stop/termination codon）　翻訳を停止させるコドン（UAG, UAA, UGA）。元々はナンセンスコドン（nonsense codon）と呼ばれた。

集団（population；Johannsen, 1903）　同系交配し1つの共通遺伝子プールを構成する1つの生物種の個体群。

修復（repair；Muller, 1954）　DNAの構造的もしくは機能的な損傷を元に戻すこと。

重複（duplication；Bridges, 1919）　交差失敗による染色体の一部の獲得（⇨欠損）。小さな塩基部分が加わるだけのこともいう。遺伝子の重複は真核生物の進化において重要な役割を果たした。

縦列重複（tandem duplication）　タンデム重複。同一塩基配列をもつ隣り合った短いDNA断片。

種形成（speciation；Simpson, 1944）　種分化。進化の過程で生物種が形成されること。種形成の第一段階の1つは遺伝物質の交換に対する生殖上の障壁を確立することである。しばしば染色体逆位がこれに関与する。

種分化 = 種形成

主要組織適合遺伝子複合体 = MHC

受容体（receptor）　レセプター。細胞膜や細胞内にあって細胞シグナルを伝達するタンパク。

受容体型チロシンキナーゼ（receptor tyrosine kinase, RTK）　シグナル伝達に関与する膜結合タンパク。〔訳注：細胞質内にチロシンキナーゼドメインをもっており，キナーゼ活性によって情報伝達を担う。〕

症候群（syndrome）　人類遺伝学において病因的に関連している一連の臨床的ならびに病理的な特徴．各症状の関連の詳細がわかっているかどうかは問わない．

常染色体（autosome；Montgomery, 1906）　性染色体（X，Y）以外のすべての染色体．常染色体性（autosomal）とは常染色体上にある遺伝子や染色体部分をいう．

小胞体（endoplasmic reticulum, ER）　細胞質内にある迷路状に入り組んだ複雑な膜構造物．

上流（upstream）　遺伝子の5′方向．

除去修復（excision repair）　DNA修復機構の1つ．多くの損傷を受けた塩基配列をその周辺部分とともに除去し（原核生物では約14 bp，真核生物では約30 bp），その部分に新しく正常な塩基配列を合成する（再合成）．

食作用 ＝ファゴサイトーシス

自律複製配列（autonomously replicating sequence, ARS）　複製開始に必要な塩基配列．

G6PD　グルコース-6-リン酸デヒドロゲナーゼ（glucose-6-phosphate dehydrogenase）．〔訳注：ペントースリン酸経路の最初の酵素で，どの細胞でも発現されているので，mRNAの発現の定量を行う場合の対照として用いられることが多い．〕

真核生物（eukaryote；Chatton, 1937）　動物や植物のように，核や細胞質中の細胞小器官をもつ細胞から構成される生物．（⇨原核生物，真正細菌）

ジンクフィンガー（zinc finger）　多くのDNA結合性転写制御タンパクに認められる手指のような立体構造．亜鉛（zinc）原子によって構造が保持されている．

神経伝達物質（neurotransmitter）　神経筋接合部における細胞外シグナル分子．

人種（race）　いくつかのアレルの頻度が他の集団と異なる集団（L. C. Dunn：*Heredity and Evolution in Human Populations*, Harvard University Press, Cambridge, Mass., 1967）（⇨集団）．したがって人種の概念とは柔軟性があり相対的なもので，進化の過程に関連して規定される．人類のグループを分類するのに人種という用語が用いられることがあるが，ある個人がどこに分類されるかはしばしば不確かで，生物学的な意義はあまりない．〔訳注：人種という用語は現在の遺伝学ではできる限り用いず，民族グループ（ethnic group）という用語を用いる方がよい．〕

真正細菌（eubacteria）　原核生物の大きな分類の1つ．〔訳注：原核生物は大きく真正細菌と古細菌に分類される．〕（27頁，「生物の3つの超界」の図を参照）

伸長（elongation）　ポリペプチド鎖にさらにアミノ酸が加わって長くなること．

伸長因子（elongation factor, EF）　ポリペプチド鎖合成時にリボソームに結合して働くタンパクの1つ（原核生物ではEF，真核生物ではeEF）．

シンテニー（synteny；Renwick, 1971）　連鎖しているか否かに関わらず同一染色体上にある遺伝子座．〔訳注：異なる生物種間でみられる染色体相同領域もいう．〕

浸透度（penetrance；Vogt, 1926）　特定のアレルが発現する確率や頻度．（⇨表現度）

■す■

水素結合（hydrogen bond）　負に帯電した原子（通常は酸素原子や窒素原子など）と水素原子との間に形成される弱い非共有結合．タンパクの三次元立体構造の安定化や核酸の相補的結合などで重要な意味をもつ．（⇨非共有結合）

ステロイド受容体（steroid receptor）　ステロイドホルモンに反応する転写因子．

スーパーファミリー（superfamily）　進化的に互いに関連した一群の遺伝子やタンパク．

スプライシング（splicing）　一次転写産物のRNAからイントロンを切り出してエキソンどうしをつなげるステップ．

スプライス部位（splice junction）　エキソン／イントロン境界の塩基配列．

スプライソソーム（spliceosome）　RNAのスプライシングを行う複数の分子からなる複合体．

ズーブロット法（zoo blot）　さまざまな生物種由来の関連遺伝子から得た，進化上保存されている塩基配列のDNAを含むサザンブロット解析。プローブの塩基配列がその遺伝子のコード配列であることの1つの証拠である。〔訳注：直訳すると動物園ブロット法。〕

Smad　細胞質内に存在する一群の転写因子で，リン酸化によって活性化される。スマッド。

刷込み ⇨ ゲノムインプリンティング

■ せ ■

制御遺伝子 = 調節遺伝子

制限酵素（restriction enzyme；Meselson & Yuan, 1968）　制限エンドヌクレアーゼ（restriction endonuclease）。特定の塩基配列（制限酵素部位または制限酵素配列）でDNAを切断するエンドヌクレアーゼ。

制限酵素地図（restriction map）　制限酵素部位のパターンで特徴づけられたDNAの地図。

制限酵素部位（restriction site）　特定の制限酵素が認識して切断するようなDNAの塩基配列部位（認識部位）。切断は，配列の内部もしくは近傍で起きる。

制限断片長多型 = RFLP

生殖細胞（germ cell）　胚細胞。減数分裂によって配偶子に分化できる細胞（体細胞の対義語）。

生殖細胞系列（germline）　生殖細胞を生じさせる細胞系列。

生殖細胞性（germinal）　生殖細胞の（体細胞性の対義語）。

正倍数体（euploid；Täckholm, 1922）　ユープロイド。特定の生物種において正常な染色体構成をもつ細胞，組織または個体。（⇨異数体，倍数体）

生物学的適応度（biological fitness）　ある遺伝子が次の世代へ伝達される確率（0～1の値をとる）。特定の環境下における特定の遺伝子型の生物学的適応度は，生存率と妊性に規定される。

接合（conjugation；Hayes；Cavalli, Lederberg, Lederberg, 1953）　1つの細菌から他の細菌へDNAが伝達される現象。

接合糸期（zygotene stage；de Winiwarter, 1900）　合糸期，ザイゴテン期。減数第一分裂前期の一時期。

接合体（zygote；Bateson, 1902）　2つの配偶子（卵子と精子）が受精によって融合して形成される新しい二倍体細胞。これから胚が発生する。

切断点（breakpoint）　染色体が構造変化（例えば，転座，逆位，欠失）を起こした際の切断部位。

切断・融合・架橋サイクル（breakage-fusion-bridge cycle）　切断された染色分体がその姉妹染色分体に融合して橋を架けているようにみえる現象。

Z形DNA（Z DNA）　DNA分子の取りうる立体構造のうちの1つ。通常のB形DNA（WatsonとCrickによる右巻きらせん構造モデル）とは異なり，らせんは左巻きで，塩基対はらせん軸に対して傾斜している（全体としてジグザグになっているのでZ形DNAの名がある）。

線維芽細胞（fibroblast）　結合組織を構成している細胞の一種。適当な培養液中で培養することができる（線維芽細胞培養）。

前期，分裂――（prophase）　体細胞分裂M期（分裂期）の早期における一時期。

染色小粒（chromomere；Wilson, 1896）　減数分裂前期や，ある状況下での体細胞分裂前期において観察される，太く濃縮された染色体部分が直線状に配列した構造物。各染色体特異的なパターンで形成される。

染色体（chromosome；Waldeyer, 1888）　核分裂時に糸状ないし棍棒状に観察されるクロマチンからなる構造物で，遺伝子を運搬する。多糸染色体（polytene chromosome；Koltzoff, 1934；Bauer, 1935）とは双翅目（カやハエなど）の幼虫の唾液腺細胞に認められる特殊な形態の染色体である。

染色体外遺伝（extrachromosomal inheritance）= 細胞質遺伝

染色体不分離（nondisjunction；Bridges, 1912）
減数分裂の際に相同染色体が誤った分離を起こすこと〔訳注：結果として娘細胞の片方は過剰な染色体をもつことになり，他方は当該染色体を失う〕。染色体不分離は体細胞分裂時にも起こる。

染色体歩行（chromosome walking）　解析中の染色体上で遺伝子を探すために，DNA の塩基配列が重なる部分を順次つなげて単離していく手法。〔訳注：DNA 断片の位置関係の決定や，塩基配列決定に利用される。〕

染色体モザイク ＝混数体

染色分体（chromatid；McClung, 1900）　複製された染色体上の長軸方向に沿った 2 本のサブユニット。2 つの染色分体はセントロメアで束ねられ，体細胞分裂では前期の初めから中期にかけて，また減数分裂では複糸期から減数第二分裂中期にかけて観察される。同一染色体から生じる染色分体を姉妹染色分体（sister chromatid）と呼び，相同染色体の染色分体を非姉妹染色分体（nonsister chromatid）という。分裂後期にセントロメアが分かれた後は，姉妹染色分体は娘染色体（daughter chromosome）と呼ばれるようになる。染色分体切断（chromatid break）または染色分体型の染色体異常（chromosomal aberration of the chromatid type）では，2 本の染色分体のうち 1 本のみに異常が起こるが，これは DNA の複製が行われる S 期よりも後に起こる（⇨ 細胞周期）。S 期よりも前に起こる切断は両方の染色分体に影響し，同位染色分体切断（isochromatid break）または同座位異常（isolocus aberration）と呼ばれる。

全前脳胞症（holoprosencephaly）　胎生期の前脳正中構造の先天的形成異常により生じる発生異常。表現型としては最も重篤な症例では無鼻症を伴う単眼症，軽症例では単門歯症，眼間狭小な平べったい顔などがみられる。

選択（selection；Darwin, 1858）　淘汰。特定の環境下において特定の遺伝子型が優先的に繁殖または生存すること。

選択係数（selection coefficient）　淘汰係数。特定の遺伝子型が（一般的な遺伝子型と比較して）次世代へ伝達されるときの不利さを表す量的指標（0 〜 1 の値をとる）。選択係数（s）は生物学的適応度（$1-s$）の低さを示す。例えば選択係数が 1 であることは，生物学的適応度がまったくないことを意味する。

選択的スプライシング（alternative splicing）　1 つの一次転写産物から複数の異なる mRNA が産生される機構。

選択培地（selective medium）　特定の遺伝子をもつ細胞を増殖させるための培地。

センチモルガン（centimorgan, cM）　遺伝的地図における距離の単位。100 センチモルガン（cM）＝ 1 モルガン（M）。センチモルガン単位で示された 2 つの遺伝子間の遺伝的距離は，その間の組換え率（%）の値に等しい。例えば 1 cM は組換え率 1% となる遺伝的距離を示す。この単位は 1910 年にショウジョウバエを用いて古典的な遺伝学研究を行った Thomas H. Morgan（1866 〜 1945）にちなんで名づけられた。

セントロメア（centromere；Waldeyer, 1903）
着糸点。細胞分裂の際に紡錘糸が結合する染色体領域。分裂中期染色体において染色体のくびれとして観察される。各染色体に特異的な反復配列を含んでいる。〔訳注：動原体（kinetocore）という用語が日本では着糸点と同様に扱われているが，本来は意味が異なる。〕

■ そ ■

相引（coupling；Bateson, Saunders & Punnett, 1905）
二重ヘテロ接合体におけるシスの位置関係。（⇨ シス／トランス）

早期染色体凝縮（premature chromosomal condensation；Johnson & Rao, 1970）　間期細胞が体細胞分裂中の細胞と融合することによって誘発される染色体凝縮。S 期染色体が凝縮すると細粉状にみえる（染色体の細粉化）。

相互転座（reciprocal translocation）　2 本の染色体が互いにその一部を交換する現象。

創始者効果（founder effect）　入植者効果。小さな集団中のある 1 つの個体に生じた突然変異が，その子孫集団中に多く引き継がれて存在すること。

増殖因子（growth factor）　リガンドとして受容体に結合し，受容体を活性化するタンパクの総称。

相同（homologous）　起源（父親起源か母親起源か）が類似している（染色体や遺伝子座の）ことを

いう。

挿入（insertion）　ある染色体に他の相同でない染色体の一部が，相互転座ではなく単純に入り込むこと。（⇨ 相互転座）

挿入剤（intercalating agent）　DNA 2 本鎖の隣り合う塩基対の間に入り込む（インターカレーション）化学物質。

挿入配列（insertion sequence, IS）　自らの転位に必要な遺伝子をもつ，細菌の小さなトランスポゾン。（⇨ 転位）

相反（repulsion；Bateson, Saunders & Punnett, 1905）　隣接した遺伝子座のヘテロ接合変異アレルが互いに別の相同染色体上に存在すること，つまり互いにトランスの位置関係にあることを示す用語。（⇨ シス/トランス）〔訳注：2つの隣接遺伝子座にある2つの変異アレルのうち1つが一方の染色体（例えば，母方由来の染色体）に，他方の変異アレルがもう一方の（父方由来）染色体に存在する状態。〕

増幅（amplification）　DNA 塩基配列の多数のコピーを産生すること。

相補性，遺伝的——（genetic complementation；Fincham, 1966）　異なる遺伝子座における2つの遺伝子変異間にみられる相補的作用（正常機能へ復帰するという意味）のこと。例えば，色素性乾皮症（94頁）やファンコニー貧血（342頁）の遺伝的相補性群を参照。

相補的 DNA = cDNA

組織適合性（histocompatibility）　主要組織適合遺伝子複合体（MHC）で主として決定される，宿主と移植片の間の遺伝的適合性。（⇨ HLA）

■ た ■

体細胞（somatic cell）　生体を構成している細胞のうち，減数分裂を行わず，配偶子形成を行わないもの（生殖細胞の対義語）。

体細胞雑種形成（somatic cell hybridization）　培養細胞で雑種細胞を作製すること。

体細胞性（somatic）　体の細胞や組織の（生殖細胞性の対義語）。

体細胞分裂 = 有糸分裂

代謝協力（metabolic cooperation；Subak-Sharpe ら, 1969）　正常細胞や正常細胞産物との接触による培養細胞表現型の正常化。例えば，異なる型のムコ多糖症の培養細胞を混ぜて培養するとどちらも正常化し，また HGPRT 欠損症の細胞を正常細胞とともに培養すると正常化する。

耐性因子（resistance factor）　薬剤耐性機能を与えるプラスミド遺伝子。

多遺伝子性（polygenic；Plate, 1913；Mather, 1941）　ポリジーン性。数個ないしは多数の遺伝子によって決定され，個々の遺伝子の影響については明確でない形質。複遺伝子性（multigenic）の用語も用いられる。

多型，遺伝的——（genetic polymorphism；Ford, 1940）　1つの遺伝子座において野生型アレル以外の複数のアレルが存在し，まれなアレルの頻度が1%以上である場合をいう。遺伝的多型にはいくつかの階層があり，微視的な順に，塩基配列，アミノ酸配列，染色体の構造，表現型の多型である。

多糸染色体（polytene chromosome；Koltzoff, 1934；Bauer, 1935）　1本の染色体が繰り返し核内倍加することによって生じる特殊な染色体。巨大染色体はこのようにして生じる。（⇨ 染色体）

多重遺伝子ファミリー（multigene family）　進化的に起源を同一にする遺伝子群。

TATA ボックス（TATA box）　ほとんどの真核生物遺伝子の 5′ 側約 25 bp 上流にある，タンパクをコードしていない保存された塩基配列。おもに TATAAAA モチーフからなる。転写プロモーターとして機能する。ホグネスボックス（Hogness box）ともいわれる。原核生物ではプリブナウボックスが相当する。（⇨ プリブナウボックス）

ターミネーター（terminator）　転写を終結させる塩基配列。

多面発現（pleiotropy；Plate, 1910）　1つの遺伝子が，一見無関係と思われる複数の表現型を表すこと。

多様性（variation）　近縁の個体間（例えば，両親と子ども），あるいは同一集団の個体間にみられ

る差異。

ダルトン（dalton, Da）　原子質量を表す単位。1 Da は水素原子の質量にほぼ等しい(1.66×10^{-24}g)。〔訳注：質量数 12 の炭素原子 1 個の重さが 12 Da と定義される。現在の原子質量単位に相当する古い単位。現在では純粋な分子とはいえない会合体などの質量をいうときに限定して使用される。〕

単層（monolayer；Abercrombie & Heaysman, 1957）培養皿の底に単一の層状に広がった二倍体細胞。

タンデム重複 = 縦列重複

タンパク（protein）　特異的なアミノ酸配列をもち特異的な立体構造をとるポリペプチドの 1 本ないし数本からなる生体分子。タンパクは生細胞の重要構造因子であるとともに，ほとんどすべての細胞の生化学反応を担っている。（⇨ 遺伝子産物）

端部着糸型染色体 / 染色分体（telocentric chromosome/chromatid；Darlington, 1939）　末端部に着糸点（動原体）があり，短腕やサテライトをもたない染色体 / 染色分体。ヒトにはない。

■ ち ■

置換ループ = D ループ

致死因子（lethal factor；Bauer, 1908；Hadorn, 1959）胎生致死となるゲノムの異常。例えば染色体異常の多くは胎生致死となる。

致死相当量（lethal equivalent；Morton, Crow & Muller, 1956）　ホモ接合体になると 100％致死となる遺伝子や遺伝子の組み合わせ。これにはホモ接合になると 100％致死となる 1 つの遺伝子，またはホモ接合になると 50％致死を示す 2 つの遺伝子，33％致死を示す 3 つの遺伝子などが考えられる。各個体は 5 〜 6 の致死相当量をもっていると考えられている。

地図上の距離（map distance）　遺伝子座間の距離。距離は物理的数値（塩基対の数，例えば kb = 1,000 bp や Mb = 1,000,000 bp）または遺伝学的数値（cM で表される組換え率。1 cM は組換え率 1％ に相当する）で表示される。

着糸点 = セントロメア

中期, 分裂──（metaphase；Strasburger, 1884）体細胞分裂 M 期（分裂期）の一時期。このとき凝縮した染色体がみえ始める。

中心小体（centriole）　中心粒。微小管が集まった小さなシリンダー状構造物。

中心粒 = 中心小体

中胚葉（mesoderm）　胚を構成する基本的な 3 層のうち中間にある層。骨格，筋，結合組織などの組織に分化する。（⇨ 外胚葉，内胚葉）

中部着糸型染色体（metacentric chromosome）ほぼ中央に着糸点（動原体）があり長腕と短腕の長さがほぼ等しい染色体。

調節遺伝子（regulatory gene）　制御遺伝子。他の遺伝子の発現を調節するタンパクをコードしている遺伝子。

直列反復配列（direct repeat sequence）　同一方向を向いて並んでいる DNA 反復配列。（⇨ 逆方向反復配列）

■ つ ■

対合複合体 = シナプトネマ複合体

■ て ■

ディアキネシス期 = 移動期

tRNA　トランスファー RNA，転移 RNA（transfer RNA）。mRNA とタンパク合成の媒介をする RNA。リボソームで合成中のポリペプチド鎖へ特定のアミノ酸を運搬する。

DN アーゼ（DNase）　デオキシリボヌクレアーゼ（deoxyribonuclease）。DNA を消化・分解する酵素。〔訳注：DNA のホスホジエステル結合を切断して，オリゴヌクレオチドまたはモノヌクレオチドに分解する酵素。〕

DNA　デオキシリボ核酸（deoxyribonucleic acid）。直鎖状につながったヌクレオチドからなり，3 塩基（トリプレット）配列を基本単位とする遺伝の基本情報（コドン）を含んでいる分子。（⇨ コドン）

DNA ポリメラーゼ（DNA polymerase）　鋳型となる DNA 鎖に相補的な DNA を合成する酵素。合成開始のためには RNA のプライマーまたは DNA の相補鎖の一部が必要となる。

DNA マイクロアレイ（DNA microarray）　数千の異なる DNA 塩基配列を表面に配置したチップ。数千の遺伝子の発現パターンを一度に決定するのに利用される。

DNA ライブラリ（DNA library）　ゲノム全体から得た DNA 断片のクローンの一群（ゲノム DNA ライブラリ）。または、特定の細胞の mRNA から作った cDNA 断片クローンの一群（cDNA ライブラリ）。

T 細胞（T cell）　T リンパ球。

ディプロテン期 = 複糸期

D ループ（D-loop）　置換ループ（displacement loop）。DNA 複製の際に二重らせん上で 2 本鎖がほどかれ、その部分に形成された新生鎖が本来の 2 本鎖の一方を置換している構造。ミトコンドリア DNA（136 頁）やテロメア（190 頁）などに認められる。

デオキシリボ核酸 = DNA

デオキシリボヌクレアーゼ = DN アーゼ

テロメア（telomere；Muller, 1940）　特別なコンセンサス配列からなる染色体両末端の領域。

テロメラーゼ（telomerase）　テロメアに核酸塩基を付加するリボ核タンパク酵素。

転位（transposition）　遺伝因子やトランスポゾンがゲノム上のある位置から他の位置に移ること。

転移 RNA = tRNA

電位依存性チャネル（voltage-gated channel）　電位勾配依存性に開いたり閉じたりするイオンチャネル。

電気泳動（electrophoresis；Tiselius, 1937）　電場における分子の移動度の差によって分子を分離する方法。媒体として、デンプン、アガロース、アクリルアミドなどのゲル状に固まる物質が利用される。さらに細かく分離するためには、二次元電気泳動法（二次元的な分離をするために電場の角度を 90 度変えて第二の泳動を行う方法）や等電点で移動を停止させる方法（等電点電気泳動法）などの改良法が行われる。

転座（translocation）　染色体の一部または全体が他の染色体に移ること。多くの転座は染色体の一部が他の染色体の一部と入れ替わる相互転座（reciprocal translocation）である。次端部着糸型染色体どうしの転座で互いの短腕が失われ、長腕どうしが動原体で結合するようなものを融合型転座（fusion type translocation）またはロバートソン型転座（Robertsonian translocation）という。

転写（transcription）　遺伝情報の発現における第一段階。DNA から一次転写産物の RNA が合成される。

転写因子（transcription factor）　遺伝子の活性を制御するタンパク。

転写活性化因子 = アクチベーター

転写産物（transcript）　活性化した遺伝子 DNA から転写された RNA 分子の総称。

転写単位（transcription unit）　特定の遺伝子産物をコードするのに必要な DNA 塩基配列すべて。広義の遺伝子といえる。プロモーター、コード配列、非コード配列すべてを含む。

点変異（point mutation）　点突然変異。1 つのコドンに生じた塩基置換変異〔訳注：コドンと限定する必要はない〕。ピリミジン塩基が別のピリミジン塩基に（シトシン↔チミン）またはプリン塩基が別のプリン塩基に（グアニン↔アデニン）変わる塩基置換をトランジション（transition；Frese, 1959）という。また、ピリミジン塩基がプリン塩基に（またはその逆）変わる塩基置換をトランスバージョン（transversion；Frese, 1959）という。この他、一塩基挿入および欠失、数塩基の挿入および欠失なども点変異に含めることが多い。

伝令 RNA = mRNA

■ と ■

同位染色体 = 同腕染色体

同位染色分体切断（isochromatid break）　両方の染色分体が同じ部分で切断されること。

同源系統群（clade）　クレイド。祖先を同じくする一群の生物。

同祖性（identity by descent, IBD）　ある遺伝子座位におけるアレルが共通の祖先から伝達されたために同一であること。集団から任意の2人を選んだ場合，同祖性アレル数は0，1，2の値をとりうる。（⇨ 血縁）

淘汰 = 選択

淘汰係数 = 選択係数

導入遺伝子（transgene）　外来遺伝子。植物や動物の細胞に導入されて，次の世代へ受け継がれていくクローニング遺伝子。

同腕染色体（isochromosome；Darlington, 1940）　イソ染色体，同位染色体。2つの同一の腕が動原体を介して結合している染色体。例えば，X染色体の長腕と長腕，短腕と短腕が結合した染色体。そのとき二重腕上の遺伝子は重複し，欠いた腕上の遺伝子は欠失する。同腕染色体は1つまたは2つの着糸点をもつ。

突然変異（mutation；de Vries, 1901）　変異。遺伝物質の恒久的変化。遺伝子内の塩基の置換，欠失，挿入などの点変異や，染色体構造の変化による染色体異常などさまざまなタイプがある。ミスセンス変異（missense mutation）は遺伝子産物に間違ったアミノ酸が取り込まれるようになる変異である。ナンセンス変異（nonsense mutation）は遺伝情報の読み取りを中断させる終止コドンを作り出す変異で，不完全な遺伝子産物が産生される。

突然変異誘発物質（mutagen）　変異原物質。突然変異を誘発する可能性をもつ化学物質または物理的要因。

突然変異率（mutation rate）　1世代，1個体，1座位あたりの変異頻度。

トポイソメラーゼ（topoisomerase）　DNAの複製や転写の際に二重らせん構造をほどいてその立体構造を制御する酵素。I型は2本鎖DNAの片方を切断し，らせんをほどいて，その後切断した鎖を再結合させる。II型は2本の鎖とも切断し，その後再結合させる。

ドメイン（domain）　タンパクの三次構造または染色体における特定の機能領域。

トランジション（transition）　ピリミジン塩基が別のピリミジン塩基に（シトシン↔チミン）またはプリン塩基が別のプリン塩基に（グアニン↔アデニン）変わる塩基置換変異。（⇨ トランスバージョン）

トランスジェニック（transgenic）　導入されたクローニング遺伝子がゲノムに安定的に取り込まれた植物や動物。導入された外来遺伝子の生物学的機能に関する情報を明らかにできる。

トランスダクション = 形質導入

トランスバージョン（transversion）　ピリミジン塩基がプリン塩基に（またはその逆）変わる塩基置換変異。（⇨ トランジション）

トランスファーRNA = tRNA

トランスフェクション（transfection）　生細胞に精製されたDNAを導入すること。（⇨ 形質転換）

トランスポゾン（transposon）　ゲノム上のある位置から移動して他の位置に挿入されることができる塩基配列。

トリソミー（trisomy；Blakeslee, 1922）　相同染色体の組とは別に過剰な染色体が1本加わっている状態。

トリプレット（triplet）　コドンを形成している3塩基配列。その配列が対応するアミノ酸をコードしている。（⇨ コドン）

貪食作用 = ファゴサイトーシス

■ **な** ■

内胚葉（endoderm）　胚を構成する基本的な3層のうち最も内側にある層。消化器系や呼吸器系の組織に分化する。（⇨ 外胚葉，中胚葉）

投げ縄構造 = ラリアット構造

ナンセンスコドン（nonsense codon）　対応するアミノアシルtRNAが存在しないコドン。翻訳を停

止させる終止コドン（UAG，UAA，UGA）。

ナンセンス変異（nonsense mutation）　遺伝情報の読み取りを中断させる終止コドンを作り出す変異。（⇨ ミスセンス変異）

■ に ■

二価染色体（bivalent chromosome；Haecker, 1892）　減数第一分裂の際に形成される，相同染色体が対合した状態。したがって原則として二価染色体数は二倍体細胞の染色体数の半数となる。二価染色体の形成は相同染色体組換えのための細胞遺伝学的な必須条件である。なお，トリソミー細胞では減数分裂時に3本の相同染色体が三価染色体（trivalent chromosome）を形成する。

二精子症（dispermy）　1個の卵子に2個の精子が貫通すること。

二接合子性＝二卵性

二動原体染色体（dicentric chromosome；Darlington, 1937）　1本の染色体上に動原体〔訳注：本来は着糸点〕が2つある構造変化を起こした染色体。

二倍体（diploid；Strasburger, 1905）　2セットの相同染色体（1セットは父方由来，もう1セットは母方由来）をもつ細胞または個体。

二峰性分布（bimodal distribution）　2つのピークを示す頻度分布曲線。集団形質の頻度分布曲線が二峰性であれば，それは2つの異なる表現型が1つの量的基準で区別できる証拠である。

入植者効果＝創始者効果

二卵性（dizygotic）　二接合子性。2つの異なる接合体から生じた双生児（fraternal twins）。これに対して1つの接合体から生じた双生児を一卵性（identical twins）という。

任意交配（panmixis；Weismann, 1895）　ランダムなパートナー選択による交配システムのこと（同類交配の対義語）。

■ ぬ ■

ヌクレオシド（nucleoside）　糖（リボースまたはデオキシリボース）とプリン塩基またはピリミジン塩基が結合した化合物。（⇨ ヌクレオチド）

ヌクレオソーム（nucleosome；Navashin, 1912；Kornberg, 1974）　クロマチンを構成する基本単位で，八量体ヒストンの周囲にDNAが巻きついた決まった空間的立体構造をとる。

ヌクレオチド（nucleotide）　核酸を構成するポリヌクレオチド鎖の基本構造単位。プリン塩基またはピリミジン塩基，糖（リボースまたはデオキシリボース），リン酸からなるリン酸エステルである。

■ ね ■

ネクローシス（necrosis）　壊死。組織障害による細胞死。

■ の ■

ノーザンブロット法（northern blot）　サザンブロット法と類似の方法により，RNA分子を膜に写し取る手法。（⇨ サザンブロット法）

ノックアウト（遺伝子の）（knockout）　実験動物において特定の遺伝子の機能を検討するために，その遺伝子の機能を意図的に消失させてしまうこと。標的遺伝子破壊ともいう。

乗換え＝交差

■ は ■

配偶子（gamete；Strasburger, 1877）　一倍体の生殖細胞，つまり精子（雄）あるいは卵子（雌）。哺乳類では，雄はヘテロ配偶子型（XY）であり，雌はホモ配偶子型（XX）である。鳥類では雌がヘテロ配偶子型（ZW）で，雄はホモ配偶子型（ZZ）である。

胚細胞＝生殖細胞

倍数体（polyploid；Strasburger, 1910）　一倍体ゲノムの3セット以上をもつ細胞，組織または個体。例えば三倍体や四倍体。ヒトでは三倍体や四倍体の胎児はほとんどが致死であり，流産となる。

背側（dorsal）　動物の背中側のこと（腹側の対義語）。

ハイブリッド形成（hybridization）　雑種形成。

同種だが遺伝的に異なる植物や動物を交配させること。しばしば狭義に，相補的な2本のDNA鎖どうしの結合（DNA-DNAハイブリッド形成），相補的なDNA鎖とRNA鎖の結合（DNA-RNAハイブリッド形成），2つの異なる種の培養細胞どうしの融合（細胞雑種形成）の意味でも使われる。

ハイブリドーマ（hybridoma）　2種類の細胞を融合させて作った雑種細胞でクローニングされた細胞。〔訳注：両親細胞の機能をあわせもちながら増殖可能となったクローニング細胞であり，モノクローナル抗体の入手に用いる細胞のことを指すことが多い。〕

配列タグ部位 = STS

パキテン期 = 太糸期

バクテリオファージ（bacteriophage）　細菌に感染するウイルス。しばしばファージと呼ばれる。

バー小体 = Xクロマチン

発癌因子（carcinogen）　癌を誘発する化学物質。

発現（遺伝子の）（expression）　遺伝子が活性をもって何らかの作用を示すこと。

発現配列タグ = EST

発現ベクター（expression vector）　転写され翻訳されるような塩基配列をもった遺伝子を発現させるためのクローニングベクター。

発生率（incidence）　集団中である疾患が発生する率。それに対して有病率（prevalence）とは，ある集団中で特定の時期に特定の疾患に罹患した人の百分率をいう。

ハプロイド = 一倍体

ハプロタイプ（haplotype；Ceppelliniら，1967）　同一染色体上の隣接した複数座位におけるアレル型の組み合わせ。例えばHLAシステム。

ハプロ不全（haploinsufficiency）　二倍体細胞の遺伝子が一倍体状態（ヘミ接合性）では正常に機能できないこと。例えば，突然変異で片方のアレルの機能が失われたとき，全体としてその遺伝子機能が不完全になってしまう場合など。

パラクリン（paracrine）　すぐ近くにある分子に働きかけるシグナル伝達物質，またはその様式。

パラログ（paralog）　同一生物種の中で，共通の祖先から進化した相同塩基配列または遺伝子。例えばヒトの2つのαグロビン遺伝子座の関係。（⇨オルソログ）

パリンドローム（palindrome；Wilson & Thomas, 1974）　回文配列。5′から3′方向に読んでも，反対側の鎖を5′から3′方向に読んでも同じDNA塩基配列。制限酵素部位によくみられる。例えば，片方の塩基配列が5′-GAATTC-3′でもう片方の相補鎖配列が3′-CTTAAG-5′のときなど。

半数体 = 一倍体

半接合性 = ヘミ接合性

半保存的（semiconservative；Delbrück & Stent, 1957）　正常なDNA複製の特徴。DNAの2本鎖のうち，一方の鎖が完全に保存され，もう片方の鎖は完全に新しく合成される。

■ **ひ** ■

非共有結合（noncovalent bond）　負に帯電した原子（通常は酸素原子や窒素原子など）と水素原子との間に形成される電子を共有しない化学結合。（⇨水素結合）

非極性分子（nonpolar molecule）　正味の電荷を帯びていない分子，または正と負の電荷が対称に分布している分子。多くは疎水性である。（⇨極性分子）

B細胞（B cell）　Bリンパ球。

PCR（Mullis, 1985）　ポリメラーゼ連鎖反応（polymerase chain reaction）。特定のDNA塩基配列を試験管内で増幅する方法。ゲノムDNAの変性，オリゴDNAプライマーとのアニーリング，DNA断片の複製という熱サイクル過程の繰り返しによって増幅が行われる。

Bcl-2ファミリー（Bcl-2 family）　ミトコンドリア中に局在し，アポトーシス制御に関与している一連のタンパク群。

ヒストン（histone；Kossel, 1884）　染色体関連

ヌクレオソームタンパク。ヒストン H2A, H2B, H3, H4 が〔訳注：それぞれ2分子ずつ集まって八量体を形成し（ヒストンオクタマー），DNA を巻きつけて〕ヌクレオソームを形成する。（⇨ヌクレオソーム）

ヒト白血球抗原 ＝ HLA

ヒポキサンチン-グアニンホスホリボシルトランスフェラーゼ ＝ HGPRT

表現型（phenotype；Johannsen, 1909）　1つもしくは複数の遺伝子が個体や細胞に与える影響で，観察可能な特徴のこと。遺伝子型（genotype）の対義語。（⇨遺伝子型）

表現型模写（phenocopy；Goldschmidt, 1935）　遺伝的に決定される表現型に似た非遺伝性の表現型。

表現度（expressivity；Vogt, 1926）　遺伝子や遺伝子型の表現型発現の度合い。表現度の欠如は非浸透（nonpenetrance）とも呼ばれる。（⇨浸透度）

開いた読み枠 ＝ オープンリーディングフレーム

ビリオン（virion）　細胞外における完全なウイルス粒子。

■ ふ ■

ファゴサイトーシス（phagocytosis）　食作用，貪食作用。細菌などの外来細胞を取り込んでしまう生体細胞の作用。

ファージ（phage）　バクテリオファージの略。

VNTR　可変縦列反復配列（variable number of tandem repeat）。DNA 多型の1つ。

FISH　蛍光 *in situ* ハイブリッド形成法（fluorescence *in situ* hybridization）。蛍光標識 DNA または RNA マーカーを用いて目的の塩基配列の局在や分布状況を観察する手法。フィッシュ。

不一致（discordance）　双生児においてその形質や疾患が片方のみに認められること。（⇨一致）

フィトヘマグルチニン（phytohemagglutinin, PHA）　インゲン豆（*Phaseolus vulgaris*）から抽出されたタンパク。赤血球を凝集させる作用があり，赤血球と白血球を分離するのに利用される。Nowell（1960）がこの物質にリンパ球を芽球化転換させ増殖させる能力があることを発見した（⇨形質転換）。この発見が染色体分析におけるフィトヘマグルチニン刺激によるリンパ球培養の基礎となった。

斑入り（variegation）　同一の組織内で異なった表現型が発現すること。

フィンガープリント，遺伝的──（genetic fingerprint）　遺伝的指紋。DNA またはタンパク小断片の多型による各個人に特徴的なパターン。

フェロモン（pheromone）　同種生物間で他の個体の行動や遺伝子発現に影響を与えるシグナル分子。

複糸期（diplotene stage）　ディプロテン期。減数第一分裂前期の一時期。

複製（replication）　同一の DNA 鎖をもう1つ合成すること。

複製開始点 ＝ 複製起点

複製起点（origin of replication, ORI）　複製開始点。DNA 複製が始まる部分。

複製単位 ＝ レプリコン

複製フォーク（replication fork）　DNA 複製の際，DNA 二重らせんがほどかれている部分。この部分で複製が進行する。

腹側（ventral）　動物の腹側のこと（背側の対義語）。

付随体 ＝ サテライト

太糸期（pachytene stage；de Winiwarter, 1900）　厚糸期，パキテン期。減数第一分裂前期の一時期。

浮動，遺伝的──（genetic drift；Wright, 1921）　集団内における遺伝子頻度のランダムな変化。特に小さな集団内では，特定のアレルをもつ個体の繁殖頻度は偶然の〔訳注：生存に有利などの選択を受けていない〕伝達頻度の違いによって，アレル頻度の変化が顕著となる。条件によっては，あるアレルが集団内から完全に消失してしまったり〔消失（loss）〕，

あるいはその集団のすべての個体がそのアレルをもつようになったりする［固定（fixation）］．

プライマー（primer）　相補的な配列のDNAに結合し，DNAポリメラーゼによって3′末端ヒドロキシ基にヌクレオチドを付加され，新しいDNA鎖が合成される．プライマーはDNAまたはRNAオリゴヌクレオチドである．

プラスチド（plastid）　色素体．植物細胞にみられる細胞小器官の総称．葉緑体，アミロプラストなど．

プラスミド（plasmid；Lederberg, 1952）　細菌で発見された自己増幅する環状DNA．通常は宿主ゲノムからは独立しているが，ゲノム内に組込まれることがある．

プリオン（prion）　中枢神経系の変性疾患をきたすタンパク性の感染性粒子．

プリブナウボックス（Pribnow box）　原核生物のプロモーターの一部（遺伝子の約10 bp上流にあるTATAATG配列）．（⇨ TATAボックス）

プロウイルス（provirus）　真核生物ゲノムに取り込まれたRNAレトロウイルス由来の2本鎖DNA．

プロテオーム（proteome）　ある生物のタンパクをコードしているすべての遺伝子にコードされているすべてのタンパクの総体．

プロトオンコジーン＝癌原遺伝子

プローブ（probe）　特異的なハイブリッド形成によって相補的塩基配列を特定するのに用いられる，塩基配列が既知のDNAまたはRNA断片．

プロファージ（prophage）　細菌ゲノム内に組込まれたウイルス（ファージ）ゲノム．

プロモーター（promoter）　遺伝子の5′末端側にあり，転写の際に転写因子やRNAポリメラーゼが結合する特定の領域．－10ボックスというのは，原核生物遺伝子の約10 bp上流にあるコンセンサス配列TATAATG（プリブナウボックス）である．

分化（differentiation）　未分化な細胞が特定の特徴をもった特殊化した細胞になる過程．

分染パターン（banding pattern；Painter, 1939）　染色体上に明暗の横縞（バンド，分染）として検出される染色パターン．相同染色体上の相同な領域は分布や大きさが同様な分染パターンとして観察されるため，相同な領域を特定するのに利用される．Painterが1939年に双翅類（カやハエなど）の多糸染色体が濃淡の分染パターンに染色されることを発見し，この言葉を導入した．それぞれのバンドは隣のバンドとの比較で区別される．バンドとバンドの間の部分を間縞帯（インターバンド）という．

分離（segregation；Bateson & Saunders, 1902）　減数分裂時に1つの遺伝子座のアレルが離れて個々の配偶子へ分配されること．各アレルが個々の染色体に1：1の比で分布することは，分離現象によって説明される．

分裂指数（mitosis index；Minot, 1908）　分裂細胞が全体の細胞に占める割合．

■へ■

ベクター（vector）　DNAを取り込み運搬することができる分子．

ヘテロカリオン＝異核共存体

ヘテロクロマチン（heterochromatin；Heitz, 1928）　間期，分裂早前期，分裂終期においても分裂中期のように凝縮したままであるので濃く染色される染色体またはその一部．ユークロマチンが間期にはみえなくなってしまうのとは対照的である．ヘテロクロマチンは遺伝的活性のない，もしくは少ない染色体部分に対応している．構成的ヘテロクロマチン（constitutive heterochromatin）と条件的ヘテロクロマチン（facultative heterochromatin）に区別される．構成的ヘテロクロマチンの例として，染色体のセントロメア領域にCバンドとして検出される着糸点ヘテロクロマチンがある．条件的ヘテロクロマチンの例としては，哺乳類の雌の体細胞で認められる不活性化され凝縮した片方のXクロマチンがある．

ヘテロシス＝雑種強勢

ヘテロ接合性（heterozygous；Bateson & Saunders, 1902）　特定の遺伝子座において2つの異なるアレルをもっていること．（⇨ ホモ接合性）

ヘテロダイソミー（heterodisomy）　1組の相同染色体が片方の親由来の2本の相同染色体であるこ

と。（⇨ アイソダイソミー，片親性ダイソミー）

ヘテロ２本鎖（heteroduplex）　異なる２本鎖DNA断片をそれぞれ１本鎖にして再結合させた場合，部分的に非相補的な１本鎖どうしが２本鎖を形成することがあり，この部分をヘテロ２本鎖という。

ヘテロ配偶子型（heterogametic；Wilson, 1910）２種類の異なるタイプの配偶子を産生すること。例えば，哺乳類の雄は X 染色体をもつ配偶子と Y 染色体をもつ配偶子を産生し，鳥類の雌は Z 染色体をもつものと W 染色体をもつものを産生する。（⇨ 配偶子）

ヘビ状受容体（serpentine receptor）　７本の α ヘリックスをもつ７回膜貫通タンパク。

ペプチド（peptide）　複数のアミノ酸がペプチド結合によって連結した化合物。

ヘミ接合性（hemizygous）　半接合性。個体中で遺伝子や遺伝子座が１コピーしか存在しないこと。例えば，雄細胞中に１本だけある X 染色体上の遺伝子や，欠損している相同遺伝子座など。

ヘリカーゼ（helicase）　転写や複製の際に DNA 二重らせん構造の水素結合を切断して２本鎖 DNA を１本鎖にし，ほどく酵素。

ヘリックス・ループ・ヘリックス（helix-loop-helix）　転写因子のような DNA 結合タンパクの立体構造モチーフ。（222頁参照）

変異 ＝ 突然変異

変異原物質 ＝ 突然変異誘発物質

変性（DNA の）（denaturation）　２本鎖 DNA 分子が１本鎖に解離する可逆的反応。これに対して相補的な１本鎖 DNA どうしが再び会合することを再結合（renaturation）という。

■ **ほ** ■

ホグネスボックス ＝ TATA ボックス

ホスホジエステル結合（phosphodiester bond）DNA や RNA の隣接するヌクレオチドどうしを結合させる化学結合。

細糸期（leptotene stage）　レプトテン期。減数分裂の一段階。（⇨ 減数分裂）

保存された，進化上──（conserved in evolution）遺伝子や染色体部分について，生存に重要なため進化の過程で大きな変異が起こらなかったということ。

***Hox*遺伝子群**（*Hox* genes）　ホメオボックス配列をもつ哺乳類の遺伝子クラスター。胚発生において重要な機能をもつ。

発端者（proband/propositus）　ある家系が遺伝学的に興味をもたれる元となった構成員。

ホメオシス（homeosis）　体構造の一部が他の構造に転換する現象。〔訳注：例えば，ショウジョウバエの触覚が肢になるなど。〕

ホメオティック遺伝子（homeotic gene）　発生に関与する遺伝子の１つで，ショウジョウバエにおいて変異を起こすと体構造の一部が他の構造に転換する。

ホメオボックス（homeobox）　ホメオティック遺伝子に高度に保存されている DNA 塩基配列。

ホモ接合性（homozygous；Bateson & Saunders, 1902）　特定の遺伝子座において同一のアレルをもっていること。（⇨ ヘテロ接合性）

ホモ接合性マッピング（homozygosity mapping）近親交配によって同祖性でかつホモ接合性であるゲノム領域を同定し，遺伝子をマッピングする手法。（⇨ 同祖性）

ポリアデニル化（polyadenylation）　真核生物の mRNA 合成において，転写後の 3′ 末端に多数のアデニン残基が付加されること。

ポリシストロン性 mRNA（polycistronic mRNA）複数の遺伝子の転写単位（シストロン）を含む mRNA（原核生物にしばしばみられる）。

ポリジーン性 ＝ 多遺伝子性

ポリペプチド（polypeptide）⇨ ペプチド

ポリメラーゼ（polymerase）　ヌクレオチドを結合させて RNA や DNA の合成を触媒する酵素。転

写や DNA 複製を触媒する。

ポリメラーゼ連鎖反応 = PCR

ホールデンの法則（Haldane's rule）　雑種における不妊または生存不能性は，ヘテロ配偶子型の性に対して優先的に影響するという法則。〔訳注：動物の雑種第一代で一方の性のみが生まれない，または不妊などの異常表現型がみられるとき，その性の方がヘテロ配偶子型である。哺乳類では XY の雄。〕

ホルモン（hormone；Bayliss & Starling, 1904）　標的細胞に特定の反応を引き起こすことのできる有機化合物。ギリシャ語の「拍車をかける」に由来する語。〔訳注：血中を運ばれ標的細胞に到達する。〕

翻訳（translation）　遺伝情報の発現における第二段階。mRNA の 3 塩基（トリプレット）配列が対応するアミノ酸配列に置き換えられて，遺伝子産物としてのポリペプチド鎖が合成される。

■ま■

マイクロ RNA（micro-RNA, miRNA）　21〜23 塩基程度の小さな RNA 分子で，RISC（RNA-induced silencing complex）を構成する多くのタンパクと結びつき遺伝子発現を調節する。（⇨ RNA 干渉）

膜貫通タンパク（transmembrane protein）　細胞膜に局在しており，細胞内ドメインと細胞外ドメインをもつタンパク。

マッピング（mapping）　遺伝子の位置を種々の方法で決定すること。染色体上の位置（物理的地図）または遺伝子間の相対距離や並び順（遺伝的地図）を決定すること。

■み■

ミオシン（myosin）　モータータンパクの一種。

ミクロフィラメント（microfilament）　直径 7 nm 程度の細胞骨格線維で，アクチン単量体（G アクチン）が重合して形成される（アクチンフィラメント）。

ミスセンス変異（missense mutation）　あるコドンを異なるアミノ酸を指定するコドンに変える変異。（⇨ ナンセンス変異）

ミスマッチ修復（mismatch repair）　誤って対形成した塩基対を正常に戻す DNA 修復機構。

ミトコンドリア（mitochondria；単数形 mitochondrion）　DNA を含んだ細胞小器官。

ミトコンドリア DNA（mitochondrial DNA, mtDNA）　細胞小器官であるミトコンドリアに存在するミトコンドリア独自の DNA。〔訳注：16,569 bp からなる環状構造で，D ループと呼ばれる部分では三重鎖構造をとることが知られている。核遺伝子とは一部異なる遺伝暗号を用いている。〕

■む■

無動原体染色体/染色分体（acentric chromosome/chromatid）　セントロメア（動原体または着糸点）をもたない染色体/染色分体。

■め■

メガベース（megabase, Mb）　100 万塩基対。

メッセンジャー RNA = mRNA

免疫グロブリン（immunoglobulin）　抗原に結合する分子。

メンデル遺伝（Mendelian inheritance；Castle, 1906）　メンデルの法則に従う遺伝形式。細胞質遺伝因子（ミトコンドリア DNA）の支配下にある細胞質遺伝と対比的である。

■も■

網糸期（dictyotene stage）　胎児における卵細胞発育段階で減数第一分裂前期が中断した時期。ヒト女性の卵細胞は出生 4 週間前に網糸期に達する。それ以降の発育は排卵時に減数分裂が再開されるまで停止する。

モザイク（mosaic）　原則的に単一の接合体に由来するが遺伝的に異なる細胞から構成されている組織や個体。（⇨ キメラ）

戻し交配（backcross）　ヘテロ接合体である子をホモ接合体であるその片親と交配すること。

モード数（modal number；White, 1945）　個体や細胞の標準的染色体数。

モノクローナル抗体（monoclonal antibody）　単一クローンの抗体産生細胞から産生された，単一抗原に特異性をもつ抗体．

モノソミー（monosomy；Blakeslee, 1921）　二倍体細胞であるにもかかわらず相同染色体が1本しかない状態．

モルフォゲン（morphogen）　形態形成因子．胚組織に濃度勾配をもって存在するタンパクで，発生の過程を誘導する．

■や■

野生型（wild-type）　自然界や一般的な研究室環境でみられる遺伝子型や表現型．おおざっぱにいえば，「正常」という意味．

■ゆ■

有糸分裂（mitosis；Flemming, 1882）　体細胞分裂．体細胞の核分裂で，前期（prophase），中期（metaphase），後期（anaphase），終期（telophase）からなる．

優性（dominant；Mendel, 1865）　ヘテロ接合状態において観察される遺伝的形質．「優性」，「劣性」という用語は特定遺伝子座のアレルの効果を意味する．その効果は，部分的には，観察の正確さに依存する．同一座の異なるアレル（ヘテロ接合性）の効果がともに観察される場合，それらのアレルは共優性（codominant）であるという．DNAレベルでは，相同座の2つのアレルは共優性である．

優性ネガティブ変異（dominant negative mutation）　1つのアレルの変異であるにもかかわらず，あたかもその（両アレルの）遺伝子の機能が完全に失われてしまったかのような効果を生じる変異．

誘導因子 ＝インデューサー

有病率（prevalence）⇨発生率

ユークロマチン（euchromatin；Heitz, 1928）　間期細胞核でヘテロクロマチンよりも薄く染色される染色体またはその一部（⇨ヘテロクロマチン）．ユークロマチンは間期細胞核において完全には凝縮しない遺伝的に活性なクロマチン部分に対応している．

ユープロイド ＝正倍数体

■よ■

溶菌感染（lytic infection）　細菌に感染して溶菌させるファージの感染形態．

溶原性（lysogeny）　細菌ゲノムに入り込むことが可能なファージの能力．

読み枠 ＝リーディングフレーム

四倍体（tetraploid；Nemec, 1910）　二倍体ゲノムの2セットをもつ細胞または個体．各相同染色体が4本ずつある（二倍体の$2n$に対して$4n$）．

■ら■

ライブラリ ⇨DNAライブラリ

LINE　長い散在性の反復配列（long interspersed nuclear element）．ライン．（⇨SINE）

ラギング鎖（lagging strand）　2本鎖DNAが解裂されながら複製される際，解裂方向が$5' \rightarrow 3'$方向に向かう鎖のこと．解裂された部分から順次$5' \rightarrow 3'$方向（ラギング鎖でいえば$3' \rightarrow 5'$方向）に短い断片として合成され（岡崎フラグメント），その後各断片が接合される．

ラミン（lamin）　核膜内層の核ラミナと呼ばれる繊維状のネットワークを形成している中間径フィラメントタンパク．

ラリアット構造（lariat structure）　投げ縄構造．スプライシングが行われるときのRNAの中間形態．イントロン部分に尾をもつ輪状の構造が，$5'$末端と$3'$側の分枝部位（branching site）の結合によって形成される．

ランプブラシ染色体（lampbrush chromosome；Rückert, 1892）　多くの脊椎動物や無脊椎動物の一次卵母細胞の減数分裂複糸期や，ショウジョウバエの精母細胞においてみられる特殊な染色体．染色体からループ状の構造が多数突出してみえる．この部分ではRNA合成とタンパク合成が活発に行われていると考えられている．

■り■

リガンド（ligand） 受容体に結合して細胞内にシグナルを伝達する分子。

リソソーム（lysosome；de Duve, 1955） 細胞質にある加水分解酵素を含んだ細胞小器官。

リーダー配列（leader sequence） タンパクを細胞内のあるべき部位に向かわせるのに必要な，N末端の短いアミノ酸配列。

リーディングフレーム（reading frame） 読み枠。ペプチドをコードしているトリプレットコドンとして解読できるような塩基配列の読み方。（⇨ オープンリーディングフレーム）

リプレッサー（repressor） 遺伝子の機能を抑制するタンパク。

リボ核酸 = RNA

リボソーム（ribosome；Roberts, 1958；Dintzisら, 1958） 原核細胞や真核細胞にみられ，特殊なタンパクとリボソームRNAの複合体からなる複数のサブユニットで構成される複雑な分子。ここで遺伝情報の翻訳が行われる。

リボソームRNA（ribosomal RNA, rRNA） リボソームを構成する各種の大きなRNA分子群。

リボヌクレアーゼ = RNアーゼ

リンカーDNA（linker DNA） 制限酵素部位をもち，2つのDNA断片を結合させることのできるような合成2本鎖DNA。または2つのヌクレオソームの間のDNA領域。

リンパ球（lymphocyte） 免疫系の細胞。骨髄由来のBリンパ球と胸腺由来のTリンパ球がある。

■れ■

レセプター = 受容体

劣性（recessive；Mendel, 1865） ホモ接合状態でのみ表現型に現れるアレルの遺伝的影響。（⇨ アレル，ホモ接合性）

レトロウイルス（retrovirus） 真核細胞内で逆転写酵素を用いて2本鎖DNAとなり，複製され増幅するRNAからなるゲノムをもつウイルス（RNAウイルス）。

レトロトランスポゾン（retrotransposon） 逆転写酵素を用いてゲノムのさまざまな部位に入り込めるような移動性の塩基配列。（⇨ トランスポゾン）

レプトテン期 = 細糸期

レプリコン（replicon；Huberman & Riggs, 1968） 複製単位。1つのDNA複製起点で複製されるDNAの単位。

レポーター遺伝子（reporter gene） 他の遺伝子の機能を解析するために利用される遺伝子。特に目的遺伝子の制御領域DNAの解析に用いられる。

連鎖，遺伝的——（genetic linkage；Morgan, 1910） 同一染色体上の隣接した座位にあって，独立した分離現象から逸脱していること。

連鎖群（linkage group） 同一染色体上の隣接した座位にあって，通常は組換えを受けずにともに遺伝されていくグループ。

連鎖不平衡（linkage disequilibrium；Kimura, 1956） 隣接した遺伝子座ではハーディー-ワインベルク平衡から予想される個々のアレル頻度から逸脱し，非独立性となること。

■ろ■

ロイシンジッパー（leucine zipper） ファスナー（ジッパー）のような形態をとる特異的なタンパクで，DNAに結合して転写因子として働く。

ロー（ρ）因子（rho factor） 大腸菌で遺伝子転写の終結に関与するタンパク。

漏出変異（leaky mutation） 遺伝子の機能を部分的にのみ失わせるような変異。

■わ■

Yクロマチン（Y chromatin） F小体（F body；Pearson, Bobrow, Vosa, 1970）。間期核内に認められるY染色体の強い蛍光を発する長腕。

用語集に関する文献

Bodmer WF, Cavalli-Sforza LL: Genetics and the Evolution of Man. W. H. Freeman & Co., San Francisco, 1976.
Brown TA: Genomes. 2nd ed. BIOS Scientific Publishers, Oxford, 2002.
Dorland's Illustrated Medical Dictionary, 28th ed. W.B. Saunders Co., Philadelphia, London, Toronto, Montreal, Sydney, Tokyo, 1994.
Griffiths AJF et al: An Introduction to Genetic Analysis, 7th ed. W.H. Freeman, New York, 2000.
Hellmuth L: A Genome Glossary. Science 291: 1197, 2001.
King RC, Stansfield WD: A Dictionary of Genetics, 6th ed. Oxford Univ. Press, Oxford, 2002.
Lewin, B.: Genes VIII. Pearson International, 2004.
Lodish H et al: Molecular Cell Biology, 5th ed. W.H. Freeman, New York, 2004.
Passarge, E.: Definition genetischer Begriffe (Glossar), pp. 311–323. In: Elemente der Klinischen Genetik. G. Fischer, Stuttgart, 1979.
Rieger R, Michaelis A, Green MM: Glossary of Genetics and Cytogenetics, 5th ed. Springer Verlag, Berlin, Heidelberg, New York, 1979.
Watson, J.D.: Molecular Biology of the Gene, 3rd ed. W.A. Benjamin, Menlo Park, California, 1976.
Whitehouse HLK: Towards the Understanding of the Mechanisms of Heredity, 3rd ed. Edward Arnold, London, 1973.

ウェブサイト

Glossary of Genetic Terms, National Institute of Human Genome Research
http://www.nhgri.nih.gov/DIR/VIP/Glossary/

索 引

- ギリシャ文字は読みに従って配列した。
- 太字は巻末の遺伝学用語集での掲載頁を示す。
- 「ヒト疾患遺伝子の染色体上の位置」（425〜429頁）の図中の疾患名に関する五十音索引は，430〜434頁「染色体上の位置：索引」を参照のこと。

■ 数字 ■

−35 ボックス　212, 218
−10 ボックス　212, 218
1型糖尿病（インスリン依存性糖尿病，IDDM）　374
1本鎖DNA高次構造多型（SSCP）　244, 392
2型糖尿病（インスリン非依存性糖尿病，NIDDM）　374
2本鎖RNA（dsRNA）　226
2本鎖修復　92
3-ヒドロキシ-3-メチルグルタリル CoA → HMG-CoA
3′非翻訳領域（3′UTR）　60
3本鎖DNA　50
4p−症候群 → ウォルフ-ヒルシュホーン症候群
5-BrdU（5-ブロモデオキシウリジン）　84
5p−症候群 → ネコ鳴き症候群
5′非翻訳領域（5′UTR）　60
5-ブロモデオキシウリジン（5-BrdU）　84
（6-4）光産物　84
7-デヒドロコレステロール　368
11-cis-レチナール　288
12/23 ルール　316
12S RNA　442
12塩基スペーサー　316
13 トリソミー　11, 200, 414
16 トリソミー　416
17-ヒドロキシプロゲステロン　406
18 トリソミー　11, 200, 414
21 トリソミー（ダウン症候群）　11, 200, 414, 438
23塩基スペーサー　316
30S サブユニット　210
40S サブユニット　210
50S サブユニット　210
60S サブユニット　210
70S リボソーム　210
80S リボソーム　210

■ A ■

a/α型　116
a因子　114
a型　114, 116
A形DNA　50
A型インフルエンザウイルス　436
A型肝炎ウイルス　435
ABL　338
ABL/BCR　443
ABO血液型　146
ACAT（アシルCoA：コレステロール アシルトランスフェラーゼ）　372
acentric chromosome/chromatid　473
aCGH（アレイ比較ゲノムハイブリッド形成法）　208, 262
acrocentric chromosome　178, **459**
ACTH（副腎皮質刺激ホルモン）　406
actin　**449**
activator　**449**
active site　**454**
ADA　443
adaptive immune response　310
ADAR1　50
adjacent-1 segregation　202
adjacent-2 segregation　202
alkyl group　**449**
ALL1　443
allele　142, 146, **450**
allele frequency　164
allele heterogeneity　420
allelic exclusion　314, **450**
allelomorph　**450**
allozygous　168
ALT（副リンパ組織）　310
alternate segregation　202
alternative splicing　**463**
Altmann, Richard　44
Alu 配列　88, 254, 372, **450**
Alu I　68
Alu-PCR　62
Alu sequence　**450**
amber codon　**450**
Ames test　**452**
amino acid　**449**
aminoacyl tRNA　**449**
AML1　443
AMP（アデノシン一リン酸，アデニル酸）　38
amplification　**464**

anaphase 118, **457**
aneuploidy 200, **450**
aneusomy **449**
ANK2 441
AnkB 441
annealing **449**
Anopheles gambiae 176
antennapedia（antp） 300, 302
antibody **457**
anticipation 90
anticodon **450**
antigen **457**
antisense RNA **450**
Apaf-1 436
APAF3 436
APC（*APC*） 276, 332, 420
Apo-1 436
APOBEC3G 108
ApoE 受容体 2（ApoER2） 370
apoptosis 4, 128, **449**
APT1 436
Arabidopsis thaliana → シロイヌナズナ
Archaea 26, **449**
Ardipithecus ramidus 28
Armadillo 276
ARS（自律複製配列） 184, 190, **461**
ASO（アレル特異的オリゴヌクレオチド） 78, 290
association 158
ataxia telangiectasia 92
ATM（*ATM*） 92, 330, 342, 443
ATP（アデノシン三リン酸） 132
ATP 合成酵素複合体 136
ATR 330
ATR-16 症候群 352
ATR-X 症候群 352
attenuator **449**
Australopithecus **449**
　　── *afarensis* 28
autonomously replicating sequence（ARS） **461**
autonomous transposition 264
autoradiography **453**
autosome **461**
autozygous 168
auxotroph **452**
Avery, Oswald T. 7
axon 112
AZFa 258
AZFb 258
AZFc 258

■ B ■

B1 配列 88
B-7 318
B 形 DNA 46, 50
B 型インフルエンザウイルス 436
B 型肝炎ウイルス 435
B 細胞（B リンパ球） 310, 314, 324, **469**
B 細胞腫瘍 306
B 細胞受容体 314
B 細胞性白血病 443
B 細胞リンパ腫 128
B リンパ球 → B 細胞
backcross **473**
bacterial artificial chromosome（BAC） **458**
bacteriophage **469**
Bak1 436
Balbiani 環 180
banding pattern 192, **471**
BARD1 334
base pair（bp） **453**
basic helix-loop-helix protein 224
Bateson, William 4, 5
Bax 436
Bayliss, William 112
B cell **469**
B-cell lymphoma 128
Bcl I 378
BCL1 443
BCL2 306, 443
Bcl-2 436
Bcl-2 ファミリー 128, **469**
Bcl-2 family **469**
Bcl-2L7 436
BCL3 443
BCL10 443
BCR 338
BCR（切断点クラスター領域） 338
BCR/ABL 融合タンパク（p210$^{BCR/ABL}$） 338
Benzer, Seymour 9
bHLH（塩基性ヘリックス・ループ・ヘリックス 224
bicoid 300, 302
Bid 128, 436
Bil 436
bimodal distribution **468**
biochemical genetics 9, 11
bioinformatics 13, 240, 256
biological fitness **462**
bipartite 制限酵素 68
Biston betularia → オオシモフリエダシャク

bithorax 遺伝子群　302
bithorax 遺伝子複合体（*BX-C*）　302
bithorax/ultrabithorax（*btx/ubx*）クラスター　302
bivalent chromosome　468
BJB6/CX30　442
BLM　342
Bloch, Konrad　366
Boveri, Theodor　5
BRC リピート　334
BRCA1（*BRCA1*）　92, 334, 420
BRCA2（*BRCA2*）　92, 334, 420
breakage-fusion-bridge cycle　462
breakpoint　462
breakpoint cluster region（BCR）　338
breast cancer　92
Brenner, Sydney　306
Bruton, Ogden　324
BTK　324, 443
Btk（ブルトン型チロシンキナーゼ）　324

■ C ■

C1NH　443
C2　320, 443
C3　443
C4A　320, 406
C4B　320, 406
C（定常）遺伝子　314, 316, 318, 322
C 型インフルエンザウイルス　436
C 型肝炎ウイルス　435
C バンド　182, 192, 437, 460
C ペプチド　42, 374
c-ABL　336
CACNA1C　441
cadherin　454
Caenorhabditis elegans → 線虫
CAI（コドン適合指標）　250
cAMP（サイクリック AMP）　274, 458
cAMP 応答配列（CRE）　224
cAMP 応答配列結合タンパク（CREB）　224
cAMP ホスホジエステラーゼ　290
cAMP responsive element（CRE）　224
cAMP responsive element binding protein（CREB）　224
campomelic dysplasia　404
candidate gene cloning　242
capsid　104
carcinogen　469
caretaker　328
Carter, Cedric O.　162
caspase　454
CAT ボックス　455
CAT box　455
catenation　454
C-band　460
CBAVD（先天性両側性輸精管無形成症）　286
CBF（core-binding factor）ファミリー　398
Cbfa1　398
CD2　322
CD3　318, 322
CD4　318, 322
CD8　318, 322
CD28　318
CD95　128, 436
cdc2　126, 188
Cdk（サイクリン依存性キナーゼ）　126
Cdk1　126
Cdk2　126
Cdk4　126
Cdk6　126
Cdk 複合体　330
cDNA（相補的 DNA）　10, 72, 460
cDNA クローニング　72
cDNA プローブ　72
cDNA ライブラリ　72, 74
CDPX2（点状軟骨異形成症 2 型，コンラディ-ヒューナーマン症候群）　366, 368, 445
CD 領域　460
CD region　460
ced-3　306
ced-4　306
CED4　436
ced-9　306
cell　30
cell cycle　458
cell hybrid　459
cell hybridization　9
cellular blastoderm　300
cellular immune response　310
centimorgan（cM）　463
centriole　118, 465
centromere　184, 463
CFTR　246, 286
CFTR（嚢胞性線維症膜貫通調節）タンパク　286
CGH（比較ゲノムハイブリッド形成法）　208, 262
chaperon　460
Chargaff, E.　7
chiasma　455
CHILD 症候群　368, 445
chimera　455
chondrocyte　398
chromatid　463

chromatin　456
chromatin remodeling　456
chromomere　462
chromosomal condensation　118
chromosomal mosaicism　414
chromosome　5, 462
chromosome painting　206
chromosome theory of inheritance　5
chromosome walking　463
CHRPE（先天性網膜色素上皮肥大）　332
chylomicron　455
Ci（*Ci*）　278, 440
CI-MPR（陽イオン非依存性マンノース 6-リン酸受容体）　358
cis-acting　459
cis/trans　459
cistron　459
clade　467
class　26
clathrin　456
clinical genetics　11
clonal selection　456
clone　456
cloning efficiency　456
cloning vector　456
CMH3　436
CML（慢性骨髄性白血病）　11, 338, 443
CMP（シチジン一リン酸，シチジル酸）　38
c-*myc*　276
COCH　442
coding strand　458
codominant　146, 455
codon　2, 458
codon adaptation index（CAI）　250
coefficient of kinship　168
coefficient of relationship　168
cohesin　118, 458
COL1A1　394, 396, 446
COL1A2　394, 396, 446
COL2A1　394, 446
COL3A1　446
COL4A1　446
COL4A2　446
COL4A3　446
COL4A4　446
COL4A5　446
COL4A6　446
COL5A1　446
COL5A2　446
COL11A2　442
colinearity　455

collagen fibril　394
common docking region（CD region）　460
comparative genomics　13, 240, 256
complementary DNA（cDNA）　10, 460
concatemer　458
concordance　450
condensin　118, 188, 45
conditional expression　220
cone　288
conjugation　102, 462
consanguinity　456
consensus sequence　458
conserved in evolution　3, 472
constitutive expression　220
contact-dependent signaling　112
contig　458
controlling genetic element　12
co-occurrence　158
cos 部位　457
Co-Smad　276
cosmid　457
cos site　457
Costal 2　278
coupling　463
covalent bond　455
CpG アイランド　230, 460
CpG island　460
CPP32B　436
CREB 結合タンパク（CBP）　278, 418, 447
CREBBP　418
Crenarchaeota　26
Crick, Francis H.　7, 8
crossing-over　120, 457
ctDNA（葉緑体 DNA）　134
CYBB　443
cyclic AMP（cAMP）　458
cyclin　458
CYP（シトクロム P450）遺伝子群　384
CYP（シトクロム P450）遺伝子スーパーファミリー　384
CYP2 ファミリー　384
CYP2C8　384
CYP2C9　384
CYP2D6（*CYP2D6*）　384
CYP2C18　384
CYP2C19　384
CYP3A4　384
CYP21　406
CYP21B　320
CYP21P　406
CYP51　445

cytogenetics 11
cytokine 458
cytokinesis 118
cytoplasmic inheritance 458
cytoskeleton 458

D

D（多様性）遺伝子 314, 316, 318, 322
D ループ（置換ループ） 86, **466**
DAEC（腸管拡散付着性大腸菌） 250
dalton（Da） 465
dAMP（デオキシアデニル酸） 38
Danio rerio → ゼブラフィッシュ
DAPI バンド 437
Darwin, Charles 3, 26, 266
Dausset, Jean 80
DAX1 402, 446
DCC 332
dCMP（デオキシシチジル酸） 38
ddNTP（ジデオキシヌクレオチド） 64
deficiency 456
deformed（*dfd*） 302
Delbrück, Max 6, 7, 96, 100
deletion 456
Delta 280
denaturation 48, **472**
dermal ossification 398
Desert Hedgehog 440
DFN 294
DFNA 294
DFNB 294
DGGE（変性剤濃度勾配ゲル電気泳動） 78
dGMP（デオキシグアニル酸） 38
DHCR7 445
DHCR24 445
DHH 440
Dhh（Desert hedgehog） 278
diakinesis stage 122, **451**
DIAPH1 442
dicentric chromosome 468
dictyotene stage 124, **473**
differentiation 471
diploid 468
diplotene stage 122, **470**
direct repeat sequence 465
discordance 470
dispermy 468
dizygotic 468
D-J 組換え 314
D-J 結合 316

DLL3 280
DLM-1 50
D-loop **466**
DMD 390, 392
DMPK 408
DMPK（筋緊張性ジストロフィープロテインキナーゼ） 408
DN アーゼ（デオキシリボヌクレアーゼ） 465
DN アーゼフットプリント法 224
DNA（デオキシリボ核酸） 7, 38, 44, 46, **465**
　3 本鎖―― 50
　A 形―― 50
　B 形―― 46, 50
　X 線回折像 8
　Z 形―― 50, **462**
　α サテライト―― 182, 184
　遺伝情報の担体 44
　組換え―― 456
　構成成分 46
　コード鎖 458
　再結合 48, **458**
　サテライト―― 459
　相補的―― 10, 72, **460**
　脱プリン化 84
　二重らせん構造 7, 8, 46, 48, 50
　別構造 50
　変性（融解） 48, **472**
　ミトコンドリア―― 132, 136, **473**
　メチル化 50
　葉緑体―― 134
　リンカー―― 475
DNA 塩基配列決定 64
　温度サイクルによる―― 66
　化学分解法による―― 64
　自動―― 66
　伸長停止による―― 64
DNA 架橋剤 342
DNA クローニング 70
　細胞系―― 70
DNA 結合タンパク 222, 224
DNA 修復 4, 92
DNA 多型 80, 172, 260
DNA-タンパク相互作用 224
DNA チップ → DNA マイクロアレイ
DNA 伝達, 細胞間 102
DNA トランスポゾン 254
DNA ハイブリッド形成法 48
DNA 複製 48, 52, 190
　原核生物 52
　真核生物 52
DNA ヘリカーゼ → ヘリカーゼ

DNA 歩行法 → 染色体歩行法
DNA ポリメラーゼ 52, 466
　Taq —— 62
DNA マイクロアレイ（DNA チップ） 260, 466
DNA メチル化 230
　維持 230
　新生メチル化 230
DNA メチルトランスフェラーゼ（DNMT） 230
DNA ライブラリ 74, 466
DNA リガーゼ 52
DNA library 466
DNA microarray 466
DNA polymerase 466
DNA repair 4
DNase 465
DNA transposon 254
DNMT（DNA メチルトランスフェラーゼ） 230
DNMT1（Dnmt1） 230
DNMT3a（*Dnmt3a*） 230
DNMT3b（*DNMT3B*, *Dnmt3b*） 230
domain 26, 467
dominant 142, 146, 474
dominant negative mutation 474
dorsal 468
dosage compensation 236, 451
downstream 454
DP 320
DQ 320
DR 320
Dsh（disheveled） 276
DSL ファミリー 280
dsRNA（2 本鎖 RNA） 226
dTMP（デオキシチミジル酸） 38
Duchenne, Guillaume 392
duplication 460
dynamic mutation 90

■ E ■

E3L 50
EAP 443
EB（エプスタイン-バー）ウイルス 435
EBP 445
*Eco*B 68
*Eco*K 68
*Eco*R I 68, 408
ectoderm 454
EF（伸長因子） 461
effector 453
egg-polarity gene 300
EIEC（腸管組織侵入性大腸菌） 250
electrophoresis 466
elongation 461
elongation factor（EF） 461
ELSI プログラム 13
embryonic stem cell 228, 422
EMS（エチルメタンスルホン酸） 84, 300, 306, 308
enchondral ossification 398
endocrine cell 112
endocrine signaling 112
endocytosis 453
endoderm 467
endonuclease 453
endoplasmic reticulum 461
endoreduplication 454
engrailed（*eng*） 304
enhancer 453
ENU（エチルニトロソウレア） 84, 304
env 108
enzyme 457
EPEC（腸管病原性大腸菌） 250
epigenetic modification 452
epigenetics 11, 230, 256, 452
episome 453
epistasis 140, 452
epitope 453
ERG 443
ERM ファミリー 340
ES 細胞 → 胚性幹細胞
Escherichia coli → 大腸菌
EST（発現配列タグ） 246, 450
ETEC（腸管毒素原性大腸菌） 250
eubacteria 461
euchromatin 182, 474
eukaryote 26, 461
eukaryotic cell 2, 30
euploid 462
Euryarchaeota 26
EV11 443
even-skipped 300, 302
EVI2A 340
EVI2B 340
EWS 443
excision repair 461
exocytosis 452
exon 3, 10, 60, 452
exon/intron structure 10
exonuclease 452
expressed sequence tag（EST） 246, 450
expression 469
expression vector 469
expressivity 470

extrachromosomal inheritance 458
ex vivo 法（遺伝子治療） 422
ezrin 340

■ F ■

F8 378
F アクチン 390
F 因子 98
F 小体 → Y クロマチン
FA-A 342
Fab フラグメント 312
fackel 308
Fackel 表現型 308
facultive heterozygote 150
FADD 128, 436
family 26
FANC 複合体 342
FANCA 342, 444
FANCB 444
FANCC 444
FANCD1 444
FANCD2 444
FANCE 444
FANCF 444
FANCG 444
FANCI 444
FANCJ 444
FANCL 444
FANCM 444
FANCN 444
FAP（家族性腺腫性大腸ポリポーシス） 332
Fas 436
Fas 受容体 128
Fas リガンド 128
Fass 表現型 308
Fc 受容体 II（FcR II） 322
Fc フラグメント 312
FGFR1 439
FGFR2 439
FGFR3 439
fibroblast 462
FISH（蛍光 *in situ* ハイブリッド形成法） 198, 418, 470
fixation 458
FL11 443
FLICE 436
FMR1（*Fmr1*） 410
Følling, Asbjørn 386
forward chromosome painting 208
founder effect 166, **463**

frameshift mutation 56
Franklin, Rosalind 7, 9
FRAXA（脆弱 X 症候群 A 型） 90, 408, 410
FRAXE（脆弱 X 症候群 E 型） 90, 408, 410
FRDA（フリードライヒ運動失調症） 90, 408
Frizzled 276
fss 304
functional cloning 242
functional genomics 13, 240, 256
Fused 278
fushi tarazu 300, 302

■ G ■

G_0 期 118
G_1 期 118, 126
G_1 サイクリン 126
G_2 期 118
G6PD（グルコース-6-リン酸デヒドロゲナーゼ） 461
G6PD 欠損症，マラリア抵抗性との関連 176
G 型肝炎ウイルス 435
G タンパク 440, **459**
G タンパク共役受容体（GPCR） 274, 288, 440
G バンド 192, 437, **460**
G 分染法 192
GABA（γ-アミノ酪酸） 282
gag 108, 254
gain-of-function mutation 455
Galton, Francis 6, 160
gamete 468
GAP（GTP アーゼ活性化タンパク） 328, 340
gap gene 300
Garrod, Archibald 5
gatekeeper 328
G-band 460
G-banding 192
GEF（グアニンヌクレオチド交換因子） 328
gene 2, 4, 146, **450**
gene amplification 451
gene bank 451
gene cluster 451
gene conversion 451
gene dosage 451
gene expression 3, 220
gene family 451
gene flow 451
gene frequency 164, **451**
gene knock-in 228
gene knockout 228
gene locus 3, 146, **451**

gene map 451
gene product 451
genetic code 2, 450
genetic complementation 464
genetic counseling 146
genetic drift 166, 470
genetic fingerprint 470
genetic heterogeneity 450
genetic isolation 454
genetic linkage 475
genetic marker 451
genetic polymorphism 464
genetic recombination 120
genetics 2, 4, 450
genome 3, 457
genome scan 457
genomic disorder 254
genomic imprinting 140, 234, 457
genomics 3, 13, 456
genotype 142, 146, 451
genus 26
germ cell 2, 462
germinal 462
germline 462
GJB2/CX26 442
Gli (*Gli*) 440
GLI1 440
GLI3 440
G_{M_2}-ガングリオシド蓄積 36
GMP（グアノシン一リン酸，グアニル酸） 38
gnom 308
Gnom 表現型 308
GNPTA 360
G_{olf}（嗅覚特異的 G タンパク） 296, 298
gooseberry 300
Gosling, R. 7
gp41 104, 108
gp120 104, 108, 318
GPCR（G タンパク共役受容体） 274, 288, 440
G protein 459
Griffith, Fred 44
growth factor 463
GSK-3（グリコーゲンシンターゼキナーゼ 3） 276
GTP アーゼ活性化タンパク（GAP） 328, 340
gurke 308
Gurke 表現型 308
gyrase 460

■ H ■

H 鎖（重鎖，DNA 相補鎖の） 452

H 鎖（重鎖，免疫グロブリン分子の） 310, 312, 314
Hae III 68
Haemophilus influenzae → インフルエンザ菌
Haldane's rule 473
haploid 450
haploinsufficiency 469
haplotype 152, 469
HapMap プロジェクト 256
HAT（ヒストンアセチルトランスフェラーゼ） 232
HAT 培地 9, 130
HAT medium 9
H^+-ATP アーゼ系 134
Hb A 344
HBA1 346
Hb A_2 344
HBA2 346
Hb anti-Lepore 350
Hb Bart's 344
Hb C 350
Hb Constant Spring 350
Hb Cranston 350
Hb E 350, 354
Hb F 344, 354
Hb Gower-1 344
Hb Gower-2 344
Hb Gun Hill 350
Hb H 344
Hb H 病 352
Hb Lepore 350
Hb Portland 344
Hb S 348, 350
Hb Saskatoon 350
Hb SC 350
Hb Zürich 350
HDAC（ヒストンデアセチラーゼ） 232
HDL（高密度リポタンパク） 370
heavy strand 452
Hedgehog アセチルトランスフェラーゼ 440
Hedgehog 相互作用タンパク 440
Heitz, Emil 182
helicase 472
helix-loop-helix 472
hemizygous 472
hemophilia 378
hereditary 2
hereditary persistence of fetal hemoglobin（HPFH） 354
heredity 2
HERG 284, 441
heritability 451

heterochromatin　182, **471**
heterodisomy　412, **471**
heteroduplex　**472**
heterogametic　**472**
heterokaryon　**450**
heteroplasmy　138
heteroploid　**450**
heterosis　**459**
heterozygous　142, **471**
Hfr 細胞　**452**
Hfr 染色体　98
Hfr cell　**452**
HGPRT（ヒポキサンチン - グアニンホスホリボシルトランスフェラーゼ）　**452**
HGPRT 欠損症　38, 236
Hh（hedgehog）　278
HHAT　440
HHIP　440
*Hind*Ⅱ　68
*Hind*Ⅲ　68
histocompatibility　**464**
histone　**469**
HIV（ヒト免疫不全ウイルス）　104, 108, 318, 436
HIV-1（ヒト免疫不全ウイルス 1 型）　104, 108, 436
HIV-2（ヒト免疫不全ウイルス 2 型）　108, 436
hJagged1　280
HLA（ヒト白血球抗原）　320, **452**
HLA-A　320
HLA-B　320
HLA-C　320
HMG タンパク　**452**
HMG（high mobility group）ボックス　404
HMG（high mobility group）モチーフ　400
HMG-CoA（3- ヒドロキシ-3- メチルグルタリル CoA）　366
HMG-CoA レダクターゼ　366, 372
HMG protein　**452**
HML　114
hMLH1　92
hMLH2　332
HMR　114
hMSH1（*hMSH1*）　92, 332
hMSH2　92
HNPCC（遺伝性非ポリポーシス大腸癌）　82, 332
hnRNA（ヘテロ核内 RNA）　218
holoprosencephaly　**463**
homeobox　224, **472**
homeodomain protein　224
homeosis　**472**
homeotic gene　300, **472**
Hominidae　3, 28

Homo erectus　28
homologous　**463**
homoplasmy　138
Homo sapiens　3, 28
homozygosity mapping　**472**
homozygous　142, **472**
Hooke, Robert　30
hormone　112, **473**
hormone response element（HRE）　222
HOX　302
Hox 遺伝子群　302, **472**
HOXA　302
HOXB　302
HOXC　302
HOXD　302
HOXD13　302
Hox genes　**472**
*Hpa*Ⅰ　68
*Hpa*Ⅱ　230
HPE1～8　441
HPFH（遺伝性胎児ヘモグロビン遺残症）　354
hPMS1　332
hPMS2　332
HRE（ホルモン応答配列）　222
HRX　443
HSR（均一染色領域）　326
HTLV（ヒト T 細胞白血病ウイルス）　108, 436
HTLV-1（ヒト T 細胞白血病ウイルス 1 型）　436
HTLV-2（ヒト T 細胞白血病ウイルス 2 型）　436
human cytogenetics　11
human genetics　9
Human Genome Project　13, 256
human leukocyte antigen（HLA）　320
humoral immune response　310
hunchback　302
Huntington, George　408
hybridization　**468**
hybridoma　**469**
hydrogen bond　**461**

■ I ■

IκB　278
I 細胞病 → ムコ脂質症Ⅱ型
IBD（同祖性）　168, 176, **467**
ICAM-1　318
ICE-LAP3　436
ICE-LAP6　436
ICE-rel-Ⅱ　436
ICF 症候群　230
ICH-1　436

ICH-2　436
IDDM（インスリン依存性糖尿病）　374
identity by descent（IBD）　168, 467
IF（開始因子）　454
IgA（免疫グロブリンA）　312
IgD（免疫グロブリンD）　312
IgE（免疫グロブリンE）　312
IGF-Ⅱ（Ⅱ型インスリン様増殖因子）　358
IgG（免疫グロブリンG）　312, 322
IgH　443
IgM（免疫グロブリンM）　312
Ihh（*IHH*, Indian hedgehog）　278, 440
IL-2（インターロイキン2）　318
IL-2（インターロイキン2）受容体　324
IL-2Rγ（*IL2RG*）　324, 443
IL-4（インターロイキン4）受容体　324
IL-15（インターロイキン15）受容体　324
immunogenetics　9, 11
immunoglobulin　473
imprinting disease　234
inborn errors of metabolism　5
"*Inborn Factors in Disease*"　5
inbreeding coefficient　168, 455
incidence　469
Indian Hedgehog　440
induced pluripotent stem cell　422
inducer　451
initiation factor（IF）　454
innate immunity　310
insertion　464
insertion sequence（IS）　464
in silico　451
in situ ハイブリッド形成法　451
in situ hybridization　451
insulin receptor substrate（IRS）　374
intercalating agent　464
interphase　118, 454
intramembranous ossification　398
intron　3, 10, 60, 451
inversion　455
inverted repeat sequence　455
in vitro　451
in vivo　452
in vivo 法（遺伝子治療）　422
iPS 細胞 → 人工多能性幹細胞
Ira1　340
IRS（インスリン受容体基質）　374
isochromatid break　467
isochromosome　467
isodisomy　412, 449
isoenzyme　449

isotype　449
isozyme　449

■ J ■

J（結合）遺伝子　314, 316, 318, 322
JAG1　447
Johannsen, Wilhelm　5, 56
Jost, Alfred　400

■ K ■

karyogram　192
karyotype　192, 454
KCNE1　284, 441
KCNE2　441
KCNH2　284, 441
KCNJ2　441
KCNQ1　284, 441
KCNQ4　442
Keule 表現型　308
KH2 ドメイン　410
killobase（kb）　455
kinetochore　118
kingdom　26
knirps　300, 302
knockout　468
Knolle 表現型　308
Knopf 表現型　308
krox20　304
krüppel　300, 302

■ L ■

L 鎖（軽鎖，免疫グロブリン分子の）　310, 312, 314
labial（*lb*）　302
lacA　214
lac i　214
lacY　214
lacZ　214
Lag-2　280
lagging strand　474
lamin　474
lampbrush chromosome　474
lariat structure　474
last universal common ancestor　26
lateral gene transfer　96
LBR　445
LCK　443
leader sequence　475
leaky mutation　475

Lederberg, Esther　96
Lederberg, Joshua　96, 98
LEF　276
leptotene stage　122, **472**
lethal equivalent　**465**
lethal factor　**465**
leucine zipper　**475**
leucine-zipper protein　224
LFA-1　318
LHON（レーバー遺伝性視神経萎縮症）　437
ligand　**475**
LINE（長い散在性の反復配列）　254, **474**
linkage disequilibrium　152, 166, **475**
linkage group　**475**
linker DNA　**475**
LIS1　447
locus　3, 146, **451**
locus heterogeneity　420
LOD 得点　158, 262
LOH（ヘテロ接合性の喪失）　328, 332, 336
long interspersed nuclear element（LINE）　254, **474**
LQT1 〜 8　441
LRP6　276
LTA　320
LTB　320
LTR　453
LTR 型レトロトランスポゾン　254
LTR retroposon　254
Luria, Salvador E.　6, 7, 96
lymphocyte　**475**
Lyon, Mary F.　236
lysogenic bacteria　100
lysogenic cycle　100
lysogenic phage　100
lysogeny　**474**
lysosomal storage disease　360
lysosome　**475**
lytic cycle　100
lytic infection　**474**

■ M ■

M 期　118
M 期促進因子（MPF）　126
MACH　436
male-specific region of Y chromosome（MSY）　258
MALT（粘膜関連リンパ組織）リンパ腫　443
map distance　**465**
mapping　**473**

MAT 遺伝子座　114, 116
maternal effect gene　300
maturity onset diabetes of the young（MODY）　374
McClintock, Barbara　12, 264
MCH2 〜 6　436
Mcm1　116
MDM2　330, 336
MeCP（メチルシトシン結合タンパク）　230, 232
MeCP1　232
MeCP2（*MECP2*）　232
megabase（Mb）　**473**
meiosis　120, **457**
meiosis Ⅰ　120
meiosis Ⅱ　120
meiotic drive　140
MELAS（ミトコンドリア脳筋症・乳酸アシドーシス・脳卒中様発作症候群）　437
melting　48, **472**
Mendel, Johann Gregor　4, 140
Mendelian inheritance　**473**
Mendelian Inheritance in Man（MIM）　11, 420, 424
MERRF（赤色ぼろ線維を伴うミオクローヌスてんかん）　437
mesoderm　**465**
metabolic cooperation　464
metacentric chromosome　178, **465**
metaphase　118, **465**
MHC（主要組織適合遺伝子複合体）　320, **453**
MHC クラスⅠ遺伝子群　320
MHC クラスⅠ分子　318, 320, 322
MHC クラスⅡ遺伝子群　320, 374
MHC クラスⅡ分子　318, 320, 322
MHC クラスⅢ遺伝子群　320, 406
MHC クラスⅢ分子　320
Mickey 表現型　308
microfilament　**473**
micro-RNA（miRNA）　226, **473**
Miescher, Friedrich　44
MIF（ミュラー管抑制因子，抗ミュラー管ホルモン）　402, 446
MIM（*Mendelian Inheritance in Man*）　11, 420, 424
mismatch repair　**473**
missense mutation　56, **473**
mitochondria　**473**
mitochondrial DNA（mtDNA）　**473**
mitosis　118, **474**
mitosis index　**471**
mixed lymphocyte culture test（MLC test）　458
mixoploid　458
MLC test（混合リンパ球培養テスト）　458
MLL　443

Mln I　68
MNGIE（ミトコンドリア性神経・消化器・脳筋症）　437
mobile genetic element　12, 264, 454
modal number　473
MODY（若年発症成人型糖尿病）　374
moesin　340
monoclonal antibody　474
monolayer　465
Monopteros 表現型　308
monopteros（*ml*）　308
monosomy　120, 200, 474
monozygotic　450
Morgan, Thomas Hunt　5
morphogen　474
MORT-1　436
mosaic　473
mRNA（伝令 RNA, メッセンジャー RNA）　3, 9, 48, 54, 453
　ポリシストロン性——　472
Msp I　230
Mst II　356
MSY（Y 染色体男性特異的領域）　258
mtDNA → ミトコンドリア DNA
multigene family　464
MuLV（マウス白血病ウイルス）　108
mutagen　467
mutation　4, 467
mutational study　11
mutation rate　467
MutH　92
MutL　92
MutS　92
MYC　332, 443
Mycoplasma genitalium → マイコプラズマ
MYO6　442
MYO7A　442
MYO15　442
myosin　473

■ N ■

N-アセチルガラクトサミン-4-スルファターゼ　445
N-アセチルガラクトサミン-6-スルファターゼ　444
N-アセチルグルコサミニルホスホグリコシダーゼ　358
N-アセチルグルコサミン-1-ホスホトランスフェラーゼ　358, 360
N-アセチルグルコサミン-6-スルファターゼ　444

N-グリコシド結合　46
N 結合型オリゴ糖鎖　452
N-メチル-*N*′-ニトロ-*N*-ニトロソグアニジン　84
NADH デヒドロゲナーゼ　132, 134, 136
nanos　302
NARP（ニューロパチー・運動失調・網膜色素変性）　437
NBK　436
NBS1　342
NCAM（神経細胞接着分子）　322
necrosis　468
NEDD2　436
Nef（*nef*）　108
neurotransmitter　461
NF1　340
NF2　340
NF-κB　128, 278
NIDDM（インスリン非依存性糖尿病）　374
Nla III　372
N-linked oligosaccharide　452
NLS（核局在シグナル）　334, 336, 398
noi　304
nonautonomous transposition　264
noncovalent bond　469
nondisjunction　463
nonpenetrance　150
nonpolar molecule　469
nonsense codon　467
nonsense mutation　56, 468
northern blot　468
Notch　280
NOTCH1　280
NOTCH2　280
Notch/Delta シグナル伝達経路　280
Nru I　340
NSD1　447
NSDHL　445
nucleic acid　454
nucleocapsid　104
nucleoside　38, 468
nucleosome　468
nucleotide　38, 468

■ O ■

O157：H7　250
O 結合型オリゴ糖鎖　453
O^6-メチルグアニン　84
obligate heterozygote　150
ochre codon　453

索引（OK～PR）　489

Okazaki fragment　453
O-linked oligosaccharide　453
OMGP　340
OMIM（*Online Mendelian Inheritance in Man*）　11, 242, 424
oncogene　328, **454**
Online Mendelian Inheritance in Man（OMIM）　11, 242, 424
oocyte　2
open reading frame（ORF）　453
operator　453
operon　453
order　26
ORI（複製起点）　52, 136, **470**
origin of replication（ORI）　470
Orrorin tugenensis　28
ortholog　266, **453**
OSF（骨芽細胞特異的転写因子）　398
osteoblast　398
osteoclast　398
OTC　386

■ P ■

p21　330, 340
p24　104
p53（*p53*）　126, 330, 332, 334
p145^{ABL}　338
p210$^{BCR/ABL}$（BCR/ABL 融合タンパク）　338
pachytene stage　122, **470**
PAH　386
pair-rule gene　300
palindrome　469
panmixis　468
PAR（偽常染色体領域）　258
PAR1（偽常染色体領域1）　258, 400, 404
PAR2（偽常染色体領域2）　258
paracentric inversion　204
paracrine　469
paracrine signaling　112
paralog　266, **469**
parasexual　455
Patched　440
PAX6　447
pBR322　70
PCR（ポリメラーゼ連鎖反応）　62, **469**
　Alu-――　62
　RACE-――　62
　アレル特異的――　62
　アンカー――　62
　逆転写――　62, 392
　リアルタイム――　62
PDGFR（血小板由来増殖因子受容体）　322
PEAR（ピアソン骨髄・膵症候群）　437
Pelagibacter ubique，ゲノム　248
penetrance　461
peptide　472
pericentric inversion　204
peroxisomal targetting signal（PTS）　364
PEX　364
PHA（フィトヘマグルチニン）　470
phage　470
phagocytosis　470
pharmacogenetics　6, 382
pharmacogenomics　382
phenocopy　470
phenotype　4, 142, 146, **470**
pheromone　470
phosphodiester bond　472
phylum　26
phytohemagglutinin（PHA）　470
PIGR（ポリ Ig 受容体）　322
Pisum sativum → エンドウ
PKA（プロテインキナーゼ A）　274, 278
PKR　50
plasmid　30, 96, **471**
Plasmodium falciparum　176
plastid　471
pleiotropy　464
pluripotent stem cell　422
point mutation　466
pol　108, 254
Pol Ⅰ　218
Pol Ⅱ　218
Pol Ⅲ　218
polar body　455
polar molecule　455
polyadenylation　472
polycistronic mRNA　472
polygenic　464
polymerase　472
polymorphism　172
polypeptide　472
polyploid　468
polytene chromosome　464
population　460
population genetics　11
positional cloning　242
position effect　450
post-transcriptional gene silencing（PTGS）　226
POU3F4（*POU3F4*）　442
premature chromosomal condensation　463

prevalence　469
Pribnow box　212, 471
primary transcript　450
primer　471
"*Principle of Human Genetics*"　10
prion　471
proband　472
probe　471
proboscis（*pb*）　302
procollagen　394
prokaryote　26, 457
prokaryotic cell　2, 30
promoter　471
prophage　100, 471
prophase　118, 462
propositus　472
protein　2, 465
proteome　3, 13, 210, 471
proteomics　3, 240, 256
proto-oncogene　328, 454
prototroph　457
provirus　471
pseudoautosomal region　258
pseudogene　455
pseudohermaphroditism　454
Pst I　68, 410
Ptch（*PTCH*, patched）　278, 440
PTGS（転写後遺伝子サイレンシング）　226
PTS（ペルオキシソーム標的シグナル）　364
pUC8　72

■ Q ■

Q バンド　192, 437
QT 延長症候群　284, 441
QTL（量的形質座）　160
quadriradial chromosome　460
quantitative genetics　160
quantitative trait locus（QTL）　160

■ R ■

R バンド　192, 437
race　461
RACE-PCR（迅速 cDNA 末端増幅法）　62
RAD50　334
RAD51　92, 334
radixin　340
RAG1　316, 324
RAG2　316, 324
RAP1　232

Ras（*ras, RAS*）　328, 332
Ras シグナル伝達経路　340
RB　126, 336
RB1　336
reading frame　475
RecA　92, 334
receptor　460
receptor tyrosine kinase（RTK）　460
recessive　142, 146, 475
recessive epistasis　140
reciprocal translocation　463
recombinant DNA　456
recombinant DNA technology　10
recombination　456
recombination activating gene　316
recombination frequency　456
recombination signal sequence（RSS）　316
RecQ ファミリー　342
regulatory gene　465
renaturation　48, 458
repair　460
replication　470
replication fork　470
replicon　475
reporter gene　475
repressor　475
repulsion　464
resistance factor　464
restriction endonuclease　10
restriction enzyme　10, 462
restriction fragment length polymorphism（RFLP）
　　76, 449
restriction map　462
restriction site　462
retrotransposon　475
retrovirus　10, 475
Rev（*rev*）　108
reverse transcriptase　10, 455
RFLP（制限断片長多型）　76, 449
RGG ドメイン　410
RHO　290
rhodopsin　288
rho factor　475
ribosomal RNA（rRNA）　475
ribosome　475
ring chromosome　454
RIP　278
RISC（RNA 誘導性サイレンシング複合体）　226,
　　410
RN アーゼ（リボヌクレアーゼ）　78, 449
RNA（リボ核酸）　3, 38, 46, 449

2本鎖—— 226
12S—— 442
　アンチセンス—— 54, 450
　核小体低分子—— 210
　核内低分子—— 60, 210, 454
　低分子干渉—— 226
　ヘテロ核内—— 218
　マイクロ—— 226, 473
　リボソーム—— 54, 134, 210, 475
RNA干渉（RNAi） 220, 226, 306, 449
RNAサイレンシング 449
RNAスプライシング 449
RNAプロセシング 60, 212, 220
RNA編集 220, 449
RNAポリメラーゼ 52, 212, 218, 449
RNA誘導性サイレンシング複合体（RISC） 226, 410
RNA editing 449
RNAi（RNA干渉） 220, 226, 306, 449
RNA-induced silencing complex（RISC） 226
RNA interference（RNAi） 226
RNA polymerase 449
RNase 449
RNA silencing 449
RNA splicing 449
rod 288
rRNA → リボソームRNA
RTK（受容体型チロシンキナーゼ） 272, 274, 328, 460
RT-PCR（逆転写PCR） 62, 392
runt 398
runtドメイン遺伝子ファミリー 398
Runx2（runx2, *Runx2*, *RUNX2*） 398

■ S ■

S1ヌクレアーゼプロテクション法 212
S期 118, 126, 452
S期抑制因子 126
Saccharomyces cerevisiae → 出芽酵母
Sahelanthropus tchadensis 28
Sanger, Frederick 9, 42
SARSコロナウイルス 435
satellite 459
satellite DNA（sDNA） 459
SC5DL 445
SCE（姉妹染色分体交換） 342, 460
Schizosaccharomyces pombe → 分裂酵母
Schleiden, Mathias 30
Schwann, Theodor 30
SCID（重症複合免疫不全症） 316, 324, 443

SCIDX（X連鎖性重症複合免疫不全症） 324
SCN5A 441
sDNA（サテライトDNA） 459
segment polarity gene 300
segregation 471
segregation analysis 156
segregation distortion 140
selection 463
selection coefficient 463
selective medium 463
semiconservative 469
senescence 130, 458
sequence tagged site（STS） 246, 452
serpentine receptor 472
SERPIN（セリンプロテアーゼインヒビタースーパーファミリー） 376
Serrate 280
sex comb reduced（*scr*） 302
SF1 446
Sgs1 342
Shc 374
Shh（SHH, Sonic hedgehog） 278, 440
short interfering RNA（siRNA） 226
short interspersed nuclear element（SINE） 88, 254, 459
short tandem repeat（STR） 80
SHOX 416
Sic1 126
signal sequence 459
signal transduction pathway 272
silencer sequence 458
Sillenceの分類（骨形成不全症の） 396
SINE（短い散在性の反復配列） 88, 254, 459
single nucleotide polymorphism（SNP） 6, 80
SIR3 232
SIR4 232
sister chromatid exchange（SCE） 460
sister chromatids 118
SKY（スペクトル核型分析） 206
SL1 218
SLC26A4 442
Slimb 278
Smad 462
SMAD2 332
Smad4（*SMAD4*） 276, 332
small nuclear ribonucleoprotein（snRNP） 210, 454
small nuclear RNA（snRNA） 210, 454
small nucleolar RNA（snoRNA） 210
Smo（SMO, smoothened） 278, 440
snoRNA（核小体低分子RNA） 210
SNP（一塩基多型） 6, 80, 262

snRNA → 核内低分子 RNA
snRNP → 核内低分子リボ核タンパク
somatic 464
somatic cell 464
somatic cell genetics 9, 11, 130
somatic cell hybridization 464
Sonic Hedgehog 440
Southern blot 459
SOX ファミリー 400
SOX9 402, 404, 446
speciation 460
species 26, 460
spermatozoon 2
S phase 118, 452
spindle 118
splice junction 461
spliceosome 461
splicing 60, 461
Sry（*Sry*) 400, 402
SRY（*SRY*) 400, 402, 404, 446
SSCP（1 本鎖 DNA 高次構造多型） 244, 392
stability gene 328
Starling, Ernest 112
STEC（志賀毒素産生性大腸菌） 250
stem cell 454
steroid receptor 461
stop codon 460
STS（配列タグ部位） 246, 452
submetacentric chromosome 178, 459
superfamily 461
SV40 ウイルス 330
synapse 460
synapsis 460
synaptic signaling 112
synaptonemal complex 460
syncytial blastoderm 300
syndrome 461
synteny 152, 461

■ T ■

T1 受容体 298
T2 受容体 298
T 細胞（T リンパ球） 310, 314, 318, 324, 466
　細胞溶解性（キラー）―― 318
　ヘルパー―― 318
T 細胞受容体（TCR） 314, 318, 322
　MHC 分子との相互作用 318
　遺伝的多様性 318
　構造 318
T 細胞性白血病 443

T バンド 192, 437
T ボックス転写因子 304
T リンパ球 → T 細胞
tandem duplication 460
Taq I 378
Taq DNA ポリメラーゼ 62
Tat（*tat*） 108
TATA 結合タンパク（TBP） 218
TATA ボックス（ホグネスボックス） 212, 218, 464
TATA box 464
TBX1 447
Tbx24 304
T cell 466
T-cell receptor（TCR） 318
TCF 276
TCRB 443
TDF（精巣決定因子） 402
TECTA 442
telocentric chromosome/chromatid 465
telomerase 466
telomere 118, 184, 466
telophase 118
template 450
teratogen 458
teratology 11
termination codon 460
terminator 464
TERT（テロメラーゼ逆転写酵素） 190
tetraploid 474
TF Ⅱ B 218
TF Ⅱ D 218, 400
TF Ⅱ E 218
TF Ⅱ F 218
TF Ⅱ H 218
TF Ⅲ A 218
TF Ⅲ B 218
TF Ⅲ C 218
TGFβ（トランスフォーミング増殖因子 β）シグナル伝達経路 276
TGFβ（トランスフォーミング増殖因子 β）スーパーファミリー 276
TGFB1 286
thal-1 352
thal-2 352
"The Morbid Anatomy of the Human Genome" 420, 424
"The Origin of Species" 3, 26
Thermus aquaticus 62
Thy-1 322
thylakoid membrane 134
TNFα（腫瘍壊死因子 α）シグナル伝達経路 278

TNFA 320
Toll 302
topoisomerase 467
Torso 302
totipotent stem cell 422
TRADD 278
TRAF2 278
transcript 466
transcription 48, 54, 466
transcription factor 466
transcription unit 466
transcriptome 13
transcriptomics 240, 256
transduction 102, 456
transfection 102, 467
transformation 100, 102, 456
transforming principle 7
transgene 467
transgenic 467
transition 56, 467
translation 3, 48, 54, 473
translocation 466
transmembrane protein 473
transposition 466
transposon 12, 264, 467
transversion 56, 467
tra 遺伝子群 98
TRF1 190
TRF2 190
triplet 467
triplet disease 90
trisomy 120, 200, 467
tRNA（転移 RNA, トランスファー RNA） 54, 465
　アミノアシル—— 449
tropocollagen 394
trpA 216
trpB 216
trpC 216
trpD 216
trpE 216
tumor suppressor gene 328, 455
two-hit 説 336
TX 436

■ U ■

UBE3A 412
UMP（ウリジン一リン酸，ウリジル酸） 38
uniparental disomy（UPD） 454
UPD（片親性ダイソミー） 412, 454
UPE1 218

upstream 461
UvrA 92
UvrB 92
UvrC 92

■ V ■

V1 受容体 298
V2 受容体 298
V（可変）遺伝子 314, 316, 318, 322
variable expressivity 150
variable number tandem repeat（VNTR） 80, 470
variation 2, 464
variegation 470
V-DJ 組換え 314
V(D)J 組換え 316
V(D)J リコンビナーゼ 316
vector 471
ventral 470
"*Versuche über Pflanzen-Hybriden*" 140
Vif（*vif*） 108
virion 104, 470
virus 452
VNTR（可変縦列反復配列） 80, 470
voltage-gated channel 466
von Willebrand, Erik 380
von Willebrand factor（vWF） 380
Vpr（*vpr*） 108
Vpu（*vpu*） 108
vpx 108
vWAgⅡ（フォン・ヴィルブラント抗原Ⅱ） 380
vWF（フォン・ヴィルブラント因子） 380

■ W ■

WAGR（ウィルムス腫瘍・無虹彩・尿路性器異常・精神遅滞） 447
Wald, George 288
WAS 443
Watson, James D. 7, 8
wee 表現型 126
western blot 452
"*What is Life?*" 7
WHSCR（Wolf-Hirschhorn critical region） 418
wild-type 474
Wilkins, Maurice 7, 8
Wingless（Wg, Wnt1） 276, 300, 304
Wnt 276
WNT4 276, 402, 446
Wnt/βカテニンシグナル伝達経路 276, 332
WRN 342

WT1 447

■ X ■

Xクロマチン（バー小体） 236, **452**
X縮重領域 258
X染色体 258
　過剰 416
　ゲノム構造 258
　進化的階層 236, 258
X染色体不活性化 236, **452**
X転位領域（XTR） 258
X付加領域（XAR） 258
X保存領域（XCR） 258
Xモノソミー 11, 416
X連鎖性 148, 150, **452**
X連鎖性重症複合免疫不全症（SCIDX） 324
X-added region（XAR） 258
XAR（X付加領域） 258
X chromatin **452**
X-conserved region（XCR） 258
XCR（X保存領域） 258
X-degenerate region 258
xenogeneic 450
xeroderma pigmentosum 94
X-inactivation **452**
Xist（*XIST*, X-inactivation specific transcript） 236
X-linked **452**
XPA 92, 94
XPB 92, 94
XPC 92
XPD 94
XPG 94
XPV 92, 94
XTR（X転位領域） 258
X-transposed region（XTR） 258
XX男性症候群 404, 446
XY小体 122
XY女性性腺発生異常症 404, 446
XY二価染色体 122

■ Y ■

Yクロマチン（F小体） **475**
Y染色体 400
　過剰 416
　ゲノム構造 258
Y染色体男性特異的領域（MSY） 258
YAC（酵母人工染色体） 70, 184, 242, 244, **457**
Y chromatin **475**

yeast artificial chromosome（YAC） **457**
yeast two-hybrid method **457**
Young, Thomas 292
Y-Y変換 258

■ Z ■

Z形DNA 50, **462**
Z DNA **462**
zinc finger 224, **461**
zoo blot **462**
zygote **462**
zygotene stage 122, **462**

■ あ ■

アイソザイム（イソ酵素） **449**
アイソダイソミー 412, **449**
アイソタイプ 312, **449**
アウストラロピテクス **449**
　――・アファレンシス 28
アーキア（古細菌） 26, **449**
アキシン 276
悪性高熱症 382
アクセプター末端 54
アクチノマイシン 439
アクチベーター（転写活性化因子） 116, 212, 214, 224, 232, **449**
アクチン 388, **449**
アシルCoA：コレステロール アシルトランスフェラーゼ（ACAT） 372
アスパラギン酸 386
アセチルCoA 366
アセチルCoA：α-グルコサミニド アセチルトランスフェラーゼ 444
アセチルコリン 282
アセチルコリン受容体 282, 382
　ニコチン感受性―― 282
　ムスカリン感受性―― 282
アセトアセチルCoA 366
アテニュエーション（転写減衰） 216
アテニュエーター **449**
アデニル酸 → アデノシン一リン酸
アデニル酸シクラーゼ 274
アデニン 38, 46
アデノウイルス 330, 435
アデノウイルス科 435
アデノシン 38
アデノシン一リン酸（AMP，アデニル酸） 38
アデノシン三リン酸（ATP） 132
アデノシンデアミナーゼ欠損症 38, 443

アドレナリン　282
アニューソミー　204, **449**
アニーリング　**449**
アブミ骨　294
アペール症候群　439
アポトーシス　4, 128, 436, **449**
　線虫　306
　促進遺伝子　306
　抑制遺伝子　306
アポトーシス小体　128
アポリポタンパク
　──B　220
　──B-48　220
　──B-100　220, 372
アミド結合 → ペプチド結合
アミノアシル tRNA　**449**
アミノグリコシド系薬物　439
アミノグリコシド誘導性難聴　292, 437
アミノ酸　40, **449**
　荷電──　40
　親水性──　40
　代謝　386
　中性──　40
　必須──　40, 130
アラキドン酸　36
アラジル症候群　280, 447
アリールスルファターゼ　358
アルカプトン尿症　5
アルギナーゼ　386
アルギニノコハク酸　386
アルギニノコハク酸シンターゼ　386
アルギニノコハク酸リアーゼ　386
アルギニン　386
アルキル化剤　84
アルキル基　**449**
アルディピテクス・ラミドゥス　28
α-N-アセチルグルコサミニダーゼ　444
αアマニチン　439
$α_1$アンチトリプシン　376
$α_1$アンチトリプシン欠損症　376
α-L-イズロニダーゼ　360, 444
α因子　114
α型　114, 116
αグロビン遺伝子，変異　350
α鎖系グロビン遺伝子クラスター　346
αサテライト DNA　182, 184
αサラセミア　344, 352
$α^0$サラセミア　354
αテクトリン　442
αヘリックス　42
アルポート症候群　446

アレイ比較ゲノムハイブリッド形成法（aCGH）
　208, 262
アレスチン　288
アレル　80, 142, 146, **450**
アレル異質性　420
アレル特異的 PCR　62
アレル特異的オリゴヌクレオチド（ASO）　78, 290
アレル排除　314, 318, **450**
アレル頻度　164, 166, 172
アレロモルフ　**450**
アロステリック変化　344
アロ接合性　168
アンカー PCR　62
アンキリン　388, 441
アンジェルマン症候群　412, 447
アンダーソン症候群　441
アンチコドン　54, **450**
アンチセンス RNA　54, **450**
アンチセンス鎖（非コード鎖）　48, 54
安定化遺伝子　328
安定変異　264
アントラニル酸　216
アントラニル酸シンターゼ　216
アントレー-ビクスラー症候群　368, 445
アンドロゲン　36, 446
アンドロゲン受容体　402, 404, 446
アンドロゲン不応症（精巣性女性化症候群）　404, 446
アンバーコドン　**450**
アンプリコン配列　258

■ い ■

硫黄欠乏性毛髪発育異常症　94
イオン依存性イオンチャネル　282
イオン結合　32
イオンチャネル　282
　イオン依存性──　282
　カリウム──　282, 284, 294
　カルシウム──　282
　電位依存性──　282, 466
　ナトリウム──　282, 284
　リガンド依存性──　282
異核共存体（ヘテロカリオン）　94, 130, **450**
鋳型　**450**
異質性 → 遺伝的異質性
異種移植　**450**
異常 β リポタンパク血症　36
異数性　200, **450**
異数性染色体異常　200
異数体　**450**

イズロン酸スルファターゼ 360, 444
異性化酵素 → イソメラーゼ
イソ酵素 → アイソザイム
イソ染色体 → 同腕染色体
イソプレン 366
イソペンテニル二リン酸 366
イソメラーゼ（異性化酵素） 457
一遺伝子一酵素仮説 6
一塩基多型（SNP） 6, 80, 262
位置効果 450
一次精母細胞 124
一次転写産物 54, 56, 60, 212, 220, 450
一次卵母細胞 124
一次リンパ組織 310
一接合子性 → 一卵性
一倍体（ハプロイド，半数体） 450
一卵性（一接合子性） 450
一卵性双生児 170
一色覚（全色盲） 292
一致 450
遺伝 2, 4
　染色体説 5
　母系―― 136, 138
　メンデル―― 473
遺伝暗号 2, 9, 48, 58, 450
　ミトコンドリアDNA 134
遺伝カウンセリング 13, 146, 420
遺伝学 2, 4, 450
　細胞―― 11
　集団―― 11, 164
　人類―― 9, 10
　人類細胞―― 11
　生化学―― 9, 11
　体細胞―― 9, 11, 130
　分子―― 10
　分子細胞―― 198
　免疫―― 9, 11
　薬理―― 6, 382
　量的―― 160
　臨床―― 11
遺伝学的診断 420
遺伝形式 148, 150
遺伝子 2, 3, 4, 56, 146, 450
　同定 242
遺伝子型 4, 56, 82, 142, 146, 451
　期待分配比 148, 150
遺伝子クラスター 322, 451
　グロビン―― 346
遺伝子座 3, 146, 451
遺伝子再構成 314
遺伝子座調節領域（LCR） 346

遺伝子産物 451
遺伝子進化 266
遺伝子スーパーファミリー 322
　CYP―― 384
遺伝子増幅 451
遺伝子地図 451
遺伝子調節タンパク 222
遺伝子治療 422
遺伝子伝達，細菌 98
遺伝子ノックアウト 228
遺伝子ノックイン 228
遺伝子発現 3, 220
　スクリーニング 260
　制御機構 220
遺伝子バンク 451
遺伝子頻度 164, 451
遺伝子ファミリー 451
遺伝子変換 114, 258, 406, 451
遺伝情報
　担体 44
　伝達 48, 54
遺伝子流動 451
遺伝子量 451
遺伝子量補償 236, 451
遺伝性 2
遺伝性胎児ヘモグロビン遺残症（HPFH） 354
遺伝性難聴 442
遺伝性非ポリポーシス大腸癌（HNPCC） 82, 332
遺伝性不整脈 441
遺伝性フルクトース-1,6-ビスホスファターゼ欠損症 34
遺伝性フルクトース不耐症 34
遺伝性免疫不全症 324, 443
遺伝的異質性 242, 362, 450
遺伝的隔離 176, 454
遺伝的距離 154
遺伝的組換え → 組換え
遺伝的個性 5
遺伝的指紋 → 遺伝的フィンガープリント
遺伝的スクリーニング 300, 304
遺伝的相補性 464
遺伝的多型 → 多型
遺伝的多様性 → 多様性
遺伝的な性 402
遺伝的フィンガープリント（遺伝的指紋） 470
遺伝的浮動 166, 470
遺伝的マーカー 451
遺伝的連鎖 → 連鎖
遺伝分散 160
遺伝率 160, 451
移動期（ディアキネシス期） 122, 451

イムノブロット法　76
インスリン　42, 112, 374
インスリン依存性糖尿病（IDDM）→1型糖尿病
インスリン受容体　374
インスリン受容体基質（IRS）　374
インスリン抵抗性　374
インスリン抵抗性症候群　374
インスリン非依存性糖尿病（NIDDM）→2型糖尿病
インスリン様増殖因子, II型——（IGF-II）　358
インターカレーション　439
インターロイキン2（IL-2）　318
インターロイキン2（IL-2）受容体　324
インターロイキン4（IL-4）受容体　324
インターロイキン15（IL-15）受容体　324
インテグラーゼ　100, 108
インテグリン　322
インデューサー（誘導因子）　214, 451
インドール-3-グリセロールリン酸シンテターゼ　216
イントロン　3, 10, 60, 451
インフォームドコンセント　13, 420
インプリンティング→ゲノムインプリンティング
インプリンティングセンター　412
インプリンティング病　234, 412, 447
インフルエンザウイルス
　A型——　436
　B型——　436
　C型——　436
インフルエンザ菌（Haemophilus influenzae）　248
　ゲノム　248

■ う ■

ウィスコット-アルドリッチ症候群　443
ウィリアムズ-ビューレン症候群　418, 447
ウイルス　452
　SARSコロナ——　435
　SV40——　330
　アデノ——　330, 435
　インフルエンザ——　436
　エコー——　435
　エプスタイン-バー——　435
　エボラ——　435
　黄熱——　435
　肝炎——　435
　狂犬病——　435
　構造　104
　コクサッキー——　435
　コロナ——　435
　サイトメガロ——　435
　水痘帯状疱疹——　435
　単純ヘルペス——　435
　デング熱——　435
　天然痘——　104
　痘瘡——　435
　パルボ——　104, 435
　ヒトT細胞白血病——　108, 436
　ヒトパピローマ——　330, 435
　ヒト免疫不全——　104, 108, 318, 436
　風疹——　435
　フォーミー——　108
　複製　106
　分類　104, 435
　ポリオ——　435
　マウス白血病——　108
　麻疹——　435
　マールブルク——　435
　ムンプス——　435
　ロタ——　436
ウイルス性癌遺伝子（v-onc）　110
ウイルスベクター　422
ウィルムス腫瘍・無虹彩・尿路性器異常・精神遅滞（WAGR）　447
ウェスタンブロット法　76, 452
ウェルナー症候群　342
ウォルフ管　402
ウォルフ-ハーシュホーン症候群（4p-症候群）　418, 447
ウラシル　38, 46
ウリジル酸→ウリジン一リン酸
ウリジン　38
ウリジン一リン酸（UMP, ウリジル酸）　38
運動ニューロン疾患　390

■ え ■

エイムス試験　452
栄養膜　170
栄養要求株　452
エキソサイトーシス　106, 452
エキソヌクレアーゼ　86, 452
エキソン　3, 10, 60, 452
エキソン／イントロン構造　10, 60, 242, 266
エキソンシャッフリング（ドメインシャッフリング）　266
エキソンスキッピング　396
エキソントラッピング法　244
液胞　30
エコーウイルス　435
壊死→ネクローシス
エステル　32

エストロゲン　36
エズリン　340
エチルニトロソウレア（ENU）　84, 304
エチルメタンスルホン酸（EMS）　84, 300, 306, 308
エピジェネティクス　11, 230, 256, 452
エピジェネティック修飾　230, 452
エピジェネティックな変化　82, 234
エピスタシス　140, 452
エピソーム　453
エピトープ（抗原決定基）　310, 453
エフェクター　453
エフェクターカスパーゼ　128
エフェクタータンパク　272
エプスタイン-バー（EB）ウイルス　435
エポキシスクアレン　366
エボラウイルス　435
エラスターゼ　376
　　白血球——　376
エラスチン　447
　　肺胞——　376
エリスロマイシン　439
エーレル-ダンロー症候群　446
塩基
　　脱アミノ化　84
　　ヌクレオチド——　46
　　ピリミジン——　38, 46
　　プリン——　38, 46
　　メチル化　84
塩基性ヘリックス・ループ・ヘリックス（bHLH）　224
塩基置換　56
塩基対（bp）　453
塩基対形成　46
塩基配列決定 → DNA 塩基配列決定
塩基類似体　84
円錐動脈幹部心奇形　418
塩素チャネル　286
エンドウ（Pisum sativum）　140
エンドサイトーシス　106, 358, 370, 372, 453
エンドソーム　358, 372
エンドヌクレアーゼ　86, 226, 453
エンドリソソーム　358
エンハンサー　110, 218, 220, 224, 453
エンベロープ　104
塩類喪失型先天性副腎過形成　406

■ お ■

黄色腫　370
黄体形成ホルモン　112
黄熱ウイルス　435

オオシモフリエダシャク（Biston betularia）　172
オーカーコドン　453
岡崎フラグメント　52, 190, 453
オキシダーゼ（酸化酵素）　457
オート接合性　168
オートラジオグラフィー　453
オープンリーディングフレーム（ORF，開いた読み枠）　58, 453
オペレーター　453
オペロン　214, 248, 453
　　トリプトファン（trp）——　216
　　ラクトース（lac）——　214
オーメン症候群　316
親起源効果　412
親特異的発現　234
オリゴ糖　34
オルソログ　266, 453
オルトミクソウイルス科　436
オルニチン　386
オルニチンカルバモイルトランスフェラーゼ → オルニチントランスカルバミラーゼ
オルニチントランスカルバミラーゼ（OTC）　386
オルニチントランスカルバミラーゼ（OTC）欠損症　386
オルロリン・トゥゲネンシス　28
オンコウイルス亜科　108
オンコジーン → 癌遺伝子

■ か ■

科　26
界　26
開始因子（IF）　454
開始コドン　54, 58
開始複合体　54, 212
外性器　402
外胚葉　454
回文配列 → パリンドローム
解剖学的な性　402
外膜　132
外有毛細胞　294
外来遺伝子 → 導入遺伝子
カイロミクロン → キロミクロン
化学感覚受容細胞　298
化学感覚上皮　298
化学結合　32
蝸牛　294
核型　178, 192, 454
　　マウス　194
核型図式　178, 192, 196
核型分析　196

核局在シグナル（NLS） 334, 336, 398
核酸 38, 44, **454**
核小体 210
核小体低分子 RNA（snoRNA） 210
核内低分子 RNA（snRNA） 60, 210, **454**
核内低分子リボ核タンパク（snRNP） 210, **454**
核内倍加 **454**
隔離 → 遺伝的隔離
家系図 146, 150
過酸化水素 364
加水分解酵素 → ヒドロラーゼ
ガストデューシン 298
カスパーゼ 128, **454**
　　エフェクター—— 128
　　——2　436
　　——3　436
　　——4　436
　　——6　436
　　——7　436
　　——8　436
　　——9　128, 436
　　——10　436
仮性半陰陽　404, **454**
カセットモデル（接合型変換の）　114
家族性高コレステロール血症　36, 370
家族性腺腫性大腸ポリポーシス（FAP）　332
片親性ダイソミー（UPD）　412, **454**
カーター効果　162
活性部位　**454**
活動電位　282
滑脳症　447
カテコールアミン　112
カテニン
　β—— 276, 332
　γ—— 276
カテネーション　**454**
荷電アミノ酸　40
可動性遺伝因子　12, 110, 264, **454**
カドヘリン　322, **454**
　　——23　294
カフェオレ斑　340
カプシド　104
可変縦列反復配列（VNTR）　80, **470**
鎌状赤血球　348
鎌状赤血球クリーゼ　348
鎌状赤血球貧血　11, 176, 348, 354
鎌状赤血球ヘモグロビン　348, 350
鎌状赤血球変異　348, 350
　　ヘテロ接合体　354
　　マラリア抵抗性との関連　348
ガラクトキナーゼ欠損症　34

ガラクトース　34
　　代謝異常症　34
ガラクトースエピメラーゼ欠損症　34
ガラクトース血症　9, 34
カリウムイオンチャネル　282, 284, 294
下流
カルシウムイオンチャネル　282
カルシトニン　220
カルシトニン遺伝子関連ペプチド（CGRP）　220
カルバモイルリン酸　386
カルバモイルリン酸シンターゼ　386
カルマン症候群　296
ガワース徴候　392
癌　326, 328
　　多段階クローン増殖　326
癌遺伝子（オンコジーン）　328, **454**
肝炎ウイルス
　A 型—— 435
　B 型—— 435
　C 型—— 435
　G 型—— 435
癌家系症候群　330
間期　118, **454**
間期核，FISH　198
環境分散　160
ガングリオシド　36, 358
　　代謝異常症　36
ガングリオシドーシス　36
癌原遺伝子（プロトオンコジーン）　276, 328, **454**
還元酵素 → レダクターゼ
幹細胞　422, **454**
　　人工多能性—— 422
　　全能性—— 422
　　多能性—— 422
　　胚性—— 228, 422
癌細胞　326
幹細胞治療　422
管状視　290
環状染色体　204, 438, **454**
カーンズ-セイヤー症候群　437
間接的 DNA 診断　152, 332, 336, 356, 392
桿体　288
官能基　32
γ-アミノ酪酸（GABA）　282
γ カテニン　276
癌抑制遺伝子　328, 330, 332, **455**
関連　158

■き■

キアズマ　120, 122, **455**

偽遺伝子　248, 296, 346, 406, 455
　　プロセシングされた——　88
　　レトロ——　88
奇形学　11
偽似有性的　455
偽常染色体領域（PAR）　258
　　——1（PAR1）　258, 400, 404
　　——2（PAR2）　258
偽性トリソミー症候群　441
偽性肥大　392
擬体節（パラセグメント）　300, 302
基底細胞癌　440
基底膜コラーゲン　394
キヌタ骨　294
機能獲得　82
機能獲得変異　455
機能ゲノミクス　13, 240, 256
機能的クローニング法　242
基本転写因子　116, 218
キメラ　228, 455
キモトリプシン　376
逆位　192, 204, 438, 455
　　フリップティップ——　378
　　腕間——　204
　　腕内——　204
逆位重複　204, 438
逆転写 PCR（RT-PCR）　62, 392
逆転写酵素　10, 72, 88, 104, 108, 455
逆方向反復配列　88, 134, 264, 455
ギャップ遺伝子　300, 302
ギャップ結合　294
キャップ構造　60, 110
嗅覚機能異常　296
嗅覚系　298
嗅覚受容体　296
嗅覚受容体遺伝子ファミリー　296
嗅覚特異的 G タンパク（G_{olf}）　296, 298
嗅球　296
球状赤血球症　388
嗅神経細胞　296
急性骨髄性白血病　443
急性リンパ性白血病（ALL）　338, 443
共起性　158
胸結合体　170
狂犬病ウイルス　435
胸腺　310
共直線性　455
共通祖先　26, 28
共通配列 → コンセンサス配列
共有結合　32, 455
共優性　146, 455

極性分子　455
極体　455
　　第一——　124
　　第二——　124, 200
キラー T 細胞 → 細胞溶解性 T 細胞
ギラーゼ → ジャイレース
キロベース（kb）　455
キロミクロン（カイロミクロン）　370, 455
均一染色領域（HSR）　326
筋緊張性ジストロフィー　90
　　——1 型　408
　　——2 型　408
筋緊張性ジストロフィープロテインキナーゼ（DMPK）　408
近交係数　168, 455
筋弛緩薬　382
筋ジストロフィー　390
　　肢帯型——　390
　　デュシェンヌ型——　392
　　ベッカー型——　392
近親交配　168

■ く ■

グアニル酸 → グアノシン一リン酸
グアニン　38, 46
　　アルキル化　84
グアニンヌクレオチド交換因子（GEF）　328
グアノシン　38
グアノシン一リン酸（GMP，グアニル酸）　38
組換え　6, 86, 98, 120, 122, 152, 456
　　1 本鎖切断モデル　86
　　2 本鎖切断モデル　86
　　D-J——　314
　　V-DJ——　314
　　V(D)J——　316
　　染色体交差による　152
　　相同——　86
　　体細胞——　314
　　部位特異的——　86
組換え DNA　456
組換え DNA 技術　10
組換え活性化遺伝子　316
組換え酵素 → リコンビナーゼ
組換えシグナル配列（RSS）　316
組換え修復　92
組換え率　154, 158, 456
クライエント　146
クラインフェルター症候群　11, 400, 416, 446
クラスリン　358, 456
グリカン　390

グリコーゲン　358
　　代謝異常症　34
グリコーゲンシンターゼキナーゼ3（GSK-3）　276
グリコサミノグリカン → ムコ多糖
グリコシダーゼ　358
グリコホリン　388
グリシン　282
クリステ　132
グリベック®　338
グリーンバーグ骨異形成症　366, 368, 445
グルココルチコイド　36
グルココルチコイド受容体　222
グルコース　34
グルコース-6-ホスファターゼ欠損症　11
グルコース-6-リン酸デヒドロゲナーゼ → G6PD
クルーゾン症候群　439
グルタミン酸　282
グレイグ型頭蓋多合指症候群　440
クレイド → 同源系統群
クレンアーキオータ門　26
クローニング効率　456
クローニングベクター　70, 72, 456
グロビン遺伝子，不等交差　350
グロビン遺伝子クラスター　346
　　α鎖系——　346
　　β鎖系——　346
グロビン鎖　344
　　延長　350
クロマチン　182, 456
　　X——　236, 452
　　Y——　475
　　構成的ヘテロ——　182, 438
　　構造　186
　　詰め込み　188
　　ヘテロ——　182, 232, 471
　　ユー——　182, 474
　　リモデリング　232, 456
クロラムフェニコール　439
クロラムフェニコール誘導性毒性　437
クローン　456
クローン選択　456

■ け ■

ケアテイカー　328
蛍光 in situ ハイブリッド形成法 → FISH
軽鎖 → L鎖
形質転換（トランスフォーメーション）　44, 70, 100, 102, 110, 310, 456
形質転換因子　7
形質導入（トランスダクション）　102, 456

形態形成因子 → モルフォゲン
継代培養　130
系統樹　266
系統的ゲノミクス　26
血液凝固カスケード　378
血縁　456
結合双生児（シャム双生児）　170
欠失　56, 204, 438, 456
　　サブテロメア——　418
　　中間部——　204, 336
　　末端——　204, 418
血小板由来増殖因子受容体（PDGFR）　322
血族婚　168
欠損　456
血友病
　　——A　378
　　——B　378
ゲートキーパー　328
解毒経路
　　——第Ⅰ相　384
　　——第Ⅱ相　384
ゲノミクス（ゲノム学）　3, 13, 240, 456
　　機能——　13, 240, 256
　　系統的——　26
　　比較——　13, 240, 256, 268
　　薬理——　382
ゲノム　3, 457
　　Pelagibacter ubique　248
　　インフルエンザ菌　248
　　研究手法　246
　　細菌　248
　　重複　266
　　シロイヌナズナ　308
　　線虫　306
　　大腸菌　248, 250
　　バクテリオファージ　248
　　ヒト　254
　　ヒトミトコンドリア　136
　　父性——　234
　　プラスミド　252
　　母性——　234
　　マイコプラズマ　248
　　葉緑体　134
　　レトロウイルス　108
ゲノムDNAライブラリ　74
ゲノム異常症　254
ゲノムインプリンティング（ゲノム刷込み）　140, 234, 457
ゲノム塩基配列　240
ゲノム学 → ゲノミクス
ゲノムスキャン　457

全── 262
ゲノム刷込み → ゲノムインプリンティング
ゲノム不安定性疾患　342
ケラタン硫酸　360
原栄養株　96, **457**
原核細胞　2, 30
　　基本構造　30
原核生物　26, **457**
言語習得前失聴　294
原子質量　210
減数第一分裂　120
　　前期　122
減数第二分裂　120
減数分裂　120, **457**

■ こ ■

コアクチベーター（転写共同活性化因子）　334
コアヒストン　232
コアプロモーター　218
網　26
好アルカリ性菌　26
光化学系
　　── I　134
　　── II　134
後期　118, **457**
高血糖　374
抗原　310, 318, **457**
　　認識　318
抗原決定基 → エピトープ
抗原提示細胞　318
光合成　134
交互分離　202
交差（乗換え）　120, 122, 152, **457**
交差検定　154
好酸性菌　26
厚糸期 → 太糸期
合糸期 → 接合糸期
高脂血症　370
甲状腺刺激ホルモン受容体　440
甲状腺刺激ホルモン放出ホルモン　112, 440
構成的発現　220
構成的ヘテロクロマチン　182, 438
後生動物，系統樹　26
酵素　**457**
抗体　310, 312, **457**
　　遺伝的多様性　314
　　抗原との結合　310, 312
　　モノクローナル──　474
合多指症　302
高度好塩菌　26

高尿酸血症　38
好熱硫黄細菌　26
高フェニルアラニン血症　386
酵母　114, 126
　　生活環　114
候補遺伝子クローニング法　242
酵母人工染色体（YAC）　70, 184, 242, 244, **457**
酵母ツーハイブリッド法　116, **457**
高密度リポタンパク（HDL）　370
高密度リポタンパク結合タンパク　36
抗ミュラー管ホルモン → ミュラー管抑制因子
高リポタンパク血症　36
好冷菌　26
呼吸鎖　132
コクサッキーウイルス　435
極長鎖脂肪酸　364
コクリン　442
コケイン症候群　94
古細菌 → アーキア
鼓室階　294
コスミド　**457**
コスミドライブラリ　242
五炭糖 → ペントース
骨芽細胞　398
骨芽細胞特異的転写因子（OSF）　398
骨形成不全症　396, 446
　　I 型──　396
　　II 型──　396
　　III 型──　396
　　IV 型──　396
　　V 型──　396
　　VI 型──　396
　　Sillence の分類　396
骨髄　310
骨髄移植　324
骨軟化症　396
骨発生　398
固定　458
コード　2
　　ヒストン──　232
コード鎖（DNA の）　458
コドン　2, 48, 58, **458**
　　アンチ──　54, **450**
　　アンバー──　**450**
　　オーカー──　**453**
　　開始──　54, 58
　　終止──　54, 58, **460**
　　ナンセンス──　**467**
コドン適合指標（CAI）　250
コネキシン　30
　　── 26　294, 442

―― 30　442
コヒーシン　118, **458**
鼓膜　294
コラーゲン　394, 396, 446
　Ⅰ型――　394, 396, 446
　Ⅱ型――　394, 446
　Ⅲ型――　394, 446
　Ⅳ型――　394, 446
　Ⅴ型――　446
　Ⅺ型――　442
　基底膜――　394
　線維状――　394
コラーゲン原線維　394
コリスミ酸　216
ゴーリン-ゴルツ型基底細胞母斑症候群　440
ゴルジ装置　30
コルチ器　294
コルチゾール　112, 406
コレステロール　36
　7-デヒドロ――　368
　生合成　366, 368, 445
　輸送　370, 372
コレラ毒素　274
コロナウイルス　435
コロナウイルス科　435
コンカテマー　68, **458**
混合リンパ球培養テスト（MLC test）　**458**
混数体（染色体モザイク）　414, 416, **458**
コンセンサス配列（共通配列）　212, 218, **458**
コンティグ　246, **458**
コンティグ地図　242
コンデンシン　118, 188, **458**
コンドロイチン硫酸　360
コンラディ-ヒューナーマン症候群 → 点状軟骨異形成症2型

■ さ ■

座位異質性　420
催奇形性物質　**458**
細菌
　遺伝学研究　96
　ゲノム　248
細菌人工染色体（BAC）　242, **458**
サイクリック AMP → cAMP
サイクリン　**458**
　――A　126
　――B　126
　――D　126
　――E　126
サイクリン依存性キナーゼ（Cdk）　126

再結合（DNAの）　48, **458**
ザイゴテン期 → 接合糸期
サイトカイン　**458**
サイトメガロウイルス　435
細胞　30
　構成要素　30
細胞遺伝学　11
　人類――　11
　体――　9, 11, 130
　分子――　198
細胞間情報伝達　112
細胞系 DNA クローニング　70
細胞骨格　**458**
　赤血球　388
細胞骨格タンパク　388
細胞質遺伝（染色体外遺伝）　**458**
細胞質分裂　118
細胞周期　118, **458**
　調節機構　126
細胞周期調節タンパク　330
細胞小器官　30
細胞性癌遺伝子（c-*onc*）　110
細胞性胞胚　300
細胞性免疫応答　310
細胞接着分子　322
細胞培養　130
細胞封入体　360
細胞膜　30
細胞融合　130
細胞溶解性T細胞（キラーT細胞）　318
細胞老化（セネッセンス）　130, 190, **458**
サイレンサー配列　**458**
索状性腺　416
鎖骨頭蓋形成不全症　398
サザンブロット解析　356
サザンブロット法　76, 244, **459**
雑種強勢（ヘテロシス）　**459**
雑種形成 → ハイブリッド形成
雑種細胞　130, **459**
雑種細胞形成　9
サテライト（付随体）　178, **459**
サテライト DNA（sDNA）　**459**
サブテロメア欠失　418
サブテロメア配列　184
サヘラントロプス・チャデンシス　28
サーマルサイクラー　62
サラセミア　176, 344, 352, 354
　α――　344, 352
　α^0――　354
　β――　344, 352, 354
　$\delta\beta$――　354

サルコグリカン　390
酸　32
酸化酵素 → オキシダーゼ
酸化的リン酸化　132
散在性反復配列　254
酸性加水分解酵素　358
酸性スフィンゴミエリナーゼ　358
酸性セラミダーゼ　358
酸性リパーゼ　358
サンドホフ病　36
三倍体　200, 234, 416
サンフィリッポ症候群 → ムコ多糖症Ⅲ型

■し■

シアノバクテリア　134
シェイ症候群 → ムコ多糖症ⅠS型
ジエポキシブタン　342
ジェルベル-ランゲ・ニールセン症候群　284, 441
志賀毒素産生性大腸菌（STEC）　250
色覚　288, 292
色覚異常　292
　赤緑――　292
色覚光受容体　292
色素性乾皮症　94
色素体 → プラスチド
軸索　112
シグナル伝達
　細胞間　112
　シナプス型――　112
　接触依存型――　112
　内分泌型――　112
　パラクリン型――　112
シグナル伝達カスケード　112
シグナル伝達経路　272, 274
　Notch/Delta ――　280
　Ras ――　340
　TGFβ ――　276
　TNFα ――　278
　Wnt/βカテニン ――　276, 332
　ヘッジホッグ ――　278, 300, 440
シグナル配列　459
シグナル分子　272, 274
シクロヘキシミド　439
始原生殖細胞　124
脂質　36
　代謝異常症　36
脂質集合体　36
脂質二重層　30, 36
思春期早発症　406
視床下部過誤芽腫　440

耳小骨形成不全　396
シス/トランス　459
シス作用性　220, 459
ジストログリカン　390
ジストロフィン　390, 392
ジストロブレビン　390
シストロン　459
ジスルフィド結合　32
雌性前核　234
自然選択　172
自然免疫　310
肢帯型筋ジストロフィー　390
次端部着糸型染色体　178, 202, 459
シチジル酸 → シチジン一リン酸
シチジン　38
シチジン一リン酸（CMP，シチジル酸）　38
次中部着糸型染色体　178, 459
疾患遺伝子座
　1～4番染色体　425
　5～8番染色体　426
　9～14番染色体　427
　15～20番染色体　428
　21番，22番，X，Y染色体　429
『疾患の先天的諸要因』　5
ジデオキシヌクレオチド（ddNTP）　64
自動DNA塩基配列決定法　66
シトクロム
　――b　136
　――bc_1複合体　132
　――c　132
　――P450　384
シトクロムP450遺伝子群 → CYP遺伝子群
シトクロムP450遺伝子スーパーファミリー → CYP遺伝子スーパーファミリー
シトクロムオキシダーゼ複合体　132, 136
シトクロム系　134
シトシン　38, 46
シトルリン　386
シナプシス　460
シナプス　460
シナプス型シグナル伝達　112
シナプトネマ複合体（対合複合体）　122, 460
ジヒドロテストステロン　402, 404
ジヒドロテストステロン欠損症　446
ジヒドロプテリジンレダクターゼ　386
ジヒドロラノステロール　366, 368
ジブカイン　382
ジフテリア毒素　439
脂肪酸　36
　極長鎖――　364
　不飽和――　36

飽和—— 36
四放射状染色体 202, 460
姉妹染色分体 118, 122
姉妹染色分体交換（SCE）342, 460
ジメチルニトロソアミン 84
ジャイレース（ギラーゼ）460
若年発症成人型糖尿病（MODY）374
シャペロン 460
シャム双生児 → 結合双生児
種 26, 460
終期 118
重鎖 → H 鎖
終止コドン 54, 58, 460
重症複合免疫不全症（SCID）316, 324, 443
集団 460
集団遺伝学 11, 164
修復 460
　2 本鎖—— 92
　DNA—— 4, 92
　組換え—— 92
　除去—— 92, 94, 461
　ショートパッチ—— 92
　相同組換え—— 334
　短—— 92
　長—— 92
　超ショートパッチ—— 92
　超短—— 92
　転写共役—— 92
　非相同末端結合—— 334
　複製—— 92
　ミスマッチ—— 92, 473
　ロングパッチ—— 92
重複 204, 438, 460
絨毛膜 170
縦列重複（タンデム重複）460
縦列反復配列 90
主嗅球 298
主嗅上皮 298
縮重（遺伝暗号の）58
種形成 460
主溝 50
出芽酵母（*Saccharomyces cerevisiae*）114, 116, 126
『種の起源』3, 26
シュプリンツェン型口蓋帆心顔症候群 324, 418, 447
種分化 → 種形成
腫瘍壊死因子 α → TNFα
主要組織適合遺伝子複合体 → MHC
受容体（レセプター）272, 274, 460
受容体型チロシンキナーゼ（RTK）272, 274, 328, 460

シュワノーミン → ニューロフィブロミン 2
順方向反復配列 88, 264
条件的発現 220
条件的ヘテロ接合体 150
症候群 461
ショウジョウバエ
　生活環 300
　胚発生 300
　発生段階 300
常染色体 461
常染色体優性 148, 150
常染色体劣性 148, 150
上皮増殖因子（EGF）受容体ファミリー 370
小胞体 30, 461
上流 461
除去修復 92, 94, 461
食作用 → ファゴサイトーシス
『植物雑種の研究』140
ショットガン法 246
ショ糖 → スクロース
ショートパッチ修復 92
鋤鼻器（ヤコブソン器官）298
鋤鼻系 298
自律的転位 264
自律複製配列（ARS）184, 190, 461
シロイヌナズナ（*Arabidopsis thaliana*）308
　ゲノム 308
　発生段階 308
親縁係数 168
進化
　遺伝子—— 266
　染色体—— 266
　ヒト 28
　ヘモグロビン 344
　ミトコンドリアゲノム 136
真核細胞 2, 30
　基本構造 30
真核生物 26, 461
進化上保存された 3, 268, 472
ジンクフィンガー 222, 224, 461
神経細胞接着分子（NCAM）322
神経線維腫症
　——1 型（フォン・レックリングハウゼン病）340
　——2 型 340
神経伝達物質 112, 282, 461
神経伝達物質受容体 282
神経ペプチド 112
人工多能性幹細胞（iPS 細胞）422
人種 4, 461
親水性アミノ酸 40

真正細菌　461
新生児副腎白質ジストロフィー　364
真性半陰陽　404, 446
新生変異　150
心臓期　308
迅速cDNA末端増幅法 → RACE-PCR
伸長　461
伸長因子（EF）　461
シンテテーゼ　457
シンテニー　152, 461
浸透度　461
シントロフィン　390
心理的な性　402
人類遺伝学　9, 10
『人類遺伝学の原理』　10
人類細胞遺伝学　11

■ す ■

髄外造血　352
髄芽腫　440
水素結合　32, 461
錐体　288, 292
水痘帯状疱疹ウイルス　435
膵嚢胞性線維症 → 嚢胞性線維症
水平伝達　96, 98, 102
スキサメトニウム（スクシニルコリン）　382
スクアレン　366
スクシニルコリン → スキサメトニウム
スクロース（ショ糖）　34
スティックラー症候群　446
ステロイド　36
ステロイド 5α-レダクターゼ　446
ステロイド 21-ヒドロキシラーゼ　320, 406
ステロイド 21-ヒドロキシラーゼ欠損症　446
ステロイド応答性転写　224
ステロイド受容体　461
ステロイドホルモン　112, 222
ストレプトマイシン　439
スーパーファミリー　461
　CYP遺伝子——　384
　TGFβ　276
　遺伝子——　322
　セリンプロテアーゼインヒビター——　376
　免疫グロブリン——　322
スフィンゴ脂質　36
スフィンゴ脂質活性化タンパク　358
スフィンゴシン　36
スフィンゴミエリン　36
スプーマウイルス亜科　108
スプライシング　3, 60, 461

スプライス供与部位　60
スプライス受容部位　60
スプライス部位　461
スプライソソーム　60, 461
ズーブロット法　242, 244, 462
スペクトリン　388, 390
スペクトル核型分析（SKY）　206
スベドベリ単位（S）　210
スミス-マゲニス症候群　447
スミス-レムリ-オピッツ症候群　366, 368, 445
スライ症候群 → ムコ多糖症Ⅶ型
刷込み → ゲノムインプリンティング
スルファターゼ　358

■ せ ■

性
　遺伝的な——　402
　解剖学的な——　402
　心理的な——　402
　性腺の——　402
　法的な——　402
生化学遺伝学　9, 11
生化学的多型　172, 174
正規分布　160, 162
性逆転　404
制御遺伝子 → 調節遺伝子
性決定　258, 400
制限エンドヌクレアーゼ → 制限酵素
制限酵素　10, 68, 462
　bipartite——　68
　分類　68
制限酵素地図　68, 462
制限酵素部位　68, 462
　消失　356
精原細胞　124
制限断片長多型（RFLP）　76, 449
制限断片長多型（RFLP）解析　352, 356, 378
精細胞　2, 124
精子　124
青色盲 → 第3二色覚
精子形成　124, 258
脆弱X症候群（脆弱X精神遅滞症候群, マーティン-ベル症候群）　410
　——A型（FRAXA）　90, 408, 410
　——E型（FRAXE）　90, 408, 410
脆弱X精神遅滞症候群 → 脆弱X症候群
脆弱部位　438
青色強膜　396
生殖細胞（胚細胞）　2, 462
　始原——　124

生殖細胞系列　462
生殖細胞性　462
生殖適応度　172
成人ヘモグロビン　344
性腺　402
　　索状――　416
性染色体，過剰　200
性腺の性　402
性腺発生異常症　404
　　XY 女性――　404, 446
精巣　402
精巣決定因子（TDF）　402
精巣性女性化症候群 → アンドロゲン不応症
正倍数体（ユープロイド）　462
性発達障害　404, 446
生物学的適応度　462
生物の分類　26
性分化　402
性ホルモン　112
生命樹　26
『生命とは何か』　7
セカンドメッセンジャー　272, 274
赤色光受容体　292
赤色ぼろ線維を伴うミオクローヌスてんかん
　　（MERRF）　437
脊髄性筋萎縮症　390
脊椎骨端異形成症　446
脊椎肋骨異形成　280
赤痢　250
赤緑色覚異常　292
セグメントポラリティー遺伝子　278, 300, 302, 304,
　　440
赤血球　388
　　鎌状――　348
　　球状――　388
　　細胞骨格　388
　　楕円――　388
　　有棘――　388
　　有口――　388
接合　98, 102, 114, 462
接合因子　114
接合型　114
接合型遺伝子座　114
接合型決定　116
接合型変換　114
接合糸期（合糸期，ザイゴテン期）　122, 462
接合体　462
接触依存型シグナル伝達　112
接触阻害　130
絶対的ヘテロ接合体　150
切断点　462

切断点クラスター領域（BCR）　338
切断・融合・架橋サイクル　204, 462
接着培養　130
セネッセンス → 細胞老化
ゼブラフィッシュ（*Danio rerio*）　304
　　発生段階　304
セリンプロテアーゼインヒビタースーパーファミ
　　リー（SERPIN）　376
セレクチン　322
セロトニン　282
全 *trans*-レチナール　288
線維芽細胞　462
線維芽細胞増殖因子（FGF）受容体　439
線維状コラーゲン　394
前期　118, 462
全ゲノムスキャン　262
全色盲 → 一色覚
腺腫様大腸ポリポーシス　332
染色小粒　462
染色体　3, 5, 462
　　Hfr――　98
　　X――　258
　　XY 二価――　122
　　Y――　400
　　可視的な構造　180
　　環状――　204, 438, 454
　　機能の要素　184
　　構成　182
　　酵母人工――　70, 184, 242, 244, 457
　　細菌人工――　242, 458
　　次端部着糸型――　178, 202, 459
　　次中部着糸型――　178, 459
　　四放射状――　202, 460
　　常――　461
　　進化　266
　　唾液腺――　180
　　多糸――　180, 464
　　多色 FISH による同定　206
　　端部着糸型――　465
　　中期　118, 178
　　中部着糸型――　178, 202, 465
　　転座――　202
　　同腕（イソ，同位）――　204, 416, 438, 467
　　二価――　122, 180, 468
　　二重微小――　326
　　二動原体――　204, 438, 468
　　派生――　204, 438
　　微細過剰――　204
　　フィラデルフィア――　11, 338
　　父性――　438
　　分染パターン　192

放射状―― 230
母性―― 438
無動原体―― 473
命名法 438
ランプブラシ―― 180, 474
染色体異常症 12
染色体外遺伝 → 細胞質遺伝
染色体関連タンパク 268
染色体凝縮 118
染色体交差 152
染色体構造異常 204
染色体数 9, 178, 192
染色体多型 172, 182
染色体転座 202, 443
染色体バンド 437
染色体不分離 120, 124, 200, 414, 463
染色体分析 196
染色体ペインティング 206
　　フォワード―― 208
染色体歩行法（DNA 歩行法）246, 463
染色体モザイク → 混数体
染色分体 118, 122, 463
　　端部着糸型―― 465
　　無動原体―― 473
センス鎖 54
全前脳胞症 440, 441, 463
選択（淘汰）463
選択係数（淘汰係数） 463
選択的スプライシング 220, 463
選択的優位性 172, 176
選択培地 463
センチモルガン（cM） 154, 463
線虫（*Caenorhabditis elegans*）306
　　ゲノム 306
　　細胞の系譜 306
　　生活環 306
　　発生段階 306
前庭 294
前庭階 294
先天性角化異常症 190
先天性甲状腺機能低下症 440
先天性副腎過形成（副腎性器症候群） 406
　　塩類喪失型―― 406
　　単純男性化型―― 406
　　遅発型―― 406
先天性網膜色素上皮肥大（CHRPE）332
先天性両側性輸精管無形成症（CBAVD） 286
先天代謝異常 5
セントロメア 118, 178, 184, 192, 463
セントロメア配列 184
全能性幹細胞 422

前変異 90, 410

■ そ ■

相引 463
早期染色体凝縮 463
象牙質形成不全症 396
相互転座 202, 338, 438, 463
　　FISH による検出 198
創始者効果（入植者効果） 166, 176, 463
増殖因子 272, 463
双生児 170
　　一卵性―― 170
　　結合（シャム）―― 170
　　二卵性―― 170
相同 463
相同遺伝子 266, 268
相同組換え 86
相同組換え修復 334
挿入 56, 438, 464
挿入剤 464
挿入配列（IS） 88, 264, 464
挿入不活性化 70
挿入変異 110
相反 464
増幅 464
相補性 → 遺伝的相補性
相補性決定領域（CDR） 312
相補の DNA → cDNA
属 26
側方抑制 280
組織適合性 464
疎水結合 32
ソトス症候群 447
ソマトスタチン 112

■ た ■

第 3 色盲 → 第 3 二色覚
第 3 二色覚（青色盲） 292
第Ⅷ因子 378, 380
第Ⅸ因子 370, 378
第Ⅹ因子 370, 378
第Ⅹa 因子 378
ダイアファナス 442
第一極体 124
体液性免疫応答 310
胎芽ヘモグロビン 344
ダイサー 226
体細胞 464
体細胞遺伝学 9, 11, 130

体細胞組換え　314
体細胞雑種形成　464
体細胞性　464
体細胞分裂 → 有糸分裂
胎児ヘモグロビン　344, 354
胎児ヘモグロビン遺残症，遺伝性――　354
代謝協力　464
耐性因子　464
体節パターン　300
ダイソミー　200, 202
大腸菌（*Escherichia coli*）　248
　ゲノム　248, 250
　志賀毒素産生性――　250
　腸管拡散付着性――　250
　腸管組織侵入性――　250
　腸管毒素原性――　250
　腸管病原性――　250
大腸腺腫症　332
大腸直腸癌　332
多遺伝子閾値モデル　162
多遺伝子疾患　12
多遺伝子性（ポリジーン性）　160, 464
大動脈弁弁膜症　280
第二極体　124, 200
多因子性　160
ダーウィン的適応度　172
ダウノマイシン　439
ダウン症候群　11, 414
唾液腺染色体　180
楕円赤血球症　388
多核性胞胚　300
多型（遺伝の多型）　80, 172, 464
　1本鎖DNA高次構造――　244, 392
　DNA――　80, 172, 260
　一塩基――　6, 80, 262
　ゲル電気泳動による検出　174
　生化学的――　172, 174
　制限断片長――　76, 449
　赤色光受容体　292
　染色体――　172, 182
　表現型――　172
　頻度　174
　不連続――　172
　連続――　172
多座位解析　158
多剤耐性プラスミド　252
多糸染色体　180, 464
多重遺伝子ファミリー　464
多種ライゲーション依存性プローブ増殖法（MLPA）　208
多色FISH（M-FISH）　206, 208

脱アフリカ説　28
多糖類　34
ターナー症候群　11, 400, 416, 446
多能性幹細胞　422
ターミネーター　464
多面発現　464
多様性　2, 4, 160, 174, 464
ダルトン（Da）　210, 465
単一遺伝子疾患　11, 150
短修復　92
短縮型タンパク試験（PTT）　332, 392, 420
単純男性化型先天性副腎過形成　406
単純ヘルペスウイルス　435
単層　465
タンデム重複 → 縦列重複
単糖類　34
タンパク　2, 42, 465
　一次構造　42
　二次構造　42
　三次構造　42
　四次構造　42
タンパクライブラリ　74
端部着糸型染色体／染色分体　465
短腕（p）　178, 192

■ ち ■

チェックポイント　126
置換ループ → Dループ
致死因子　465
致死相当量　465
地図上の距離　465
遅発型先天性副腎過形成　406
チミジン　38
チミン　38, 46
チミン二量体　84
チモシン1　322
着糸点 → セントロメア
着糸点融合　194, 202, 438
中央階　294
中間径フィラメント　388
中間部欠失　204, 336
中期　118, 465
中期核板
　FISH　198
　標本作製　196
中心小体　118, 465
中心粒 → 中心小体
中性アミノ酸　40
中脳峡部欠損変異　304
中胚葉　465

中部着糸型染色体　178, 202, **465**
超界　26
聴覚系　294
聴覚障害　294
聴覚路　294
超可変部　310, 312, 314, 316, 318
腸管拡散付着性大腸菌（DAEC）　250
腸管組織侵入性大腸菌（EIEC）　250
腸管毒素原性大腸菌（ETEC）　250
腸管病原性大腸菌（EPEC）　250
長距離転写調節領域　354
超好熱菌　26
長修復　92
超ショートパッチ修復　92
調節遺伝因子　12
調節遺伝子（制御遺伝子）　**465**
頂端−基部パターン　308
超短修復　92
超低密度リポタンパク（VLDL）　370
超低密度リポタンパク（VLDL）受容体　370, 372
長腕（q）　178, 192
直列反復配列　**465**
チラコイド膜　134
チロキシン　112
チロシン　386
チロシンキナーゼドメイン　272

■つ■

対合複合体 → シナプトネマ複合体
痛風　38
ツェルベガー脳・肝・腎症候群　364
ツチ骨　294
ツーハイブリッド法 → 酵母ツーハイブリッド法

■て■

ディアキネシス期 → 移動期
低ゴナドトロピン性性腺機能低下症　296
テイ−サックス病　36
ディジョージ/シュプリンツェン症候群　447
ディジョージ症候群　324, 418, 443, 447
ディプロテン期 → 複糸期
低分子干渉RNA（siRNA）　226
低密度リポタンパク（LDL）　370, 372
低密度リポタンパク（LDL）受容体　370, 372
低密度リポタンパク（LDL）受容体関連タンパク（LRP）　370
デオキシアデニル酸（dAMP）　38
デオキシアデノシン　38
デオキシグアニル酸（dGMP）　38

デオキシグアノシン　38
デオキシコルチゾール　406
デオキシシチジル酸（dCMP）　38
デオキシシチジン　38
デオキシチミジル酸（dTMP）　38
デオキシリボ核酸 → DNA
デオキシリボヌクレアーゼ → DNアーゼ
デオキシリボヌクレオチド　38
適応免疫応答　310
テグメントタンパク → マトリックスタンパク
テストステロン　402, 404
　　ジヒドロ――　402, 404
デスモステロール　368
デスモステロール症　368, 445
テトラサイクリン　439
テトラヒドロビオプテリン（BH$_4$）補酵素　386
デブリソキン，代謝　384
デブリソキン-4-ヒドロキシラーゼ　384
デュシェンヌ型筋ジストロフィー　392
$\delta\beta$サラセミア　354
デルマタン硫酸　360
テロメア　118, 184, 190, 192, **466**
　　2本鎖ループ形成　190
　　短縮　190
テロメア配列　184, 190
　　FISH　198
テロメア隣接配列　190
テロメラーゼ　190, **466**
テロメラーゼ逆転写酵素（TERT）　190
転位（トランスポジション）　86, 88, **466**
　　逆転写を介する　88
　　自律的――　264
　　非自律的――　264
　　複製を伴う　88
　　複製を伴わない　88
　　レトロ――　254
転移RNA → tRNA
電位依存性イオンチャネル　282, **466**
転移酵素 → トランスフェラーゼ
転位酵素 → トランスポザーゼ
電気泳動　**466**
　　変性剤濃度勾配ゲル――　78
デング熱ウイルス　435
転座　202, **466**
　　染色体――　202, 443
　　相互――　202, 338, 438, **463**
　　ロバートソン型――　202
転座切断点　202
転座染色体　202
電子伝達　132
転写　3, 9, 48, 54, 212, **466**

原核生物　56
真核生物　56
阻害物質　439
転写因子　212, 218, 224, 268, 466
　　T ボックス——　304
　　基本——　116, 218
　　骨芽細胞特異的——　398
転写開始因子　54
転写開始部位，同定　212
転写活性化因子 → アクチベーター
転写共同活性化因子 → コアクチベーター
転写共役修復　92
転写減衰 → アテニュエーション
転写後遺伝子サイレンシング（PTGS）　226
転写産物　466
転写制御配列　224
転写単位　212, 466
転写抑制因子 → リプレッサー
点状軟骨異形成症 2 型（CDPX2，コンラディ-ヒューナーマン症候群）　366, 368, 445
天然痘ウイルス　104
点変異　466
　　オリゴヌクレオチドによる同定　78
　　リボヌクレアーゼプロテクション法による同定　78
伝令 RNA → mRNA

■ と ■

同位染色体 → 同腕染色体
同位染色分体切断　467
同系交配　168
同源系統群（クレイド）　467
動原体　118
糖原病　34
糖原病 I 型（フォン・ギールケ病）　11
糖脂質　36
糖質　34
痘瘡ウイルス　435
同祖性（IBD）　168, 176, 467
淘汰 → 選択
淘汰係数 → 選択係数
動的変異　82, 90
導入遺伝子（外来遺伝子）　467
糖尿病　34, 374
　　1 型（インスリン依存性）——　374
　　2 型（インスリン非依存性）——　374
　　若年発症成人型——　374
同腕染色体（イソ染色体，同位染色体）　204, 416, 438, 467
トガウイルス科　435

独立分配　120, 144
突然変異　4, 467
突然変異誘発物質（変異原物質）　84, 467
突然変異率　467
ドーパミン　112, 282
トポイソメラーゼ　52, 100, 467
ドメイン（生物分類の）　26
ドメイン（タンパクの）　112, 467
ドメインシャッフリング → エキソンシャッフリング
トランジション　56, 467
トランスクリプトミクス　240, 256
トランスクリプトーム　13
トランス作用性　220, 352
トランスジェニック　467
トランスジェニック動物　228
トランスダクション → 形質導入
トランスデューシン　288
トランスバージョン　56, 467
トランスファー RNA → tRNA
トランスフェクション　102, 467
トランスフェラーゼ（転移酵素）　457
トランスフォーミング増殖因子 β → TGFβ
トランスフォーメーション → 形質転換
トランスポザーゼ（転位酵素）　88, 264
トランスポジション → 転位
トランスポゾン　12, 88, 110, 264, 467
　　DNA——　254
　　レトロ——　88, 110, 254, 475
トリグリセリド　36, 370
トリソミー　120, 200, 202, 414, 416, 467
　　13 ——　11, 200, 414
　　16 ——　416
　　18 ——　11, 200, 414
　　21 ——（ダウン症候群）　11, 200, 414, 438
トリプシン　376
　　生合成　216
トリプトファン（trp）オペロン　216
トリプトファンシンターゼ　216
トリプレット　467
トリプレット病　90
　　I 型——　90
　　II 型——　90
トリプレットリピート伸長　90, 408, 410
トロポコラーゲン　394
トロンビン　376, 378
貪食作用 → ファゴサイトーシス

■ な ■

内胚葉　467

内部プライマー　66
内分泌型シグナル伝達　112
内分泌細胞　112
内膜　132
ナイミーヘン症候群　342
内有毛細胞　294
長い散在性の反復配列（LINE）　254, 474
長い末端反復配列（LTR）　108
投げ縄構造 → ラリアット構造
ナトリウムイオンチャネル　282, 284
ナリソミー　200, 202
軟骨細胞　398
軟骨低形成症　439
軟骨内骨化　398
軟骨無形成症　439
軟骨無発生症　446
ナンセンスコドン　467
ナンセンス変異　56, 468
難聴　294
　　アミノグリコシド誘導性――　292, 437
　　遺伝性――　442

■ に ■

におい分子　296
二価染色体　122, 180, 468
苦味感覚系　298
肉腫　326
　　ユーイング――　443
ニコチン感受性アセチルコリン受容体　282
二次狭窄部位　192
二次精母細胞　124
二重微小染色体　326
二次卵母細胞　124
二次リンパ組織　310
二精子受精　200, 416
二精子症　468
二接合子性 → 二卵性
ニック形成　52
二動原体染色体　204, 438, 468
二糖類　34
二倍性精子　200
二倍性卵子　200
二倍体　468
二倍体精母細胞　416
二倍体卵母細胞　416
二峰性分布　468
乳癌　92, 334
乳癌感受性遺伝子　334
入植者効果 → 創始者効果
乳糖 → ラクトース

ニューロパチー・運動失調・網膜色素変性（NARP）
　　437
ニューロフィブロミン２（シュワノーミン）　340
尿素　386
尿素回路　386
尿崩症　440
二卵性（二接合子性）　468
二卵性双生児　170
任意交配　468
認識ヘリックス（配列読み取りヘリックス）　222

■ ぬ ■

ヌクレアーゼ　358
ヌクレイン　44
ヌクレオカプシド　104
ヌクレオシド　38, 468
ヌクレオソーム　186, 468
ヌクレオチド　38, 46, 468
ヌクレオチド塩基　46

■ ね ■

ネアンデルタール人　28
ネオマイシン　439
ネガティブ選択　228
ネクローシス（壊死）　468
ネコ鳴き症候群（5p-症候群）　418, 447
熱変形赤血球症　388
粘膜関連リンパ組織（MALT）リンパ腫　443

■ の ■

囊胞性線維症（膵囊胞性線維症）　246, 286
囊胞性線維症膜貫通調節（CFTR）タンパク　286
ノーザンブロット法　76, 468
ノックアウト（遺伝子の）　228, 468
ノックアウトマウス，作製　228
乗換え → 交差
ノルアドレナリン　282

■ は ■

バイオインフォマティクス　13, 240, 256
配偶子　468
配偶子形成　124
胚細胞 → 生殖細胞
倍数体　468
胚性幹細胞（ES細胞）　228, 422
背側　468
パイファー症候群　439

ハイブリッド形成（雑種形成） 468
ハイブリッド形成法 70
　　DNA—— 48
　　in situ —— 451
　　アレイ比較ゲノム—— 208, 262
　　蛍光 in situ —— 198, 418, 470
　　比較ゲノム—— 208, 262
ハイブリドーマ 469
培養細胞 130
配列タグ部位（STS） 246, 452
配列タグ部位（STS）地図 246
配列読み取りヘリックス → 認識ヘリックス
バーキットリンパ腫 443
パキテン期 → 太糸期
バクテリオファージ（ファージ） 100, 469, 470
　　ゲノム 248
破骨細胞 398
播種性気管支拡張症 286
バー小体 → X クロマチン
派生染色体 204, 438
バソプレッシン 112
パターン決定遺伝子群 302
発癌因子 469
白血球エラスターゼ 376
白血病 326
　　B 細胞性—— 443
　　T 細胞性—— 443
　　急性骨髄性—— 443
　　急性リンパ性—— 338, 443
　　慢性骨髄性—— 11, 338, 443
発現（遺伝子の） 469
　　遺伝子—— 3, 220
　　親特異的—— 234
　　構成的—— 220
　　条件的—— 220
　　多面—— 464
発現配列タグ（EST） 246, 450
発現配列タグ（EST）地図 246
発現ベクター 244, 469
発生遺伝子群
　　ショウジョウバエ 300
　　シロイヌナズナ 308
　　線虫 304
発生率 469
ハッチング期 304
ハーディー–ワインベルクの法則 166
パパイン 312
パフ 180
ハプロイド → 一倍体
ハプロタイプ 152, 469
ハプロタイプ解析 332, 352, 356

ハプロ不全 82, 398, 469
パポバウイルス科 435
パラクリン 469
パラクリン型シグナル伝達 112
ハーラー症候群 → ムコ多糖症 I H 型
パラセグメント → 擬体節
パラミクソウイルス科 435
パラログ 266, 469
パリスター–ホール症候群 440
パリンドローム（回文配列） 68, 469
パルボウイルス 104, 435
パルボウイルス科 435
ハロタン 382
半陰陽
　　仮性—— 404, 454
　　真性—— 404, 446
半数体 → 一倍体
半接合性 → ヘミ接合性
ハンター症候群 → ムコ多糖症 II 型
ハンチンチン 408
ハンチントン病 90, 408
バンド 3 タンパク 388
バンド 4.1 タンパク 340, 388
バンド 4.2 タンパク 388
バンドシフト法 224
パンネットのスクエア 144
反復配列
　　可変縦列—— 80, 470
　　逆方向—— 88, 134, 264, 455
　　散在性—— 254
　　縦列—— 90
　　順方向—— 88, 264
　　直列—— 465
　　長い散在性の—— 254, 474
　　長い末端—— 108
　　不安定—— 408, 410
　　短い散在性の—— 88, 254, 459
　　短い縦列—— 80
半保存的 469
半保存的複製 52

■ ひ ■

ピアソン骨髄・膵症候群（PEAR） 437
ヒアルロニダーゼ 445
比較ゲノミクス 13, 240, 256, 268
比較ゲノムハイブリッド形成法（CGH） 208, 262
光カスケード 288
光シグナル伝達系 288
光受容体 288
　　色覚—— 292

赤色—— 292
非共有結合 32, 469
非極性分子 469
非コード鎖 → アンチセンス鎖
ピコルナウイルス科 435
微細過剰染色体 204
微細欠失症候群（隣接遺伝子症候群） 324, 418, 447
微小管 388
非自律的転位 264
非浸透 150, 336
ヒスタミン 282
ヒストン 186, 469
　コア—— 232
　修飾 232
ヒストンアセチルトランスフェラーゼ（HAT） 232
ヒストンコード 232
ヒストンデアセチラーゼ（HDAC） 232
ヒストンデメチラーゼ 232
ヒストンメチルトランスフェラーゼ 232
脾臓 310
非相同末端結合修復 334
ビタミンA 112
ビタミンD 368
必須アミノ酸 40, 130
ヒト
　ゲノム 254
　進化 28
ヒトT細胞白血病ウイルス（HTLV） 108, 436
　——1型（HTLV-1） 436
　——2型（HTLV-2） 436
ヒト科 3, 28
　系統樹 28
『ヒトゲノムの疾患解剖学』 420, 424
ヒトゲノムプロジェクト 2, 13, 256
ヒト染色体命名法 438
ヒト白血球抗原 → HLA
ヒトパピローマウイルス 330, 435
ヒト免疫不全ウイルス（HIV） 104, 108, 318, 436
　——1型（HIV-1） 104, 108, 436
　——2型（HIV-2） 108, 436
ヒドロラーゼ（加水分解酵素） 457
被覆小胞 358
被覆ピット 358, 370, 372
皮膚骨化 398
ピペコリン酸 364
ヒポキサンチン 84
ヒポキサンチン-グアニンホスホリボシルトランスフェラーゼ → HGPRT
非ポリポーシス大腸癌, 遺伝性—— 82, 332
百日咳毒素 274

ピューロマイシン 439
表現型 4, 56, 82, 142, 146, 470
表現型多型 172
表現型分散 160
表現型模写 470
表現促進 90
表現度 470
開いた読み枠 → オープンリーディングフレーム
ビリオン 104, 470
ピリミジン塩基 38, 46
ピリミジン代謝異常症 38
ヒンジ部 312

■ ふ ■

ファゴサイトーシス（食作用，貪食作用） 470
ファージ → バクテリオファージ
ファーストメッセンジャー 274
ファブリキウス嚢 310
ファリングラ期 304
ファンコニー貧血 342, 444
不安定反復配列 408, 410
不安定ヘモグロビン 350
不安定変異 264
ファンデルワールス力 32
フィタン酸 364
不一致 470
部位特異的組換え 86
フィトヘマグルチニン（PHA） 470
フィラデルフィア染色体（Ph1） 11, 338
斑入り 182, 470
フィロウイルス科 435
フィンガープリント → 遺伝的フィンガープリント
風疹ウイルス 435
フェニルアラニン 386
フェニルアラニンヒドロキシラーゼ 386
フェニルケトン尿症 40, 386
フェレドキシン 134
フェロモン 114, 470
フェロモン受容体 298
フォーミーウイルス 108
フォワード染色体ペインティング 208
フォン・ヴィルブラント因子（vWF） 380
フォン・ヴィルブラント抗原II（vWAgII） 380
フォン・ヴィルブラント病（フォン・ヴィルブラント-ユルゲンス症候群） 380
フォン・ヴィルブラント-ユルゲンス症候群 → フォン・ヴィルブラント病
フォン・ギールケ病 → 糖原病I型
フォン・ヒッペル-リンダウ症候群 208
フォン・レックリングハウゼン病 → 神経線維腫症

1型
複遺伝子性　160
副嗅球　298
副溝　50
副甲状腺機能低下症　440
複糸期　122, 470
副腎性器症候群 → 先天性副腎過形成
副腎皮質刺激ホルモン（ACTH）　406
複製　470
　DNA──　48, 52, 190
　誤り　82
　「ずれ」　82
　半保存的──　52
複製開始点 → 複製起点
複製起点（ORI）　52, 136, 470
複製修復　92
複製単位 → レプリコン
複製フォーク　52, 470
腹側　470
副リンパ組織（ALT）　310
付随体 → サテライト
父性ゲノム　234
父性染色体　438
父性発現遺伝子　412
不整脈，遺伝性──　441
付着末端　68
ブチリルコリンエステラーゼ　382
物理的距離　154
プテリン-4α-カルビノールアミンデヒドラターゼ　386
太糸期（厚糸期，パキテン期）　122, 470
浮動 → 遺伝的浮動
不等交差　350
不動毛　294
不飽和脂肪酸　36
フマル酸　386
プライマー　62, 471
プライマーゼ　52
プラスチド（色素体）　471
プラスマローゲン　364
プラスミド　30, 96, 102, 471
　ゲノム　252
プラスミドベクター　70, 72
プラダー−ウィリ症候群　412, 447
フラビウイルス科　435
プリオン　471
フリップティップ逆位　378
フリードライヒ運動失調症（FRDA）　90, 408
プリブナウボックス　212, 218, 471
プリン塩基　38, 46
プリン代謝異常症　38

フルクトース代謝異常症　34
フルクトース-1,6-ビスホスファターゼ欠損症，遺伝性──　34
フルクトース不耐症，遺伝性──　34
ブルトン型チロシンキナーゼ（Btk）　324
ブルトン型無ガンマグロブリン血症　324, 443
ブルーム症候群　342
プレイ　116
プレプロインスリン　42, 374
フレームシフト変異　56
不連続多型　172
プロインスリン　42
プロウイルス　471
プロカスパーゼ　128
プロゲステロン　36, 406
　17-ヒドロキシ──　406
プロコラーゲン　394, 396
　Ⅰ型──　394
　Ⅱ型──　394
　Ⅲ型──　394
プロテアーゼ　358
プロテアーゼインヒビター　376
プロテインC　370
プロテインキナーゼA（PKA）　274, 278
プロテオミクス　3, 240, 256
プロテオーム　3, 13, 210, 471
プロトオンコジーン → 癌原遺伝子
プロトンポンプ　358
プローブ　70, 471
プロファージ　100, 471
プロモーター　212, 218, 471
　コア──　218
分化　471
分岐点移動（組換えにおける）　86
分枝αケト酸デヒドロゲナーゼ欠損　40
分子遺伝学　10
分子系統学　266
分子細胞遺伝学　198
分子雑種ヘモグロビン → 融合ヘモグロビン
分子質量　210
分子ハイブリッド形成法 → ハイブリッド形成法
分子病理学　82
分枝部位（スプライシングの）　60
分節的重複　254
分染パターン　192, 471
　ヒト1〜12番染色体　192
　ヒト13〜22番，X，Y染色体　194
分離　471
分離解析　156
分離比歪み　140
分裂間期 → 間期

分裂後期 → 後期
分裂後期促進複合体　126
分裂酵母（*Schizosaccharomyces pombe*）　114, 126
分裂指数　471
分裂前期 → 前期
分裂中期 → 中期

■へ■

ペアルール遺伝子　300, 302
平滑末端　68
平均ヘテロ接合度　174
ベイト　116
ヘキソース（六炭糖）　34
ベクター　471
　ウイルス——　422
　クローニング——　70, 72, 456
　発現——　244, 469
　プラスミド——　70, 72
β_2 ミクログロブリン　320
β-N-アセチルヘキソサミニダーゼ欠損　36
β カテニン　276, 332
β-ガラクトシダーゼ　214, 358, 444
β-ガラクトシドアセチルトランスフェラーゼ　214
β-ガラクトシドパーミアーゼ　214
β-グルクロニダーゼ　360, 445
β グロビン遺伝子　346, 348
　変異　350
β グロビン鎖　346
β 細胞　374
β 鎖系グロビン遺伝子クラスター　346
　大規模欠失　354
β サラセミア　344, 352, 354
β 酸化　364
β シート　42
β ターン　42
ベッカー型筋ジストロフィー　392
ベックウィズ-ウィーデマン症候群　412
ヘッジホッグ遺伝子（*hh*）　278
ヘッジホッグ遺伝子ネットワーク　440
ヘッジホッグシグナル伝達経路　278, 300, 440
ヘッジホッグシグナル伝達タンパク　368
ヘテロ 2 本鎖　472
ヘテロ 2 本鎖解析　392
ヘテロ核内 RNA（hnRNA）　218
ヘテロカリオン → 異核共存体
ヘテロクロマチン　182, 232, 471
　構成的——　182, 438
ヘテロシス → 雑種強勢
ヘテロ接合性　142, 471
ヘテロ接合性の喪失（LOH）　328, 332, 336

ヘテロダイソミー　412, 471
ヘテロ配偶子型　472
ヘテロプラスミー　138
ヘパドナウイルス科　435
ヘパラン-N-スルファターゼ　444
ヘパラン硫酸　360
ヘビ状受容体　472
ペプシン　312
ペプチド（ポリペプチド）　42, 472
ペプチド結合（アミド結合）　42
ペプチド結合溝　322
ヘミ接合性（半接合性）　472
ヘモグロビン　11, 344
　鎌状赤血球——　348, 350
　進化　344
　成人——　344
　胎芽——　344
　胎児——　344, 354
　不安定——　350
　メト——　350
　融合（分子雑種）——　350
ヘモグロビン異常症　176, 350, 352, 354
　DNA 解析　356
　マラリア抵抗性との関連　176
ヘリカーゼ　52, 212, 226, 342, 472
ヘリックス・ループ・ヘリックス　222, 472
ペリフェリン　288, 290
ペルオキシソーム　30, 364
ペルオキシソーム酵素　364
ペルオキシソーム性呼吸鎖　364
ペルオキシソーム病　364
ペルオキシソーム標的シグナル（PTS）　364
ペルオキシン　364
ヘルパー T 細胞　318
ヘルペスウイルス科　435
変異（突然変異）　4, 56, 82, 84, 467
　安定——　264
　鎌状赤血球——　348, 350
　機能獲得——　455
　新生——　150
　前——　90, 410
　挿入——　110
　点——　466
　動的——　82, 90
　ナンセンス——　56, 468
　不安定——　264
　フレームシフト——　56
　ミスセンス——　56, 473
　漏出——　475
変異解析　11, 242
変異原物質 → 突然変異誘発物質

変異細菌株　96
変異データベース　420
変異同定，塩基配列決定をしない――　78
変性（融解，DNA の）　48, 472
変性剤濃度勾配ゲル電気泳動（DGGE）　78
変動性表現度　150
ペントース（五炭糖）　34
ペンドリン　442

■ ほ ■

保因者　150
胞子形成　114
放射状染色体　230
放射線ハイブリッド　130
放射パターン　308
胞状奇胎　234
紡錘糸　118, 178
紡錘体　118
法的な性　402
飽和脂肪酸　36
ホグネスボックス → TATA ボックス
母系遺伝　136, 138
補酵素 Q → ユビキノン
ポジショナルクローニング　242, 286
ポジティブ選択　228
補助刺激受容体　318
ホスファターゼ　358
ホスホグリコシダーゼ　358
ホスホジエステラーゼ　274
ホスホジエステル結合　46, 472
ホスホトランスフェラーゼ（リン酸基転移酵素）　358
ホスホリパーゼ　358
母性ゲノム　234
母性効果遺伝子　300
母性染色体　438
母性伝達性糖尿病・難聴症候群　437
母性発現遺伝子　412
細糸期（レプトテン期）　122, 472
保存された → 進化上保存された
補体 C3　320
補体 C4　320
補体 C4a　406
補体 C4b　406
補体 C9　370
ポックスウイルス科　435
発端者　146, 472
哺乳類，系統樹　26
ホメオシス　472
ホメオティック遺伝子　300, 302, 472

ホメオドメイン　302
ホメオドメインタンパク　224
ホメオボックス　224, 302, 472
ホモ・エレクトゥス　28
ホモ・サピエンス　3, 28
ホモ接合性　142, 472
ホモ接合性マッピング　168, 472
ホモプラスミー　138
ポリ（A）配列　110
ポリ Ig 受容体（PIGR）　322
ポリアデニル化　60, 110, 472
ポリオウイルス　435
ポリグルタミン病　90, 408
ポリシストロン性 mRNA　472
ポリジーン性 → 多遺伝子性
ホリデイ構造　86
ポリペプチド → ペプチド
ポリメラーゼ　472
ポリメラーゼ連鎖反応 → PCR
ホールデンの法則　150, 473
ホルモン　112, 272, 473
ホルモン応答配列（HRE）　222
ボンベイ血液型　140
翻訳　3, 48, 54, 212, 473
　阻害物質　439
翻訳後修飾　220

■ ま ■

マイオティックドライブ　140
マイクロ RNA（miRNA）　226, 473
マイクロアレイ → DNA マイクロアレイ
マイクロサテライト　80
マイクロサテライト解析　76
マイクロサテライト不安定性　82, 332
マイコプラズマ（*Mycoplasma genitalium*）　248
　ゲノム　248
マウス白血病ウイルス（MuLV）　108
膜貫通タンパク　473
膜性骨化　398
麻疹ウイルス　435
麻酔薬　382
マッキューン–アルブライト症候群　440
末端欠失　204, 418
マッピング　473
マーティン–ベル症候群 → 脆弱 X 症候群
マトリックスタンパク（テグメントタンパク）　104
マラリア
　鎌状赤血球変異との関連　348
　ヘモグロビン異常症との関連　176
マラリア原虫　176, 348

マールブルクウイルス　435
マロトー-ラミー症候群 → ムコ多糖症Ⅵ型
慢性骨髄性白血病（CML）　11, 338, 443
慢性肉芽腫症　443
マントル細胞リンパ腫　443
マンノース　34
マンノース 6-リン酸　358, 360
　　生合成　358
マンノース 6-リン酸受容体　358

■ み ■

ミオグロビン　344
ミオシン　473
　　── 6　442
　　── 7A　442
　　── 15　442
ミオパチー　390
味覚系　298
味覚受容体　298
味覚受容体遺伝子ファミリー　298
味覚上皮　298
ミクロフィラメント　388, 473
短い散在性の反復配列（SINE）　88, 254, 459
短い縦列反復配列（STR）　80
ミスセンス変異　56, 473
ミスマッチ修復　92, 473
ミトコンドリア　30, 132, 134, 473
ミトコンドリア DNA（mtDNA）　132, 136, 473
　　遺伝暗号　134
ミトコンドリア・イヴ　28
ミトコンドリアゲノム
　　核ゲノムとの協働　136
　　酵母　134
　　進化　136
　　ヒト　136
ミトコンドリア性神経・消化器・脳筋症（MNGIE）　437
ミトコンドリア脳筋症・乳酸アシドーシス・脳卒中様発作症候群（MELAS）　437
ミトコンドリア病　138, 437
ミニサテライト　80
ミネラルコルチコイド　36
μ鎖欠損症　443
ミュラー管　402
ミュラー管遺存症候群　446
ミュラー管抑制因子（MIF，抗ミュラー管ホルモン）　402, 446
味蕾　298
ミラー-ディーカー症候群　447
民族集団　4

■ む ■

ムエンケ症候群　439
無汗性外胚葉異形成症　236
無嗅覚症　296
ムコ脂質　360
ムコ脂質症　34
　　──Ⅱ型（Ⅰ細胞病，ハンター症候群）　360
ムコ多糖（グリコサミノグリカン）　358, 360, 362
ムコ多糖症（ムコ多糖蓄積症）　34, 360, 362, 444
　　──Ⅰ型　360, 362
　　──ⅠH型（ハーラー症候群）　362, 444
　　──ⅠS型（シェイ症候群）　362, 444
　　──Ⅱ型　360, 362, 444
　　──Ⅲ型（サンフィリッポ症候群）　360, 444
　　──ⅢA型　360, 444
　　──ⅢB型　360, 444
　　──ⅢC型　360, 444
　　──ⅢD型　444
　　──Ⅳ型（モルキオ症候群）　444
　　──ⅣA型　444
　　──ⅣB型　444
　　──Ⅵ型（マロトー-ラミー症候群）　445
　　──Ⅶ型（スライ症候群）　360, 445
　　──Ⅸ型　445
　　診断　362
ムコ多糖蓄積症 → ムコ多糖症
無心体　170
ムスカリン感受性アセチルコリン受容体　282
無動原体染色体/染色分体　473
ムンプスウイルス　435

■ め ■

メガベース（Mb）　473
メガリン　370
メチル化 → DNA メチル化
メチル化 DNA，認識　230
メチルシトシン結合タンパク（MeCP）　230, 232
メッセンジャー RNA → mRNA
メトヘモグロビン　350
メバロン酸　366
メバロン酸キナーゼ　366
メバロン酸尿症　366
メープルシロップ尿症　40
免疫遺伝学　9, 11
免疫応答　310
　　細胞性──　310
　　体液性──　310
　　適応──　310
免疫グロブリン　310, 312, 314, 473

―― A（IgA） 312
―― D（IgD） 312
―― E（IgE） 312
―― G（IgG） 312, 322
―― M（IgM） 312
　遺伝子再構成の機構　316
　遺伝的多様性　316
　部分消化　312
免疫グロブリンアイソタイプ単独欠損症　324
免疫グロブリン遺伝子座　314
免疫グロブリンスーパーファミリー　322
免疫グロブリン様ドメイン　272, 320
免疫系　310
免疫不全症　324
　X連鎖性重症複合――　324
　遺伝性――　324, 443
　重症複合――　316, 324, 443
メンデル遺伝　473
メンデル形質　140
　分離　142
メンデルの法則　4
　逸脱　140
　第一法則　142
　第二法則　142
　第三法則　144

■ も ■

毛細血管拡張性運動失調症　92, 342, 443
網糸期　124, 473
網膜芽細胞腫　336
網膜色素変性症　290
モエシン　340
目　26
モザイク　236, 473
　染色体――（混数体）　414, 416, 458
戻し交配　142, 473
モード数　473
モノクローナル抗体　474
モノソミー　120, 200, 202, 416, 474
モビリティーシフト法　224
モルガン（M）　154
モルキオ症候群 → ムコ多糖症 IV 型
モルフォゲン（形態形成因子）　474
門　26

■ や ■

薬理遺伝学　6, 382
薬理ゲノミクス　382
ヤコブソン器官 → 鋤鼻器

野生型　474
夜盲　290

■ ゆ ■

ユーイング肉腫　443
融解（DNA の）→ 変性
融解温度（T_m）　48
有棘赤血球症　388
有口赤血球症　388
融合ヘモグロビン（分子雑種ヘモグロビン）　350
有糸分裂（体細胞分裂）　118, 474
優性　142, 146, 474
　共――　146, 455
　常染色体――　148, 150
優生学　6
雄性前核　234
優性ネガティブ効果　82, 330, 474
優生保護法　6
誘導因子 → インデューサー
有病率　469
ユークロマチン　182, 474
癒合体節変異　304
ユニバーサルプライマー　66
ユビキチンタンパクリガーゼ E3　412
ユビキノン（補酵素 Q）　132
ユープロイド → 正倍数体
ユリアーキオータ門　26

■ よ ■

陽イオン非依存性マンノース 6-リン酸受容体（CI-MPR）　358
溶菌感染　474
溶菌サイクル　100
溶血性貧血　348
溶原化サイクル　100
溶原菌　100
溶原性　474
溶原ファージ　100
妖精顔貌　418
羊膜　170
葉緑体　30, 134
葉緑体 DNA（ctDNA）　134
葉緑体ゲノム　134
翼状頚　416
予測的遺伝学的検査　13
読み枠 → リーディングフレーム
四倍体　200, 416, 474

■ら■

ラギング鎖　52, 190, **474**
ラクトース（*lac*）オペロン　214
ラクトース（*lac*）リプレッサー　214
ラクトース（乳糖）　34
ラノステロール症　368, 445
ラディキシン　340
ラノステロール　366, 368
　ジヒドロ──　366, 368
ラブドウイルス科　435
ラミニン　390
ラミン　**474**
λファージ　100
ラリアット構造（投げ縄構造）　60, **474**
卵　124
卵極性遺伝子　300, 302
卵形成　124
卵原細胞　124
卵細胞　2
卵巣　402
卵巣癌　334
卵巣奇形腫　234
卵巣決定遺伝子　276
ランプブラシ染色体　180, **474**

■り■

リアーゼ　**457**
リアノジン受容体　382
リアルタイム PCR　62
リガーゼ　**457**
　DNA──　52
リガンド　112, 272, 274, **475**
リガンド依存性イオンチャネル　282
リコンビナーゼ（組換え酵素）　316, 318
リソソーム　30, 358, 360, 372, **475**
リソソーム酵素　358, 360
リソソーム蓄積症　358, 360, 362
リゾルバーゼ　88
リーダー配列　**475**
リッシュ結節　340
リーディング鎖　52
リーディングフレーム（読み枠）　54, 58, 392, **475**
　オープン（開いた）──　58, **453**
リノール酸　36
リパーゼ　358
　酸性──　358
リファマイシン　439
リー–フラウメニ症候群　330
リプレッサー（転写抑制因子）　116, 214, 222, 224,
　　232, **475**
　ラクトース（*lac*）──　214
リブロース　134
リボ核酸 → RNA
リボソーム　54, 210, **475**
　70S──　210
　80S──　210
　組み立て　210
　構造と構成　210
リボソーム RNA（rRNA）　54, 134, 210, **475**
リボタンパク　370
　代謝異常症　36
リボヌクレアーゼ → RN アーゼ
リボヌクレアーゼプロテクション法　78
リボヌクレオチド　38
良性フルクトース尿症　34
量的遺伝学　160
量的形質　160, 162
量的形質座（QTL）　160
旅行者下痢症　250
リンカー　72
リンカー DNA　**475**
リン酸基転移酵素 → ホスホトランスフェラーゼ
リン脂質　36
臨床遺伝学　11
隣接 I 型分離　202
隣接 II 型分離　202
隣接遺伝子症候群 → 微細欠失症候群
リンパ器官　310
リンパ球　310, **475**
リンパ腫　326
　B 細胞──　128
　粘膜関連リンパ組織（MALT）──　443
　バーキット──　443
　マントル細胞──　443
　濾胞性──　306, 443
リンパ節　310
リンホトキシン　320
倫理的・法的・社会的問題　13, 256

■る■

類縁係数　168
ルーシー　28
ルビンスタイン–テイビ症候群　418, 447

■れ■

レアカッター酵素　68
レオウイルス科　436
レセプター → 受容体

レダクターゼ（還元酵素）**457**
レチナール
　11-*cis*-—— 288
　全 *trans*-—— 288
レチノイド　112
レッシュ-ナイハン症候群　38
劣性　142, 146, **475**
　常染色体—— 148, 150
劣性上位　140
レット症候群　232
レトロウイルス　10, 88, 104, 108, **475**
　DNA 合成　108
　ゲノム構造　108
　ゲノムの組込み　110
　転写調節　110
レトロウイルス科　436
レトロエレメント　88
レトロ偽遺伝子　88
レトロ転位　254
レトロトランスポゾン　88, 110, 254, **475**
　LTR 型—— 254
レーバー遺伝性視神経萎縮症（LHON）　437
レプトテン期 → 細糸期
レプリカ平板法　70, 96
レプリコン（複製単位）　52, 70, **475**
レプリソーム　52
レポーター遺伝子　**475**
連鎖（遺伝的連鎖）　152, 158, **475**

連鎖解析　158, 242, 262
連鎖群　**475**
連鎖不平衡　152, 166, 262, 352, **475**
連続多型　172
レンチウイルス亜科　108

■ ろ ■

ロイシンジッパー　224, **475**
ρ 因子　**475**
漏出変異　**475**
六炭糖 → ヘキソース
ロタウイルス　436
ロドプシン　288
　変異　290
ロドプシンキナーゼ　288
ロバーツ症候群　118
ロバートソン型転座　202
濾胞性リンパ腫　306, 443
ロマノ-ワード症候群　284, 441
ロングパッチ修復　92

■ わ ■

ワイベル-パラーデ小体　380
腕間逆位　204
弯曲肢骨異形成症　404
腕内逆位　204

カラー図解
基礎から疾患までわかる遺伝学　　　　　定価（本体6,800円＋税）

2009年3月25日発行　第1版第1刷 ©

著　者　エーベルハルト　パッサルゲ

監訳者　新川　詔夫
　　　　吉浦孝一郎

発行者　株式会社 メディカル・サイエンス・インターナショナル
　　　　代表取締役　若松　博
　　　　東京都文京区本郷1-28-36
　　　　郵便番号113-0033　電話(03)5804-6050

印刷：日本制作センター／表紙装丁：トライアンス

ISBN 978-4-89592-586-0　C3047

〈(株)日本著作出版権管理システム委託出版物〉
本書の無断複写は著作権法上での例外を除き禁じられています．
複写される場合は，そのつど事前に(株)日本著作出版権管理システム
（電話 03-3817-5670，FAX 03-3815-8199）の許諾を得てください．